理系良問集・数学 IAIIB のご挨拶

　本書は，2023 年度に出題された数学の大学入試問題の中から抜粋した問題集である．「大学入試で効率よく点を取るための良問」を集めた数学 IAIIB の入試対策の書籍である．同系統の問題も集めてある．「類題で練習したい，類題を演習させたい」という要望に応えるためである．

　毎年 7 月に解答集が終わり，良問集にとり掛かるのだが，問題の内容を見て，解答の改良をして，ときには解答全体を書き直し，表題をつけ，時間設定をして並べ換えることをやっていると，膨大な時間が掛かる．本当は，時間設定も，表題つけもやりたくないのであるが「あると便利」という要望に応えようとする結果である．ときの経つのは早く，いつの間にやら霜月になり，下手をしたら師走の声を聞くことになりそうである．

　24 歳のときに予備校講師になって半世紀近く，依頼された学校に教えに行っている．生徒に解いてもらい，うまい解答やら，注目すべき間違いやらを反映することは，出版にとっても大きな要因であるのだが，一週間の半分をそれに割くのは，時間的には大きな制約でもある．教えに行くのはやめて，来年からはこの出版の仕事に注力しようと思っている．解答集の業務を一ヶ月早め，同時に良問集を完了する手段を講じることを考えている．乞うご期待．

　ご購入してくださった皆様に，感謝いたします．　　　　　　　　　　　　　2023 年 11 月　　安田亨

● 本書の使い方

　入試対策は，入試によく出る問題，思考力を養う良い問題を，できるだけ多く経験することが基本である．時間制限があるいじょう，見たことがあれば，解きやすくなるのは当然である．

　《和と積の計算（A5）☆》は，A レベル（基本）で，目標解答時間は 5 分であることを示している．☆は推薦問題である．B は標準問題，C は少し難しい問題，D は超難問である．難易度と時間は，私の感覚である．読者の方とズレていることは多いだろうから，ないよりましと思っていただきたい．

　今まで，同系統の問題があるときに，従来はどっちか一方を取り上げ，他方は削っていた．数学 III を独立させたことで，問題数を増やし，両方とも取り上げることができるようにした．余裕がない受験生は，類題は飛ばせばよい．大人の人は，類題が多い方が，教材作りの参考になるだろう．基本的な問題を増やしているので，収録問題数を多くしたが，そのままでは大変なので，推薦問題マークには，☆マークを入れておいた．☆のある問題は，ほとんど，基本から，標準レベルである．C でも，ついているのは，難しくてもよい問題だからである．場合によっては，敢えて，タイトルをヒントにした問題もある．

　受験生の場合は，☆のついた問題は，鉛筆を手に取って，自分で解いていただきたい．☆のないものは飛ばしてもよいし，ドンドン解答を読んでもよい．正しい勉強方法というものはないから，自分の信じる方法で行えばよい．**難問は無視して構わない**．タイトルが同じものは，類題である．**類題は適宜飛ばしてほしい**．

　受験生の方で，時間のない方はどんどん解答を読んでもいい．使い方は自由である．問題数が多いと思うなら，☆の偶数番だけ解くとかでもよいだろう．「書籍は三割も読めば読破したことになる」というのは，私が尊敬する一松信京大名誉教授のお言葉である．

【目次】
【問題編】

多項式の計算（除法を除く）……………… 6

因数分解 …………………………………… 6

数の計算 …………………………………… 7

1次方程式 ………………………………… 8

1次不等式 ………………………………… 9

1次関数とグラフ ………………………… 9

2次関数 …………………………………… 10

2次方程式 ………………………………… 11

2次方程式の解の配置 …………………… 13

2次不等式 ………………………………… 14

分数不等式 ………………………………… 14

集合の雑題 ………………………………… 15

命題と集合 ………………………………… 16

必要・十分条件 …………………………… 16

命題と証明 ………………………………… 17

三角比の基本性質 ………………………… 18

正弦定理・余弦定理 ……………………… 19

平面図形の雑題 …………………………… 19

空間図形の雑題 …………………………… 20

データの整理と代表値 …………………… 21

四分位数と箱ひげ図 ……………………… 22

分散と標準偏差 …………………………… 22

散布図と相関係数 ………………………… 23

順列 ………………………………………… 25

場合の数 …………………………………… 25

三角形の基本性質 ………………………… 43

三角形の辺と角の大小関係 ……………… 43

メネラウスの定理・チェバの定理 ……… 43

円に関する定理 …………………………… 44

空間図形 …………………………………… 44

図形の雑題 ………………………………… 45

約数と倍数 ………………………………… 46

剰余による分類 …………………………… 48

ユークリッドの互除法 …………………… 49

不定方程式 ………………………………… 49

p 進法 …………………………………… 52

ガウス記号 ………………………………… 52

整数問題の雑題 …………………………… 53

二項定理 …………………………………… 55

不等式の証明 ……………………………… 57

解と係数の関係 …………………………… 58

因数定理 …………………………………… 59

直線の方程式（数II）……………………… 60

円の方程式 ………………………………… 61

円と直線 …………………………………… 62

軌跡 ………………………………………… 63

不等式と領域 ……………………………… 64

領域と最大・最小 ………………………… 65

三角関数の方程式 ………………………… 68

三角関数の不等式 ………………………… 69

三角関数と最大・最小 …………………… 70

三角関数の図形への応用 ………………… 71

指数の計算 ………………………………… 73

対数の計算 ………………………………… 73

常用対数 …………………………………… 74

指数・対数方程式 ………………………… 75

関数の極限（数II）………………………… 78

微分係数と導関数 ………………………… 78

接線（数II）………………………………… 79

法線（数II）………………………………… 79

関数の増減・極値（数II）………………… 80

最大値・最小値（数II）…………………… 81

微分と不等式（数II）……………………… 84

定積分（数II）……………………………… 84

面積（数II）………………………………… 84

微積分の融合（数II）……………………… 88

定積分で表された関数（数II）…………… 88

等差数列 …………………………………… 89

等比数列 …………………………………… 89

数列の雑題 ………………………………… 90

数学的帰納法 ……………………………… 100

確率と漸化式 ……………………………… 103

群数列 ……………………………………… 108

平面ベクトルの成分表示 ………………… 110

平面ベクトルの内積 ……………………… 110

位置ベクトル（平面）……………………… 112

ベクトルと図形（平面）…………………… 112

点の座標（空間）…………………………… 116

空間ベクトルの成分表示 ………………… 116

ベクトルと図形（空間）…………………… 117

球面の方程式 ……………………………… 125

直線の方程式（数B）……………………… 128

平面の方程式 ……………………………… 128

期待値 ……………………………………… 130

母平均の推定 ……………………………… 130

4

【解答編】

多項式の計算（除法を除く）‥‥‥‥‥‥134
因数分解‥‥‥‥‥‥‥‥‥‥‥‥‥‥‥134
数の計算‥‥‥‥‥‥‥‥‥‥‥‥‥‥‥138
1次方程式‥‥‥‥‥‥‥‥‥‥‥‥‥‥141
1次不等式‥‥‥‥‥‥‥‥‥‥‥‥‥‥142
1次関数とグラフ‥‥‥‥‥‥‥‥‥‥‥144
2次関数‥‥‥‥‥‥‥‥‥‥‥‥‥‥‥146
2次方程式‥‥‥‥‥‥‥‥‥‥‥‥‥‥150
2次方程式の解の配置‥‥‥‥‥‥‥‥‥155
2次不等式‥‥‥‥‥‥‥‥‥‥‥‥‥‥156
分数不等式‥‥‥‥‥‥‥‥‥‥‥‥‥‥160
集合の雑題‥‥‥‥‥‥‥‥‥‥‥‥‥‥162
命題と集合‥‥‥‥‥‥‥‥‥‥‥‥‥‥166
必要・十分条件‥‥‥‥‥‥‥‥‥‥‥‥167
命題と証明‥‥‥‥‥‥‥‥‥‥‥‥‥‥168
三角比の基本性質‥‥‥‥‥‥‥‥‥‥‥173
正弦定理・余弦定理‥‥‥‥‥‥‥‥‥‥174
平面図形の雑題‥‥‥‥‥‥‥‥‥‥‥‥177
空間図形の雑題‥‥‥‥‥‥‥‥‥‥‥‥180
データの整理と代表値‥‥‥‥‥‥‥‥‥182
四分位数と箱ひげ図‥‥‥‥‥‥‥‥‥‥184
分散と標準偏差‥‥‥‥‥‥‥‥‥‥‥‥184
散布図と相関係数‥‥‥‥‥‥‥‥‥‥‥188
順列‥‥‥‥‥‥‥‥‥‥‥‥‥‥‥‥‥190
場合の数‥‥‥‥‥‥‥‥‥‥‥‥‥‥‥192
三角形の基本性質‥‥‥‥‥‥‥‥‥‥‥251
三角形の辺と角の大小関係‥‥‥‥‥‥‥251
メネラウスの定理・チェバの定理‥‥‥‥252
円に関する定理‥‥‥‥‥‥‥‥‥‥‥‥253
空間図形‥‥‥‥‥‥‥‥‥‥‥‥‥‥‥254
図形の雑題‥‥‥‥‥‥‥‥‥‥‥‥‥‥256
約数と倍数‥‥‥‥‥‥‥‥‥‥‥‥‥‥259
剰余による分類‥‥‥‥‥‥‥‥‥‥‥‥265
ユークリッドの互除法‥‥‥‥‥‥‥‥‥269
不定方程式‥‥‥‥‥‥‥‥‥‥‥‥‥‥270
p進法‥‥‥‥‥‥‥‥‥‥‥‥‥‥‥279
ガウス記号‥‥‥‥‥‥‥‥‥‥‥‥‥‥281
整数問題の雑題‥‥‥‥‥‥‥‥‥‥‥‥283
二項定理‥‥‥‥‥‥‥‥‥‥‥‥‥‥‥291
不等式の証明‥‥‥‥‥‥‥‥‥‥‥‥‥299
解と係数の関係‥‥‥‥‥‥‥‥‥‥‥‥302
因数定理‥‥‥‥‥‥‥‥‥‥‥‥‥‥‥306

直線の方程式（数II）‥‥‥‥‥‥‥‥‥309
円の方程式‥‥‥‥‥‥‥‥‥‥‥‥‥‥310
円と直線‥‥‥‥‥‥‥‥‥‥‥‥‥‥‥315
軌跡‥‥‥‥‥‥‥‥‥‥‥‥‥‥‥‥‥318
不等式と領域‥‥‥‥‥‥‥‥‥‥‥‥‥322
領域と最大・最小‥‥‥‥‥‥‥‥‥‥‥324
三角関数の方程式‥‥‥‥‥‥‥‥‥‥‥338
三角関数の不等式‥‥‥‥‥‥‥‥‥‥‥341
三角関数と最大・最小‥‥‥‥‥‥‥‥‥343
三角関数の図形への応用‥‥‥‥‥‥‥‥346
指数の計算‥‥‥‥‥‥‥‥‥‥‥‥‥‥351
対数の計算‥‥‥‥‥‥‥‥‥‥‥‥‥‥353
常用対数‥‥‥‥‥‥‥‥‥‥‥‥‥‥‥354
指数・対数方程式‥‥‥‥‥‥‥‥‥‥‥357
関数の極限（数II）‥‥‥‥‥‥‥‥‥‥366
微分係数と導関数‥‥‥‥‥‥‥‥‥‥‥367
接線（数II）‥‥‥‥‥‥‥‥‥‥‥‥‥368
法線（数II）‥‥‥‥‥‥‥‥‥‥‥‥‥371
関数の増減・極値（数II）‥‥‥‥‥‥‥372
最大値・最小値（数II）‥‥‥‥‥‥‥‥376
微分と不等式（数II）‥‥‥‥‥‥‥‥‥385
定積分（数II）‥‥‥‥‥‥‥‥‥‥‥‥385
面積（数II）‥‥‥‥‥‥‥‥‥‥‥‥‥387
微積分の融合（数II）‥‥‥‥‥‥‥‥‥401
定積分で表された関数（数II）‥‥‥‥‥403
等差数列‥‥‥‥‥‥‥‥‥‥‥‥‥‥‥405
等比数列‥‥‥‥‥‥‥‥‥‥‥‥‥‥‥406
数列の雑題‥‥‥‥‥‥‥‥‥‥‥‥‥‥407
数学的帰納法‥‥‥‥‥‥‥‥‥‥‥‥‥433
確率と漸化式‥‥‥‥‥‥‥‥‥‥‥‥‥444
群数列‥‥‥‥‥‥‥‥‥‥‥‥‥‥‥‥459
平面ベクトルの成分表示‥‥‥‥‥‥‥‥465
平面ベクトルの内積‥‥‥‥‥‥‥‥‥‥466
位置ベクトル（平面）‥‥‥‥‥‥‥‥‥470
ベクトルと図形（平面）‥‥‥‥‥‥‥‥471
点の座標（空間）‥‥‥‥‥‥‥‥‥‥‥488
空間ベクトルの成分表示‥‥‥‥‥‥‥‥489
ベクトルと図形（空間）‥‥‥‥‥‥‥‥490
球面の方程式‥‥‥‥‥‥‥‥‥‥‥‥‥516
直線の方程式（数B）‥‥‥‥‥‥‥‥‥527
平面の方程式‥‥‥‥‥‥‥‥‥‥‥‥‥529
期待値‥‥‥‥‥‥‥‥‥‥‥‥‥‥‥‥537
母平均の推定‥‥‥‥‥‥‥‥‥‥‥‥‥538

【多項式の計算（除法を除く）】

《展開（A5）☆》

1. $A = 4x^2 + 2x - 1$, $B = 2x^2 + x + 1$ とする．このとき，$A - 2B = -\boxed{}$，

$A^2 - AB - 2B^2 = -\boxed{}x^2 - \boxed{}x$ である． （23 昭和女子大・A日程）

《展開（A5）☆》

2. $(x+1)(x+2)(x+3)(x+4)$

$\qquad -(x-1)(x-2)(x-3)(x-4)$

$\qquad = \boxed{}x\left(x^2 + \boxed{}\right)$ （23 中部大）

《展開と十進法（B5）》

3. $(x+1)(x+2)(x+3)(x+4)$ を展開すると，x^3 の係数は $\boxed{}$ であり，x の係数は $\boxed{}$ である．

また，$101 \times 102 \times 103 \times 104$ を計算したとき，その値の千の位の数字は $\boxed{}$ であり，百の位の数字は $\boxed{}$ である． （23 武庫川女子大）

【因数分解】

《1文字について整理（A10）☆》

4. 次の式を因数分解せよ．

（1） $3x^3 + 12x^2y + 9xy^2 + 4x^2 + 16xy + 12y^2$

$\qquad = (\boxed{}x + \boxed{})(x+y)(x + \boxed{}y)$

（2） $5(2x-3)^2 + 2(2x+2) - 34$

$\qquad = (\boxed{}x - \boxed{})(\boxed{}x - \boxed{})$ （23 金城学院大）

《塊を考える因数分解（A5）☆》

5. x の整式 $(x^2 + 4x + 3)(x^2 + 10x + 24) + 8$ を因数分解すると

$(x + \boxed{\text{ア}})(x + \boxed{\text{イ}})(x^2 + \boxed{}x + \boxed{})$

と表せる．ただし，$\boxed{\text{ア}} < \boxed{\text{イ}}$ とする． （23 武庫川女子大）

《複2次式の因数分解（A5）☆》

6. $x^4 - 8x^2 + 4$ を因数分解せよ．

（23 明海大）

《4次式の因数分解（B10）》

7. 整式 $P(x) = x^4 + 11x^2 - 4x + 32$ が

$\qquad P(x) = (x^2 + a)^2 - (x + b)^2$

と表せるような定数 a, b の値は

$a = \boxed{}$, $b = \boxed{}$

であり，$P(x)$ を実数の範囲で因数分解すると $P(x) = \boxed{}$ となる． （23 関西学院大・理系）

《3乗差の因数分解（B10）☆》

8.（1） $(x-2y)^3 - (-2x+y)^3$ を因数分解すると $\boxed{}$ である．

（2） $x = \dfrac{\sqrt{5}+1}{2}$, $y = \dfrac{\sqrt{5}-1}{2}$ のとき，

$x^3 + 2x^2y + 2xy^2 + y^3$ の値は $\boxed{}$ である．

（23 福岡大）

《2次2変数6項の因数分解（A10）☆》

9. 整式 $2x^2 + 5xy + 2y^2 + 7x + 5y + 3$ を1次式の積に因数分解すると，$\boxed{}$ となる． （23 神奈川大・給費生）

《2次2変数6項の因数分解（B10）》

10. $2x^2 + 11xy + 5y^2 + 15x + 21y + 18$ を因数分解せよ． （23 酪農学園大・食農，獣医-看護）

《2次2変数6項の因数分解（B10）》

11. 次の式を因数分解すると,

$$x^2 + 8xy + 15y^2 + 7x + 19y - 8$$
$$= (x + \boxed{}\,y - \boxed{})(x + \boxed{}\,y + \boxed{})$$

である. （23　摂南大）

【数の計算】

《4次の展開 (A2)》

12. $x^2 = 7\sqrt{2} + 4\sqrt{3}$, $y^2 = 7\sqrt{2} - 4\sqrt{3}$ とする.

このとき,

$$x^2 y^2 = \boxed{}, \quad \frac{y}{x-y} + \frac{x}{x+y} = \frac{\boxed{}\sqrt{\boxed{}}}{\boxed{}}$$

である. さらに, $xy < 0$ のとき, $(x+y)^4 = \boxed{}$ である. （23　大同大・工-建築）

《2項分母の有理化 (B5) ☆》

13. $x = 3 + 2\sqrt{2}$, $y = 3 - 2\sqrt{2}$ のとき, $\dfrac{\sqrt{x} - \sqrt{y}}{\sqrt{x} + \sqrt{y}}$ の値を求めよ. （23　北海学園大・工）

《3項分母の有理化 (A5) ☆》

14. 次の式の分母を有理化せよ.

$$\frac{1}{1 + \sqrt{6} + \sqrt{7}}$$

（23　北海学園大・工）

《塊を見つけよ (B5) ☆》

15. 次の式を簡単にしなさい. ただし, 分母に根号が残らないようにすること.

$$\frac{2 - \sqrt{3} + \sqrt{7}}{2 + \sqrt{3} - \sqrt{7}} - \frac{2 + \sqrt{3} - \sqrt{7}}{2 - \sqrt{3} + \sqrt{7}}$$

（23　産業医大）

《次数下げ (A5)》

16. $\left(\dfrac{\sqrt{3} + \sqrt{5}}{\sqrt{2}}\right)^2$ の整数部分を a, 小数部分を b とすると, $a = \boxed{}$, $b = \sqrt{\boxed{ア}} - \boxed{}$ である. b は等式

$b^2 + \boxed{イ}\,b - \boxed{イ} = 0$ を満たし, $b^3 = 6(\boxed{}\sqrt{\boxed{ア}} - \boxed{})$ である. （23　昭和女子大・A日程）

《3項分母の有理化 (A5)》

17. 次の式を分母を有理化して簡単にせよ.

（1）$\dfrac{3\sqrt{3}}{2\sqrt{2}} - \dfrac{3\sqrt{2}}{\sqrt{3}} + \dfrac{2}{\sqrt{6}} = \boxed{}$

（2）$\dfrac{\sqrt{5} - \sqrt{3}}{\sqrt{5} + \sqrt{3}} + \dfrac{\sqrt{3} + \sqrt{2}}{\sqrt{3} - \sqrt{2}} = \boxed{}$

（3）$\dfrac{1}{1 + \sqrt{5} + \sqrt{6}} + \dfrac{1}{4 + 2\sqrt{5}} = \boxed{}$ （23　金城学院大）

《逆数の基本対称式 (A5) ☆》

18. $\sqrt{x} + \dfrac{1}{\sqrt{x}} = \sqrt{5}$ のとき, $\left(x^2 - \dfrac{1}{x^2}\right)^2 = \boxed{}$ である. （23　藤田医科大・医学部後期）

《3次基本対称式 (A5) ☆》

19. $x = \dfrac{2}{\sqrt{5} - 1}$, $y = \dfrac{\sqrt{5} - 1}{2}$ のとき, 次式の $\boxed{}$ に当てはまる値を求めよ.

（1）$x + y = \sqrt{\boxed{}}$

（2）$xy = \boxed{}$

（3）$x^3 + y^3 = \boxed{}\sqrt{\boxed{}}$ （23　共立女子大）

《3項基本対称式 (A10)》

20. 実数 a, b, c が,

$$a + b + c = 5, \ ab + bc + ca = 8,$$
$$\frac{1}{a} + \frac{1}{b} + \frac{1}{c} = 2$$

を満たすとき,

$$abc = \boxed{}, \ a^2 + b^2 + c^2 = \boxed{},$$
$$a^2b^2 + b^2c^2 + c^2a^2 = \boxed{}$$

である.

(23 金城学院大)

《虫食い算 (B5)》

21. 以下の虫食い算の解は $A = \boxed{}, B = \boxed{}, C = \boxed{}, D = \boxed{}$ である.

$$\boxed{A} \times \boxed{B}\,\boxed{A} \times \boxed{B}\,\boxed{A} = \boxed{C}\,\boxed{D}\,\boxed{C}\,3$$

(23 中部大)

《循環小数 (A1)》

22. 循環小数である $1.\dot{2}\dot{1}$ を既約分数で表すと $\boxed{}$ である.

(23 北九州市立大)

《循環小数 (A1)》

23. 循環小数 $0.1\dot{3}\dot{5}$ を分数で表すと, $\dfrac{5}{\boxed{}}$ であり, 循環小数 $2.2\dot{7}$ を分数で表すと, $\dfrac{\boxed{}}{11}$ である.

(23 東京工芸大・工)

《式の値 (A5)》

24. $x^2 = 7\sqrt{2} + 4\sqrt{3}, \ y^2 = 7\sqrt{2} - 4\sqrt{3}$ とする.

このとき,

$$x^2y^2 = \boxed{}, \quad \frac{y}{x-y} + \frac{x}{x+y} = \frac{\boxed{}\sqrt{\boxed{}}}{\boxed{}}$$

である. さらに, $xy < 0$ のとき, $(x+y)^4 = \boxed{}$ である.

(23 大同大・工-建築)

《7次の基本対称式 (B10) ☆》

25. $a = \sqrt{2 - \sqrt{3}}, b = \sqrt{2 + \sqrt{3}}$ について, $b^7 - a^7 = c\sqrt{d}$ となる 2 以上の整数 c, d を求めよ.

(23 福島県立医大・前期)

【1次方程式】

《絶対値と方程式 (B2)》

26. 方程式 $|x| + |x - 3| = x + 2$ を解け.

(23 北海学園大・工)

《絶対値と方程式 (B2)》

27. 方程式 $|2x + 3| + |x - 4| = 4x$ の解は $x = \boxed{}$ である.

(23 東北学院大・工)

《絶対値と方程式 (A1)》

28. 方程式 $x + 2\sqrt{x^2} = 5$ の解は, $x = \boxed{}, \ \dfrac{\boxed{}}{\boxed{}}$ である.

(23 東邦大・健康科学-看護)

《分数方程式 (A5) ☆》

29. $\dfrac{y+z}{2x} = \dfrac{z+x}{2y} = \dfrac{x+y}{2z} = m$ を満たす実数 x, y, z に対して次の式の値を求めよ.

(1) $m = \boxed{}$

(2) $\left(2 + \dfrac{2y}{x}\right)\left(2 + \dfrac{2z}{y}\right)\left(2 + \dfrac{2x}{z}\right) = \boxed{}$

(23 金城学院大)

《連立1次方程式 (A10) ☆》

30. 次の連立方程式の解は

$$x = \boxed{}, y = \boxed{}, z = \boxed{}$$

である.

$$\begin{cases} 2x - y + z = 8 \\ x - 2y - 3z = -5 \\ 3x + 3y + 2z = 9 \end{cases}$$

(23 関東学院大)

【1次不等式】

《連立不等式 (A2)》

31. 連立不等式

$$\begin{cases} \dfrac{1}{2}(4x+1) < 3 + x \\ 3x + 1 \geqq x \end{cases}$$

を満たす整数 x は，全部で $\boxed{}$ 個ある.

(23 東海大・医)

《連立不等式の解の存在 (B5) ☆》

32. 2つの不等式

$$|x - 9| < 3 \qquad （ⅰ）$$

$$|x - 2| < k \qquad （ⅱ）$$

を考える．ただし，k は正の定数とする.

（ⅰ），（ⅱ）をともに満たす実数 x が存在するような k の値の範囲は，$k > \boxed{}$ である．（ⅰ）を満たす x の範囲

が（ⅱ）を満たす x の範囲に含まれるような k の値の範囲は，$k \geqq \boxed{}$ である.

(23 京産大)

《連立不等式の解の存在 (B5) ☆》

33. 次の2つの不等式について考える．ただし，a は実数の定数とする.

$$|2x - 5| < 7 \cdots\cdots\cdots\cdots\cdots\cdots\cdots\cdots\cdots\cdots\cdots\cdots\cdots①$$

$$|x - a| < 3 \cdots\cdots\cdots\cdots\cdots\cdots\cdots\cdots\cdots\cdots\cdots\cdots\cdots②$$

（1） 不等式①の解は $\boxed{} < x < \boxed{}$ である.

（2） 不等式①，②をともに満たす整数がちょうど4個になるとき，a のとり得る値の範囲は

$\boxed{} < a \leqq \boxed{}$ または $\boxed{} \leqq a < \boxed{}$ である.

(23 武庫川女子大)

《連立不等式の解の存在 (A2)》

34. a は実数の定数とする．2つの不等式

$$\begin{cases} \dfrac{1}{2}x - 3 < \dfrac{7 - x}{4} + 2 \cdots\cdots① \\ \dfrac{1}{3}(x+4) \geqq \dfrac{1}{6}a + 1 \cdots\cdots② \end{cases}$$

を考える.

①の解は $x < \boxed{}$ である．また，$x = 2$ が②の解に含まれるような a の値の範囲は，$a \leqq \boxed{}$ である．①

の解と②の解の共通部分がちょうど5個の整数を含むような a の値の範囲は，$\boxed{} < a \leqq \boxed{}$ である.

(23 昭和女子大・A日程)

《絶対値の不等式 (A3) ☆》

35. 不等式 $|5x + 2| + |2x - 1| + |x - 3| \geqq 30$ を満たす x の範囲は $x \leqq \dfrac{\boxed{}}{\boxed{}}$，$\boxed{} \leqq x$ である.

(23 北里大・理)

【1次関数とグラフ】

《1次関数の最大最小 (B2) ☆》

36. 区間 $-5 \leqq x \leqq 5$ における，関数

$$f(x) = |x + 2| - |x| - |x - 2|$$

の最大値と最小値の和は $\boxed{}$ である.

(23 神奈川大・給費生)

《絶対値とグラフ (A5) ☆》

37. $f(x) = 2x - |x+2| + |2x-1|$ とするとき，$y = f(x)$ のグラフと直線 $y = k$ との共有点が3つあるための条件は，$\boxed{} < k < \boxed{}$ である． (23 東邦大・理)

《絶対値とグラフ (B20) ☆》

38. 解答に絶対値を用いてはならない．

m を正整数とし，$n = 2m$ とする．$a_1, a_2, \cdots, a_n$ を $a_1 < a_2 < \cdots < a_n$ を満たす実数とし，$f(x) = \sum_{k=1}^{n} |x - a_k|$ を考える．

（1） $m = 1$ のとき $f(x)$ の最小値は $\boxed{}$ である．

（2） l を0以上の整数とし，x は $a_l < x < a_{l+1}$ を満たす範囲にあるとする．ただし，$l = 0$ のときは $x < a_1$，$l = n$ のときは $x > a_n$ とする．このとき，$f(x)$ は

$$f(x) = (\boxed{})x + \sum_{k=l+1}^{n} a_k - \sum_{k=1}^{l} a_k$$

である．

（3） x が実数全体を動くとき，$f(x)$ の最小値は $\boxed{}$ である． (23 奈良県立医大・前期)

【2次関数】

《係数の決定 (A5) ☆》

39. xy 平面上の3点

A$(1, -8)$, B$(3, 2)$, C$(-2, 7)$

を通る2次関数は $\boxed{}$ で表される． (23 北九州市立大・前期)

《グラフの移動 (B5) ☆》

40. xy 平面において，放物線 $y = x^2 - 4x + 7$ を x 軸方向に -3，y 軸方向に2だけ平行移動して得られる放物線 C の方程式は，$y = x^2 + \boxed{}x + \boxed{}$ である．

また，放物線 C' を x 軸方向に4，y 軸方向に -6 だけ平行移動し，さらに原点に関して対称移動して得られる放物線は C と一致する．このとき，C' の方程式は $y = \boxed{}x^2 - \boxed{}x - \boxed{}$ である． (23 国際医療福祉大・医)

《グラフで考える (B10)》

41. a を1以上の定数とする．点 P(x, y) は曲線 $y = |x^2 - 5x + 4|$ 上を動く点で，その x 座標は $1 \le x \le a$ を満たすものとする．このとき，$\dfrac{y}{x}$ の最大値が，定数 a の値によらないような a の値の範囲は，

$$\boxed{} \le a \le \boxed{} + \sqrt{\boxed{}}$$

である．この範囲の a の値における $\dfrac{y}{x}$ の最大値は $\boxed{}$ である． (23 早稲田大・人間科学)

《最小 (A5) ☆》

42. 2次関数 $f(x) = ax^2 + bx + c$ が $x = 1$ で最小値3をとり，$f(0) = 5$ となるとき $a = \boxed{}$，$b = \boxed{}$，$c = \boxed{}$ である． (23 立教大・数学)

《条件の個数を抑えよ (B5) ☆》

43. a, b, p を正の整数とし，

$$f(x) = ax^2 - px + b$$

とする．$y = f(x)$ のグラフが2点

$(3, 11), (-3, 35)$ を通るとき，$p = \boxed{}$ である．そのときに，$-1 \le x \le 2$ における $f(x)$ の最大値が11，最小値が3であるなら，$a = \boxed{}, b = \boxed{}$ である． (23 埼玉医大・前期)

《置き換えると1次関数 (B5) ☆》

44. a を0でない実数とする．2次関数

$f(x) = ax^2 - 6ax + a^2$ の $1 \le x \le 4$ における最大値が0であるとき，a の値を求めよ． (23 高知工科大)

《置き換えると2次関数 (B2) ☆》

45. 次の関数の最大値と最小値，およびそのときの x の値を求めよ．

$$y = (x^2 - 2x)^2 - 3(x^2 - 2x) \quad (0 \leq x \leq 3)$$

（23　北海学園大・工）

《絶対値と最大 (B10) ☆》

46. a は定数とし，関数 $f(x) = |x^2 - ax| + |a|$ を考える．関数 $f(x)$ の $0 \leq x \leq 1$ における最大値を M とする．以下の問に答えよ．

（1）　$a \leq 0$ のとき，M を a の式で表せ．

（2）　$a > 0$ で $M = f\left(\dfrac{a}{2}\right)$ となるように，定数 a の値の範囲を定めよ．

（23　群馬大・理工, 情報）

《最大と最小 (A2)》

47. a を 4 より大きい定数とし，x の関数

$$f(x) = \frac{1}{4}x^2 - 2x + 1 \quad (0 \leq x \leq a)$$

の最大値を M，最小値を m とする．

$a = 6$ のとき，$M = \boxed{}$，$m = \boxed{}$ である．

また，$a > 8$ のとき，$M + m = 0$ となる a の値は，$a = \boxed{} + \boxed{}\sqrt{\boxed{}}$ である．

（23　創価大・理工）

《文字が入っていない (A2)》

48. 曲線 $y = -2x^2 + 8x + 4$ の区間 $0 \leq x \leq 5$ における，最大値とそのときの x の値，および最小値とそのときの x の値を答えなさい．

（23　岩手県立大・ソフトウェア-推薦）

《グラフと直線の交点 (B15)》

49. 放物線 $C : y = x^2 + 5x + 3$ の頂点の座標は $\left(-\dfrac{\boxed{}}{\boxed{}}, -\dfrac{\boxed{}}{\boxed{}}\right)$ であり，放物線 C と直線 $l : y = x + k$ が ただ 1 つの共有点をもつ定数 k の値は $k = -\boxed{}$ である．また，放物線 C と直線 l が 2 つの共有点 A, B をもち，線分 AB の長さが 8 となる定数 k の値は $k = \boxed{}$ である．

（23　大同大・工-建築）

《不等式と 2 次関数 (B10)》

50. 次の（1），（2）に答えなさい．

（1）　すべての実数 x に対して，$x^2 + ax + 1 > 0$ が成り立つような定数 a のうちで最大の整数を求めなさい．

（2）　a は（1）で求めた整数とする．すべての実数 x に対して，$\dfrac{bx}{x^2 + ax + 1} \leq 1$ が成り立つような定数 b のうちで最大のものを求めなさい．

（23　産業能率大）

《図形への応用 (B10)》

51. 下図のように，2 辺の長さが a と b である長方形に，半径 r_1 の円 O_1 と半径 r_2 の円 O_2 が内接しているとする．ただし，$0 < b \leq a < 2b$ とする．

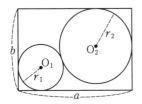

（1）　$x = r_1 + r_2$ とおくとき，三平方の定理を用いて x が満たす 2 次方程式を a と b を用いて表せ．

（2）　$r_1 + r_2$ を a と b を用いて表せ．

（3）　円 O_1 の面積と円 O_2 の面積の和を S とおいたとき，S を a, b と r_1 を用いて表せ．

（4）　S の最小値を a と b を用いて表せ．

（23　関大）

【2 次方程式】

《解く (B5) ☆》

52. a, b, c を実数とする．x の方程式

$$ax^2 + bx + c = 0$$

を解け.

(23 広島工業大・公募)

《解と係数の関係 (A2) ☆》

53. 2次方程式 $x^2 + 8x + k = 0$ の1つの解が他の解の (-3) 倍であるとき, 定数 k の値とこの2次方程式の解を求めよ.

(23 北海学園大・工)

《共通解 (B10) ☆》

54. 2つの2次方程式

$$x^2 + 6x - 12k - 24 = 0,$$
$$x^2 + (3-k)x + 12 = 0$$

(ただし, k は実数の定数)が共通な実数解をただ1つもつとき, $k = \boxed{}$ であり, その共通解は $\boxed{}$ である.

(23 武庫川女子大)

《解く (A2) ☆》

55. 方程式 $x^2 - |x| - 6 = 0$ の解は $x = \boxed{}$ である.

(23 日大・医)

《解く (B5)》

56. 方程式

$$|x+2| + |x-5| = -x^2 + 18$$

を解くと $x = -\boxed{}, \sqrt{\boxed{}}$

である.

(23 京都先端科学大)

《重解 (B2)》

57. 次の2つの放物線を考える.

$$y = x^2 + ax + \frac{1}{2}$$
$$y = -x^2 + bx$$

ただし, $a > b$ とする. この2つの放物線が1点で接するとき, a と b の間には $a = \boxed{}$ という関係が成り立つ. さらに, この接点の x 座標は $x = \boxed{}$ である. もし接点が放物線の極値をとる位置にあるならば, $b = \boxed{}$ である.

(23 奈良県立医大・推薦)

《直線との交点 (B10) ☆》

58. 関数 $y = -x^2 + x + 3|x-1|$ のグラフを C とする.

（1） C を図示せよ.

（2） 原点を通る直線 $y = kx$ と C との共有点がちょうど2個となるような実数 k の値の範囲を求めよ.

(23 青学大・理工)

《絶対値でグラフ (B15)》

59. $f(x)$ が次の式で与えられているとき, 以下の問いに答えよ.

$$f(x) = \begin{cases} x^2 - 2x + 3 & (x < 0) \\ |x^2 - 2x - 3| & (x \geqq 0) \end{cases}$$

（1） 関数 $y = f(x)$ のグラフの概形を描け.

（2） k を定数とする. 方程式 $f(x) = \dfrac{x}{2} + k$ が, ちょうど3個の異なる実数解をもつための, k の値を求めよ.

(23 甲南大・公募)

《因数分解の利用 (B10)》

60. 2次方程式

$$2(x+1)(x-1) + (x-1)(x+2)$$
$$+ (x+1)(x+2) = 0$$

の2つの解を α, β とする. このとき

$$\alpha\beta = \boxed{}, \quad (\alpha-2)(\beta-2) = \boxed{}$$

$$\frac{1}{(\alpha+1)(\beta+1)} + \frac{1}{(\alpha-1)(\beta-1)} + \frac{1}{(\alpha+2)(\beta+2)} = \boxed{}$$

である. (23 中京大)

《分数関数を判別式で (B10)》

61. 実数で定義される関数

$$y = f(x) = \frac{8x^2+5}{x^2-3x+6}$$

の最大値を M, 最小値を m とすると $\dfrac{M}{m} = \dfrac{\boxed{}}{\boxed{}}$ である. (23 藤田医科大・ふじた未来入試)

《文字定数は分離 (A10)》

62. k を実数の定数とするとき, x についての方程式 $|x^2-4x|+2x=k$ の異なる実数解の個数は, k がすべての実数となるように場合分けすると,

$k < \boxed{}$ のとき 0 個,

$k = \boxed{}$ のとき 1 個,

$\boxed{} < k < \boxed{}$ または $k > \boxed{}$ のとき 2 個,

$k = \boxed{}$ または $k=9$ のとき 3 個,

$\boxed{} < k < \boxed{}$ のとき 4 個である. (23 金城学院大)

《(B0)》

63. x の 2 次方程式 $x^2-2ax+a^2-a+1=0$ の $0<x<3$ における解の個数が 1 つであるための必要十分条件は, $a=\boxed{}$ または $\boxed{} \leqq a < \boxed{}$ である. (23 日大)

《(A2)》

64. a, b を実数とする. x についての 2 次方程式 $x^2-2ax+a+b=0$ が実数解をもつ条件を a と b で表すと $\boxed{}$ である. また, この 2 次方程式がどのような a の値に対しても実数解をもつとき, b のとりうる値の範囲は $\boxed{}$ である. (23 南山大・理系)

《重解 (A2)》

65. 2 次方程式 $x^2+(k+1)x+k+\dfrac{9}{4}=0$ が正の重解をもつとき, 定数 k の値は $k=\boxed{}$ であり, 2 次方程式の重解は $x=\boxed{}$ である. (23 東邦大・理)

《解の範囲 (B10) ☆》

66. a を定数とする. 2 つの放物線 $y=2x^2-2x-1$, $y=x^2+2ax-a^2-a-3$ が異なる 2 点で交わっている. 2 交点のうち x 座標の小さいほうの交点を P とするとき, P の x 座標の最小値は $\boxed{}$ であり, その最小値を与える a の値は $\boxed{}$ である. (23 帝京大・医)

【2 次方程式の解の配置】

《$-1<x<1$ の 2 解 (B5)》

67. a を正の実数とする. x の 2 次方程式

$$6x^2-4ax+a=0$$

が異なる 2 つの実数解をもつような a の値の範囲は $\boxed{}$ であり, $-1<x<1$ の範囲に異なる 2 つの実数解をもつような a の値の範囲は $\boxed{}$ である. (23 愛知工大)

《$x \leqq k$ の 2 解 (B5)》

68. 2 次方程式 $x^2+2kx+4k-3=0$ は 2 つの実数解 α, β をもつとする. ただし, $\alpha<\beta$ とする. このとき, k の値の範囲は $\boxed{}$ である. また, $\beta \leqq k$ となるような k の値の範囲は $\boxed{}$ である. (23 福岡大・医)

《$0<x<3$ の 1 解 (B0)》

69. x の 2 次方程式 $x^2-2ax+a^2-a+1=0$ の $0<x<3$ における解の個数が 1 つであるための必要十分条件

は, $a = \boxed{}$ または $\boxed{} \leqq a < \boxed{}$ である. (23 日大)

【2次不等式】

《解く（B2）》

70. 不等式 $x^2 + 2|x+1| - 5 < 0$ を解きなさい. (23 龍谷大・推薦)

《解く（B5）☆》

71. $-1 \leqq \alpha \leqq 1$ とする. x に関する方程式

$$x^2 - \frac{3}{2}x - \frac{9}{4} + \alpha = 0$$

が整数解を持つとき, α の値は $\boxed{}$ である. (23 立教大・数学)

《判別式の利用（A2）》

72. すべての実数 x について, 2次不等式

$$x^2 + ax + 2a - 3 > 0$$

が成り立つような定数 a の値の範囲は $\boxed{} < a < \boxed{}$ である. (23 松山大・薬)

《2変数の不等式（B20）☆》

73. 実数 a に対して2次関数 $f(x)$ と $g(x)$ を

$$f(x) = x^2 - 2(a+2)x + 4a + 8$$

$$g(x) = -x^2$$

と定める. 以下の問いに答えよ.

（1） 不等式 $f(x) \geqq g(x)$ がすべての実数 x について成り立つような a の値の範囲を求めよ.

（2） 不等式 $g(x) > f(x)$ を満たす実数 x が存在するような a の値の範囲を求めよ.

（3） 不等式 $f(x) \geqq g(y)$ がすべての実数 x, y について成り立つような a の値の範囲を求めよ.

（4） 不等式 $f(x) \geqq g(x)$ を満たす実数 x が存在するような a の値の範囲を求めよ. (23 筑波大・理工（数)-推薦)

《文字定数は分離せよ（B5）》

74. k を実数とする. 関数 $f(x) = 3x^2 - 2x + k$ に対し, 放物線 $y = f(x)$ の軸は直線 $x = \boxed{}$ である. また, 不等式 $f(x) < 0$ を満たす整数 x がちょうど2個となる k の値の範囲は $\boxed{}$ である. (23 工学院大)

《文字定数は分離文字定数は分離せよ（B20）☆》

75. 正の数 k に対して, 次の2つの不等式を考える.

$$x^2 + 2x - k > 0 \quad \cdots\cdots\cdots\cdots\cdots\cdots\cdots\cdots\cdots\cdots\cdots\cdots\cdots\cdots\cdots\cdots\cdots\cdots\cdots ①$$

$$x^2 - k^2 < 0 \quad \cdots\cdots\cdots\cdots\cdots\cdots\cdots\cdots\cdots\cdots\cdots\cdots\cdots\cdots\cdots\cdots\cdots\cdots\cdots ②$$

このとき, 次の問いに答えよ.

（1） ① を満たす実数 x の値の範囲を k を用いて表せ.

（2） ① と ② を同時に満たす実数 x の値の範囲を k を用いて表せ.

（3） ① と ② を同時に満たすような整数 x は $x = 1$ のみとなる k の値の範囲を求めよ.

（4） ① と ② を同時に満たすような整数 x は $x = 2$ のみとなる k の値を求めよ. (23 静岡大・理, 工, 情報)

《代入して調べる（B20）》

76. a を実数の定数とする. 不等式

$$(x+a)(x+1) \leqq 2$$

について, 以下の問いに答えよ.

（1） $a = 0$ のとき, この不等式を満たす整数 x をすべて求めよ.

（2） この不等式を満たす整数 x が, ちょうど3個となるような定数 a の範囲を求めよ.

(23 早稲田大・人間科学-数学選抜)

【分数不等式】

《視覚化の効用（B5）☆》

77. 実数 a を定数とします．x, y についての連立方程式

$$\begin{cases} 2x + y = 4 \\ ax - y = 4a - 1 \end{cases}$$

が $x > 0$ かつ $y > 0$ である解をもつとき，a の値の範囲を求めなさい． （23　鳴門教育大）

《分数不等式は差をとれ (B5) ☆》

78. 不等式 $\dfrac{2x}{2x+3} > x - 1$ の解は $\boxed{}$ である． （23　東京薬大・生命）

【集合の雑題】

《要素の対応 (B20)》

79. 整数全体を全体集合 U とし，U の部分集合 A, B を $A = \{1, 4, a^3 + 33, a + 6\}$，
$B = \{2, 7, a^3 + 30, a^2 + a\}$ とする．$n(A \cap B) = 2$ であるとき $a = \boxed{}$ であり，$n(\overline{A \cup \overline{B}}) = \boxed{}$，
$n\big((A \cap B) \cup (\overline{A} \cap B) \cup (A \cap \overline{B})\big) = \boxed{}$ である．ただし，$n(X)$ は集合 X の要素の個数を表す．

（23　藤田医科大・医学部後期）

《集合の要素の個数 (B20)》

80. $U = \{x \mid x \text{ は } 2 \text{ 以上 } 28 \text{ 以下の自然数}\}$ を全体集合とする．U の部分集合 $A = \{x \mid x \text{ は偶数}\}$，
$B = \{x \mid x \text{ は } 3 \text{ で割ると } 1 \text{ 余る}\}$，$C = \{x \mid x \text{ と } 2023 \text{ は } 1 \text{ 以外に正の公約数を持たない}\}$ について，次の集合の
要素の個数を求めよ．ただし，$n(X)$ は集合 X の要素の個数を表す．

$n(A \cap B) = \boxed{}$，$n(\overline{A} \cap B) = \boxed{}$，$n(\overline{A} \cap \overline{B}) = \boxed{}$，$n(\overline{A \cup B}) = \boxed{}$，
$n(A \cap B \cap C) = \boxed{}$，$n(A \cap B \cap \overline{C}) = \boxed{}$，$n(\overline{A \cup B \cup C}) = \boxed{}$ （23　藤田医科大・医学部前期）

《集合の要素の個数 (A10)》

81. 1000 以上 2023 以下の自然数の中で，3 と 4 の少なくとも一方で割り切れるものの個数は $\boxed{}$ である．

（23　北見工大・後期）

《3 つの集合 (B20) ☆》

82. 40 人の生徒にスマートフォンとタブレット端末の所有状況について，アンケートを行った．スマートフォン
を所有していると回答した生徒は 38 人，タブレット端末を所有していると回答した生徒は 32 人であった．次の問
いに答えなさい．

（1）　スマートフォンとタブレット端末の両方を所有している生徒の人数の最大値を求めなさい．

（2）　スマートフォンとタブレット端末の両方を所有している生徒の人数の最小値を求めなさい．

（3）　追加の質問としてノート PC を所有しているかについて聞いたところ，15 人が所有していると回答した．ス
　　マートフォン，タブレット端末，ノート PC の 3 つすべてを所有している生徒の人数の最小値を求めなさい．

（4）　スマートフォン，タブレット端末，ノート PC の 3 つすべてを所有している生徒の人数が（3）で求めた最
　　小値であるとき，スマートフォンとノート PC の両方を所有しているが，タブレット端末は所有していない生徒
　　の人数を求めなさい． （23　尾道市立大）

《同値関係 (C30)》

83. n を正の整数とする．座標平面上の点 (a, b) で，a, b が 1 以上 n 以下の整数であるもの全体のなす集合を S_n
とする．たとえば，$n = 2$ のとき $S_2 = \{(1, 1), (2, 2), (1, 2), (2, 1)\}$ である．S_n の部分集合 P に対して次の 3 つ
の条件を考える．

（i）　$1 \le a \le n$ を満たすすべての整数 a に対して，点 (a, a) は P に属する．

（ii）　点 (a, b) が P に属するならば，点 (b, a) も P に属する．

（iii）　点 (a, b) が P に属し，かつ点 (b, c) が P に属するならば，点 (a, c) も P に属する．

以下の問いに答えよ．

（1）　$n = 3$ のとき，条件（i），（ii），（iii）を満たす S_3 の部分集合 P であって，点 $(1, 2)$ を含むものをすべて求
　　めよ．

（2）　$n = 4$ のとき，条件（i），（ii），（iii）を満たす S_4 の部分集合 P は，全部でいくつあるか答えよ．

《要素の考察 (B2)》

84. 自然数 n に対して，集合

$A = \{x \mid x は整数, x^2 \leqq n\}$

は奇数個の要素をもつことを示せ.

《変わった問題 (B20)》

85. ２つのレポートの異なる度合い（非類似度）を数値化することは，レポートの独創性を評価するために重要である．レポートのテーマに関する異なる９個の単語を選び，それらの単語の集合を $U = \{w_1, w_2, \cdots, w_9\}$ とする．レポート A に，U に属する単語が含まれるかどうかを調べたところ，w_2, w_3, w_5 が含まれていた．このとき，単語の集合 A を $A = \{w_2, w_3, w_5\}$ と表す．同様に，レポート B についても調べたところ，単語の集合 B が $A \cap B = \{w_5\}$, $\overline{A \cup B} = \{w_1, w_4, w_9\}$ を満たしたとする．次の問いに答えよ.

（1）集合 B を求めよ.

（2）集合 A の部分集合をすべて求めよ.

（3）集合 U の部分集合の個数を求めよ.

（4）集合 U の部分集合 X, Y について，集合

$Z = (X \cap \overline{Y}) \cup (\overline{X} \cap Y)$

の要素の個数 $n(Z)$ を，$n(X), n(Y), n(X \cap Y)$ を用いて表せ.

ここで，U の部分集合 X, Y に対して，X と Y の非類似度 $d(X, Y)$ を次の式で定義する.

$$d(X, Y) = \frac{n((X \cap \overline{Y}) \cup (\overline{X} \cap Y))}{n(X \cup Y)}$$

（5）集合 A, B に対して，A と B の非類似度 $d(A, B)$ を計算せよ.

（6）C, D を U の部分集合とする．$n(C) = 4, n(D) = 6$ のとき，C と D の非類似度 $d(C, D)$ がとりうる値の最大値と最小値を求めよ.

【命題と集合】

《集合の包含 (B10)》

86. x を実数とする.

命題「$x^2 - 9x + 20 < 0$

$\Longrightarrow x^2 - 2(k-1)x + k^2 - 2k - 8 \leqq 0$」

が真となる k の範囲は

$\boxed{} \leqq k \leqq \boxed{}$ ある.

【必要・十分条件】

《判定問題 (A2)》

87. 「$x^2 + 2x - 8 \leqq 0$」は「$x^2 - 7x + 12 \geqq 0$」であるための $\boxed{}$.

（a）必要十分条件である

（b）十分条件であるが必要条件でない

（c）必要条件であるが十分条件でない

（d）必要条件でなく十分条件でもない

《判定問題 (A2)》

88. 次の $\boxed{}$ に適するものを，以下の解答群から選び，解答欄の所定の位置にその**記号のみ**を記入せよ．ただし，同じものを繰り返し選んでもよい.

（1）n を自然数とする．$4n^2 - 16n + 15 < 0$ は，$n = 2$ であるための $\boxed{}$

（2）x を実数とする．$x = 2$ は，$3x^2 - 8x + 4 = 0$ であるための $\boxed{}$

（3）x, y を実数とする．$x(y^2 - 1) = 0$ は，$x = 0$ であるための $\boxed{}$

《解答群》

① 十分条件であるが，必要条件ではない．

② 必要条件であるが，十分条件ではない．

③ 必要十分条件である．

④ 必要条件でも十分条件でもない． (23 富山県立大・推薦)

《判定問題（A5）☆》

89. $a+b, a-b$ がともに3の倍数であることは，a と b がともに3の倍数であるための □．□ に当てはまるものを，下の ①～④ のうちから選べ．

① 必要条件であるが，十分条件ではない

② 十分条件であるが，必要条件ではない

③ 必要十分条件である

④ 必要条件でも十分条件でもない (23 同志社女子大・共通)

《判定問題（A2）》

90. 実数 x に関する2つの条件

$$p : x = 2, \quad q : |x| = 2$$

について，p, q の否定をそれぞれ $\bar{p}, \bar{q}$ とする．

このとき，p は q であるための □．また，$\bar{p}$ は $\bar{q}$ であるための □．

① 必要十分条件である ② 必要条件でも十分条件でもない

③ 必要条件だが十分条件でない ④ 十分条件だが必要条件でない (23 東京薬大)

《十分性（A20）☆》

91. a を実数の定数，x を実数とし，条件 p, q をそれぞれ次のように定める．

$$p : (x+3)(x-2) < 0, \quad q : x^2 + a < 0$$

このとき，p が q であるための必要条件となる a の範囲は □ である．また，p が q であるための十分条件となる a の範囲は □ である． (23 芝浦工大)

【命題と証明】

[命題と証明]

《無理数の証明（B5）☆》

92. 正の実数 a に関する次の命題の真偽を答えよ．また，真であるときは証明を与え，偽であるときは反例をあげよ．ただし，$\sqrt{2}$ は無理数であることを用いてよい．

（1） a が自然数ならば $\sqrt{a}$ は無理数である．

（2） a が自然数ならば $\sqrt{a} + \sqrt{2}$ は無理数である． (23 愛媛大・医，理，工)

《無理数の証明（B5）☆》

93. 次の問いに答えよ．

（1） $\sqrt{3}$ が無理数であることを示せ．

（2） a, b が有理数であるとき，$a + b\sqrt{3} = 0$ が $a = b = 0$ の必要十分条件であることを示せ．

（3） $\sqrt{2} + \sqrt{3}$ が無理数であることを示せ． (23 藤田医科大・ふじた未来入試)

《上智大受験生には必須（B20）》

94. $\{x \mid x > 0\}$ を定義域とする関数 $f(x)$ の集合 A に対する以下の3つの条件を考える．

(P) 関数 $f(x)$ と $g(x)$ が共に A の要素ならば，関数 $f(x) + g(x)$ も A の要素である

(Q) 関数 $f(x)$ と $g(x)$ が共に A の要素ならば，関数 $f(x)g(x)$ も A の要素である

(R) α が0でない定数で関数 $f(x)$ が A の要素ならば，関数 $\alpha f(x)$ も A の要素である

A を以下の（ⅰ）～（ⅳ）の集合とするとき，条件 (P), (Q), (R) のうち成り立つものをすべて解答欄にマークせよ．ただし，成り立つものが一つもないときには，解答欄の z をマークせよ．（マークシート略）

（1）　$f(1)=0$ を満たす関数 $f(x)$ 全体の集合

（2）　$f(a)=0$ となる正の実数 a が存在する関数 $f(x)$ 全体の集合

（3）　全ての正の実数 x に対して $f(x)>0$ が成り立つ関数 $f(x)$ 全体の集合

（4）　定義域 $\{x\,|\,x>0\}$ のどこかで連続でない関数 $f(x)$ 全体の集合　　　　　　（23　上智大・理工）

《無限降下法 (B5) ☆》

95.　O を原点とする座標平面において，第 1 象限に属する点 $P(\sqrt{2}r,\sqrt{3}s)$（r,s は有理数）をとるとき，線分 OP の長さは無理数となることを示せ．　　　　　　（23　東京慈恵医大）

《必要性と十分性の難問 (B30) ☆》

96.　実数 a に対して以下の条件 (G) を考える．

・条件 (G): 不等式 $\lceil 3xyz \rceil < x^3+y^3+z^3+a$ が任意の正の実数 x,y,z に対して成り立つ．（ただし，実数 r に対して $\lceil r \rceil$ は r 以上の整数の中で最小のものを表す．）

（1）　$a \geqq 1$ ならば，a は条件 (G) を満たすことを証明せよ．

（2）　条件 (G) を満たす実数 a の中で，$a=1$ は最小であることを証明せよ．　　　　　　（23　奈良県立医大・後期）

《集合を調べる (B20) ☆》

97.　実数全体を定義域とする関数

$$f(x)=ax^2+bx+c,\ g(x)=x^2+4x+3$$

に関して次の問いに答えなさい．ただし，実数 a,b,c は定数とします．

（1）　「方程式 $f(x)=0$ の実数解」の定義を述べなさい．

（2）　$a=c=1$ とします．命題

「実数 b が $b^2 \geqq 4$ を満たすならば方程式 $f(x)=0$ は $x<-3$ の範囲に少なくとも 1 つの実数解をもつ」

の真偽を調べ，真であるならその証明を行い，偽であるなら反例をあげなさい．

（3）　$a>0, c=\dfrac{b}{2}>0$ とします．実数全体の集合を全体集合とし，部分集合

$A=\{x\,|\,f(x)<0\}$,

$B=\{x\,|\,g(x)<0\}$

を考えます．$x<-3$ の範囲に方程式 $f(x)=0$ の実数解が存在しないとします．命題

「$f(-1)f(-3)>0 \Longrightarrow A \subset B$」

が真であることを証明しなさい．　　　　　　（23　鳴門教育大）

【三角比の基本性質】

［三角比の基本性質］

《コスからタン (A2) ☆》

98.　A が鋭角で，$\cos A=\dfrac{1}{5}$ を満たすとき，$\sin A$ と $\tan A$ の値を求めよ．　　　　　　（23　愛媛大・工，農，教）

《分数方程式を解く (B5) ☆》

99.　方程式

$$\frac{1}{2+\cos^2 x}+\frac{1}{1+\sin^2 x}=\frac{64}{63}$$

の解 x のうち，$0 \leqq x \leqq 180°$ の範囲にあるものの個数を求めなさい．　　　　　　（23　横浜市大・共通）

《鈍角のタン (A2)》

100.　$90°<\theta<180°$ とする．$\tan\theta=-\dfrac{1}{3}$ のときの $\sin\theta$ と $\cos\theta$ の値を求めよ．　　　　　　（23　愛知医大・看護）

《タンからサイン (A2)》

101.　実数 α が $\tan\alpha=\dfrac{\sqrt{7}}{5}$ を満たすとき，$\sin\alpha$ を求めよ．ただし，$0<\alpha<\dfrac{\pi}{2}$ とする．　　　　　　（23　学習院大・理）

《次数を揃える (A2)》

102.　$0° \leqq \theta \leqq 180°$ において，$\sin\theta+\cos\theta=\dfrac{\sqrt{10}}{5}$ のとき，$\tan\theta=\boxed{}$ である．

（23　明海大・経，不動産，ホスピタリティ）

《不思議な問題 (B20) ☆》

103. 4つの鋭角 A, B, C, D が,

$\cos A = \cos B \cos C$, $\sin B = \sin A \sin D$

という 2 つの関係式を満たしているとき, $\sin C \tan D$ を B のみで表すと, $\sin C \tan D = \boxed{}$ である. また, $\tan A \cos D$ を C のみで表すと,

$\tan A \cos D = \boxed{}$ である. (23 東海大・医)

【正弦定理・余弦定理】

[正弦定理・余弦定理]

《角の決定 (A2) ☆》

104. △ABC において, $AB = 1$, $AC = \sqrt{2}$, $BC = \sqrt{5}$ のとき, ∠A の大きさを求めよ. (23 富山県立大・推薦)

《辺の大小と角の大小 (B5) ☆》

105. 三角形 ABC の 3 辺の長さをそれぞれ

$AB = 13$, $BC = 8$, $CA = 7$

とする. このとき, 次の問いに答えなさい.

（1） 三角形の 3 つの頂角

∠CAB, ∠ABC, ∠BCA のうち, 最も大きい角をもつものを選びなさい.

（2）（1）で選んだ最も大きい角をもつ頂角について, その角度を求めなさい.

（3） 三角形 ABC の面積を求めなさい. (23 尾道市立大)

《余弦定理 (B5) ☆》

106. 三角形 ABC において,

$AB = \sqrt{2} + \sqrt{6}$, $AC = 2\sqrt{3}$, $\angle ABC = \dfrac{\pi}{3}$

のとき, 次の問いに答えよ.

（1） 次の式を計算せよ.

$(\sqrt{6} - \sqrt{2})^2$

（2） BC を求めよ. (23 九州歯大)

《円に外接する四角形 (B10) ☆》

107. 円に外接する四角形 ABCD がある. このとき, 以下の問いに答えよ.

（1） $AB + CD = AD + BC$ を示せ.

以下の（2）,（3）では $AB = 5$, $BC = 3$, $CD = 4$ となる場合を考える.

（2） AD の値を求めよ.

（3） 四角形 ABCD が別の円に内接するとき, $\cos \angle A$ の値を求めよ. (23 中部大)

《(B5)》

108. 点 O を中心とする円に内接する四角形 ABCD において, $AB = 3$, $BC = 5$, $CD = 6$, $CA = 7$ とする. このとき, $\cos \angle ABC = -\dfrac{\boxed{}}{\boxed{}}$, △ACD の外接円の半径は $\dfrac{\boxed{}\sqrt{\boxed{}}}{\boxed{}}$, △OCD の面積は $\sqrt{\boxed{}}$,

$AD = \boxed{} + \sqrt{\boxed{}}$ である. (23 大同大・工・建築)

《スチュワートの定理 (B3) ☆》

109. 三角形 ABC において辺 BC を 4:3 に内分する点を D とするとき, 等式

$\boxed{} AB^2 + \boxed{} AC^2 = AD^2 + \boxed{} BD^2$

が成り立つ. (23 慶應大・医)

【平面図形の雑題】

[平面図形の雑題]

《今年の最良問 (C20) ☆》

110. 任意の三角形 ABC に対して次の主張（★）が成り立つことを証明せよ.

（★） 辺 AB，BC，CA 上にそれぞれ点 P，Q，R を適当にとると三角形 PQR は正三角形となる. ただし P，Q，R はいずれも A，B，C とは異なる，とする.　　　　　　　　　　　　　　　　　　　　　（23　京大・総人-特色）

《四角形の対角線 (B10) ☆》

111. 1辺の長さが7の正三角形 ABC とその外接円がある. 外接円の点 B を含まない弧 CA 上に，点 D を弦 CD の長さが3となるようにとる.

（1） 線分 AD の長さは $\boxed{}$ であり，△ACD の面積は $\dfrac{\boxed{}\sqrt{\boxed{}}}{\boxed{}}$ である.

（2） △ABD の面積と △BCD の面積の比は $\boxed{}:\boxed{}$ である.

（3） 線分 BD の長さは $\boxed{}$ である.　　　　　　　　　　　　　　　　　　　　　　（23　昭和薬大・B方式）

《(B0)》

112. 1辺の長さが1の正八角形がある. その頂点を反時計回りに A，B，C，D，E，F，G，H とする. このとき，$AC^2 = \boxed{}$ であり，$AD^2 = \boxed{}$ である. ただし，答えが分数のときは，分母を有理化せよ.（23　山梨大・医-後期）

《平行四辺形 (B10)》

113. $0 < x < y$ とする. 平行四辺形 ABCD において，辺 AB の長さを x，辺 BC の長さを y，$\angle ABC = 2\theta \left(0 < \theta < \dfrac{\pi}{2}\right)$ とする. 平行四辺形 ABCD の内角 A，B，C，D を2等分する直線をそれぞれ l_A，l_B，l_C，l_D とし，l_A と l_B の交点を E，l_B と l_C の交点を F，l_C と l_D の交点を G，l_D と l_A の交点を H とする. 平行四辺形 ABCD と四角形 EFGH が重なる部分の面積を S とする. 以下の問いに答えよ.

（1） $\angle FEH$ を求めよ.

（2） 線分 AE および線分 AH の長さを求めよ.

（3） 点 H が平行四辺形 ABCD の外部にあるような，x, y の条件を求めよ.

（4） S を求めよ.　　　　　　　　　　　　　　　　　　　　　　　　　　　　　　（23　岡山大・理系）

《三角形内の三角形 (B10) ☆》

114. AB = 2, BC = 3, CA = 4 である三角形 ABC について，次の問いに答えよ.

（1） $\cos\angle CAB$ の値と三角形 ABC の面積を求めよ.

（2） 辺 AB を 2:3 に内分する点を P，辺 BC を 1:4 に内分する点を Q，辺 CA を 3:5 に内分する点を R とするとき，三角形 PQR の面積を求めよ.　　　　　　　　　　　　　　　　　　　　　（23　北里大・獣医）

【空間図形の雑題】

《正八面体の体積 (A3)》

115. 半径が3の球に内接する正八面体の体積は $\boxed{}$ である.　　　　　　（23　藤田医科大・ふじた未来入試）

《正八面体 (B5) ☆》

116. 1辺の長さが3である正八面体に6点で外接する球の半径は $\boxed{}$ であり，8点で内接する球の半径は $\boxed{}$ である.　　　　　　　　　　　　　　　　　　　　　　　　　　　　　　　　（23　東海大・医）

《正四面体で最短距離 (B20)》

117. 下図のような1辺の長さが2である正四面体 ABCD について考える.

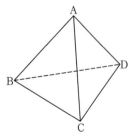

（1） 正四面体 ABCD の表面積は $\boxed{}\sqrt{\boxed{}}$ である.

（2） △BCD の外接円の半径は $\dfrac{\boxed{}\sqrt{\boxed{}}}{\boxed{}}$ であり，内接円の半径は $\sqrt{\dfrac{\boxed{}}{\boxed{}}}$ である．

（3） 点 A から △BCD に垂線 AH を下ろすと，AH $= \dfrac{\boxed{}\sqrt{\boxed{}}}{\boxed{}}$ である．

（4） 正四面体 ABCD が球に内接しているとき，その球の半径は $\sqrt{\dfrac{\boxed{}}{\boxed{}}}$ である．

（5） 正四面体 ABCD の辺 BC, CD, DA 上にそれぞれ点 P, Q, R をとる．正四面体の表面上を頂点 A から点 P，Q, R の順に通り，頂点 B に至る最短経路の長さは $\boxed{}\sqrt{\boxed{}}$ である． （23 武庫川女子大）

《直方体を切る (B5)》

118. $0 < a < 2$ とする．$AB = \sqrt{2-a}$, $AD = \sqrt{a}$, $AE = 2$ である直方体 ABCD-EFGH について，∠AFC を θ とおく．次の問に答えよ．

（1） $\cos\theta$ を a を用いて表せ．

（2） $a = 1$ のとき，△AFC の面積 S の値を求めよ．

（3） $a = 1$ のとき，△AFC の内接円の半径 r と外接円の半径 R の値をそれぞれ求めよ．

（4） $\tan\theta$ を a を用いて表せ．また，$\dfrac{1}{2} \leqq a \leqq \dfrac{4}{3}$ のとき，$\tan\theta$ のとりうる値の範囲を求めよ． （23 佐賀大・理工，農-後期）

【データの整理と代表値】

[データの整理と代表値]

《平均の計算 (A3) ☆》

119. 10 個の数値からなるデータ

1, 2, 5, 5, 6, 7, 7, 8, 9, 10 の平均値は $\boxed{}$，中央値は $\boxed{}$，最頻値は $\boxed{}$ である． （23 明治薬大・公募）

《中央値と平均値 (B10)》

120. a を自然数とし，6 個の値 6, 10, 8, 5, 13, a をもつデータを考える．このデータの中央値と平均値が等しいとき，a の値は $\boxed{}$ である．また，このデータにおいて中央値が平均値の $\dfrac{1}{2}$ 倍と等しくなる a の値は $\boxed{}$ である． （23 芝浦工大・前期）

《度数から式を立てる (B2)》

121. データ A の大きさは 15 であり，データ A の値は 1, 2, 3, 4, 5 のいずれかであるとする．1, 2, 3, 4, 5 のそれぞれを階級値であると考えたとき，その度数はどれも 1 以上であるとする．階級値 1 の度数が 2，データ A の中央値が 2，データ A の平均値がちょうど 3 であるとき，階級値 5 の度数は $\boxed{}$ である． （23 明治大・全）

《中央値の決定 (B5)》

122. 次のデータは，6 人のテストの得点である．

55, 61, 53, 45, 70, a（単位は点）

このとき，このデータの中央値は a の値によって何通りの値を取り得るか．ただし，a の値は正の整数とする．

（23 北海学園大・工）

《(B0)》

123. 次の文章は，『貯蓄額や所得の多い少ないは「学歴」と関係あるのか？』という記事からの抜粋である．表は厚生労働省の令和元年国民生活基礎調査から，学歴ごとの平均所得金額（15歳以上の雇用者1人あたり）をまとめたものです．（中略）

男性・女性ともに専門学校・短大・高専卒の方が所得金額が多いのに，総数となると高校・旧制中卒の方が多いのは統計上の謎です．

	小学・中学卒業	高校・旧制中卒業	専門学校・短大・高専卒業	大学・大学院卒業
総数	245.2万円	303.5万円	278.6万円	487.4万円
男性	300.8万円	404.6万円	409.0万円	584.6万円
女性	160.5万円	186.1万円	216.6万円	291.5万円

男性の所得金額も女性の所得金額もともに，専門学校・短大・高専卒業の方が，高校・旧制中卒業より多いのに，総数（男性＋女性）では，逆転した結果になっている．これはどうしてか，説明しなさい． (23 兵庫医大)

【四分位数と箱ひげ図】
《四分位数 (B5)》

124. 6個の数字1, 2, 3, 4, 5, 6から，異なる3個を並べてできる3桁の数120個をデータとするとき，次の設問に答えよ．

（1） 平均値を求めよ．

（2） 中央値を求めよ．

（3） 第1四分位数，第3四分位数，および四分位範囲をそれぞれ求めよ． (23 倉敷芸術科学大)

【分散と標準偏差】
《分散の計算 (B5) ☆》

125. kが整数のとき，次の5個の値$(-2, 0, 1, 2, k)$の標準偏差が2となるようなkの値を求めよ．

(23 釧路公立大)

《分散の計算 (B5)》

126. 12個の値からなるデータがある．そのうちの8個のデータの平均値が12，分散が18であり，残りの4個のデータの平均値が6，分散が9であるとする．このとき，12個のデータの平均値は □ であり，分散は □ である． (23 茨城大・工)

《2つのグループの分散 (A5) ☆》

127. 生徒15人の10点満点で実施した漢字テストの点数について，平均値が6点，分散が2であった．

その後，ほかの生徒5人に対して，同じテストを追加で実施したところ，次のような点数となった．

5, 3, 9, 7, 6(点)

この生徒20人のテストの点数の分散を求めなさい． (23 秋田大)

《2つのグループの分散 (B20) ☆》

128. 下表は，100人の生徒を2つのクラスX, Yに分けて行った試験の結果である．100人全員の点数についての平均点が60点，分散が87であるとき，Xクラスの平均点$\overline{x}$の値を求めよ．ただし，$\overline{x} < \overline{y}$である．

クラス	人数	平均点	分散
X	60	$\overline{x}$	83
Y	40	$\overline{y}$	78

(23 福島県立医大)

《変数変換 (A5)》

129. データ$x_1, x_2, \cdots, x_n$の平均値が40，標準偏差が20であるとする．正の実数aと実数bに対して，データ$ax_1 + b, ax_2 + b, \cdots, ax_n + b$の平均値が80，標準偏差が10となるとき，$(a, b) = $ □ である．

(23 北見工大・後期)

《変量を置き換える (A10) ☆》

130. 変量xのデータが下のように与えられている．

38, 47, 50, 56, 59

いま，$y = \dfrac{x-50}{3}$ として新たな変量 y をつくるとき，変量 y の分散は $\boxed{}$ であり，変量 x の分散は $\boxed{}$ である．

(23 同志社女子大・共通)

《中央値の最大 (B10)》

131. (1) データ $2, 3, 5, 7, 13$ の平均値は $\boxed{}$，分散は $\boxed{}$ である．

(2) データ a, b（ただし，$a \leqq b$）の平均値と分散がともに 1 であるとき，$(a, b) = \boxed{}$ である．

(3) 3 つの実数からなるデータ x, y, z の平均値と分散がともに 1 である．

- $x + y + z = \boxed{}$，$x^2 + y^2 + z^2 = \boxed{}$ である．

- $X = x - 1, Y = y - 1, Z = z - 1$ とおくと，データ X, Y, Z の平均値は $\boxed{}$，分散は $\boxed{}$ である．また，$Y = Z$ のとき $X = \boxed{}$ である．

- データ x, y, z の中央値の最大値は $\boxed{}$ である．

(23 明治薬大・前期)

《変数変換 (A10)》

132. 変量 x のデータが次のように与えられている．

610, 530, 590, 550, 570

いま，$c = 10, x_0 = 500, u = \dfrac{x - x_0}{c}$ として新たな変量 u を作る．このとき，変量 u のデータの平均値 $\overline{u}$ と分散 s_u^2 を求めると $\overline{u} = \boxed{}$，$s_u^2 = \boxed{}$ である．

(23 南山大・理系)

《変数変換 (B10)》

133. (1) n 個のデータ $x_1, x_2, x_3, \cdots, x_{n-1}, x_n$ について

データの平均値を m とすると，分散 s^2 は記号 $\sum$ を用いて，次のように定義される．

$$s^2 = \frac{1}{\boxed{\text{ア}}} \sum_{k=1}^{n} \left(\boxed{\text{イ}} - \boxed{\text{ウ}} \right)^2 \cdots\cdots\cdots\cdots\cdots\cdots\cdots\cdots\cdots\cdots\cdots\cdots\cdots ①$$

ただし，$\boxed{\text{ウ}}$ は定数とする．

① 式を変形すると

$$s^2 = \frac{1}{\boxed{\text{ア}}} \sum_{k=1}^{n} \boxed{\text{イ}}^2 - \boxed{\text{エ}}$$

となる．$\boxed{\text{エ}}$ は記号 $\sum$ を用いずに答えよ．

(2) あるクラスで 10 点満点の数学の試験をしたところ，10 人の得点 x は次の通りだった．

7, 4, 10, 1, 7, 3, 10, 6, 4, 8

他の教科の得点と合わせるために，得点 x を $y = 3x + 20$ の式で 50 点満点の得点 y に変換した．このとき，x と y の分散はそれぞれ $\boxed{\text{オ}}$，$\boxed{\text{カ}}$ となる．ただし，$\boxed{\text{オ}}$，$\boxed{\text{カ}}$ は数値で答えよ．

(23 立命館大・薬)

【散布図と相関係数】

《相関係数の計算 (B20) ☆》

134. 値が小数第 2 位までで割り切れない場合は，小数第 3 位を四捨五入して小数第 2 位まで求めなさい．

ある病院に入院中の患者 20 名について，ある検査値と，薬 X と薬 Y の使用量との関係について調べた．その結果をまとめたものが以下の表であり，斜線は薬を使用していないことを示す．

患者番号	検査値 (mg/dL)	薬X (mg)	薬Y (mg)
1	7.0	3	
2	35.0	6	10
3	3.6		15
4	13.0	3	10
5	7.0		
6	9.0	3	
7	5.0		
8	7.0	4	10
9	43.0	10	10
10	15.0	4	
11	8.6		15
12	16.0	8	
13	5.2		10
14	5.4		
15	6.6		10
16	23.0	5	10
17	7.0	3	
18	12.0	6	
19	6.6		
20	5.0	2	10

（1）薬 X のみを使用している患者の検査値の平均値は $\boxed{}$ (mg/dL)，薬 Y のみを使用している患者の検査値の平均値は $\boxed{}$ (mg/dL) である．したがって，薬 X と薬 Y のどちらも使用していない患者の検査値の平均値と比べ，薬 X のみを使用している患者の検査値の平均値は $\boxed{}$，薬 Y のみを使用している患者の検査値の平均値は $\boxed{}$．

（2）薬 X と薬 Y を併用している患者の検査値の第 1 四分位数は $\boxed{}$ (mg/dL)，第 3 四分位数は $\boxed{}$ (mg/dL) である．

（3）薬 X の使用量と検査値との相関係数は，薬 X のみを使用している場合は <u>0.78</u> であり，薬 X と薬 Y を併用している場合は $\boxed{}$ である．よって薬 X と薬 Y を併用すると，薬 X の使用量と検査値との相関関係が $\boxed{}$ と考えられる．

なお下線部の 0.78 は，小数第 3 位を四捨五入した値である．

ただし，$\sqrt{2}=1.41$，$\sqrt{5}=2.23$，$\sqrt{30}=5.48$，$\sqrt{101}=10.05$ として計算しなさい．

（4）薬 X と薬 Y を併用している患者全員について考える．

薬 X の使用量を半分に減らした結果，併用している患者全員の検査値の数値がそれぞれ 5.0 (mg/dL) 低下した．このとき，これらの患者の減量後の薬 X の使用量の分散は，減量前の薬 X の使用量の分散の $\boxed{}$ 倍であり，減量後の薬 X の使用量と検査値との相関関係は，減量前と比べて $\boxed{}$ と考えられる． （23 慶應大・薬）

《変換による変化（A5）》

135. 2 つの変数 x, y について，標準偏差，共分散と相関係数が表のように与えられている．

（i），（ii）に答えなさい．

	x	y
標準偏差	$\sqrt{2}$	$2\sqrt{2}$
共分散	a	
相関係数	0.2	

（1）共分散 a の値を求めなさい．

（2）変量 x をすべて 2 倍してできる変量を z とするとき，y と z の相関係数を求めなさい． （23 長崎県立大）

《相関係数の計算（C20）》

136. 47 都道府県の幸福度の順位 x と経済指標の順位 y の変数の組を (x_i, y_i) $(i = 1, 2, \cdots, 47)$ で表す．幸福度と経済指標のいずれの順位においても，都道府県ごとに 1 から 47 までの順位が重複なく割り当てられるとして，

次の問に答えよ.

（1） $f_i = y_i - x_i$ として，x と y の相関係数 r を，f_i を用いて表すと，$\boxed{}$ である.

解答群

  ⓪ $-1 + \dfrac{1}{8648}\displaystyle\sum_{i=1}^{47} f_i{}^2$ ① $1 - \dfrac{1}{8648}\displaystyle\sum_{i=1}^{47} f_i{}^2$ ② $-1 + \dfrac{1}{17296}\displaystyle\sum_{i=1}^{47} f_i{}^2$ ③ $1 - \dfrac{1}{17296}\displaystyle\sum_{i=1}^{47} f_i{}^2$

  ④ $-1 + \dfrac{1}{34592}\displaystyle\sum_{i=1}^{47} f_i{}^2$ ⑤ $1 - \dfrac{1}{34592}\displaystyle\sum_{i=1}^{47} f_i{}^2$

（2） $x_i = y_i \ (i = 1, 2, \cdots, 45)$, $x_i \neq y_i \ (i = 46, 47)$ のとき，r の最大値は $\boxed{}$ であり，最小値は $\boxed{}$ である.

解答群

  ⓪ $-\dfrac{71}{94}$ ① $\dfrac{71}{94}$ ② $-\dfrac{165}{188}$ ③ $\dfrac{165}{188}$ ④ $-\dfrac{4323}{4324}$ ⑤ $\dfrac{4323}{4324}$ ⑥ $-\dfrac{8647}{8648}$ ⑦ $\dfrac{8647}{8648}$

（23　東京理科大・経営）

【順列】

[順列]

《基本的な重複順列（A2）》

137. 7個の数字 1, 1, 2, 2, 0, 0, 0 を使ってできる 7 桁の正の整数は $\boxed{}$ 個ある.（23　藤田医科大・ふじた未来入試）

《基本的な重複順列（B2）》

138. medicine に使われている 6 種類 8 文字のうち 4 文字を使って作ることができる異なる文字列の数は $\boxed{}$ である.

（23　藤田医科大・医学部後期）

《基本的な重複順列（B2）☆》

139. 7つの文字 A, A, A, D, I, M, Y すべてを 1 列に並べてできる文字列について，次の問いに答えなさい.

（1）文字列は全部で何通りあるか求めなさい.

（2）AとDが隣り合う文字列は全部で何通りあるか求めなさい.

（3）2つ以上の A が隣り合う文字列は全部で何通りあるか求めなさい.

（4）全部の文字列をアルファベット順の辞書式に並べるとき，文字列 YAMADAI は何番目の文字列か求めなさい.

（23　山口大・理系）

《辞書式に並べる（A10）》

140. 7個の数字 0, 1, 2, 3, 4, 5, 6 を用いて，同じ数字を 2 回以上使わずに 4 桁の整数を作る．それらの整数を値の小さい順に並べたとき，初めて 4000 を超える整数は $\boxed{}$ 番目であり，500 番目の整数は $\boxed{}$ である.

（23　北里大・理）

《辞書式に並べる（B5）》

141. 6個の数字 0, 1, 2, 3, 4, 5 を使って 3 桁の整数を作る．ただし，同じ数字を重複して使ってもよいものとする．このとき，作られる 3 桁の整数は全部で $\boxed{}$ 個あり，その中で 444 は小さい方から数えて $\boxed{}$ 番目の整数である.

（23　大工大・推薦）

【場合の数】

《同じものがある順列（A2）☆》

142. 7個の数字 1, 1, 2, 2, 0, 0, 0 を使ってできる 7 桁の正の整数は $\boxed{}$ 個ある.（23　藤田医科大・ふじた未来入試）

《同じものがある順列（B2）☆》

143. 7つの文字 A, A, A, D, I, M, Y すべてを 1 列に並べてできる文字列について，次の問いに答えなさい.

（1）文字列は全部で何通りあるか求めなさい.

（2）AとDが隣り合う文字列は全部で何通りあるか求めなさい.

（3）2つ以上の A が隣り合う文字列は全部で何通りあるか求めなさい.

（4）全部の文字列をアルファベット順の辞書式に並べるとき，文字列 YAMADAI は何番目の文字列か求めなさい.

（23　山口大・理系）

《重複順列（B20）☆》

144. a, b, c, d は $a+b+c+d=12$ を満たす整数である．このとき，

（1）$a \geqq 0, b \geqq 0, c \geqq 0, d \geqq 0$ となる a, b, c, d の組 (a, b, c, d) は $\boxed{}$ 通りである．

（2）$a \geqq 0, b \geqq 0, c \geqq 1, d \geqq 1$ となる a, b, c, d の組 (a, b, c, d) は $\boxed{}$ 通りである．

（3）$a \geqq 0, b \geqq 0, 1 \leqq c \leqq 4, 1 \leqq d \leqq 4$ となる a, b, c, d の組 (a, b, c, d) は $\boxed{}$ 通りである．

(23 千葉商大・問題文の日本語を改変)

［編者註：原題は「組 (a, b, c, d)」でなく「組合せ」と書いてあった．$(a, b, c, d)=(1, 2, 4, 5)$ と $(a, b, c, d)=(5, 2, 4, 1)$ は別の組（順序対という）だが，これらは同じ組合せ（同じ要素があることを許した集合，現代数学では多重集合という）$\{1, 2, 4, 5\}$ である．出題者は組と組合せの区別がついていないと思われる．］

《重複順列・悪文 (A2)》

145. $a+b+c=9$ を満たす自然数 a, b, c の組 (a, b, c) は，$\boxed{}$ 通りある．(23 松山大・薬)

《重複順列 (B5) ☆》

146. $x+y \leqq 20$ を満たす 0 以上の整数の組 (x, y) の総数は $\boxed{}$ である．また，$x+y+z \leqq 20$ を満たす 0 以上の整数の組 (x, y, z) の総数は $\boxed{}$ である．(23 東邦大・理)

《同じものがある順列 (A2)》

147. a, a, a, a, a, b, b, c の 8 文字を 1 列に並べるとき，並べ方の総数は $\boxed{}$ である．(23 東海大・医)

《選んで並べる (B2) ☆》

148. medicine に使われている 6 種類 8 文字のうち 4 文字を使って作ることができる異なる文字列の数は $\boxed{}$ である．(23 藤田医科大・医学部後期)

《6 の倍数 (B5) ☆》

149. 1 から 5 までの自然数が 1 つずつ書かれた 5 枚のカードがある．この中から 3 枚のカードを選んで，3 桁の数を作る．

（1）これら 3 桁の数のうち，偶数は全部で $\boxed{}$ 個ある．

（2）これら 3 桁の数のうち，3 の倍数は全部で $\boxed{}$ 個ある．

（3）これら 3 桁の数のうち，6 の倍数は全部で $\boxed{}$ 個ある．(23 近大・医-推薦)

《辞書式に並べる (A10)》

150. 7 個の数字 0, 1, 2, 3, 4, 5, 6 を用いて，同じ数字を 2 回以上使わずに 4 桁の整数を作る．それらの整数を値の小さい順に並べたとき，初めて 4000 を超える整数は $\boxed{}$ 番目であり，500 番目の整数は $\boxed{}$ である．

(23 北里大・理)

《辞書式に並べる (B5)》

151. 6 個の数字 0, 1, 2, 3, 4, 5 を使って 3 桁の整数を作る．ただし，同じ数字を重複して使ってもよいものとする．このとき，作られる 3 桁の整数は全部で $\boxed{}$ 個あり，その中で 444 は小さい方から数えて $\boxed{}$ 番目の整数である．

(23 大工大・推薦)

《3 で割った余りの考え (B10) ☆》

152. n を自然数とする．n 桁の自然数のうち，次の条件 (*) を満たすものの個数を a_n とし，条件 (*) を満たさないものの個数を b_n とする．

(*) 3 の倍数であるか，または，いずれかの桁の数字が 3 である．

下の問いに答えなさい．

（1）a_1 および b_1 を求めなさい．

（2）n 桁の自然数のうち，どの桁の数字も 3 でないものの個数を c_n とするとき，c_n を n で表しなさい．

（3）$n \geqq 2$ とするとき，b_n を n で表しなさい．

（4）$n \geqq 2$ とするとき，a_n を n で表しなさい．(23 長岡技科大・工)

《突っ込む (B20) ☆》

153. 数字の 1 が書かれたカードが 2 枚，2 が書かれたカードが 3 枚，3 が書かれたカードが 4 枚の計 9 枚のカードがある．この 9 枚のカードのすべてを横一列に並べるとき，次の問いに答えよ．

（1） 並べ方は全部で何通りあるか．

（2） 数字の 3 が書かれたカードが隣り合わないような並べ方は何通りあるか．

（3） 同じ数字が書かれたカードが隣り合わないような並べ方は何通りあるか． （23 信州大・医, 工）

《並べる (B10)》

154. 数字 1, 2 とアルファベット a, b, c, d, e の 7 文字を使って順列を作る．数字が隣り合う順列は ☐ 通り, 数字の間にちょうど 4 文字並ぶ順列は ☐ 通り, 両端ともアルファベットである順列は ☐ 通り, 少なくとも一方の端が数字である順列は ☐ 通りある． （23 関西学院大・理系）

《選んで分ける (B10)》

155. 女子 4 人, 男子 3 人の合計 7 人を 3 組に分けることを考えるとき, 次のような組分けの方法はそれぞれ何通りあるか．

（1） 4 人, 2 人, 1 人の 3 組に分ける方法は, ☐ 通りある．

（2） 4 人, 2 人, 1 人の 3 組に分け, どの組にも男子が入っているように分ける方法は, ☐ 通りある．

（3） 2 人, 2 人, 3 人の 3 組に分ける方法は, ☐ 通りある． （23 金城学院大）

《円順列 (B10)》

156. OMOTENASI の 9 文字を次のように並べる．

（1） 横一列に並べるとき, 並べ方は全部で ☐ 通りである．このうち 2 つの O が隣り合う並べ方は ☐ 通りである．また, M, T, N, S がこの順に並ぶ並べ方は ☐ 通りである．

（2） 円形に並べるときの並べ方は全部で ☐ 通りである．このうち 2 つの O が隣り合わない並べ方は ☐ 通りである． （23 立命館大・理工, 情報理工, 生命科, 薬）

《円順列 (B10) ☆》

157. ある高校の生物部には男子 7 人, 女子 6 人の合計 13 人の生徒が所属している．次の問いに答えなさい．

（1） 部員全員の中から部長 1 人と副部長 2 人を選ぶとき, その選び方は何通りあるか求めなさい．

（2） 部員全員を 5 人, 4 人, 4 人の 3 組に分ける方法は何通りあるか求めなさい．

（3） 部員全員のうち男子 3 人, 女子 2 人が円形に並ぶとき, 女子 2 人が隣り合うような並び方は何通りあるか求めなさい． （23 山口大・後期-理）

《直・鈍・鋭角の定石 (B20) ☆》

158. 正 n 角形の頂点を A_1, A_2, $\cdots$, A_n とする．頂点のうち 3 点を結んで三角形を作るとき, 次の問いに答えよ．ただし, n は 4 以上の偶数とする．

（1） 直角三角形は何個作れるか．

（2） 鈍角三角形は何個作れるか．

（3） 鋭角三角形は何個作れるか． （23 愛知医大・医）

《階段を上がる (B20)》

159. 24 段の階段を昇るのに, 2 段昇り（図 A）と 3 段昇り（図 B）をそれぞれ 1 回以上組み合わせて昇ることとする．このとき, この階段の昇り方は何通りあるか．ただし, 3 段昇りが連続することはないものとする．

（23 愛知医大・医-推薦）

《最短格子路 (B10) ☆》

160. 右の図のような道路がある．A 地点から B 地点まで, 最短距離で行く経路について考える．P 地点を通る最短経路は ☐ 通りあり, P 地点または Q 地点を通る最短経路は ☐ 通りあり, P 地点を通って, Q 地点は通らない最短経路は ☐ 通りある．

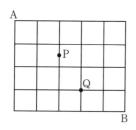

(23　中京大)

《格子路でタイプを調べる (B10)》

161. 下の図のように, 16 個の地点 (図の ●) とそれらを結ぶ 24 本の長さが等しい道路がある. まず A さんが地点 S_B と地点 G_B を通らずに地点 S_A から地点 G_A まで最短経路で行き, 次に A さんが通った地点 (S_A と G_A を含む) と道路を通らずに, B さんが S_B から G_B まで最短経路で行くとする. このとき, A さんと B さんの経路の組の総数は □ である.

(23　芝浦工大)

《個数で式を立てる (B5)》

162. $x_1, x_2, \cdots, x_8$ はそれぞれ 3 または -1 のどちらかの値をとるとする. このとき,

$$x_1 + x_2 + x_3 + x_4 + x_5 + x_6 + x_7 + x_8 = 0$$

をみたす 8 個の数の組 $(x_1, x_2, \cdots, x_8)$ は全部で □ 組あり,

$$x_1 + x_2 + x_3 + x_4 = x_5 + x_6 + x_7 + x_8$$

をみたす 8 個の数の組 $(x_1, x_2, \cdots, x_8)$ は全部で □ 組ある. (23　愛知工大・理系)

《箱の区別 (B30) ☆》

163. 4 つの箱に異なる 6 つの食器を入れる方法は何通りあるか求めなさい.

ただし, 1 つも入れない箱があっても良いとする. (23　産業医大)

《塗り分け問題 (B10) ☆》

164. 長方形 ABCD を縦に 2 等分, 横に 3 等分し, 6 個の小長方形に分割する. 長方形 ABCD は動かさないとして, 6 個の小長方形それぞれに青, 黄, 赤の 3 色のどれかで色を付けるとき, 色の付け方は全部で □ 通りある. そのうち, 青, 黄, 赤の色の付いた小長方形がそれぞれ 2 個になる色の付け方は □ 通り, 同じ色の付いた小長方形が辺を共有していない色の付け方は □ 通りある. (23　大同大・工-建築)

《数珠順列 (B10) ☆》

165. 赤色のガラス玉が 4 個, 青色のガラス玉が 2 個, 透明のガラス玉が 1 個ある. これらの 7 個のガラス玉を 1 列に並べる方法は □ 通りあり, 円形に並べる方法は □ 通りある. また, これらの 7 個のガラス玉に糸を通して首輪を作る方法は □ 通りある. (23　大同大・工-建築)

《7 進法への言い換え (B10) ☆》

166. 1, 4, 6 の数字を使わない正の整数を小さい数から順に 2, 3, 5, 7, 8, 9, 20, 22, 23, ⋯ のように並べるとき, 2023 は □ 番目の数字である. (23　藤田医科大・ふじた未来入試)

《数の分割 (B10) ☆》

167. 自然数 n を n 以下の自然数の和で表すことを考える. ただし, 例えば $n = 4$ の場合において, 「4」単独も 1 つの表し方とする. また, 「1＋2＋1」と「1＋1＋2」のように, 和の順序が異なるものは別の表し方であるとする. このとき, 次の問いに答えよ.

（1） 自然数 2 の表し方は，全部で何通りあるか．

（2） 自然数 3 の表し方は，全部で何通りあるか．

（3） 自然数 n の表し方は，全部で何通りあるか推測せよ． （23 愛知学泉大）

《玉を箱に入れる難問（C30）》

168. 白玉 3 個，黒玉 6 個の計 9 個の玉全てを 3 つの箱 A，B，C に分けることを考える．分け方の数え方については同じ色の玉は区別せず，箱は区別するものとする．また，玉が入らない箱がある場合も分け方として数えるものとする．このとき，分け方の総数は □ 通りである．どの箱にも少なくとも 1 個以上玉が入る分け方は □ 通りある．また，どの箱にも白玉が 2 個以上または黒玉が 2 個以上入る分け方は □ 通りである． （23 防衛医大）

【独立試行・反復試行の確率】

《独立試行の基本（A3）☆》

169. 1 つの問題には 4 つの選択肢があり，この選択肢の中から正しいものを 1 つ解答する．問題が全部で 5 題あり，それぞれの問題に対して 1 つの選択肢を無作為に選んで解答するとき，4 題以上正解する確率は $\dfrac{\boxed{}}{\boxed{}}$ であり，少なくとも 2 題正解する確率は $\dfrac{\boxed{}}{\boxed{}}$ である． （23 東邦大・医）

《独立試行の基本（B5）☆》

170. さいころを投げて，その出る目によって数直線（x 軸）上を動く 2 点 A，B があり，点 A の初めの座標は $x = 0$，点 B の初めの座標は $x = 4$ とする．さいころを 1 回投げるごとに，出た目が 1 か 2 ならば点 A のみが $+1$ だけ動き，5 か 6 ならば点 B のみが -1 だけ動き，3 か 4 ならば 2 点とも動かない．さいころを 5 回投げたとき，5 回目に初めて点 A，B の座標が等しくなる確率は □ であり，5 回のうちに点 A，B の座標が等しくなることが 1 度もない確率は □ である． （23 愛知工大・理系）

《N 枚から取る（B5）》

171. 箱の中に 1 から N までの番号が一つずつ書かれた N 枚のカードが入っている．ただし，N は 4 以上の自然数である．「この箱からカードを 1 枚取り出し，書かれた番号を見てもとに戻す」という試行を考える．この試行を 4 回繰り返し，カードに書かれた番号を順に X, Y, Z, W とする．次の問いに答えよ．

（1） $X = Y = Z = W$ となる確率を求めよ．

（2） X, Y, Z, W が四つの異なる番号からなる確率を求めよ．

（3） X, Y, Z, W のうち三つが同じ番号で残り一つが他と異なる番号である確率を求めよ．

（4） X, Y, Z, W が三つの異なる番号からなる確率を求めよ． （23 広島大・共通）

《$a + b + c + d = 10$（B10）☆》

172. 1 から 4 までの数が一つずつ書いてある 4 枚のカードが箱に入っている．この箱から 1 枚のカードを無作為に取り出し，カードに書かれた数を記録して箱に戻す試行を 4 回くり返した．記録した 4 つの数の和が 10 になる確率を求めよ． （23 長崎大・情報）

《サイコロで複雑な動き（B20）》

173. 図のように 1 辺の長さが 1 の正方形があり，その頂点を反時計回りの順に A，B，C，D とする．点 P は，次の規則 (a)，(b)，(c) にしたがって，この正方形の頂点から頂点へと移動する．

(a) 最初，点 P は頂点 A に止まっている．

(b) 点 P が頂点 A，B，C のいずれかに止まったら，さいころを 1 回投げ，出た目に応じて次の (ア)，(イ) のように移動する．

　（ア）4 以下の目が出たときには，点 P は，反時計回りに 1 だけ移動して止まる．

　（イ）5 以上の目が出たときには，点 P は，反時計回りに 2 だけ移動して止まる．例えば，点 P が頂点 C に止まっていて 5 以上の目が出たときには，点 P は頂点 D を通過して頂点 A まで移動して止まる．

(c) 点 P が頂点 D に止まったら，さいころは投げず，点 P の移動を終了する．

点 P の移動が終了するまでに，さいころを投げた回数を X，点 P が頂点 D を通過した回数を Y とする.

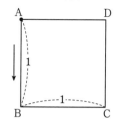

（1） $X = n$ となる確率を p_n とする.

p_2, p_3, p_4, p_5, p_6 を求めよ.

（2） n は 2 以上の整数とする. $X = 3n$ かつ $Y = n-1$ となる確率を求めよ.

（3） n は 2 以上の整数とする. $X = 3n$ かつ $Y = n$ となる確率を求めよ.　　　　（23　岐阜薬大）

《サイコロで得点（B20）》

174. 1 個のさいころを投げて出た目によって得点を得るゲームを考える. 出た目が 1，2 であれば得点は 2，出た目が 3 であれば得点は 1，出た目が 4，5，6 であれば得点は 0 とする. このゲームを k 回繰り返すとき，得点の合計を S_k とする.

（1） $S_2 = 3$ となる確率を求めよ.

（2） S_3 が奇数となる確率を求めよ.

（3） $S_4 \geqq n$ となる確率が $\dfrac{1}{9}$ 以下となる最小の整数 n を求めよ.　　　　（23　千葉大・前期）

《初めて 60 になる（B20）☆》

175. n を 3 以上の自然数とする. 1 個のさいころを n 回投げて，出た目の数の積をとる. 積が 60 となる確率を p_n とする. 以下の問いに答えよ.

（1） p_3 を求めよ.

（2） $n \geqq 4$ のとき，p_n を求めよ.

（3） $n \geqq 4$ とする. 出た目の数の積が n 回目にはじめて 60 となる確率を求めよ.　　　　（23　熊本大・医）

《面倒な問題（C30）》

176. 次の文章を読み，（1）〜（3）に答えよ.

さいころが 2 つ，硬貨が 2 枚ある. それぞれを同時に投下する試行を繰り返し，次の規則に従って座標平面上の点 P が動く. ただし，点 P ははじめ原点 O$(0, 0)$ にある.

- さいころの出た目の和が偶数のとき，点 P は x 軸方向に 1 だけ進む.
- さいころの出た目の和が奇数のとき，点 P は y 軸方向に 1 だけ進む.
- 硬貨が 2 枚とも表のとき，点 P は x 軸方向に 1 だけ進む.
- 硬貨が 2 枚とも裏のとき，点 P は y 軸方向に 1 だけ進む.
- 硬貨が表と裏 1 枚ずつのとき，点 P は動かない.

（例）さいころの出た目の和が偶数で硬貨が表と裏 1 枚ずつの場合，点 P は x 軸方向に 1 だけ進む.

このとき，以下の問いに答えよ.

（1） 試行を 2 回繰り返したとき，点 P が点 $(2, 2)$ にある確率を求めよ.

（2） 試行を 4 回繰り返したとき，OP $= 5$ となる確率を求めよ.

（3） 試行を 4 回繰り返したとき，点 P が $y = x-1$ の直線上にある確率を求めよ.　　　　（23　三重大・生物資源）

《正六角形を動く（B10）》

177. 下図のように正六角形を放射状に 6 等分したマス目がある. 時計回りに A，B，C，D，E，F と記号が振ってある. いま A を出発点として，コインを投げて表が出たとき 1 マス，裏が出たとき 2 マスだけ時計回りに進むゲームを考える. A にちょうど戻ったときを上がりとする. このとき，次の空欄を埋めよ.

（1） コインを 3 回投げて上がる確率は □ である.

（2） コインを 5 回投げて上がる確率は □ である.

（3） コインを投げていき，ちょうど1周して上がる確率は □ である．

（4） コインを投げていき，ちょうど2周して上がる確率は □ である．

（23 三条市立大・工）

《確率の最大（B20）☆》

178. n を自然数とする．数直線上で原点を出発点として点 P を動かす．1個のさいころを投げて出た目が1，2，3，4ならば正の向きに1だけ進め，出た目が5，6ならば負の向きに1だけ進める．この試行を $2n$ 回繰り返すとき，点 P の座標が x である確率を $p(x)$ と表す．次の問いに答えよ．

（1） $p(2n-2)$ を求めよ．

（2） k は $-n \leqq k \leqq n-1$ を満たす整数とする．このとき，$\dfrac{p(2k+2)}{p(2k)} \leqq 1$ となる k の条件を求めよ．

（3） m を自然数とし，$n = 3m+1$ とする．
$-n \leqq k \leqq n$ の範囲で，$p(2k)$ が最大となる整数 k をすべて求め，m を用いて表せ． （23 信州大・理-後期）

《確率の最大（B0）☆》

179. xy 平面において，原点を出発した動点 A は，確率 $\dfrac{1}{3}$ で x 軸の正の方向に距離1だけ移動し，確率 $\dfrac{2}{3}$ で y 軸の正の方向に距離1だけ移動する．また A は x 座標が7になったところで停止する．0以上の整数 n に対して，A が点 $(7, n)$ に到達する確率を p_n とするとき，以下の設問に答えよ．

（1） p_n を求めよ．

（2） p_n を最大にする n を求めよ． （23 東京女子大・数理）

《余事象でベン図を書く（B10）☆》

180. 4枚のコインを同時に投げ，表が出たコインの枚数を数えることを4回繰り返した．

（1） 4回のすべてで表が出るコインの枚数が2以上になる確率は $\left(\dfrac{\Box}{\Box}\right)^4$ である．

（2） 4回の中で表が出るコインの枚数の最小値が2である確率は $\dfrac{\Box}{\Box}$ である．

（3） 4回の中で表が出るコインの枚数の最小値が2，かつ最大値が4である確率は $\dfrac{\Box}{\Box}$ である．

（23 埼玉医大・前期）

《くじ引き（B10）☆》

181. 当たりくじ4本とはずれくじ6本からなる10本のくじがある．この中からAが2本のくじを同時に引き，その後Bが2本のくじを同時に引く．ただし，Aが引いたくじは元には戻さないものとする．

（1） Aの引いたくじが2本とも当たりである確率は $\dfrac{セ}{ソタ}$ である．

（2） AとBが引いたくじの中に1本も当たりがない確率は $\dfrac{チ}{ツテ}$ である．

（3） Aが引いたくじのうち1本だけが当たりで，かつBが引いたくじのうち1本だけが当たりである確率は，

$$\boxed{\dfrac{\boxed{ト}}{\boxed{ナ}}}$$ である.

（4）B の引いたくじが 2 本とも当たりである確率は $\dfrac{\boxed{二}}{\boxed{ヌネ}}$ である.　　　　　　（23　明治大・理工）

《タイプの分類（B20）☆》

182. 人形が 2 体ずつ入った中身の見えないカプセルがある．人形は 10 種類あり，同じ種類の人形は区別できない．各カプセルには異なる 2 種類の人形が 1 体ずつ入っている．また，2 種類の人形の組合せすべてについてカプセルがあり，どのカプセルも他のカプセルと中の人形の種類が少なくとも 1 つは異なるものとする．

すべてのカプセルのうちから 3 個を取り出し，それらの中に入っている合計 6 体の人形について，異なる種類が n 種類であるとする．次の問い（1）〜（4）に答えよ．

（1）カプセルは全部で $\boxed{}$ 個あり，各種類の人形はそれぞれ $\boxed{}$ 個のカプセルに入っている．

（2）n のとり得る値の範囲は $\boxed{} \leqq n \leqq \boxed{}$ である．

（3）$n=5$ となる確率は $\dfrac{\boxed{}}{\boxed{}}$ である．

（4）$n=4$ となる確率は $\dfrac{\boxed{}}{\boxed{}}$ である．　　　　　　（23　岩手医大）

《視覚化する（B2）☆》

183. どの目も等しい確率で出る 1 個のサイコロを 1 回投げ，出た目が 3 の倍数ならば 2 点が加点され，3 の倍数でなければ 1 点が減点されるゲームをくり返し行う．最初の持ち点を 0 点とするとき，

（1）3 回目のゲーム終了時に 0 点となる確率は $\dfrac{\boxed{}}{\boxed{}}$ である．

（2）6 回目のゲーム終了時にはじめて 0 点となる確率は $\dfrac{\boxed{}}{\boxed{}}$ である．

（3）3 回目のゲーム終了時に 0 点になり，9 回目のゲーム終了時に 2 回目の 0 点となる確率は $\dfrac{\boxed{}}{\boxed{}}$ である．

（4）9 回目のゲーム終了時にはじめて 0 点となる確率は $\dfrac{\boxed{}}{\boxed{}}$ である．　　　　（23　久留米大・医）

【条件付き確率】

《よい問題文（B20）☆》

184. 確率 p でシュートを成功させる選手がいる．ある試合中に，この選手は 3 回のシュートを試みた．

（1）この選手が 3 回目で初めてシュートを成功させた確率を，p を用いて表せ．

この選手の親は試合を観戦できなかったが，「3 回のシュートのうち少なくとも 1 回のシュートを成功させた」という事象 A が起こったことを知った．この事象 A が起こったときに，この選手が 3 回目で初めてシュートを成功させる条件付き確率は $\dfrac{25}{109}$ であるという．

（2）p の値を求めよ．

（3）事象 A が起こったときに，この選手が 2 回目で初めてシュートを成功させる条件付き確率を求めよ．

　　　　　　（23　札幌医大）

《（B20）☆》

185. さいころ A とさいころ B がある．はじめに，さいころ A を 2 回投げ，1 回目に出た目を a_1，2 回目に出た目を a_2 とする．次に，さいころ B を 2 回投げ，1 回目に出た目を b_1，2 回目に出た目を b_2 とする．次の問いに答えよ．

（1）$a_1 \geqq b_1 + b_2$ となる確率を求めよ．

（2）　$a_1 + a_2 > b_1 + b_2$ となる確率を求めよ.

（3）　$a_1 + a_2 > b_1 + b_2$ という条件のもとで, $a_2 = 1$ となる条件付き確率を求めよ.

（23　横浜国大・理工, 都市, 経済, 経営）

《（C30）》

186. n を 3 以上の整数とする. n 個の数 1, 2, $\cdots$, n を重複することなく縦方向に並べてできる順列に対し, 次の手続きを考える.

まず c を 0, x を n とおき, 次の操作を x が 0 となるまで繰り返す.

　操作　順列の中で x が一番下ではなく, かつ x の一つ下にある数 y が x 未満のときは, x と y を順列の中で入れ替えることにより新たな順列を作り, さらに c を 1 だけ増やす. そうでないときは x から 1 だけ減じた数を改めて x とおき, c は変化させない.

　この操作が終了したときの c の値を, 元の順列の入れ替え数という.

$n = 4$ のとき, この手続きを次の（例1）の一番左にある順列に施すと, 矢印の順に変化していくことになる.

（例1）

順列	2 1 4 3	→	2 1 3 4	→	2 1 3 4	→	2 1 3 4	→	1 2 3 4	→	1 2 3 4	→	1 2 3 4
x の値	4	→	4	→	3	→	2	→	2	→	1	→	0
c の値	0	→	1	→	1	→	1	→	2	→	2	→	2

したがって, 上の（例1）の一番左にある順列の入れ替え数は 2 である. 以下の問いに答えよ.

（1）　$n = 3$ のときの順列をすべて挙げ, それぞれの順列の入れ替え数を求めよ.

（2）　1 から 4 までの数が一つずつ書かれた 4 枚のカードをよくかき混ぜ, 縦方向に並べて順列を作る. この順列において 4 が一番下であるとき, 順列の入れ替え数が 2 である条件付き確率を求めよ.

（3）　1 から n までの数が一つずつ書かれた n 枚のカードをよくかき混ぜ, 縦方向に並べて順列を作るとき, この順列の入れ替え数が 2 である確率を求めよ.

（23　広島大・光り輝き入試-理（数））

《設定いろいろ（B20）》

187. さいころを 2 回投げ, 1 回目に出た目を a, 2 回目に出た目を b とする.

$$X = \log_2 a + \log_2 b - \log_2(a + b)$$

と定めるとき, 以下の問いに答えよ.

（1）　$X = -1$ となる確率を求めよ.

（2）　$X = 1$ となる確率を求めよ.

（3）　X が整数となったとき, $X = 1$ である確率を求めよ.

（23　福井大・工, 教育, 国際）

《奇妙な操作につきあう（B20）》

188. 空のつぼ A, B, C と, 赤玉と白玉が 1 つずつある. まず, 赤玉を A に入れる. 次に, 以下の手順（ア）, （イ）, （ウ）を順に行う.

（ア）　さいころを投げて, 出た目の数が, 1 または 2 ならば白玉を A に入れ, 3 または 4 ならば白玉を B に入れ, 5 または 6 ならば白玉を C に入れる.

（イ）　さいころを投げて, 出た目の数が, 1 または 2 ならば A の中身を確かめ, 3 または 4 ならば B の中身を確かめ, 5 または 6 ならば C の中身を確かめる.

（ウ）　（イ）で中身を確かめたつぼが空であれば, A に入っている赤玉をとり出し, B と C のうち（イ）で中身を確かめていないつぼに赤玉を入れる.（イ）で中身を確かめたつぼが空でなければ, 何もしない.

このとき, 次の問いに答えよ.

（1）　（ウ）のあとで赤玉と白玉が同じつぼに入っている確率 p_1 を求めよ.

（2）　「（イ）において, 出た目の数が 5 または 6 であり, かつ C の中身を確かめたところ C が空であった」という

条件のもとで，（ウ）のあとで赤玉と白玉が同じつぼに入っている条件付き確率 p_2 を求めよ．

（3）「（ウ）のあとで赤玉と白玉が同じつぼに入っていた」という条件のもとで，（ウ）のあとで赤玉と白玉が A に入っている条件付き確率 p_3 を求めよ．　　　　　　（23　京都工繊大・後期）

《操作を変える (C20)》

189. 関数 $f(x) = \dfrac{1}{1-x}$，$g(x) = \dfrac{x}{x-1}$ がある．$a_0 = \dfrac{1}{3}$ とし，コインを n 回投げて，数列 $a_1, a_2, \cdots, a_n$ を

$$\begin{cases} k \text{ 回目に表が出たとき } a_k = f(a_{k-1}) \\ k \text{ 回目に裏が出たとき } a_k = g(a_{k-1}) \end{cases}$$

$(k = 1, 2, \cdots, n)$ で定める．

（1）　$n = 2$ のとき，$a_2 = -2$ である確率を求めよ．

（2）　$n = 3$ のとき，$a_3 = -2$ である確率を求めよ．

（3）　コインを投げた回数 n が 3 以上のとき，a_n の取り得る値をすべて求めよ．

（4）　n 回のうち表の出た回数が 1 であったとき，$a_n = -2$ である条件つき確率を求めよ．　　　（23　名古屋工大）

《数の和を考える (B20) ☆》

190. スペード，クローバー，ダイヤ，ハート，ジョーカーの 5 種類の模様が描かれたカードがある．スペード，クローバー，ダイヤ，ハートの模様が描かれたカードは 13 枚ずつあり，それぞれ 1 から 13 のうちのすべて異なる 1 つの数字が書かれている．ジョーカーは 1 枚だけである．これら計 53 枚のカードが入っている中が見えない袋から，ジョーカーが出るまでカードを戻すことなく連続して取り出す．次の問いに答えよ．

（1）　5 枚目にジョーカーが取り出される確率を求めよ．

（2）　5 枚目にジョーカーが取り出されたという条件のもと，1 枚目から 4 枚目に取り出されたカードの種類がすべて異なる条件付き確率を求めよ．

（3）　5 枚目にジョーカーが取り出され，1 枚目から 4 枚目に取り出されたカードの種類がすべて異なっていたという条件のもと，1 枚目から 4 枚目に取り出されたカードの数字の和が 17 であるという条件付き確率を求めよ．

　　　　　　（23　名古屋市立大・後期）

《5 桁の 3 進数 (B30)》

191. 3 進法で表すと 5 桁となるような自然数全体の集合を X とする．また，X に含まれる自然数 x に対して，x を 3 進法で $abcde_{(3)}$ と表すときの各桁の総和 $a + b + c + d + e$ を $S(x)$ とおく．例えば，10 進数 86 は 3 進法で $10012_{(3)}$ と表されるため，$S(86) = 1 + 0 + 0 + 1 + 2 = 4$ である．

（1）　10 進数 199 を 3 進法で表し，$S(199)$ を求めよ．

（2）　X の要素の個数を求めよ．

（3）　X から 1 つの要素を選び，さらに，各面に 1, 2, 3, 4, 5, 6 の数字の 1 つずつが重複なく書かれた 1 個のさいころを 1 回投げる．ただし，X のどの要素が選ばれる確率も同じであるとする．選ばれた X の要素を x，出たさいころの数字を r とおいたとき，次の確率を求めよ．

　（i）　$x \geqq 162$ かつ等式 $S(x) = r$ が成り立つ確率．

　（ii）　x が 9 の倍数であって r が奇数であったときに，等式 $S(x) = r$ が成り立つ確率．

　　　　　　（23　お茶の水女子大・前期）

《玉の取り出しの列 (B20)》

192. 袋の中に赤玉 3 個と白玉 3 個が入っており，袋の外に白玉がたくさんある．この袋の中から 1 個の玉を取り出して色を確認し，赤玉ならその玉の代わりに袋の外の白玉を 1 つ袋に入れ，白玉ならその玉を袋に戻す．

この操作を繰り返し，袋の中の玉がすべて白玉になるか，または白玉を取り出した回数の合計が 2 回になったところで操作を終了する．

（1）　2 個目の玉を取り出したところで操作が終了となる確率は $\dfrac{\square}{\square}$ である．

3 個目の玉を取り出したところで操作が終了となる確率は $\dfrac{\square}{\square}$ である．

（2） 4個目の玉を取り出し，かつその玉が3個目の赤玉である確率は $\dfrac{\boxed{}}{\boxed{}}$ である．

（3） 4個目の玉を取り出し操作が終了となったとき，白玉が袋から連続して取り出されている条件付き確率は $\dfrac{\boxed{}}{\boxed{}}$ である．
(23 獨協医大)

《玉の取り出しの列（B20）》

193. 箱Aには赤玉3個と青玉5個が入っていて，箱Bには赤玉3個と青玉6個が入っている．箱Aから1個の玉を取り出し，箱Bから2個の玉を取り出すとき，取り出された3個の玉の色がすべて同じである確率は $\boxed{}$ である．また，1個のさいころを投げて，4以下の目が出たときは箱Aから1個の玉を取り出し，5以上の目が出たときは箱Bから1個の玉を取り出す．1個のさいころを投げて取り出された玉の色が青だったときに，それが箱Bから取り出されたものである確率は $\boxed{}$ である．
(23 福岡大)

《目の最大値（B20）☆》

194. 3個のさいころA，B，Cを1回ずつ投げる．さいころAの出た目が4であり，かつ3個のさいころの出た目の最大値が4である確率は $\boxed{}$ である．3個のさいころの出た目の最大値が4であるときに，さいころAの出た目が4である確率は $\boxed{}$ である．
(23 福岡大・医)

《玉の取り出し（B20）☆》

195. 袋Aには白玉3つと赤玉5つが入っていて，袋Bには白玉4つと赤玉3つが入っている．

（1） 袋Aから玉を1つ，袋Bから玉を2つ取り出したとき，取り出した3つの玉が，白玉2つ，赤玉1つである確率を求めよ．

（2） 袋Aから1つの玉を取り出して袋Bに移し，次に袋Bから2つ玉を取り出す．袋Bから取り出した玉が2つとも赤であるとき，袋Aから袋Bに移した玉が赤である確率を求めよ．
(23 学習院大・理)

《伝達の確率（B20）》

196. 青玉が4個，赤玉が4個，白玉が1個，黒玉が1個入っている袋がある．Aさんは袋から玉を1つ無作為に取り出し，その玉の色をある装置に入力する．この装置は入力された色の情報を離れた場所のBさんに伝達する．この装置の内部では，下の表に示すように4つの色の情報をそれぞれコードと呼ばれる0か1で表された2桁の数値に変換して伝達している．装置がこのコードを伝達するときには，0か1かのどちらかの数値を上位の桁から順に伝達するが，数値を1つ伝達するたびに一定の確率（20%）で，0を1や1を0のように間違って伝達してしまうとき，以下の確率を求めよ．

なお，各設問の答えは解答用紙の指定欄に百分率（%）で表し，必要があれば小数第1位を四捨五入して答えよ．

色	コード
青	00
赤	01
白	10
黒	11

（1） 「青」と入力された色の情報が正しく「青」と伝達される確率

（2） 「赤」と入力された色の情報が間違って「白」と伝達される確率

（3） Bさんに伝達された色の情報が「黒」である確率

（4） Bさんに伝達された色の情報が「黒」であるときに，Aさんが取り出したのが黒玉である条件付き確率
(23 関西医大・後期)

《カードの取り出し（B20）》

197. 箱の中に -3 と書かれたカードが3枚，-2 と書かれたカードが2枚，-1 と書かれたカードが1枚，1と書かれたカードが1枚，2と書かれたカードが2枚，3と書かれたカードが3枚，合計12枚のカードが入っている．この箱の中から同時に3枚のカードを取り出し，そのカードに書かれた数字の和を S とする．

（1） 取り出されたカードに書かれた数字がすべて正の値である確率は $\boxed{}$ であり，取り出されたカードに書か

た数字のうち，少なくとも 1 つが負の値である確率は □ である．

（2） $S = -9$ または $S = 9$ となる確率は □ である．

（3） $S = 0$ となる確率は □ であり，$S > 0$ となる確率は □ である．

（4） $S = 0$ であったとき，残り 9 枚のカードが入った箱から同時に 2 枚のカードを取り出し，その取り出された 2 枚のカードに書かれた数字の和が 0 である条件付き確率は □ である． (23 久留米大・推薦)

《玉の取り出し（A10）☆》

198. 2 つの箱 A，B があり，A には赤球 3 個，白球 5 個，B には赤球 4 個，白球 5 個が入っている．まず，A または B の箱を選び，選んだ箱から球を 2 個取り出す．ただし，A，B の箱を選ぶ事象は同様に確からしいとし，また，1 個の球を取り出す事象はどれも同様に確からしいとする．

（1） 取り出された球が 2 個とも赤球である確率は $\dfrac{\boxed{18}\,\boxed{19}}{\boxed{20}\,\boxed{21}\,\boxed{22}}$ である．

（2） 取り出された球が 2 個とも赤球であるとき，それらが A の箱から取り出された球である条件付き確率は，$\dfrac{\boxed{23}}{\boxed{24}\,\boxed{25}}$ である． (23 日大・医)

《玉の個数（B20）》

199. 中身がそれぞれ空である白い箱と黒い箱が 1 個ずつある．また，互いに区別のつかない球が十分多くある．1 から 6 の目をもつ 1 つのさいころを 1 回投げるごとに，出た目が偶数であれば白い箱に目の数に等しい個数の球を入れ，出た目が奇数であれば黒い箱に目の数に等しい個数の球を入れる．ただし，1 度箱に入れた球は取り出さない．さいころを 3 回続けて投げたとき，白い箱に入っている球の個数を n_W，黒い箱に入っている球の個数を n_B として，以下の各問いの空欄に適する 1 以上の整数を解答欄に記入せよ．ただし，分数は既約分数として表すこと．

（1） $n_B = 4$ となる確率は $\dfrac{\square}{\square}$ である．

（2） $n_B = 3$ となる確率は $\dfrac{\square}{\square}$ である．

（3） $n_W = 8$ となる確率は $\dfrac{\square}{\square}$ である．

（4） $n_W = 8$ という条件の下で，$n_B \neq 0$ となる条件つき確率は $\dfrac{\square}{\square}$ である． (23 日本医大・後期)

《検査の確率（A20）☆》

200. ウィルス X に対して陽性または陰性と判定する検査 A に関して次の 2 つのことがわかっている．

（ⅰ） ウィルス X に感染している人に検査 A を実施すると，80% の確率で陽性と判定される．

（ⅱ） ウィルス X に感染していない人に検査 A を実施すると，70% の確率で陰性と判定される．

ある集団において，40% の人がウィルス X に感染していることがわかっている．この集団の人に対して検査 A を行って陽性と判定されたとき，実際にウィルス X に感染している条件付き確率は $\dfrac{\square}{\square}$ である． (23 東京医大・医)

《8 の倍数（B20）》

201. 袋の中に，1 から 8 までの番号が書かれたカードが 2 枚ずつ，合計 16 枚入っている．この袋から同時に 3 枚のカードを取り出し，取り出したカードに書かれた数の積を M，和を S とする．

（1） M が素数となる確率は $\dfrac{\square}{\square}$ である．

（2） M が 4 の倍数になる確率は $\dfrac{\square}{\square}$ である．

（3） M が8の倍数であるとき，$S < M$ となる条件付き確率は $\dfrac{\boxed{}}{\boxed{}}$ である． 　　　　　（23　東京医大・医）

【確率の雑題】

《赤玉の位置で考える（B20）☆》

202. 白玉10個と赤玉5個が袋に入っている．この袋から1個ずつ玉を取り出し，その順番で左から右へ15個の玉を一列に並べる．このとき，以下の問いに答えよ．

（1）列の左から5番目の位置にはじめて赤玉が並ぶ確率を求めよ．

（2）列の左から n 番目の位置に3個目の赤玉が並ぶ確率を P_n $(3 \leqq n \leqq 13)$ とする．このとき，P_n が最大となる n とそのときの確率を求めよ．

（3）ちょうど3個連続して赤玉が並ぶ確率を求めよ．なお，4個以上連続して赤玉が並ぶ事象はこの確率に含めないものとする．

（4）ちょうど3個連続して赤玉が並んだとき，その3個連続した最後の赤玉が列の左から n 番目の位置にある条件付き確率を Q_n $(3 \leqq n \leqq 15)$ とする．このとき，Q_n が最大となる n とそのときの確率を求めよ．

　　　　　（23　愛知県立大・情報）

《カードの取り出し（B5）》

203. 表に A，裏に B と書かれたカードが3枚，表と裏の両面に A と書かれたカードが2枚ある．この5枚のカードを袋に入れ，無作為に2枚取り出して机に置くとき，置かれるカードの文字がともに A となる確率は $\boxed{}$ である．ただし，置かれるカードの表が出る確率と，裏が出る確率は等しいとする． 　　　　　（23　北見工大・後期）

《包除原理とシグマ（B10）》

204. 1から10までの番号をつけた10個の玉が入っている袋から1個取り出して元に戻すという操作を4回繰り返し，1回目，2回目，3回目，4回目に取り出す玉の番号をそれぞれ a, b, c, d とおく．

（1）b, c, d のうち，少なくとも1つが a と等しい確率は $\boxed{}$ である．

（2）$a < b < c < d$ が成り立つ確率は $\boxed{}$ である．

（3）b, c, d がすべて a より大きい確率は $\boxed{}$ である．

（4）b, c, d のうち，少なくとも1つが a より大きく，少なくとも1つが a より小さい確率は $\boxed{}$ である．

　　　　　（23　北里大・薬）

《3個の和と積（B20）☆》

205. 3個のサイコロを同時に振るとき，出た目の和が8以下になる確率は $\dfrac{\boxed{}}{\boxed{}}$，出た目の積が12以下になる確率は $\dfrac{\boxed{}}{\boxed{}}$ である． 　　　　　（23　藤田医科大・医学部前期）

《玉の取り出し（B5）》

206. 二つの袋 A，B がある．A の袋には赤球2個と白球4個，B の袋には赤球4個と白球1個が入っている．まず，A の袋から球を1個取り出して B の袋に入れる．次に，B の袋から2個の球を同時に取り出す．このとき，B の袋から取り出した2個の球が同じ色である確率を求めよ． 　　　　　（23　岩手大・理工-後期）

《最短格子路（B10）☆》

207. ある町に，下図のような道路がある．A 地点から出発して，表裏の出る確率が等しいコインを投げ，表が出れば右，裏が出れば上に一区画だけ進む．ただし，コインの通りに進めないときは動かないものとする．10回コインを投げたとき，ちょうど10回目に B 地点に到達する確率は $\dfrac{\boxed{}}{\boxed{}}$ である．

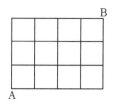

(23　中部大)

《包除原理 (B5) ☆》

208. 3個の数字 1, 2, 3 を重複を許して使ってできる 5 桁の数の中から 1 つを選ぶとき，1, 2, 3 の数字がすべて含まれている確率は □ である． (23　関大・理系)

《整数の個数を数える (B5) ☆》

209. 1 から 2023 までの数が 1 つずつ書かれた 2023 個の玉が入った袋から 1 個の玉を取り出す．取り出した玉に書かれた数が 7 で割り切れる確率は □，7 と 17 のいずれでも割り切れる確率は □，7 または 17 のいずれか一方で割り切れてもう片方では割り切れない確率は □ であり，2023 と互いに素である確率は □ である． (23　関西学院大・理系)

《余事象の重ね合わせ (B20)》

210. 1 個のさいころを 3 回投げるとする．以下の問いに答えよ．

（1） 出る目すべての和が 5 になる確率を求めよ．

（2） 出る目の最小値が 4 になる確率を求めよ．

（3） 出る目すべての積が 6 の倍数になる確率を求めよ．

（4） 出る目を順に a, b, c とする．x についての 2 次方程式 $ax^2 + bx + c = 0$ が重解を持つ確率を求めよ． (23　九大・後期)

《余事象の重ね合わせ (B20) ☆》

211. p を 3 以上の素数とする．箱 S には 1 から p までの番号札が 1 枚ずつ計 p 枚入っており，箱 T には 1 から $4p$ までの番号札が 1 枚ずつ計 $4p$ 枚入っている．箱 S と箱 T から番号札を 1 枚ずつ取り出し，書かれている数をそれぞれ X, Y とする．

（1） X と Y の積が p で割り切れる確率を求めよ．

（2） X と Y の積が $2p$ で割り切れる確率を求めよ． (23　北海道大・後期)

《余事象の重ね合わせ (B20) ☆》

212. n を自然数とする．1 個のさいころを n 回投げ，出た目を順に $X_1, X_2, \cdots, X_n$ とし，n 個の数の積 $X_1 X_2 \cdots X_n$ を Y とする．

（1） Y が 5 で割り切れる確率を求めよ．

（2） Y が 15 で割り切れる確率を求めよ． (23　京大・前期)

《三角不等式と広げる (C30) ☆》

213. n を 2 以上の自然数とする．1 個のさいころを n 回投げて出た目の数を順に $a_1, a_2, \cdots, a_n$ とし，

$$K_n = |1 - a_1| + |a_1 - a_2|$$
$$+ \cdots + |a_{n-1} - a_n| + |a_n - 6|$$

とおく．また，K_n のとりうる値の最小値を q_n とする．

（1） $K_3 = 5$ となる確率を求めよ．

（2） q_n を求めよ．また，$K_n = q_n$ となるための $a_1, a_2, \cdots, a_n$ に関する必要十分条件を求めよ．

（3） n を 4 以上の自然数とする．

$$L_n = K_n + |a_4 - 4|$$

とおき，L_n のとりうる値の最小値を r_n とする．$L_n = r_n$ となる確率 p_n を求めよ． (23　北海道大・理系)

《格子点を数える (B20)》

214. n を 2 以上の整数とする．袋の中には 1 から $2n$ までの整数が 1 つずつ書いてある $2n$ 枚のカードが入っている．以下の問に答えよ．

（1）　この袋から同時に2枚のカードを取り出したとき，そのカードに書かれている数の和が偶数である確率を求めよ．

（2）　この袋から同時に3枚のカードを取り出したとき，そのカードに書かれている数の和が偶数である確率を求めよ．

（3）　この袋から同時に2枚のカードを取り出したとき，そのカードに書かれている数の和が $2n+1$ 以上である確率を求めよ．

(23　神戸大・理系)

《お金を払う

(B10)》

215．50円硬貨4枚と，100円硬貨5枚を同時に投げたとき，表が出た硬貨の合計金額が500円未満となる確率を求めよ．

(23　三重大・工)

《突っ込む (B20)》

216．表にA，裏にBと書かれたコインがある．このコインを n 回投げる試行を行い，Aが出た回数と同じ枚数のイヌの絵はがき，Bが出た回数と同じ枚数のネコの絵はがきを貰えるとする．例えば，$n=3$ のとき，ABAと出たら，イヌの絵はがきを2枚，ネコの絵はがきを1枚貰える．このとき，次の各問に答えよ．ただし，使用するコインは，表，裏がそれぞれ $\frac{1}{2}$ の確率で出るものとする．

（1）　$n=3$ のとき，イヌの絵はがきを2枚以上貰える確率を求めよ．

（2）　$n=3$ のとき，イヌとネコのどちらの絵はがきも貰える確率を求めよ．

（3）　$n \geqq 3$ のとき，Aが連続して3回以上出たら，貰えるイヌやネコの絵はがきに追加してウシの絵はがきも貰えることにする．$n=6$ のとき，イヌ，ネコ，ウシのいずれの絵はがきも貰える確率を求めよ．

(23　宮崎大・医，工，教(理系))

《意味のない式 (B10)》

217．サイコロを3回振り，1回目，2回目，3回目に出た目をそれぞれ X_1, X_2, X_3 とする．有理数 $q=(-1)^{X_3}\cdot\frac{X_2}{X_1}$ について，下の問いに答えなさい．

（1）　$q<0$ となる確率を求めなさい．

（2）　q が整数となる確率を求めなさい．

（3）　$q>1$ となる確率を求めなさい．

(23　長岡技科大・工)

《ジャンケン (B20)》

218．n 人でじゃんけんをする．1回目のじゃんけんで勝者が1人に決まらなかった場合には，敗者を除き2回目のじゃんけんを行う．あいこも1回と数える．次の問いに答えよ．

（1）　1回目のじゃんけんで勝者が1人に決まる確率 p_n を求めよ．

（2）　1回目のじゃんけんであいこになる確率 q_n を求めよ．

（3）　5人でじゃんけんを行い，2回目に勝者が1人に決まる確率を求めよ．

(23　名古屋市立大・前期)

《和が一定 (B20)》

219．n を3以上の自然数とする．n 枚のカードに1から n までの数が1つずつ書かれている．この n 枚のカードから3枚のカードを同時に引く．引いたカードに書かれている数を小さい順に a, b, c とおく．以下の問いに答えよ．

（1）　$c=n$ となる確率を求めよ．

（2）　$b=a+1$ となる確率を求めよ．

（3）　$a+b=n$ となる確率を $P(n)$ とする．以下の（ i ），（ ii ）に答えよ．

（ i ）　$P(5)$, $P(6)$ を求めよ．

（ ii ）　$P(n)$ を求めよ．

(23　奈良女子大・理)

《玉の取り出し (A5)》

220．赤玉が8個，白玉が4個，黄玉が2個入った箱から同時に2個の玉を取り出すとき，黄玉2個を取り出す確

率は $\dfrac{\boxed{}}{\boxed{}}$，赤玉を1つも取り出さない確率は $\dfrac{\boxed{}}{\boxed{}}$，異なる2色の玉を取り出す確率は $\dfrac{\boxed{}}{\boxed{}}$ である．

(23 大同大・工-建築)

《玉の取り出し (B5)》

221. n を自然数とする．中が見えない壺に，n 個の赤玉と n 個の白玉が入っている．この壺の中から n 個の玉を同時に取り出すとき，取り出した白玉が k 個以下となる確率を $P_{n,k}$ と書く．このとき，$P_{4,0} = \boxed{}$ であり，$P_{5,1} = \boxed{}$ であり，$P_{6,2} = \boxed{}$ である．ただし，すべて既約分数で解答せよ． (23 山梨大・医-後期)

《玉の取り出し (B20)》

222. 袋 A には白玉4個，赤玉2個，袋 B には白玉5個，赤玉3個が入っている．以下の問いに答えよ．ただし，答えが分数になるときは既約分数で答えよ．

（1） 袋 A から玉を1個取り出す．このとき，取り出した玉が白玉である確率を求めよ．

（2） 袋 A から玉を1個取り出し，それをもとに戻さないで，続いて袋 A から玉をもう1個取り出す．このとき，取り出した玉が2個とも白玉である確率を求めよ．

（3） 袋 A から玉を1個取り出し，色を調べてからもとに戻す．この試行を5回続けて行うとき，5回目に3度目の白玉が出る確率を求めよ．

（4） 袋 A から1個の玉を取り出して袋 B に入れ，よくかき混ぜる．次に，袋 B から1個の玉を取り出して袋 A に入れる．このとき，袋 A の白玉の個数が4個である確率を求めよ．

（5） 袋 A から1個の玉を取り出して袋 B に入れ，よくかき混ぜる．次に，袋 B から1個の玉を取り出して袋 A に入れ，よくかき混ぜる．そして，袋 A から1個の玉を取り出すとき，それが白玉である確率を求めよ．

(23 豊橋技科大・前期)

《玉の取り出し (B20) ☆》

223. 赤球4個と白球6個が入った袋がある．このとき，次の問に答えよ．

（1） 袋から球を同時に2個取り出すとき，赤球1個，白球1個となる確率を求めよ．

（2） 袋から球を同時に3個取り出すとき，赤球が少なくとも1個含まれる確率を求めよ．

（3） 袋から球を1個取り出して色を調べてから袋に戻すことを2回続けて行うとき，1回目と2回目で同じ色の球が出る確率を求めよ．

（4） 袋から球を1個取り出して色を調べてから袋に戻すことを5回続けて行うとき，2回目に赤球が出て，かつ全部で赤球が少なくとも3回出る確率を求めよ．

（5） 袋から球を1個取り出し，赤球であれば袋に戻し，白球であれば袋に戻さないものとする．この操作を3回繰り返すとき，袋の中の白球が4個以下となる確率を求めよ． (23 山形大・医，理，農，人文社会)

《包含と排除の原理 (C20)》

224. 箱の中に，1から3までの数字を書いた札がそれぞれ3枚ずつあり，全部で9枚入っている．A，B，C の3人がこの箱から札を無作為に取り出す．A と B が2枚ずつ，C が3枚取り出すとき，以下の問いに答えよ．

（1） A が持つ札の数字が同じである確率を求めよ．

（2） A が持つ札の数字が異なり，B が持つ札の数字も異なり，かつ，C が持つ札の数字もすべて異なる確率を求めよ．

（3） A が持つ札の数字のいずれかが，C が持つ札の数字のいずれかと同じである確率を求めよ．

(23 岡山大・理系)

《直感的に解く (B10) ☆》

225. 箱の中に，1から9までの番号が1つずつ書かれた玉が9個入っている．この中から1個ずつ順に3個の玉を取り出す．ただし，取り出した玉は箱に戻さないとする．玉に書かれた番号を取り出した順に a, b, c とする．

（1） $a < b < c$ となる確率を求めよ．

（2） $(a-1)(b-1)(c-1) = 0$ となる確率を求めよ．

（3） $\left| (a-b)(b-c)(c-a) \right| = 1$ となる確率を求めよ．

（4）　$|(a-b)(b-c)(c-a)|=2$ となる確率を求めよ．　　　　　　　　　　　　　（23　岡山県立大・情報工）

《ポリアの壺（B20）☆》

226.（1）　赤玉4個，白玉4個が入っている袋から，玉を1個ずつ6回続けて取り出す．ただし，取り出した玉はもとに戻さないものとする．

（ⅰ）　袋の赤玉がすべてなくなっている確率を求めよ．

（ⅱ）　ちょうど6回目に袋の赤玉がすべてなくなる確率を求めよ．

（2）　袋に赤玉 a 個，白玉 b 個が入っている．袋から玉を1個取り出し，その玉をもとに戻した上で，その玉と同じ色の玉を新たに1個袋に入れる．この試行を n 回続けて行うとき，袋には $a+b+n$ 個の玉が入っている．

（ⅰ）　1回目，2回目，3回目に赤玉が出る確率をそれぞれ求めよ．

（ⅱ）　n 回目に赤玉が出る確率を求めよ．　　　　　　　　　　　　　　　　　（23　滋賀医大・医）

《不定方程式と確率（B20）》

227. 1個のさいころを3回投げて，出た目を小さい順に $a,\ b,\ c\ (a \leqq b \leqq c)$ とする．

（1）　$(a, b, c)=(4, 5, 6)$ となる確率 P_1 を求めよ．

（2）　$a=1$ となる確率 P_2 を求めよ．

（3）　$c=3$ となる確率 P_3 を求めよ．

（4）　不等式 $\dfrac{1}{a}+\dfrac{2}{b}+\dfrac{4}{c} \geqq 4$ を満たす (a, b, c) の組をすべて求めよ．

（5）　不等式 $\dfrac{1}{a}+\dfrac{2}{b}+\dfrac{4}{c} \geqq 4$ を満たす確率 P_4 を求めよ．　　　　　（23　滋賀県立大・前期）

《突っ込む（B20）☆》

228. 黒玉3個，赤玉4個，白玉5個が入っている袋から玉を1個ずつ取り出し，取り出した玉を順に横一列に12個すべて並べる．ただし，袋から個々の玉が取り出される確率は等しいものとする．

（1）　どの赤玉も隣り合わない確率 p を求めよ．

（2）　どの赤玉も隣り合わないとき，どの黒玉も隣り合わない条件付き確率 q を求めよ．　　　（23　東大・理科）

《$a+b+c+d \leqq 20$（D40）》

229. 1から10までの整数が1つずつ重複せずに書かれた10枚のカードがある．この中から同時に4枚のカードを取り出すとき，取り出したカードに書かれている数の和が20以下となる確率を求めよ．　（23　山梨大・医-後期）

《4つの和が9以下（B20）☆》

230. 袋の中に1から5までの番号をつけた5個の玉が入っている．この袋から玉を1個取り出し，番号を調べてから元に戻す試行を，4回続けて行う．n 回目（$1 \leqq n \leqq 4$）に取り出された玉の番号を r_n とするとき，

・$r_1+r_2+r_3+r_4 \leqq 8$ となる確率は $\boxed{}$

・$\dfrac{4}{r_1 r_2}+\dfrac{2}{r_3 r_4}=1$ となる確率は $\boxed{}$

である．　　　　　　　　　　　　　　　　　　　　　　　　　　　　　　（23　東京慈恵医大）

《円順列と確率（B10）☆》

231. 男子3人と女子4人が円卓のまわりに座る．

（1）　男子3人が隣り合う確率は $\dfrac{\boxed{}}{\boxed{}}$ である．

（2）　どの男子も隣り合わない確率は $\dfrac{\boxed{}}{\boxed{}}$ である．

（3）　女子4人のうち，ちょうど3人が隣り合う確率は $\dfrac{\boxed{}}{\boxed{}}$ である．

（23　城西大・数学）

《円順列と確率（A5）》

232. 片方の面のみにアルファベットが1つ書かれたカードが5枚ある．その内訳は，A，I，O が書かれたカードがそれぞれ1枚ずつ，Y が書かれたカードが2枚である．アルファベットが書かれた面を見えないようにシャッ

フルして重ね，上から順番にひいて円形に並べた．時計回りに「YAYOI」になる並べ方の確率を求めよ．ただし，カードの順番を維持したまま回転させて同じ並びになれば，同じ並べ方であるものとする．　　　（23　東京女子医大）

《繰り返しの確率（B10）☆》

233. 以下の文章の空欄に適切な数または式を入れて文章を完成させなさい．

n を自然数とする．A君とB君の2人が以下の試合Tを n セット行い，それぞれが得点をためていくとする．

─── 試合T ───

2人で腕ずもうを繰り返し行う．毎回，A君，B君のどちらも勝つ確率は $\frac{1}{2}$ ずつである．どちらかが先に2勝したら，腕ずもうを行うのをやめる．2勝0敗の者は2点を，2勝1敗の者は1点を得る．2勝しなかった者の得点は0点である．

A君が1セット目から n セット目までに得た点の合計を a_n とし，B君が1セット目から n セット目までに得た点の合計を b_n とする．

（1）　$n=1$ とする．$a_1=2$ である確率は $\boxed{（あ）}$ であり，$a_1=1$ である確率は $\boxed{（い）}$ である．

（2）　$n \geqq 4$ とする．試合Tを n セット行ううち，A君が2点を得るのがちょうど2セット，かつ1点を得るのがちょうど2セットである確率は $\dfrac{（う）}{（え）}$ である．

（3）　$n \geqq 2$ とする．$a_n = n+2$ かつ $b_n = 0$ である確率は $\dfrac{（お）}{（か）}$ である．

（4）　$a_n = 2$ である確率は $\dfrac{（き）}{（く）}$ である．

（5）　$n=4$ とする．$a_4 > b_4$ である確率は $\dfrac{（け）}{（こ）}$ である．　　　（23　慶應大・医）

《回数の期待値（B10）》

234. n を3以上の自然数とし，赤球が2個，白球が $n-2$ 個入っている袋がある．この袋から球を1個取り出す試行をTとする．ただし，取り出した球は袋に戻さない．k を2以上 n 以下の自然数とし，k 回目のTを行ったときに2個目の赤球が取り出される確率を p_k とする．このとき，次の各問いに答えよ．

（1）　p_2 を n を用いて表せ．

（2）　Tを $k-1$ 回行ったとき，赤球が1個だけ取り出されている確率を n と k を用いて表せ．

（3）　$\displaystyle\sum_{k=2}^{n} k p_k$ を n を用いて表せ．　　　（23　芝浦工大）

《確率の最大（B20）》

235. 以下の設問（1）の $\boxed{}$ にあてはまる適切な数と（2）に対する解答を解答用紙の所定の欄に記載せよ．

（1）　赤玉6個，白玉5個を入れてよくかき混ぜた箱がある．この箱から4個の玉を同時にとり出す．

　（ⅰ）　とり出した4個の玉のうち赤玉がちょうど2個となる確率は $\boxed{}$ である．

　（ⅱ）　とり出した4個の玉に赤玉が1個以上含まれる確率は $\boxed{}$ である．

（2）　n は40以上の整数とする．白玉だけが n 個入った箱があり，この箱から40個の玉をとり出し，しるしをつけてから箱に戻してよくかき混ぜる．

　この箱から20個の玉を同時にとり出すとき，とり出した20個の玉のうち3個にしるしがついている確率を $L(n)$ で表す．$L(n)$ を最大にする n を求めよ．なお求める過程も記載すること．（23　聖マリアンナ医大・医-後期）

《玉を取り出す（B20）》

236. 赤玉と黒玉が入っている袋の中から無作為に玉を1つ取り出し，取り出した玉を袋に戻した上で，取り出した玉と同じ色の玉をもう1つ袋に入れる操作を繰り返す．以下の問に答えよ．

（1）　初めに袋の中に赤玉が1個，黒玉が1個入っているとする．n 回の操作を行ったとき，赤玉をちょうど k 回取り出す確率を $P_n(k)$ $(k=0, 1, \cdots, n)$ とする．$P_1(k)$ と $P_2(k)$ を求め，さらに $P_n(k)$ を求めよ．

（２）　初めに袋の中に赤玉が r 個，黒玉が b 個 $(r \geqq 1, b \geqq 1)$ 入っているとする．n 回の操作を行ったとき，k 回目に赤玉が，それ以外ではすべて黒玉が取り出される確率を $Q_n(k)\,(k = 1, 2, \cdots, n)$ とする．$Q_n(k)$ は k によらないことを示せ．　　　　　　　　　　　　　　　　　　　　　　　　　　　　　　　　　　　　（23　早稲田大・理工）

《その面を追いかける (B30) ☆》

237. 1 から 6 までの数字がそれぞれ 1 面ずつに書かれたさいころがある．このさいころを 1 回投げるごとに，出た面をその数字に 1 を加えた数字に書きかえるものとする．例えば，6 が出たときはその面を 7 に書きかえる．このさいころを 3 回続けて投げたとき，以下の問いに答えよ．

（１）　書かれている数字が 6 種類である確率は $\dfrac{\boxed{}}{\boxed{}}$ である．

（２）　同じ数字が 3 か所に書かれている確率は $\dfrac{\boxed{}}{\boxed{}}$ である．

（３）　書かれている数字が 3 種類である確率は $\dfrac{\boxed{}}{\boxed{}}$ である．

（４）　2 が少なくとも 1 か所に書かれている確率は $\dfrac{\boxed{}}{\boxed{}}$ である．　　　　　　（23　金沢医大・医-前期）

【三角形の基本性質】

《角の二等分線の定理 (A10) ☆》

238. $AB = 8, BC = 5, CA = 7$ である三角形 ABC の内心を I とし，直線 CI と辺 AB との交点を D とする．このとき，三角形 ADI の面積は，三角形 ABC の面積の $\boxed{}$ 倍である．　　　　　　（23　東海大・医）

《直角三角形の内接円 (B5)》

239. 3 辺の長さがそれぞれ $2, 4, 2\sqrt{5}$ である三角形に内接する円の面積を求めよ．　　　　　（23　鹿児島大・共通）

【三角形の辺と角の大小関係】

《辺と角の大小 (B10) ☆》

240. 平面上の 3 点 A, B, C 間のそれぞれの距離が $AB = 4x, BC = x^2 + 3, CA = x^2 + 2x - 3$ となっている．以下の問に答えよ．

（１）　$AB + CA > BC$ となる x の条件を求めよ．

（２）　点 A，B，C を頂点とする三角形が存在するための x の条件を求めよ．

（３）　x が（２）の条件をみたすとき，$\angle A$ の大きさを求めよ．

（４）　x が（２）の条件をみたすとき，$\angle A$，$\angle B$，$\angle C$ の大小関係を明らかにせよ．　　　　（23　群馬大・情報）

【メネラウスの定理・チェバの定理】

《チェバとメネラウス (A10) ☆》

241. 図の △ABC の内部の点 O を通る直線 AO, BO, CO が対辺 BC, CA, AB と交わる点を P, Q, R とする．点 R が辺 AB を $5:6$ に内分し，点 Q が辺 AC を $2:3$ に内分するとき，

$$BP : PC = \boxed{} : \boxed{}, \quad AO : OP = \boxed{} : \boxed{}$$

となる．

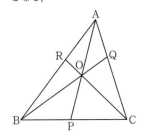

（23　松山大・薬）

《メネラウスの定理（A10）☆》

242. 平面上の △ABC において辺 AB を $m:n$ に外分する点を P，辺 BC を $2:5$ に内分する点を Q，辺 AC を

$3:1$ に内分する点を R とする．3 点 P，Q，R が一直線上にあるとき，$\dfrac{m}{n} = \dfrac{\boxed{}}{\boxed{}}$ であり，$\dfrac{\mathrm{PR}}{\mathrm{PQ}} = \dfrac{\boxed{}}{\boxed{}}$ であ

る．

(23 埼玉医大・前期)

【円に関する定理】

《円とメネラウスの定理（B15）》

243. 平面上に点 O を中心とする半径が 1 の円 C_1 と，点 O を中心とする半径が $\sqrt{6}$ の円 C_2 がある．円 C_2 上に

点 A をとり，点 A から円 C_1 に引いた接線と円 C_1 との接点の 1 つを P，直線 OP と円 C_1 の交点のうち点 P と異

なる点を Q，直線 AQ と円 C_1 との交点のうち点 Q と異なる点を R とおく．

このとき，

$$\mathrm{AP} = \sqrt{\boxed{}}, \quad \mathrm{AQ} = \boxed{}, \quad \mathrm{AR} = \dfrac{\boxed{}}{\boxed{}}$$

であり，直線 AP と円 C_2 の交点のうち点 A と異なる点を S，直線 AO と直線 SQ の交点を T とおくと，

$$\mathrm{AP} : \mathrm{PS} = \boxed{\mathcal{7}} : \boxed{\mathcal{1}}, \quad \mathrm{ST} : \mathrm{TQ} = \boxed{\mathcal{ウ}} : \boxed{\mathcal{エ}}$$

である．ここで，$\boxed{\mathcal{7}} \sim \boxed{\mathcal{エ}}$ は最小の自然数を用いて答えよ．

さらに，直線 PR と直線 OA の交点を点 U，直線 PR と円 C_2 の 2 つの交点を D，E とすると，

$$\mathrm{AU} = \dfrac{\boxed{}\sqrt{\boxed{}}}{\boxed{}}$$

であるので，

$$\mathrm{DU} \times \mathrm{EU} = \dfrac{\boxed{}}{\boxed{}}$$

である．

(23 久留米大・医)

《円に外接と内接四角形（B10）☆》

244. 下図のように，四角形 ABCD は円 I に外接し，円 O に内接する．$\mathrm{AB} = 3$，$\mathrm{BC} = 4$，$\angle\mathrm{ABC} = 60°$ のとき，

$\angle\mathrm{ADC} = \boxed{\mathcal{7}}$，$\mathrm{DA} = \boxed{}$ である．ただし，$\boxed{\mathcal{7}}$ は度数法で答えよ．

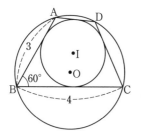

(23 東邦大・理)

【空間図形】

《正四面体と正八面体（B20）☆》

245. 一辺の長さが 2 の正四面体 ABCD において，辺 AB，BC，CD，DA，AC，BD の中点をそれぞれ P，Q，R，

S，T，U とする．次の問いに答えよ．

（1） 線分 PR の長さを求めよ．

（2） $\cos\angle\mathrm{SBR}$ の値を求めよ．

（3） 四角形 PTRU を底面，点 Q を頂点とする四角錐の体積を求めよ．

(23 新潟大・前期)

《四角錐の内接球（B10）☆》

246. 正四角錐 ABCDE の辺の長さはすべて 1 である．この内部にある球が正四角錐のすべての面に接しているとき，球の半径は $\dfrac{\sqrt{\Box}-\sqrt{\Box}}{\Box}$ である．

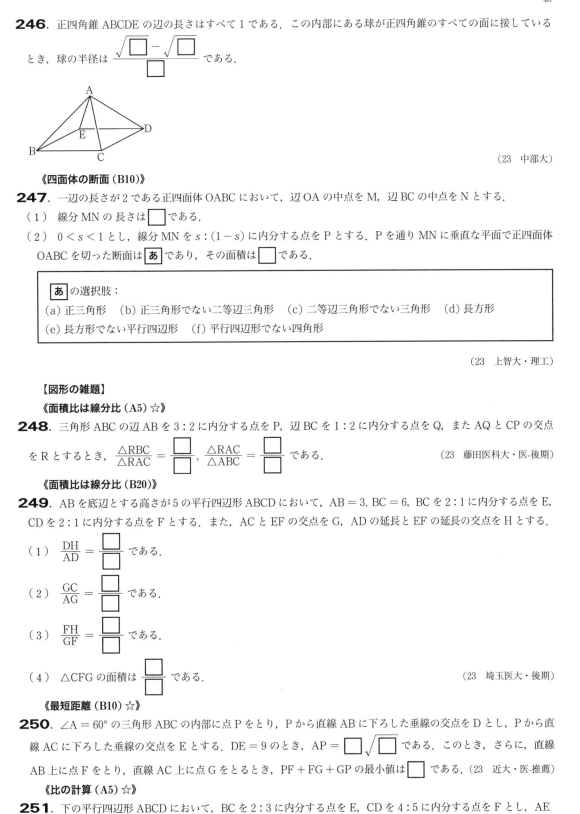

(23 中部大)

《四面体の断面 (B10)》

247. 一辺の長さが 2 である正四面体 OABC において，辺 OA の中点を M，辺 BC の中点を N とする．

（1） 線分 MN の長さは $\Box$ である．

（2） $0 < s < 1$ とし，線分 MN を $s : (1-s)$ に内分する点を P とする．P を通り MN に垂直な平面で正四面体 OABC を切った断面は **あ** であり，その面積は $\Box$ である．

> **あ** の選択肢：
> (a) 正三角形　(b) 正三角形でない二等辺三角形　(c) 二等辺三角形でない三角形　(d) 長方形
> (e) 長方形でない平行四辺形　(f) 平行四辺形でない四角形

(23 上智大・理工)

【図形の雑題】

《面積比は線分比 (A5) ☆》

248. 三角形 ABC の辺 AB を $3 : 2$ に内分する点を P，辺 BC を $1 : 2$ に内分する点を Q，また AQ と CP の交点を R とするとき，$\dfrac{\triangle\mathrm{RBC}}{\triangle\mathrm{RAC}} = \dfrac{\Box}{\Box}$，$\dfrac{\triangle\mathrm{RAC}}{\triangle\mathrm{ABC}} = \dfrac{\Box}{\Box}$ である．　　(23 藤田医科大・医-後期)

《面積比は線分比 (B20)》

249. AB を底辺とする高さ 5 の平行四辺形 ABCD において，AB $= 3$，BC $= 6$，BC を $2 : 1$ に内分する点を E，CD を $2 : 1$ に内分する点を F とする．また，AC と EF の交点を G，AD の延長と EF の延長の交点を H とする．

（1） $\dfrac{\mathrm{DH}}{\mathrm{AD}} = \dfrac{\Box}{\Box}$ である．

（2） $\dfrac{\mathrm{GC}}{\mathrm{AG}} = \dfrac{\Box}{\Box}$ である．

（3） $\dfrac{\mathrm{FH}}{\mathrm{GF}} = \dfrac{\Box}{\Box}$ である．

（4） $\triangle\mathrm{CFG}$ の面積は $\dfrac{\Box}{\Box}$ である．　　(23 埼玉医大・後期)

《最短距離 (B10) ☆》

250. $\angle\mathrm{A} = 60°$ の三角形 ABC の内部に点 P をとり，P から直線 AB に下ろした垂線の交点を D とし，P から直線 AC に下ろした垂線の交点を E とする．DE $= 9$ のとき，AP $= \Box\sqrt{\Box}$ である．このとき，さらに，直線 AB 上に点 F をとり，直線 AC 上に点 G をとるとき，PF $+$ FG $+$ GP の最小値は $\Box$ である．(23 近大・医-推薦)

《比の計算 (A5) ☆》

251. 下の平行四辺形 ABCD において，BC を $2 : 3$ に内分する点を E，CD を $4 : 5$ に内分する点を F とし，AE と BD，AF と BD の交点をそれぞれ P，Q とする．BD $= 6$ のとき，PQ の長さを求めよ．

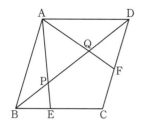

（23　愛知医大・医-推薦）

《内心 (B10) ☆》

252. 直角三角形 ABC において AB = 5，BC = 12，CA = 13 とする．∠A の二等分線と辺 BC の交点を D とする．

（1）　線分 AD の長さを求めなさい．

（2）　∠A の二等分線と △ABC の外接円の交点のうち，点 A と異なる点を E とする．線分 DE の長さを求めなさい．

（3）　△ABC の外接円の中心を O とし，線分 BO と線分 AD の交点を P とする．AP：PD を求めなさい．

（4）　△ABC の内接円の中心を I とする．AI：ID を求めなさい．　　　　（23　大分大・理工，経済，教育）

《判別式の利用 (C30)》

253. △ABC において，AB = 7，BC = 9，CA = 8 とし，次の 3 つの条件を満たす 2 つの円 C_1，C_2 を考える．

- 円 C_1 は，辺 AB と辺 CA に接しており，辺 BC とは 2 点で交わらない．
- 円 C_2 は，辺 AB と辺 BC に接しており，辺 CA とは 2 点で交わらない．
- 円 C_1 と円 C_2 は外接している．

このとき，次の問いに答えなさい．

（1）　円 C_1 が △ABC の内接円であるとき，円 C_1 の半径を求めなさい．

（2）　円 C_1 と円 C_2 の半径が等しいとき，円 C_1 の半径を求めなさい．

（3）　円 C_1 の周の長さと円 C_2 の周の長さの和が最小になるとき，円 C_1 と円 C_2 の半径をそれぞれ求めなさい．

（23　山口大・医，理（数））

【約数と倍数】

《3 つの集合 (B20) ☆》

254. 1 から 100 までの自然数 b を用いて，$\dfrac{b}{168}$ と表される数のうち，約分できないものの総数は □ 個である．

（23　芝浦工大・前期）

《公約数の和 (A5) ☆》

255. 578 と 238 の公約数の和を求めなさい．　　　　　　　　　　　　　（23　産業医大）

《約数の総和 (B20)》

256. 正の整数 n に対して，n の正の約数の総和を $\sigma(n)$ とする．たとえば，$n = 6$ の正の約数は 1, 2, 3, 6 であるから $\sigma(6) = 1 + 2 + 3 + 6 = 12$ となる．以下の問いに答えよ．

（1）　$\sigma(30)$ を求めよ．

（2）　正の整数 n と，n を割り切らない素数 p に対して，等式

$$\sigma(pn) = (p+1)\sigma(n)$$

が成り立つことを示せ．

（3）　次の条件（ⅰ），（ⅱ）を満たす正の整数 n をすべて求めよ．

（ⅰ）　n は素数であるか，または r 個の素数 $p_1, p_2, \cdots, p_r$（ただし r は 2 以上の整数で，$p_1 < p_2 < \cdots < p_r$）を用いて $n = p_1 \times p_2 \times \cdots \times p_r$ と表される．

（ⅱ）　$\sigma(n) = 72$ が成り立つ．

（23　東北大・理系-後期）

《約数の個数と総和 (A10) ☆》

257. 自然数 n の素因数分解が $n = 2^2 p^2$（p は 3 以上の素数）であるとする．このとき，n の正の約数は全部

で $\boxed{}$ 個ある．また，n の正の約数の和が 1281 であるとすると，$n = \boxed{}$ である．ただし，n の正の約数には 1 と n 自身も含める． （23　愛知工大・理系）

《最小公倍数 (B5)》

258. $n = 2310 (= 2 \cdot 3 \cdot 5 \cdot 7 \cdot 11)$ とする．このとき，n の正の約数は $\boxed{}$ 個ある．

また，正の整数 a と b の最小公倍数が n となる組 (a, b) は $\boxed{}$ 組ある．ただし，a と b が異なる数の場合，(a, b) と (b, a) は異なる組と見なす． （23　帝京大・医）

《倍数 (B5)》

259. p を 3 以上の素数とする．このとき，

$$(p-1)! \times \left(1 + \frac{1}{2} + \frac{1}{3} + \cdots + \frac{1}{p-1} \right)$$

は p の倍数であることを示せ． （23　宮崎大・教（理系））

《約数の個数と総和 (B10)》

260. 次の問いに答えよ．

（1）　800 の正の約数の個数を求めよ．

（2）　800 の正の約数の総和を求めよ．

（3）　800 の正の約数のうち，4 の倍数であるものの総和を求めよ． （23　広島工業大・A 日程）

《9 進法とルジャンドル関数 (B30)》

261. n を正の整数とし，$n!$ を 9 進法で表したときに末尾に並ぶ 0 の個数を $f(n)$ で表す．例えば，

$10! = 3628800 = 6740700_{(9)}$ より，$f(10) = 2$ である．

（1）　$f(8)$ および $f(6789)$ の値をそれぞれ求めよ．

（2）　k を 0 以上の整数とする．$f(n) = k$ のとき，$4k < n$ を示せ．

（3）　$f(n) = 1000$ を満たす最小の n を求めよ． （23　大阪医薬大・前期）

《ルジャンドル関数 (B20)》

262. 自然数 k を素因数分解したとき，素因数 3 の個数を $f(k)$ と表す．例えば，

$$f(2^5 \cdot 3^7 \cdot 5^{10}) = 7, \quad f(18) = 2,$$

$$f(6!) = f(6 \cdot 5 \cdot 4 \cdot 3 \cdot 2 \cdot 1) = 2$$

である．以下の問いに答えよ．

（1）　$f(9!)$ の値を求めよ．

（2）　$f(27!)$ の値を求めよ．

（3）　自然数 n に対し，$f((3^n)!)$ を n の式で表せ．

（4）　不等式 $\sqrt{f((3^n)!)} > 2023$ を満たす最小の自然数 n を求めよ． （23　工学院大）

《ルジャンドル関数 (B20) ☆》

263. 200 個から 100 個取る組合せの総数 $_{200}\mathrm{C}_{100}$ を素因数分解したとき，2 桁の素因数の中で最大のものは $\boxed{}$ である． （23　山梨大-医・後期）

《(C0)》

264. p は素数とする．次の問いに答えよ．

（1）　j を $0 < j < p$ である整数とすると，二項係数 $_p\mathrm{C}_j$ は p で割り切れることを示せ．

（2）　自然数 m に対して $(m+1)^p - m^p - 1$ は p で割り切れることを示せ．

（3）　自然数 m に対して $m^p - m$ は p で割り切れることを示せ．さらに m が p で割り切れないときには，$m^{p-1} - 1$ が p で割り切れることを示せ．

ここで，次の集合 S を考える．

$$S = \{ 4n^2 + 4n - 1 \mid n \text{ は自然数} \}$$

例えば，$n = 22$ とすると $4n^2 + 4n - 1 = 2023$ なので 2023 は S に属する．次の問いに答えよ．

（4）　整数 a が S に属し，$a = 4n^2 + 4n - 1$（n は自然数）と表されているとする．このとき，a と $2n+1$ は互い

に素であることを示せ.

（5） p は 3 以上の素数とする. p が S に属するある整数 a を割り切るならば, $2^{\frac{p-1}{2}}-1$ は p で割り切れること
を示せ. （23　大阪公立大・理系）

《剰余による分類》
《基本定理の原理 (B10) ☆》

265. a, b は互いに素な自然数で $b > 2$ とする. このとき,

$$a, 2a, 3a, \cdots, (b-1)a$$

を b で割った余りが全て異なることを示せ. （23　福岡教育大・中等）

《3 で割った剰余 (A3)》

266. n は整数とする. 次の命題を証明せよ.

n が 3 の倍数でないならば, n^2+2 は 3 の倍数である. （23　津田塾大・学芸-数学）

《合同式 (B5) ☆》

267. 自然数 n について, 3^n を 5 で割ったときの余りを r_n とする. すべての自然数 n について, 等式 $r_{n+m}=r_n$ を満たす最小の自然数 m を求めよ. また, 2023^{2023} を 5 で割ったときの余りを求めよ. （23　福島県立医大・前期）

《合同式 (B20)》

268. x 座標と y 座標がともに整数である座標平面上の点を格子点と呼ぶことにする. 以下の問いに答えよ.

（1） 直線 $l_1 : y = \dfrac{7}{10}x + \dfrac{1}{5}$ 上の格子点を一つ与えよ.

（2） 直線 $l_2 : y = \dfrac{1}{5}x + \dfrac{7}{10}$ 上に格子点は存在しないことを示せ.

（3） 放物線 $C_1 : y = \dfrac{1}{5}x^2 + \dfrac{1}{5}$ 上には無限個の格子点があることを示せ.

（4） 放物線 $C_2 : y = \dfrac{2}{5}x^2 + \dfrac{1}{5}$ 上に格子点があるかどうかを, 理由とともに述べよ.

（23　広島大・光り輝き入試-理（数））

《合同式 (B10)》

269. $2^{2023}(2^{2023}-1)$ の 1 の位の数字は $\boxed{}$ である. （23　藤田医科大・医学部後期）

《7 の倍数など (B0)》

270. n は正の整数とする.

（1） 正の整数 k に対して, $(k+1)^n - 1$ は k の倍数となることを示せ.

（2） $2^n - 1$ が 7 で割り切れるためには n が 3 の倍数であることが必要十分条件であることを証明せよ.

（3） $4^n - 1$ が 17 で割り切れるためには n が 4 の倍数であることが必要十分条件であることを証明せよ.

（4） $4^n - 1$ が 833 で割り切れるためには n が 12 の倍数であることが必要条件であることを証明せよ.

（23　熊本大・理-後期）

《素数の論証 (B10) ☆》

271. $|n-2|, |n|, |n+2|$ がすべて素数になるような整数 n をすべて求めよ. （23　広島工業大・公募）

《連続整数の形 (A20) ☆》

272. 以下の問いに答えなさい.

（1） 方程式 $x^3 + 2x^2 + 3x + 2 = 4x + 4$ の解を求めなさい.

（2） 自然数 n が 4 の倍数でないならば, $f(n) = n^3 + 2n^2 + 3n + 2$ は 4 の倍数であることを示しなさい.

（23　日大・医）

《二項展開を使う (B10) ☆》

273. 以下の設問に答えよ.

（1） 整数 a を 3 で割った余りが 1 のとき, a^3 を 9 で割った余りは 1 であることを示せ.

（2） a, b を整数とし, n を 2 以上の自然数とする. $a-b$ が n で割り切れるとき, $a^n - b^n$ は n^2 で割り切れることを示せ. （23　東京女子大・数理）

《連続整数の形 (B10)》

274. 所定の解答欄（裏面）に，（1）〜（4）について証明を記せ．なお，n は整数とする．

（1）連続する 2 つの整数の積が 2 の倍数であることを示せ．

（2）$n^3 - n$ が 6 の倍数であることを示せ．

（3）$n^5 - n$ が 5 の倍数であることを示せ．

（4）$9n^5 + 15n^4 + 10n^3 - 4n$ が 30 の倍数であることを示せ． （23 明治大・情報）

【ユークリッドの互除法】

《ユークリッドの互除法（A2）☆》

275. 44311 と 43873 との最大公約数は $\boxed{}$ である． （23 上智大・理工-TEAP）

《ユークリッドの互除法（B30）☆》

276. 正の整数 m と n の最大公約数を効率良く求めるには，m を n で割ったときの余りを r としたとき，m と n の最大公約数と n と r の最大公約数が等しいことを用いるとよい．たとえば，455 と 208 の場合，次のように余りを求める計算を 3 回行うことで最大公約数 13 を求めることができる．

$$455 \div 208 = 2 \cdots 39,$$

$$208 \div 39 = 5 \cdots 13,$$

$$39 \div 13 = 3 \cdots 0$$

このように余りを求める計算をして最大公約数を求める方法をユークリッドの互除法という．

（1）20711 と 15151 のような大きな数の場合であっても，ユークリッドの互除法を用いることで，最大公約数が $\boxed{}$ であることを比較的簡単に求めることができる．

（2）100 以下の正の整数 m と n（ただし $m > n$ とする）の最大公約数をユークリッドの互除法を用いて求めるとき，余りを求める計算の回数が最も多く必要になるのは，$m = \boxed{}$，$n = \boxed{}$ のときである．

（23 慶應大・環境情報）

【不定方程式】

《1 次不定方程式（A2）☆》

277. 1 次不定方程式 $4x - 3y = 1$ をみたす整数の組 (x, y) を一般解の形で求めなさい．

（23 福島大・共生システム理工）

《1 次不定方程式（B20）》

278. 下の図のような AB = 30cm，AD = 10cm の長方形 ABCD の周上を点 P と点 Q が次のような規則で動く．点 P は頂点 D を出発し頂点 D，C，B，A，D，C，… の順に周上を回り続ける．点 Q は点 P が頂点 D を出発してから 4 秒後に頂点 A を出発し，頂点 A，B，C，D，A，B，… の順に周上を回り続ける．点 P と点 Q の周上での速さはそれぞれ毎秒 5cm，毎秒 4cm である．点 P が頂点 D を出発する時刻を時刻 0 秒とする．

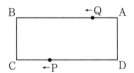

（1）点 P が x 回目に頂点 C に到達する時刻は

$$\boxed{} x - \boxed{} \text{（秒）}$$

である．また，点 Q が y 回目に頂点 C に到達する時刻は

$$\boxed{} y - \boxed{} \text{（秒）}$$

である．

（2）ある時刻で点 P と点 Q が頂点 C 上でちょうど互いにすれ違っているとする．2 点 P，Q が動きはじめてからその時刻に頂点 C へ到達するのは，それぞれちょうど a 回目，b 回目であった．このとき

$$\boxed{} a - \boxed{} b = 1$$

が成立する.

（3） 点 P, Q が 1 回目に頂点 C で互いにすれ違うのは時刻 ◻ 秒であり，6 回目に頂点 C で互いにすれ違うのは時刻 ◻ 秒である.

また，点 P, Q は 1 回目に頂点 C で互いにすれ違ってから，それぞれ長方形 ABCD を ◻ 周，◻ 周するたびに頂点 C で互いにすれ違う.

(23 獨協医大)

《1 次不定方程式 (B10)》

279. 7 で割ると 2 余り，11 で割ると 5 余る自然数のうち，2 桁で最大のものは ◻ である．また，11 で割ると 3 余り，17 で割ると 2 余る自然数のうち，3 桁で最大のものは ◻ である.

(23 東邦大・理)

《1 次不定方程式 (B5)》

280. m, n は 50 以下の自然数であるとする．$64m^2 - 9n^2$ と表される素数は ◻ 個あり，そのうち最小の素数は ◻ である.

(23 名城大・情報工，理工)

《一般形を書け (B20) ☆》

281. 以下の問に答えよ.

（1） $a + 2b = 301$ をみたす正の整数の組 (a, b) の個数を求めよ.

（2） $2a + 3b = 401$ をみたす正の整数の組 (a, b) の個数を求めよ.

（3） $2a + 2b + 3c = 601$ をみたす正の整数の組 (a, b, c) の個数を求めよ.

(23 神戸大・後期)

《解の存在 (B20)》

282. 0 以上の整数の組 (x, y) について，次の問いに答えよ.

（1） $3x + 7y = 34$ を満たす組 (x, y) をすべて求めよ.

（2） $3x + 7y = n$ を満たす組 (x, y) をもたない 0 以上の整数 n の個数を求めよ．また，そのような n の中で最大の整数を求めよ.

（3） a を 3 で割った余りが 1 である自然数とする．$a > 1$ のとき，$3x + ay = n$ を満たす組 (x, y) をもたない 0 以上の整数 n の個数を a を用いて表せ．また，そのような n の中で最大の整数を a を用いて表せ.

(23 徳島大・医 (医)，歯，薬)

《3 変数分数形 (B20) ☆》

283. 以下の問いに答えよ.

（1） 自然数 x, y が，$\dfrac{1}{x} + \dfrac{1}{y} = \dfrac{1}{4}$，$x > y$ を満たすとき，y の値の範囲を求め，x, y の組合せをすべて求めよ.

（2） 自然数 x, y, z が，
$$\frac{1}{x} + \frac{1}{y} + \frac{1}{z} = \frac{1}{2}, \quad x > y > z$$
を満たすとき，z の値の範囲を求め，x, y, z の組合せをすべて求めよ.

(23 鳥取大・地域，農)

《基本双曲型 (A5)》

284. $xy = 7(x + y)$ をみたす自然数 x, y の組をすべて求めよ.

(23 東京女子大・数理)

《双曲型 (B5) ☆》

285. m を定数とする．x の 2 次方程式 $x^2 + mx + \dfrac{m}{2} = 4$ が異なる 2 つの整数解をもつような m は ◻ 個あり，そのうち最大のものは ◻ ，最小のものは ◻ である.

(23 帝京大・医)

《双曲型 (B20)》

286. 次の各方程式について，その方程式をみたす自然数の組 (x, y) は存在するか．存在するときはすべての組を求め，存在しないときはそのことを示せ.

（1） $4xy - 12x - 3y = 25$

（2） $9x^2 - 4y^2 = 35$

（3） $9x^2 + 18x - 4y^2 + 16y = 72$

(23 和歌山県立医大)

《因数分解の活用 (A5)》

287. $S = a^2 + 5ab + 6b^2 + 3a + 7b + 1$ とする.

（1） $a = 0$ のとき，$S = 0$ を満たす整数 b を求めよ．

（2） $S + 1$ を因数分解せよ．

（3） $S = 0$ を満たす整数の組 (a, b) を求めよ．　　　　　　　　（23　大同大・工-建築）

《因数分解の活用 (B10)》

288.（1） $(a+1)(a-1)(b+1)(b-1) - 4ab$ を因数分解せよ．

（2） $(a+1)(a-1)(b+1)(b-1) = 4ab$ を満たす整数 a, b の組で，$a < b$ の条件を満たすものは □ 組あり，

そのなかで a, b のどちらも正の整数となる組 (a, b) は □ である．　　　（23　関西医大・医）

《形としては双曲型 (B20)》

289. 正の整数 N に対して，N の正の約数の個数を $f(N)$ とする．例えば，12 の正の約数は 1, 2, 3, 4, 6, 12 の 6 個であるから，$f(12) = 6$ である．

（1） $f(5040) = $ □ である．

（2） $f(k) = 15$ を満たす正の整数 k のうち，2 番目に小さいものは □ である．

（3） 大小 2 つのサイコロを投げるとき，出る目の積を l とおく．$f(l) = 4$ となる確率は □ である．

（4） 正の整数 m と n は互いに素で，等式

$$f(mn) = 3f(m) + 5f(n) - 13$$

を満たすとする．このとき，mn を最小にする m と n の組 (m, n) は □ である．　　　（23　北里大・医）

《楕円型 (B10)》

290. 等式 $m^2 + 2mn + 2n^2 - 4n - 22 = 0$

を満たす正の整数の組 (m, n) をすべて求めよ．　　　　　　　　　　　（23　甲南大）

《双曲型 (B20)》

291.（1） 2 次方程式 $4t^2 - 4t - 3 = 0$ の解は $t = -\dfrac{□}{□}, \dfrac{□}{□}$ である．

（2） 等式 $4x^2 - 4xy - 3y^2 = 5$ を満たす整数の組 (x, y) は全部で □ 組ある．　　　（23　日大）

《3 変数 1 次不定方程式 (B20)》

292. x, y, z を整数とする．$3x - 23y = 104$ を満たすとき，$\left| 2x - 3y \right|$ の最小値は □ である．$5x - 9y - 2z = 18$

および $-6x + 2y + 3z = 25$ を満たすとき，$\left| x + y + z \right|$ の最小値は □ である．　　　（23　東邦大・医）

《双曲型不定方程式 (B5)》

293. n を自然数とする．$\sqrt{n^2 + 63}$ が自然数になるような n は □ 個ある．　　　（23　東海大・医）

《干支の問題 (B20)》

294. 日本には十干十二支（じっかんじゅうにし）で暦を表す方法がある．十干は甲（きのえ），乙（きのと），丙（ひのえ），丁（ひのと），戊（つちのえ），己（つちのと），庚（かのえ），辛（かのと），壬（みずのえ），癸（みずのと）の順に全部で 10 種類あり，表にすると

十干

順番	1	2	3	4	5	6	7	8	9	10
種類	甲	乙	丙	丁	戊	己	庚	辛	壬	癸

である．また，十二支は子（ね），丑（うし），寅（とら），卯（う），辰（たつ），巳（み），午（うま），未（ひつじ），申（さる），酉（とり），戌（いぬ），亥（い）の順に全部で 12 種類があり，表にすると

十二支

順番	1	2	3	4	5	6	7	8	9	10	11	12
種類	子	丑	寅	卯	辰	巳	午	未	申	酉	戌	亥

である．

十干と十二支を組み合わせて年を表す方法は次のようになる．西暦 2022 年は十干十二支で表すと「壬寅」の年で，西暦 2023 年は十干と十二支が 1 つずつ進み，「癸卯」の年になる．十干も十二支も最後まで行くと次は最初に戻る．したがって西暦 2024 年は十干が最初に戻って「甲辰」の年になる．以下では，十干十二支と西暦の関係について，このルールが例外なく適用できるものとする．

（1） 「甲子」の年から数えて最初の「乙卯」の年は $\boxed{}$ 年後である.

（2） 大化の改新が始まったとされる年（西暦 645 年）に一番近い「甲子」の年は西暦 $\boxed{}$ 年である.

（23 埼玉医大・後期）

【p 進法】

《5 進法→ 10 進法（A2）》

295. 5 進法で表された数 $1234_{(5)}$ を 10 進法で表しなさい. （23 福島大・共生システム理工）

《2 進法のままの計算（A0）》

296. 2 進法で表された数の次の計算をせよ. ただし, 答えは 2 進法で表すこと.

$$110101_{(2)} - 1111_{(2)} = \boxed{}$$

（23 茨城大・工）

《10 進法→ 3 進法（A0）》

297. 十進法で表した数 255 を二進法, および三進法でそれぞれ表しなさい. （23 岩手県立大・ソフトウェア-推薦）

《2 進法（B10）》

298. n 進法で表された数の各位がすべて同じ数字であるとき, その数を n 進法のゾロ目とよび, さらに n 進法の ゾロ目の各位が数字 a であるとき, n 進法の a のゾロ目とよぶことにします. 例えば, 4 進法の 4 桁の数 $3333_{(4)}$ は, 4 進法の 3 のゾロ目の 1 つです. 次の（1）～（3）に答えなさい.

（1） $3333_{(4)}$ を 10 進法で表しなさい.

（2） $n \leqq 10$ とします. 3 進法の 1 のゾロ目 $1111_{(3)}$ と n 進法の a のゾロ目 $aa_{(n)}$ が等しいとき, n と a の組をす べて求めなさい.

（3） 4 進法の 3 のゾロ目を 2 進法で表すと 2 進法の 1 のゾロ目になることを証明しなさい.

（23 神戸大・理系-「志」入試）

《3 進法など（B5）☆》

299. 正の整数 N を 7 進法で表すと 3 桁の数 $abc_{(7)}$ となり, 4 進法で表すと 3 桁の数 $def_{(4)}$ となる. このとき, $4a + 2b + c = d - 3e + f$ を満たすすべての N を 10 進法で表せ. （23 富山県立大・工）

《5 進法の小数（A10）☆》

300. 5 進法で表された数 $0.312_{(5)}$ を 10 進法で表すと, $0.\boxed{}$ である.

また, 10 進法で表された数 0.312 を 5 進法で表すと, $0.\boxed{}_{(5)}$ である. （23 国際医療福祉大・医）

【ガウス記号】

《整数部分を計算する（B10）》

301. $\sqrt{23}$ の整数部分を n_0, $(\sqrt{23} - n_0)^{-1}$ の整数部分を n_1, $\{(\sqrt{23} - n_0)^{-1} - n_1\}^{-1}$ の整数部分を n_2 とする. こ のとき $n_0 + (n_1 + n_2^{-1})^{-1}$ を求めよ. （23 札幌医大）

《整数部分と小数部分（B10）》

302. 実数 x に対し, x を超えない最大の整数を $[x]$ で表す. このとき, 以下の問いに答えよ.

（1） $[\log_2 100]$ の値を求めよ.

（2） $\left[-\dfrac{x}{2} + 3\right] = -2$ を満たす x の値の範囲を求めよ.

（3） $[x^2 - 2x] = 2$ を満たす x の値の範囲を求めよ.

（4） $[x^2 + 3] = 4x$ を満たす x の値をすべて求めよ. （23 工学院大）

《整数部分と小数部分（B20）》

303. $[x]$ は x を超えない最大の整数を表すものとする. 連立方程式

$$\begin{cases} 2[x]^2 - [y] = x + y \\ [x] - [y] = 2x - y \end{cases}$$

を満たす実数 x, y について, 以下の問いに答えよ.

（1） $3x, 3y$ はそれぞれ整数であることを示せ.

（2） x, y の組をすべて求めよ． （23 早稲田大・人間科学-数学選抜）

《平方和で表す (B30)》

304. 実数 r に対して $[r]$ は r 以下の整数の中で最大のものを表す．正整数 m に対して

$$n_1 = [\sqrt{m}]$$

とおく．次に

$$n_2 = [\sqrt{m - n_1{}^2}]$$

とおく．同様に整数 $n_i\,(i > 1)$

を帰納的に

$$n_i = [\sqrt{m - n_1{}^2 - \cdots - n_{i-1}{}^2}]$$

と定める．すると正整数 m は l 個の平方数 $n_i{}^2\,(i = 1, \cdots, l)$ の和として，

$$m = n_1{}^2 + n_2{}^2 + \cdots + n_l{}^2,\ n_i > 0\,(i = 1, \cdots, l)$$

のように一意に表せる．このとき $l\,(> 0)$ は m により定まる関数であり，$l = l(m)$ とおく．例えば $5 = 2^2 + 1^2$ なので $l(5) = 2$ である．

（1） $m\,(> 1)$ が平方数 $m = k^2\,(k$ は正整数$)$ ならば，

$l(m) \neq l(m - 1)$ となることを証明せよ．

（2） 2 以上の任意の正整数 m に対して，$l(m) \neq l(m - 1)$ となることを証明せよ．

（3） $l(a) = 5$ となる最小の正整数 a，$l(b) = 6$ となる最小の正整数 b，および $l(c) = 7$ となる最小の正整数 c を求めよ． （23 奈良県立医大・後期）

【整数問題の雑題】

《十進法 (A5)》

305. 2 桁の自然数 n がある．n の一の位の数は十の位の数より 2 大きい．また，n の十の位の数の 2 乗は n より 26 小さい．このとき，自然数 n を求めなさい． （23 福島大・共生システム理工）

《図形と整数 (B10)》

306. $\triangle ABC$ において，

$$BC = 3,\ AC = b,\ AB = c,\ \angle ACB = \theta$$

とする．b と c を素数とするとき，以下の問いに答えよ．

（1） $b = 3, c = 5$ のとき，$\cos\theta$ の値を求めよ．

（2） $\cos\theta < 0$ のとき，$c = b + 2$ が成り立つことを示せ．

（3） $-\dfrac{5}{8} < \cos\theta < -\dfrac{7}{12}$ のとき，b と c の値の組をすべて求めよ． （23 浜松医大）

《平方差の集合 (B10) ☆》

307. 集合 A を次で定義する．

$$A = \{m^2 - n^2 \mid m\ と\ n\ は整数\}$$

このとき，次の問いに答えよ．

（1） 7 は A の要素であることを証明せよ．

（2） 6 は A の要素ではないことを証明せよ．

（3） 奇数全体の集合は A の部分集合であることを証明せよ．

（4） 偶数 a が A の要素であるための必要十分条件は，ある整数 k を用いて $a = 4k$ とかけることであることを証明せよ． （23 高知大・医，理工）

《見かけが変わっている (B10)》

308. $a = 2023, b = 1742$ とする．このとき，

$$\frac{1}{ab} = \frac{m}{a} + \frac{n}{b}$$

となる整数の組 (m, n) で，$1 \leqq n \leqq 2000$ を満たすものをすべて求めよ． （23 宮崎大・教（理系））

《3 次の不定方程式 (B30)》

309. 方程式

$$(x^3 - x)^2(y^3 - y) = 86400$$

を満たす整数の組 (x, y) をすべて求めよ. (23 東工大)

《因数分解の活用 (B20)》

310. 素数 p に対し, 整式 $f(x)$ を

$$f(x) = x^4 - (4p + 2)x^2 + 1$$

により定める. 以下の問いに答えよ.

(1) $f(x) = (x^2 + ax - 1)(x^2 + bx - 1)$ を満たす実数 a と b を求めよ. ただし, $a \geqq b$ とする.

(2) 方程式 $f(x) = 0$ の解はすべて無理数であることを示せ.

(3) 方程式 $f(x) = 0$ の解のうち最も大きいものを α, 最も小さいものを β とする. 整数 A と B が

$$AB\alpha + A - B = p(2 + p\beta)$$

を満たすとき, A と B を求めよ. (23 中央大・理工)

《変わった論証 (C20)》

311. xy 平面上の点 (p, q) について, p, q がともに整数のときこの点を格子点と呼ぶ. また e を自然対数の底とするとき, $p - e$ または $p + e$ のどちらかと, $q + \dfrac{1}{2}$ がともに整数のとき, この点を e 点と呼ぶことにする. 例えば, $(p, q) = \left(1 - e, \dfrac{3}{2}\right)$ は e 点である.

次の問いに答えよ. ただし, 素数の平方根と e が無理数であり,

$2.7 < e < 2.8$ であることは証明なしに用いてよい.

(1) 2つの格子点を結ぶ任意の線分は e 点を通らないことを示せ.

(2) 4つの格子点を頂点とし, 1辺の長さが1の任意の正方形の内部にある e 点の個数を求めよ.

(3) 3つの格子点を頂点とし, 1辺が x 軸に平行, 1辺が y 軸に平行な任意の直角三角形の面積は, この三角形の内部にある e 点の個数の $\dfrac{1}{2}$ に等しいことを示せ.

(4) 3つの格子点を頂点とする任意の三角形の面積は, この三角形の内部にある e 点の個数の $\dfrac{1}{2}$ に等しいことを示せ.

(5) 3つの格子点を頂点とする正三角形は存在しないことを示せ. (23 藤田医科大・医学部前期)

《3変数分数形 (B25)》

312. $f(x) = x - \dfrac{1}{x}$ とする. 自然数 a, b, c の組で, $a \leqq b \leqq c$ かつ $f(a) + f(b) + f(c)$ が自然数であるものの

総数は, $\boxed{}$ 個である. その中で $f(a) + f(b) + f(c)$ の値が最大になるのは $(a, b, c) = \boxed{}$ のときである. (23 慶應大・理工)

《分数関数と整数 (B5)》

313. $a_n = \dfrac{n^2 + 3n}{n^2 + 9n - 27}$ $(n = 1, 2, 3, \cdots)$ とする. このとき, 次の問いに答えよ.

(1) a_1, a_2, a_3, a_4 を求めよ.

(2) 不等式 $a_n \geqq 1$ を満たす自然数 n をすべて求めよ.

(3) a_n が整数となるような自然数 n をすべて求めよ. (23 津田塾大・学芸-数学)

《大学の整数論 (D60)》

314. p を3以上の素数とし, a を整数とする. このとき, p^2 以上の整数 n であって

$${}_n\mathrm{C}_{p^2} \equiv a \pmod{p^3}$$

を満たすものが存在することを示せ. (23 京大・特色入試)

《整数の論証 (B10)》

315. 3以上の任意の自然数 n に対する次の命題の真偽をそれぞれ調べ, 真である場合には証明し, 偽である場合には反例をあげよ.

(1) $n! + 1 < p \leqq n! + n$ を満たす素数 p は存在しない.

（2）　$n < p \leqq n! - 1$ を満たす素数 p が存在する．　　　　　　　　　　　　　　　（23　東京学芸大・前期）

【二項定理】

《二項定理（A2）》

316．$\left(x^3 + \dfrac{3}{x}\right)^8$ の展開式における定数項は ☐ である．　　　　　　　（23　東北学院大・工）

《多項定理（B5）》

317．$(x^2 + x + 1)^{10}$ の展開式において，x^2 の項の係数は ☐ である．　　　　　（23　神奈川大・理系）

《積分との融合（B20）☆》

318．n を正の整数とする．

$$(1 + x)^n = \sum_{k=0}^{n} {}_nC_k x^k = {}_nC_0 x^0 + \cdots + {}_nC_n x^n$$

であることを用いて，次の等式を証明せよ．

$$\frac{3^{n+1} - 1}{n + 1} = \sum_{k=0}^{n} \frac{{}_nC_k}{k + 1} 2^{k+1}$$

（23　福井大・工-後）

《2乗の因数を作る（A10）》

319．4^{21} を 25 で割った余りを求めよ．　　　　　　　　　　　　　　　　　（23　東北大・歯 AO）

《2乗の因数を作る（B20）》

320．以下の問に答えよ．

（1）　次の方程式の整数解をすべて求めよ．

$$20x + 23y = 1$$

（2）　$461^m - 24$ が 23^2 の倍数になる正の整数 m をすべて求めよ．　　　　　（23　群馬大・医）

《二項係数の和（B30）》

321．中の見えない箱と十分な枚数の白いカードを用意します．用意した白いカードは書き込みが可能ですが，書き込みの有無や書かれた内容を触って判別することはできないものとします．このとき，以下の各問いに答えなさい．

（1）　新しい白いカードを用意して箱に入れておきます．いま，箱の中からすべての白いカードを取り出し，0 と書き込んだカードを a 枚作成します．また，1 と書き込んだカードを b 枚，2 と書き込んだカードも c 枚作成します．これら数字を書き込んだカードのみを箱の中にすべて戻して，よくかきまぜてから，2 枚のカードを箱から取り出したとき，カードに書かれている数の和が 3 以上になる確率を a, b, c を用いて書き表しなさい．ただし，$a \geqq 1$, $b \geqq 1$, $c \geqq 1$ とします．

（2）　最初に新しい白いカードを用意して箱に入れておきます．いま，箱の中からすべての白いカードを取り出し，0 と書いたカードを d 枚作成します．白いままのカードは e 枚です．箱の中にすべてのカードを戻し，よくかきまぜます．次に，投げたときに表と裏の出る確率がそれぞれ等しくなる公平な硬貨を 1 枚用意します．また，箱の中にあるものとは別に白いカードを用意します．この別途用意したカードは十分な枚数があって，必要なだけ使うことができます．用意した硬貨を投げ，表が出たら，箱の中とは別に用意した白いカード 1 枚に 0 と書いて箱の中に入れます．裏が出たら，箱の中とは別に用意した白いカード 1 枚を取り，なにも書かないで箱に入れます．

硬貨を n 回投げたあとに，箱の中からカードを 1 枚取り出したとき，そのカードに 0 と書かれている確率を d, e, n を用いて書き表しなさい．

（3）　あらためて，新しい白いカードを x 枚用意して空の箱に入れておきます．この箱から m 枚のカードを取り出し，すべてに 1 と書きます．すべて書き終ったら，すべてのカードを箱に戻し，よくかきまぜてから n 枚のカードを取り出します．この取り出したカード n 枚のうち，ちょうど k 枚に 1 と書かれている確率を x, m, n, k を用いて書き表しなさい．ただし，$k \leqq m \leqq x$, $k \leqq n \leqq x$ とします．　　　　（23　横浜市大・共通）

《二項係数の和（B20）》

322. $\sum\limits_{k=1}^{n}(k \cdot {}_n\mathrm{C}_k)$ が 10000 を超えるような最小の正の整数 n は $\boxed{}$ である. (23 東京医大・医)

《オメガの問題 (B2) ☆》

323. 整式 x^{2023} を $x^2 + x + 1$ で割った余りを求めよ. (23 昭和大・医-2期)

《オメガの友達 (B10)》

324. 整式 $x^{2023} - 1$ を整式 $x^4 + x^3 + x^2 + x + 1$ で割ったときの余りを求めよ. (23 京大・前期)

《多項式の割り算の利用 (B5)》

325. $\left(\dfrac{1+\sqrt{5}}{2}\right)^3$ の整数部分を a, 小数部分を b とする. 次の問いに答えよ.

(1) a の値を求めよ.

(2) $b^4 + 3b^3 - 4b^2 + 6b + 1$ の値を求めよ. (23 昭和大・医-2期)

《多項式の割り算の利用 (B10)》

326. $\alpha = \sqrt{6 + 2\sqrt{5}}$ のとき,

$$\alpha^5 - \alpha^4 - 12\alpha^3 + 12\alpha^2 + 16\alpha = \boxed{}$$

である. (23 藤田医科大・医学部前期)

《余りを求める (B2)》

327. $f(x)$ を 3 次式とし, $f(x)$ を $x^2 - 7x + 12$ で割った余りが $2x+3$ で, $f(x)$ を $x^2 - 3x + 2$ で割った余りが 11 であるとする. このとき, $f(x)$ の定数項は $\boxed{}$ である. (23 芝浦工大)

《余りを求める (B2)》

328. 整式 x^{2023} を $x^3 - x$ で割った余りは $\boxed{}$ である. (23 芝浦工大)

《多項式の割り算 (B5)》

329. 整式 $f(x) = (x-1)^2(x-2)$ を考える.

(1) $g(x)$ を実数を係数とする整式とし, $g(x)$ を $f(x)$ で割った余りを $r(x)$ とおく. $g(x)^7$ を $f(x)$ で割った余りと $r(x)^7$ を $f(x)$ で割った余りが等しいことを示せ.

(2) a, b を実数とし, $h(x) = x^2 + ax + b$ とおく. $h(x)^7$ を $f(x)$ で割った余りを $h_1(x)$ とおき, $h_1(x)^7$ を $f(x)$ で割った余りを $h_2(x)$ とおく. $h_2(x)$ が $h(x)$ に等しくなるような a, b の組をすべて求めよ.

(23 東大・理科)

《多項式を求める (C20)》

330. $f(x)$ を整数係数の多項式とする. $f(x)$ が 2 つ以上の定数でない整数係数の多項式の積で表せないとき, $f(x)$ は既約多項式であると呼ぶこととする. 例えば, $2x^2 + 3x + 1 = (2x+1)(x+1)$ より $2x^2 + 3x + 1$ は既約多項式ではなく, $2x^2 + 3x + 2$ は既約多項式である.

(1) $f(x+1)$ が既約多項式であれば, $f(x)$ も既約多項式であることを示せ.

(2) p は素数とする.

$$f(x) = a_3 x^3 + a_2 x^2 + a_1 x + a_0$$

($a_3 \neq 0$ かつ a_0, a_1, a_2, a_3 は整数) が次の 3 条件をすべて満たすとき, $f(x)$ は既約多項式であることを示せ.

(Ⅰ) a_0 は p の倍数であるが, p^2 の倍数でない.

(Ⅱ) a_1 と a_2 は p の倍数である.

(Ⅲ) a_3 は p の倍数でない.

(3) $f(x) = 2x^3 + 3x^2 - 6x + 4$ が既約多項式であることを証明せよ. (23 大阪医薬大・後期)

《商が残るように代入する (B10)》

331. 整式 $P(x)$ を $x^2 + 5x + 6$ で割ると $x+1$ 余り, $x+1$ で割ると 2 余るとき, 以下の問いに答えよ.

(1) $P(-1)$ を求めよ.

(2) $P(x)$ を $(x+1)(x^2 + 5x + 6)$ で割った余りを求めよ. (23 鳥取大・工-後期)

《商が残るように代入する (B10)》

332. 整式 $P(x)$ を $(x+1)^3$ で割ったときの余りは 11 であり, $x-1$ で割ったときの余りは 3 である. $P(x)$ を

$(x+1)^3(x-1)$ で割ったときの余りを求めよ. （23 山形大・工）

《虚数を代入する (B20)》

333. （1） 整式 $P(x)$ を $x+2$ で割ると -2 余り, $2x-3$ で割ると 5 余る. $P(x)$ を $(2x-3)(x+2)$ で割った ときの余りは, $\boxed{}$ である.

（2） 整式 $P(x)$ を x^2+2 で割ると $x+5$ 余り, x^2+3 で割ると $3x-4$ 余る. $P(x)$ を $(x^2+2)(x^2+3)$ で割っ たときの余りは, $\boxed{}$ である. （23 愛知学院大）

【恒等式】

《3 次の恒等式 (B2)》

334. 整式 $A : px^3 + qx^2 - 2x + r$, 整式 $B : 3x^2 - 8x - 3$, 整式 $C : 2x^2 - 7x + 3$ とする（p, q, r は実数）（$p \neq 0$）. 整式 A は整式 B および整式 C で割り切れる. $\dfrac{p+q+r}{5}$ の値を求めよ. （23 自治医大・医）

《4 次の恒等式 (B5)》

335. 整式 $P(x) = x^4 + 11x^2 - 4x + 32$ が
$$P(x) = (x^2 + a)^2 - (x + b)^2$$
と表せるような定数 a, b の値は
$$a = \boxed{}, b = \boxed{}$$
であり, $P(x)$ を実数の範囲で因数分解すると $P(x) = \boxed{}$ となる. （23 関西学院大・理系）

《分数の恒等式 (B2)》

336. 等式
$$\frac{4}{(x^2-1)^2} = \frac{a}{x-1} + \frac{b}{(x-1)^2} + \frac{c}{x+1} + \frac{d}{(x+1)^2}$$
が x についての恒等式となるように, 実数 a, b, c, d の値を定めよ. （23 東京電機大）

《分数の恒等式 (A2)》

337. 等式 $3x^2y - 4xy^2 - 9x^2 + 16y^2 + 36x - 48y = 0$ が, x についての恒等式ならば $y = \boxed{}$ であり, y につ いての恒等式ならば $x = \boxed{}$ である. また, 等式 $\dfrac{33}{2x^2+5x-12} = \dfrac{a}{2x-3} - \dfrac{b}{x+4}$ が x についての恒等式なら ば, $a = \boxed{}, b = \boxed{}$ である. （23 東京工芸大・工）

【不等式の証明】

《三角不等式 (B20) ☆》

338. a, b を $0 < |a| < |b|$ を満たす実数とする. このとき, 以下の問に答えよ.

（1） $|x^3 - a^3| + |x^3 - b^3| = |a^3 - b^3|$

を満たす実数 x をすべて求めよ.

（2） n が正の偶数のとき,

$|x^n - a^n| + |x^n - b^n| = |a^n - b^n|$

を満たす実数 x をすべて求めよ. （23 群馬大・医）

《分数関数と最小値 (B10)》

339. 次の問いに答えよ.

（1） 2 次関数 $y = x^2 + x + 3$ のグラフの軸と頂点を求め, そのグラフをかけ.

（2） 整式 $x^4 + 2x^3 - 3x^2 - 4x + 43$ を整式 $x^2 + x + 3$ で割った商と余りを求めよ.

（3） 関数 $f(x) = \dfrac{x^4 + 2x^3 - 3x^2 - 4x + 43}{x^2 + x + 3}$ の最小値を求めよ. （23 島根大・数理）

《チェビシェフの不等式 (B10) ☆》

340. 実数 $a_1, a_2, a_3, b_1, b_2, b_3$ について,

$0 < a_1 < a_2 < a_3, \ 0 < b_1 < b_2 < b_3$ とします.

（1） 2 つの集合 $A_2 = \{a_1, a_2\}$, $B_2 = \{b_1, b_2\}$ を考えます. 集合 A_2 と B_2 から要素を 1 つずつ選び, ペアにして 積を作りその和を求める作業を行うとき, 考えられる和は $a_1b_1 + a_2b_2$ ……① または $a_1b_2 + a_2b_1$ ……② の 2 つ

です．2つの式①，②の大小関係を調べ結論しなさい．

（2）2つの集合 $A_3 = \{a_1, a_2, a_3\}$, $B_3 = \{b_1, b_2, b_3\}$ について，（1）と同様に集合 A_3 と B_3 から要素を1つずつ選び，ペアにして積を作りその和を求める作業を行います．そのうちの1つには，例えば $a_1b_2 + a_2b_3 + a_3b_1$ ……③ が挙げられます．このような式は③の式を含めて全部で何通りありますか．ただし，項の順番を入れ替えると等しくなるような2つの式は同じ式とみなします．

（3）（2）で得られる式のうち，最大の値をとる式を求めなさい． (23 湘南工科大)

《コーシーシュワルツの不等式 (B10) ☆》

341. 正の数 x, y, z は $x + y + z = 4$ をみたしている．このとき

$$\frac{1}{x} + \frac{4}{y} + \frac{9}{z}$$

の最小値は $\boxed{}$ である． (23 東邦大・健康科学-看護)

《不等式証明 (B20) ☆》

342. 次の問いに答えよ．

（1）$x > 0$ のとき $x + \dfrac{1}{x}$ の最小値を求めよ．また，最小となるときの x の値を求めよ．

（2）n を自然数とするとき，x に関する方程式

$$\sum_{k=1}^{2n} \frac{x^k}{1 + x^{2k}} = n$$

の実数解は $x = 1$ だけであることを示せ． (23 関大)

【複素数の計算】

《2次方程式を解く (A10)》

343. i を虚数単位とし，x, y を正の整数とする．複素数 $z = x + yi$ が $z^2 = 40 + 42i$ を満たすとき，x, y の値を求めよ． (23 岡山県立大・情報工)

《周期性の利用 (A5)》

344. i を虚数単位とする．$(1 + i)^n$ が正の実数になるような3桁の整数 n は $\boxed{}$ 個である． (23 東京医大・医)

【解と係数の関係】

《2解の設定 (A5) ☆》

345. 2次方程式 $x^2 - 3kx - k + 1 = 0$ の1つの解が他の解の2倍であるとき，定数 k の値を求めなさい． (23 福島大・共生システム理工)

《虚数解の設定 (B10) ☆》

346. a, b, θ を実数，i を虚数単位とする．x の2次方程式 $x^2 - 2(a-1)x + b = 0$ が虚数解 $\cos\theta + i\sin\theta$ をもつとき，a, b の満たす条件の表す曲線を ab 平面上に図示せよ． (23 東北大・医 AO)

《実部の話 (B20) ☆》

347. a, b を実数とする．整式 $f(x)$ を $f(x) = x^2 + ax + b$ で定める．以下の問に答えよ．ただし，2次方程式の重解は2つと数える．

（1）2次方程式 $f(x) = 0$ が異なる2つの正の解をもつための a と b がみたすべき必要十分条件を求めよ．

（2）2次方程式 $f(x) = 0$ の2つの解の実部が共に0より小さくなるような点 (a, b) の存在する範囲を ab 平面上に図示せよ．

（3）2次方程式 $f(x) = 0$ の2つの解の実部が共に -1 より大きく，0より小さくなるような点 (a, b) の存在する範囲を ab 平面上に図示せよ． (23 神戸大・理系)

《共役解 (A0)》

348. a, b を実数，i を虚数単位とする．2次方程式 $x^2 + ax + b = 0$ の解の1つが $x = -2 + i$ であるとき，$a = \boxed{}$, $b = \boxed{}$ である． (23 日大・医-2期)

《(B5) ☆》

349. i を虚数単位とする．p を素数，q を0でない有理数とし，$w = \sqrt{p} + qi$ とする．実数 a, b を係数とする x

の整式 $f(x)$ を $f(x) = x^3 + ax^2 + b$ で定める. 以下の問に答えよ.

（1） $\sqrt{p}$ は無理数であることを示せ.

（2） 複素数 z について, $f(z) = 0$ ならば $f(\overline{z}) = 0$ であることを示せ. ただし, $\overline{z}$ は z と共役な複素数を表す.

（3） a, b が有理数ならば $f(w) \neq 0$ であることを示せ.　　　　　　　　　（23　神戸大・後期）

《3 次方程式 (B5) ☆》

350. α, β, γ, k を定数とする. x についての恒等式 $x^3 - 2x^2 + kx - 1 = (x-\alpha)(x-\beta)(x-\gamma)$ が成り立つとする. このとき, $\alpha + \beta + \gamma = \boxed{}$ である. また, $\alpha^3 + \beta^3 + \gamma^3 = 1$ であるとき, $k = \dfrac{\boxed{}}{\boxed{}}$ である.

（23　愛知工大・理系）

《3 次方程式 (B20) ☆》

351. $x^3 + 7x^2 - x - 39 = 0$ の実数解を小さいものから順に a, b, c とするとき,

$$\frac{a}{b+c} + \frac{b}{c+a} + \frac{c}{a+b} = \frac{\boxed{}}{\boxed{}}$$

である.　　　　　　　　　　　　　　　　　　　　　　　　　（23　藤田医科大・ふじた未来入試）

《$x^3 = -1$ (B10)》

352. 方程式 $x^2 - x + 1 = 0$ の異なる 2 つの解を α, β とする. このとき,

$$\frac{\beta}{\alpha} + \frac{\alpha}{\beta} = \boxed{}, \quad \alpha^9 + \beta^9 = \boxed{}$$

となる. また, 任意の自然数 m に対して等式 $\alpha^{m+n} + \beta^{m+n} = \alpha^m + \beta^m$ が成り立つ最小の自然数 n は $n = \boxed{}$ である.　　　　　　　　　　　　　　　　　　　　　　　　　　　　　（23　近大・医-推薦）

《3 次方程式 (A10)》

353. 複素数 α, β, γ が x についての恒等式

$$(x-\alpha)(x-\beta)(x-\gamma) = x^3 + 3x^2 + 2x + 4$$

を満たすとき,

$\dfrac{1}{\alpha^2} + \dfrac{1}{\beta^2} + \dfrac{1}{\gamma^2}$ の値は $\boxed{}$ である.　　　　　　　　　　　　　　　（23　関大・理系）

《3 変数 2 次 (B10)》

354. 実数 a, b, c が

$$a + b + c = 8, \quad a^2 + b^2 + c^2 = 32$$

を満たすとき, c のとりうる範囲を不等式を用いて表せ.　　　　　　　　　　（23　昭和大・医-1 期）

【因数定理】

《因数で表す (B15) ☆》

355. x の 8 次式 $f(x)$ は整数 k $(0 \leqq k \leqq 8)$ に対して, $f(k) = \dfrac{k^2}{k+1}$ を満たす. このとき, $f(9)$ の値を既約分数で求めると, $f(9) = \boxed{}$ である.　　　　　　　　（23　山梨大・医-後期）

《因数分解への応用 (B10)》

356. $f(x, y, z) = x^2 + xy - yz - z^2$

$g(x, y, z) = x^3 - x(y^2 + yz + z^2) + yz(y+z)$

$h(x, y, z) = -x^3(y-z) - y^3(z-x) - z^3(x-y)$

とする.

（1） $f(x, y, z)$ を因数分解しなさい.

（2） $g(y, y, z)$ を求めなさい.

（3） （2）を用いて $g(x, y, z)$ を因数分解しなさい.

（4） $h(x, y, z)$ を因数分解しなさい.　　　　　　　　　　　　　　　　（23　愛知学院大・薬, 歯）

【高次方程式】

《4 次方程式 (B20)》

357. 方程式 $x^4 + 4x^3 + 7x^2 + 2x - 5 = 0$ ......①

について，次の問いに答えよ．

（1） $x = t - \alpha$ とおくと，①は t に関する方程式 $t^4 + At^2 + Bt + C = 0$ と表される．α, A, B, C の値をそれぞれ求めよ．

（2） （1）で求めた A, B, C に対して，t に関する恒等式 $t^4 + At^2 + Bt + C = (t^2 + a)^2 + b(t + c)^2$ が成り立つ．a, b, c の値をそれぞれ求めよ．ただし，a, b, c はすべて実数とする．

（3） 方程式 ① を解け． (23 近大・医-後期)

《相反方程式 (B30)》

358. a, b は実数の定数とする．x の多項式

$$f(x) = ax^4 - (a+1)bx^3 + (a^2 + b^2 + 1)x^2$$
$$- (a+1)bx + a$$

について，以下の問いに答えよ．

（1） $a = \alpha\beta, b = \alpha + \beta$ を満たす複素数 α, β を a, b で表せ．

（2） （1）の α, β について，$f(\alpha)$ と $f(\beta)$ の値を求めよ．

（3） 0でない複素数 z が $f(z) = 0$ を満たすとき，$f\left(\dfrac{1}{z}\right)$ の値を求めよ．

（4） 方程式 $f(x) = 0$ が異なる 4 つの実数解をもつための a, b の条件を求めよ． (23 福島県立医大・前期)

《相反方程式 (B20)》

359. x の 4 次方程式

$$3x^4 - 10x^3 + ax^2 - 10x + 3 = 0 \qquad \cdots (*)$$

を考える．ただし a は実数の定数である．$x = 0$ は方程式 $(*)$ の解ではないので，以下 $x \neq 0$ とする．

（1） $t = x + \dfrac{1}{x}$ とおく．x が 0 でない実数を動くとき，t のとり得る値の範囲は $t \leq \boxed{}$，$\boxed{} \leq t$ である．また，$x^2 + \dfrac{1}{x^2} = t^2 + b$ とおくと $b = \boxed{}$ である．

（2） 方程式 $(*)$ を $t = x + \dfrac{1}{x}$ の 2 次方程式として表せば $\boxed{}t^2 - \boxed{}t + a - \boxed{} = 0$ となる．

（3） x の方程式 $(*)$ が実数解をもつとき，a のとり得る値の範囲は $a \leq \boxed{}$ である．

（4） x の方程式 $(*)$ が相異なる 4 つの実数解をもつとき，a のとり得る値の範囲は $a < \boxed{}$ である． (23 青学大・理工)

《4 次の相反方程式 (B20)》

360. （1） t を実数とする．x についての方程式 $x + \dfrac{1}{x} = t$ が実数解をもつための必要十分条件は

$$t \leq -\boxed{カ} \text{ または } t \geq \boxed{キ}$$

である．

（2） k を実数の定数とし，

$$f(x) = 7x^4 + 2x^3 + kx^2 + 2x + 7$$

とする．

$x = a$ が方程式 $f(x) = 0$ の解であるとき，$t = a + \dfrac{1}{a}$ とおくと

$$\boxed{ク}t^2 + \boxed{ケ}t + \left(k - \boxed{コサ}\right) = 0$$

が成り立つ．

方程式 $f(x) = 0$ の異なる実数解の個数が 3 個となるような k の値は $k = -\boxed{シス}$ である． (23 明治大・理工)

《共役解 (A0)》

361. a, b を実数，i を虚数単位とする．2 次方程式 $x^2 + ax + b = 0$ の解の 1 つが $x = -2 + i$ であるとき，$a = \boxed{}$，$b = \boxed{}$ である． (23 日大・医-2期)

【直線の方程式 (数II)】

《直線の交点 (B10)》

362. 座標平面上に点 A(2, 0) と点 B(0, 1) がある．正の実数 t に対して，x 軸上の点 P$(2+t, 0)$ と y 軸上の点 Q$\left(0, 1+\dfrac{1}{t}\right)$ を考える．

（1） 直線 AQ の方程式を，t を用いて表せ．

（2） 直線 BP の方程式を，t を用いて表せ．

直線 AQ と直線 BP の交点を R(u, v) とする．

（3） u と v を，t を用いて表せ．

（4） $t > 0$ の範囲で，$u+v$ の値を最大にする t の値を求めよ． (23 東京理科大・理工)

《折れ線の最短 (B30)》

363. 原点を O とする座標平面上の 2 点 A(3, 0), B(1, 1) を考える．α, β を実数とし，点 P(α, β) は直線 OA 上にも直線 OB 上にもないとする．直線 OA に関して点 P と対称な点を Q とし，直線 OB に関して点 P と対称な点を R とする．次の問いに答えよ．

（1） 点 Q および点 R の座標を，α, β を用いて表せ．

（2） 直線 OA と直線 QR が交点 S をもつための条件を，α, β のうちの必要なものを用いて表せ．さらに，このときの交点 S の座標を，α, β のうちの必要なものを用いて表せ．

（3） 直線 OB と直線 QR が交点 T をもつための条件を，α, β のうちの必要なものを用いて表せ．さらに，このときの交点 T の座標を，α, β のうちの必要なものを用いて表せ．

（4） α, β は（2）と（3）の両方の条件を満たすとし，S, T は（2），（3）で定めた点であるとする．このとき，直線 OA と直線 BS が垂直となり，直線 OB と直線 AT が垂直となる α, β の値を求めよ． (23 広島大・理系)

【円の方程式】

《最小の円 (B5)》

364. 座標平面上に 3 点 A(1, 0), B(5, 0), P(0, a) ($a > 0$) がある．3 点 A, B, P を通る円を C とするとき，次の問いに答えなさい．

（1） 円 C の中心の座標を求めなさい．

（2） 円 C が y 軸に接するとき，円 C の方程式を求めなさい．

（3） $\angle$APB を最大にする点 P の座標を求めなさい． (23 長崎県立大・後期)

《3 点を通る円など (B10)》

365. xy 平面において，直線 $y = -\dfrac{4}{3}x$ を l とし，円 $x^2+y^2-px-y+q = 0$ (p, q は定数，$p > 0$) を C とする．このとき，円 C の中心から y 軸までの距離を p を用いて表すと $\boxed{}$ であり，円 C の中心から直線 l までの距離を p を用いて表すと $\boxed{}$ である．したがって，円 C が y 軸と直線 l のどちらにも接しているとき，p, q の値は $p = \boxed{\text{ア}}$, $q = \boxed{\text{イ}}$ であり，円 C の半径は $\boxed{}$ である．

次に，$p = \boxed{\text{ア}}$, $q = \boxed{\text{イ}}$ とし，y 軸上の点 A$\left(0, \dfrac{13}{2}\right)$，原点 O，直線 l 上の点 B の 3 点を頂点とする △AOB の内接円が円 C であるとする．このとき，直線 AB の方程式は $y = \boxed{}$ であり，直線 AB と円 C の接点の座標は $\boxed{}$ であり，点 B の座標は $\boxed{}$ である．また，△AOB の面積は $\boxed{}$ であり，△AOB の外接円の半径は $\boxed{}$ である． (23 関西学院大・理系)

《点と円上の距離 (A2)》

366. x, y が不等式 $(x-1)^2+(y+2)^2 \leqq 5$ を満たすとき，$(x-4)^2+(y-4)^2$ の最小値は $\boxed{11}\ \boxed{12}$ である． (23 日大・医-2 期)

《方べき (B10)》

367. xy 平面上で，次の 3 つの円を考える．

C_1：中心が第 2 象限にあり，x 軸と点 $(-1, 0)$ で接する半径 a の円

C_2：中心が第 1 象限にあり，x 軸と点 $(1, 0)$ で接する半径 b の円

C_3：中心が点 $(0, c)$ で，2 点 $(-1, 0)$, $(1, 0)$ を通る円

（1） $a=2$, $b=1$ のとき，C_1 と C_2 の交点の座標は，$\left(\boxed{ア}, \boxed{}\right)$ と $\left(\boxed{イ}, \boxed{}\right)$ である．ただし，$\boxed{ア} < \boxed{イ}$ とする．

（2） C_1 と C_2 が異なる2点 P, Q で交わるとき，原点 O との距離の積 OP・OQ の値は $\boxed{}$ である．

（3） C_1 と C_2 が接するとき，b は a を用いて表すと，$b = \boxed{}$ である．

（4） C_3 が点 $(-1, 2)$ を通るとき，$c = \boxed{}$ である．

（5） s を実数，t を正の実数とする．C_1, C_2, C_3 が共に点 $R(s, t)$ を通るとき，a は s, t を用いて表すと，$a = \boxed{}$ である．また，積 ab の値を c のみで表すと，$ab = \boxed{}$ である． （23　東海大・医）

《円の個数 (B20)》

368. 座標平面上の点 $(0, 1)$ を中心として半径1の円を C とする．点 $P(x, y)$ が $y \geqq 0$ の範囲にあり，P から C までの最短距離は ay であるとする．ただし，a は $0 < a < 1$ を満たす定数である．このとき，次の問いに答えよ．

（1） 点 P が円 C の円周上または外部にあるとき，$P(x, y)$ が満たす方程式を求めよ．

（2） 点 P が円 C の円周上または内部にあるとき，$P(x, y)$ が満たす方程式を求めよ．

（3） $x = \dfrac{1}{2}$ かつ $0 \leqq y \leqq 2$ を満たす点 $P(x, y)$ がちょうど3個存在するような定数 a の範囲を求めよ． （23　早稲田大・教育）

【円と直線】

《根軸 (B20)》

369. 平面上の2つの円が直交するとは，2つの円が2点で交わり，各交点において2つの円の接線が互いに直交することである．以下の問いに答えよ．

（1） C_1, C_2 は半径がそれぞれ r_1, r_2 の円とする．C_1 の中心と C_2 の中心の間の距離を d とする．C_1 と C_2 が直交するための必要十分条件を d, r_1, r_2 の関係式で表せ．

（2） p, r_1, r_2 は $p > r_1 + r_2$, $r_1 > 0$, $r_2 > 0$ を満たす実数とする．座標平面上において，原点 O を中心とする半径 r_1 の円を C_1，点 $(p, 0)$ を中心とする半径 r_2 の円を C_2 とする．C_1 と C_2 のいずれにも直交する円の中心の軌跡を求めよ．

（3） 互いに外部にある3つの円の中心が一直線上にないとき，それら3つの円のいずれにも直交する円がただ1つ存在することを示せ． （23　熊本大・医）

《円の束 (B10) ☆》

370. 以下の問いに答えよ．

（1） 点 (a, b) を中心とし，半径が3の円を C とする．円 $x^2 + y^2 = 5$ と円 C との2つの共有点を通る直線が $x - y + 1 = 0$ となる点 (a, b) を求めよ．

（2） （1）で求めた2つの共有点と点 (a, b) を通る円の中心と半径を求めよ． （23　三重大・生物資源）

《点と直線の距離 (B10)》

371. 動点 P は直線 $l : ax + y - 3a - 2 = 0$ と，中心が点 $(1, 0)$，半径が $\sqrt{2}$ の円 C の共有点である．ただし，a は定数である．

このとき，（1）～（4）に答えよ．

（1） C の方程式は，$x^2 + y^2 - \boxed{}x - \boxed{} = 0$ である．

（2） l は常に点 $A\left(\boxed{}, \boxed{}\right)$ を通り，a の範囲は $\boxed{ア} - \sqrt{\boxed{イ}} \leqq a \leqq \boxed{ア} + \sqrt{\boxed{イ}}$ である．

（3） C の中心を G とし，l と異なる2点 P, Q を共有するとき，△PGQ の面積の最大値は $\boxed{}$ であり，このときの PQ の長さは $\boxed{}$ である．

（4） 点 B の座標を $(2, -2)$ とする．∠APB $= 90°$ となる P を P_1, P_2 とすると，P_1 の座標は $\left(\boxed{ウ}, -\sqrt{\boxed{エ}}\right)$，$P_2$ の座標は $\left(\boxed{ウ}, \sqrt{\boxed{エ}}\right)$ であり，△AP_1B の面積は $\dfrac{\boxed{オ} - \sqrt{\boxed{カ}}}{\boxed{キ}}$，△$AP_2B$ の面積は $\dfrac{\boxed{オ} + \sqrt{\boxed{カ}}}{\boxed{キ}}$

である. (23 岩手医大)

《外接円と内接円 (B10)》

372. 座標平面上の 3 点 A$(1, 0)$, B$(14, 0)$, C$(5, 3)$ を頂点とする △ABC について，次の問いに答えよ.

（1）　△ABC の重心の座標を求めよ.

（2）　△ABC の外心の座標を求めよ.

（3）　△ABC の内心の座標を求めよ. (23　静岡大・理, 教, 農, グローバル共創)

【軌跡】

《アポロニウスの円 (B10) ☆》

373. 座標平面上の点 O と A の座標をそれぞれ O$(0, 0)$ と A$(a, 0)$ とする. 平面上の点 P が，OP : AP $= m : n$ を満たしながら動くとする. ここで a, m, n は正の定数である.

（1）　$m = n$ のとき，点 P(x, y) の軌跡は直線 $\boxed{}$ である.

以下では $m \neq n$ とする.

（2）　点 P の軌跡と x 軸の共有点は 2 つある. 線分 OA を $m : n$ に内分する点 $\boxed{}$ と，線分 OA を $m : n$ に外分する点 $\boxed{}$ である.

（3）　点 P の座標を (x, y) とする. OP : AP $= m : n$ を満たすことから，OP$^2 = \boxed{}$ AP^2 が得られる.

（4）　この式を座標を用いて表し，展開して整理すると点 P(x, y) の軌跡は，中心が点 $\boxed{}$，半径が $\boxed{}$ の円となる. (23　東邦大・理)

《アポロニウスの円 (B20) ☆》

374. 座標平面において O$(0, 0)$, A$(1, 0)$ とするとき，次の問に答えよ.

（1）　m を 1 より大きい実数とする. OP $= m$AP を満たす点 P の軌跡は円となる. その円 C_1 の中心の座標と半径を m を用いて表せ.

（2）　θ を $0 < \theta < \dfrac{\pi}{2}$ の範囲の実数とする. $\angle$OQA $= \theta$ を満たす点 Q の軌跡は 2 つの円の一部となる. それらの円のうち，中心の y 座標が正であるものを C_2 とする. C_2 の中心の座標と半径を θ を用いて表せ.

（3）　C_1 と C_2 の交点のうち，y 座標が正であるものを R とする. △OAR の面積を m と θ を用いて表せ.

（4）　R の座標を m と θ を用いて表せ. (23　香川大・医-医)

《三角形が動く (B30)》

375. 座標平面の点を O$(0, 0)$, A$(-1, 0)$, B$(1, 0)$ とする. 線分 AP は長さが 2 で，点 A を中心に回転する. 正三角形 T は一辺の長さが $2\sqrt{3}$ で，点 B を重心とし，点 B を中心に回転する. 点 P の x 座標を t とする.

（1）　線分 BP の長さを t の式で表せ.

（2）　線分 AP が以下の [条件] を満たすように動くとき，点 P の軌跡を求め，図示せよ.

　[条件] 三角形 T を適当に回転させると，点 P は T の周上にある.

（3）　線分 AP と三角形 T の周が無限個の点を共有するような位置にあるとき，t の値を求めよ.

（4）　線分 AP と三角形 T（周および内部が 1 点のみを共有するように動くとき，その共有点の軌跡を求め，図示せよ. (23　千葉大・理, 工)

《外心の軌跡 (B10)》

376. 正の実数 a に対して，xy 平面上に 2 点 A$(2, a)$, B$(2, -a)$ をとる. 原点を中心とする単位円を $C : x^2 + y^2 = 1$ とする. 以下の問いに答えよ.

（1）　点 P が円 C 上を動くとき，△APB の重心 G の軌跡を求めよ.

（2）　点 P が円 C 上を動くとき，△APB の外心 Q の軌跡を求めよ. (23　鳥取大・工-後期)

《動くものが多い (B20) ☆》

377. 座標平面上に，定点 A$(2, 1)$ と円

$C : (x + 3)^2 + y^2 = 9$

がある. また，点 P を円 C 上の動点とし，線分 AP の中点を M とする. 次の問い（1）〜（4）に答えよ.

（1）　点 P の座標は，θ を $0 \leqq \theta < 2\pi$ の範囲の実数として

$$\mathrm{P}\left(\boxed{}\cos\theta - \boxed{},\ \boxed{}\sin\theta\right)$$

と表すことができる．このとき，AP の中点 M の座標は

$$\mathrm{M}\left(\dfrac{\boxed{}}{\boxed{}}\cos\theta - \dfrac{\boxed{}}{\boxed{}},\ \dfrac{\boxed{}}{\boxed{}}\sin\theta + \dfrac{\boxed{}}{\boxed{}}\right)$$

である．

（2）　点 P が円 C 上を 1 周するとき，M の軌跡は $\left(-\dfrac{\boxed{}}{\boxed{}},\ \dfrac{\boxed{}}{\boxed{}}\right)$ を中心とする半径 $\dfrac{\boxed{}}{\boxed{}}$ の円である．

（3）　点 P における円 C の接線上にあり，P からの距離が $3\sqrt{3}$ であるような 2 つの点のうちの一方を点 Q とする．点 P が円 C 上を 1 周するとき，Q の軌跡は半径 $\boxed{}$ の円である．

（4）　（3）の軌跡上に定点 Q_0 をとる．P が円 C 上を 1 周するとき，線分 PQ_0 が通過する領域の面積は

$$\boxed{}\sqrt{\boxed{}} + \boxed{}\,\pi$$

である．
（23　岩手医大）

《2 接点の中点（B20）》

378. xy 平面上に 2 つの放物線

$$C_1 : y = x^2,\quad C_2 : y = x^2 - k^2$$

（k は正の実数）がある．C_2 上の点 T から C_1 に 2 本の接線を引き，その接点を A，B とする（A の x 座標は B の x 座標より小さいものとする）．線分 AB の中点を M とし，T を C_2 上で動かしたときの M の軌跡の方程式は $\boxed{}$ である．M の軌跡を C_3 としたとき，C_3 が $3x^2 + 2xy - y^2 + 2x + 2y \leqq 0$ を満たす領域に含まれるような k の値の範囲は $k \geqq \boxed{}$ である．
（23　防衛医大）

【不等式と領域】

《同心円（A2）》

379. 不等式 $(x^2 + y^2 - 1)(x^2 + y^2 - 9) < 0$ の表す領域を xy 平面上に図示せよ．
（23　茨城大・工）

《対数との融合（B2）》

380. 次の不等式の表す領域を図示せよ．

$$\log_2(x^2 + y^2 - 2) < 1 + \log_2|y - x|$$
（23　弘前大・理工（数物科学））

《円と放物線（B20）》

381. $r,\ s$ を正の実数とする．放物線 $y = x^2$ と円 $x^2 + (y - s)^2 = r^2$ の共有点の個数 N を考える．

（1）　N が奇数であるような (r, s) の範囲を rs 平面上に図示せよ．

（2）　$N = 2$ であるような (r, s) の範囲を rs 平面上に図示せよ．

（3）　$N = 0$ であるような (r, s) の範囲を rs 平面上に図示せよ．
（23　滋賀医大・医）

《包含の条件（B20）☆》

382. $a,\ b$ を実数とする．xy 平面上の 3 つの領域 $D,\ E_1,\ E_2$ を以下で定める．

　　　D は不等式 $y \geqq 2x^2 + 2ax - b$ の表す領域

　　　E_1 は不等式 $y \geqq x^2 - 2x$ の表す領域

　　　E_2 は不等式 $y \geqq -x^2$ の表す領域

また，領域 E を E_1 と E_2 の共通部分とする．以下の問いに答えよ．

（1）　領域 E を図示せよ．

（2）　領域 D のすべての点が領域 E の点となるような ab 平面上の点 (a, b) のうち，b の値が最大となる点 (a, b) の座標を求めよ．
（23　東北大・理系-後期）

《通過領域（B5）☆》

383. xy 平面において，点 P と点 Q はともに曲線 $y = x^2$ の上を動く．$\overrightarrow{OP} + \overrightarrow{OQ} = \overrightarrow{OR}$ によって定まる点を R とする．このとき点 R の全体が表す領域を求めて図示せよ．
（23　東京女子大・数理）

【領域と最大・最小】

《線形計画法 (B10) ☆》

384. 次の連立不等式

$$x + 2y \leqq 6,\ 3x + y \leqq 12,\ 2x + y \geqq 4,\ y \geqq 0$$

の表す領域を D とする．点 (x, y) がこの領域 D を動くとき，以下の問いに答えなさい．

（1） 領域 D を図示しなさい．

（2） 領域 D の面積を求めなさい．

（3） $x + y$ の最大値を求めなさい．

（4） $x + y$ の最小値を求めなさい． (23 福島大・共生システム理工)

《格子点と線形計画法 (B20) ☆》

385. 連立不等式

$$\begin{cases} 3x + 5y \leqq 9 \\ 7x + 9y \leqq 20 \end{cases} \cdots\cdots\cdots\cdots\cdots (*)$$

を考える．

（1） 座標平面において，直線 $3x + 5y = 9$ を l とし，直線 $7x + 9y = 20$ を m とする．l と m の交点の座標を求めなさい．

（2） 実数 x, y が $(*)$ をみたすとき，$5x + 7y$ の最大値を求めなさい．

（3） 1次方程式 $5x + 7y = 1$ の整数解をすべて求めなさい．

（4） a を整数とするとき，1次方程式 $5x + 7y = a$ の整数解をすべて求めなさい．

（5） 整数 x, y が $(*)$ をみたすとき，$5x + 7y$ の最大値を求めなさい．また，最大値をとるときの x, y の値を求めなさい． (23 北海道大・フロンティア入試 (選択))

《円と正方形 (B20) ☆》

386. 実数 x, y が $x^2 - 2x + y^2 - 3 = 0$ を満たすとき，

（1） $|x| + |y|$ の最小値とそのときの x および y の値を求めよ．

（2） $|x| + |y|$ の最大値とそのときの x および y の値を求めよ． (23 兵庫医大)

《少し複雑な形 (B30) ☆》

387. 座標平面に 2 点 A$(-3, -2)$, B$(1, -2)$ をとる．また点 P が円 $x^2 + y^2 = 1$ 上を動くとし，$S = \mathrm{AP}^2 + \mathrm{BP}^2$，$T = \dfrac{\mathrm{BP}^2}{\mathrm{AP}^2}$ とおく．以下の問いに答えよ．

（1） 点 P の座標を (x, y) とするとき，S を x, y の1次式として表せ．

（2） S の最小値と S を最小にする点 P の座標を求めよ．

（3） T の最小値と T を最小にする点 P の座標を求めよ． (23 中央大・理工)

《反比例のグラフ (B10)》

388. 連立不等式

$$x + 2y \leqq 18,\ 2x + y \leqq 12,\ 4x + y \leqq 20,$$

$$x \geqq 0,\ y \geqq 0$$

の表す座標平面上の領域を D とする．点 (x, y) が領域 D を動くとき，次の問いに答えよ．

（1） 領域 D を座標平面上に図示せよ．

（2） $3x + y$ の最大値とそのときの x, y の値を求めよ．

（3） a を正の実数とするとき，$ax + y$ 最大値を求めよ．

（4） xy の最大値とそのときの x, y の値を求めよ． (23 徳島大・理工)

《距離 (B5) ☆》

389. 実数の組 (x, y) が $|x + 2y| \leqq 1$ を満たすとき，$(x - 2)^2 + (y - 1)^2$ の最小値は $\boxed{}$ である． (23 山梨大・医-後期)

《円と距離 (B20)》

390. 原点を O とする座標平面において，連立不等式

$$\begin{cases} (x-2)^2 + (y-3)^2 \leqq 1 \\ x+y \leqq 4 \end{cases}$$

の表す領域を D とする．点 P(x, y) が領域 D 内を動くとき，以下の問いに答えよ．

（1）原点 O と点 P との間の距離を l とする．距離 l が最大となるときの点 P の座標は，$\left(\boxed{}, \boxed{} \right)$ であり，その最大値は $\sqrt{\boxed{}}$ である．

距離 l が最小となるときの点 P の座標は，$\left(\boxed{} - \dfrac{\boxed{}}{\boxed{}} \sqrt{\boxed{}}, \boxed{} - \dfrac{\boxed{}}{\boxed{}} \sqrt{\boxed{}} \right)$ であり，その最小値は $-\boxed{} + \sqrt{\boxed{}}$ である．

（2）$2x + y$ の値が最大となるときの点 P の座標は $\left(\boxed{}, \boxed{} \right)$ であり，その最大値は $\boxed{}$ である．$2x + y$ の最小値は $\boxed{} - \sqrt{\boxed{}}$ である．

（3）$x^2 + y^2 - 6x - 8y$ の値の最大値は $-\boxed{} + \boxed{} \sqrt{\boxed{}}$ であり，最小値は $-\dfrac{\boxed{}}{\boxed{}}$ である．

(23 東京理科大・先進工)

【加法定理とその応用】
《関数の値 (B5)》

391. 媒介変数 $t\,(0 \leqq t < 2\pi)$ を用いて，

$$x = \cos\left(t + \frac{\pi}{6}\right),\ y = \cos\left(t - \frac{\pi}{6}\right)$$

で表される曲線について，以下の問いに答えなさい．

（1）$t = 0, \dfrac{\pi}{6}, \dfrac{\pi}{3}, \dfrac{\pi}{2}$ のときの曲線上の点の座標をそれぞれ求めなさい．

（2）原点から曲線上の点 (x, y) までの距離 L を $\cos t$ を用いて表しなさい．

（3）点 (x, y) が曲線上を動くとき，（2）で定めた距離 L が最大になる点と最小になる点の座標をそれぞれすべて求めなさい．

(23 福島大・共生システム理工)

《tan の値 (A2)》

392. $\tan 15°$ の値を答えよ． (23 防衛大・理工)

《tan の値 (B5)》

393. $0 < \theta < \dfrac{\pi}{4}$ とする．$\sin\theta + \cos\theta = \dfrac{\sqrt{6}}{2}$ であるとき，$\tan\theta$ の値は $\boxed{}$ である． (23 芝浦工大)

《直線の交角 (A2)》

394. 2 直線 $y = \sqrt{3}x + \sqrt{3},\ y = -x + 4$ のなす鋭角 θ を求めよ． (23 福島県立医大)

《tan の値 (A10)》

395. $\tan^2\left(\dfrac{\pi}{7}\right)\tan\left(\dfrac{5\pi}{14}\right)\tan\left(\dfrac{9\pi}{14}\right) = \boxed{}$ である． (23 藤田医科大・ふじた未来入試)

《cos の積 (B10)》

396. $\cos\theta = \alpha$ として，$\cos 3\theta$ を α で表せ．また，$\theta = \dfrac{\pi}{9}$ のとき，三角関数の積 $\cos\theta \cdot \cos 2\theta \cdot \cos 4\theta$ の値を求めよ． (23 三重大・医，工，教，人文)

《sin などの値 (B5)》

397. $\dfrac{3}{2}\pi < \theta < 2\pi$ において，$\cos 2\theta = -\dfrac{7}{25}$ のとき，$\sin\theta, \cos\theta, \tan\theta$ の値を求めよ． (23 北海学園大・工)

《sin などの値 (A5)》

398. $0 < \theta < \pi$ とする．$\tan\theta = -3$ のとき，$\cos^2\theta = \boxed{}$ であり，$\dfrac{\cos 2\theta}{3 - 2\sin 2\theta} = \boxed{}$ である．

(23 大工大・推薦)

《sin などの値 (A2)》

399. $\tan\theta = \frac{4}{3}$ かつ $\pi < \theta < \frac{3}{2}\pi$ のとき, $\sin\theta = \dfrac{\boxed{}}{\boxed{}}$, $\sin 2\theta = \dfrac{\boxed{}}{\boxed{}}$ である. （23 東京都市大・理系）

《和から積（A3）》

400. $\sin x + \cos x = \frac{1}{2}$ のとき, $\tan^3 x + \dfrac{1}{\tan^3 x} = \boxed{}$ である. （23 東海大・医）

《和から積（B5）》

401. $\sin\theta - \cos\theta = \frac{1}{3}\left(\frac{\pi}{4} < \theta < \frac{3}{4}\pi\right)$ であるとき,

（1） $\sin\theta\cos\theta = \boxed{}$ である.

（2） $\sin\theta + \cos\theta = \boxed{}$ である.

（3） $\sin 2\theta + \cos 2\theta = \boxed{}$ である.

（23 金沢工大）

《sin の加法定理（B10）》

402. $-\frac{\pi}{2} < x < \frac{\pi}{2}$, $-\frac{\pi}{2} < y < \frac{\pi}{2}$ とする. 連立方程式 $\begin{cases} \cos x + \sin y = \dfrac{\sqrt{2}}{2} \\ \sin x + \cos y = \dfrac{\sqrt{6}}{2} \end{cases}$

の解 x, y について $\sin(x+y) = \boxed{}$ であり, $x = \boxed{}$, $y = \boxed{}$ である.

（23 帝京大・医）

《和→積の公式（B20）》

403. 次の問いに答えなさい.

（1） α, β を実数とする. 等式
$$\sin(\alpha + \beta) + \sin(\alpha - \beta) = 2\sin\alpha\cos\beta$$
を証明しなさい.

（2） x, y を実数とする.

$$\sin x + \sin y = \frac{1 + \sqrt{3}}{2},$$

$$\cos x + \cos y = \frac{-1 + \sqrt{3}}{2}$$

のとき, $\tan\dfrac{x+y}{2}$ の値を求めなさい.

（23 山口大・理）

《和→積と半角（B5）》

404. $\sin\frac{\pi}{24} + \sin\frac{7}{24}\pi$ を求めよ. （23 愛知医大・医）

《和→積と半角（B5）》

405. $\sin\alpha + \cos\beta = \frac{1}{2}$, $\cos\alpha + \sin\beta = \frac{1}{\sqrt{2}}$ のとき, $\sin(\alpha + \beta) = \boxed{}$ である. また, $\tan\frac{\gamma}{2} = -2$ のとき $\tan\gamma = \boxed{}$, $\sin\gamma = \boxed{}$ である. （23 中京大・工）

《有名角でない合成（B5）☆》

406. 関数 $f(\theta) = \sin\theta - 2\cos\theta + \sqrt{5}$ の最大値は $\boxed{}$ である. また, $f(\theta)$ が $\theta = \alpha$ で最大値をとるとき, $\sin\alpha = \boxed{}$ である. （23 工学院大）

《有名角でない合成（B20）☆》

407. $0 \leqq x \leqq \pi$ で定義された関数
$$f(x) = \sin\left(x + \frac{\pi}{3}\right) + 2\cos\left(x + \frac{\pi}{6}\right)$$
について考える.

（1） $f(x)$ の最大値は $\dfrac{\boxed{23}\sqrt{\boxed{24}}}{\boxed{25}}$ であり, 最小値は $-\sqrt{\boxed{26}}$ である.

（2）　$f(x)$ が最小となるような x の値を x_m とするとき，$\sin 2x_m = \dfrac{\boxed{27}\,\boxed{28}\,\sqrt{\boxed{29}}}{\boxed{30}\,\boxed{31}}$ である．

（23　日大・医-2 期）

《2 倍角と合成 (B10)》

408. 関数

$$y = 11\cos^2 x + 6\cos x \sin x + 3\sin^2 x$$

$(0 \leq x < 2\pi)$ は

$$y = \boxed{}\sin 2x + \boxed{}\cos 2x + \boxed{}$$

と表すことができ，y の最大値は $\boxed{}$ であり，y が最大値をとるときの $\cos x, \sin x$ の値は

$(\cos x, \sin x) = \boxed{}, \boxed{}$

である．

（23　中京大）

《2 次関数 (A5)》

409. $0 \leq \theta \leq \pi$ とする．関数

$$y(\theta) = \sin^2 \theta + \frac{1}{2}\cos\theta$$

が最大値をとるとき $\sin\theta = \sqrt{\dfrac{\boxed{}}{\boxed{}}}$ である．また，関数 $y(\theta)$ の最大値は $\dfrac{\boxed{}}{\boxed{}}$ である．　　（23　北里大・理）

《半角の tan 表示 (B20) ☆》

410. 座標平面上の原点 O$(0,0)$ を中心とする半径 1 の円周を C とし，点 A$(-1, 0)$ における C の接線と点 B$\left(\dfrac{1}{\sqrt{2}}, \dfrac{1}{\sqrt{2}}\right)$ における C の接線の交点を D とする．また，線分 AD 上に点 P$(-1, k)$ をとり，線分 BD 上に点 Q をとる．直線 PQ と C が点 R において接しているとき，以下の問いに答えよ．ただし，$0 < k < 1$ とする．

（1）　点 D の座標を求めよ．

（2）　点 R の座標を k を用いて表せ．

（3）　$\dfrac{\text{PD}}{\text{BQ}}$ を k を用いて表せ．

（23　工学院大）

《和→積の公式 (A5)》

411. $\dfrac{\sin 65° + \sin 55°}{\cos 50° + \cos 40°}$ の値を求めると $\boxed{}$ である．　　（23　聖マリアンナ医大・医-後期）

《多項式で表す (B20)》

412. $5\alpha = \pi$ のとき，次の問いに答えよ．

（1）　等式 $\cos 2\alpha + \cos 3\alpha = 0$ が成り立つことを示せ．

（2）　$x = \cos\alpha$ は方程式

$$4x^3 + 2x^2 - 3x - 1 = 0$$

の解の 1 つであることを示せ．

（3）　$\cos\alpha + \cos 3\alpha$ の値を求めよ．　　（23　東北大・医 AO）

《分散 (A10)》

413. 5 個の値からなるデータ

$3\cos a, 2\sin 2a, -2\sin 2a, 2\cos a, 0$ の分散の最小値は $\boxed{}$，最大値は $\dfrac{\boxed{}}{\boxed{}}$ である．ただし a は実数とする．

（23　藤田医科大・医学部後期）

【三角関数の方程式】

《2 次方程式の解 (B10)》

414. 方程式 $4\sin^2 x + 2(1 + \sqrt{2})\cos x = 4 + \sqrt{2}$ の $0 \leq x \leq \pi$ における 2 つの解を α, β $(\alpha < \beta)$ とする．$\tan(\beta - \alpha)$ の値を求めよ．　　（23　福島県立医大・前期）

《解の配置 (B20) ☆》

415. a, b を実数とする。θ についての方程式

$$\cos 2\theta = a\sin\theta + b$$

が実数解をもつような点 (a, b) の存在範囲を座標平面上に図示せよ。　　　　(23　阪大・前期)

《コスよりタン (B3) ☆》

416. $\cos^2\theta - \dfrac{1}{9}\sin^2\theta = 0$ のとき，$\cos 2\theta$ の値は $\boxed{}$ である。また，k を自然数とする。

$0 < \theta < k\pi$ のとき，方程式 $\cos^2\theta - \dfrac{1}{9}\sin^2\theta = 0$ の解の個数を k を用いて表すと $\boxed{}$ である。　(23　関大・理系)

《置き換えて 2 次方程式 (B10) ☆》

417. p を実数とする。x の方程式

$$\sin 2x - 2\cos x + 2\sin x + p = 0 \ (0 \leqq x \leqq \pi) \ \cdots\cdots\cdots①$$

を考える。

（1）　$t = \cos x - \sin x$ とおく。$0 \leqq x \leqq \pi$ のとき，t の取りうる値の範囲は $\boxed{}$ である。また，

$\sin 2x - 2\cos x + 2\sin x$ を t の式で表すと $\boxed{}$ である。

（2）　$p = -1$ のとき，方程式 ① の実数解は，$x = \boxed{}$ である。

（3）　方程式 ① が異なる実数解をちょうど 3 個もつとき，p の取りうる値の範囲は $\boxed{}$ である。(23　関西学院大)

《3 倍角で展開 (B5)》

418. $0 \leqq x < 2\pi$ のとき，$\sin 6x = \cos 4x$ を満たす x の値は全部で $\boxed{}$ 個ある。　　　　(23　東京薬大)

《和と積の話 (B20) ☆》

419. $0 \leqq x < 2\pi$，$k > 0$ とする。

$$(\cos x + 1)(\sin x + 1) = k$$

の解の個数が 2 個となるような定数 k の範囲を求めよ。　　　　(23　早稲田大・人間科学-数学選抜)

《チェビシェフの多項式系列 (B20)》

420. 以下の問に答えなさい。

（1）　$\sin 3\theta = \sin\theta(-1 + 4\cos^2\theta)$ を示しなさい。

（2）　$\theta = \dfrac{\pi}{7}, \dfrac{3\pi}{7}, \dfrac{5\pi}{7}$ のとき，それぞれ

$\sin 3\theta = \sin 4\theta$ が成り立つことを示しなさい。

（3）　（1）と（2）を用いて，整式 $x^3 - x^2 - 2x + 1$ は次のように因数分解できることを示しなさい。

$x^3 - x^2 - 2x + 1$

$= \left(x - 2\cos\dfrac{\pi}{7}\right)\left(x - 2\cos\dfrac{3\pi}{7}\right)\left(x - 2\cos\dfrac{5\pi}{7}\right)$

（4）　次の値が有理数になることを示しなさい。

$$\cos^3\dfrac{\pi}{7} + \cos^3\dfrac{3\pi}{7} + \cos^3\dfrac{5\pi}{7}$$

(23　筑波大・医(医)-推薦)

【三角関数の不等式】

《sin の不等式 (A2) ☆》

421. $0 \leqq \theta < 2\pi$ のとき，不等式 $\cos 2\theta - \sin\theta < 0$ を解くと $\boxed{}$ である。　　　(23　会津大・推薦)

《合成して不等式 (B10) ☆》

422. $0 \leqq \theta < 2\pi$ のとき，不等式

$1 + 4\cos\theta - 2\cos 2\theta < 0$ をみたす θ の範囲を求めよ。　　　　(23　福岡教育大・中等)

《合成して不等式 (B10) ☆》

423. $0 \leqq \theta \leqq \pi$ とする。2 次方程式

$$x^2 - 2(\sin\theta + \cos\theta)x - \sqrt{3}\cos 2\theta = 0$$

について，次の問いに答えよ。

（1）　この方程式の判別式 D を $\sin 2\theta, \cos 2\theta$ を用いて表せ。

（2）　この方程式が実数解をもつとき，定数 θ の値の範囲を求めよ．

（3）　この方程式の解がすべて正の実数であるとき，定数 θ の値の範囲を求めよ．　　　(23　徳島大・理工，医 (保健))

《直線を考える (B3)》

424. $0 \leqq x < 2\pi$ のとき，不等式

$$\sqrt{3}\sin x + \cos x < -1$$

を解け．　　　(23　東京電機大)

《領域で考える (B10) ☆》

425. $0 \leqq x < 2\pi$ のとき，不等式

$$\sqrt{2}\sin x + 2\cos x + \sqrt{2}\sin 2x + 1 \leqq 0$$

の解は $\boxed{}$ である．　　　(23　福岡大・医-推薦)

《領域で考える (B10) ☆》

426. $0 \leqq \theta < 2\pi$ において，不等式

$$(1 + \sqrt{3})\sin\theta + (2 + \sqrt{3})\cos\theta \leqq |\cos\theta|$$

を満たす θ は

$$\frac{\boxed{}}{\boxed{}}\pi \leqq \theta \leqq \frac{\boxed{}}{\boxed{}}\pi$$

である．　　　(23　久留米大・後期)

【三角関数と最大・最小】

《置き換えて最大最小 (B10) ☆》

427. $0 \leqq \theta \leqq \pi$ のとき，2 つの関数

$$x = \cos\theta + \sin\theta,$$
$$y = \cos\left(2\theta - \frac{\pi}{2}\right) - \cos\left(\theta - \frac{\pi}{4}\right)$$

について，以下の問に答えよ．

（1）　x のとりうる値の範囲を求めよ．

（2）　y を x の関数で表せ．

（3）　y の最大値と最小値を求めよ．　　　(23　群馬大・理工)

《和に名前・ノーヒント (B10) ☆》

428. 関数

$$y = 2\sin x\cos x + \sqrt{2}\sin x + \sqrt{2}\cos x - 1$$

$(0 \leqq x \leqq 2\pi)$

の最大値と最小値を求めよ．また，そのときの x の値を求めよ．　　　(23　広島大・光り輝き入試-教育 (数))

《周期性の論証 (B10)》

429. 連立不等式

$$x \geqq 0,\ y \geqq 0,$$
$$x + y < \frac{\pi}{2},\ \tan(x + y) \leqq \sqrt{3}$$

を満たす平面上の点 (x, y) 全体の領域を D とする．以下の問いに答えよ．

（1）　領域 D を平面上に図示せよ．

（2）　点 (x, y) が領域 D を動くとき，$t = 3x + 2y$ のとり得る値の範囲を求めよ．

（3）　点 (x, y) が領域 D を動くとき，

$$2\sqrt{3}\cos^2\left(\frac{3}{2}x + y\right) + \sin(3x + 2y)$$

の最大値と最小値を求めよ．　　　(23　三重大・工)

《三角表示 (B10)》

430. $x^2 + y^2 = 1$，$x \geqq 0$，$y \geqq 0$ のとき，

$$\sqrt{3}x^2 + 2xy - \sqrt{3}y^2$$

の最大値は ☐ であり，最小値は ☐ である． (23 愛知工大・理系)

《和に名前・ノーヒント (B10) ☆》

431. 関数 $f(x) = \sin x + \sin x \cos x + \cos x$ の $0 \leq x \leq \pi$ における最大値と最小値を求めよ．また，そのときの x の値を求めよ． (23 東京女子大・文系)

《倍角公式で最大最小 (B10)》

432. 関数

$$y = 2\sin\theta(2\cos\theta - 3\sin\theta) \left(0 \leq \theta \leq \frac{\pi}{2}\right)$$

の最大値と最小値を求めよ． (23 早稲田大・人間科学-数学選抜)

【三角関数の図形への応用】

《tan で交角 (B10)》

433. 座標平面上に2点 A$(-1, 0)$, B$(1, 0)$ がある．また，点 P(x, y) が $x > 1, y > 0$ を満たしながら座標平面上を動くとする．このとき，次の各問に答えよ．

（1） $\tan \dfrac{\pi}{12}$ の値を求めよ．

（2） $\tan \angle APB$ を，x と y を用いて表せ．

（3） 点 P が $x > 1, y > 0, \angle APB \leq \dfrac{\pi}{12}$ を満たしながらくまなく動くとき，点 P の動きうる領域を座標平面上に図示せよ． (23 宮崎大・医, 工, 教 (理系以外), 農)

《積→和 (B0)》

434. 三角形 ABC の3つの角 $\angle$A, $\angle$B, $\angle$C の大きさをそれぞれ A, B, C とおく．

（1） $\sin \dfrac{A}{2} \sin \dfrac{B}{2} = \dfrac{1}{2} \cos \dfrac{A-B}{2} - \dfrac{1}{2} \sin \dfrac{C}{2}$ を示せ．

（2） $\cos A + \cos B + \cos C = k$ としたとき，$\sin \dfrac{A}{2} \sin \dfrac{B}{2} \sin \dfrac{C}{2}$ を k を用いて表せ．

（3） 三角形 ABC が $A < B < C = \dfrac{\pi}{2}$ の直角三角形であり，$\sin \dfrac{A}{2} \sin \dfrac{B}{2} \sin \dfrac{C}{2} = \dfrac{1}{10}$ のとき，3辺の長さの比 BC : CA : AB を求めよ． (23 お茶の水女子大・前期)

《和の最大 (B10)》

435. m を実数とする．2直線 $l_1 : mx - y = 0$, $l_2 : x + my - 2m - 1 = 0$ の交点 P の描く図形を C とする．図形 C と l_1 との P 以外の交点を Q_1，図形 C と l_2 との P 以外の交点を Q_2 とするとき，次の問いに答えよ．

（1） 点 P の軌跡を求め，座標平面に図形 C を図示せよ．

（2） $PQ_1 + PQ_2$ の最大値とそのときの m の値を求めよ． (23 愛知医大・医)

《tan の半角 (B20) ☆》

436. $\angle$ACB が直角である三角形 ABC を考える．頂点 C から辺 AB に下ろした垂線を CH とするとき，線分 CH の長さは1であるとする．また，$\angle$BAC の二等分線と直線 CH の交点を D とし，直線 BD と辺 AC の交点を E とする．$\alpha = \angle$BAC, $t = \tan \dfrac{\alpha}{2}$ とおく．

（1） 辺 AB の長さを t の式で表せ．

（2） 線分の長さの比 $\dfrac{AE}{EC}$ を t の式で表せ．

（3） さらに，E が辺 AC の中点であるとする．このとき，$\cos \alpha$ の値を求めよ．ただし，二重根号を含まない式で表すこと． (23 千葉大・医, 理)

《四角形の面積の最大 (B30) ☆》

437. AB $= 1$, BC $= 2$, CD $= \sqrt{3}$, AD $= \sqrt{2}$ である四角形 ABCD について考える．ただし，どの内角も $180°$ より小さいものとする．

（1） $\angle$ABC $= 150°$ であるとき，

（ⅰ） $\angle$ADC を求めよ．

（ⅱ） $\angle$BAD を求めよ．

（ⅲ） 対角線 BD の長さを求めよ．

（ⅳ） 四角形 ABCD の面積を求めよ．

（2）　四角形 ABCD の面積の最大値を求めよ．また，そのときの対角線 AC の長さを求めよ．（23　近大・医-前期）

《モーリーの定理 (B30)》

438. 図のように，任意の △ABC において，3 つの内角それぞれの 3 等分線を引き，角 α，β，γ を図のように定める．隣接する 2 本の 3 等分線が交わる点を L，M，N とする．このとき，△LMN は正三角形であることを以下の（1）から（5）の問いに答えながら証明せよ．なお，解答できない問いがあっても，その問いの結果を使って以降の問いに解答してよい．

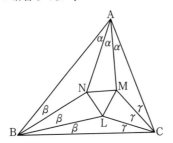

（1）　△ANB に正弦定理を用いることにより，

$$AN = \frac{AB \sin\beta}{\sin(\alpha + \beta)}$$

を示し，さらに △ABC に正弦定理を用いることにより，

$$AN = 2R \sin\angle ACB \frac{\sin\beta}{\sin(60° - \gamma)}$$

を示せ．ただし，R は △ABC の外接円の半径である．

（2）　$\sin(60° - \gamma)$ と $\sin(60° + \gamma)$ に加法定理を用いることにより，

$$4 \sin\gamma \sin(60° - \gamma) \sin(60° + \gamma) = \sin\angle ACB$$

を示せ．必要ならば，3 倍角の公式 $\sin 3\theta = 3\sin\theta - 4\sin^3\theta$ を用いてもよい．

（3）　（1）と（2）より次を示せ．

$$\frac{AM}{\sin(60° + \beta)} = \frac{AN}{\sin(60° + \gamma)}$$

（4）　（3）より，$\angle ANM = 60° + \beta$，$\angle AMN = 60° + \gamma$ を示せ．必要ならば，以下の事実を用いてもよい．

［事実］ x と y に関する連立方程式

$$\begin{cases} x + y = 120° + \beta + \gamma \\ \dfrac{AM}{\sin x} = \dfrac{AN}{\sin y} \end{cases}$$

の解は，$0° < x < 180°$，$0° < y < 180°$ の範囲には $x = 60° + \beta$，$y = 60° + \gamma$ だけである．

（5）　（4）より，$\angle MNL = \angle NLM = \angle LMN = 60°$ を示せ．（23　東邦大・理）

《三角関数の和 (B30)》

439. n を 3 以上の自然数とし，正 n 角形 P を xy 平面の $y \geqq 0$ の範囲内で動かすことを考える．P の頂点を反時計回り（左回り）に A_0, A_1, $\cdots$, A_{n-1} とおく．まず，辺 A_0A_1 が x 軸と重なった状態から，A_1 を中心として P を時計回りに辺 A_1A_2 が x 軸と重なるまで回転させる．以降，同様に，辺 $A_{k-1}A_k$ が x 軸と重なった状態から A_k を中心として P を時計回りに辺 A_kA_{k+1} が x 軸と重なるまで回転させる操作を，$k = 2, \cdots, n-1$ に対して順に行う．ただし，A_n は A_0 を表すものとする．以上のように正 n 角形 P を動かしたときの頂点 A_0 の軌跡の長さを S とする．また，$k = 1, 2, \cdots, n-1$ に対し，線分 A_0A_k の長さを a_k とおく．次の問いに答えよ．

（1）　$k = 2, \cdots, n-1$ に対して，下線部の操作における A_0 の軌跡の長さを，a_k を用いて表せ．

（2）　$k = 1, 2, \cdots, n-2$ に対して，$\angle A_kA_{k+1}A_0$ を求めよ．

（3）　正弦定理を用いることによって，$k = 1, 2, \cdots, n-1$ に対して，$\dfrac{a_k}{a_1}$ を求めよ．

（4）　三角関数の積を差に変形する公式を用いることによって，$\displaystyle\sum_{k=1}^{n-1}\left(\dfrac{a_k}{a_1} \sin\dfrac{\pi}{2n} \right)$ を求めよ．

（5） P が半径 1 の円に内接するとき，S を求めよ．

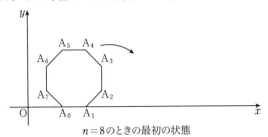

$n=8$ のときの最初の状態

（23　大阪公立大・理-後）

【指数の計算】
《指数の計算（A2）☆》
440. $\sqrt[3]{6.4 \times 10^{16}}$ の値を求めなさい． （23　福島大・共生システム理工）

《指数の計算（A2）》
441. $188^x = 16$，$47^y = 8$ のとき，$\dfrac{4}{x} - \dfrac{3}{y}$ の値を求めよ．

（23　福井工大）

《指数の計算（B5）☆》
442. 次の問いに答えなさい

（1）　x を正の実数とする．$4^x + 4^{-x} = 4$ のとき，$2^x - 2^{-x}$，$4^x - 4^{-x}$ の値をそれぞれ求めなさい．

（2）　x, y, z, w を実数とする．$2^x = 3^y = 5^z = 7^w = 210$ のとき $\dfrac{1}{x} + \dfrac{1}{y} + \dfrac{1}{z} + \dfrac{1}{w}$ の値を求めなさい．

（23　山口大・理）

《大小比較（B10）☆》
443. $2^{63}, 7^{21}, 17^{16}$ を大きい順に並べよ． （23　早稲田大・人間科学-数学選抜）

【指数関数とそのグラフ】
《置き換えて2次関数（B5）》
444. 関数 $f(x) = 3^{2x+1} + 3^{-2x+1} - 20(3^x + 3^{-x}) + 10$ の最小値は $\boxed{}$ で，このときの x の値は $x = \boxed{}$ または $x = \boxed{}$ となる． （23　聖マリアンナ医大・医）

【対数の計算】
《対数の計算（B2）》
445. $A = \log_\pi 3$，$B = \log_\pi (3\pi)$，$C = \log_\pi 9$，
$D = (\log_\pi 3)^2$，$E = \log_3(\pi^2)$

とする．A, B, C, D, E の中で最も値が大きいものは $\boxed{}$ であり，最も値が小さいものは $\boxed{}$ である．ただし，解答は A, B, C, D, E のいずれかで答えよ． （23　工学院大）

《対数の計算（B5）》
446. $a = \dfrac{1}{8}$，$b = \log_4 \dfrac{25}{49}$ のとき $a^b = \dfrac{\boxed{}}{\boxed{}}$ となる． （23　愛知学院大・薬, 歯）

《対数と整数（B5）》
447. $\log_{36} a$ が 2 より小さい有理数になるような自然数 a をすべて求めよ． （23　広島工業大・A日程）

【対数関数とそのグラフ】
《グラフの移動（A2）☆》
448. $y = \log_8 4(x-1)^3$ のグラフは，$y = \log_2 x$ のグラフを x 軸方向に $\boxed{}$，y 軸方向に $\dfrac{\boxed{}}{\boxed{}}$ だけ平行移動

したグラフである． （23　松山大・薬）

《対数と2次関数 (A5) ☆》

449. $x \geqq 1$, $y \geqq 1$, $x^2 y = 16$ のとき,
$(\log_2 x)(\log_2 y)$ は $x = \boxed{}$, $y = \boxed{}$ で最大値 $\boxed{}$ をとる. (23 北里大・理)

《対数と相加相乗 (B5)》

450. $\log_2 x + \log_2(4y) = 8$ のとき, 次の問いに答えなさい.

（1） $x + y$ の最小値を求めなさい.

（2） $\dfrac{1}{x} + \dfrac{1}{y}$ の最小値を求めなさい.

（3）（ii）のとき, x, y の値をそれぞれ求めなさい. (23 福岡歯科大)

【常用対数】

《範囲を求める (B2) ☆》

451. n を自然数とするとき, $6^{100} \cdot 10^n$ が 100 桁の数となるような n の値を求めよ.
ただし, $\log_{10} 2 = 0.3010$, $\log_{10} 3 = 0.4771$ とする. (23 岩手大・理工-後期)

《近似値を覚えよ (B10) ☆》

452. 不等式 $\dfrac{k-1}{k} < \log_{10} 6 < \dfrac{k}{k+1}$ を満たす自然数 k の値は $\boxed{}$ である. また, 6^{20} は $\boxed{}$ 桁の整数である. (23 東京薬大)

《近似値を覚えよ (B5) ☆》

453. $\log_2 10^5$ の整数部分は $\boxed{}$ である. また, $\log_2 10^2$, $\log_2 10^3$, $\log_2 10^5$ の小数部分を, それぞれ a, b, c とするとき, $2a + 7b - 5c = \boxed{}$ である. (23 帝京大・医)

《マグニチュード (B10)》

454. 常用対数 (底が 10 の対数) は身近なところで用いられている. ただし, $\log_{10} 2 = 0.3010$, $\log_{10} 3 = 0.4771$ とする.

（1） 水溶液の酸性, 塩基性 (アルカリ性) の程度を表すために用いられる pH は, 水溶液の水素イオン濃度が m [mol/L] のとき,

$$\mathrm{pH} = -\log_{10} m$$

で定められる. したがって, pH が 7 の水溶液の水素イオン濃度は $\boxed{}$ mol/L である.

（2） 地震の大きさを表すのに用いられるマグニチュード M と, その地震のもつエネルギー E との関係は, 次の式で表される.

$$\log_{10} E = 4.8 + 1.5M$$

したがって, マグニチュードが 2 大きくなると, エネルギーは $\boxed{}$ 倍になる.

（3） ある細菌は 1 分間で 6 倍に増殖する. この細菌 1 個は 1 分後には 6 個, 2 分後には 36 個, 3 分後には 216 個となり, n 分後 (n は整数) には初めて 1 億 (10^8) 個以上に増殖した. このときの n の値を N とすると, $N = \boxed{}$ である. また, N 分後の細菌の個数は $\boxed{\text{ア}} \times 10^8$ 個以上である. $\boxed{\text{ア}}$ は適する数値の中で最も大きい整数で答えよ. (23 立命館大・薬)

《京大派の問題 (B10)》

455. $N = 853^{20}$ (853 の 20 乗) とおく. N の桁数と N の上 2 桁の数を, それぞれ求めよ. ここで, 例えば $M = 163478025$ に対し, M の桁数は 9 であり, M の上 2 桁の数は 16 である. 必要であれば常用対数表を用いてよい. この常用対数表には, 1.00 から 9.99 までの数 a の常用対数 $\log_{10} a$ の値を, その小数第 5 位を四捨五入して, 小数第 4 位まで載せてある. (執筆者註：実際の表は大き過ぎるから一部を掲載する)

数	0	1	2	3	4	5	6	7	8	9
4.0	0.6021	0.6031	0.6042	0.6053	0.6064	0.6075	0.6085	0.6096	0.6107	0.6117
4.1	0.6128	0.6138	0.6149	0.6160	0.6170	0.6180	0.6191	0.6201	0.6212	0.6222
4.2	0.6232	0.6243	0.6253	0.6263	0.6274	0.6284	0.6294	0.6304	0.6314	0.6325
8.5	0.9294	0.9299	0.9304	0.9309	0.9315	0.9320	0.9325	0.9330	0.9335	0.9340
8.6	0.9345	0.9350	0.9355	0.9360	0.9365	0.9370	0.9375	0.9380	0.9385	0.9390
8.7	0.9395	0.9400	0.9405	0.9410	0.9415	0.9420	0.9425	0.9430	0.9435	0.9440

（23　広島大・理-後期）

【指数・対数方程式】

《固まりを見る（A2）》

456．方程式 $2^{x+2} - 2^{2x+1} + 16 = 0$ を解くと

$x = \boxed{}$ である． （23　立教大・数学）

《置き換える（A5）☆》

457．方程式 $8^x + 16 \cdot 2^x = 7 \cdot 4^x + 12$ の解は $x = \boxed{}$ である． （23　会津大・推薦）

《置き換える（B10）》

458．a を正の定数とするとき，x についての方程式 $\log_3\left(\dfrac{9^x + a}{2}\right) - x = 0$ の実数解をすべて求めよ．

（23　東京女子大・数理）

《連立方程式（B10）☆》

459．実数 x, y がそれぞれ

$$\frac{1}{\log_3 x} - \frac{1}{\log_2 x} = \frac{1}{3},$$

$$\frac{1}{2^{3y-1}} + \frac{1}{8^{2y-1}} = 1$$

を満たすとき，$x = \dfrac{\boxed{}}{\boxed{}}$，$\log_x y = \dfrac{\boxed{}}{\boxed{}}$ である． （23　東邦大・医）

《置き換える（B10）》

460．x, θ は実数で $0 \leqq \theta \leqq \dfrac{\pi}{2}$ を満たし，

$$9^{\sin^2\theta} + 9^{\cos^2\theta} = x$$

が成り立つとする．$\theta = \dfrac{\pi}{6}$ のとき $x = \boxed{}$ であり，$x = 6$ のとき $\theta = \boxed{}$ である． （23　東邦大・理）

《2つの2次方程式（B20）》

461．x の方程式

$$(\log_2 x)^2 - \left|\log_2 x^3\right| - \log_2 x = \log_2(x \cdot 2^k) \cdots ⓐ$$

（k は定数）について，

（1）　$k = 6$ のときの方程式 ⓐ の実数解は $x = \boxed{}$ である．

（2）　方程式 ⓐ の実数解が1個となるような k の値は $k = \boxed{}$ であり，その解は $x = \boxed{}$ である．

（3）　方程式 ⓐ の異なる実数解が4個となるような k の値の範囲は $\boxed{}$ であり，このときの実数解を $\alpha, \beta, \gamma, \delta$ とするとき，この4つの解の積 $\alpha\beta\gamma\delta$ の値は $\boxed{}$ である． （23　久留米大・推薦）

《置き換えて2次方程式（B10）☆》

462．a を実数とする．実数 x の関数

$$f(x) = 4^x + 4^{-x} + a(2^x + 2^{-x}) + \frac{1}{3}a^2 - 1$$

がある．

（1）　$t = 2^x + 2^{-x}$ とおくとき t の最小値は $\boxed{}$ であり，$f(x)$ を t の式で表すと $\boxed{}$ である．

（2）　$a = -3$ のとき，方程式 $f(x) = 0$ の解をすべて求めると，$x = \boxed{}$ である．

（3） 方程式 $f(x) = 0$ が実数解を持たないような a の値の範囲は $\boxed{}$ である． （23　慶應大・薬）

《対数方程式・底の変換あり (B5)》

463. 方程式
$$\log_3(x^2 - 1) = \frac{6}{\log_x 3} + \log_3 \frac{1}{x^2(x^2 + 2)}$$
を解け． （23　会津大）

《対数方程式・底の変換なし (B2)》

464. 下の 2 式
$$\log_a x(x - 8) = 2$$
$$\log_a(5x - 42) = 1$$

を同時に満たす実数 x が存在するような a を a_0 とする．$a = a_0$ のとき，上の 2 式を同時に満たす x を x_0 とすると，a_0 と x_0 の積は $\boxed{}$ である．また，
$$\log_a x(x - 8) = 2\log_a(5x - 42)$$
を満たす x をすべて足し合わせると $\boxed{}$ になる． （23　防衛医大）

《対数方程式 (A2)》

465. 方程式 $\log_{2-x}(2x^2 - 6x + 1) = 2$ を解け． （23　広島大・光り輝き入試-教育（数））

《対数方程式・底の変換なし (A2)》

466. 方程式 $\log_3(x + 7) + \log_3(x + 1) = 3$ を解きなさい． （23　岩手県立大・ソフトウェア-推薦）

《対数方程式・解の配置 (B10) ☆》

467. 方程式
$$\log_a(x - 3) = \log_a(x + 2) + \log_a(x - 1) + 1$$
が解をもつとき，定数 a のとり得る値の範囲を求めよ． （23　信州大・医, 工, 医-保健, 経法）

《対数方程式・底の変換あり (B2)》

468. 方程式 $\log_4(x + 4) = \log_8(3x + 10)$ の正の解は $x = \boxed{}\sqrt{\boxed{}}$ である． （23　城西大・数学）

《 (B20)》

469. 方程式 $\log_2(3 - x) = 2\log_2(2x - 1) + 1$ の解は $x = \boxed{}$ である． （23　神奈川大・給費生）

《指数不等式 (B2) ☆》

470. 次の不等式を満たす実数 x の範囲を求めよ．
$$\left(\frac{1}{8}\right)^x \leqq 21\left(\frac{1}{2}\right)^x - 20$$

（23　昭和大・医-1 期）

《手数が多い (B20)》

471. θ は $0 < \theta < \frac{\pi}{2}$ を満たす定数とし，関数 $f(x) = \log_{\sin\theta} x$ がある．

（1） $\theta = \frac{\pi}{6}$ とする．$f(1) = \boxed{}$, $f(4) = \boxed{}$ である．
また，$x > 0$ のとき関数
$$f(2x^2 + 1) - f(4x^4 + 12x^2 + 9)$$
は，$x = \dfrac{\sqrt{\boxed{}}}{\boxed{}}$ のとき最小値 $\boxed{}$ をとる．

（2） $\theta = \frac{\pi}{4}$ とする．$f(x) = \boxed{}\log_2 x$ であり，$\dfrac{f(8)}{\sqrt[3]{-f(16)}} = \boxed{}$ である．また，x の不等式 $2\{f(x)\}^2 + 9f(x) - 5 > 0$ を満たす最小の自然数 x は $\boxed{}$ である．

（3） 原点を O とする座標平面で，$y = |f(x)|$ のグラフ上に 3 点をとり，y 軸に近い方から順に A, B, C とする．3 点 A, B, C は一直線上に並んでおり，A, B, C から x 軸に垂線を引き，交点をそれぞれ A′, B′, C′ と

すると，OA′：A′B′：B′C′＝1：1：1である．このとき，点 C′ の x 座標は $\dfrac{\boxed{}\sqrt{\boxed{}}}{\boxed{}}$ である．また，四角

形 AA′C′C の面積が $\dfrac{\sqrt{3}}{2}$ のとき，$\sin^2 2\theta = \dfrac{\boxed{}}{\boxed{}}$ である．　　　　　　　　（23　川崎医大）

《不等式証明（B10）☆》

472. a, b は 1 より大きく相異なる実数とする．次の問いに答えよ．

（1）　$x = \log_a \sqrt{ab}$，$y = \log_{\sqrt{ab}} b$ とする．x, y の大小関係を不等式を用いて表せ．

（2）　$w = \log_{\frac{a+b}{2}} b$ とする．y, w の大小関係を不等式を用いて表せ．

（3）　$z = \log_a \dfrac{a+b}{2}$ とする．x, y, w, z の大小関係を不等式を用いて表せ．

（23　昭和大・医-1 期）

《関係のない式が並ぶ（B10）》

473. 方程式 $\log_2(x+4) - \log_4(x+7) = 1$ の解は $x = \boxed{}$ であり，不等式 $\log_{\frac{1}{9}}(4-x) > \dfrac{1}{2}$ を満たす x の値

の範囲は $\boxed{}$ である．また，関数 $y = 2(\log_2 \sqrt{x})^2 + \log_{\frac{1}{2}} x^2 + 5$ の $\dfrac{1}{4} \leqq x \leqq 8$ における最小値は $\boxed{}$ である．

（23　関西学院大・理系）

《命題（B20）》

474. x の範囲を $0 < x < \dfrac{\pi}{2}$，a を正の定数とする．また，次のように x に関する条件 p, q を定める．

条件 $p : (x-a)^2 \left(x - \dfrac{1}{a} \right) \geqq 0$

条件

$q : -1 < \log_{(\cos x)} \left(8\cos^3 x - 8\cos x + \dfrac{1}{\cos x} \right) < 0$

以下の問いに答えよ．

（1）　$\cos 4x - \cos x$ を 2 つの三角関数の積の形に変形し，$\cos 4x \leqq \cos x$ を満たす x の値の範囲を求めよ．

（2）　条件 p を満たす x の範囲を a を用いて表せ．

（3）　$\cos 4x$ を $\cos x$ を用いて表せ．また，条件 q を満たす x の値の範囲を求めよ．

（4）　命題「$q \Rightarrow p$」が，$0 < x < \dfrac{\pi}{2}$ のすべての x に対して成り立つような a の値の範囲を求めよ．

（23　公立はこだて未来大）

《領域の図示（B10）☆》

475. 不等式

$(\log_x 9 - 1)\log_3 y + \log_3 x \leqq \left(\log_3 \dfrac{y}{x} + 2 \right) \log_x y$

を満たすような x, y について，次の問いに答えよ．

（1）　$\log_3 x = A$ とするとき，$\log_x 9$ を A で表せ．さらに $\log_3 y = B$ とするとき，$\log_3 \dfrac{y}{x}$ および $\log_x y$ をそれ

ぞれ A, B で表せ．

（2）　点 (x, y) の存在する範囲を xy 平面上に図示せよ．　　　　　　　　（23　岩手大・前期）

《領域の図示（B10）☆》

476. x, y は 1 でない正の実数とする．このとき，次の問に答えよ．

（1）　$\log_x y > 0$ を満たす点 (x, y) の範囲を座標平面に図示せよ．

（2）　$\log_x y + 3\log_y x - 4 < 0$ を満たす点 (x, y) の範囲を座標平面に図示せよ．　　（23　香川大・共通）

《底の変換なし（A2）》

477. $2\log_2(x-2) \leqq 1 + \log_2(x-1)$ を満たす x のとり得る値の範囲は $\boxed{}$ である．　　（23　北見工大・後期）

《底の変換あり（A2）☆》

478. 不等式

$8(\log_2 \sqrt{x})^2 - 3\log_8 x^9 < 5$

をみたす x の範囲を求めよ．　　　　　　　　　　　　　　　　　　（23　札幌医大）

《不等式を解くときに (B5) ☆》

479. 関数 $f(x) = 25^x - 6 \cdot 5^x - 7$

について，$f(x) \leqq 0$ を満たす x の値の範囲を求めよ．また，$(x-2)f(x) \leqq 0$ を満たす x の値の範囲を求めよ．

(23 中京大)

《複雑な不等式 (B20)》

480. 3次方程式 $8x^3 - 8x^2 + 1 = 0$ の解は $x = \boxed{}$ である．また，不等式

$(\log_x 2)\left|\log_2 |x-1|\right| + \left|\log_x 8\right| - 2 \geqq 0$ の解は $\boxed{}$ である． (23 福岡大・医)

【関数の極限 (数 II)】

《易しい極限 (B1)》

481. $\displaystyle\lim_{x \to -\infty} \frac{f(x)}{x^2 + x} = 3$ と $\displaystyle\lim_{x \to 1} \frac{f(x)}{x^2 - x} = 5$ をともに満たす2次関数 $f(x)$ を求めよ． (23 会津大)

【微分係数と導関数】

《係数を決定する (B5) ☆》

482. $f(1) = 0, f(0) = f(-1) = -1, f'(-1) = \dfrac{1}{6}$ を満たす3次関数 $f(x)$ を求めよ． (23 福島県立医大・前期)

《定義から求める (A2)》

483. $f(x) = x^4$ とする．$f(x)$ の $x = a$ における微分係数を，定義に従って求めなさい．計算過程も記述しなさい． (23 慶應大・理工)

《次数から決める (B20)》

484. 整式 $f(x)$ が

$\{f'(x)\}^2 = f(x)$

および $f(0) = 4, f'(0) < 0$

をみたすとき，$f(x)$ を求めよ． (23 東京電機大)

《立式の順序 (B10)》

485. A, B, C, D を定数とする．

$f(x) = 2x^3 - 9x^2 + Ax + B, \ g(x) = x^2 - Cx - D$

とおく．以下の問いに答えよ．

（1） $g(1 - \sqrt{2}) = 0$ かつ $g(1 + \sqrt{2}) = 0$ のとき，$C = \boxed{}, D = \boxed{}$ である．また，$f(1 - \sqrt{2}) = 0$ かつ

$f(1 + \sqrt{2}) = 0$ のとき，$A = \boxed{}, B = \boxed{}$ であり，方程式 $f(x) = 0$ を満たす有理数 x は

$$x = \frac{\boxed{}}{\boxed{}}$$

である．

（2） $f(x)$ の導関数 $f'(x)$ は

$$f'(x) = \boxed{}x^2 - \boxed{}x + A$$

であり，方程式 $f'(x) = 0$ が実数解をもつような A の値の範囲は

$$A \leqq \frac{\boxed{\text{ア}}}{\boxed{\text{イ}}}$$

である．$A = \dfrac{\boxed{\text{ア}}}{\boxed{\text{イ}}}, B = \dfrac{1}{4}$ のときには，

$$f(x) = \frac{1}{\boxed{}}\left(2x - \boxed{}\right)^3 + \boxed{}$$

と表すことができる． (23 東京理科大・理工)

《微分法で形を見る (B5)》

486. 3次関数 $f(x)$ はある実数 $p \neq 0$ に対して, $f'(p) = f'(2p) = \dfrac{p^2}{3}$, $f(p) = f(2p) = 0$ を満たすとする.

このとき, $f(p+1) = ap^2 + bp + c$ と表すことができ, $a = \boxed{}$, $b = \boxed{}$, $c = \boxed{}$ である. ただし, 関数 $f(x)$ の導関数を $f'(x)$ で表すものとする.

(23 帝京大・医)

【接線（数 II）】

《直交する接線 (B20) ☆》

487. a を実数とし, $\mathrm{O}(0,0)$ を原点とする座標平面上の曲線 $C: y = \dfrac{1}{3}x^3 - ax$ を考える. 曲線 C 上の点 P における曲線 C の接線を l_P とおく. 以下の問いに答えよ.

(1) 原点 O における C の接線 l_O の方向ベクトルで単位ベクトルであるものを a を用いて表せ.

(2) l_P と l_O が垂直であるような点 P が存在するための a の条件を不等式により表せ. また, そのような点 P の x 座標を a を用いて表せ.

(3) 次の条件 A を満たすような実数 $b \geqq 0$ の値の範囲を求めよ.

条件 A：(2) で得られた条件を満たす実数 a と, $-b \leqq t \leqq b$ を満たす実数 t をどのように選んでも, 点 $\mathrm{P}\left(t, \dfrac{1}{3}t^3 - at\right)$ における C の接線 l_P と l_O は垂直ではない.

(4) a は (2) で得られた条件を満たすとする. 次の条件 B を満たす C 上の点 P の x 座標の範囲を a を用いて表せ.

条件 B：l_Q と l_P が垂直になるような C 上の点 Q が二つ以上存在する. ただし, l_Q は曲線 C 上の点 Q における曲線 C の接線を表す.

(23 広島大・光り輝き入試-理 (数))

《平行な接線 (B20)》

488. 実数 p, q に対して, 方程式 $x^3 + px + q = 0$ は異なる 2 つの実数解 α, β をもつとする. ここで, α は重解とする. このとき, 次の問いに答えよ.

(1) p, q および β を, それぞれ α を用いて表せ.

(2) $\alpha = 2$ のとき $x^3 + px + q > 0$ となる実数 x の値の範囲を求めよ.

(3) $\alpha = 2$ とする. 曲線 $y = x^3 + px + q$ と直線 $y = 3x + t$ の共有点がちょうど 2 個であるとき, t の値とそのときの 2 つの共有点の座標を求めよ.

(23 静岡大・理)

《(B20) ☆》

489. 2 つの直線 $y = \dfrac{2}{3}x \cdots$①, $y = -\dfrac{4}{3}x \cdots$② に接し, 点 $\mathrm{K}(0,1)$ を通る放物線の方程式は

$y = \dfrac{\boxed{}}{\boxed{}}x^2 - \dfrac{\boxed{}}{\boxed{}}x + \boxed{} \cdots$③ である. ①と③の接点を A, ②と③の接点を B とするとき,

$\mathrm{A}\left(\boxed{}, \dfrac{\boxed{}}{\boxed{}}\right), \mathrm{B}\left(-\boxed{}, \dfrac{\boxed{}}{\boxed{}}\right)$ である. また, K における③の接線の方程式は $y = -\dfrac{\boxed{}}{\boxed{}}x + 1 \cdots$④

であり, 原点を O, ④と①の交点を A′, ④と②の交点を B′ とするとき, △OA′B′ の面積は $\boxed{}$ である.

(23 金沢医大・医-前期)

《接線の基本 (B5) ☆》

490. 放物線 $y = 2x^2 - 3x + 4$ に点 $\left(1, -\dfrac{1}{8}\right)$ から引いた接線の接点のうち, x 座標が正である接点は $\left(\boxed{}, \boxed{}\right)$ である.

(23 帝京大・医)

《包絡線 (B10)》

491. (1) 放物線 $y = ax^2$ $(a \neq 0)$ について, 曲線の向きを変えずにその頂点が直線 $l: y = mx$ $(m \neq 0)$ の上を動くときにできる放物線の方程式を求めよ. このとき, 頂点の x 座標を t とせよ.

(2) これらの放物線群のすべての放物線に接する直線の方程式を求めよ.

(23 三条市立大・工)

【法線（数 II）】

《法政 (B20) ☆》

492. 座標平面上にある放物線 $y = x^2$ を C とし, C 上の 2 点 $\mathrm{A}(\alpha, \alpha^2)$ と $\mathrm{B}(\beta, \beta^2)$ を考える. ただし, $\alpha < \beta$ と

する．C の A における接線 l_1 と，B における接線 l_2 との交点を P とする．また，A を通り l_1 と直交する直線 m_1 と，B を通り l_2 と直交する直線 m_2 との交点を Q とする．さらに，3 点 A, B, Q を通る円の中心を点 S(s, t) とする．

（1） P と Q の座標を α, β を用いて表せ．

（2） s と t を α, β を用いて表せ．

（3） α, β が $\alpha < \beta$ かつ $s = 0$ をみたしながら動くとき，t のとりうる値の範囲を求めよ． (23 北海道大・後期)

【関数の増減・極値（数 II）】

《4 次関数と絶対値 (B20)》

493．実数 x 全体で定義された関数

$$f(x) = \frac{1}{4}(1 - x^2)^2 + \left| x(x-1)(x+1) \right|$$

が極値をとる x の値はいくつあるか答えよ． (23 東北大・理-AO)

《4 次関数の極値 (B20) ☆》

494．$f(x) = 2x^4 - 4(1+a)x^3 + 12ax^2 + 16ax + 5$ が極大値を持つような正の実数 a の範囲は

$$\boxed{} < a < \frac{\boxed{}}{\boxed{}}, \boxed{} < a \text{ である．}$$
(23 藤田医科大・医学部後期)

《3 次関数の極値 (B10)》

495．関数

$$f(x) = x^3 - (a^2 + 2)x^2 + (a^2 - 5)x + 6(a^2 + 1)$$

について，次の問いに答えよ．ただし，a は $-1 < a < 1$ を満たす定数とする．

（1） $f(-2)$ および $f(3)$ を求めよ．

（2） $f(x)$ を因数分解せよ．

（3） $y = f(x)$ のグラフと x 軸および y 軸との共有点の座標を求めよ．

（4） $y = f(x)$ の増減を調べ，グラフの概形をかけ．ただし，極値は求めなくてよい． (23 広島工業大・公募)

《三角関数で置き換えて部分 (B30)》

496．関数

$$y = 2\cos^5 x - 3\cos^3 x + \cos x - 2\sin^5 x$$
$$+ 3\sin^3 x - \sin x$$

を考える．ただし，$0 \leqq x < 2\pi$ とする．

$t = \cos x - \sin x$ とおくと，t のとりうる値の範囲は

$$-\sqrt{\boxed{}} \leqq t \leqq \sqrt{\boxed{}}$$

である．このとき，$\cos x \sin x$ と $\cos^3 x - \sin^3 x$ はそれぞれ t を用いて

$$\cos x \sin x = \frac{-t^2 + \boxed{}}{\boxed{}},$$

$$\cos^3 x - \sin^3 x = \frac{-t^3 + \boxed{} t}{\boxed{}}$$

と表され，関数 y は t を用いて

$$y = \frac{-t^5 + \boxed{} t^3 - \boxed{} t}{\boxed{}} \quad \cdots\cdots\cdots\cdots\cdots\cdots\cdots\cdots\cdots\cdots\cdots①$$

と表される．

$y = 0$ となる x の値は全部で $\boxed{}$ 個あり，そのうち最も大きい値は $\dfrac{\boxed{}}{\boxed{}}\pi$ である．

式①で表される t の関数 y を $f(t)$ とする．$y = f(t)$ が極値をとる t は 4 つあり，小さい方から順に a, b, c, d と

する. このとき,

$$ac = \frac{\boxed{}\sqrt{\boxed{}}}{\boxed{}}, \quad f(b)f(d) = \frac{\boxed{}\sqrt{\boxed{}}}{\boxed{}}$$ である. (23 近大・医-推薦)

《極値の和 (B10)》

497. a を実数の定数とする.

$$f(x) = x^3 + ax^2 + 2x - 2a$$

が極値を2つもつとき, a の範囲は,

$$a < -\sqrt{\boxed{}}, \quad a > \sqrt{\boxed{}}$$ となる.

また, 2つの極値の和が0となるとき, $a = \boxed{}$ である. (23 西南学院大)

【最大値・最小値 (数 II)】

《最大を論じる (B20) ☆》

498. a を正の定数とします. 関数

$$f(x) = x^3 - 2ax^2 + a^2x$$

について, 次の(1), (2)に答えなさい.

(1) 関数 $f(x)$ の極大値を a を用いて表しなさい.

(2) 関数 $f(x)$ の区間 $0 \leqq x \leqq 4$ における最大値が8であるような定数 a の値をすべて求めなさい.

(23 神戸大・理系-「志」入試)

《単調でないこと (C20) ☆》

499. a を実数とし, 座標平面上の点 $(0, a)$ を中心とする半径 1 の円の周を C とする.

(1) C が, 不等式 $y > x^2$ の表す領域に含まれるような a の範囲を求めよ.

(2) a は(1)で求めた範囲にあるとする. C のうち $x \geqq 0$ かつ $y < a$ を満たす部分を S とする. S 上の点 P に対し, 点 P での C の接線が放物線 $y = x^2$ によって切り取られてできる線分の長さを L_P とする. $L_Q = L_R$ となる S 上の相異なる 2 点 Q, R が存在するような a の範囲を求めよ. (23 東大・理科)

《三角関数・和で表す (B20)》

500. 関数

$$f(\theta) = 2\sin 3\theta - 3\sin\theta + 3\sqrt{3}\cos\theta$$

について, 以下の問いに答えなさい.

(1) $\sin\theta - \sqrt{3}\cos\theta$ を

$r\sin(\theta + \alpha)\,(r > 0, -\pi \leqq \alpha < \pi)$

の形に変形しなさい.

(2) $-\dfrac{\pi}{2} \leqq \theta \leqq \dfrac{\pi}{2}$ のとき $\sin\theta - \sqrt{3}\cos\theta$ の最大値と最小値を求め, そのときの θ の値をそれぞれ求めなさい.

(3) $x = \sin\theta - \sqrt{3}\cos\theta$ とおく.

$\sin\left\{3\left(\theta - \dfrac{\pi}{3}\right)\right\} = 3\left(\dfrac{x}{2}\right) - 4\left(\dfrac{x}{2}\right)^3$

であることを示しなさい.

(4) $-\dfrac{\pi}{2} \leqq \theta \leqq \dfrac{\pi}{2}$ のとき $f(\theta)$ の最大値と最小値を求め, そのときの θ の値をそれぞれすべて求めなさい.

(23 都立大・理系)

《和が固まり (B10)》

501. 関数

$$f(x) = x^3 - 5x^2 + 6x - 6 + \frac{6}{x} - \frac{5}{x^2} + \frac{1}{x^3}$$

$(x \geqq 1)$ は, $x = \boxed{}$ のとき, 最小値 $\boxed{}$ をとる. (23 山梨大・医-後期)

《和と積 (B20)》

502. 実数 a, b, c が

$$a + b + c = 1, \quad 2a^2 + b^2 + c^2 = 2$$

を満たすとき，次の問いに答えよ．

（1） x の2次方程式

$2x^2 + 2(a-1)x + 3a^2 - 2a - 1 = 0$

の解は b, c であることを示せ．

（2） a のとり得る値の範囲を求めよ．

（3） $2(b^3 + c^3)$ の最大値を求めよ． (23 山形大・工)

《三角形の面積 (B10) ☆》

503. 曲線 $C : y = x - x^3$ 上の点 A$(1, 0)$ における接線を l とし，C と l の共有点のうち A とは異なる点を B とする．また，$-2 < t < 1$ とし，C 上の点 P$(t, t - t^3)$ をとる．さらに，三角形 ABP の面積を $S(t)$ とする．

（1） 点 B の座標を求めよ．

（2） $S(t)$ を求めよ．

（3） t が $-2 < t < 1$ の範囲を動くとき，$S(t)$ の最大値を求めよ． (23 筑波大・前期)

《四角形の面積 (B15)》

504. 点 O を原点とする xy 平面上の放物線

$y = -x^2 + 4x$

を C とする．また，放物線 C 上に点

A$(4, 0)$, P$(p, -p^2 + 4p)$, Q$(q, -q^2 + 4q)$ をとる．ただし，$0 < p < q < 4$ とする．

（1） 放物線 C の接線のうち，直線 AP と傾きが等しいものを l とする．接線 l の方程式を求めよ．

（2） 点 P を固定する．点 Q が $p < q < 4$ を満たしながら動くとき，四角形 OAQP の面積の最大値を p を用いて表せ．

（3） （2）で求めた四角形 OAQP の面積の最大値を $S(p)$ とおく．$0 < p < 4$ のとき，関数 $S(p)$ の最大値を求めよ． (23 青学大・理工)

《置き換えて3次関数 (B10) ☆》

505. 関数

$f(x) = 3^{3x+1} - 42 \cdot 3^{2x-1} + 3^{x+1} \ (x \leq \log_3 4)$

は，$x = \boxed{}$ で最大値 $\boxed{}$ をとる．また，最小値は $\boxed{}$ である． (23 帝京大・医)

《解の個数 (B20) ☆》

506. $0° \leq \theta < 360°$ とする．関数

$y = \cos 3\theta + \dfrac{3}{2}\cos 2\theta - 3\cos\theta + \dfrac{5}{2}$ $\cdots\cdots\cdots\cdots\cdots\cdots\cdots\cdots\cdots$①

は

$y = \boxed{}\cos^3\theta + \boxed{}\cos^2\theta - \boxed{}\cos\theta + \boxed{}$

と変形できる．よって，①は $\theta = \boxed{}°$ のとき最大値 $\boxed{}$ をとり，$\theta = \boxed{}°$，$\boxed{}°$ のとき最小値 $-\dfrac{\boxed{}}{\boxed{}}$ をとる．次に，a を定数とする．

$0° \leq \theta < 360°$ のとき，方程式

$2\cos 3\theta + 3\cos 2\theta - 6\cos\theta - a = 0$

は最大で $\boxed{}$ 個の異なる解をもち，このときの a のとり得る値の範囲は $-\dfrac{\boxed{}}{\boxed{}} < a < -\boxed{}$ である．

(23 金沢医大・医-後期)

《区間に文字 (B20)》

507. 関数 $f(x) = x^3 - 3x^2 + 4$ について，区間 $t \leq x \leq t+1$ における $f(x)$ の最大値を $g(t)$ とする．

（1） $y = f(x)$ の増減を調べ，グラフの概形を描きなさい．

（2） $g\left(-\dfrac{1}{2}\right)$ および $g\left(\dfrac{3}{2}\right)$ を求めなさい．

（3） $g(t) = f(t) = f(t+1)$ となる t の値を求めなさい． （23　龍谷大・推薦）

《置き換えて3次関数 (A5) ☆》

508. 関数 $y = 8^x - 3 \cdot 2^{x+3} + 2$ は，$x = \boxed{}$ のとき最小値をとる． （23　東海大・医）

【微分と方程式（数II）】

《接線を考える (B20) ☆》

509. k を実数として，x についての方程式

$$x^3 - x^2 - kx + 3 - 2k = 0 \quad \cdots\cdots (\ast)$$

を考える．次の問いに答えよ．

（1）　方程式 $(\ast)$ について，$0 < x < 2$ の範囲における異なる実数解の個数が2個であるような k の値の範囲を求めよ．

（2）　方程式 $(\ast)$ について，$-1 \leqq x \leqq 2$ の範囲における異なる実数解の個数が2個であるような k の値を求めよ． （23　弘前大・理工（数物科学））

《接線を3本引く (B10)》

510. 座標平面上の点 $A(0, a)$ と曲線 $C : y = x^3 + 3x^2$ に対し，A を通る C の接線の本数がちょうど3本になるような実数 a の値の範囲は $\boxed{} < a < \boxed{}$． （23　工学院大）

《4次方程式にする (B15)》

511. 放物線 $y = 2x^2$ と円 $x^2 + (y-2)^2 = \dfrac{r^2}{9}$ がある．ただし，r は正の定数とする．

（1）　$r = 6$ のとき，放物線と円の共有点の座標 (x, y) は，

$$\left(\boxed{}, \boxed{} \right),$$

$$\left(\sqrt{\dfrac{\boxed{}}{\boxed{}}}, \dfrac{\boxed{}}{\boxed{}} \right),$$

$$\left(-\sqrt{\dfrac{\boxed{}}{\boxed{}}}, \dfrac{\boxed{}}{\boxed{}} \right)$$

である．

（2）　r が正の実数をとって変化するとき，放物線と円の共有点の個数は，

$$0 < r < \dfrac{\boxed{ア}\sqrt{\boxed{イ}}}{\boxed{ウ}} \text{ のとき，} \boxed{} \text{個}$$

$$r = \dfrac{\boxed{ア}\sqrt{\boxed{イ}}}{\boxed{ウ}},\ \boxed{エ} < r \text{ のとき，} \boxed{} \text{個}$$

$$r = \boxed{エ} \text{ のとき，} \boxed{} \text{個}$$

$$\dfrac{\boxed{ア}\sqrt{\boxed{イ}}}{\boxed{ウ}} < r < \boxed{エ} \text{ のとき，} \boxed{} \text{個}$$

である． （23　久留米大・後期）

《文字定数は分離 (B10)》

512. $-\dfrac{4}{3}x^3 + 4x + a = 0$ が異なる実数解を3つもち，そのうち2つが負で，1つが正の場合の a の範囲を求めなさい． （23　産業医大）

《対数から3次関数 (B20)》

513. a を定数とする．x の方程式

$$\log_4 (x-2)^2 + 3\log_8 x^2 - \log_2 (a+1) = 0$$

が異なる4個の実数解をもつような a の値の範囲は，$\boxed{} < a < \boxed{}$ である． （23　帝京大・医）

【微分と不等式 (数 II)】

【定積分 (数 II)】

《係数の決定 (A10) ☆》

514. a, b を定数とし，$f(x) = ax + b$ とする．次の関係式が成り立つとする．

$$\int_0^1 f(x)\,dx = 0$$

$$\int_0^1 x f(x)\,dx = 1$$

このとき，$\int_0^1 \{f(x)\}^2\,dx = \boxed{}$ であり，

$\int_0^1 |f(x)|\,dx = \boxed{}$ である． (23 東邦大・理)

《基本的な積分 (A1)》

515. $\int_{-1}^2 (x+2)(x-3)\,dx = \boxed{}$ (23 東海大・医)

《絶対値と積分 (A5) ☆》

516. $\int_0^4 |x^2 - 4x + 3|\,dx = \boxed{}$ (23 東海大・医)

《積分と不等式 (B20)》

517. a を実数の定数，n を自然数とし，関数 $f(x)$ を $f(x) = 1 - ax^n$ と定める．次の問いに答えよ．

（1） $\dfrac{n+5}{n+2} \leqq 2$ を示せ．

（2） $\displaystyle\int_0^1 x f(x)\,dx \leqq \dfrac{2}{3}\left(\int_0^1 f(x)\,dx\right)^2$

を示せ．

（3）（2）の不等式において，等号が成立するときの a と n の値を求めよ． (23 島根大・前期)

《絶対値と積分 (B20) ☆》

518. $f(x) = \displaystyle\int_0^1 |t(t-x)|\,dt$ とする．$0 \leqq x \leqq 1$ のとき，$f(x)$ を x の整式で表すと $f(x) = \boxed{}$ であり，

$\displaystyle\int_0^2 f(x)\,dx = \boxed{}$ である． (23 愛知工大・理系)

【面積 (数 II)】

《6 分の 1 公式 (B5) ☆》

519. 2 つの放物線 $y = x^2 + x$, $y = -x^2 + 1$ で囲まれた図形の面積を答えよ． (23 防衛大・理工)

《法線と囲む面積 (B15) ☆》

520. 正の実数 t に対し，平面上の曲線

$$C : y = tx^2 - (4t-2)x + 4t - 1$$

を考える．

（1） C は t の値によらず，平面上のある点を通る．その点を P とするとき，P の座標を求めよ．

（2） P における C の法線 L の方程式を求めよ．

（3） C と L の交点で，P とは異なる点を Q とする．Q の座標を求めよ．

（4） C と L とで囲まれる部分の面積 S を求めよ． (23 学習院大・理)

《12 分の 1 公式 (B5)》

521. 曲線 $y = 2x^2 - 4x + 6$ を C とする．また，p を正の実数とし，点 $P(p, p^2)$ を考える．

（1） $2p^2 - 4p + 6 > p^2$ を示せ．

（2） 点 P から曲線 C に引いた 2 つの接線のうち，一方の接線の傾きが 0 であるとする．このとき，p の値を求めよ．さらに，2 つの接線についてそれぞれの方程式を求めよ．

（3） 曲線 C と（ii）で求めた 2 つの接線とで囲まれた図形の面積を求めよ． (23 愛媛大・工, 農, 教)

《12 分の 1 の半分 (B20)》

522. xy 平面において，円 $x^2+y^2=1$ を E とする．また，k を正の実数とし，放物線 $y=kx^2$ を H とする．さらに，円 E 上の点 $\mathrm{P}(s,t)$ における E の接線を l_1 とし，放物線 H 上の点 $\mathrm{Q}(u,ku^2)$ における H の接線を l_2 とする．ただし，$s>0,\,t<0,\,u>0$ とする．放物線 H，接線 l_2 および y 軸で囲まれる図形の面積を A とする．以下の問いに答えよ．

（1）　接線 $l_1,\,l_2$ の方程式をそれぞれ求めよ．

（2）　t を s を用いて表せ．

（3）　l_1 と l_2 が一致するとき，u と k を s を用いてそれぞれ表せ．

（4）　l_1 と l_2 が一致するとき，面積 A を s を用いて表せ．

（5）　l_1 と l_2 が一致するとき，面積 A の最小値と，そのときの s の値を求めよ．　　　　　　（23　北見工大・後期）

《共通接線で囲む面積 (B5)》

523. $f(x)=x^2+2x,\ g(x)=x^2-2x+4$ とする．次の（1）〜（3）に答えよ．

（1）　$y=f(x)$ のグラフと $y=g(x)$ のグラフの交点の座標を求めよ．

（2）　$y=f(x)$ のグラフと $y=g(x)$ のグラフの両方に接する直線 l の方程式を求めよ．

（3）　$y=f(x)$ のグラフと $y=g(x)$ のグラフ，および直線 l で囲まれた部分の面積を求めよ．　（23　福井県立大）

《共通接線で囲む面積 (B20) ☆》

524. $f(x)=\left|x^2-x-2\right|-x^2+|x|$ について，以下の問いに答えよ．

（1）　$y=f(x)$ のグラフの概形をかけ．また，$y=0$ のときの x の値を求めよ．

（2）　$y=f(x)$ のグラフと 2 点で接する傾き 1 の直線が存在する．その方程式を求めよ．

（3）　（2）で求めた接線と $y=f(x)$ のグラフで囲まれる 2 つの部分の面積の和を求めよ．　　（23　東北学院大・工）

《積分するしかない構図 (B20)》

525. $\alpha,\,\beta$ を実数とし，$\alpha>1$ とする．曲線 $C_1:y=\left|x^2-1\right|$ と曲線 $C_2:y=-(x-\alpha)^2+\beta$ が，点 (α,β) と点 (p,q) の 2 点で交わるとする．また，C_1 と C_2 で囲まれた図形の面積を S_1 とし，x 軸，直線 $x=\alpha$，および C_1 の $x\geqq 1$ を満たす部分で囲まれた図形の面積を S_2 とする．

（1）　p を α を用いて表し，$0<p<1$ であることを示せ．

（2）　S_1 を α を用いて表せ．

（3）　$S_1>S_2$ であることを示せ．　　　　　　（23　筑波大・前期）

《全体を構成して考える (B15)》

526. a を正の数とする．曲線

$$C:y=a\left|x^2-2x-3\right|$$

は直線 $l:y=4x+6$ に接している．次の問いに答えよ．

（1）　定数 a の値を求めよ．

（2）　C と l とで囲まれた部分の面積 S を求めよ．　　　　　　（23　東北大・医 AO）

《横向き放物線で 6 分の 1 (B5)》

527. 座標平面上の曲線 $y^2=x$ を C，直線 $y=x-6$ を l とする．次の問いに答えなさい．

（1）　曲線 C と直線 l の交点の座標をすべて求めなさい．

（2）　曲線 C と直線 l に囲まれた図形の面積 S を求めなさい．　　　　　（23　山口大・理）

《線分の通過領域 (B20)》

528. 実数 a に対して，座標平面上の放物線 $C_1:y=x^2-1$ と放物線 $C_2:y=\dfrac{1}{2}(x-a)^2$ の共有点を P，Q とし，P，Q を通る直線を l とする．

（1）　直線 l の方程式を求めよ．

（2）　a が $-1\leqq a\leqq 1$ を満たしながら動くとき，l が通過しうる領域 D を図示せよ．

（3）　a が（2）の範囲を動くとき，線分 PQ が通過しうる領域の面積を求めよ．　（23　東京海洋大・海洋工）

《円と放物線 (B25)》

529. 座標平面上で，不等式

$$\frac{1}{4}x^2 - 2 \leqq y \leqq 0 \text{ または } x^2 + y^2 \leqq 4$$

の表す領域を D_1 とし，不等式

$$y > \sqrt{3}x \text{ かつ } x^2 + y^2 < 2$$

の表す領域を D_2 とし，不等式

$$y > -\sqrt{3}x \text{ かつ } x^2 + y^2 < 2$$

の表す領域を D_3 とする．また，D_2 と D_3 の和集合を X とし，D_1 から X を除いた領域を Y とする．このとき，次の問いに答えなさい．

（1） 領域 D_1 を図示しなさい．

（2） 領域 D_1 の面積を求めなさい．

（3） 領域 Y を図示しなさい．

（4） 領域 Y の面積を求めなさい．　　　　　　　　　　　　　（23　山口大・医，理（数））

《円と放物線 (B15) ☆》

530. 連立不等式

$$\begin{cases} y \geqq x^2 - \dfrac{1}{4} \\ x^2 + y^2 \leqq 1 \end{cases}$$

で表される領域の面積を求めよ．　　　　　　　　　　　（23　早稲田大・人間科学-数学選抜）

《写像と面積 (B20) ☆》

531. 原点を O とする xy 平面上に点 A$(1, -1)$ があり，点 B は $\overrightarrow{\text{AB}} = (2\cos\theta, 2\sin\theta)(0 \leqq \theta \leqq 2\pi)$ を満たす点である．B の軌跡を境界線とする 2 つの領域のうち，点 A を含む領域を領域 C とする．ただし，領域 C は境界線を含む．

（1） 点 B の軌跡の方程式は $\boxed{}$ である．

（2） 点 (x, y) が xy 平面上のすべての点を動くとき，点 $(x-y, xy)$ が xy 平面上で動く範囲は式 $\boxed{}$ で表される領域である．

（3） 点 (x, y) が領域 C 上のすべての点を動くとき，点 $(x-y, xy)$ が xy 平面上で動く領域を領域 D とする．

（ i ） 領域 D を図示しなさい．ただし領域は斜線で示し，境界線となる式も図に記入すること．

（ ii ） 領域 D の面積は $\boxed{}$ である．　　　　　　　　　　　（23　慶應大・薬）

《線分と囲む面積 (B15) ☆》

532. 3 次関数 $f(x)$ は常に $f(-x) = -f(x)$ を満たし，$x = 1$ のときに極大値 2 をとる．このとき，以下の問に答えよ．

（1） $f(x)$ を求めよ．

（2） 曲線 $y = f(x)$ と x 軸で囲まれた 2 つの部分のうち，$y \geqq 0$ の領域にある部分を D とする．直線 $y = ax$ が D の面積を 2 等分するように a の値を定めよ．　　　　　　　　　　　（23　群馬大・理工）

《積分するしかない (B20) ☆》

533. k は正の実数とし，2 つの関数

$$f(x) = \frac{2}{3}x^3 + x^2 - 4x + \frac{7}{3},$$

$$g(x) = x^2 + 4x + 4 + k$$

を考える．xy 平面上の曲線 $y = f(x)$ を C_1 とし，放物線 $y = g(x)$ を C_2 とする．以下の問いに答えよ．

（1） 関数 $f(x) - g(x)$ の極値を k を用いて表せ．

（2） C_1 と C_2 がちょうど 2 個の共有点をもつような k の値を求めよ．

（3） k を（2）で求めた値とする．C_1 と C_2 の 2 個の共有点を通る直線を l とするとき，C_2 と l で囲まれた図形と $x \geqq 0$ の表す領域の共通部分の面積を求めよ．　　　　　　　　　　　（23　熊本大・医，教）

《三角形も考える (B25)》

534. $a, b\,(a > 0, b > 0)$ を定数とし，関数 $f(x)$ を $f(x) = x^3 - 3ax^2 + b$ とする．O を原点とする座標平面を考え，曲線 $y = f(x)$ を曲線 C とする．また，関数 $f(x)$ の極大値を与える x の値を α，極小値を与える x の値を β とし，座標平面上に 2 点 $P_1(\alpha, f(\alpha))$，$P_2(\beta, f(\beta))$ をとる．さらに，2 点 P_1 と P_2 を通る直線を l とし，点 P_1, P_2 以外の，曲線 C と直線 l との共有点を Q とする．次に答えよ．

（1） 関数 $f(x)$ についての増減表を利用して，方程式 $x^3 - 3ax^2 + b = 0$ の異なる実数解の個数が 2 個以下となるための条件を a, b を用いて表せ．

（2） 点 Q の座標を求め，曲線 C と線分 P_1Q で囲まれる図形の面積 S_1 および曲線 C と線分 QP_2 で囲まれる図形の面積 S_2 を求めよ．

（3） 曲線 C と x 軸の共有点が 2 つである場合を考える．曲線 C と $x < 0$ における x 軸との共有点を P_3 とし，線分 P_3P_1 と線分 P_3Q および曲線 C で囲まれる図形の面積を S_3 とする．このとき，b を a を用いて表し，さらに，$S_3 = 13$ が成り立つ場合の a の値を求めよ．

（4） 曲線 C と x 軸の共有点が 1 つである場合を考える．直線 l と x 軸との交点を P_4 とし，線分 OP_1 と線分 OP_2 および曲線 C で囲まれる図形の面積を S_4，三角形 OP_2P_4 の面積を S_5 とする．このとき，$S_4 = S_5$ かつ $S_4 = 2$ が成り立つ場合の a と b の値を求めよ． (23 九州工業大・後期)

《係数の決定 (B20)》

535. n を 2 以上の自然数とし，
$$f(x) = x^n + a_1 x^{n-1} + \cdots + a_{n-1}x + a_n$$
とおく．ただし，$a_1, a_2, \cdots, a_n$ は定数である．以下の問いに答えよ．

（1） $\displaystyle \lim_{h \to 0} \frac{f(x + 4h) - f(x)}{h}$ の x^{n-1} と x^{n-2} の係数を答えよ．

（2） すべての実数 x について
$$\lim_{h \to 0} \left\{ \frac{x}{8}\frac{f(x + 4h) - f(x)}{h} - 2f(x) \right.$$
$$\left. -2x^3 + x^2 + 9x \right\} = 0$$
が成り立つとき，n を求め，$f(x)$ を具体的に表せ．

（3） $f(x)$ を（2）で得られた関数とする．曲線 $y = f(x)$ と x 軸で囲まれた図形の面積を求めよ． (23 三重大・前期)

《考えにくい構図？ (B20) ☆》

536. 座標平面上の曲線 $y = x^3\,(0 \leq x \leq \sqrt{3})$ を C，線分 $y = 3x\,(0 \leq x \leq \sqrt{3})$ を L とする．次の問いに答えよ．

（1） C 上の点 P と L 上の点 Q があり，線分 PQ が L と直交する．PQ の長さが最大となるとき，点 P と点 Q を通る直線の方程式を求めよ．

（2） C と L とで囲まれる図形を（1）で求めた直線で 2 つの図形に分けたとき，2 つの図形のうち原点を含む方の図形の面積を S_1，原点を含まない方の図形の面積を S_2 とする．S_1 と S_2 の比を求めよ． (23 名古屋市立大・後期)

《4 次関数と面積 (B25)》

537. c を実数とし，関数 $f(x) = (x^2 + c)^2 + c$ を考える．以下の問いに答えよ．

（1） $x^2 - x + c = 0$ を満たす実数 x に対して，$f(x) - x = 0$ が成り立つことを示せ．

（2） $y = f(x)$ のグラフと直線 $y = x$ が異なる 4 つの共有点をもつとき，定数 c のとり得る値の範囲を求めよ．

（3） $c = -1$ としたとき，$y = f(x)$ のグラフと直線 $y = x$ の共有点の x 座標のうち，最大のものと 2 番目に大きいものをそれぞれ a, b とする．$b \leq x \leq a$ において $y = f(x)$ のグラフと直線 $y = x$ で囲まれた図形の面積を求めよ． (23 お茶の水女子大・前期)

《3 次関数と面積 (B20) ☆》

538. 次の問に答えよ．

（1） α, β を実数とするとき，定積分

$$\int_0^\alpha x(x-\alpha)(x-\beta)\,dx$$

を求めよ.

（2） c を正の実数とする．2次方程式

$$cx^2 - cx - 1 = 0$$

の異なる2個の実数解を α, β とするとき，$\alpha^2 + \beta^2$，$\alpha^4 + \beta^4$ をそれぞれ c を用いて表せ．

（3） c を正の実数とする．曲線 $y = cx^3 - x$ と曲線 $y = cx^2$ で囲まれた2つの部分の面積の和 S を，c を用いて表せ．

（4） c が正の実数全体を動くとき，（3）の S の最小値を求めよ． (23 東京電機大)

《4次関数の複接線 (B20) ☆》

539. 曲線 $y = x^4 + 2x^3 - 3x^2$ を C とし，C 上の点 $P(1, 0)$ における接線を L とするとき，次の (ⅰ), (ⅱ), (ⅲ) に答えよ．

（1） 接線 L の方程式を求めよ．

（2） 曲線 C と接線 L の共有点の座標を求めよ．

（3） 曲線 C と接線 L で囲まれた部分の面積を求めよ． (23 山形大・医，理)

【微積分の融合 (数Ⅱ)】

《面積の最小 (B30) ☆》

540. 座標平面上に曲線

$$C : y = 2x^2 - 3x + 2 + (x-2)|x-1|$$

と直線 $l : y = ax - a + 1$ がある．C と l で囲まれる部分の面積を $S(a)$ とする．次の問いに答えよ．

（1） 曲線 C のグラフをかけ．

（2） $S(a)$ を求めよ．

（3） $S(a)$ の最小値を求めよ． (23 名古屋市立大・前期)

《面積の最小 (B20) ☆》

541. 座標平面上の曲線 $y = x|x-2|$ を C とし，直線 $y = mx$ を l とする．ただし，$0 < m < 2$ とする．また，曲線 C と直線 l で囲まれた部分の面積を S とする．以下の問いに答えよ．

（1） 曲線 C と直線 l を同一の座標平面上に図示せよ．

（2） 面積 S を m を用いて表せ．

（3） 面積 S が最小となるときの m の値を求めよ．ただし，そのときの S の値を求める必要はない．

(23 公立はこだて未来大)

【定積分で表された関数 (数Ⅱ)】

《微積分の基本定理 (A2) ☆》

542. a を実数の定数とする．連続関数 $f(x)$ が等式

$$\int_a^x f(t)\,dt = x^3 - x^2 - x - 2$$

を満たすとする．このとき，$f(x) = \boxed{}$ であり，$a = \boxed{}$ である． (23 茨城大・工)

《微積分の基本定理 (A2)》

543. 次の等式

$$\int_3^x f(t)\,dt = x^2 + ax - 3$$

を満たす関数 $f(t)$ と定数 a の値を求めると，$f(t) = \boxed{}$，$a = \boxed{}$ である． (23 会津大・推薦)

《定積分は定数 (B20) ☆》

544. 関数 $f(x), g(x)$ が次の等式をみたすとします．

$$f(x) = -4x - \int_0^1 g(t)\,dt,$$

$$g(x) = 2x + 2\int_0^1 f(t)\,dt$$

次の（1）～（3）に答えなさい.

（1） $f(x)$ と $g(x)$ をそれぞれ求めなさい.

（2） 直線 $y = f(x)$ と直線 $y = g(x)$ がともに放物線 $y = x^2 + ax + b$ に接するように, 定数 a, b の値を定めなさい. また, そのときの接点の座標をそれぞれ求めなさい.

（3） a, b を（2）で定めた値とします. 放物線 $y = x^2 + ax + b$ と 2 直線 $y = f(x)$, $y = g(x)$ で囲まれた図形の面積 S を求めなさい. (23 神戸大・理系-「志」入試)

《積分して最小 (B20)》

545. $0 \leqq k \leqq 2$ とし,

$$S(k) = \int_k^{k+1} \left| x^2 - 2x \right| \, dx$$

とする.

（1） 関数 $y = \left| x^2 - 2x \right|$ のグラフを描きなさい.

（2） $0 \leqq k \leqq 1$ のとき, $S(k)$ を k を用いて表しなさい.

（3） $0 \leqq k \leqq 1$ のとき, $S(k)$ の最大値とそのときの k の値を求めなさい.

（4） $1 \leqq k \leqq 2$ のとき, $S(k)$ を k を用いて表しなさい.

（5） $1 \leqq k \leqq 2$ のとき, $S(k)$ が最小となる k の値を求めなさい. (23 大分大・理工, 経済, 教育)

《係数の決定 (B15)》

546. x の 2 次関数 $f(x)$ が

$$\int_0^1 f(x+t) \, dt = x^2 - 2x + \frac{1}{2} f(x)$$

を満たすとき, $f(x) = \boxed{} x^2 - \boxed{} x + \boxed{}$ である. (23 帝京大・医)

【等差数列】

《等差数列の基本 (A2) ☆》

547. 初項 3 の等差数列がある. 初項から第 30 項までの和が 264 であるとき, 第 6 項は $\boxed{}$ である. (23 茨城大・工)

《等差数列の和 (A10) ☆》

548. 初項から第 8 項までの和が 44, 初項から第 15 項までの和が -75 である等差数列 $\{a_n\}$ において, 一般項は $a_n = -\boxed{} n + \boxed{}$ となる. また, 初項から第 $\boxed{}$ 項までの和が最大となり, そのときの和は $\boxed{}$ となる. (23 東京工芸大・工)

《等差数列の和 (B20)》

549. 項数 200 の等差数列 $a_1, \cdots, a_{200}$ を考える. $a_3 = 14$, $a_8 = 29$ である.

（1） この数列の第 5 項は $a_5 = \boxed{}$, 末項は $a_{200} = \boxed{}$ であり, すべての項を足した値は $a_1 + \cdots + a_{200} = \boxed{}$.

（2） k が 10 の倍数であるような a_k をすべて足した値は

$$a_{10} + a_{20} + \cdots + a_{200} = \boxed{}.$$

また, 10 の倍数でも 15 の倍数でもないような k について, a_k をすべて足した値は

$$a_1 + \cdots + a_9 + a_{11}$$
$$+ \cdots + a_{14} + a_{16} + \cdots + a_{199} = \boxed{}.$$
(23 奈良県立医大・推薦)

【等比数列】

《等比数列の基本 (B2) ☆》

550. 数列 $\{a_n\}$ は公比 r が正の実数である等比数列で, $a_4 = \frac{1}{81} a_8$, $a_4 \neq 0$ を満たすとする. このとき, 公比 r の値は $\boxed{}$ である. さらに, 第 3 項から第 7 項までの和が 121 のとき, 一般項 a_n を求めると, $a_n = \boxed{}$ である. (23 芝浦工大・前期)

《和の計算いろいろ (B25)》

551. 2 次方程式 $x^2 + x - 1 = 0$ の 2 つの解を α, β とする. 次の式の値を求めよ.

（ 1 ） $(\alpha-1)(\beta-1)$

（ 2 ） $\alpha^4+\beta^4$

（ 3 ） $\alpha^{16}+\beta^{16}$

（ 4 ） $(\alpha+1)^8+(\beta+1)^8$

（ 5 ） $(\alpha^3+1)^8+(\beta^3+1)^8$

（ 6 ） $\sum\limits_{k=1}^{17}(\alpha^k+\beta^k)$ （23 大教大・前期）

【数列の雑題】

《教科書にある欠陥問題 (B5)》

552. n は自然数とする．次の数列から一般項 a_n を推測し，一般項 a_n を n の式で表せ．

（ 1 ） $1, 2, 6, 15, 31, 56, 92, 141, 205, 286, \cdots$

（ 2 ） $1, 2, 10, 37, 101, 226, 442, 785, 1297, 2026, \cdots$ （23 昭和大・医-2期）

《解と係数和の計算 (A10) ☆》

553. 2 次方程式 $x^2-4x+2=0$ の 2 つの解を α, β とするとき，次の問いに答えなさい．

（ 1 ） $\alpha+\beta, \alpha\beta, \dfrac{1}{\alpha}+\dfrac{1}{\beta}$ の値をそれぞれ求めなさい．

（ 2 ） n を自然数とする．

$$\sum_{k=1}^{n}\left(\frac{1}{\alpha^k\beta^{k-1}}+\frac{1}{\alpha^{k-1}\beta^k}\right)$$ の値を求めなさい． （23 山口大・後期-理）

《和の計算 (B5) ☆》

554. 数列

$$\frac{3}{1\cdot2\cdot3\cdot4}, \frac{3}{2\cdot3\cdot4\cdot5}, \cdots,$$

$$\frac{3}{n(n+1)(n+2)(n+3)}, \cdots$$

の初項から第 n 項までの和を求めよ． （23 愛知医大・医-推薦）

《2 乗の和 (B5) ☆》

555. $a_{10}>0, \sum\limits_{n=1}^{15}a_n=0, \sum\limits_{n=1}^{15}a_n{}^2=70$ を満たす等差数列 $\{a_n\}$ の一般項を求めよ． （23 福島県立医大・前期）

《和の計算 (B10)》

556. 数列 $\{a_n\}$ $(n=1, 2, 3, \cdots)$ の初項から第 n 項までの和 S_n が

$$S_n=\frac{1}{6}(2n^3+9n^2+7n)$$

で与えられている．また，一般項が

$$b_n=a_n\sin\frac{n}{2}\pi$$

で表される数列 $\{b_n\}$ の初項から第 n 項までの和を T_n とする．次の問いに答えなさい．

（ 1 ） 一般項 a_n を n を用いて表しなさい．

（ 2 ） T_4 の値を求めなさい．

（ 3 ） m を自然数とするとき，T_{4m} を m を用いて表しなさい．

（ 4 ） $T_{4m+1}>2451$ を満たす最小の自然数 m の値を求めなさい． （23 前橋工大・前期）

《二項の積の和 (A5)》

557. 自然数 $1, 2, 3, \cdots, n$ の中の異なる 2 個の数の積を考える．その積の総和を求めよ． （23 岡山県立大・情報工）

《等比数列の和など (B20)》

558. 数列 $\{a_n\}$ は $\sum\limits_{n=5}^{13}a_n=0$ を満たす公差 $\dfrac{1}{2}$ の等差数列とする．このとき，次の問に答えよ．

（ 1 ） a_1 の値を答えよ．

（ 2 ） 数列 $\{b_n\}$ が

$$\log_4\left(b_n-\frac{1}{3}\right)=a_n \quad (n=1, 2, 3, \cdots)$$

を満たすとき，b_{10} の値を答えよ．

（３）（２）の数列 $\{b_n\}$ について，$\sum_{k=1}^{n} b_k > 2023$ となる最小の n の値を答えよ． (23 防衛大・理工)

《格子点の個数 (B10) ☆》

559. 座標平面上で x 座標と y 座標がともに整数である点を格子点という．自然数 n に対して，座標平面において連立不等式

$$y \leqq -\frac{1}{3}x^2 + 3n^2, \quad x \geqq 0, \quad y \geqq 0$$

によって表される領域を D_n とする．

（１） D_1 に含まれる格子点の総数を求めよ．

（２） D_n に含まれ，かつ直線 $x = 0$ 上にある格子点の総数を n を用いて表せ．

（３） D_n に含まれ，かつ直線 $x = 1$ 上にある格子点の総数を n を用いて表せ．

（４） 自然数 k に対して，D_n に含まれ，かつ直線 $x = 3k - 2$ 上にある格子点の総数を k，n を用いて表せ．

（５） D_n に含まれる格子点の総数を n を用いて表せ． (23 東京海洋大・海洋工)

《格子点の個数 (B20)》

560. xy 平面上の曲線

$$C : y = x^3 - 3x$$

を考える．n を自然数とし，点 $(n, n^3 - 3n)$ における C の接線を l_n とする．また，C と l_n で囲まれた図形（境界を含む）を D_n とし，D_n に含まれる格子点の個数を T_n とする．ただし，格子点とは x 座標，y 座標がどちらも整数である点のことをいう．次の問いに答えよ．

（１） l_n の方程式を求めよ．

（２） C と l_n の共有点をすべて求めよ．

（３） $n = 1$ のときを考える．D_1 に含まれる格子点をすべて求めよ．

（４） T_n を求めよ． (23 埼玉大・理系)

《積の微分法に相等すること (B30)》

561. 数列 $\{a_n\}$ に対し，

$$a_n' = a_{n+1} - a_n \quad (n = 1, 2, 3, \cdots)$$

により定まる数列 $\{a_n'\}$ を，もとの数列 $\{a_n\}$ の階差数列という．数列 $\{a_n'\}$ の階差数列を $\{a_n''\}$ と表し，$\{a_n''\}$ の階差数列を $\{a_n'''\}$ と表す．以下の問いに答えよ．

（１） $a_n = n^2 + n + 1 (n = 1, 2, 3, \cdots)$ により定まる数列 $\{a_n\}$ について，数列 $\{a_n'\}$，$\{a_n''\}$，$\{a_n'''\}$ の一般項をそれぞれ求めよ．

（２） 数列 $\{a_n\}$ について，$\{a_n\}$ が等差数列であることと，すべての自然数 n について $a_n'' = 0$ となることが同値であることを示せ．

（３） 数列 $\{x_n\}$，$\{y_n\}$ がともに等差数列であっても，

$$a_n = x_n \cdot y_n \quad (n = 1, 2, 3, \cdots)$$

により定まる数列 $\{a_n\}$ は等差数列であるとは限らないことを，具体的な反例を挙げて説明せよ．

（４） 数列 $\{x_n\}$，$\{y_n\}$ に対し，$a_n = x_n \cdot y_n (n = 1, 2, 3, \cdots)$ により定まる数列 $\{a_n\}$ は，すべての自然数 n について

$$a_n' = x_{n+1} \cdot y_n' + x_n' \cdot y_n$$

を満たすことを示せ．ただし，$\{x_n\}$，$\{y_n\}$ の階差数列をそれぞれ $\{x_n'\}$，$\{y_n'\}$ と表すものとする．

(23 広島大・光り輝き入試-理 (数))

《S_n から a_n を求める (B20) ☆》

562. 数列 $\{a_n\}$ の初項 a_1 から第 n 項 a_n までの和 S_n は次の式で表されるとする．

$$S_n = \frac{1}{2}(5n - 2022)(n + 1) - 6$$

$$(n = 1, 2, 3, \cdots)$$

不等式 $a_n \leqq 0$ を満たす n の最大値を p とする．以下の各問に答えよ．

（1） 数列 $\{a_n\}$ の一般項を求めよ.

（2） a_n が7の倍数であり，かつ $n \le p$ を満たす n の個数を求めよ.

（3） $q = p+1$ とし，$n \ge q$ を満たす n に対して

$$A_n = \frac{1}{a_{n+1}\sqrt{a_n} + a_n\sqrt{a_{n+1}}},$$

$$B_n = \frac{1}{\sqrt{a_n}} - \frac{1}{\sqrt{a_{n+1}}}$$

とする. 次の等式が成り立つような定数 c の値を求めよ.

$$A_n = cB_n \ (n \ge q)$$

また，和 $D = A_q + A_{q+1} + A_{q+2} + \cdots + A_{2q}$ を求めよ.

（23 茨城大・理）

《等差と等比の選択数列 (B20) ☆》

563. d, r は実数で，$r > 0$ とする. 数列 $\{a_n\}$ は $a_1 = 2$ で公差が d の等差数列とする. 数列 $\{b_n\}$ は $b_1 = 4$ で公比が r の等比数列とする. さらに，数列 $\{c_n\}$ を

$$c_n = \begin{cases} a_n & (a_n \ge b_n \ \text{のとき}) \\ b_n & (a_n < b_n \ \text{のとき}) \end{cases}$$

によって定める. このとき，次の問いに答えよ.

（1） $c_3 = c_4 = 3$ となるような d, r を求めよ.

（2） $d = -\dfrac{1}{64}$，$r = \dfrac{1}{2}$ のとき，$c_n = a_n$ を満たす最大の n を求めよ.

（3） $d = 9, r = 2$ のとき，$\sum_{k=1}^{n} c_k$ を求めよ.

（23 高知大・医，理工）

《二項係数の変形 (B30)》

564. n を正の整数とし，n 次の整式

$$P_n(x) = x(x+1)\cdots(x+n-1)$$

を展開して

$$P_n(x) = \sum_{m=1}^{n} {}_n\mathrm{B}_m x^m$$

と表す.

（1） 等式 $\sum_{m=1}^{n} {}_n\mathrm{B}_m = n!$ を示せ.

（2） 等式

$$P_n(x+1) = \sum_{m=1}^{n} ({}_n\mathrm{B}_m \cdot {}_m\mathrm{C}_0 + {}_n\mathrm{B}_m \cdot {}_m\mathrm{C}_1 x$$

$$+ \cdots + {}_n\mathrm{B}_m \cdot {}_m\mathrm{C}_m x^m)$$

を示せ. ただし，${}_m\mathrm{C}_0, \ {}_m\mathrm{C}_1, \ \cdots, \ {}_m\mathrm{C}_m$ は二項係数である.

（3） $k = 1, 2, \cdots, n$ に対して，等式

$$\sum_{j=k}^{n} {}_n\mathrm{B}_j \cdot {}_j\mathrm{C}_k = {}_{n+1}\mathrm{B}_{k+1}$$

を示せ.

（23 名古屋大・前期）

《4次の因数分解 (B10)》

565. 以下の問に答えよ.

（1） x の整式 $x^4 + x^2 + 1$ を2つの2次式の積に因数分解せよ.

（2） 任意の正整数 n に対して，不等式 $\sum_{k=1}^{n} \dfrac{k}{k^4 + k^2 + 1} < \dfrac{1}{2}$ が成り立つことを証明せよ.（23 奈良県立医大・推薦）

《kr^k の和 (B20)》

566. 1個のさいころを6の目が2回出るまで投げ続ける. $k = 1, 2, 3, \cdots\cdots$ に対して p_k を $k+1$ 回目に2回目の6の目が出る確率とするとき，次の問いに答えよ.

（1）　p_k を求めよ.

（2）　p_k を最大にする k の値を求めよ.

（3）　$S_n = \displaystyle\sum_{k=1}^{n} p_k$ を求めよ.　　　　　　　　　　　　　（23　琉球大）

《整数部分（B20）☆》

567. 正の整数 n に対して $\sqrt{n}$ の整数部分を a_n で表す. 例えば $a_2 = 1$, $a_3 = 1$, $a_5 = 2$ である. 正の整数 k に対して, $a_n = k$ となる n の個数を k を用いて表すと □ となる. また, $\displaystyle\sum_{n=1}^{2023} a_n$ を求めると □ となる.

（23　聖マリアンナ医大・医-後期）

《三角形の個数を数える（B20）☆》

568. 下図のように, 同じ大きさの正三角形を並べて大きい正三角形を構築し, 上から順番に1段目, 2段目, 3段目, …… と呼ぶことにして, 100段目まで並べる. さらに, 下図のように, 各段の小三角形を左から白色, 灰色, 黒色の順に繰り返し塗ることにする.

このとき, 100段目までの小三角形の総数と100段目までの白色の小三角形の個数を求めよ.

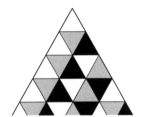

（23　琉球大）

《接する円列（B20）☆》

569. xy 平面の第1象限に中心がある半径 r_n の円 C_n $(n = 1, 2, \cdots)$ を次の規則で定める.

- 円 C_n の中心の座標を (x_n, r_n) とする.
- $(x_1, r_1) = (1, 1)$, $r_2 = \dfrac{1}{4}$ とする.
- 円 C_2 は円 C_1 と外接し, $x_2 > 1$ とする.
- 3以上の自然数 n に対して, 円 C_n は, 円 C_1 と円 C_{n-1} に外接し, $x_n < x_{n-1}$ とする.

このとき, 次の問いに答えよ.

（1）　x_2 を求めよ.

（2）　$x_{n-1} - x_n = 2\sqrt{r_{n-1}r_n}$ $(n = 3, 4, \cdots)$ を示せ.

（3）　$\sqrt{r_{n-1}} - \sqrt{r_n} = \sqrt{r_{n-1}r_n}$ $(n = 3, 4, \cdots)$ を示せ.

（4）　$n \geqq 3$ のとき, r_n を n を用いて表せ.　　　　　　　（23　富山大・理（数)-後期）

《マルコフの方程式（B30）☆》

570. 整数の組 (x, y, z) が次の2つの式をともに満たすとき, (x, y, z) は(＊)を満たす整数の組であるという.

（＊）　$x^2 + y^2 + z^2 - 3xyz = 0$, $0 < x < y < z$

例えば, $(1, 2, 5)$ は(＊)を満たす整数の組である.

（1）　$(2, 5, a)$ が(＊)を満たす整数の組となるような整数 a を求めよ.

（2）　次の条件（ⅰ）,（ⅱ）をともに満たす数列 $\{a_n\}$ が存在することを示せ.

（ⅰ）　$a_1 = 1$, $a_2 = 2$ である.

（ⅱ）　任意の自然数 n に対して,

(a_n, a_{n+1}, a_{n+2}) は(＊)を満たす整数の組である.

（3）　（2）の数列 $\{a_n\}$ はただ1つである. この数列 $\{a_n\}$ について, a_n が偶数となる n をすべて求めよ.

（23　山梨大・医-後期）

《等差数列の和に分解（B20）☆》

571. a を整数, n を2以上の整数として, 次の問いに答えよ.

（1） a から始まる連続する n 個の整数の和が 2023 になる a と n の組み合わせについて考える．

（ⅰ） 全部で何通りあるか．

（ⅱ） a と n がともに奇数となるのは何通りあるか．

（2） a から始まる連続する n 個の整数の平均値を $\overline{x}$，分散を s^2，標準偏差を s とする．

（ⅰ） $\overline{x}$ を a と n の式で表せ．

（ⅱ） s^2 を n の式で表せ．

（ⅲ） s^2 が自然数になるときの n を小さい順に並べたものを $n_1, n_2, \cdots$ とする．$n_k = 2023$ となる k の値を求めよ．

（ⅳ） s が自然数になるときの s を小さい順に並べたものを $s_1, s_2, \cdots$ とする．s_2 の値を求めよ．

(23 近大・医-前期)

《格子点の個数 (B20)》

572. n を正の整数とする．連立不等式

$$\begin{cases} y \geqq 2^{\log_2 x + x} \\ y \leqq -x^2 + n(2^n + n) \end{cases}$$

で表される領域を D_n とする．ただし，x 座標と y 座標がともに整数となる点を「格子点」と呼ぶものとする．

（1） D_2 に含まれる格子点の個数は $\boxed{}$ 個である．

（2） $S = 1 \cdot 2 + 2 \cdot 2^2 + 3 \cdot 2^3 + \cdots + n \cdot 2^n$ とするとき，

$$S = (n - \boxed{}) \cdot 2^{n + \boxed{}} + \boxed{}$$

である．

（3） D_n に含まれる格子点の個数を n を用いて表すと，

$$\frac{\boxed{}}{\boxed{}} n^3 - \frac{\boxed{}}{\boxed{}} n^2 + \frac{\boxed{}}{\boxed{}} n - \boxed{}$$

$$+ (n^2 - \boxed{} n + \boxed{}) \cdot 2^n$$

である．

(23 久留米大・医)

《二項係数の和 (B20) ☆》

573. $\displaystyle\sum_{k=1}^{n} (k \cdot {}_n\mathrm{C}_k)$ が 10000 を超えるような最小の正の整数 n は $\boxed{}$ である．

(23 東京医大・医)

《対数との融合 (B2)》

574. $\displaystyle\sum_{n=1}^{2023} \log_{10} \frac{5n+1}{5n-4}$ の整数部分は $\boxed{}$ である．

(23 東邦大・理)

《対数との融合 (B510)》

575. 数列 $\{a_n\}$ の第 1 項から第 n 項までの和 S_n が $S_n = \frac{7}{6}(a_n - 1)$ を満たすとき，以下の問いに答えよ．ただし，$\log_{10} 2 = 0.3010$, $\log_{10} 3 = 0.4771$, $\log_{10} 7 = 0.8451$ とする．

（1） 一般項 a_n を求めよ．

（2） a_n が 89 桁の整数となるとき，n を求めよ．

（3） n を（2）で求めたものとする．a_n の 1 の位の数字を求めよ．

（4） n を（2）で求めたものとする．a_n の最高位の数字を求めよ．

(23 岡山大・理系)

《2 項間 (A2) ☆》

576. $a_1 = 2$, $a_{n+1} = 2a_n - 1$ $(n = 1, 2, 3, \cdots)$ で定められる数列 $\{a_n\}$ の一般項を求めると $a_n = \boxed{}$ である．

(23 会津大・推薦)

《3 項間 (B10)》

577. $a_{n+2} - 10a_{n+1} + xa_n = 0$

$(n = 1, 2, 3, \cdots)$, $a_1 = 1$, $a_2 = 8$

を満たす数列 $\{a_n\}$ について，以下の問いに答えよ．

（1） $x = 21$ のとき，数列 $\{a_n\}$ の一般項を以下の手順で求めよ．

（ i ） $(a_{n+2} - 3a_{n+1}) = 7(a_{n+1} - 3a_n)$ のように変形し，$b_n = a_{n+1} - 3a_n$ によって定められる数列 $\{b_n\}$ の一般項を求めよ．

（ ii ） （ i ）と同様の変形を行い，$c_n = a_{n+1} - 7a_n$ によって定められる数列 $\{c_n\}$ の一般項を求めよ．

（ iii ） 数列 $\{b_n\}$ と数列 $\{c_n\}$ の一般項から，数列 $\{a_n\}$ の一般項を求めよ．

（2） $x = 25$ のとき，数列 $\{a_n\}$ の一般項を以下の手順で求めよ．

（ i ） $(a_{n+2} - 5a_{n+1}) = 5(a_{n+1} - 5a_n)$ のように変形し，$d_n = \dfrac{a_n}{5^n}$ によって定められる数列 $\{d_n\}$ に対し，$d_{n+1} - d_n$ を求めよ．

（ ii ） 数列 $\{d_n\}$ の一般項から，数列 $\{a_n\}$ の一般項を求めよ．　　　　　　（23　富山大・工，都市デザイン-後期）

《S_n と a_n で 3 項間 (B10)》

578. n は自然数とする．漸化式

$$a_1 = 4, \ \sum_{k=1}^{n+1} a_k = 4a_n + 8$$

で定まる数列 $\{a_n\}$ の一般項 a_n を n の式で表せ．　　　　　　　　　　　　　（23　昭和大・医-2 期）

《3 項間と整数部分 (B15) ☆》

579. $\alpha = 3 + \sqrt{10}, \ \beta = 3 - \sqrt{10}$ とし，正の整数 n に対して $A_n = \alpha^n + \beta^n$ とおく．このとき，A_2, A_3 の値はそれぞれ $A_2 = \boxed{}$，$A_3 = \boxed{}$ であり，A_{n+2} を A_{n+1} と A_n を用いて表すと $A_{n+2} = \boxed{}$ である．また，α^{111} の整数部分を K とするとき，K を 10 で割ると $\boxed{}$ 余る．　　　　　（23　北里大・医）

《3 項間で重解 (B12) ☆》

580. 次で定められた数列 $\{a_n\}$ がある．

$$a_1 = 3, \quad a_{n+1} = 9a_n - 4S_n \ (n = 1, 2, 3, \cdots)$$

ただし，S_n は数列 $\{a_n\}$ の初項から第 n 項までの和である．

（1） $a_2, \ a_3$ を求めよ．

（2） $b_n = a_{n+1} - 3a_n$ で定まる数列 $\{b_n\}$ の一般項を求めよ．

（3） $c_n = \dfrac{a_n}{3^n}$ で定まる数列 $\{c_n\}$ の一般項を求めよ．

（4） S_n を求めよ．　　　　　　　　　　　　　　　　　　　　　　　　　（23　徳島大・理工）

《2 項間 +1 次式 (B10) ☆》

581. 数列 $\{a_n\}$ の初項から第 n 項までの和を S_n とする．

$$a_1 = 1, \ a_{n+1} = S_n + (n+1)^2 \ (n = 1, 2, 3, \cdots)$$

が成り立つとき，以下の空欄をうめよ．

（1） a_{n+1} を a_n と n の式で表すと $a_{n+1} = \boxed{}$ である．

（2） $b_n = a_{n+1} - a_n$ とおくとき，b_{n+1} を b_n の式で表すと $b_{n+1} = \boxed{}$ である．

（3） b_n を n の式で表すと $b_n = \boxed{}$ である．

（4） a_n を n の式で表すと $a_n = \boxed{}$ である．　　　　　　　　　　　（23　会津大）

《2 項間 +2 次式 (B20)》

582. 正の数からなる数列 $\{a_n\}$ は，すべての正の整数 n について

$$\log_2(a_1 \cdot a_2 \cdot a_3 \cdot \cdots \cdot a_n) = -2n^3 + 49 + \log_2 a_n{}^2$$

を満たしている．

$\log_{10} 2 = 0.3010, \ \log_{10} 3 = 0.4771$ とする．

（1） $b_n = \log_2 a_n$ とおくとき，b_{n+1} を b_n を用いて表すと

$$b_{n+1} = \boxed{\text{ア}} \, b_n + \boxed{\text{イ}} \, n^2 + \boxed{\text{ウ}} \, n + \boxed{\text{エ}} \quad \cdots\cdots\cdots\cdots\cdots\cdots\text{①}$$

である．

$f(n) = \alpha n^2 + \beta n + \gamma \ (\alpha, \ \beta, \ \gamma$ は定数$)$ とする．

$$f(n+1) = \boxed{\text{ア}} \, f(n) + \boxed{\text{イ}} \, n^2 + \boxed{\text{ウ}} \, n + \boxed{\text{エ}} \quad \cdots\cdots\cdots\cdots\cdots\cdots\text{②}$$

が n についての恒等式となるような α, β, γ の値を求めると

$$\alpha = -\boxed{\text{オ}}, \ \beta = -\boxed{\text{カ}}, \ \gamma = -\boxed{\text{キ}}$$

である.

①－② より，数列 $\{b_n - f(n)\}$ は等比数列になる．よって，数列 $\{b_n\}$ の一般項 b_n は

$$b_n = \boxed{} \cdot \boxed{}^{\,n-\boxed{}} - \boxed{\text{オ}}\,n^2 - \boxed{\text{カ}}\,n - \boxed{\text{キ}}$$

となる.

（2） b_n が最小となる n の値は

$$n = \boxed{\text{ク}}, \ \boxed{\text{ケ}} \ (\text{ただし}, \ \boxed{\text{ク}} < \boxed{\text{ケ}})$$

である.

また，a_n の最小値は $2^{\boxed{\text{コ}}}$ であり，$2^{\boxed{\text{コ}}}$ を小数で表したとき，小数第 $\boxed{}$ 位に初めて 0 でない数 $\boxed{}$ が現れる.

（23 獨協医大）

《連立漸化式 ＋ 悪文 (B20)》

583. 数列 $\{a_n\}$, $\{b_n\}$ を

$$\begin{cases} a_1 = 1 \\ b_1 = 2 \end{cases}, \quad \begin{cases} a_{n+1} = 3a_n - 2b_n \\ b_{n+1} = -a_n + 4b_n \end{cases} \quad (n = 1, 2, 3, \cdots)$$

で定める．以下の問いに答えよ.

（1） a_4 の値を求めよ.

（2） 等式 $a_{n+1} + kb_{n+1} = r(a_n + kb_n)$ がすべての自然数 n について成り立つ実数の組 (k, r) をすべて求めよ.

（3） 数列 $\{b_n\}$ の一般項を求めよ.

（23 工学院大）

《連立漸化式 (B20) ☆》

584. 2つの数列 $\{a_n\}$, $\{b_n\}$ があり，次の漸化式を満たすとする $(n = 1, 2, 3, \cdots)$.

$$\begin{cases} a_{n+1} = (1-s)a_n + tb_n \\ b_{n+1} = sa_n + (1-t)b_n \end{cases}$$

ただし，s, t は実数の定数であり，$s + t \neq 0$ とする．また，$a_1 = b_1 = \dfrac{1}{2}$ とする．さらに，$c_n = a_n + b_n$, $d_n = sa_n - tb_n$ とおく $(n = 1, 2, 3, \cdots)$．以下の問いに答えよ.

（1） c_{n+1}, d_{n+1} を c_n, d_n を用いて表せ.

（2） 2つの数列 $\{c_n\}$, $\{d_n\}$ の一般項を求めよ.

（3） 2つの数列 $\{a_n\}$, $\{b_n\}$ の一般項を求めよ.

（23 福井大・工-後）

《連立漸化式 (B10)》

585. 数列 $\{a_n\}$, $\{b_n\}$ を

$$a_1 = 1, \ b_1 = 2,$$

$$a_{n+1} = 6a_n + b_n \ (n = 1, 2, 3, \cdots)$$

$$b_{n+1} = -3a_n + 2b_n \ (n = 1, 2, 3, \cdots)$$

により定める．次の問いに答えよ.

（1） a_2, b_2 の値を，それぞれ求めよ.

（2） 数列 $\{a_n + b_n\}$, $\{3a_n + b_n\}$ の一般項を，それぞれ求めよ.

（3） 数列 $\{a_n\}$, $\{b_n\}$ の一般項を，それぞれ求めよ.

（4） 数列 $\{c_n\}$ を

$$c_1 = a_1 + b_1,$$

$$c_{n+1} = (a_{n+1} + b_{n+1})c_n \ (n = 1, 2, 3, \cdots)$$

により定める．数列 $\{c_n\}$ の一般項を求めよ.

（23 東京農工大・前期）

《分数形漸化式 (B20) ☆》

586. 次の条件によって定められる数列 $\{a_n\}$ がある.

$$a_1 = 10, \ a_{n+1} = \frac{10a_n + 4}{a_n + 10} \ (n = 1, 2, 3, \cdots)$$

また,数列 $\{b_n\}$ を $b_n = \dfrac{a_n - 2}{a_n + 2}$ により定める.以下の問いに答えよ.

（1） b_{n+1} を b_n を用いて表せ.

（2） 数列 $\{b_n\}$ の一般項を求めよ.また,数列 $\{a_n\}$ の一般項を求めよ.

（3） $a_n < 2.05$ を満たす最小の自然数 n を求めよ.ただし必要なら $\log_{10} 2 = 0.3010, \log_{10} 3 = 0.4771$ として用いてもよい. （23 福井大・工）

《S_n と a_n (B5) ☆》

587. 数列 $\{a_n\}$ の初項から第 n 項までの和 S_n が $S_n = n^2 + 2n$ で表されるとき,数列 $\{a_n\}$ の一般項は $a_n = \boxed{}$ である.

数列 $\{b_n\}$ の初項から第 n 項までの和 T_n が

$$T_n = (n+1)b_n - \frac{1}{2}n(n+1)$$

を満たすとき,数列 $\{b_n\}$ の一般項は $b_n = \boxed{}$ である. （23 南山大・理系）

《S_n と a_n (B10) ☆》

588. 数列 $\{a_n\}$ を $a_1 = 2$,

$$a_n = n + 1 + \frac{1}{n}\sum_{k=1}^{n-1}(k+2)a_k \ (n \geq 2)$$

で定める.このとき,次の問いに答えなさい.

（1） a_2 を求めなさい.

（2） $n \geq 2$ に対して $a_n = 2a_{n-1} + 2$ が成り立つことを示しなさい.

（3） （2）の結果を利用して数列 $\{a_n\}$ の一般項を求めなさい. （23 山口大・後期-理）

《逆数の数列 (B10)》

589. 数列 $\{a_n\}$ を $a_1 = \dfrac{1}{8}$,

$$(4n^2 - 1)(a_n - a_{n+1}) = 8(n^2 - 1)a_n a_{n+1}$$

$(n = 1, 2, 3, \cdots)$ により定める.以下の問いに答えよ.

（1） a_2, a_3 を求めよ.

（2） $a_n \neq 0$ を示せ.

（3） $\dfrac{1}{a_{n+1}} - \dfrac{1}{a_n}$ を n の式で表せ.

（4） 数列 $\{a_n\}$ の一般項を求めよ. （23 熊本大・医,理,薬,工）

《鹿野健問題 (B20) ☆》

590. 数列 $\{a_k\}$ が $k \geq 1$ で $a_k > 0$, a_k の第 1 項から第 n 項までの和 S_n が $S_n = \dfrac{1}{2}\left(a_n + \dfrac{n^3}{a_n}\right)$ であるとき,

$S_5 = \boxed{}$, $S_{20} = \boxed{}$ である. （23 藤田医科大・医）

《少し変わった連立漸化式 (B20)》

591. 数列 $\{a_n\}$ を次で定める.

$$a_1 = 1,$$

$$\begin{cases} a_{2n} = 3a_{2n-1} - n \\ a_{2n+1} = a_{2n} + 1 \end{cases} \ (n = 1, 2, 3, \cdots)$$

（1） a_5 を求めよ.

（2） $b_n = a_{2n+1} - a_{2n-1} \ (n = 1, 2, 3, \cdots)$ とおく.数列 $\{b_n\}$ の一般項を求めよ.

（3） a_{2n+1} を求めよ.

（4） a_{199} の桁数を求めよ.ただし,$\log_{10} 2 = 0.3010, \ \log_{10} 3 = 0.4771$ とする. （23 名古屋工大）

《二項間 ＋ 等比数列 (A5) ☆》

592. 数列 $\{a_n\}$ を次のように定める.

$$a_1 = \frac{3}{2}, \ a_{n+1} = \frac{a_n}{2} + \frac{1}{2^n} \quad (n = 1, 2, 3, \cdots)$$

（1） a_2 と a_3 の値を求めよ.

（2） $b_n = 2^n a_n$ とおくとき, 数列 $\{b_n\}$ の一般項を求めよ.

（3） 数列 $\{a_n\}$ の一般項を求めよ. （23 岡山県立大・情報工）

《ペル方程式の形 (B20) ☆》

593. 自然数 n に対して $(1+\sqrt{2})^n$ を

$$(1+\sqrt{2})^n = x_n + y_n\sqrt{2} \quad (x_n, y_n は自然数)$$

と表す.（ただし, このような自然数 x_n, y_n が一意に定まることは認めてよい.）また, $z_n = x_n{}^2 - 2y_n{}^2$ とおく. 数列 $\{x_n\}, \{y_n\}, \{z_n\}$ について, 次の問いに答えよ.

（1） x_{n+1}, y_{n+1} を, x_n, y_n を用いてそれぞれ表せ.

（2） z_{n+1} を z_n を用いて表せ.

（3） 数列 $\{z_n\}$ の一般項 z_n を求めよ.

（4） 方程式 $x^2 - 2y^2 = 1$ を満たす自然数 x, y の組 (x, y) を4組求めよ. （23 静岡大・理, 工, 情報）

《係数の穴を埋める (B20)》

594. s を実数とし, 数列 $\{a_n\}$ を

$$a_1 = s,$$
$$(n+2)a_{n+1} = na_n + 2 \quad (n = 1, 2, 3, \cdots)$$

で定める. 以下の問いに答えよ.

（1） a_n を n と s を用いて表せ.

（2） ある正の整数 m に対して $\sum_{n=1}^{m} a_n = 0$ が成り立つとする. s を m を用いて表せ. （23 東北大・理系）

《変わった漸化式 (B5)》

595. 座標平面上に中心 $Q(0, 1)$, 半径 1 の円 C がある. $n = 1, 2, 3, \cdots$ に対して, 点 $P_n(a_n, 0)$ を以下のように順に定める.

$a_1 = 1$ とおく.

線分 QP_n と C の交点の x 座標を a_{n+1} とおく.

このとき, 次の問いに答えよ.

（1） a_{n+1} を a_n を用いて表せ.

（2） 数列 $\{b_n\}$ を $b_n = \left(\frac{1}{a_n}\right)^2$ で定めるとき, b_{n+1} を b_n を用いて表せ.

（3） 数列 $\{a_n\}$ の一般項を求めよ. （23 和歌山大・共通）

《対数をとる (B20)》

596. 次の問いに答えよ.

（1） $a_1 = 36, a_{n+1} = 6a_n{}^6, b_n = \log_6 a_n \ (n = 1, 2, 3, \cdots)$ で定義される数列 $\{a_n\}, \{b_n\}$ それぞれの一般項を求めよ.

（2） $c_1 = 6, c_{n+1} = \frac{n+3}{n+1}c_n + 1,$

$d_n = \frac{c_n}{(n+1)(n+2)} \ (n = 1, 2, 3, \cdots)$

で定義される数列 $\{c_n\}, \{d_n\}$ それぞれの一般項を求めよ. （23 山梨大・工, 教）

《バサバサ消える (B5)》

597. 数列 $\{a_n\}$ は

$$a_1 = 1, \ a_{n+1} = 2^n \cdot a_n \quad (n = 1, 2, 3, \cdots)$$

をみたしている. このとき以下の設問に答えよ.

（1） $b_n = \log_2 a_n$ とおくとき，数列 $\{b_n\}$ の一般項を求めよ．

（2） 数列 $\{a_n\}$ の一般項を求めよ．

（3） a_1 から a_n までの積 $a_1 a_2 \cdots a_{n-1} a_n$ を求めよ． （23 東京女子大・数理）

《複利計算 (B10)》

598. 1年ごとの複利法の金融商品があり，年度初めの投資額に年利率 r ％をかけた金額が利息として年度末に支払われる．複利法とは投資額に利息を繰り入れその加算額を次期の投資額とする計算法である．たとえば，年利率5％の金融商品に対して，初年度初めに1万円を投資すると年度末には500円の利息が得られ投資額は10500円となる．2年目初頭にさらに1万円を追加投資すると投資額は20500円となり，その5％が2年目末に利息として得られる．この金融商品に毎年度初めに a 円を追加で投資することにした．

（1） n 年目末の投資額を S_n とするとき，S_n を S_{n-1} および，a と r を用いて表せ．ただし $n \geqq 2$ とする．

（2） S_n を n の式で表せ．

（3） 年利率3％，毎年度初めの投資額を60万円とするとき，10年目末の投資額のうち利息によって得られる金額を求めよ．なお，$(1.03)^{10} = 1.34$ とする． （23 東京女子医大）

《多項式の割り算との融合 (B10) ☆》

599. n を自然数として，整式 $(3x+2)^n$ を x^2+x+1 で割った余りを $a_n x + b_n$ とおく．以下の問に答えよ．

（1） a_{n+1} と b_{n+1} を，それぞれ a_n と b_n を用いて表せ．

（2） 全ての n に対して，a_n と b_n は7で割り切れないことを示せ．

（3） a_n と b_n を a_{n+1} と b_{n+1} で表し，全ての n に対して，2つの整数 a_n と b_n は互いに素であることを示せ． （23 早稲田大・理工）

《偶奇で変わる数列 (B30)》

600. （1） 数列 $\{a_n\}$ は

$a_1 = 1,$

$a_{n+1} = 3a_n + 3n - 5 \ (n = 1, 2, 3 \cdots)$

によって定められる．

このとき，$a_{n+1} - a_n = b_n$ とおけば，数列 $\{b_n\}$ の一般項は

$$b_n = \frac{(\boxed{})^n}{\boxed{}} + \frac{\boxed{}}{\boxed{}}$$

となる．したがって，数列 $\{a_n\}$ の一般項は

$$a_n = \frac{(\boxed{})^n}{\boxed{}} + \frac{\boxed{}}{\boxed{}}n + \frac{\boxed{}}{\boxed{}}$$

である．

（2） 数列 $\{c_n\}$ は $c_1 = 1, c_2 = 3, c_{n+2} = 5c_n + 12 \ (n = 1, 2, 3 \cdots)$ によって定められる．このとき

$$c_{n+2} + \boxed{ア} = \boxed{}\left(c_n + \boxed{ア}\right)$$

である．したがって，数列 $\{c_n\}$ の一般項は，n が偶数のとき $n = 2m \ (m = 1, 2, 3 \cdots)$ とすると

$$c_n = c_{2m} = \boxed{}\left(\boxed{}\right)^{m-1} + \boxed{}$$

であり，n が奇数のとき

$n = 2m - 1 \ (m = 1, 2, 3 \cdots)$ とすると

$$c_n = c_{2m-1} = \boxed{}\left(\boxed{}\right)^{m-1} + \boxed{}$$

である．

（3） 数列 $\{f_n\}$, $\{g_n\}$ $(n = 1, 2, 3 \cdots)$ の一般項は，それぞれ $f_n = 3n - 2, g_n = 5n + 3$ で与えられる．

このとき，数列 $\{f_n\}$ と $\{g_n\}$ に共通に含まれる数を小さい方から順に並べてできる数列

$\{h_k\}$ $(k = 1, 2, 3 \cdots)$ の一般項は

$$h_k = \boxed{}k + \boxed{}$$

である．

（4） 数列 $\{A_n\}$ は

$$A_{n+1} = \begin{cases} 1 - A_n & (A_n \geqq 0 \text{ のとき}) \\ 1 + 2A_n & (A_n < 0 \text{ のとき}) \end{cases}$$

$(n = 1, 2, 3 \cdots)$

によって定められる．

（ⅰ） $A_1 = 2$ のとき，$A_5 = \boxed{}$ である．

（ⅱ） $A_1 = \dfrac{13}{12}$ のとき，$A_8 = \dfrac{\boxed{}}{\boxed{}}$ である．

（ⅲ） $A_1 = \dfrac{7}{5}$ のとき，$\displaystyle\sum_{k=1}^{30} A_k = \boxed{}$ である． (23 北里大・理)

【数学的帰納法】

《$z^n + \dfrac{1}{z^n}$ (B10) ☆》

601. n を整数とし，z を 0 でない複素数とする．$z + \dfrac{1}{z}$ が実数であるとき，$z^n + \dfrac{1}{z^n}$ が実数であることを示せ． (23 愛媛大・後期)

《2 次の式から 1 次式 (B20) ☆》

602. 各項が正の実数である数列 $\{a_n\}$ が

$$a_1 = 1, \ a_2 = 3,$$

$$a_{n+1}{}^2 - a_n a_{n+2} = 2^n \ (n = 1, 2, 3, \cdots)$$

を満たしているとする．このとき，次の問に答えよ．

（1） すべての自然数 n に対して

$$a_{n+2} - 3a_{n+1} + 2a_n = 0$$

が成り立つことを示せ．

（2） $a_{n+2} + \beta a_{n+1} = a_{n+1} + \beta a_n$

がすべての自然数 n に対して成り立つような実数 β の値を求めよ．

（3） a_n を n を用いて表せ． (23 香川大・医-医)

《3 ごとの関係を作る (B20) ☆》

603. 自然数 n に対して，a_n, b_n を

$$\left(\dfrac{1 + \sqrt{5}}{2} \right)^n = a_n + b_n \sqrt{5}$$

を満たす有理数とする．ただし，4 つの有理数 a, b, c, d が

$$a + b\sqrt{5} = c + d\sqrt{5}$$

を満たせば $a = c$ かつ $b = d$ が成り立つので，a_n, b_n は各自然数 n に対し 1 通りに定まることに注意する．

（1） n が 3 の倍数であるとき，a_n, b_n がともに整数となることを示せ．

（2） 自然数 n が 3 の倍数であるとき，a_n, b_n のどちらか一方が偶数で他方が奇数となることを示せ．

（3） a_n, b_n がともに整数となるのは n が 3 の倍数のときに限ることを示せ． (23 鹿児島大・共通)

《一の位 (B30)》

604. $\alpha = \sqrt{2} + \sqrt{3}, \ \beta = -\sqrt{2} + \sqrt{3}$ として，数列 $\{a_n\}$ $(n = 1, 2, \cdots)$ を $a_n = \alpha^n + \beta^n$ により定める．以下の設問に答えよ．

（1） a_2 及び a_4 を求めよ．

（2） 方程式 $x^4 + Ax^3 + Bx^2 + Cx + D = 0$ が $x = \alpha$ を解にもつような整数 A, B, C, D の値の組を一つ求めよ．

（3） 5 以上の自然数 n に対して，a_n を a_{n-2}, a_{n-4} を用いて表せ．

（4） 全ての自然数 m に対して，a_{2m} が整数であることを示せ．

（5） α^{2022} の整数部分の 1 の位の数を求めよ．ただし，実数 x の整数部分とは，x を超えない最大の整数を指すものとする．

（23 気象大・全）

《一般項を予想（B20）☆》

605. 数列 $\{a_n\}$, $\{b_j\}$ が次のように与えられているとする．ただし，r は正の定数とする．

$a_1 = r^2 - 12r$,
$$a_{n+1} = ra_n + (r-1)r^{2n+1} \quad (n = 1, 2, 3, \cdots)$$

$b_1 = -29$,
$$b_{j+1} - b_j = \frac{6}{1 - 4j^2} \quad (j = 1, 2, 3, \cdots)$$

このとき，以下の問いに答えよ．

（1） a_2, a_3 を求めよ．さらに，n と r を用いて一般項 a_n を表す式を予想し，その予想が正しいことを数学的帰納法で証明せよ．

（2） 一般項 b_j を j を用いて表せ．

（3） n を与えたとき，$a_n < b_j < a_{n+1}$ となる j が無限に多く存在するような r の範囲を n を用いて表せ．

（23 三重大・医）

《無理数性（B15）》

606. 次の問いに答えよ．ただし，$\sqrt{3}$ が無理数であることは用いてよい．

（1） s, t が有理数であるとき，$s + t\sqrt{3} = 0$ ならば $s = t = 0$ であることを証明せよ．

（2） $1 + \sqrt{3}$ が方程式 $x^3 + px + q = 0$ の解であるような有理数 p, q の値と他の解を求めよ．

（3） すべての自然数 n に対して，次の等式を満たすような自然数 a_n, b_n が存在することを示せ．
$$(1 + \sqrt{3})^n = a_n + b_n\sqrt{3}$$

（4） n が自然数であるとき，$(1 - \sqrt{3})^n$ は無理数であることを証明せよ． （23 大教大・後期）

《ペ方程式の形（B20）》

607. 自然数からなる 2 つの数列 $\{a_n\}$, $\{b_n\}$ を
$$(3 + 2\sqrt{2})^n = a_n + b_n\sqrt{2} \quad (n = 1, 2, 3, \cdots)$$
で定める．次の問いに答えよ．

（1） すべての自然数 n に対して，a_n は奇数，b_n は偶数であることを示せ．

（2） すべての自然数 n に対して，
$$1 + 2 + 3 + \cdots + \frac{a_n - 3}{2} + \frac{a_n - 1}{2}$$
$$= 1 + 3 + 5 + \cdots + (b_n - 3) + (b_n - 1)$$
が成立することを示せ． （23 琉球大・理-後）

《2 つをまとめて帰納法（B20）》

608. $\alpha = 2 + \sqrt{3}$, $\beta = 2 - \sqrt{3}$ とし，数列 $\{x_n\}$ を $x_n = \dfrac{\alpha^n - \beta^n}{\alpha - \beta}$ と定める．以下の問いに答えなさい．

（1） x_2, x_3 の値を求めなさい．

（2） すべての自然数 r, s に対して，
$$x_{r+s+1} = x_{r+1}x_{s+1} - x_r x_s$$
が成り立つことを示しなさい．

（3） すべての自然数 n に対して，x_n と x_{n+1} がともに整数であることを数学的帰納法で示しなさい．

（4） m を 2 以上の自然数とする．すべての自然数 n に対して，x_{mn} が x_m の倍数であることを，n に関する数学的帰納法で示しなさい． （23 都立大・数理科学）

《3 の冪（B20）☆》

609. n を正の整数とし，命題 $P(n)$ を

「すべての整数 z に対して，$z^{3^n} - z^{3^{n-1}}$ は 3^n の倍数である」

とする．次の問いに答えよ．

（1） 命題 $P(1)$ が真であることを示せ.

（2） 命題 $P(2)$ が真であることを示せ.

（3） すべての正の整数 n に対して，命題 $P(n)$ が真であることを示せ. 　　　　（23 富山大・医, 理-数, 薬）

《チェビシェフの多項式 (C20) ☆》

610. p を 3 以上の素数とする. また, θ を実数とする.

（1） $\cos 3\theta$ と $\cos 4\theta$ を $\cos\theta$ の式として表せ.

（2） $\cos\theta = \dfrac{1}{p}$ のとき, $\theta = \dfrac{m}{n}\cdot\pi$ となるような正の整数 m, n が存在するか否かを理由を付けて判定せよ.

　　　　　　　　　　　　　　　　　　　　　　　　　　　　　　　（23 京大・前期）

《漸化式を変形して (B20)》

611. すべての自然数 n に対して
$$a_1{}^3 + \cdots + a_n{}^3 = (a_1 + \cdots + a_n)^2$$
を満たすような数列 $\{a_n\}$ について, 次の問いに答えよ.

（1） すべての自然数 n に対して $a_n a_{n+1} < 0$ を満たすとき, 一般項 a_n を推測して, それが正しいことを数学的帰納法を用いて証明せよ.

（2） すべての自然数 n に対して $a_n > 0$ を満たすとき, 一般項 a_n を推測して, それが正しいことを数学的帰納法を用いて証明せよ. 　　　　（23 広島工業大・A 日程）

《力学系 (B20)》

612. 関数 $f(x)$ を
$$f(x) = \begin{cases} \dfrac{1}{2}x + \dfrac{1}{2} & (x \leq 1) \\ 2x - 1 & (x > 1) \end{cases}$$
で定める. a を実数とし, 数列 $\{a_n\}$ を
$$a_1 = a, \ a_{n+1} = f(a_n) \ (n = 1, 2, 3, \cdots)$$
で定める. 以下の問に答えよ.

（1） すべての実数 x について $f(x) \geq x$ が成り立つことを示せ.

（2） $a \leq 1$ のとき, すべての正の整数 n について $a_n \leq 1$ が成り立つことを示せ.

（3） 数列 $\{a_n\}$ の一般項を n と a を用いて表せ. 　　　　（23 神戸大・理系）

《一昨日帰納法 (B20)》

613. n を自然数とする. 正の実数
$$a = \sqrt[3]{2 + \sqrt{5}}, b = \sqrt[3]{-2 + \sqrt{5}}$$
を用いて, 数列 $\{c_n\}$ を $c_n = a^n - b^n$ と定める. 以下の問いに答えよ.

（1） ab, c_3, c_1 がそれぞれ整数であることを示せ.

（2） $\dfrac{c_2}{\sqrt{5}}$, $\dfrac{c_4}{\sqrt{5}}$ がそれぞれ整数であることを示せ.

（3） $f(a) = f(b) = 0$ となるような, 整数係数の 4 次多項式 $f(x)$ を 1 つ求めよ. また, 漸化式
$$c_{n+4} = A c_{n+2} + B c_n$$
を満たすような定数 A および B の値をそれぞれ求めよ.

（4） c_{2n-1} および $\dfrac{c_{2n}}{\sqrt{5}}$ がそれぞれ正の整数であることを示せ. さらに, c_{2n-1} が $(c_{2n})^2 - 1$ の約数であることを示せ. 　　　　（23 公立はこだて未来大）

《凸性の証明 (C30)》

614. 関数 $f(x)$ は常に正の値をとり, どんな実数 x, y についても $f(x+y) = f(x)f(y)$ が成り立っている. 次の問いに答えよ.

（1） x を実数とするとき, $f\left(\dfrac{x}{2}\right) = \sqrt{f(x)}$ が成り立つことを示せ.

（2） k を自然数とする. 初項 1, 公差 2 の等差数列 $\{a_n\}$ の第 $2^k + 1$ 項から第 2^{k+1} 項までの和
$$S = a_{2^k+1} + a_{2^k+2} + a_{2^k+3} + \cdots + a_{2^{k+1}} を求めよ.$$

（3） n を自然数とする. 2^n 個の実数

$x_1, x_2, x_3, \cdots, x_{2^n}$ に対して

$$f\left(\frac{x_1 + x_2 + x_3 + \cdots + x_{2^n}}{2^n} \right)$$

$$\leqq \frac{f(x_1) + f(x_2) + f(x_3) + \cdots + f(x_{2^n})}{2^n}$$

が成り立つことを，n に関する数学的帰納法によって示せ． (23　福岡教育大・中等)

《平方根を求める漸化式 (B10)》

615. 次のように定められた数列 $\{a_n\}$ を考える．

$$a_1 = \frac{17}{15},$$

$$a_{n+1} = \frac{1}{2}\left(a_n + \frac{1}{a_n} \right) (n = 1, 2, 3, \cdots)$$

以下の問いに答えなさい．

（1）　すべての自然数 n に対して $a_n > 1$ であることを示しなさい．

（2）　$a_n = \dfrac{4^{b_n} + 1}{4^{b_n} - 1}$ とするとき，b_n を a_n を用いて表しなさい．

（3）　b_{n+1} を b_n を用いて表しなさい．

（4）　数列 $\{a_n\}$ の一般項を求めなさい． (23　都立大・理，都市環境，システム)

【確率と漸化式】

《階段上り (B10) ☆》

616. 10 段の階段を 1 段上がり，または 2 段上がりを組合せて上がるとする．次の上がり方は何通りあるか．

（1）　1 段上がり 4 回と 2 段上がり 3 回を組み合わせた上がり方．

（2）　すべての上がり方（ただし，1 段上がりのみの上がり方と 2 段上がりのみの上がり方も含む）．

(23　新潟工科大)

《最初でタイプ分け (B10) ☆》

617. 白玉と黒玉を合わせて n 個を左から右へ横 1 列に並べる．ただし，白玉を 2 個以上つづいて並べることはない．このようにして並べたときの場合の数を a_n 通りとする．たとえば，a_1 は，白か黒の 2 通りなので $a_1 = 2$，a_2 は，白黒，黒白，黒黒の 3 通りなので $a_2 = 3$ である．ただし，白は白玉，黒は黒玉を表す．このとき，a_{15} を求めよ． (23　東北大・医 AO)

《塗り分け問題 (B10) ☆》

618. n を正の整数とする．下図のように，円盤の片面を $n+1$ 個の扇形の領域に分け，その中の一つの扇形の領域にのみ印 ($\star$) をつける．$n+1$ 個の扇形の領域それぞれを赤，緑，青の 3 色を用いて以下のルールにしたがい塗り分ける．ただし，3 色すべてを使うとは限らない．この塗り分け方の総数を $f(n)$ とする．このとき，次の各問いに答えよ．

---ルール

隣り合う扇形どうし，つまり辺を共有する扇形どうしは異なる色を塗り，印 ($\star$) のついた扇形の領域には必ず赤を塗る．

   $\cdots$

$n=1$　　$n=2$　　$n=3$

（1）　$f(1), f(2), f(3), f(4)$ を求めよ．

（2）　$n \geqq 2$ のとき，$f(n)$ を n と $f(n-1)$ を用いて表せ．

（3）　$f(n)$ を n を用いて表せ． (23　芝浦工大)

［確率と漸化式］

《2 項間漸化式 (B10) ☆》

619. 最初の持ち点を X_0 とし，以降 $n=1, 2, 3, \cdots$ に対して，以下のように持ち点 X_{n-1} から持ち点 X_n を定める．ただし，$X_0=0$ とする．

さいころを振って，出た目を a とし，

$a=2$ ならば $X_n=2X_{n-1}$,

$a \neq 2$ ならば $X_n=X_{n-1}+a$

とする．

（1） $X_2=6$ となる確率を求めよ．

（2） $n=1, 2, 3, \cdots$ に対して，X_n が 2 の倍数である確率を p_n とする．p_n と p_{n-1} の間に成り立つ関係を求めよ．

（3） p_n を求めよ． (23 学習院大・理)

《3項間漸化式 (B10) ☆》

620. n を自然数とする．1個のさいころを投げる試行において，1 または 2 の目が出れば 2 点，3 以上の目が出れば 1 点を得るとする．この試行をくり返し行うとき，得点の合計が途中でちょうど n 点となる確率を p_n とすると，$p_2-p_1=\boxed{}$, $p_4=\boxed{}$ である．また，等式 $p_{n+2}-p_{n+1}=a(p_{n+1}-p_n)$ がすべての自然数 n で成り立つような定数 a の値は $a=\boxed{}$ であり，p_n を n の式で表すと，$p_n=\boxed{}$ となる．一方，n が 2 以上の自然数のとき，得点の合計が途中で，ちょうど n 点となることなくちょうど $(n+5)$ 点となる確率 q_n を n の式で表すと $q_n=\boxed{}$ である． (23 同志社大・理系)

《3項間漸化式 (B20)》

621. 1 から 3 までの数字が 1 つずつ書かれた 3 枚のカードが入っている箱と，頂点が反時計回りに A，B，C の順に並んでいる正三角形 ABC がある．箱から 1 枚のカードを取り出し，数字を確認してからもとに戻す．このとき，点 P を以下の 〈規則〉 にしたがって正三角形の頂点を移動させ，移動した頂点に応じて文字列を作る試行を行う．文字列は左から順に文字○，×を書くものとする．

〈規則〉

- 1 回目は次のようにする．
  1 の書かれたカードが取り出されたときは点 P を頂点 A におき，文字○を書く．
  2 の書かれたカードが取り出されたときは点 P を頂点 B におき，文字×を書く．
  3 の書かれたカードが取り出されたときは点 P を頂点 C におき，文字×を書く．

- 2 回目以降は次のようにする．
  k ($k=1, 2, 3$) の書かれたカードが取り出されたとき，点 P がおいてある頂点から反時計回りに k 個先の正三角形の頂点に移動し，移動した頂点が A のときは既にある文字列の右側に○を，移動した頂点が A 以外のときは既にある文字列の右側に×を書く．

例えば，3 回の試行において取り出されたカードに書かれた数字が順に 1, 2, 3 のとき，点 P は A → C → C と移動し，得られる文字列は○××である．この試行を n ($n \geqq 2$) 回繰り返したとき，文字列中に×が連続しない確率を p_n とする．

（1） p_2, p_3, p_4 を求めよ．

（2） p_n ($n \geqq 2$) を求めよ． (23 大阪医薬大・前期)

《基本的な漸化式 (B10) ☆》

622. K を自然数とする．2 つの箱 A と B があり，A に赤玉 1 個，B に白玉 K 個が入っている．A の中の 1 個の玉と B の中の 1 個の玉の交換を繰り返し行う．n 回目の交換が終わったときに A の中の玉が赤玉である確率を求めよ． (23 金沢大・理系)

《等式の変形が肝 (B15) ☆》

623. 1 個のさいころを n 回投げて，k 回目に出た目を a_k とする．b_n を

$$b_n = \sum_{k=1}^{n} a_1{}^{n-k} a_k$$

により定義し，b_n が 7 の倍数となる確率を p_n とする．

（1） p_1, p_2 を求めよ．

（2） 数列 $\{p_n\}$ の一般項を求めよ． (23 阪大・理系)

《1 飛ばしの漸化式（B20）☆》

624. 頂点と辺からなる図形 G と，そのひとつの頂点 O が与えられている．動点 P は，頂点 O を出発し，1 秒ごとに辺で結ばれた隣り合う頂点に同じ確率で移動する．例えば G と O が下図で与えられた場合，動点 P は出発の 1 秒後にはそれぞれ $\frac{1}{4}$ の確率で頂点 A，B，C，D にある．また，動点 P が頂点 A にある場合，その 1 秒後に P はそれぞれ $\frac{1}{2}$ の確率で頂点 O または D にある．

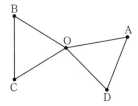

出発の n 秒後に動点 P が頂点 O にある確率を $p_n (n = 0, 1, 2, \cdots)$ とする．

（1） G と O が上図で与えられた場合に，p_{n+1} を p_n を用いて表せ．また，$p_n (n \geqq 1)$ を求めよ．

（2） G が正八面体で，O がそのひとつの頂点である場合に，$p_n (n \geqq 1)$ を求めよ．

（3） G が正八角形で，O がそのひとつの頂点である場合に，$p_n (n \geqq 1)$ を求めよ． (23 千葉大・医，理，工)

《3 箱の交換（B20）☆》

625. n を自然数とする．3 つの袋 A，B，C があり，袋 A には 1 つの赤玉，袋 B には 1 つの青玉，袋 C には 1 つの白玉がそれぞれ入っている．次の試行 (*) を n 回続けて行った後に白玉が袋 A，B，C の中にある確率をそれぞれ a_n, b_n, c_n とする．

試行 (*)：1 個のさいころを投げて，出た目が 1 の場合は袋 A の中の玉と袋 C の中の玉を交換し，出た目が 1 以外の場合は袋 B の中の玉と袋 C の中の玉を交換する．

このとき，$c_2 = \boxed{}$ である．$n = 1, 2, 3, \cdots$ に対して，等式 $c_{n+2} = p(a_n + b_n) + q c_n$ が成り立つような定数 p, q の値はそれぞれ $p = \boxed{}$，$q = \boxed{}$ であり，等式 $c_{n+2} - \frac{1}{3} = r\left(c_n - \frac{1}{3}\right)$ が成り立つような定数 r の値は $r = \boxed{}$ である．したがって，自然数 m に対して，c_{2m} を m の式で表すと $c_{2m} = \boxed{}$ となる．

(23 同志社大・理工)

《連立漸化式（B20）》

626. 数直線上で座標が整数である点を移動する点 P がある．時刻 $n = 0, 1, 2, \cdots$ での点 P の位置は次の規則に従うとする．

① 時刻 0 での点 P の座標は 0 である．

② 時刻 n での点 P の座標 x が偶数であるとき，時刻 $n+1$ での点 P の座標は確率 $\frac{2}{3}$ で $x+1$ となり，確率 $\frac{1}{3}$ で x のままである．

③ 時刻 n での点 P の座標 x が奇数であるとき，時刻 $n+1$ での点 P の座標は確率 $\frac{7}{8}$ で $x+1$ となり，確率 $\frac{1}{8}$ で $x-1$ となる．

自然数 n に対し，時刻 n での点 P の座標が 0 である確率を p_n とし，座標が 1 である確率を q_n とする．また，時刻 n での点 P の座標が奇数である確率を r_n とする．このとき，以下の問いに答えよ．

（1） p_1, p_2 を求めよ．

（2） r_n を求めよ．

（3） p_{n+2} を p_{n+1} と p_n を用いて表せ．

（4） 実数 α, β はすべての自然数 n に対して

$$p_{n+2} - \alpha p_{n+1} = \beta(p_{n+1} - \alpha p_n)$$

を満たす．このような α, β の組 (α, β) を 2 組求めよ．

（5） p_n, q_n を求めよ． (23 電気通信大・後期)

《条件付き確率（B20）》

627. 下図のような三角形 XYZ があり，3 地点 X，Y，Z を移動する人がいる．はじめ，この人は地点 X にいるものとする．

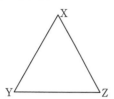

この人は，自分のいる地点で，大きいサイコロと小さいサイコロを振り，2 つのサイコロの目の出方に従って次のように行動する．

- 2 つのサイコロの目が同じ場合は移動せず同じ地点にとどまる．
- 2 つのサイコロの目が異なる場合は大きいサイコロの出た目の数だけ反時計回りに地点を移動する．

この試行を n 回繰り返した後に，地点 X にいる確率を x_n，同様に，地点 Y，Z にいる確率をそれぞれ y_n，z_n とする．次に答えよ．

（1） x_1，y_1，z_1 をそれぞれ求めよ．

（2） x_{n+1} を x_n，y_n，z_n を用いて表せ．同様に，y_{n+1}，z_{n+1} を x_n，y_n，z_n を用いて表せ．

（3） x_n，y_n，z_n をそれぞれ求めよ．

（4） $n+1$ 回目の試行後に地点 X にいるという条件のもとで，n 回目の試行後に地点 Y にいた確率を求めよ．

（23　九州工業大・後期）

《連立漸化式（B20）》

628. 1 から 6 の目があるサイコロを使ったゲームを行う．プレイヤーは初め数直線上の $x=4$ の位置にいて，以下のルールに従って移動する．

> プレイヤーが $x=a$ の位置にいるとき，サイコロを振って
> - 出た数が a より大きければ $x=a+1$ に移動
> - 出た数が a 以下ならば $x=a-1$ に移動

プレイヤーが $x=0$ か $x=6$ に到達した時点でゲームを終了する．

（1） サイコロを 2 回振ってゲームが終了する確率は $\boxed{}$．

（2） サイコロを $2n$ 回振ってゲームが終了する確率 P_n を求める．$2n$ 回でゲームが終了するためには，$2(n-1)$ 回後の位置が $x=2$ か $x=4$ でなければならない．$2(n-1)$ 回後の位置が $x=2$ である確率を a_{n-1}，$x=4$ である確率を b_{n-1} とすると

$$P_n = \boxed{}(a_{n-1} + b_{n-1})$$

が成り立つ．また，$x=2$ または $x=4$ の状態からサイコロを 2 回振って位置が $x=2$ または $x=4$ になる確率を考えると，a_k と b_k は漸化式

$$a_{k+1} = \boxed{\text{ア}}\, a_k + \boxed{\text{イ}}\, b_k,$$

$$b_{k+1} = \boxed{\text{イ}}\, a_k + \boxed{\text{ア}}\, b_k$$

を満たすから

$$a_{k+1} + b_{k+1} = \boxed{}(a_k + b_k)$$

が成り立つ．したがって $P_n = \boxed{}$．

（23　奈良県立医大・前期）

《（B20）》

629. 空の壺がある．また，袋に，「壺を空にする」と書かれたカードが 1 枚，「0」と書かれたカードが 1 枚，「1」と書かれたカードが 2 枚，「2」と書かれたカードが 1 枚，計 5 枚のカードが入っている．以下の操作を考える．

操作：袋からカードを 1 枚引き，カードに書かれている数字の数だけ玉を壺に入れる．ただし，カードに「壺を空にする」と書かれている場合は，壺を空にする．いずれの場合も，引いたカードは袋に戻す．

n を $n \geqq 1$ である整数とする．操作を n 回行ったあとに，壺が空である確率を p_n，壺に入っている玉の個数が 1 である確率を q_n とする．以下の問いに答えよ．ただし，玉は十分多くあるものとする．

（1） p_{n+1} を p_n の式で表せ．

（2） 数列 $\{p_n\}$ の一般項を答えよ．

（3） q_{n+1} を p_n と q_n の式で表せ．

（4） $r_n = 5^n q_n$ とおく．$r_{n+1} - r_n$ を n の式で表せ．

（5） 数列 $\{q_n\}$ の一般項を答えよ． (23 大阪公立大・工)

《有名問題を後ろでタイプ分け (B20)》

630. 赤球が 1 個，白球が 2 個入った袋から球を 1 個取り出して，その色を見てから袋に戻すという試行を，白球が 2 回続けて出るまで行う．n 回目に白球を取り出しまだ試行が終わらない確率を p_n，n 回目に赤球を取り出す確率を q_n とする．次の問いに答えよ．

（1） p_{n+1}, q_{n+1} を p_n, q_n を用いて表せ．

（2） $a_n = p_n - q_n$ とするとき，数列 $\{a_n\}$ の一般項を求めよ．

（3） $b_n = (-3)^n p_n$ とするとき，数列 $\{b_n\}$ の一般項を求めよ．

（4） $n+1$ 回目で試行が終わる確率を求めよ． (23 琉球大・理-後)

《追いつけ追い越せ (C40)》

631. 何も入っていない 2 つの袋 A，B がある．いま，「硬貨を 1 枚投げて表が出たら袋 A，裏が出たら袋 B を選び，以下のルールに従って選んだ袋の中に玉を入れる」という操作を繰り返す．

> ━━ ルール ━━
> • 選んだ袋の中に入っている玉の数がもう一方の袋の中に入っている玉の数より多いか，2 つの袋の中に入っている玉の数が同じとき，選んだ袋の中に玉を 1 個入れる．
> • 選んだ袋の中に入っている玉の数がもう一方の袋の中に入っている玉の数より少ないとき，選んだ袋の中に入っている玉の数が，もう一方の袋の中に入っている玉の数と同じになるまで選んだ袋の中に玉を入れる．

たとえば，上の操作を 3 回行ったとき，硬貨が順に表，表，裏と出たとすると，A，B2 つの袋の中の玉の数は次のように変化する．

A：0 個 $\longrightarrow$ A：1 個 $\longrightarrow$ A：2 個 $\longrightarrow$ A：2 個
B：0 個 $\longrightarrow$ B：0 個 $\longrightarrow$ B：0 個 $\longrightarrow$ B：2 個

（1） 4 回目の操作を終えたとき，袋 A の中に 3 個以上の玉が入っている確率は $\boxed{}$ である．また，4 回目の操作を終えた時点で袋 A の中に 3 個以上の玉が入っているという条件の下で，7 回目の操作を終えたとき袋 B の中に入っている玉の数が 3 個以下である条件付き確率は $\boxed{}$ である．

（2） n 回目の操作を終えたとき，袋 A の中に入っている玉の数のほうが，袋 B の中に入っている玉の数より多い確率を p_n とする．p_{n+1} を p_n を用いて表すと $p_{n+1} = \boxed{}$ となり，これより p_n を n を用いて表すと $p_n = \boxed{}$ となる．

（3） n 回目 ($n \geqq 4$) の操作を終えたとき，袋 A の中に $n-1$ 個以上の玉が入っている確率は $\boxed{}$ であり，$n-2$ 個以上の玉が入っている確率は $\boxed{}$ である． (23 慶應大・理工)

《漸化式でない方がよい問題 (B20)》

632. 箱の中に赤玉 3 個と白玉 2 個が入っている．このとき，次の (規則 1)，(規則 2)，(規則 3) にしたがって玉を 1 個ずつ取り出すという操作を繰り返し行う．

(規則 1) 赤玉を取り出したときは箱の中に戻す．

(規則 2) 白玉を取り出したときは箱の中に戻さない．

（規則3） 白玉が2個取り出された時点で操作を終了する．

n が自然数のとき，n 回目で操作が終了する確率を P_n とする．

次の問いに答えなさい．

（1） P_2 および P_3 を求めなさい．

（2） $n \geqq 2$ のとき，$n-1$ 回目までに白玉が1個取り出されている確率を Q_{n-1} とするとき，P_n を Q_{n-1} で表しなさい．

（3） $n \geqq 2$ のとき，P_{n+1} を P_n で表しなさい．

（4） $n \geqq 2$ のとき，P_n を n の式で表しなさい． (23　長崎県立大・後期)

【群数列】

《易しい群 (A8)》

633. すべての自然数を1から小さい順に並べ，下のように，並んでいる順にグループ分けし，k 番目のグループ G_k が $2k-1$ 個の連続する自然数から成るようにする．

$$\underset{G_1}{1} \mid \underset{G_2}{2, 3, 4,} \mid \underset{G_3}{5, 6, 7, 8, 9,} \mid \underset{G_4}{10, 11, 12, 13, 14, 15, 16,} \mid \cdots$$

このとき，グループ G_n に含まれるすべての自然数の和を $an^3 + bn^2 + cn - 1$ と表せば，$a = \boxed{}$，$b = \boxed{}$，$c = \boxed{}$ である． (23　帝京大・医)

《斜めに上下 (B20) ☆》

634. 自然数 $1, 2, 3, \cdots$ を図のように配置する．

（1） 1行目に現れる数列 $1, 3, 4, 10, 11, \cdots$ を順に $a_1, a_2, a_3, a_4, a_5, \cdots$ とするとき，$a_{15} = \boxed{}$，$a_{16} = \boxed{}$ である．

（2） 200 は $\boxed{}$ 行目の $\boxed{}$ 列目にある．

次に，n 行目の n 列目にある数を b_n とする．すなわち，$b_1 = 1$，$b_2 = 5$，$b_3 = 13$，$\cdots$ とする．

（3） $b_n = \boxed{} n^2 - \boxed{} n + \boxed{}$ と表される．

（4） 1000 を超えない b_n の最大値は $\boxed{\text{ア}}$ であり，$b_n = \boxed{\text{ア}}$ を満たす n の値は $\boxed{}$ である．

	1列	2列	3列	4列	5列	6列	⋯
1行	1	3	4	10	11	⋯	
2行	2	5	9	12	⋯		
3行	6	8	13	⋯			
4行	7	14	⋯				
5行	15	⋯					
6行	16						
⋯							

(23　金沢医大・医-前期)

《斜めに下がる (B30)》

635. 自然数 $1, 2, 3, \cdots$ を下の図のように表に並べていく．

1	2	4	7	11
3	5	8	12	
6	9	13		
10	14			
15				

表の横の並びを行と呼び，上から順に1行目，2行目，3行目，$\cdots$ と呼ぶ．表の縦の並びを列と呼び，左から順に1列目，2列目，3列目，$\cdots$ と呼ぶ．例えば，表の2行目は $3, 5, 8, \cdots$ であり，表の3行目は $4, 8, 13, \cdots$ である．i, j を自然数として，i 行目 j 列目にある数を (i, j) 成分と呼ぶ．例えば，$(3, 2)$ 成分は9である．上の

表は，$(1,1)$ 成分を 1 として，以下の規則で自然数を並べている．

(i) $(i,1)$ 成分が k ならば，$(1,i+1)$ 成分は $k+1$ である．

(ii) (i,j) 成分 $(j \neq 1)$ が k ならば，$(i+1,j-1)$ 成分は $k+1$ である．

(1) $(20,1)$ 成分は □ であり，$(20,20)$ 成分は □ である．また，$(□,□)$ 成分は 200 である．

(2) n を自然数とする．$(1,n)$ 成分は □ であり，(n,n) 成分は □ である．

(3) n を自然数とする．表の 1 行目から n 行目のうち，1 列目から n 列目を取り出す．その中に含まれる数のうち，奇数の個数を $a(n)$ とおく．

例えば，$n=3$ であれば，

1	2	4
3	5	8
6	9	13

の中の奇数の個数であるから，$a(3)=5$ となる．$a(20)$ は □ である． (23 東海大・医)

《等差数列を群に (B20)》

636. 群に分けられた数列

$$a_1 \,\big|\, a_2 \ a_3 \,\big|\, a_4 \ a_5 \ a_6 \,\big|\, \cdots$$

は，次の条件（i），（ii），（iii）を満たしているとする．

（i） 第 1 群は a_1 のみからなる．また n を 2 以上の自然数とするとき，第 n 群は項数が n であるような等差数列であり，その公差は n によらない定数 d である．

（ii） 自然数 n に対し，第 n 群の最後の項を b_n とし，$S_n = \sum\limits_{k=1}^{n} b_k$ とおくとき，

$$S_n = \frac{d+1}{2}n^2 + \frac{1-d}{2}n$$

が成り立つ．

（iii） 自然数 n に対し，第 n 群に含まれる項の和を T_n とおくとき，

$$T_n = 4n^2 - 3n$$

が成り立つ．

このとき，次の問いに答えよ．

（1） 定数 d の値を求めよ．

（2） k を自然数とする．次の条件を満たすような m をすべて求めよ．

第 m 群は $7k-6$ を含む． (23 信州大・理)

《規則が書いてない問題 (B10)》

637. 次の数列について，以下の問いに答えよ．

$$1, \ \frac{1}{2}, \ 1, \ \frac{1}{3}, \ \frac{2}{3}, \ 1, \ \frac{1}{4}, \ \frac{1}{2}, \ \frac{3}{4}, \ 1,$$

$$\frac{1}{5}, \ \frac{2}{5}, \ \frac{3}{5}, \ \frac{4}{5}, \ 1, \ \frac{1}{6}, \ \frac{1}{3}, \ \cdots$$

（1） 最初に出てくる $\dfrac{5}{8}$ は第何項になるか．

（2） 第 200 項を求めよ．

（3） 初項から第 200 項までの和を求めよ． (23 愛知医大・医)

《変則 2 進法 (B20)》

638. n を自然数として，数字の 1 と 2 のみを用いてできる自然数を小さい順に並べて数列 $\{a_n\}$ を次のように作る．以下の □ をうめよ．

$$\{a_n\} : 1, \ 2, \ 11, \ 12, \ 21, \ 22, \ 111, \ 112, \ \cdots$$

（1） $a_{11} = $ □，$a_{16} = $ □ である．

（2） 数列 $\{a_n\}$ の項のうち，4桁の自然数で，千の位の数が1であるものは全部で $\boxed{}$ 個ある．また，4桁の自然数となるすべての項の和は $\boxed{}$ である．

（3） $a_n = 21121$ であるとき，$n = \boxed{}$ である．

（4） 数列 $\{a_n\}$ の項のうち，n 桁の自然数で，左端の数が1であるものは全部で $\boxed{}$ 個ある．また，n 桁の自然数となるすべての項の和は $\boxed{}$ である．

（23 関大）

《グルグル回る (C30)》

639. 図のように，自然数 $1, 2, 3, \cdots$ を1を中心として時計回りに渦巻き状に並べる．中心の1の場所を0行0列とし，上方向を行の正，下方向を行の負，右方向を列の正，左方向を列の負として，各数字の位置を表すものとする．例えば，数字16は -2 行 -1 列にある．以下の問いに答えよ．

21	22	23	•	•	•
20	7	8	9	10	•
19	6	1	2	11	•
18	5	4	3	12	•
17	16	15	14	13	•
•	•	•	•	•	•

（1） 数字 1000 は，何行何列の位置にあるか求めよ．

（2） n を自然数とし，n 行0列の位置にある数字を a_n とするとき，a_n を n の式で表せ．

（23 早稲田大・人間科学-数学選抜）

【平面ベクトルの成分表示】

《成分の設定 (A5)》

640. 点 A$(2, 1)$ を原点 O を中心に反時計回りに 90° 回転させた点を B とする．このとき点 C$(5, 0)$ について，ベクトル $\overrightarrow{OC}$ をベクトル $\overrightarrow{OA}$, $\overrightarrow{OB}$ を用いて表せ．（23 広島工業大・公募）

《3次関数で相似縮小 (B20)》

641. 座標平面上の3点 A$(-1, -1)$, P(x_1, y_1), Q(x_2, y_2) について，$\overrightarrow{AQ} = \dfrac{1}{2}\overrightarrow{AP}$ の関係があるとき，

$$x_1 = \boxed{}\,x_2 + \boxed{},\ y_1 = \boxed{}\,y_2 + \boxed{}$$

となる．$\overrightarrow{AQ} = \dfrac{1}{2}\overrightarrow{AP}$ を満たしながら点 P が曲線 $l_1 : y = x^3 - 3x$ 上を動くとき，点 Q は曲線 $l_2 : y = ax^3 + bx^2 + cx + d$ 上を動く．ただし，

$$a = \boxed{},\ b = \boxed{},\ c = \boxed{},\ d = \dfrac{\boxed{}}{\boxed{}}$$

である．このような関係があるとき，曲線 l_1 と曲線 l_2 は点 A を相似の中心として相似の位置にあるといい，相似比は $1 : 2$ である．曲線 l_1 と曲線 $l_3 : y = \dfrac{1}{4}x^3 + \dfrac{3}{4}x^2 - \dfrac{\boxed{}}{\boxed{}}x - \dfrac{11}{4}$ が相似の位置にあるとき，3次の係数より相似比は $\boxed{} : 1$ であり，相似の中心は B$\left(\boxed{}, \boxed{}\right)$ である．

（23 順天堂大・医）

【平面ベクトルの内積】

《図形と内積 (B10) ☆》

642. 平面上の2点 A，B が点 O を中心とする半径1の円 C の周上にあり，$\angle AOB = \dfrac{\pi}{2}$ とする．また，点 P は $\overrightarrow{AP} = 4\overrightarrow{AB}$ を満たす点とし，点 Q は直線 OP と円 C の交点であり，$|\overrightarrow{PQ}| > |\overrightarrow{PO}|$ を満たす点とする．このとき，$|\overrightarrow{PQ}| = \boxed{}$ であり，$\overrightarrow{PO} \cdot \overrightarrow{PA} = \boxed{}$ である．また，$\triangle APQ$ の重心 G について，$\overrightarrow{OG}$ を $\overrightarrow{OA}$, $\overrightarrow{OB}$ を用いて表すと，

$$\overrightarrow{OG} = \boxed{}\,\overrightarrow{OA} + \boxed{}\,\overrightarrow{OB}$$

である. (23 大工大・推薦)

《直交 (A2) ☆》

643. 二つのベクトル $\vec{a}, \vec{b}$ が与えられたとき，$|2\vec{a} + t\vec{b}|$ を最小にする t を求めよ．ただし，$\vec{b} \neq \vec{0}$ とする．

(23 秋田県立大・前期)

《基底の変更 (B20) ☆》

644. ベクトル $\vec{a}$ と $\vec{b}$ が
$$|\vec{a} - \vec{b}| = 1, \quad |3\vec{a} + 2\vec{b}| = 3$$
を満たしているとき，

（1） $|\vec{a}|^2$ と $|\vec{b}|^2$ を $\vec{a} \cdot \vec{b}$ だけで表すと，
$$|\vec{a}|^2 = \boxed{} - \boxed{}\, \vec{a} \cdot \vec{b}, \quad |\vec{b}|^2 = \boxed{}\, \vec{a} \cdot \vec{b}$$
である．

（2） $\vec{a} \cdot \vec{b}$ のとりうる値の範囲は，
$$\boxed{} \leq \vec{a} \cdot \vec{b} \leq \frac{\boxed{}}{\boxed{}}$$
である．

（3） $|\vec{a} + \vec{b}|$ のとりうる値の最大値と最小値は，最大値 $\dfrac{\boxed{}}{\boxed{}}$，最小値 $\boxed{}$ である． (23 久留米大・医)

《2 次元の格子点全体 (C25) ☆》

645. 点 O を原点とする座標平面上の $\vec{0}$ でない 2 つのベクトル
$$\vec{m} = (a, c), \quad \vec{n} = (b, d)$$
に対して，$D = ad - bc$ とおく．座標平面上のベクトル $\vec{q}$ に対して，次の条件を考える．

条件Ⅰ　$r\vec{m} + s\vec{n} = \vec{q}$ を満たす実数 r, s が存在する．

条件Ⅱ　$r\vec{m} + s\vec{n} = \vec{q}$ を満たす整数 r, s が存在する．

以下の問いに答えよ．

（1） 条件Ⅰがすべての $\vec{q}$ に対して成り立つとする．$D \neq 0$ であることを示せ．

以下，$D \neq 0$ であるとする．

（2） 座標平面上のベクトル $\vec{v}, \vec{w}$ で
$$\vec{m} \cdot \vec{v} = \vec{n} \cdot \vec{w} = 1, \quad \vec{m} \cdot \vec{w} = \vec{n} \cdot \vec{v} = 0$$
を満たすものを求めよ．

（3） さらに a, b, c, d が整数であるとし，x 成分と y 成分がともに整数であるすべてのベクトル $\vec{q}$ に対して条件Ⅱが成り立つとする．D のとりうる値をすべて求めよ． (23 九大・理系)

《存在性 (C15)》

646. a を実数とする．O を原点とする xy 平面上の点 P と点 Q に対して，条件
$$|\overrightarrow{OP}| + \overrightarrow{OP} \cdot \overrightarrow{OQ} + a = 0 \quad (*)$$
を考える．次の問いに答えよ．

（1） 点 Q の座標が $(0, -1)$ で $a = -2$ のとき，点 P が条件 $(*)$ を満たしながら動いてできる図形を xy 平面に図示せよ．

（2） $a > 0$ とする．点 P と点 Q が条件 $(*)$ を満たして動くとき，点 Q の動く範囲を xy 平面に図示せよ．

(23 信州大・理)

《図形と内積 (B5)》

647. $\mathrm{OA} = \mathrm{OB} = 1$ である二等辺三角形 OAB を考える．$\overrightarrow{\mathrm{OA}} = \vec{a}, \overrightarrow{\mathrm{OB}} = \vec{b}, \angle \mathrm{AOB} = \theta$ として，次の問いに答えなさい．

（1） $\left|\vec{a}+\vec{b}\right|^2$ を θ で表しなさい.

（2） $\left|\vec{a}+\vec{b}\right|-\left|\vec{a}-\vec{b}\right|=\sqrt{2}$ のとき, θ を求めなさい. （23 龍谷大・推薦）

【位置ベクトル（平面）】

《基本的なベクトル（A1）》

648. △OAB において, ベクトル $\vec{a},\vec{b}$ を

$\vec{a}=\overrightarrow{OA},\vec{b}=\overrightarrow{OB}$ とする. 辺 AB を $s:(1-s)$ に内分する点を P とするとき, ベクトル $\overrightarrow{OP}$ を $\vec{a}$ と $\vec{b}$ の式で表せ.

また, 線分 OP を $t:(1-t)$ に内分する点を Q とするとき, ベクトル $\overrightarrow{OQ}$ を $\vec{a}$ と $\vec{b}$ の式で表せ.

（23 岩手大・理工-後期）

《基本的なベクトル（B5）》

649. △ABC の周囲の長さが 40, △ABC に内接する円の半径が 4 である. 点 Q が

$5\overrightarrow{AQ}+3\overrightarrow{BQ}+2\overrightarrow{CQ}=\vec{0}$

を満たすとき, △QBC の面積は □ である. （23 藤田医科大・ふじた未来入試）

【ベクトルと図形（平面）】

《基底の変更（B15）☆》

650. 同一平面上にあるベクトル $\vec{a},\vec{b}$ は

$\left|\vec{a}+3\vec{b}\right|=5,\left|3\vec{a}-\vec{b}\right|=5$

をみたすように動く. このとき, $\left|\vec{a}+\vec{b}\right|$ の値がとりうる範囲を不等式を用いて表せ. （23 昭和大・医-1 期）

《基底の変更（B15）☆》

651. 平面上のベクトル $\vec{a},\vec{b}$ が $\left|\vec{a}-2\vec{b}\right|=1$, $\left|-2\vec{a}+7\vec{b}\right|=1$ を満たすとする. このとき, $\left|\vec{a}+\vec{b}\right|$ の最大値は □, 最小値は □ である. （23 帝京大・医）

《領域（B10）☆》

652. α,β は実数とする. O を原点とする座標平面上に $\vec{a}=(3,2),\vec{b}=(-1,2)$ をとる. 点 P は

$\overrightarrow{OP}=\alpha\vec{a}+\beta\vec{b},2|\alpha|+3|\beta|\leqq 6$ を満たしながら座標平面上を動く. このとき, 点 P が動くことのできる領域の面積 S を求めよ. （23 昭和大・医-2 期）

《平行線を引け（B5）☆》

653. AB＝2, AC＝3 である △ABC において, ∠A の二等分線上にある点 P が

$\overrightarrow{BP}=\dfrac{1}{2}\overrightarrow{BA}+k\overrightarrow{BC}$

を満たすとする. このとき, 定数 k の値を答えよ. （23 防衛大・理工）

《正十二角形（B10）》

654. 平面上に, 原点 O, 点 A, 点 B を頂点とする三角形 OAB がある. ∠BOA の二等分線と ∠OAB の二等分線との交点を点 C とする. また, $\left|\overrightarrow{OA}\right|=11,\left|\overrightarrow{OB}\right|=13,\left|\overrightarrow{OB}-\overrightarrow{OA}\right|=20$ である. 以下の問いに答えよ.

（1） 三角形 OAB の面積を求めよ.

（2） $\overrightarrow{OC}$ を $\overrightarrow{OA},\overrightarrow{OB}$ を用いて表せ.

（3） 点 C を中心とする円が, 線分 OA に接するとき, 円の半径を求めよ.

（4） この平面上にある点 P は $\left|\overrightarrow{OP}-t\overrightarrow{OC}\right|=6$ の関係を満たす. 点 P の表す図形が, 線分 OA に接するとき, t を求めよ. （23 富山大・工, 都市デザイン-後期）

《三角形と交点（B20）☆》

655. 原点を O とする座標平面上の △OAB が

$\left|\overrightarrow{OA}\right|=4,\left|\overrightarrow{OB}\right|=5,\angle AOB=60°$

を満たしているとする. 辺 OB を 2:3 に内分する点を D, 辺 AB を $s:1-s$（s は実数）に内分する点を E, 線分 OE と線分 AD の交点を F とする. このとき, 次の問いに答えなさい.

（1） $s=\dfrac{3}{5}$ とするとき, $\overrightarrow{DE}$ を $\overrightarrow{OA}$ と $\overrightarrow{OB}$ を用いて表しなさい.

（ 2 ） $s = \dfrac{2}{3}, \overrightarrow{OF} = t\overrightarrow{OE}$ とするとき，t の値（t は実数）を求めなさい．

（ 3 ） $\triangle DEF$ の面積が $\dfrac{4\sqrt{3}}{9}$ となるとき，s の値を求めなさい． （23 秋田大・理工-後期）

《三角形と交点 (B20) ☆》

656. 1 辺の長さが 1 の正三角形 ABC について，辺 BC，辺 CA，辺 AB をそれぞれ 2 : 3 に内分する点を P，Q，R とする．また，線分 AP と線分 BQ の交点を L，線分 BQ と線分 CR の交点を M，線分 CR と線分 AP の交点を N とする．このとき，次の問に答えよ．

（ 1 ） $|\overrightarrow{AP}|$ の値を答えよ．

（ 2 ） $|\overrightarrow{AL}|$ の値を答えよ．

（ 3 ） 三角形 LMN の面積を答えよ． （23 防衛大・理工）

《平行四辺形 (B10)》

657. 平行四辺形 OABC について，辺 OA，CB を 1 : 2 に内分する点をそれぞれ D，F とし，辺 OC，AB を 3 : 2 に内分する点をそれぞれ G，E とする．線分 DF と線分 GE の交点を H，線分 AG と線分 CD の交点を I とする．$\overrightarrow{OA} = \vec{a}, \overrightarrow{OC} = \vec{c}$ とするとき，次の問に答えよ．

（ 1 ） $\overrightarrow{HB}$ を $\vec{a}$ と $\vec{c}$ を用いて表せ．

（ 2 ） $\overrightarrow{OI}$ を $\vec{a}$ と $\vec{c}$ を用いて表せ．

（ 3 ） 3 点 B，H，I は同一直線上にあることを示せ．

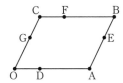

（23 名城大・情報工，理工）

《正射影ベクトル (B20) ☆》

658. 点 O を原点とする座標平面において，点 A と点 B が

$\overrightarrow{OA} \cdot \overrightarrow{OA} = 5, \overrightarrow{OB} \cdot \overrightarrow{OB} = 2, \overrightarrow{OA} \cdot \overrightarrow{OB} = 3$

を満たすとする．

（ 1 ） $\overrightarrow{OB} = k\overrightarrow{OA}$ となるような実数 k は存在しないことを示せ．

（ 2 ） 点 B から直線 OA に下ろした垂線と OA との交点を H とする．$\overrightarrow{HB}$ を $\overrightarrow{OA}$ と $\overrightarrow{OB}$ を用いて表せ．

（ 3 ） 実数 t に対し，直線 OA 上の点 P を $\overrightarrow{OP} = t\overrightarrow{OA}$ となるようにとる．同様に直線 OB 上の点 Q を $\overrightarrow{OQ} = (1-t)\overrightarrow{OB}$ となるようにとる．点 P を通り直線 OA と直交する直線を l_1 とし，点 Q を通り直線 OB と直交する直線を l_2 とする．l_1 と l_2 の交点を R とするとき，$\overrightarrow{OR}$ を $\overrightarrow{OA}, \overrightarrow{OB}, t$ を用いて表せ．

（ 4 ） 3 点 O，A，B を通る円の中心を C とするとき，$\overrightarrow{OC}$ を $\overrightarrow{OA}$ と $\overrightarrow{OB}$ を用いて表せ． （23 千葉大・前期）

《正射影ベクトル (B20) ☆》

659. 辺 OA，OB，AB の長さがそれぞれ 6，5，4 である $\triangle OAB$ がある．辺 AB を $t : (1-t)$ に内分する点 P から直線 OA に下ろした垂線と直線 OA との交点を Q とする．ただし，$0 < t < 1$ である．また，点 P から直線 OB に下ろした垂線と直線 OB との交点を R とする．$\vec{a} = \overrightarrow{OA}, \vec{b} = \overrightarrow{OB}$ として，以下の問いに答えよ．

（ 1 ） $\theta = \angle AOB$ について，$\cos\theta$ と $\sin\theta$ の値を求めよ．

（ 2 ） $\overrightarrow{OQ}$ と $\overrightarrow{OR}$ をそれぞれ $t, \vec{a}, \vec{b}$ で表せ．

（ 3 ） $\triangle APQ$ の面積と $\triangle BPR$ の面積の和を $S(t)$ とする．$0 < t < 1$ における $S(t)$ の最小値を求めよ．

（23 福島県立医大・前期）

《垂線を下ろす (B15)》

660. 三角形 OAB において，OA $= 1$，OB $= \sqrt{2}$ とする．辺 AB 上に点 C があり，

$\angle AOC = 30°, \angle COB = 45°$

とする．

114

$\overrightarrow{OA} = \vec{a}, \overrightarrow{OB} = \vec{b}, \overrightarrow{OC} = \vec{c}$ とおき，

$$\vec{c} = (1-t)\vec{a} + t\vec{b}$$

をみたす実数 t をとる．次の問いに答えよ．

（1） 内積 $\vec{a} \cdot \vec{b}$ の値を求めよ．

（2） 内積 $\vec{a} \cdot \vec{c}$ 及び $\vec{b} \cdot \vec{c}$ を t で表せ．

（3） t の値を求めよ．

（4） 辺 OB 上に点 D をとり，直線 AD と直線 OC が直交するようにする．線分 OD の長さを求めよ．

《内心 (B10)》

661. l, m, n を正の実数とする．$BC = l, CA = m, AB = n$ である三角形 ABC の内心を I とする．AI の延長と辺 BC との交点を D，BI の延長と辺 CA との交点を E とする．次の問いに答えなさい．

（1） BD : DC と CE : EA を求めなさい．

（2） BI : IE を求めなさい．

（3） $\overrightarrow{CI}$ を $\overrightarrow{CA}$ と $\overrightarrow{CB}$ を用いて表しなさい．

（4） 内心 I を基準とする 3 点 A，B，C の位置ベクトルをそれぞれ $\vec{a}, \vec{b}, \vec{c}$ とするとき，

$$l\vec{a} + m\vec{b} + n\vec{c} = \vec{0}$$

であることを証明しなさい．

《内接円と等式 (B20) ☆》

662. 1 辺の長さが 2 の正三角形とその内接円の接点を A，B，C とする．点 P が内接円の円周上にあるとき，以下の設問に答えよ．

（1） 内接円の中心を O とするとき，線分 OA の長さを求めよ．

（2） $\overrightarrow{PA} \cdot \overrightarrow{PB} + \overrightarrow{PB} \cdot \overrightarrow{PC} + \overrightarrow{PC} \cdot \overrightarrow{PA}$ の値を求めよ．

（3） $|\overrightarrow{PA}|^2 + |\overrightarrow{PB}|^2 + |\overrightarrow{PC}|^2$ の値を求めよ．

（4） 点 P が円周上を動くとき，$\overrightarrow{PA} \cdot \overrightarrow{PB}$ の最大値および最小値を求めよ．　（23　関西医大・医）

《傍心 (B25) ☆》

663. 次の各問に答えよ．

（1） 同一直線上にない平面上の相異なる任意の 3 つの点 X，Y，Z に対して，∠YXZ の二等分線はベクトル $\dfrac{1}{|\overrightarrow{XY}|}\overrightarrow{XY} + \dfrac{1}{|\overrightarrow{XZ}|}\overrightarrow{XZ}$ と平行であることを示せ．

平面上の OA = 2, OB = 3, AB = 4 である三角形 OAB の内接円の中心を I とする．

（2） $\overrightarrow{OI}$ を，$\overrightarrow{OA}$ と $\overrightarrow{OB}$ を用いて表せ．

∠OAB の外角の二等分線と直線 OI の交点を J とする．

（3） $\overrightarrow{OJ}$ を，$\overrightarrow{OA}$ と $\overrightarrow{OB}$ を用いて表せ．

（4） I から直線 OA に下ろした垂線を IH とするとき，IH の長さを求めよ．

（5） J から直線 AB に下ろした垂線を JK とするとき，JK の長さを求めよ．　（23　札幌医大）

《傍心 (B20)》

664. AB = 5, AC = 8, BC = 7 の三角形 ABC を考える．辺 AB の B の向きへの延長線，辺 AC の C の向きへの延長線，および辺 BC と接する円の中心を P とする．また AP と BC との共有点を Q とする．$\overrightarrow{AB} = \vec{b}, \overrightarrow{AC} = \vec{c}$ として，以下の問いに答えよ．

（1） ∠BAC を求めよ．

（2） AP は ∠BAC の 2 等分線であることを証明せよ．

（3） $\overrightarrow{AQ}$ の大きさ $|\overrightarrow{AQ}|$ を求めよ．

（4） $\overrightarrow{AP}$ を $\vec{b}, \vec{c}$ を用いて表せ．　（23　津田塾大・推薦）

《図形の論証 (C30)》

665. 座標平面上の点 A(a, 0)，B(0, b)，C(c, d) を頂点とする三角形 ABC を考える．ただし a, b, c, d は正の実

数とし，三角形 ABC は ∠ACB が直角で $|\overrightarrow{\mathrm{AB}}| = 2|\overrightarrow{\mathrm{AC}}|$ であるとする．以下の問いに答えよ．

（1） 座標平面の原点を O とし，$\overrightarrow{\mathrm{OA}}$ と $\overrightarrow{\mathrm{AC}}$ がなす角を $\theta\,(0 < \theta < \pi)$ とする．このとき $\sin\theta, \cos\theta$ の値を a, b を用いて表せ．

（2） 三角形 ABC の内接円の中心の座標を a, b を用いて表せ．

（3） 三角形 ABC の内接円の中心と三角形 ABO の内接円の中心との距離 s を a, b を用いて表せ．また，正の定数 l に対して，常に $|\overrightarrow{\mathrm{AB}}| = l$ となるように点 A，B をそれぞれ動かしたとき，s を最小にする a を l を用いて表せ．

(23 九大・後期)

《垂心の位置ベクトル (B5) ☆》

666. △ABC の外心を O とし，
$\overrightarrow{\mathrm{OH}} = \overrightarrow{\mathrm{OA}} + \overrightarrow{\mathrm{OB}} + \overrightarrow{\mathrm{OC}}$ となる点を H とするとき，点 H は △ABC の垂心であることを証明せよ．

(23 広島大・光り輝き入試-教育 (数))

《垂心の位置ベクトル (C20) ☆》

667. 平面内の鋭角三角形 △ABC を考える．△ABC の内部の点 P に対して，
　直線 BC に関して P と対称な点を D，
　直線 CA に関して P と対称な点を E，
　直線 AB に関して P と対称な点を F
とする．6 点 A，B，C，D，E，F が同一円周上にあるような P は △ABC の内部にいくつあるか求めよ．

(23 京大・特色入試)

《円に内接する正三角形 (B5) ☆》

668. 平面上の点 O を中心とする半径 1 の円周上に異なる 3 点 A，B，C をとる．$|\overrightarrow{\mathrm{OA}} + \overrightarrow{\mathrm{OB}}| = |\overrightarrow{\mathrm{OC}}|$ が成り立つとき，$\overrightarrow{\mathrm{OA}}$ と $\overrightarrow{\mathrm{OB}}$ の内積を求めよ．さらに，$|\overrightarrow{\mathrm{OB}} + \overrightarrow{\mathrm{OC}}| = |\overrightarrow{\mathrm{OA}}|$ も成り立つとき，△ABC の三辺の長さの和を求めよ．

(23 三重大・工)

《外接円と内積 (B15) ☆》

669. 平面において，点 O を中心とする半径 1 の円周上に異なる 3 点 A, B, C がある．$\vec{a} = \overrightarrow{\mathrm{OA}}, \vec{b} = \overrightarrow{\mathrm{OB}}, \vec{c} = \overrightarrow{\mathrm{OC}}$
とおくとき，
$$2\vec{a} + 3\vec{b} + 4\vec{c} = \vec{0}$$
が成り立つとする．次の問いに答えよ．

（1） 内積 $\vec{a} \cdot \vec{b}, \ \vec{b} \cdot \vec{c}, \ \vec{c} \cdot \vec{a}$ をそれぞれ求めよ．

（2） △ABC の面積を求めよ． (23 名古屋市立大・後期-総合生命理，経)

《三角形内三角形 (B20) ☆》

670. △ABC において，辺 BC，CA，AB を 1：2 に内分する点をそれぞれ A_1, B_1, C_1 とし，線分 AA_1 と線分 BB_1 の交点を A_2，線分 BB_1 と線分 CC_1 の交点を B_2，線分 CC_1 と線分 AA_1 の交点を C_2 とする．△ABC，$\triangle A_2 B_2 C_2$ の面積をそれぞれ S, S_2 とする．また，$\overrightarrow{\mathrm{AB}} = \vec{a}, \overrightarrow{\mathrm{AC}} = \vec{b}$ とする．このとき，次の問いに答えよ．

（1） ベクトル $\overrightarrow{\mathrm{AA_1}}, \overrightarrow{\mathrm{AA_2}}, \overrightarrow{\mathrm{AC_2}}$ をそれぞれ $\vec{a}, \vec{b}$ を用いて表せ．

（2） $\triangle BAC_2$ の面積と $\triangle BA_2C_2$ の面積は等しいことを示せ．

（3） 面積比 $S : S_2$ を求めよ． (23 静岡大・理，情報，工)

《ベクトルで円 (B15) ☆》

671. $AB = 4, BC = \sqrt{11}, CA = 2$ である三角形 ABC について，∠BAC の 2 等分線と辺 BC の交点を D とおく．また，実数 s は $s > 1$ を満たすとする．$\overrightarrow{\mathrm{AE}} = s\overrightarrow{\mathrm{AD}}$ を満たす点 E が BC を直径とする円周上にあるとき，次の問いに答えよ．

（1） $\overrightarrow{\mathrm{AB}}$ と $\overrightarrow{\mathrm{AC}}$ の内積を求めよ．

（2） s の値を求めよ． (23 信州大・工，繊維-後期)

《ベクトルと軌跡 (B10)》

672. 座標平面上に 3 点 A$(0, 2)$, B$(4, 0)$, C$(7, 6)$ がある. 点 P は座標平面上を

$$\overrightarrow{AP} \cdot (2\overrightarrow{BP} + \overrightarrow{CP}) = 0$$

を満たしながら動くとする.

（1） 点 P の軌跡を図示せよ. また, 軌跡と x 軸, y 軸との共有点を求めよ.

（2） △ABP の面積が最大になるときの P の座標および △ABP の面積を求めよ. （23 東京海洋大・海洋工）

《格子点の論証 (C20) ☆》

673. 座標平面上の点 (x, y) のうち x, y がともに整数であるものを格子点と呼ぶ. （1）の ☐ にあてはまる適切な数と（1）の（ii）および（2）に対する解答を解答用紙の所定の欄に記載せよ.

（1） 原点 O および格子点 A, B を頂点とする △OAB のうち面積が最小となるものを考える.

（i） $\overrightarrow{OA} = (a_1, a_2)$, $\overrightarrow{OB} = (b_1, b_2)$ とするとき $|a_1 b_2 - a_2 b_1| = $ ☐ となる.

（ii） 平面上の点 P の位置ベクトルを, $\overrightarrow{OP} = m\overrightarrow{OA} + n\overrightarrow{OB}$ と表す. とくに P が格子点のとき, m, n は整数となることを示せ.

（2） 原点 O および格子点 A, B, C を頂点とする四角形のうち面積が最小となるものを考える. ただし各頂点における内角は 180° 未満とする.

（i） この四角形の周および内部に含まれる格子点は頂点のみであることを示せ.

（ii） この四角形は平行四辺形であることを示せ. （23 聖マリアンナ医大・医）

【点の座標（空間）】

《正四面体の座標 (B20) ☆》

674. 座標空間において, 3 点

Q$(-1, -1, 1)$, R$(1, -1, -1)$, S$(-1, 1, -1)$ に対し, 点 P を四面体 PQRS が正四面体となるようにとる. また, 点 T は三角形 QRS を含む平面に関して点 P と対称な点とする. このとき, 以下の問いに答えよ.

（1） 上の条件を満たす点 P の座標をすべて求めよ.

（2） 正四面体 PQRS に外接する球の半径を求めよ.

（3） 正四面体 PQRS を直線 PT を軸として回転させるとき, 面 PQR が通過する部分の体積を求めよ.

（23 福井大・医）

《空間の円 (B10) ☆》

675. 座標空間内の 3 点

A$(0, 0, 2)$, B$(1, 1, 0)$, C$(0, 1, 0)$ を通る円の中心の座標は ☐ であり, 半径は ☐ である. （23 工学院大）

【空間ベクトルの成分表示】

《成分計算 (A2) ☆》

676. $\vec{a} = (3, -1, 2)$, $\vec{b} = (2, 2, 1)$ とする. t をすべての実数とするとき $|\vec{a} + t\vec{b}|$ の最小値を求めよ.

（23 札幌医大）

《(B0)》

677. xyz 空間内の点のうち, x 座標, y 座標, z 座標の値がすべて整数である点を格子点という. 原点を O とし, 3 つの格子点 A, B, C に対して次のような命題 (K) を考える.

(K) 空間内のどの格子点 P(x, y, z) を選んでも,

$$\overrightarrow{OP} = s\overrightarrow{OA} + t\overrightarrow{OB} + u\overrightarrow{OC}$$

を満たすような整数 s, t, u が存在する.

（1） 次の（ア）と（イ）はどちらも正しい. いずれか一方を選んで, それを証明せよ. ただし, 解答の初めにどちらを証明するか明記すること.

（ア） 3 点 A$(1, 1, 0)$, B$(1, 1, 1)$, C$(0, 1, 1)$ に対し, 命題 (K) は真である.

（イ） 3 点 A$(1, 1, 0)$, B$(1, 0, 1)$, C$(0, 1, 1)$ に対し, 命題 (K) は偽である.

（2） 3 つの格子点 A$(1, 1, 0)$, B$(b, 1, 0)$, C$(0, 0, c)$ に対し, 命題 (K) が真となるような (b, c) の組を 4 つ求

めよ.

(23 奈良県立医大・前期)

【ベクトルと図形（空間）】

《四面体の重心 (B10) ☆》

678. 平面上の三角形に対して成り立つ「3本の中線は1点で交わる」という性質を空間内の四面体に拡張するとき，どのような性質が考えられるか．そのように考えた過程も含め解答欄の枠内に記述せよ．

(23 東京学芸大・小論文-前期)

《内積の計算 (B5) ☆》

679. 1辺の長さが1である正四面体 OABC において，辺 AC の中点を M，辺 BC を $1:2$ に内分する点を N とする．このとき，

$$|\overrightarrow{MN}| = \sqrt{\dfrac{\square}{\square}}, \quad \overrightarrow{OM} \cdot \overrightarrow{ON} = \dfrac{\square}{\square} \ \text{である.}$$

(23 東京農大)

《空間の三角形 (B10)》

680. 空間内の異なる3点 O，A，B について，

$$\vec{a} = \overrightarrow{OA}, \ \vec{b} = \overrightarrow{OB}$$

とおき，$\vec{c} = |\vec{a}|^2 \vec{b} - (\vec{a} \cdot \vec{b}) \vec{a}$ とする．下の問いに答えなさい．

（1） $\vec{c} \cdot \vec{a} = 0$ であることを示しなさい．

（2） $|\vec{c}|^2 = |\vec{a}|^2 (|\vec{a}|^2 |\vec{b}|^2 - (\vec{a} \cdot \vec{b})^2)$ であることを示しなさい．

（3） $\vec{a}$ と $\vec{b}$ のなす角を θ とする．ただし，$0 \leqq \theta \leqq \pi$ とする．$|\vec{c}| = |\vec{a}|^2 |\vec{b}| \sin \theta$ であることを示しなさい．

（4） O，A，B の座標をそれぞれ

$(0, 0, 0), (1, -2, 0), (-1, 1, 1)$

として，△OAB の面積を求めなさい．

(23 長岡技科大・工)

《立方体と平面 (B10)》

681. 一辺の長さが1の立方体 OADB-CEFG の辺 EF を $2:3$ に内分する点を P，辺 FG の中点を Q とし，平面 OPQ と直線 AE の交点を R とする．$\overrightarrow{OA} = \vec{a}, \overrightarrow{OB} = \vec{b}, \overrightarrow{OC} = \vec{c}$ とするとき，次の問いに答えよ．

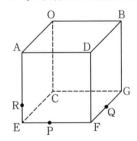

（1） $\overrightarrow{OP}, \overrightarrow{OQ}$ を $\vec{a}, \vec{b}, \vec{c}$ を用いて表せ．

（2） AR：RE を求めよ．

（3） $\cos \angle POR$ の値を求めよ．

(23 津田塾大・学芸-数学)

《平面と直線の交点 (B10) ☆》

682. 空間内の4点 O，A，B，C は同一平面上にないとする．点 D，P，Q を次のように定める．点 D は $\overrightarrow{OD} = \overrightarrow{OA} + 2\overrightarrow{OB} + 3\overrightarrow{OC}$ を満たし，点 P は線分 OA を $1:2$ に内分し，点 Q は線分 OB の中点である．さらに，直線 OD 上の点 R を，直線 QR と直線 PC が交点を持つように定める．このとき，線分 OR の長さと線分 RD の長さの比 OR：RD を求めよ．

(23 京大・共通)

《線分と線分の交点 (B15)》

683. 1辺の長さが4の正四面体 OABC がある．辺 OA 上の点 D，辺 OB 上の点 E，辺 OC 上の点 F を $OD = 1, OE = 3, OF = 2$ を満たすようにとる．このとき，線分 DE の長さは $\boxed{}$ であり，三角形 DEF の面積

は $\boxed{}$ である．さらに，辺 OA 上の点 G，辺 OB 上の点 H，辺 OC 上の点 I を OG ＝ 2，OH ＝ 1，OI ＝ 3 を満たすようにとる．また，2 つの線分 DE と GH の交点を J とおき，2 つの線分 EF と HI の交点を K とおく．このとき，$\overrightarrow{OJ}$ は $\overrightarrow{OA}$ と $\overrightarrow{OB}$ を用いて $\overrightarrow{OJ} = \boxed{}\overrightarrow{OA} + \boxed{}\overrightarrow{OB}$ と表される．また，四角形 JKFD の面積は $\boxed{}$ である．

(23 北里大・薬)

《正四面体を切る (B13)》

684. 四面体 OABC において，辺 OA を 1：3 に内分する点を D，辺 AB を 1：2 に内分する点を E，辺 OC を 1：2 に内分する点を F とすると，

$$\overrightarrow{DE} = \frac{\boxed{ノ}}{\boxed{ハヒ}}\overrightarrow{OA} + \frac{\boxed{フ}}{\boxed{ヘ}}\overrightarrow{OB}$$

$$\overrightarrow{DF} = -\frac{\boxed{ホ}}{\boxed{マ}}\overrightarrow{OA} + \frac{\boxed{ミ}}{\boxed{ム}}\overrightarrow{OC}$$

である．さらに，3 点 D，E，F を通る平面と辺 BC の交点を G とすると，

$$\overrightarrow{DG} = \frac{\boxed{メ}}{\boxed{モ}}\overrightarrow{DE} + \frac{\boxed{ヤ}}{\boxed{ユ}}\overrightarrow{DF}$$

である．したがって

$$\overrightarrow{BG} = \frac{\boxed{ヨ}}{\boxed{ラ}}\overrightarrow{BC}$$

となる．

(23 明治大・理工)

《平行六面体 (A5)》

685. 平行六面体 OABC-DEFG において辺 BF を 4：3 に内分する点を Q，直線 OQ が平面 ACD と交わる点を P とする．このとき OP：PQ ＝ $\boxed{}$ となる．

(23 産業医大)

《平行六面体 (B20)》

686. 平行六面体 OABC － DEFG において，辺 OC の中点を H，辺 DG を 3：1 に内分する点を I，辺 EF と平面 AHI の交点を J，対角線 OF と平面 ADH および AHI の交点をそれぞれ P，Q とする．

（1） $\dfrac{OP}{OF} = \dfrac{\boxed{26}}{\boxed{27}}$ である．

（2） △AEJ および平行四辺形 ABFE の面積をそれぞれ S_1，S_2 とすると，$\dfrac{S_1}{S_2} = \dfrac{\boxed{28}}{\boxed{29}}$ である．

（3） OP：PQ：QF を最も簡単な整数比で表すと，$\boxed{30}$：$\boxed{31}$：$\boxed{32}\,\boxed{33}$ である．

(23 日大・医)

《平面のパラメタ表示 (B20) ☆》

687. 四面体 OABC について，辺 OA を 1：2 に内分する点を D，辺 CA を 1：2 に内分する点を E，辺 AB を 1：2 に内分する点を F とする．また，△BCD，△OBE，△OCF の交わる点を G とするとき，以下の問いに答えなさい．

（1） $\overrightarrow{OD}, \overrightarrow{OE}, \overrightarrow{OF}$ を $\overrightarrow{OA}, \overrightarrow{OB}, \overrightarrow{OC}$ を用いて表しなさい．

（2） 3 点 O，B，E を通る平面と 3 点 O，C，F を通る平面の交線が △ABC と交わる点を H とする．このとき，△ABC に 3 点 E，F，H を図示しなさい．

（3） $\overrightarrow{OH}$ を $\overrightarrow{OA}, \overrightarrow{OB}, \overrightarrow{OC}$ を用いて表しなさい．

（4） $\overrightarrow{OG}$ を $\overrightarrow{OA}, \overrightarrow{OB}, \overrightarrow{OC}$ を用いて表しなさい．

(23 福島大・共生システム理工)

《空間版メネラウス (B20) ☆☆》

688. k を $0 < k < 1$ を満たす定数とする．1 辺の長さが 1 である正四面体 OABC において，辺 OA を 3：2 に内分する点を D，辺 OB を 2：1 に内分する点を E，辺 AC を k：$(1-k)$ に内分する点を F とする．また，3 点 D，E，F が定める平面と，直線 BC の交点を G とする．$\vec{a} = \overrightarrow{OA}, \vec{b} = \overrightarrow{OB}, \vec{c} = \overrightarrow{OC}$ とおくとき，次の問いに答えなさい．

（1） $\overrightarrow{DE}$ を $\vec{a}, \vec{b}$ を用いて表しなさい．

（2） $\overrightarrow{DF}$ を $\vec{a}, \vec{c}$ および k を用いて表しなさい．

（３）　$\overrightarrow{\mathrm{OG}}$ を $\vec{b}, \vec{c}$ および k を用いて表しなさい.

（４）　点 G が辺 BC（両端を除く）上にあることを示しなさい.

（５）　$\overrightarrow{\mathrm{DG}} \perp \overrightarrow{\mathrm{BC}}$ となる k の値を求めなさい.　　　　　　　　　　（23　前橋工大・前期）

《平面に垂線を下ろす（B10）》

689. 四面体 OABC があり，辺 OA，OB，OC の長さはそれぞれ $\sqrt{13}, 5, 5$ である.

$\overrightarrow{\mathrm{OA}} \cdot \overrightarrow{\mathrm{OB}} = \overrightarrow{\mathrm{OA}} \cdot \overrightarrow{\mathrm{OC}} = 1, \overrightarrow{\mathrm{OB}} \cdot \overrightarrow{\mathrm{OC}} = -11$ とする.　頂点 O から △ABC を含む平面に下ろした垂線とその平面の交点を H とする.　以下の問に答えよ.

（１）　線分 AB の長さを求めよ.

（２）　実数 s, t を $\overrightarrow{\mathrm{OH}} = \overrightarrow{\mathrm{OA}} + s\overrightarrow{\mathrm{AB}} + t\overrightarrow{\mathrm{AC}}$ をみたすように定めるとき，s と t の値を求めよ.

（３）　四面体 OABC の体積を求めよ.　　　　　　　　　　　　　（23　神戸大・理系）

《平面に垂線を下ろす（B20）》

690. 三角錐 OABC は OA = BC = 5,

OB = AC = 7,　　OC = AB = 8

をみたしている.　点 C から平面 OAB に垂線 CH を下ろす.　$\overrightarrow{\mathrm{OA}} = \vec{a}, \overrightarrow{\mathrm{OB}} = \vec{b}, \overrightarrow{\mathrm{OC}} = \vec{c}$ として，次の問いに答えよ.

（１）　内積 $\vec{a} \cdot \vec{b}, \vec{b} \cdot \vec{c}, \vec{c} \cdot \vec{a}$ を求めよ.

（２）　$\overrightarrow{\mathrm{OH}}$ を $\vec{a}, \vec{b}, \vec{c}$ で表せ.

（３）　平面 OAB において，点 B から直線 OA に垂線 BK を下ろす.　このとき $\dfrac{\mathrm{OK}}{\mathrm{OA}}$ を求めよ.

（４）　平面 OAB 上の直線 l は，点 A を通り，直線 OA とのなす角が ∠OAB と等しく，直線 AB とは異なる.　l と直線 OH の交点を D とするとき，$\dfrac{\mathrm{OD}}{\mathrm{OH}}$ を求めよ.　　　　　　　　　（23　名古屋工大）

《平面に垂線を下ろす（B20）☆》

691. 四面体 ABCD において，AB = 4，BC = 6，∠ABC = ∠BCD = 60° とする.　辺 AC を AL : LC = 1 : 6 に内分する点 L をとり，点 A から辺 BC に垂線を下ろし，辺 BC との交点を M とする.　AM と BL との交点を P とするとき，次の各問いに答えよ.

（１）　辺 AC の長さ，および内積 $\overrightarrow{\mathrm{AB}} \cdot \overrightarrow{\mathrm{AC}}$ の値を求めよ.

（２）　$\overrightarrow{\mathrm{AP}}$ を $\overrightarrow{\mathrm{AB}}$ と $\overrightarrow{\mathrm{AC}}$ を用いて表せ.

（３）　三角形 ABC を含む平面を α とする.　点 D から平面 α に下ろした垂線と平面 α との交点は P に一致する.

　（ⅰ）　PD の長さを求めよ.

　（ⅱ）　PD 上に $\overrightarrow{\mathrm{PQ}} = k\overrightarrow{\mathrm{PD}}$ となる点 Q をとる.　$\overrightarrow{\mathrm{AQ}} \cdot \overrightarrow{\mathrm{CD}} = 0$ のとき，k の値と四面体 QABC の体積を求めよ.

　　　　ただし，$0 < k < 1$ とする.　　　　　　　　　　　　　　（23　旭川医大）

《空間で論証（B20）☆》

692. 四面体 OABC において，

$\vec{a} = \overrightarrow{\mathrm{OA}}, \vec{b} = \overrightarrow{\mathrm{OB}}, \vec{c} = \overrightarrow{\mathrm{OC}}$

とおき，次が成り立つとする.

∠AOB = 60°，$|\vec{a}| = 2$，$|\vec{b}| = 3$，

$|\vec{c}| = \sqrt{6}$，$\vec{b} \cdot \vec{c} = 3$

ただし $\vec{b} \cdot \vec{c}$ は，2 つのベクトル $\vec{b}$ と $\vec{c}$ の内積を表す.　さらに，線分 OC と線分 AB は垂直であるとする.　点 C から 3 点 O，A，B を含む平面に下ろした垂線を CH とし，点 O から 3 点 A，B，C を含む平面に下ろした垂線を OK とする.

（１）　$\vec{a} \cdot \vec{b}$ と $\vec{c} \cdot \vec{a}$ を求めよ.

（２）　ベクトル $\overrightarrow{\mathrm{OH}}$ を $\vec{a}$ と $\vec{b}$ を用いて表せ.

（３）　ベクトル $\vec{c}$ とベクトル $\overrightarrow{\mathrm{HK}}$ は平行であることを示せ.　　　　　　　（23　東北大・理系）

《長さの 2 乗で工夫する（B20）☆》

693. 空間に四面体 OABC があり，

$OA = \dfrac{1}{\sqrt{3}}$, $OB = 2$, $OC = \sqrt{2}$,

$\angle AOB = 60°$, $\angle BOC = \angle COA = 45°$

とする. 点 B から直線 OA におろした垂線の足を D とし, 点 C から平面 OAB におろした垂線の足を E とする. また, 点 F を, $\overrightarrow{OF} = \overrightarrow{DB}$ となるように定める. このとき,

$\vec{a} = \overrightarrow{OA}, \vec{b} = \overrightarrow{OB}, \vec{c} = \overrightarrow{OC}, \vec{f} = \overrightarrow{OF}$

として, 次の各問に答えよ.

（1） $\vec{a}\cdot\vec{b}, \vec{b}\cdot\vec{c}, \vec{c}\cdot\vec{a}$ の値をそれぞれ求めよ.

（2） $\overrightarrow{DB}$ を, $\vec{a}, \vec{b}$ を用いて表せ. また, $|\overrightarrow{DB}|$ の値も求めよ.

（3） $\overrightarrow{CE}$ を, $\vec{a}, \vec{c}, \vec{f}$ を用いて表せ.

（4） 四面体 OACF の体積を求めよ. 　　　　　　　　　　　（23　宮崎大・医, 工）

《四面体の体積 (B20) ☆》

694. 座標空間内において, 原点 O を中心とする半径 1 の球面上に異なる 3 点 A, B, C がある. 線分 BC を 3:4 に内分する点を L, 線分 AL の中点を M, 線分 OM の中点を N とする. 直線 BN が 3 点 O, A, C で定める平面 OAC と交わる点を P とする. O から 3 点 A, B, C で定める平面 ABC に下ろした垂線と平面 ABC との交点を Q とする. ただし, O は平面 ABC 上にないものとする. さらに,

$$5\overrightarrow{QA} + 4\overrightarrow{QB} + 3\overrightarrow{QC} = \vec{0}$$

が成り立つとき, 以下の問いに答えよ.

（1） $\overrightarrow{OP}$ を $\overrightarrow{OA}, \overrightarrow{OC}$ を用いて表せ.

（2） $\triangle ABC$ と $\triangle QBC$ の面積の比を求めよ.

（3） $\angle BAC$ の大きさを求めよ.

（4） 4 面体 OABC の体積がとりうる最大値を求めよ. 　　　　（23　京都府立大・環境・情報）

《正八面体上の点 (B20) ☆》

695. 空間内の 6 点 A, B, C, D, E, F は 1 辺の長さが 1 の正八面体の頂点であり, 四角形 ABCD は正方形であるとする. $\vec{b} = \overrightarrow{AB}, \vec{d} = \overrightarrow{AD}, \vec{e} = \overrightarrow{AE}$ とおくとき, 次の問いに答えよ.

（1） 内積 $\vec{b}\cdot\vec{d}, \vec{b}\cdot\vec{e}, \vec{d}\cdot\vec{e}$ の値を求めよ.

（2） $\overrightarrow{AF} = p\vec{b} + q\vec{d} + r\vec{e}$ を満たす実数 p, q, r の値を求めよ.

（3） 辺 BE を 1:2 に内分する点を G とする. また, $0 < t < 1$ を満たす実数 t に対し, 辺 CF を $t:(1-t)$ に内分する点を H とする. t が $0 < t < 1$ の範囲を動くとき, $\triangle AGH$ の面積が最小となる t の値とそのときの $\triangle AGH$ の面積を求めよ.

（23　広島大・理系）

《正八面体上の点 (B20)》

696. 下の図のように 1 辺の長さが 1 の正八面体 ABCDEF とその 8 つの面に接する球 S があり, 動点 P, Q は, それぞれ辺 AE, 辺 BC 上を $AP = BQ$ を満たしながら動く.

$AP = BQ = t$ とし, $\overrightarrow{AB}, \overrightarrow{AC}, \overrightarrow{AD}$ をそれぞれ $\vec{b}, \vec{c}, \vec{d}$ として, 以下の問いに答えよ.

（1） 球 S の半径を求めよ.

（2） $\overrightarrow{AP}, \overrightarrow{AQ}$ を, それぞれ $t, \vec{b}, \vec{c}, \vec{d}$ を用いて表せ.

（3） 線分 PQ が球 S と 1 点で接するときの t の値を求めよ. その接点を M とするとき, $\overrightarrow{AM}$ を $\vec{b}, \vec{c}, \vec{d}$ を用いて表せ.

（4） M は（3）で与えた点とし, R は辺 AB 上の動点とする. $|\overrightarrow{MR}| + |\overrightarrow{RF}|$ が最小となるときの点 R に対する $\overrightarrow{AR}$ を $\vec{b}$ を用いて表せ.

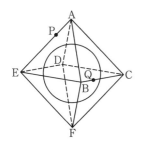

(23 お茶の水女子大・前期)

《**遠回りな問題（B20）**》

697. 四面体 OABC は
OA = OC = 1, OB = $\sqrt{2}$,
∠AOB = ∠BOC = $\dfrac{\pi}{4}$
をみたしている.
$\overrightarrow{OA} = \vec{a}, \overrightarrow{OB} = \vec{b}, \overrightarrow{OC} = \vec{c}$,
∠COA = θ $\left(0 < \theta < \dfrac{\pi}{2} \right)$
として, 次に答えよ.

（1） 線分 AB の長さおよび内積 $\vec{a} \cdot \vec{b}$ を求めよ.

（2） 内積 $\overrightarrow{BA} \cdot \overrightarrow{BC}$ および三角形 ABC の面積 S を θ を用いて表せ.

（3） 3 点 A, B, C の定める平面を α とし, α 上の点 H を直線 OH と α が垂直になるように選ぶ. $\overrightarrow{OH}$ を $\overrightarrow{OB}, \overrightarrow{BA}, \overrightarrow{BC}$ および θ を用いて表せ.

（4） （3）の点 H に対して, 線分 OH の長さを θ を用いて表せ.

（5） 四面体 OABC の体積を V とする. V を θ を用いて表せ. また, θ が変化するとき, V の最大値とそのときの θ の値を求めよ.

(23 九州工業大・前期)

《**（B0）**》

698. 3 点 A$(0, 0, 2)$, B$(2\sin\theta\cos\theta, 0, 2\cos^2\theta)$, C$(0, 2\sin\theta\cos\theta, 2\cos^2\theta)$ を座標空間に取り, 三角形 ABC の面積を S とする. $0 < \theta < \dfrac{\pi}{2}$ のとき, 次の問いに答えよ.

（1） 内積 $\overrightarrow{AB} \cdot \overrightarrow{AC}$ を $\cos 2\theta$ を用いて表せ.

（2） $t = (1 - \cos 2\theta)^2$ とおいて, S を t で表せ.

（3） θ の値が変化するとき, S が最大となる点 B, C の座標を求め, また S の最大値を求めよ.

(23 名古屋市立大・薬)

《**平面との交点（B20）**》

699. 1 辺の長さが 1 の正四面体 OABC があり, 3 点 O, B, C を通る平面上の点 P が, $3\overrightarrow{OP} = 2\overrightarrow{BP} + \overrightarrow{PC}$ を満たしている. 三角形 ABC の重心を G とし, $\overrightarrow{OA} = \vec{a}, \overrightarrow{OB} = \vec{b}, \overrightarrow{OC} = \vec{c}$ とするとき, 次の問いに答えなさい.

（1） （ⅰ），（ⅱ）に答えなさい.

（ⅰ） $\overrightarrow{OP}$ を $\vec{b}, \vec{c}$ で表しなさい.

（ⅱ） 内積 $\vec{a} \cdot \vec{b}$ の値を求めなさい.

（2） 2 点 G, P を結ぶ線分 GP が, 3 点 O, A, C を通る平面と交わる点を Q とする. $\overrightarrow{OQ}$ を $\vec{a}, \vec{b}, \vec{c}$ で表しなさい.

（3） （2）のとき, 辺 OC 上に点 R をとる. 三角形 PQR が PQ を斜辺とする直角三角形となるとき, $\dfrac{OR}{OC}$ の値を求めなさい.

(23 長崎県立大・前期)

《**四面体を平面で切って体積（B30）**》

700. 四面体 OABC があり,
OA = 4, OB = 5, OC = 3,
∠AOB = ∠BOC = ∠AOC = 90°

であるとする. $0 < t < 1$ である実数 t に対し,線分 OA を $t : (1-t)$ に内分する点を D,線分 AB を $(1-t) : t$ に内分する点を E,線分 BC を $t : (1-t)$ に内分する点を F,線分 CO を $(1-t) : t$ に内分する点を G とする. t を用いて,以下の問いに答えよ.

（1） 四角形 DEFG の面積を答えよ.

（2） 四角形 DEFG を含む平面を α とするとき,点 O から平面 α に下した垂線と α の交点を H とする. 線分 OH の長さを答えよ.

（3） 四面体 OABC を平面 α で 2 つの部分に分けたとき,頂点 O を含む部分の体積を答えよ. (23　大阪公立大・工)

《明らかなことを論証 (C20)》

701. 四面体 OABC の各辺上に頂点以外の点を 1 つずつとり,その 6 点を考える.

（1） 6 点のうちの 4 点を頂点とする平行四辺形が作れるとき,平行四辺形の辺は四面体のある辺と平行であることを示せ.

（2） 6 点のうちの 4 点を頂点とする平行四辺形が 2 つ作れるとき,2 つの平行四辺形は対角線の 1 本を共有することを示せ.

（3）（2）において,共有する対角線の中点を M とするとき,$\overrightarrow{OM}$ を $\overrightarrow{OA}, \overrightarrow{OB}, \overrightarrow{OC}$ を用いて表せ.

(23　滋賀医大・医)

《空間で垂線を下ろす (B20)》

702. 座標空間内の 4 点

O$(0, 0, 0)$, A$(2, 0, 0)$, B$(1, 1, 1)$, C$(1, 2, 3)$

を考える.

（1） $\overrightarrow{OP} \perp \overrightarrow{OA}$, $\overrightarrow{OP} \perp \overrightarrow{OB}$, $\overrightarrow{OP} \cdot \overrightarrow{OC} = 1$ を満たす点 P の座標を求めよ.

（2） 点 P から直線 AB に垂線を下ろし,その垂線と直線 AB の交点を H とする. $\overrightarrow{OH}$ を $\overrightarrow{OA}$ と $\overrightarrow{OB}$ を用いて表せ.

（3） 点 Q を $\overrightarrow{OQ} = \dfrac{3}{4}\overrightarrow{OA} + \overrightarrow{OP}$ により定め,Q を中心とする半径 r の球面 S を考える. S が三角形 OHB と共有点を持つような r の範囲を求めよ. ただし,三角形 OHB は 3 点 O, H, B を含む平面内にあり,周とその内部からなるものとする. (23　東大・理科)

《内積を平方完成 (B20)》

703. 座標空間内の原点 O を中心とする半径 r の球面 S 上に 4 つの頂点がある四面体 ABCD が,

$$\overrightarrow{OA} + \overrightarrow{OB} + \overrightarrow{OC} + \overrightarrow{OD} = \vec{0}$$

を満たしているとする. また三角形 ABC の重心を G とする.

（1） $\overrightarrow{OG}$ を $\overrightarrow{OD}$ を用いて表せ.

（2） $\overrightarrow{OA} \cdot \overrightarrow{OB} + \overrightarrow{OB} \cdot \overrightarrow{OC} + \overrightarrow{OC} \cdot \overrightarrow{OA}$ を r を用いて表せ.

（3） 点 P が球面 S 上を動くとき,

$$\overrightarrow{PA} \cdot \overrightarrow{PB} + \overrightarrow{PB} \cdot \overrightarrow{PC} + \overrightarrow{PC} \cdot \overrightarrow{PA}$$

の最大値を r を用いて表せ. さらに,最大値をとるときの点 P 対して,$|\overrightarrow{PG}|$ を r を用いて表せ.

(23　筑波大・前期)

《立方体を切る (B15)》

704. 一辺の長さが 2 である立方体 OADB-CFGE を考える. $\overrightarrow{OA} = \vec{a}$, $\overrightarrow{OB} = \vec{b}$, $\overrightarrow{OC} = \vec{c}$ とおく. 辺 AF の中点を M,辺 BD の中点を N とし,3 点 O, M, N を通る平面 π で立方体を切断する.

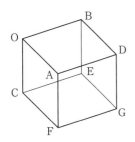

（1） 平面 π は辺 AF, BD 以外に辺 **あ** とその両端以外で交わる．ただし， **あ** には，立方体の頂点の中から，辺の両端の 2 頂点をマークして答えよ．

（2） 平面 π と辺 **あ** との交点を P とする．

$$\overrightarrow{OP} = \boxed{}\,\vec{a} + \boxed{}\,\vec{b} + \boxed{}\,\vec{c}$$

である．

（3） 断面の面積は $\dfrac{\boxed{}}{\boxed{}}\sqrt{\boxed{}}$ である．

（4） 切断されてできる立体のうち，頂点 A を含むものの体積は $\dfrac{\boxed{}}{\boxed{}}$ である．

（5） 平面 π と線分 CD との交点を Q とする．

（ i ） 点 Q は線分 CD を $\boxed{}$ に内分する．

（ ii ） $\overrightarrow{OQ} = \boxed{}\,\vec{a} + \boxed{}\,\vec{b} + \boxed{}\,\vec{c}$

である． (23 上智大・理工-TEAP)

《六角柱（B20）》

705. 下の図のように，すべての辺の長さが 1 であるような正六角柱 ABCDEF-GHIJKL があり，3 点 A, I, K を含む平面を α とする．$\overrightarrow{AB} = \vec{p}$, $\overrightarrow{AF} = \vec{q}$, $\overrightarrow{AG} = \vec{r}$ とするとき，

（1） $\vec{p} \cdot \vec{q} = \boxed{}$, $\vec{p} \cdot \vec{r} = \vec{q} \cdot \vec{r} = \boxed{}$ である．

（2） ベクトル $\overrightarrow{AK}$, $\overrightarrow{AI}$ は $\vec{p}, \vec{q}, \vec{r}$ を用いて

$$\overrightarrow{AK} = \boxed{}, \quad \overrightarrow{AI} = \boxed{}$$

と表せる．また，直線 LC と平面 α の交点を P とすると，P は平面 α 上にあるから，実数 s, t を用いて $\overrightarrow{AP} = s\overrightarrow{AK} + t\overrightarrow{AI}$ とおけるので，

$$\overrightarrow{AP} = \boxed{}\,\vec{p} + \boxed{}\,\vec{q} + \boxed{}\,\vec{r}$$

と表せる．一方，ベクトル $\overrightarrow{AL}$, $\overrightarrow{LC}$ は $\vec{p}, \vec{q}, \vec{r}$ を用いて

$$\overrightarrow{AL} = \boxed{}, \quad \overrightarrow{LC} = \boxed{}$$

と表せる．したがって，$\overrightarrow{AP}$ を $\overrightarrow{AK}$ と $\overrightarrow{AI}$ を用いて表すと，

$$\overrightarrow{AP} = \boxed{\text{ア}}\,\overrightarrow{AK} + \boxed{\text{イ}}\,\overrightarrow{AI}$$

である．ただし，$\boxed{\text{ア}}$ と $\boxed{\text{イ}}$ には s, t を用いず，既約分数を用いて答えよ．また，直線 AP と直線 KI の交点を Q とすると，点 Q は $\boxed{\text{ウ}}$ である．ただし，$\boxed{\text{ウ}}$ に当てはまるものを下の ⓪～③ の中から 1 つ選べ．

　⓪　線分 KI を 2:3 に内分する点　　①　線分 KI を 3:2 に内分する点

　②　線分 KI を 1:2 に内分する点　　③　線分 KI を 2:1 に内分する点

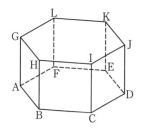

(23　久留米大・推薦)

《空間の円（B15）》

706. $\boxed{\text{ア}}$ の解答は該当する解答群から最も適当なものを一つ選べ.

点 O を原点とする座標空間に 3 点

A$(-1, 0, -2)$, B$(-2, -2, -3)$, C$(1, 2, -2)$

がある.

（1）　ベクトル $\overrightarrow{AB}$ と $\overrightarrow{AC}$ の内積は $\overrightarrow{AB} \cdot \overrightarrow{AC} = \boxed{}$ であり，△ABC の外接円の半径は $\sqrt{\boxed{}}$ である. △ABC

の外接円の中心を点 P とすると，$\overrightarrow{AP} = \boxed{}\overrightarrow{AB} + \dfrac{\boxed{}}{\boxed{}}\overrightarrow{AC}$ が成り立つ.

（2）　△ABC の重心を点 G とすると，$\overrightarrow{OG} = \dfrac{\boxed{}}{\boxed{}}(\overrightarrow{OA} + \overrightarrow{OB} + \overrightarrow{OC})$ であり，線分 OB を 2：1 に内分する点を Q

とすると，

$$\overrightarrow{AQ} = \left(\dfrac{\boxed{}}{\boxed{}}, \dfrac{\boxed{}}{\boxed{}}, \boxed{} \right)$$

となる.

（3）　線分 OC を 2：1 に内分する点を R とし，3 点 A, Q, R を通る平面 α と直線 OG との交点を S とする. 点 S は平面 α 上にあることから，

$$\overrightarrow{OS} = t\overrightarrow{OA} + u\overrightarrow{OB} + v\overrightarrow{OC} \quad (\text{ただし } t, u, v \text{ は } t + \dfrac{\boxed{}}{\boxed{}}u + \dfrac{\boxed{}}{\boxed{}}v = 1 \text{ を満たす実数})$$

と書けるので，$\overrightarrow{OS} = \dfrac{\boxed{}}{\boxed{}}\overrightarrow{OG}$ となることがわかる.

平面 α 上において，点 S は三角形 AQR の $\boxed{\text{ア}}$ に存在し，四面体 O-AQR の体積は，四面体 O-ABC の体積の

$\dfrac{\boxed{}}{\boxed{}}$ 倍である.

$\boxed{\text{ア}}$ の解答群

① 辺 AQ 上　　② 辺 AR 上　　③ 辺 QR 上　　④ 内部　　⑤ 外部　　(23　杏林大・医)

《等面四面体を埋め込む（B20）》

707. 四面体 OABC の 4 枚の面は互いに合同な三角形でできているとする. $\overrightarrow{OA} = \vec{a}$, $\overrightarrow{OB} = \vec{b}$, $\overrightarrow{OC} = \vec{c}$ とおく.

ただし，$|\vec{a}|, |\vec{b}|, |\vec{c}|$ はすべて異なるとする. このとき以下の問いに答えよ.

（1）　$|\vec{a}|^2 + |\vec{b}|^2 + |\vec{c}|^2 - 2\vec{a}\cdot\vec{b} - 2\vec{b}\cdot\vec{c} - 2\vec{c}\cdot\vec{a} = 0$ を示せ.

（2）　$|\vec{a} + \vec{b} - \vec{c}|^2 = k\vec{a}\cdot\vec{b}$ を満たす実数 k の値を求めよ.

（3）　$\vec{a}$ と $\vec{b}$ のなす角は鋭角であることを示せ.

（4）　4 点 O, A, B, C を頂点に含む平行六面体 ODAE-FCGB があるとする. このとき平行六面体 ODAE-FCGB は直方体であることを示せ. ただし，平行六面体では，すべての面は平行四辺形であり，向かい合う面は合同である.

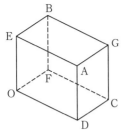

（23 明治大・総合数理）

《平行四辺形（B5）》

708. 座標空間に 3 点 A(5, 5, 5)，B(4, 6, 3)，C(0, 1, 4) がある.

（1） $\overrightarrow{AB} \cdot \overrightarrow{AC} = \boxed{}$ である.

（2） 四角形 ABCD が平行四辺形となるような点 D をとる.

D の座標は，($\boxed{}$, $\boxed{}$, $\boxed{}$) であり，平行四辺形 ABCD の面積は $\boxed{}\sqrt{\boxed{}}$ である.

（23 国際医療福祉大・医）

《平面の方程式（B20）》

709. 4 点 A(6, 2, 3)，B(−1, 3, 2)，C(3, 1, 8)，

D(1, −3, 6) を頂点とする四面体 ABCD がある. 辺 CD の中点を M とするとき，BM ⊥ CD より △BCD の面積は

$\boxed{}\sqrt{\boxed{}}$ となる. また，四面体 ABCD の体積は $\boxed{}$

となる.

（23 東京工芸大・工）

《台形を切る（B20）》

710. k を正の実数とし，空間内に点 O(0, 0, 0)，A($4k$, $-4k$, $-4\sqrt{2}k$)，B(7, 5, $-\sqrt{2}$) をとる. 点 C は O，A，B を含む平面上の点であり，OA = 4BC で，四角形 OACB は OA を底辺とする台形であるとする.

（1） $\cos \angle AOB = \boxed{}$ である. 台形 OACB の面積を k を用いて表すと $\boxed{}$ となる. また，線分 AC の長さを k を用いて表すと $\boxed{}$ となる.

（2） 台形 OACB が円に内接するとき，$k = \boxed{\text{ア}}$ である.

（3） $k = \boxed{\text{ア}}$ であるとし，直線 OB と直線 AC の交点を D とする. △OBP と △ACP の面積が等しい，という条件を満たす空間内の点 P 全体は，点 D を通る 2 つの平面上の点全体から点 D を除いたものとなる. これら 2 つの平面のうち，線分 OA と交わらないものを α とする. 点 O から平面 α に下ろした垂線の長さは $\boxed{}$ である.

（23 慶應大・理工）

《（A5）》

711. O を原点とする座標空間上に 4 点 A(3, 5, 1)，B(2, 4, 1)，C(2, 3, −2)，D(1, x, −1) をとる. これらの点が同一平面上にあるとき，x の値を求めよ.

（23 昭和大・医-2 期）

《球面の方程式（B10）》

712. 球 $x^2 + y^2 + z^2 = 25$ と平面 $x + 2y + 2z = 9$ が交わってできる図形を円 C とする.

（1） 円 C の半径は $\boxed{}$ である.

（2） 円 C 上に 2 点 P と Q をとるとき，内積 $\overrightarrow{OP} \cdot \overrightarrow{OQ}$ の最小値は $\boxed{}$ である. ただし，O は原点とする.

（23 帝京大・医）

【球面の方程式】

《球面の方程式（B20）》

713. xyz-空間内の 2 点 P(−1, 1, −4) と Q(1, 2, −2) を通る直線 l と，原点 O を中心とする半径 r の球面 S_r が与えられている. 以下の問に答えなさい.

（1） 球面 S_r と直線 l が 2 点で交わるための r の条件を求めなさい.

（2） 球面 S_r と直線 l が 2 点 A，B で交わるとき，ベクトル $\overrightarrow{OA}$ と $\overrightarrow{OB}$ の内積 $\overrightarrow{OA} \cdot \overrightarrow{OB}$ を r を用いて表しなさい.

（3）（2）のとき，三角形 OAB の面積を r を用いて表しなさい． （23 大分大・医）

《球面の方程式 (A2) ☆》

714. 座標空間上の 2 点 A$(4, -2, -4)$, B$(-1, 3, 1)$ からの距離の比が $3:2$ である点 P が描く図形を求めよ．

（23 愛知医大・医-推薦）

《球面の方程式 (A5)》

715. xyz 空間において，2 点 $(5, 1, 2)$, $(-3, 7, 12)$ を直径の両端とする球面がある．この球面が，z 軸から切り取る線分の長さを求めよ． （23 兵庫医大）

《球面の方程式 (B10)》

716. 球 $x^2 + y^2 + z^2 = 25$ と平面 $x + 2y + 2z = 9$ が交わってできる図形を円 C とする．

（1）円 C の半径は $\boxed{}$ である．

（2）円 C 上に 2 点 P と Q をとるとき，内積 $\overrightarrow{\mathrm{OP}} \cdot \overrightarrow{\mathrm{OQ}}$ の最小値は $\boxed{}$ である．ただし，O は原点とする．

（23 帝京大・医）

《球面と直線 (B15) ☆》

717. O を原点とする座標空間において，3 点 A$(4, 2, 1)$, B$(1, -4, 1)$, C$(2, 2, -1)$ を通る平面を α とおく．また，球面 S は半径が 9 で，S と α の交わりは A を中心とし B を通る円であるとする．ただし，S の中心 P の z 座標は正とする．

（1）線分 AP の長さを求めよ．

（2）P の座標を求めよ．

（3）S と直線 OC は 2 点で交わる．その 2 点間の距離を求めよ． （23 北海道大・理系）

《球面と内積の値域 (B15) ☆》

718. 座標空間の 2 点 A$(1, -1, 1)$, B$(1, -1, 5)$ を直径の両端とする球面を S とする．次の問いに答えよ．

（1）球面 S の中心 C の座標と，S の方程式を求めよ．

（2）点 P が S 上を動くとき，△ABP の面積の最大値を求めよ．

（3）点 Q(x, y, z) が $\angle \mathrm{QCA} = \dfrac{\pi}{3}$ かつ $y \geqq 0$ を満たしながら S 上を動く．点 R$(1 + \sqrt{2}, 0, 4)$ に対して，内積 $\overrightarrow{\mathrm{CQ}} \cdot \overrightarrow{\mathrm{CR}}$ のとりうる値の範囲を求めよ． （23 新潟大・前期）

《(B0)》

719. 原点を O とする座標空間に，3 点 A$(2, 2, 0)$, B$(0, 2, 2)$, P(t, t, t) がある．線分 AB を直径とする球面を K とし，球面 K の中心を C とする．ただし，t は正の実数とする．

（1）$\overrightarrow{\mathrm{OA}} \cdot \overrightarrow{\mathrm{OB}} = \boxed{}$ であり，球面 K の方程式は，$x^2 + y^2 + z^2 - \boxed{} x - \boxed{} y - \boxed{} z + \boxed{} = 0$ である．

（2）直線 OP と球面 K の共有点を P_1, P_2 とし，$\mathrm{OP}_1 < \mathrm{OP}_2$ とする．P_1 の x 座標は $\dfrac{\boxed{}}{\boxed{}}$ であり，P_2 の x 座標は $\boxed{}$ である．このとき，△$\mathrm{CP}_1\mathrm{P}_2$ の面積は $\dfrac{\boxed{}\sqrt{\boxed{}}}{\boxed{}}$ である．

（3）点 P を通り直線 OP に垂直な平面が球面 K と接するとき，接点の座標を (p, q, r) とすると，

$p = \boxed{\text{ア}} - \dfrac{\sqrt{\boxed{\text{イ}}}}{\boxed{\text{ウ}}}, \ \boxed{\text{ア}} + \dfrac{\sqrt{\boxed{\text{イ}}}}{\boxed{\text{ウ}}}$ である．ただし，2 つずつある $\boxed{\text{ア}}$, $\boxed{\text{イ}}$, $\boxed{\text{ウ}}$ にはそれぞれ同じものがはいる．このとき，2 つの p の値に対応する接点を p の値が小さい順に T_1, T_2 とし，点 T_2 から直線 OT_1 に垂線 T_2D を引くと，D$\left(\dfrac{\boxed{}}{\boxed{}}, \boxed{} + \dfrac{\sqrt{\boxed{}}}{\boxed{}}, \dfrac{\boxed{}}{\boxed{}} \right)$ である．

（4）点 P を通り直線 OP に垂直な平面 α と球面 K の共有部分が円 R となるときを考える．ただし，平面 α が点 C を通るときを除くとする．このとき，C を頂点とし，円 R を底面とする円錐の体積の最大値は $\dfrac{\boxed{}\sqrt{\boxed{}}}{\boxed{}}\pi$

である. (23 川崎医大)

《軌跡（C20）》

720. O を原点とする座標空間に 2 点

A(0, 0, 1), B(0, 0, −1)

がある. $r > 0$, $-\pi < \theta < \pi$ に対して, 2 点

$P(r\cos\theta, r\sin\theta, 0)$, $Q\left(\dfrac{1}{r}\cos\theta, \dfrac{1}{r}\sin\theta, 0\right)$

をとり, 2 直線 AP と BQ の交点を $R(a, b, c)$ とするとき, 次の問いに答えよ.

（1） a, b, c の間に成り立つ関係式を求めよ.

（2） 点 G(4, 1, 1) をとる. r, θ が $r\cos\theta = \dfrac{1}{2}$ をみたしながら変化するとき, 内積 $\overrightarrow{OG} \cdot \overrightarrow{OR}$ の最大値とそのときの a, b, c の値を求めよ. (23 東京慈恵医大)

《射影（B20）☆》

721. 座標空間において, 原点 O(0, 0, 0) を中心とする半径 1 の球面を S とする. S から点 N(0, 0, 1) を取り除いた部分を T とする. T 上の点 $P(u, v, w)$ に対して, 直線 NP が xy 平面と交わる点を $Q(x, y, 0)$ とする.

（1） x, y を u, v, w の式で表しなさい.

（2） u, v, w を x, y の式で表しなさい.

（3） a を 1 より大きい定数とする. 点 P が $u = \dfrac{1}{a}$ をみたしながら T 上を動くとき, 点 Q の軌跡は xy 平面上の円であることを示し, その円の中心と半径を求めなさい.

（4） θ を $0 < \theta < \pi$ をみたす定数とし, T 上に点 $A(\sin\theta, 0, \cos\theta)$ をとる. 点 P が, 次の条件（＊）をみたしながら T 上を動くとする.

$\overrightarrow{OA}$ と $\overrightarrow{OP}$ のなす角は θ である ···（＊）

このとき, 点 Q の軌跡は xy 平面上のどのような図形であるか答えなさい.

(23 北海道大・フロンティア入試（選択）)

《円錐と内接球（B0）》

722. a, b を $a^2 + b^2 > 1$ かつ $b \neq 0$ をみたす実数の定数とする. 座標空間の点 $A(a, 0, b)$ と点 $P(x, y, 0)$ をとる. 点 O(0, 0, 0) を通り直線 AP と垂直な平面を α とし, 平面 α と直線 AP との交点を Q とする.

（1） $(\overrightarrow{AP} \cdot \overrightarrow{AO})^2 = |\overrightarrow{AP}|^2 |\overrightarrow{AQ}|^2$ が成り立つことを示せ.

（2） $|\overrightarrow{OQ}| = 1$ をみたすように点 $P(x, y, 0)$ が xy 平面上を動くとき, 点 P の軌跡を求めよ. (23 阪大・前期)

《4 直線に接する球面（C30）》

723. xyz 空間の 4 点

A(1, 0, 0), B(1, 1, 1), C(−1, 1, −1), D(−1, 0, 0)

を考える.

（1） 2 直線 AB, BC から等距離にある点全体のなす図形を求めよ.

（2） 4 直線 AB, BC, CD, DA に共に接する球面の中心と半径の組をすべて求めよ. (23 東工大・前期)

《空間の円（C30）》

724. xyz 空間に点 O を中心とする半径 2 の球面 S があり, S 上に異なる 3 点 A, B, C をとる. ここで, △ABC は xy 平面上にある正三角形で点 A の座標は (2, 0, 0) であり, 点 B の y 座標の値が正であるとする. S 上にある点 P が, $\angle BOP = \dfrac{\pi}{6}$ という条件を満たして動くとき, z 座標の値が最小であるような点 P を P_1 とする. このとき, 以下の問に答えよ.

（1） P_1 の座標を求めよ.

（2） S 上にある点 Q が $\angle QOP_1 = \dfrac{\pi}{6}$ という条件を満たして動くとき, 線分 AQ の長さが最小となる点 Q を Q_1 とする. このとき, 三角錐 $ABCQ_1$ の体積はいくらか. (23 防衛医大)

《球面の方程式（B0）》

725. 点 O を原点とする xyz 空間内に, O を中心とする半径 1 の球面 S と点 A(−1, 0, 2) がある. 直線が球面 S とただ 1 つの共有点をもつとき, 直線は球面 S に接するという. x, y, z がともに整数であるとき, 点 (x, y, z) を

格子点とよぶ. 次の問いに答えよ.

（1）xy 平面上の点 $P(u, v, 0)$ を考え，実数 t と直線 AP 上の点 M に対して，$\overrightarrow{AM} = t\overrightarrow{AP}$ とする. このとき，$\overrightarrow{OM}$ を u, v, t を用いて表せ. また，直線 AP が球面 S に接するように点 P が xy 平面上を動くとき，xy 平面における点 P の軌跡 H の方程式を u, v を用いて表せ.

（2）点 A と異なる点 B，および xy 平面上の点 Q を考える. 直線 BQ が球面 S に接するように点 Q が xy 平面上を動くとき，点 Q の軌跡が（1）の軌跡 H と一致するような点 B を 1 つ求めよ.

（3）（1）の軌跡 H 上の格子点をすべて求めよ.

（4）点 A を 1 つの頂点とする四面体 ACDE が次の条件（ⅰ）～（ⅲ）を同時に満たしている. このとき，頂点 C, D, E の組を 1 つ求めよ.

（ⅰ）頂点 C, D, E はすべて格子点である.

（ⅱ）どの 2 つの頂点を結ぶ直線も球面 S と接する.

（ⅲ）すべての辺の長さは整数である. 　　　　　　　　　　　　　　　（23　同志社大・理系）

【直線の方程式（数 B）】
《共通垂線（B20）☆》

726. 空間内に 4 点 A(1, 2, 3), B(3, 1, 4),

C(2, 7, 1), D(5, 7, 7) がある. 直線 AB 上を点 P が動き，直線 CD 上を点 Q が動く. 直線 AB と直線 PQ が垂直であり，かつ直線 CD と直線 PQ が垂直であるとき，点 P の座標は □ であり，点 Q の座標は □ である. ただし，答えに分数があらわれるときは，既約分数にせよ. 　　　　　　　（23　山梨大・医-後期）

《共通垂線（B20）》

727. 空間内の 2 つの直線 $l : 2x - 4 = y = 2z + 2$ と $m : 6 - 2x = y - 5 = z + 5$ について，以下の各問いに答えなさい.

（1）l, m 両方の直線の方向ベクトルに垂直なベクトル $\vec{p}$ を求めなさい.

（2）（1）で求めた $\vec{p}$ に平行な直線 n が l, m とそれぞれ点 P, Q で交わるとき，P, Q それぞれの座標および直線 n の方程式を求めなさい.

（3）線分 PQ を直径として持つような球の方程式を求めなさい. 　　　　　　（23　横浜市大・共通）

《2 直線で作る体積（B20）☆》

728. 座標空間において，2 点

A(0, −1, −6), B(1, −2, −4) を通る直線を l とし，2 点 C(1, 1, 2), D(2, 3, 1) を通る直線を m とする.

（1）2 つのベクトル $\overrightarrow{AB}, \overrightarrow{CD}$ のなす角 θ を求めよ. また，$\overrightarrow{AB}, \overrightarrow{CD}$ の両方に垂直で，大きさが $\sqrt{3}$ であるベクトルを全て求めよ.

（2）次の条件（a），（b），（c）を同時に満たす点 L, M の座標を求めよ.

　　（a）L は直線 l 上の点である.（b）M は直線 m 上の点である.（c）$\overrightarrow{LM}$ は，$\overrightarrow{AB}, \overrightarrow{CD}$ の両方に垂直である.

（3）k は実数とし，直線 l 上に，2 点 P, Q を $\overrightarrow{AP} = k\overrightarrow{AB}$，$\overrightarrow{AQ} = (k+1)\overrightarrow{AB}$ となるようにとる. このとき，四面体 PQMC の体積 V を求めよ. 　　　　　　　　　（23　岐阜薬大）

【平面の方程式】
《平面の方程式（B5）☆》

729. t を実数とする. 座標空間において，3 点 A(2, 0, 1), B(1, 4, 0), C(0, −1, 0) によって定められる平面上に点 P(1, 1, t) があるとき，t の値を求めよ. 　　　　　　　　　　　　　　　（23　茨城大・工）

《平面の方程式（B10）☆》

730. 2 つの正の数 c, d に対して，座標空間の 4 点

A(2, 1, 0), B(0, 2, −1), C(c, 0, −2c),

D(d, −d, d) を考える. △ABC は正三角形とし，$\angle ABD = \dfrac{\pi}{6}$ とする. このとき，次の問いに答えよ.

（1）c, d の値をそれぞれ求めよ.

（2）3 点 A, B, C を通る平面 α に点 D から下ろした垂線を DE とする. 点 E の座標を求めよ.

（3） 四面体 ABCD の体積を求めよ． （23 静岡大・理，工，情報）

《平面の方程式 (B10)》

731. 座標空間において，3 点

A$(2, -1, -5)$，B$(1, 0, -4)$，C$(-1, 3, 1)$

の定める平面を α とする．点 P(a, a, a) が平面 α 上にあるとき，a の値は $a = \dfrac{\square}{\square}$ である．点 Q$(b, c, -7)$ が

あり，直線 AQ が平面 α に直交するとき，b と c の値はそれぞれ $b = \square$，$c = \square$ である． （23 東邦大・医）

《折れ線の最短距離 (B20) ☆》

732. 座標空間において，3 点

A$(1, 3, 0)$，B$(0, -1, -3)$，C$(2, 4, 1)$

が定める平面を α とし，D$(0, 6, -3)$ とする．このとき，α に関して D と対称な点 E の座標は $\square$ である．ただし，E が α に関して D と対称であるとは，直線 DE は α に垂直であり，かつ線分 DE の中点は α 上にあることをいう．また，F$(1, 1, 1)$ とするとき，α 上の点 P で，2 線分 DP，FP の長さの和 DP + FP を最小にする P の座標は $\square$ である． （23 福岡大・医）

《点と平面の距離の公式 (B25)》

733. 座標空間において，3 点 A$(1, 0, 0)$，B$(0, 1, 0)$，C$(0, 0, 1)$ を通り，中心が原点 O である球面を S とする．S と xy 平面との交線上に点 P，S と yz 平面との交線上に点 Q，S と zx 平面との交線上に点 R をとり，3 点 P，Q，R は

$\angle \text{AOP} = \angle \text{BOQ} = \angle \text{COR} = \theta$

を満たしている．ただし，3 点 P，Q，R の x 座標，y 座標，z 座標はすべて 0 以上とする．このとき，θ を用いて点 P の座標を表すと $\square$ であり，点 Q，R の座標はそれぞれ $\square$，$\square$ である．また，△PQR の面積は $\square$ となる．四面体 OPQR の体積 V は $\square$ であり，V の最小値は $\square$ となる． （23 近大・医-後期）

《平行六面体 (B20)》

734. 座標空間上に 4 点

O$(0, 0, 0)$，A$(3, 0, 0)$，B$(1, 2, 0)$，C$(0, 2, 1)$

があり，O から平面 ABC に垂線 OH を下ろす．実数 s, t, u に対し，

$\overrightarrow{\text{OP}} = s\overrightarrow{\text{OA}} + t\overrightarrow{\text{OB}} + u\overrightarrow{\text{OC}}$

で定まる点 P について考える．

（1） 四面体 OABC の体積は $\square$ である．

（2） s, t, u が，$0 \leqq s \leqq 2, 0 \leqq t \leqq 2, 0 \leqq u \leqq 2$ を満たすように動くとき，P が動く部分の体積は $\square$ である．

（3） s, t, u が，$s + t + u = 1, 0 \leqq s, 0 \leqq t, 0 \leqq u$ を満たすように動く．$\overrightarrow{\text{OP}}$ と $\overrightarrow{\text{OH}}$ のなす角を θ とするとき，

$\cos\theta$ の最小値は $\dfrac{\sqrt{\square}}{\square}$ である． （23 東京医大・医）

《立体を想像せよ (B15) ☆》

735. xyz 空間において，

$$\text{立体 } A : \begin{cases} |x| \leqq 1 \\ |y| \leqq 1 \\ z \geqq 0 \end{cases}$$

立体 $B : |x| + |y| \leqq 2 - z$

があり，立体 A と立体 B の共通部分からなる立体を T とするとき，立体 T の体積 V を求める．

（1） 立体 T の z のとりうる値の範囲は

$\boxed{み} \leqq z \leqq \boxed{む}$ である．

（2） 立体 T において，z の $\boxed{め} \leqq z \leqq \boxed{も}$ の部分は，立体 B そのものである．

（3） 立体 T を平面 $z = t$ で切った切り口の面積を求める. $\boxed{み} \leq t \leq \boxed{め}$ のとき, その切り口の面積は $\boxed{や} - \boxed{ゆ} t^{\boxed{よ}}$ であり, $\boxed{め} \leq t \leq \boxed{も}$ のとき, その切り口の面積は $\boxed{ら} \left(\boxed{り} - t \right)^{\boxed{る}}$ である.

（4） 立体 T の体積は $\boxed{れ}$ である. （23 久留米大・後期）

《平面の方程式 (B20)》

736. 座標空間に点 A(1, 0, 1), 点 B(−1, 1, 3), 点 C(0, 2, 3) をとる. 原点を O とする. 以下の問いに答えよ.

（1） 3 点 A, B, C は一直線上にないことを示せ.

（2） 3 点 A, B, C の定める平面を α とする. 点 O は平面 α 上にないことを示せ.

（3） 点 O から（2）で定めた平面 α に垂線 OH を下ろすとき, 点 H の座標を求めよ. （23 奈良女子大・理）

《 (B0)》

737. p は実数とする. O を原点とする座標空間に 3 点 A(1, 0, 0), B(0, 1, 0), P(p, −p+3, 5) があり, 次の 3 つの条件を満たす点 C がある.

（条件 1） $\overrightarrow{OA} \cdot \overrightarrow{OC} = 0$

（条件 2） $\overrightarrow{OB} \cdot \overrightarrow{OC} = -1$

（条件 3） 平面 ABC はベクトル $\overrightarrow{v} = (2, 2, 1)$ に垂直である.

点 P から平面 ABC に垂線 PQ を下ろす. 次の問いに答えよ.

（1） 点 C の座標を求めよ.

（2） ベクトル $\overrightarrow{PQ}$ を成分で表せ.

（3） 四面体 ABCP の体積を求めよ.

（4） △BCP の面積の最小値を求めよ. また, 最小値をとるときの p の値を求めよ. （23 東京農工大・後期）

《 (A5)》

738. O を原点とする座標空間上に 4 点 A(3, 5, 1), B(2, 4, 1), C(2, 3, −2), D(1, x, −1) をとる. これらの点が同一平面上にあるとき, x の値を求めよ. （23 昭和大・医-2 期）

《折れ線の最短距離 (B20)》

739. O を原点とする xyz 空間に 3 点 A(6, −6, 0), B(1, 1, 0), C(1, 0, 1) がある. 3 点 O, B, C を通る平面を α とする. また, 点 D を, 線分 AD が平面 α と垂直に交わり, その交点は AD の中点であるように定める. 次の問いに答えよ.

（1） D の座標を求めよ.

xy 平面上に点 E がある. 点 P が α 上を動くとき, 線分 AP, PE の長さの和 AP＋PE の最小値を m とし, その最小値をとる点を P_0 とする.

（2） E の座標が (10, 6, 0) のとき, P_0 の座標を求めよ.

（3） E が xy 平面内の曲線 $y = -(x-5)^2$ 上を動くとき, m が最小となる点 E の座標を求めよ.

（23 横浜国大・理工, 都市科学）

【期待値】

《 (B0)》

740. 袋に赤玉 4 個と白玉 2 個が入っている. 無作為に玉を 1 個取り出して, それが赤玉であれば白玉と, 白玉であれば赤玉と取り換えて袋に戻すという操作を考える. この操作を 2 回繰り返したあと袋にある赤玉の数を X とし, 一方, 3 回繰り返したあと袋にある白玉の数を Y とする.

（1） 確率 $P(X = 4)$ を求めよ.

（2） 確率変数 X の期待値 $E(X)$ と分散 $V(X)$ を求めよ.

（3） 確率変数 Y の期待値 $E(Y)$ を求めよ. （23 鹿児島大・共通）

【母平均の推定】

《母平均の推定 (B20)》

741. 箱の中にたくさんのクジが入っている. クジには当たりとはずれの 2 種類があり, 箱の中のクジの総数に対

する当たりクジの割合を $p\,(0 < p < 1)$ とする．p の値を推測するため，箱の中から 1 本のクジを無作為に引くたびに当たりとはずれを調べて箱に戻す操作を n 回行う．このとき，以下の問いに答えよ．なお，（1）と（2）は p を用いて解答すること．また，必要に応じて，後ろの正規分布表を用いてもよい．

（1）　$n = 1$ のとき，引いた当たりクジの個数を S とおく．S の確率分布を求めよ．また，この確率分布を用いて，S の期待値と分散を求めよ．

（2）　$n = 2$ のとき，引いた当たりクジの個数を T とおく．T の確率分布を求めよ．また，この確率分布を用いて，T の期待値と分散を求めよ．

（3）　$n = k$ のとき，引いた当たりクジの個数を X とおく．X の期待値と分散を k と p を用いて表せ（答えのみでよい）．

（4）　$n = 100$ のとき，引いた当たりクジの個数が 20 であった．p に対する信頼度 95% の信頼区間を求めよ．

正規分布表を省略した．横浜市大の問題にあるからそちらを見よ

（23　長崎大・情報）

《母平均の推定（B20）》

742. ある日の朝，ある養鶏場で無作為に 9 個の卵を抽出して，それぞれの卵の重さを測ったところ，表 1 の結果が得られた．

表 1　養鶏場で抽出した 9 個の卵の重さ（単位はグラム（g））

58	61	56	59	52	62	65	59	68

この養鶏場の卵の重さは，母平均が m，母分散が σ^2 の正規分布に従うものとするとき，以下の問いに答えよ．必要に応じて後ろの正規分布表を用いてもよい．

（1）　表 1 の標本の平均を求めよ．

（2）　表 1 の標本の分散と標準偏差を求めよ．

（3）　母分散 $\sigma^2 = 25$ であるとき，表 1 の標本から，母平均 m に対する信頼度 95% の信頼区間を，小数点第 3 位を四捨五入して求めよ．

（4）　この養鶏場のすべての卵の重さからそれぞれ 10 g を引いて，50 g で割った数値は，母平均 m_1，母分散 $\sigma_1{}^2$ の正規分布に従う．このとき，m_1 と $\sigma_1{}^2$ を，それぞれ m と σ の式で表せ．また，$\sigma^2 = 25$ であるとき，表 1 の標本から，m_1 に対する信頼度 95% の信頼区間を，小数点第 3 位を四捨五入して求めよ．

（5）　次の日の朝に，n 個の卵を無作為に抽出して，母平均 m に対する信頼度 95% の信頼区間を求めることとする．信頼区間の幅が 5 以下となるための標本の大きさ n の最小値を求めよ．ただし，母分散 $\sigma^2 = 25$ であるとする．

正規分布表を省略した．横浜市大の問題にあるからそちらを見よ

（23　長崎大・情報）

《母平均の推定（B20）》

743. a を正の整数とします．箱の中に，各々に $1, 2, \cdots, a$ の整数がひとつずつ書かれているカードが a 枚入っています．この箱から無作為にカードを1枚取り出し，そのカードに書かれた数字を記録してから，そのカードを箱に戻すという試行を n 回繰り返します．確率変数 X_i $(i = 1, 2, \cdots, n)$ は i 回目の試行で取り出したカードに書かれた数字を表し，確率変数 $M = (X_1 + X_2 + \cdots + X_n)/n$ は標本平均とします．このとき，以下の各問いに答えなさい．

（1） $a = 26$ のとき，X_i の平均 $E(X_i)$ と分散 $V(X_i)$ を求めなさい．

（2） $a = 26$ のとき，箱の中から，偶数が書かれているカードをすべて取りのぞき，数字が奇数のカードのみを箱の中に残しました．この箱から無作為にカードを1枚取り出し，そのカードに書かれた数字を記録してから，そのカードを再び箱に戻す試行を n 回繰り返します．確率変数 Y_i $(i = 1, 2, \cdots, n)$ は i 回目の試行で取り出したカードに書かれた数字を表すものとします．Y_i の平均 $E(Y_i)$ と分散 $V(Y_i)$ を求めなさい．

（3） $a = 26$ のとき，再び箱の中に a 枚のカードをすべて入れて，この箱から無作為にカードを1枚取り出し，そのカードに書かれた数字を記録してから，そのカードを再び箱に戻す試行を n 回繰り返し，i 回目の試行で取り出したカードに書かれた数字を確率変数 X_i $(i = 1, 2, \cdots, n)$ で表します．確率変数 M の標準偏差を $\sigma(M)$ で表すとき，$C = \dfrac{\sigma(M)}{E(M)}$ について，$C < 0.1$ となるために必要な自然数 n の最小値を求めなさい．

（4）（3）の試行を $n = 100$ 回繰り返したとき，標本平均 M の値は 12 であり，標本標準偏差の値は 8 であったとします．M の確率分布を正規分布で近似し，X_i の未知の母平均 m の信頼度 95% の信頼区間を小数点以下第2位まで求めなさい．ただし，X_i の母標準偏差には標本標準偏差の値を代入しなさい．

正規分布表

下表は，標準正規分布の分布曲線における下図の灰色部分の面積の値をまとめたものである．

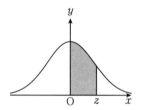

z	0.00	0.01	0.02	0.03	0.04	0.05	0.06	0.07	0.08	0.09
0.0	0.0000	0.0040	0.0080	0.0120	0.0160	0.0199	0.0239	0.0279	0.0319	0.0359
0.1	0.0398	0.0438	0.0478	0.0517	0.0557	0.0596	0.0636	0.0675	0.0714	0.0753
0.2	0.0793	0.0832	0.0871	0.0910	0.0948	0.0987	0.1026	0.1064	0.1103	0.1141
0.3	0.1179	0.1217	0.1255	0.1293	0.1331	0.1368	0.1406	0.1443	0.1480	0.1517
0.4	0.1554	0.1591	0.1628	0.1664	0.1700	0.1736	0.1772	0.1808	0.1844	0.1879
0.5	0.1915	0.1950	0.1985	0.2019	0.2054	0.2088	0.2123	0.2157	0.2190	0.2224
0.6	0.2257	0.2291	0.2324	0.2357	0.2389	0.2422	0.2454	0.2486	0.2517	0.2549
0.7	0.2580	0.2611	0.2642	0.2673	0.2704	0.2734	0.2764	0.2794	0.2823	0.2852
0.8	0.2881	0.2910	0.2939	0.2967	0.2995	0.3023	0.3051	0.3078	0.3106	0.3133
0.9	0.3159	0.3186	0.3212	0.3238	0.3264	0.3289	0.3315	0.3340	0.3365	0.3389
1.0	0.3413	0.3438	0.3461	0.3485	0.3508	0.3531	0.3554	0.3577	0.3599	0.3621
1.1	0.3643	0.3665	0.3686	0.3708	0.3729	0.3749	0.3770	0.3790	0.3810	0.3830
1.2	0.3849	0.3869	0.3888	0.3907	0.3925	0.3944	0.3962	0.3980	0.3997	0.4015

1.3	0.4032	0.4049	0.4066	0.4082	0.4099	0.4115	0.4131	0.4147	0.4162	0.4177
1.4	0.4192	0.4207	0.4222	0.4236	0.4251	0.4265	0.4279	0.4292	0.4306	0.4319
1.5	0.4332	0.4345	0.4357	0.4370	0.4382	0.4394	0.4406	0.4418	0.4429	0.4441
1.6	0.4452	0.4463	0.4474	0.4484	0.4495	0.4505	0.4515	0.4525	0.4535	0.4545
1.7	0.4554	0.4564	0.4573	0.4582	0.4591	0.4599	0.4608	0.4616	0.4625	0.4633
1.8	0.4641	0.4649	0.4656	0.4664	0.4671	0.4678	0.4686	0.4693	0.4699	0.4706
1.9	0.4713	0.4719	0.4726	0.4732	0.4738	0.4744	0.4750	0.4756	0.4761	0.4767
2.0	0.4772	0.4778	0.4783	0.4788	0.4793	0.4798	0.4803	0.4808	0.4812	0.4817
2.1	0.4821	0.4826	0.4830	0.4834	0.4838	0.4842	0.4846	0.4850	0.4854	0.4857
2.2	0.4861	0.4864	0.4868	0.4871	0.4875	0.4878	0.4881	0.4884	0.4887	0.4890
2.3	0.4893	0.4896	0.4898	0.4901	0.4904	0.4906	0.4909	0.4911	0.4913	0.4916
2.4	0.4918	0.4920	0.4922	0.4925	0.4927	0.4929	0.4931	0.4932	0.4934	0.4936
2.5	0.4938	0.4940	0.4941	0.4943	0.4945	0.4946	0.4948	0.4949	0.4951	0.4952
2.6	0.49534	0.49547	0.49560	0.49573	0.49585	0.49598	0.49609	0.49621	0.49632	0.49643
2.7	0.49653	0.49664	0.49674	0.49683	0.49693	0.49702	0.49711	0.49720	0.49728	0.49736
2.8	0.49744	0.49752	0.49760	0.49767	0.49774	0.49781	0.49788	0.49795	0.49801	0.49807
2.9	0.49813	0.49819	0.49825	0.49831	0.49836	0.49841	0.49846	0.49851	0.49856	0.49861
3.0	0.49865	0.49869	0.49874	0.49878	0.49882	0.49886	0.49889	0.49893	0.49897	0.49900
3.1	0.49903	0.49906	0.49910	0.49913	0.49916	0.49918	0.49921	0.49924	0.49926	0.49929
3.2	0.49931	0.49934	0.49936	0.49938	0.49940	0.49942	0.49944	0.49946	0.49948	0.49950
3.3	0.49952	0.49953	0.49955	0.49957	0.49958	0.49960	0.49961	0.49962	0.49964	0.49965
3.4	0.49966	0.49968	0.49969	0.49970	0.49971	0.49972	0.49973	0.49974	0.49975	0.49976
3.5	0.49977	0.49978	0.49978	0.49979	0.49980	0.49981	0.49981	0.49982	0.49983	0.49983
3.6	0.49984	0.49985	0.49985	0.49986	0.49986	0.49987	0.49987	0.49988	0.49988	0.49989
3.7	0.49989	0.49990	0.49990	0.49990	0.49991	0.49991	0.49992	0.49992	0.49992	0.49992
3.8	0.49993	0.49993	0.49993	0.49994	0.49994	0.49994	0.49994	0.49995	0.49995	0.49995
3.9	0.49995	0.49995	0.49996	0.49996	0.49996	0.49996	0.49996	0.49996	0.49997	0.49997

（23　横浜市大・共通）

134

【多項式の計算（除法を除く）】

《展開（A5）☆》

1. $A = 4x^2 + 2x - 1$, $B = 2x^2 + x + 1$ とする．このとき，$A - 2B = -\boxed{}$，
$A^2 - AB - 2B^2 = -\boxed{}x^2 - \boxed{}x$ である．

（23 昭和女子大・A日程）

▶解答◀　$A - 2B$

$= 4x^2 + 2x - 1 - 2(2x^2 + x + 1) = -3$

$A^2 - AB - 2B^2 = (A - 2B)(A + B)$

$= -3(4x^2 + 2x - 1 + 2x^2 + x + 1)$

$= -18x^2 - 9x$

《展開（A5）☆》

2. $(x+1)(x+2)(x+3)(x+4)$
$-(x-1)(x-2)(x-3)(x-4)$
$= \boxed{}x\left(x^2 + \boxed{}\right)$ （23 中部大）

▶解答◀　「塊を見つけよ」が計算のコツである．生徒に解いてもらうと，ガンガン展開する．式を見る目がない．

以下では $x^2 + 5x = A$, $x^2 - 5x = B$ とする．

$(x+1)(x+2)(x+3)(x+4)$
$\qquad -(x-1)(x-2)(x-3)(x-4)$
$= (x+1)(x+4)(x+2)(x+3)$
$\qquad -(x-1)(x-4)(x-2)(x-3)$
$= (x^2 + 5x + 4)(x^2 + 5x + 6)$
$\qquad -(x^2 - 5x + 4)(x^2 - 5x + 6)$
$= (A+4)(A+6) - (B+4)(B+6)$
$= A^2 + 10A + 24 - (B^2 + 10B + 24)$
$= A^2 - B^2 + 10(A - B)$
$= (A+B)(A-B) + 10(A-B)$
$= (A-B)(A+B+10)$
$= 10x(2x^2 + 10) = 20x(x^2 + 5)$

《展開と十進法（B5）》

3. $(x+1)(x+2)(x+3)(x+4)$ を展開すると，x^3 の係数は $\boxed{}$ であり，x の係数は $\boxed{}$ である．
また，$101 \times 102 \times 103 \times 104$ を計算したとき，その値の千の位の数字は $\boxed{}$ であり，百の位の数字は $\boxed{}$ である．（23 武庫川女子大）

▶解答◀　第1の括弧から x か1，第2の括弧から x か2，第3の括弧から x か3，第4の括弧から x か4 のどれかを取り出して積を作る．

x^3 の項は

$x \cdot x \cdot x \cdot 4 + x \cdot x \cdot 3 \cdot x + x \cdot 2 \cdot x \cdot x + 1 \cdot x \cdot x \cdot x$

$= (1 + 2 + 3 + 4)x^3 = 10x^3$

$(x+1)(x+2)(x+3)(x+4)$

x の項は

$1 \cdot 2 \cdot 3 \cdot x + 1 \cdot 2 \cdot x \cdot 4 + 1 \cdot x \cdot 3 \cdot 4 + x \cdot 2 \cdot 3 \cdot 4$

$= (6 + 8 + 12 + 24)x = 50x$

$(x+1)(x+2)(x+3)(x+4)$

具体的に書けば

$(x+1)(x+2)(x+3)(x+4)$
$= (x+1)(x+4) \cdot (x+2)(x+3)$
$= (x^2 + 5x + 4)(x^2 + 5x + 6)$
$= (x^2 + 5x)^2 + 10(x^2 + 5x) + 24$
$= x^4 + 10x^3 + 25x^2 + 10x^2 + 50x + 24$
$= x^4 + 10x^3 + 35x^2 + 50x + 24$

$x = 100$ とすると

$101 \cdot 102 \cdot 103 \cdot 104$
$= 1 \cdot 10^8 + 10 \cdot 10^6 + 35 \cdot 10^4 + 5024$

千の位の数字は **5**，百の位の数字は **0** である．

【因数分解】

《1文字について整理（A10）☆》

4. 次の式を因数分解せよ．
（1） $3x^3 + 12x^2y + 9xy^2 + 4x^2 + 16xy + 12y^2$
$= (\boxed{}x + \boxed{})(x+y)(x+\boxed{}y)$
（2） $5(2x-3)^2 + 2(2x+2) - 34$
$= (\boxed{}x - \boxed{})(\boxed{}x - \boxed{})$

（23 金城学院大）

▶解答◀　（1）次数の低い方の y で整理して
$(9x + 12)y^2 + (12x^2 + 16x)y + 3x^3 + 4x^2$
$= 3(3x+4)y^2 + 4x(3x+4)y + x^2(3x+4)$
$= (3x+4)(x^2 + 4yx + 3y^2)$
$= (3x+4)(x+y)(x+3y)$

（2）$X = 2x - 3$ とおく．$2x + 2 = X + 5$ であるから

$5X^2 + 2(X+5) - 34 = 5X^2 + 2X - 24$

$$= (X - 2)(5X + 12) = (2x - 5)(10x - 3)$$

《塊を考える因数分解 (A5) ☆》

5. x の整式 $(x^2 + 4x + 3)(x^2 + 10x + 24) + 8$ を因数分解すると

$$(x + \boxed{ア})(x + \boxed{イ})(x^2 + \boxed{}x + \boxed{})$$

と表せる. ただし, $\boxed{ア} < \boxed{イ}$ とする.

(23 武庫川女子大)

▶解答◀ $f = (x^2 + 4x + 3)(x^2 + 10x + 24) + 8$ とおく.

$$f = (x + 1)(x + 3)(x + 4)(x + 6) + 8$$

$$= (x^2 + 7x + 6)(x^2 + 7x + 12) + 8$$

$x^2 + 7x + 6 = X$ とおく.

$$f = X(X + 6) + 8$$

$$= X^2 + 6X + 8$$

$$= (X + 2)(X + 4)$$

$$= (x^2 + 7x + 8)(x^2 + 7x + 10)$$

$$= (x + 2)(x + 5)(x^2 + 7x + 8)$$

《複2次式の因数分解 (A5) ☆》

6. $x^4 - 8x^2 + 4$ を因数分解せよ.

(23 明海大)

▶解答◀ $x^4 - 8x^2 + 4 = (x^4 - 4x^2 + 4) - 4x^2$

$$= (x^2 - 2)^2 - (2x)^2$$

$$= \{(x^2 - 2) - 2x\}\{(x^2 - 2) + 2x\}$$

$$= (x^2 - 2x - 2)(x^2 + 2x - 2)$$

《4次式の因数分解 (B10)》

7. 整式 $P(x) = x^4 + 11x^2 - 4x + 32$ が

$$P(x) = (x^2 + a)^2 - (x + b)^2$$

と表せるような定数 a, b の値は

$$a = \boxed{}, b = \boxed{}$$

であり, $P(x)$ を実数の範囲で因数分解すると

$$P(x) = \boxed{} \text{ となる.}$$ (23 関西学院大・理系)

▶解答◀ $(x^2 + a)^2 - (x + b)^2$

$$= x^4 + 2ax^2 + a^2 - x^2 - 2bx - b^2$$

$$= x^4 + (2a - 1)x^2 - 2bx + a^2 - b^2$$

であるから, これが

$$P(x) = x^4 + 11x^2 - 4x + 32$$

となるのは, $2a - 1 = 11, 2b = 4$, すなわち $a = 6, b = 2$ のときである. したがって,

$$P(x) = (x^2 + 6)^2 - (x + 2)^2$$

$$= (x^2 + 6 + x + 2)(x^2 + 6 - x - 2)$$

$$= (x^2 + x + 8)(x^2 - x + 4)$$

《3乗差の因数分解 (B10) ☆》

8. (1) $(x - 2y)^3 - (-2x + y)^3$ を因数分解すると $\boxed{}$ である.

(2) $x = \dfrac{\sqrt{5} + 1}{2}, y = \dfrac{\sqrt{5} - 1}{2}$ のとき,

$x^3 + 2x^2y + 2xy^2 + y^3$ の値は $\boxed{}$ である.

(23 福岡大)

▶解答◀ (1) $A = x - 2y, B = -2x + y$ とおく.

$$A^3 - B^3 = (A - B)(A^2 + AB + B^2)$$

$$= (3x - 3y)\{(x^2 - 4xy + 4y^2)$$

$$+ (-2x^2 + xy + 4xy - 2y^2) + (4x^2 - 4xy + y^2)\}$$

$$= 9(x - y)(x^2 - xy + y^2)$$

(2) $x^3 + 2x^2y + 2xy^2 + y^3 = (x + y)^3 - xy(x + y)$

$$= (\sqrt{5})^3 - \frac{5 - 1}{4}\sqrt{5} = 4\sqrt{5}$$

《2次2変数6項の因数分解 (A10) ☆》

9. 整式 $2x^2 + 5xy + 2y^2 + 7x + 5y + 3$ を1次式の積に因数分解すると, $\boxed{}$ となる.

(23 神奈川大・給費生)

▶解答◀ $f = 2x^2 + 5xy + 2y^2 + 7x + 5y + 3$ とおく.

$$f = 2x^2 + (5y + 7)x + (2y + 3)(y + 1)$$

ここで, 左は上下に 1, 2, 右は上下に $2y + 3, y + 1$ かこの逆をためす. (右は, 上下に $-(2y + 3), -(y + 1)$ は

ない.)

$$
\begin{array}{lll}
1 & 2y+3 \longrightarrow 4y+6 \\
& \diagdown\diagup \\
2 & y+1 \longrightarrow y+1 & (+ \\
\hline
& & 5y+7
\end{array}
\qquad
\begin{array}{lll}
1 & y+1 \longrightarrow 2y+2 \\
& \diagdown\diagup \\
2 & 2y+3 \longrightarrow 2y+3 & (+ \\
\hline
& & 4y+5
\end{array}
$$

$$f = \{x + (2y + 3)\}\{2x + (y + 1)\}$$

$$= (x + 2y + 3)(2x + y + 1)$$

◆別解◆ f の最初の2次の3項は

$$2x^2 + 5xy + 2y^2 = (x + 2y)(2x + y)$$

と因数分解できるから

$$f = (x + 2y)(2x + y) + 7x + 5y + 3$$

これを

$$f = (x + 2y + a)(2x + y + b)$$

と変形する．展開して下図のようにして上側に x の係数，下側に y の係数を作り元の式と係数を比べる．そして定数項を比べる．

$$(x+2y+a)\underbrace{(2x+y+b)}$$

$$2a + b = 7,\ a + 2b = 5,\ ab = 3$$

前 2 つから $a = 3, b = 1$ となり第三式をみたす．

$$f = (x + 2y + 3)(2x + y + 1)$$

注 意 【たすき掛けの因数分解】

世界にはたすき掛けの因数分解が苦手な人がいる．たすき掛けをしない解法 (アメリカ方式と呼ぶ) がある．
a, b, c, d は整数，x は不定元とする．

$$(ax + b)(cx + d) = (acx^2 + adx) + (bcx + bd)$$
$$= acx^2 + (ad + bc)x + bd$$

これを後から見ていく．
2 次の係数 ac と定数項 bd の積を作ると $abcd$ になる．これをうまく 2 つの項 ad, bc に分けて，$(ad + bc)x$ を $adx + bcx$ に分けると $ax(cx + d), b(cx + d)$ で因数 $cx + d$ が見えると読む．

　本解答では $g = 2y^2 + 5y + 3$ とおく．y は不定元である．y^2 の係数 2 と定数項 3 の積 $2 \cdot 3 = 6$ をつくる．6 を 2 つの積にして，2 つの和が 5 になるようにする．

$$6 = 1 \cdot 6,\ 6 = 2 \cdot 3$$

和が 5 になるのは後の方で $5 = 2 + 3$ となる．そして

$$g = 2y^2 + (2 + 3)y + 3 = 2y^2 + 2y + 3y + 3$$

前 2 つ「$2y^2 + 2y$」，後ろ 2 つ「$3y + 3$」をペアにしてそれぞれ $2y, 3$ で括る．

$$g = 2y(y + 1) + 3(y + 1) = (2y + 3)(y + 1)$$

と，因数分解できる．

　別解では，$h = 2x^2 + 5xy + 2y^2$ も同様に考える．x^2 の係数 2 と y^2 の係数 2 の積 $2 \cdot 2 = 4$ で

$$4 = 1 \cdot 4,\ 4 = 2 \cdot 2$$

和が 5 になるのは前の方で $5 = 1 + 4$ となる．そして

$$h = 2x^2 + (1 + 4)xy + 2y^2$$
$$= x(2x + y) + 2y(2x + y)$$
$$= (x + 2y)(2x + y)$$

と因数分解できる．

《2 次 2 変数 6 項の因数分解 (B10)》

10. $2x^2 + 11xy + 5y^2 + 15x + 21y + 18$ を因数分解せよ．　　　　(23　酪農学園大・食農，獣医-看護)

▶解答◀　$f = 2x^2 + 11xy + 5y^2 + 15x + 21y + 18$ とおく．

　たすき掛けを使わない解法から示す．

　2 次の項の因数分解からはじめる．アメリカの学校で教えられている「たすき掛けが苦手な生徒のための方法」は次のようなものである．

$$(ax + b)(cx + d) = a(cx + d)x + b(cx + d)$$
$$= acx^2 + (ad + bc)x + bd$$

を見ると「x^2 の係数 ac と定数項をかけた $acbd$ を 2 つに分けて，1 次の係数 $ad + bc$ を作り，あとは逆をたどればよい」ということである．$2x^2 + 11xy + 5y^2$ では

$$2 \cdot 5 = 10 = 10 \cdot 1 \Rightarrow 10 + 1 \text{ にする．}$$
$$2x^2 + 11xy + 5y^2 = 2x^2 + (10 + 1)xy + 5y^2$$
$$= 2x^2 + 10xy + xy + 5y^2$$
$$= 2x(x + 5y) + y(x + 5y)$$
$$= (2x + y)(x + 5y)$$
$$f = (2x + y)(x + 5y) + 15x + 21y + 18 \quad \cdots\cdots①$$

これを $f = (2x + y + a)(x + 5y + b)$ にする．

$$\underbrace{2x + y + a \quad x + 5y + b}$$

$$f = (2x + y)(x + 5y) + (a + 2b)x + (5a + b)y + ab$$

① と係数を比べ

$$a + 2b = 15 \quad \cdots\cdots②$$
$$5a + b = 21 \quad \cdots\cdots③$$
$$ab = 18 \quad \cdots\cdots④$$

③ × 2 − ② より $9a = 27$
$a = 3$ となり ③ より $b = 21 - 15 = 6$
このとき ④ は成り立つ．

$$f = (2x + y + 3)(x + 5y + 6)$$

♦別解♦　たすき掛けを用いる．f を x について整理し

$$f = 2x^2 + (11y + 15)x + 5y^2 + 21y + 18$$

まず $5y^2 + 21y + 18$ をたすき掛けで因数分解する．左には縦に，上から 1, 5 を書く．右には 2 数の積が 18 になる数 1 と 18，2 と 9，3 と 6 をどちらが上になるかで，正直にやると 6 通り書く．

図a　　　　　　　　図b

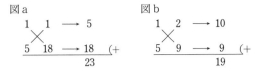

図c

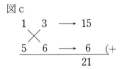

今は図cで21が得られる.

$$5y^2 + 21y + 18 = (y+3)(5y+6)$$

$$f = 2x^2 + (11y+15)x + (y+3)(5y+6)$$

次に左に上から1, 2を書く. 右に $y+3$ と $5y+6$ をどちらを上にするかで2通り書く.

図d　　　　　　　　図e

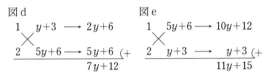

図eで $11y+15$ ができるから

$$f = (x + 5y + 6)(2x + y + 3)$$

《2次2変数6項の因数分解 (B10)》

11. 次の式を因数分解すると,

$$x^2 + 8xy + 15y^2 + 7x + 19y - 8$$
$$= (x + \boxed{}\,y - \boxed{}\,)(x + \boxed{}\,y + \boxed{}\,)$$

である.　　　　　　　　　　（23 摂南大）

▶解答◀　最初にたすき掛けをしない解法を示す.

$f = x^2 + 8xy + 15y^2 + yx + 19y - 8$ とおく.

まず, $x^2 + 8xy + 15y^2$ を因数分解する. これは中学生レベルである.

$$x^2 + 8xy + 15y^2 = (x+3y)(x+5y)$$

$$f = (x+3y)(x+5y) + 7x + 19y - 8$$

これを $f = (x+3y+a)(x+5y+b)$ となるようにする.

$$\boxed{x+3y+a \quad\quad x+5y+b}$$

$f = (x+3y)(x+5y) + (a+b)x + (5a+3b)y + ab$

となるから, 係数を比べて

$$a+b = 8 \quad\cdots\cdots\cdots\cdots\cdots①$$
$$5a+3b = 19 \quad\cdots\cdots\cdots\cdots②$$
$$ab = -8 \quad\cdots\cdots\cdots\cdots\cdots③$$

②$-$①$\times 3$ より, $2a = -2$ で $a = 1$ となる.

①に代入し, $b = 8$ を得る. このとき, ③は成り立つ.

$$f = (x + 3y - 1)(x + 4y + 8)$$

◆別解◆　f を x について整理する.

$$f = x^2 + (8y+y)x + 15y^2 + 19y - 8 \quad\cdots\cdots④$$

まず, $15y^2 + 19y - 8$ を因数分解するが, たすき掛けをしないで行う. 上の a, b と次の a, b は無関係である.

$$(ay+b)(cy+d) = ay(cy+d) + b(cy+d)$$
$$= acy^2 + ady + bcy + bd$$
$$= acy^2 + (ad+bc)y + bd$$

このことは, 次のことを意味している.

y^2 の係数と定数項を掛けて, $abcd$ を作り, それを2つに分けて y の係数にして, バラして元をたどればよい. そこで, $15 \cdot (-8) = -120$ とする. マイナスを思い出し, この中で差が19になるものを探す. それは, $24 - 5 = 19$ である.

$$15y^2 + 19y - 8 = 15y^2 + (24-5)y - 8$$
$$= 15y^2 + 24y - 5y - 8$$
$$= 3y(5y+8) - (5y+8) = (3y-1)(5y+8)$$
$$f = x^2 + 18y + 7)x + (3y-1)(5y+8) \quad\cdots\cdots⑤$$
$$= x^2 + \{(3y-1) + (5y+8)\}x + (3y-1)(5y+8)$$
$$= (x + 3y - 1)(x + 4y + 8)$$

◆別解◆　⑤までくればたすき掛けの必要もなかろう.

$$15y^2 + 19y - 8 = (3y-1)(5y+8)$$

にするところをたすき掛けする.

15を1と15, または3と5にして, 左に上から1, 15または3, 5と書く. 次に8を $1 \cdot 8$, または $2 \cdot 4$ にして, 上から1, 8または8, 1, または2, 4または4, 2と書く. マイナスは, ひとまず考えずに符号は後で微調整する.

図A　　　　　　　　図B

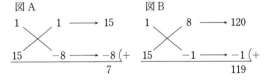

19という数は出てこない. 次は2, 4または4, 2である.

図C　　　　　　　　図D

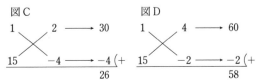

ここでも 19 は出てこない．次は左が 3, 5 の場合である．

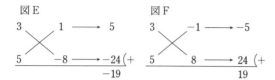

図 E の場合で -19 になる．符号は合わないが 19 は出てくる．そこで，図 F のように上に -1，下に 8 を書いて，加えると 19 になる．これが適し

$$15y^2 + 19y - 9 = (3y-1)(5y+8)$$

となる．ついでに上から 2, 4 のケースも書いておくと

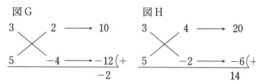

図 G，H には 19 は出てこない．もともと，図 B では $15 \cdot 8 = 120$ が出て，数が大きくなりすぎるし，図 C, D, G, H のように縦に偶数が並ぶと 19（奇数）は出てこない．したがって，図 A，図 E，図 F を試せばよい．

【数の計算】

《4 次の展開（A2）》

12. $x^2 = 7\sqrt{2} + 4\sqrt{3}$, $y^2 = 7\sqrt{2} - 4\sqrt{3}$ とする．このとき，

$$x^2 y^2 = \boxed{}, \quad \frac{y}{x-y} + \frac{x}{x+y} = \frac{\boxed{}\sqrt{\boxed{}}}{\boxed{}}$$

である．さらに，$xy < 0$ のとき，$(x+y)^4 = \boxed{}$ である．
(23 大同大・工-建築)

▶解答◀ $x^2 y^2 = (7\sqrt{2} + 4\sqrt{3})(7\sqrt{2} - 4\sqrt{3})$
$= 98 - 48 = \mathbf{50}$

$$\frac{y}{x-y} + \frac{x}{x+y} = \frac{y(x+y) + x(x-y)}{(x-y)(x+y)}$$

$$= \frac{x^2 + y^2}{x^2 - y^2} = \frac{14\sqrt{2}}{8\sqrt{3}} = \frac{\mathbf{7}\sqrt{\mathbf{6}}}{\mathbf{12}}$$

$xy < 0$ のとき，$xy = -5\sqrt{2}$ であるから

$$(x+y)^4 = (x^2 + y^2 + 2xy)^2$$
$$= (14\sqrt{2} - 10\sqrt{2})^2 = (4\sqrt{2})^2 = \mathbf{32}$$

《2 項分母の有理化（B5）☆》

13. $x = 3 + 2\sqrt{2}$, $y = 3 - 2\sqrt{2}$ のとき，$\dfrac{\sqrt{x} - \sqrt{y}}{\sqrt{x} + \sqrt{y}}$

の値を求めよ． (23 北海学園大・工)

▶解答◀ $x = \left(\sqrt{2} + 1\right)^2$, $y = \left(\sqrt{2} - 1\right)^2$
だから $\sqrt{x} = \sqrt{2} + 1$, $\sqrt{y} = \sqrt{2} - 1$

$$\frac{\sqrt{x} - \sqrt{y}}{\sqrt{x} + \sqrt{y}} = \frac{2}{2\sqrt{2}} = \frac{\sqrt{2}}{2}$$

♦別解♦ $x + y = 6$, $x - y = 4\sqrt{2}$, $xy = 1$ であるから

$$\frac{\sqrt{x} - \sqrt{y}}{\sqrt{x} + \sqrt{y}} = \frac{x - y}{(\sqrt{x} + \sqrt{y})^2}$$

$$= \frac{x - y}{x + y + 2\sqrt{xy}} = \frac{4\sqrt{2}}{6 + 2} = \frac{\sqrt{2}}{2}$$

《3 項分母の有理化（A5）☆》

14. 次の式の分母を有理化せよ．

$$\frac{1}{1 + \sqrt{6} + \sqrt{7}}$$

(23 北海学園大・工)

▶解答◀

$$\frac{1}{1 + \sqrt{6} + \sqrt{7}} = \frac{1 + \sqrt{6} - \sqrt{7}}{(1 + \sqrt{6} + \sqrt{7})(1 + \sqrt{6} - \sqrt{7})}$$

$$= \frac{1 + \sqrt{6} - \sqrt{7}}{(1 + \sqrt{6})^2 - 7} = \frac{1 + \sqrt{6} - \sqrt{7}}{2\sqrt{6}}$$

$$= \frac{6 + \sqrt{6} - \sqrt{42}}{12}$$

《塊を見つけよ（B5）☆》

15. 次の式を簡単にしなさい．ただし，分母に根号が残らないようにすること．

$$\frac{2 - \sqrt{3} + \sqrt{7}}{2 + \sqrt{3} - \sqrt{7}} - \frac{2 + \sqrt{3} - \sqrt{7}}{2 - \sqrt{3} + \sqrt{7}}$$

(23 産業医大)

▶解答◀ $x = \sqrt{3} - \sqrt{7}$ とおく．求値式は

$$\frac{2 - x}{2 + x} - \frac{2 + x}{2 - x} = \frac{(2-x)^2 - (2+x)^2}{4 - x^2}$$

$$= \frac{-8x}{4 - x^2} = \frac{-8(\sqrt{3} - \sqrt{7})}{4 - (10 - 2\sqrt{3}\sqrt{7})}$$

$$= \frac{-8(\sqrt{3} - \sqrt{7})}{-6 + 2\sqrt{3}\sqrt{7}} = \frac{4(-\sqrt{3} + \sqrt{7})}{-3 + \sqrt{3}\sqrt{7}}$$

$$= \frac{4(\sqrt{7} - \sqrt{3})}{\sqrt{3}(\sqrt{7} - \sqrt{3})} = \frac{4}{\sqrt{3}} = \frac{\mathbf{4}\sqrt{\mathbf{3}}}{\mathbf{3}}$$

計算のコツは「急いで $\sqrt{3}\sqrt{7}$ を $\sqrt{21}$ にしない」，および「$3 = \sqrt{3}\sqrt{3}$ と見て $\sqrt{3}$ で括る」である．

《次数下げ（A5）》

16. $\left(\dfrac{\sqrt{3}+\sqrt{5}}{\sqrt{2}}\right)^2$ の整数部分を a, 小数部分を b とすると, $a = \boxed{}$, $b = \sqrt{\boxed{\text{ア}}} - \boxed{}$ である. b は等式 $b^2 + \boxed{\text{イ}}\,b - \boxed{\text{イ}} = 0$ を満たし, $b^3 = 6(\boxed{}\sqrt{\boxed{\text{ア}}} - \boxed{})$ である.

(23 昭和女子大・A 日程)

▶解答◀ $\left(\dfrac{\sqrt{3}+\sqrt{5}}{\sqrt{2}}\right)^2 = \dfrac{8+2\sqrt{15}}{2} = 4+\sqrt{15}$

$3 < \sqrt{15} < 4$ であるから, $7 < 4+\sqrt{15} < 8$

したがって $a = \mathbf{7}$, $b = \sqrt{15}-3$

$(b+3)^2 = 15$ であるから, $\mathbf{\textit{b}^2 + 6\textit{b} - 6 = 0}$

$b^2 = -6(b-1)$ であるから

$\quad b^3 = -6(b-1)b$

$\quad\quad = -6\{-6(b-1)-b\} = 6(7b-6)$

$\quad\quad = 6\{7(\sqrt{15}-3)-6\} = \mathbf{6(7\sqrt{15}-27)}$

《3 項分母の有理化 (A5)》

17. 次の式を分母を有理化して簡単にせよ.

(1) $\dfrac{3\sqrt{3}}{2\sqrt{2}} - \dfrac{3\sqrt{2}}{\sqrt{3}} + \dfrac{2}{\sqrt{6}} = \boxed{}$

(2) $\dfrac{\sqrt{5}-\sqrt{3}}{\sqrt{5}+\sqrt{3}} + \dfrac{\sqrt{3}+\sqrt{2}}{\sqrt{3}-\sqrt{2}} = \boxed{}$

(3) $\dfrac{1}{1+\sqrt{5}+\sqrt{6}} + \dfrac{1}{4+2\sqrt{5}} = \boxed{}$

(23 金城学院大)

▶解答◀ (1) $\dfrac{3\sqrt{3}}{2\sqrt{2}} - \dfrac{3\sqrt{2}}{\sqrt{3}} + \dfrac{2}{\sqrt{6}}$

$= \dfrac{1}{2\sqrt{6}}(9-12+4) = \dfrac{1}{2\sqrt{6}} = \dfrac{\sqrt{6}}{12}$

(2) $\dfrac{\sqrt{5}-\sqrt{3}}{\sqrt{5}+\sqrt{3}} + \dfrac{\sqrt{3}+\sqrt{2}}{\sqrt{3}-\sqrt{2}}$

$= \dfrac{(\sqrt{5}-\sqrt{3})^2}{(\sqrt{5}+\sqrt{3})(\sqrt{5}-\sqrt{3})} + \dfrac{(\sqrt{3}+\sqrt{2})^2}{(\sqrt{3}-\sqrt{2})(\sqrt{3}+\sqrt{2})}$

$= \dfrac{8-2\sqrt{15}}{2} + 5+2\sqrt{6} = \mathbf{9+2\sqrt{6}-\sqrt{15}}$

(3) $\dfrac{1}{1+\sqrt{5}+\sqrt{6}} + \dfrac{1}{4+2\sqrt{5}}$

$= \dfrac{(1+\sqrt{5})-\sqrt{6}}{(1+\sqrt{5})^2-(\sqrt{6})^2} + \dfrac{4-2\sqrt{5}}{4^2-(2\sqrt{5})^2}$

$= \dfrac{1+\sqrt{5}-\sqrt{6}}{2\sqrt{5}} - \dfrac{2-\sqrt{5}}{2}$

$= \dfrac{\sqrt{5}+5-\sqrt{30}}{10} - \dfrac{2-\sqrt{5}}{2}$

$= \dfrac{-5+6\sqrt{5}-\sqrt{30}}{10}$

《逆数の基本対称式 (A5) ☆》

18. $\sqrt{x} + \dfrac{1}{\sqrt{x}} = \sqrt{5}$ のとき, $\left(x^2 - \dfrac{1}{x^2}\right)^2 = \boxed{}$ である.

(23 藤田医科大・医学部後期)

▶解答◀ $\sqrt{x} + \dfrac{1}{\sqrt{x}} = \sqrt{5}$ のとき

$\left(\sqrt{x} + \dfrac{1}{\sqrt{x}}\right)^2 = 5$ であり展開すると $x+\dfrac{1}{x}+2 = 5$,

すなわち, $x + \dfrac{1}{x} = 3$ となる. また

$\left(x - \dfrac{1}{x}\right)^2 = \left(x + \dfrac{1}{x}\right)^2 - 4 = 5$

したがって

$\left(x^2 - \dfrac{1}{x^2}\right)^2 = \left(x + \dfrac{1}{x}\right)^2\left(x - \dfrac{1}{x}\right)^2$

$= 9 \cdot 5 = \mathbf{45}$

《3 次基本対称式 (A5) ☆》

19. $x = \dfrac{2}{\sqrt{5}-1}$, $y = \dfrac{\sqrt{5}-1}{2}$ のとき, 次式の $\boxed{}$ に当てはまる値を求めよ.

(1) $x+y = \sqrt{\boxed{}}$

(2) $xy = \boxed{}$

(3) $x^3+y^3 = \boxed{}\sqrt{\boxed{}}$

(23 共立女子大)

▶解答◀ $x = \dfrac{2}{\sqrt{5}-1} = \dfrac{2(\sqrt{5}+1)}{5-1} = \dfrac{\sqrt{5}+1}{2}$

(1) $x+y = \sqrt{5}$

(2) $xy = 1$

(3) $x^3+y^3 = (x+y)^3 - 3xy(x+y)$

$\quad = 5\sqrt{5} - 3\cdot1\cdot\sqrt{5} = \mathbf{2\sqrt{5}}$

《3 項基本対称式 (A10)》

20. 実数 a, b, c が,

$\quad a+b+c = 5$, $ab+bc+ca = 8$,

$\quad \dfrac{1}{a} + \dfrac{1}{b} + \dfrac{1}{c} = 2$,

を満たすとき,

$\quad abc = \boxed{}$, $a^2+b^2+c^2 = \boxed{}$,

$\quad a^2b^2 + b^2c^2 + c^2a^2 = \boxed{}$

である. (23 金城学院大)

▶解答◀ $\dfrac{1}{a} + \dfrac{1}{b} + \dfrac{1}{c} = 2$ より

$\dfrac{bc+ca+ab}{abc} = 2$

$abc = \dfrac{ab+bc+ca}{2} = \dfrac{8}{2} = \mathbf{4}$

$a^2+b^2+c^2 = (a+b+c)^2 - 2(ab+bc+ca)$

$= 5^2 - 2\cdot8 = \mathbf{9}$

$$a^2b^2 + b^2c^2 + c^2a^2$$
$$= (ab + bc + ca)^2 - 2abc(a + b + c)$$
$$= 8^2 - 2 \cdot 4 \cdot 5 = 64 - 40 = \mathbf{24}$$

──《虫食い算 (B5)》──

21. 以下の虫食い算の解は $A = \boxed{}$, $B = \boxed{}$, $C = \boxed{}$, $D = \boxed{}$ である.

$$\boxed{A} \times \boxed{B} \, \boxed{A} \times \boxed{B} \, \boxed{A} = \boxed{C} \, \boxed{D} \, \boxed{C} \, 3$$

(23 中部大)

▶**解答**◀ 虫食い算のお約束がある. 空欄には, 普通は 1 から 9 までの一桁の数が入る. 異なる文字は異なる数である. 答えは 1 つに確定するものがよく, 答えが 2 通り以上あるのは出来が悪い.

左辺の一の位の数は A^3 の一の位の数である. 1 から 9 まで 3 乗する.

1, 8, 27, 64, 125, 216, 343, 512, 729

のうちで一の位が 3 になるのは $7^3 = 343$ である. あとは $7 \cdot 17^2$ から $7 \cdot 97^2$ まで千の位と十の位の数が同じになるものが出てくるまで計算してみる. $7 \cdot 17^2 = 2023$ であるから終わりである. $A = \mathbf{7}$, $B = \mathbf{1}$, $C = \mathbf{2}$, $D = \mathbf{0}$

──《循環小数 (A1)》──

22. 循環小数である $1.\dot{2}\dot{1}$ を既約分数で表すと $\boxed{}$ である. (23 北九州市立大)

▶**解答**◀ $x = 1.\dot{2}\dot{1}$ とおくと $100x = 121.\dot{2}\dot{1}$ で, $100x - x = 120$ ∴ $x = \dfrac{120}{99} = \mathbf{\dfrac{40}{33}}$

──《循環小数 (A1)》──

23. 循環小数 $0.\dot{1}3\dot{5}$ を分数で表すと, $\dfrac{5}{\boxed{}}$ であり, 循環小数 $2.\dot{2}\dot{7}$ を分数で表すと, $\dfrac{\boxed{}}{11}$ である. (23 東京工芸大・工)

▶**解答**◀ $a = 0.\dot{1}3\dot{5}$ とおくと,
$1000a = 135.\dot{1}3\dot{5}$ で差をとって
$$999a = 135 \qquad \therefore \quad a = \frac{5}{37}$$
$b = 2.\dot{2}\dot{7}$ とおくと, $100b = 227.\dot{2}\dot{7}$ で差をとって
$$99b = 225 \qquad \therefore \quad b = \frac{25}{11}$$

──《式の値 (A5)》──

24. $x^2 = 7\sqrt{2} + 4\sqrt{3}$, $y^2 = 7\sqrt{2} - 4\sqrt{3}$ とする. このとき,

$x^2y^2 = \boxed{}$, $\dfrac{y}{x-y} + \dfrac{x}{x+y} = \dfrac{\boxed{}\sqrt{\boxed{}}}{\boxed{}}$ である. さらに, $xy < 0$ のとき, $(x+y)^4 = \boxed{}$ である. (23 大同大・工-建築)

▶**解答**◀ $x^2y^2 = (7\sqrt{2} + 4\sqrt{3})(7\sqrt{2} - 4\sqrt{3})$
$$= 98 - 48 = \mathbf{50}$$
$$\frac{y}{x-y} + \frac{x}{x+y} = \frac{y(x+y) + x(x-y)}{(x-y)(x+y)}$$
$$= \frac{x^2 + y^2}{x^2 - y^2} = \frac{14\sqrt{2}}{8\sqrt{3}} = \frac{7\sqrt{6}}{12}$$
$xy < 0$ のとき, $xy = -5\sqrt{2}$ であるから
$$(x+y)^4 = (x^2 + y^2 + 2xy)^2$$
$$= (14\sqrt{2} - 10\sqrt{2})^2 = (4\sqrt{2})^2 = \mathbf{32}$$

──《7 次の基本対称式 (B10) ☆》──

25. $a = \sqrt{2 - \sqrt{3}}$, $b = \sqrt{2 + \sqrt{3}}$ について, $b^7 - a^7 = c\sqrt{d}$ となる 2 以上の整数 c, d を求めよ. (23 福島県立医大・前期)

▶**解答**◀ $a = \sqrt{2 - \sqrt{3}} = \sqrt{\dfrac{4 - 2\sqrt{3}}{2}}$
$$= \sqrt{\frac{(\sqrt{3} - 1)^2}{2}} = \frac{\sqrt{3} - 1}{\sqrt{2}}$$
$$b = \frac{\sqrt{3} + 1}{\sqrt{2}}$$
$p = 1 + \sqrt{3}$, $q = 1 - \sqrt{3}$ とおく. $p + q = 2$, $pq = -2$ である.
$$p^2 + q^2 = (p+q)^2 - 2pq = 4 + 4 = 8$$
$$p^3 + q^3 = (p+q)^3 - 3pq(p+q)$$
$$= 2^3 - 3 \cdot (-2) \cdot 2 = 8 + 12 = 20$$
$$p^5 + q^5 = (p^2 + q^2)(p^3 + q^3) - p^2q^2(p+q)$$
$$= 8 \cdot 20 - 4 \cdot 2 = 152$$
$$p^7 + q^7 = (p^2 + q^2)(p^5 + q^5) - p^2q^2(p^3 + q^3)$$
$$= 8 \cdot 152 - 4 \cdot 20$$
$$= 16 \cdot 76 - 16 \cdot 5 = 71 \cdot 16$$
$$b^7 - a^7 = b^7 + (-a)^7$$
$$= \frac{(1 + \sqrt{3})^7 + (1 - \sqrt{3})^7}{(\sqrt{2})^7} = \frac{p^7 + q^7}{2^4}\sqrt{2}$$
$$= \frac{71 \cdot 16}{16}\sqrt{2} = 71\sqrt{2}$$
よって, $c = \mathbf{71}$, $d = \mathbf{2}$ である.
第 4 問 (4) で
$$b^3 - a^3 = \frac{p^3 + q^3}{(\sqrt{2})^3} = \frac{20}{2\sqrt{2}} = 5\sqrt{2}$$

$$b^5 - a^5 = \frac{p^5 + q^5}{(\sqrt{2})^5} = \frac{152}{4\sqrt{2}} = 19\sqrt{2}$$

が必要になる.

♦別解♦ p, q の導入までは上と同じ.

p, q は $x^2 - 2x - 2 = 0$ の 2 解であり

$$p^{n+2} - 2p^{n+1} - 2p^n = 0$$

$$q^{n+2} - 2q^{n+1} - 2q^n = 0$$

が成り立つ. $r_n = p^n + q^n$ とおくと

$$r_{n+2} = 2(r_{n+1} + r_n)$$

が成り立つ. ただし $n \geq 0$ とする.

$r_0 = 2, r_1 = 2$ であり $r_2 = 2(r_1 + r_0) = 8$ と計算し, 以下同様とする.

$$r_n : 2, 2, 8, 20, 56, 152, 416, 1136, \cdots$$

となり $r_7 = 1136$ である.

$$b^7 - a^7 = b^7 + (-a)^7$$

$$= \frac{1}{(\sqrt{2})^7}(p^7 + q^7) = \frac{\sqrt{2}}{16} \cdot 1136 = 71\sqrt{2}$$

よって, $c = \mathbf{71}, d = \mathbf{2}$ である.

$$b^3 - a^3 = \frac{r_3}{2\sqrt{2}} = 5\sqrt{2}, \quad b^5 - a^5 = \frac{r_5}{(\sqrt{2})^5} = 19\sqrt{2}$$

となる.

注意 $x = \sqrt{3}$ として

$$p^7 = (1 + x)^7 = 1 + {}_7C_1 x + {}_7C_2 x^2 + {}_7C_3 x^3$$
$$+ {}_7C_4 x^4 + {}_7C_5 x^5 + {}_7C_6 x^6 + x^7$$

$$q^7 = (1 - x)^7 = 1 - {}_7C_1 x + {}_7C_2 x^2 - {}_7C_3 x^3$$
$$+ {}_7C_4 x^4 - {}_7C_5 x^5 + {}_7C_6 x^6 - x^7$$

$$p^7 + q^7 = 2(1 + {}_7C_2 x^2 + {}_7C_4 x^4 + {}_7C_6 x^6)$$

$$= 2(1 + 21 \cdot 3 + 35 \cdot 9 + 7 \cdot 27)$$

$$= 2(1 + 63 + 315 + 189) = 2 \cdot 568 = 71 \cdot 16$$

としてもよい. 以下省略する.

【1 次方程式】

《絶対値と方程式 (B2)》

26. 方程式 $|x| + |x-3| = x+2$ を解け.

(23 北海学園大・工)

▶解答◀ $x < 0$ のとき, $-x - (x-3) = x+2$

$x = \frac{1}{3}$ (不適)

$0 \leq x < 3$ のとき, $x - (x-3) = x+2$

$x = 1$ (適する)

$x \geq 3$ のとき, $x + (x-3) = x+2$

$x = 5$ (適する)

以上より $x = \mathbf{1, 5}$

《絶対値と方程式 (B2)》

27. 方程式 $|2x+3| + |x-4| = 4x$ の解は $x = \boxed{}$ である. (23 東北学院大・工)

▶解答◀ $f(x) = |2x+3| + |x-4|$ とおく.

$$f(4) = 11, \quad f\left(-\frac{3}{2}\right) = \frac{11}{2}$$

$x \leq -\frac{3}{2}$ のとき

$$f(x) = -(2x+3) - (x-4) = -3x+1$$

$x \geq 4$ のとき

$$f(x) = (2x+3) + (x-4) = 3x-1$$

$-\frac{3}{2} \leq x \leq 4$ のとき

$$f(x) = 2x + 3 - (x-4) = x+7$$

$x + 7 = 4x$ を解いて $x = \dfrac{\mathbf{7}}{\mathbf{3}}$

$x \geq 4$ には解はない.

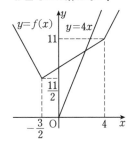

《絶対値と方程式 (A1)》

28. 方程式 $x + 2\sqrt{x^2} = 5$ の解は, $x = \boxed{}, \dfrac{\boxed{}}{\boxed{}}$ である. (23 東邦大・健康科学-看護)

▶解答◀ $x + 2\sqrt{x^2} = 5$

$$x + 2|x| = 5 \quad \cdots\cdots\cdots\cdots\cdots\cdots①$$

$x \geq 0$ のとき ① は $3x = 5$ となり, $x = \dfrac{5}{3}$ である.

$x \leq 0$ のとき ① は $-x = 5$ となり, $x = -5$ である.

① の解は $x = \mathbf{-5}, \dfrac{\mathbf{5}}{\mathbf{3}}$

《分数方程式 (A5) ☆》

29. $\dfrac{y+z}{2x} = \dfrac{z+x}{2y} = \dfrac{x+y}{2z} = m$ を満たす実数 x, y, z に対して次の式の値を求めよ.

（1） $m = \boxed{}$

（2） $\left(2 + \dfrac{2y}{x}\right)\left(2 + \dfrac{2z}{y}\right)\left(2 + \dfrac{2x}{z}\right) = \boxed{}$

(23 金城学院大)

▶解答◀（1）$xyz \neq 0$ で

$$y + z = 2xm \quad \cdots\cdots\cdots\cdots①$$

$$z + x = 2ym \quad \cdots\cdots\cdots\cdots②$$

$$x + y = 2zm \quad \cdots\cdots\cdots\cdots③$$

3式を辺ごとに足して

$$2(x + y + z) = 2(x + y + z)m$$

$$2(x + y + z)(m - 1) = 0$$

$$x + y + z = 0 \ \text{または} \ m = 1$$

$x + y + z = 0$ のとき，①，②，③ より

$$-x = 2xm, \ -y = 2ym, \ -z = 2zm$$

$$(2m + 1)x = 0, \ (2m + 1)y = 0, \ (2m + 1)z = 0$$

$xyz \neq 0$ であるから，$m = -\dfrac{1}{2}$

（2）$\left(2 + \dfrac{2y}{x}\right)\left(2 + \dfrac{2z}{y}\right)\left(2 + \dfrac{2x}{z}\right)$

$$= 8 \cdot \dfrac{x + y}{x} \cdot \dfrac{y + z}{y} \cdot \dfrac{z + x}{z}$$

$$= 8 \cdot \dfrac{2zm}{x} \cdot \dfrac{2xm}{y} \cdot \dfrac{2ym}{z} = 64m^3$$

（ i ）より $m = -\dfrac{1}{2}, \ 1$ であるから代入して，$\boldsymbol{-8, 64}$

《連立1次方程式（A10）☆》

30. 次の連立方程式の解は

$$x = \boxed{}, \ y = \boxed{}, \ z = \boxed{}$$

である．

$$\begin{cases} 2x - y + z = 8 \\ x - 2y - 3z = -5 \\ 3x + 3y + 2z = 9 \end{cases}$$

（23　関東学院大）

▶解答◀ $2x - y + z = 8 \quad \cdots\cdots\cdots\cdots①$

$$x - 2y - 3z = -5 \quad \cdots\cdots\cdots\cdots②$$

$$3x + 3y + 2z = 9 \quad \cdots\cdots\cdots\cdots③$$

①×3＋② より $7x - 5y = 19 \cdots\cdots\cdots\cdots④$

①×2－③ より $x - 5y = 7 \cdots\cdots\cdots\cdots⑤$

④－⑤ より $6x = 12$

$x = \boldsymbol{2}$ となる．⑤ に代入して $2 - 5y = 7$ となり

$y = \boldsymbol{-1}$

① に代入して $4 + 1 + z = 8$ となり $z = \boldsymbol{3}$

注意 ①から $z = 8 - 2x + y$ として，これを② に代入した結果が④ と考えると，「①かつ②」は「①かつ④」と同値（①かつ④から②が再現できる），「①かつ③」は「①かつ⑤」と同値，すなわち，「①かつ②かつ③」は「①かつ④かつ⑤」と同値である．このように情報の量を減らしていないかを確認する．

【1次不等式】

《連立不等式（A2）》

31. 連立不等式

$$\begin{cases} \dfrac{1}{2}(4x + 1) < 3 + x \\ 3x + 1 \geq x \end{cases}$$

を満たす整数 x は，全部で $\boxed{}$ 個ある．

（23　東海大・医）

▶解答◀ $\dfrac{1}{2}(4x + 1) < 3 + x$ より $x < \dfrac{5}{2}$

$3x + 1 \geq x$ より $x \geq -\dfrac{1}{2}$

よって，$-\dfrac{1}{2} \leq x < \dfrac{5}{2}$

この不等式を満たす整数 x は，0, 1, 2 の **3** 個ある．

《連立不等式の解の存在（B5）☆》

32. 2つの不等式

$$|x - 9| < 3 \quad （\text{i}）$$

$$|x - 2| < k \quad （\text{ii}）$$

を考える．ただし，k は正の定数とする．

（ i ），（ ii ）をともに満たす実数 x が存在するような k の値の範囲は，$k > \boxed{}$ である．（ i ）を満たす x の範囲が（ ii ）を満たす x の範囲に含まれるような k の値の範囲は，$k \geq \boxed{}$ である．

（23　京産大）

考え方 $a < b, \ c < d$ のとき

$$a < x < b, \ c < x < d$$

を元に満たす実数 x が存在するための必要十分条件は

$$a < d \ \text{かつ} \ c < b$$

である．x を間にはさんで図のように見る．

$a < x < b$　　$a < x < b$
$c < x < d$　　$c < x < d$

▶解答◀ $|x - 9| < 3$ より

$$-3 < x - 9 < 3 \quad \therefore \ 6 < x < 12 \ \cdots\cdots\cdots①$$

$|x - 2| < k$ より

$$-k < x - 2 < k$$

$$2 - k < x < 2 + k \quad \cdots\cdots\cdots\cdots②$$

①かつ② を満たす実数 x が存在するための必要十分条件は

$$6 < 2 + k \ \text{かつ} \ 2 - k < 12$$

であり，$k > 4$ かつ $k > -10$ である．まとめると $\boldsymbol{k > 4}$ である．このとき $k > 0$ は成り立つ．

また, ①が②に含まれるための必要十分条件は

$$2-k \leqq 6 \text{ かつ } 12 \leqq 2+k$$

まとめると $k \geqq 10$ であり, このとき $k > 0$ は成り立つ.

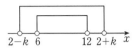

《連立不等式の解の存在 (B5) ☆》

33. 次の2つの不等式について考える. ただし, a は実数の定数とする.

$$|2x-5| < 7 \quad\cdots\cdots\cdots①$$
$$|x-a| < 3 \quad\cdots\cdots\cdots②$$

（1）不等式①の解は $\boxed{} < x < \boxed{}$ である.

（2）不等式①, ②をともに満たす整数がちょうど4個になるとき, a のとり得る値の範囲は $\boxed{} < a \leqq \boxed{}$ または $\boxed{} \leqq a < \boxed{}$ である.

(23 武庫川女子大)

▶解答◀ （1）①より

$$-7 < 2x-5 < 7$$
$$-2 < 2x < 12 \qquad \therefore \quad -1 < x < 6$$

（2）（ⅰ）より, ①を満たす整数は, $0, 1, 2, 3, 4, 5$ である. ②より

$$-3 < x-a < 3 \qquad \therefore \quad a-3 < x < a+3$$

この区間の幅は6であるから, 題意のようになるとき, 4個の整数は $0, 1, 2, 3$ か $2, 3, 4, 5$ である. よって

$$3 < a+3 \leqq 4 \text{ または } 1 \leqq a-3 < 2$$

$0 < a \leqq 1$ または $4 \leqq a < 5$

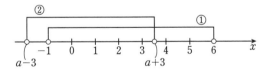

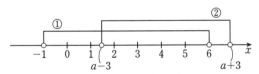

《連立不等式の解の存在 (A2)》

34. a は実数の定数とする. 2つの不等式

$$\begin{cases} \dfrac{1}{2}x-3 < \dfrac{7-x}{4}+2 & \cdots\cdots① \\ \dfrac{1}{3}(x+4) \geqq \dfrac{1}{6}a+1 & \cdots\cdots② \end{cases}$$

を考える.

①の解は $x < \boxed{}$ である. また, $x=2$ が②の解に含まれるような a の値の範囲は, $a \leqq \boxed{}$ である. ①の解と②の解の共通部分がちょうど5個の整数を含むような a の値の範囲は, $\boxed{} < a \leqq \boxed{}$ である.

(23 昭和女子大・A日程)

▶解答◀ ①より

$$2x-12 < 7-x+8 \qquad \therefore \quad x < 9$$

②より $2x+8 \geqq a+6 \qquad \therefore \quad x \geqq \dfrac{a}{2}-1$

$x=2$ が含まれるとき

$$2 \geqq \dfrac{a}{2}-1 \qquad \therefore \quad a \leqq 6$$

$\dfrac{a}{2}-1 \leqq x < 9$ に含まれる整数が5個のとき

$$3 < \dfrac{a}{2}-1 \leqq 4$$

であるから, $8 < a \leqq 10$

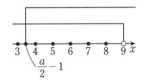

《絶対値の不等式 (A3) ☆》

35. 不等式 $|5x+2|+|2x-1|+|x-3| \geqq 30$ を満たす x の範囲は $x \leqq \dfrac{\boxed{}}{\boxed{}}, \boxed{} \leqq x$ である.

(23 北里大・理)

▶解答◀ $f(x) = |5x+2|+|2x-1|+|x-3|$ とおく. $f(x)$ は区分的に1次関数（絶対値を外したら各区間では1次関数）だからグラフは折れ線になる.

$$f\left(-\dfrac{2}{5}\right) = \left|-\dfrac{4}{5}-1\right|+\left|-\dfrac{2}{5}-3\right| = \dfrac{9+17}{5} < 30$$
$$f(3) = 17+5 = 22 < 30, \quad f\left(\dfrac{1}{2}\right) = 7 < 30$$

だから $-\dfrac{2}{5} \leqq x \leqq 3$ には答えはない.

$x \leqq -\dfrac{2}{5}$ のとき

$$f(x) = -(5x+2)-(2x-1)-(x-3) = -8x+2$$

$3 \leqq x$ のとき

$$f(x) = 5x+2+2x-1+x-3 = 8x-2$$

$-8x+2 = 30, 8x-2 = 30$ を解くと $x = -\dfrac{7}{2}$, $x=4$ となる. 後はグラフをイメージして $f(x) \geqq 30$ を満たす x の範囲は **$x \leqq -\dfrac{7}{2}, 4 \leqq x$**

他の区間の式も書いておく.

$-\dfrac{2}{5} \leqq x \leqq \dfrac{1}{2}$ のとき

$$f(x) = 2x - 24$$

$\dfrac{1}{2} \leqq x \leqq 3$ のとき

$$f(x) = 6x - 26$$

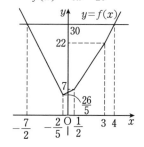

【1次関数とグラフ】

《1次関数の最大最小 (B2) ☆》

36. 区間 $-5 \leqq x \leqq 5$ における, 関数
$$f(x) = |x+2| - |x| - |x-2|$$
の最大値と最小値の和は □ である.

(23 神奈川大・給費生)

▶解答◀ $f(x) = |x+2| - |x| - |x-2|$

$-5 \leqq x < -2$ のとき

$\quad f(x) = -(x+2) - (-x) - \{-(x-2)\}$

$\quad = x - 4$

$-2 \leqq x < 0$ のとき

$\quad f(x) = x + 2 - (-x) - \{-(x-2)\} = 3x$

$0 \leqq x < 2$ のとき

$\quad f(x) = x + 2 - x - \{-(x-2)\} = x$

$2 \leqq x \leqq 5$ のとき

$\quad f(x) = x + 2 - x - (x-2) = -x + 4$

よって, 最大値は, $f(2) = 2$

最小値は, $f(-5) = -9$

最大値と最小値の和は, $2 - 9 = \boldsymbol{-7}$

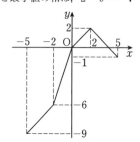

《絶対値とグラフ (A5) ☆》

37. $f(x) = 2x - |x+2| + |2x-1|$ とすると

き, $y = f(x)$ のグラフと直線 $y = k$ との共有点
が3つあるための条件は, □ $< k <$ □ であ
る.

(23 東邦大・理)

▶解答◀ $f(x) = 2x - |x+2| + |2x-1|$

$x \leqq -2$ のとき

$\quad f(x) = 2x + (x+2) - (2x-1) = x + 3$

$-2 \leqq x \leqq \dfrac{1}{2}$ のとき

$\quad f(x) = 2x - (x+2) - (2x-1) = -x - 1$

$\dfrac{1}{2} \leqq x$ のとき

$\quad f(x) = 2x - (x+2) + (2x-1) = 3x - 3$

$y = f(x)$ と $y = k$ の共有点が3つあるための条件は
$-\dfrac{3}{2} < k < 1$ である.

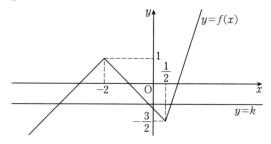

《絶対値とグラフ (B20) ☆》

38. 解答に絶対値を用いてはならない.

m を正整数とし, $n = 2m$ とする. $a_1, a_2, \cdots, a_n$
を $a_1 < a_2 < \cdots < a_n$ を満たす実数とし,
$$f(x) = \sum_{k=1}^{n} |x - a_k|$$
を考える.

（1） $m = 1$ のとき $f(x)$ の最小値は □ で
ある.

（2） l を 0 以上の整数とし, x は $a_l < x < a_{l+1}$
を満たす範囲にあるとする. ただし, $l = 0$ のと
きは $x < a_1$, $l = n$ のときは $x > a_n$ とする. こ
のとき, $f(x)$ は
$$f(x) = (\boxed{})x + \sum_{k=l+1}^{n} a_k - \sum_{k=1}^{l} a_k$$
である.

（3） x が実数全体を動くとき, $f(x)$ の最小値は
□ である. (23 奈良県立医大・前期)

▶解答◀ （1） $m = 1$ のとき

$$f(x) = \sum_{k=1}^{2} |x - a_k| = |x - a_1| + |x - a_2|$$

$x \leqq a_1$ のとき $f(x) = -2x + a_1 + a_2$

$a_1 \leqq x \leqq a_2$ のとき $f(x) = x - a_1 - x + a_2 = a_2 - a_1$

$a_2 \leqq x$ のとき $f(x) = 2x - (a_1 + a_2)$

よって $a_1 \leqq x \leqq a_2$ のとき最小値 $\boldsymbol{a_2 - a_1}$

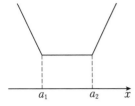

（2） $a_l < x < a_{l+1}$ のとき

$$f(x) = \sum_{k=1}^{n} |x - a_k| = \sum_{k=1}^{l} (x - a_k) + \sum_{k=l+1}^{n} (a_k - x)$$

$$= lx - \sum_{k=1}^{l} a_k + \sum_{k=l+1}^{n} a_k - \{n - (l+1) + 1\}x$$

$$= (2l - n)x + \sum_{k=l+1}^{n} a_k - \sum_{k=1}^{l} a_k$$

（3）（2）の x の係数 $2l - 2m$ は，$l \leqq m - 1$ のときは負，$l \geqq m + 1$ のときは正，$l = m$ のときは 0 であり，$f(x)$ は $a_m \leqq x \leqq a_{m+1}$ で最小値

$$\sum_{k=m+1}^{2m} a_k - \sum_{k=1}^{m} a_k$$

をとる．

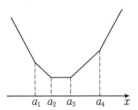

注意 1°【1つずつはずす】（2） 生徒に解いてもらうとわかるが，出題者のようにいきなり $a_l < x < a_{l+1}$ と始まる解法はハードルが高く経験にならない．

$x \leqq a_1$ のとき $|x - a_1|, \cdots, |x - a_n|$ の絶対値の中がすべて 0 以下であるからすべてマイナスをつけて絶対値をはずし

$$f(x) = -(x - a_1) - \cdots - (x - a_n)$$

$$= -nx + \cdots$$

となる．$a_1 \leqq x \leqq a_2$ のとき $x - a_1$ の前のマイナスだけ $+$ になり，つごう，2 だけ変化するから

$$f(x) = -(n-2)x + \cdots$$

となる．$a_2 \leqq x \leqq a_3$ のとき

$$f(x) = -(n-4)x + \cdots$$

一般に $a_l < x < a_{l+1}$ のとき

$$f(x) = -(n-2l)x + \cdots$$

$f(x)$ の x の係数は左の方で負で，$f(x)$ は減少し，$l = m$ のとき $n - 2l = 0$ になる．ここでグラフは水平

になる．そして，$f(x)$ は増加していく．

$a_m \leqq x \leqq a_{m+1}$ が水平区間である．この区間の x に対し，絶対値を，半分はそのままはずし，半分はマイナスではずすから

$$f(x) = (x - a_1) + (x - a_2) + \cdots + (x - a_m)$$

$$- (x - a_{m+1}) - (x - a_{m+2}) - \cdots - (x - a_{2m})$$

$$= \boldsymbol{a_{m+1} + a_{m+2} + \cdots + a_{2m} - (a_1 + a_2 + \cdots + a_m)}$$

これが最小値である．

2°【絶対値は数直線の距離】

（ア） n が偶数のとき：

$a < b$ のとき，数直線上の距離を考え

$$|x - a| + |x - b| \geqq b - a$$

等号は $a \leqq x \leqq b$ のとき成り立つ．図を見よ．

$x \leqq a$ のとき	$a \leqq x \leqq b$ のとき	$b \leqq x$ のとき

以下で括弧内は等号成立条件である．

$|x - a_1| + |x - a_{2m}| \geqq a_{2m} - a_1 \quad (a_1 \leqq x \leqq a_{2m})$

$|x - a_2| + |x - a_{2m-1}| \geqq a_{2m-1} - a_2$
$\qquad\qquad (a_2 \leqq x \leqq a_{2m-1})$

$$\vdots$$

$|x - a_m| + |x - a_{m+2}| \geqq a_{m+2} - a_m$
$\qquad\qquad (a_m \leqq x \leqq a_{m+2})$

$|x - a_m| + |x - a_{m+1}| \geqq a_{m+1} - a_m$
$\qquad\qquad (a_m \leqq x \leqq a_{m+1})$

辺ごとに加えて

$$f(x) \geqq (a_{2m} - a_1) + (a_{2m-1} - a_2) + \cdots$$
$$+ (a_{m+2} - a_{m-1}) + (a_{m+1} - a_m)$$

等号は以上の成立条件がすべて成り立つとき，すなわち $a_m \leqq x \leqq a_{m+1}$ のときに成り立つ．$f(x)$ はここで最小になる．

（イ） n が 3 以上の奇数のとき：$n = 2m + 1$ とする．

以下で括弧内は等号成立条件である．

$|x - a_1| + |x - a_{2m+1}| \geqq a_{2m+1} - a_1$
$\qquad\qquad (a_1 \leqq x \leqq a_{2m+1})$

$|x - a_2| + |x - a_{2m}| \geqq a_{2m} - a_2$
$\qquad\qquad (a_2 \leqq x \leqq a_{2m})$

$$\vdots$$

$|x - a_m| + |x - a_{m+2}| \geqq a_{m+2} - a_m$
$\qquad\qquad (a_m \leqq x \leqq a_{m+2})$

$|x - a_{m+1}| \geqq 0 \qquad\qquad (x = a_{m+1})$

辺ごとに加えて

$$f(x) \geqq (a_{2m+1} - a_1) + (a_{2m} - a_2) + \cdots + (a_{m+2} - a_m)$$

　等号は以上の成立条件がすべて成り立つとき，すなわち $x = a_{m+1}$ のときに成り立つ．$f(x)$ はここで最小になる．

【2次関数】

━━《係数の決定 (A5) ☆》━━

39. xy 平面上の3点

A$(1, -8)$, B$(3, 2)$, C$(-2, 7)$

を通る2次関数は ☐ で表される．

(23　北九州市立大・前期)

▶**解答**◀　求める2次関数を $y = ax^2 + bx + c$ とおくと A$(1, -8)$, B$(3, 2)$, C$(-2, 7)$ を通るから

$$a + b + c = -8 \quad \cdots\cdots ①$$
$$9a + 3b + c = 2 \quad \cdots\cdots ②$$
$$4a - 2b + c = 7 \quad \cdots\cdots ③$$

②$-$① より $8a + 2b = 10$

$$4a + b = 5 \quad \cdots\cdots ④$$

③$-$① より $3a - 3b = 15$

$$a - b = 5 \quad \cdots\cdots ⑤$$

④$+$⑤ より $5a = 10$　　∴　$a = 2$

　よって，$b = -3, c = -7$

　求める2次関数は $\boldsymbol{y = 2x^2 - 3x - 7}$

━━《グラフの移動 (B5) ☆》━━

40. xy 平面において，放物線 $y = x^2 - 4x + 7$ を x 軸方向に -3，y 軸方向に2だけ平行移動して得られる放物線 C の方程式は，$y = x^2 + \boxed{}\, x + \boxed{}$ である．

　また，放物線 C' を x 軸方向に4，y 軸方向に -6 だけ平行移動し，さらに原点に関して対称移動して得られる放物線は C と一致する．このとき，C' の方程式は $y = \boxed{}\, x^2 - \boxed{}\, x - \boxed{}$ である．

(23　国際医療福祉大・医)

▶**解答**◀　$y = x^2 - 4x + 7$

$$y = (x - 2)^2 + 3$$

の頂点は $(2, 3)$ で，これを x 軸方向に -3，y 軸方向に2だけ平行移動すると頂点は $(-1, 5)$ に移る．

$$C : y = (x + 1)^2 + 5$$
$$C : \boldsymbol{y = x^2 + 2x + 6}$$

移動を逆にたどると，C を原点に関して対称移動し，x 軸方向に -4，y 軸方向に6だけ平行移動した

ら C' になる．頂点は $(-1, 5) \to (1, -5) \to (-3, 1)$ と変わる．

$$C' : y = -(x + 3)^2 + 1$$
$$C' : \boldsymbol{y = -x^2 - 6x - 8}$$

図で $D : y = x^2 - 4x + 7$, $E : y = -(x - 1)^2 - 5$

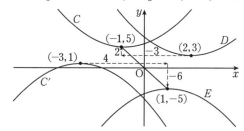

━━《グラフで考える (B10)》━━

41. a を1以上の定数とする．点 P(x, y) は曲線 $y = |x^2 - 5x + 4|$ 上を動く点で，その x 座標は $1 \leqq x \leqq a$ を満たすものとする．このとき，$\dfrac{y}{x}$ の最大値が，定数 a の値によらないような a の値の範囲は，

$$\boxed{} \leqq a \leqq \boxed{} + \sqrt{\boxed{}}$$

である．この範囲の a の値における $\dfrac{y}{x}$ の最大値は $\boxed{}$ である．

(23　早稲田大・人間科学)

▶**解答**◀　$y = |(x - 1)(x - 4)|$ は $1 \leqq x \leqq 4$ で $y = -(x^2 - 5x + 4)$, $x \geqq 4$ で $y = x^2 - 5x + 4$ である．

$$\frac{y}{x} = k \; \text{として}$$
$$-(x^2 - 5x + 4) = kx$$
$$x^2 - (5 - k)x + 4 = 0$$
$$x = \frac{5 - k \pm \sqrt{(5 - k)^2 - 16}}{2}$$

が $1 \leqq x \leqq 4$ に重解をもつとき

$$5 - k = \pm 4, \; 1 \leqq \frac{5 - k}{2} \leqq 4$$

として $k = 1$ であり，重解は $x = 2$ である．

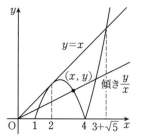

$x^2 - 5x + 4 = x$, $x > 4$ を解く．

$$x^2 - 6x + 4 = 0, \; x > 4$$

$$x = 3 + \sqrt{5}$$

となる．「ある k に対し，$1 \leqq x \leqq a$ では $y \leqq kx$ にある」という k（それは $k = 1$）が存在する a の値の範囲は $2 \leqq a \leqq 3 + \sqrt{5}$ である．このとき $\dfrac{y}{x}$ の最大値は 1 である．

―――《最小 (A5) ☆》―――

42. 2 次関数 $f(x) = ax^2 + bx + c$ が $x = 1$ で最小値 3 をとり，$f(0) = 5$ となるとき $a = \boxed{}$，$b = \boxed{}$，$c = \boxed{}$ である．　(23　立教大・数学)

▶**解答**◀　2 次関数 $f(x)$ は $x = 1$ で最小値 3 をとるから，$a > 0$ で

$$f(x) = a(x - 1)^2 + 3$$

と変形できる．$f(0) = 5$ であるから

$$a + 3 = 5 \qquad \therefore \quad a = 2$$

$f(x) = 2(x - 1)^2 + 3 = 2x^2 - 4x + 5$ より

$$a = 2, \ b = -4, \ c = 5$$

―――《条件の個数を抑えよ (B5) ☆》―――

43. a, b, p を正の整数とし，

$$f(x) = ax^2 - px + b$$

とする．$y = f(x)$ のグラフが 2 点 $(3, 11)$, $(-3, 35)$ を通るとき，$p = \boxed{}$ である．そのときに，$-1 \leqq x \leqq 2$ における $f(x)$ の最大値が 11，最小値が 3 であるなら，$a = \boxed{}$，$b = \boxed{}$ である．　(23　埼玉医大・前期)

▶**解答**◀　$f(3) = 11$, $f(-3) = 35$ より

$$11 = 9a - 3p + b \quad \cdots\cdots\cdots\cdots ①$$
$$35 = 9a + 3p + b \quad \cdots\cdots\cdots\cdots ②$$

① $-$ ② より，$-24 = -6p$ であり，$p = 4$

　これを ① に代入して，$b = 23 - 9a$ となり，a, b は正の整数だから，$23 - 9a > 0$ であり，$a = 1, 2$

$a = 1$ のとき $b = 14$,

$$f(x) = x^2 - 4x + 14 = (x - 2)^2 + 10$$

の最小値は $f(2) = 10$ で不適．

$a = 2$ のとき $b = 23 - 9a = 5$,

$$f(x) = 2x^2 - 4x + 5 = 2(x - 1)^2 + 3$$

の最小値は $f(1) = 3$, 最大値は $f(-1) = 11$ で適する．

$$a = 2, \ b = 5$$

注意 ①, ② を「文字が a, b, p の 3 つあり，式が 2 つあるから，2 つを他で表す」と読む．p は決定する

が「p, b を a で表した」結果が $p = 4$, $b = 23 - 9a$ である．条件式の個数をちゃんと抑えておくことが大切である．

　「a, b, p を正の整数」が強すぎる条件で，それだけで実質的に 2 通りに限定される．最大値も最小値もほとんど関係がない．

　「a, b, p を正の整数」を，あまり強く使わないで解く方法も書いておく．

♦**別解**♦　$p = 4$, $b = 23 - 9a$ までは解答と同じ．

$$f(x) = ax^2 - 4x + 23 - 9a$$
$$= a\left(x - \frac{2}{a}\right)^2 - \frac{4}{a} + 23 - 9a$$

となる．a は正の整数であるから $0 < \dfrac{2}{a} \leqq 2$ である．$x = \dfrac{2}{a}$ は $-1 \leqq x \leqq 2$ を満たすから最小値は $f\left(\dfrac{2}{a}\right)$ である．$-\dfrac{4}{a} + 23 - 9a = 3$ であり，$9a^2 - 20a + 4 = 0$ となる．$(9a - 2)(a - 2) = 0$ となり，正の整数 $a = 2$ である．$b = 23 - 9a = 5$ となり，a, b, p は確かにすべて正の整数になる．$f(x) = 2x^2 - 4x + 5$ となる．$f(-1) = 11 > f(2) = 5$ であるから，最大値の条件も成り立つ．

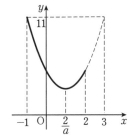

―――《置き換えると 1 次関数 (B5) ☆》―――

44. a を 0 でない実数とする．2 次関数

$$f(x) = ax^2 - 6ax + a^2$$

の $1 \leqq x \leqq 4$ における最大値が 0 であるとき，a の値を求めよ．

(23　高知工科大)

▶**解答**◀　2 次関数の問題は，最大値・最小値を求める際に，軸と区間の位置関係による場合分けが起こるから面倒なのであって，本問は，実質，それらしい場合分けが起こりません．x 部分を a で括れば，実質 1 次関数で，私は，高校時代から「ヘタレ 2 次関数」と呼んでいます．今年はヘタレ 2 次関数の問題が多く，5 題を過ぎたところで収集をやめてしまいました．「軸の位置での場合分けなんて古いからやめよう」という出題者の意図なら，今後は拡大することになるでしょう．

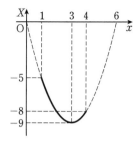

なお，$y = x(x-6)$ のように零点（$y = 0$ になる点）がすぐに分かる関数では，私は平方完成せず，最小値は零点の中点の $x = 3$ を代入して出します．

▶解答◀ $f(x) = a(x^2 - 6x) + a^2$ である．

$X = x^2 - 6x$ とおく．さらに $X(x) = x(x-6)$ とする．$X(1) = -5, X(3) = -9, X(4) = -8$ であるから X の値域は $-9 \leqq X \leqq -5$

$f(x) = aX + a^2$ の値域は

$a > 0$ のとき $-9a + a^2 \leqq f(x) \leqq -5a + a^2$

$a < 0$ のとき $-5a + a^2 \leqq f(x) \leqq -9a + a^2 (> 0)$

である．最大値が 0 になるのは $-5a + a^2 = 0, a > 0$ のときであり，**$a = 5$**

―――《置き換えると 2 次関数 (B2) ☆》―――

45. 次の関数の最大値と最小値，およびそのときの x の値を求めよ．

$$y = (x^2 - 2x)^2 - 3(x^2 - 2x) \, (0 \leqq x \leqq 3)$$

（23 北海学園大・工）

▶解答◀ $t = x^2 - 2x$ とおく．

$t = (x-1)^2 - 1 \, (0 \leqq x \leqq 3)$

から，$-1 \leqq t \leqq 3$ である．

$$y = t^2 - 3t = \left(t - \frac{3}{2}\right)^2 - \frac{9}{4}$$

$t = \dfrac{3}{2}$ のとき最小値 $-\dfrac{9}{4}$ をとる．このとき

$$(x-1)^2 - 1 = \frac{3}{2} \qquad \therefore \quad x - 1 = \pm\frac{\sqrt{10}}{2}$$

$0 \leqq x \leqq 3$ であるから，$x = 1 + \dfrac{\sqrt{10}}{2}$

$t = -1$ のとき最大値 4 をとる．このとき

$$(x-1)^2 - 1 = -1 \qquad \therefore \quad x = 1$$

$0 \leqq x \leqq 3$ を満たす．

―――《絶対値と最大 (B10) ☆》―――

46. a は定数とし，関数 $f(x) = |x^2 - ax| + |a|$ を考える．関数 $f(x)$ の $0 \leqq x \leqq 1$ における最大値を M とする．以下の問に答えよ．

（1） $a \leqq 0$ のとき，M を a の式で表せ．

（2） $a > 0$ で $M = f\left(\dfrac{a}{2}\right)$ となるように，定数 a の値の範囲を定めよ．（23 群馬大・理工，情報）

考え方 $y = |x^2 - ax|$ のように，右辺全体に絶対値が掛かっている場合のグラフは，中身 $y = x^2 - ax$ のグラフを描いて $y < 0$ の部分は x 軸に関して折り返して描く．

▶解答◀ （1） $g(x) = |x^2 - ax|$ とする．

$0 \leqq x \leqq 1$ における $y = g(x)$ の最大値を M_1 とする．M_1 に $|a|$ を加えれば M になる．

$a \leqq 0$ のとき（図1参照）曲線 $g(x)$ は $0 \leqq x \leqq 1$ で増加するから $M_1 = g(1) = 1 - a$ であり

$M = 1 - a + |a| = \mathbf{1 - 2a}$ である．

（2） $a > 0$ のとき．図2を参照せよ．$g\left(\dfrac{a}{2}\right) = \dfrac{a^2}{4}$ である．$x^2 - ax = \dfrac{a^2}{4}, x > 0$ を解くと $x = \dfrac{1 + \sqrt{2}}{2}a$

となる．図2で $\beta = \dfrac{1 + \sqrt{2}}{2}a$ である．$M = f\left(\dfrac{a}{2}\right)$ となる条件は $\dfrac{a}{2} \leqq 1 \leqq \dfrac{1 + \sqrt{2}}{2}a$ であり

$$-2 + 2\sqrt{2} \leqq a \leqq 2$$

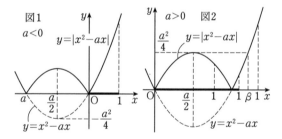

―――《最大と最小 (A2)》―――

47. a を 4 より大きい定数とし，x の関数

$$f(x) = \frac{1}{4}x^2 - 2x + 1 \, (0 \leqq x \leqq a)$$

の最大値を M，最小値を m とする．

$a = 6$ のとき，$M = \boxed{}, m = \boxed{}$ である．

また，$a > 8$ のとき，$M + m = 0$ となる a の値は，$a = \boxed{} + \boxed{}\sqrt{\boxed{}}$ である．（23 創価大・理工）

▶解答◀ $f(x) = \dfrac{1}{4}x^2 - 2x + 1$

$= \dfrac{1}{4}(x-4)^2 - 3$

$a = 6$ のとき（図1），$M = f(0) = \mathbf{1}, m = f(4) = \mathbf{-3}$

$a > 8$ のとき（図2），$M = f(a) = \dfrac{1}{4}a^2 - 2a + 1$，

$m = f(4) = -3$ であるから，$M + m = 0$ となるのは

$$\frac{1}{4}a^2 - 2a + 1 - 3 = 0$$

$$a^2 - 8a - 8 = 0$$

$a > 8$ であるから $a = 4 + 2\sqrt{6}$

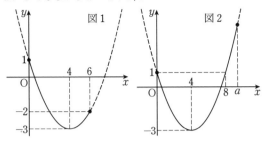

図1　図2

《文字が入っていない（A2）》

48. 曲線 $y = -2x^2 + 8x + 4$ の区間 $0 \le x \le 5$ における，最大値とそのときの x の値，および最小値とそのときの x の値を答えなさい．

(23　岩手県立大・ソフトウェア-推薦)

▶解答◀　$y = -2(x^2 - 4x) + 4$
$$= -2(x - 2)^2 + 12$$

下の図を参照せよ．$x = 2$ のとき最大値 **12**，$x = 5$ のとき最小値 -6 をとる．

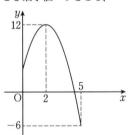

《グラフと直線の交点（B15）》

49. 放物線 $C : y = x^2 + 5x + 3$ の頂点の座標は $\left(-\dfrac{\boxed{}}{\boxed{}}, -\dfrac{\boxed{}}{\boxed{}}\right)$ であり，放物線 C と直線 $l : y = x + k$ がただ 1 つの共有点をもつ定数 k の値は $k = -\boxed{}$ である．また，放物線 C と直線 l が 2 つの共有点 A，B をもち，線分 AB の長さが 8 となる定数 k の値は $k = \boxed{}$ である．

(23　大同大・工-建築)

▶解答◀　$y = \left(x + \dfrac{5}{2}\right)^2 - \dfrac{13}{4}$ であるから，頂点 $\left(-\dfrac{5}{2}, -\dfrac{13}{4}\right)$

放物線 C と直線 l の方程式を連立して

$$x^2 + 5x + 3 = x + k$$

$$x^2 + 4x + 3 - k = 0 \quad \cdots\cdots\cdots①$$

判別式を D とすると，C と l が接するとき

$$\frac{D}{4} = 2^2 - (3 - k) = 0$$

$$k = -1$$

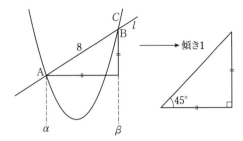

傾き1

$45°$

C と l が 2 つの共有点をもつとき，$k > -1$．このとき，①式の2解を α，β（$\alpha < \beta$）とすると

$$\alpha = -2 - \sqrt{1 + k},\ \beta = -2 + \sqrt{1 + k}$$

であるから

$$AB = \sqrt{2}(\beta - \alpha) = 2\sqrt{2}\sqrt{1 + k}$$

$AB = 8$ より $2\sqrt{2}\sqrt{1 + k} = 8$ であり，$k = 7$ である．

《不等式と2次関数（B10）》

50. 次の（1），（2）に答えなさい．

（1）　すべての実数 x に対して，$x^2 + ax + 1 > 0$ が成り立つような定数 a のうちで最大の整数を求めなさい．

（2）　a は（1）で求めた整数とする．すべての実数 x に対して，$\dfrac{bx}{x^2 + ax + 1} \le 1$ が成り立つような定数 b のうちで最大のものを求めなさい．

(23　産業能率大)

▶解答◀　（1）　$x^2 + ax + 1$ の判別式を D_1 として，$D_1 = a^2 - 4 < 0$ のときである．$-2 < a < 2$ となり，最大の整数 $a = 1$

（2）　$\dfrac{bx}{x^2 + x + 1} \le 1$，$x^2 + x + 1 > 0$ であるから $bx \le x^2 + x + 1$ となる．よって $x^2 + (1 - b)x + 1 \ge 0$ となる．$x^2 + (1 - b)x + 1$ の判別式を D_2 として，$D_2 = (1 - b)^2 - 4 \le 0$ のときである．$-2 \le b - 1 \le 2$ となり，最大の $b = 3$

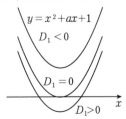

$y = x^2 + ax + 1$
$D_1 < 0$
$D_1 = 0$
$D_1 > 0$

《図形への応用（B10）》

51. 下図のように，2 辺の長さが a と b である長

方形に，半径 r_1 の円 O_1 と半径 r_2 の円 O_2 が内接
しているとする．ただし，$0 < b \le a < 2b$ とする．

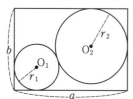

（1） $x = r_1 + r_2$ とおくとき，三平方の定理を
用いて x が満たす 2 次方程式を a と b を用いて
表せ．

（2） $r_1 + r_2$ を a と b を用いて表せ．

（3） 円 O_1 の面積と円 O_2 の面積の和を S とおい
たとき，S を a，b と r_1 を用いて表せ．

（4） S の最小値を a と b を用いて表せ．

（23 関大）

▶解答◀ （1） 図を見よ．O_1 は長方形の下半分，
O_2 は長方形の上半分にあるとしてよい．

$$O_1O_2 = r_1 + r_2 = x$$
$$O_1H = a - (r_1 + r_2) = a - x$$
$$O_2H = b - (r_1 + r_2) = b - x$$

であるから，$\triangle O_1O_2H$ に三平方の定理を用いて

$$x^2 = (a - x)^2 + (b - x)^2$$
$$x^2 = (a^2 - 2ax + x^2) + (b^2 - 2bx + x^2)$$
$$\boldsymbol{x^2 - 2(a+b)x + a^2 + b^2 = 0} \quad\cdots\cdots\cdots\cdots①$$

（2） ① より

$$x = (a+b) \pm \sqrt{(a+b)^2 - (a^2+b^2)}$$
$$= a + b \pm \sqrt{2ab}$$

であり，$\triangle O_1O_2H$ の成立条件より

$$O_1O_2 < O_1H + O_2H$$
$$x < (a - x) + (b - x)$$
$$x < \frac{a+b}{3} \qquad \therefore \quad x < a + b$$

であるから

$$x = r_1 + r_2 = \boldsymbol{a + b - \sqrt{2ab}}$$

（3） $S = \pi r_1^2 + \pi r_2^2$ より

$$\frac{S}{\pi} = r_1^2 + r_2^2 = r_1^2 + (x - r_1)^2$$
$$= 2r_1^2 - 2xr_1 + x^2$$

であるから，$x = a + b - \sqrt{2ab}$ として

$$S = \boldsymbol{\pi\{2r_1^2 - 2xr_1 + x^2\}}$$

（4） $\dfrac{S}{\pi} = 2r_1^2 - 2xr_1 + x^2 = 2\left(r_1 - \dfrac{1}{2}x\right)^2 + \dfrac{1}{2}x^2$

であるから，S が最小となるのは

$$r_1 = \frac{1}{2}x = \frac{1}{2}(r_1 + r_2)$$
$$r_1 = r_2 = \frac{1}{2}(a + b - \sqrt{2ab})$$

のときであり，最小値は

$$S = \frac{1}{2}\pi x^2 = \boldsymbol{\frac{1}{2}(a + b - \sqrt{2ab})^2 \pi}$$

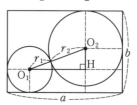

【2 次方程式】

─────《解く（B5）☆》─────

52. a, b, c を実数とする．x の方程式
$$ax^2 + bx + c = 0$$
を解け． （23 広島工業大・公募）

▶解答◀ $a \neq 0$ のとき $x = \dfrac{-b \pm \sqrt{b^2 - 4ac}}{2a}$

$a = 0$ のとき $bx + c = 0$

$\boldsymbol{a = 0,\ b \neq 0}$ のとき $\boldsymbol{x = -\dfrac{c}{b}}$

$\boldsymbol{a = 0,\ b = 0,\ c = 0}$ のとき $\boldsymbol{x}$ は任意

$\boldsymbol{a = 0,\ b = 0,\ c \neq 0}$ のとき 解なし

注意 最後のケースを忘れる生徒が多いだろう．昔
は「x は任意」を「不定」（さだまらず），「解なし」を
「不能」（とくことあたわず）と言った．本問は大学入
試では久しぶりである．入試の出来が知りたいもの
だ．経験では，解なしを書く人は 10 人に 1 人くらい
である．

─────《解と係数の関係（A2）☆》─────

53. 2 次方程式 $x^2 + 8x + k = 0$ の 1 つの解が他の
解の (-3) 倍であるとき，定数 k の値とこの 2 次
方程式の解を求めよ． （23 北海学園大・工）

▶解答◀ 2 解を $\alpha, -3\alpha$ とおく．解と係数の関係
より

$$\alpha + (-3\alpha) = -8,\ \alpha(-3\alpha) = k$$

とおけて，$\alpha = 4, k = -3\alpha^2 = \boldsymbol{-48}$
となる．2 解は $\boldsymbol{4, -12}$

─────《共通解（B10）☆》─────

54. 2 つの 2 次方程式
$$x^2 + 6x - 12k - 24 = 0,$$
$$x^2 + (3 - k)x + 12 = 0$$

（ただし，k は実数の定数）が共通な実数解をただ 1 つもつとき，$k =$ □ であり，その共通解は □ である． （23 武庫川女子大）

▶解答◀ 共通な実数解を α とおく．

$$\alpha^2 + 6\alpha - 12k - 24 = 0 \quad \cdots\cdots\cdots\cdots① $$

$$\alpha^2 + (3-k)\alpha + 12 = 0 \quad \cdots\cdots\cdots\cdots② $$

①－② より

$$(k+3)\alpha - 12k - 36 = 0$$

$$(k+3)(\alpha - 12) = 0$$

$$k = -3 \ \text{または} \ \alpha = 12$$

$k = -3$ のとき，2 つの 2 次方程式はともに

$$x^2 + 6x + 12 = 0$$

となり，共通な実数解が 1 つだけとならず不適である．

$\alpha = 12$ のとき，① より

$$144 + 72 - 12k - 24 = 0 \qquad \therefore \quad k = 16$$

2 つの 2 次方程式は

$$x^2 + 6x - 216 = 0, \ x^2 - 13x + 12 = 0$$

$$(x-12)(x+18) = 0, \ (x-12)(x-1) = 0$$

となり，共通な実数解は $x = 12$ だけである．よって，**$k = 16$** で共通解は **12** である．

《解く（A2）☆》

55. 方程式 $x^2 - |x| - 6 = 0$ の解は $x =$ □ である． （23 日大・医）

▶解答◀ $x^2 - |x| - 6 = 0 \quad \cdots\cdots\cdots\cdots①$

$x^2 = |x|^2$ であるから，① は

$$|x|^2 - |x| - 6 = 0$$

$$(|x| - 3)(|x| + 2) = 0$$

となる．$|x| \geqq 0$ より

$$|x| = 3 \qquad \therefore \quad x = \pm 3$$

♦別解♦ $x \geqq 0$ のとき，① は

$$x^2 - x - 6 = 0$$

$$(x-3)(x+2) = 0$$

となるから，$x \geqq 0$ より $x = 3$

$x \leqq 0$ のとき，① は

$$x^2 - (-x) - 6 = 0$$

$$(x+3)(x-2) = 0$$

となるから，$x \leqq 0$ より $x = -3$

したがって，$x = -3, 3$

《解く（B5）》

56. 方程式

$$|x+2| + |x-5| = -x^2 + 18$$

を解くと $x = -$ □ ，$\sqrt{□}$ である． （23 京都先端科学大）

▶解答◀ $f(x) = |x+2| + |x-5|$，
$g(x) = 18 - x^2$ とおく．
$f(-2) = 7, f(5) = 7, g(-2) = 14$
だから，2 曲線 $y = f(x), y = g(x)$ は図のようになる．$x \leqq -2$ のとき $f(x) = -(x+2) - (x-5) = -2x + 3$ である．$-2x + 3 = 18 - x^2$ とすると $x^2 - 2x - 15 = 0$ となり，$(x+3)(x-5) = 0$ となり，$x \leqq -2$ の解は $x = -3$ である．次に $18 - x^2 = 7, -2 \leqq x \leqq 5$ を解くと $x = \sqrt{11}$ である．解は $x = -3, \sqrt{11}$

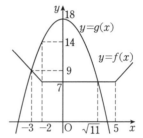

《重解（B2）》

57. 次の 2 つの放物線を考える．

$$y = x^2 + ax + \frac{1}{2}$$

$$y = -x^2 + bx$$

ただし，$a > b$ とする．この 2 つの放物線が 1 点で接するとき，a と b の間には $a =$ □ という関係が成り立つ．さらに，この接点の x 座標は $x =$ □ である．もし接点が放物線の極値をとる位置にあるならば，$b =$ □ である． （23 奈良県立医大・推薦）

▶解答◀ $y = x^2 + ax + \frac{1}{2} \quad \cdots\cdots\cdots\cdots①$

$$y = -x^2 + bx \quad \cdots\cdots\cdots\cdots②$$

①，② で y を消去して

$$x^2 + ax + \frac{1}{2} = -x^2 + bx$$

$$2x^2 + (a-b)x + \frac{1}{2} = 0 \quad \cdots\cdots\cdots\cdots③$$

①，② が 1 点で接するとき，③ の判別式を D とし

て
$$D = (a-b)^2 - 4 \cdot 2 \cdot \frac{1}{2} = 0$$
$$(a-b)^2 = 4$$

$a > b$ より $a - b = 2$ であり，$a = \boldsymbol{b+2}$ である．このとき③の重解 $x = \dfrac{-(a-b)}{4} = \dfrac{-2}{4} = -\dfrac{1}{2}$

また，接点が放物線の極値をとる位置にあるとき，①，②が頂点で接するから，②において
$$y = -\left(x - \frac{b}{2}\right)^2 + \frac{b^2}{4}$$

よって，$\dfrac{b}{2} = -\dfrac{1}{2}$ であるから $b = -1$ である．このとき①の頂点の x 座標は $-\dfrac{a}{2} = -\dfrac{b+2}{2} = -\dfrac{1}{2}$ で，①，②とも接点が頂点の位置にある．

《直線との交点 (B10) ☆》

58. 関数 $y = -x^2 + x + 3|x-1|$ のグラフを C とする．

（1）C を図示せよ．

（2）原点を通る直線 $y = kx$ と C との共有点がちょうど2個となるような実数 k の値の範囲を求めよ． (23 青学大・理工)

▶解答◀ （1）$x \geqq 1$ のとき
$$y = -x^2 + x + 3(x-1)$$
$$= -x^2 + 4x - 3 = -(x-2)^2 + 1$$

$x < 1$ のとき
$$y = -x^2 + x - 3(x-1)$$
$$= -x^2 - 2x + 3 = -(x+1)^2 + 4$$

であるから，C の概形は図のようになる．

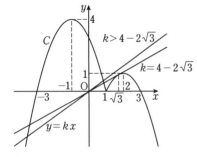

（2）図より

（ア）$k < 0$ のとき，$y = kx$ と C の交点はちょうど2個ある．

（イ）$k \geqq 0$ のとき，$y = -x^2 + 4x - 3 \, (x \geqq 1)$ と $y = kx$ を連立させて
$$kx = -x^2 + 4x - 3$$
$$x^2 + (k-4)x + 3 = 0$$

$$x = \frac{-(k-4) \pm \sqrt{(k-4)^2 - 12}}{2}$$

$(k-4)^2 = 12$ のとき
$$k - 4 = \pm 2\sqrt{3}$$

$k - 4 = -2\sqrt{3}$ のとき，重解 $x = \dfrac{2\sqrt{3}}{2} = \sqrt{3}$

直線 $y = kx$ と C が2交点をもつ条件は，$k > 4 - 2\sqrt{3}$ である．

（ア），（イ）から求める範囲は $\boldsymbol{k < 0, \ k > 4 - 2\sqrt{3}}$ である．

《絶対値でグラフ (B15)》

59. $f(x)$ が次の式で与えられているとき，以下の問いに答えよ．
$$f(x) = \begin{cases} x^2 - 2x + 3 & (x < 0) \\ |x^2 - 2x - 3| & (x \geqq 0) \end{cases}$$

（1）関数 $y = f(x)$ のグラフの概形を描け．

（2）k を定数とする．方程式 $f(x) = \dfrac{x}{2} + k$ が，ちょうど3個の異なる実数解をもつための，k の値を求めよ． (23 甲南大・公募)

▶解答◀ （1）$C : y = f(x)$ とする．

$x < 0$ のとき $f(x) = (x-1)^2 + 2$ で，$x \geqq 0$ のとき $f(x) = |(x-3)(x+1)|$ であるから，C のグラフの概形は図1のようになる．

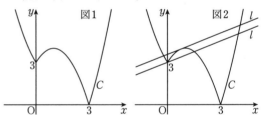

（2）$l : y = \dfrac{x}{2} + k$ とする．方程式 $f(x) = \dfrac{x}{2} + k$ がちょうど3個の異なる実数解をもつのは，C と l の共有点の個数が3個となるときで，図2のように，l が点

$(0, 3)$ を通るときか，C の $0 \leqq x \leqq 3$ の部分と接するときである．前者のとき $k = 3$ である．後者のとき
$$-(x^2 - 2x - 3) = \frac{x}{2} + k$$
$$2x^2 - 3x + 2k - 6 = 0$$

判別式を D として
$$D = 9 - 4 \cdot 2 \cdot (2k-6) = 0 \qquad \therefore \quad k = \frac{57}{16}$$

このとき $x = \dfrac{3}{4}$ で，$0 \leqq x \leqq 3$ を満たす．よって，$k = \dfrac{57}{16}$ である．

以上より，求める k の値は，$\boldsymbol{k = 3, \dfrac{57}{16}}$

《因数分解の利用 (B10)》

60. 2次方程式
$$2(x+1)(x-1)+(x-1)(x+2)$$
$$+(x+1)(x+2)=0$$
の2つの解を α, β とする．このとき
$$\alpha\beta = \boxed{}, \quad (\alpha-2)(\beta-2) = \boxed{}$$
$$\frac{1}{(\alpha+1)(\beta+1)} + \frac{1}{(\alpha-1)(\beta-1)}$$
$$+ \frac{1}{(\alpha+2)(\beta+2)} = \boxed{}$$
である．
(23 中京大)

考え方 解と係数だけでなく因数分解を使うと効率がよい．

▶解答◀ 最初の2次方程式を展開すると $4x^2 + 4x - 2 = 0$ となる．解と係数の関係より $\alpha\beta = -\dfrac{1}{2}$ である，

$f(x) = 4x^2+4x-2$ とおく．$f(x) = 4(x-\alpha)(x-\beta)$ と書ける，$(\alpha-x)(\beta-x) = \dfrac{1}{2}(2x^2+2x-1)$ となる．ここで $x = 2$ とすると
$$(\alpha-2)(\beta-2) = \frac{1}{2}(8+4-1) = \frac{11}{2}$$
今度は
$$(\alpha-x)(\beta-x) = \frac{1}{4}\{2(x+1)(x-1)$$
$$+(x-1)(x+2)+(x+1)(x+2)\}$$
で $x = -1, 1, -2$ とすると
$$(\alpha+1)(\beta+1) = \frac{1}{4}(-2) = -\frac{1}{2}$$
$$(\alpha-1)(\beta-1) = \frac{1}{4}(2\cdot 3) = \frac{3}{2}$$
$$(\alpha+2)(\beta+2) = \frac{1}{4}(2\cdot 3) = \frac{3}{2}$$

$$\frac{1}{(\alpha+1)(\beta+1)} + \frac{1}{(\alpha-1)(\beta-1)}$$
$$+ \frac{1}{(\alpha+2)(\beta+2)} = -2 + \frac{2}{3} + \frac{2}{3} = -\frac{2}{3}$$

《分数関数を判別式で (B10)》

61. 実数で定義される関数
$$y = f(x) = \frac{8x^2+5}{x^2-3x+6}$$
の最大値を M, 最小値を m とすると $\dfrac{M}{m} = \dfrac{\boxed{}}{\boxed{}}$
である．
(23 藤田医科大・ふじた未来入試)

▶解答◀ $x^2 - 3x + 6 = \left(x - \dfrac{3}{2}\right)^2 + \dfrac{15}{4} > 0$
である．
$$\frac{8x^2+5}{x^2-3x+6} = k$$

とおくと
$$(8-k)x^2 + 3kx - 6k + 5 = 0 \quad \cdots\cdots\cdots ①$$
$k \neq 8$ のとき，判別式を D とすると，実数 x が存在することが条件で，$D \geq 0$ であるから
$$D = 9k^2 - 4(8-k)(5-6k)$$
$$= -15k^2 + 212k - 160$$
$$= -(5k-4)(3k-40) \geq 0$$
$$(5k-4)(3k-40) \leq 0 \qquad \therefore \quad \frac{4}{5} \leq k \leq \frac{40}{3}$$
このとき，$\dfrac{4}{5} \leq k \leq \dfrac{40}{3}$ かつ $k \neq 8$ である．$k = 8$ のとき ① は
$$24x - 43 = 0 \qquad \therefore \quad x = \frac{43}{24}$$
より $k = 8$ となる x が存在する．

したがって，k の取り得る値の範囲は $\dfrac{4}{5} \leq k \leq \dfrac{40}{3}$ となり $M = \dfrac{40}{3}$, $m = \dfrac{4}{5}$ であるから $\dfrac{M}{m} = \dfrac{50}{3}$ である．

♦別解♦ $f'(x) = \dfrac{g(x)}{(x^2-3x+6)^2}$
$$g(x) = 16x(x^2-3x+6) - (8x^2+5)(2x-3)$$
$$= -24x^2 + 86x + 15 = -(6x+1)(4x-15)$$

x	$\cdots$	$-\frac{1}{6}$	$\cdots$	$\frac{15}{4}$	$\cdots$
$f'(x)$	$-$	0	$+$	0	$-$
$f(x)$	$\searrow$		$\searrow$		$\nearrow$

$$\lim_{x \to \pm\infty} f(x) = 8$$
$$f\left(-\frac{1}{6}\right) = \frac{4}{5}, \ f\left(\frac{15}{4}\right) = \frac{40}{3}$$
$$M = \frac{40}{3}, \ m = \frac{4}{5}, \ \frac{M}{m} = \frac{50}{3}$$

《文字定数は分離 (A10)》

62. k を実数の定数とするとき，x についての方程式 $|x^2 - 4x| + 2x = k$ の異なる実数解の個数は，k がすべての実数となるように場合分けすると，

$k < \boxed{}$ のとき 0 個，

$k = \boxed{}$ のとき 1 個，

$\boxed{} < k < \boxed{}$ または $k > \boxed{}$ のとき 2 個，

$k = \boxed{}$ または $k = 9$ のとき 3 個，

$\boxed{} < k < \boxed{}$ のとき 4 個である．

(23 金城学院大)

▶解答◀ $f(x) = |x^2 - 4x| + 2x$ とおく．
$x \leq 0, 4 \leq x$ のとき
$$f(x) = x^2 - 4x + 2x = (x-1)^2 - 1$$

$0 \leqq x \leqq 4$ のとき

$$f(x) = -x^2 + 4x + 2x = -(x-3)^2 + 9$$

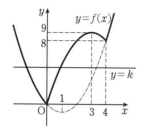

曲線 $y = f(x)$ と直線 $y = k$ の交点の個数より，実数解の個数は

$k < 0$ のとき 0 個，$k = 0$ のとき 1 個，$0 < k < 8$ または $k > 9$ のとき 2 個，$k = 8$ または $k = 9$ のとき 3 個，

$8 < k < 9$ のとき 4 個である．

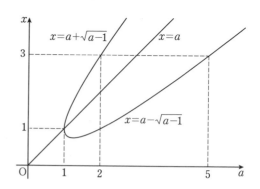

《(B0)》

63. x の 2 次方程式 $x^2 - 2ax + a^2 - a + 1 = 0$ の $0 < x < 3$ における解の個数が 1 つであるための必要十分条件は，$a = \boxed{}$ または $\boxed{} \leqq a < \boxed{}$ である． (23 日大)

▶**解答◀** $f(x) = x^2 - 2ax + a^2 - a + 1$ とおく．$f(x) = 0$ を解くと $x = a \pm \sqrt{a-1}$ である．重解になるときは $a = 1$ で重解は $x = a = 1$ となる．

$$f(0) = a^2 - a + 1 = \left(a - \frac{1}{2}\right)^2 + \frac{3}{4} > 0$$

$$f(3) = a^2 - 7a + 10 = (a-2)(a-5)$$

で，$f(3) = 0$ のとき $a = 2, 5$

$f(x) = (x-a)^2 + 1 - a$ となり，曲線 $y = f(x)$ の頂点 $(a, 1-a)$ は直線 $l : y = 1 - x$ 上にある．曲線 $y = f(x)$ をずらして考える．

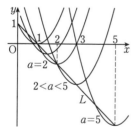

$f(x) = 0$ の $0 < x < 3$ における解が 1 つだけある条件は $a = 1$ または $2 \leqq a < 5$

【♦**別解**♦】 $x = a + \sqrt{a-1}$，$x = a - \sqrt{a-1}$ を描く．$x = 3$ のとき，$a^2 - 7a + 10 = 0$ で $a = 2, 5$

a 軸に垂直に切って，$0 < x < 3$ における交点がただ 1 つ存在する条件は $a = 1$ または $2 \leqq a < 5$

《(A2)》

64. a，b を実数とする．x についての 2 次方程式 $x^2 - 2ax + a + b = 0$ が実数解をもつ条件を a と b で表すと $\boxed{}$ である．また，この 2 次方程式がどのような a の値に対しても実数解をもつとき，b のとりうる値の範囲は $\boxed{}$ である． (23 南山大・理系)

▶**解答◀** $x^2 - 2ax + a + b = 0$ の判別式を D_1 とすると，実数解をもつ条件は

$$\frac{D_1}{4} = a^2 - a - b \geqq 0$$

任意の a に対して $D_1 \geqq 0$ になる条件は，$a^2 - a - b = 0$ の判別式を D_2 として $D_2 = 1 + 4b \leqq 0$ より $b \leqq -\frac{1}{4}$ である．

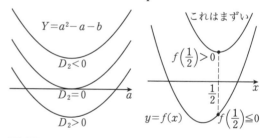

注意 $f(x) = x^2 - 2ax + a + b$ とおく．

$f(x) = x^2 + a(1 - 2x) + b$ だから $f\left(\frac{1}{2}\right) = b + \frac{1}{4}$ となる．a によらず常に $f(x) = 0$ が実数解をもつ条件は $f\left(\frac{1}{2}\right) \leqq 0$ であり，$b \leqq -\frac{1}{4}$ である．$f\left(\frac{1}{2}\right) > 0$ とすると軸 $x = a = \frac{1}{2}$ のときに $f(x) > 0$ になり $f(x) = 0$ は実数解をもたないからである．

《重解 (A2)》

65. 2 次方程式 $x^2 + (k+1)x + k + \frac{9}{4} = 0$ が正の重解をもつとき，定数 k の値は $k = \boxed{}$ であり，2 次方程式の重解は $x = \boxed{}$ である． (23 東邦大・理)

▶**解答**◀ 判別式を D とおく．重解をもつ
とき

$$D = (k+1)^2 - 4\left(k + \frac{9}{4}\right)$$
$$= k^2 - 2k - 8 = (k-4)(k+2) = 0$$
$$k = 4, \ -2$$

重解 $-\frac{1}{2}(k+1)$ が正になるのは $k = -2$ のときで，
このとき，$x = -\frac{1}{2}(-2+1) = \frac{1}{2}$ である．

《**解の範囲 (B10) ☆**》

66. a を定数とする．2つの放物線 $y = 2x^2 - 2x - 1$，$y = x^2 + 2ax - a^2 - a - 3$ が異なる2点で交わっている．2交点のうち x 座標の小さいほうの交点を P とするとき，P の x 座標の最小値は $\boxed{}$ であり，その最小値を与える a の値は $\boxed{}$ である．

(23 帝京大・医)

▶**解答**◀ $2x^2 - 2x - 1 = x^2 + 2ax - a^2 - a - 3$

$$x^2 - 2(a+1)x + a^2 + a + 2 = 0$$
$$x = a + 1 \pm \sqrt{(a+1)^2 - (a^2 + a + 2)}$$
$$= a + 1 \pm \sqrt{a-1}$$

$a > 1$ のとき2つの放物線は異なる2点で交わり，P の x 座標は $x = a + 1 - \sqrt{a-1}$ である．

$$x = a - 1 - \sqrt{a-1} + 2$$
$$= \left(\sqrt{a-1} - \frac{1}{2}\right)^2 + \frac{7}{4}$$

P の x 座標の最小値は $\frac{7}{4}$ で，そのとき

$$\sqrt{a-1} = \frac{1}{2} \qquad \therefore \quad a = \frac{5}{4}$$

注意 【a について解く】

$$2x^2 - 2x - 1 = x^2 + 2ax - a^2 - a - 3$$
$$a^2 + (1 - 2x)a + x^2 - 2x + 2 = 0$$
$$a = \frac{2x - 1 \pm \sqrt{4x - 7}}{2}$$

$4x - 7 \geqq 0$ であり，x の最小値は $\frac{7}{4}$

そのときの $a = \frac{2x-1}{2} = \frac{5}{4}$

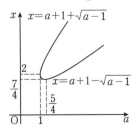

2曲線 $x = a + 1 + \sqrt{a-1}$（点 $(1, 2)$ 以上の部分），$x = a + 1 - \sqrt{a-1}$ を描き，それを縦に切って断面

があるのは $a \geqq 1$ の部分，横に切って断面があるのは $x \geqq \frac{7}{4}$ の部分である．ただし，x が2つ存在するのは $a > 1$ の部分である．

【2次方程式の解の配置】

《**$-1 < x < 1$ の2解 (B5)**》

67. a を正の実数とする．x の2次方程式

$$6x^2 - 4ax + a = 0$$

が異なる2つの実数解をもつような a の値の範囲は $\boxed{}$ であり，$-1 < x < 1$ の範囲に異なる2つの実数解をもつような a の値の範囲は $\boxed{}$ である．

(23 愛知工大)

▶**解答**◀ $f(x) = 6x^2 - 4ax + a$ とおく．判別式を D とする．$f(x) = 0$ が異なる2つの実数解をもつ条件は

$$\frac{D}{4} = 4a^2 - 6a = 2a(2a - 3) > 0$$

$a > 0$ であるから $a > \frac{3}{2}$ ……………………①

このとき $f(-1) = 6 + 5a > 0$ である，この2つの実数解が $-1 < x < 1$ の範囲にある条件は，$f(1) = 6 - 3a > 0$ かつ，軸について $-1 < \frac{a}{3} < 1$ になるときである．① にもとで考え，$a < 2$ かつ $a < 3$ となる．求める a の値の範囲は $\frac{3}{2} < a < 2$ である．

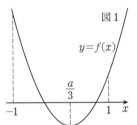

図1

$y = f(x)$

$\frac{a}{3}$

《**$x \leqq k$ の2解 (B5)**》

68. 2次方程式 $x^2 + 2kx + 4k - 3 = 0$ は2つの実数解 α，β をもつとする．ただし，$\alpha < \beta$ とする．このとき，k の値の範囲は $\boxed{}$ である．また，$\beta \leqq k$ となるような k の値の範囲は $\boxed{}$ である．

(23 福岡大・医)

▶**解答**◀ $x^2 + 2kx + 4k - 3 = 0$ の判別式 D について

$$\frac{D}{4} = k^2 - 4k + 3 > 0$$
$$(k-1)(k-3) > 0$$

$k < 1, \ 3 < k$ ……………………①

$f(x) = x^2 + 2kx + 4k - 3$ とおく.

$\beta \leqq k$ になるのは 2 解とも $x \leqq k$ にあるときで,

$D > 0$, 軸：$-k < k$, $f(k) = 3k^2 + 4k - 3 \geqq 0$

$-k < k$ より $k > 0$ であるから

$$\frac{-2 + \sqrt{13}}{3} \leqq k < 1, \ 3 < k$$

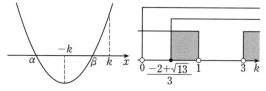

なお $\dfrac{-2 - \sqrt{13}}{3} < 0 < \dfrac{-2 + \sqrt{13}}{3} < \dfrac{-2 + 4}{3} < 1$ である.

《0 < x < 3 の 1 解 (B0)》

69. x の 2 次方程式 $x^2 - 2ax + a^2 - a + 1 = 0$ の $0 < x < 3$ における解の個数が 1 つであるための必要十分条件は, $a = \boxed{}$ または $\boxed{} \leqq a < \boxed{}$ である.

(23 日大)

▶解答◀ $f(x) = x^2 - 2ax + a^2 - a + 1$ とおく.

$f(x) = 0$ を解くと $x = a \pm \sqrt{a-1}$ である. 重解になるときは $a = 1$ で重解は $x = a = 1$ となる.

$$f(0) = a^2 - a + 1 = \left(a - \frac{1}{2}\right)^2 + \frac{3}{4} > 0$$

$$f(3) = a^2 - 7a + 10 = (a-2)(a-5)$$

で, $f(3) = 0$ のとき $a = 2, 5$

$f(x) = (x-a)^2 + 1 - a$ となり, 曲線 $y = f(x)$ の頂点 $(a, 1-a)$ は直線 $l : y = 1 - x$ 上にある. 曲線 $y = f(x)$ をずらして考える.

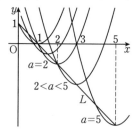

$f(x) = 0$ の $0 < x < 3$ における解が 1 つだけある条件は $a = 1$ または $2 \leqq a < 5$

♦別解♦ $x = a + \sqrt{a-1}$, $x = a - \sqrt{a-1}$ を描く.

$x = 3$ のとき, $a^2 - 7a + 10 = 0$ で $a = 2, 5$

a 軸に垂直に切って, $0 < x < 3$ における交点がただ 1 つ存在する条件は $a = 1$ または $2 \leqq a < 5$

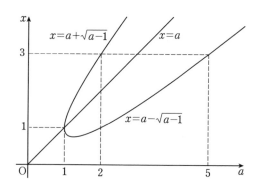

【2 次不等式】

《解く (B2)》

70. 不等式 $x^2 + 2|x+1| - 5 < 0$ を解きなさい.

(23 龍谷大・推薦)

考え方 $|x| < a$ は $-a < x < a$ と同値である.

▶解答◀ $2|x+1| < 5 - x^2$

$-(5 - x^2) < 2(x+1) < 5 - x^2$

$x^2 - 2x - 7 < 0$ かつ $x^2 + 2x - 3 < 0$

$1 - 2\sqrt{2} < x < 1 + 2\sqrt{2}$ かつ $(x-1)(x+3) < 0$

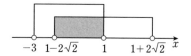

$$1 - 2\sqrt{2} < x < 1$$

♦別解♦ $x^2 + 2|x+1| - 5 < 0$ より

$2|x+1| < -x^2 + 5$ ....①

$l : y = 2|x+1|$, $C : y = -x^2 + 5$ としてグラフをかくと図のようになる.

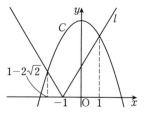

$2(x+1) = -x^2 + 5$, $x \geqq -1$ を解くと

$x^2 + 2x - 3 = 0$

$(x+3)(x-1) = 0$ $\quad \therefore \quad x = 1$

$-2(x+1) = -x^2 + 5$, $x \leqq -1$ を解くと

$x^2 - 2x - 7 = 0$ $\quad \therefore \quad x = 1 - 2\sqrt{2}$

① が成り立つのは l が C より下方に出るときで

$$1 - 2\sqrt{2} < x < 1$$

《解く (B5) ☆》

71. $-1 \leqq \alpha \leqq 1$ とする. x に関する方程式

$$x^2 - \frac{3}{2}x - \frac{9}{4} + \alpha = 0$$

が整数解を持つとき, α の値は $\boxed{}$ である.

（23 立教大・数学）

▶解答◀ $x^2 - \frac{3}{2}x - \frac{9}{4} = -\alpha$

$-1 \leqq -\alpha \leqq 1$ であるから, $-1 \leqq x^2 - \frac{3}{2}x - \frac{9}{4} \leqq 1$

$$\frac{5}{4} \leqq x^2 - \frac{3}{2}x \leqq \frac{13}{4}$$

$$\frac{5}{2} \leqq x(2x-3) \leqq \frac{13}{2}$$

まず, $x(2x-3) \leqq \frac{13}{2}$ に $x = 0, \pm 1, \pm 2, \cdots$ を代入していく. $x = -1, 0, 1, 2$ で成り立ち, $x \leqq -2, x \geqq 3$ では成立しない. $x = -1, 0, 1, 2$ を $\frac{5}{2} \leqq x(2x-3)$ に代入する. 成り立つのは $x = -1$ のときだけである.

$1 + \frac{3}{2} - \frac{9}{4} = -\alpha$ であり, $\alpha = -\frac{1}{4}$

注意 主役は整数 x であり, $x = 0, \pm 1, \pm 2, \cdots$ で動かして

$$x^2 - \frac{3}{2}x - \frac{9}{4} = -\alpha$$

になることができるかが問題である. また 2 次不等式

$$x^2 - \frac{3}{2}x - \frac{13}{4} \leqq 0, \ x^2 - \frac{3}{2}x - \frac{5}{4} \geqq 0$$

を解くと

$$\frac{3 - \sqrt{61}}{4} \leqq x \leqq \frac{3 + \sqrt{61}}{4}$$

$$x \leqq \frac{3 - \sqrt{29}}{4} \ \text{または} \ \frac{3 + \sqrt{29}}{4} \leqq x$$

となり, $\sqrt{61}, \sqrt{29}$ がよく分からず戸惑うだけである. 整数と不等式では, 代入方式の方が解きやすい.

♦別解♦ $x = \dfrac{\dfrac{3}{2} \pm \sqrt{\dfrac{9}{4} + 9 - 4\alpha}}{2}$

$$= \frac{3 \pm \sqrt{45 - 16\alpha}}{4}$$

$$4x - 3 = \pm\sqrt{45 - 16\alpha}$$

$$|4x - 3| = \sqrt{45 - 16\alpha}$$

$-1 \leqq \alpha \leqq 1$ より $\sqrt{29} \leqq \sqrt{45 - 16\alpha} \leqq \sqrt{61}$ であるから

$$5 < \sqrt{29} \leqq |4x - 3| \leqq \sqrt{61} < 8$$

x は整数であるから, $|4x - 3| = 6, 7$

$$4x - 3 = \pm 6, \pm 7$$

$$x = \frac{9}{4}, -\frac{3}{4}, \frac{5}{2}, -1$$

整数 $x = -1$ である.

これを $x^2 - \frac{3}{2}x - \frac{9}{4} + \alpha = 0$ に代入して $\alpha = -\frac{1}{4}$

──《判別式の利用（A2）》──

72. すべての実数 x について, 2 次不等式

$$x^2 + ax + 2a - 3 > 0$$

が成り立つような定数 a の値の範囲は $\boxed{} < a < \boxed{}$ である. （23 松山大・薬）

▶解答◀ x^2 の係数が正であるから, $x^2 + ax + 2a - 3 = 0$ の判別式について

$$a^2 - 4(2a - 3) < 0$$

$$a^2 - 8a + 12 < 0$$

$$(a - 2)(a - 6) < 0 \qquad \therefore \ \mathbf{2 < a < 6}$$

──《2 変数の不等式（B20）☆》──

73. 実数 a に対して 2 次関数 $f(x)$ と $g(x)$ を

$$f(x) = x^2 - 2(a + 2)x + 4a + 8$$

$$g(x) = -x^2$$

と定める. 以下の問いに答えよ.

（1） 不等式 $f(x) \geqq g(x)$ がすべての実数 x について成り立つような a の値の範囲を求めよ.

（2） 不等式 $g(x) > f(x)$ を満たす実数 x が存在するような a の値の範囲を求めよ.

（3） 不等式 $f(x) \geqq g(y)$ がすべての実数 x, y について成り立つような a の値の範囲を求めよ.

（4） 不等式 $f(x) \geqq g(x)$ を満たす実数 x が存在するような a の値の範囲を求めよ.

（23 筑波大・理工（数)-推薦）

▶解答◀ （1） $h(x) = f(x) - g(x)$ とおいて, すべての実数 x に対して $h(x) \geqq 0$ となる条件を考える（図1）. これが成り立つ条件は, $h(x)$ の最小値が 0 以上となることである.

$$h(x) = 2x^2 - 2(a + 2)x + 4a + 8$$

$$= 2\left(x - \frac{a + 2}{2}\right)^2 - \frac{(a + 2)^2}{2} + 4a + 8$$

であるから, 求める条件は

$$-\frac{(a + 2)^2}{2} + 4a + 8 \geqq 0$$

$$-(a + 2)^2 + 8(a + 2) \geqq 0$$

$$(a - 6)(a + 2) \leqq 0 \qquad \therefore \ \mathbf{-2 \leqq a \leqq 6}$$

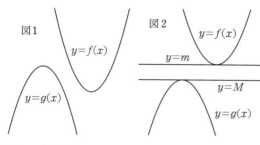

図1　図2

（2）　「不等式 $f(x) \geqq g(x)$ がすべての実数 x について成り立つ」の否定は，「不等式 $g(x) > f(x)$ を満たす実数 x が存在する」であるから，（1）の不等式の否定を考えて **$a < -2, 6 < a$** である．

（3）　求める条件は，$f(x)$ の最小値を m，$g(x)$ の最大値を M とすると，$m \geqq M$ となることである（図2）．

$$f(x) = (x - (a+2))^2 - (a+2)^2 + 4a + 8$$
$$= (x - (a+2))^2 - a^2 + 4$$

であるから，$m = -a^2 + 4$ である．また，$M = 0$ であるから，求める条件は

$$-a^2 + 4 \geqq 0 \qquad \therefore \quad -2 \leqq a \leqq 2$$

（4）　$h(x) \geqq 0$ となる実数 x が存在する条件を考える．$h(x)$ の2次の係数は正であるから，a がどのような値であっても，十分絶対値の大きな x においては $h(x) \geqq 0$ となる．よって，a は**すべての実数**である．

《文字定数は分離せよ（B5）》

74. k を実数とする．関数 $f(x) = 3x^2 - 2x + k$ に対し，放物線 $y = f(x)$ の軸は直線 $x = \boxed{}$ である．また，不等式 $f(x) < 0$ を満たす整数 x がちょうど2個となる k の値の範囲は $\boxed{}$ である．

（23　工学院大）

▶解答◀ $f(x) = 3x^2 - 2x + k$
$$= 3\left(x - \frac{1}{3}\right)^2 + k - \frac{1}{3}$$

軸は直線 $x = \dfrac{1}{3}$ である．

$f(x) < 0$ のとき $k < 2x - 3x^2$ である．

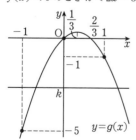

$g(x) = 2x - 3x^2$ とおく．$g(1) = -1, g(-1) = -5$

である．直線 $y = k$ より上方にある格子点 $(x, g(x))$ が2個になるのは $-5 \leqq k < -1$ のときである．

《文字定数は分離文字定数は分離せよ（B20）☆》

75. 正の数 k に対して，次の2つの不等式を考える．

$$x^2 + 2x - k > 0 \quad \cdots\cdots\cdots\cdots① $$
$$x^2 - k^2 < 0 \quad \cdots\cdots\cdots\cdots② $$

このとき，次の問いに答えよ．

（1）　①を満たす実数 x の値の範囲を k を用いて表せ．

（2）　①と②を同時に満たす実数 x の値の範囲を k を用いて表せ．

（3）　①と②を同時に満たすような整数 x は $x = 1$ のみとなる k の値の範囲を求めよ．

（4）　①と②を同時に満たすような整数 x は $x = 2$ のみとなる k の値を求めよ．

（23　静岡大・理，工，情報）

▶解答◀ （1）　**$x < -1 - \sqrt{1+k}$，**
$x > -1 + \sqrt{1+k}$

（2）　$\alpha = -1 - \sqrt{1+k}, \beta = -1 + \sqrt{1+k}$ とおく．$\alpha < 0, \beta > 0$ である．②は $-k < x < k$ である．

まず，k の部分を y で置き換え，xy 平面に，領域 $y < x^2 + 2x$ かつ $y > |x|$ を図示すると図の境界を除く網目部分となる．放物線は $y = x^2 + 2x$，折れ線は $y = |x|$ である．

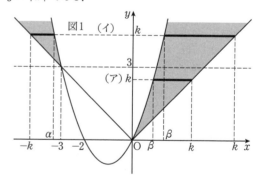

図1

次に，直線 $y = k$ で，横に切って考える．図で (k, x) の全体は太い線分で表した．x の範囲を読む．（ア）は $0 < k \leqq 3$ のとき，（イ）は $k > 3$ のときである．

$0 < k \leqq 3$ のとき $-1 + \sqrt{1+k} < x < k$
$k > 3$ のとき $-k < x < -1 - \sqrt{1+k}$，
$-1 + \sqrt{1+k} < x < k$

（3）　整数 a に対し，「網目部分にあって直線 $x = a$

上にもある点 (a, k) の全体」を l_a とする．l_a が存在するのは $a \leqq -4, a \geqq 1$ のときであり，そのとき l_a は線分であり，すべて端点を除く．$a \leqq -4, a \geqq 4$ のときは $k > 4$ の部分にある．答えに関係するのは l_1, l_2, l_3 である．$y = k$ で横に切ったときに l_1 とのみぶつかる条件は $1 < k \leqq 2$ である．

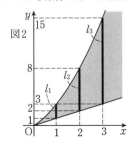

図2

（4） 今度は l_2 とのみぶつかる条件は $k = 3$ である．

♦別解♦ $f(x) = x^2 + 2x - k$ とおく．

$f(k) = k^2 + k > 0$ であるから $\beta < k$

$$f(-k) = k^2 - 3k = k(k - 3)$$

$0 < k \leqq 3$ のとき $f(-k) \leqq 0$ であるから $\alpha \leqq -k \leqq \beta$

$f(x) > 0$ かつ $-k < x < k$ となる x の範囲は $\beta < x < k$ である．

$k > 3$ のとき $f(-k) > 0$ であるから「$f(x) > 0$ かつ $-k < x < k$」の解は $-k < x < \alpha, \beta < x < k$

$0 < k \leqq 3$ のとき $-1 + \sqrt{1 + k} < x < k$

$k > 3$ のとき

$-k < x < -1 - \sqrt{1 + k}, \ -1 + \sqrt{1 + k} < x < k$

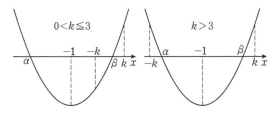

（3） （2）の答えで $0 < k \leqq 3, k > 3$ のいずれでも $x > 0$ の部分は $\beta < x < k$ であるから，まず $x = 1$ がこれを満たし，$x = 2$ がこれを満たさない条件を考える．すると，$1 < k \leqq 2$ である．このとき $f(1) = 3 - k > 0$ となり $\beta < 1$ は成り立つ．また，$1 < k \leqq 2$ のとき $x < 0$ の部分の解はないから $x < 0$ の整数は関係ない．求める条件は $1 < k \leqq 2$ である．

（4） $x = 2$ が $\beta < x < k$ を満たし，$x = 1, x = 3$ が満たさない条件は $f(1) = 3 - k \leqq 0$ かつ $\beta < 2 < k \leqq 3$ であり，$k = 3$ となる．このとき $f(2) = 8 - k > 0$ となり $\beta < 2$ となる．このときも $x \leqq 0$ の整数を考える必要はない．

《代入して調べる（B20）》

76. a を実数の定数とする．不等式

$$(x + a)(x + 1) \leqq 2$$

について，以下の問いに答えよ．

（1） $a = 0$ のとき，この不等式を満たす整数 x をすべて求めよ．

（2） この不等式を満たす整数 x が，ちょうど 3 個となるような定数 a の範囲を求めよ．

（23 早稲田大・人間科学-数学選抜）

▶解答◀ （1） $a = 0$ のとき $x(x + 1) \leqq 2$ であり，$x^2 + x - 2 \leqq 0$ から $(x + 2)(x - 1) \leqq 0$ となる．$-2 \leqq x \leqq 1$ を満たす整数は $x = -2, -1, 0, 1$ である．

（2） 放物線 $C : y = (x + 1)(x + a)$ とする．

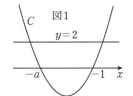

図1

$(x + 1)(x + a) \leqq 2$ を満たす整数 x がちょうど 3 つある a の条件を求める．$x = -1$ では成り立つ．そのような整数 x は -1 を含む連続 3 整数であり $-3, -2, -1,$

$0, 1$ の中にある．$f(a, x) = (x + 1)(x + a) - 2$ とおく．上記 x と $x = -4, 2$ も $f(a, x) \leqq 0$ に代入する．ただし，$f(a, -1) = -2 \leqq 0$ は成り立つから除外する．

$f(a, -4) = 10 - 3a \leqq 0$ を解くと $\dfrac{10}{3} \leqq a$

$f(a, -3) = 4 - 2a \leqq 0$ を解くと $2 \leqq a$

$f(a, -2) = -a \leqq 0$ を解くと $0 \leqq a$

$f(a, 0) = a - 2 \leqq 0$ を解くと $a \leqq 2$

$f(a, 1) = 2a \leqq 0$ を解くと $a \leqq 0$

$f(a, 2) = 4 + 3a \leqq 0$ を解くと $a \leqq -\dfrac{4}{3}$

これらを図示し，2 つだけ成り立つ a の範囲を求める．

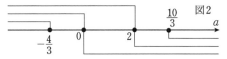

図2

$$-\dfrac{4}{3} < a < 0, \ 0 < a < 2, \ 2 < a < \dfrac{10}{3}$$

なおこの範囲で $f(a, -4) = 10 - 3a > 0$，$f(a, 2) = 4 + 3a > 0$ となり，$x = -4, x = 2$ は不適となる．そして図1を考えれば $x \leqq -5, x \geqq 3$ でも $f(a, x) > 0$ になる．

160

♦別解♦ （2）$(x+a)(x+1) \leqq 2$

$$x^2 + x + a(x+1) \leqq 2$$

$$a(x+1) \leqq -x^2 - x + 2$$

$$a(x+1) \leqq -(x-1)(x+2) \quad \cdots\cdots\cdots\cdots①$$

$$f(x) = -(x-1)(x+2), \quad g(x) = a(x+1)$$

とおく．放物線 $y = f(x)$ と直線 $y = g(x)$ に対し，$g(x) \leqq f(x)$ を満たす整数 x が3個になる a の範囲を求める．$y = g(x)$ は点 $(-1, 0)$ を通るから $x = -1$ は ① を満たす．図番号は1から振り直す．

（ア）① を満たす整数が $-3, -2, -1$ のとき（図1）
条件は，$f(-4) < g(-4)$ かつ $f(0) < g(0)$ である．

$$-10 < -3a \text{ かつ } 2 < a$$

$$2 < a < \frac{10}{3}$$

このとき確かに $f(-3) > g(-3)$ も満たしている．

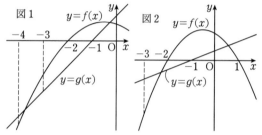

図1 $y=f(x)$ $y=g(x)$ 図2 $y=f(x)$ $y=g(x)$

（イ）① を満たす整数が $-2, -1, 0$ のとき（図2）
条件は $f(-3) < g(-3)$ かつ $f(1) < g(1)$ である．

$$-4 < -2a \text{ かつ } 0 < 2a$$

$$0 < a < 2$$

このとき $f(-2) > g(-2)$, $f(0) > g(0)$ も成り立つ．

（ウ）① を満たす整数が $-1, 0, 1$ のとき（図3）

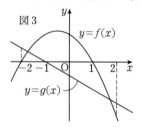

図3 $y=f(x)$ $y=g(x)$

条件は $f(-2) < g(-2)$ かつ $f(2) < g(2)$ である．

$$0 < -a \text{ かつ } -4 < 3a$$

$$-\frac{4}{3} < a < 0$$

このとき $f(1) > g(1)$ も成り立つ．
以上（ア）から（ウ）より，求める範囲は

$$-\frac{4}{3} < a < 0, \quad 0 < a < 2, \quad 2 < a < \frac{10}{3}$$

【分数不等式】

《視覚化の効用（B5）☆》

77. 実数 a を定数とします．x, y についての連立方程式

$$\begin{cases} 2x + y = 4 \\ ax - y = 4a - 1 \end{cases}$$

が $x > 0$ かつ $y > 0$ である解をもつとき，a の値の範囲を求めなさい． （23 鳴門教育大）

▶解答◀ $ax - y = 4a - 1$ は $y = a(x-4) + 1$ と書けて，xy 平面の点 $(4, 1)$ を通る直線である．これが $(0, 4)$ を通るとき $4 = -4a + 1$ となり $a = -\frac{3}{4}$，$y = a(x-4) + 1$ が $(2, 0)$ を通るとき $1 - 2a = 0$ となり $a = \frac{1}{2}$ となる．2直線の交点が $x > 0$, $y > 0$ にある条件は $-\frac{3}{4} < a < \frac{1}{2}$

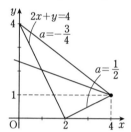

♦別解♦ $2x + y = 4$ と $ax - y = 4a - 1$ から y を消去して

$$ax - (4 - 2x) = 4a - 1$$

$$(a + 2)x = 4a + 3$$

$a = -2$ であるとすると $0 = -5$ となり成立しないから $a \neq -2$ である．$x = \dfrac{4a+3}{a+2}$ である．$x > 0$ かつ $y = 4 - 2x > 0$ から $0 < x < 2$ となり，$0 < \dfrac{4a+3}{a+2} < 2$

左の不等式より，$a < -2$, $-\frac{3}{4} < a \quad \cdots\cdots\cdots①$

右の不等式より，$\dfrac{4a+3}{a+2} - 2 = \dfrac{2a-1}{a+2} < 0$

$$-2 < a < \frac{1}{2} \quad \cdots\cdots\cdots\cdots②$$

①，② より，$-\dfrac{3}{4} < a < \dfrac{1}{2}$

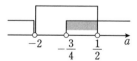

注意 1° **【分数不等式の解き方】**

$$0 < \frac{4a+3}{a+2} \text{ かつ } \frac{2a-1}{a+2} < 0$$

を解くときには，分母をはらう必要はないし，グラフを描く必要もない．

$0 < \dfrac{4a+3}{a+2}$ から解説しよう．$4a+3$ の符号と $a+2$ の符号が問題である．$4a+3 = 0$ の解 $a = -\dfrac{3}{4}$ と $a+2 = 0$ の解 $a = -2$ が関係する．これらの数値を各因子 $4a+3$ と $a+2$ の境界という．数直線をこれらで区切り，大きな a を代入すると $4a+3,\ a+2$ はともに正で $0 < \dfrac{4a+3}{a+2}$ は成り立つ．$a > -\dfrac{3}{4}$ は適する．あとは境界を飛び越えるたびに適と不適を交代し（図01）$a < -2,\ a > -\dfrac{3}{4}$ となる．

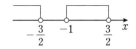

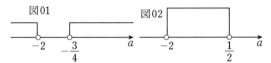

図01　　　　　図02

同様に（図02）$\dfrac{2a-1}{a+2} < 0$ では $-2 < a < \dfrac{1}{2}$ となる．これらを合わせて答えを得る．

2° 【困った人達】

上の話をすると「不等式を解くときはグラフを描くんだ．検定教科書に書いてあるんだから」と言い張る人がいる．2023 年の中京大学には $(x-2)(5^x-7)(5^x+1) \leqq 0$ を解く問題がある．$\log$ が出るから範囲は数学 II である．その大人は，この問題を解く場合，曲線 $y = (x-2)(5^x-7)(5^x+1)$ を描くか？そのグラフ，数学 II か？グラフを描くタイミングが違うように思う．

――《分数不等式は差をとれ (B5) ☆》――

78. 不等式 $\dfrac{2x}{2x+3} > x-1$ の解は $\boxed{}$ である．

(23　東京薬大・生命)

考え方　分数関数のグラフを描く必要もないし，分母の2乗を掛ける必要もない．引いて因数分解する．

▶解答◀　$x - 1 - \dfrac{2x}{2x+3} = \dfrac{2x^2 - x - 3}{2x+3}$

$= \dfrac{(x+1)(2x-3)}{2x+3} < 0$

求める解は $\boldsymbol{x < -\dfrac{3}{2},\ -1 < x < \dfrac{3}{2}}$

注意　【符号の判定にグラフは不要】各因子 $x+1,\ 2x-3,\ 2x+3$ が 0 になる値を境界という．境界は $-\dfrac{3}{2},\ -1,\ \dfrac{3}{2}$ である．これで数直線を区切り，後は大きな値，たとえば $x = 10$ を代入すると，各因子は正だから不等式は成立しない．$x > \dfrac{3}{2}$ は不適である．$x > \dfrac{3}{2}$ から $\dfrac{3}{2}$ を飛び越えて $-1 < x < \dfrac{3}{2}$ に入ると $2x-3$ の符号だけが変わって適する．各因子は1次（$(2x-3)^2$ のように，因子に2乗が掛かっていないこと）であるから，以後，境界を飛び越えるたびに適と不適を交代する．

【集合の雑題】

《要素の対応 (B20)》

79. 整数全体を全体集合 U とし，U の部分集合 A, B を $A = \{1, 4, a^3 + 33, a + 6\}$，
$B = \{2, 7, a^3 + 30, a^2 + a\}$ とする．$n(A \cap B) = 2$ であるとき $a = \boxed{}$ であり，$n(\overline{A \cup \overline{B}}) = \boxed{}$，
$n((A \cap B) \cup (\overline{A} \cap B) \cup (A \cap \overline{B})) = \boxed{}$ である．ただし，$n(X)$ は集合 X の要素の個数を表す．

(23 藤田医科大・医学部後期)

▶**解答**◀ 整数を全体集合とするから，a は整数である．$a^3 + 33 = 2, 7$ を満たす a は存在しない．また $a^3 + 33 > a^3 + 30$ である．したがって $n(A \cap B) = 2$ のとき

$$a^3 + 33 = a^2 + a$$
$$a^3 - a^2 - a + 33 = 0$$
$$(a + 3)(a^2 - 4a + 11) = 0$$

$a^2 - 4a + 11 = (a - 2)^2 + 7 > 0$ であるから $\boldsymbol{a = -3}$ である．

このとき，$A = \{1, 3, 4, 6\}$，$B = \{2, 3, 6, 7\}$ であるから $n(A \cap B) = 2$ を満たす．

$\overline{A \cup \overline{B}} = \overline{A} \cap B = \{2, 7\}$ より $\boldsymbol{n(\overline{A \cup \overline{B}}) = 2}$ である．

$$(A \cap B) \cup (\overline{A} \cap B) \cup (A \cap \overline{B}) = A \cup B$$
$$= \{1, 2, 3, 4, 6, 7\}$$

より $\boldsymbol{n((A \cap B) \cup (\overline{A} \cap B) \cup (A \cap \overline{B})) = 6}$ である．

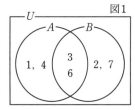

図1

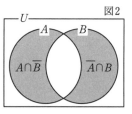

図2

《集合の要素の個数 (B20)》

80. $U = \{x \mid x$ は 2 以上 28 以下の自然数$\}$ を全体集合とする．U の部分集合 $A = \{x \mid x$ は偶数$\}$，
$B = \{x \mid x$ は 3 で割ると 1 余る$\}$，$C = \{x \mid x$ と 2023 は 1 以外に正の公約数を持たない$\}$ について，次の集合の要素の個数を求めよ．ただし，$n(X)$ は集合 X の要素の個数を表す．
$n(A \cap B) = \boxed{}$，$n(\overline{A} \cap B) = \boxed{}$，$n(\overline{A} \cap \overline{B}) = \boxed{}$，$n(\overline{A \cup B}) = \boxed{}$，

$n(A \cap B \cap C) = \boxed{}$，$n(A \cap B \cap \overline{C}) = \boxed{}$，$n(\overline{A \cup B \cup C}) = \boxed{}$

(23 藤田医科大・医学部前期)

▶**解答**◀ $A = \{2 \cdot 1, 2 \cdot 2, \cdots, 2 \cdot 14\}$，
$B = \{3 \cdot 1 + 1, 3 \cdot 2 + 1, \cdots, 3 \cdot 9 + 1\}$ である．

$2023 = 7 \cdot 17^2$ であるから

$$\overline{C} = \{7, 14, 17, 21, 28\}$$

である．

$$A \cap B = \{4, 10, 16, 22, 28\}$$

より $n(A \cap B) = \boldsymbol{5}$ である．

$\overline{A}$ は 2〜28 の奇数の集合であるから

$$\overline{A} \cap B = \{7, 13, 19, 25\}$$

より $n(\overline{A} \cap B) = \boldsymbol{4}$ である．

$\overline{B}$ は 2〜28 の中で，3 で割り切れるか 2 余る集合であるから

$$\overline{A} \cap \overline{B} = \{3, 5, 9, 11, 15, 17, 21, 23, 27\}$$

より $n(\overline{A} \cap \overline{B}) = \boldsymbol{9}$ である．

$n(\overline{A \cup B}) = n(\overline{A} \cap \overline{B}) = \boldsymbol{9}$ である．

$A \cap B$ で C の要素であるものを考えて

$$A \cap B \cap C = \{4, 10, 16, 22\}$$

より $n(A \cap B \cap C) = \boldsymbol{4}$ である．

$$A \cap B \cap \overline{C} = \{28\}$$

より $n(A \cap B \cap \overline{C}) = \boldsymbol{1}$ である．

$$\overline{A \cup B \cup C} = \overline{A} \cap \overline{B} \cap \overline{C} = \{17, 21\}$$

より $n(\overline{A \cup B \cup C}) = \boldsymbol{2}$ である．

注意 **【計算で見る】**

以下文字は正の整数である．$A \cap B$ の要素を x とすると

$$x = 2m = 3n + 1$$

とおける．

$$m = \frac{3n + 1}{2} = n + \frac{n + 1}{2}$$

$\frac{n + 1}{2} = k$ とおけて，$n = 2k - 1$ であるから

$$m = (2k - 1) + k = 3k - 1$$
$$x = 2m = 6k - 2$$

これより $A \cap B$ の要素は 4 から 6 ずつ増えることが分かる．$\overline{A} \cap \overline{B}$ についても同様である．

《集合の要素の個数 (A10)》

81. 1000 以上 2023 以下の自然数の中で，3 と 4 の少なくとも一方で割り切れるものの個数は $\boxed{}$ である．

(23 北見工大・後期)

▶解答◀　1000〜2023 の自然数全体の集合を U とする．その中で 3 の倍数の集合を S，4 の倍数の集合を Y とする．自然数 n, k に対し，1〜n の中に k の倍数は

$\left[\dfrac{n}{k}\right]$ 個ある．ただし，$[x]$ はガウス記号で x の整数部分を表す．

$$n(S) = \left[\frac{2023}{3}\right] - \left[\frac{999}{3}\right] = 674 - 333 = 341$$

$$n(Y) = \left[\frac{2023}{4}\right] - \left[\frac{999}{4}\right] = 505 - 249 = 256$$

$$n(S \cap Y) = \left[\frac{2023}{12}\right] - \left[\frac{999}{12}\right] = 168 - 83 = 85$$

$$n(S \cup Y) = n(S) + n(Y) - n(S \cap Y)$$
$$= 341 + 256 - 85 = \mathbf{512}$$

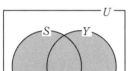

《3 つの集合 (B20) ☆》

82. 40 人の生徒にスマートフォンとタブレット端末の所有状況について，アンケートを行った．スマートフォンを所有していると回答した生徒は 38 人，タブレット端末を所有していると回答した生徒は 32 人であった．次の問いに答えなさい．

（1）スマートフォンとタブレット端末の両方を所有している生徒の人数の最大値を求めなさい．

（2）スマートフォンとタブレット端末の両方を所有している生徒の人数の最小値を求めなさい．

（3）追加の質問としてノート PC を所有しているかについて聞いたところ，15 人が所有していると回答した．スマートフォン，タブレット端末，ノート PC の 3 つすべてを所有している生徒の人数の最小値を求めなさい．

（4）スマートフォン，タブレット端末，ノート PC の 3 つすべてを所有している生徒の人数が（3）で求めた最小値であるとき，スマートフォンとノート PC の両方を所有しているが，タブレット端末は所有していない生徒の人数を求めなさい．
（23　尾道市立大）

▶解答◀　（1）スマートフォンを所持している人の集合を S，タブレットを所持している人の集合を T とする．$n(S \cap T) = p$ とおく．以下，いちいち説明しないから図を見て，その部分の人数の設定を読め．

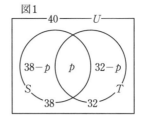

図1

$32 - p \geqq 0$ であるから，$p \leqq 32$

p の最大値は **32** である．

（2）$S \cup T$ の人数について

$$38 + 32 - p \leqq 40 \qquad \therefore \quad p \geqq 30$$

p の最小値は **30** である．

（3）$p = 30, 31, 32$ の 3 通りの値しかとらない．すると図2，3，4 のいずれかの状態となる．

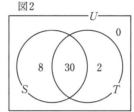

図2

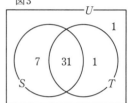

図3

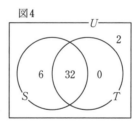

図4

ノート PC を所有している人の集合を N として 3 つとも所有している人の数を x とすると，3 つとも所有している人は ◯ に含まれるが，その外にある人数 $15 - x$ の最大値は図2，3，4 では 10，9，8 となる．

$15 - x \leqq 10$ であるから $x \geqq 5$

x の最小値は **5**

（4）そのとき，図2である．他の人数を図5のように設定する．

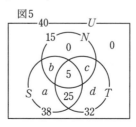

図5

$$a + b = 8 \quad \cdots\cdots\cdots\cdots\cdots① $$
$$b + c = 10 \quad \cdots\cdots\cdots\cdots\cdots②$$

$c + d = 2$ ······························③

となる．①+③より $a+b+c+d = 10$ であり，②を用いると $a+d+10 = 10$ となる．$a+d = 0$ で $a = 0, d = 0$ となる．求める人数は $b = 8$ となる．

《同値関係（C30）》

83. n を正の整数とする．座標平面上の点 (a, b) で，a, b が 1 以上 n 以下の整数であるもの全体のなす集合を S_n とする．たとえば，$n = 2$ のとき $S_2 = \{(1,1), (2,2), (1,2), (2,1)\}$ である．S_n の部分集合 P に対して次の 3 つの条件を考える．

（ⅰ） $1 \le a \le n$ を満たすすべての整数 a に対して，点 (a, a) は P に属する．

（ⅱ） 点 (a, b) が P に属するならば，点 (b, a) も P に属する．

（ⅲ） 点 (a, b) が P に属し，かつ点 (b, c) が P に属するならば，点 (a, c) も P に属する．

以下の問いに答えよ．

（1） $n = 3$ のとき，条件（ⅰ），（ⅱ），（ⅲ）を満たす S_3 の部分集合 P であって，点 $(1, 2)$ を含むものをすべて求めよ．

（2） $n = 4$ のとき，条件（ⅰ），（ⅱ），（ⅲ）を満たす S_4 の部分集合 P は，全部でいくつあるか答えよ．

（23 東北大・共通-後期）

▶**解答**◀ （1） （ⅰ）より $(1,1), (2,2)$,

$(3,3)$ は P の要素であり，$(1,2)$ が P の要素で，（ⅱ）より $(2,1)$ が P の要素である．

図 1 を見よ．$(1,3)$（または $(3,1)$）が P に含まれていると仮定すると，$(1,3) \to (3,1) \to (3,2) \to (2,3)$ と他の全ての点が P に含まれる．

$(2,3)$（または $(3,2)$）が P に含まれていると仮定すると，$(2,3) \to (3,2) \to (3,1) \to (1,3)$ と他の全ての点が P に含まれる．

$P = S_3$ または $\{(1,1), (1,2), (2,1), (2,2), (3,3)\}$

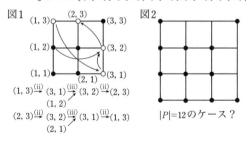

（2） P の要素（点）の個数を $|P|$ で表す．$a \ne b$ のとき，要素は $(a, b), (b, a)$ の 2 個セットで増え

る．(a, b) と (b, b) では (a, b) になるだけで新たな点が増えるわけではない．新たな点が増えるためには (a, b) と (b, c) $(a \ne b, b \ne c, c \ne a)$ の形の 2 点 (a, b) と (b, c) が必要である．

（ア） $|P| = 4$ のとき：

$P = \{(1,1), (2,2), (3,3), (4,4)\}$

である．これ以上要素は増えない．

（イ） $|P| = 6$ のとき：1, 2, 3, 4 から異なる 2 つを選ぶ組合せは $_4C_2 = 6$ 通りあるから，P は 6 つある．たとえば 1, 2 を選ぶと点 $(1,2), (2,1)$ が増える．そして，これ以上増えない．

（ウ） $|P| = 8$ のとき：1, 2, 3, 4 を 2 個ずつ 2 組に分ける．$\dfrac{_4C_2}{2} = 3$ 通りの組分けがある．たとえば 1 と 2 が組になり，3 と 4 が組になるとき，

$(1,2), (2,1), (3,4), (4,3)$

が増える．これ以上増えない．

（エ） $|P| = 10$ のとき：1, 2, 3, 4 から異なる 3 つを選ぶ組合せは $_4C_3 = 4$ 通りあるから，P は 4 つある．たとえば 1, 2, 3 を選ぶと

$(1,2), (2,1), (2,3), (3,2), (1,3), (3,1)$

が増える．

（オ） $|P| = 12, 14$ のケースはない．そういうことがあると仮定すると（図 2 を見よ）一直線上の 4 点をすべて含む直線が存在する．たとえば直線 $x = 1$ 上の 4 点 $(1,1), (1,2), (1,3), (1,4)$ を含むとすると，直線 $y = 1$ 上の 4 点 $(1,1), (2,1), (3,1), (4,1)$ も含まれ，$(2,1)$ と $(1,4)$ から $(2,4)$ が含まれ，$(3,1)$ と $(1,4)$ から $(3,4)$ が含まれ，$(2,1)$ と $(1,3)$ から $(2,3)$ が含まれる（図 2 のケースではすでに $(2,3)$ は含まれているが安全のために確認した）．そして，$(4,2), (4,3), (3,2)$ も含まれることになる．このように，すべての点が含まれ $P = S_4$，$|P| = 16$ になる．

$P = S_4$ の場合も含め，P の個数は

$$1 + 6 + 3 + 4 + 1 = 15$$

である．

【別解の考え方について】

本問は「同値関係」が背景にある．推測の域を出ないが，数学科の院試を作問している際の副産物だろう．たとえば「代数学 1（雪江明彦，日本評論社，p47）」など，通常の代数学の本には載っている．ただし「同値関係」は載っているが，「場合の数」にした例題は，代数学の教科書では見たことがないから，大学の教科書を学んでも，本問は難問である．また，集合 X, Y

に対して, $X \cap Y = \emptyset$ のとき, $X \cup Y$ を $X \amalg Y$ とかき, X と Y の直和と呼ぶ.

♦別解♦ $(a, b) \in P$ であることを $a \sim b$ とかき, 「a と b には関係 P がある」という. また, $N_n = \{1, 2, \cdots, n\}$ とおく. すると $a, b, c \in N_n$ に対し, （ i ）～（iii）は

（ i ） $a \sim a$

（ ii ） $a \sim b$ ならば $b \sim a$

（iii） $a \sim b$ かつ $b \sim c$ ならば $a \sim c$

ということになる. また, $a \in N_n$ に対し

$$C(a) = \{x \in N_n \mid x \sim a\}$$

とおき, これを a の同値類と呼ぶ. このとき, もちろん

$$N_n = C(1) \cup C(2) \cup \cdots \cup C(n)$$

である. さらに,

$$a \sim b \ ならば \ C(a) = C(b)$$

である. これは

$$a \sim b \ でないならば \ C(a) \cap C(b) = \emptyset$$

と言い換えることもできる.

（ 1 ） $N_3 = C(1) \cup C(2) \cup C(3)$

である. いま, $1 \sim 2$ より $C(1) = C(2)$ である.

● $2 \sim 3$ のとき：$C(1) = C(2) = C(3)$ より, $N_3 = C(1)$ となる. すなわち, N_3 の任意の 2 つの元の間に関係があるから, $P = S_3$ である.

● $2 \sim 3$ でないとき：$N_3 = C(1) \amalg C(3)$ である.

$$C(1) = C(2) = \{1, 2\}, \ C(3) = \{3\}$$

となるから,

$$P = \{(1, 1), (1, 2), (2, 1), (2, 2), (3, 3)\}$$

（ 2 ） N_4 がいくつの同値類の直和でかけるかによって場合分けをする.

（ア） 4 つ（$1+1+1+1$ 型）のとき：

$$N_4 = C(1) \amalg C(2) \amalg C(3) \amalg C(4)$$

のようになるから,

$$P = \{(1, 1), (2, 2), (3, 3), (4, 4)\}$$

となり P は 1 つある.

（イ） 3 つ（$2+1+1$ 型）のとき：たとえば $1 \sim 2$ とすると

$$N_4 = C(1) \amalg C(3) \amalg C(4)$$

のようになるから,

$$P = \{(1, 1), (1, 2), (2, 1), (2, 2), (3, 3), (4, 4)\}$$

となる. 関係のある 2 つの元の組合せは ${}_4C_2 = 6$ 通りあるから, P は 6 つある.

（ウ） 2 つのとき：

● 3 つの元に関係がある（$3+1$ 型）とき：たとえば $1 \sim 2 \sim 3$ とすると

$$N_4 = C(1) \amalg C(4)$$

のようになるから,

$$P = \{(1, 1), (1, 2), (1, 3), (2, 1), (2, 2), (2, 3),$$
$$(3, 1), (3, 2), (3, 3), (4, 4)\}$$

となる. 関係のある 3 つの元の組合せは ${}_4C_3 = 4$ 通りあるから, P は 4 つある.

● 関係がある 2 つの元の組合せが 2 組ある（$2+2$ 型）とき：たとえば $1 \sim 2, 3 \sim 4$ とすると

$$N_4 = C(1) \amalg C(3)$$

のようになるから,

$$P = \{(1, 1), (1, 2), (2, 1), (2, 2),$$
$$(3, 3), (3, 4), (4, 3), (4, 4)\}$$

となる. このような組の組合せは $\dfrac{{}_4C_2}{2!} = 3$ 通りあるから, P は 3 つある.

（エ） 1 つ（4 型）のとき：$1 \sim 2 \sim 3 \sim 4$ であり, $N_4 = C(1)$ となるから, $P = S_4$ である. P は 1 つある.

以上（ア）～（エ）より, P の個数は

$$1 + 6 + 4 + 3 + 1 = \mathbf{15}$$

《要素の考察（B2）》

84. 自然数 n に対して, 集合
$$A = \{x \mid x \ は整数, \ x^2 \leqq n\}$$
は奇数個の要素をもつことを示せ.

（23 広島工業大・A日程）

▶解答◀ k を 0 でない整数として $x = k$ が $x^2 \leqq n$ を満たすならば $x = -k$ も $x^2 \leqq n$ を満たす. そして $x = 0$ も $x^2 \leqq n$ を満たす. よって A は奇数個の整数を要素にもつ.

《変わった問題（B20）》

85. 2 つのレポートの異なる度合い（非類似度）を数値化することは, レポートの独創性を評価するために重要である. レポートのテーマに関する異なる 9 個の単語を選び, それらの単語の集合を $U = \{w_1, w_2, \cdots, w_9\}$ とする. レポート A に, U に属する単語が含まれるかどうかを調べたところ, w_2, w_3, w_5 が含まれていた. このとき, 単語の集合 A を $A = \{w_2, w_3, w_5\}$ と表す. 同様に,

レポート B についても調べたところ，単語の集合 B が $A \cap B = \{w_5\}$，$\overline{A \cup B} = \{w_1, w_4, w_9\}$ を満たしたとする．次の問いに答えよ．

（1）　集合 B を求めよ．

（2）　集合 A の部分集合をすべて求めよ．

（3）　集合 U の部分集合の個数を求めよ．

（4）　集合 U の部分集合 X, Y について，集合
$$Z = (X \cap \overline{Y}) \cup (\overline{X} \cap Y)$$
の要素の個数 $n(Z)$ を，$n(X), n(Y), n(X \cap Y)$ を用いて表せ．

ここで，U の部分集合 X, Y に対して，X と Y の非類似度 $d(X, Y)$ を次の式で定義する．
$$d(X, Y) = \frac{n((X \cap \overline{Y}) \cup (\overline{X} \cap Y))}{n(X \cup Y)}$$

（5）　集合 A, B に対して，A と B の非類似度 $d(A, B)$ を計算せよ．

（6）　C, D を U の部分集合とする．$n(C) = 4, n(D) = 6$ のとき，C と D の非類似度 $d(C, D)$ がとりうる値の最大値と最小値を求めよ．

（23　広島市立大・前期）

▶解答◀　（1）　$\overline{A \cup B} = \{w_1, w_4, w_9\}$ より，$A \cup B = \{w_2, w_3, w_5, w_6, w_7, w_8\}$ である．

$A = \{w_2, w_3, w_5\}$，$A \cap B = \{w_5\}$ より，

$B = \{w_5, w_6, w_7, w_8\}$ である（図1参照）．

図1

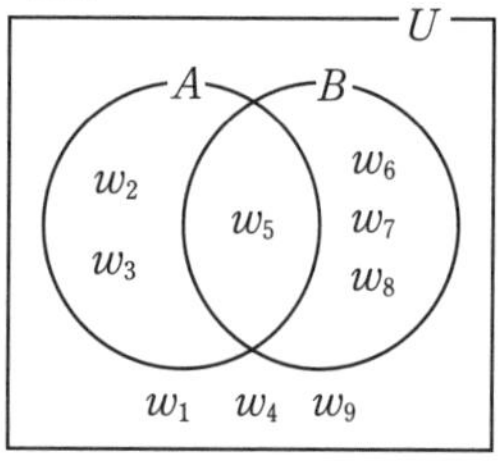

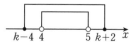

（2）　$\emptyset, \{w_2\}, \{w_3\}, \{w_5\}, \{w_2, w_3\}, \{w_2, w_5\},$

$\{w_3, w_5\}, \{w_2, w_3, w_5\}$

（3）　$2^9 = 512$(個)

（4）　$Z = (X \cap \overline{Y}) \cup (\overline{X} \cap Y)$ は図2の網目部分となる．したがって

$$n(Z) = n(X) + n(Y) - 2n(X \cap Y)$$

図2

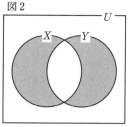

（5）　図1を見よ．（4）より
$$n((A \cap \overline{B}) \cup (\overline{A} \cap B)) = 3 + 4 - 2 = 5$$
$$n(A \cup B) = 3 + 4 - 1 = 6$$
であるから，$d(A, B) = \dfrac{5}{6}$

（6）　$n(C \cap D) = x$ とおく．
$$x = n(C \cap D) \leqq n(C) = 4$$
また，$n(C \cup D) \leqq n(U) = 9$ から
$$4 + 6 - n(C \cap D) \leqq 9 \qquad \therefore \quad x \geqq 1$$
$$1 \leqq x \leqq 4$$
$$d(C, D) = \frac{4 + 6 - 2x}{4 + 6 - x} = 2 - \frac{10}{10 - x}$$
であるから，$2 - \dfrac{10}{10 - x}$ は $1 \leqq x \leqq 4$ で減少する．

$d(C, D)$ は $x = 1$ のとき最大値 $\dfrac{8}{9}$，$x = 4$ のとき最小値 $\dfrac{1}{3}$ をとる．

【命題と集合】

《集合の包含 (B10)》

86. x を実数とする．

命題「$x^2 - 9x + 20 < 0$

$\Longrightarrow x^2 - 2(k-1)x + k^2 - 2k - 8 \leqq 0$」

が真となる k の範囲は

$\boxed{} \leqq k \leqq \boxed{}$ ある．

（23　藤田医科大・医学部前期）

▶解答◀　$x^2 - 9x + 20 < 0$

$(x - 4)(x - 5) < 0$

$4 < x < 5$

$x^2 - 2(k-1)x + k^2 - 2k - 8 \leqq 0$

$x^2 - 2(k-1)x + (k-4)(k+2) \leqq 0$

$\{x - (k-4)\}\{x - (k+2)\} \leqq 0$

$k - 4 \leqq x \leqq k + 2$

求める条件は $k - 4 \leqq 4$ かつ $k + 2 \geqq 5$ より

$3 \leqq k \leqq 8$ である．

【必要・十分条件】

─《判定問題（A2）》─

87.「$x^2+2x-8\leqq0$」は「$x^2-7x+12\geqq0$」であるための $\square$.

(a) 必要十分条件である

(b) 十分条件であるが必要条件でない

(c) 必要条件であるが十分条件でない

(d) 必要条件でなく十分条件でもない

(23　北見工大・後期)

▶解答◀　$p:x^2+2x-8\leqq0,\ q:x^2-7x+12\geqq0$ とし、p,q の真理集合を P,Q とする.

p は $(x-2)(x+4)\leqq0$ となり、$-4\leqq x\leqq2$

q は $(x-3)(x-4)\geqq0$ となり、$x\leqq3,\ x\geqq4$

$P\subset Q$ であるから p は q であるための **(b) 十分条件であるが必要条件ではない**.

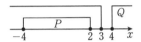

─《判定問題（A2）》─

88. 次の $\square$ に適するものを、以下の解答群から選び、解答欄の所定の位置にその**記号のみ**を記入せよ. ただし、同じものを繰り返し選んでもよい.

（1）n を自然数とする. $4n^2-16n+15<0$ は、$n=2$ であるための $\square$

（2）x を実数とする. $x=2$ は、$3x^2-8x+4=0$ であるための $\square$

（3）x,y を実数とする. $x(y^2-1)=0$ は、$x=0$ であるための $\square$

《解答群》

① 十分条件であるが、必要条件ではない.

② 必要条件であるが、十分条件ではない.

③ 必要十分条件である.

④ 必要条件でも十分条件でもない.

(23　富山県立大・推薦)

▶解答◀（1）$4n^2-16n+15<0$ を同値変形する.

$$(2n-5)(2n-3)<0$$
$$\frac{3}{2}<n<\frac{5}{2}$$

これを満たす自然数 n は $n=2$ に限る.

したがって**必要十分条件である**（③）.

（2）$3x^2-8x+4=0$

$$(3x-2)(x-2)=0$$

$$x=2 \overset{\bigcirc}{\underset{\times}{\Longleftrightarrow}} x=\frac{2}{3},2$$

したがって**十分条件であるが、必要条件ではない**（①）.

（3）$x(y^2-1)=0$

$$\Longleftrightarrow x=0,y=\pm1 \overset{\times}{\underset{\bigcirc}{\Longleftrightarrow}} x=0$$

したがって**必要条件であるが、十分条件ではない**（②）.

─《判定問題（A5）☆》─

89. $a+b,a-b$ がともに 3 の倍数であることは、a と b がともに 3 の倍数であるための $\square$. $\square$ に当てはまるものを、下の ①〜④ のうちから選べ.

① 必要条件であるが、十分条件ではない

② 十分条件であるが、必要条件ではない

③ 必要十分条件である

④ 必要条件でも十分条件でもない

(23　同志社女子大・共通)

▶解答◀　$a+b,a-b$ がともに 3 の倍数ならば、整数 k,l を用いて $a+b=3k,a-b=3l$ と表せる. 辺ごとに加え、あるいは引くと $2a=3(k+l),2b=3(k-l)$ となる. 左辺は偶数だから右辺は偶数で $k+l,k-l$ は偶数である. $a=\frac{3}{2}(k+l),b=\frac{3}{2}(k-l)$ は 3 の倍数である.

逆に a と b がともに 3 の倍数ならば、$a+b,a-b$ はともに 3 の倍数である.

よって、**必要十分条件である**. ③

─《判定問題（A2）》─

90. 実数 x に関する 2 つの条件

$$p:x=2,\quad q:|x|=2$$

について、p,q の否定をそれぞれ $\overline{p},\overline{q}$ とする. このとき、p は q であるための $\square$. また、$\overline{p}$ は $\overline{q}$ であるための $\square$.

① 必要十分条件である　② 必要条件でも十分条件でもない

③ 必要条件だが十分条件でない　④ 十分条件だが必要条件でない

(23　東京薬大)

▶解答◀　$p:x=2,q:x=\pm2$ であるから、p は q であるための十分条件だが必要条件ではない.（④）

$\overline{p}:x\neq2,\ \overline{q}:x\neq\pm2$ であるから、$\overline{p}$ は $\overline{q}$ であるための必要条件だが十分条件ではない.（③）

$$p:x=2\overset{\bigcirc}{\underset{\times}{\Longleftrightarrow}}q:x=\pm2$$

$$\overline{p}:x\neq2\underset{\bigcirc}{\overset{\times}{\rightleftarrows}}\overline{q}:x\neq\pm2$$

《十分性 (A20) ☆》

91. a を実数の定数，x を実数とし，条件 p, q を
それぞれ次のように定める．

$$p:(x+3)(x-2)<0, \quad q:x^2+a<0$$

このとき，p が q であるための必要条件となる a
の範囲は ☐ である．また，p が q であるための
十分条件となる a の範囲は ☐ である．

(23 芝浦工大)

▶**解答**◀ 条件 p, q の真理集合をそれぞれ P, Q と
する．ここでは (x, a) の集合を考える．xa 平面に領
域 $-3<x<2$（図の l, m の間）と，領域 $a<-x^2$
（網目部分）を図示する．いずれも境界を除く．a は
実際には定数であるから，横に切る．図で
$\mathrm{A}(-3, a), \mathrm{B}(2, a), \mathrm{R}(-\sqrt{-a}, a), \mathrm{S}(\sqrt{-a}, a)$
である．P は線分 AB，Q は線分 RS である（いずれ
も両端を除く）．ただし $a\geqq0$ のときは線分 RS は存
在しないが空集合はすべての集合の部分集合である
ことに注意せよ．線分 AB と線分 RS の包含関係を考
える．

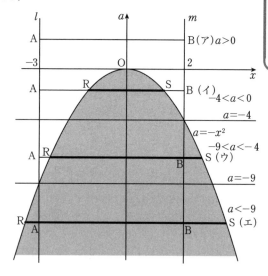

P, Q の一方が他方に含まれるときを考える．
$a\geqq-4$ のとき $Q\subset P$ であり，$q\Rightarrow p$
p が q であるため（目標）の必要条件である．
$a\leqq-9$ のとき $P\subset Q$ であり，$p\Rightarrow q$
p が q であるため（目標）の十分条件である．

注意 図の（ウ）の場合は，線分 AB，線分 RS の一
部がお互い，はみ出している．

◆**別解**◆ 条件 p, q の真理集合をそれぞれ P, Q とす

る．ここでは x の集合を考える．

$$P=\{x\mid-3<x<2\}$$
$a<0$ のとき $Q=\{x\mid-\sqrt{-a}<x<\sqrt{-a}\}$
$a\geqq0$ のとき $Q=\emptyset$

p が q であるための必要条件になるのは $Q\subset P$ の
ときで $a\geqq0$ または「$\sqrt{-a}\leqq2$ かつ $-3\leqq-\sqrt{-a}$
（前者が優先する）」のときであり，整理すると $\boldsymbol{a\geqq-4}$

p が q であるための十分条件になるのは $P\subset Q$ の
ときである．$-\sqrt{-a}\leqq-3$ かつ $2\leqq\sqrt{-a}$（前者が
優先する）のときであり，整理すると $\boldsymbol{a\leqq-9}$

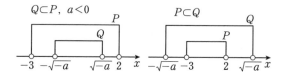

【命題と証明】

[命題と証明]

《無理数の証明 (B5) ☆》

92. 正の実数 a に関する次の命題の真偽を答えよ．
また，真であるときは証明を与え，偽であるとき
は反例をあげよ．ただし，$\sqrt{2}$ は無理数であること
を用いてよい．

（1）a が自然数ならば $\sqrt{a}$ は無理数である．
（2）a が自然数ならば $\sqrt{a}+\sqrt{2}$ は無理数である．

(23 愛媛大・医，理，工)

▶**解答**◀ （1）**偽**である．反例は $a=1$
（2）**真**である．
【証明】$\sqrt{a}+\sqrt{2}$ が有理数になると仮定する．p を正
の有理数として，$\sqrt{a}+\sqrt{2}=p$ とおく．

$$\sqrt{a}=p-\sqrt{2}$$
$$a=p^2-2\sqrt{2}p+2$$
$$\sqrt{2}=\frac{p^2-a+2}{2p}$$

右辺は有理数，左辺は無理数で，矛盾する．
よって $\sqrt{a}+\sqrt{2}$ は無理数である．

《無理数の証明 (B5) ☆》

93. 次の問いに答えよ．
（1）$\sqrt{3}$ が無理数であることを示せ．
（2）a, b が有理数であるとき，$a+b\sqrt{3}=0$ が
$a=b=0$ の必要十分条件であることを示せ．
（3）$\sqrt{2}+\sqrt{3}$ が無理数であることを示せ．

(23 藤田医科大・ふじた未来入試)

▶解答◀ （**1**） $\sqrt{3}$ が有理数であると仮定して矛盾を導く．互いに素な自然数 m, n を用いて $\sqrt{3} = \dfrac{n}{m}$ とおくと，両辺2乗して

$$3m^2 = n^2 \quad\cdots\cdots\cdots\text{①}$$

となる．左辺は素因数3をもつから右辺も素因数3をもつ．よって n は3の倍数であり，m, n は互いに素であるから m は素因数3をもたない．すると①の左辺は素因数3を1個だけもち，右辺は素因数3を2以上の偶数個もつから矛盾する．

（**2**） $P : a + b\sqrt{3} = 0,\ Q : a = b = 0$ とする．

まず P を仮定して Q を導く．すなわち $P \Rightarrow Q$ を示す．$b \neq 0$ として矛盾を導く．このとき $\sqrt{3} = -\dfrac{a}{b}$ となり，$\sqrt{3}$ が有理数であるから矛盾する．したがって $b = 0$ であり，これから $a = 0$ であるから Q が示せた．

次に $Q \Rightarrow P$ を示すが，これは明らかに成り立つ．

したがって P と Q は同値である．

（**3**） $\sqrt{2} + \sqrt{3}$ が有理数であるとする．a を正の有理数として，$\sqrt{2} + \sqrt{3} = a$ とおくと

$$\sqrt{2} = a - \sqrt{3}$$

2乗して

$$2 = a^2 + 3 - 2a\sqrt{3}$$

$2a > 0$ であるから

$$\sqrt{3} = \frac{a^2 + 1}{2a}$$

左辺は無理数，右辺は有理数で矛盾する．したがって $\sqrt{2} + \sqrt{3}$ は無理数である．

【♦別解♦】 （**1**） ①の後，左辺は3の倍数であるから，右辺も3の倍数で，$n = 3r$ とおくと①は

$$3r^2 = m^2$$

となり，同様にして m は3の倍数であるから m, n が互いに素であることに矛盾する．

したがって $\sqrt{3}$ は無理数である．

（**3**） $\sqrt{2} + \sqrt{3}$ が有理数であるとする．a を正の有理数として，$\sqrt{2} + \sqrt{3} = a$ とおくと

$$\sqrt{2} = a - \sqrt{3}$$

2乗して

$$2 = a^2 + 3 - 2a\sqrt{3}$$
$$2a\sqrt{3} - (1 + a^2) = 0$$

より $2a = 0$ かつ $1 + a^2 = 0$ だがこれは成り立たない．したがって $\sqrt{2} + \sqrt{3}$ は無理数である．

注意【批判的に検討】

無理数の証明は，教科書などでは伝統的に（1）の別解のようにやっているが，グルグル回る感じで気持ち悪さがあるし，昔から批判もされる．教わったことをそのまま覚えるのではなく，効率的に整理し，解答のようにすればスッキリする．

《上智大受験生には必須（B20）》

94. $\{x \mid x > 0\}$ を定義域とする関数 $f(x)$ の集合 A に対する以下の3つの条件を考える．

（P） 関数 $f(x)$ と $g(x)$ が共に A の要素ならば，関数 $f(x) + g(x)$ も A の要素である

（Q） 関数 $f(x)$ と $g(x)$ が共に A の要素ならば，関数 $f(x)g(x)$ も A の要素である

（R） α が0でない定数で関数 $f(x)$ が A の要素ならば，関数 $\alpha f(x)$ も A の要素である

A を以下の（i）~（iv）の集合とするとき，条件（P），（Q），（R）のうち成り立つものをすべて解答欄にマークせよ．ただし，成り立つものが一つもないときには，解答欄の z をマークせよ．（マークシート略）

（**1**） $f(1) = 0$ を満たす関数 $f(x)$ 全体の集合

（**2**） $f(a) = 0$ となる正の実数 a が存在する関数 $f(x)$ 全体の集合

（**3**） 全ての正の実数 x に対して $f(x) > 0$ が成り立つ関数 $f(x)$ 全体の集合

（**4**） 定義域 $\{x \mid x > 0\}$ のどこかで連続でない関数 $f(x)$ 全体の集合 （23 上智大・理工）

▶解答◀ （**1**） $f(1) = g(1) = 0$ であるとする．このとき

$$f(1) + g(1) = 0,\ f(1)g(1) = 0,\ \alpha f(1) = 0$$

であるから，条件 **(P), (Q), (R)** はすべて成り立つ．

（**2**） $f(a) = 0,\ g(b) = 0$ であるとする．このとき

$$f(a)g(b) = 0,\ \alpha f(a) = 0$$

であるから，条件 **(Q), (R)** は成り立つ．一方，$f(x) = |x - 1|,\ g(x) = |x - 2|$ のとき，$f(1) = 0,\ g(2) = 0$ であるが

$$f(x) + g(x) = |x - 1| + |x - 2|$$
$$\geq |(x - 1) + (2 - x)| = 1$$

であるから，$f(x) + g(x) = 0$ となる実数 x は存在しない．ゆえに条件 (P) は成り立たない．

（**3**） すべての正の実数 x に対して $f(x) > 0$，$g(x) > 0$ であるとする．このとき，すべての正の実数 x に対して

$$f(x) + g(x) > 0,\ f(x)g(x) > 0$$

であるから，条件 (P), (Q) は成り立つ．一方，$\alpha < 0$ のとき，すべての正の実数 x に対して $\alpha f(x) < 0$ であるから，条件 (R) は成り立たない．

（4） a を正の実数として，$f(x)$ が $x = a$ で連続でないとする．このとき，$\alpha f(x)$ も $x = a$ で連続でないから，条件 (R) は成り立つ．一方，$x \neq 1$ のとき $f(x) = 0$，

$x = 1$ のとき $f(x) = 1$，$x \neq 1$ のとき $g(x) = 1$，$x = 1$ のとき $g(x) = 0$ である関数 $f(x), g(x)$ について，すべての正の実数 x に対して，

$f(x) + g(x) = 1$，$f(x)g(x) = 0$ であるから，$x > 0$ で $f(x) + g(x)$，$f(x)g(x)$ は連続である．したがって，条件 (P), (Q) は成り立たない．

《無限降下法 (B5) ☆》

95. O を原点とする座標平面において，第 1 象限に属する点 $P(\sqrt{2}r, \sqrt{3}s)$（r, s は有理数）をとるとき，線分 OP の長さは無理数となることを示せ．

（23 東京慈恵医大）

▶解答◀ 特に断りのない限り，出てくる文字は整数であるとする．$OP = \sqrt{2r^2 + 3s^2}$ となる．OP が有理数だと仮定すると，有理数 p を用いて

$\sqrt{2r^2 + 3s^2} = p$ とかける．$2r^2 + 3s^2 = p^2$ となる．ここで，$r = \dfrac{r_2}{r_1}$，$s = \dfrac{s_2}{s_1}$，$p = \dfrac{p_2}{p_1}$ とおくと，

$$2\left(\frac{r_2}{r_1}\right)^2 + 3\left(\frac{s_2}{s_1}\right)^2 = \left(\frac{p_2}{p_1}\right)^2$$

$$2(p_1 s_1 r_2)^2 + 3(p_1 r_1 s_2)^2 = (r_1 s_1 p_2)^2$$

となる．$x = p_1 s_1 r_2$，$y = p_1 r_1 s_2$，$z = r_1 s_1 p_2$ とおくと x, y, z は正の整数で $2x^2 + 3y^2 = z^2$ を満たす．

$x = 3k + l$（$l = 0, \pm 1$）とおけて，

$$x^2 = 9k^2 + 6kl + l^2 = 3(3k^2 + 2kl) + l^2$$

$3k^2 + 2kl = X$，$l^2 = X'$ とおくと

$$x^2 = 3X + X' \ (X' = 0, 1)$$

となる．同様に $z^2 = 3Z + Z'$（$Z' = 0, 1$）とおけて，$2x^2 + 3y^2 = z^2$ に代入すると

$$2(3X + X') + 3y^2 = 3Z + Z'$$

$$3(2X + y^2 - Z) = Z' - 2X'$$

左辺は 3 の倍数だから右辺も 3 の倍数で $-2 \leq Z' - 2X' \leq 1$ だから $Z' - 2X' = 0$ である．それは $Z' = 0$，$X' = 0$ のときに限る．このとき x, z はともに 3 の倍数であり $2x^2 + 3y^2 = z^2$ より $3y^2 = z^2 - 2x^2$ の右辺は 9 の倍数であるから $3y^2$ も 9 の倍数，よって y も 3 の倍数である．すなわち整数 x, y, z が $2x^2 + 3y^2 = z^2$ を満たす

正の整数ならば x, y, z はすべて 3 の倍数である．$x = 3x_1$，$y = 3y_1$，$z = 3z_1$ とおける．x_1, y_1, z_1 は正の整数であり $2x_1^2 + 3y_1^2 = z_1^2$ を満たす．すると，以上と同じ議論を繰り返し，x_1, y_1, z_1 は 3 の倍数になり，$x_1 = 3x_2$，$y_1 = 3y_2$，$z_1 = 3z_2$ とおける．これを繰り返し，

$x = 3x_1 = 3^2 x_2 = \cdots$，$y = 3y_1 = 3^2 y_2 = \cdots$，$z = 3z_1 = 3^2 z_2 = \cdots$

は何回でも 3 で割り切れ，自然数を 3 で割り切る回数が有限であることに矛盾する．よって，線分 OP の長さは無理数である．

注 意 【無限降下法】

上の論法を無限降下法（infinite descent）というが，本問では，無限に続くわけではない．この論法は 2000 年千葉大（前期），2005 年首都大学東京（後期）など，入試でも定番である．

♦別解♦ 【最大公約数で割っておく】

背理法で示す．途中までは同じである．

$2x^2 + 3y^2 = z^2$ を満たす正の整数 x, y, z の 3 つのすべてに共通な最大の正の約数を d とすると，

$$x = dx_0, \ y = dy_0, \ z = dz_0$$

と表せる．x_0, y_0, z_0 のすべてに共通な正の約数は 1 だけである．これらを $2x^2 + 3y^2 = z^2$ に代入し d^2 で割ると $2x_0^2 + 3y_0^2 = z_0^2$ となる．すると上と同様の議論で x_0, y_0, z_0 がすべて 3 の倍数となるが，これは x_0, y_0, z_0 のすべてに共通な正の約数は 1 だけであることに矛盾する．よって題意は示された．

《必要性と十分性の難問 (B30) ☆》

96. 実数 a に対して以下の条件 (G) を考える．

• 条件 (G): 不等式 $\lceil 3xyz \rceil < x^3 + y^3 + z^3 + a$ が任意の正の実数 x, y, z に対して成り立つ．

（ただし，実数 r に対して $\lceil r \rceil$ は r 以上の整数の中で最小のものを表す．）

（1） $a \geq 1$ ならば，a は条件 (G) を満たすことを証明せよ．

（2） 条件 (G) を満たす実数 a の中で，$a = 1$ は最小であることを証明せよ．

（23 奈良県立医大・後期）

▶解答◀ （1）

$f = x^3 + y^3 + z^3 + a - \lceil 3xyz \rceil$ とおく．

$\lceil 3xyz \rceil = 3xyz + \alpha \ (0 \leq \alpha < 1)$ とおく．

$$f = x^3 + y^3 + z^3 - 3xyz + a - \alpha$$

$$x^3 + y^3 + z^3 - 3xyz$$

$$= (x+y+z)(x^2+y^2+z^2-xy-yz-zx)$$
$$= \frac{1}{2}(x+y+z)$$
$$\times\{(x-y)^2+(y-z)^2+(z-x)^2\} \geqq 0$$

であるから, $a \geqq 1$ のとき $1-\alpha > 0$ であり

$$f = x^3+y^3+z^3-3xyz+1-\alpha > 0$$

よって証明された.

（2） (G) が任意の正の数 x, y, z で成り立つためには, 任意の正の数 x に対して, $y=z=x$ で成り立つことが必要である.

$$\lceil 3x^3 \rceil < 3x^3 + a$$
$$\lceil 3x^3 \rceil - 3x^3 < a$$

$\lceil 3x^3 \rceil - 3x^3 = \beta$ とおくと β は $0 \leqq \beta < 1$ のすべての実数をとるから $\beta < \alpha$ がつねに成り立つならば $1 \leqq a$ である. 逆に $a \geqq 1$ であれば（1）により任意の正の数 x, y, z に対して $f > 0$ が成り立つから十分である. 条件 (G) が成り立つための必要十分条件は $a \geqq 1$ である. このような最小の $a = 1$ である.

注意 1°【相加相乗平均の不等式で】

$$x^3+y^3+z^3 \geqq 3\sqrt[3]{x^3 y^3 z^3} = 3xyz$$

としてもよい. 上では一応証明してみた.

2°【ceiling function】

$\lceil x \rceil$ は x 以上の最小の整数を表し, ceiling function とよばれる. 無理に訳せば天井関数である. x 以下の最大の整数を $\lfloor x \rfloor$ と表し, floor function とよばれる. 床関数である. この2つはセットで教えられるべきものである. たとえば「鉛筆が n 本ある. これを1つのケースに 12 本入るケースに入れてダースを作る場合, $\left\lfloor \dfrac{n}{12} \right\rfloor$ ダースできる. もし余りが出てもケースに入れる場合, ケースは $\left\lceil \dfrac{n}{12} \right\rceil$ ケース必要になる」という具合に使う. このように整数の範囲で個数を数えるためのものである.

日本では floor function と同じ意味で $[x]$ という記号を使い, ガウス記号という.

本問を見た生徒で一番多い反応は「お, ガウス記号だ」と早とちりする生徒で, 場合によっては誤答になるだろう.

3°【類題】1

> 実数 a に対して以下の条件 (F) を考える.
> ・条件 (F): 不等式 $\lceil \cos x \cos y \rceil < a - \sin x \sin y$ が任意の実数 x, y に対して成り立つ.
> 但し, 実数 r に対して $\lceil r \rceil$ は r 以上の整数の中で最小のものを表す.

> （1） $a \geqq 2$ ならば, a は条件 (F) を満たすことを証明せよ.
> （2） 条件 (F) を満たす実数 a の中で, $a=2$ は最小であることを証明せよ.
> （16 奈良県立医大・後）

2014 年にも同系統の問題がある.

▶解答◀ (F) の不等式は

$$\lceil \cos x \cos y \rceil + \sin x \sin y < a \quad\cdots\cdots\cdots①$$

と書ける.

$$f = \lceil \cos x \cos y \rceil + \sin x \sin y \quad\cdots\cdots\cdots②$$

とおく. $\lceil\ \rceil$ を外して加法定理を利用することを考える.

$$\lceil \cos x \cos y \rceil = \cos x \cos y + \alpha, \ 0 \leqq \alpha < 1$$

とおける. このとき

$$f = \cos x \cos y + \alpha + \sin x \sin y$$
$$= \cos(x-y) + \alpha$$

となり ① は $f < a$ となる. ここで

$$-1 \leqq \cos(x-y) \leqq 1, \ 0 \leqq \alpha < 1$$

より $-1 \leqq f < 2$ である.

（1） $a \geqq 2$ のとき $f < 2 \leqq a$

よってつねに ① が成り立つから (F) を満たす.

（2） f が 2 にいくらでも近い値をとることを示す. ② の方が見やすい.

$0 < x < \dfrac{\pi}{2}, 0 < y < \dfrac{\pi}{2}$ のとき $0 < \cos x \cos y < 1$

$$\lceil \cos x \cos y \rceil = 1$$

$\sin x \sin y$ の値域は $0 < \sin x \sin y < 1$ であるから, このとき f の値域は $1 < f < 2$ である. つねに $f < a$ が成り立つためには $2 \leqq a$ であることが必要である.

（1）とあわせて (F) が成り立つために a が満たす必要十分条件は

$$2 \leqq a$$

である. これを満たす最小の $a = 2$ である.

【類題】2

> 実数 x に対して, $[x]$ は x を超えない最大の整数を表す.
> （1） 実数 a は $a \geqq 1$ であれば, 次の条件 (C) を満足することを示せ.
> 条件 (C):「すべての 0 以上の実数 x, y に対して, $[x+y] + a > 2\sqrt{xy}$ である.」

172

（2）　条件（C）を満足する実数 a の中で，$a=1$ は最小であることを示せ．　(1996　岐阜大・教育)

▶解答◀　（1）　$x+y$ の小数部分を $\beta（0\le\beta<1)$
とおくと，$x+y=[x+y]+\beta$ より
$[x+y]=x+y-\beta$ である．
$$[x+y]+a-2\sqrt{xy}=x+y-\beta+a-2\sqrt{xy}$$
$$=(\sqrt{x}-\sqrt{y})^2+a-\beta\ \cdots\cdots\cdots①$$
であり，$(\sqrt{x}-\sqrt{y})^2\ge0$，$a\ge1>\beta$ より①は正である．

よって，$[x+y]+a>2\sqrt{xy}$ は証明された．
（2）　特に $x=y$ で成り立つことが必要である．このとき（C）の式は
$$[2x]+a>2x\ \cdots\cdots\cdots②$$
となる．$2x$ の小数部分を $\gamma（0\le\gamma<1)$ とおくと②は $2x-\gamma+a>2x$ となり，$a>\gamma$ と書ける．これが $0\le\gamma<1$ の任意の実数 γ に対してつねに成り立つ条件は $a\ge1$ である．

逆に $a=1$ のとき，（1）より任意の x，y で（C）の不等式は成り立つから十分である．以上で証明された．

注意　$x-1<[x]\le x$ と不等式で表す解法では（2）を解くことはできない．ガウス記号というと $x-1<[x]\le x$ で解けるという人がいるが，それは極限など，本来の目的でない使い方の話であろう．

《集合を調べる（B20）☆》
97. 実数全体を定義域とする関数
$$f(x)=ax^2+bx+c,\ g(x)=x^2+4x+3$$
に関して次の問いに答えなさい．ただし，実数 a,b,c は定数とします．
（1）　「方程式 $f(x)=0$ の実数解」の定義を述べなさい．
（2）　$a=c=1$ とします．命題
　「実数 b が $b^2\ge4$ を満たすならば方程式 $f(x)=0$ は $x<-3$ の範囲に少なくとも1つの実数解をもつ」
の真偽を調べ，真であるならその証明を行い，偽であるなら反例をあげなさい．
（3）　$a>0,c=\dfrac{b}{2}>0$ とします．実数全体の集合を全体集合とし，部分集合
$A=\{x\mid f(x)<0\}$，
$B=\{x\mid g(x)<0\}$
を考えます．$x<-3$ の範囲に方程式 $f(x)=0$

の実数解が存在しないとします．命題
「$f(-1)f(-3)>0\Rightarrow A\subset B$」
が真であることを証明しなさい．
(23　鳴門教育大)

▶解答◀　（1）　$f(x)=0$ を満たす x の値のうち実数であるもの．
（2）　$a=c=1,b=2$ のとき，$x<-3$ では
$$f(x)=x^2+2x+1=(x+1)^2>0$$
となり，$f(x)=0$，$x<-3$ となる解をもたない．命題は偽で，反例は $b=2$ である．
（3）　本問は際どい問題である．実は A は空集合である．すると B は関係ない．

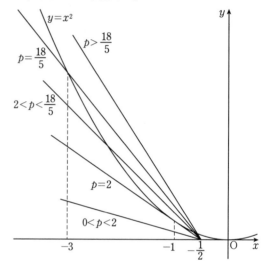

$a>0,c=\dfrac{b}{2}>0$ のとき
$$f(x)=ax^2+bx+\dfrac{b}{2}=a\left\{x^2+\dfrac{b}{a}\left(x+\dfrac{1}{2}\right)\right\}$$
$p=\dfrac{b}{a}$ とおく．$p>0$ である．
$$f(x)=a\left\{x^2+p\left(x+\dfrac{1}{2}\right)\right\}$$
$f(x)=0$ のとき，$x^2+px+\dfrac{p}{2}=0$ となり，判別式を D として，まず $D=0$ とおくと $D=p^2-2p=0$ となる．$p>0$ だから $p=2$ となる．そのとき重解 $x=-\dfrac{p}{2}=-1$ となる．また，
$f(-3)=a\left(9-\dfrac{5}{2}p\right)=0$ になるときは $p=\dfrac{18}{5}$ となる．$f(x)=0$ のとき $x^2=-p\left(x+\dfrac{1}{2}\right)$ となるから，曲線 $y=x^2$ と直線 $y=-p\left(x+\dfrac{1}{2}\right)$ の交点を考え，$x<-3$ の解を少なくとも1つ（実際には，もっても1個しかない）もつ条件は $p>\dfrac{18}{5}$，すなわち $5p-18>0$ である．今はこの解が存在しないときを考えるから $5p-18\le0$ である．

$f(-3) = a\left(9 - \dfrac{5}{2}p\right) = \dfrac{a}{2}(18 - 5p) \geqq 0$ であり，$f(-1)f(-3) > 0$ ならば，$18-5p = 0$ というケースはないから，$f(-3) > 0$ であり，$f(-1) = \dfrac{a}{2}(2-p) > 0$ である．よって $0 < p < 2$ である．すると，$f(x) = 0$ は実数解をもたず，つねに $f(x) > 0$ であり，$f(x) < 0$ になることはない．A は空集合であり，空集合はすべての集合の部分集合であるから，$A \subset B$ である．

【三角比の基本性質】

[三角比の基本性質]

《コスからタン（A2）☆》

98. A が鋭角で，$\cos A = \dfrac{1}{5}$ を満たすとき，$\sin A$ と $\tan A$ の値を求めよ．（23 愛媛大・工，農，教）

▶解答◀ A が鋭角で $\cos A = \dfrac{1}{5}$ のとき斜辺が 5，底辺が 1 の直角三角形を描き，立辺は $\sqrt{5^2 - 1^2} = 2\sqrt{6}$

$$\sin A = \dfrac{2\sqrt{6}}{5}, \quad \tan A = 2\sqrt{6}$$

あるいは $\sin A = \sqrt{1 - \cos^2 A} = \dfrac{2\sqrt{6}}{5}$

$\tan A = \dfrac{\sin A}{\cos A} = 2\sqrt{6}$ としてもよい．

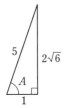 

図0

注意 図 0 のように底辺，立辺と呼んでいる．

《分数方程式を解く（B5）☆》

99. 方程式

$$\dfrac{1}{2 + \cos^2 x} + \dfrac{1}{1 + \sin^2 x} = \dfrac{64}{63}$$

の解 x のうち，$0 \leqq x \leqq 180°$ の範囲にあるものの個数を求めなさい． （23 横浜市大・共通）

▶解答◀ $C = \cos^2 x$ とおくと，$0 \leqq C \leqq 1$ であり

$$\dfrac{1}{2 + C} + \dfrac{1}{1 + 1 - C} = \dfrac{64}{63}$$

$$\dfrac{1}{2 + C} + \dfrac{1}{2 - C} = \dfrac{64}{63}$$

$$\dfrac{4}{4 - C^2} = \dfrac{64}{63}$$

$$63 = 16(4 - C^2)$$

$C^2 = \dfrac{1}{16}$ となり，$\cos^4 x = \dfrac{1}{16}$ となる．$\cos x = \pm\dfrac{1}{2}$ である．$0 \leqq x \leqq 180°$ であるから，$x = 60°, 120°$ であり，x の個数は **2** である．

《鈍角のタン（A2）》

100. $90° < \theta < 180°$ とする．$\tan\theta = -\dfrac{1}{3}$ のときの $\sin\theta$ と $\cos\theta$ の値を求めよ．

（23 愛知医大・看護）

▶解答◀ 第 2 象限の角をとり，底辺が 3，立辺が 1 の直角三角形を作る．三平方の定理より斜辺は $\sqrt{3^2 + 1^2} = \sqrt{10}$ となる．

$$\sin\theta = \dfrac{1}{\sqrt{10}}, \quad \cos\theta = -\dfrac{3}{\sqrt{10}}$$

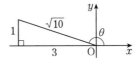

《タンからサイン（A2）》

101. 実数 α が $\tan\alpha = \dfrac{\sqrt{7}}{5}$ を満たすとき，$\sin\alpha$ を求めよ．ただし，$0 < \alpha < \dfrac{\pi}{2}$ とする．

（23 学習院大・理）

▶解答◀ $\tan\alpha = \dfrac{\sqrt{7}}{5}$

底辺が 5，立辺が $\sqrt{7}$ の，図のような直角三角形を考える．斜辺 a は $a = \sqrt{25 + 7} = 4\sqrt{2}$

$$\sin\alpha = \dfrac{\sqrt{7}}{a} = \dfrac{\sqrt{7}}{4\sqrt{2}} = \dfrac{\sqrt{14}}{8}$$

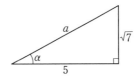

《次数を揃える（A2）》

102. $0° \leqq \theta \leqq 180°$ において，$\sin\theta + \cos\theta = \dfrac{\sqrt{10}}{5}$ のとき，$\tan\theta = \boxed{}$ である．

（23 明海大・経，不動産，ホスピタリティ）

考え方 $c = \cos\theta$，$s = \sin\theta$ として，c, s の多項式と見たとき，「**次数を揃える**」のが定石である．勿論，$c^2 + s^2 = 1$ という関係式があるから，完全な意味の多項式ではない．

▶解答◀ $c = \cos\theta$，$s = \sin\theta$ とおく．

$c + s = \dfrac{\sqrt{10}}{5}$ が成り立つ．両辺を 2 乗して $(c+s)^2 = \dfrac{2}{5}$ となり，右辺に $1 = c^2 + s^2$ を用いて見かけの次数を上げると $5(c+s)^2 = 2(c^2 + s^2)$ となる．

$5c^2 + 10cs + 5s^2 = 2c^2 + 2s^2$ となる．これを 2 次の

同次形（c, s の 2 次の項だけで出来ている）という．そのときには比 $\dfrac{s}{c}$ が得られる．c^2 で割って，$\dfrac{s}{c} = t$ とおく．$3t^2 + 10t + 3 = 0$ となる．$t = -3$, $-\dfrac{1}{3}$ となる．図から傾きの絶対値が大きな方をとり $\tan\theta = \boldsymbol{-3}$

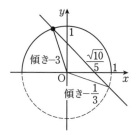

◆別解◆ $c = \dfrac{\sqrt{10}}{5} - s$ を $c^2 + s^2 = 1$ に代入し

$$\frac{2}{5} - \frac{2\sqrt{10}}{5}s + 2s^2 = 1$$

$$10s^2 - 2\sqrt{10}\,s - 3 = 0$$

$0° \leqq \theta \leqq 180°$ より $s \geqq 0$ である．

$$s = \frac{\sqrt{10} + \sqrt{40}}{10} = \frac{3}{\sqrt{10}}$$

$$c = \frac{\sqrt{10}}{5} - \frac{3}{\sqrt{10}} = -\frac{1}{\sqrt{10}}$$

$$\tan\theta = \frac{\sin\theta}{\cos\theta} = \boldsymbol{-3}$$

◆別解◆ $(c+s)^2 = \dfrac{2}{5}$ を展開し $c^2 + s^2 = 1$ を用いると $1 + 2cs = \dfrac{2}{5}$ となり $2cs = -\dfrac{3}{5}$ である．

$0° \leqq \theta \leqq 180°$ より $\sin\theta \geqq 0$ である．$2cs = -\dfrac{3}{5} < 0$ であるから $c < 0$ である．ゆえに $s - c > 0$ である．

$(s-c)^2 = 1 - 2cs = 1 + \dfrac{3}{5} = \dfrac{8}{5}$ となり $s - c = \dfrac{2\sqrt{2}}{\sqrt{5}}$

$s + c = \dfrac{\sqrt{2}}{\sqrt{5}}$ と合わせて解くと，$s = \dfrac{3\sqrt{2}}{2\sqrt{5}}$, $c = \dfrac{-\sqrt{2}}{2\sqrt{5}}$

$$\tan\theta = \frac{s}{c} = \boldsymbol{-3}$$

《不思議な問題（B20）☆》

103. 4 つの鋭角 A, B, C, D が，

$\cos A = \cos B \cos C$, $\sin B = \sin A \sin D$

という 2 つの関係式を満たしているとき，$\sin C \tan D$ を B のみで表すと，$\sin C \tan D = \boxed{}$ である．また，$\tan A \cos D$ を C のみで表すと，$\tan A \cos D = \boxed{}$ である． (23 東海大・医)

▶解答◀ 1 つ目の空欄は「A を消去せよ」と考える．

$$\cos A = \cos B \cos C \quad \cdots\cdots\cdots\cdots① $$

$$\sin A = \frac{\sin B}{\sin D} \quad \cdots\cdots\cdots\cdots② $$

①^2＋②^2 より

$$1 = \cos^2 B \cos^2 C + \frac{\sin^2 B}{\sin^2 D}$$

$\tan B$ を作るために，左辺の 1 を $\cos^2 B + \sin^2 B$ にする．

$$\cos^2 B + \sin^2 B = \cos^2 B \cos^2 C + \frac{\sin^2 B}{\sin^2 D}$$

$$\cos^2 B(1 - \cos^2 C) = \sin^2 B\left(\frac{1}{\sin^2 D} - 1\right)$$

$\cos^2 B$ で割って

$$\sin^2 C = (\tan^2 B) \cdot \frac{\cos^2 D}{\sin^2 D}$$

$$\sin C = (\tan B) \cdot \frac{1}{\tan D}$$

$$\sin C \tan D = \boldsymbol{\tan B} \quad \cdots\cdots\cdots\cdots③ $$

②÷① より

$$\tan A = \frac{\tan B}{\sin D \cos C}$$

③を用いて B を消去すると

$$\tan A = \frac{\sin C \tan D}{\sin D \cos C}$$

右辺の $\sin D$ を約分して $\cos D$ をかけると

$$\tan A \cos D = \boldsymbol{\tan C}$$

注意 $t = \tan\dfrac{\theta}{2}$ $\left(-\dfrac{\pi}{2} < \dfrac{\theta}{2} < \dfrac{\pi}{2}\right)$ のとき

$$\cos\theta = \frac{1 - t^2}{1 + t^2}, \quad \sin\theta = \frac{2t}{1 + t^2}$$

の左辺から右辺を導く方法で，現在の教科書は $1 + \tan^2\alpha = \dfrac{1}{\cos^2\alpha}$ を用いるように教える．習ってしばらくすると右往左往する生徒が多い．

伝統的な手法は分母に 1 を見て 1 を $\cos^2\alpha + \sin^2\alpha$ でおきかえる．$\alpha = \dfrac{\theta}{2}$ とおくと

$$\cos\theta = \frac{\cos 2\alpha}{1} = \frac{\cos^2\alpha - \sin^2\alpha}{\cos^2\alpha + \sin^2\alpha}$$

$$= \frac{1 - \tan^2\alpha}{1 + \tan^2\alpha} = \frac{1 - t^2}{1 + t^2}$$

とする．「次数をそろえるために 1 を $\cos^2\alpha + \sin^2\alpha$ でおきかえ，2 次の同次形をつくる」のである．

【正弦定理・余弦定理】

[正弦定理・余弦定理]

《角の決定（A2）☆》

104. $\triangle ABC$ において，$AB = 1$, $AC = \sqrt{2}$, $BC = \sqrt{5}$ のとき，$\angle A$ の大きさを求めよ． (23 富山県立大・推薦)

▶解答◀ 余弦定理より

$$\cos\angle A = \frac{1^2 + (\sqrt{2})^2 - (\sqrt{5})^2}{2 \cdot 1 \cdot \sqrt{2}} = -\frac{1}{\sqrt{2}}$$

$0° < \angle A < 180°$ であるから $\angle A = \mathbf{135°}$ である.

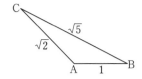

《辺の大小と角の大小（B5）☆》

105. 三角形 ABC の 3 辺の長さをそれぞれ

AB $= 13$, BC $= 8$, CA $= 7$

とする．このとき，次の問いに答えなさい．

（1）三角形の 3 つの頂角

∠CAB, ∠ABC, ∠BCA のうち，最も大きい角を

もつものを選びなさい．

（2）（1）で選んだ最も大きい角をもつ頂角につ

いて，その角度を求めなさい．

（3）三角形 ABC の面積を求めなさい．

（23　尾道市立大）

▶**解答**◀（1）三角形において，最大辺の対角

が最大角である．最大辺は AB であるからその対角

∠**BCA** が最も大きい角である．

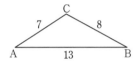

（2）余弦定理により

$$\cos \angle BCA = \frac{8^2 + 7^2 - 13^2}{2 \cdot 8 \cdot 7} = -\frac{1}{2}$$

$$\angle BCA = \mathbf{120°}$$

（3）　$\triangle ABC = \frac{1}{2} \cdot BC \cdot CA \sin \angle BCA$

$$= \frac{1}{2} \cdot 8 \cdot 7 \sin 120° = \mathbf{14\sqrt{3}}$$

《余弦定理（B5）☆》

106. 三角形 ABC において，

AB $= \sqrt{2} + \sqrt{6}$, AC $= 2\sqrt{3}$, $\angle ABC = \frac{\pi}{3}$

のとき，次の問いに答えよ．

（1）次の式を計算せよ．

$$(\sqrt{6} - \sqrt{2})^2$$

（2）BC を求めよ．　（23　九州歯大）

▶**解答**◀（1）$(\sqrt{6} - \sqrt{2})^2 = \mathbf{8 - 4\sqrt{3}}$

（2）BC $= x$ とおく．余弦定理より

$$(2\sqrt{3})^2 = x^2 + (\sqrt{2} + \sqrt{6})^2 - 2x(\sqrt{2} + \sqrt{6}) \cos \frac{\pi}{3}$$

$$12 = x^2 + 8 + 4\sqrt{3} - (\sqrt{2} + \sqrt{6})x$$

$$x^2 - (\sqrt{2} + \sqrt{6})x + 4\sqrt{3} - 4 = 0$$

であるから，

$$x = \frac{\sqrt{2} + \sqrt{6} \pm \sqrt{8 + 4\sqrt{3} - 16\sqrt{3} + 16}}{2}$$

$$= \frac{\sqrt{2} + \sqrt{6} \pm \sqrt{24 - 12\sqrt{3}}}{2}$$

$$= \frac{\sqrt{2} + \sqrt{6} \pm \sqrt{3(8 - 4\sqrt{3})}}{2}$$

$$= \frac{\sqrt{2} + \sqrt{6} \pm \sqrt{3}(\sqrt{6} - \sqrt{2})}{2}$$

$$= \frac{\sqrt{2} + \sqrt{6} \pm (3\sqrt{2} - \sqrt{6})}{2}$$

すなわち，$x = \mathbf{2\sqrt{2}}, \mathbf{-\sqrt{2} + \sqrt{6}}$ である．

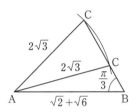

《円に外接する四角形（B10）☆》

107. 円に外接する四角形 ABCD がある．このと

き，以下の問いに答えよ．

（1）AB $+$ CD $=$ AD $+$ BC を示せ．

以下の（2），（3）では AB $= 5$, BC $= 3$, CD $= 4$

となる場合を考える．

（2）AD の値を求めよ．

（3）四角形 ABCD が別の円に内接するとき，

$\cos \angle A$ の値を求めよ．　（23　中部大）

▶**解答**◀（1）AB, BC, CD, DA と円の接点を

それぞれ P, Q, R, S とすると

AP $=$ AS $\cdots\cdots\cdots\cdots\cdots\cdots\cdots\cdots$①

BP $=$ BQ $\cdots\cdots\cdots\cdots\cdots\cdots\cdots\cdots$②

CR $=$ CQ $\cdots\cdots\cdots\cdots\cdots\cdots\cdots\cdots$③

DR $=$ DS $\cdots\cdots\cdots\cdots\cdots\cdots\cdots\cdots$④

①〜④ を辺ごとに加えて AB $+$ CD $=$ AD $+$ BC で

ある．

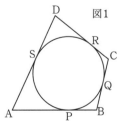

図1

（2）AB $= 5$, BC $= 3$, CD $= 4$ のとき

AB $+$ CD $=$ AD $+$ BC

$5 + 4 = \mathrm{AD} + 3 \qquad \therefore \quad \mathrm{AD} = \mathbf{6}$

（3） $\angle \mathrm{BAD} = \theta$ とおくと $\angle \mathrm{BCD} = 180° - \theta$ である．

$\triangle \mathrm{ABD}$ と $\triangle \mathrm{BCD}$ に余弦定理を用いて BD^2 を 2 通りで表す．

$\mathrm{BD}^2 = 25 + 36 - 2 \cdot 5 \cdot 6 \cos\theta = 61 - 60\cos\theta$

$\mathrm{BD}^2 = 9 + 16 - 2 \cdot 3 \cdot 4 \cos(180° - \theta)$
$\qquad = 25 + 24\cos\theta$

したがって

$61 - 60\cos\theta = 25 + 24\cos\theta$

$\cos\theta = \dfrac{36}{84} = \dfrac{3}{7}$

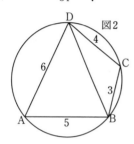

図 2

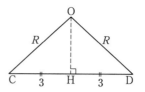

点 O から CD に下ろした垂線の足を H とする．

$\triangle \mathrm{OCH}$ で三平方の定理を用いると

$$\mathrm{OH} = \sqrt{R^2 - 3^2} = \sqrt{\dfrac{49}{3} - 9} = \dfrac{\sqrt{66}}{3}$$

よって

$$\triangle \mathrm{OCD} = \dfrac{1}{2} \cdot 6 \cdot \dfrac{\sqrt{66}}{3} = \sqrt{66}$$

$\mathrm{AD} = x$ とおく．

$$\angle \mathrm{ADC} = 180° - \angle \mathrm{ABC} = 60°$$

であるから，$\triangle \mathrm{ACD}$ で余弦定理を用いると

$$7^2 = x^2 + 6^2 - 2 \cdot x \cdot 6 \cdot \cos 60°$$

$$x^2 - 6x - 13 = 0$$

$x > 0$ より，$\mathrm{AD} = \mathbf{3} + \sqrt{\mathbf{22}}$

《（B5）》

108. 点 O を中心とする円に内接する四角形 ABCD において，$\mathrm{AB} = 3$, $\mathrm{BC} = 5$, $\mathrm{CD} = 6$, $\mathrm{CA} = 7$ とする．このとき, $\cos\angle \mathrm{ABC} = -\dfrac{\boxed{}}{\boxed{}}$, $\triangle \mathrm{ACD}$ の外接円の半径は $\dfrac{\boxed{}\sqrt{\boxed{}}}{\boxed{}}$, $\triangle \mathrm{OCD}$ の面積は $\sqrt{\boxed{}}$, $\mathrm{AD} = \boxed{} + \sqrt{\boxed{}}$ である．

（23 大同大・工-建築）

▶解答◀ $\triangle \mathrm{ABC}$ で余弦定理を用いると

$$\cos\angle \mathrm{ABC} = \dfrac{3^2 + 5^2 - 7^2}{2 \cdot 3 \cdot 5} = \dfrac{-15}{2 \cdot 3 \cdot 5} = -\dfrac{1}{2}$$

$\angle \mathrm{ABC} = 120°$ である．

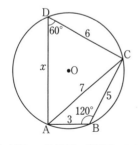

$\triangle \mathrm{ACD}$ の外接円の半径を R とすると正弦定理を用いて

$$R = \dfrac{7}{2\sin 120°} = \dfrac{7}{\sqrt{3}} = \dfrac{7\sqrt{3}}{3}$$

━━ 《スチュワートの定理（B3）☆》 ━━

109. 三角形 ABC において辺 BC を $4:3$ に内分する点を D とするとき，等式

$$\boxed{}\mathrm{AB}^2 + \boxed{}\mathrm{AC}^2 = \mathrm{AD}^2 + \boxed{}\mathrm{BD}^2$$

が成り立つ． （23 慶應大・医）

▶解答◀ $\angle \mathrm{ADB} = \theta$, $\mathrm{AD} = d$, $\mathrm{BD} = 4k$, $\mathrm{CD} = 3k$ とする．$\triangle \mathrm{ABD}$, $\triangle \mathrm{ACD}$ に余弦定理を用いる．

$$\mathrm{AB}^2 = d^2 + 16k^2 - 2 \cdot d \cdot 4k\cos\theta \cdots\cdots\cdots\cdots ①$$

$$\mathrm{AC}^2 = d^2 + 9k^2 - 2 \cdot d \cdot 3k\cos(\pi - \theta)$$

$$\mathrm{AC}^2 = d^2 + 9k^2 + 6dk\cos\theta \cdots\cdots\cdots\cdots ②$$

$① \times 3 + ② \times 4$ より $3\mathrm{AB}^2 + 4\mathrm{AC}^2 = 7d^2 + 84k^2$

$$3\mathrm{AB}^2 + 4\mathrm{AC}^2 = 7d^2 + \dfrac{21}{4}\mathrm{BD}^2$$

$$\dfrac{3}{7}\mathrm{AB}^2 + \dfrac{4}{7}\mathrm{AC}^2 = \mathrm{AD}^2 + \dfrac{3}{4}\mathrm{BD}^2$$

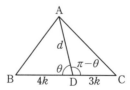

◆別解◆ $|\overrightarrow{\mathrm{BC}}|^2 = |\overrightarrow{\mathrm{AC}} - \overrightarrow{\mathrm{AB}}|^2$

$$|\overrightarrow{\mathrm{BC}}|^2 = |\overrightarrow{\mathrm{AC}}|^2 + |\overrightarrow{\mathrm{AB}}|^2 - 2\overrightarrow{\mathrm{AB}} \cdot \overrightarrow{\mathrm{AC}}$$

$$\left(\dfrac{7}{4}\mathrm{BD}\right)^2 = \mathrm{AB}^2 + \mathrm{AC}^2 - 2\overrightarrow{\mathrm{AB}} \cdot \overrightarrow{\mathrm{AC}} \cdots\cdots\cdots ③$$

$7\overrightarrow{\mathrm{AD}} = 3\overrightarrow{\mathrm{AB}} + 4\overrightarrow{\mathrm{AC}}$ の両辺の大きさの 2 乗をとり

$$49|\overrightarrow{\mathrm{AD}}|^2 = 9|\overrightarrow{\mathrm{AB}}|^2 + 16|\overrightarrow{\mathrm{AC}}|^2 + 24\overrightarrow{\mathrm{AB}} \cdot \overrightarrow{\mathrm{AC}} \cdots\cdots ④$$

③×12＋④ より

$$\frac{3}{4} \cdot 49 \text{BD}^2 + 49 \text{AD}^2 = 21 \text{AB}^2 + 28 \text{AC}^2$$

$$\frac{3}{7} \text{AB}^2 + \frac{4}{7} \text{AC}^2 = \text{AD}^2 + \frac{3}{4} \text{BD}^2$$

【平面図形の雑題】

[平面図形の雑題]

《今年の最良問（C20）☆》

110. 任意の三角形 ABC に対して次の主張（★）が成り立つことを証明せよ．

（★）辺 AB，BC，CA 上にそれぞれ点 P，Q，R を適当にとると三角形 PQR は正三角形となる．ただし P，Q，R はいずれも A，B，C とは異なる，とする． 　　　　　　　（23　京大・総人-特色）

考え方　大変数学的な問題文である．最近は「任意」と書くべき場面でも「すべて」と書いたりする問題文が多い．「任意」と「すべて」は違う．

　クラスに美少女の A 子さんがいて，図 a のような三角形を描いて「各辺の中点のあたりに，テキトーにとれば正三角形になるよね」と言ったとする．それを見ながら，媚男（こびお）が，似たような図 k を描いて「そうだね．A 子さんの言うとおりだよ」と話を合わせたとする．媚男の三角形は任意に描いた三角形ではない．

「任意」とは，誰か（多くの場合は答案を書いている人，本人）の話に合うように描くものではない．話に合おうと，合うまいと，そんなこと，おかまいなしに描くものである．誰かの話に合わせようとせず，忖度を受けず，自由に描く 1 つの三角形，それが，任意に描く三角形である．そして，いろいろ描くのではなく，動かさない．「すべての三角形を描こうとしない」のである．

「任意」と「すべて」は違う．

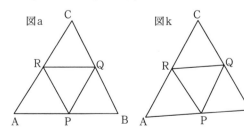

図 a　　　　　　　　図 k

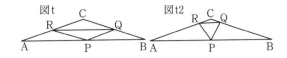

図 t　　　　　　　　図 t2

　いつも一人黙々と数学の問題を解いて，我が道を行く唯雄君が図 t を描いて「三角形 ABC がぺちゃんこだと，中点のあたりにとったら，ぺちゃんこになって，正三角形になんかならないよ」と言ったとします．それを聞いて，媚男が「Q，R をもっと C に近づけてさ，図 t2 のように，正三角形らしく描けばいいんだよ．テキトー．テキトーだよ．唯雄の図は A 子さんの図と違い過ぎるんだよ．ひねくれ者め」と言ったりする．

「適当」と「テキトー」は違う．「適当」というのは，「適するように，当たるように，うまく」である．正三角形っぽく見えるように，いい加減に描くのではない．

それこそテキトーに点をとって，60 度を作ろうとしたとき，そこが狭くて，60 度に引こうとした線が三角形の外に飛び出してしまったら，まずい．そのためには，一番広いところを選んで線を引くのである．図 t の場合は，一番大きな内角 C の二等分線を引くことから始める．

　三角形の内角の和は 180 度で，3 つの角の平均は 60 度である．したがって，角の中には 60 度以上のものも，60 度以下のものもある．最大の角は 60 度以上である．

▶解答◀　三角形 ABC の内角の中には 60 度以上のものがある．$\angle A = 2\theta$ として，$2\theta \geqq 60°$ としても一般性を失わない．

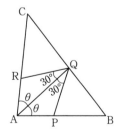

　$\angle A$ の二等分線と辺 BC の交点を Q とする．Q は B と C の間にある（B，C には一致しない）．

$$\angle AQC = \angle QAB + \angle B = \theta + \angle B > 30°$$

$$\angle AQB = \theta + \angle C > 30°$$

であるから，$\angle AQR = 30°$，$\angle AQP = 30°$ となる点 R を A と C の間（A，C には一致しない）に，P を A

と B の間（A，B には一致しない）にそれぞれ取ることができる．三角形 AQP と三角形 AQR は一辺 AQ を共有し，その両端の二角が等しいから合同であり，PQ = RQ である．三角形 PQR は二等辺三角形であり，∠PQR = 60° であるから正三角形である．

《四角形の対角線（B10）☆》

111. 1辺の長さが 7 の正三角形 ABC とその外接円がある．外接円の点 B を含まない弧 CA 上に，点 D を弦 CD の長さが 3 となるようにとる．

（1） 線分 AD の長さは ▢ であり，△ACD の面積は $\dfrac{\boxed{}\sqrt{\boxed{}}}{\boxed{}}$ である．

（2） △ABD の面積と △BCD の面積の比は ▢ : ▢ である．

（3） 線分 BD の長さは ▢ である．

(23 昭和薬大・B 方式)

▶解答◀ （1） ∠ADC = 120° で，AD = x として △ACD に余弦定理を用いて

$$7^2 = 3^2 + x^2 - 2 \cdot 3 \cdot x \cdot \cos 120°$$
$$x^2 + 3x - 40 = 0$$
$$(x - 5)(x + 8) = 0$$

よって $x = $ AD $=$ **5**

また，△ACD の面積は

$$\frac{1}{2} \cdot 3 \cdot 5 \cdot \sin 120° = \frac{15\sqrt{3}}{4}$$

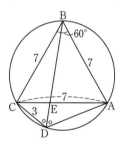

（2） AC と BD の交点を E とする．

∠ADE = ∠CDE = 60° より，角の二等分線の定理から

$$AE : EC = AD : CD = 5 : 3$$

よって △ABD : △BCD $=$ AE : EC $=$ **5 : 3**

（3） BD $= y$ として，△BCD に余弦定理を用いて

$$7^2 = 3^2 + y^2 - 2 \cdot 3 \cdot y \cdot \cos 60°$$
$$y^2 - 3y - 40 = 0$$
$$(y - 8)(y + 5) = 0$$

よって $y = $ BD $=$ **8**

◆別解◆ （3） トレミーの定理より

$$AC \cdot BD = AB \cdot CD + AD \cdot BC$$
$$7BD = 7 \cdot 3 + 5 \cdot 7 \qquad \therefore \quad BD = 8$$

注意 この紙を用意して，△ABD を BD で切り離して移動し，

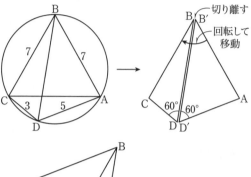

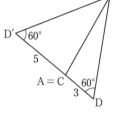

すると △BD'D は正三角形だから，移動後で

$$BD = DD' = 3 + 5 = 8$$

最初の状態で DC + DA = DB である．

《(B0)》

112. 1辺の長さが 1 の正八角形がある．その頂点を反時計回りに A，B，C，D，E，F，G，H とする．このとき，AC² $=$ ▢ であり，AD² $=$ ▢ である．ただし，答えが分数のときは，分母を有理化せよ．

(23 山梨大・医-後期)

▶解答◀ 正八角形の外心を O，外接円の半径を r とおく．△OAB で余弦定理より

$$AB^2 = OA^2 + OB^2 - 2 \cdot OA \cdot OB \cdot \cos \frac{\pi}{4}$$
$$1 = r^2 + r^2 - 2r \cdot r \cdot \frac{\sqrt{2}}{2}$$
$$1 = (2 - \sqrt{2})r^2$$
$$r^2 = \frac{1}{2 - \sqrt{2}} = \frac{2 + \sqrt{2}}{2}$$

△OAC で三平方の定理より

$$AC^2 = r^2 + r^2 = 2r^2 = \mathbf{2 + \sqrt{2}}$$

△OAD で余弦定理より

$$AD^2 = r^2 + r^2 - 2r \cdot r \cos \frac{3}{4}\pi = (2 + \sqrt{2})r^2$$
$$= \frac{1}{2}(2 + \sqrt{2})^2 = \frac{1}{2}(6 + 4\sqrt{2}) = \mathbf{3 + 2\sqrt{2}}$$

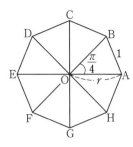

113. $0 < x < y$ とする. 平行四辺形 ABCD にお
いて, 辺 AB の長さを x, 辺 BC の長さを y,
$\angle\text{ABC} = 2\theta \left(0 < \theta < \dfrac{\pi}{2}\right)$ とする. 平行四辺形
ABCD の内角 A, B, C, D を 2 等分する直線をそ
れぞれ l_A, l_B, l_C, l_D とし, l_A と l_B の交点を E,
l_B と l_C の交点を F, l_C と l_D の交点を G, l_D と l_A
の交点を H とする.
平行四辺形 ABCD と四角形 EFGH が重なる部分
の面積を S とする. 以下の問いに答えよ.
（1） $\angle\text{FEH}$ を求めよ.
（2） 線分 AE および線分 AH の長さを求めよ.
（3） 点 H が平行四辺形 ABCD の外部にあるよ
うな, x, y の条件を求めよ.
（4） S を求めよ. （23 岡山大・理系）

▶**解答**◀ $\angle\text{BAD} = 2\alpha$ とおくと, 四角形
ABCD は平行四辺形であるから

$$\angle\text{ABC} + \angle\text{BAD} = \pi$$

$$2\theta + 2\alpha = \pi \qquad \therefore \quad \theta + \alpha = \frac{\pi}{2}$$

よって, $\angle\text{AEB} = \pi - (\theta + \alpha) = \dfrac{\pi}{2}$

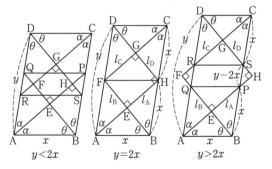

$y < 2x$ 　　　$y = 2x$ 　　　$y > 2x$

l_A と辺 BC, l_B と辺 AD, l_C と辺 AD, l_D と辺 BC の
交点をそれぞれ, P, Q, R, S とおくと平行四辺形
ABPQ, 平行四辺形 CDRS は, どちらも対角線が直
交するからひし形になる. また, 四角形 EFGH は,
$l_A /\!/ l_C$, $l_B /\!/ l_D$ であるから, 平行四辺形で, さらに

$l_A \perp l_B$ であるから, 長方形になる.
（1） $\angle\text{FEH} = \angle\text{AEB} = \dfrac{\pi}{2}$
（2） $\text{AE} = \text{AB}\sin\theta = \boldsymbol{x}\sin\theta$

$\text{AH} = \text{AD}\sin\theta = \boldsymbol{y}\sin\theta$

（3） 対角線 l_A と l_D の交点 H は, この 2 つのひし
形の重なり具合によって, 点 H の位置が平行四辺形
ABCD の内か, 辺上か, 外かが決まる. 求める条件
は, 図より $\boldsymbol{y} > 2\boldsymbol{x}$ である.
（4） $\text{EH} = \text{AH} - \text{AE} = (y - x)\sin\theta$
さらに, $\text{BF} = \text{BC}\cos\theta = y\cos\theta$

$\text{BE} = \text{BA}\cos\theta = x\cos\theta$

$\text{EF} = \text{BF} - \text{BE} = (y - x)\cos\theta$

（ア） $(\boldsymbol{x} <) \boldsymbol{y} \leqq 2\boldsymbol{x}$ のとき. S は, 長方形 EFGH の
面積である.

$$S = \text{EH} \cdot \text{EF} = (\boldsymbol{y} - \boldsymbol{x})^2 \sin\theta\cos\theta$$

（イ） $\boldsymbol{y} > 2\boldsymbol{x}$ のとき. S は, 長方形 EFGH の面積か
ら, $\triangle\text{HSP}$ と $\triangle\text{FQR}$ の面積を引いたものである.

$$\triangle\text{HSP} = \frac{1}{2}\text{HS} \cdot \text{HP}$$

$$= \frac{1}{2}\text{SP}\cos\theta \cdot \text{SP}\sin\theta$$

$$= \frac{1}{2}(y - 2x)^2\sin\theta\cos\theta$$

$\triangle\text{HSP} \equiv \triangle\text{FQR}$ であるから

$$S = (y - x)^2\sin\theta\cos\theta$$

$$\qquad - 2 \cdot \frac{1}{2}(y - 2x)^2\sin\theta\cos\theta$$

$$= \{(y - x) + (y - 2x)\}$$

$$\qquad \times \{(y - x) - (y - 2x)\}\sin\theta\cos\theta$$

$$= \boldsymbol{x}(2\boldsymbol{y} - 3\boldsymbol{x})\sin\theta\cos\theta$$

114. $\text{AB} = 2$, $\text{BC} = 3$, $\text{CA} = 4$ である三角形
ABC について, 次の問いに答えよ.
（1） $\cos\angle\text{CAB}$ の値と三角形 ABC の面積を求
めよ.
（2） 辺 AB を $2 : 3$ に内分する点を P, 辺 BC を
$1 : 4$ に内分する点を Q, 辺 CA を $3 : 5$ に内分す
る点を R とするとき, 三角形 PQR の面積を求め
よ. （23 北里大・獣医）

▶**解答**◀ （1） 余弦定理により

$$3^2 = 4^2 + 2^2 - 2 \cdot 4 \cdot 2\cos\angle\text{CAB}$$

$$\cos\angle\text{CAB} = \frac{11}{16}$$

$$\sin\angle\text{CAB} = \sqrt{1 - \left(\frac{11}{16}\right)^2}$$

$$= \frac{1}{16}\sqrt{(16+11)(16-11)} = \frac{3\sqrt{15}}{16}$$

であるから

$$\triangle ABC = \frac{1}{2} \cdot 4 \cdot 2 \cdot \frac{3\sqrt{15}}{16} = \frac{3\sqrt{15}}{4}$$

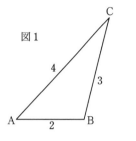

図1

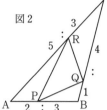

図2

（2） 図2を見よ.

$$\triangle PQR = \triangle ABC - \triangle APR - \triangle BPQ - \triangle CQR$$

$$= \triangle ABC - \frac{2}{5} \cdot \frac{5}{8} \triangle ABC$$

$$\quad - \frac{3}{5} \cdot \frac{1}{5} \triangle ABC - \frac{4}{5} \cdot \frac{3}{8} \triangle ABC$$

$$= \left(1 - \frac{25 + 12 + 30}{100}\right) \cdot \frac{3\sqrt{15}}{4} = \frac{99\sqrt{15}}{400}$$

【空間図形の雑題】

《正八面体の体積（A3）》

115. 半径が3の球に内接する正八面体の体積
は $\square$ である. （23 藤田医科大・ふじた未来入試）

▶解答◀ 正八面体の1辺を a とする.

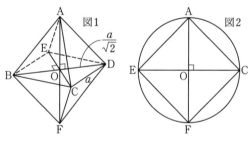

図1　図2

　図1を見よ. AF，BD, CE はその中点 O で互いに
直交する. 正八面体と球を, 正八面体の対称面 AEFC
で切断すると, 図2のようになる. 図1には球は
描いていない. 対称面 AEFC は正方形であるから,
$\frac{1}{2}AF = \frac{a}{\sqrt{2}} = 3$ となり, $a = 3\sqrt{2}$ である.

　正八面体の体積は

$$\frac{1}{3} \cdot BC \cdot CD \cdot AF = \frac{1}{3}(3\sqrt{2})^2 \cdot 6 = \mathbf{36}$$

《正八面体（B5）☆》

116. 1辺の長さが3である正八面体に6点で外
接する球の半径は $\square$ であり，8点で内接する球

の半径は $\square$ である. （23 東海大・医）

▶解答◀ 図で直交する3直線 OA, OB, OC の上
に8頂点をもつように正八面体を埋め込む.

　外接球の半径は OA $=$ OB $=$ OC $= \frac{3}{\sqrt{2}} = \frac{3}{2}\sqrt{2}$ で
ある.

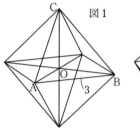

図1

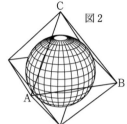

図2

　内接球の半径を r とする. 四面体 OABC の体積 V
は, 三角形 ABC を底面, r を高さとする四面体の体
積に等しいから $V = \frac{1}{3}\triangle ABC \cdot r$

$$\frac{1}{6}\left(\frac{3}{\sqrt{2}}\right)^3 = \frac{1}{3} \cdot \frac{\sqrt{3}}{4} \cdot 3^2 \cdot r$$

$$r = \frac{3}{\sqrt{6}} = \frac{\sqrt{6}}{2}$$

《正四面体で最短距離（B20）》

117. 下図のような1辺の長さが2である正四面
体 ABCD について考える.

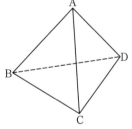

（1）　正四面体 ABCD の表面積は $\square\sqrt{\square}$ で
ある.

（2）　$\triangle BCD$ の外接円の半径は $\dfrac{\square\sqrt{\square}}{\square}$ で
あり, 内接円の半径は $\dfrac{\sqrt{\square}}{\square}$ である.

（3）　点 A から $\triangle BCD$ に垂線 AH を下ろすと,

$$AH = \frac{\square\sqrt{\square}}{\square}$$ である.

（4）　正四面体 ABCD が球に内接しているとき,

その球の半径は $\sqrt{\dfrac{\boxed{}}{\boxed{}}}$ である.

（5） 正四面体 ABCD の辺 BC, CD, DA 上にそれぞれ点 P, Q, R をとる. 正四面体の表面上を頂点 A から点 P, Q, R の順に通り, 頂点 B に至る最短経路の長さは $\boxed{}\sqrt{\boxed{}}$ である.

（23 武庫川女子大）

▶解答◀ （1） 表面積は

$$4 \cdot \triangle\text{BCD} = 4 \cdot \frac{1}{2} \cdot 2^2 \cdot \sin 60° = \mathbf{4\sqrt{3}}$$

（2） 正弦定理より外接円の半径は

$$\frac{\text{BC}}{2\sin 60°} = \frac{\mathbf{2}}{\sqrt{\mathbf{3}}}$$

内接円の半径を r とする. △BCD の面積（$\sqrt{3}$）について

$$\frac{1}{2} \cdot 3 \cdot 2 \cdot r = \sqrt{3} \qquad \therefore \quad r = \frac{\sqrt{3}}{3}$$

（3） H は △BCD の外心だから,（2）より BH $= \dfrac{2}{\sqrt{3}}$ である. よって, △AHB で三平方の定理より

$$\text{AH} = \sqrt{2^2 - \left(\frac{2}{\sqrt{3}}\right)^2} = \sqrt{\frac{8}{3}} = \frac{\mathbf{2\sqrt{6}}}{\mathbf{3}}$$

（4） 題意の球の中心を O, 半径を R とする. O は直線 AH 上にあるから

$$\text{OH} = |\text{AH} - \text{AO}| = \left|\frac{2\sqrt{6}}{3} - R\right|$$

△OBH で三平方の定理より

$$\text{OH}^2 + \text{BH}^2 = \text{OB}^2$$

$$\left(\frac{2\sqrt{6}}{3} - R\right)^2 + \frac{4}{3} = R^2$$

$$\frac{4\sqrt{6}}{3}R = 4 \qquad \therefore \quad R = \frac{\sqrt{6}}{2}$$

図1
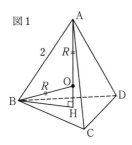

（5） 最短経路になるのは, 図2の正四面体 ABCD の展開図（平行四辺形）において A, P, Q, R, B が一直線上にあるときである. 求める長さを l とすると, 余弦定理より

$$l^2 = 4^2 + 2^2 - 2 \cdot 4 \cdot 2 \cdot \cos 120°$$

$$= 16 + 4 + 8 = 28$$

よって, $l = \mathbf{2\sqrt{7}}$

図2
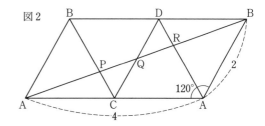

《直方体を切る（B5）》

118. $0 < a < 2$ とする. $\text{AB} = \sqrt{2-a}$, $\text{AD} = \sqrt{a}$, $\text{AE} = 2$ である直方体 ABCD-EFGH について, $\angle\text{AFC}$ を θ とおく. 次の問に答えよ.

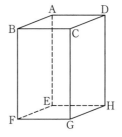

（1） $\cos\theta$ を a を用いて表せ.

（2） $a = 1$ のとき, △AFC の面積 S の値を求めよ.

（3） $a = 1$ のとき, △AFC の内接円の半径 r と外接円の半径 R の値をそれぞれ求めよ.

（4） $\tan\theta$ を a を用いて表せ. また, $\dfrac{1}{2} \le a \le \dfrac{4}{3}$ のとき, $\tan\theta$ のとりうる値の範囲を求めよ. （23 佐賀大・理工, 農-後期）

▶解答◀ （1） △ABC, △ABF, △BFC に三平方の定理を用いる.

$$\text{AC} = \sqrt{\text{AB}^2 + \text{BC}^2}$$

$$= \sqrt{(\sqrt{2-a})^2 + (\sqrt{a})^2} = \sqrt{2}$$

$$\text{AF} = \sqrt{\text{AB}^2 + \text{BF}^2}$$

$$= \sqrt{(\sqrt{2-a})^2 + 2^2} = \sqrt{6-a}$$

$$\text{CF} = \sqrt{\text{BC}^2 + \text{BF}^2} = \sqrt{(\sqrt{a})^2 + 2^2} = \sqrt{a+4}$$

△AFC に余弦定理を用いて

$$\cos\theta = \frac{\text{AF}^2 + \text{CF}^2 - \text{AC}^2}{2\text{AF} \cdot \text{CF}}$$

$$= \frac{(6-a) + (a+4) - 2}{2\sqrt{6-a}\sqrt{a+4}} = \frac{\mathbf{4}}{\sqrt{\mathbf{6-a}}\sqrt{\mathbf{a+4}}}$$

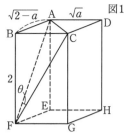

図1

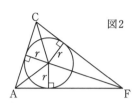

図2

（2） $a=1$ のとき，$AF=\sqrt{5}$，$CF=\sqrt{5}$，$\cos\theta=\dfrac{4}{5}$ であるから $\sin\theta=\dfrac{3}{5}$ である．

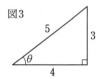

図3

$$S=\frac{1}{2}AF\cdot CF\sin\theta=\frac{1}{2}\cdot\sqrt{5}\cdot\sqrt{5}\cdot\frac{3}{5}=\frac{3}{2}$$

（3） 三角形の面積と内接円の半径の公式を用いて

$$S=\frac{r}{2}(AF+FC+CA)$$

$$\frac{r}{2}(\sqrt{5}+\sqrt{5}+\sqrt{2})=\frac{3}{2}$$

$$(2\sqrt{5}+\sqrt{2})r=3 \qquad \therefore \quad r=\frac{3}{2\sqrt{5}+\sqrt{2}}$$

正弦定理を用いて

$$2R=\frac{AC}{\sin\theta}$$

$$R=\frac{\sqrt{2}}{2\cdot\frac{3}{5}}=\frac{5\sqrt{2}}{6}$$

（4） $\cos\theta=\dfrac{4}{\sqrt{6-a}\sqrt{a+4}}$ のとき，

$$\sin\theta=\sqrt{1-\frac{16}{(6-a)(a+4)}}$$

$$=\sqrt{\frac{-a^2+2a+8}{(6-a)(a+4)}}$$

より，

$$\tan\theta=\frac{\sin\theta}{\cos\theta}=\frac{\sqrt{-a^2+2a+8}}{4}$$

$f(a)=-a^2+2a+8$ とおく．

$$f(a)=-(a-1)^2+9$$

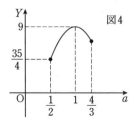

図4

$$f\left(\frac{1}{2}\right)=\frac{35}{4}, \quad f(1)=9$$

$$\frac{35}{4}\leqq f(a)\leqq 9$$

$\tan\theta$ のとりうる値の範囲は $\dfrac{\sqrt{35}}{8}\leqq\tan\theta\leqq\dfrac{3}{4}$

【データの整理と代表値】

［データの整理と代表値］

《平均の計算（A3）☆》

119. 10 個の数値からなるデータ

1, 2, 5, 5, 6, 7, 7, 8, 9, 10 の平均値は ☐，中央値は ☐，最頻値は ☐ である．

（23 明治薬大・公募）

▶解答◀ 平均値は

$$\frac{1}{10}(1+2+5+5+6$$

$$+7+7+8+9+10)=\frac{60}{10}=6$$

また，中央値は $\dfrac{6+7}{2}=6.5$，最頻値は **5 と 7**

《中央値と平均値（B10）》

120. a を自然数とし，6 個の値 6, 10, 8, 5, 13, a をもつデータを考える．このデータの中央値と平均値が等しいとき，a の値は ☐ である．また，このデータにおいて中央値が平均値の $\dfrac{1}{2}$ 倍と等しくなる a の値は ☐ である． （23 芝浦工大・前期）

▶解答◀ 中央値を M で，平均値を m で表す．$m=\dfrac{42+a}{6}$ である．

$$1\leqq a\leqq 6 \text{ のとき } M=\frac{6+8}{2}=7$$

$$7\leqq a\leqq 9 \text{ のとき } M=\frac{8+a}{2}$$

$$a\geqq 10 \text{ のとき } M=\frac{8+10}{2}=9$$

$M=m$ とおくと順に

$$7=7+\frac{a}{6}, \ 4+\frac{a}{2}=7+\frac{a}{6}, \ 9=7+\frac{a}{6}$$

となり，順に $a=0, 9, 12$ となる．

$a=\textbf{9, 12}$ を得る．ともに各範囲を満たす．

$M=\dfrac{1}{2}m$，すなわち $2M=m$ とおくと順に

$$14=7+\frac{a}{6}, \ 8+a=7+\frac{a}{6}, \ 18=7+\frac{a}{6}$$

となり，順に $a=42, -\dfrac{6}{5}, 66$ となるが，a の範囲から

$a=\textbf{66}$ を得る．これは $a\geqq 10$ を満たす．

《度数から式を立てる（B2）》

121. データ A の大きさは 15 であり，データ A の値は 1, 2, 3, 4, 5 のいずれかであるとする．

1, 2, 3, 4, 5 のそれぞれを階級値であると考えたとき，その度数はどれも 1 以上であるとする．階級値 1 の度数が 2，データ A の中央値が 2，データ A の平均値がちょうど 3 であるとき，階級値 5 の度数は ☐ である． (23 明治大・全)

▶解答◀ 中央値が 2 であるから，小さい方から 8 番目の数は 2 である．1 は 2 個である．2 は 6 個以上あるから 2 が $6+n$ 個，3 が $1+s$ 個，4 が $1+y$ 個，5 が $1+g$ 個あるとする．n, s, y, g は 0 以上の整数である．

$$2+6+n+1+s+1+y+1+g = 15$$

であり，平均値が 3 であるから，

$$1\cdot 2 + 2(6+n) + 3(1+s) + 4(1+y) + 5(1+g) = 45$$

である．

$$n+s+y+g = 4 \quad\cdots\cdots\cdots①$$
$$2n+3s+4y+5g = 19 \quad\cdots\cdots\cdots②$$

となる．これらを n, s について解く．

①×3−② より

$$n-y-2g = -7$$
$$n = y+2g-7$$

①×2−② より

$$-s-2y-3g = -11$$
$$s = 11-2y-3g$$

$n \geqq 0, s \geqq 0$ より

$$y+2g \geqq 7 \quad\cdots\cdots\cdots③$$
$$11 \geqq 2y+3g \quad\cdots\cdots\cdots④$$

y を消去する．③×2+④ より

$$2y+4g+11 \geqq 2y+3g+14$$
$$g \geqq 3$$

① から，g は 4 以下である．$g=4$ であるとすると，$n=s=y=0$ となり，このとき $n=y+2g-7$ は成立しない．$g=3$ であり $n=y-1$ であるから，$y=1, n=0, s=0$ となる．1 が 2 個で，2 が 6 個で，3 が 1 個で，4 が 2 個で，5 が 4 個ある．

よって，階級値 5 の度数は **4** である．

《中央値の決定 (B5)》

122. 次のデータは，6 人のテストの得点である．

$$55, 61, 53, 45, 70, a \text{（単位は点）}$$

このとき，このデータの中央値は a の値によって何通りの値を取り得るか．ただし，a の値は正の整数とする． (23 北海学園大・工)

▶解答◀ a 以外のデータを小さい順に並べる．

$$45, 53, 55, 61, 70$$

$a \leqq 53$ のとき，中央値 $= \dfrac{53+55}{2} = 54$

$a \geqq 61$ のとき，中央値 $= \dfrac{55+61}{2} = 58$

$54 \leqq a \leqq 60$ のとき，中央値 $= \dfrac{55+a}{2}$

である．a が 54 から 60 の 7 つの異なる整数をとると中央値も 7 つの異なる値をとる．

したがって，中央値は a の値によって **9 通り** の値をとりうる．

《(B0)》

123. 次の文章は，『貯蓄額や所得の多い少ないは「学歴」と関係あるのか？』という記事からの抜粋である．表は厚生労働省の令和元年国民生活基礎調査から，学歴ごとの平均所得金額（15 歳以上の雇用者 1 人あたり）をまとめたものです．（中略）男性・女性ともに専門学校・短大・高専卒の方が所得金額が多いのに，総数となると高校・旧制中卒の方が多いのは統計上の謎です．

	小学・中学卒業	高校・旧制中卒業	専門学校・短大・高専卒業	大学・大学院卒業
総数	245.2 万円	303.5 万円	278.6 万円	487.4 万円
男性	300.8 万円	404.6 万円	409.0 万円	584.6 万円
女性	160.5 万円	186.1 万円	216.6 万円	291.5 万円

男性の所得金額も女性の所得金額もともに，専門学校・短大・高専卒業の方が，高校・旧制中卒業より多いのに，総数（男性＋女性）では，逆転した結果になっている．これはどうしてか，説明しなさい． (23 兵庫医大)

▶解答◀ 高校・旧制中卒業の男性の割合を p，女性の割合を $1-p$ とすると，高校・旧制中卒業の総数は

$$404.6p + 186.1(1-p) = 218.5p + 186.1 \text{ 万円}$$

専門学校・短大・高専卒業の男性の割合を q，女性の割合を $1-q$ とすると専門学校・短大・高専卒業の総数は

$$409.0q + 216.6(1-q) = 192.4q + 216.6 \text{ 万円}$$

となる．これより，p が大きく，q が小さいと

$$218.5p + 186.1 > 192.4q + 216.6$$

となることがある．すなわち，逆転した結果は **高校・旧制中卒業においては男性の割合が高く，専門学校・**

短大・高専卒業においては女性の割合が高いからと考えられる.

注 意 【意味不明の話】

　旧制中学というのは, 1948 年には廃止され, 現行の中学・高校になっている. その頃の旧制中学進学者は, 2023 年の現代では退職者である. そんなものをデータに載せるか？しかも, 医者になってガンガン稼ぐぞという若者に対する問題として適切か？

【四分位数と箱ひげ図】

《四分位数 (B5)》

124. 6 個の数字 1, 2, 3, 4, 5, 6 から, 異なる 3 個を並べてできる 3 桁の数 120 個をデータとするとき, 次の設問に答えよ.

（1）　平均値を求めよ.

（2）　中央値を求めよ.

（3）　第 1 四分位数, 第 3 四分位数, および四分位範囲をそれぞれ求めよ. （23　倉敷芸術科学大）

▶解答◀　（1）　3 桁の数の百の位を a, 十の位を b, 一の位を c とおく.

　$a = 1$ となる数は全部で $5 \cdot 4 = 20$ 個あり, 他の数や他の位についても同様に 20 個ずつある.

　よって, 120 個のデータのうち百の位の総和は

$(100 + 200 + 300 + 400 + 500 + 600) \cdot 20$

$= (1 + 2 + 3 + 4 + 5 + 6) \cdot 2000$

十の位の総和は

$(10 + 20 + 30 + 40 + 50 + 60) \cdot 20$

$= (1 + 2 + 3 + 4 + 5 + 6) \cdot 200$

一の位の総和は

$(1 + 2 + 3 + 4 + 5 + 6) \cdot 20$

である. よって, 平均値は

$\frac{1}{120} \cdot (1 + 2 + 3 + 4 + 5 + 6) \cdot (2000 + 200 + 20)$

$= \frac{1}{120} \cdot 21 \cdot 2220 = \mathbf{388.5}$

（2）　中央値 Q_2 は小さい方から 60 番目と 61 番目のデータの平均となる. 60 番目は $a = 3$ で最も大きい数である 365, 61 番目は $a = 4$ で最も小さい数である 412 であるから,

$Q_2 = \frac{365 + 412}{2} = \mathbf{388.5}$

（3）　第 1 四分位数 Q_1 は, 小さい方から 30 番目と 31 番目のデータの平均となる. $a = 1$ となるデータが 20 個, $a = 2, b = 1, 3$ となるデータがそれぞれ 4 個

ずつあるので, 29 番目のデータは 241, 30 番目のデータは 243, 31 番目のデータは 245 である. よって,

$Q_1 = \frac{243 + 245}{2} = \mathbf{244}$

第 3 四分位数 Q_3 は, 小さい方から 90 番目と 91 番目のデータの平均となる. $a = 1, 2, 3, 4$ となるデータがそれぞれ 20 個ずつ, $a = 5, b = 1, 2$ となるデータがそれぞれ 4 個ずつあるので, 89 番目のデータは 531, 90 番目のデータは 532, 91 番目のデータは 534 である. よって

$Q_3 = \frac{532 + 534}{2} = \mathbf{533}$

また, 四分位範囲は

$Q_3 - Q_1 = 533 - 244 = \mathbf{289}$

【分散と標準偏差】

《分散の計算 (B5) ☆》

125. k が整数のとき, 次の 5 個の値 $(-2, 0, 1, 2, k)$ の標準偏差が 2 となるような k の値を求めよ. （23　釧路公立大）

▶解答◀　5 個の値の平均値は

$\frac{1}{5}(-2 + 0 + 1 + 2 + k) = \frac{1}{5}(k + 1)$

5 個の値の 2 乗の平均値は

$\frac{1}{5}\{(-2)^2 + 0^2 + 1^2 + 2^2 + k^2\} = \frac{1}{5}(k^2 + 9)$

5 個の値の標準偏差が 2 であるから, 分散は 4 であり

$\frac{1}{5}(k^2 + 9) - \left\{\frac{1}{5}(k + 1)\right\}^2 = 4$

が成り立つ.

$5(k^2 + 9) - (k + 1)^2 = 100$

$4k^2 - 2k - 56 = 0$

$2k^2 - k - 28 = 0$

$(k - 4)(2k + 7) = 0$

k は整数であるから $k = \mathbf{4}$

《分散の計算 (B5)》

126. 12 個の値からなるデータがある. そのうちの 8 個のデータの平均値が 12, 分散が 18 であり, 残りの 4 個のデータの平均値が 6, 分散が 9 であるとする. このとき, 12 個のデータの平均値は □ であり, 分散は □ である.

（23　茨城大・工）

▶解答◀　（1）　8 個のデータを $x_1, \cdots, x_8$, 残りの 4 個のデータを $y_1, \cdots, y_4$ とする.

　12 個の平均値は $\frac{8 \cdot 12 + 4 \cdot 6}{12} = \mathbf{10}$

また, $\dfrac{x_1{}^2+\cdots+x_8{}^2}{8}-12^2=18$ であるから

$$x_1{}^2+\cdots+x_8{}^2=162\cdot 8$$

$\dfrac{y_1{}^2+\cdots+y_4{}^2}{4}-6^2=9$ であるから

$$y_1{}^2+\cdots+y_4{}^2=45\cdot 4$$

したがって, 12 個の分散は

$$\dfrac{x_1{}^2+\cdots+x_8{}^2+y_1{}^2+\cdots+y_4{}^2}{12}-10^2$$
$$=\dfrac{162\cdot 8+45\cdot 4}{12}-100$$
$$=54\cdot 2+15-100=\mathbf{23}$$

《2 つのグループの分散（A5）☆》

127. 生徒 15 人の 10 点満点で実施した漢字テストの点数について, 平均値が 6 点, 分散が 2 であった.

その後, ほかの生徒 5 人に対して, 同じテストを追加で実施したところ, 次のような点数となった.
5, 3, 9, 7, 6(点)

この生徒 20 人のテストの点数の分散を求めなさい.

(23 秋田大)

▶解答◀ 初めの生徒 15 人の点数を, $x_1, x_2, \cdots, x_{15}$ とおく. 初めの生徒 15 人の分散が 2 であるから

$$\dfrac{x_1{}^2+x_2{}^2+\cdots+x_{15}{}^2}{15}-6^2=2$$
$$x_1{}^2+x_2{}^2+\cdots+x_{15}{}^2=570$$

また, 他の 5 人の生徒の平均は, $\dfrac{5+3+9+7+6}{5}=6$ である. 初めの生徒 15 人の平均と等しいから, 生徒 20 人の平均も 6 である. よって, 生徒 20 人の分散は

$$\dfrac{x_1{}^2+x_2{}^2+\cdots+x_{15}{}^2+5^2+3^2+9^2+7^2+6^2}{20}-6^2$$
$$=\dfrac{570+25+9+81+49+36}{20}-36$$
$$=38.5-36=\mathbf{2.5}$$

《2 つのグループの分散（B20）☆》

128. 下表は, 100 人の生徒を 2 つのクラス X, Y に分けて行った試験の結果である. 100 人全員の点数についての平均点が 60 点, 分散が 87 であるとき, X クラスの平均点 $\overline{x}$ の値を求めよ. ただし, $\overline{x}<\overline{y}$ である.

クラス	人数	平均点	分散
X	60	$\overline{x}$	83
Y	40	$\overline{y}$	78

(23 福島県立医大)

▶解答◀ 全体の平均が 60 点であるから

$$\dfrac{60\overline{x}+40\overline{y}}{100}=60$$
$$3\overline{x}+2\overline{y}=300 \quad\cdots\cdots\cdots①$$

X クラス, Y クラスの点数の 2 乗の平均をそれぞれ $\overline{x^2}, \overline{y^2}$ とおく. 全体の分散が 87 であるから

$$\dfrac{60\overline{x^2}+40\overline{y^2}}{100}-60^2=87$$
$$3\overline{x^2}+2\overline{y^2}=18435$$

$\overline{x^2}=\left(\overline{x}\right)^2+83, \overline{y^2}=\left(\overline{y}\right)^2+78$ を代入して

$$3\left(\overline{x}\right)^2+2\left(\overline{y}\right)^2=18435-3\cdot 83-2\cdot 78$$
$$3\left(\overline{x}\right)^2+2\left(\overline{y}\right)^2=18030 \quad\cdots\cdots②$$

① より $\overline{y}=150-\dfrac{3}{2}\overline{x}$ であり, これを ② に代入して

$$3\left(\overline{x}\right)^2+2\left(150-\dfrac{3}{2}\overline{x}\right)^2=18030$$
$$\dfrac{15}{2}\left(\overline{x}\right)^2-900\overline{x}+26970=0$$
$$\left(\overline{x}\right)^2-120\overline{x}+3596=0$$
$$\left(\overline{x}-58\right)\left(\overline{x}-62\right)=0$$

$\overline{x}=58$ のとき, $\overline{y}=150-\dfrac{3}{2}\cdot 58=63$ であり, $\overline{x}=62$ のとき, $\overline{y}=150-\dfrac{3}{2}\cdot 62=57$ である. $\overline{x}<\overline{y}$ より, $\overline{x}=\mathbf{58}$ である.

《変数変換（A5）》

129. データ $x_1, x_2, \cdots, x_n$ の平均値が 40, 標準偏差が 20 であるとする. 正の実数 a と実数 b に対して, データ $ax_1+b, ax_2+b, \cdots, ax_n+b$ の平均値が 80, 標準偏差が 10 となるとき, $(a, b)=\boxed{}$ である.

(23 北見工大・後期)

▶解答◀ データ $x_1, x_2, \cdots, x_n$ の平均を $\overline{x}$, 標準偏差を s_x とする. $\overline{x}=40, s_x=20$ である.

データ $ax_1+b, ax_2+b, \cdots, ax_n+b$ の平均は $a\overline{x}+b$, 標準偏差は $a>0$ より as_x と表せるから

$$a\overline{x}+b=80, \quad as_x=10$$
$$40a+b=80, \quad 20a=10$$

これを解いて, $(a, b)=\left(\dfrac{1}{2}, \mathbf{60}\right)$

《変量を置き換える（A10）☆》

130. 変量 x のデータが下のように与えられている.

38, 47, 50, 56, 59

いま，$y = \dfrac{x-50}{3}$ として新たな変量 y をつくるとき，変量 y の分散は $\boxed{}$ であり，変量 x の分散は $\boxed{}$ である． 　　　　（23 同志社女子大・共通）

▶解答◀　$x = 38, 47, 50, 56, 59$ のとき，y の値はそれぞれ $-4, -1, 0, 2, 3$ である．

y の値の平均 $\overline{y}$ は $\overline{y} = \dfrac{1}{5}(-4-1+2+3) = 0$

2 乗の平均 $\overline{y^2}$ は $\overline{y^2} = \dfrac{1}{5}(16+1+4+9) = \dfrac{30}{5} = 6$

変量 y の分散 V_y は

$$V_y = \overline{y^2} - (\overline{y})^2 = 6 - 0^2 = \mathbf{6}$$

$x = 3y + 50$ より，変量 x の分散 V_x は

$$V_x = 3^2 V_y = \mathbf{54}$$

《中央値の最大（B10）》

131.（1） データ $2, 3, 5, 7, 13$ の平均値は $\boxed{}$，分散は $\boxed{}$ である．

（2） データ a, b（ただし，$a \le b$）の平均値と分散がともに 1 であるとき，$(a, b) = \boxed{}$ である．

（3） 3 つの実数からなるデータ x, y, z の平均値と分散がともに 1 である．

- $x + y + z = \boxed{}$，$x^2 + y^2 + z^2 = \boxed{}$ である．
- $X = x-1, Y = y-1, Z = z-1$ とおくと，データ X, Y, Z の平均値は $\boxed{}$，分散は $\boxed{}$ である．また，$Y = Z$ のとき $X = \boxed{}$ である．
- データ x, y, z の中央値の最大値は $\boxed{}$ である．

　　　　（23 明治薬大・前期）

▶解答◀　（1） 平均値は

$$\dfrac{1}{5}(2+3+5+7+13) = \dfrac{30}{5} = \mathbf{6}$$

分散は

$$\dfrac{1}{5}\{(2-6)^2 + (3-6)^2 + (5-6)^2$$
$$+ (7-6)^2 + (13-6)^2\}$$
$$= \dfrac{1}{5}(16+9+1+1+49) = \dfrac{\mathbf{76}}{\mathbf{5}}$$

（2） データ a, b の平均値と分散が 1 であるから

$$\dfrac{1}{2}(a+b) = 1 \quad \cdots\cdots\cdots\cdots\cdots\cdots① $$
$$\dfrac{1}{2}\{(a-1)^2 + (b-1)^2\} = 1 \quad \cdots\cdots②$$

① より $b = -a+2$ で②に代入して

$$(a-1)^2 + (-a+1)^2 = 2$$

$$(a-1)^2 = 1 \qquad \therefore \quad a = 0, 2$$

$a \le b$ であるから $(a, b) = \mathbf{(0, 2)}$

（3） データ x, y, z の平均値と分散が 1 であるから

$$\dfrac{1}{3}(x+y+z) = 1 \quad \cdots\cdots\cdots\cdots\cdots\cdots③$$
$$\dfrac{1}{3}\{(x-1)^2 + (y-1)^2 + (z-1)^2\} = 1 \quad \cdots\cdots④$$

③ より $x + y + z = \mathbf{3}$

④ より $x^2 + y^2 + z^2 - 2(x+y+z) + 3 = 3$

$$x^2 + y^2 + z^2 = 2 \cdot 3 = \mathbf{6}$$

$X = x-1, Y = y-1, Z = z-1$ とおくと，X, Y, Z の平均値は

$$\dfrac{1}{3}(X+Y+Z)$$
$$= \dfrac{1}{3}(x+y+z-3) = \dfrac{1}{3}(3-3) = \mathbf{0}$$

分散は

$$\dfrac{1}{3}(X^2+Y^2+Z^2)$$
$$= \dfrac{1}{3}\{(x-1)^2 + (y-1)^2 + (z-1)^2\}$$

これは④そのもので 1 である．

$Y = Z$ のときそれぞれ

$$X + 2Y = 0 \quad \cdots\cdots\cdots\cdots\cdots\cdots⑤$$
$$X^2 + 2Y^2 = 3 \quad \cdots\cdots\cdots\cdots\cdots\cdots⑥$$

⑤ より $Y = -\dfrac{X}{2}$ で⑥に代入して

$$X^2 + \dfrac{X^2}{2} = 3$$
$$X^2 = 2 \qquad \therefore \quad X = \pm\sqrt{2}$$

次に，X, Y, Z の中央値の最大値を求める．

$X \le Y \le Z$ としても一般性を失わない．

$X + Y + Z = 0$, $X^2 + Y^2 + Z^2 = 3$ を満たす Y の最大値を考える．$Z = -X - Y$ であるから

$$X^2 + Y^2 + (-X-Y)^2 = 3$$
$$2X^2 + 2Y^2 + 2XY - 3 = 0$$

また，$X \le Y \le -X - Y$ である．

$Y = k$ とおく．最大値を考えるから $k \ge 0$ で考える．

$$2X^2 + 2k^2 + 2Xk - 3 = 0$$
$$2X^2 + 2kX + 2k^2 - 3 = 0 \quad \cdots\cdots\cdots\cdots⑦$$

範囲について

$$X \le k \le -X - k$$
$$X \le k, \quad X \le -2k$$

$k \ge 0$ だから $X \le -2k$

⑦ の左辺を $f(X)$ とおくと

$$f(X) = 2\left(X + \dfrac{k}{2}\right)^2 + \dfrac{3}{2}k^2 - 3$$

⑦を満たす実数 X が $X \leq -2k$ に存在する条件は，

軸：$X = -\dfrac{k}{2} \geq -2k$ であることに注意して

$$f(-2k) \leq 0$$
$$8k^2 - 4k^2 + 2k^2 - 3 \leq 0$$
$$k^2 \leq \frac{1}{2} \qquad \therefore \quad 0 \leq k \leq \frac{\sqrt{2}}{2}$$

よって，Y の最大値は $\dfrac{\sqrt{2}}{2}$ であるから，y の最大値は

$$y = Y + 1 = \frac{\sqrt{2}}{2} + 1$$

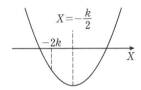

注意 $k = \dfrac{\sqrt{2}}{2}$ のとき ⑦ を解くと

$$2X^2 + \sqrt{2}X - 2 = 0$$
$$X = \frac{-\sqrt{2} \pm 3\sqrt{2}}{4} = \frac{\sqrt{2}}{2},\ -\sqrt{2}$$

であるから

$$(X, Y, Z) = \left(\frac{\sqrt{2}}{2},\ \frac{\sqrt{2}}{2},\ -\sqrt{2} \right),$$
$$\left(-\sqrt{2},\ \frac{\sqrt{2}}{2},\ \frac{\sqrt{2}}{2} \right)$$

$X \leq Y \leq Z$ のとき

$$(X, Y, Z) = \left(-\sqrt{2},\ \frac{\sqrt{2}}{2},\ \frac{\sqrt{2}}{2} \right)$$

これはデータ X, Y, Z の中央値 Y が最大値 Z と等しいことを意味する．

穴埋めの答えだけを得るなら，直感的に $Y = Z$ と判断して前問の $X = \pm\sqrt{2}$ から $Y = -\dfrac{X}{2} = \pm\dfrac{\sqrt{2}}{2}$ として $y = Y + 1 = \pm\dfrac{\sqrt{2}}{2} + 1$ で，y の最大値は $\dfrac{\sqrt{2}}{2} + 1$ とする．

─────《変数変換（A10）》─────

132. 変量 x のデータが次のように与えられている．

$$610,\ 530,\ 590,\ 550,\ 570$$

いま，$c = 10$，$x_0 = 500$，$u = \dfrac{x - x_0}{c}$ として新たな変量 u を作る．このとき，変量 u のデータの平均値 $\overline{u}$ と分散 $s_u{}^2$ を求めると $\overline{u} = \boxed{}$，$s_u{}^2 = \boxed{}$ である． （23 南山大・理系）

▶解答◀ $u = \dfrac{1}{10}x - 50$ である．

x	610	530	590	550	570
u	11	3	9	5	7

$$\overline{u} = \frac{1}{5}(11 + 3 + 9 + 5 + 7) = \mathbf{7}$$
$$s_u{}^2 = \frac{1}{5}\{(11-7)^2 + (3-7)^2 + (9-7)^2$$
$$+ (5-7)^2 + (7-7)^2\}$$
$$= \frac{1}{5}(16 + 16 + 4 + 4) = \mathbf{8}$$

注意 【中途半端な設問】

$\overline{u}$，$s_u{}^2$ を求めさせるなら，初めから u のデータを与えておくべきだ．

x の平均，分散をそれぞれ $\overline{x}$，$s_x{}^2$ とすると，$u = \dfrac{1}{10}x - 50$ のとき，

$$\overline{u} = \frac{1}{10}\overline{x} - 50,\ s_u{}^2 = \frac{1}{10^2}s_x{}^2$$

が成り立つことを用いて $\overline{u}$，$s_u{}^2$ を求めるという流れが普通である．

─────《変数変換（B10）》─────

133.（1）n 個のデータ $x_1, x_2, x_3, \cdots, x_{n-1}, x_n$ について

データの平均値を m とすると，分散 s^2 は記号 Σ を用いて，次のように定義される．

$$s^2 = \frac{1}{\boxed{\text{ア}}} \sum_{k=1}^{n} \left(\boxed{\text{イ}} - \boxed{\text{ウ}} \right)^2 \quad\cdots\cdots\cdots ①$$

ただし，$\boxed{\text{ウ}}$ は定数とする．

① 式を変形すると

$$s^2 = \frac{1}{\boxed{\text{ア}}} \sum_{k=1}^{n} \boxed{\text{イ}}^2 - \boxed{\text{エ}}$$

となる．$\boxed{\text{エ}}$ は記号 Σ を用いずに答えよ．

（2）あるクラスで 10 点満点の数学の試験をしたところ，10 人の得点 x は次の通りだった．

$$7,\ 4,\ 10,\ 1,\ 7,\ 3,\ 10,\ 6,\ 4,\ 8$$

他の教科の得点と合わせるために，得点 x を $y = 3x + 20$ の式で 50 点満点の得点 y に変換した．このとき，x と y の分散はそれぞれ $\boxed{\text{オ}}$，$\boxed{\text{カ}}$ となる．ただし，$\boxed{\text{オ}}$，$\boxed{\text{カ}}$ は数値で答えよ． （23 立命館大・薬）

▶解答◀ （1）n 個のデータ $x_1, x_2, \cdots, x_n$ の平均値を m は

$$m = \frac{1}{n} \sum_{k=1}^{n} x_k$$

であり，分散 s^2 は

$$s^2 = \frac{1}{n}\sum_{k=1}^{n}(x_k - m)^2 \quad\cdots\cdots\cdots\cdots\cdots\text{①}$$

であるから，①を変形すると

$$s^2 = \frac{1}{n}\sum_{k=1}^{n}(x_k{}^2 - 2mx_k + m^2)$$

$$= \frac{1}{n}\sum_{k=1}^{n}x_k{}^2 - 2m\cdot\frac{1}{n}\sum_{k=1}^{n}x_k + m^2\cdot\frac{1}{n}\sum_{k=1}^{n}1$$

$$= \frac{1}{n}\sum_{k=1}^{n}x_k{}^2 - 2m\cdot m + m^2\cdot\frac{1}{n}n$$

$$= \frac{1}{n}\sum_{k=1}^{n}x_k{}^2 - m^2$$

となる．

（2） x の平均を m_x，分散を $s_x{}^2$，y の平均を m_y，分散を $s_y{}^2$ とおく．

$$m_x = \frac{1}{10}(7 + 4 + 10 + 1 + 7$$
$$+ 3 + 10 + 6 + 4 + 8)$$
$$= \frac{1}{10}\cdot 60 = 6$$

$x - m_x$ は

$$1,\ -2,\ 4,\ -5,\ 1,\ -3,\ 4,\ 0,\ -2,\ 2$$

となるから

$$s_x{}^2 = \frac{1}{10}(1 + 4 + 16 + 25 + 1$$
$$+ 9 + 16 + 0 + 4 + 4)$$
$$= \frac{1}{10}\cdot 80 = 8$$

$$m_y = \frac{1}{10}\sum_{k=1}^{10}y_k = \frac{1}{10}\sum_{k=1}^{10}(3x_k + 20)$$

$$= 3\cdot\frac{1}{10}\sum_{k=1}^{10}x_k + 20\cdot\frac{1}{10}\sum_{k=1}^{10}1 = 3m_x + 20$$

$$s_y{}^2 = \frac{1}{10}\sum_{k=1}^{10}(y_k - m_y)^2$$

$$= \frac{1}{10}\sum_{k=1}^{10}\{3x_k + 20 - (3m_x + 20)\}^2$$

$$= 3^2\cdot\frac{1}{10}\sum_{k=1}^{10}(x_k - m_x)^2 = 3^2 s_x{}^2 = 9\cdot 8 = 72$$

【散布図と相関係数】

《相関係数の計算（B20）☆》

134. 値が小数第2位までで割り切れない場合は，小数第3位を四捨五入して小数第2位まで求めなさい．

ある病院に入院中の患者20名について，ある検査値と，薬Xと薬Yの使用量との関係について調べた．その結果をまとめたものが以下の表であり，斜線は薬を使用していないことを示す．

患者番号	検査値 (mg/dL)	薬X (mg)	薬Y (mg)
1	7.0	3	
2	35.0	6	10
3	3.6		15
4	13.0	3	10
5	7.0		
6	9.0	3	
7	5.0		
8	7.0	4	10
9	43.0	10	10
10	15.0	4	
11	8.6		15
12	16.0	8	
13	5.2		10
14	5.4		
15	6.6		10
16	23.0	5	10
17	7.0	3	
18	12.0	6	
19	6.6		
20	5.0	2	10

（1） 薬Xのみを使用している患者の検査値の平均値は $\boxed{}$（mg/dL），薬Yのみを使用している患者の検査値の平均値は $\boxed{}$（mg/dL）である．したがって，薬Xと薬Yのどちらも使用していない患者の検査値の平均値と比べ，薬Xのみを使用している患者の検査値の平均値は $\boxed{}$，薬Yのみを使用している患者の検査値の平均値は $\boxed{}$．

（2） 薬Xと薬Yを併用している患者の検査値の第1四分位数は $\boxed{}$（mg/dL），第3四分位数は $\boxed{}$（mg/dL）である．

（3） 薬Xの使用量と検査値との相関係数は，薬Xのみを使用している場合は <u>0.78</u> であり，薬Xと薬Yを併用している場合は $\boxed{}$ である．よって薬Xと薬Yを併用すると，薬Xの使用量と検査値との相関関係が $\boxed{}$ と考えられる．

なお下線部の 0.78 は，小数第3位を四捨五入した値である．

ただし，$\sqrt{2} = 1.41$，$\sqrt{5} = 2.23$，$\sqrt{30} = 5.48$，$\sqrt{101} = 10.05$ として計算しなさい．

（4） 薬Xと薬Yを併用している患者全員について考える．

薬Xの使用量を半分に減らした結果，併用している患者全員の検査値の数値がそれぞれ 5.0（mg/dL）低下した．このとき，これらの患者の減量後の薬Xの使用量の分散は，減量前の薬Xの使用量の分散の $\boxed{}$ 倍であり，減量後の薬Xの使用量と検査値との相関関係は，減量前

と比べて □ と考えられる． （23 慶應大・薬）

▶解答◀ （1） 薬 X のみ使用している患者の検査値の平均値は

$$\frac{1}{6}(7+9+15+16+7+12) = \mathbf{11.0}$$

薬 Y のみ使用している患者の検査値の平均値は

$$\frac{1}{4}(3.6+8.6+5.2+6.6) = \mathbf{6.0}$$

薬 X と薬 Y のどちらも使用していない患者の検査値の平均値は

$$\frac{1}{4}(7+5+5.4+6.6) = 6.0$$

であり，これと比べ，薬 X のみ使用している患者の検査値の平均値は**大きく**，薬 Y のみ使用している患者の検査値の平均値は**変わらない**．

（2） 薬 X と薬 Y を併用している患者の検査値を小さい方から並べると，5, 7, 13, 23, 35, 43 であるから，第1四分位数は **7.0** で第3四分位数は **35.0** である．

（3） 薬 X と薬 Y を併用している患者の薬 X の使用量を x，検査値を y とする．x, y の平均値はそれぞれ

$$\frac{1}{6}(6+3+4+10+5+2) = 5$$

$$\frac{1}{6}(35+13+7+43+23+5) = 21$$

であるから，x, y の標準偏差を s_x, s_y とすると

$$s_x{}^2 = \frac{1}{6}\{1^2+(-2)^2+(-1)^2$$
$$+5^2+0^2+(-3)^2\} = \frac{20}{3}$$

$$s_y{}^2 = \frac{1}{6}\{14^2+(-8)^2+(-14)^2$$
$$+22^2+2^2+(-16)^2\} = 200$$

x と y の共分散を s_{xy} とすると

$$s_{xy} = \frac{1}{6}\{1 \cdot 14 + (-2) \cdot (-8) + (-1) \cdot (-14)$$
$$+5 \cdot 22 + 0 \cdot 2 + (-3) \cdot (-16)\} = \frac{101}{3}$$

よって，求める x と y の相関係数 r は

$$r = \frac{s_{xy}}{s_x s_y} = \frac{\dfrac{101}{3}}{\sqrt{\dfrac{20}{3}}\sqrt{200}} = \frac{101}{20\sqrt{30}}$$

$$= \frac{101\sqrt{30}}{600} = \frac{101 \cdot 5.48}{600} = 0.922\cdots = \mathbf{0.92}$$

であるから，薬 X と薬 Y を併用すると，薬 X の使用量と検査値との相関関係が**強い**．

（4） 減量後の薬 X の使用量を x'，検査値を y' とし，x', y' の標準偏差を $s_{x'}, s_{y'}$，x' と y' の共分散を $s_{x'y'}$ とする．$x' = \frac{1}{2}x, y' = y-5$ であるから，

x' の分散 $s_{x'}{}^2$ は $s_x{}^2$ の $\left(\dfrac{1}{2}\right)^2 = \dfrac{1}{4}$ 倍（すなわち $s_{x'} = \dfrac{1}{2}s_x$）で $s_{y'} = s_y$，$s_{x'y'} = \dfrac{1}{2}s_{xy}$ である．よって，x', y' の相関係数 r' は

$$r' = \frac{s_{x'y'}}{s_{x'}s_{y'}} = \frac{\dfrac{1}{2}s_{xy}}{\dfrac{1}{2}s_x s_y} = \frac{s_{xy}}{s_x s_y} = r$$

であり，相関関係は**変化なし**．

《変換による変化 (A5)》

135. 2つの変量 x, y について，標準偏差，共分散と相関係数が表のように与えられている．（i），（ii）に答えなさい．

	x	y
標準偏差	$\sqrt{2}$	$2\sqrt{2}$
共分散	a	
相関係数	0.2	

（1） 共分散 a の値を求めなさい．
（2） 変量 x をすべて2倍してできる変量を z とするとき，y と z の相関係数を求めなさい．

（23 長崎県立大）

▶解答◀ （1） $\dfrac{a}{\sqrt{2} \cdot 2\sqrt{2}} = 0.2$

であるから，$a = \mathbf{0.8}$ である．
（2） 変量を2倍しても分布が変わるわけではないから，相関係数は変わらず **0.2** である．

◆別解◆ （ii） z の標準偏差は x の標準偏差の2倍であるから，$2\sqrt{2}$ である．z と y の共分散は x と y の共分散の2倍であるから，1.6 である．したがって，z と y の相関係数は $\dfrac{1.6}{2\sqrt{2} \cdot 2\sqrt{2}} = \mathbf{0.2}$ である．

《相関係数の計算 (C20)》

136. 47 都道府県の幸福度の順位 x と経済指標の順位 y の変数の組を (x_i, y_i) $(i = 1, 2, \cdots, 47)$ で表す．幸福度と経済指標のいずれの順位においても，都道府県ごとに1から47までの順位が重複なく割り当てられるとして，次の問に答えよ．

（1） $f_i = y_i - x_i$ として，x と y の相関係数 r を，f_i を用いて表すと，□ である．

解答群

⓪ $-1 + \dfrac{1}{8648}\displaystyle\sum_{i=1}^{47} f_i{}^2$　① $1 - \dfrac{1}{8648}\displaystyle\sum_{i=1}^{47} f_i{}^2$　②

$-1 + \dfrac{1}{17296}\displaystyle\sum_{i=1}^{47} f_i{}^2$　③ $1 - \dfrac{1}{17296}\displaystyle\sum_{i=1}^{47} f_i{}^2$

④ $-1 + \dfrac{1}{34592}\displaystyle\sum_{i=1}^{47} f_i{}^2$　⑤ $1 - \dfrac{1}{34592}\displaystyle\sum_{i=1}^{47} f_i{}^2$

（2） $x_i = y_i$ $(i = 1, 2, \cdots, 45)$，$x_i \neq y_i$ $(i = $

$46, 47)$ のとき, r の最大値は $\boxed{}$ であり, 最小値は $\boxed{}$ である.

解答群

⓪ $-\dfrac{71}{94}$ ① $\dfrac{71}{94}$ ② $-\dfrac{165}{188}$ ③ $\dfrac{165}{188}$ ④ $-\dfrac{4323}{4324}$ ⑤ $\dfrac{4323}{4324}$ ⑥ $-\dfrac{8647}{8648}$ ⑦ $\dfrac{8647}{8648}$

（23 東京理科大・経営）

▶解答◀ （1）$(x_1, x_2, \cdots, x_{47}), (y_1, y_2, \cdots, y_{47})$ は, それぞれ 1〜47 の整数を並べかえてできる列である.

$(x_1, x_2, \cdots, x_{47}), (y_1, y_2, \cdots, y_{47})$ の平均, 標準偏差をそれぞれ $\overline{x}$, $\overline{y}$, s_x, s_y とし, 共分散を s_{xy} とする.

$$\frac{1}{47}\sum_{i=1}^{47}x_i = \frac{1}{47}\sum_{i=1}^{47}y_i = \frac{1}{47}\sum_{i=1}^{47}i$$
$$= \frac{1}{47}\cdot\frac{1}{2}\cdot 47\cdot 48 = 24$$

より, $\overline{x} = \overline{y} = 24$ である.

$$\frac{1}{47}\sum_{i=1}^{47}x_i^2 = \frac{1}{47}\sum_{i=1}^{47}y_i^2 = \frac{1}{47}\sum_{i=1}^{47}i^2$$
$$= \frac{1}{47}\cdot\frac{1}{6}\cdot 47\cdot 48\cdot 95 = 760$$

より, $\overline{x^2} = \overline{y^2} = 760$ である. したがって

$$s_x{}^2 = \overline{x^2} - \left(\overline{x}\right)^2 = 760 - 24^2 = 184$$
$$s_x = \sqrt{184} \quad\cdots\cdots\cdots\cdots\cdots\cdots\cdots ①$$
$$s_y{}^2 = \overline{y^2} - \left(\overline{y}\right)^2 = 760 - 24^2 = 184$$
$$s_y = \sqrt{184} \quad\cdots\cdots\cdots\cdots\cdots\cdots\cdots ②$$

である. ここで

$$\frac{1}{47}\sum_{i=1}^{47}f_i{}^2 = \frac{1}{47}\sum_{i=1}^{47}(y_i - x_i)^2$$
$$= \frac{1}{47}\sum_{i=1}^{47}(x_i{}^2 - 2x_iy_i + y_i{}^2)$$
$$= \overline{x^2} + \overline{y^2} - \frac{2}{47}\sum_{i=1}^{47}x_iy_i = 760\cdot 2 - \frac{2}{47}\sum_{i=1}^{47}x_iy_i$$

より, $\dfrac{1}{47}\displaystyle\sum_{i=1}^{47}x_iy_i = 760 - \dfrac{1}{94}\displaystyle\sum_{i=1}^{47}f_i{}^2$ $\cdots\cdots\cdots\cdots ③$

$$s_{xy} = \frac{1}{47}\sum_{i=1}^{47}x_iy_i - \overline{x}\,\overline{y}$$
$$= 760 - \frac{1}{94}\sum_{i=1}^{47}f_i{}^2 - 24^2 = 184 - \frac{1}{94}\sum_{i=1}^{47}f_i{}^2 \quad\cdots④$$

である. ここで最後から 2 行目の計算で ③ を用いた.

①, ②, ④ より

$$r = \frac{s_{xy}}{s_x s_y} = \frac{1}{184}\left(184 - \frac{1}{94}\sum_{i=1}^{47}f_i{}^2\right)$$
$$= 1 - \frac{1}{17296}\sum_{i=1}^{47}f_i{}^2$$

であるから ③ である.

（2）$x_i = y_i$ $(i = 1, 2, \cdots, 45)$, $x_i \neq y_i$ $(i = 46, 47)$ のとき

$$r = 1 - \frac{1}{17296}\left\{(x_{46} - y_{46})^2 + (x_{47} - y_{47})^2\right\}$$

である. $1 \leqq x_i \leqq 47$, $1 \leqq y_i \leqq 47$ $(i = 46, 47)$ であり, $x_{46} \neq x_{47}$, $y_{46} \neq y_{47}$ でもあるから, r は $|x_{46} - y_{46}| = |x_{47} - y_{47}| = 1$ のとき, 最大値

$$1 - \frac{1^2\cdot 2}{17296} = \frac{17294}{17296} = \frac{8647}{8648} \,(⑦)$$

$|x_{46} - y_{46}| = |x_{47} - y_{47}| = 46$ のとき, 最小値

$$1 - \frac{46^2\cdot 2}{17296} = 1 - \frac{46^2}{8648} = 1 - \frac{23}{94} = \frac{71}{94} \,(①)$$

をとる.

【順列】

[順列]

《基本的な重複順列（A2）》

137. 7 個の数字 1, 1, 2, 2, 0, 0, 0 を使ってできる 7 桁の正の整数は $\boxed{}$ 個ある.

（23 藤田医科大・ふじた未来入試）

▶解答◀ 最高位は 1, 2 の 2 通りある. 最高位に 1 を用いるとき, 残りの位は, 1, 2, 2, 0, 0, 0 の順列で $\dfrac{6!}{2!3!}$ 通りあるから全部で $2\cdot\dfrac{6!}{2!3!} = 6\cdot 5\cdot 4 = \mathbf{120}$ 個ある.

《基本的な重複順列（B2）》

138. medicine に使われている 6 種類 8 文字のうち 4 文字を使って作ることができる異なる文字列の数は $\boxed{}$ である. （23 藤田医科大・医学部後期）

▶解答◀ medicine には, e, i が 2 文字あり, それ以外は 1 文字である.

（ア）e, i を 2 回ずつ用いるとき.

順列は $\dfrac{4!}{2!2!} = 6$ 通りある.

（イ）e を 2 回, i を 1 回以下用いるとき.

e 以外の 5 種類の文字から異なる 2 文字を用いる組合せが ${}_5\mathrm{C}_2 = \dfrac{5\cdot 4}{2\cdot 1} = 10$ 通りある. 選んだ 4 文字の順列が $\dfrac{4!}{2!} = 12$ 通りある. したがって, $10\cdot 12 = 120$ 通りある.

（ウ）i を 2 回, e を 1 回以下用いるとき.

（イ）と同様にして 120 通りある.

（エ）e, i を 2 回用いないとき.

6 文字から 4 文字を 1 列に並べる順列は $6\cdot 5\cdot 4\cdot 3 = 360$ 通りある.

求める順列の総数は $6 + 2 \cdot 120 + 360 = $ **606** 通りある.

139. 7つの文字 A, A, A, D, I, M, Y すべてを 1 列に並べてできる文字列について，次の問いに答えなさい.

（1） 文字列は全部で何通りあるか求めなさい.

（2） A と D が隣り合う文字列は全部で何通りあるか求めなさい.

（3） 2 つ以上の A が隣り合う文字列は全部で何通りあるか求めなさい.

（4） 全部の文字列をアルファベット順の辞書式に並べるとき，文字列 YAMADAI は何番目の文字列か求めなさい. （23 山口大・理系）

▶**解答**◀ （1） $\dfrac{7!}{3!} = $ **840** 通り.

（2） きちんと表現をすれば「少なくとも 1 カ所で，A と D が隣り合う文字列の個数を求める」から，補集合（余事象は確率用語で，場合の数では補集合），すなわち A と D が隣り合わない順列の個数を数える. A のかたまり具合によってタイプの分類をする. まず D, I, M, Y を先に並べる. この順列は $4! = 24$ 通りある.

たとえば DIMY と並ぶとき，これら 4 文字の間または両端（∨D∨I∨M∨Y∨ の ∨ を付けたところ）で，①D②I③M④Y⑤ の D の両側（①または②）の少なくとも一カ所に A が入るときに A と D が隣り合う. 補集合では，これら以外に 3 つの A を突っ込む.

（ア） AAA の形で突っ込むとき，③，④，⑤ のどれに突っ込むかで 3 通りある.

（イ） AA と A に分かれて突っ込むとき，AA を③，④，⑤ のどこに突っ込むかで 3 通り，そのそれぞれに応じて A を残りのどこに突っ込むかで 2 通りあり，$3 \cdot 2$ 通りある.

（ウ） 3 つの A がバラバラに③，④，⑤ に入るとき，1 通りある.

A と D が隣り合わない文字列は $24 \cdot (3 + 6 + 1) = 240$ 通りある. A と D が隣り合う文字列は，$840 - 240 = $ **600** 通りある.

（3） 補集合を考える. D, I, M, Y を並べ（$4! = 24$ 通りある），これらの間か両端のうちの 3 カ所に 3 つの A がバラバラに入ると考え，そのどこに入るかで位置の組合せは $_5C_3 = 10$ 通りある.

A が隣り合わないのは $24 \cdot 10 = 240$ 通りある. 2 つ

以上の A が隣り合う文字列は $840 - 240 = $ **600** 通りある.

（4） 5 種類文字のアルファベット順は
A → D → I → M → Y である.

A □□□□□□（AADIMY の文字列 $\dfrac{6!}{2!} = 360$ 個）

D □□□□□□（AAAIMY の文字列 $\dfrac{6!}{3!} = 120$ 個）

I □□□□□□（AAADMY の文字列 $\dfrac{6!}{3!} = 120$ 個）

M □□□□□□（AAADIY の文字列 $\dfrac{6!}{3!} = 120$ 個）

YAA □□□□（ADIM の文字列 $4! = 24$ 個）

YAD □□□□（AAIM の文字列 $\dfrac{4!}{2!} = 12$ 個）

YAI □□□□（AADM の文字列 $\dfrac{4!}{2!} = 12$ 個）

その後の順列は YAMAADI，YAMAAID，YAMADAI であるから

$$360 + 120 \cdot 3 + 24 + 12 \cdot 2 + 3 = \mathbf{771}（番目）$$

140. 7 個の数字 0, 1, 2, 3, 4, 5, 6 を用いて，同じ数字を 2 回以上使わずに 4 桁の整数を作る. それらの整数を値の小さい順に並べたとき，初めて 4000 を超える整数は □ 番目であり，500 番目の整数は □ である. （23 北里大・理）

▶**解答**◀ 4000 未満の整数は千の位の数字が 1，2，3 のいずれかであるから，$3 \cdot 6 \cdot 5 \cdot 4 = 360$ 個ある. よって，初めて 4000 を超える整数は **361** 番目である. 同様に，5000 未満の整数は $4 \cdot 6 \cdot 5 \cdot 4 = 480$ 個ある. 50□□ となる整数は $5 \cdot 4 = 20$ 個あるから，500 番目の整数は 50□□ で表される整数の中でいちばん大きい数 **5064** である.

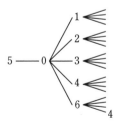

141. 6 個の数字 0, 1, 2, 3, 4, 5 を使って 3 桁の整数を作る. ただし，同じ数字を重複して使ってもよいものとする. このとき，作られる 3 桁の整数は全部で □ 個あり，その中で 444 は小さい方から数えて □ 番目の整数である.

（23 大工大・推薦）

▶解答◀ 百の位は 1, 2, 3, 4, 5 の 5 通りがあり，十の位は 6 通り，一の位は 6 通りあるから，3 桁の整数は全部で $5 \cdot 6^2 = $ **180** 個ある．

$1\square\square$ の形の数は $6^2 = 36$ 個

$2\square\square$ の形の数も $6^2 = 36$ 個

$3\square\square$ の形の数も $6^2 = 36$ 個

$40\square$ の形の数は 6 個

$41\square$ の形の数も 6 個

$42\square$ の形の数も 6 個

$43\square$ の形の数も 6 個

440, 441, 442, 443, 444 は 5 個あり，444 は小さい方から数えて $36 \cdot 3 + 6 \cdot 4 + 5 = $ **137** 番目である．

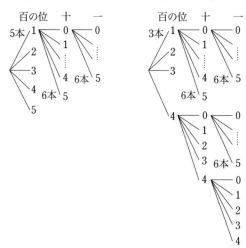

【場合の数】

―――《同じものがある順列 (A2) ☆》―――

142. 7 個の数字 1, 1, 2, 2, 0, 0, 0 を使ってできる 7 桁の正の整数は $\boxed{}$ 個ある．

（23　藤田医科大・ふじた未来入試）

▶解答◀ 最高位は 1, 2 の 2 通りある．最高位に 1 を用いるとき，残りの位は，1, 2, 2, 0, 0, 0 の順列で $\dfrac{6!}{2!3!}$ 通りあるから全部で $2 \cdot \dfrac{6!}{2!3!} = 6 \cdot 5 \cdot 4 = $ **120** 個ある．

―――《同じものがある順列 (B2) ☆》―――

143. 7 つの文字 A, A, A, D, I, M, Y すべてを 1 列に並べてできる文字列について，次の問いに答えなさい．

（1）文字列は全部で何通りあるか求めなさい．

（2）A と D が隣り合う文字列は全部で何通りあ

るか求めなさい．

（3）2 つ以上の A が隣り合う文字列は全部で何通りあるか求めなさい．

（4）全部の文字列をアルファベット順の辞書式に並べるとき，文字列 YAMADAI は何番目の文字列か求めなさい．　　　（23　山口大・理系）

▶解答◀（1）$\dfrac{7!}{3!} = $ **840** 通り．

（2）きちんと表現をすれば「少なくとも 1 カ所で，A と D が隣り合う文字列の個数を求める」から，補集合（余事象は確率用語で，場合の数では補集合），すなわち A と D が隣り合わない順列の個数を数える．A のかたまり具合によってタイプの分類をする．まず D, I, M, Y を先に並べる．この順列は $4! = 24$ 通りある．

たとえば DIMY と並ぶとき，これら 4 文字の間または両端（$\check{}D\check{}I\check{}M\check{}Y\check{}$ の $\vee$ を付けたところ）で，①D②I③M④Y⑤ の D の両側（① または ②）の少なくとも一カ所に A が入るときに A と D が隣り合う．補集合では，これら以外に 3 つの A を突っ込む．

（ア）AAA の形で突っ込むとき，③，④，⑤ のどれに突っ込むかで 3 通りある．

（イ）AA と A に分かれて突っ込むとき，AA を③，④，⑤ のどこに突っ込むかで 3 通り，そのそれぞれに応じて A を残りのどこに突っ込むかで 2 通りあり，$3 \cdot 2$ 通りある．

（ウ）3 つの A がバラバラに③，④，⑤ に入るとき，1 通りある．

A と D が隣り合わない文字列は $24 \cdot (3+6+1) = 240$ 通りある．A と D が隣り合う文字列は，$840 - 240 = $ **600** 通りある．

（3）補集合を考える．D, I, M, Y を並べ（$4! = 24$ 通りある），これらの間か両端のうちの 3 カ所に 3 つの A がバラバラに入ると考え，そのどこに入るかで位置の組合せは $_5C_3 = 10$ 通りある．

A が隣り合わないのは $24 \cdot 10 = 240$ 通りある．2 つ以上の A が隣り合う文字列は $840 - 240 = $ **600** 通りある．

（4）5 種類文字のアルファベット順は

A → D → I → M → Y である．

A$\square\square\square\square\square$（AADIMY の文字列 $\dfrac{6!}{2!} = 360$ 個）

D$\square\square\square\square\square$（AAAIMY の文字列 $\dfrac{6!}{3!} = 120$ 個）

I$\square\square\square\square\square$（AAADMY の文字列 $\dfrac{6!}{3!} = 120$ 個）

M □□□□□（AAADIY の文字列 $\dfrac{6!}{3!} = 120$ 個）

YAA □□□□（ADIM の文字列 $4! = 24$ 個）

YAD □□□□（AAIM の文字列 $\dfrac{4!}{2!} = 12$ 個）

YAI □□□□（AADM の文字列 $\dfrac{4!}{2!} = 12$ 個）

その後の順列は YAMAADI, YAMAAID,

YAMADAI であるから

$$360 + 120 \cdot 3 + 24 + 12 \cdot 2 + 3 = \mathbf{771}(番目)$$

《重複順列（B20）☆》

144. a, b, c, d は $a + b + c + d = 12$ を満たす整数である．このとき，

（1） $a \geqq 0, b \geqq 0, c \geqq 0, d \geqq 0$ となる a, b, c, d の組 (a, b, c, d) は □ 通りである．

（2） $a \geqq 0, b \geqq 0, c \geqq 1, d \geqq 1$ となる a, b, c, d の組 (a, b, c, d) は □ 通りである．

（3） $a \geqq 0, b \geqq 0, 1 \leqq c \leqq 4, 1 \leqq d \leqq 4$ となる a, b, c, d の組 (a, b, c, d) は □ 通りである．

（23　千葉商大・問題文の日本語を改変）

［編者註：原題は「組 (a, b, c, d)」でなく「組合せ」と書いてあった．$(a, b, c, d) = (1, 2, 4, 5)$ と $(a, b, c, d) = (5, 2, 4, 1)$ は別の組（順序対という）だが，これらは同じ組合せ（同じ要素があることを許した集合，現代数学では多重集合という）$\{1, 2, 4, 5\}$ である．出題者は組と組合せの区別がついていないと思われる．］

▶解答◀ （1） ○を 12 個と，仕切り | を 3 本，一列に並べ，1 本目の仕切りから左の○の個数を a，1 本目と 2 本目の仕切りの間の○の個数を b，2 本目と 3 本目の仕切りの間の○の個数を c，残りの○の個数を d とする．(a, b, c, d) は $_{15}C_3 = \dfrac{15 \cdot 14 \cdot 13}{3 \cdot 2 \cdot 1} = \mathbf{455}$ 通りある．

（2） 有名な方法がいくつかあるが，ここでは（1）とは違う方法に帰着させる．

$a + b + c + d = 12$, $a \geqq 0, b \geqq 0, c \geqq 1, d \geqq 1$

すべて 1 以上にするために，

$$(a + 1) + (b + 1) + c + d = 14,$$
$$a + 1 \geqq 1, b + 1 \geqq 1, c \geqq 1, d \geqq 1$$

とする．$a + 1 = a'$, $b + 1 = b'$ とおく．

$a' + b' + c + d = 14$, $a' \geqq 1, b' \geqq 1, c \geqq 1, d \geqq 1$ ①

今度は，○を 14 個並べ，その間（13 カ所ある）から異なる 3 カ所を選んで仕切りを入れ，1 本目の仕切りから左の○の個数を a'，1 本目と 2 本目の仕切りの間の○の個数を b'，2 本目と 3 本目の仕切りの間の○の個数

を c，残りの○の個数を d とする．$(a + 1, b + 1, c, d)$ は $_{13}C_3 = \dfrac{13 \cdot 12 \cdot 11}{3 \cdot 2 \cdot 1} = \mathbf{286}$ 通りある．

（3） ①を満たす (a', b', c, d) の集合を U とし，そのうちで，$c \geqq 5$ になる (a', b', c, d) の集合を C とする．

$$a' + b' + (c - 4) + d = 10,$$
$$a' \geqq 1, b' \geqq 1, c - 4 \geqq 1, d \geqq 1$$
$$n(C) = {}_9C_3 = \dfrac{9 \cdot 8 \cdot 7}{3 \cdot 2 \cdot 1} = 84$$

①のうちで，$d \geqq 5$ になる (a', b', c, d) の集合を D とする．同じく $n(D) = 84$ となる．$c \geqq 5$ かつ $d \geqq 5$ のときは $c - 4 \geqq 1$ かつ $d - 4 \geqq 1$

$$a' + b' + (c - 4) + (d - 4) = 6$$

だから $n(C \cap D) = {}_5C_3 = 10$

となる．

$$n(C \cup D) = n(C) + n(D) - n(C \cap D)$$
$$= 84 + 84 - 10 = 158$$
$$n(U) - n(C \cup D) = 286 - 158 = \mathbf{128}$$

《重複順列・悪文（A2）》

145. $a + b + c = 9$ を満たす自然数 a, b, c の組 (a, b, c) は，□ 通りある．　（23　松山大・薬）

▶解答◀ $a + b + c = 9$ を満たす自然数 a, b, c は 9 個の○を並べ，○と○の間の 8 カ所から 2 カ所を選んで |（仕切り）を入れ，左から○の個数を a，2 本の仕切りの間の○の個数を b，2 本目の仕切りから右の○の個数を c と考える．(a, b, c) の組は，$_8C_2 = \dfrac{8 \cdot 7}{2 \cdot 1} = \mathbf{28}$ 通りある．

下の場合は $a = 2$, $b = 4$, $c = 3$ となる．

○○ | ○○○○ | ○○○

注意 原題は「自然数 (a, b, c) の組合せ」という奇妙な日本語であったから，問題文を改変した．組と組合せの区別がついていない大人が多い．

《重複順列（B5）☆》

146. $x + y \leqq 20$ を満たす 0 以上の整数の組 (x, y) の総数は □ である．また，$x + y + z \leqq 20$ を満たす 0 以上の整数の組 (x, y, z) の総数は □ である．　（23　東邦大・理）

▶解答◀ 1 つ目の空欄：$z = 20 - x - y$ とおくと

$$x + y + z = 20, x \geqq 0, y \geqq 0, z \geqq 0$$

となる．20 個の○と 2 本の |（仕切り）を並べ，1 本目の仕切りから左の○の個数を x，2 本の仕切りの間の○の個数を y，2 本目の仕切りから右の○の個数を z

194

と考える．たとえば

○○○○○○○○○○○｜｜○○○○○○○○○○○

のときは，$(x, y, z) = (9, 0, 11)$ である．これは
22 ヵ所から 2 ヵ所選んで｜を入れる総数に等しいから，求める組の総数は

$$_{22}C_2 = \frac{22 \cdot 21}{2 \cdot 1} = \mathbf{231}$$

2 つ目の空欄：$u = 20 - x - y - z$ とおくと

$$x + y + z + u = 20, x \geqq 0, y \geqq 0, z \geqq 0, u \geqq 0$$

となる．この場合は，20 個の○と 3 本の｜（仕切り）を並べると考えることができるから，求める総数は

$$_{23}C_3 = \frac{23 \cdot 22 \cdot 21}{3 \cdot 2 \cdot 1} = 23 \cdot 11 \cdot 7 = \mathbf{1771}$$

《同じものがある順列（A2）》

147. a, a, a, a, a, b, b, c の 8 文字を 1 列に並べるとき，並べ方の総数は ☐ である．

(23 東海大・医)

▶解答◀ $\frac{8!}{5!2!1!} = \frac{8 \cdot 7 \cdot 6}{2 \cdot 1} = \mathbf{168}$ 通り

《選んで並べる（B2）☆》

148. medicine に使われている 6 種類 8 文字のうち 4 文字を使って作ることができる異なる文字列の数は ☐ である． (23 藤田医科大・医学部後期)

▶解答◀ medicine には，e, i が 2 文字あり，それ以外は 1 文字である．

（ア）e, i を 2 回ずつ用いるとき．

順列は $\frac{4!}{2!2!} = 6$ 通りある．

（イ）e を 2 回，i を 1 回以下用いるとき．

e 以外の 5 種類の文字から異なる 2 文字を用いる組合せが $_5C_2 = \frac{5 \cdot 4}{2 \cdot 1} = 10$ 通りある．選んだ 4 文字の順列が $\frac{4!}{2!} = 12$ 通りある．したがって，$10 \cdot 12 = 120$ 通りある．

（ウ）i を 2 回，e を 1 回以下用いるとき．

（イ）と同様にして 120 通りある．

（エ）e, i を 2 回用いないとき．

6 文字から 4 文字を 1 列に並べる順列は $6 \cdot 5 \cdot 4 \cdot 3 = 360$ 通りある．

求める順列の総数は $6 + 2 \cdot 120 + 360 = \mathbf{606}$ 通りある．

《6 の倍数（B5）☆》

149. 1 から 5 までの自然数が 1 つずつ書かれた 5 枚のカードがある．この中から 3 枚のカードを選

んで，3 桁の数を作る．

（1）これら 3 桁の数のうち，偶数は全部で ☐ 個ある．

（2）これら 3 桁の数のうち，3 の倍数は全部で ☐ 個ある．

（3）これら 3 桁の数のうち，6 の倍数は全部で ☐ 個ある．

(23 近大・医-推薦)

▶解答◀ 作る 3 桁の数を abc と表す．

（1）$c = 2$ または 4 のときである．このとき，ab は残り 4 数から 2 つをとる順列で $4 \cdot 3$ 通りある．したがって，できる偶数の個数は

$$2 \cdot 4 \cdot 3 = \mathbf{24}$$

（2）$100a + 10b + c = 9(11a + b) + a + b + c$

が 3 の倍数となるのは $a + b + c$ が 3 の倍数になるときである．1, 2, 3, 4, 5 を 3 で割った剰余で分類し

$$R_1 = \{1, 4\}, R_2 = \{2, 5\}, R_0 = \{3\}$$

とする．$a + b + c$ が 3 の倍数になるのは，R_1, R_2, R_0 から 1 つずつとるときである．1, 4 のどちらをとるか，
2, 5 のどちらをとるかで $2 \cdot 2 = 4$ 通りある．

たとえばこれらが 1, 2 のとき，abc は 1, 2, 3 の順列で 3! 通りある．

3 の倍数の個数は $4 \cdot 3! = \mathbf{24}$

（3）$\{a, b, c\} = \{1, 2, 3\}$ のとき $c = 2$ で，ab は 2 通りある．

$\{a, b, c\} = \{1, 5, 3\}$ のときは不適．

$\{a, b, c\} = \{4, 2, 3\}$ のときは $c = 2$ または 4 で，たとえば $c = 2$ のとき ab は 2 通りある．このときは $2 \cdot 2 = 4$ 通りある．

$\{a, b, c\} = \{4, 5, 3\}$ のときも 2 通りある．

全部で $2+4+2=8$ 個ある.

《辞書式に並べる（A10）》

150. 7個の数字 0, 1, 2, 3, 4, 5, 6 を用いて, 同じ数字を2回以上使わずに4桁の整数を作る. それらの整数を値の小さい順に並べたとき, 初めて4000を超える整数は □ 番目であり, 500番目の整数は □ である. （23 北里大・理）

▶解答◀ 4000未満の整数は千の位の数字が1, 2, 3のいずれかであるから, $3 \cdot 6 \cdot 5 \cdot 4 = 360$ 個ある. よって, 初めて4000を超える整数は **361** 番目である. 同様に, 5000未満の整数は $4 \cdot 6 \cdot 5 \cdot 4 = 480$ 個ある. $50\square\square$ となる整数は $5 \cdot 4 = 20$ 個あるから, 500番目の整数は $50\square\square$ で表される整数の中でいちばん大きい数 **5064** である.

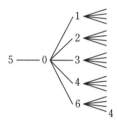

《辞書式に並べる（B5）》

151. 6個の数字 0, 1, 2, 3, 4, 5 を使って3桁の整数を作る. ただし, 同じ数字を重複して使ってもよいものとする. このとき, 作られる3桁の整数は全部で □ 個あり, その中で 444 は小さい方から数えて □ 番目の整数である. （23 大工大・推薦）

▶解答◀ 百の位は1, 2, 3, 4, 5の5通りがあり, 十の位は6通り, 一の位は6通りあるから, 3桁の整数は全部で $5 \cdot 6^2 = \mathbf{180}$ 個ある.
$1\square\square$ の形の数は $6^2 = 36$ 個
$2\square\square$ の形の数も $6^2 = 36$ 個
$3\square\square$ の形の数も $6^2 = 36$ 個
$40\square$ の形の数は6個
$41\square$ の形の数も6個
$42\square$ の形の数も6個
$43\square$ の形の数も6個
440, 441, 442, 443, 444 は5個あり, 444 は小さい方から数えて $36 \cdot 3 + 6 \cdot 4 + 5 = \mathbf{137}$ 番目である.

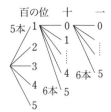

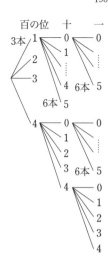

《3で割った余りの考え（B10）☆》

152. n を自然数とする. n 桁の自然数のうち, 次の条件 $(*)$ を満たすものの個数を a_n とし, 条件 $(*)$ を満たさないものの個数を b_n とする.
$(*)$ 3の倍数であるか, または, いずれかの桁の数字が3である.
下の問いに答えなさい.
（1） a_1 および b_1 を求めなさい.
（2） n 桁の自然数のうち, どの桁の数字も3でないものの個数を c_n とするとき, c_n を n で表しなさい.
（3） $n \geqq 2$ とするとき, b_n を n で表しなさい.
（4） $n \geqq 2$ とするとき, a_n を n で表しなさい.
（23 長岡技科大・工）

▶解答◀（1） 1桁の自然数で $(*)$ を満たすのは 3, 6, 9 であるから, $a_1 = \mathbf{3}$ であり, $b_1 = 9 - a_1 = \mathbf{6}$
（2） c_n について：最高位の数字は0, 3以外の8通り, 他の $n-1$ 桁の各位の数字は3以外の9通りあるから
$$c_n = \mathbf{8 \cdot 9^{n-1}}$$
（3） b_n は3の倍数でなく, かつ, いずれの桁の数字も3ではない n 桁の自然数の個数である. 3の倍数になるのは各桁の和が3の倍数になるときである. 一の位を除く $n-1$ 桁の部分については（いずれの桁も3以外の場合）$c_{n-1} = 8 \cdot 9^{n-2}$ 通りの数がある. b_n については, この $n-1$ 個の桁の各数の和を3で割った余りが
0ならば, 一の位が1, 2, 4, 5, 7, 8のいずれか.
1ならば, 一の位は0, 1, 4, 6, 7, 9のいずれか.
2ならば, 一の位は0, 2, 5, 6, 8, 9のいずれか.

になるときである．いずれの場合も一の位は 6 通りあるから

$$b_n = 6c_{n-1} = 48 \cdot 9^{n-2}$$

（4） n 桁の自然数は，最高位は 1 から 9 の 9 通り，他の桁は 0 から 9 の 10 通りあるから $9 \cdot 10^{n-1}$ 個ある．

$$a_n = 9 \cdot 10^{n-1} - b_n = 9 \cdot 10^{n-1} - 48 \cdot 9^{n-2}$$

━━《突っ込む（B20）☆》━━

153. 数字の 1 が書かれたカードが 2 枚，2 が書かれたカードが 3 枚，3 が書かれたカードが 4 枚の計 9 枚のカードがある．この 9 枚のカードのすべてを横一列に並べるとき，次の問いに答えよ．

（1） 並べ方は全部で何通りあるか．

（2） 数字の 3 が書かれたカードが隣り合わないような並べ方は何通りあるか．

（3） 同じ数字が書かれたカードが隣り合わないような並べ方は何通りあるか．

（23 信州大・医，工）

▶解答◀ （1） 数字が書かれたカードをそれぞれ $\boxed{1}$, $\boxed{2}$, $\boxed{3}$ と書くことにする．

$\boxed{1}$ 2 枚，$\boxed{2}$ 3 枚，$\boxed{3}$ 4 枚の順列は $\dfrac{9!}{2!3!4!} = 1260$ 通りある．

（2） $\boxed{1}$ 2 枚，$\boxed{2}$ 3 枚をまず並べる．この順列は $\dfrac{5!}{2!3!} = 10$ 通りある．この 5 枚の間または端の 6 か所のうち 4 か所に $\boxed{3}$ を突っ込む組合せは $_6C_4 = 15$ 通りある．よって，求める順列は $10 \cdot 15 = 150$ 通りある．

ˇ□ˇ□ˇ□ˇ□ˇ□ˇ

（3） $\boxed{1}$ と $\boxed{2}$ をまず並べ（10 通りある），そこに $\boxed{3}$ を突っ込む．

$\boxed{1}^\vee\boxed{1}\boxed{2}\boxed{2}\downarrow\boxed{2}$ ……………………①

$\boxed{1}\boxed{2}\boxed{1}\boxed{2}\downarrow\boxed{2}$ ……………………②

$\boxed{1}\boxed{2}\downarrow\boxed{2}\boxed{1}\boxed{2}$ ……………………③

$\boxed{1}\boxed{2}\boxed{2}\downarrow\boxed{1}\boxed{2}$ ……………………④

$\boxed{2}\boxed{1}\boxed{1}\boxed{2}\boxed{2}$ ……………………⑤

$\boxed{2}\boxed{1}\boxed{2}\boxed{1}\boxed{2}$ ……………………⑥

$\boxed{2}\boxed{1}\boxed{2}\downarrow\boxed{2}\boxed{1}$ ……………………⑦

$\boxed{2}\downarrow\boxed{2}\boxed{1}\boxed{1}\boxed{2}$ ……………………⑧

$\boxed{2}\downarrow\boxed{2}\boxed{1}\boxed{2}\boxed{1}$ ……………………⑨

$\boxed{2}\downarrow\boxed{2}\downarrow\boxed{2}\boxed{1}\downarrow\boxed{1}$ ……………………⑩

同じ数が隣合うところ（↓ の位置）には $\boxed{3}$ を突っ込む．① は 3 カ所ある $^\vee$ のどこか 1 カ所に $\boxed{3}$ を突っ込むから 3 通りある．② は 5 カ所ある $^\vee$ のうち 3 カ所に突っ込むから $_5C_3 = 10$ 通りある．③，⑦，⑨ も 10 通りある．⑥ は $_6C_4 = {}_6C_2 = 15$ 通りある．④，⑤，⑧ は $_4C_2 = 6$ 通り，⑩ は 3 通りある．

全部で $3 \cdot 2 + 10 \cdot 4 + 6 \cdot 3 + 15 = 79$ 通りある．

注 意 今年度の東大（文理共通）に類題がある．

━━《並べる（B10）》━━

154. 数字 1，2 とアルファベット a，b，c，d，e の 7 文字を使って順列を作る．数字が隣り合う順列は $\boxed{}$ 通りあり，数字の間にちょうど 4 文字並ぶ順列は $\boxed{}$ 通りあり，両端ともアルファベットである順列は $\boxed{}$ 通りあり，少なくとも一方の端が数字である順列は $\boxed{}$ 通りある． （23 関西学院大・理系）

▶解答◀ 1 つ目の空欄：1 と 2 をかたまりにして，$\boxed{1, 2}$, a, b, c, d, e の順列 6! 通りと，$\boxed{2, 1}$, a, b, c, d, e の順列 6! 通りがあり，全部で $6! \cdot 2 = 720 \cdot 2 = 1440$ 通りがある．

2 つ目の空欄：数字のための席を左から N_1, N_2 とし，アルファベットのための席を左から A_1, A_2, $\cdots$, A_5 と用意する．数字の間に 4 つのアルファベットが並ぶのは，$N_1 A_1 A_2 A_3 A_4 N_2 A_5$ の形と $A_1 N_1 A_2 A_3 A_4 A_5 N_2$ の形がある．

$N_1 A_1 A_2 A_3 A_4 N_2 A_5$ のとき，N_1, N_2 に順に 1, 2 と並べるか，2, 1 と並べるかの 2 通りがあり，A_1, A_2, $\cdots$, A_5 に a, b, c, d, e を並べる順列は 5! 通りあるから，$2! \cdot 5!$ 通りがある．$A_1 N_1 A_2 A_3 A_4 A_5 N_2$ の形も同様で，全部で

$2! \cdot 5! \cdot 2 = 480$ 通りある．

$$\begin{array}{ccccccc} N_1 & N_2 & A_1 & A_2 & A_3 & A_4 & A_5 \end{array}$$

1-2 ─ a ─ b ─ c ─ d ─ e

b c d e-d

c d e

d e

e

2-1

3 つ目の空欄：$A_1 \boxed{}\boxed{}\boxed{}\boxed{}\boxed{} A_2$ の形を考え，A_1 に a，b，c，d，e のどれを並べるか，A_2 に他のどれを並べるかで $5 \cdot 4$ 通りある．例えば，A_1 に a，A_2 に b を並べるとき，残りの $\boxed{}$ に c，d，e と 1，2 を並べる順列が 5! 通りある．全部で $5 \cdot 4 \cdot 5! = 2400$

通りある.

4つ目の空欄：7文字すべての順列は全部で $7! = 5040$ 通りある．このうち両端がアルファベットであるものは 2400 通りあるから，答えは $5040 - 2400 = \mathbf{2640}$ 通り．

─《選んで分ける (B10)》─

155. 女子 4 人，男子 3 人の合計 7 人を 3 組に分けることを考えるとき，次のような組分けの方法はそれぞれ何通りあるか．

（1） 4 人，2 人，1 人の 3 組に分ける方法は，□ 通りある．

（2） 4 人，2 人，1 人の 3 組に分け，どの組にも男子が入っているように分ける方法は，□ 通りある．

（3） 2 人，2 人，3 人の 3 組に分ける方法は，□ 通りある． (23 金城学院大)

▶解答◀ （1） 7 人を 4 人，2 人，1 人の組に分けるときの組合せであるから

$$_7C_4 \cdot {}_3C_2 = 35 \cdot 3 = \mathbf{105}(通り)$$

（2） 先に，3 人の男子を 3 つの組に 1 人ずつ分ける．このとき，どの組に入るかで 3! 通りある．次に，女子 4 人から 1 人を選んで（4 通り），2 人の組に入れ，残りの女子 3 人を 4 人の組に入れる．組分けの総数は

$$3! \cdot 4 = \mathbf{24}(通り)$$

（3） 2 人，2 人，3 人の組に名前をつけて A，B，C とすると，7 人を分ける組合せは $_7C_2 \cdot {}_5C_2$ 通りある．実際には組に名前はなく区別はつかないから，A と B を入れ替えても同じ組分けになる．よって，求める組分けの総数は

$$\frac{{}_7C_2 \cdot {}_5C_2}{2!} = \frac{21 \cdot 10}{2} = \mathbf{105}(通り)$$

─《円順列 (B10)》─

156. OMOTENASI の 9 文字を次のように並べる．

（1） 横一列に並べるとき，並べ方は全部で □ 通りである．このうち 2 つの O が隣り合う並べ方は □ 通りである．また，M，T，N，S がこの順に並ぶ並べ方は □ 通りである．

（2） 円形に並べるときの並べ方は全部で □ 通りである．このうち 2 つの O が隣り合わない並べ方は □ 通りである． (23 立命館大・理工，情報理工，生命科，薬)

▶解答◀ （1） 「OMOTENASI」は O が 2 個，他の 7 文字が 1 個ずつであるから，これら 9 文字による順列は全部で $\dfrac{9!}{2!} = \mathbf{181440}$ 通りある．

このうち，2 個の「O」が隣り合うのは，「OO」をひとかたまりとして，$8! = \mathbf{40320}$ 通りある．

M，T，N，S がこの順に並ぶのは，2 個の O，4 個の空席□（あとで左から M，T，N，S と入れる），E，A，I を一列に並べると考え $\dfrac{9!}{2!4!} = \mathbf{7560}$ 通りの順列がある．

（2） この 9 文字が作る円順列は，M を固定して残りの 8 文字「OOTENASI」の順列と考えると $\dfrac{8!}{2!} = \mathbf{20160}$ 通りあり，このうち，2 個の「O」が隣り合うのは 7! 通りあるから，2 個の「O」が隣り合わないのは $\dfrac{8!}{2!} - 7! = \mathbf{15120}$ 通りである．

─《円順列 (B10) ☆》─

157. ある高校の生物部には男子 7 人，女子 6 人の合計 13 人の生徒が所属している．次の問いに答えなさい．

（1） 部員全員の中から部長 1 人と副部長 2 人を選ぶとき，その選び方は何通りあるか求めなさい．

（2） 部員全員を 5 人，4 人，4 人の 3 組に分ける方法は何通りあるか求めなさい．

（3） 部員全員のうち男子 3 人，女子 2 人が円形に並ぶとき，女子 2 人が隣り合うような並び方は何通りあるか求めなさい． (23 山口大・後期-理)

▶解答◀ （1） 部長を誰にするかで 13 通りあり，残り 12 人から副部長 2 人を選ぶ組合せは

$$_{12}C_2 = \frac{12 \cdot 11}{2 \cdot 1} = 66 通りあるから，全部で 13 \cdot 66 = \mathbf{858} 通りある．$$

（2） $_{13}C_5 \cdot \dfrac{{}_8C_4 \cdot {}_4C_4}{2!}$

$$= \frac{13 \cdot 12 \cdot 11 \cdot 10 \cdot 9}{5 \cdot 4 \cdot 3 \cdot 2 \cdot 1} \cdot \frac{8 \cdot 7 \cdot 6 \cdot 5}{4 \cdot 3 \cdot 2 \cdot 1 \cdot 2}$$

$$= 13 \cdot 11 \cdot 9 \cdot 7 \cdot 5 = \mathbf{45045} 通り$$

（3） 円形に並ぶ男子 3 人，女子 2 人の組合せは $_7C_3 \cdot {}_6C_2 = \dfrac{7 \cdot 6 \cdot 5}{3 \cdot 2 \cdot 1} \cdot \dfrac{6 \cdot 5}{2 \cdot 1} = 35 \cdot 15$ 通りある．男子 3 人が A, B, C，女子 2 人が D, E のとき，D, E をまとめて X と表すと，A, B, C, X の円順列が $(4-1)! = 6$ 通りあり，X の中で円の中心から見て，左から DE となるか，ED となるかで 2 通りあるから，全部で $35 \cdot 15 \cdot 6 \cdot 2 = \mathbf{6300}$ 通りある．

注意 nk 人を k 人ずつ n 個の組に分けるとき

$$\frac{{}_{nk}C_k \cdot {}_{nk-k}C_k \cdot \cdots \cdot {}_{k}C_k}{k!} \text{ 通り}$$

の組分けがある.

《直・鈍・鋭角の定石（B20）☆》

158. 正 n 角形の頂点を $A_1, A_2, \cdots, A_n$ とする. 頂点のうち 3 点を結んで三角形を作るとき, 次の問いに答えよ. ただし, n は 4 以上の偶数とする.

（1）直角三角形は何個作れるか.

（2）鈍角三角形は何個作れるか.

（3）鋭角三角形は何個作れるか.

(23 愛知医大・医)

考え方 鋭角三角形とは, 外心が三角形の内部にあるもので, 鈍角三角形は外心が三角形の外部にあるものととらえる.

▶解答◀ 正 n 角形を $A_1 A_2 \cdots A_n$ とし, 外接円とともに描く. n は 4 以上の偶数である.

（i）図 1 を見よ. 直径を選び（$\frac{n}{2}$ 本ある. 正確には直径の両端の頂点を選ぶ）, 残る頂点 $n-2$ 個のうちの 1 個を選ぶと考え, 直角三角形の個数は

$$\frac{n}{2}(n-2) = \frac{1}{2}n(n-2)$$

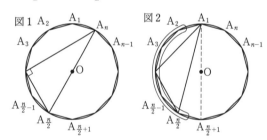

（ii）1 頂点を決め（n 通り, 図 2 の場合は点 A_1）, それから左まわりに半周未満する間の弧にある頂点（$\frac{n}{2} - 1$ 個ある）から 2 点を選ぶと考え, 鈍角三角形の個数は

$$n \cdot {}_{\frac{n}{2}-1}C_2 = n \cdot \frac{1}{2}\left(\frac{n}{2}-1\right)\left(\frac{n}{2}-2\right)$$
$$= \frac{1}{8}n(n-2)(n-4)$$

図 3

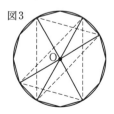

（iii）図 3 を参照せよ. 直径が $\frac{n}{2}$ 本ある. ここから 3 本選び, その端を 1 つおきに結ぶと鋭角三角形が 2

つ出来る. 鋭角三角形の個数は

$$2 \cdot {}_{\frac{n}{2}}C_3 = \frac{\frac{n}{2} \cdot \frac{n-2}{2} \cdot \frac{n-4}{2}}{3} = \frac{1}{24}n(n-2)(n-4)$$

注意 1°【鋭角三角形と鈍角三角形の対応】 図で 1 つの鋭角三角形 ABC に, 3 つの鈍角三角形 DAC, EBA, FCB が対応するから, 鋭角三角形の個数は鈍角三角形の個数を 3 で割ると考えてもよい. ただし, 以上の解法は頂点の個数が偶数でないと使えない.

図4

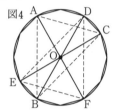

2°【全体から引く】

三角形の総数は ${}_nC_3 = \frac{1}{6}n(n-1)(n-2)$ であるから, 鋭角三角形の個数は

$$\frac{1}{6}n(n-1)(n-2) - \frac{1}{2}n(n-2)$$
$$- \frac{1}{8}n(n-2)(n-4)$$
$$= \frac{1}{24}n(n-2)\{4(n-1) - 12 - 3(n-4)\}$$
$$= \frac{1}{24}n(n-2)(n-4)$$

この方針だと n が奇数のときにも使える.

《階段を上がる（B20）》

159. 24 段の階段を昇るのに, 2 段昇り（図 A）と 3 段昇り（図 B）をそれぞれ 1 回以上組み合わせて昇ることとする. このとき, この階段の昇り方は何通りあるか. ただし, 3 段昇りが連続することはないものとする.

(23 愛知医大・医-推薦)

▶解答◀ 2 段昇りを A, 3 段昇りを B とし, A, B の回数をそれぞれ a, b（a, b は 1 以上）とする. A を a 個, B を b 個並べる順列を考える. ただし, B は隣り合わない.

$2a + 3b = 24$ となるとき $a + \frac{3}{2}b = 12$ となるから b は偶数で $b = 2, 4, 6$ のいずれかとなる.（a, b）は $(9, 2), (6, 4), (3, 6)$ である.

$(a, b) = (9, 2)$ のとき，A を 9 個並べその間か両端（全部で 10 か所）のどの 2 か所に B を入れるかを考えて ${}_{10}C_2 = 45$ 通りある．

$$\vee A \vee A \vee A \vee A \vee A \vee A \vee A \vee A \vee A \vee$$

$(a, b) = (6, 4)$ のとき，A を 6 個並べその間か両端（全部で 7 か所）のどの 4 か所に B を入れるかを考えて

${}_7C_4 = 35$ 通りある．

$(a, b) = (3, 6)$ のとき，B が隣り合わない順列は存在しない．

以上から，求める A, B の列は $45 + 35 = \mathbf{80}$ 通りある．

◆**別解**◆ 最初はすべて 2 段で昇ってもよいとする．以下では 3 段が連続するものはカウントされない．たとえば $6 = 2 + 2 + 2$, $7 = 2 + 2 + 3$ のように和が n になる 2, 3 の列の個数を $f(n)$ とする．

$$n = 2 + (n - 2)$$
$$n = 3 + 2 + (n - 5)$$

であるから，和が n になるのは左端が 2 でその右の和が $n - 2$ （$f(n-2)$ 通りある）か，左端が 3，その右が 2，その右の和が $n - 5$ になる（$f(n-5)$ 通りある）ときで

$$f(n) = f(n-2) + f(n-5)$$
$$2 = 2, \quad 3 = 3, \quad 4 = 2 + 2,$$
$$5 = 2 + 3, \quad 5 = 3 + 2, \quad 6 = 2 + 2 + 2$$
$$f(2) = 1, \quad f(3) = 1, \quad f(4) = 1,$$
$$f(5) = 2, \quad f(6) = 1$$

以下は $f(7) = f(2) + f(5) = 3$ のように計算する．

$$f(n) : 1, 1, 1, 2, 1, 3, 2, 4, 4, 5, 7, 7, 11, 11,$$
$$16, 18, 23, 29, 34, 45, 52, 68, 81, \cdots$$

となる．$n = 24$ のときは，すべて 2 の列が 1 通りあるから，これを除いて **80** 通りある．

注意 最初は左端 $f(2) = 1$ （○白丸）に左指をおく．$f(6) = 1$ の 1 つ左の 2 と，指をおいた 1 を加えるとして，$2 + 1 = 3$ を書く．次は左指を 1 つ右の 1 （●黒丸）にずらし，3 の直前の 1 とこれを加えて $1 + 1 = 2$ とする．3 の右に 2 を書く．このようにしていけば $n = 24$ まで来ることはやさしい．

$$1, 1, 1, 2, 1, 3, 2, 4, \cdots$$

《**最短格子路（B10）☆**》

160. 右の図のような道路がある．A 地点から B 地点まで，最短距離で行く経路について考える．P 地点を通る最短経路は ☐ 通りあり，P 地点または Q 地点を通る最短経路は ☐ 通りあり，P 地点を通って，Q 地点は通らない最短経路は ☐ 通りある．

（23 中京大）

▶**解答**◀ P を通る最短格子路の集合を P で表す．これは図 2 で A→R→S→B となる経路である．

$$n(P) = \frac{3!}{2!1!} \cdot \frac{5!}{2!3!} = 3 \cdot 10 = 30$$
$$n(Q) = \frac{6!}{3!3!} \cdot \frac{3!}{2!1!} = 20 \cdot 3 = 60$$
$$n(P \cap Q) = \frac{3!}{2!1!} \cdot \frac{2!}{1!1!} \cdot \frac{3!}{2!1!} = 3 \cdot 2 \cdot 3 = 18$$
$$n(P \cup Q) = n(P) + n(Q) - n(P \cap Q)$$
$$= 30 + 60 - 18 = \mathbf{72}$$
$$n(P \cap \overline{Q}) = 30 - 18 = 12 \text{（これは図 2 の網目部分の}$$

数である）

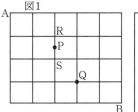

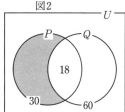

答えは順に **30, 72, 12**

《**格子路でタイプを調べる（B10）**》

161. 下の図のように，16 個の地点（図の ●）とそれらを結ぶ 24 本の長さが等しい道路がある．まず A さんが地点 S_B と地点 G_B を通らずに地点 S_A から地点 G_A まで最短経路で行き，次に A さんが通った地点（S_A と G_A を含む）と道路を通らずに，B さんが S_B から G_B まで最短経路で行くとする．このとき，A さんと B さんの経路の組の総数は ☐ である．

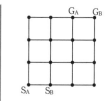

（23　芝浦工大）

▶解答◀　2023 年は，調べるしかない面倒な問題がある．その一例である．A が S_A から C へ行き，正方形 CDG_AE 内を通る $\dfrac{4!}{2!2!}=6$ 通りの経路のいずれかを通り，B が正方形 S_BFHI 内を通る 6 通りの経路のいずれかを通る．全部で $6\times6=36$ 通りの中で同一点を通らないものを調べる．

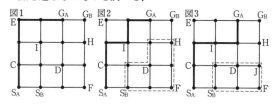

（ア）　A が図 1 の太線を通るとき．B は $S_B\to H$ の 6 通りがある．

（イ）　A が図 2 の太線を通るとき．点線内の経路を通り，$H\to G_B$ と行く 5 通りがある．

（ウ）　A が図 3 の太線を通るとき．点線内の経路を通り，$J\to H\to G_B$ と行く 3 通りがある．

（エ）　A が図 4 の太線を通るとき．点線内の経路を通り，$H\to G_B$ と行く 3 通りがある．

（オ）　A が図 5 の太線を通るとき．$S_B\to K\to J\to G_B$ と行く 2 通りがある．

（カ）　A が図 6 の太線を通るとき．$S_B\to F\to G_B$ の 1 通りがある．

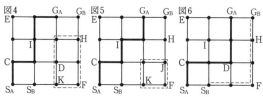

以上の $6+5+3+3+2+1=\mathbf{20}$ 通りがある．

《個数で式を立てる (B5)》

162. $x_1,\ x_2,\ \cdots,\ x_8$ はそれぞれ 3 または -1 のどちらかの値をとるとする．このとき，

$$x_1+x_2+x_3+x_4+x_5+x_6+x_7+x_8=0$$

をみたす 8 個の数の組 $(x_1,\ x_2,\ \cdots,\ x_8)$ は全部で □ 組あり，

$$x_1+x_2+x_3+x_4=x_5+x_6+x_7+x_8$$

をみたす 8 個の数の組 $(x_1,\ x_2,\ \cdots,\ x_8)$ は全部で □ 組ある．　　　　（23　愛知工大・理系）

▶解答◀　$x_1\sim x_8$ のうち，3 が a 個，-1 が $8-a$ 個あるとする．$x_1+x_2+\cdots+x_8=0$ のとき

$$3a-(8-a)=0\qquad\therefore\quad a=2$$

よって，このときの組 $(x_1,\ x_2,\ \cdots,\ x_8)$ の個数は，$_8C_2=\mathbf{28}$ である．次に

$$x_1+x_2+x_3+x_4=x_5+x_6+x_7+x_8\quad\cdots\cdots①$$

について考える．$x_1\sim x_4$ のうち 3 が b 個，-1 が $4-b$ 個，$x_5\sim x_8$ のうち 3 が c 個，-1 が $4-c$ 個あるとする．①のとき

$$3b-(4-b)=3c-(4-c)$$

となり $b=c$ となる．

そのような $(x_1,\ \cdots,\ x_4,\ x_5,\ \cdots,\ x_8)$ は $(_4C_b)^2$ 通りある．求める個数は

$$(_4C_0)^2+(_4C_1)^2+(_4C_2)^2+(_4C_3)^2+(_4C_4)^2$$
$$=1+16+36+16+1=\mathbf{70}$$

《箱の区別 (B30) ☆》

163. 4 つの箱に異なる 6 つの食器を入れる方法は何通りあるか求めなさい．

ただし，1 つも入れない箱があっても良いとする．

（23　産業医大）

▶解答◀　異なる nk 個のものを k 個ずつ n 個のグループ（グループ同士は区別しない）に分ける方法が $\dfrac{_{nk}C_k\cdot_{nk-k}C_k\cdot\cdots\cdot_kC_k}{n!}$ 通りあるという公式を用いる．

4 つの箱は区別がないものとして解答する．4 つの箱に入れる食器の個数を $a,\ b,\ c,\ d\ (a\leqq b\leqq c\leqq d)$ とし，$(a,\ b,\ c,\ d)$ で表す．

$(0,0,0,6)$ のとき，1 通りある．

$(0,0,1,5)$ のとき，$_6C_1=6$ 通りある．

$(0,0,2,4)$ のとき，$_6C_2=15$ 通りある．

$(0,0,3,3)$ のとき，$\dfrac{_6C_3}{2}=10$ 通りある．

$(0,1,1,4)$ のとき，$\dfrac{_6C_1\cdot_5C_1}{2}=15$ 通りある．

$(0,1,2,3)$ のとき，$_6C_1\cdot_5C_2=60$ 通りある．

$(0,2,2,2)$ のとき，$\dfrac{_6C_2\cdot_4C_2}{3!}=15$ 通りある．

$(1,1,1,3)$ のとき，$\dfrac{_6C_1\cdot_5C_1\cdot_4C_1}{3!}=20$ 通りある．

$(1,1,2,2)$ のとき，$\dfrac{_6C_1\cdot_5C_1\cdot_4C_2}{2!2!}=45$ 通りある．

以上から

$$1+6+15+10+15+60+15+20+45=\mathbf{187}\ （通り）$$

♦別解♦ 食器に 1, 2, 3, 4, 5, 6 と番号をつける.

（1 が入る箱, …, 6 が入る箱）＝ I とおく.

（ア）1 つの箱に食器を入れるとき, 1 通りある.

（イ）2 つの箱に食器を入れるとき, 2 つの箱を区別してA, B とすると, I は全部で 2^6 通りあるが, この中には 1 つの箱にだけ入れる場合（2 通り）が含まれる. A, B の区別をなくして

$$\frac{2^6 - 2}{2!} = 31（通り）\cdots\cdots\cdots①$$

（ウ）3 つの箱に食器を入れるとき, 3 つの箱を区別してA, B, C とすると, I は 3^6 通りあるが, この中には 2 つの箱にだけ入れる場合（$_3C_2(2^6-2)$ 通り）と 1 つの箱にだけ入れる場合（3 通り）とが含まれる. A, B, C の区別をなくして

$$\frac{3^6 - {}_3C_2(2^6-2) - 3}{3!} = 90（通り）\cdots\cdots②$$

（エ）4 つの箱に食器を入れるとき, 4 つの箱を区別してA, B, C, D とすると, I は 4^6 通りあるが, この中には 3 つの箱にだけ入れる場合（$_4C_3\{3^6-{}_3C_2(2^6-2)-3\}$ 通り）と 2 つの箱にだけ入れる場合（$_4C_2(2^6-2)$ 通り）と 1 つの箱にだけ入れる場合（4 通り）とが含まれる. A, B, C, D の区別をなくして

$$\frac{4^6 - {}_4C_3\{3^6-{}_3C_2(2^6-2)-3\} - {}_4C_2(2^6-2) - 4}{4!} \cdots③$$

$$= 65（通り）$$

以上より, $1 + 31 + 90 + 65 = \mathbf{187}$ 通りある.

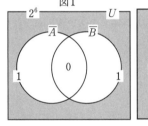

注意 包除原理で書く.

箱 A が空になる I の集合を $\overline{A}$ と書く. 他も同様とする. I の全体集合を U とする. 集合の要素の個数を $|A|$ のように表す.

① の分子について：図1 を参照せよ.

$$|\overline{A} \cup \overline{B}| = |\overline{A}| + |\overline{B}| - |\overline{A} \cap \overline{B}| = 1+1$$

$$|U| - |\overline{A} \cup \overline{B}| = 2^6 - 2$$

② の分子について：図2 を参照せよ.

$$|\overline{A} \cup \overline{B} \cup \overline{C}| = |\overline{A}| + |\overline{B}| + |\overline{C}| - |\overline{A} \cap \overline{B}|$$
$$- |\overline{B} \cap \overline{C}| - |\overline{C} \cap \overline{A}| + |\overline{A} \cap \overline{B} \cap \overline{C}|$$

$$= 3 \cdot 2^6 - 3 \cdot 1$$

$$|U| - |\overline{A} \cup \overline{B} \cup \overline{C}| = 3^6 - 3 \cdot 2^6 + 3$$

③ の分子について：図はない. 一般の公式を使う.

$$|\overline{A} \cup \overline{B} \cup \overline{C} \cup \overline{D}| = |\overline{A}| + \cdots （1 つずつ, 4 個）$$
$$- |\overline{A} \cap \overline{B}| - \cdots （2 つずつ, {}_4C_2 個）$$
$$+ |\overline{A} \cap \overline{B} \cap \overline{C}| + \cdots （3 つずつ, {}_4C_3 個）$$
$$- |\overline{A} \cap \overline{B} \cap \overline{C} \cap \overline{D}| （4 つずつ, 1 個あるが値は 0）$$
$$= 4 \cdot 3^6 - 6 \cdot 2^6 + 4 \cdot 1 - 0$$
$$|U| - |\overline{A} \cup \overline{B} \cup \overline{C} \cup \overline{D}| = 4^6 - 4 \cdot 3^6 + 6 \cdot 2^6 - 4 \cdot 1$$

《塗り分け問題（B10）☆》

164. 長方形 ABCD を縦に 2 等分, 横に 3 等分し, 6 個の小長方形に分割する. 長方形 ABCD は動かさないとして, 6 個の小長方形それぞれに青, 黄, 赤の 3 色のどれかで色を付けるとき, 色の付け方は全部で ☐ 通りある. そのうち, 青, 黄, 赤の色の付いた小長方形がそれぞれ 2 個になる色の付け方は ☐ 通り, 同じ色の付いた小長方形が辺を共有していない色の付け方は ☐ 通りある.

（23　大同大・工-建築）

▶解答◀ 1 つ目の空欄：

図のように小長方形に名前をつける. 青, 黄, 赤を 1, 2, 3 とする. E を 1, 2, 3 のどれで塗るかで 3 通り, F をどれで塗るかで 3 通り, … とすると, 色の列は全部で $3^6 = \mathbf{729}$ 通りある.

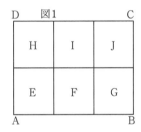

2 つ目の空欄：

1 で塗る 2 カ所をどれにするか, その組合せは $_6C_2$ 通り, 2 で塗る 2 カ所をどれにするか, その組合せは $_4C_2$ 通りあり, 残りの 2 カ所は 3 で塗るから

$_6C_2 \cdot {}_4C_2 = 15 \cdot 6 = \mathbf{90}$ 通りある.

3 つ目の空欄：

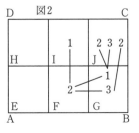

（Iを塗る色，Fを塗る色）は$3\cdot 2$通りある．たとえばIを1で塗り，Fを2で塗るとき，G，Jを塗る色の列は3通りある．同様にE，Hを塗る色の列も3通りある．全部で$3\cdot 3\cdot(3\cdot 2)=54$通りある．

《数珠順列 (B10) ☆》

165. 赤色のガラス玉が4個，青色のガラス玉が2個，透明のガラス玉が1個ある．これらの7個のガラス玉を1列に並べる方法は□通りあり，円形に並べる方法は□通りある．また，これらの7個のガラス玉に糸を通して首輪を作る方法は□通りある． （23 大同大・工-建築）

▶**解答**◀ 1列に並べる順列は

$$\frac{7!}{4!2!}=\frac{7\cdot 6\cdot 5}{2\cdot 1}=105\ 通り$$

ある．円形に並べる列は，透明のガラス玉を固定して

$$\frac{6!}{4!2!}=\frac{6\cdot 5}{2\cdot 1}=15\ 通り$$

透明

以下，赤色，青色，透明のガラス玉をそれぞれR，B，Tで表す．

円形に並べた列のうち，裏返しても同じ列になるのは次の3通りである．

残り$15-3=12$通りは，裏返す前と後で異なる列となりそれらは首輪として同じもので$\dfrac{12}{2}=6$通りある．

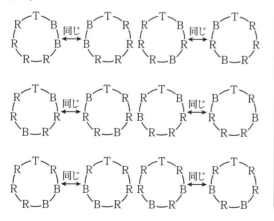

以上より，首輪は$3+6=9$通りある．

《7進法への言い換え (B10) ☆》

166. $1,4,6$の数字を使わない正の整数を小さい数から順に$2,3,5,7,8,9,20,22,23,\cdots$のように並べるとき，2023は□番目の数字である． （23 藤田医科大・ふじた未来入試）

▶**解答**◀ $A=\{2,3,5,7,8,9\}$，$B=\{0,2,3,5,7,8,9\}$とおく．

1桁の数はAから選ぶ6通りある．

2桁の数は，十の位がAから選ぶ6通り，一の位がBから選ぶ7通りあるから，$6\cdot 7=42$通りある．

3桁の数は百の位がAから選ぶ6通り，十の位，一の位がそれぞれBから選ぶ7通りあるから，$6\cdot 7^2=294$通りある．

4桁の数は，2000から始めて，一の位がBから選ぶ7通りある．次に2020，2022，2023であるから，2023は，4桁の数の$7+3=10$番目にある．

したがって，$6+42+294+10=352$番目にある．

◆**別解**◆ $0\to 0,2\to 1,3\to 2,5\to 3,7\to 4,8\to 5,$

$9\to 6$と置き換えると$1,4,6$を除く正の整数は順番に

$$1,2,3,4,5,6,10,11,12,\cdots$$

となり7進法における数を小さい順に並べたものになる．

2023はこの置きかえで1012となる．

$$1012_{(7)}=1\cdot 7^3+0\cdot 7^2+1\cdot 7+2$$

$$=343+7+2=352$$

より**352**番目である．

《数の分割 (B10) ☆》

167. 自然数nをn以下の自然数の和で表すことを考える．ただし，例えば$n=4$の場合において，「4」単独も1つの表し方とする．また，「$1+2+1$」と「$1+1+2$」のように，和の順序が異なるものは別の表し方であるとする．このとき，次の問いに答えよ．

（1） 自然数2の表し方は，全部で何通りあるか．

（2） 自然数3の表し方は，全部で何通りあるか．

（3） 自然数nの表し方は，全部で何通りあるか推測せよ． （23 愛知学泉大）

▶解答◀ （ **1** ） $2 = 2, 2 = 1 + 1$ の **2** 通りある.

（ **2** ） $3 = 3, 3 = 1 + 2, 3 = 2 + 1, 3 = 1 + 1 + 1$ の **4** 通りある.

（ **3** ） 今は推測するだけであるが, きちんと求めることができる. これは, たとえば $3 = 1 + 1 + 1$ で, 左の $+$ を計算して右の $+$ をそのままにすると $3 = 2 + 1$ となる. $n - 1$ 個の各プラスを, 計算するか, しないかと考え 2^{n-1} 通りある.

《玉を箱に入れる難問（C30）》

168. 白玉 3 個, 黒玉 6 個の計 9 個の玉全てを 3 つの箱 A, B, C に分けることを考える. 分け方の数え方については同じ色の玉は区別せず, 箱は区別するものとする. また, 玉が入らない箱がある場合も分け方として数えるものとする. このとき, 分け方の総数は ☐ 通りである. どの箱にも少なくとも 1 個以上玉が入る分け方は ☐ 通りある. また, どの箱にも白玉が 2 個以上または黒玉が 2 個以上入る分け方は ☐ 通りである.

（23 防衛医大）

▶解答◀ 白玉を A に x 個, B に y 個, C に z 個入れるとき

$$x + y + z = 3 \quad \cdots\cdots\cdots ①$$

である. また, 黒玉を A に p 個, B に q 個, C に r 個入れるとき

$$p + q + r = 6 \quad \cdots\cdots\cdots ②$$

である. ① かつ $x \geqq 0, y \geqq 0, z \geqq 0$ を満たす (x, y, z) は, 3 個の○と 2 個の｜の順列を考え, ｜で仕切られた 3 つの部分にある○の個数を左から順に x, y, z としたときの組と 1 対 1 対応するから, $_5\mathrm{C}_2 = 10$ 通りある. 同様に, ② かつ $p \geqq 0, q \geqq 0, r \geqq 0$ を満たす (p, q, r) は, $_8\mathrm{C}_2 = 28$ 通りある. よって, 分け方の総数は $10 \cdot 28 = 280$ 通りある.

このうち, C に玉が入らないとき ① は $x + y = 3$, ② は $p + q = 6$ となる. $x \geqq 0, y \geqq 0$ を満たす (x, y) は 4 通り, $p \geqq 0, q \geqq 0$ を満たす (p, q) は 7 通りより, C に玉が入らない分け方は $4 \cdot 7 = 28$ 通りある. 同様に A, B に玉が入らない分け方も 28 通りずつある. このうち, B, C に玉が入らず, A だけに入る分け方が 1 通りあり, 同様に B, C だけに玉が入る分け方も 1 通りずつある. よって, どの箱にも少なくとも 1 個以上玉が入る分け方は $280 - 3 \cdot 28 + 3 \cdot 1 = 199$ 通りある.

どの箱にも白玉が 2 個以上または黒玉が 2 個以上入るとき, 次の 2 通りがある.

（ア） 白玉が 2 個以上入る箱がないとき：$(x, y, z) = (1, 1, 1)$ である. このときどの箱にも黒玉が 2 個以上入るから $(p, q, r) = (2, 2, 2)$ である.

（イ） 白玉が 2 個以上入る箱があるとき：白玉が 2 個以上入る箱は 1 箱しかない. A に 2 個以上あるとする. $x \geqq 2$ である. このとき, B, C には黒玉が 2 個以上入るから $q \geqq 2, r \geqq 2$ である. $X = x - 2$ とおくと ① は

$$(X + 2) + y + z = 3$$

$$X + y + z = 1 \quad \cdots\cdots\cdots ③$$

となるから, ① かつ $x \geqq 2, y \geqq 0, z \geqq 0$ を満たす (x, y, z) と, ③ かつ $X \geqq 0, y \geqq 0, z \geqq 0$ を満たす (X, y, z) は 1 対 1 対応する. これは 1 個の○と 2 個の｜の順列を考え, ｜で仕切られた 3 つの部分にある○の個数を左から順に X, y, z としたときの組と 1 対 1 対応するから, $_3\mathrm{C}_2 = 3$ 通りある.

さらに, $Q = q - 2, R = r - 2$ とおくと ② は

$$p + (Q + 2) + (R + 2) = 6$$

$$p + Q + R = 2 \quad \cdots\cdots\cdots ④$$

となるから, ② かつ $p \geqq 0, q \geqq 2, r \geqq 2$ を満たす (p, q, r) と, ④ かつ $p \geqq 0, Q \geqq 0, R \geqq 0$ を満たす (p, Q, R) は 1 対 1 対応し, 同様に考えると, これは $_4\mathrm{C}_2 = 6$ 通りある. よって, A に白玉が 2 個以上入り, B, C に黒玉が 2 個以上入る分け方は $3 \cdot 6 = 18$ 通りある. 同様に B, C に白玉が 2 個以上入るときも 18 通りずつあるから, $3 \cdot 18 = 54$ 通りある.

以上（ア）,（イ）よりどの箱にも白玉が 2 個以上または黒玉が 2 個以上入る分け方は $1 + 54 = 55$ 通りある.

【独立試行・反復試行の確率】

《独立試行の基本（A3）☆》

169. 1 つの問題には 4 つの選択肢があり, この選択肢の中から正しいものを 1 つ解答する. 問題が全部で 5 題あり, それぞれの問題に対して 1 つの選択肢を無作為に選んで解答するとき, 4 題以上正解する確率は $\dfrac{\square}{\square}$ であり, 少なくとも 2 題正解する確率は $\dfrac{\square}{\square}$ である.

（23 東邦大・医）

▶解答◀ 1 つの問題を正解する確率は $\dfrac{1}{4}$ である.

4題以上正解するのは，4題か5題正解するときであるから，その確率は

$$_5C_4\left(\frac{1}{4}\right)^4\left(\frac{3}{4}\right)+\left(\frac{1}{4}\right)^5=\frac{1}{64}$$

である．また，「少なくとも2題正解する」ことの余事象は1題以下しか正解しないことであり，その確率は

$$_5C_1\left(\frac{1}{4}\right)\left(\frac{3}{4}\right)^4+\left(\frac{3}{4}\right)^5=\frac{81}{128}$$

であるから，少なくとも2題正解する確率は

$1-\dfrac{81}{128}=\dfrac{47}{128}$ である．

━━━《独立試行の基本 (B5) ☆》━━━

170. さいころを投げて，その出る目によって数直線（x軸）上を動く2点 A，B があり，点 A の初めの座標は

$x=0$，点 B の初めの座標は $x=4$ とする．さいころを1回投げるごとに，出た目が1か2ならば点 A のみが $+1$ だけ動き，5か6ならば点 B のみが -1 だけ動き，3か4ならば2点とも動かない．さいころを5回投げたとき，5回目に初めて点 A，B の座標が等しくなる確率は □ であり，5回のうちに点 A，B の座標が等しくなることが1度もない確率は □ である． （23 愛知工大・理系）

▶解答◀ 数直線上で A，B の座標を a,b とし，$s=4+b-a$ とおく．「差」のつもりである．

さいころを1回振り，1, 2が出ると a が1増え，5, 6が出ると b が1減る．いずれにしても s は1減る．3, 4が出ると変化しない．1, 2, 5, 6のいずれかが出ることを○で表し，3, 4のいずれかが出ることを×で表す．

5回目に初めて $s=0$ となるのは，4回目までに○が

3回，×が1回起こり，5回目に○が起こるときであるから，その確率は

$$_4C_3\left(\frac{2}{3}\right)^3\frac{1}{3}\cdot\frac{2}{3}=\frac{64}{243}$$

5回のうち，3回以内で $s=0$ になることはない．

4回目に初めて $s=0$ となるのは，4回続けて○が起こるときであるから，その確率は $\left(\dfrac{2}{3}\right)^4=\dfrac{16}{81}$ である．よって，5回のうちに $s=0$ となることが1度

もない確率は，余事象を考えて

$$1-\left(\frac{16}{81}+\frac{64}{243}\right)=\frac{131}{243}$$

━━━《N 枚から取る (B5)》━━━

171. 箱の中に1から N までの番号が一つずつ書かれた N 枚のカードが入っている．ただし，N は4以上の自然数である．「この箱からカードを1枚取り出し，書かれた番号を見てもとに戻す」という試行を考える．この試行を4回繰り返し，カードに書かれた番号を順に X, Y, Z, W とする．次の問いに答えよ．

（1） $X=Y=Z=W$ となる確率を求めよ．

（2） X, Y, Z, W が四つの異なる番号からなる確率を求めよ．

（3） X, Y, Z, W のうち三つが同じ番号で残り一つが他と異なる番号である確率を求めよ．

（4） X, Y, Z, W が三つの異なる番号からなる確率を求めよ． （23 広島大・共通）

▶解答◀ （1） (X, Y, Z, W) は全部で N^4 通りある．このうち $X=Y=Z=W$ になるのは N 通りある．求める確率は $\dfrac{N}{N^4}=\dfrac{1}{N^3}$

（2） X, Y, Z, W がすべて異なる数になるのは $N(N-1)(N-2)(N-3)$ 通りある．求める確率は

$$\frac{N(N-1)(N-2)(N-3)}{N^4}$$
$$=\frac{(N-1)(N-2)(N-3)}{N^3}$$

（3） X, Y, Z, W のうち3つが等しくて（どの3つかで4通りある），それがどの数かで N 通りあり，残る1つの数が何かで $N-1$ 通りある．求める確率は

$$\frac{4N(N-1)}{N^4}=\frac{4(N-1)}{N^3}$$

（4） X, Y, Z, W のうち2つが等しい．どの2つかでその組合せが $_4C_2$ 通りある．たとえば X と Y が等しいとき，X, Z, W がどの数になるかで $N(N-1)(N-2)$ 通りある．求める確率は

$$\frac{_4C_2\cdot N(N-1)(N-2)}{N^4}=\frac{6(N-1)(N-2)}{N^3}$$

━━━《$a+b+c+d=10$ (B10) ☆》━━━

172. 1から4までの数が一つずつ書いてある4枚のカードが箱に入っている．この箱から1枚のカードを無作為に取り出し，カードに書かれた数を記録して箱に戻す試行を4回くり返した．記録した4つの数の和が10になる確率を求めよ．

▶解答◀　取り出すカードの数を順に a, b, c, d とする．(a, b, c, d) は全部で 4^4 通りある．このうち $a+b+c+d=10$

$1 \leqq a \leqq 4, 1 \leqq b \leqq 4, 1 \leqq c \leqq 4, 1 \leqq d \leqq 4$

となる (a, b, c, d) の個数 N を数える．まず「4 以下」という条件を無視する．10 個の○を一列に並べ，9 カ所ある○の間から異なる 3 カ所を選び，仕切り | を入れる．1 本目の仕切りから左の○の個数を a，1 本目の仕切りと 2 本目の仕切りの間の○の個数を b，2 本目の仕切りと 3 本目の仕切りの間の○の個数を c，残りの○の個数を d とすると，(a, b, c, d) は ${}_9\mathrm{C}_3 = \dfrac{9 \cdot 8 \cdot 7}{3 \cdot 2 \cdot 1} = 84$ 通りある．このうち，5 以上になるものは 2 個はない．あるとしても 1 個だけである．$a \geqq 5$ のとき，

$(a-4)+b+c+d=6$

とすると $a-4, b, c, d$ は 1 以上であるから，$(a-4, b, c, d)$ は ${}_5\mathrm{C}_3 = 10$ 通りある．他のものが 5 以上でも同様である．$N=84-10 \cdot 4=44$ である．求める確率は $\dfrac{44}{4^4} = \dfrac{11}{64}$

《サイコロで複雑な動き（B20）》

173. 図のように 1 辺の長さが 1 の正方形があり，その頂点を反時計回りの順に A，B，C，D とする．点 P は，次の規則 (a)，(b)，(c) にしたがって，この正方形の頂点から頂点へと移動する．

　(a) 最初，点 P は頂点 A に止まっている．

　(b) 点 P が頂点 A，B，C のいずれかに止まったら，さいころを 1 回投げ，出た目に応じて次の (ア)，(イ) のように移動する．

　　(ア) 4 以下の目が出たときには，点 P は，反時計回りに 1 だけ移動して止まる．

　　(イ) 5 以上の目が出たときには，点 P は，反時計回りに 2 だけ移動して止まる．例えば，点 P が頂点 C に止まっていて 5 以上の目が出たときには，点 P は頂点 D を通過して頂点 A まで移動して止まる．

　(c) 点 P が頂点 D に止まったら，さいころは投げず，点 P の移動を終了する．

点 P の移動が終了するまでに，さいころを投げた回数を X，点 P が頂点 D を通過した回数を Y とする．

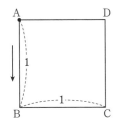

（1）　$X=n$ となる確率を p_n とする．p_2, p_3, p_4, p_5, p_6 を求めよ．

（2）　n は 2 以上の整数とする．$X=3n$ かつ $Y=n-1$ となる確率を求めよ．

（3）　n は 2 以上の整数とする．$X=3n$ かつ $Y=n$ となる確率を求めよ．　　(23　岐阜薬大)

▶解答◀　（1）　D に止まらないときは，P は C → A と移動し必ず A に戻るから，すべての移動を A をスタートする周回に分割して考えることとする．

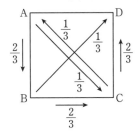

D に止まらないときは A → B → C → A または A → C → A と回る．それぞれの事象を順に E_3，E_2 と名付ける．右下の添え字はここではわかりやすいように「止まる回数」を表している．

$$P(E_3) = \left(\frac{2}{3}\right)^2 \cdot \frac{1}{3} = \frac{4}{27}$$

$$P(E_2) = \left(\frac{1}{3}\right)^2 = \frac{1}{9}$$

であり，また，A に戻ることが重要だから，図にするときは途中の B，C は無視して次のように表す．

E_3：□□A
E_2：□A

D に止まって移動が終了するときは A → B → C → D と 3 回で止まるときと，A → B → D または A → C → D と 2 回で止まるときとがある．前者を事象 F_3，後者を事象 F_2 とおくと

$$P(F_3) = \left(\frac{2}{3}\right)^3 = \frac{8}{27}$$

$$P(F_2) = \frac{2}{3} \cdot \frac{1}{3} + \frac{1}{3} \cdot \frac{2}{3} = \frac{4}{9}$$

であり，図は次のように表す．

F_3: 　□　□　D

F_2: 　□　D

p_2, p_3 はそれぞれ F_2, F_3 が1回起こるときの確率であるから

$$p_2 = \frac{4}{9}, \quad p_3 = \frac{8}{27}$$

4回でDに止まるときの確率 p_4 は，E_2 のあとに F_2 が起こるときの確率である．

□　A　□　D
E_2　　F_2

よって，$p_4 = \frac{1}{9} \cdot \frac{4}{9} = \frac{4}{81}$

5回でDに止まるのは，次の2パターンある．

□　A　□　D　または　□　A　□　D
E_2　　F_3　　　　　　　E_3　　F_2

よって，$p_5 = \frac{1}{9} \cdot \frac{8}{27} + \frac{4}{27} \cdot \frac{4}{9} = \frac{8}{81}$

6回でDに止まるのは，次の2パターンある．

□　A　□　A　□　D　または　□　A　□　D
E_2　　E_2　　F_2　　　　　　　E_3　　F_3

よって，$p_6 = \left(\frac{1}{9}\right)^2 \cdot \frac{4}{9} + \frac{4}{27} \cdot \frac{8}{27} = \frac{4}{81}$

（2）$X = 3n, Y = n-1$ となるのは次の場合である．

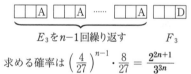

E_3 を $n-1$ 回繰り返す　　　F_3

求める確率は $\left(\frac{4}{27}\right)^{n-1} \cdot \frac{8}{27} = \frac{2^{2n+1}}{3^{3n}}$

（3）E_3 でDを通過する回数を a，E_2 でDを通過する回数を b とおく．

（ア）最後 F_2 で終わるとき $X = 3n, Y = n$ より

$$3a + 2b + 2 = 3n \text{ かつ } a + b = n$$

これを解くと $a = n-2, b = 2$ だから図のようになり

□　A　□　A　……　□　A　D
E_3 が $n-2$ 回，E_2 が2回　　　F_2

このときの確率は

$${}_n\mathrm{C}_{n-2}\left(\frac{4}{27}\right)^{n-2}\left(\frac{1}{9}\right)^2 \cdot \frac{4}{9} = n(n-1) \cdot \frac{2^{2n-3}}{3^{3n}}$$

（イ）最後 F_3 で終わるとき

$$3a + 2b + 3 = 3n \text{ かつ } a + b = n$$

これを解くと $a = n-3, b = 3$

ただし，このときは $n \geqq 3$ でなければならない．

E_3 が $n-3$ 回，E_2 が3回　　　F_3

このときの確率は

$${}_n\mathrm{C}_{n-3}\left(\frac{4}{27}\right)^{n-3}\left(\frac{1}{9}\right)^3 \cdot \frac{8}{27}$$

$$= n(n-1)(n-2) \cdot \frac{2^{2n-4}}{3^{3n+1}}$$

この式に $n = 2$ を代入すると0になるから，$n = 2$ のときもこの式は成り立つ．

（ア），（イ）より

$$n(n-1) \cdot \frac{2^{2n-3}}{3^{3n}} + n(n-1)(n-2) \cdot \frac{2^{2n-4}}{3^{3n+1}}$$

$$= n(n-1) \cdot \frac{2^{2n-4}}{3^{3n+1}} \cdot (3 \cdot 2 + n - 2)$$

$$= \boldsymbol{n(n-1)(n+4) \cdot \frac{2^{2n-4}}{3^{3n+1}}}$$

《サイコロで得点（B20）》

174. 1個のさいころを投げて出た目によって得点を得るゲームを考える．出た目が1, 2であれば得点は2, 出た目が3であれば得点は1, 出た目が4, 5, 6であれば得点は0とする．このゲームを k 回繰り返すとき，得点の合計を S_k とする．

（1）$S_2 = 3$ となる確率を求めよ．

（2）S_3 が奇数となる確率を求めよ．

（3）$S_4 \geqq n$ となる確率が $\frac{1}{9}$ 以下となる最小の整数 n を求めよ．　　　（23　千葉大・前期）

▶解答◀　（1）m 回目に得られる得点を T_m とする．$T_m = 0$ となる確率は $\frac{3}{6}$，$T_m = 1$ となる確率は $\frac{1}{6}$，$T_m = 2$ となる確率は $\frac{2}{6}$ である．

$S_2 = 3$ となるのは，(T_1, T_2) が $(1, 2)$ もしくは $(2, 1)$ となるときである．したがって，求める確率は

$$\frac{1}{6} \cdot \frac{2}{6} \cdot 2 = \frac{1}{9}$$

（2）S_3 が奇数となるのは，T_1, T_2, T_3 のうちの奇数個が奇数であるときである．すなわち，いずれか1つのみが1であるときか，または，3つとも1のときである．

（ア）T_1, T_2, T_3 のうちいずれか1つのみが1となるとき

T_1 が1で，T_2, T_3 が1でない確率は，$\frac{1}{6}\left(\frac{5}{6}\right)^2$ である．T_2 のみが1，T_3 のみが1となる確率も同様であるから，いずれか1つのみが1となる確率は

$$3 \cdot \frac{1}{6}\left(\frac{5}{6}\right)^2 = \frac{75}{216}$$

（イ）T_1, T_2, T_3 がいずれも1となるとき

T_1, T_2, T_3 がいずれも1となる確率は，$\left(\frac{1}{6}\right)^3 = \frac{1}{216}$ である．

（ア），（イ）より，求める確率は $\frac{75+1}{216} = \boldsymbol{\frac{19}{54}}$ である．

（3）T_m は 0, 1, 2 のいずれかであるから，$0 \leqq S_4 \leqq 8$

である.

（ア） $S_4 = 8$ となるのは, T_1〜T_4 がいずれも 2 であるときであるから, その確率は $\left(\dfrac{2}{6}\right)^4 = \dfrac{1}{81}$ である.

（イ） $S_4 = 7$ となるのは, T_1〜T_4 のうちのいずれか 1 つが 1 で, 他 3 つが 2 のときである. T_1 が 1, T_2〜T_4 が 2 となる確率は $\dfrac{1}{6}\left(\dfrac{2}{6}\right)^3$ である. T_2〜T_4 が 1 であるときもそれぞれ同様であるから, $S_4 = 7$ となる確率は

$$4 \cdot \dfrac{1}{6}\left(\dfrac{2}{6}\right)^3 = \dfrac{2}{81}$$

である. したがって, $S_4 \geqq 7$ となる確率は,

$$\dfrac{1}{81} + \dfrac{2}{81} = \dfrac{1}{27} < \dfrac{1}{9}$$

（ウ） $S_4 = 6$ となるのは, T_1〜T_4 のうちのいずれか 2 つが 1 で他 2 つが 2 のとき, または, いずれか 1 つが 0 で他 3 つが 2 のときである.

T_1〜T_4 のうちのいずれか 2 つが 1 で他 2 つが 2 のとき, 例えば T_1, T_2 が 1 で T_3, T_4 が 2 となる確率は, $\left(\dfrac{1}{6}\right)^2\left(\dfrac{2}{6}\right)^2$ である. T_1〜T_4 から 1 となる 2 つを選ぶ選び方は ${}_4\mathrm{C}_2$ 通りあるから, 確率は

$${}_4\mathrm{C}_2\left(\dfrac{1}{6}\right)^2\left(\dfrac{2}{6}\right)^2 = \dfrac{1}{54}$$

T_1〜T_4 のうちのいずれか 1 つが 0 で他 3 つが 2 のとき, 例えば T_1 が 0 で T_2〜T_4 が 2 となる確率は, $\dfrac{3}{6}\left(\dfrac{2}{6}\right)^3$ である. T_2〜T_4 が 0 であるときもそれぞれ同様であるから, 確率は

$$4 \cdot \dfrac{3}{6}\left(\dfrac{2}{6}\right)^3 = \dfrac{2}{27}$$

$S_4 = 6$ となる確率は, $\dfrac{1}{54} + \dfrac{2}{27} = \dfrac{5}{54}$ である.

$S_4 \geqq 6$ となる確率は,

$$\dfrac{1}{27} + \dfrac{5}{54} = \dfrac{7}{54} > \dfrac{1}{9}$$

以上より, $S_4 \geqq n$ となる確率が $\dfrac{1}{9}$ 以下となる最小の n は 7 である.

《初めて 60 になる（B20）☆》

175. n を 3 以上の自然数とする. 1 個のさいころを n 回投げて, 出た目の数の積をとる. 積が 60 となる確率を p_n とする. 以下の問いに答えよ.

（1） p_3 を求めよ.

（2） $n \geqq 4$ のとき, p_n を求めよ.

（3） $n \geqq 4$ とする. 出た目の数の積が n 回目にはじめて 60 となる確率を求めよ.

(23 熊本大・医)

▶解答◀ （1） さいころを振るとき, k 回目に出る目を x_k とする. 3 回振るとき (x_1, x_2, x_3) は全部で 6^3 通りある. $x_1 \cdot x_2 \cdot x_3 = 60$ となるのは, 2, 5, 6 が 1 回ずつ, または 3, 4, 5 が 1 回ずつ出るときで $3! \cdot 2 = 12$ 通りある. よって, $p_3 = \dfrac{12}{6^3} = \dfrac{1}{18}$

（2） n 回振るとき $(x_1, x_2, \cdots, x_n)$ は全部で 6^n 通りある. $x_1 \cdot x_2 \cdot x_3 \cdots \cdot x_n = 60$ となるのは, 2, 5, 6 が 1 回ずつ, 1 が $(n-3)$ 回または 2 が 2 回, 3, 5 が 1 回ずつ, 1 が $(n-4)$ 回または 3, 4, 5 が 1 回ずつ, 1 が $(n-3)$ 回出るときで

$$\dfrac{n!}{(n-3)!} + \dfrac{n!}{2!(n-4)!} + \dfrac{n!}{(n-3)!}$$
$$= \dfrac{1}{2}(n+1)n(n-1)(n-2)$$

通りある. よって, $p_n = \dfrac{(n+1)n(n-1)(n-2)}{2 \cdot 6^n}$

（3） n 回目に出る目により場合分けする.

（ア） $x_n = 2$ のとき

$x_1 \cdot x_2 \cdots \cdot x_{n-1} = 30$ である. これは 2, 3, 5 が 1 回ずつ, 1 が $(n-4)$ 回または 5, 6 が 1 回ずつ, 1 が $(n-3)$ 回出るときで $\dfrac{(n-1)!}{(n-4)!} + \dfrac{(n-1)!}{(n-3)!}$ 通りある.

（イ） $x_n = 3$ のとき

$x_1 \cdot x_2 \cdots \cdot x_{n-1} = 20$ である. これは 2 が 2 回, 5 が 1 回, 1 が $(n-4)$ 回または 4, 5 が 1 回ずつ, 1 が $(n-3)$ 回出るときで $\dfrac{(n-1)!}{2!(n-4)!} + \dfrac{(n-1)!}{(n-3)!}$ 通りある.

（ウ） $x_n = 4$ のとき

$x_1 \cdot x_2 \cdots \cdot x_{n-1} = 15$ である. これは 3, 5 が 1 回ずつ, 1 が $(n-3)$ 回出るときで $\dfrac{(n-1)!}{(n-3)!}$ 通りある.

（エ） $x_n = 5$ のとき

$x_1 \cdot x_2 \cdots \cdot x_{n-1} = 12$ である. これは 2 が 2 回, 3 が 1 回, 1 が $(n-4)$ 回または 2, 6 が 1 回ずつ, 1 が $(n-3)$ 回または 3, 4 が 1 回ずつ, 1 が $(n-3)$ 回出るときで

$$\dfrac{(n-1)!}{2!(n-4)!} + 2 \cdot \dfrac{(n-1)!}{(n-3)!}$$ 通りある.

（オ） $x_n = 6$ のとき

$x_1 \cdot x_2 \cdots \cdot x_{n-1} = 10$ である. これは 2, 5 が 1 回ずつ, 1 が $(n-3)$ 回出るときで $\dfrac{(n-1)!}{(n-3)!}$ 通りある.

求める確率は

$$\dfrac{1}{6^{n-1}}\left\{2 \cdot \dfrac{(n-1)!}{(n-4)!} + 6 \cdot \dfrac{(n-1)!}{(n-3)!}\right\} \cdot \dfrac{1}{6}$$
$$= \dfrac{1}{6^n}\{2(n-1)(n-2)(n-3) + 6(n-1)(n-2)\}$$
$$= \dfrac{2n(n-1)(n-2)}{6^n}$$

《面倒な問題 (C30)》

176. 次の文章を読み,（1）～（3）に答えよ.

さいころが2つ,硬貨が2枚ある.それぞれを同時に投下する試行を繰り返し,次の規則に従って座標平面上の点Pが動く.ただし,点Pははじめ原点 O(0, 0) にある.

- さいころの出た目の和が偶数のとき,点Pは x 軸方向に1だけ進む.
- さいころの出た目の和が奇数のとき,点Pは y 軸方向に1だけ進む.
- 硬貨が2枚とも表のとき,点Pは x 軸方向に1だけ進む.
- 硬貨が2枚とも裏のとき,点Pは y 軸方向に1だけ進む.
- 硬貨が表と裏1枚ずつのとき,点Pは動かない.

（例）さいころの出た目の和が偶数で硬貨が表と裏1枚ずつの場合,点Pは x 軸方向に1だけ進む.

このとき,以下の問いに答えよ.

（1）試行を2回繰り返したとき,点Pが点 (2, 2) にある確率を求めよ.

（2）試行を4回繰り返したとき,OP = 5 となる確率を求めよ.

（3）試行を4回繰り返したとき,点Pが $y = x - 1$ の直線上にある確率を求めよ.

（23 三重大・生物資源）

考え方 1回の試行には,サイコロを2個振る,硬貨を2枚投げる,の2種類の操作が含まれる.サイコロによる移動は (1, 0), (0, 1) の2種類,硬貨による移動は (0, 0), (1, 0), (0, 1) の3種類あるから,1回の試行による移動はこれらを組み合わせることによって (1, 0), (0, 1), (2, 0), (0, 2), (1, 1) の5種類ある.

この5種類の確率を使って解いてもよいが,サイコロを振ることと硬貨を投げることは独立な試行であるから,サイコロによる移動と硬貨による移動は分けて計算することにする.

▶解答◀（1）サイコロで (1, 0) の移動（確率 $\frac{1}{2}$）が a 回,(0, 1) の移動（確率 $\frac{1}{2}$）が b 回,硬貨で (1, 0) の移動（確率 $\frac{1}{4}$）が l 回,(0, 1) の移動（確率 $\frac{1}{4}$）が m 回,(0, 0) の移動（確率 $\frac{1}{2}$）が n 回起こるとする.a, b, l, m, n はいずれも0以上である.

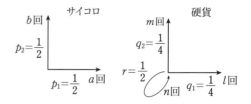

試行を2回繰り返して (2, 2) に達するのは
$$a + b = 2, \quad l + m + n = 2$$
$$a + l = 2, \quad b + m = 2$$
が成り立つときである.1段目は試行の回数に関する条件,2段目は座標に関する条件である（以降も同様）.これらより
$$a = m, b = l, l + m = 2, n = 0$$
であるから
$$(a, b, l, m) = (2, 0, 0, 2), (1, 1, 1, 1), (0, 2, 2, 0)$$
を得る.左側2つがサイコロによる移動回数,右側2つが硬貨による移動回数を表していて止まる回数 n は別記する.混乱を避けるためにサイコロによる右移動の確率 $\frac{1}{2}$ を p_1,上移動の確率 $\frac{1}{2}$ を p_2,硬貨による右移動の確率 $\frac{1}{4}$ を q_1,上移動の確率 $\frac{1}{4}$ を q_2,止まる確率 $\frac{1}{2}$ を r と書くことにする.

サイコロ,硬貨の順に考えて,求める確率は
$$p_1{}^2 q_2{}^2 + p_1 p_2 \cdot {}_2\mathrm{C}_1 \cdot q_1 q_2 \cdot {}_2\mathrm{C}_1 + p_2{}^2 q_1{}^2$$
$$= \frac{1 + 4 + 1}{2^2 \cdot 4^2} = \frac{3}{32}$$

（2）OP = 5 となる点は (5, 0), (0, 5), (4, 3), (3, 4) の4つあり,(5, 0) に達する確率と (0, 5) に達する確率,(4, 3) に達する確率と (3, 4) に達する確率はそれぞれ等しい.

（ア）(5, 0) のとき.
$$a + b = 4, \quad l + m + n = 4$$
$$a + l = 5, \quad b + m = 0$$

$b + m = 0$ より,$b = m = 0$,$a = 4$,$l = 1$,$n = 3$ を得る.(5, 0) に到達する確率は
$$p_1{}^4 q_1 r^3 {}_4\mathrm{C}_1 = \frac{4}{2^9}$$

（イ）(4, 3) のとき.
$$a + b = 4, \quad l + m + n = 4$$
$$a + l = 4, \quad b + m = 3$$
より,$a = 4 - l$,$b = 3 - m$ を $a + b = 4$ に代入して
$$4 - l + 3 - m = 4 \qquad \therefore \quad l + m = 3$$
$n = 1$ であるから
$$(a, b, l, m) = (1, 3, 3, 0), (2, 2, 2, 1),$$
$$(3, 1, 1, 2), (4, 0, 0, 3)$$

$(4, 3)$ に達する確率は

$$p_1 p_2{}^3 \cdot {}_4\mathrm{C}_1 \cdot q_1{}^3 r \cdot {}_4\mathrm{C}_3$$
$$+ p_1{}^2 p_2{}^2 \cdot {}_4\mathrm{C}_2 \cdot q_1{}^2 q_2 r \cdot {}_4\mathrm{C}_1 \cdot {}_3\mathrm{C}_2$$
$$+ p_1{}^3 p_2 \cdot {}_4\mathrm{C}_3 \cdot q_1 q_2{}^2 r \cdot {}_4\mathrm{C}_1 \cdot {}_3\mathrm{C}_1$$
$$+ p_1{}^4 q_2{}^3 r \cdot {}_4\mathrm{C}_1$$
$$= \frac{16 + 72 + 48 + 4}{2^4 \cdot 4^3 \cdot 2} = \frac{140}{2^{11}} = \frac{35}{2^9}$$

求める確率は $\left(\dfrac{4}{2^9} + \dfrac{35}{2^9} \right) \cdot 2 = \dfrac{\mathbf{39}}{\mathbf{256}}$ である.

（**3**） $y = x - 1$ 上にあるのは

$$a + b = 4, \quad l + m + n = 4$$
$$a + l = x, \quad b + m = y, \quad y = x - 1$$

が成り立つときで, 2 段目より $a = x - l$, $b = x - m - 1$ を $a + b = 4$ に代入して

$$x - l + x - m - 1 = 4 \qquad \therefore \quad l + m = 2x - 5$$

$n = 9 - 2x$ である. $0 \leqq n \leqq 4$, $l + m \geqq 0$ を満たすのは $x = 4, 3$ のときである.

（**ウ**） $x = 4$ のとき.（**2**）（**イ**）より確率は $\dfrac{35}{2^9}$ である.

（**エ**） $x = 3$ のとき.

$a = 3 - l$, $b = 2 - m$, $n = 3$, $l + m = 1$ を満たすから

$$(a, b, l, m) = (2, 2, 1, 0), (3, 1, 0, 1)$$

$(3, 2)$ に達する確率は

$$p_1{}^2 p_2{}^2 \cdot {}_4\mathrm{C}_2 \cdot q_1 r^3 \cdot {}_4\mathrm{C}_1 + p_1{}^3 p_2 \cdot {}_4\mathrm{C}_3 \cdot q_2 r^3 \cdot {}_4\mathrm{C}_1$$
$$= \frac{24 + 16}{2^4 \cdot 4 \cdot 2^3} = \frac{40}{2^9}$$

求める確率は $\dfrac{35}{2^9} + \dfrac{40}{2^9} = \dfrac{\mathbf{75}}{\mathbf{512}}$ である.

《正六角形を動く（B10）》

177. 下図のように正六角形を放射状に 6 等分したマス目がある. 時計回りに A, B, C, D, E, F と記号が振ってある. いま A を出発点として, コインを投げて表が出たとき 1 マス, 裏が出たとき 2 マスだけ時計回りに進むゲームを考える. A にちょうど戻ったときを上がりとする. このとき, 次の空欄を埋めよ.

（**1**） コインを 3 回投げて上がる確率は □ である.

（**2**） コインを 5 回投げて上がる確率は □ である.

（**3**） コインを投げていき, ちょうど 1 周して上がる確率は □ である.

（**4**） コインを投げていき, ちょうど 2 周して上

がる確率は □ である.

（23 三条市立大・工）

▶**解答**◀ （**1**） コインを 3 回投げて A に到達するのは, 裏が 3 回出るときであるから求める確率は $\left(\dfrac{1}{2} \right)^3 = \dfrac{\mathbf{1}}{\mathbf{8}}$

（**2**） コインを 5 回投げて表が x 回, 裏が y 回出て A に到達するとする. $x + y = 5$, $x + 2y$ が 6 の倍数である. $0 \leqq y \leqq 5$ であり, $x + 2y = (x + y) + y = 5 + y \leqq 10$ であるから, $x + 2y = 6$, $x + y = 5$ となり, $y = 1$, $x = 4$ となる.

求める確率は $\dfrac{{}_{x+y}\mathrm{C}_y}{2^5} = \dfrac{{}_5\mathrm{C}_1}{2^5} = \dfrac{\mathbf{5}}{\mathbf{32}}$

（**3**） 表が x 回, 裏が y 回出て, ちょうど 1 周して A に到達するのは $x + 2y = 6$ となるときであり, その確率は $\dfrac{{}_{x+y}\mathrm{C}_y}{2^{x+y}} = \dfrac{{}_{6-y}\mathrm{C}_y}{2^{6-y}}$ である. $y = 0, 1, 2, 3$ として加え, 求める確率は

$$\frac{{}_6\mathrm{C}_0}{2^6} + \frac{{}_5\mathrm{C}_1}{2^5} + \frac{{}_4\mathrm{C}_2}{2^4} + \frac{{}_3\mathrm{C}_3}{2^3}$$
$$= \frac{1}{64} + \frac{5}{32} + \frac{3}{8} + \frac{1}{8} = \frac{1 + 10 + 24 + 8}{64} = \frac{\mathbf{43}}{\mathbf{64}}$$

（**4**） 一周目に上がってしまうといけない. だから, A から 5 マス進んで F に行き（この確率を p とする）, 2 マス進んで B に行き（その確率は $\dfrac{1}{2}$）, B から A に行く（その確率は p）ときである. 表が x 回, 裏が y 回出て, 5 マス進むのは $x + 2y = 5$ となるときであり, その確率は $\dfrac{{}_{x+y}\mathrm{C}_y}{2^{x+y}} = \dfrac{{}_{5-y}\mathrm{C}_y}{2^{5-y}}$ である. $y = 0, 1, 2$ として加え, p は

$$p = \frac{{}_5\mathrm{C}_0}{2^5} + \frac{{}_4\mathrm{C}_1}{2^4} + \frac{{}_3\mathrm{C}_2}{2^3} = \frac{1}{32} + \frac{4}{16} + \frac{3}{8} = \frac{21}{32}$$

である. 求める確率は

$$p \cdot \frac{1}{2} \cdot p = \frac{21}{32} \cdot \frac{1}{2} \cdot \frac{21}{32} = \frac{\mathbf{441}}{\mathbf{2048}}$$

《確率の最大（B20）☆》

178. n を自然数とする. 数直線上で原点を出発点として点 P を動かす. 1 個のさいころを投げて出た目が 1, 2, 3, 4 ならば正の向きに 1 だけ進め, 出た目が 5, 6 ならば負の向きに 1 だけ進める. こ

の試行を $2n$ 回繰り返すとき，点 P の座標が x である確率を $p(x)$ と表す．次の問いに答えよ．

（1） $p(2n-2)$ を求めよ．

（2） k は $-n \leqq k \leqq n-1$ を満たす整数とする．
このとき，$\dfrac{p(2k+2)}{p(2k)} \leqq 1$ となる k の条件を求めよ．

（3） m を自然数とし，$n=3m+1$ とする．
$-n \leqq k \leqq n$ の範囲で，$p(2k)$ が最大となる整数 k をすべて求め，m を用いて表せ．

(23 信州大・理-後期)

▶解答◀ （1） 1個のさいころを振るとき，正の向きに 1 進む確率が $\dfrac{4}{6}=\dfrac{2}{3}$，負の向きに 1 進む確率が $\dfrac{2}{6}=\dfrac{1}{3}$ である．

$2n$ 回中，正の向きに 1 進むことが a 回，負の向きに 1 進むことが b 回起こるとする．

$p(2n-2)$ について

$$a+b=2n, \quad a-b=2n-2$$

を解いて，$a=2n-1, b=1$ であるから

$$p(2n-2) = {}_{2n}\mathrm{C}_1 \left(\frac{2}{3}\right)^{2n-1} \cdot \left(\frac{1}{3}\right)^1 = \frac{2n \cdot 2^{2n-1}}{9^n}$$

（2） $p(2k)$ について

$$a+b=2n, \quad a-b=2k$$

を解いて，$a=n+k, b=n-k$ であるから

$$p(2k) = {}_{2n}\mathrm{C}_{n+k} \left(\frac{2}{3}\right)^{n+k} \cdot \left(\frac{1}{3}\right)^{n-k}$$

$$= \frac{(2n)!}{(n+k)!(n-k)!}\left(\frac{2}{3}\right)^{n+k}\left(\frac{1}{3}\right)^{n-k}$$

$p(2k+2)$

$$= \frac{(2n)!}{(n+k+1)!(n-k-1)!}\left(\frac{2}{3}\right)^{n+k+1}\left(\frac{1}{3}\right)^{n-k-1}$$

$$\frac{p(2k+2)}{p(2k)} = \frac{(n+k)!(n-k)!}{(n+k+1)!(n-k-1)!} \cdot \frac{\frac{2}{3}}{\frac{1}{3}}$$

$$= \frac{2n-2k}{n+k+1}$$

$$\frac{p(2k+2)}{p(2k)} - 1 = \frac{2n-2k}{n+k+1} - 1$$

$$\frac{p(2k+2)-p(2k)}{p(2k)} = \frac{n-3k-1}{n+k+1}$$

$n-3k-1 \leqq 0$ を解いて $\dfrac{n-1}{3} \leqq k \leqq n-1$

（3） ここで $n=3m+1$ とすると $m \leqq k \leqq 3m$

$k=m$ のとき $p(2k)=p(2k+2)$

$m < k \leqq 3m$ のとき $p(2k)>p(2k+2)$

$$p(2m)=p(2m+2)>\cdots>p(6m)>p(6m+2)$$

$-3m-1 < k \leqq m-1$ のとき $p(2k)<p(2k+2)$

$$p(-6m-2)<p(-6m)<\cdots<p(2m-2)<p(2m)$$

よって，$p(2k)$ が最大となるのは $2k=2m, 2m+2$ すなわち $k=m, m+1$ のときである．

《確率の最大（B0）☆》

179. xy 平面において，原点を出発した動点 A は，確率 $\dfrac{1}{3}$ で x 軸の正の方向に距離 1 だけ移動し，確率 $\dfrac{2}{3}$ で y 軸の正の方向に距離 1 だけ移動する．また A は x 座標が 7 になったところで停止する．0 以上の整数 n に対して，A が点 $(7, n)$ に到達する確率を p_n とするとき，以下の設問に答えよ．

（1） p_n を求めよ．

（2） p_n を最大にする n を求めよ．

(23 東京女子大・数理)

▶解答◀ （1） A が原点から点 $(7, n)$ に到達するのは，$(n+6)$ 回の操作で点 $(6, n)$ に到達し，次の $(n+7)$ 回目の移動で点 $(7, n)$ に到達するときである．

よって，求める確率は

$$p_n = {}_{n+6}\mathrm{C}_6 \left(\frac{1}{3}\right)^6 \left(\frac{2}{3}\right)^n \cdot \frac{1}{3} = \frac{(n+6)!}{n!6!} \cdot \frac{2^n}{3^{n+7}}$$

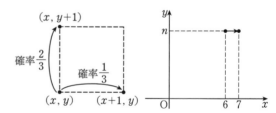

（2） $p_{n+1} - p_n = \dfrac{(n+7)!}{(n+1)!6!} \cdot \dfrac{2^{n+1}}{3^{n+8}} - \dfrac{(n+6)!}{n!6!} \cdot \dfrac{2^n}{3^{n+7}}$

$$= \frac{(n+6)!}{n!6!} \cdot \frac{2^{n+1}}{3^{n+8}}\left(\frac{n+7}{n+1} - \frac{3}{2}\right)$$

$$= \frac{(n+6)!}{n!6!} \cdot \frac{2^{n+1}}{3^{n+8}} \cdot \frac{11-n}{2(n+1)}$$

$0 \leqq n \leqq 10$ のとき $p_n < p_{n+1}$

$n=11$ のとき $p_n = p_{n+1}$

$n \geqq 12$ のとき $p_n > p_{n+1}$

$$p_0 < p_1 < p_2 < \cdots < p_{10} < p_{11} = p_{12}$$

$$p_{12} > p_{13} > p_{14}\cdots$$

p_n が最大になる n は $n=11, 12$ である．

《余事象でベン図を書く（B10）☆》

180. 4 枚のコインを同時に投げ，表が出たコインの枚数を数えることを 4 回繰り返した．

（1）　4回のすべてで表が出るコインの枚数が2以上になる確率は $\left(\dfrac{\Box}{\Box}\right)^4$ である．

（2）　4回の中で表が出るコインの枚数の最小値が2である確率は $\dfrac{\Box}{\Box}$ である．

（3）　4回の中で表が出るコインの枚数の最小値が2，かつ最大値が4である確率は $\dfrac{\Box}{\Box}$ である．

(23　埼玉医大・前期)

▶解答◀　（1）　4枚のコインを同時に投げる試行で，表が k 枚出る確率を p_k とする．$p_k = \dfrac{{}_4C_k}{2^4}$ である．1回の試行で表が出るコインの枚数が2枚以上になる確率は

$$p_2 + p_3 + p_4 = \frac{1}{2^4}({}_4C_2 + {}_4C_3 + {}_4C_4)$$

$$= \frac{1}{2^4}(6 + 4 + 1) = \frac{11}{16}$$

よって，4回のすべてで表が出るコインの枚数が2以上になる確率は $\left(\dfrac{11}{16}\right)^4$

（2）　4回とも表が2枚か3枚か4枚出る事象を A とし，このうち表が2枚出ない（3枚か4枚出る）事象を B とする．（1）の結果より

$$P(A) = \left(\frac{11}{16}\right)^4, \; P(B) = (p_3 + p_4)^4 = \left(\frac{5}{16}\right)^4$$

4回の中で表が出るコインの枚数の最小値が2である確率は

$$P(A) - P(B) = \left(\frac{11}{16}\right)^4 - \left(\frac{5}{16}\right)^4 = \frac{11^4 - 5^4}{16^4}$$

$$= \frac{(11^2 + 5^2)(11^2 - 5^2)}{2^{16}} = \frac{146 \cdot 96}{2^{16}}$$

$$= \frac{2 \cdot 73 \cdot 2^5 \cdot 3}{2^{16}} = \frac{\mathbf{219}}{\mathbf{1024}}$$

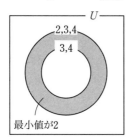

最小値が2

（3）　事象 A のうちで，表が4枚出ない（2枚か3枚出る）事象を C とすると

$$P(C) = (p_2 + p_3)^4 = \left(\frac{10}{16}\right)^4$$

$P(B \cap C)$ は，4回とも表が2枚も4枚も出ない（3枚

出る）確率であるから

$$P(B \cap C) = (p_3)^4 = \left(\frac{4}{16}\right)^4$$

よって，求める確率は

$$P(A) - P(B \cup C)$$

$$= P(A) - \{P(B) + P(C) - P(B \cap C)\}$$

$$= \left(\frac{11}{16}\right)^4 - \left\{\left(\frac{5}{16}\right)^4 + \left(\frac{10}{16}\right)^4 - \left(\frac{4}{16}\right)^4\right\}$$

$$= \frac{1}{16^4}\{(11^4 - 10^4) - (5^4 - 4^4)\}$$

$$= \frac{1}{2^{16}}\{(11^2 + 10^2)(11^2 - 10^2) - (5^2 + 4^2)(5^2 - 4^2)\}$$

$$= \frac{1}{2^{16}}(221 \cdot 21 - 41 \cdot 9) = \frac{4272}{2^{16}} = \frac{\mathbf{267}}{\mathbf{4096}}$$

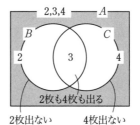

《くじ引き（B10）☆》

181. 当たりくじ4本とはずれくじ6本からなる10本のくじがある．この中からAが2本のくじを同時に引き，その後Bが2本のくじを同時に引く．ただし，Aが引いたくじは元には戻さないものとする．

（1）　Aの引いたくじが2本とも当たりである確率は $\dfrac{\text{セ}}{\text{ソタ}}$ である．

（2）　AとBが引いたくじの中に1本も当たりがない確率は $\dfrac{\text{チ}}{\text{ツテ}}$ である．

（3）　Aが引いたくじのうち1本だけが当たりで，かつBが引いたくじのうち1本だけが当たりである確率は，$\dfrac{\text{ト}}{\text{ナ}}$ である．

（4）　Bの引いたくじが2本とも当たりである確率は $\dfrac{\text{ニ}}{\text{ヌネ}}$ である．

(23　明治大・理工)

▶解答◀　（1）　10本のくじの中に当たりが4本あるから，求める確率は $\dfrac{{}_4C_2}{{}_{10}C_2} = \dfrac{4 \cdot 3}{10 \cdot 9} = \dfrac{2}{15}$

（2）　A，Bが2人ともはずれくじを引く確率である

から

$$\frac{{}_6C_2}{{}_{10}C_2} \cdot \frac{{}_4C_2}{{}_8C_2} = \frac{6 \cdot 5}{10 \cdot 9} \cdot \frac{4 \cdot 3}{8 \cdot 7} = \frac{1}{14}$$

（3） A，B が 2 人とも当たりくじ 1 本とはずれくじ 1 本を引く確率であるから

$$\frac{{}_4C_1 \cdot {}_6C_1}{{}_{10}C_2} \cdot \frac{{}_3C_1 \cdot {}_5C_1}{{}_8C_2} = \frac{4 \cdot 6}{45} \cdot \frac{3 \cdot 5}{28} = \frac{2}{7}$$

（4） A が先に引いてもその結果が分からない状態であるから，B が（10 本のくじにおいて）当たり 4 本から 2 本を選ぶ確率となる．求める確率は（i）と同様で

$$\frac{{}_4C_2}{{}_{10}C_2} = \frac{2}{15}$$

注意

くじに番号を付ける．2 本の引くくじについて，$\{1, 2\}$，$\{1, 3\}$，…，$\{9, 10\}$ の ${}_{10}C_2$ 通りの組合せがあり，これらはどれも等確率で起こる．

確率は，引いた結果（起こった結果）ではなく，引く前の状態で考えること（起こる現象について考えること）をおさえておく．

《タイプの分類（B20）☆》

182. 人形が 2 体ずつ入った中身の見えないカプセルがある．人形は 10 種類あり，同じ種類の人形は区別できない．各カプセルには異なる 2 種類の人形が 1 体ずつ入っている．また，2 種類の人形の組合せすべてについてカプセルがあり，どのカプセルも他のカプセルと中の人形の種類が少なくとも 1 つは異なるものとする．

すべてのカプセルのうちから 3 個を取り出し，それらの中に入っている合計 6 体の人形について，異なる種類が n 種類であるとする．次の問い（1）～（4）に答えよ．

（1） カプセルは全部で ☐ 個あり，各種類の人形はそれぞれ ☐ 個のカプセルに入っている．

（2） n のとり得る値の範囲は ☐ $\leqq n \leqq$ ☐ である．

（3） $n = 5$ となる確率は $\dfrac{☐}{☐}$ である．

（4） $n = 4$ となる確率は $\dfrac{☐}{☐}$ である．

（23 岩手医大）

▶解答◀ （1） 10 種類の人形に

1, 2, 3, …, 10 と番号をつける．人形 2 体の組合せは全部で ${}_{10}C_2 = 45$ 通りあるから，カプセルは全部で **45**

個ある．

また各種類の人形は，自分以外の 9 種類の人形とカプセルに入ることができる．よって，**9 個**のカプセルに入っている．

（2） 2 種類の人形のみで複数のカプセルを作ることはできないから $n \geqq 3$ である．$n = 3$ は，$\{1, 2\}$，$\{1, 3\}$，$\{2, 3\}$ のように取れば実現可能である．

そして，3 個のカプセルの中身の人形が全て異なるとき，$n = 6$（人形は全部で 10 体あるから可能である）であるから，$n \leqq 6$ である．

よって，**$3 \leqq n \leqq 6$**

（3） 全 45 個の中から 3 個のカプセルを取り出す組合せは，${}_{45}C_3$ 通りある．以下 $a, b, c, \cdots$ 等は異なる数を表す．

$n = 5$ のとき，$\{1, 2\}$，$\{1, 3\}$，$\{4, 5\}$ のように同じ種類の人形が 2 つのカプセルに入っていて，もう 1 つのカプセルには，それらと異なる人形が入っている場合．これを $\{a, b\}$，$\{a, c\}$，$\{d, e\}$ とする．

a が何かで 10 通りある．たとえば $a = 1$ のとき $\{b, c\}$（組合せ）が何かで ${}_9C_2$ 通りある．たとえば $a = 1$，$\{b, c\} = \{2, 3\}$ のとき $\{d, e\}$ が何かで ${}_7C_2$ 通りある．よって求める確率は

$$\frac{10 \cdot {}_9C_2 \cdot {}_7C_2}{{}_{45}C_3} = \frac{10 \cdot \dfrac{9 \cdot 8}{2 \cdot 2} \cdot \dfrac{7 \cdot 6}{2 \cdot 1}}{\dfrac{45 \cdot 44 \cdot 43}{3 \cdot 2 \cdot 1}}$$

$$= \frac{2 \cdot 9 \cdot 2 \cdot 7}{11 \cdot 43} = \frac{252}{473}$$

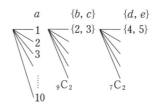

（4） $n = 4$ のとき

（ア） $\{a, b\}$，$\{a, c\}$，$\{a, d\}$ のタイプのとき．

a が何かで 10 通りあり，$\{b, c, d\}$ が何かで ${}_9C_3$ 通りある．このタイプは $10 \cdot {}_9C_3$ 通りある．

（イ） $\{a, b\}$，$\{a, c\}$，$\{b, d\}$ のタイプのとき（ただし $a < b$ とする）．

$\{a, b\}$ が何かで ${}_{10}C_2$ 通りある．

$\{1, 2\}$ のとき，1 の相手の c が何かで 8 通り，2 の相手の d が何かで 7 通りがある．このタイプは ${}_{10}C_2 \cdot 8 \cdot 7$ 通りある．よって，求める確率は

$$\frac{10 \cdot {}_9C_3 + {}_{10}C_2 \cdot 8 \cdot 7}{{}_{45}C_3}$$

$$= \frac{10 \cdot \dfrac{9 \cdot 8 \cdot 7}{3 \cdot 2 \cdot 1} + \dfrac{10 \cdot 9}{2 \cdot 1} \cdot 8 \cdot 7}{\dfrac{45 \cdot 44 \cdot 43}{3 \cdot 2 \cdot 1}}$$

$$= \frac{10 \cdot 9 \cdot 8 \cdot 7 + 10 \cdot 9 \cdot 8 \cdot 7 \cdot 3}{45 \cdot 44 \cdot 43}$$

$$= \frac{10 \cdot 9 \cdot 8 \cdot 7 \cdot 4}{45 \cdot 44 \cdot 43} = \frac{2 \cdot 8 \cdot 7}{11 \cdot 43} = \frac{112}{473}$$

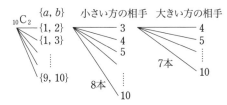

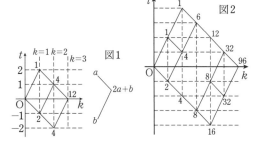

《視覚化する（B2）☆》

183. どの目も等しい確率で出る 1 個のサイコロを 1 回投げ，出た目が 3 の倍数ならば 2 点が加点され，3 の倍数でなければ 1 点が減点されるゲームをくり返し行う．最初の持ち点を 0 点とするとき，

（1） 3 回目のゲーム終了時に 0 点となる確率は $\dfrac{\boxed{}}{\boxed{}}$ である．

（2） 6 回目のゲーム終了時にはじめて 0 点となる確率は $\dfrac{\boxed{}}{\boxed{}}$ である．

（3） 3 回目のゲーム終了時に 0 点になり，9 回目のゲーム終了時に 2 回目の 0 点となる確率は $\dfrac{\boxed{}}{\boxed{}}$ である．

（4） 9 回目のゲーム終了時にはじめて 0 点となる確率は $\dfrac{\boxed{}}{\boxed{}}$ である． （23　久留米大・医）

▶解答◀ （1） 横軸に試行回数 k，縦軸に得点 t をとる．1 回の試行で，↗（ただし線分の傾きは 2）になる確率は $\dfrac{1}{3}$，↘（ただし線分の傾きは -1）になる確率は $\dfrac{2}{3}$ である．3 回目で 0 点になるのは，2 点加点の↗が 1 回，1 点減点の↘が 2 回起こるときであるから，求める確率は

$$_3\mathrm{C}_1 \cdot \frac{1}{3}\left(\frac{2}{3}\right)^2 = \frac{4}{9}$$

図 1 のように図に書き込んで表すことができる．図 1 の 12 は分子を表し，実際の数は $\dfrac{12}{3^3}$ である．以後，$k=1$ 等は書かない．また t，k の目盛りも書かない．

（2） 図 2 を見よ．ただし $k=3$ で $t=0$ になる経路は描いていない．求める確率は $\dfrac{96}{3^6} = \dfrac{32}{243}$ である．

（3）（1）と（2）の結果を用いる．求める確率は，$k=3$ で $t=0$ になり（確率 $\dfrac{4}{9}$），次の 3 回では 0 点にならず 6 回後に $t=0$ になる（確率 $\dfrac{32}{243}$）ときの確率であるから

$$\frac{4}{9} \cdot \frac{32}{243} = \frac{128}{2187}$$

（4） 図 3 を見よ．$k=3$ や $k=6$ で $t=0$ になる経路は描いていない．求める確率は $\dfrac{1344}{3^9} = \dfrac{448}{6561}$

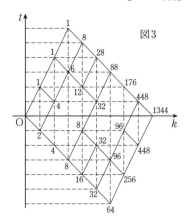

注意【計算で押す】

k 回後に $t=0$ になるのは k が 3 の倍数のときである．途中で $t=0$ になってもよいとして，$3k$ 回後に $t=0$ になる確率を $P(3k)$ と表すことにする．計算の都合上，ひとまず約分はしない．

$$P(3k) = {}_{3k}\mathrm{C}_k \left(\frac{1}{3}\right)^k \left(\frac{2}{3}\right)^{2k}$$

（1）は $P(3) = {}_3\mathrm{C}_1\left(\dfrac{1}{3}\right)\left(\dfrac{2}{3}\right)^2 = \dfrac{12}{27}$

（2）は

$$P(6) - P(3)P(3) = {}_6\mathrm{C}_2\left(\frac{1}{3}\right)^2\left(\frac{2}{3}\right)^4 - \frac{144}{3^6}$$
$$= \frac{15 \cdot 16 - 144}{3^6} = \frac{96}{3^6}$$

（4）は $P(9)$ から，「$k=3$ で $t=0$ になり，ちょうど後 6 回で $t=0$ になる（その 3 回目では $t=0$ にならない）」「$k=6$ で $t=0$ になり（その 3 回目では

$t = 0$ にならない），後3回で $t = 0$ になる」「3回ごとに $t = 0$ になる」を除くと考える．

$$P(9) - \frac{96 \cdot 12 \cdot 2 + 12^3}{3^9}$$
$$= \frac{3 \cdot 4 \cdot 7 \cdot 2^6 - 2304 - 1728}{3^9}$$
$$= \frac{5376 - 4032}{3^9} = \frac{1344}{3^9}$$

【条件付き確率】

──《よい問題文 (B20) ☆》──

184. 確率 p でシュートを成功させる選手がいる．ある試合中に，この選手は3回のシュートを試みた．

（1） この選手が3回目で初めてシュートを成功させた確率を，p を用いて表せ．

この選手の親は試合を観戦できなかったが，「3回のシュートのうち少なくとも1回のシュートを成功させた」という事象 A が起こったことを知った．この事象 A が起こったときに，この選手が3回目で初めてシュートを成功させる条件付き確率は $\frac{25}{109}$ であるという．

（2） p の値を求めよ．

（3） 事象 A が起こったときに，この選手が2回目で初めてシュートを成功させる条件付き確率を求めよ．

(23 札幌医大)

▶解答◀ （1） この選手がシュートを失敗する確率は $1 - p$ であり，3回目で初めてシュートを成功させるのは，1, 2回目で失敗して，3回目で成功させるときなので，求める確率は，$(1 - p)^2 p$

（2） 事象 A が起こる確率 $P(A)$ は3回とも失敗することの余事象の確率である．よって

$$P(A) = 1 - (1 - p)^3 = 3p - 3p^2 + p^3$$

3回目で初めてシュートを成功させる条件つき確率を p_1 とすると

$$p_1 = \frac{(1 - p)^2 p}{P(A)} = \frac{(1 - p)^2}{3 - 3p + p^2}$$

であり，$p_1 = \frac{25}{109}$ であるから

$$\frac{(1 - p)^2}{3 - 3p + p^2} = \frac{25}{109}$$

$$(7p - 2)(12p - 17) = 0$$

$0 \leqq p \leqq 1$ より，$p = \dfrac{2}{7}$

（3） 2回目で初めてシュートを成功させる確率は $(1 - p)p$ であるから，求める条件付き確率は

$$\frac{(1 - p)p}{P(A)} = \frac{1 - p}{3 - 3p + p^2} = \frac{\dfrac{5}{7}}{\dfrac{109}{49}} = \frac{35}{109}$$

注意 【素晴らしい問題文】

条件付き確率 $P_A(B)$ とは，事象 A が起こったという条件のもとで事象 B が起こる確率といわれるものである．多くの場合，時間の順序の関係で，「A が起こってしまった．そのとき B が起こった確率を求めよ」という形になる．そのとき現場にいて，経過をつぶさに見ていたら，「今さっき起こったことを，もう忘れたのか？ボケが」と思えることが少なくない．本問では，そうした不自然さを消そうと工夫している．大変好ましい．なお，その選手がシュートを成功させる確率など，本当は，わからない．私はそれを神様が与えた確率といっている．機械学習の世界では教師あり（教師が教えている）という．

──《(B20) ☆》──

185. さいころ A とさいころ B がある．はじめに，さいころ A を2回投げ，1回目に出た目を a_1，2回目に出た目を a_2 とする．次に，さいころ B を2回投げ，1回目に出た目を b_1，2回目に出た目を b_2 とする．次の問いに答えよ．

（1） $a_1 \geqq b_1 + b_2$ となる確率を求めよ．

（2） $a_1 + a_2 > b_1 + b_2$ となる確率を求めよ．

（3） $a_1 + a_2 > b_1 + b_2$ という条件のもとで，$a_2 = 1$ となる条件付き確率を求めよ．

(23 横浜国大・理工，都市，経済，経営)

▶解答◀ （1） $a_1 + a_2 = 2$ のとき $(a_1, a_2) = (1, 1)$ の1通りある．$a_1 + a_2 = 3$ のとき $(a_1, a_2) = (1, 2), (2, 1)$ の2通りある．$a_1 + a_2 = X$ に対して，(a_1, a_2) が何通りあるかを表にする．

X	2	3	4	5	6	7	8	9	10	11	12
	1	2	3	4	5	6	5	4	3	2	1

$A = a_1 + a_2$，$B = b_1 + b_2$ とおく．$6 \geqq a_1 \geqq B \geqq 2$ である．

$a_1 = 6$ のとき，$6 \geqq B \geqq 2$ を満たす (b_1, b_2) は $5 + 4 + 3 + 2 + 1 = 15$ 通りある．以下，(b_1, b_2) は

$a_1 = 5$ のとき，$4 + 3 + 2 + 1 = 10$ 通り

$a_1 = 4$ のとき，$3 + 2 + 1 = 6$ 通り

$a_1 = 3$ のとき，$2 + 1 = 3$ 通り

$a_1 = 2$ のとき，1通り

求める確率は，$\dfrac{1}{6^3}(15 + 10 + 6 + 3 + 1) = \dfrac{35}{216}$ で

ある．

（2） $12 \geqq A > B \geqq 2$ である．

$A = 12$ となる (a_1, a_2) は 1 通りあり，$12 > B \geqq 2$ となる (b_1, b_2) は 35 通りある．以下同様に，

$A = 11$ のとき，(a_1, a_2) は 2 通り，(b_1, b_2) は 33 通り

$A = 10$ のとき，3 通りと 30 通り

$A = 9$ のとき，4 通りと 26 通り

$A = 8$ のとき，5 通りと 21 通り

$A = 7$ のとき，6 通りと 15 通り

$A = 6$ のとき，5 通りと 10 通り

$A = 5$ のとき，4 通りと 6 通り

$A = 4$ のとき，3 通りと 3 通り

$A = 3$ のとき，2 通りと 1 通り

求める確率は

$$\frac{1}{6^4}(1 \cdot 35 + 2 \cdot 33 + 3 \cdot 30 + 4 \cdot 26 + 5 \cdot 21$$
$$+ 6 \cdot 15 + 5 \cdot 10 + 4 \cdot 6 + 3 \cdot 3 + 2 \cdot 1)$$
$$= \frac{1}{6^4}(35 + 66 + 90 + 104 + 105$$
$$+ 90 + 50 + 24 + 9 + 2) = \frac{575}{1296}$$

（3） $A > B$ であるという事象を Q，$a_2 = 1$ であるという事象を R とすると（2）より $P(Q) = \frac{575}{6^4}$ である．事象 $Q \cap R$ は $a_1 + 1 > B$，すなわち，$a_1 \geqq B$ で表されるから，（1）より $P(Q \cap R) = \frac{1}{6} \cdot \frac{35}{6^3} = \frac{35}{6^4}$ である．求める確率は，$P_Q(R) = \dfrac{P(Q \cap R)}{P(Q)} = \dfrac{35}{575} = \dfrac{7}{115}$

─────《（C30）》─────

186. n を 3 以上の整数とする．n 個の数 $1, 2, \cdots, n$ を重複することなく縦方向に並べてできる順列に対し，次の手続きを考える．

> まず c を 0，x を n とおき，次の操作を x が 0 となるまで繰り返す．
>
> 操作 順列の中で x が一番下ではなく，かつ x の一つ下にある数 y が x 未満のときは，x と y を順列の中で入れ替えることにより新たな順列を作り，さらに c を 1 だけ増やす．そうでないときは x から 1 だけ減じた数を改めて x とおき，c は変化させない．
>
> この操作が終了したときの c の値を，元の順

列の入れ替え数という．

$n = 4$ のとき，この手続きを次の（例1）の一番左にある順列に施すと，矢印の順に変化していくことになる．

	順列	2 1 4 3	→	2 1 3 4	→	2 1 3 4	→	2 1 3 4	→	1 2 3 4	→	1 2 3 4	→	1 2 3 4
（例1）	x の値	4	→	4	→	3	→	2	→	2	→	1	→	0
	c の値	0	→	1	→	1	→	1	→	2	→	2	→	2

したがって，上の（例1）の一番左にある順列の入れ替え数は 2 である．以下の問いに答えよ．

（1） $n = 3$ のときの順列をすべて挙げ，それぞれの順列の入れ替え数を求めよ．

（2） 1 から 4 までの数が一つずつ書かれた 4 枚のカードをよくかき混ぜ，縦方向に並べて順列を作る．この順列において 4 が一番下であるとき，順列の入れ替え数が 2 である条件付き確率を求めよ．

（3） 1 から n までの数が一つずつ書かれた n 枚のカードをよくかき混ぜ，縦方向に並べて順列を作るとき，この順列の入れ替え数が 2 である確率を求めよ．(23 広島大・光り輝き入試-理（数))

▶**解答**◀ 解説とともに書く．まず，問題文の例1にある状態をそのまま $\begin{matrix} 2 \\ 1 \\ 4 \\ 3 \end{matrix}$ と書くと見づらい．区切りがないからだ．$\begin{pmatrix} 2 \\ 1 \\ 4 \\ 3 \end{pmatrix}$ と書くと多少は改善される．しかし，上下の幅が鬱陶しいから左か右に向かって $(2, 1, 4, 3)$ と書く方が場所が効率的に使える．このように，上から下でなく，左から右に一列で書いて，さらに，丸括弧で括る．

問題文が何を書いているのか，分かりにくい．なぜ x があるのか，意味がわからない．つきあっていられないから解説を書く．まず最大数に着目する．$(2, 1, 4, 3)$ の場合では 4 である．これが右端にあれば，そのままとする．右端になければ「右隣と左右の交替をする」を，4 が右端になるまで繰り返す．次は 3 に着目して同じことを，3 が 4 の左隣になるまで繰り返す．以後，同様に繰り返し，$(1, 2, 3, 4)$ が最終形

になるまで繰り返し，それまでに行った「左右の交替の回数」を c とする．左右の 2 数で交替するということは任意の 2 数を比べ，左の方が大きいという組の個数（転倒数と呼ぶ方がよい）の総数が問題である．

一般の場合，左から右に向かって n 個の数があり，その 2 数の組合せ ${}_nC_2$ 通りについて，左の方が右の方より大きい場合，転倒していると呼び，その転倒を解消するために入れ替えるのである．転倒数は，動作の結果で入れ替わる．「入れ替え数」でなく「転倒数」と呼び $t(2, 1, 4, 3) = 2$ のように書く．$(2, 1, 4, 3)$ では，2 と 1 の組 $(2, 1)$ の 1 組，4 と 3 の組 $(4, 3)$ の 1 組，合計 2 組ということである．なお，最初に最大数を右端にするために入れ替えるとき，他の 2 数の転倒数には影響を与えない．これを繰り返すから，最初の状態での転倒数が，最終的な入れ替えの回数になる．

（1）　$t(1, 2, 3) = 0$, $t(1, 3, 2) = 1$

$t(2, 1, 3) = 1$, $t(2, 3, 1) = 2$

$t(3, 1, 2) = 2$, $t(3, 2, 1) = 3$

（2）　「4 が一番下であるとき」というのは，「4 が一番右であるとき」である．すると，4 は入れ替えに参加しない．1, 2, 3 の順列は 6 通りあり，そのうち入れ替えが 2 であるのは 2 つある．ゆえに求める確率は $\dfrac{2}{6} = \dfrac{1}{3}$ である．「条件付き確率」などと書くのは無駄に複雑にしている．

（3）　最終形が $(1, 2, \cdots, n)$ である．転倒数が 2 であるのは

● 隣合う 2 つの数が 2 組入れ替わるとき：

$2 \leq i < j \leq n$ を満たす i, j（ただし $j - i \geq 2$）に対して左から i, $i-1$ と並び（これを入れ替えて $i-1$, i にする），j, $j-1$ と並ぶとき（これを入れ替えて $j-1$, j にする）である．$2 \leq i < j-1 \leq n-1$ であるから，$2, \cdots, n-1$ の $n-2$ 個の自然数から 2 個の自然数を選ぶと考え ${}_{n-2}C_2 = \dfrac{1}{2}(n-2)(n-3)$ 通りある．なお，$n = 3$ のときはこのような数はないが，答えに影響を与えない．

● 連続する 3 つの数が入れ替わるとき：

$t(2, 3, 1) = 2$, $t(3, 1, 2) = 2$ と 2 タイプあったことを思い出そう．$2 \leq i \leq n-1$ の i（i は $n-2$ 通りある）に対して，2 回の入れ替え後に，最終形が $i-1$, i, $i+1$ になる場合，$i+1$ は入れ替え前には，右端にあってはいけない．中央か，左端である．中央の場合は，

$(i, i+1, i-1) \to (i, i-1, i+1) \to (i-1, i, i+1)$

左端の場合は

$(i+1, i-1, i) \to (i-1, i+1, i) \to (i-1, i, i+1)$

転倒数が 2 となる順列は $2(n-2)$ 通りある．求める確率は

$$\frac{\dfrac{1}{2}(n-2)(n-3) + 2(n-2)}{n!} = \frac{(n-2)(n+1)}{2(n!)}$$

《設定いろいろ（B20）》

187. さいころを 2 回投げ，1 回目に出た目を a，2 回目に出た目を b とする．

$$X = \log_2 a + \log_2 b - \log_2(a+b)$$

と定めるとき，以下の問いに答えよ．

（1）　$X = -1$ となる確率を求めよ．

（2）　$X = 1$ となる確率を求めよ．

（3）　X が整数となったとき，$X = 1$ である確率を求めよ．　　　（23　福井大・工，教育，国際）

▶解答◀　（1）　$X = \log_2 \dfrac{ab}{a+b}$

(a, b) は全部で $6^2 = 36$ 通りある．

$X = -1$ のとき，$\dfrac{ab}{a+b} = \dfrac{1}{2}$

$ab = \dfrac{1}{2}a + \dfrac{1}{2}b$

$\left(a - \dfrac{1}{2}\right)\left(b - \dfrac{1}{2}\right) = \dfrac{1}{4}$

$(2a-1)(2b-1) = 1$

$2a - 1 = 1, 2b - 1 = 1$

$(a, b) = (1, 1)$

求める確率は $\dfrac{1}{36}$

（2）　$X = 1$ のとき，$\dfrac{ab}{a+b} = 2$

$2 = a \cdot \dfrac{b}{a+b} < a$ となり $a > 2$ である．同様に $b > 2$ である．

$ab - 2a - 2b = 0$

$(a-2)(b-2) = 4$

$(a-2, b-2) = (1, 4), (2, 2), (4, 1)$

$(a, b) = (3, 6), (4, 4), (6, 3)$

求める確率は $\dfrac{3}{36} = \dfrac{1}{12}$

（3）　$\dfrac{ab}{a+b} = \dfrac{b}{1 + \dfrac{b}{a}}$ で b を固定して a を大きくすると分母は小さくなり全体は大きくなる．a の増加関数である．b についても b の増加関数である．

よって，$a = 1, b = 1$ で最小値 $\dfrac{1}{2}$，$a = 6, b = 6$ で最大値 $\dfrac{36}{12} = 3$ をとる．よって，$\dfrac{1}{2} \leq \dfrac{ab}{a+b} \leq 3 < 4$

$-1 \leq X < 2$

X が整数になるのは $X = -1, 0, 1$ のときに限る.

$X = 0$ のとき $\dfrac{ab}{a+b} = 1$

$$(a-1)(b-1) = 1$$

$a-1 = b-1 = 1$ で $a = b = 2$

よって, X が整数になるのは

$$(a, b) = (1, 1), (2, 2), (3, 6), (4, 4), (6, 3)$$

の 5 通りに限り, このうち $X = 1$ になるのは (2) の 3 通りである. 求める確率は $\dfrac{3}{5}$

《奇妙な操作につきあう (B20)》

188. 空のつぼ A, B, C と, 赤玉と白玉が 1 つずつある. まず, 赤玉を A に入れる. 次に, 以下の手順 (ア), (イ), (ウ) を順に行う.

(ア) さいころを投げて, 出た目の数が, 1 または 2 ならば白玉を A に入れ, 3 または 4 ならば白玉を B に入れ, 5 または 6 ならば白玉を C に入れる.

(イ) さいころを投げて, 出た目の数が, 1 または 2 ならば A の中身を確かめ, 3 または 4 ならば B の中身を確かめ, 5 または 6 ならば C の中身を確かめる.

(ウ) (イ) で中身を確かめたつぼが空であれば, A に入っている赤玉をとり出し, B と C のうち (イ) で中身を確かめていないつぼに赤玉を入れる. (イ) で中身を確かめたつぼが空でなければ, 何もしない.

このとき, 次の問いに答えよ.

(1) (ウ) のあとで赤玉と白玉が同じつぼに入っている確率 p_1 を求めよ.

(2) 「(イ) において, 出た目の数が 5 または 6 であり, かつ C の中身を確かめたところ C が空であった」という条件のもとで, (ウ) のあとで赤玉と白玉が同じつぼに入っている条件付き確率 p_2 を求めよ.

(3) 「(ウ) のあとで赤玉と白玉が同じつぼに入っていた」という条件のもとで, (ウ) のあとで赤玉と白玉が A に入っている条件付き確率 p_3 を求めよ.

(23 京都工繊大・後期)

▶**解 答**◀ (1) 赤玉を R, 白玉を W, 空を O で表し, たとえば A に R と W が入り, B が空, C も空の場合を (RW, O, O) と表す.

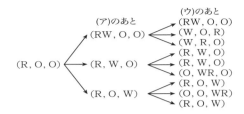

(ウ) のあとで R と W が同じつぼに入っているのは (RW, O, O), (O, WR, O), (O, O, WR) の 3 通りあるから, 求める確率は $\dfrac{3}{9} = \dfrac{1}{3}$ である.

(2) (イ) から (ウ) にかけて

$$(RW, O, O) \rightarrow (W, R, O)$$
$$(R, W, O) \rightarrow (O, WR, O)$$

の 2 通りの場合があり, (ウ) のあとで R と W が同じつぼにあるのは後者のみだから求める確率は $\dfrac{1}{2}$

(3) (ウ) のあとで (RW, O, O), (O, WR, O), (O, O, WR) の 3 通りの場合があり R と W が A にあるのは (RW, O, O) のときだから求める確率は $\dfrac{1}{3}$

《操作を変える (C20)》

189. 関数 $f(x) = \dfrac{1}{1-x}$, $g(x) = \dfrac{x}{x-1}$ がある. $a_0 = \dfrac{1}{3}$ とし, コインを n 回投げて, 数列 $a_1, a_2, \cdots, a_n$ を

$$\begin{cases} k \text{ 回目に表が出たとき } a_k = f(a_{k-1}) \\ k \text{ 回目に裏が出たとき } a_k = g(a_{k-1}) \end{cases}$$

$(k = 1, 2, \cdots, n)$ で定める.

(1) $n = 2$ のとき, $a_2 = -2$ である確率を求めよ.

(2) $n = 3$ のとき, $a_3 = -2$ である確率を求めよ.

(3) コインを投げた回数 n が 3 以上のとき, a_n の取り得る値をすべて求めよ.

(4) n 回のうち表の出た回数が 1 であったとき, $a_n = -2$ である条件つき確率を求めよ.

(23 名古屋工大)

▶**解 答**◀ $f(x) + g(x) = \dfrac{1}{1-x} + \dfrac{x}{x-1}$

$$= \dfrac{-1+x}{x-1} = 1$$

であるから

$$f(a_k) + g(a_k) = 1$$

これを利用して計算する.

(1) $a_1 = f(a_0) = f\left(\dfrac{1}{3}\right) = \dfrac{1}{1 - \dfrac{1}{3}} = \dfrac{3}{2}$

または $a_1 = g(a_0) = 1 - f(a_0) = -\dfrac{1}{2}$

（ア） $a_1 = \frac{3}{2}$ のとき

$a_2 = f(a_1) = f\left(\frac{3}{2}\right) = \frac{1}{1 - \frac{3}{2}} = -2$

または $a_2 = g(a_1) = 1 - f(a_1) = 3$

（イ） $a_1 = -\frac{1}{2}$ のとき

$a_2 = f(a_1) = f\left(-\frac{1}{2}\right) = \frac{1}{1 + \frac{1}{2}} = \frac{2}{3}$

または $a_2 = g(a_1) = 1 - f(a_1) = \frac{1}{3}$

　よって，$a_2 = -2$ となる確率は $\frac{1}{4}$ である．

（2）（1）と同様に計算する．

（ア） $a_2 = -2$ のとき $a_3 = f(a_2) = f(-2) = \frac{1}{3}$

または $a_3 = g(a_2) = 1 - f(a_2) = \frac{2}{3}$

（イ） $a_2 = 3$ のとき $a_3 = f(a_2) = f(3) = -\frac{1}{2}$

または $a_3 = g(a_2) = 1 - f(a_2) = \frac{3}{2}$

（ウ） $a_2 = \frac{2}{3}$ のとき $a_3 = f(a_2) = f\left(\frac{2}{3}\right) = 3$

または $a_3 = g(a_2) = 1 - f(a_2) = -2$

（エ） $a_2 = \frac{1}{3}$ のとき $a_3 = f(a_2) = f\left(\frac{1}{3}\right) = \frac{3}{2}$

または $a_3 = g(a_2) = 1 - f(a_2) = -\frac{1}{2}$

　よって，$a_3 = -2$ となる確率は $\frac{1}{8}$ である．

（3）（2）より，a_3 のとり得る値は，すべて a_0, a_1, a_2 のとり得る値で出て来ているから，a_4 以降のとり得る値も a_3 までの値である（図1）．

　よって，a_n のとり得る値は，$-2, -\frac{1}{2}, \frac{1}{3}, \frac{2}{3}, \frac{3}{2}, 3$ である．

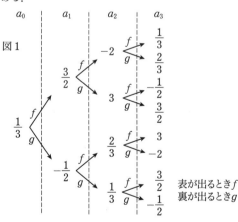

図1

表が出るとき f
裏が出るとき g

（4）n 回のうち表が出る回数が1である事象を I とする（図2）．$P(I) = {}_nC_1\left(\frac{1}{2}\right)^{n-1} \cdot \frac{1}{2} = \frac{n}{2^n}$ である．

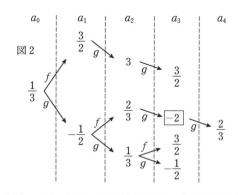

図2

　また，n 回のうち表の出る回数が1のとき図2より，表が出る後は $\frac{3}{2}$ または $\frac{2}{3}$ である．

　$\frac{3}{2}$ の後は，$3, \frac{3}{2}, 3, \frac{3}{2}, \cdots$ と繰り返し，$\frac{2}{3}$ の後は，$-2, \frac{2}{3}, -2, \frac{2}{3}, \cdots$ と繰り返す．

　$a_n = -2$ になる事象を N とする．n 回のうち表の出る回数が1でありかつ $a_n = -2$ となるのは，n が3以上の奇数かつ $2, 4, \cdots, n-1$ 回目のいずれか1回のみに表が出るときのみである．

　$P(I \cap N) = \frac{n-1}{2}\left(\frac{1}{2}\right)^{n-1} \cdot \frac{1}{2} = \frac{n-1}{2^{n+1}}$ である．

　よって，求める条件つき確率 $P_I(N) = \frac{P(I \cap N)}{P(I)}$ は

n が3以上の奇数のとき $P_I(N) = \dfrac{\frac{n-1}{2^{n+1}}}{\frac{n}{2^n}} = \dfrac{n-1}{2n}$

上記以外のとき， $P_I(N) = 0$

《数の和を考える（B20）☆》

190. スペード，クローバー，ダイヤ，ハート，ジョーカーの5種類の模様が描かれたカードがある．スペード，クローバー，ダイヤ，ハートの模様が描かれたカードは13枚ずつあり，それぞれ1から13のうちのすべて異なる1つの数字が書かれている．ジョーカーは1枚だけである．これら計53枚のカードが入っている中が見えない袋から，ジョーカーが出るまでカードを戻すことなく連続して取り出す．次の問いに答えよ．

（1）5枚目にジョーカーが取り出される確率を求めよ．

（2）5枚目にジョーカーが取り出されたという条件のもと，1枚目から4枚目に取り出されたカードの種類がすべて異なる条件付き確率を求めよ．

（3）5枚目にジョーカーが取り出され，1枚目から4枚目に取り出されたカードの種類がすべて異なっていたという条件のもと，1枚目から4枚目に取り出されたカードの数字の和が17であるという条件付き確率を求めよ．

（23 名古屋市立大・後期）

▶解答◀ （1）5枚目に取り出すカードは53通りある．このうちジョーカーを取り出すのは1通りあるから，求める確率は $\frac{1}{53}$ である．

（2）5枚目にジョーカーが取り出されたとき，1枚目から4枚目のカードの順列は $52 \cdot 51 \cdot 50 \cdot 49$ 通りある．このうち，カードの種類がすべて異なるのは $52 \cdot 39 \cdot 26 \cdot 13$ 通りあるから，求める条件付き確率は

$$\frac{52 \cdot 39 \cdot 26 \cdot 13}{52 \cdot 51 \cdot 50 \cdot 49} = \frac{13^3}{17 \cdot 25 \cdot 49} = \frac{2197}{20825}$$

（3）スペードをS，クローバーをC，ダイヤをD，ハートをHと書き，例えばハートの6はH6と表す．

5枚目にジョーカーが取り出され，1枚目から4枚目に取り出されたカードの種類がすべて異なっていたとき，4枚のカードの順列は $52 \cdot 39 \cdot 26 \cdot 13$ 通りある．このうち4枚のカードの数の和が17となるものを調べる．

例えば，1枚目から順に，S3，D5，H6，C3となる場合である．数の順序を変えて，S5，D3，H6，C3となるものや，種類の順序を変えて，D3，S5，H6，C3となるものとは区別があることに注意する．

まず，4枚のカードの数の順列の数を求める．1枚目から4枚目のカードに書かれた数を順に a, b, c, d とする．$a+b+c+d=17$ となる1以上13以下の整数の組 (a, b, c, d) の個数を求める．○を17個並べておいて，その間の16か所から3か所に仕切りを入れて，1本目の仕切りから左の○の個数を a，1本目と2本目の仕切りの間の○の個数を b，2本目と3本目の仕切りの間の○の個数を c，3本目の仕切りから右の○の個数を d と考えると，その組合せは $_{16}C_3 = \frac{16 \cdot 15 \cdot 14}{3 \cdot 2} = 16 \cdot 5 \cdot 7 = 560$ 通りある．

○Ⅴ○Ⅴ○Ⅴ○Ⅴ○Ⅴ○Ⅴ○　| | |
17個

このうち
$$(a, b, c, d) = (1, 1, 1, 14), (1, 1, 14, 1),$$
$$(1, 14, 1, 1), (14, 1, 1, 1)$$
の4通りは不適であるから，(a, b, c, d) は $560 - 4 =$

556通りある．

次に4枚のカードの種類について考える．1枚目は a と書かれたカードはS，C，D，Hの4枚あるから4通り．2枚目は b と書かれた4枚のカードのうち，1枚目とは異なる種類のカードから選ぶから3通り．以下同様にして，3枚目は2通り，4枚目は1通りある．4枚のカードの種類の順列は4!通りある．

以上より，求める条件付き確率は

$$\frac{556 \cdot 4!}{52 \cdot 39 \cdot 26 \cdot 13} = \frac{556 \cdot 4!}{13^4 \cdot 4!} = \frac{556}{28561}$$

《5桁の3進数（B30）》

191. 3進法で表すと5桁となるような自然数全体の集合を X とする．また，X に含まれる自然数 x に対して，x を3進法で $abcde_{(3)}$ と表すときの各桁の総和 $a+b+c+d+e$ を $S(x)$ とおく．例えば，10進数86は3進法で $10012_{(3)}$ と表されるため，$S(86) = 1+0+0+1+2 = 4$ である．

（1）10進数199を3進法で表し，$S(199)$ を求めよ．

（2）X の要素の個数を求めよ．

（3）X から1つの要素を選び，さらに，各面に1，2，3，4，5，6の数字の1つずつが重複なく書かれた1個のさいころを1回投げる．ただし，X のどの要素が選ばれる確率も同じであるとする．選ばれた X の要素を x，出たさいころの数字を r とおいたとき，次の確率を求めよ．

（ⅰ）$x \geq 162$ かつ等式 $S(x) = r$ が成り立つ確率．

（ⅱ）x が9の倍数であって r が奇数であったときに，等式 $S(x) = r$ が成り立つ確率．

（23 お茶の水女子大・前期）

▶解答◀ （1）$199 = \mathbf{21101}_{(3)}$

$$S(199) = 2+1+1+0+1 = \mathbf{5}$$

```
3)199
 3) 66 … 1
  3) 22 … 0
   3)  7 … 1
       2 … 1
```

（2）X の要素を $abcde_{(3)}$ と表すと，a は1，2の2通り，b, c, d, e は0，1，2の3通りずつあるから，X の要素の個数は $2 \cdot 3^4 = \mathbf{162}$ である．

（3）（ⅰ）(x, r) の総数は $162 \cdot 6 = 972$ 通り．

$162 = 2 \cdot 3^4 = 20000_{(3)}$ であるから，$x \geq 162$ のとき，$x = 2bcde_{(3)}$ と表せる．b, c, d, e は0，1，2の

いずれかである．さらに $S(x) = r$ のとき

$$2 + b + c + d + e = r$$
$$b + c + d + e = r - 2 \quad\cdots\cdots\cdots\cdots\cdots① $$

$r - 2 \leqq 4$ であるから，b, c, d, e の和は 4 以下であり，その組合せは

$$\{0, 0, 0, 0\}, \{0, 0, 0, 1\}, \{0, 0, 0, 2\},$$
$$\{0, 0, 1, 1\}, \{0, 0, 1, 2\}, \{0, 1, 1, 1\},$$
$$\{0, 0, 2, 2\}, \{0, 1, 1, 2\}, \{1, 1, 1, 1\}$$

である．b, c, d, e の順列の総数を求める．

$\{0, 0, 0, 0\}$, $\{1, 1, 1, 1\}$ のとき，b, c, d, e の順列は 1 通りずつある．

$\{0, 0, 0, 1\}$, $\{0, 0, 0, 2\}$, $\{0, 1, 1, 1\}$ のとき，b, c, d, e の順列は ${}_4C_1 = 4$ 通りずつある．

$\{0, 0, 1, 1\}$, $\{0, 0, 2, 2\}$ のとき，b, c, d, e の順列は ${}_4C_2 = 6$ 通りずつある．

$\{0, 0, 1, 2\}$, $\{0, 1, 1, 2\}$ のとき，b, c, d, e の順列は $\dfrac{4!}{2!} = 12$ 通りずつある．

よって，全部で $1 \cdot 2 + 4 \cdot 3 + 6 \cdot 2 + 12 \cdot 2 = 50$ 通りある．一方，b, c, d, e の順列 1 つに対して①を満たす r はただ 1 つ存在するから，求める確率は

$$\frac{50}{972} = \frac{25}{486}$$

（ⅱ）x が 9 の倍数であって r が奇数であるという事象を A，$S(x) = r$ が成り立つという事象を B とする．

A が起こるとき，x は $9 = 3^2$ の倍数で $x = abc00_{(3)}$ と表されるから，その個数は $2 \cdot 3^2 = 18$ である．また，r は奇数で $r = 1, 3, 5$ の 3 通り．よって

$$n(A) = 18 \cdot 3 = 54$$

$A \cap B$ が起こるとき，$x = abc00_{(3)}$ と表され，また，$r = 1, 3, 5$ と $S(x) = r$ であるから，$a + b + c = 1, 3, 5$ である．a, b, c の組合せは

$$\{0, 0, 1\}, \{0, 1, 2\}, \{1, 1, 1\}, \{1, 2, 2\}$$

であり，$a \neq 0$ に注意すると，a, b, c の順列の総数は

$$1 + 2 \cdot 2! + 1 + {}_3C_1 = 1 + 4 + 1 + 3 = 9$$

a, b, c の順列 1 つに対して r はただ 1 つ存在するから

$$n(A \cap B) = 9$$

以上より，求める条件付き確率は

$$P_A(B) = \frac{n(A \cap B)}{n(A)} = \frac{9}{54} = \frac{1}{6}$$

《玉の取り出しの列 (B20)》

192. 袋の中に赤玉 3 個と白玉 3 個が入っており，

袋の外に白玉がたくさんある．この袋の中から 1 個の玉を取り出して色を確認し，赤玉ならその玉の代わりに袋の外の白玉を 1 つ袋に入れ，白玉ならその玉を袋に戻す．

この操作を繰り返し，袋の中の玉がすべて白玉になるか，または白玉を取り出した回数の合計が 2 回になったところで操作を終了する．

（1）2 個目の玉を取り出したところで操作が終了となる確率は $\dfrac{\Box}{\Box}$ である．

3 個目の玉を取り出したところで操作が終了となる確率は $\dfrac{\Box}{\Box}$ である．

（2）4 個目の玉を取り出し，かつその玉が 3 個目の赤玉である確率は $\dfrac{\Box}{\Box}$ である．

（3）4 個目の玉を取り出し操作が終了となったとき，白玉が袋から連続して取り出されている条件付き確率は $\dfrac{\Box}{\Box}$ である． (23 獨協医大)

▶解答◀ 袋の中の玉の個数は常に 6 個である．また，操作が終了するのは赤玉を 3 回取り出すか，白玉を 2 回取り出すかのいずれかである．赤玉を取り出すことを○，白玉を取り出すことを×と書く．

（1）2 個目の玉を取り出して操作が終了となる（以後，長いので単に「2 回目で終わる」と書く）のは，××となるときで，その確率は $\dfrac{3}{6} \cdot \dfrac{3}{6} = \dfrac{1}{4}$ である．

3 回目で終わるのは，○○○か○××か×○×のいずれかのときであるから

$$\frac{3}{6} \cdot \frac{2}{6} \cdot \frac{1}{6} + \frac{3}{6} \cdot \frac{4}{6} \cdot \frac{4}{6} + \frac{3}{6} \cdot \frac{3}{6} \cdot \frac{4}{6}$$
$$= \frac{90}{216} = \frac{5}{12}$$

（2）赤玉を 3 回取り出すことによって，4 回目で終わるのは×○○○か○×○○か○○×○のいずれかのときである．ゆえに，

$$\frac{3}{6} \cdot \frac{3}{6} \cdot \frac{2}{6} \cdot \frac{1}{6} + \frac{3}{6} \cdot \frac{4}{6} \cdot \frac{2}{6} \cdot \frac{1}{6}$$
$$+ \frac{3}{6} \cdot \frac{2}{6} \cdot \frac{5}{6} \cdot \frac{1}{6} = \frac{1}{18}$$

（3）白玉を 2 回取り出すことによって，4 回目で終わる確率を考える．それは○○××か○×○×か×○○×のいずれかのときである．ゆえに，この確率は

$$\frac{3}{6} \cdot \frac{2}{6} \cdot \frac{5}{6} \cdot \frac{5}{6} + \frac{3}{6} \cdot \frac{4}{6} \cdot \frac{2}{6} \cdot \frac{5}{6}$$
$$+ \frac{3}{6} \cdot \frac{3}{6} \cdot \frac{2}{6} \cdot \frac{5}{6} = \frac{5}{18}$$

である．これより，4回目で終わる確率は（2）も合わせて $\dfrac{1}{18} + \dfrac{5}{18} = \dfrac{1}{3}$ である．また，4回目で終わり，白玉が袋から連続して取り出されるのは○○××のときのみで，この確率は $\dfrac{25}{216}$ である．

よって，求める条件付き確率は $\dfrac{\dfrac{25}{216}}{\dfrac{1}{3}} = \dfrac{25}{72}$ である．

注意 操作を4回行うと，必ず「赤玉を3回取り出す」か「白玉を2回取り出す」かのいずれかは起こるため，操作は必ず4回以内に終了する．そのため，操作が4回目で終わる確率は，（1）の確率の余事象を考えて $1 - \left(\dfrac{1}{4} + \dfrac{5}{12} \right) = \dfrac{1}{3}$ としてもよい．今回の場合は結局○○××の確率を求めなければいけないから，素直に足した．

◀《玉の取り出しの列 (B20)》▶

193. 箱 A には赤玉3個と青玉5個が入っていて，箱 B には赤玉3個と青玉6個が入っている．箱 A から1個の玉を取り出し，箱 B から2個の玉を取り出すとき，取り出された3個の玉の色がすべて同じである確率は $\boxed{}$ である．また，1個のさいころを投げて，4以下の目が出たときは箱 A から1個の玉を取り出し，5以上の目が出たときは箱 B から1個の玉を取り出す．1個のさいころを投げて取り出された玉の色が青だったときに，それが箱 B から取り出されたものである確率は $\boxed{}$ である．

（23 福岡大）

▶解答◀ 箱 A から1個の玉を取り出す組合せは $_8\mathrm{C}_1 = 8$ 通り．箱 B から2個の玉を取り出す組合せは $_9\mathrm{C}_2 = \dfrac{9 \cdot 8}{2 \cdot 1} = 36$ 通りある．

取り出される3個がすべて同じ色である確率は

$$\dfrac{_3\mathrm{C}_1}{8} \cdot \dfrac{_3\mathrm{C}_2}{36} + \dfrac{_5\mathrm{C}_1}{8} \cdot \dfrac{_6\mathrm{C}_2}{36}$$
$$= \dfrac{3}{8} \cdot \dfrac{1}{12} + \dfrac{5}{8} \cdot \dfrac{5}{12} = \dfrac{28}{96} = \dfrac{7}{24}$$

次に，さいころを振って箱 A，B から取り出す事象をそれぞれ A，B とし，赤玉，青玉を取り出す事象をそれぞれ C，D とする．

$A\left(\dfrac{4}{6}\right)$		$B\left(\dfrac{2}{6}\right)$	
C	D	C	D
$\left(\dfrac{3}{8}\right)$	$\left(\dfrac{5}{8}\right)$	$\left(\dfrac{3}{9}\right)$	$\left(\dfrac{6}{9}\right)$

$$P(D) = P(A \cap D) + P(B \cap D)$$
$$= \dfrac{4}{6} \cdot \dfrac{5}{8} + \dfrac{2}{6} \cdot \dfrac{6}{9} = \dfrac{5}{12} + \dfrac{2}{9} = \dfrac{23}{36}$$

したがって

$$P_D(B) = \dfrac{P(B \cap D)}{P(D)} = \dfrac{\dfrac{2}{9}}{\dfrac{23}{36}} = \dfrac{8}{23}$$

◀《目の最大値 (B20) ☆》▶

194. 3個のさいころ A，B，C を1回ずつ投げる．さいころ A の出た目が4であり，かつ3個のさいころの出た目の最大値が4である確率は $\boxed{}$ である．3個のさいころの出た目の最大値が4であるときに，さいころ A の出た目が4である確率は $\boxed{}$ である．

（23 福岡大・医）

▶解答◀ さいころ A の出る目が4であり，3個のさいころの出る目の最大値が4となるのは，さいころ B，C の出る目が4以下であるときであり，その確率は $\dfrac{1}{6}\left(\dfrac{4}{6}\right)^2 = \dfrac{2}{27}$ である．

さいころ A の出る目が4となる事象を E，3個のさいころの出る目の最大値が4となる事象を F とおく．$P(F)$ は，3つのさいころの出る目が4以下となる確率から，3つのさいころの出る目が3以下となる確率を引いて

$$P(F) = \left(\dfrac{4}{6}\right)^3 - \left(\dfrac{3}{6}\right)^3 = \dfrac{37}{6^3}$$

$P(E \cap F) = \dfrac{2}{27}$ であるから，求める確率 $P_F(E)$ は

$$P_F(E) = \dfrac{P(E \cap F)}{P(F)} = \dfrac{2}{27} \cdot \dfrac{6^3}{37} = \dfrac{16}{37}$$

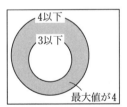

◀《玉の取り出し (B20) ☆》▶

195. 袋 A には白玉3つと赤玉5つが入っていて，袋 B には白玉4つと赤玉3つが入っている．

（1）袋 A から玉を1つ，袋 B から玉を2つ取り出したとき，取り出した3つの玉が，白玉2つ，赤玉1つである確率を求めよ．

（2）袋 A から1つの玉を取り出して袋 B に移し，次に袋 B から2つ玉を取り出す．袋 B から取り出した玉が2つとも赤であるとき，袋 A から袋 B に移した玉が赤である確率を求めよ．

（23 学習院大・理）

▶**解答**◀ （1）袋 A，B からの玉の取り出し方（袋 A から取り出す玉，袋 B から取り出す 2 つの玉の組合せ）が，

$$_8C_1 \cdot {}_7C_2 = 8 \cdot \frac{7 \cdot 6}{2 \cdot 1} = 8 \cdot 21$$

通りある．
袋 A から白玉 1 つ（3 通り），袋 B から赤玉と白玉を 1 つずつ（4・3 = 12 通り）取り出す確率は

$$\frac{3 \cdot 12}{8 \cdot 21} = \frac{36}{168}$$

袋 A から赤玉 1 つ（5 通り），袋 B から白玉 2 つ（$_4C_2 = 6$ 通り）取り出す確率は

$$\frac{5 \cdot 6}{8 \cdot 21} = \frac{30}{168}$$

求める確率は $\dfrac{36}{168} + \dfrac{30}{168} = \dfrac{66}{168} = \boldsymbol{\dfrac{11}{28}}$ である．

（2）袋 A から白玉を取り出し（確率 $\frac{3}{8}$），玉を移して，8 個の玉が入っている袋 B から赤玉 2 つを取り出す（確率 $\frac{{}_3C_2}{{}_8C_2} = \frac{3}{28}$）とき，その確率は $\frac{3}{8} \cdot \frac{3}{28} = \frac{9}{8 \cdot 28}$
袋 A から赤玉を取り出し（確率 $\frac{5}{8}$），玉を移して，8 個の玉が入っている袋 B から赤玉 2 つを取り出す（確率 $\frac{{}_4C_2}{{}_8C_2} = \frac{6}{28}$）とき，その確率は $\frac{5}{8} \cdot \frac{6}{28} = \frac{30}{8 \cdot 28}$
求める条件付き確率は

$$\frac{\dfrac{30}{8 \cdot 28}}{\dfrac{9}{8 \cdot 28} + \dfrac{30}{8 \cdot 28}} = \frac{30}{39} = \boldsymbol{\frac{10}{13}}$$

《伝達の確率（B20）》

196. 青玉が 4 個，赤玉が 4 個，白玉が 1 個，黒玉が 1 個入っている袋がある．A さんは袋から玉を 1 つ無作為に取り出し，その玉の色をある装置に入力する．この装置は入力された色の情報を離れた場所の B さんに伝達する．この装置の内部では，下の表に示すように 4 つの色の情報をそれぞれコードと呼ばれる 0 か 1 で表された 2 桁の数値に変換して伝達している．装置がこのコードを伝達するときには，0 か 1 かのどちらかの数値を上位の桁から順に伝達するが，数値を 1 つ伝達するたびに一定の確率（20%）で，0 を 1 や 1 を 0 のように間違って伝達してしまうとき，以下の確率を求めよ．
なお，各設問の答えは解答用紙の指定欄に百分率（%）で表し，必要があれば小数第 1 位を四捨五入して答えよ．

色	コード
青	00
赤	01
白	10
黒	11

（1）「青」と入力された色の情報が正しく「青」と伝達される確率
（2）「赤」と入力された色の情報が間違って「白」と伝達される確率
（3）B さんに伝達された色の情報が「黒」である確率
（4）B さんに伝達された色の情報が「黒」であるときに，A さんが取り出したのが黒玉である条件付き確率 （23 関西医大・後期）

▶**解答**◀ 装置が 1 つの数値を正しく伝達する確率は $\frac{4}{5}$，間違って伝達する確率は $\frac{1}{5}$ である．
（1）青「00」が青「00」と伝達されるのは，2 桁の数値とも正しく伝達されるときであるから，求める確率は

$$\frac{4}{5} \cdot \frac{4}{5} = \frac{16}{25} = 0.64 = \boldsymbol{64\%}$$

（2）赤「01」が白「10」と伝達されるのは，2 桁の数値とも間違って伝達されるときであるから，求める確率は

$$\frac{1}{5} \cdot \frac{1}{5} = \frac{1}{25} = 0.04 = \boldsymbol{4\%}$$

（3）（ア）A さんが青玉を取り出し，青「00」が黒「11」と伝達されるとき．この確率は $\frac{4}{10} \cdot \left(\frac{1}{5} \cdot \frac{1}{5}\right) = \frac{2}{125}$
（イ）A さんが赤玉を取り出し，赤「01」が黒「11」と伝達されるとき．この確率は $\frac{4}{10} \cdot \left(\frac{1}{5} \cdot \frac{4}{5}\right) = \frac{8}{125}$
（ウ）A さんが白玉を取り出し，白「10」が黒「11」と伝達されるとき．この確率は $\frac{1}{10} \cdot \left(\frac{4}{5} \cdot \frac{1}{5}\right) = \frac{2}{125}$
（エ）A さんが黒玉を取り出し，黒「11」が黒「11」と伝達されるとき．この確率は $\frac{1}{10} \cdot \left(\frac{4}{5} \cdot \frac{4}{5}\right) = \frac{8}{125}$
以上より，求める確率は

$$\frac{2}{125} + \frac{8}{125} + \frac{2}{125} + \frac{8}{125} = \frac{4}{25} = 0.16 = \boldsymbol{16\%}$$

（4）B さんに伝達された色の情報が「黒」である事象を X，A さんが取り出したのが黒玉である事象を Y とおく．

$$P(X) = \frac{4}{25}, \quad P_X(Y) = \frac{P(X \cap Y)}{P(X)}$$

であり，$X \cap Y$ は（3）の（エ）の場合であるから

$$P(X \cap Y) = \frac{8}{125}$$

$$P_X(Y) = \frac{\frac{8}{125}}{\frac{4}{25}} = \frac{2}{5} = 0.4 = \mathbf{40\%}$$

《カードの取り出し（B20）》

197. 箱の中に -3 と書かれたカードが 3 枚，-2 と書かれたカードが 2 枚，-1 と書かれたカードが 1 枚，1 と書かれたカードが 1 枚，2 と書かれたカードが 2 枚，3 と書かれたカードが 3 枚，合計 12 枚のカードが入っている．この箱の中から同時に 3 枚のカードを取り出し，そのカードに書かれた数字の和を S とする．

（1）取り出されたカードに書かれた数字がすべて正の値である確率は ☐ であり，取り出されたカードに書かれた数字のうち，少なくとも 1 つが負の値である確率は ☐ である．

（2）$S = -9$ または $S = 9$ となる確率は ☐ である．

（3）$S = 0$ となる確率は ☐ であり，$S > 0$ となる確率は ☐ である．

（4）$S = 0$ であったとき，残り 9 枚のカードが入った箱から同時に 2 枚のカードを取り出し，その取り出された 2 枚のカードに書かれた数字の和が 0 である条件付き確率は ☐ である．

(23 久留米大・推薦)

▶解答◀ （1）12 枚から 3 枚取り出すとき，3 枚のカードの組合せは $_{12}C_3 = 220$ 通りある．正の数字のカードは 6 枚あるから，取り出す 3 枚がすべて正の数字になる確率は

$$\frac{_6C_3}{220} = \frac{5 \cdot 4}{220} = \frac{1}{11}$$

また，少なくとも 1 枚が負の数字になるのは，すべて正のときの余事象であるから，求める確率は

$$1 - \frac{1}{11} = \frac{10}{11}$$

（2）$S = -9$ または $S = 9$ となるのは，-3 を 3 枚または 3 を 3 枚取り出すときであるから，求める確率は

$$\frac{2}{220} = \frac{1}{110}$$

（3）$S = 0$ となるのは取り出す数字の組合せが $\{-3, 1, 2\}$，$\{3, -1, -2\}$ となるときであるから，その確率は

$$\frac{3 \cdot 1 \cdot 2}{220} + \frac{3 \cdot 1 \cdot 2}{220} = \frac{6}{220} + \frac{6}{220} = \frac{3}{55}$$

12 枚のカードは符号の異なる絶対値の等しい数字が同じ枚数あるから，$S > 0$ になる確率と $S < 0$ になる確率は等しい．よって $S > 0$ になる確率は

$$\left(1 - \frac{3}{55}\right) \cdot \frac{1}{2} = \frac{26}{55}$$

（4）$S = 0$ となる事象を A，2 回目に取り出す 2 枚の数字の和が 0 となる事象を B とすると，（3）より

$$P(A) = \frac{3}{55}$$

1 回目に $\{-3, 1, 2\}$ を取り出すとき（確率 $\frac{6}{220}$）残りの 9 枚は

$$-3, -3, -2, -2, -1, 2, 3, 3, 3$$

であり，ここから取り出す 2 枚の数字の和が 0 になるのは $\{-3, 3\}$，$\{-2, 2\}$ のときであるから，その確率は

$$\frac{2 \cdot 3 + 2 \cdot 1}{_9C_2} = \frac{8}{36} = \frac{2}{9}$$

1 回目に $\{3, -1, -2\}$ を取り出すとき残りの 9 枚は $3, 3, 2, 2, 1, -2, -3, -3, -3$ であり，同じ確率になるから

$$P(A \cap B) = \frac{6}{220} \cdot \frac{2}{9} + \frac{6}{220} \cdot \frac{2}{9} = \frac{3}{55} \cdot \frac{2}{9}$$

$$P_A(B) = \frac{P(A \cap B)}{P(A)} = \frac{\frac{3}{55} \cdot \frac{2}{9}}{\frac{3}{55}} = \frac{2}{9}$$

注意 （4）1 回目に $\{-3, 1, 2\}$ を取り出しても，$\{3, -1, -2\}$ を取り出しても，その後取り出す 2 枚の数字の和が 0 になる確率は $\frac{2}{9}$ であるから，求める条件付き確率は $\frac{2}{9}$ である．

《玉の取り出し（A10）☆》

198. 2 つの箱 A，B があり，A には赤球 3 個，白球 5 個，B には赤球 4 個，白球 5 個が入っている．まず，A または B の箱を選び，選んだ箱から球を 2 個取り出す．ただし，A，B の箱を選ぶ事象は同様に確からしいとし，また，1 個の球を取り出す事象はどれも同様に確からしいとする．

（1）取り出された球が 2 個とも赤球である確率は $\dfrac{\boxed{18}\,\boxed{19}}{\boxed{20}\,\boxed{21}\,\boxed{22}}$ である．

（2）取り出された球が 2 個とも赤球であるとき，それらが A の箱から取り出された球である条件付き確率は，$\dfrac{\boxed{23}}{\boxed{24}\,\boxed{25}}$ である． (23 日大・医)

▶解答◀ （1）A の箱を選んで赤球を 2 個取り出

すという事象を A とする.

$$P(A) = \frac{1}{2} \cdot \frac{{}_3C_2}{{}_8C_2} = \frac{1}{2} \cdot \frac{3 \cdot 2}{8 \cdot 7} = \frac{3}{56}$$

また, B の箱を選んで赤球を 2 個取り出す確率は

$$\frac{1}{2} \cdot \frac{{}_4C_2}{{}_9C_2} = \frac{1}{2} \cdot \frac{4 \cdot 3}{9 \cdot 8} = \frac{1}{12}$$

である. 赤球を 2 個取り出す事象を R とする.

$$P(R) = \frac{3}{56} + \frac{1}{12} = \frac{3 \cdot 3 + 14}{168} = \frac{23}{168}$$

（2） 求める条件付き確率は

$$P_R(A) = \frac{P(A)}{P(R)} = \frac{\frac{3}{56}}{\frac{23}{168}} = \frac{9}{23}$$

《玉の個数 (B20)》

199. 中身がそれぞれ空である白い箱と黒い箱が 1 個ずつある. また, 互いに区別のつかない球が十分多くある. 1 から 6 の目をもつ 1 つのさいころを 1 回投げるごとに, 出た目が偶数であれば白い箱に目の数に等しい個数の球を入れ, 出た目が奇数であれば黒い箱に目の数に等しい個数の球を入れる. ただし, 1 度箱に入れた球は取り出さない. さいころを 3 回続けて投げたとき, 白い箱に入っている球の個数を n_W, 黒い箱に入っている球の個数を n_B として, 以下の各問いの空欄に適する 1 以上の整数を解答欄に記入せよ. ただし, 分数は既約分数として表すこと.

（1） $n_B = 4$ となる確率は $\dfrac{\square}{\square}$ である.

（2） $n_B = 3$ となる確率は $\dfrac{\square}{\square}$ である.

（3） $n_W = 8$ となる確率は $\dfrac{\square}{\square}$ である.

（4） $n_W = 8$ という条件の下で, $n_B \neq 0$ となる条件つき確率は $\dfrac{\square}{\square}$ である.

（23 日本医大・後期）

▶**解答**◀ さいころを 3 回振って出る目の組は 6^3 通りある.

（1） さいころを 3 回振って黒い箱に入る球の個数を順に a, b, c とする. $n_B = 4$ のとき, $a + b + c = 4$ であり, a, b, c はそれぞれ 0 か奇数である. このような組合せ $\{a, b, c\}$ は $\{3, 1, 0\}$ のみである. 値が 0 のとき, さいころは 2, 4, 6 のいずれかが出ているから, $n_B = 4$ となるような組は $3! \cdot 3 = 18$ 通りある. よっ

て, 求める確率は $\dfrac{18}{6^3} = \dfrac{1}{12}$ である.

（2） $n_B = 3$ となるような組合せ $\{a, b, c\}$ は $\{3, 0, 0\}, \{1, 1, 1\}$ である. このような組は $3 \cdot 3^2 + 1 = 28$ 通りある. よって, 求める確率は $\dfrac{28}{6^3} = \dfrac{7}{54}$ である.

（3） さいころを 3 回振って白い箱に入る球の個数を順に A, B, C とする. $n_W = 8$ のとき, $A + B + C = 8$ であり, A, B, C はそれぞれ 0 か（正の）偶数である. このような組合せ $\{A, B, C\}$ は

$$\{6, 2, 0\}, \{4, 4, 0\}, \{4, 2, 2\}$$

のみである. 値が 0 のとき, さいころは 1, 3, 5 のいずれかが出ているから, $n_W = 8$ となるような組は $3! \cdot 3 + 3 \cdot 3 + 3 = 30$ 通りある. よって, 求める確率は $\dfrac{30}{6^3} = \dfrac{5}{36}$ である.

（4） $n_W = 8$ かつ $n_B \neq 0$ となるような組合せ $\{A, B, C\}$ は,（3）の組合せの中で, 少なくとも 1 つの値が 0 であるものだから, $\{6, 2, 0\}, \{4, 4, 0\}$ である. このような組は $3! \cdot 3 + 3 \cdot 3 = 27$ 通りある. よって, 求める条件付き確率は $\dfrac{27}{30} = \dfrac{9}{10}$ である.

《検査の確率 (A20) ☆》

200. ウィルス X に対して陽性または陰性と判定する検査 A に関して次の 2 つのことがわかっている.

（ⅰ） ウィルス X に感染している人に検査 A を実施すると, 80% の確率で陽性と判定される.

（ⅱ） ウィルス X に感染していない人に検査 A を実施すると, 70% の確率で陰性と判定される. ある集団において, 40% の人がウィルス X に感染していることがわかっている. この集団の人に対して検査 A を行って陽性と判定されたとき, 実際にウィルス X に感染している条件付き確率は $\dfrac{\square}{\square}$ である.

（23 東京医大・医）

▶**解答**◀ 条件付き確率は「事後確率」であり, 時間の経過が重要である. 人を一人連れてくる. その人が感染しているか, いないか, 検査をしたら陽性と出るか, 陰性と出るかで, 事前には, 全部で 4 通りの事象が起こる. 事前確率では, 感染していて（確率 0.4）陽性になる確率は $0.4 \cdot 0.8$（表では ①）, 感染していて（確率 0.4）陰性になる確率は $0.4 \cdot 0.2$, 感染しておらず（確率 0.6）陽性になる確率は $0.6 \cdot 0.3$（表では ③）, 感染しておらず（確率 0.6）陰性になる確率は $0.6 \cdot 0.7$

である．これらは起こりうることであって，起こったことではない．これらの確率の和は1である．

以上が事前確率である．

以下は事後確率である．以下日本語の表現に注意せよ．過去形になる．いま，人を連れてきた．過去形である．検査を実施した．過去形である．陽性と出た．しつこいが，過去形である．患者は，少なからずショックを受ける．そこで，医師のあなたは言ってあげよう．

「大丈夫ですよ．この検査，アバウトだから．今，②と④は起こらなかった．今起こったのは，①または③であり，本当に感染している確率は

$$\frac{①}{①+③} = \frac{0.32}{0.32+0.18} = \frac{16}{25} = 0.64$$

まあ，6割なんて，まだまだ，五分五分みたいなものですよ」

患者は安堵することだろう．

感染(0.4)		非感染(0.6)	
+	−	+	−
0.4・0.8	0.4・0.2	0.6・0.3	0.6・0.7
①	②	③	④

注意

厳かな書き方が好きな人のために，記号満載で書くと次のようになる．

ウイルスに感染している事象をX，検査で陽性になる事象をAとする．

$P(X) = 0.4$，$P(\overline{X}) = 0.6$である．

$$P(X \cap A) = P(X)P_X(A) = 0.4 \cdot 0.8 = 0.32$$
$$P(\overline{X} \cap A) = P(\overline{X})P_{\overline{X}}(A) = 0.6 \cdot 0.3 = 0.18$$

であるから

$$P(A) = P(X \cap A) + P(\overline{X} \cap A) = 0.32 + 0.18 = 0.5$$
$$P_A(X) = \frac{P(X \cap A)}{P(A)} = \frac{0.32}{0.5} = \frac{16}{25}$$

《8の倍数（B20）》

201. 袋の中に，1から8までの番号が書かれたカードが2枚ずつ，合計16枚入っている．この袋から同時に3枚のカードを取り出し，取り出したカードに書かれた数の積をM，和をSとする．

（1）Mが素数となる確率は $\dfrac{\square}{\square}$ である．

（2）Mが4の倍数になる確率は $\dfrac{\square}{\square}$ である．

（3）Mが8の倍数であるとき，$S < M$となる条件付き確率は $\dfrac{\square}{\square}$ である．

（23 東京医大・医）

▶**解答**◀ （1）取り出す3枚のカードの組合せは$_{16}C_3 = 560$通りで，Mが素数となるのは8枚ある2，3，5，7のカードから1枚，1のカードを2枚とも取り出すときであるから求める確率は

$$\frac{_8C_1}{_{16}C_3} = \frac{8}{560} = \frac{1}{70}$$

（2）Mが4の倍数となる組合せは偶数の枚数で場合分けして，

（ア）偶数3枚のとき．

8枚のカードから3枚取るから$_8C_3 = 56$通り．

（イ）偶数2枚のとき．

8枚の偶数から2枚，8枚の奇数から1枚取るから$_8C_2 \cdot 8 = 224$通り．

（ウ）偶数1枚のとき．

2枚ずつある4または8のカードから1枚，8枚の奇数から2枚取るから$4 \cdot _8C_2 = 112$通り．

求める確率は $\dfrac{56+224+112}{560} = \dfrac{7}{10}$ である．

（3）取り出す3数をa, b, c $(a \leqq b \leqq c)$（同じ数字のカードは2枚しかないから，2カ所の等号が両方とも成り立つことはない）とする．$S < M$すなわち$a + b + c < abc$になることは多い．$M \leqq S$になるとき，$abc \leqq a + b + c < 3c$となり，$ab < 3$となる．

$(a, b) = (1, 1), (1, 2)$である．

$(a, b) = (1, 1)$のとき，$abc \leqq a+b+c$は$c \leqq 2+c$となり，成り立つ．

$(a, b) = (1, 2)$のとき，$abc \leqq a+b+c$に代入し$2c \leqq 3+c$となり$c \leqq 3$である．$(a, b) = (1, 2)$，$c \leqq 3$ではabcは8の倍数にならない．

以上より，Mが8の倍数で$M \leqq S$となるのは取り出すカードの番号が1，1，8のときである．8は2枚あるうちのどちらであるかで2通りある．

Mが8の倍数になるのは

（エ）偶数が3枚のとき．（ア）より56通り．

（オ）偶数が2枚のとき．

4の倍数が2枚と奇数が1枚，または，4の倍数が1枚と2または6が1枚と奇数が1枚であるから

$(_4C_2 + 4 \cdot 4) \cdot 8 = 176$通り．

（カ）偶数が1枚のとき．

8を1枚と奇数を2枚取るから，$2 \cdot _8C_2 = 56$通り．

以上より，Mが8の倍数である3枚のカードの組

合せは $56 + 176 + 56 = 288$ 通りある．これらのうち，$M \leqq S$ となるものが 2 通りあるから求める確率は $\dfrac{288-2}{288} = \dfrac{143}{144}$ である．

注意【余事象について】

4 の倍数，8 の倍数のときは．余事象を考えても，あまり意味はない．結局，偶数を何枚とるかで分類することになるから，直接やっても大差はない．

【確率の雑題】

《赤玉の位置で考える（B20）☆》

202. 白玉 10 個と赤玉 5 個が袋に入っている．この袋から 1 個ずつ玉を取り出し，その順番で左から右へ 15 個の玉を一列に並べる．このとき，以下の問いに答えよ．

（1）列の左から 5 番目の位置にはじめて赤玉が並ぶ確率を求めよ．

（2）列の左から n 番目の位置に 3 個目の赤玉が並ぶ確率を P_n（$3 \leqq n \leqq 13$）とする．このとき，P_n が最大となる n とそのときの確率を求めよ．

（3）ちょうど 3 個連続して赤玉が並ぶ確率を求めよ．なお，4 個以上連続して赤玉が並ぶ事象はこの確率に含めないものとする．

（4）ちょうど 3 個連続して赤玉が並んだとき，その 3 個連続した最後の赤玉が列の左から n 番目の位置にある条件付き確率を Q_n（$3 \leqq n \leqq 15$）とする．このとき，Q_n が最大となる n とそのときの確率を求めよ．　　（23 愛知県立大・情報）

▶解答◀ 白玉を W，赤玉を R と表す．W 10 個，R 5 個をすべて取り出して一列に並べるとき W と R の列は，全部で ${}_{15}C_5 = \dfrac{15 \cdot 14 \cdot 13 \cdot 12 \cdot 11}{5 \cdot 4 \cdot 3 \cdot 2 \cdot 1} = 3003$ 通りある．

（1）列の左から 5 番目の位置に初めて R が並ぶのは，

WWWWR $\boxed{10\text{個中 R が 4 個}}$

になる場合で，6 番目から 15 番目までのうちで，R 4 個の位置を決めると考え，${}_{10}C_4 = \dfrac{10 \cdot 9 \cdot 8 \cdot 7}{4 \cdot 3 \cdot 2 \cdot 1} = 210$ 通りある．求める確率は $\dfrac{210}{3003} = \dfrac{10}{143}$

（2）列の左から n 番目の位置に 3 個目の R が並ぶのは，

$\boxed{n-1\text{個中 R が 2 個}}$ R $\boxed{15-n\text{個中 R が 2 個}}$

になるときで，そのような列は

$$ {}_{n-1}C_2 \cdot {}_{15-n}C_2 = \frac{(n-1)(n-2)(15-n)(14-n)}{4} $$

通りある．

$$ P_n = \frac{(n-1)(n-2)(15-n)(14-n)}{4 \cdot 3003} $$

となる．

$$ P_{n+1} - P_n $$
$$ = \frac{n(n-1)(14-n)(13-n)}{4 \cdot 3003} $$
$$ - \frac{(n-1)(n-2)(15-n)(14-n)}{4 \cdot 3003} $$
$$ = \frac{(n-1)(14-n)\{n(13-n)-(n-2)(15-n)\}}{4 \cdot 3003} $$
$$ = \frac{2(n-1)(14-n)(15-2n)}{4 \cdot 3003} $$

$3 \leqq n \leqq 7$ のとき $P_{n+1} - P_n > 0$

$8 \leqq n \leqq 12$ のとき $P_{n+1} - P_n < 0$

$P_3 < P_4 < P_5 < P_6 < P_7 < P_8$

$P_8 > P_9 > P_{10} > P_{11} > P_{12} > P_{13}$

P_n を最大にする n は $\boldsymbol{n = 8}$ である．このとき，最大値は $P_8 = \dfrac{7 \cdot 6 \cdot 7 \cdot 6}{4 \cdot 3003} = \dfrac{21}{143}$ である．

（3）W 10 個を並べ，W と W の間または両端の 11 カ所に，R を突っ込む．

$$ {}_\wedge W_\wedge W_\wedge W_\wedge W_\wedge W_\wedge W_\wedge W_\wedge W_\wedge W_\wedge W_\wedge $$

（ア）$\boxed{RRR}$，$\boxed{RR}$（R が 3 連続と R が 2 連続）を突っ込むとき，RRR の位置は 11 通り，RR の位置は 10 通りある．

（イ）$\boxed{RRR}$，R，R（R が 3 連続と，バラバラの R）を入れるとき，RRR の位置は 11 通り，R，R の位置の組合せは ${}_{10}C_2$ 通りある．

$11 \cdot 10 + 11 \cdot {}_{10}C_2 = 605 = N$ とおく．求める確率は $\dfrac{N}{3003} = \dfrac{605}{3003} = \dfrac{55}{273}$

（4）ちょうど 3 個連続して赤玉が並び，その 3 個連続した最後の赤玉が列の左から n 番目の位置にある列が a_n 通りあるとする．RRR の左にも，右にも W があるとき．8 個の W および R，R を一列に並べ（${}_{10}C_2 = 45$ 通りの列がある）この左から $n-4$ 番目と $n-3$ 番目の間に WRRRW を突っ込む（この RRR の 3 つ目の R が左端から n 番目になる）．

$\boxed{n-4\text{個の玉}}$ WRRRW $\boxed{14-n\text{個の玉}}$

となる．これが起こるのは $n-4 \geqq 0$，$14-n \geqq 0$ のときである．よって $4 \leqq n \leqq 14$ のとき $a_n = 45$ である．

$n = 3$ のとき．左端から RRRW $\boxed{R\ 2\text{個と W 9 個の列}}$ となる．

$a_3 = {}_{11}C_2 = 55$

$n = 15$ のときも $a_{15} = 55$

$a_4 = a_5 = \cdots = a_{14} = 45$

$Q_n = \dfrac{a_n}{N}$ が最大になる n は $n = 3, 15$ で，そのときの確率は

$$Q_3 = Q_{15} = \frac{55}{605} = \frac{1}{11}$$

である．

注意 【玉を区別している】

「赤玉同士，白玉同士を区別しないのですか？」と聞く人がいる．**とんでもない！**確率ではすべての物は区別する．ただし，無駄な約分が起こらないように無視しているだけである．15 個の玉をすべて区別し 15! 通りとするのは，無駄に計算を大きくするだけである．

$W_1, \cdots, W_{10}, R_1, \cdots, R_5$ と白玉と赤玉に番号を振る．

たとえば WWWWWWWWWWRRRRR という玉の列の場合，実際には

$W_\square W_\square W_\square W_\square W_\square W_\square W_\square W_\square W_\square W_\square R_\square R_\square R_\square R_\square R_\square$

と，15 個の空欄を置いておき，W の右下には 1 から 10 の番号を，R の右下には 1 から 5 の番号を入れる．WWWWWWWWWWRRRRR という玉の列は 10!5! 通りある．WWWWWWWWWWRRRRR という列になる確率は $\dfrac{10!5!}{15!}$ である．それは $\dfrac{1}{_{15}C_5}$ と計算しても同じことである．$_{15}C_5$ は赤玉の位置を数えていることに相等する．

たとえば WWWWWWWWWRRRRRW という W，R の列も，同様に 10!5! 通りある．どの W，R の列も 10!5! 通りずつあるから，これを掛けないだけである．どうせ，約分されてしまうからである．

これを「赤玉同士，白玉同士を区別しない」というのは筆がすべっている．確率ではすべて区別しなければいけない．ただし，数えるとき，その区別を利用するか，しないかは別のことである．

《カードの取り出し（B5）》

203. 表に A，裏に B と書かれたカードが 3 枚，表と裏の両面に A と書かれたカードが 2 枚ある．この 5 枚のカードを袋に入れ，無作為に 2 枚取り出して机に置くとき，置かれるカードの文字がともに A となる確率は $\boxed{}$ である．ただし，置かれるカードの表が出る確率と，裏が出る確率は等しいとする．

(23 北見工大・後期)

▶解答◀ 表に A，裏に B と書かれたカードを X，表と裏の両面に A と書かれたカードを Y とする．題意のようになるのは，（ア）〜（ウ）のときである．

（ア） X を 2 枚とり（確率 $\dfrac{_3C_2}{_5C_2}$），どちらも A が表（確率 $\left(\dfrac{1}{2}\right)^2$）のとき

（イ） X を 1 枚，Y を 1 枚とり（確率 $\dfrac{_3C_1 \cdot _2C_1}{_5C_2}$），$X$ は A が表（確率 $\dfrac{1}{2}$）のとき

（ウ） Y を 2 枚とる（確率 $\dfrac{_2C_2}{_5C_2}$）とき

求める確率は

$$\frac{_3C_2}{_5C_2} \cdot \left(\frac{1}{2}\right)^2 + \frac{_3C_1 \cdot _2C_1}{_5C_2} \cdot \frac{1}{2} + \frac{_2C_2}{_5C_2}$$

$$= \frac{3}{40} + \frac{6}{20} + \frac{1}{10} = \frac{3 + 12 + 4}{40} = \frac{19}{40}$$

《包除原理とシグマ（B10）》

204. 1 から 10 までの番号をつけた 10 個の玉が入っている袋から 1 個取り出して元に戻すという操作を 4 回繰り返し，1 回目，2 回目，3 回目，4 回目に取り出す玉の番号をそれぞれ a, b, c, d とおく．

（1） b, c, d のうち，少なくとも 1 つが a と等しい確率は $\boxed{}$ である．

（2） $a < b < c < d$ が成り立つ確率は $\boxed{}$ である．

（3） b, c, d がすべて a より大きい確率は $\boxed{}$ である．

（4） b, c, d のうち，少なくとも 1 つが a より大きく，少なくとも 1 つが a より小さい確率は $\boxed{}$ である．

(23 北里大・薬)

▶解答◀ （1） (a, b, c, d) は全部で 10^4 通りある．余事象を考える．b, c, d すべてが a と異なるのは $10 \cdot 9^3$ 通りあるから，求める確率は

$$1 - \frac{10 \cdot 9^3}{10^4} = \frac{1000 - 729}{1000} = \frac{271}{1000}$$

（2） $a < b < c < d$ になるのは 1〜10 の中から異なる 4 つの番号を選び（その組合せは $_{10}C_4$ 通りある），小さい順に a, b, c, d とすると考え，求める確率は

$$\frac{_{10}C_4}{10^4} = \frac{10 \cdot 9 \cdot 8 \cdot 7}{4 \cdot 3 \cdot 2 \cdot 1 \cdot 10^4} = \frac{21}{1000}$$

（3） b, c, d すべてが a より大きい番号になる (a, b, c, d) の個数は，a を 1 つ定めたとき，a より大きい番号は $10 - a$ 個ある．

$$\sum_{a=1}^{9}(10 - a)^3 = \sum_{k=1}^{9}k^3$$

$$= \left(\frac{1}{2} \cdot 9 \cdot 10\right)^2 = 45^2 \,(通り)$$

あるから，求める確率は $\dfrac{45^2}{10^4} = \dfrac{81}{400}$ である．

（4）「b, c, d がすべて a 以上」，「b, c, d がすべて a 以下」という事象をそれぞれ D, S（大，小の頭文字）とする．

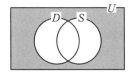

（3）と同様に（$= a$ の場合も考える），b, c, d がすべて a 以上になる (a, b, c, d) の個数は

$$\sum_{a=1}^{10} (11-a)^3 = \sum_{k=1}^{10} k^3 = \left(\frac{1}{2} \cdot 10 \cdot 11\right)^2 = 55^2$$

同様に b, c, d がすべて a 以下になる (a, b, c, d) の個数も 55^2 通りある．

$b = c = d = a$ になる (a, b, c, d) は 10 通りある．

$$P(D) = \frac{55^2}{10^4}, \ P(S) = \frac{55^2}{10^4}, \ P(D \cap S) = \frac{10}{10^4}$$
$$P(D \cup S) = P(D) + P(S) - P(D \cap S)$$
$$= \frac{2 \cdot 55^2 - 10}{10^4} = \frac{6040}{10^4} = \frac{151}{250}$$

求める確率は

$$1 - P(D \cup S) = 1 - \frac{151}{250} = \frac{99}{250}$$

注意 「b, c, d の少なくとも 1 つが a より大きい」の余事象は「b, c, d のすべてが a 以下」，「b, c, d の少なくとも 1 つが a より小さい」の余事象は「b, c, d のすべてが a 以上」である．余事象を設定し，その重ね合わせを考える．

《3個の和と積 (B20) ☆》

205． 3個のサイコロを同時に振るとき，出た目の和が 8 以下になる確率は $\dfrac{\Box}{\Box}$，出た目の積が 12 以下になる確率は $\dfrac{\Box}{\Box}$ である．

(23　藤田医科大・医学部前期)

▶解答◀　3個のサイコロを A，B，C とし，それぞれの出る目を a, b, c とする．(a, b, c) は 6^3 通りある．

$$a + b + c \leq 8$$
$$1 \leq a \leq 6, \ 1 \leq b \leq 6, \ 1 \leq c \leq 6$$

のとき

$$d = 8 - (a + b + c) + 1$$

とおくと

$$a + b + c + d = 9, \ a \geq 1, \ b \geq 1, \ c \geq 1, \ d \geq 1$$

となり，このとき $a \leq 6, b \leq 6, c \leq 6$ は成り立つ．9個の〇を一列に並べ，〇と〇の間（8か所ある）のうちから 3 か所選んで | (仕切り) を 1 本ずつ入れ，1 本目の | より左側の〇の個数を a，1 本目と 2 本目の | の間の〇の個数を b，2 本目と 3 本目の | の間の〇の個数を c，3 本目の | より右側の〇の個数を d とする．図は $(a, b, c, d) = (1, 3, 2, 3)$ のときである．

〇 | 〇〇〇 | 〇〇 | 〇〇〇

(a, b, c, d) は $_8C_3 = \dfrac{8 \cdot 7 \cdot 6}{3 \cdot 2 \cdot 1} = 8 \cdot 7$ 通りあるから，$a + b + c \leq 8$ となる確率は

$$\frac{8 \cdot 7}{6^3} = \frac{7}{27}$$

$abc \leq 12, \ 1 \leq a \leq 6, \ 1 \leq b \leq 6, \ 1 \leq c \leq 6$

のときを考える．ab の値は次のようになる．

a\b	1	2	3	4	5	6
1	1	2	3	4	5	6
2	2	4	6	8	10	12
3	3	6	9	12	15	18
4	4	8	12	16	20	24
5	5	10	15	20	25	30
6	6	12	18	24	30	36

$c = 1$ のとき $ab \leq 12$ で，これを満たす (a, b) は 23 通りある．

$c = 2$ のとき $ab \leq 6$ で，これを満たす (a, b) は 14 通りある．

$c = 3$ のとき $ab \leq 4$ で，これを満たす (a, b) は 8 通りある．

$c = 4$ のとき $ab \leq 3$ で，これを満たす (a, b) は 5 通りある．

$c = 5$ のとき $ab \leq 2.4$ で，これを満たす (a, b) は 3 通りある．

$c = 6$ のとき $ab \leq 2$ で，これを満たす (a, b) は 3 通りある．

$abc \leq 12$ となる a, b, c は $23 + 14 + 8 + 5 + 3 + 3 = 56$ 通りあるから，求める確率は

$$\frac{56}{6^3} = \frac{7}{27}$$

《玉の取り出し (B5)》

206． 二つの袋 A，B がある．A の袋には赤球 2 個と白球 4 個，B の袋には赤球 4 個と白球 1 個が入っている．まず，A の袋から球を 1 個取り出して B の袋に入れる．次に，B の袋から 2 個の球を同時に取り出す．このとき，B の袋から取り出し

た 2 個の球が同じ色である確率を求めよ.

(23 岩手大・理工-後期)

▶解答◀ A の袋から赤球を取り出すとき

(確率 $\frac{2}{6}$), B の袋には赤球 5 個, 白球 1 個入っている

から, 同じ色の球を取り出すのは赤球 2 個を取り出す

ときである. このときの確率は

$$\frac{2}{6} \cdot \frac{{}_5C_2}{{}_6C_2} = \frac{1}{3} \cdot \frac{5 \cdot 4}{6 \cdot 5} = \frac{2}{9}$$

A の袋から白球を取り出すとき (確率 $\frac{4}{6}$), B の袋に

は赤球 4 個, 白球 2 個入っているから, 同じ色の球を

取り出すのは赤球 2 個を取り出す場合と白球 2 個を取

り出す場合がある. このときの確率は

$$\frac{4}{6} \cdot \frac{{}_4C_2 + {}_2C_2}{{}_6C_2} = \frac{2}{3} \cdot \frac{4 \cdot 3 + 2 \cdot 1}{6 \cdot 5} = \frac{14}{45}$$

以上より求める確率は

$$\frac{2}{9} + \frac{14}{45} = \frac{24}{45} = \frac{8}{15}$$

《最短格子路 (B10) ☆》

207. ある町に, 下図のような道路がある. A 地
点から出発して, 表裏の出る確率が等しいコイン
を投げ, 表が出れば右, 裏が出れば上に一区画だ
け進む. ただし, コインの通りに進めないときは
動かないものとする. 10 回コインを投げたとき,
ちょうど 10 回目に B 地点に到達する確率は $\boxed{}$
である.

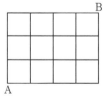

(23 中部大)

▶解答◀ A → P → B になるとき:

9 回中 3 回表, 6 回裏が出て (このとき 6 回以内に P
に到達する), かつ, 10 回目に表が出るときで, その
確率は

$$_9C_3 \left(\frac{1}{2}\right)^3 \left(\frac{1}{2}\right)^6 \cdot \frac{1}{2} = \frac{{}_9C_3}{2^{10}}$$

A → Q → B になるとき:

9 回中 7 回表, 2 回裏が出て (このとき 6 回以内に
Q に到達する), かつ, 10 回目に裏が出るときで, そ
の確率は

$$_9C_7 \left(\frac{1}{2}\right)^7 \left(\frac{1}{2}\right)^2 \cdot \frac{1}{2} = \frac{{}_9C_2}{2^{10}}$$

したがって, 求める確率は

$$\frac{{}_9C_3}{2^{10}} + \frac{{}_9C_2}{2^{10}} = \left(\frac{9 \cdot 8 \cdot 7}{3 \cdot 2 \cdot 1} + \frac{9 \cdot 8}{2 \cdot 1}\right) \cdot \frac{1}{2^{10}}$$

$$= \frac{84 + 36}{2^{10}} = \frac{2^3 \cdot 3 \cdot 5}{2^{10}} = \frac{15}{128}$$

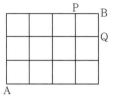

《包除原理 (B5) ☆》

208. 3 個の数字 1, 2, 3 を重複を許して使ってで
きる 5 桁の数の中から 1 つを選ぶとき, 1, 2, 3 の
数字がすべて含まれている確率は $\boxed{}$ である.

(23 関大・理系)

▶解答◀ 5 桁の数の中に 1 が含まれないという事
象を I, 2 が含まれないという事象を N, 3 が含まれ
ないという事象を S とする. また, 事象 X の起こる
確率を $|X|$ とかくことにする. 求める確率は

$$|\overline{I} \cap \overline{N} \cap \overline{S}| = 1 - |I \cup N \cup S|$$

$$= 1 - (|I| + |N| + |S|$$

$$\qquad - |I \cap N| - |N \cap S| - |S \cap I|)$$

ここで,

$$|I| = |N| = |S| = \left(\frac{2}{3}\right)^5$$

$$|I \cap N| = |N \cap S| = |S \cap I| = \left(\frac{1}{3}\right)^5$$

である. よって, 求める確率は

$$1 - \left\{3\left(\frac{2}{3}\right)^5 - 3\left(\frac{1}{3}\right)^5\right\} = \frac{50}{81}$$

《整数の個数を数える (B5) ☆》

209. 1 から 2023 までの数が 1 つずつ書かれた
2023 個の玉が入った袋から 1 個の玉を取り出す.
取り出した玉に書かれた数が 7 で割り切れる確率
は $\boxed{}$, 7 と 17 のいずれでも割り切れる確率は
$\boxed{}$, 7 または 17 のいずれか一方で割り切れても
う片方では割り切れない確率は $\boxed{}$ であり, 2023
と互いに素である確率は $\boxed{}$ である.

(23 関西学院大・理系)

▶解答◀ $2023 = 7 \cdot 17^2$ であることに注意せよ.

1 以上 2023 以下の整数の集合 U の要素の中で, 7
で割り切れるものの集合を A, 17 で割り切れるもの

の集合を B とする.それらの要素の個数は,

$$n(A) = \frac{2023}{7} = 289, \ n(B) = \frac{2023}{17} = 119$$

である.

$$n(A \cap B) = \frac{2023}{7 \cdot 17} = 17$$

$$n(A \cap \overline{B}) = n(A) - n(A \cap B) = 289 - 17 = 272$$

$$n(\overline{A} \cap B) = n(B) - n(A \cap B) = 119 - 17 = 102$$

$$n(A \cup B) = n(A) + n(B) - n(A \cap B)$$

$$= 289 + 119 - 17 = 391$$

$$n(\overline{A \cup B}) = n(U) - n(A \cup B) = 2023 - 391 = 1632$$

である.ベン図で整理すると,図のようになる.

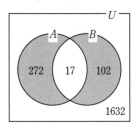

したがって,取り出す玉に書かれた数が 7 で割り切れる確率は $\frac{289}{2023} = \frac{1}{7}$,$7$ と 17 のいずれでも割り切れる確率は $\frac{17}{2023} = \frac{1}{119}$ である.

7 または 17 のいずれか一方で割り切れて他方では割り切れない整数の個数は,図の網目部分の要素の個数の合計であるから,$272 + 102 = 374$ である.したがって,取り出す玉に書かれた数がそうなる確率は,$\frac{374}{2023} = \frac{22}{119}$ である.

また,取り出す玉に書かれた数が 2023 と互いに素である確率は $\frac{1632}{2023} = \frac{96}{119}$ である.

《余事象の重ね合わせ (B20)》

210. 1 個のさいころを 3 回投げるとする.以下の問いに答えよ.

（1） 出る目すべての和が 5 になる確率を求めよ.

（2） 出る目の最小値が 4 になる確率を求めよ.

（3） 出る目すべての積が 6 の倍数になる確率を求めよ.

（4） 出る目を順に a, b, c とする.x についての 2 次方程式 $ax^2 + bx + c = 0$ が重解を持つ確率を求めよ. （23 九大・後期）

▶解答◀ （1） 1 回目,2 回目,3 回目に出る目を順に a, b, c とする.(a, b, c) は全部で $6^3 = 216$ 通りある.出る目の組合せを $\{a, b, c\}$ と表す.$a + b + c = 5$ になる $\{a, b, c\}$ は $\{1, 1, 3\}$,

$\{1, 2, 2\}$ である.ここから (a, b, c) にすると,それぞれ 3 通りずつできるから,(a, b, c) は $3 + 3 = 6$ 通りある.よって,出る目の和が 5 になる確率は $\frac{6}{6^3} = \frac{1}{36}$ である.

（2） a, b, c の最小値を m とする.a, b, c がすべて 4 以上の場合から,すべて 5 以上の場合を除くと,

$$\left(\frac{3}{6}\right)^3 - \left(\frac{2}{6}\right)^3 = \frac{19}{216}$$

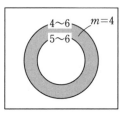
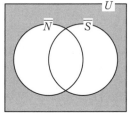

（3） abc が 2 で割り切れるという事象を N （2 の頭文字）,3 で割り切れるという事象を S （3 の頭文字）とする.$P(\overline{N})$ は a, b, c がすべて奇数である確率で $P(\overline{N}) = \left(\frac{1}{2}\right)^3$ となる.$P(\overline{S})$ は a, b, c がすべて $1, 2, 4, 5$ のいずれかである確率で $P(\overline{S}) = \left(\frac{2}{3}\right)^3$,$P(\overline{N} \cap \overline{S})$ は a, b, c がすべて $1, 5$ のいずれかである確率で $P(\overline{N} \cap \overline{S}) = \left(\frac{1}{3}\right)^3$ である.

$$P(\overline{N} \cup \overline{S}) = P(\overline{N}) + P(\overline{S}) - P(\overline{N} \cap \overline{S})$$

$$= \left(\frac{1}{2}\right)^3 + \left(\frac{2}{3}\right)^3 - \left(\frac{1}{3}\right)^3 = \frac{83}{216}$$

であるから,積が 6 の倍数になる確率は

$$P(N \cap S) = 1 - P(\overline{N} \cup \overline{S})$$

$$= 1 - \frac{83}{216} = \frac{133}{216}$$

（4） 重解を持つ条件は,$ax^2 + bx + c = 0$ の判別式を D としたとき $D = 0$ である.

$$D = b^2 - 4ac = 0 \qquad \therefore \quad b^2 = 4ac$$

右辺は偶数であるから,b は偶数である.

- $b = 2$ のとき：$ac = 1$ である.$(a, c) = (1, 1)$
- $b = 4$ のとき：$ac = 4$ で

$(a, c) = (1, 4), (4, 1), (2, 2)$

- $b = 6$ のとき：$ac = 9$ で $(a, c) = (3, 3)$

これより,(a, b, c) は $1 + (2 + 1) + 1 = 5$ 通りあるから,$ax^2 + bx + c = 0$ が重解をもつ確率は $\frac{5}{216}$ である.

《余事象の重ね会わせ (B20) ☆》

211. p を 3 以上の素数とする.箱Sには 1 から

p までの番号札が 1 枚ずつ計 p 枚入っており，箱 T には 1 から $4p$ までの番号札が 1 枚ずつ計 $4p$ 枚入っている．箱 S と箱 T から番号札を 1 枚ずつ取り出し，書かれている数をそれぞれ X, Y とする．

（1） X と Y の積が p で割り切れる確率を求めよ．

（2） X と Y の積が $2p$ で割り切れる確率を求めよ．

（23 北海道大・後期）

▶解答◀ XY が p で割り切れるという事象を A，2 で割り切れるという事象を B とする．

（1） $P(\overline{A})$ は X も Y も p の倍数でない確率で，$P(\overline{A}) = \dfrac{p-1}{p} \cdot \dfrac{4p-4}{4p} = \left(1 - \dfrac{1}{p}\right)^2$ となる．よって，XY が p で割り切れる確率は

$$P(A) = 1 - \left(1 - \dfrac{1}{p}\right)^2 = \dfrac{2p-1}{p^2} \text{ である．}$$

（2） $P(\overline{B})$ は X も Y も奇数である確率である．

$1 \sim p$ の中に偶数は $\dfrac{p-1}{2}$ 枚，奇数は $\dfrac{p+1}{2}$ 枚あり，$1 \sim 4p$ の中には偶数は $2p$ 枚，奇数は $2p$ 枚あるから，

$$P(\overline{B}) = \dfrac{\frac{p+1}{2}}{p} \cdot \dfrac{2p}{4p} = \dfrac{p+1}{4p}$$

となる．$1 \sim p$ の中に偶数でも p の倍数でもないものは

$$p - \left(\dfrac{p-1}{2} + 1\right) = \dfrac{p-1}{2} \text{（枚）}$$

$1 \sim 4p$ の中に偶数でも p の倍数でもないものは，奇数全体の集合

$$1, 3, 5, \cdots, 4p-1$$

の $2p$ 枚のうち，$p, 3p$ の 2 枚を除いた $2p-2$ 枚ある．

$$P(\overline{A} \cap \overline{B}) = \dfrac{\frac{p-1}{2}}{p} \cdot \dfrac{2p-2}{4p} = \left(\dfrac{p-1}{2p}\right)^2$$

である．よって，

$$P(\overline{A} \cup \overline{B}) = P(\overline{A}) + P(\overline{B}) - P(\overline{A} \cap \overline{B})$$
$$= \left(\dfrac{p-1}{p}\right)^2 + \dfrac{p+1}{4p} - \left(\dfrac{p-1}{2p}\right)^2$$
$$= \dfrac{4p^2 - 5p + 3}{4p^2} = 1 - \dfrac{5p-3}{4p^2}$$

であるから，XY が $2p$ で割り切れる確率は

$$P(A \cap B) = 1 - P(\overline{A} \cup \overline{B}) = \dfrac{5p-3}{4p^2}$$

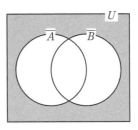

《余事象の重ね合わせ（B20）☆》

212. n を自然数とする．1 個のさいころを n 回投げ，出た目を順に $X_1, X_2, \cdots, X_n$ とし，n 個の数の積 $X_1 X_2 \cdots X_n$ を Y とする．

（1） Y が 5 で割り切れる確率を求めよ．

（2） Y が 15 で割り切れる確率を求めよ．

（23 京大・前期）

▶解答◀ Y が 3 で割り切れるという事象を S（3 の頭文字），5 で割り切れるという事象を G（5 の頭文字）とする．

（1） $\overline{G}$ は n 回の目の積が 5 の倍数にならないという事象で，$P(\overline{G})$ は n 回とも 5 以外のいずれかが出る確率で $P(\overline{G}) = \left(\dfrac{5}{6}\right)^n$ となる．よって，Y が 5 で割り切れる確率は $P(G) = 1 - \left(\dfrac{5}{6}\right)^n$ である．

（2） $\overline{S}$ は n 回の目の積が 3 の倍数にならないという事象で，n 回とも $3, 6$ 以外の目が出るという事象である．$P(\overline{S})$ は n 回とも $1, 2, 4, 5$ のいずれかが出る確率で $P(\overline{S}) = \left(\dfrac{2}{3}\right)^n$ である．$P(\overline{G} \cap \overline{S})$ は n 回とも $1, 2, 4$ のいずれかが出る確率で $P(\overline{G} \cap \overline{S}) = \left(\dfrac{1}{2}\right)^n$ である．

$$P(\overline{G} \cup \overline{S}) = P(\overline{G}) + P(\overline{S}) - P(\overline{G} \cap \overline{S})$$
$$= \left(\dfrac{5}{6}\right)^n + \left(\dfrac{2}{3}\right)^n - \left(\dfrac{1}{2}\right)^n$$

であるから，Y が 15 で割り切れる確率は

$$P(G \cap S) = 1 - P(\overline{G} \cup \overline{S})$$
$$= 1 - \left(\dfrac{5}{6}\right)^n - \left(\dfrac{2}{3}\right)^n + \left(\dfrac{1}{2}\right)^n$$

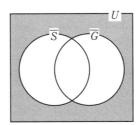

注意 1° 【類題】昔の京大にほぼ同じ問題がある．しかし，実はその 10 年以上前に代ゼミの京大模試に

私が出題したのが最初である．次のような答案が続出した．

[正解(?)] 少なくとも1回偶数の目が出て，少なくとも1回3の倍数の目が出るときで，その確率は，

$$\left\{1-\left(\frac{1}{2}\right)^n\right\}\left\{1-\left(\frac{2}{3}\right)^n\right\}$$

（答案終わり）

京大の採点では，このままでは満点にはならなかった．「少なくとも1回偶数の目が出る」「少なくとも1回3の倍数の目が出る」という2つの事象を C，D として，C，D が独立ならば $P(C\cap D)=P(C)P(D)$ と計算できるが，その独立性が，あまり明らかでない．理学部では独立性の証明をする必要があった．他学部では「独立だから」という言葉がなければ減点された．独立性はきわどく，出る数が1~6でなく，1~10にして [正解(?)] の数え方だと誤答になる問題が，名大や東大（2003年）などで出題された．詳しい解説は「東大数学で1点でも多くとる方法（東京出版）」を見てほしい．

参考 サイコロをくり返し n 回振って，出た目の数を掛け合わせた積を X とする．すなわち，k 回目に出た目の数を Y_k とすると，$X=Y_1 Y_2 \cdots \cdot Y_n$

（1）X が3で割りきれる確率 p_n を求めよ．

（2）X が6で割りきれる確率 q_n を求めよ．

（92 京大・前期-理系）

▶解答◀ （1）「X が3で割り切れる」の余事象は「X が3で割り切れない」で，それは「n 回の試行で1回も3, 6が出ない」つまり「n 回とも1, 2, 4, 5のいずれかが出る」である．その確率は $\left(\frac{4}{6}\right)^n$ であるから $p_n=1-\left(\frac{2}{3}\right)^n$

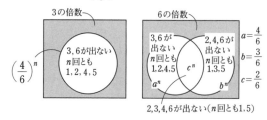

（2）「X が6で割り切れる」の余事象は「X が6で割り切れない」で，それは

A「n 回の試行で1回も3, 6が出ない（1, 2, 4, 5のいずれかが出る）」

か，または

B「n 回の試行で1回も2, 4, 6が出ない（1, 3, 5の

いずれかが出る）」

である．

$$P(A)=\left(\frac{4}{6}\right)^n,\ P(B)=\left(\frac{3}{6}\right)^n$$

であり，$A\cap B$ は

$A\cap B$「n 回の試行で1回も2, 3, 4, 6が出ない（1, 5のいずれかが出る）」

だから $P(A\cap B)=\left(\frac{2}{6}\right)^n$ である．したがって

$$1-q_n=P(A\cup B)=P(A)+P(B)-P(A\cap B)$$
$$=\left(\frac{2}{3}\right)^n+\left(\frac{1}{2}\right)^n-\left(\frac{1}{3}\right)^n$$
$$q_n=1-\left(\frac{2}{3}\right)^n-\left(\frac{1}{2}\right)^n+\left(\frac{1}{3}\right)^n$$

30年前の京大では次のような別解も使うことができたが，今年の問題ではそうは行かない．A，B は上で書いたものとする．

♦別解♦ $P(A)=\left(\frac{4}{6}\right)^n,\ P(B)=\left(\frac{3}{6}\right)^n$，$P(A\cap B)=\left(\frac{2}{6}\right)^n$ だから，

$$P(A\cap B)=P(A)P(B)$$

が成り立つ．よって A と B は独立であり，それならば A と B の余事象同士も独立である．よって q_n は

$\overline{A}$「少なくとも1回3の倍数が出て」

かつ

$\overline{B}$「少なくとも1回偶数が出る」

となる確率に等しく

$$q_n=\left\{1-\left(\frac{2}{3}\right)^n\right\}\left\{1-\left(\frac{1}{2}\right)^n\right\}$$

2° 【独立と従属】

事象 A と B が無関係のとき独立，関係があるとき従属であるという．世間では，一見関係ありそうで関係がない場合があるし，無関係に見えたものが裏で手を結んでいたりして複雑怪奇である．$P(A\cap B)=P(A)P(B)$ が成り立つときに A と B は独立であるという．独立でないときに従属であるという．

《三角不等式と広げる（C30）☆》

213. n を2以上の自然数とする．1個のさいころを n 回投げて出た目の数を順に $a_1, a_2, \cdots, a_n$ とし，

$$K_n=|1-a_1|+|a_1-a_2|$$
$$+\cdots+|a_{n-1}-a_n|+|a_n-6|$$

とおく．また，K_n のとりうる値の最小値を q_n とする．

（1）$K_3=5$ となる確率を求めよ．

（2） q_n を求めよ．また，$K_n = q_n$ となるための $a_1, a_2, \cdots, a_n$ に関する必要十分条件を求めよ．

（3） n を 4 以上の自然数とする．
$$L_n = K_n + |a_4 - 4|$$
とおき，L_n のとりうる値の最小値を r_n とする．$L_n = r_n$ となる確率 p_n を求めよ．

（23 北海道大・理系）

▶解答◀ $(a_1, a_2, \cdots, a_n)$ は全部で 6^n 通りある．

（1） 説明のため，個数を減らして書く．

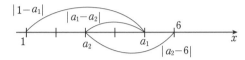

$$|1 - a_1| + |a_1 - a_2| + |a_2 - 6|$$

は数直線上で，点 1 から点 a_1，点 a_1 から点 a_2，点 a_2 から点 6 までの距離の合計を表す．シグザグすると距離が長くなる．移動距離が最短になるときを考え，
$$|1 - a_1| + |a_1 - a_2| + |a_2 - 6| \geqq 6 - 1 = 5$$
であり，等号は $1 \leqq a_1 \leqq a_2 \leqq 6$ と一直線上に並ぶときである．これを続けると，以下の設問で，
$$1 \leqq a_1 \leqq a_2 \leqq a_3 \leqq 6$$
$$1 \leqq a_1 \leqq a_2 \leqq \cdots \leqq a_n \leqq 6$$
になるときであることは明白である．以下では，このことを使わないで説明する．

三角不等式
$$|p + q| \leqq |p| + |q|$$
を用いる．p, q が実数のとき，等号は p, q が同符号（$pq \geqq 0$ になること．なお 0 は任意の実数に対して同符号とする）のときに成り立つ．

$K_3 = 5$ のとき
$$|1 - a_1| + |a_1 - a_2| + |a_2 - a_3| + |a_3 - 6| = 5$$
三角不等式より，
$$5 = |1 - a_1| + |a_1 - a_2| + |a_2 - a_3| + |a_3 - 6|$$
$$\geqq |(1 - a_1) + (a_1 - a_2) + (a_2 - a_3) + (a_3 - 6)| = 5$$
等号が成り立つから，
$$1 - a_1, \ a_1 - a_2, \ a_2 - a_3, \ a_3 - 6$$
がすべて同符号（0 は全ての実数と同符号とする）であり，$1 - a_1 \leqq 0, a_3 - 6 \leqq 0$ であることから，これらがすべて 0 以下であること，すなわち
$$1 \leqq a_1 \leqq a_2 \leqq a_3 \leqq 6$$

となるときである．
$$1 \leqq a_1 < a_2 + 1 < a_3 + 2 \leqq 8$$
$(a_1, a_2 + 1, a_3 + 2)$ は 1, $\cdots$, 8 から選ぶ 3 つの自然数であり，$K_3 = 5$ となる確率は $\dfrac{56}{6^3} = \dfrac{7}{27}$ である．

（2）（1）と同様に考えると，三角不等式より
$$K_n \geqq |(1 - a_1) + (a_1 - a_2) + \cdots + (a_n - 6)| = 5$$
であり，等号成立は，
$$1 - a_1, \ a_1 - a_2, \ \cdots, \ a_n - 6$$
がすべて同符号のとき，すなわち
$$\mathbf{1 \leqq a_1 \leqq a_2 \leqq \cdots \leqq a_n \leqq 6}$$
となるときである．$q_n = 5$ である．

（3）（2）も合わせると
$$L_n \geqq 5 + |4 - 4| = 5$$
であり，等号は
$$1 \leqq a_1 \leqq a_2 \leqq \cdots \leqq a_n \leqq 6$$
$$かつ \quad a_4 = 4$$
のときに成立するから，$r_n = 5$ である．$n \geqq 5$ のとき，
$$1 \leqq a_1 \leqq a_2 \leqq a_3 \leqq 4 = a_4 \quad \cdots\cdots\cdots\cdots①$$
$$a_4 = 4 \leqq a_5 \leqq a_6 \leqq \cdots \leqq a_n \leqq 6 \quad \cdots\cdots\cdots②$$
① については
$$1 \leqq a_1 < a_2 + 1 < a_3 + 2 \leqq 6 = a_4 + 2$$
から $(a_1, a_2 + 1, a_3 + 2)$ は ${}_6C_3 = 20$ 通りある．
② については
$$4 \leqq a_5 < a_6 + 1 < \cdots < a_n + (n - 5) \leqq n + 1$$
となり，4 から $n + 1$ までの $n - 2$ 個から $n - 4$ 個の自然数を選ぶと考えて
${}_{n-2}C_{n-4} = {}_{n-2}C_2 = \dfrac{1}{2}(n - 2)(n - 3)$ 通りある．ゆえに，$L_n = r_n$ となるような組 $(a_1, a_2, \cdots, a_n)$ は
$20 \cdot \dfrac{1}{2}(n - 2)(n - 3) = 10(n - 2)(n - 3)$ 通りある．この結果は $n = 4$ でも正しい．よって，$L_n = r_n$ となる確率は $\dfrac{\mathbf{10(n - 2)(n - 3)}}{\mathbf{6^n}}$ である．

注意 【実数についての三角不等式】
$|p + q| \leqq |p| + |q|$ を 2 乗すると
$$p^2 + q^2 + 2pq \leqq p^2 + q^2 + 2|pq|$$
$$pq \leqq |pq|$$
で，等号は $pq \geqq 0$ のとき成り立つ．

《格子点を数える（B20）》
214. n を 2 以上の整数とする．袋の中には 1 から $2n$ までの整数が 1 つずつ書いてある $2n$ 枚のカードが入っている．以下の問に答えよ．

（1）　この袋から同時に 2 枚のカードを取り出したとき，そのカードに書かれている数の和が偶数である確率を求めよ．

（2）　この袋から同時に 3 枚のカードを取り出したとき，そのカードに書かれている数の和が偶数である確率を求めよ．

（3）　この袋から同時に 2 枚のカードを取り出したとき，そのカードに書かれている数の和が $2n+1$ 以上である確率を求めよ．

(23　神戸大・理系)

▶解答◀　（1）　取り出す 2 枚の組合せは ${}_{2n}\mathrm{C}_2$ 通りある．奇数も偶数も n 枚ずつあり，2 枚の和が偶数となるのは，2 枚とも奇数であるか，2 枚とも偶数であるかのときだから，${}_{2}{}_n\mathrm{C}_2$ 通りある．よって，求める確率は

$$\frac{2{}_n\mathrm{C}_2}{{}_{2n}\mathrm{C}_2} = \frac{2 \cdot \frac{1}{2}n(n-1)}{\frac{1}{2} \cdot 2n(2n-1)} = \frac{n-1}{2n-1}$$

（2）　取り出す 3 枚の組合せは ${}_{2n}\mathrm{C}_3$ 通りある．3 枚の和が偶数になるのは

$$\{\text{偶数, 偶数, 偶数}\}, \{\text{偶数, 奇数, 奇数}\}$$

のいずれかであるから，${}_n\mathrm{C}_3 + {}_n\mathrm{C}_1 \cdot {}_n\mathrm{C}_2$ 通りある．よって，求める確率は

$$\frac{{}_n\mathrm{C}_3 + {}_n\mathrm{C}_1 \cdot {}_n\mathrm{C}_2}{{}_{2n}\mathrm{C}_3}$$

$$= \frac{\frac{1}{6}n(n-1)(n-2) + n \cdot \frac{1}{2}n(n-1)}{\frac{1}{6}(2n)(2n-1)(2n-2)} = \frac{1}{2}$$

この結果は $n=2$ でも正しい．

（3）　取り出す 2 枚の組合せを $\{a, b\}$ とする．図の格子点（黒丸）の個数を考える．組ではなく組合せを考えるから，$a<b$ の部分にある黒丸の個数を考える．同時に 2 枚取り出すから，$a=b$ とはならないことに注意せよ．$a<b$ の部分には

$$1+3+5+\cdots+(2n-1)$$

$$= \frac{1}{2} \cdot 2n \cdot n = n^2（\text{個}）$$

あるから，2 枚の和が $2n+1$ 以上になる組合せは n^2 通りある．よって，求める確率は $\dfrac{n^2}{{}_{2n}\mathrm{C}_2} = \dfrac{n}{2n-1}$

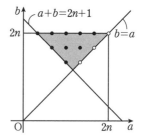

♦別解♦　（1）　カードを戻さずに 1 枚ずつ取り出すと考える．2 枚目は箱の中の $2n-1$ 枚の中から，1 枚目のカードと偶奇が同じカード（これは $n-1$ 枚ある）を選ぶと 2 枚の和は偶数になるから，その確率は $\dfrac{n-1}{2n-1}$ である．

（2）　和が偶数になる組合せ $\{a, b, c\}$ に対して，$\{2n+1-a, 2n+1-b, 2n+1-c\}$ を考えると，この和は

$$3 \cdot (2n+1) - (a+b+c)$$

$$= 6n - (a+b+c) + 3$$

より奇数になる．これより，3 枚の和が偶数になる組合せと奇数になる組合せが 1 対 1 に対応するから，求める確率は $\dfrac{1}{2}$ である．

（3）　和が $2n+1$ 以上になる組合せ $\{a, b\}$ に対して，$\{2n+1-a, 2n+1-b\}$ を考えるとその和は

$$2(2n+1) - (a+b) \leqq 2n+1$$

になる．この中には，和がちょうど $2n+1$ になる

$$\{1, 2n\}, \{2, 2n-1\}, \cdots, \{n, n+1\}$$

の n 通りが重複している．よって，求める確率を p_n とすると

$$2p_n - \frac{n}{{}_{2n}\mathrm{C}_2} = 1 \qquad \therefore \quad p_n = \frac{n}{2n-1}$$

(B10)》

215. 50 円硬貨 4 枚と，100 円硬貨 5 枚を同時に投げたとき，表が出た硬貨の合計金額が 500 円未満となる確率を求めよ．　(23　三重大・工)

▶解答◀　50 円硬貨で $50k$ 円になる確率を P_{50k}，100 円硬貨で $100l$ 円になる確率を Q_{100l} とする．

$$P_{50k} = \left(\frac{1}{2}\right)^k \left(\frac{1}{2}\right)^{4-k} {}_4\mathrm{C}_k = \frac{{}_4\mathrm{C}_k}{2^4}$$

$$Q_{100l} = \left(\frac{1}{2}\right)^l \left(\frac{1}{2}\right)^{5-l} {}_5\mathrm{C}_l = \frac{{}_5\mathrm{C}_l}{2^5}$$

例えば，100 円が 2 枚，50 円が 3 枚表になって合計が 350 円になる確率は $Q_{200}P_{150}$ であり，合計金額は添字の合計になる．

合計金額が 500 円未満の余事象「表の合計金額が 500 円以上」の確率を求める．つまり，P と Q の添字の合計が 500 以上になる確率を求める．100 円硬貨が 2 枚以下のときは合計金額は 500 円未満である．

100 円硬貨の表の枚数が 5 枚，4 枚，3 枚の順に計算する．初めの項にある 1 は 50 円硬貨については表の枚数が任意でよいことを表している．

$$Q_{500} \cdot 1 + Q_{400}(P_{200} + P_{150} + P_{100}) + Q_{300}P_{200}$$
$$= \frac{1}{2^9}(2^4 + {}_5C_4({}_4C_4 + {}_4C_3 + {}_4C_2) + {}_5C_3 \cdot {}_4C_4)$$
$$= \frac{1}{2^9}(16 + 5(1 + 4 + 6) + 10) = \frac{81}{512}$$

求める確率は，$1 - \dfrac{81}{512} = \dfrac{431}{512}$ である．

♦別解♦ 直接計算しても計算量はあまり変わらない．

本解と同じ記号を用いる．100 円が 2 枚以下のときは 50 円は任意の枚数でよく，100 円が 5 枚のときは 500 円未満にならないことに注意せよ．100 円の枚数が少ない方から計算する．

$$(Q_0 + Q_{100} + Q_{200}) \cdot 1$$
$$+ Q_{300}(P_0 + P_{50} + P_{100} + P_{150})$$
$$+ Q_{400}(P_0 + P_{50})$$
$$= \frac{1}{2^9}((1 + {}_5C_1 + {}_5C_2) \cdot 2^4$$
$$+ {}_5C_3(2^4 - 1) + {}_5C_4(1 + {}_4C_1))$$
$$= \frac{1}{2^9}((1 + 5 + 10) \cdot 2^4 + 10 \cdot 15 + 5(1 + 4))$$
$$= \frac{1}{2^9}(256 + 150 + 25) = \frac{431}{512}$$

──《突っ込む (B20)》──

216. 表に A，裏に B と書かれたコインがある．このコインを n 回投げる試行を行い，A が出た回数と同じ枚数のイヌの絵はがき，B が出た回数と同じ枚数のネコの絵はがきを貰えるとする．例えば，$n = 3$ のとき，ABA と出たら，イヌの絵はがきを 2 枚，ネコの絵はがきを 1 枚貰える．このとき，次の各問に答えよ．ただし，使用するコインは，表，裏がそれぞれ $\frac{1}{2}$ の確率で出るものとする．

（1）$n = 3$ のとき，イヌの絵はがきを 2 枚以上貰える確率を求めよ．

（2）$n = 3$ のとき，イヌとネコのどちらの絵はがきも貰える確率を求めよ．

（3）$n \geqq 3$ のとき，A が連続して 3 回以上出たら，貰えるイヌやネコの絵はがきに追加してウシの絵はがきも貰えることにする．$n = 6$ の

とき，イヌ，ネコ，ウシのいずれの絵はがきも貰える確率を求めよ．

(23 宮崎大・医，工，教（理系）)

▶解答◀ （1）AAB は 1 回目に A，2 回目に A，3 回目に B が出ることを表す．3 回の文字列は全部で 2^3 通りある．このうち A が 2 個以上ある確率は

$$\frac{{}_3C_2 + 1}{2^3} = \frac{1}{2}$$

（2）AAA，BBB 以外の確率で

$$\frac{8 - 2}{8} = \frac{3}{4}$$

（3）A または B を 6 個並べる列は全部で 2^6 通りある．このうち A が 3 個以上連続する列を数える．

A が何個あるかで分類する．

（ア）A が 3 個，B が 3 個あるとき．$\boxed{AAA}$，B，B，B の列は 4 通りある．$\boxed{AAA}$ は 3 個の A の塊を表す．

（イ）A が 4 個，B が 2 個あるとき．

（イ-1）$\boxed{AAAA}$，B，B の列は 3 通りある．

（イ-2）A の 3 連続はあるが 4 連続はないとき．まず 2 個の B を並べ，$\downarrow$B$\downarrow$B$\downarrow$ の，2 つの B の間または両端の 3 カ所のうちの 1 カ所に $\boxed{AAA}$ を突っ込み（3 通り）別の 2 カ所のうちの 1 カ所に（2 通り）に A を突っ込むと考え，$3 \cdot 2 = 6$ 通りある．

（ウ）A が 5 個，B が 1 個あるとき．

$$\downarrow\text{A}\downarrow\text{A}\downarrow\text{A}\downarrow\text{A}\downarrow\text{A}\downarrow$$

5 つの A の間または両端の 6 カ所のうちの 1 カ所に B を突っ込む．どこに突っ込もうと A の 3 個以上の連続がある．

求める確率は $\dfrac{4 + 3 + 6 + 6}{2^6} = \dfrac{19}{64}$ である．

──《意味のない式 (B10)》──

217. サイコロを 3 回振り，1 回目，2 回目，3 回目に出た目をそれぞれ X_1，X_2，X_3 とする．有理数 $q = (-1)^{X_3} \cdot \dfrac{X_2}{X_1}$ について，下の問いに答えなさい．

（1）$q < 0$ となる確率を求めなさい．

（2）q が整数となる確率を求めなさい．

（3）$q > 1$ となる確率を求めなさい．

(23 長岡技科大・工)

▶解答◀ （1）$q < 0$ となるのは X_3 が奇数のときで，X_1，X_2 は任意である．よって，求める確率は

$\dfrac{3}{6} = \dfrac{1}{2}$

（2）q が整数となるのは X_2 が X_1 の倍数のときで，X_3 は任意である．

$X_1 = 1$ のとき，X_2 は任意

$X_1 = 2$ のとき，$X_2 = 2, 4, 6$

$X_1 = 3$ のとき，$X_2 = 3, 6$

$X_1 = k \,(k = 4, 5, 6)$ のとき，$X_2 = k$

であるから，求める確率は

$$\dfrac{6+3+2+1+1+1}{6^2} = \dfrac{14}{36} = \dfrac{7}{18}$$

（3）$q > 1$ となるのは $X_1 < X_2$ かつ X_3 が偶数のときである．$X_1 < X_2$ となる (X_1, X_2) は

$_6C_2 = \dfrac{6 \cdot 5}{2} = 15$ 通りあり，X_3 が偶数となる X_3 は

3 通りあるから，求める確率は $\dfrac{15 \cdot 3}{6^3} = \dfrac{5}{24}$

《ジャンケン（B20）》

218. n 人でじゃんけんをする．1 回目のじゃんけんで勝者が 1 人に決まらなかった場合には，敗者を除き 2 回目のじゃんけんを行う．あいこも 1 回と数える．次の問いに答えよ．

（1）1 回目のじゃんけんで勝者が 1 人に決まる確率 p_n を求めよ．

（2）1 回目のじゃんけんであいこになる確率 q_n を求めよ．

（3）5 人でじゃんけんを行い，2 回目に勝者が 1 人に決まる確率を求めよ．

(23 名古屋市立大・前期)

▶解答◀ （1）n 人の手の順列は 3^n 通りある．勝者が 1 人になるとき，勝者は n 通りあり，勝者が出す手は 3 通りあるから

$$p_n = \dfrac{n \cdot 3}{3^n} = \dfrac{n}{3^{n-1}}$$

（2）余事象を考える．1 回目のじゃんけんであいこにならないのは，n 人の出す手がちょうど 2 種類になる場合である．2 種類の手の組合せは $_3C_2$ 通りある．n 人がどちらの手を出すかは 2^n 通りあるが，一方の手に偏る 2 通りを除いて $2^n - 2$ 通りある．よって

$$q_n = 1 - \dfrac{_3C_2(2^n - 2)}{3^n} = 1 - \dfrac{2^n - 2}{3^{n-1}}$$

（3）勝ち残りの人数の変化に着目する．

$5 \to 5 \to 1,\ 5 \to 4 \to 1,\ 5 \to 3 \to 1,\ 5 \to 2 \to 1$ のいずれかである．一般に，$k < 5$ に対し $5 \to k$ となる確率 r_k は，（1）と同様に考えて

$$r_k = \dfrac{_5C_k \cdot 3}{3^5} = \dfrac{_5C_k}{3^4}$$

であるから，求める確率は

$$q_5 p_5 + r_4 p_4 + r_3 p_3 + r_2 p_2$$

$$= \left(1 - \dfrac{30}{3^4}\right) \cdot \dfrac{5}{3^4} + \dfrac{_5C_4}{3^4} \cdot \dfrac{4}{3^3} + \dfrac{_5C_3}{3^4} \cdot \dfrac{3}{3^2} + \dfrac{_5C_2}{3^4} \cdot \dfrac{2}{3}$$

$$= \dfrac{85}{3^7} + \dfrac{20}{3^7} + \dfrac{30}{3^6} + \dfrac{20}{3^5}$$

$$= \dfrac{85 + 20 + 90 + 180}{3^7} = \dfrac{375}{3^7} = \dfrac{125}{729}$$

《和が一定（B20）》

219. n を 3 以上の自然数とする．n 枚のカードに 1 から n までの数が 1 つずつ書かれている．この n 枚のカードから 3 枚のカードを同時に引く．引いたカードに書かれている数を小さい順に a, b, c とおく．以下の問いに答えよ．

（1）$c = n$ となる確率を求めよ．

（2）$b = a + 1$ となる確率を求めよ．

（3）$a + b = n$ となる確率を $P(n)$ とする．以下の（ⅰ），（ⅱ）に答えよ．

（ⅰ）$P(5), P(6)$ を求めよ．

（ⅱ）$P(n)$ を求めよ． (23 奈良女子大・理)

▶解答◀ （1）3 枚のカードを左から順に並べ，そこに書かれた数を順に x, y, z とする．$x = n$ である確率は $\dfrac{1}{n}$，$y = n$ である確率も $\dfrac{1}{n}$，$z = n$ である確率も $\dfrac{1}{n}$ である．よって n のカードを引く確率は $\dfrac{3}{n}$ である．

（2）(a, b, c) は全部で $_nC_3$ 通りある．

このうち $b = a + 1$ になるのは $1 \leqq a < a + 1 < c \leqq n$，すなわち $2 \leqq a + 1 < c \leqq n$ になるときで $(a + 1, c)$ は $_{n-1}C_2$ 通りある．求める確率は

$$\dfrac{_{n-1}C_2}{_nC_3} = \dfrac{\frac{1}{2}(n-1)(n-2)}{\frac{1}{6}n(n-1)(n-2)} = \dfrac{3}{n}$$

（3）$P(5)$ というのはカードに書かれた数が 1〜5 のときに $a + b = 5$ になる確率と解釈する．$P(6)$ はカードに書かれた数が 1〜6 のときに $a + b = 6$ になる確率と解釈する．

（ⅰ）$a + b = 5$ のとき

$(a, b, c) = (1, 4, 5), (2, 3, 4), (2, 3, 5)$

の 3 通りあるから，$P(5) = \dfrac{3}{_5C_3} = \dfrac{3}{10}$

$a + b = 6$ のとき

$(a, b, c) = (1, 5, 6), (2, 4, 5), (2, 4, 6)$

の 3 通りあるから，$P(6) = \dfrac{3}{_6C_3} = \dfrac{3}{20}$

（ⅱ）$a + b = n, a < b$ のとき

$(a, b) = (1, n-1), (2, n-2), \cdots$

となる．$n-b < b \leqq n-1$ であるから $\dfrac{n}{2} < b \leqq n-1$ となる．b を決めれば a は決まる．$\dfrac{n}{2}$ より大きな最小の整数を m とする．$m \leqq b < c \leqq n$ であるから (b, c) は $_{n-m+1}C_2 = \dfrac{1}{2}(n-m+1)(n-m)$ 通りある．

$$P(n) = \frac{\frac{1}{2}(n-m+1)(n-m)}{\frac{1}{6}n(n-1)(n-2)}$$

n が偶数のとき $m = \dfrac{n}{2}+1 = \dfrac{n+2}{2}$ であり

$$P(n) = \frac{\frac{1}{2} \cdot \frac{n}{2} \cdot \frac{n-2}{2}}{\frac{1}{6}n(n-1)(n-2)} = \frac{3}{4(n-1)}$$

n が奇数のとき $m = \dfrac{n+1}{2}$ であり

$$P(n) = \frac{\frac{1}{2} \cdot \frac{n+1}{2} \cdot \frac{n-1}{2}}{\frac{1}{6}n(n-1)(n-2)} = \frac{3(n+1)}{4n(n-2)}$$

――《玉の取り出し（A5）》――

220. 赤玉が 8 個，白玉が 4 個，黄玉が 2 個入った箱から同時に 2 個の玉を取り出すとき，黄玉 2 個を取り出す確率は $\dfrac{\square}{\square}$，赤玉を 1 つも取り出さない確率は $\dfrac{\square}{\square}$，異なる 2 色の玉を取り出す確率は $\dfrac{\square}{\square}$ である． （23 大同大・工-建築）

▶**解答**◀ 2 個の玉の組合せは全部で $_{14}C_2 = 91$ 通りある．黄玉を 2 個取り出す確率は

$$\frac{_2C_2}{91} = \frac{1}{91}$$

赤玉を 1 つも取り出さないのは，白玉，黄玉 6 個から 2 個取り出すときで，その確率は

$$\frac{_6C_2}{91} = \frac{15}{91}$$

異なる 2 色の玉を取り出すのは，赤玉 1 個，白玉 1 個または白玉 1 個，黄玉 1 個または黄玉 1 個，赤玉 1 個取り出すときで，その確率は

$$\frac{_8C_1 \cdot {}_4C_1 + {}_4C_1 \cdot {}_2C_1 + {}_2C_1 \cdot {}_8C_1}{91} = \frac{56}{91} = \frac{8}{13}$$

――《玉の取り出し（B5）》――

221. n を自然数とする．中が見えない壺に，n 個の赤玉と n 個の白玉が入っている．この壺の中から n 個の玉を同時に取り出すとき，取り出した白玉が k 個以下となる確率を $P_{n,k}$ と書く．この

とき，$P_{4,0} = \boxed{}$ であり，$P_{5,1} = \boxed{}$ であり，$P_{6,2} = \boxed{}$ である．ただし，すべて既約分数で解答せよ． （23 山梨大・医-後期）

▶**解答**◀ $2n$ 個の玉から n 個を取る玉の組合せは全部で $_{2n}C_n$ 通りあり，白玉を $i\,(0 \leqq i \leqq k)$ 個，赤玉を $n-i$ 個取る組合せは $_nC_i \cdot {}_nC_{n-i} = ({}_nC_i)^2$ 通りある．

$$P_{n,k} = \frac{1}{_{2n}C_n}({}_nC_0{}^2 + \cdots + {}_nC_k{}^2)$$

$$P_{4,0} = \frac{1}{_8C_4} = \frac{1}{7 \cdot 2 \cdot 5} = \frac{1}{70}$$

$$P_{5,1} = \frac{1}{_{10}C_5}({}_5C_0{}^2 + {}_5C_1{}^2) = \frac{1+25}{9 \cdot 4 \cdot 7} = \frac{13}{126}$$

$$P_{6,2} = \frac{1}{_{12}C_6}({}_6C_0{}^2 + {}_6C_1{}^2 + {}_6C_2{}^2)$$

$$= \frac{1+36+225}{11 \cdot 3 \cdot 4 \cdot 7} = \frac{131}{462}$$

――《玉の取り出し（B20）》――

222. 袋 A には白玉 4 個，赤玉 2 個，袋 B には白玉 5 個，赤玉 3 個が入っている．以下の問いに答えよ．ただし，答えが分数になるときは既約分数で答えよ．

（1） 袋 A から玉を 1 個取り出す．このとき，取り出した玉が白玉である確率を求めよ．

（2） 袋 A から玉を 1 個取り出し，それをもとに戻さないで，続いて袋 A から玉をもう 1 個取り出す．このとき，取り出した玉が 2 個とも白玉である確率を求めよ．

（3） 袋 A から玉を 1 個取り出し，色を調べてからもとに戻す．この試行を 5 回続けて行うとき，5 回目に 3 度目の白玉が出る確率を求めよ．

（4） 袋 A から 1 個の玉を取り出して袋 B に入れ，よくかき混ぜる．次に，袋 B から 1 個の玉を取り出して袋 A に入れる．このとき，袋 A の白玉の個数が 4 個である確率を求めよ．

（5） 袋 A から 1 個の玉を取り出して袋 B に入れ，よくかき混ぜる．次に，袋 B から 1 個の玉を取り出して袋 A に入れ，よくかき混ぜる．そして，袋 A から 1 個の玉を取り出すとき，それが白玉である確率を求めよ．

（23 豊橋技科大・前期）

▶**解答**◀ （1） 求める確率は $\dfrac{4}{6} = \dfrac{2}{3}$ である（図 1 参照）．

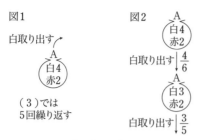

図1

白取り出す

A
白4
赤2

（3）では
5回繰り返す

図2

A
白4
赤2

白取り出す $\dfrac{4}{6}$

A
白3
赤2

白取り出す $\dfrac{3}{5}$

（2）　求める確率は $\dfrac{2}{3}\cdot\dfrac{3}{5}=\dfrac{2}{5}$ である（図2参照）.

（3）　図1を見よ．5回目に3度目の白が出るのは，4回目までに白2回，赤2回出て5回目に白が出る確率であるから

$${}_4\mathrm{C}_2\left(\dfrac{2}{3}\right)^2\left(\dfrac{1}{3}\right)^2\cdot\dfrac{2}{3}=\dfrac{4\cdot3}{2\cdot1}\cdot\dfrac{2^3}{3^5}=\dfrac{16}{81}$$

（4）　図3を見よ．Aから玉を取り出しBに入れ，Bから玉を取り出しAに入れる操作後，Aの白玉の個数が4個であるのは

Aから白玉を取り出しBに入れ，
　Bから白玉を取り出しAに入れるか
Aから赤玉を取り出しBに入れ，
　Bから赤玉を取り出しAに入れるか
であるから，求める確率は

$$\dfrac{2}{3}\cdot\dfrac{2}{3}+\dfrac{1}{3}\cdot\dfrac{4}{9}=\dfrac{12+4}{3^3}=\dfrac{16}{27}$$

図3

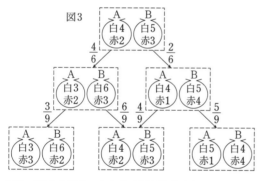

（5）　図3を見よ．Aから白玉を取り出しBに入れ，Bから赤玉を取り出しAに入れる．

　このとき，Aは白3赤3

（4）の後，Aは白4赤2

Aから赤玉を取り出しBに入れ，Bから白玉を取り出しAに入れる．

　このとき，Aは白5赤1

この3通りのいずれの場合でも，次にAから白を取り出す．よって，求める確率は

$$\dfrac{2}{3}\cdot\dfrac{1}{3}\cdot\dfrac{1}{2}+\dfrac{16}{27}\cdot\dfrac{2}{3}+\dfrac{1}{3}\cdot\dfrac{5}{9}\cdot\dfrac{5}{6}$$

$$=\dfrac{18+64+25}{3^4\cdot2}=\dfrac{107}{162}$$

《玉の取り出し（B20）☆》

223. 赤球4個と白球6個が入った袋がある．このとき，次の問に答えよ．

（1）　袋から球を同時に2個取り出すとき，赤球1個，白球1個となる確率を求めよ．

（2）　袋から球を同時に3個取り出すとき，赤球が少なくとも1個含まれる確率を求めよ．

（3）　袋から球を1個取り出して色を調べてから袋に戻すことを2回続けて行うとき，1回目と2回目で同じ色の球が出る確率を求めよ．

（4）　袋から球を1個取り出して色を調べてから袋に戻すことを5回続けて行うとき，2回目に赤球が出て，かつ全部で赤球が少なくとも3回出る確率を求めよ．

（5）　袋から球を1個取り出し，赤球であれば袋に戻し，白球であれば袋に戻さないものとする．この操作を3回繰り返すとき，袋の中の白球が4個以下となる確率を求めよ．

（23　山形大・医，理，農，人文社会）

▶解答◀　（1）　袋から2個の球を取り出す組合せは ${}_{10}\mathrm{C}_2=\dfrac{10\cdot9}{2\cdot1}=45$ 通りある.

　赤球1個，白球1個を取る組合せは ${}_4\mathrm{C}_1\cdot{}_6\mathrm{C}_1=24$ 通りあるから，求める確率は $\dfrac{24}{45}=\dfrac{8}{15}$ である.

（2）　袋から3個の球を取り出す組合せは ${}_{10}\mathrm{C}_3=\dfrac{10\cdot9\cdot8}{3\cdot2\cdot1}=10\cdot3\cdot4$ 通りある.

　白球3個を取る組合せは ${}_6\mathrm{C}_3=\dfrac{6\cdot5\cdot4}{3\cdot2\cdot1}=5\cdot4$ 通りあるから，求める確率は余事象を考えて

$$1-\dfrac{5\cdot4}{10\cdot3\cdot4}=1-\dfrac{1}{6}=\dfrac{5}{6}$$

（3）　1回の試行で赤球を取り出す確率は $\dfrac{2}{5}$，白球を取り出す確率は $\dfrac{3}{5}$ であるから，求める確率は

$\left(\dfrac{2}{5}\right)^2+\left(\dfrac{3}{5}\right)^2=\dfrac{13}{25}$ である.

（4）　2回目に赤玉が出て，2回目以外の4回で，赤玉が k 回出る確率を p_k とすると $p_k=\dfrac{2}{5}{}_4\mathrm{C}_k\left(\dfrac{2}{5}\right)^k\left(\dfrac{3}{5}\right)^{4-k}$ である.（「少なくとも1回」ときたら余事象を考えるのが常識であるが，直接求めるなら $p_2+p_3+p_4$，余事象なら $\dfrac{2}{5}-(p_0+p_1)$ を求める．2つと3つでは，大差ないというか，むしろ微妙に難しい．$1-p_0-p_1$ とやりそうである．）求める確率は

$$p_2+p_3+p_4$$

$$= {}_4C_2\left(\frac{2}{5}\right)^3\left(\frac{3}{5}\right)^2 + {}_4C_3\left(\frac{2}{5}\right)^4\cdot\frac{3}{5} + \left(\frac{2}{5}\right)^5$$

$$= \frac{1}{5^5}(2^4\cdot 3^3 + 2^6\cdot 3 + 2^5)$$

$$= \frac{2^4}{5^5}(27 + 12 + 2) = \frac{16\cdot 41}{3125} = \boldsymbol{\frac{656}{3125}}$$

（5） 袋の中に赤球 r 個，白球 w 個が入っている状態を (r, w) で表す．3 回の試行による袋の中の球の個数は次のように推移する．

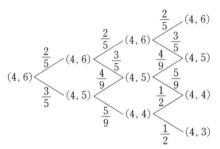

図で赤球を取り出すとき ↗，白球を取り出すとき ↘ である．

袋の中の白球が 4 個以下になるのは $(4, 4)$，$(4, 3)$ のときである．3 回目に $(4, 4)$ になるのは，赤白白，白赤白，白白赤の順で取り出すときで，このときの確率は

$$\frac{2}{5}\cdot\frac{3}{5}\cdot\frac{5}{9} + \frac{3}{5}\cdot\frac{4}{9}\cdot\frac{5}{9} + \frac{3}{5}\cdot\frac{5}{9}\cdot\frac{1}{2}$$

$$= \frac{2}{15} + \frac{4}{27} + \frac{1}{6}$$

である．3 回目に $(4, 3)$ になるのは白白白と取り出すときで，このときの確率は

$$\frac{3}{5}\cdot\frac{5}{9}\cdot\frac{1}{2} = \frac{1}{6}$$

である．求める確率は

$$\frac{2}{15} + \frac{4}{27} + \frac{1}{6} + \frac{1}{6} = \frac{18 + 20 + 45}{135} = \boldsymbol{\frac{83}{135}}$$

━━━━ 《包含と排除の原理（C20）》 ━━━━

224. 箱の中に，1 から 3 までの数字を書いた札がそれぞれ 3 枚ずつあり，全部で 9 枚入っている．A，B，C の 3 人がこの箱から札を無作為に取り出す．A と B が 2 枚ずつ，C が 3 枚取り出すとき，以下の問いに答えよ．

（1） A が持つ札の数字が同じである確率を求めよ．

（2） A が持つ札の数字が異なり，B が持つ札の数字も異なり，かつ，C が持つ札の数字もすべて異なる確率を求めよ．

（3） A が持つ札の数字のいずれかが，C が持つ札の数字のいずれかと同じである確率を求めよ．

(23 岡山大・理系)

▶**解答**◀ 9 枚の札は区別して考える．A，B，C が同じ数字の札を取り出す事象をそれぞれ A，B，C とする．

（1） A の取り出す 2 枚の組合せは全部で ${}_9C_2 = 9\cdot 4$ 通りある．A は，A の持つ札の数字が，1, 1，2, 2 または 3, 3 のときであるから

$$P(A) = \frac{3\cdot {}_3C_2}{9\cdot 4} = \frac{3\cdot 3}{9\cdot 4} = \frac{1}{4}$$

（2） （1）と同様に，$P(B) = \dfrac{1}{4}$

C の取り出す 3 枚の組合せは全部で ${}_9C_3 = 3\cdot 4\cdot 7$ 通りある．C は，C の持つ札の数字が，3 枚とも同じ，または，2 枚だけが同じときであるから，

$$P(C) = \frac{3\cdot {}_3C_3 + 3\cdot 2\cdot {}_3C_2\cdot {}_3C_1}{3\cdot 4\cdot 7}$$

$$= \frac{3 + 54}{3\cdot 4\cdot 7} = \frac{19}{4\cdot 7}$$

A，B の取り出す 2 枚，2 枚の組合せは全部で ${}_9C_2\cdot {}_7C_2 = 9\cdot 4\cdot 7\cdot 3$ 通りある．$A\cap B$ は，A，B の持つ札がそれぞれ，例えば，1, 1 と 2, 2 のときであるから

$$P(A\cap B) = \frac{3\cdot {}_3C_2\cdot 2\cdot {}_3C_2}{9\cdot 4\cdot 7\cdot 3}$$

$$= \frac{2\cdot 3^3}{9\cdot 4\cdot 7\cdot 3} = \frac{1}{2\cdot 7}$$

A，C の取り出す 2 枚，3 枚の組合せは全部で ${}_9C_2\cdot {}_7C_3 = 9\cdot 4\cdot 7\cdot 5$ 通りある．$A\cap C$ は，A，C の持つ札がそれぞれ，例えば，1, 1 と 1, 2, 2 または 2, 2, 2，3, 3, 3 から 3 枚であるから

$$P(A\cap C) = \frac{3\cdot {}_3C_2\cdot(2\cdot {}_3C_2 + {}_6C_3)}{9\cdot 4\cdot 7\cdot 5}$$

$$= \frac{3^2(6 + 20)}{9\cdot 4\cdot 7\cdot 5} = \frac{13}{2\cdot 7\cdot 5}$$

同様にして，$P(B\cap C) = \dfrac{13}{2\cdot 7\cdot 5}$

A，B，C の取り出す 2 枚，2 枚，3 枚の組合せは全部で ${}_9C_2\cdot {}_7C_2\cdot {}_5C_3 = 9\cdot 8\cdot 7\cdot 5\cdot 3$ 通りある．$A\cap B\cap C$ は，A，B，C の持つ札がそれぞれ，例えば，1, 1 と 2, 2 と残りの 1, 2, 3, 3, 3 から 1, 2, 3 以外の 3 枚であるから

$$P(A\cap B\cap C) = \frac{3\cdot {}_3C_2\cdot 2\cdot {}_3C_2\cdot({}_5C_3 - {}_3C_1)}{9\cdot 8\cdot 7\cdot 5\cdot 3}$$

$$= \frac{3^3\cdot 2(10 - 3)}{9\cdot 8\cdot 7\cdot 5\cdot 3} = \frac{1}{4\cdot 5}$$

よって

$$P(A\cup B\cup C) = P(A) + P(B) + P(C)$$
$$-P(A\cap B) - P(B\cap C) - P(C\cap A)$$
$$+P(A\cap B\cap C)$$

$$= \frac{1}{4}\cdot 2 + \frac{19}{4\cdot 7} - \frac{1}{2\cdot 7} - \frac{13}{2\cdot 7\cdot 5}\cdot 2 + \frac{1}{4\cdot 5}$$

$$= \frac{70 + 95 - 10 - 52 + 7}{4 \cdot 5 \cdot 7} = \frac{110}{4 \cdot 5 \cdot 7} = \frac{11}{14}$$

したがって，求める確率は

$$P(\overline{A} \cap \overline{B} \cap \overline{C}) = P(\overline{A \cup B \cup C})$$

$$= 1 - P(A \cup B \cup C) = 1 - \frac{11}{14} = \boldsymbol{\frac{3}{14}}$$

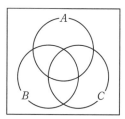

（3） A の後，C の取り出す 3 枚の組合せは全部で $_7C_3 = 7 \cdot 5$ 通りある．A の持つ札の数字のいずれかが，C の持つ札の数字のいずれかと同じであるのは

（ア） A の持つ札の数字が同じ場合．例えば，A が 1, 1 の札を持つときは，C は最後の 1 と 2, 2, 2, 3, 3, 3 から 2 枚の計 3 枚の札を持つから

$$P(A) \cdot \frac{_6C_2}{_7 \cdot 5} = \frac{1}{4} \cdot \frac{3 \cdot 5}{7 \cdot 5} = \frac{3}{4 \cdot 7}$$

（イ） A の持つ札の数字が異なる場合．例えば，A が 1, 2 の札を持つときは，C は残りの 7 枚の札から 3, 3, 3 以外の 3 枚の札を持つから

$$(1 - P(A)) \cdot \frac{_7C_3 - 1}{7 \cdot 5} = \left(1 - \frac{1}{4}\right) \cdot \frac{35 - 1}{7 \cdot 5}$$

$$= \frac{3}{4} \cdot \frac{34}{7 \cdot 5} = \frac{3 \cdot 17}{2 \cdot 7 \cdot 5}$$

よって，求める確率は，

$$\frac{3}{4 \cdot 7} + \frac{3 \cdot 17}{2 \cdot 7 \cdot 5} = \frac{3(5 + 17 \cdot 2)}{4 \cdot 7 \cdot 5} = \boldsymbol{\frac{117}{140}}$$

♦別解♦ （2） まず，C が持つ札の数字がすべて異なる，すなわち 1, 2, 3 の札を 1 枚ずつ持つ確率は

$$\frac{_3C_1 \cdot _3C_1 \cdot _3C_1}{_9C_3} = \frac{3 \cdot 2 \cdot 1 \cdot 3^3}{9 \cdot 8 \cdot 7} = \frac{3^2}{4 \cdot 7}$$

残りの，2 枚ずつの 1, 2, 3 の計 6 枚の札を A, B のどちらかが，あるいは両方が，持つ札の数字が同じ場合の確率は

$$1 - \left(\frac{3}{_6C_2} + \frac{3}{_6C_2} - \frac{3 \cdot 2}{_6C_2 \cdot _4C_2}\right)$$

$$= 1 - \left(2 \cdot \frac{3}{3 \cdot 5} - \frac{3 \cdot 2}{15 \cdot 6}\right) = 1 - \frac{1}{3} = \frac{2}{3}$$

よって，求める確率は $\dfrac{3^2}{4 \cdot 7} \cdot \dfrac{2}{3} = \boldsymbol{\dfrac{3}{14}}$

《直感的に解く（B10）☆》

225. 箱の中に，1 から 9 までの番号が 1 つずつ書かれた玉が 9 個入っている．この中から 1 個ずつ順に 3 個の玉を取り出す．ただし，取り出した玉

は箱に戻さないとする．玉に書かれた番号を取り出した順に a, b, c とする．

（1） $a < b < c$ となる確率を求めよ．

（2） $(a-1)(b-1)(c-1) = 0$ となる確率を求めよ．

（3） $\big|(a-b)(b-c)(c-a)\big| = 1$ となる確率を求めよ．

（4） $\big|(a-b)(b-c)(c-a)\big| = 2$ となる確率を求めよ．

（23 岡山県立大・情報工）

▶解答◀ （1） $a < b < c$, $a < c < b$, $b < c < a$, $b < c < a$, $b < a < c$, $c < a < b$, $c < b < a$ の大小がある．$a < b < c$ になる確率は $\dfrac{1}{6}$ である．

（2） $(a-1)(b-1)(c-1) = 0$ になるのは $a = 1$ または $b = 1$ または $c = 1$ になるときである．$a = 1$ になる確率は $\dfrac{1}{9}$ である．$b = 1$ になる確率，$c = 1$ になる確率も $\dfrac{1}{9}$ であり，a, b, c のどれかが 1 になる確率は

$$\frac{1}{9} \cdot 3 = \frac{1}{3}$$ である．

（3） たとえば $a > b > c$ のとき $a - b \geqq 1$, $b - c \geqq 1$, $|c - a| \geqq 2$ であり，$\big|(a-b)(b-c)(c-a)\big| = 1$ にはならない．他の大小でも同様である．よって，求める確率は **0** である．

（4） a, b, c の組合せは全部で $_9C_3 = \dfrac{9 \cdot 8 \cdot 7}{3 \cdot 2 \cdot 1} = 3 \cdot 4 \cdot 7$ 通りある．$\big|(a-b)(b-c)(c-a)\big| = 2$ となるのは，a, b, c の組合せが 3 つの連続する整数のときである．このような $\{a, b, c\}$ （集合）は

$$\{1, 2, 3\}, \{2, 3, 4\}, \cdots, \{7, 8, 9\}$$

の 7 通りある．よって，求める確率は

$$\frac{7}{3 \cdot 4 \cdot 7} = \boldsymbol{\frac{1}{12}}$$

注意 近所の利発な少年に出会ったとき，「1 から 100 までのカードが 1 枚ずつあります．ここから 3 枚を取り出して，取り出す順にカードの数を a, b, c とします．$a < b < c$ になる確率は何？コンビネーションを知らないから無理かな？」と言ったとします．

「おじちゃん，何言ってんだよ．100 なんて関係ねえじゃん．大，中，小の順か大，小，中か，中，大，小か，中，小，大か，小，大，中か，小，中，大か 6 つのうちの 1 つだろ？ $\dfrac{1}{6}$ に決まっているじゃん．コンビニに行かなくても答えは分かるよ」と言うだろう．

「1 から 100 までのカードの中から 10 枚を引いてその中に 1 がある確率はどうだ？パーミュテーションを

知らないから $1-\frac{99\mathrm{P}_{10}}{100\mathrm{P}_{10}}$ とかはできねえだろ」と言ったとします.

「おじちゃん, いいか? 1枚目が1になる確率は $\frac{1}{100}$ だ. 2枚目も, …, 10枚目が1になる確率も $\frac{1}{100}$ だ. だから10枚の中に1がある確率は $\frac{10}{100}$ だ. くじびき勉強すると頭が悪くなるんだね. 野球でもがんばって, ぼくは大谷になることにするよ」と言われるだろう. いつもCやPを握っているなら, そんなもの投げ捨ててしまえ.

━━《ポリアの壺 (B20) ☆》━━

226. (1) 赤玉4個, 白玉4個が入っている袋から, 玉を1個ずつ6回続けて取り出す. ただし, 取り出した玉はもとに戻さないものとする.
  (ⅰ) 袋の赤玉がすべてなくなっている確率を求めよ.
  (ⅱ) ちょうど6回目に袋の赤玉がすべてなくなる確率を求めよ.

(2) 袋に赤玉 a 個, 白玉 b 個が入っている. 袋から玉を1個取り出し, その玉をもとに戻した上で, その玉と同じ色の玉を新たに1個袋に入れる. この試行を n 回続けて行うとき, 袋には $a+b+n$ 個の玉が入っている.
  (ⅰ) 1回目, 2回目, 3回目に赤玉が出る確率をそれぞれ求めよ.
  (ⅱ) n 回目に赤玉が出る確率を求めよ.

(23 滋賀医大・医)

▶解答◀ (1) (ⅰ) 6回の玉の取り出しで, 赤玉4個と白玉2個が取り出されることになるから, 求める確率は

$$\frac{{}_4\mathrm{C}_4\cdot{}_4\mathrm{C}_2}{{}_8\mathrm{C}_6}=\frac{1\cdot\frac{4\cdot3}{2\cdot1}}{\frac{8\cdot7}{2\cdot1}}=\frac{3}{14}$$

(ⅱ) 5回の玉の取り出しで, 赤玉3個と白玉2個が取り出され, 6回目に残り3個の玉の中から赤玉取り出す確率である.

$$\frac{{}_4\mathrm{C}_3\cdot{}_4\mathrm{C}_2}{{}_8\mathrm{C}_5}\cdot\frac{1}{3}=\frac{4\cdot\frac{4\cdot3}{2\cdot1}}{\frac{8\cdot7\cdot6}{3\cdot2\cdot1}}\cdot\frac{1}{3}=\frac{1}{7}$$

(2) n 回目の試行において, 赤玉を取り出す確率を P_n とおく.
(ⅰ) $P_1=\dfrac{a}{a+b}$
取り出す玉の色を順に

(1回目の玉の色, 2回目の玉の色, …)

で表す.
2回目に赤玉が出るのは (赤, 赤), (白, 赤) の場合で

$$P_2=\frac{a}{a+b}\cdot\frac{a+1}{a+b+1}+\frac{b}{a+b}\cdot\frac{a}{a+b+1}$$
$$=\frac{a(a+b+1)}{(a+b)(a+b+1)}=\frac{a}{a+b}$$

3回目に赤玉が出るのは (赤, 赤, 赤), (赤, 白, 赤), (白, 赤, 赤), (白, 白, 赤) の場合で

$$P_3=\frac{a}{a+b}\cdot\frac{a+1}{a+b+1}\cdot\frac{a+2}{a+b+2}$$
$$+\frac{a}{a+b}\cdot\frac{b}{a+b+1}\cdot\frac{a+1}{a+b+2}$$
$$+\frac{b}{a+b}\cdot\frac{a}{a+b+1}\cdot\frac{a+1}{a+b+2}$$
$$+\frac{b}{a+b}\cdot\frac{b+1}{a+b+1}\cdot\frac{a}{a+b+2}$$
$$=\frac{a(a+1)(a+2+b)}{(a+b)(a+b+1)(a+b+2)}$$
$$+\frac{ab(a+1+b+1)}{(a+b)(a+b+1)(a+b+2)}$$
$$=\frac{a(a+1)}{(a+b)(a+b+1)}+\frac{ab}{(a+b)(a+b+1)}$$
$$=\frac{a(a+1+b)}{(a+b)(a+b+1)}=\frac{a}{a+b}$$

(ⅱ) $P_n=\dfrac{a}{a+b}$ を数学的帰納法により証明する.

$n=1,2,3$ のときは (ⅰ) から成り立つことが示された.

$n=k$ のとき成り立つとする. つまり, 試行開始直前に袋の中に赤玉 a 個, 白玉 b 個あるとき, k 回目の試行で赤玉を取り出す確率が $\dfrac{a}{a+b}$ であるとする.

$n=k+1$ のときについて, 次の2つの場合がある.
(ア) 1回目の試行で赤玉を (確率 $\dfrac{a}{a+b}$ で) 取り出すとき

袋の中には $a+1$ 個の赤玉と b 個の白玉が入っている. この状態から, 2回目～$k+1$回目の k 回の試行において, 最後に赤玉を (確率 $P_k=\dfrac{a+1}{(a+1)+b}$ で) 取り出す.

(イ) 1回目の試行で白玉を (確率 $\dfrac{b}{a+b}$ で) 取り出すとき

袋の中には a 個の赤玉と $b+1$ 個の白玉が入っている. この状態から, 2回目～$k+1$回目の k 回の試行において, 最後に赤玉を (確率 $P_k=\dfrac{a}{a+(b+1)}$ で) 取り出す.

したがって

$$P_{k+1}=\frac{a}{a+b}\cdot\frac{a+1}{(a+1)+b}$$
$$+\frac{b}{a+b}\cdot\frac{a}{a+(b+1)}$$
$$=\frac{a(a+b+1)}{(a+b)(a+b+1)}=\frac{a}{a+b}$$

242

となり, $n=k+1$ のときも成り立つ. 数学的帰納法により, n 回目に赤玉が取り出される確率は $\dfrac{a}{a+b}$ であることが示された.

注意 (2) は有名な「ポリアの壺」の問題である.

◆別解◆ (2) 【ポリアの壺の帰納法を用いない別解】

n 回目に赤玉が出る確率を P_n とおく. $n+1$ 回目に赤玉が出るとき, それが n 回目に加えた玉かどうかで場合分けをする.

(ア) $n+1$ 回目に取り出す赤玉が n 回目に加えたものであるとき：n 回目に赤玉を取り出し (確率 P_n), $n+1$ 回目に, $a+b+n$ 個の玉の中から n 回目に加えた赤玉を取り出す (確率 $\dfrac{1}{a+b+n}$).

(イ) $n+1$ 回目に取り出す赤玉が n 回目に加えたものでないとき：$n+1$ 回目に, $a+b+n$ 個の玉の中から n 回目に加えた玉でない玉を取り出し (確率 $1-\dfrac{1}{a+b+n}$), それが赤玉である (確率 P_n).

よって, (ア), (イ) より

$$P_{n+1}=P_n\cdot\dfrac{1}{a+b+n}+\left(1-\dfrac{1}{a+b+n}\right)\cdot P_n$$
$$=P_n$$

であるから, n の値によらず $P_n=P_1=\dfrac{a}{a+b}$ となる.

《不定方程式と確率 (B20)》

227. 1個のさいころを3回投げて, 出た目を小さい順に a, b, c $(a\le b\le c)$ とする.

(1) $(a,b,c)=(4,5,6)$ となる確率 P_1 を求めよ.

(2) $a=1$ となる確率 P_2 を求めよ.

(3) $c=3$ となる確率 P_3 を求めよ.

(4) 不等式 $\dfrac{1}{a}+\dfrac{2}{b}+\dfrac{4}{c}\ge4$ を満たす (a,b,c) の組をすべて求めよ.

(5) 不等式 $\dfrac{1}{a}+\dfrac{2}{b}+\dfrac{4}{c}\ge4$ を満たす確率 P_4 を求めよ.

(23 滋賀県立大・前期)

▶解答◀ (1) さいころを3回振り, 出る目を順に x_1, x_2, x_3 とする. (x_1,x_2,x_3) は全部で 6^3 通りある. このうち, 4, 5, 6 が1つずつ出るのは 3! 通りあり

$$P_1=\dfrac{3!}{6^3}=\dfrac{1}{36}$$

(2) $a=1$ となるのは, 少なくとも1回1の目が出るときで, 余事象を考えて

$$P_2=1-\left(\dfrac{5}{6}\right)^3=1-\dfrac{125}{216}=\dfrac{91}{216}$$

(3) 出る目の最大値が3である確率を求める. 3個のさいころすべてが3以下の目になる事象から3個のさいころすべてが2以下の目になる事象を除いたものであるから

$$P_3=\left(\dfrac{3}{6}\right)^3-\left(\dfrac{2}{6}\right)^3=\dfrac{27-8}{216}=\dfrac{19}{216}$$

S は x_1, x_2, x_3 がすべて3以下という事象, N は x_1, x_2, x_3 がすべて2以下という事象とする.

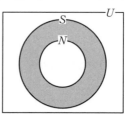

(4) $1\le a\le b\le c$ より $\dfrac{1}{a}\ge\dfrac{1}{b}\ge\dfrac{1}{c}$ であるから

$$\dfrac{1}{a}+\dfrac{2}{b}+\dfrac{4}{c}\le\dfrac{7}{a}$$

$\dfrac{1}{a}+\dfrac{2}{b}+\dfrac{4}{c}\ge4$ より

$$4\le\dfrac{7}{a}\qquad\therefore\quad a\le\dfrac{7}{4}$$

したがって $a=1$ であるから, $\dfrac{1}{a}+\dfrac{2}{b}+\dfrac{4}{c}\ge4$ に代入し $\dfrac{2}{b}+\dfrac{4}{c}\ge3$ となる.

$$3\le\dfrac{2}{b}+\dfrac{4}{c}\le\dfrac{6}{b}$$
$$3\le\dfrac{6}{b}\qquad\therefore\quad b\le2$$

$(a,b)=(1,1)$ のとき.

$$\dfrac{1}{1}+\dfrac{2}{1}+\dfrac{4}{c}\ge4\qquad\therefore\quad c\le4$$

$a\le b\le c$ より $c=1,2,3,4$ である.

$(a,b)=(1,2)$ のとき.

$$\dfrac{1}{1}+\dfrac{2}{2}+\dfrac{4}{c}\ge4\qquad\therefore\quad c\le2$$

$a\le b\le c$ より $c=2$ である.

よって

$$(a,b,c)=(1,1,1),(1,1,2),(1,1,3),$$
$$(1,1,4),(1,2,2)$$

(5) $(a,b,c)=(1,1,1)$ となるのは $x_1=x_2=x_3=1$ の1通りある. $(a,b,c)=(1,1,2)$ となるのは

$$(x_1,x_2,x_3)=(1,1,2),(1,2,1),(2,1,1)$$

の3通りあり, 他も同様である.

$$P_4=\dfrac{1+3\cdot4}{6^3}=\dfrac{13}{216}$$

《突っ込む (B20) ☆》

228. 黒玉3個, 赤玉4個, 白玉5個が入ってい

る袋から玉を1個ずつ取り出し，取り出した玉を順に横一列に12個すべて並べる．ただし，袋から個々の玉が取り出される確率は等しいものとする．

（1） どの赤玉も隣り合わない確率 p を求めよ．

（2） どの赤玉も隣り合わないとき，どの黒玉も隣り合わない条件付き確率 q を求めよ．

（23 東大・理科）

▶解答◀ 黒玉3個，赤玉4個，白玉5個の順列は $\dfrac{12!}{3!4!5!} = 3\cdot7\cdot10\cdot11\cdot12$ 通りある．

（1） 黒玉3個，白玉5個をまず並べる．この順列は $\dfrac{8!}{3!5!} = 8\cdot7$ 通りある．この8個の間または両端の9か所のうち4か所を選び（その位置の組合せは $_9C_4 = 3\cdot7\cdot6$ 通り）赤玉を突っ込むと考える．

$^{\vee}\bigcirc^{\vee}\bigcirc^{\vee}\bigcirc^{\vee}\bigcirc^{\vee}\bigcirc^{\vee}\bigcirc^{\vee}\bigcirc^{\vee}\bigcirc^{\vee}$

よって求める確率 p は

$$p = \frac{8\cdot7\cdot3\cdot7\cdot6}{3\cdot7\cdot10\cdot11\cdot12} = \frac{14}{55}$$

（2） 黒玉を B，赤玉を R，白玉を W とする．最初に5個の W を並べておいて，その間か両端に3個の B を突っ込む．タイプ分けはこのときの状態で行う，その後で，その8文字の間か両端に4個の R を突っ込み，最終的に B も R も同色の玉は連続しないようにする．

（ア） 3個の B がバラバラになるとき．

$^{\vee}W^{\vee}W^{\vee}W^{\vee}W^{\vee}W^{\vee}$

の6カ所の $^{\vee}$ のうちの3カ所を選び（組合せは $_6C_3 = 20$ 通り）B を突っ込む．たとえば

BWBWBWWW

になったとする．すると，これら8文字の間または両端から4カ所を選び4個の R を突っ込む．その位置の組合せは $_9C_4 = \dfrac{9\cdot8\cdot7\cdot6}{4\cdot3\cdot2\cdot1} = 3\cdot7\cdot6$ 通りある．

（イ） 2個の B が隣接し，他の B が離れるとき．

$^{\vee}W^{\vee}W^{\vee}W^{\vee}W^{\vee}W^{\vee}$

の6カ所の $^{\vee}$ のうちの1カ所を選び（6通り）BB を突っ込み，他の $^{\vee}$ を選び（5通り）B を突っ込む．たとえば

BBWWBWWW

になったとする．すると，BB の間（次の↓の位置）

$^{\vee}B{\downarrow}B^{\vee}W^{\vee}W^{\vee}B^{\vee}W^{\vee}W^{\vee}W^{\vee}$

には R を入れ，他の8カ所の $^{\vee}$ から3カ所を選んで（組合せは $_8C_3 = 8\cdot7$ 通りある）R を突っ込む．

（ウ） 3個の B が隣接するとき．

$^{\vee}W^{\vee}W^{\vee}W^{\vee}W^{\vee}W^{\vee}$

の6カ所の $^{\vee}$ のうちの1カ所を選び（6通り）BBB を

突っ込む．たとえば

BBBWWWWW

になったとする．すると，BBB の間（次の↓の位置）

$^{\vee}B{\downarrow}B^{\vee}B^{\vee}W^{\vee}W^{\vee}W^{\vee}W^{\vee}W^{\vee}$

には R を突っ込み，他の7カ所の $^{\vee}$ から2カ所を選んで（その位置の組合せは $_7C_2 = 7\cdot3$ 通りある）R を突っ込む．

求める確率 q は

$$q = \frac{20\cdot3\cdot7\cdot6 + 6\cdot5\cdot8\cdot7 + 6\cdot7\cdot3}{8\cdot7\cdot3\cdot7\cdot6}$$

$$= \frac{20\cdot3 + 5\cdot8 + 3}{8\cdot7\cdot3} = \frac{103}{168}$$

◆別解◆ （2） 黒玉を B，赤玉を R，白玉を W とする．最初に5個の W を並べておいて，その間か両端に4個の R を突っ込む．タイプ分けはこのときの状態で行う．その後で，その9文字の間か両端に3個の R を突っ込み，最終的に B も R も同色の玉は連続しないようにする．この方法は解答に比べるとタイプが多く，無駄がある．

（ア） 4個の R がバラバラになるとき．

$^{\vee}W^{\vee}W^{\vee}W^{\vee}W^{\vee}W^{\vee}$

の6カ所の $^{\vee}$ のうちの4カ所を選び（組合せは $_6C_4 = _6C_2 = 15$ 通り）R を突っ込む．たとえば

RWRWRWRWW

になったとする．すると，これら9文字の間または両端から3カ所を選び3個の B を突っ込む．その位置の組合せは $_{10}C_3 = \dfrac{10\cdot9\cdot8}{3\cdot2\cdot1} = 10\cdot3\cdot4$ 通りある．

（イ） 2個の R が隣接し，他の R，R がお互いに離れ，RR とも離れるとき．

$^{\vee}W^{\vee}W^{\vee}W^{\vee}W^{\vee}W^{\vee}$

の6カ所の $^{\vee}$ のうちの1カ所を選び（6通り）RR を突っ込み，他の $^{\vee}$ を2カ所選び（その組合せは $_5C_2$ 通り）R を1個ずつ突っ込む．たとえば

RRWRWRWW

になったとする．すると，RR の間（次の↓の位置）

$^{\vee}R{\downarrow}R^{\vee}W^{\vee}W^{\vee}R^{\vee}W^{\vee}R^{\vee}W^{\vee}W^{\vee}$

には B を突っ込み，他の9カ所の $^{\vee}$ から2カ所を選んで（組合せは $_9C_2 = 9\cdot4$ 通りある）B を突っ込む．

（ウ） R が2個ずつ RR，RR という形で隣接し，RRRR という形では隣接しないとき．

$^{\vee}W^{\vee}W^{\vee}W^{\vee}W^{\vee}W^{\vee}$

の6カ所の $^{\vee}$ のうちの2カ所を選び（組合せは $_6C_2 = 15$ 通り）RR，RR を突っ込む．たとえば

RRWRRWWWW

になったとする．すると，RR の間（次の↓の位置）

˅R↓R˅W˅R˅R˅W˅W˅W˅W˅

には B を入れ，他の 8 カ所の ˅ から 1 カ所を選んで（8 通りある）B を突っ込む．

（エ）R が 3 個 RRR という形で隣接し，他の 1 個の R が RRR とは隣接しないとき．

˅W˅W˅W˅W˅W˅W˅

の 6 カ所の ˅ のうちの 1 カ所を選び（6 通り）RRR を突っ込み，他の ˅ のうちの 1 カ所を選び（5 通り）R を突っ込む．たとえば

RRRWRWWWW

になったとする．すると，RRR の間（次の ↓ の位置）

˅R↓R˅R˅W˅R˅W˅W˅W˅W˅

には B を入れ，他の 8 カ所の ˅ から 1 カ所を選んで（8 通りある）B を突っ込む．

（オ）RRRR という形で隣接するとき．

˅W˅W˅W˅W˅W˅W˅

の 6 カ所の ˅ のうちの 1 カ所を選び（6 通り）RRRR を突っ込む．たとえば

RRRRWWWW

になったとする．RR の間（次の ↓ の位置）

R↓R↓R↓R↓RWWWW

に B を突っ込む．

求める確率 q は

$$q = \frac{15 \cdot 10 \cdot 3 \cdot 4 + 6 \cdot 10 \cdot 9 \cdot 4 + 15 \cdot 8 + 6 \cdot 5 \cdot 8 + 6}{8 \cdot 7 \cdot 3 \cdot 7 \cdot 6}$$

$$= \frac{15 \cdot 10 \cdot 2 + 10 \cdot 9 \cdot 4 + 20 + 5 \cdot 8 + 1}{8 \cdot 7 \cdot 3 \cdot 7}$$

$$= \frac{721}{8 \cdot 7 \cdot 3 \cdot 7} = \frac{103}{168}$$

◆《$a + b + c + d \leq 20$ (D40)》◆

229. 1 から 10 までの整数が 1 つずつ重複せずに書かれた 10 枚のカードがある．この中から同時に 4 枚のカードを取り出すとき，取り出したカードに書かれている数の和が 20 以下となる確率を求めよ．

(23　山梨大・医-後期)

▶解答◀ 取り出す 4 枚に書かれた数を a, b, c, d（$1 \leq a < b < c < d \leq 10$）とする．
$A = \{a, b, c, d\}$ とし，$S = a + b + c + d$ とする．A は全部で $_{10}C_4 = \frac{10 \cdot 9 \cdot 8 \cdot 7}{4 \cdot 3 \cdot 2 \cdot 1} = 10 \cdot 3 \cdot 7 = 210$ 通りある．$S \leq 20$ になる A の個数を M とし，(a), (b), (c) の手順で数える．

(a) A が 10 を含むとき．A の個数を N とする．

(b) A が 10 を含まないとき．1〜9 から 4 数を選ぶ組合せ $_9C_4 = \frac{9 \cdot 8 \cdot 7 \cdot 6}{4 \cdot 3 \cdot 2 \cdot 1} = 9 \cdot 2 \cdot 7 = 126$ 通りのうち，$S < 20$ になるものと $S > 20$ になるものは同数ある

ことを示す．$S = 20$ になる個数（K とする）を数え，$S < 20$ になるものが $\frac{1}{2}(126 - K)$ であるから，$S \leq 20$ になるものが $K + \frac{1}{2}(126 - K) = \frac{1}{2}(126 + K)$ 通りある．

(c) $M = N + \frac{1}{2}(126 + K)$ を数える．

(a) について：$a + b + c + d \leq 20, d = 10$ のとき．

$$a + b + c \leq 10, 1 \leq a < b < c \leq 9$$

$a = 1$ のとき $b + c \leq 9$
　$b = 2$ のとき $c = 3, 4, 5, 6, 7$
　$b = 3$ のとき $c = 4, 5, 6$
　$b = 4$ のとき $c = 5$

9 通りある．

$a = 2$ のとき $b + c \leq 8$
　$b = 3$ のとき $c = 4, 5$

2 通りある．

$a \geq 3$ のときは $a + b + c \geq 3 + 4 + 5 = 12$ だから $a + b + c \leq 10$ にならない．

$N = 11$ である．

(b) について：すべてのカードについて，表面の数が黒で k と書かれているならば裏面に赤で $10 - k$ と書かれているとして，裏面の数の和を S' とする．

$$S = a + b + c + d$$
$$S' = (10 - a) + (10 - b) + (10 - c) + (10 - d)$$
$$= 40 - S$$

だから $S < 20$ ならば $S' > 20$，$S > 20$ ならば $S' < 20$ であり，$S < 20$ となる A の個数と $S > 20$ となる A の個数は同数ある．K について考える．1〜9 を，和が 10 になる組合せ $\{1, 9\}, \{2, 8\}, \{3, 7\}, \{4, 6\}$ …① と 5 に分けて考える．4 数の和が 20 で

(K のタイプ 1) A の中に 5 があるとき：他の 3 数を x, y, z（$1 \leq x < y < z \leq 9$）とする．$x + y + z = 15$

$x = 1$ のとき $y + z = 14$ で，$(z, y) = (8, 6)$
$x = 2$ のとき $y + z = 13$ で，$(z, y) = (9, 4), (7, 6)$
$x = 3$ のとき $y + z = 12$ で，$(z, y) = (8, 4)$
$x = 4$ のとき $y + z = 11$ で y, z は存在しない．
$x \geq 6$ のとき $x + y + z \geq 6 + 7 + 8 > 15$ だから $x + y + z = 15$ にならない．

A の中に 5 があるときは 4 通りある．

(K のタイプ 2) A の中に 5 がないとき：a, b, c, d のうちの

・2 数が ① の同じ組合せのものがあるとき，その和は 10 だから他の 2 数の和も 10 であり，その 2 数の組合せは ① の中にある．よって，① のどの 2 つの集合を

選ぶかで $_4C_2 = 6$ 通りある．たとえば $\{1, 9\}, \{2, 8\}$ を選べば $a = 1, b = 2, c = 8, d = 9$ となる．

・2 数が ① の同じ組合せのものがないとき，① の各組合せから 1 つずつ取ってくることになる．

$\{1, 9\}, \{2, 8\}, \{3, 7\}, \{4, 6\}$ から取る数を順に p, q, r, s とする．

$$p + q + r + s = 20$$

$p = 1$ ならば $q + r + s = 19$

$\quad q = 2$ だと $r + s \leq 6 + 7 = 13$ で不適．

$\quad q = 8$ である．$r + s = 11$ となり $(r, s) = (7, 4)$

$p = 9$ ならば $q + r + s = 11$

$\quad q = 2$ だと $r + s = 9$ で $(r, s) = (3, 6)$

$\quad q = 8$ だと $r + s = 3$ で不適．

$\{1, 4, 7, 8\}$ と $\{2, 3, 6, 9\}$ の 2 通りがある．

以上より $K = 4 + 6 + 2 = 12$

$$M = 11 + \frac{1}{2}(126 + 12) = 80$$

求める確率は $\dfrac{80}{210} = \dfrac{8}{21}$

《4 つの和が 9 以下 (B20) ☆》

230. 袋の中に 1 から 5 までの番号をつけた 5 個の玉が入っている．この袋から玉を 1 個取り出し，番号を調べてから元に戻す試行を，4 回続けて行う．n 回目 $(1 \leq n \leq 4)$ に取り出された玉の番号を r_n とするとき，

- $r_1 + r_2 + r_3 + r_4 \leq 8$ となる確率は $\boxed{}$
- $\dfrac{4}{r_1 r_2} + \dfrac{2}{r_3 r_4} = 1$ となる確率は $\boxed{}$

である． (23 東京慈恵医大)

▶**解答**◀ 組 (r_1, r_2, r_3, r_4) は 5^4 通りある．

（前半部分）$r_5 = 8 - (r_1 + r_2 + r_3 + r_4) + 1$ とおく．$r_1 + r_2 + r_3 + r_4 \leq 8$ のとき

$$r_1 + r_2 + r_3 + r_4 + r_5 = 9, \ r_5 \geq 1$$

となる．$r_1 \geq 1, \cdots, r_5 \geq 1$ のとき，必然的に $r_1 \leq 5, \cdots, r_4 \leq 5$ となる．そして，

$r_1 + r_2 + r_3 + r_4 + r_5 = 9, r_1 \geq 1, \cdots, r_5 \geq 1$ となる $(r_1, \cdots, r_5)$ は，○を 9 個並べ，その間 (8 カ所ある) から 4 カ所を選び，仕切りを入れ，1 本目の仕切りから左の○の個数を r_1，1 本目と 2 本目の仕切りの間の○の個数を r_2，$\cdots$，と考えて $_8C_4 = \dfrac{8 \cdot 7 \cdot 6 \cdot 5}{4 \cdot 3 \cdot 2 \cdot 1} = 70$ 通りある．求める確率は $\dfrac{_8C_4}{5^4} = \dfrac{70}{5^4} = \dfrac{14}{125}$ である．

（後半部分）$p = r_1 r_2, q = r_3 r_4$ とおくと

$$\frac{4}{p} + \frac{2}{q} = 1$$

となる．$p > 0, q > 0$ であるから $\dfrac{4}{p} < 1, \dfrac{2}{q} < 1$ で

あり $p > 4, q > 2$ となる．

$$pq - 2p - 4q = 0$$

$$(p - 4)(q - 2) = 8$$

ここで，$4 < p \leq 25, 2 < q \leq 25$ より $0 < p - 4 \leq 21, 0 < q - 2 \leq 23$ であるから，

$$(p - 4, q - 2) = (1, 8), (2, 4), (4, 2), (8, 1)$$

$$(p, q) = (5, 10), (6, 6), (8, 4), (12, 3)$$

r_1, r_2 の組合せを $\{r_1, r_2\}$ などと書くことにすると $(\{r_1, r_2\}, \{r_3, r_4\})$ は

$$(\{1, 5\}, \{2, 5\}), (\{2, 3\}, \{2, 3\}),$$

$$(\{2, 4\}, \{1, 4\}), (\{2, 4\}, \{2, 2\}),$$

$$(\{3, 4\}, \{1, 3\})$$

$(\{r_1, r_2\}, \{r_3, r_4\}) = (\{1, 5\}, \{2, 5\})$ のとき (r_1, r_2, r_3, r_4) は

$(1, 5, 2, 5), (1, 5, 5, 2), (5, 1, 2, 5), (5, 1, 5, 2)$ の 4 通りになる．

$(\{r_1, r_2\}, \{r_3, r_4\}) = (\{2, 4\}, \{2, 2\})$ のとき (r_1, r_2, r_3, r_4) は $(2, 4, 2, 2), (4, 2, 2, 2)$ の 2 通りになる．求める確率は $\dfrac{2 \cdot 2 \cdot 4 + 2 \cdot 1}{5^4} = \dfrac{18}{625}$ である．

《円順列と確率 (B10) ☆》

231. 男子 3 人と女子 4 人が円卓のまわりに座る．

（1）男子 3 人が隣り合う確率は $\dfrac{\boxed{}}{\boxed{}}$ である．

（2）どの男子も隣り合わない確率は $\dfrac{\boxed{}}{\boxed{}}$ である．

（3）女子 4 人のうち，ちょうど 3 人が隣り合う確率は $\dfrac{\boxed{}}{\boxed{}}$ である． (23 城西大・数学)

▶**解答**◀ 図 1 を見よ．円型に並ぶ席を区別し，左回りに 1 〜 7 の番号をつける．男子の一人を A とし，A を 1 の席に座らせる．他の男子のための席を 2 つ定める．その組合せは全部で $_6C_2 = \dfrac{6 \cdot 5}{2 \cdot 1} = 3 \cdot 5$ 通りある．

（1）図 1 を見よ．男子の席が連続しているのは，その 2 席の組合せが $\{3, 2\}, \{2, 7\}, \{7, 6\}$ の 3 通りがある．求める確率は $\dfrac{3}{3 \cdot 5} = \dfrac{1}{5}$

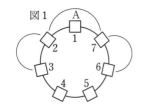 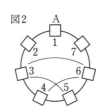

の2通りであるから，求める確率は $\dfrac{2}{24} = \dfrac{1}{12}$

（2）図2を見よ．男子が連続しないのは，その2席の組合せが $\{3, 6\}$，$\{4, 6\}$，$\{3, 5\}$ の3通りがある．求める確率は $\dfrac{3}{3 \cdot 5} = \dfrac{1}{5}$

（3）図3を見よ．女子3人が連続するのが $\{2, 3, 4\}$ のとき，男子の席は $\{5, 6\}$ または $\{5, 7\}$ の2通りがある．図4，5，6も見よ．全部で6通りある．求める確率は $\dfrac{6}{3 \cdot 5} = \dfrac{2}{5}$

注意 【確率に円順列は関係ない】「並べ方の確率」という表現はよくない．「俺はそんな並べ方はしない」と言われるかもしれない．「YAYOI という文字列が現れる確率」である．また，確率では，円順列のお約束「回転させて同じ並びになれば，同じ並べ方である」など，関係ない．別の順列であるとしても確率は同じになる．

5文字を円形の5つの異なる席に置くとき（全部で5!通りある）中心からグルッと見渡すとき，「YAYOI」という文字列が現れる場合，A をどこに置くかで5通りあり，2つの Y をどこに置くかで2通りあるから，求める確率は $\dfrac{5 \cdot 2}{5!} = \dfrac{1}{12}$

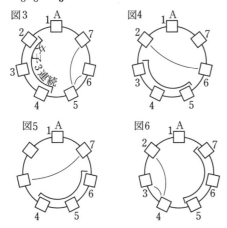

《円順列と確率（A5）》

232. 片方の面のみにアルファベットが1つ書かれたカードが5枚ある．その内訳は，A, I, O が書かれたカードがそれぞれ1枚ずつ，Y が書かれたカードが2枚である．アルファベットが書かれた面を見えないようにシャッフルして重ね，上から順番にひいて円形に並べた．時計回りに「YAYOI」になる並べ方の確率を求めよ．ただし，カードの順番を維持したまま回転させて同じ並びになれば，同じ並べ方であるものとする．（23 東京女子医大）

▶解答◀ 2枚の「Y」を区別して，Y_1，Y_2 とする．5個の文字 Y_1，Y_2，A，O，I による円順列は，$(5-1)! = 24$ 通りあり，時計回りに YAYOI と並ぶのは，

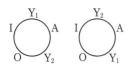

《繰り返しの確率（B10）☆》

233. 以下の文章の空欄に適切な数または式を入れて文章を完成させなさい．

n を自然数とする．A 君と B 君の2人が以下の試合 T を n セット行い，それぞれが得点をためていくとする．

─ 試合 T ─

2人で腕ずもうを繰り返し行う．毎回，A 君，B 君のどちらも勝つ確率は $\dfrac{1}{2}$ ずつである．どちらかが先に2勝したら，腕ずもうを行うのをやめる．2勝0敗の者は2点を，2勝1敗の者は1点を得る．2勝しなかった者の得点は0点である．

A 君が1セット目から n セット目までに得た点の合計を a_n とし，B 君が1セット目から n セット目までに得た点の合計を b_n とする．

（1）$n = 1$ とする．$a_1 = 2$ である確率は （あ） であり，$a_1 = 1$ である確率は （い） である．

（2）$n \geq 4$ とする．試合 T を n セット行ううち，A 君が2点を得るのがちょうど2セット，かつ1点を得るのがちょうど2セットである確率は $\dfrac{（う）}{（え）}$ である．

（3）$n \geq 2$ とする．$a_n = n + 2$ かつ $b_n = 0$ である確率は $\dfrac{（お）}{（か）}$ である．

（4）$a_n = 2$ である確率は $\dfrac{（き）}{（く）}$ である.

（5）$n = 4$ とする. $a_4 > b_4$ である確率は $\dfrac{（け）}{（こ）}$ である. （23 慶應大・医）

▶解答◀ （1）$a_1 = 2$ となるのは A が 2 連勝するときで, $\left(\dfrac{1}{2}\right)^2 = \dfrac{1}{4}$ である. $a_1 = 1$ となるのは,「A, B, A」または「B, A, A」の順に勝つときで, $\left(\dfrac{1}{2}\right)^3 \cdot 2 = \dfrac{1}{4}$ である. また, 余事象を考えると $a_1 = 0$ となるのは $1 - \dfrac{1}{4} - \dfrac{1}{4} = \dfrac{1}{2}$ である.

（2）2 点をとるセットが 2 回, 1 点をとるセットが 2 回, 点を取れないセットが $n-4$ 回だから, この確率は

$$\frac{n!}{2!\,2!\,(n-4)!}\left(\frac{1}{4}\right)^2\left(\frac{1}{4}\right)^2\left(\frac{1}{2}\right)^{n-4}$$
$$= \frac{n(n-1)(n-2)(n-3)}{2^{n+6}}$$

（3）$b_n = 0$ であるから, n セットすべてで A が得点している. 2 点取るセットが x 回, 1 点取るセットが $n-x$ 回あったとすると, $a_n = n+2$ より

$$2x + 1 \cdot (n-x) = n+2 \qquad \therefore \quad x = 2$$

これより, 求める確率は

$$_n\mathrm{C}_2\left(\frac{1}{4}\right)^2\left(\frac{1}{4}\right)^{n-2} = \frac{n(n-1)}{2^{2n+1}}$$

（4）$a_n = 2$ となるのは次のいずれかの場合である.

（ア）2 点取るセットが 1 回, 点を取れないセットが $n-1$ 回のとき：この確率は

$$_n\mathrm{C}_1\left(\frac{1}{4}\right)^1\left(\frac{1}{2}\right)^{n-1} = \frac{n}{2^{n+1}}$$

（イ）1 点取るセットが 2 回, 点を取れないセットが $n-2$ 回のとき：この確率は

$$_n\mathrm{C}_2\left(\frac{1}{4}\right)^2\left(\frac{1}{2}\right)^{n-2} = \frac{n(n-1)}{2^{n+3}}$$

（ア），（イ）より $a_n = 2$ となる確率は

$$\frac{n}{2^{n+1}} + \frac{n(n-1)}{2^{n+3}} = \frac{n(n+3)}{2^{n+3}}$$

（5）$a_4 > b_4$ となる確率と $a_4 < b_4$ となる確率は等しい. $a_4 = b_4$ となる確率を p とする. A が 2 点を取るセットを A2, A が 1 点を取るセットを A1, B のそれを B2, B1 とする. どのセットでも A か B に 1 点以上 2 点以下の得点が入るから, $4 \le a_4 + b_4 \le 8$ である. $a_4 = b_4$ となるのは次のいずれかの場合である.

（ア）$a_4 = b_4 = 2$ のとき. A1, A1, B1, B1 のセットになるときで, その確率は $_4\mathrm{C}_2\left(\dfrac{1}{4}\right)^4 = \dfrac{3}{128}$

（イ）$a_4 = b_4 = 3$ のとき：A2, A1, B2, B1 のセットになるときで, その確率は $4!\left(\dfrac{1}{4}\right)^4 = \dfrac{3}{32}$

（ウ）$a_4 = b_4 = 4$ のとき：A2, A2, B2, B2 のセットになるときで, その確率は $_4\mathrm{C}_2\left(\dfrac{1}{4}\right)^4 = \dfrac{3}{128}$

$$p = \frac{3}{128} + \frac{3}{32} + \frac{3}{128} = \frac{9}{64}$$

$a_4 > b_4$ となる確率は $\dfrac{1}{2}\left(1 - \dfrac{9}{64}\right) = \dfrac{55}{128}$

《回数の期待値（B10）》

234. n を 3 以上の自然数とし, 赤球が 2 個, 白球が $n-2$ 個入っている袋がある. この袋から球を 1 個取り出す試行を T とする. ただし, 取り出した球は袋に戻さない. k を 2 以上 n 以下の自然数とし, k 回目の T を行ったときに 2 個目の赤球が取り出される確率を p_k とする. このとき, 次の各問いに答えよ.

（1）p_2 を n を用いて表せ.

（2）T を $k-1$ 回行ったとき, 赤球が 1 個だけ取り出されている確率を n と k を用いて表せ.

（3）$\displaystyle\sum_{k=2}^{n} k p_k$ を n を用いて表せ. （23 芝浦工大）

▶解答◀ 球をすべて取り出し, 左から右に向かって並べていく. 赤 2 個のための 2 か所の位置の組合せを考えて, 赤白の列は全部で $_n\mathrm{C}_2$ 通りある.

（1）1 個目と 2 個目が赤玉になるときで

$$p_2 = \frac{1}{_n\mathrm{C}_2} = \frac{2}{n(n-1)}$$

（2）1 個目から $k-1$ 個目のどこか 1 か所が赤球, k 個目から n 個目までのどこか（$n-k+1$ か所ある）が赤球になるときで, 求める確率は $\dfrac{2(k-1)(n-k+1)}{n(n-1)}$

（3）1 個目から $k-1$ 個目のどこか 1 か所と k 個目が赤になるときで, $p_k = \dfrac{k-1}{_n\mathrm{C}_2}$ であるから,

$$\sum_{k=2}^{n} k p_k = \sum_{k=2}^{n} \frac{(k-1)k}{_n\mathrm{C}_2}$$
$$= \frac{\dfrac{1}{3}(n-1)n(n+1)}{\dfrac{1}{2}n(n-1)} = \frac{2}{3}(n+1)$$

注意 $1 \cdot 2 + 2 \cdot 3 + \cdots + n(n+1)$
$$= \frac{1}{3}n(n+1)(n+2)$$

となる. 証明は

$$\frac{1}{3}k(k+1)(k+2) - \frac{1}{3}(k-1)k(k+1)$$
$$= k(k+1)$$

で $k = 1, \cdots, n$ とした式を辺ごとに加える.

$$\begin{array}{c}
1\cdot2\cdot3 - 0\cdot1\cdot2 \\
2\cdot3\cdot4 - 1\cdot2\cdot3 \\
3\cdot4\cdot5 - 2\cdot3\cdot4 \\
\vdots \\
n(n+1)(n+2) - (n-1)n(n+1)
\end{array}$$

$$\frac{L(n+1)}{L(n)} = \frac{\dfrac{(n-39)!\,(n-19)!}{(n+1)!\,(n-56)!}}{\dfrac{(n-40)!\,(n-20)!}{n!\,(n-57)!}}$$

$$= \frac{(n-19)(n-39)}{(n+1)(n-56)}$$

である．ここで，

$$\frac{L(n+1)}{L(n)} - 1 = \frac{(n-19)(n-39)}{(n+1)(n-56)} - 1$$

$$= \frac{(n^2 - 58n + 19\cdot39) - (n^2 - 55n - 56)}{(n+1)(n-56)}$$

$$\frac{L(n+1)-L(n)}{L(n)} = \frac{-3n+797}{(n+1)(n-56)}$$

であるから，n は自然数であることも合わせると

$$57 \leqq n \leqq 265 \text{ のとき，} L(n) < L(n+1)$$
$$n \geqq 266 \text{ のとき，} L(n) > L(n+1)$$

となる．

$$L(40) = L(41) = \cdots = L(56) = 0$$
$$L(57) < L(58) < \cdots < L(266)$$
$$L(266) > L(267) > \cdots$$

となり，$L(n)$ を最大にする n は **266** である．

《確率の最大（B20）》

235. 以下の設問（1）の ☐ にあてはまる適切な数と（2）に対する解答を解答用紙の所定の欄に記載せよ．

（1）赤玉 6 個，白玉 5 個を入れてよくかき混ぜた箱がある．この箱から 4 個の玉を同時にとり出す．

　（ i ）とり出した 4 個の玉のうち赤玉がちょうど 2 個となる確率は ☐ である．

　（ ii ）とり出した 4 個の玉に赤玉が 1 個以上含まれる確率は ☐ である．

（2）n は 40 以上の整数とする．白玉だけが n 個入った箱があり，この箱から 40 個の玉をとり出し，しるしをつけてから箱に戻してよくかき混ぜる．

　この箱から 20 個の玉を同時にとり出すとき，とり出した 20 個の玉のうち 3 個にしるしがついている確率を $L(n)$ で表す．$L(n)$ を最大にする n を求めよ．なお求める過程も記載すること．

（23 聖マリアンナ医大・医-後期）

▶解答◀（1）取り出す玉の組合せは全部で $_{11}C_4$ 通りある．

（ i ）赤玉 2 個，白玉 2 個を取り出す確率は

$$\frac{_6C_2 \cdot _5C_2}{_{11}C_4} = \frac{15\cdot10}{11\cdot10\cdot3} = \frac{5}{11}$$

（ ii ）余事象は赤玉を 1 個も取り出さないことであり，その確率は $\dfrac{_5C_4}{_{11}C_4} = \dfrac{5}{11\cdot10\cdot3} = \dfrac{1}{66}$ であるから，求める確率は $1 - \dfrac{1}{66} = \dfrac{65}{66}$ である．

（2）取り出す玉の組合せは $_nC_{20}$ 通りある．n 個の白玉のうち，40 個にしるしをつけて箱に戻すとき，しるしのついた玉を 3 個，しるしがついていない玉を 17 個取り出すためには，$n \geqq 57$ でなくてはいけない．ゆえに，$40 \leqq n \leqq 56$ のとき，$L(n) = 0$ である．$n \geqq 57$ のとき

$$L(n) = \frac{_{40}C_3 \cdot _{n-40}C_{17}}{_nC_{20}} = _{40}C_3 \cdot \frac{\dfrac{(n-40)!}{(n-57)!\,17!}}{\dfrac{n!}{(n-20)!\,20!}}$$

$$= _{40}C_3 \cdot \frac{20!}{17!} \cdot \frac{(n-40)!\,(n-20)!}{n!\,(n-57)!}$$

《玉を取り出す（B20）》

236. 赤玉と黒玉が入っている袋の中から無作為に玉を 1 つ取り出し，取り出した玉を袋に戻した上で，取り出した玉と同じ色の玉をもう 1 つ袋に入れる操作を繰り返す．以下の問に答えよ．

（1）初めに袋の中に赤玉が 1 個，黒玉が 1 個入っているとする．n 回の操作を行ったとき，赤玉をちょうど k 回取り出す確率を $P_n(k)$ $(k = 0, 1, \cdots, n)$ とする．$P_1(k)$ と $P_2(k)$ を求め，さらに $P_n(k)$ を求めよ．

（2）初めに袋の中に赤玉が r 個，黒玉が b 個 $(r \geqq 1,\ b \geqq 1)$ 入っているとする．n 回の操作を行ったとき，k 回目に赤玉が，それ以外ではすべて黒玉が取り出される確率を $Q_n(k)$ $(k = 1, 2, \cdots, n)$ とする．$Q_n(k)$ は k によらないことを示せ．

（23 早稲田大・理工）

考え方 赤が出ることを○，黒が出ることを×で表す．具体的にとりあえず $n = 3$ として様子をつかもう．

3 回操作を行って赤玉をちょうど 0 回取り出すのは ×××と出るときであり，最初は 2 個中黒が 1 個ある中から黒を取り，次は 3 個中黒が 2 個，次は 4 個中黒が 3 個ある中から黒を取るので，

$$P_3(0) = \frac{1}{2} \cdot \frac{2}{3} \cdot \frac{3}{4} = \frac{1}{4}$$

3回操作を行って赤玉をちょうど1回取り出すのは

　○××，×○×，××○

と出るときである．○××の場合，最初は全部で2個中赤が1個ある中から赤を取り，次は3個中黒が1個，次は4個中黒が2個ある中から黒を取るので，このようになる確率は

$$\frac{1}{2} \cdot \frac{1}{3} \cdot \frac{2}{4} \ \cdots\cdots\cdots\cdots\cdots\cdots\cdots\text{ⓐ}$$

×○×の場合は

$$\frac{1}{2} \cdot \frac{1}{3} \cdot \frac{2}{4}$$

××○の場合も

$$\frac{1}{2} \cdot \frac{2}{3} \cdot \frac{1}{4}$$

となる．分子の順序が変わるだけで，実質的にⓐと同じである．なぜ同じかというと，黒は2個，3個となっていくので，取り出すときの確率の分子はこれが現れるからである．だから$P_3(1)$はⓐを3倍するだけで

$$P_3(1) = \frac{1}{2} \cdot \frac{1}{3} \cdot \frac{2}{4} \times 3 = \frac{1}{4}$$

3回操作を行って赤玉をちょうど2回取り出すのは

　○○×，○×○，×○○

と出るときである．○○×の場合，最初は全部で2個中赤が1個ある中から赤を取り，次は3個中赤が2個ある中から赤を取り，次は4個中黒が1個ある中から黒を取るので，このようになる確率は

$$\frac{1}{2} \cdot \frac{2}{3} \cdot \frac{1}{4} \ \cdots\cdots\cdots\cdots\cdots\cdots\cdots\text{ⓑ}$$

○×○の場合は

$$\frac{1}{2} \cdot \frac{1}{3} \cdot \frac{2}{4}$$

となり，ⓑと同じになる．×○○の場合も

$$\frac{1}{2} \cdot \frac{1}{3} \cdot \frac{2}{4}$$

でⓑと同じ，よって

$$P_3(2) = \frac{1}{2} \cdot \frac{1}{3} \cdot \frac{2}{4} \times 3 = \frac{1}{4}$$

3回操作を行って赤玉をちょうど3回取り出すのは○○○と出るときである．最初は全部で2個中赤が1個ある中から赤を取り，次は3個中赤が2個，次は4個中赤が3個ある中から赤を取るので，このようになる確率は

$$P_3(3) = \frac{1}{2} \cdot \frac{2}{3} \cdot \frac{3}{4} = \frac{1}{4}$$

となる．様子がつかめてきただろうか？

▶解答◀ （1）赤が出ることを○，黒が出ることを×で表す．$P_n(0)$はn回とも×が出る確率で，1回目は2個中黒が1個，2回目は3個中黒が2個，…，n

回目は$n+1$個中黒がn個ある中から黒を取るときであり，

$$P_n(0) = \frac{1}{2} \cdot \frac{2}{3} \cdot \frac{3}{4} \cdot \cdots \cdot \frac{n-1}{n} \cdot \frac{n}{n+1} = \frac{1}{n+1}$$

約分は分子の左端（1）と分母の右端（$n+1$）が残る．

$P_n(1)$はn回のうち1回赤が出る確率で

　○××××，×○×××，××○××，×××○×，

××××○

（○は1個，×は$n-1$個あり，全部でn通りある）のように出るときである．○××××の場合は

$$\frac{1}{2} \cdot \frac{1}{3} \cdot \frac{2}{4} \cdot \cdots \cdot \frac{n-2}{n} \cdot \frac{n-1}{n+1} \ \cdots\cdots\cdots\cdots①$$

$$= \frac{1}{n(n+1)}$$

である．約分は分子の左の2つ（1と1）と分母の右の2つ（nと$n+1$）が残る．××○××の場合は

$$\frac{1}{2} \cdot \frac{2}{3} \cdot \frac{1}{4} \cdot \cdots \cdot \frac{n-2}{n} \cdot \frac{n-1}{n+1}$$

となる．分子の順序が変わるだけで，①と同じである．よって，どの場合の確率も$\dfrac{1}{n(n+1)}$であるから，

$$P_n(1) = \frac{1}{n(n+1)} \times n = \frac{1}{n+1}$$

$P_n(2)$はn回のうち2回赤が出る確率で，○×の出方は${}_nC_2 = \dfrac{n(n-1)}{2}$通りあり，各場合の確率は

$$\frac{1}{2} \cdot \frac{2}{3} \cdot \frac{1}{4} \cdot \frac{2}{5} \cdot \cdots \cdot \frac{n-4}{n-1} \cdot \frac{n-3}{n} \cdot \frac{n-2}{n+1}$$

$$= \frac{2}{(n-1)n(n+1)}$$

（約分は分子の左の3つと分母の右の3つが残る）より

$$P_n(2) = \frac{2}{(n-1)n(n+1)} \times \frac{n(n-1)}{2} = \frac{1}{n+1}$$

一般に，$P_n(k)$はn回のうち赤がk回出る確率で，○×の出方は${}_nC_k = \dfrac{n!}{k!(n-k)!}$通りあり，各場合の確率は，分子が

$$1 \cdot 2 \cdot \cdots \cdot k \times 1 \cdot 2 \cdot \cdots \cdot (n-k) = k!(n-k)!$$

（k回目の赤が出るときは袋の中には赤がk個あり，$n-k$回目の黒が出るときは袋の中には黒が$n-k$個ある）分母が

$$2 \cdot 3 \cdot \cdots \cdot (n+1) = (n+1)!$$

の分数である．よって，

$$P_n(k) = \frac{k!(n-k)!}{(n+1)!} \times \frac{n!}{k!(n-k)!}$$

$$= \frac{1}{n+1} \quad (0 \le k \le n)$$

$n = 1, 2$の時を考えると

$$P_1(k) = \frac{1}{2}, \quad P_2(k) = \frac{1}{3}$$

（2）k 回目のみ○，それ以外はすべて×の確率を考える．これは分子が

$$b \cdot (b+1) \cdot \cdots \cdot (b+k-2) \times r$$
$$\times (b+k-1) \cdot (b+k) \cdot \cdots \cdot (b+n-2)$$
$$= \frac{(b+n-2)! \, r}{(b-1)!}$$

分母が

$$(r+b) \cdot (r+b+1) \cdot \cdots \cdot (r+b+n-1)$$
$$= \frac{(r+b+n-1)!}{(r+b-1)!}$$

となるから，

$$Q_n(k) = \frac{(b+n-2)!(r+b-1)! \, r}{(b-1)!(r+b+n-1)!}$$

となるがこれは確かに k にはよらない．

注意 読者の中には「$P_n(0), P_n(1), P_n(2)$ なんか書かなくてもいいじゃん」と思う人がいる．それはあなたが解答を読んでいるから思うのである．試験場では $P_n(2)$ を書いたところで終わるかもしれない．ここで部分点を稼ぐ．約分の様子を見ようとしている．一般の $P_n(k)$ は，頭が疲れ混乱して書けないかもしれない．

なお，約分は n がそれぞれある程度大きなときしか起こらない．しかし，試験のときにはそんなことどうでもいいだろう．

別解 （1）$n+1$ 回の操作を行って赤玉をちょうど k 回取り出す（その確率は $P_{n+1}(k)$）のは，n 回の操作を行って赤玉をちょうど $k-1$ 回取り出し（その確率は $P_n(k-1)$），$n+2$ 個中赤玉が k 個ある中から赤玉を取るか，n 回の操作を行って赤玉をちょうど k 回取り出し（その確率は $P_n(k)$），$n+2$ 個中黒玉が $n+1-k$ 個ある中から黒玉を取るときで

$$P_{n+1}(k) = P_n(k-1) \cdot \frac{k}{n+2} + P_n(k) \cdot \frac{n+1-k}{n+2}$$

である．なお，起こらない事象の確率は 0 とする．

$$P_n(k) = \frac{1}{n+1} \quad (0 \le k \le n)$$

であることを数学的帰納法で証明する．

$$P_1(0) = \frac{1}{2}, \ P_1(1) = \frac{1}{2}$$

だから $n=1$ では成り立つ．$n=l$ で成り立つとする．

$$P_l(k) = \frac{1}{l+1}$$

である．このとき

$$P_{l+1}(k) = P_l(k-1) \cdot \frac{k}{l+2} + P_l(k) \cdot \frac{l+1-k}{l+2}$$
$$= \frac{1}{l+1} \cdot \frac{k}{l+2} + \frac{1}{l+1} \cdot \frac{l+1-k}{l+2}$$

$$= \frac{1}{l+2} \quad (0 \le k \le l+1)$$

$n = l+1$ でも成り立つから数学的帰納法により証明された．

《その面を追いかける (B30) ☆》

237. 1 から 6 までの数字がそれぞれ 1 面ずつに書かれたさいころがある．このさいころを 1 回投げるごとに，出た面をその数字に 1 を加えた数字に書きかえるものとする．例えば，6 が出たときはその面を 7 に書きかえる．このさいころを 3 回続けて投げたとき，以下の問いに答えよ．

（1）書かれている数字が 6 種類である確率は $\dfrac{\Box}{\Box}$ である．

（2）同じ数字が 3 か所に書かれている確率は $\dfrac{\Box}{\Box}$ である．

（3）書かれている数字が 3 種類である確率は $\dfrac{\Box}{\Box}$ である．

（4）2 が少なくとも 1 か所に書かれている確率は $\dfrac{\Box}{\Box}$ である． （23 金沢医大・医-前期）

▶解答◀ 途中で目の数を変えると，記述がややこしくなる．たとえば最初に 4 の目が出れば，その面の数は 5 になるが，5 の面が 2 つになったからといって，「最初 4 だった面」が次に出る確率は $\frac{1}{6}$ のままで，変わらない．それなら，目の数を増やすのはサイコロを 3 回振り終えた後にまとめてやることにして，途中では目を書き変えないことにする．

これは，階段（9 段は必要だ）があり，1 段目から 6 段目まで，各段に 1 人ずつ，A，B，C，D，E，F さんが立っていて，各面に A，B，C，D，E，F と書いたサイコロを振り，毎回 1 人を 1 段上にあげるといってもよい．階段は横幅が広く，1 段に 6 人が並ぶこともできるとする．（1）は 3 回振って 6 人がバラバラに，異なる段に立っている確率を求めることになる．

（1）題意に合う場合，$1, 2, 3$ は出てはいけない．毎回 4 か 5 か 6 が出る 3^3 通りのケースのすべてが適するわけではなく，このうちの次の場合が適する．

4 が 3 回出るとき（4 が最終的に 7 になる）か，5 が 3 回出るときか，6 が 3 回出るときか，4 と 5 と 6 が 1 回ずつ出る（3! 通り）ときか，4 が 2 回出てかつ 6

が1回出る（3通り）か，5が2回出てかつ4が1回出る（3通り）か，6が2回出てかつ5が1回出る（3通り）ときである．求める確率は $\dfrac{3+3!+3\cdot3}{6^3}=\dfrac{1}{12}$ である．

（2）　階段で説明すれば，1つの段に3人が並ぶという話である．そのためには，最初，その段以下に3人以上いないといけない．題意に合うのは次の場合である．

3段目に3人が並ぶのは1が2回出てかつ2が1回出る（3通り）とき，4段目に3人が並ぶのは2が2回出てかつ3が1回出るとき，5段目，6段目についても同様で，求める確率は $\dfrac{3\cdot4}{6^3}=\dfrac{1}{18}$ である．

（3）　2段目，4段目，6段目に2人ずつ並ぶときしかない．1, 3, 5が1回ずつ出る3! 通りである．求める確率は $\dfrac{3!}{6^3}=\dfrac{1}{36}$ である．

（4）　2が1回も出ない（5^3 通り）とき，2が1回，1が1回，3〜6のどれか（4通り）が1回出る（4・3! 通り）とき，2が2回，1が1回出る（3通り）ときがある．求める確率は $\dfrac{125+24+3}{6^3}=\dfrac{152}{216}=\dfrac{19}{27}$ である．

【三角形の基本性質】

《角の二等分線の定理（A10）☆》

238. AB $=8$, BC $=5$, CA $=7$ である三角形 ABC の内心を I とし，直線 CI と辺 AB との交点を D とする．このとき，三角形 ADI の面積は，三角形 ABC の面積の □ 倍である．(23　東海大・医)

▶解答◀　CD は ∠C の2等分線であるから，

$$\text{AD} : \text{DB} = \text{AC} : \text{CB} = 7 : 5$$

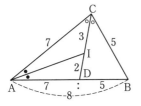

さらに，AI は ∠A の2等分線であるから，

$$\text{DI} : \text{IC} = \text{DA} : \text{AC} = \tfrac{7}{12}\text{AB} : \text{AC}$$
$$= \tfrac{7}{12}\cdot8 : 7 = 2 : 3$$

よって，$\triangle\text{ADI} = \dfrac{2}{2+3}\triangle\text{ADC}$

$$= \dfrac{2}{5}\cdot\dfrac{7}{7+5}\triangle\text{ABC} = \dfrac{7}{30}\triangle\text{ABC}$$

したがって，$\dfrac{7}{30}$ 倍

《直角三角形の内接円（B5）》

239. 3辺の長さがそれぞれ 2, 4, $2\sqrt{5}$ である三角形に内接する円の面積を求めよ．

(23　鹿児島大・共通)

▶解答◀　$2^2+4^2=(2\sqrt{5})^2$ が成り立つから，この三角形は斜辺が $2\sqrt{5}$ の直角三角形である．内接円の半径を r とおくと図で

$$\text{AB} + \text{BC} - \text{AC}$$
$$= (r+x)+(r+y)-(x+y) = 2r$$
$$r = \dfrac{1}{2}(\text{AB}+\text{BC}-\text{AC})$$
$$r = \dfrac{4+2-2\sqrt{5}}{2} = 3-\sqrt{5}$$

であるから，内接円の面積は

$$(3-\sqrt{5})^2\pi = (14-6\sqrt{5})\pi$$

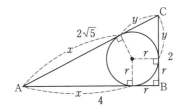

【三角形の辺と角の大小関係】

《辺と角の大小（B10）☆》

240. 平面上の3点 A, B, C 間のそれぞれの距離が AB $=4x$, BC $=x^2+3$, CA $=x^2+2x-3$ となっている．以下の問に答えよ．

（1）　AB $+$ CA $>$ BC となる x の条件を求めよ．

（2）　点 A, B, C を頂点とする三角形が存在するための x の条件を求めよ．

（3）　x が（2）の条件をみたすとき，∠A の大きさを求めよ．

（4）　x が（2）の条件をみたすとき，∠A，∠B，∠C の大小関係を明らかにせよ．

(23　群馬大・情報)

▶解答◀　（1）　AB $+$ CA $>$ BC

$$x^2+6x-3 > x^2+3$$
$$\boldsymbol{x > 1} \quad\text{……………………………①}$$

このとき，AB $=x>0$, BC $=x^2+3>0$, CA $=x^2+2x-3>0$ が成り立つ．

（2）　AB $+$ BC $>$ CA

$$x^2+4x+3 > x^2+2x-3$$
$$2x > -6$$

$x > 0$ であるから常に成り立つ.

$$BC + CA > AB$$

$$2x^2 + 2x > 4x$$

$$x^2 - x > 0 \qquad \therefore \quad x(x-1) > 0$$

$x > 0$ であるから $x > 1$ である.

①と合わせて $x > 1$ である.

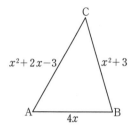

（3） 余弦定理を用いて

$$\cos \angle A = \frac{AB^2 + CA^2 - BC^2}{2AB \cdot CA}$$

$$AB^2 + CA^2 - BC^2$$
$$= (4x)^2 + (x^2 + 2x - 3)^2 - (x^2 + 3)^2$$
$$= (4x - x^2 - 3)(4x + x^2 + 3)$$
$$\qquad + (x+3)^2(x-1)^2$$
$$= -(x-1)(x-3)(x+1)(x+3)$$
$$\qquad + (x+3)^2(x-1)^2$$
$$= (x+3)(x-1)$$
$$\qquad \times \{(x+3)(x-1) - (x-3)(x+1)\}$$
$$= (x+3)(x-1) \cdot 4x$$

$$\cos \angle A = \frac{4x(x+3)(x-1)}{2 \cdot 4x(x+3)(x-1)} = \frac{1}{2}$$

したがって $\angle A = 60°$ である.

（4） $BC - CA = 6 - 2x = 2(3 - x)$

$$CA - AB = x^2 - 2x - 3 = (x-3)(x+1)$$

$$AB - BC = -x^2 + 4x - 3 = -(x-3)(x-1)$$

である.

$1 < x < 3$ のとき, $CA < BC$, $CA < AB$, $BC < AB$ であるから, $CA < BC < AB$ となり, $\angle B < \angle A < \angle C$ である.

$x = 3$ のとき, $AB = BC = CA$ であるから, $\angle A = \angle B = \angle C$ である.

$x > 3$ のとき, $BC < CA$, $AB < CA$, $AB < BC$ であるから, $AB < BC < CA$ となり, $\angle C < \angle A < \angle B$ である.

【メネラウスの定理・チェバの定理】

《チェバとメネラウス（A10）☆》

241. 図の △ABC の内部の点 O を通る直線 AO, BO, CO が対辺 BC, CA, AB と交わる点を P, Q, R とする. 点 R が辺 AB を $5:6$ に内分し, 点 Q が辺 AC を $2:3$ に内分するとき,

$$BP : PC = \boxed{} : \boxed{}, \qquad AO : OP = \boxed{} : \boxed{}$$

となる.

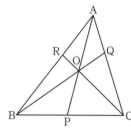

(23 松山大・薬)

▶解答◀ △ABC でチェバの定理により

$$\frac{BP}{PC} \cdot \frac{CQ}{QA} \cdot \frac{AR}{RB} = 1$$

$$\frac{BP}{PC} \cdot \frac{3}{2} \cdot \frac{5}{6} = 1 \qquad \therefore \quad BP : PC = \mathbf{4 : 5}$$

△ABP と直線 CR に関してメネラウスの定理により

$$\frac{AO}{OP} \cdot \frac{PC}{CB} \cdot \frac{BR}{RA} = 1$$

$$\frac{AO}{OP} \cdot \frac{5}{9} \cdot \frac{6}{5} = 1 \qquad \therefore \quad AO : OP = \mathbf{3 : 2}$$

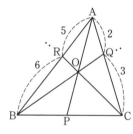

━《メネラウスの定理（A10）☆》━

242. 平面上の △ABC において辺 AB を $m:n$ に外分する点を P, 辺 BC を $2:5$ に内分する点を Q, 辺 AC を $3:1$ に内分する点を R とする. 3 点 P, Q, R が一直線上にあるとき, $\dfrac{m}{n} = \dfrac{\boxed{}}{\boxed{}}$ であり, $\dfrac{PR}{PQ} = \dfrac{\boxed{}}{\boxed{}}$ である. (23 埼玉医大・前期)

▶解答◀ AB を水平に描く. もし $\dfrac{CR}{RA} = \dfrac{CQ}{QB}$ なら RQ と AB が平行になる. 今は $\dfrac{CR}{RA} < \dfrac{CQ}{QB}$ だから R が上のほうに持ち上がっている感じで, 直線 RQ は Q 方向への延長上で, 直線 AB と交わる.

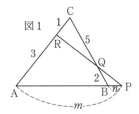

図1

△ABC と直線 PR についてメネラウスの定理を用いて

$$\frac{AP}{PB} \cdot \frac{BQ}{QC} \cdot \frac{CR}{RA} = 1$$

$$\frac{m}{n} \cdot \frac{2}{5} \cdot \frac{1}{3} = 1 \qquad \therefore \quad \frac{m}{n} = \frac{15}{2}$$

△APR と直線 BC についてメネラウスの定理を用いて

$$\frac{AB}{BP} \cdot \frac{PQ}{QR} \cdot \frac{RC}{CA} = 1$$

$$\frac{13}{2} \cdot \frac{PQ}{QR} \cdot \frac{1}{4} = 1 \qquad \therefore \quad \frac{QR}{PQ} = \frac{13}{8}$$

$$\frac{PR}{PQ} = \frac{8+13}{8} = \frac{21}{8}$$

【円に関する定理】

《円とメネラウスの定理 (B15)》

243. 平面上に点 O を中心とする半径が 1 の円 C_1 と，点 O を中心とする半径が $\sqrt{6}$ の円 C_2 がある．円 C_2 上に点 A をとり，点 A から円 C_1 に引いた接線と円 C_1 との接点の 1 つを P，直線 OP と円 C_1 の交点のうち点 P と異なる点を Q，直線 AQ と円 C_1 との交点のうち点 Q と異なる点を R とおく．このとき，

$$AP = \sqrt{\boxed{}}, \ AQ = \boxed{}, \ AR = \frac{\boxed{}}{\boxed{}}$$

であり，直線 AP と円 C_2 の交点のうち点 A と異なる点を S，直線 AO と直線 SQ の交点を T とおくと，

$$AP : PS = \boxed{ア} : \boxed{イ}, \ ST : TQ = \boxed{ウ} : \boxed{エ}$$

である．ここで，$\boxed{ア}$〜$\boxed{エ}$ は最小の自然数を用いて答えよ．

さらに，直線 PR と直線 OA の交点を点 U，直線 PR と円 C_2 の 2 つの交点を D，E とすると，

$$AU = \frac{\boxed{}\sqrt{\boxed{}}}{\boxed{}}$$

であるので，

$$DU \times EU = \frac{\boxed{}}{\boxed{}}$$

である． (23 久留米大・医)

▶解答◀ （1） 図1を見よ．OP = 1，OA = $\sqrt{6}$ より

$$AP = \sqrt{(\sqrt{6})^2 - 1^2} = \sqrt{5}$$

これと PQ = 2 より

$$AQ = \sqrt{(\sqrt{5})^2 + 2^2} = 3$$

方べきの定理より $AR \cdot AQ = AP^2$ が成り立つから

$$AR \cdot 3 = (\sqrt{5})^2 \qquad \therefore \quad AR = \frac{5}{3}$$

円 C_2 の弦 AS に中心 O から下ろした垂線の足と P は一致するから，P は線分 AS の中点である．よって

$$AP : PS = 1 : 1$$

△QPS と直線 AT に関してメネラウスの定理を用いて

$$\frac{QO}{OP} \cdot \frac{PA}{AS} \cdot \frac{ST}{TQ} = 1$$

$$\frac{1}{1} \cdot \frac{1}{2} \cdot \frac{ST}{TQ} = 1$$

$$ST : TQ = 2 : 1$$

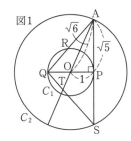

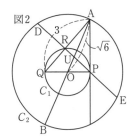

図2を見よ．△AQO と直線 RP に関してメネラウスの定理を用いて

$$\frac{AR}{RQ} \cdot \frac{QP}{PO} \cdot \frac{OU}{UA} = 1$$

$RQ = AQ - AR = 3 - \frac{5}{3} = \frac{4}{3}$ であるから

$$\frac{\frac{5}{3}}{\frac{4}{3}} \cdot \frac{2}{1} \cdot \frac{OU}{UA} = 1$$

$$OU : UA = 2 : 5$$

$$AU = \frac{5}{7} OA = \frac{5\sqrt{6}}{7}$$

直線 OA と円 C_2 の交点を B とおく．方べきの定理より

$$DU \cdot EU = AU \cdot BU$$

$BU = AB - AU = 2\sqrt{6} - \frac{5}{7}\sqrt{6} = \frac{9}{7}\sqrt{6}$ であるから

$$DU \cdot EU = \frac{5}{7}\sqrt{6} \cdot \frac{9}{7}\sqrt{6} = \frac{270}{49}$$

《円に外接と内接四角形 (B10) ☆》

244. 下図のように，四角形 ABCD は円 I に

外接し，円 O に内接する．AB $= 3$，BC $= 4$，
$\angle$ABC $= 60°$ のとき，$\angle$ADC $= \boxed{\text{ア}}$，DA $= \boxed{}$
である．ただし，$\boxed{\text{ア}}$ は度数法で答えよ．

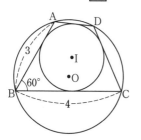

(23 東邦大・理)

▶解答◀ $\angle$ADC $= 180° - \angle$ABC $= \mathbf{120°}$

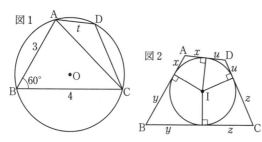

図 2 のように，x，y，z，u をとることができる．そ
れぞれは接線の長さである．このとき，DA + BC
と AB + CD は，ともに $x + y + z + u$ であるから
DA + BC $=$ AB + CD が成り立つ．よって，DA $= t$
とおくと

$$t + 4 = 3 + CD \qquad \therefore \quad CD = t + 1$$

$\triangle$ABC に余弦定理を用いて

$$AC^2 = 3^2 + 4^2 - 2 \cdot 3 \cdot 4 \cos 60° = 13$$

AC $= \sqrt{13}$ である．$\triangle$ACD に余弦定理を用いて

$$t^2 + (t+1)^2 - 2t(t+1)\cos 120° = (\sqrt{13})^2$$

$$t^2 + (t+1)^2 + t(t+1) = 13$$

$$t^2 + t - 4 = 0 \qquad \therefore \quad t = \frac{-1 \pm \sqrt{17}}{2}$$

DA $= t > 0$ であるから，DA $= \dfrac{-1 + \sqrt{17}}{2}$

【空間図形】

《正四面体と正八面体 (B20) ☆》

245. 一辺の長さが 2 の正四面体 ABCD におい
て，辺 AB，BC，CD，DA，AC，BD の中点をそ
れぞれ P，Q，R，S，T，U とする．次の問いに答
えよ．

（1） 線分 PR の長さを求めよ．

（2） $\cos \angle$SBR の値を求めよ．

（3） 四角形 PTRU を底面，点 Q を頂点とする四
角錐の体積を求めよ． (23 新潟大・前期)

▶解答◀ （1） 中点連結定理より

$$PQ = QR = RS = SP = 1$$

また，対称性より PR $=$ SQ

よって四角形 PQRS は 1 辺の長さが 1 である正方
形であるから，PR の長さは $\sqrt{2}$

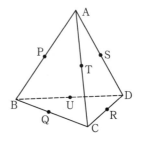

（2） BS $=$ BR $= \sqrt{3}$，SR $= 1$
$\triangle$BRS で余弦定理を用いて

$$\cos \angle SBR = \frac{BS^2 + BR^2 - SR^2}{2BS \cdot BR}$$
$$= \frac{3 + 3 - 1}{2 \cdot \sqrt{3} \cdot \sqrt{3}} = \frac{5}{6}$$

（3） A から $\triangle$BCD に下ろした垂線の足を H と
すると，H は $\triangle$BCD の重心であるから BH $= \dfrac{2}{3}\sqrt{3}$
であり，

$$AH = \sqrt{AB^2 - BH^2} = \sqrt{4 - \frac{4}{3}} = \frac{2\sqrt{2}}{\sqrt{3}}$$

$\triangle$BCD の面積は $\dfrac{1}{2} \cdot 2 \cdot 2 \sin 60° = \sqrt{3}$ であるから四
面体 ABCD の体積は

$$\sqrt{3} \cdot \frac{2\sqrt{2}}{\sqrt{3}} \cdot \frac{1}{3} = \frac{2\sqrt{2}}{3}$$

正四面体 ABCD から正四面体 APST，正四面体
BUQP，正四面体 CTQR，正四面体 DRSU を取り除く
と，正八面体 QPTRUS となり，求める体積は正八面
体の半分である．

正四面体 ABCD と正四面体 APST (BUQP, CTQR,
DRSU) の体積比は $2^3 : 1^3 = 8 : 1$ で，求める体積は

$$\frac{1}{2}\left(\frac{2\sqrt{2}}{3} - \frac{1}{8} \cdot \frac{2\sqrt{2}}{3} \cdot 4\right) = \frac{\sqrt{2}}{3} - \frac{\sqrt{2}}{6} = \frac{\sqrt{2}}{6}$$

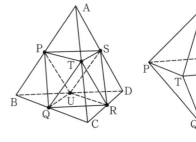

《四角錐の内接球（B10）☆》

246. 正四角錐 ABCDE の辺の長さはすべて 1 である．この内部にある球が正四角錐のすべての面に接しているとき，球の半径は $\dfrac{\sqrt{\square}-\sqrt{\square}}{\square}$ である．

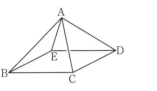

(23 中部大)

考え方 解法の選択が重要である．

図形的に解く．

三角関数で計算する．

ベクトルで計算する．

座標計算する．

▶解答◀ $\sqrt{2}a=1$ とする．正四角錐の高さは a で，側面は 1 辺が 1 の正三角形，底面は正方形である．

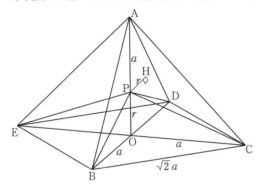

高さが r の 5 つの立体に分ける．体積を 2 通りに表し

$$\frac{1}{3}\left(\frac{\sqrt{3}}{4}\cdot 1^2\right)\cdot r\times 4+\frac{1}{3}\cdot 1^2\cdot r=\frac{1}{3}\cdot 1^2\cdot a$$

$(\sqrt{3}+1)r=\dfrac{1}{\sqrt{2}}$ となり，$r=\dfrac{\sqrt{6}-\sqrt{2}}{4}$

◆別解◆ 内接球の様子は次の図 1 のようになる．

図1

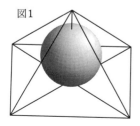

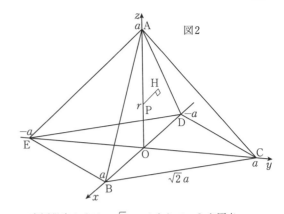

図2

座標設定をする．$\sqrt{2}a=1$ として，O を原点，A$(0,0,a)$, B$(a,0,0)$, C$(0,a,0)$, D$(-a,0,0)$, E$(0,-a,0)$ と設定する．題意の球の半径を r とする．球の中心 P は $(0,0,r)$ とおけて，

平面 ABC：$x+y+z=a$ と点 P の距離が r であるから，点と平面の距離の公式より $\dfrac{|a-r|}{\sqrt{3}}=r$ である．$r<a$ であり，$a-r=\sqrt{3}r$ となる．

$r=\dfrac{a}{\sqrt{3}+1}=\dfrac{\sqrt{6}-\sqrt{2}}{4}$

◆別解◆ 図番号を 1 から振り直す．

内接球の半径を r とする．BE, CD の中点を M, N として平面 AMN で切る．△ABM は 60 度定規で AB $=1$ より AM $=\dfrac{\sqrt{3}}{2}$ で，同様に AN $=\dfrac{\sqrt{3}}{2}$ である．

A から MN へ垂線 AH を引く．H は MN の中点であるから

$$AH=\sqrt{AM^2-MH^2}=\sqrt{\left(\frac{\sqrt{3}}{2}\right)^2-\left(\frac{1}{2}\right)^2}=\frac{1}{\sqrt{2}}$$

△AMN $=\dfrac{1}{2}\cdot 1\cdot\dfrac{1}{\sqrt{2}}=\dfrac{1}{2\sqrt{2}}$ である．図 2 を見よ．

三角形の面積と内接円の半径の公式から

$$\frac{1}{2\sqrt{2}}=\frac{r}{2}\left(1+\frac{\sqrt{3}}{2}+\frac{\sqrt{3}}{2}\right)$$

$$(1+\sqrt{3})r=\frac{1}{\sqrt{2}}$$

$$r=\frac{1}{\sqrt{6}+\sqrt{2}}=\frac{\sqrt{6}-\sqrt{2}}{4}$$

図1

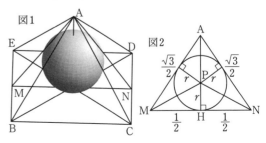

図2

《四面体の断面 (B10)》

247. 一辺の長さが 2 である正四面体 OABC において，辺 OA の中点を M，辺 BC の中点を N とする．

（1） 線分 MN の長さは □ である．

（2） $0 < s < 1$ とし，線分 MN を $s : (1-s)$ に内分する点を P とする．P を通り MN に垂直な平面で正四面体 OABC を切った断面は あ であり，その面積は □ である．

あ の選択肢：
(a) 正三角形　(b) 正三角形でない二等辺三角形　(c) 二等辺三角形でない三角形　(d) 長方形
(e) 長方形でない平行四辺形　(f) 平行四辺形でない四角形

(23　上智大・理工)

▶解答◀（1）$BN = CN = 1, BM = CM = \sqrt{3}$ である．$MN \perp BC$ であるから，三平方の定理より

$$MN = \sqrt{(\sqrt{3})^2 - 1^2} = \sqrt{2}$$

（2） 同様に $MN \perp OA$ であり，MN に垂直な断面は BC，OA と平行である．$ON \perp BC$，$AN \perp BC$ だから BC は平面 OAN と垂直である．よって平面 OAN 上のすべての線分と BC は垂直であり，$OA \perp BC$. 断面を図のように QRST とする．BC ∥ QR で $QR = sBC = 2s$，

OA ∥ QT で $QT = (1-s)OA = 2(1-s)$，

$QR \perp QT$ であるから，断面は長方形 **(d)** であり，

$$断面積 = 2s \cdot 2(1-s) = 4s(1-s)$$

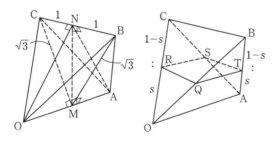

【図形の雑題】

《面積比は線分比 (A5) ☆》

248. 三角形 ABC の辺 AB を $3 : 2$ に内分する点を P，辺 BC を $1 : 2$ に内分する点を Q，また

AQ と CP の交点を R とするとき，$\dfrac{\triangle RBC}{\triangle RAC} = \dfrac{\square}{\square}$, $\dfrac{\triangle RAC}{\triangle ABC} = \dfrac{\square}{\square}$ である．

(23　藤田医科大・医-後期)

▶解答◀　図で三角形が歪めて描いてあるのは，垂線が見やすいように，直線 AQ，CP がそれぞれ BC，AB に垂直に見えないようにするためである．

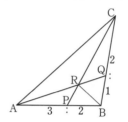

直線 CP に A，B から下ろした垂線の足を I，J とする．△RBC と △RAC で，RC を共通の底辺と見ると，面積の比は高さの比 BJ : AI であり，△BJP と △AIP の相似比より

$$\frac{\triangle RBC}{\triangle RAC} = \frac{BJ}{AI} = \frac{BP}{AP} = \frac{2}{3}$$

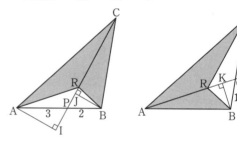

同じく，直線 AR に C，B から垂線 CL，BK を下ろし，

$$\frac{\triangle RAC}{\triangle RAB} = \frac{CL}{BK} = \frac{CQ}{BQ} = 2$$

$\triangle RAC = S$ とおくと，$\triangle RBC = \dfrac{2}{3}S$，$\triangle RAB = \dfrac{S}{2}$ であるから

$$\triangle ABC = S + \frac{2}{3}S + \frac{S}{2} = \frac{13S}{6}$$

したがって $\dfrac{\triangle RAC}{\triangle ABC} = \dfrac{S}{\dfrac{13S}{6}} = \dfrac{6}{13}$

《面積比は線分比 (B20)》

249. AB を底辺とする高さが 5 の平行四辺形 ABCD において，$AB = 3$，$BC = 6$，BC を $2 : 1$ に内分する点を E，CD を $2 : 1$ に内分する点を F とする．また，AC と EF の交点を G，AD の延長と EF の延長の交点を H とする．

（1） $\dfrac{DH}{AD} = \dfrac{\square}{\square}$ である.

（2） $\dfrac{GC}{AG} = \dfrac{\square}{\square}$ である.

（3） $\dfrac{FH}{GF} = \dfrac{\square}{\square}$ である.

（4） △CFG の面積は $\dfrac{\square}{\square}$ である.

(23 埼玉医大・後期)

▶解答◀ （1） △DFH ∽ △CFE より

DH : CE = DF : CF = 1 : 2

EC = 2 より, DH = 1 であるから, $\dfrac{DH}{AD} = \dfrac{1}{6}$

（2） △AGH ∽ △CGE より

AG : CG = AH : CE = 7 : 2

$\dfrac{GC}{AG} = \dfrac{2}{7}$

（3） △DFH ∽ △CFE より, HF : EF = 1 : 2

△AGH ∽ △CGE より, HG : EG = 7 : 2 であるから

HF : FG : GE = 3 : 4 : 2

$\dfrac{FH}{GF} = \dfrac{3}{4}$

（4） $\triangle CFG = \triangle ACD \times \dfrac{FC}{DC} \cdot \dfrac{GC}{AC}$

$= \dfrac{1}{2} \cdot 3 \cdot 5 \cdot \dfrac{2}{3} \cdot \dfrac{2}{9} = \dfrac{10}{9}$

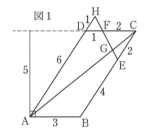

図1

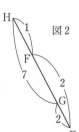

図2

《最短距離 (B10) ☆》

250. ∠A = 60° の三角形 ABC の内部に点 P を とり, P から直線 AB に下ろした垂線の交点を D とし, P から直線 AC に下ろした垂線の交点を E とする. DE = 9 のとき, AP = $\square \sqrt{\square}$ である. このとき, さらに, 直線 AB 上に点 F をとり, 直線 AC 上に点 G をとるとき, PF + FG + GP の 最小値は $\square$ である. (23 近大・医-推薦)

▶解答◀ ∠ADP = ∠AEP = 90° であるから, 四

角形 ADPE は, AP を直径とする円 O に内接する. 円 O は, △ADE の外接円であるから, 正弦定理より

$$AP = \dfrac{DE}{\sin A} = \dfrac{9}{\sin 60°} = \dfrac{9 \cdot 2}{\sqrt{3}} = 6\sqrt{3}$$

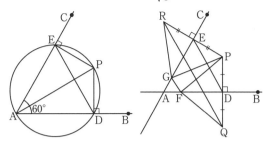

直線 AB, AC に関して, P と対称な点をそれぞれ Q, R とする. このとき, PF = QF, GP = GR である から

PF + FG + GP = QF + FG + GR

≧ QR = 2DE = **18**

等号は Q, F, G, R の順で一直線上にあるときに成 り立つ. なお, 中点連結定理により QR と DE は平行 で

QR = 2DE である.

注意 図のような直線 IJ をとる. Q は半直線 AB, AI ではさまれた領域にあり, R は半直線 AC, AJ ではさまれた領域にあるから, 線分 QR は線 分 AB, AC と交わる.

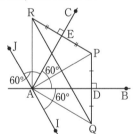

《比の計算 (A5) ☆》

251. 下の平行四辺形 ABCD において, BC を 2 : 3 に内分する点を E, CD を 4 : 5 に内分する点 を F とし, AE と BD, AF と BD の交点をそれぞれ P, Q とする. BD = 6 のとき, PQ の長さを求めよ.

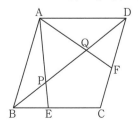

(23　愛知医大・医-推薦)

▶解答◀　△APD ∽ △EPB であり，相似比は
AD：EB＝5：2 であるから

$$PD：PB＝5：2$$

$$PD＝\frac{5}{5＋2}BD＝\frac{5}{7}\cdot 6＝\frac{30}{7}$$

△ABQ ∽ △FDQ であり，相似比は AB：FD＝9：5
であるから

$$BQ：DQ＝9：5$$

$$DQ＝\frac{5}{9＋5}BD＝\frac{5}{14}\cdot 6＝\frac{15}{7}$$

$$PQ＝PD－DQ＝\frac{30}{7}－\frac{15}{7}＝\boldsymbol{\frac{15}{7}}$$

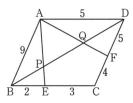

《内心 (B10) ☆》

252. 直角三角形 ABC において AB＝5，BC＝
12，CA＝13 とする．∠A の二等分線と辺 BC の
交点を D とする．

（1）　線分 AD の長さを求めなさい．

（2）　∠A の二等分線と △ABC の外接円の交点
　　のうち，点 A と異なる点を E とする．線分 DE
　　の長さを求めなさい．

（3）　△ABC の外接円の中心を O とし，線分 BO
　　と線分 AD の交点を P とする．AP：PD を求め
　　なさい．

（4）　△ABC の内接円の中心を I とする．AI：ID
　　を求めなさい．　　（23　大分大・理工，経済，教育）

▶解答◀　（1）　AD は ∠A の二等分線であるから

$$BD：DC＝AB：AC＝5：13$$

$$BD＝\frac{5}{18}BC＝\frac{5}{18}\cdot 12＝\frac{10}{3}$$

$$AD＝\sqrt{AB^2＋BD^2}＝\sqrt{25＋\frac{100}{9}}＝\boldsymbol{\frac{5\sqrt{13}}{3}}$$

（2）　$DC＝\frac{13}{18}BC＝\frac{26}{3}$ である．方べきの定理よ
り

$$AD\cdot DE＝BD\cdot DC$$

$$\frac{5\sqrt{13}}{3}DE＝\frac{10}{3}\cdot \frac{26}{3}\qquad \therefore\quad DE＝\boldsymbol{\frac{4\sqrt{13}}{3}}$$

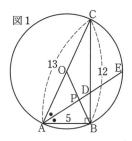

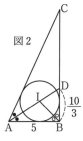

図1　　図2

（3）　∠B が直角だから，O は辺 AC の中点である．
△ACD と直線 BO に関してメネラウスの定理より

$$\frac{AP}{PD}\cdot \frac{DB}{BC}\cdot \frac{CO}{OA}＝1$$

$$\frac{AP}{PD}\cdot \frac{5}{18}\cdot \frac{1}{1}＝1\qquad \therefore\quad \frac{AP}{PD}＝\frac{18}{5}$$

よって，AP：PD＝**18：5**

（4）　BI は ∠B の二等分線である（図2参照）から

$$AI：ID＝AB：BD＝5：\frac{10}{3}＝\boldsymbol{3：2}$$

《判別式の利用 (C30)》

253. △ABC において，AB＝7，BC＝9，CA＝
8 とし，次の 3 つの条件を満たす 2 つの円 C_1，C_2
を考える．

- 円 C_1 は，辺 AB と辺 CA に接しており，辺
　BC とは 2 点で交わらない．

- 円 C_2 は，辺 AB と辺 BC に接しており，辺
　CA とは 2 点で交わらない．

- 円 C_1 と円 C_2 は外接している．

このとき，次の問いに答えなさい．

（1）　円 C_1 が △ABC の内接円であるとき，円 C_1
　　の半径を求めなさい．

（2）　円 C_1 と円 C_2 の半径が等しいとき，円 C_1
　　の半径を求めなさい．

（3）　円 C_1 の周の長さと円 C_2 の周の長さの和が
　　最小になるとき，円 C_1 と円 C_2 の半径をそれぞ
　　れ求めなさい．　　　　（23　山口大・医，理（数））

▶解答◀　（1）　$s＝\frac{7＋8＋9}{2}＝12$ とおく．ヘ
ロンの公式により，△ABC の面積 S は

$$S＝\sqrt{s(s－7)(s－8)(s－9)}$$

$$＝\sqrt{12\cdot 5\cdot 4\cdot 3}＝12\sqrt{5}$$

内接円の半径 r は

$$\frac{r}{2}(7＋8＋9)＝12\sqrt{5}\qquad \therefore\quad r＝\sqrt{5}$$

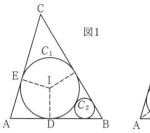

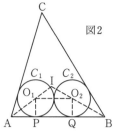

（**2**）　円 C_1 が △ABC の内接円のとき，円 C_1 と AB，CA との接点をそれぞれ D，E とおく（図1参照）．

$$AD = AE = \frac{AB + AC - BC}{2}$$
$$= \frac{7 + 8 - 9}{2} = 3$$

$AD : ID = 3 : \sqrt{5}$, $BD : ID = 4 : \sqrt{5}$ である．

　図2を見よ．内心を I とおくと，円 C_1 の中心 O_1 は線分 AI 上にあり，円 C_2 の中心 O_2 は線分 BI 上にある．円 C_1 と AB との接点を P とおき，円 C_2 と AB との接点を Q とおく．円 C_1 の半径を r とおく．

$AP : r = 3 : \sqrt{5}$ から $AP = \frac{3}{\sqrt{5}}r$, $BQ : r = 4 : \sqrt{5}$ から $BQ = \frac{4}{\sqrt{5}}r$ であり，$PQ = 2r$ であるから

$$\frac{3}{\sqrt{5}}r + 2r + \frac{4}{\sqrt{5}}r = 7$$
$$(7 + 2\sqrt{5})r = 7\sqrt{5}$$
$$r = \frac{7\sqrt{5}(7 - 2\sqrt{5})}{49 - 20} = \boldsymbol{\frac{49\sqrt{5} - 70}{29}}$$

（**3**）　円 C_1, C_2 の半径をそれぞれ a, b とおく．2 円の円周の長さの和は $2\pi a + 2\pi b = 2\pi(a + b)$ であるから，$a + b$ が最小になるような a, b が求めるものである．（2）と同様に考えると，$AP = \frac{3}{\sqrt{5}}a$, $BQ = \frac{4}{\sqrt{5}}b$ となる．

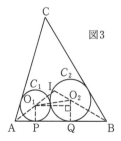

図3

　図3を見よ．線分 PQ, O_1O_2, a, b の関係について

$$O_1O_2{}^2 = PQ^2 + (b - a)^2$$

が成り立つから

$$(a + b)^2 = PQ^2 + (b - a)^2$$
$$PQ = 2\sqrt{ab}$$
$$\frac{3}{\sqrt{5}}a + 2\sqrt{ab} + \frac{4}{\sqrt{5}}b = 7$$

$$7\sqrt{5} - 3a - 4b = 2\sqrt{5ab}$$

　$a + b = x$ とおく．$b = x - a$ を代入し，両辺を 2 乗する．

$$(7\sqrt{5} - 4x + a)^2 = 20a(x - a)$$
$$21a^2 - 14(2x - \sqrt{5})a + (7\sqrt{5} - 4x)^2 = 0 \quad \cdots\cdots\text{①}$$

a は $0 < a < \sqrt{5}$ を満たす実数であるから，判別式 D について

$$\frac{D}{4} = 7^2(2x - \sqrt{5})^2 - 21(7\sqrt{5} - 4x)^2 \geqq 0$$
$$7(4x^2 - 4\sqrt{5}x + 5) - 3(245 - 56\sqrt{5}x + 16x^2) \geqq 0$$
$$x^2 - 7\sqrt{5}x + 35 \leqq 0$$
$$\frac{7\sqrt{5} - \sqrt{105}}{2} \leqq x \leqq \frac{7\sqrt{5} + \sqrt{105}}{2}$$

x の最小値は $x = \dfrac{7\sqrt{5} - \sqrt{105}}{2}$ である．この値は $7\sqrt{5} - \sqrt{105} = \sqrt{245} - \sqrt{105} > 0$ であるから正の数である．

　$x = \dfrac{7\sqrt{5} - \sqrt{105}}{2}$ のとき $D = 0$ であるから，①より

$$a = \frac{2x - \sqrt{5}}{3} = \frac{6\sqrt{5} - \sqrt{105}}{3}$$

このとき，

$$\frac{6\sqrt{5} - \sqrt{105}}{3} - \sqrt{5} = \frac{\sqrt{45} - \sqrt{105}}{3} < 0$$

から，$0 < a < \sqrt{5}$ を満たす．

$$b = x - a = \frac{7\sqrt{5} - \sqrt{105}}{2} - \frac{6\sqrt{5} - \sqrt{105}}{3}$$
$$= \frac{9\sqrt{5} - \sqrt{105}}{6}$$
$$\frac{9\sqrt{5} - \sqrt{105}}{6} - \sqrt{5} = \frac{\sqrt{45} - \sqrt{105}}{6} < 0$$

から，b についても $0 < b < \sqrt{5}$ を満たす．円 C_1 の半径は $\boldsymbol{\dfrac{6\sqrt{5} - \sqrt{105}}{3}}$, C_2 の半径は $\boldsymbol{\dfrac{9\sqrt{5} - \sqrt{105}}{6}}$ である．

【約数と倍数】

=== 《3つの集合 (B20) ☆》 ===

254. 1 から 100 までの自然数 b を用いて，$\dfrac{b}{168}$ と表される数のうち，約分できないものの総数は □ 個である．　　（23　芝浦工大・前期）

▶**解答**◀　$168 = 2^3 \cdot 3 \cdot 7$

1 から 100 までの自然数の集合を U とする．この中で 2 の倍数，3 の倍数，7 の倍数の集合を G, S, N とする．自然数 m, k に対して 1 以上 m 以下の自然数で k

の倍数の個数は $\left[\dfrac{m}{k}\right]$ である. $[x]$ はガウス記号であり, x の整数部分を表す.

$$n(G) = \left[\dfrac{100}{2}\right] = 50$$

$$n(S) = \left[\dfrac{100}{3}\right] = 33$$

$$n(N) = \left[\dfrac{100}{7}\right] = 14$$

$$n(G \cap S) = \left[\dfrac{100}{6}\right] = 16$$

$$n(S \cap N) = \left[\dfrac{100}{21}\right] = 4$$

$$n(N \cap G) = \left[\dfrac{100}{14}\right] = 7$$

$$n(G \cap S \cap N) = \left[\dfrac{100}{42}\right] = 2$$

$$n(G \cup S \cup N) = n(G) + n(S) + n(N)$$
$$- n(G \cap S) - n(S \cap N)$$
$$- n(N \cap G) + n(G \cap S \cap N)$$
$$= 50 + 33 + 14 - 16 - 4 - 7 + 2 = 72$$

求める個数は $n(U) - n(G \cup S \cup N) = \mathbf{28}$

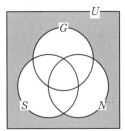

―――《公約数の和 (A5) ☆》―――

255. 578 と 238 の公約数の和を求めなさい.

(23 産業医大)

▶解答◀ $578 = 2 \cdot 17^2$, $238 = 2 \cdot 7 \cdot 17$ であるから, 578, 238 の最大公約数は $2 \cdot 17$ である.

求める公約数の和は $2 \cdot 17$ の約数の和である.

$$(1 + 2)(1 + 17) = \mathbf{54}$$

―――《約数の総和 (B20)》―――

256. 正の整数 n に対して, n の正の約数の総和を $\sigma(n)$ とする. たとえば, $n = 6$ の正の約数は 1, 2, 3, 6 であるから $\sigma(6) = 1 + 2 + 3 + 6 = 12$ となる. 以下の問いに答えよ.

（1） $\sigma(30)$ を求めよ.

（2） 正の整数 n と, n を割り切らない素数 p に対して, 等式

$$\sigma(pn) = (p + 1)\sigma(n)$$

が成り立つことを示せ.

（3） 次の条件（ i ）,（ ii ）を満たす正の整数 n をすべて求めよ.

（ i ） n は素数であるか, または r 個の素数 $p_1, p_2, \cdots, p_r$ （ただし r は 2 以上の整数で, $p_1 < p_2 < \cdots < p_r$）を用いて $n = p_1 \times p_2 \times \cdots \times p_r$ と表される.

（ ii ） $\sigma(n) = 72$ が成り立つ.

(23 東北大・理系-後期)

▶解答◀ （1） $30 = 2 \cdot 3 \cdot 5$ より

$$\sigma(30) = (1 + 2)(1 + 3)(1 + 5) = \mathbf{72}$$

（2） pn の約数のうち, p の倍数でないものの総和は $\sigma(n)$ であり, p の倍数であるものの総和は $p\sigma(n)$ であるから,

$$\sigma(pn) = \sigma(n) + p\sigma(n) = (p + 1)\sigma(n)$$

（3） （2）および条件から

$$(p_1 + 1)(p_2 + 1) \cdot \cdots \cdot (p_r + 1) = 72$$

である. r の値によって場合分けをする.

● $r = 1$ のとき：$p_1 = 71$ であるから, $n = 71$ となる.

● $r = 2$ のとき：

$$(p_1 + 1)(p_2 + 1) = 72$$

$3 \le p_1 + 1 < p_2 + 1$ であるから

$$(p_1 + 1, p_2 + 1) = (3, 24), (4, 18), (6, 12), (8, 9)$$

$$(p_1, p_2) = (2, 23), (3, 17), (5, 11), (7, 8)$$

p_1, p_2 がともに素数であるものを考えると, $n = 46, 51, 55$ となる.

● $r = 3$ のとき：

$$(p_1 + 1)(p_2 + 1)(p_3 + 1) = 72$$

$3 \le p_1 + 1 < p_2 + 1 < p_3 + 1$ であるから

$$(p_1 + 1, p_2 + 1, p_3 + 1) = (3, 4, 6)$$

$$(p_1, p_2, p_3) = (2, 3, 5)$$

このとき, $n = 30$ となる.

● $r \ge 4$ のとき：

$$(p_1 + 1)(p_2 + 1) \cdot \cdots \cdot (p_r + 1)$$
$$\ge 3 \cdot 4 \cdot 6 \cdot 8 > 72$$

となり, 成立しない.

以上より, $n = \mathbf{71, 46, 51, 55, 30}$ である.

―――《約数の個数と総和 (A10) ☆》―――

257. 自然数 n の素因数分解が $n = 2^2 p^2$ （p は 3 以上の素数）であるとする. このとき, n の正の約数は全部で ☐ 個ある. また, n の正の約数の和

が 1281 であるとすると，$n = \boxed{}$ である．ただし，n の正の約数には 1 と n 自身も含める．

(23　愛知工大・理系)

▶解答◀　$n = 2^2 p^2$ の正の約数の個数は

$$(2+1)(2+1) = \mathbf{9}$$

正の約数の和は $(1 + 2 + 2^2)(1 + p + p^2)$ であるから，これが 1281 のとき

$$7(1 + p + p^2) = 1281$$
$$p^2 + p - 182 = 0$$
$$(p + 14)(p - 13) = 0$$

p は 3 以上の素数であるから，$p = 13$ で，このとき

$$n = 2^2 \cdot 13^2 = \mathbf{676}$$

《最小公倍数 (B5)》

258.　$n = 2310 (= 2 \cdot 3 \cdot 5 \cdot 7 \cdot 11)$ とする．このとき，n の正の約数は $\boxed{}$ 個ある．

また，正の整数 a と b の最小公倍数が n となる組 (a, b) は $\boxed{}$ 組ある．ただし，a と b が異なる数の場合，(a, b) と (b, a) は異なる組と見なす．

(23　帝京大・医)

▶解答◀　$n = 2 \cdot 3 \cdot 5 \cdot 7 \cdot 11$ であるから，正の約数の個数は $2^5 = \mathbf{32}$ である．

図を見よ．a, b の最小公倍数が $n = 2 \cdot 3 \cdot 5 \cdot 7 \cdot 11$ のとき，2，3，5，7，11 は ☾，◯，☽ のどこかに入る．どこに入るかで 3 通りずつあるから組 (a, b) は $3^5 = \mathbf{243}$ 組ある．

例えば，2 が ☾ に，3 が ◯ に，他が ☽ に入れば $a = 2 \cdot 3$，$b = 3 \cdot 5 \cdot 7 \cdot 11$ と定まる．入るものがないときはそこを 1 にする．例えばすべてが ☾ に入るとき，◯ と ☽ は 1 にし，$a = 2 \cdot 3 \cdot 5 \cdot 7 \cdot 11$，$b = 1$ になる．

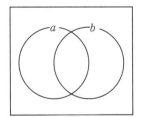

《倍数 (B5)》

259.　p を 3 以上の素数とする．このとき，

$$(p-1)! \times \left(1 + \frac{1}{2} + \frac{1}{3} + \cdots + \frac{1}{p-1}\right)$$

は p の倍数であることを示せ．

(23　宮崎大・教 (理系))

▶解答◀　どういうことをしたら p が出てくるかを考える．p は 3 以上の素数で，奇数であるから $p-1$ は偶数であり，

$$1 + \frac{1}{2} + \frac{1}{3} + \cdots + \frac{1}{p-3} + \frac{1}{p-2} + \frac{1}{p-1}$$

は偶数個の項がある．両側から 2 つずつセットにする．$1 + \frac{1}{p-1}$，$\frac{1}{2} + \frac{1}{p-2}$，$\frac{1}{3} + \frac{1}{p-3}$，…，一般に $\frac{1}{k} + \frac{1}{p-k} = \frac{p}{k(p-k)}$ $(1 \leq k \leq p-1, k < p-k)$ という形のセットにして，$(p-1)!$ を掛けると $(p-1)! \cdot \frac{p}{k(p-k)}$ で，分母の $k, p-k$ は $(p-1)! = 1 \cdot 2 \cdot 3 \cdots (p-1)$ で約分され，$(p-1)! \cdot \frac{p}{k(p-k)}$ は整数で p の倍数となる．よって証明された．

《約数の個数と総和 (B10)》

260.　次の問いに答えよ．

（1）　800 の正の約数の個数を求めよ．

（2）　800 の正の約数の総和を求めよ．

（3）　800 の正の約数のうち，4 の倍数であるものの総和を求めよ．　(23　広島工業大・A 日程)

▶解答◀　（1）　$800 = 2^5 \cdot 5^2$

正の約数の個数は $(5+1) \cdot (2+1) = \mathbf{18}$ 個

（2）　$(2^0 + 2^1 + 2^2 + 2^3 + 2^4 + 2^5) \cdot (5^0 + 5^1 + 5^2)$
$$= (1 + 2 + 4 + 8 + 16 + 32) \cdot (1 + 5 + 25)$$
$$= 63 \cdot 31 = \mathbf{1953}$$

（3）　その約数は，$2^k \cdot 5^l$ $(k = 2, 3, 4, 5, \, l = 0, 1, 2)$ の形をしているから，それらの総和は

$$(2^2 + 2^3 + 2^4 + 2^5) \cdot (5^0 + 5^1 + 5^2)$$
$$= (4 + 8 + 16 + 32) \cdot (1 + 5 + 25)$$
$$= 60 \cdot 31 = \mathbf{1860}$$

《9 進法とルジャンドル関数 (B30)》

261.　n を正の整数とし，$n!$ を 9 進法で表したときに末尾に並ぶ 0 の個数を $f(n)$ で表す．例えば，$10! = 3628800 = 6740700_{(9)}$ より，$f(10) = 2$ である．

（1）　$f(8)$ および $f(6789)$ の値をそれぞれ求めよ．

（2）　k を 0 以上の整数とする．$f(n) = k$ のとき，$4k < n$ を示せ．

（3）　$f(n) = 1000$ を満たす最小の n を求めよ．

(23 大阪医薬大・前期)

考え方 何をやればよいのか，一読して，わからない．9進表示するから，素因数3の個数に注意して書く．N は3の倍数でない整数である．

$1! = 1, 2! = 2$ であり $f(1) = 0, f(2) = 0$

$3! = 1 \cdot 2 \cdot 3$ は3の倍数だが9の倍数でないから

$f(3) = 0$

$4! = 1 \cdot 2 \cdot 3 \cdot 4$ であり $f(4) = 0$

$f(5) = 0$

$6! = 1 \cdot 2 \cdot 3 \cdot 4 \cdot 5 \cdot 6 = 3^2 N$ の形で，$6! = \cdots 0_{(9)}$ だから $f(6) = 1$

$7!$ も $8!$ も $3^2 N$ の形で $f(7) = 1, f(8) = 1$

$9! = 3^4 N$ の形で $9! = \cdots 00_{(9)}$ だから $f(9) = 2$

$12! = 3^5 N$ の形で $12! = 3N \cdot 3^4$ だから $f(12) = 2$

3の個数を半分（小数部分は切り捨てる）にする．

注意 【素因数の個数を数える関数】

$[x]$ はガウス記号で，整数部分を表す．

自然数 n と素数 p に対して，$n!$ に含まれる p の個数を $f(n, p)$ で表す．

$$f(n, p) = \left[\frac{n}{p}\right] + \left[\frac{n}{p^2}\right] + \left[\frac{n}{p^3}\right] + \cdots$$

となる．$f(n, p)$ には日本では名前がついていないが，「組合せ論の精選102問」（朝倉書店，清水俊宏訳）には「ルジャンドル関数」という名前がある．この式の証明には2通りあるが，直接的であるのは次の方法である．図は $n = 24, p = 2$ の場合であるが，これは視覚化した例でしかない．p の倍数（図では偶数）を並べ，各整数が p を幾つ持っているかを，縦に，黒丸の個数で表す．最終的には黒丸の総数を求める．1列目を横に数えていく．ここには p の倍数分だけの黒丸が並ぶから $\left[\frac{n}{p}\right]$ 個の黒丸がある．2列目を横に数えていく．ここに黒丸があるものは，p^2 の倍数のものだから $\left[\frac{n}{p^2}\right]$ 個の黒丸がある．以下同様である．

	2,	4,	6,	8,	10,	12,	14,	16,	18,	20,	22,	24
1列目	●	●	●	●	●	●	●	●	●	●	●	●
2列目		●		●		●		●		●		●
3列目				●				●				●
4列目								●				

なお，自然数 n, k に対して1以上 n 以下の自然数で k の倍数が $\left[\frac{n}{k}\right]$ 個あることを公式として用いた．

なお，$\left[\frac{n}{p^2}\right]$ は $\left[\frac{n}{p}\right]$ の結果を p で割る．つまり $\frac{n}{p^2}$ を計算するのではなく，$\left[\frac{1}{p}\left[\frac{n}{p}\right]\right]$ を計算する．これを続ける．

▶解答◀ $[x]$ はガウス記号とする．自然数 n に対して，$n!$ に含まれる素因数 p の個数 M は

$$M = \left[\frac{n}{p}\right] + \left[\frac{n}{p^2}\right] + \left[\frac{n}{p^3}\right] + \cdots$$

である．以下は $p = 3$ とする．

$$f(n) = \left[\frac{M}{2}\right]$$

である．

（**1**） $n = 8$ のとき

$$M = \left[\frac{8}{3}\right] = 2$$

よって $f(8) = \left[\frac{2}{2}\right] = \mathbf{1}$

$n = 6789$ のとき

$$M = \left[\frac{6789}{3}\right] + \left[\frac{6789}{3^2}\right] + \left[\frac{6789}{3^3}\right] + \cdots$$
$$= 2263 + 754 + 251 + 83 + 27 + 9 + 3 + 1$$
$$= 3391$$

よって $f(6789) = \left[\frac{3391}{2}\right] = \mathbf{1695}$

（**2**） $[x] \leqq x$ であるから

$$f(n) = \left[\frac{M}{2}\right] \leqq \frac{M}{2}$$

ここで，$3^l \leqq n$ を満たす最大の整数 l を m とする．

$$M = \left[\frac{n}{3}\right] + \left[\frac{n}{3^2}\right] + \left[\frac{n}{3^3}\right] + \cdots + \left[\frac{n}{3^m}\right]$$
$$\leqq \frac{n}{3} + \frac{n}{3^2} + \frac{n}{3^3} + \cdots + \frac{n}{3^m}$$
$$= \frac{n}{3} \cdot \frac{1 - \left(\frac{1}{3}\right)^m}{1 - \frac{1}{3}} = \frac{n}{2}\left\{1 - \left(\frac{1}{3}\right)^m\right\} < \frac{n}{2}$$

よって $f(n) \leqq \frac{M}{2} < \frac{1}{2} \cdot \frac{n}{2} = \frac{n}{4}$

したがって，$4k < n$ が成り立つ．

（**3**） $f(n) = 1000$ のとき

$$\left[\frac{M}{2}\right] = 1000 \qquad \therefore \quad M = 2000, 2001$$

（2）の結果から $4000 < n$ である．

$n = 4001$ のとき

$$M = \left[\frac{4001}{3}\right] + \left[\frac{4001}{3^2}\right] + \left[\frac{4001}{3^3}\right] + \cdots$$
$$= 1333 + 444 + 148 + 49 + 16 + 5 + 1 = 1996$$

$n = 4002$ のとき

$$M = \left[\frac{4002}{3}\right] + \left[\frac{4002}{3^2}\right] + \left[\frac{4002}{3^3}\right] + \cdots$$
$$= 1334 + 444 + 148 + 49 + 16 + 5 + 1 = 1997$$

$n = 4003$ のとき

$$M = \left[\frac{4003}{3}\right] + \left[\frac{4003}{3^2}\right] + \left[\frac{4003}{3^3}\right] + \cdots$$
$$= 1334 + 444 + 148 + 49 + 16 + 5 + 1 = 1997$$

$n = 4004$ のときも $M = 1997$

$n = 4005$ のときは $M = 1999$

$n = 4006$ のときは $M = 1999$

$n = 4007$ のときは $M = 1999$

$n = 4008$ のときは

$$M = 1336 + 445 + 148 + 49 + 16 + 5 + 1 = 2000$$

最小の $n = \mathbf{4008}$

━━《ルジャンドル関数（B20）》━━

262. 自然数 k を素因数分解したとき，素因数 3 の個数を $f(k)$ と表す．例えば，

$$f(2^5 \cdot 3^7 \cdot 5^{10}) = 7, \ f(18) = 2,$$
$$f(6!) = f(6 \cdot 5 \cdot 4 \cdot 3 \cdot 2 \cdot 1) = 2$$

である．以下の問いに答えよ．

（1） $f(9!)$ の値を求めよ．

（2） $f(27!)$ の値を求めよ．

（3） 自然数 n に対し，$f((3^n)!)$ を n の式で表せ．

（4） 不等式 $\sqrt{f((3^n)!)} > 2023$ を満たす最小の自然数 n を求めよ． （23　工学院大）

▶**解答**◀　自然数 n，素数 p に対し $n!$ がもつ素因数 p の個数を $g(n)$ で表す．

$$g(n) = \left[\frac{n}{p}\right] + \left[\frac{n}{p^2}\right] + \cdots$$

である．$[x]$ はガウス記号であり，x の小数部分を切り捨てた整数を表す．$p = 3$ として，$f(n!) = g(n)$ である．

（1） $f(9!) = g(9) = \left[\frac{9}{3}\right] + \left[\frac{9}{3^2}\right] = 3 + 1 = \mathbf{4}$

（2） $f(27!) = g(27) = \left[\frac{27}{3}\right] + \left[\frac{27}{3^2}\right] + \left[\frac{27}{3^3}\right]$
$= 9 + 3 + 1 = \mathbf{13}$

（3） $f((3^n)!) = g(3^n)$
$= \left[\frac{3^n}{3}\right] + \left[\frac{3^n}{3^2}\right] + \cdots + \left[\frac{3^n}{3^n}\right]$
$= 3^{n-1} + 3^{n-2} + \cdots + 1$
$= 1 \cdot \frac{1 - 3^n}{1 - 3} = \mathbf{\frac{1}{2}(3^n - 1)}$

（4） $\sqrt{f((3^n)!)} > 2023$

$\sqrt{\frac{3^n - 1}{2}} > 2023$

$\frac{3^n - 1}{2} > 2023^2$

$3^n > 2 \cdot 2023^2 + 1 = 2 \cdot 4092529 + 1 = 8185059$

$3^{14} = 4782969$，$3^{15} = 14348907$ より最小の自然数 n は **15** である．

注意　【素因数の個数を数える関数】

$[x]$ はガウス記号で，整数部分を表す．

自然数 n と素数 p に対して，$n!$ に含まれる p の個数を $f(n, p)$ で表す．

$$f(n, p) = \left[\frac{n}{p}\right] + \left[\frac{n}{p^2}\right] + \left[\frac{n}{p^3}\right] + \cdots$$

となる．$f(n, p)$ には日本では名前がついていないが，「組合せ論の精選 102 問」（朝倉書店，清水俊宏訳）には「ルジャンドル関数」という名前がある．この式の証明には 2 通りあるが，直接的であるのは次の方法である．図は $n = 24$，$p = 2$ の場合であるが，これは視覚化した例でしかない．p の倍数（図では偶数）を並べ，各整数が p を幾つ持っているかを，縦に，黒丸の個数で表す．最終的には黒丸の総数を求める．1 列目を横に数えていく．ここには p の倍数分だけの黒丸が並ぶから $\left[\frac{n}{p}\right]$ 個の黒丸がある．2 列目を横に数えていく．ここに黒丸があるものは，p^2 の倍数のものだから $\left[\frac{n}{p^2}\right]$ 個の黒丸がある．以下同様である．

	2,	4,	6,	8,	10,	12,	14,	16,	18,	20,	22,	24
1 列目	●	●	●	●	●	●	●	●	●	●	●	●
2 列目		●		●		●		●		●		●
3 列目				●				●				●
4 列目								●				

なお，自然数 n, k に対して 1 以上 n 以下の自然数で k の倍数が $\left[\frac{n}{k}\right]$ 個あることを公式として用いた．

━━《ルジャンドル関数（B20）☆》━━

263. 200 個から 100 個取る組合せの総数 $_{200}C_{100}$ を素因数分解したとき，2 桁の素因数の中で最大のものは □ である． （23　山梨大・医-後期）

▶**解答**◀　$_{200}C_{100} = \frac{200!}{(100!)^2}$

$n!$ に含まれる素数 p の個数を $f(n, p)$ で表すと

$$f(n, p) = \left[\frac{n}{p}\right] + \left[\frac{n}{p^2}\right] + \cdots$$

となる．$[x]$ はガウス記号で x の小数部分を切り捨てた整数，x 以下の最大の整数を表す．

$$f(200, p) = \left[\frac{200}{p}\right] + \left[\frac{200}{p^2}\right] + \cdots$$

$$f(100, p) = \left[\frac{100}{p}\right] + \left[\frac{100}{p^2}\right] + \cdots$$

2 桁の最大の素数を考えるから $53 \le p \le 97$ とする．$p^2 \ge 2809$ で $\frac{200}{p^2} < 1$，$\frac{100}{p^2} < 1$ であるから

$\left[\frac{200}{p^2}\right] = 0$，$\left[\frac{100}{p^2}\right] = 0$ であり

$$f(200, p) = \left[\frac{200}{p}\right], f(100, p) = \left[\frac{100}{p}\right] = 1$$

$_{200}C_{100}$ のもつ p の個数を N とする．

$$N = f(200, p) - 2f(100, p) = \left[\frac{200}{p}\right] - 2$$

$p \ge 67$ のとき $\frac{200}{p} \le \frac{200}{67} = 2.9\cdots$

$\left[\frac{200}{p}\right] = 2$ であり $N = 2 - 2 = 0$

$p = 61$ のとき $\dfrac{200}{61} = 3.2\cdots$

$$N = 3 - 2\cdot 1 = 1$$

最大の素数 $p = \mathbf{61}$ である．$53 \leqq p \leqq 61$ の素数 p は $_{200}C_{100}$ に 1 個ずつ含まれる．

注意 1°【ルジャンドル関数】

自然数 n, k に対して 1 以上 n 以下の自然数で k の倍数が $\left[\dfrac{n}{k}\right]$ 個ある．$[x]$ はガウス記号で，x の整数部分を表す．自然数 n, 素数 p に対して，$n!$ が持つ素因数 p の個数を $f(n, p)$ で表す．日本では名前がついていないが，「数論の精選 104 問」(朝倉書店, 清水俊宏訳) には「ルジャンドル関数」という名前がある．この式の証明は次のようになる．図は $n = 24$, $p = 2$ の場合であるが，これは視覚化した例でしかない．p の倍数（図では偶数）を並べ，各整数が p を幾つ持っているかを，縦に，黒丸の個数で表す．最終的には黒丸の総数を求める．1 列目を横に数えていく．ここには p の倍数だけの黒丸が並ぶから $\left[\dfrac{n}{p}\right]$ 個の黒丸がある．2 列目を横に数えていく．ここに黒丸があるものは，p^2 の倍数のものだから $\left[\dfrac{n}{p^2}\right]$ 個の黒丸がある．以下同様で

$$f(n, p) = \left[\dfrac{n}{p}\right] + \left[\dfrac{n}{p^2}\right] + \left[\dfrac{n}{p^3}\right] + \cdots$$

となる．

	2,	4,	6,	8,	10,	12,	14,	16,	18,	20,	22,	24
1 列目	●	●	●	●	●	●	●	●	●	●	●	●
2 列目		●		●		●		●		●		●
3 列目				●				●				●
4 列目								●				

2°【計算の仕方】

一般の n, p でも同様であるが，たとえば $n = 200$, $p = 2$ で説明する．

$$f(200, 2) = \left[\dfrac{200}{2}\right] + \left[\dfrac{200}{4}\right] + \left[\dfrac{200}{8}\right] + \cdots$$

を計算するときには，本当に $\left[\dfrac{200}{8}\right]$ を計算するわけではない．最初の $\left[\dfrac{200}{2}\right] = [100] = 100$ を計算して，その結果を 2 で割って 50 になる．次は 50 を 2 で割って 25，次は 25 を 2 で割って（12.5 になる）小数部分を切り捨てて 12 とする．次は 6，次は 3，次は，3 を 2 で割って（1.5 になる）小数部分を切り捨てて 1 となる．

理由は，正の整数 m, n に対して

$$\left[\dfrac{m}{2^{n+1}}\right] = \left[\dfrac{1}{2}\left[\dfrac{m}{2^n}\right]\right] \quad\cdots\cdots\cdots\text{①}$$

になるからである．m を 2 進表示して

$$m = a_0 + a_1 \cdot 2 + \cdots + a_n \cdot 2^n + a_{n+1}\cdot 2^{n+1} + \cdots$$

とする．a_i は 0 または 1 である．

①の左辺について：

$$\dfrac{m}{2^{n+1}} = \dfrac{a_0}{2^{n+1}} + \cdots + \dfrac{a_n}{2} \quad\cdots\cdots\cdots\text{②}$$
$$+ a_{n+1} + a_{n+2}\cdot 2 + \cdots$$

②部分は 2 進法による小数表示だから 0 と 1 の間にある．

$$\left[\dfrac{m}{2^{n+1}}\right] = a_{n+1} + a_{n+2}\cdot 2 + \cdots \quad\cdots\cdots\text{③}$$

である．同様に右辺は

$$\left[\dfrac{m}{2^n}\right] = a_n + a_{n+1}\cdot 2 + a_{n+2}\cdot 2^2 + \cdots$$
$$\dfrac{1}{2}\left[\dfrac{m}{2^n}\right] = \dfrac{a_n}{2} + a_{n+1} + a_{n+2}\cdot 2 + \cdots$$
$$\left[\dfrac{1}{2}\left[\dfrac{m}{2^n}\right]\right] = a_{n+1} + a_{n+2}\cdot 2 + \cdots \quad\cdots\cdots\text{④}$$

となる．③，④が等しいから，①が成り立つ．

《《(C0)》》

264. p は素数とする．次の問いに答えよ．

（1）　j を $0 < j < p$ である整数とすると，二項係数 $_pC_j$ は p で割り切れることを示せ．

（2）　自然数 m に対して $(m+1)^p - m^p - 1$ は p で割り切れることを示せ．

（3）　自然数 m に対して $m^p - m$ は p で割り切れることを示せ．さらに m が p で割り切れないときには，$m^{p-1} - 1$ が p で割り切れることを示せ．

ここで，次の集合 S を考える．

$$S = \{4n^2 + 4n - 1 \mid n \text{ は自然数}\}$$

例えば，$n = 22$ とすると $4n^2 + 4n - 1 = 2023$ なので 2023 は S に属する．次の問いに答えよ．

（4）　整数 a が S に属し，$a = 4n^2 + 4n - 1$（n は自然数）と表されているとする．このとき，a と $2n+1$ は互いに素であることを示せ．

（5）　p は 3 以上の素数とする．p が S に属するある整数 a を割り切るならば，$2^{\frac{p-1}{2}} - 1$ は p で割り切れることを示せ．　　(23　大阪公立大・理系)

▶解答◀　（1）　p は素数で，

$j = 1, 2, \cdots, p-1$ である．$_pC_j$ は整数であり，

$_pC_j = \dfrac{p!}{j!(p-j)!}$ であるから

$$p! = {}_pC_j \cdot j!(p-j)!$$

が成り立つ．$p!$ は p で割り切れるから，$_pC_j \cdot j!(p-j)!$ は p で割り切れる．

p は素数であるから，$_pC_j$, $j!$, $(p-j)!$ のうち少なくともひとつは p で割り切れるが，$1 \leqq j < p$, $1 \leqq$

$p-j<p$ より，$j!,(p-j)!$ は p で割り切れない．よって，$_pC_j$ は p で割り切れる．

（2） 二項定理より

$$(m+1)^p = m^p + {}_pC_1m^{p-1} + \cdots + {}_pC_{p-1}m + 1$$

$$(m+1)^p - m^p - 1$$
$$= {}_pC_1m^{p-1} + \cdots + {}_pC_{p-1}m \quad \cdots\cdots ①$$

となる．p は素数であるから，$_pC_1$ から $_pC_{p-1}$ までの係数はすべて p の倍数である．よって，① の右辺は p の倍数であるから，$(m+1)^p - m^p - 1$ は p の倍数であり，p で割り切れる．

（3） $m=1$ のとき，$m^1-m=0$ は p で割り切れる．

$m=k$（k は自然数）のとき，m^p-m は p で割り切れるとする．すなわち，k^p-k は p で割り切れるから

$$k^p - k = up \,(u \text{ は整数})$$

とおける．（2）より，$(k+1)^p - k^p - 1$ は p で割り切れるから

$$(k+1)^p - k^p - 1 = vp \,(v \text{ は整数})$$

とおける．よって

$$(k+1)^p - (k+1)$$
$$= (k+1)^p - k^p - 1 + (k^p - k)$$
$$= vp + up = (v+u)p$$

となり，$(k+1)^p - (k+1)$ は p で割り切れる．

$m=k+1$ のときも成り立つから，数学的帰納法により，すべての自然数 m に対して，m^p-m は p で割り切れる．ここで

$$m^p - m = m(m^{p-1} - 1)$$

は素数 p で割り切れるから，m か $m^{p-1}-1$ の少なくとも一方は p で割り切れる．よって，m が p で割り切れないとき，$m^{p-1}-1$ は p で割り切れる．

（4） $a=4n^2+4n-1$ と $(2n+1)^2$ はともに奇数であり，差は

$$(2n+1)^2 - a = 2$$

であるから，共通する素因数をもたない．つまり互いに素である（異なる 2 数が 3 以上の公約数をもつとき，2 数の差は 3 以上である）．

$2n+1$ と $(2n+1)^2$ は同じ素因数をもつから，$2n+1$ と a は互いに素である．

（5） a と $2n+1$ は共通する素因数をもたない．p は a の素因数のひとつであるから，$2n+1$ は p を素因数にもたない．つまり，$2n+1$ は p で割り切れないから，（3）より $(2n+1)^{p-1}-1$ は p で割り切れ

$$(2n+1)^{p-1} - 1 = tp \,(t \text{ は整数}) \quad \cdots\cdots ②$$

とおける．$(2n+1)^2 = a+2$ より

$$(2n+1)^{p-1} = (a+2)^{\frac{p-1}{2}}$$

となる．

$\dfrac{p-1}{2} = q$ とおく．p は 3 以上の素数であるから，奇数であり，q は自然数である．よって

$$(2n+1)^{p-1} = (a+2)^q$$
$$= a^q + {}_qC_1 2a^{q-1} + \cdots + {}_qC_{q-1}2^{q-1}a + 2^q$$
$$= a(a^{q-1} + {}_qC_1 2a^{q-2} + \cdots + {}_qC_{q-1}2^{q-1}) + 2^q$$

最後の式の括弧の部分を K とおくと，K は整数であり

$$(2n+1)^{p-1} = aK + 2^{\frac{p-1}{2}}$$

となる．a は p で割り切れるから

$$a = a'p \,(a' \text{ は整数})$$

とおくと，② より

$$2^{\frac{p-1}{2}} - 1 = (2n+1)^{p-1} - 1 - a'pK$$
$$= tp - a'pK = (t - a'K)p$$

となり，$2^{\frac{p-1}{2}} - 1$ は p で割り切れる．

【剰余による分類】

《基本定理の原理（B10）☆》

265. a, b は互いに素な自然数で $b > 2$ とする．このとき，

$$a, 2a, 3a, \cdots, (b-1)a$$

を b で割った余りが全て異なることを示せ．

（23 福岡教育大・中等）

考え方 1 つ 1 つの余りを追わない．背理法で，等しいものがあると矛盾するということを示す．

▶解答◀ 一般に，整数 m に対し，ma を b で割ったときの商を k_m，余りを r_m とする．

$1 \leqq i < j \leqq b-1$ である整数 i, j に対して，$r_i = r_j$ になることがあると仮定する．

$ia = k_ib + r_i,\quad ja = k_jb + r_j$

$r_i = r_j$ であるから，後者から前者を辺ごとに引くと

$(j-i)a = (k_j - k_i)b$

右辺は b の倍数であるから左辺も b の倍数である．しかるに，a と b は互いに素であるし，$0 < j-i < b$ であるから，矛盾する．よって $a, 2a, 3a, \cdots, (b-1)a$ を b で割った余りは全て異なる．

注意 【基本定理の証明】

$a, 2a, 3a, \cdots, (b-1)a$ には b の倍数はない．

この余りは $b-1$ 種類あり，余り 0 はないから，余りは 1 から $b-1$ までが 1 つずつ現れる．したがって，余りが 1 のものがあり $ma = kb+1$ となる整数 m, k が存在する．よって a, b が互いに素のとき $ax + by = 1$ となる整数 x, y が存在する．

《3で割った剰余（A3）》

266. n は整数とする．次の命題を証明せよ．

n が 3 の倍数でないならば，$n^2 + 2$ は 3 の倍数である． (23 津田塾大・学芸-数学)

▶解答◀ n が 3 の倍数でない整数のとき，

$n = 3k \pm 1$ （k は整数）とおけて

$$n^2 + 2 = (3k \pm 1)^2 + 2 = 9k^2 \pm 6k + 1 + 2$$
$$= 3(3k^2 \pm 2k + 1)$$

は 3 の倍数である．

《合同式（B5）☆》

267. 自然数 n について，3^n を 5 で割ったときの余りを r_n とする．すべての自然数 n について，等式 $r_{n+m} = r_n$ を満たす最小の自然数 m を求めよ．また，2023^{2023} を 5 で割ったときの余りを求めよ． (23 福島県立医大・前期)

▶解答◀ $\bmod 5$ とする．

$$3^1 \equiv 3, \ 3^2 \equiv 4, \ 3^3 \equiv 12 \equiv 2, \ 3^4 \equiv 6 \equiv 1, \ 3^5 \equiv 3$$

であるから，$r_1 = 3, \ r_2 = 4, \ r_3 = 2, \ r_4 = 1, \ r_5 = 3, \cdots$ となり，r_n は $3, 4, 2, 1$ を周期 4 で繰り返す．よって

$m = 4$ である．

また，$2023^{2023} \equiv 3^{2023}$ であり，

$$r_{2023} = r_{4 \cdot 505 + 3} = r_3 = 2$$

よって，求める余りは **2** である．

《合同式（B20）》

268. x 座標と y 座標がともに整数である座標平面上の点を格子点と呼ぶことにする．以下の問いに答えよ．

（1）直線 $l_1 : y = \dfrac{7}{10}x + \dfrac{1}{5}$ 上の格子点を一つ与えよ．

（2）直線 $l_2 : y = \dfrac{1}{5}x + \dfrac{7}{10}$ 上に格子点は存在しないことを示せ．

（3）放物線 $C_1 : y = \dfrac{1}{5}x^2 + \dfrac{1}{5}$ 上には無限個の格子点があることを示せ．

（4）放物線 $C_2 : y = \dfrac{2}{5}x^2 + \dfrac{1}{5}$ 上に格子点があ

るかどうかを，理由とともに述べよ． (23 広島大・光り輝き入試-理（数）)

▶解答◀ （1）$10y = 7x + 2$

右辺が 10 の倍数になるような x を 1 から順に探すと，$x = 4$ のとき

$$10y = 7 \cdot 4 + 2 \qquad \therefore \quad y = 3$$

となり l_1 上の格子点 $(4, 3)$ が見つかる．

（2）$l_2 : 10y = 2x + 7$ 上に格子点 (a, b) が存在すると仮定すると

$$10b = 2a + 7$$

左辺は偶数，右辺は奇数となり矛盾．よって，l_2 上に格子点は存在しない．

（3）$5y = x^2 + 1$

右辺が 5 の倍数となる条件を考える．以下，合同式の法を 5 とする．

$$x \equiv 0 \text{ のとき：} x^2 + 1 \equiv 1$$
$$x \equiv \pm 1 \text{ のとき：} x^2 + 1 \equiv 2$$
$$x \equiv \pm 2 \text{ のとき：} x^2 + 1 \equiv 5 \equiv 0$$

であるから，整数 k を用いて $x = 5k + 2$ とすると

$$5y = (5k+2)^2 + 1 \qquad \therefore \quad y = 5k^2 + 4k + 1$$

となり，$(5k+2, \ 5k^2 + 4k + 1)$ は格子点となるから，k を動かすことによって C_1 上には格子点が無限個あることがわかる．

（4）$C_2 : 5y = 2x^2 + 1$ 上に格子点 (a, b) が存在すると仮定すると

$$5b = 2a^2 + 1$$

左辺は 5 の倍数であるが，

$$a \equiv 0 \text{ のとき：} 2a^2 + 1 \equiv 1$$
$$a \equiv \pm 1 \text{ のとき：} 2a^2 + 1 \equiv 3$$
$$a \equiv \pm 2 \text{ のとき：} 2a^2 + 1 \equiv 9 \equiv 4$$

であるから，右辺は a がどんな整数であっても 5 の倍数とならず矛盾．よって，C_2 上に格子点は存在しない．

《合同式（B10）》

269. $2^{2023}(2^{2023} - 1)$ の 1 の位の数字は $\boxed{}$ である． (23 藤田医科大・医学部後期)

▶解答◀ 以下 10 を法とする．

$$2^{2023} \equiv (2^{10})^{202} \cdot 2^3 = 8 \cdot 1024^{202}$$
$$\equiv 8 \cdot 4^{202} \equiv 8 \cdot 2^{404} \equiv 8 \cdot (2^{10})^{40} \cdot 2^4$$
$$\equiv 8 \cdot 16 \cdot 4^{40} \equiv 8 \cdot 2^{80} \equiv 8 \cdot (2^{10})^8$$

$$\equiv 8 \cdot 4^8 \equiv 8 \cdot 2^{16} \equiv 8 \cdot 2^{10} \cdot 2^6$$
$$\equiv 8 \cdot 4 \cdot 4 \equiv 8$$

したがって

$$2^{2023}(2^{2023}-1) \equiv 8 \cdot 7 \equiv 6$$

であるから一の位は **6** である.

◆別解◆ 2^n の一の位を順に書くと

2, 4, 8, 6, 2, 4, $\cdots$

となり，周期4でくり返す．

$$2023 = 4 \cdot 505 + 3$$

より 2^{2023} の一の位は8である．したがって，求める一の位は $8 \cdot 7 = 56$ より **6** である.

注意 【合同式で書く】

別解の内容を合同式で書くと次のようになる．法は10とする.

$$2^{n+4} - 2^n \equiv 2^n(2^4 - 1) \equiv 5 \cdot 2^n$$

n は自然数であるから $5 \cdot 2^n \equiv 0$ となり 2^{n+4} と 2^n の一の位は一致する.

《7の倍数など（B0）》

270. n は正の整数とする.

（1） 正の整数 k に対して，$(k+1)^n - 1$ は k の倍数となることを示せ.

（2） $2^n - 1$ が7で割り切れるためには n が3の倍数であることが必要十分条件であることを証明せよ.

（3） $4^n - 1$ が17で割り切れるためには n が4の倍数であることが必要十分条件であることを証明せよ.

（4） $4^n - 1$ が833で割り切れるためには n が12の倍数であることが必要条件であることを証明せよ. （23 熊本大・理-後期）

▶解答◀ （1） $\bmod k$ で考えると，

$k+1 \equiv 1$ であるから

$$(k+1)^n - 1 \equiv 1^n - 1 \equiv 1 - 1 \equiv 0$$

よって，$(k+1)^n - 1$ は k の倍数である.

（2） $\bmod 7$ とする.

$$2 \equiv 2$$
$$2^2 \equiv 4$$
$$2^3 \equiv 8 \equiv 1$$
$$2^4 \equiv 2$$

2^n を7で割った余りは 2, 4, 3 を周期3で繰り返す. $2^n - 1$ が7で割り切れるのは n が3の倍数のときに限るから証明された.

（3） $\bmod 17$ とする.

$$4 \equiv 4$$
$$4^2 \equiv 16 \equiv -1$$
$$4^3 \equiv -4 \equiv 13$$
$$4^4 \equiv 1$$
$$4^5 \equiv 4$$

4^n を17で割った余りは 4, 16, 13, 1 を周期4で繰り返す. $4^n - 1$ が17で割り切れるのは n が4の倍数のときに限るから証明された.

（4） $833 = 7^2 \cdot 17$

$4^n - 1$ が $7^2 \cdot 17$ で割り切れるならば $4^n - 1$ は7で割り切れるから n は3の倍数になる.

同様に $4^n - 1$ が $7^2 \cdot 17$ で割り切れるならば $4^n - 1$ は17で割り切れるから n は4の倍数になる.

よって $4^n - 1$ が $7^2 \cdot 17$ で割り切れるならば n は12の倍数であることが必要となる.

注意 本当に，単なる必要条件である. $4^n - 1$ が833で割り切れる最小の $n = 84$ であり，周期84である.

《素数の論証（B10）☆》

271. $|n-2|$, $|n|$, $|n+2|$ がすべて素数になるような整数 n をすべて求めよ. （23 広島工業大・公募）

▶解答◀ 以下，k は整数とする.

（ア） n が3の倍数のとき $n = 3k$ とおけて，

$|n| = 3|k|$ が素数となるのは $|k| = 1$ のときで $n = \pm 3$ である.

このとき $n = 3$ ならば $|n-2| = 1$

$n = -3$ ならば $|n+2| = 1$ は素数でなく不適.

（イ） n が3で割って余りが1のとき $n = 3k+1$ とおけて $|n+2| = 3|k+1|$

$|k+1| = 1$ で $k = -1 \pm 1 = 0, -2$

$n = 1, -5$ となり $n = 1$ のときは $|n| = 1$ で不適.

$n = -5$ のときは $|n-2| = 7$, $|n| = 5$ で適す.

（ウ） $n = 3k+2$ のとき $|n-2| = 3|k|$

$k = \pm 1$ で $n = 5, -1$

$n = -1$ は不適で $n = 5$ は適す.

よって $\boldsymbol{n = \pm 5}$

《連続整数の形（A20）☆》

272. 以下の問いに答えなさい.

（1） 方程式 $x^3 + 2x^2 + 3x + 2 = 4x + 4$ の解を求めなさい.

（2） 自然数 n が 4 の倍数でないならば, $f(n) = n^3 + 2n^2 + 3n + 2$ は 4 の倍数であることを示しなさい. （23 日大・医）

▶解答◀ （1）

$$x^3 + 2x^2 + 3x + 2 = 4x + 4$$
$$x^3 + 2x^2 + 3x + 2 - (4x + 4) = 0$$
$$x^3 + 2x^2 - x - 2 = 0$$
$$(x-1)(x^2 + 3x + 2) = 0$$
$$(x-1)(x+1)(x+2) = 0$$
$$x = 1, -1, -2$$

（2） $f(n) = n^3 + 2n^2 + 3n + 2 - (4n+4) + (4n+4)$
$= (n-1)(n+1)(n+2) + 4(n+1)$

$n-1, n, n+1, n+2$ は連続する 4 つの整数であるから, この中に 4 の倍数が 1 つあるが, それは n ではない.

よって $n-1, n+1, n+2$ の中に 4 の倍数があり $(n-1)(n+1)(n+2)$ は 4 の倍数であるから $f(n)$ は 4 の倍数である.

♦別解♦ 以下 $\bmod 4$ とする. n が 4 の倍数でないならば $n \equiv 1, -1, 2$ のいずれかである.

$n \equiv 1$ のとき, $f(n) \equiv 1 + 2 + 3 + 2 = 8 \equiv 0$

$n \equiv -1$ のとき, $f(n) \equiv -1 + 2 - 3 + 2 \equiv 0$

$n \equiv 2$ のとき, $f(n) \equiv 8 + 8 + 6 + 2 \equiv 0$

よって, いずれの場合も $f(n)$ は 4 の倍数である.

《二項展開を使う (B10) ☆》

273. 以下の設問に答えよ.

（1） 整数 a を 3 で割った余りが 1 のとき, a^3 を 9 で割った余りは 1 であることを示せ.

（2） a, b を整数とし, n を 2 以上の自然数とする. $a - b$ が n で割り切れるとき, $a^n - b^n$ は n^2 で割り切れることを示せ. （23 東京女子大・数理）

▶解答◀ （1） a を 3 で割った余りが 1 であるから, 整数 k を用いて $a = 3k + 1$ と表せる.

$$a^3 = (3k+1)^3 = 27k^3 + 27k^2 + 9k + 1$$
$$= 9(3k^3 + 3k^2 + k) + 1$$

よって a^3 を 9 で割ったときの余りは 1 である.

（2） c を整数として $a = b + nc$ とおく. 二項展開する.

$$a^n = (b + nc)^n = b^n + {}_nC_1 b^{n-1}(nc) + \cdots$$

で, $\cdots$ 部分は $(nc)^k \ (2 \leqq k \leqq n)$ の掛かる部分である.

$$a^n - b^n = b^{n-1}(n^2 c) + \cdots$$

は n^2 で割り切れる.

《連続整数の形 (B10)》

274. 所定の解答欄（裏面）に, （1）～（4）について証明を記せ. なお, n は整数とする.

（1） 連続する 2 つの整数の積が 2 の倍数であることを示せ.

（2） $n^3 - n$ が 6 の倍数であることを示せ.

（3） $n^5 - n$ が 5 の倍数であることを示せ.

（4） $9n^5 + 15n^4 + 10n^3 - 4n$ が 30 の倍数であることを示せ. （23 明治大・情報）

▶解答◀ （1） 連続する 2 整数はいずれかが 2 の倍数である. よって, 連続する 2 整数の積は 2 の倍数である.

（2） $n^3 - n = n(n^2 - 1) = (n-1)n(n+1)$ は連続 3 整数の積であるから $3! = 6$ の倍数である.

（3） $n^5 - n = n(n^4 - 1) = n(n^2 - 1)(n^2 + 1)$
$= (n-1)n(n+1)(n^2 - 4 + 5)$
$= (n-1)n(n+1)\{(n-2)(n+2) + 5\}$
$= (n-2)(n-1)n(n+1)(n+2)$
$\qquad\qquad + 5(n-1)n(n+1)$

$(n-2)(n-1)n(n+1)(n+2)$ は連続 5 整数の積であるから $5! = 120$ の倍数である. $5(n-1)n(n+1)$ は $5 \cdot 6 = 30$ の倍数である. よって, $n^5 - n$ は 5 の倍数である.

（4） $f(n) = 9n^5 + 15n^4 + 10n^3 - 4n$ とおく.

$$f(n) = 4(n^5 - n) + 5n^5 + 15n^4 + 10n^3$$
$$= 4(n^5 - n) + 5n^2 \cdot n(n+1)(n+2)$$

（3）の議論から $4(n^5 - n)$ は $4 \cdot 30 = 120$ の倍数である. $n(n+1)(n+2)$ は連続 3 整数の積であるから $3! = 6$ の倍数である. $5n^2 \cdot n(n+1)(n+2)$ は $5 \cdot 6 = 30$ の倍数である. よって, $f(n)$ は 30 の倍数である.

♦別解♦ （3） 文字は整数である.

$$n = 5k + r \ (r = 0, \pm 1, \pm 2)$$

とおけて,

$$n^5 - n = (5k + r)^5 - (5k + r)$$

を二項展開し,

$$n^5 - n = 5K + r^5 - r$$

の形になる．$r = 0, \pm 1, \pm 2$ に対し

$$r^5 - r = 0, 0, \pm 30$$

となるから $n^5 - n$ は 5 の倍数である．

（4）$9n^5 + 15n^4 + 10n^3 - 4n = N$ とおく

$$N = 10n^5 + 15n^4 + 10n^3 - 5n - (n^5 - n)$$

$$= 5(2n^5 + 3n^4 + 2n^3 - n) - (n^5 - n)$$

は 5 の倍数である．

$$N = n^5 + n^4 + 2(4n^5 + 7n^4 + 5n^3 - 2n)$$

$$= n^3 \cdot n(n + 1) + 2(4n^5 + 7n^4 + 5n^3 - 2n)$$

は偶数である．

$$N = 3(3n^5 + 5n^4 + 3n^3 - n) + n^3 - n$$

は 3 の倍数である．

よって N は $5 \cdot 3 \cdot 2 = 30$ の倍数である．

【ユークリッドの互除法】

==《ユークリッドの互除法（A2）☆》==

275．44311 と 43873 との最大公約数は $\boxed{}$ である．
　　　　　　　　　　　　　　　（23　上智大・理工-TEAP）

▶解答◀　$44311 = 43873 \cdot 1 + 438$

$$43873 = 438 \cdot 100 + 73$$

$$438 = 73 \cdot 6$$

44311 と 43873 の最大公約数は **73** である．

==《ユークリッドの互除法（B30）☆》==

276．正の整数 m と n の最大公約数を効率良く求めるには，m を n で割ったときの余りを r としたとき，m と n の最大公約数と n と r の最大公約数が等しいことを用いるとよい．たとえば，455 と 208 の場合，次のように余りを求める計算を 3 回行うことで最大公約数 13 を求めることができる．

$$455 \div 208 = 2 \cdots 39,$$

$$208 \div 39 = 5 \cdots 13,$$

$$39 \div 13 = 3 \cdots 0$$

このように余りを求める計算をして最大公約数を求める方法をユークリッドの互除法という．

（1）20711 と 15151 のような大きな数の場合であっても，ユークリッドの互除法を用いることで，最大公約数が $\boxed{}$ であることを比較的簡単に求めることができる．

（2）100 以下の正の整数 m と n（ただし $m > n$ とする）の最大公約数をユークリッドの互除法

を用いて求めるとき，余りを求める計算の回数が最も多く必要になるのは，$m = \boxed{}$，$n = \boxed{}$ のときである．
　　　　　　　　　　　　　　　（23　慶應大・環境情報）

▶解答◀　（1）ユークリッドの互除法により

$$20711 = 15151 \cdot 1 + 5560$$

$$15151 = 5560 \cdot 2 + 4031$$

$$5560 = 4031 \cdot 1 + 1529$$

$$4031 = 1529 \cdot 2 + 973$$

$$1529 = 973 \cdot 1 + 556$$

$$973 = 556 \cdot 1 + 417$$

$$556 = 417 \cdot 1 + 139$$

$$417 = 139 \cdot 3$$

最大公約数は **139** である．

（2）m を n で割った商を q とおくと，$m = nq + r$ と表せる．100 以下の正の整数 m と n に対して，余りを求める計算の回数が多くなるのは $q = 1$ の場合である．このとき，m と n の最大公約数を (m, n) とおくと

$(m, n) = (n, r)$ であり，$(n, r) = (n + r, n)$ と表せる．

(n, r) が最も小さい場合の $(1, 0)$ から，ユークリッドの互除法の操作を逆に表記していくと

$$(1, 0) = (1, 1) = (2, 1) = (3, 2) = (5, 3)$$

$$= (8, 5) = (13, 8) = (21, 13) = (34, 21)$$

$$= (55, 34) = (89, 55) = (144, 89) = \cdots$$

が得られる．

したがって，$m = \textbf{89}$，$n = \textbf{55}$ のとき，計算の回数を最も多くできる．

注意　$(n, m) = (0, 1), (1, 1), (1, 2), (2, 3), \cdots$ に出てくる数 $0, 1, 1, 2, 3, 5, 8, \cdots$ はフィボナッチ数列である．本問の話題は何度か出題されている．直近では 2018 年度東京医科歯科大第 1 問に，古くは（最古かは知らない）1991 年大阪大後期日程理学部第 1 問にある．

今は空欄に入れるだけだから上の程度でよいとして，論述ならば帰納法を用いるところである．

「論述用の解答」

m を n で割った余りを r_1 とおく．これを $r_1 = R(m, n)$ と表すこととし，数列 $\{r_n\}$ を

$$r_1 = R(m, n), \quad r_2 = R(n, r_1),$$

$$r_{n+2} = R(r_n, r_{n+1}) \quad (n = 1, 2, 3, \cdots)$$

と定義する．ただし，$r_n \cdot r_{n+1} = 0$ のときは $R(r_n, r_{n+1}) = 0$ とする．

また，数列 $\{f_n\}$ を

$$f_1 = f_2 = 1,$$
$$f_{n+2} = f_{n+1} + f_n \quad (n = 1, 2, 3, \cdots)$$

と定義する（フィボナッチ数列）．

$r_n = 0$ となる最小の n を N で表す．このとき，添字の和が $N+1$ であること，また $r_1 \geqq f_N$ が成り立つことを示す．

数列 $\{r_n\}$ は $r_1 \sim r_{N-1}$ は確実に減少する正の整数の列で，$r_N = 0$ であることに注意せよ．

$$r_{N-j+1} \geqq f_j \,(j = 2, 3, \cdots, N) \quad \cdots\cdots\cdots ①$$

であると予想できる．これを数学的帰納法で証明する．

$r_{N-2} > r_{N-1} > r_N = 0$ であるから

$$r_{N-1} \geqq 1 = f_2, \quad r_{N-2} \geqq 2 = f_3$$

$j = 2, 3$ のとき成り立つ．

$j = k, k+1$ のとき成り立つとする．

$$r_{N-k+1} \geqq f_k, \quad r_{N-k} \geqq f_{k+1}$$

が成り立つ．r_{N-k-1} を r_{N-k} で割ったときの商を q とする．q は自然数である．

$$r_{N-k-1} = r_{N-k} \cdot q + r_{N-k+1} \geqq r_{N-k} + r_{N-k+1}$$
$$\geqq f_{k+1} + f_k = f_{k+2}$$
$$r_{N-k-1} \geqq f_{k+2}$$

$j = k+2$ のとき成り立つから，数学的帰納法により ① が示された．

特に $j = N$ を代入して，$r_1 \geqq f_N$ が成り立つ．

$100 \geqq r_1 \geqq f_N$ を満たすフィボナッチ数は大きい方から $89, 55, 34, \cdots$ である．f_N が最大となる，すなわち N が最大となるような 100 以下の整数 m, n は，m, n もフィボナッチ数であることに注意すると $m = 89$, $n = 55$ である．

【不定方程式】

《1 次不定方程式（A2）☆》

277. 1 次不定方程式 $4x - 3y = 1$ をみたす整数の組 (x, y) を一般解の形で求めなさい．

(23 福島大・共生システム理工)

▶解答◀ $y = \dfrac{4x-1}{3} = x + \dfrac{x-1}{3}$ が整数であるから，k を整数として

$$\frac{x-1}{3} = k \qquad \therefore \quad x = 3k+1$$

と表せて，このとき

$$y = x + k = 4k + 1$$

◆別解◆ $4x - 3y = 1$ $\cdots\cdots\cdots\cdots\cdots\cdots ①$

$4 \cdot 1 - 3 \cdot 1 = 1$ $\cdots\cdots\cdots\cdots\cdots\cdots ②$

①－② より

$$4(x-1) - 3(y-1) = 0$$

4 と 3 は互いに素であるから，k を整数として

$$x - 1 = 3k \qquad \therefore \quad x = 3k+1$$

と表せる．（以下，解答と同様）

《1 次不定方程式（B20）》

278. 下の図のような AB $= 30$cm, AD $= 10$cm の長方形 ABCD の周上を点 P と点 Q が次のような規則で動く．点 P は頂点 D を出発し頂点 D，C，B，A，D，C，… の順に周上を回り続ける．点 Q は点 P が頂点 D を出発してから 4 秒後に頂点 A を出発し，頂点 A，B，C，D，A，B，… の順に周上を回り続ける．点 P と点 Q の周上での速さはそれぞれ毎秒 5cm，毎秒 4cm である．点 P が頂点 D を出発する時刻を時刻 0 秒とする．

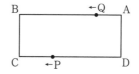

（1） 点 P が x 回目に頂点 C に到達する時刻は

$$\boxed{}x - \boxed{} \text{（秒）}$$

である．また，点 Q が y 回目に頂点 C に到達する時刻は

$$\boxed{}y - \boxed{} \text{（秒）}$$

である．

（2） ある時刻で点 P と点 Q が頂点 C 上でちょうど互いにすれ違っているとする．2 点 P, Q が動きはじめてからその時刻に頂点 C へ到達するのは，それぞれちょうど a 回目，b 回目であった．このとき

$$\boxed{}a - \boxed{}b = 1$$

が成立する．

（3） 点 P, Q が 1 回目に頂点 C で互いにすれ違うのは時刻 $\boxed{}$ 秒であり，6 回目に頂点 C で互いにすれ違うのは時刻 $\boxed{}$ 秒である．

また，点 P, Q は 1 回目に頂点 C で互いにすれ違ってから，それぞれ長方形 ABCD を $\boxed{}$ 周，$\boxed{}$ 周するたびに頂点 C で互いにすれ違う．

▶解答◀　単位は煩わしいから必要がない限り書かない．長方形 ABCD の周の長さは $2(30+10)=80$ である．

（1）P が x 回目に C に到達する時刻を t_x とすると

$$30+80(x-1)=5t_x$$

$$t_x=\boldsymbol{16x-10}(秒)$$

Q が y 回目に C に到達する時刻を T_y とすると

$$30+10+80(y-1)=4(T_y-4)$$

$$T_y=\boldsymbol{20y-6}(秒)$$

（2）$t_a=T_b$ より $16a-10=20b-6$，すなわち，

$$\boldsymbol{4a-5b=1}\ \cdots\cdots\cdots\cdots\cdots\cdots①$$

（3）$4(-1)-5(-1)=1\ \cdots\cdots\cdots\cdots②$

①－②より

$$4(a+1)-5(b+1)=0$$

4 と 5 は互いに素であるから，整数 k を用いて

$$a+1=5k,\ b+1=4k$$

$$a=5k-1,\ b=4k-1\ \cdots\cdots\cdots③$$

と書ける．このときの時刻は

$$16(5k-1)-10=80k-26$$

であるから，P, Q が 1 回目に C ですれ違うのは $k=1$ のときで $80\cdot1-26=\boldsymbol{54}$ 秒であり，6 回目に C ですれ違うのは $80\cdot6-26=\boldsymbol{454}$ 秒である．また，③より P, Q はそれぞれ 5, 4 周するごとにすれ違う．

《1次不定方程式（B10）》

279. 7 で割ると 2 余り，11 で割ると 5 余る自然数のうち，2 桁で最大のものは □ である．また，11 で割ると 3 余り，17 で割ると 2 余る自然数のうち，3 桁で最大のものは □ である．

（23　東邦大・理）

▶解答◀　特に断りのない限り，文字はすべて整数とする．7 で割ると 2 余り，11 で割ると 5 余る自然数を n とおくと，$n=7x+2=11y+5$ とおける．

$$7x-11y=3\ \cdots\cdots\cdots\cdots\cdots\cdots①$$

また

$$7\cdot2-11\cdot1=3\ \cdots\cdots\cdots\cdots②$$

①－②より

$$7(x-2)-11(y-1)=0$$

$$7(x-2)=11(y-1)$$

7 と 11 は互いに素であるから

$$x-2=11k,\ y-1=7k$$

と書ける．$x=11k+2$ を n の式に代入して

$$n=7(11k+2)+2=77k+16$$

n のうち 2 桁で最大のものは $k=1$ のときの **93** である．11 で割ると 3 余り，17 で割ると 2 余る自然数を N とおくと，$N=11a+3=17b+2$ とおける．

$$11a-17b=-1$$

$11\cdot3-17\cdot2=-1$ であるから前半と同様に辺ごとに引いて解くことも可能だが，ここでは別の解法を示す．

$$a=\frac{17b-1}{11}=2b-\frac{5b+1}{11}$$

$\dfrac{5b+1}{11}=l$ とおけて

$$b=\frac{11l-1}{5}=2l+\frac{l-1}{5}$$

$\dfrac{l-1}{5}=m$ とおけて

$$l=5m+1$$

$$b=2l+m=2(5m+1)+m=11m+2$$

$$N=17(11m+2)+2=187m+36$$

$N\leqq999$ を解くと

$$187m+36\leqq999$$

$$187m\leqq963\qquad\therefore\quad m\leqq5.1\cdots$$

よって，$m=5$ のとき N は 3 桁で最大となり，このとき

$$N=187\cdot5+36=\boldsymbol{971}$$

《1次不定方程式（B5）》

280. m, n は 50 以下の自然数であるとする．$64m^2-9n^2$ と表される素数は □ 個あり，そのうち最小の素数は □ である．

（23　名城大・情報工，理工）

▶解答◀

$$64m^2-9n^2=(8m+3n)(8m-3n)$$

$8m+3n\geqq11$ であるから $64m^2-9n^2$ が素数になるとき $8m+3n$ が素数で $8m-3n=1$ である．

$$8m-3n=1\ \cdots\cdots\cdots\cdots\cdots\cdots①$$

$$8\cdot2-3\cdot5=1\ \cdots\cdots\cdots\cdots②$$

①－②より $8(m-2)-3(n-5)=0$

3 と 8 は互いに素であるから k を整数として

$$m-2=3k,\ n-5=8k$$

$$m=3k+2,\ n=8k+5$$

と表せて，$1 \leqq m \leqq 50$，$1 \leqq n \leqq 50$ であるから

$$1 \leqq 3k+2 \leqq 50,\ 1 \leqq 8k+5 \leqq 50$$

$$-\frac{1}{3} \leqq k \leqq 16,\ -\frac{1}{2} \leqq k \leqq \frac{45}{8}$$

これを満たすのは $k = 0, 1, 2, 3, 4, 5$ である．

次に $8m+3n = 8(3k+2)+3(8k+5) = 48k+31$ が素数になるかを調べる．

$k = 0$ のとき 31 は素数

$k = 1$ のとき $48+31 = 79$ は素数

$k = 2$ のとき $48 \cdot 2+31 = 127$ は素数

$k = 3$ のとき $48 \cdot 3+31 = 175 = 5^2 \cdot 7$ は合成数

$k = 4$ のとき $48 \cdot 4+31 = 223$ は素数

$k = 5$ のとき $48 \cdot 5+31 = 271$ は素数

以上より $64m^2 - 9n^2$ と表される素数は **5** 個あり，そのうち最小の素数は **31** である．

注意 $8m-3n = 1$ は次のようにも解ける．

$$n = \frac{8m-1}{3} = 3m - \frac{m+1}{3}$$

$\frac{m+1}{3}$ は整数であるから k を整数として

$$\frac{m+1}{3} = k \qquad \therefore \quad m = 3k-1$$

$$n = 3m - k = 8k-3$$

━━《一般形を書け（B20）☆》━━

281. 以下の問に答えよ．

（1） $a+2b = 301$ をみたす正の整数の組 (a, b) の個数を求めよ．

（2） $2a+3b = 401$ をみたす正の整数の組 (a, b) の個数を求めよ．

（3） $2a+2b+3c = 601$ をみたす正の整数の組 (a, b, c) の個数を求めよ． （23　神戸大・後期）

▶解答◀ 文字はすべて整数である．方針は，1次不定方程式を解いて一般形を記述することである．

（1） $a = 2(150-b)+1$

$b = 1, \cdots, 150$ であり，(a, b) は全部で **150** 組ある．

（2） $a = \frac{401-3b}{2} = 200 - b - \frac{b-1}{2}$

$\frac{b-1}{2} = k$ とおく．$b = 2k+1$ で，

$a = 200-(2k+1)-k = 199-3k$

$a = 199-3k > 0$，$b = 2k+1 > 0$ より $0 \leqq k \leqq 66$ であり，(a, b) は **67** 組ある．

（3） $2(a+b)+3c = 601$ で，$a+b = d$ とおく．

$2d+3c = 601$ である．

$$d = \frac{601-3c}{2} = 300 - c - \frac{c-1}{2}$$

$\frac{c-1}{2} = l$ とおく．$c = 2l+1$ である．

$$d = 300-(2l+1)-l = 299-3l$$

$d = a+b \geqq 2$ であるから $299-3l \geqq 2$，

$c = 2l+1 \geqq 1$ であり，$0 \leqq l \leqq 99$ である．l を固定すると $a+b = 299-3l$ となる (a, b) は

$$(a, b) = (1, 298-3l), \cdots, (298-3l, 1)$$

の $298-3l$ 組ある．(a, b, c) の個数は

$$\sum_{l=0}^{99} (298-3l) = \frac{1}{2}(1+298) \cdot 100 = \mathbf{14950}$$

━━《解の存在（B20）》━━

282. 0 以上の整数の組 (x, y) について，次の問いに答えよ．

（1） $3x+7y = 34$ を満たす組 (x, y) をすべて求めよ．

（2） $3x+7y = n$ を満たす組 (x, y) をもたない 0 以上の整数 n の個数を求めよ．また，そのような n の中で最大の整数を求めよ．

（3） a を 3 で割った余りが 1 である自然数とする．$a > 1$ のとき，$3x+ay = n$ を満たす組 (x, y) をもたない 0 以上の整数 n の個数を a を用いて表せ．また，そのような n の中で最大の整数を a を用いて表せ． （23　徳島大・医（医），歯，薬）

▶解答◀ （1） $3x+7y = 34$

$3x = 34-7y \geqq 0$ より $y \leqq \frac{34}{7} = 4.8\cdots$

y は 0 以上の整数より $y = 0, 1, 2, 3, 4$

このうち x が整数となるのは $y = 1$ のとき $x = 9$，$y = 4$ のとき $x = 2$

よって $(x, y) = (\mathbf{9, 1}), (\mathbf{2, 4})$

（2） $3x+7y = n$ ……………………………①

$3 \cdot (-2n)+7n = n$ ……………………②

①－②より

$$3(x+2n)+7(y-n) = 0$$

$$3(x+2n) = 7(n-y)$$

3 と 7 は互いに素であるから k を整数として

$$x+2n = 7k,\ n-y = 3k$$

つまり $x = 7k-2n$，$y = n-3k$

$x \geqq 0$，$y \geqq 0$ より $7k-2n \geqq 0$，$n-3k \geqq 0$，つまり

$$\frac{2}{7}n \leqq k \leqq \frac{1}{3}n \quad ……………………③$$

③をみたす整数 k が存在しないような n の値を求める．

n を 3 で割った余りで場合分けをするが，n が 3 の倍数のときは $\frac{1}{3}n$ が整数となり条件をみたさない．l

を 0 以上の整数として

（ア）　$n = 3l + 1$ のとき．

③ より $\dfrac{2}{7}(3l+1) \leqq k \leqq l + \dfrac{1}{3}$

整数 k が存在しない条件は

$$l < \frac{2}{7}(3l+1) \qquad \therefore \quad l < 2$$

つまり $l = 0, 1$ のときであるから $n = 1, 4$

（イ）　$n = 3l + 2$ のとき．

③ より $\dfrac{2}{7}(3l+2) \leqq k \leqq l + \dfrac{2}{3}$

整数 k が存在しない条件は

$$l < \frac{2}{7}(3l+2) \qquad \therefore \quad l < 4$$

つまり $l = 0, 1, 2, 3$ のときであるから，$n = 2, 5, 8, 11$

（ア）（イ）より n の個数は **6** 個で，最大の n は **11**

（3）　$a \geqq 4$ である．

$$3x + ay = n \quad \cdots\cdots\cdots\cdots\cdots\cdots④$$

a は 3 で割った余りが 1 である自然数であるから，$\dfrac{a-1}{3} n$ は整数である．

$$3\left(-\frac{a-1}{3} n\right) + an = n \quad \cdots\cdots\cdots⑤$$

④ − ⑤ より

$$3\left(x + \frac{a-1}{3} n\right) + a(y - n) = 0$$

$$3\left(x + \frac{a-1}{3} n\right) = a(n - y)$$

3 と a は互いに素であるから，b を整数として

$$x + \frac{a-1}{3} n = ab, \quad n - y = 3b$$

つまり $x = ab - \dfrac{a-1}{3} n, \; y = n - 3b$

$x \geqq 0, \; y \geqq 0$ より $ab - \dfrac{a-1}{3} n \geqq 0, \; n - 3b \geqq 0$

つまり $\dfrac{a-1}{3a} n \leqq b \leqq \dfrac{1}{3} n \quad \cdots\cdots\cdots\cdots\cdots⑥$

⑥ をみたす整数 b が存在しないような n の値を求める．

（2）と同様に考えて，c を 0 以上の整数とすると

（ア）　$n = 3c + 1$ のとき．

⑥ より $\dfrac{a-1}{3a}(3c+1) \leqq b \leqq c + \dfrac{1}{3}$

整数 b が存在しない条件は

$$c < \frac{a-1}{3a}(3c+1) \qquad \therefore \quad c < \frac{a-1}{3}$$

つまり $c = 0, 1, 2, \cdots, \dfrac{a-1}{3} - 1$ の $\dfrac{a-1}{3}$ 個

（イ）　$n = 3c + 2$ のとき．

⑥ より $\dfrac{a-1}{3a}(3c+2) \leqq b \leqq c + \dfrac{2}{3}$

整数 b が存在しない条件は

$$c < \frac{a-1}{3a}(3c+2) \qquad \therefore \quad c < \frac{2(a-1)}{3}$$

つまり $c = 0, 1, 2, \cdots, \dfrac{2(a-1)}{3} - 1$ の $\dfrac{2(a-1)}{3}$ 個

（ア）（イ）より n の個数は $\dfrac{a-1}{3} + \dfrac{2(a-1)}{3} = $ **$a - 1$** 個あり，最大の n は $c = \dfrac{2(a-1)}{3} - 1 = \dfrac{2a-5}{3}$ のときで

$$n = 3 \cdot \frac{2a-5}{3} + 2 = \boldsymbol{2a - 3}$$

《3 変数分数形（B20）☆》

283. 以下の問いに答えよ．

（1）　自然数 x, y が，$\dfrac{1}{x} + \dfrac{1}{y} = \dfrac{1}{4}, \; x > y$ を満たすとき，y の値の範囲を求め，x, y の組合せをすべて求めよ．

（2）　自然数 x, y, z が，

$\dfrac{1}{x} + \dfrac{1}{y} + \dfrac{1}{z} = \dfrac{1}{2}, \; x > y > z$

を満たすとき，z の値の範囲を求め，x, y, z の組合せをすべて求めよ．　（23　鳥取大・地域，農）

▶解答◀　（1）　$x > y > 0$ より

$0 < \dfrac{1}{x} < \dfrac{1}{y}$ である．

$$\frac{1}{y} < \frac{1}{x} + \frac{1}{y} < \frac{1}{y} + \frac{1}{y}$$

および　$\dfrac{1}{x} + \dfrac{1}{y} = \dfrac{1}{4} \quad \cdots\cdots\cdots\cdots\cdots①$

から

$$\frac{1}{y} < \frac{1}{4} < \frac{2}{y} \qquad \therefore \quad 4 < y < 8$$

y は自然数であるから，y の値の範囲は **$5 \leqq y \leqq 7$**

① より

$y = 5$ のとき $\dfrac{1}{x} = \dfrac{1}{4} - \dfrac{1}{5} \qquad \therefore \quad x = 20$

$y = 6$ のとき $\dfrac{1}{x} = \dfrac{1}{4} - \dfrac{1}{6} \qquad \therefore \quad x = 12$

$y = 7$ のとき $\dfrac{1}{x} = \dfrac{1}{4} - \dfrac{1}{7} \qquad \therefore \quad x = \dfrac{28}{3}$

x, y は自然数であるから，求める組 (x, y) は

$$(x, y) = (20, 5), (12, 6)$$

（2） $x > y > z > 0$ より $0 < \dfrac{1}{x} < \dfrac{1}{y} < \dfrac{1}{z}$ である．

$$\frac{1}{z} < \frac{1}{x} + \frac{1}{y} + \frac{1}{z} < \frac{1}{z} + \frac{1}{z} + \frac{1}{z}$$

および $\dfrac{1}{x} + \dfrac{1}{y} + \dfrac{1}{z} = \dfrac{1}{2}$ ……………………②

から

$$\frac{1}{z} < \frac{1}{2} < \frac{3}{z} \qquad \therefore \quad 2 < z < 6$$

z は自然数であるから，z の値の範囲は $3 \leqq z \leqq 5$

（ア） $z = 3$ のとき

②より

$$\frac{1}{x} + \frac{1}{y} = \frac{1}{2} - \frac{1}{3} = \frac{1}{6} \quad ……………………③$$

$$\frac{1}{y} < \frac{1}{x} + \frac{1}{y} < \frac{1}{y} + \frac{1}{y}$$

$$\frac{1}{y} < \frac{1}{6} < \frac{2}{y} \qquad \therefore \quad 6 < y < 12$$

$y = 7, 8, 9, 10, 11$ である．

③より $x = \dfrac{6y}{y - 6}$

となるから，ここに代入し，x が自然数となるものは

$\quad y = 7$ のとき $x = 42$，$y = 8$ のとき $x = 24$，

$\quad y = 9$ のとき $x = 18$，$y = 10$ のとき $x = 15$

の 4 組がある．

（イ） $z = 4$ のとき

$$\frac{1}{x} + \frac{1}{y} = \frac{1}{2} - \frac{1}{4} = \frac{1}{4}$$

（1）の場合である．

（ウ） $z = 5$ のとき

$$\frac{1}{x} + \frac{1}{y} = \frac{1}{2} - \frac{1}{5} = \frac{3}{10} \quad ……………………④$$

$$\frac{1}{y} < \frac{1}{x} + \frac{1}{y} < \frac{1}{y} + \frac{1}{y}$$

$$\frac{1}{y} < \frac{3}{10} < \frac{2}{y}$$

$$\frac{10}{3} < y < \frac{20}{3} \qquad \therefore \quad y = 4, 5, 6$$

$y > z = 5$ であるから $y = 6$ のみ．

④より $\dfrac{1}{x} = \dfrac{3}{10} - \dfrac{1}{6} = \dfrac{2}{15} \qquad \therefore \quad x = \dfrac{15}{2}$

x は自然数ではないので不適．

以上のことから，求める組 (x, y, z) は

$$(x, y, z) = (42, 7, 3), (24, 8, 3), (18, 9, 3),$$

$$(15, 10, 3), (20, 5, 4), (12, 6, 4)$$

《基本双曲型 (A5)》

284. $xy = 7(x + y)$ をみたす自然数 x, y の組を

すべて求めよ． （23 東京女子大・数理）

▶解答◀ $xy = 7(x + y)$

$$xy - 7x - 7y = 0$$

$$(x - 7)(y - 7) = 49$$

$x \geqq 1, y \geqq 1$ より $x - 7 \geqq -6, y - 7 \geqq -6$ であるから

$$(x - 7, y - 7) = (1, 49), (7, 7), (49, 1)$$

よって $(x, y) = (8, 56), (14, 14), (56, 8)$

《双曲型 (B5) ☆》

285. m を定数とする．x の 2 次方程式 $x^2 + mx + \dfrac{m}{2} = 4$ が異なる 2 つの整数解をもつような m は $\boxed{}$ 個あり，そのうち最大のものは $\boxed{}$，最小のものは $\boxed{}$ である． （23 帝京大・医）

▶解答◀ 2 つの整数解を α, β $(\alpha > \beta)$ とすると，解と係数の関係より

$$\alpha + \beta = -m, \quad \alpha\beta = \frac{m}{2} - 4$$

m を消去して

$$2\alpha\beta + \alpha + \beta = -8$$

$\alpha\beta$ の係数を 1 にすると計算しやすい．2 で割る．

$$\alpha\beta + \frac{1}{2}\alpha + \frac{1}{2}\beta = -4$$

$$\left(\alpha + \frac{1}{2}\right)\left(\beta + \frac{1}{2}\right) = \frac{1}{4} - 4$$

4 倍して整数問題に戻す．

$$(2\alpha + 1)(2\beta + 1) = -15$$

$$(2\alpha + 1, 2\beta + 1) = (1, -15), (3, -5),$$

$$(5, -3), (15, -1)$$

$$(\alpha, \beta) = (0, -8), (1, -3), (2, -2), (7, -1)$$

$$m = 8, 2, 0, -6$$

方程式が異なる 2 つの整数解をもつ m は **4** 個あり，そのうち最大は **8** で最小は **−6** である．

◆別解◆ $x^2 + mx + \dfrac{m}{2} - 4 = 0$

$$x = \frac{-m \pm \sqrt{m^2 - 2m + 16}}{2}$$

$$= \frac{-m \pm \sqrt{(m-1)^2 + 15}}{2}$$

これが整数になるとき，$\sqrt{(m-1)^2 + 15} = N$ とおくと，N は 0 以上の整数で

$$N^2 - |m - 1|^2 = 15$$

$$(N+|m-1|)(N-|m-1|)=15$$

$N+|m-1| \geqq N-|m-1| \geqq 1$ であるから

$$\begin{pmatrix} N+|m-1| \\ N-|m-1| \end{pmatrix}=\begin{pmatrix} 15 \\ 1 \end{pmatrix}, \begin{pmatrix} 5 \\ 3 \end{pmatrix}$$

$$\begin{pmatrix} N \\ |m-1| \end{pmatrix}=\begin{pmatrix} 8 \\ 7 \end{pmatrix}, \begin{pmatrix} 4 \\ 1 \end{pmatrix}$$

$m-1=\pm 7, \pm 1 \qquad \therefore \quad m=8, -6, 2, 0$

$x=\dfrac{m \pm N}{2}=\dfrac{m}{2} \pm \dfrac{N}{2}$ はいずれも整数となる．m は 4 個あり，最大は $m=\mathbf{8}$，最小は $m=\mathbf{-6}$ である．

《双曲型（B20）》

286. 次の各方程式について，その方程式をみたす自然数の組 (x, y) は存在するか．存在するときはすべての組を求め，存在しないときはそのことを示せ．

（1） $4xy-12x-3y=25$

（2） $9x^2-4y^2=35$

（3） $9x^2+18x-4y^2+16y=72$

（23　和歌山県立医大）

▶解答◀ （1） $4xy-12x-3y=25$ より

$$(4x-3)(y-3)=34$$

x, y が自然数のとき，$4x-3$ は 1 以上の奇数であるから

$$(4x-3, y-3)=(1, 34), (17, 2)$$

$$(x, y)=\mathbf{(1, 37), (5, 5)}$$

（2） $9x^2-4y^2=35$

$$(3x+2y)(3x-2y)=35$$

x, y が自然数のとき，$3x+2y \geqq 5$, $3x+2y>3x-2y$

$$(3x+2y, 3x-2y)=(35, 1), (7, 5)$$

$$y=\frac{17}{2}, \frac{1}{2}$$

となり，自然数 x, y は存在しない．

（3） $9x^2+18x-4y^2+16y-72=0$

を x について解く．

$$x=\frac{-9 \pm \sqrt{9^2-9(-4y^2+16y-72)}}{9}$$

$$=\frac{-3 \pm \sqrt{4y^2-16y+81}}{3}$$

$$=\frac{-3 \pm \sqrt{(2y-4)^2+65}}{3} \quad \cdots\cdots\cdots ①$$

$N=\sqrt{(2y-4)^2+65}$ とおく．

$$N^2-|2y-4|^2=65$$

$$(N-|2y-4|)(N+|2y-4|)=5 \cdot 13$$

$N \geqq 0$ であるから，$N+|2y-4| \geqq N-|2y-4| \geqq 1$

$$\begin{pmatrix} N+|2y-4| \\ N-|2y-4| \end{pmatrix}=\begin{pmatrix} 65 \\ 1 \end{pmatrix}, \begin{pmatrix} 13 \\ 5 \end{pmatrix}$$

$$\begin{pmatrix} N \\ |y-2| \end{pmatrix}=\begin{pmatrix} 33 \\ 16 \end{pmatrix}, \begin{pmatrix} 9 \\ 2 \end{pmatrix}$$

$$x=\frac{-3 \pm 33}{3}, \ \frac{-3 \pm 9}{3}$$

x は自然数であるから，順に $x=10, 2$

y も自然数であるから，順に $y=18, 4$

$(x, y)=\mathbf{(2, 4), (10, 18)}$

注意 1°【双曲型】

x, y を実数とするとき，曲線 ① は双曲線である．図で，縦軸は x であることに注意せよ．漸近線は

$x=\dfrac{-3+(2y-4)}{2}$，$x=\dfrac{-3-(2y-4)}{2}$ である．

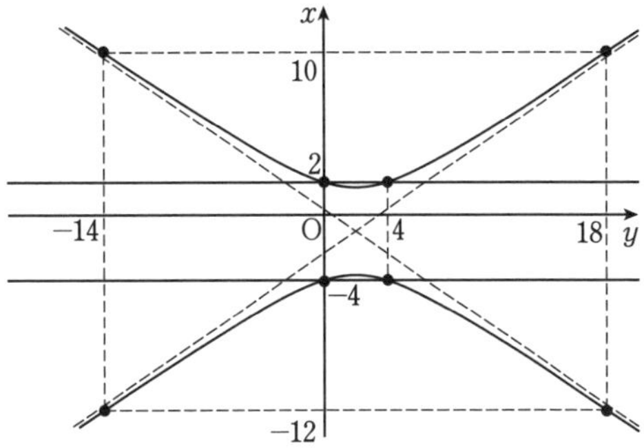

2°【別の因数分解の仕方】

① から $(3x+3)^2-(2y-4)^2=65$

$$\{3x+3+(2y-4)\}\{3x+3-(2y-4)\}=65$$

$$(3x+2y-1)(3x-2y+7)=65$$

$3x+2y-1=p$, $3x-2y+7=q$ とおく．x, y が自然数のとき，p, q は整数で，$p \geqq 4$ であるから

$$(p, q)=(5, 13), (13, 5), (65, 1)$$

$$x=\frac{p+q-6}{6}, y=\frac{p-q+8}{4}$$

$(x, y)=(2, 0), (2, 4), (10, 18)$　（後略）

《因数分解の活用（A5）》

287. $S=a^2+5ab+6b^2+3a+7b+1$ とする．

（1） $a=0$ のとき，$S=0$ を満たす整数 b を求めよ．

（2） $S+1$ を因数分解せよ．

（3） $S=0$ を満たす整数の組 (a, b) を求めよ．

（23　大同大・工-建築）

▶解答◀ （1） $a=0$，$S=0$ のとき

$$6b^2+7b+1=0$$

$$(6b+1)(b+1)=0$$

b は整数であるから, $b=-1$

（ 2 ） a について整理すると

$$S+1 = a^2 + (5b+3)a + 6b^2 + 7b + 2$$
$$= a^2 + (5b+3)a + (2b+1)(3b+2)$$
$$= (a+2b+1)(a+3b+2)$$

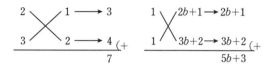

（ 3 ） $S=0$ のとき $S+1=1$ であるから（ 2 ）より

$$(a+2b+1)(a+3b+2) = 1$$
$$(a+2b+1,\ a+3b+2) = (1, 1),\ (-1, -1)$$

であり，それぞれ解いて，$(a, b) = (2, -1),\ (0, -1)$

《因数分解の活用（B10）》

288. （ 1 ） $(a+1)(a-1)(b+1)(b-1) - 4ab$
を因数分解せよ．

（ 2 ） $(a+1)(a-1)(b+1)(b-1) = 4ab$ を満たす整数 a, b の組で，$a<b$ の条件を満たすものは $\boxed{}$ 組あり，そのなかで a, b のどちらも正の整数となる組 (a, b) は $\boxed{}$ である．

(23 関西医大・医)

▶解答◀ （ 1 ） 与式を f とする．2 乗の差を作る．

$$f = (a^2-1)(b^2-1) - 4ab$$
$$= a^2b^2 - a^2 - b^2 + 1 - 4ab$$
$$= (a^2b^2 - 2ab + 1) - (a^2 + 2ab + b^2)$$
$$= (ab-1)^2 - (a+b)^2$$
$$= \{(ab-1)+(a+b)\}\{(ab-1)-(a+b)\}$$
$$= (ab+a+b-1)(ab-a-b-1) \quad \cdots\cdots ①$$

（ 2 ） ① の値が 0 になるときで

$$\{(a+1)(b+1)-2\}\{(a-1)(b-1)-2\} = 0$$
$$(a+1)(b+1) = 2 \text{ または } (a-1)(b-1) = 2$$
$$(a+1, b+1) = (1, 2), (2, 1), (-1, -2), (-2, -1)$$

または $(a-1, b-1) = (1, 2), (2, 1), (-1, -2), (-2, -1)$

$$(a, b) = (0, 1), (1, 0), (-2, -3), (-3, -2),$$
$$(2, 3), (3, 2), (0, -1), (-1, 0)$$

8 組のうち $a<b$ のものが **4** 組，そのうち $a>0, b>0$ のものは $(a, b) = (2, 3)$

♦別解♦ （ 1 ） a について整理すると

$$f = (b^2-1)a^2 - 4ba - (b^2-1)$$

$$= (b-1)(b+1)a^2 - 4ba - (b-1)(b+1)$$

$$
\begin{array}{ccccc}
b+1 & \diagdown & b-1 & \longrightarrow & b^2-2b+1 \\
b-1 & \diagup & -(b+1) & \longrightarrow & -(b^2+2b+1) \\
\hline
& & & & -4b
\end{array}
$$

よって

$$f = \{(b+1)a + (b-1)\}\{(b-1)a - (b+1)\}$$
$$= (ab+a+b-1)(ab-a-b-1)$$

《形としては双曲型（B20）》

289. 正の整数 N に対して，N の正の約数の個数を $f(N)$ とする．例えば，12 の正の約数は 1, 2, 3, 4, 6, 12 の 6 個であるから，$f(12) = 6$ である．

（ 1 ） $f(5040) = \boxed{}$ である．

（ 2 ） $f(k) = 15$ を満たす正の整数 k のうち，2 番目に小さいものは $\boxed{}$ である．

（ 3 ） 大小 2 つのサイコロを投げるとき，出る目の積を l とおく．$f(l) = 4$ となる確率は $\boxed{}$ である．

（ 4 ） 正の整数 m と n は互いに素で，等式

$$f(mn) = 3f(m) + 5f(n) - 13$$

を満たすとする．このとき，mn を最小にする m と n の組 (m, n) は $\boxed{}$ である．(23 北里大・医)

▶解答◀ $p_1, \cdots, p_k$ を異なる素数，$e_1, \cdots, e_k$ を自然数とすると $p_1^{e_1} \cdots p_k^{e_k}$ の正の約数の個数は $(1+e_1)\cdots(1+e_k)$ である．

（ 1 ） $5040 = 2^4 \cdot 3^2 \cdot 5 \cdot 7$ であるから

$$f(5040) = (1+4)(1+2)(1+1)(1+1) = 60$$

（ 2 ） $15 = 3 \cdot 5$ であるから k は p^{14} か $p^2 q^4$（p, q は異なる素数）の形である．

$$2^{14}, 3^{14}, 5^{14}, \cdots$$
$$2^4 \cdot 3^2, 3^4 \cdot 2^2, \cdots$$
$$2^4 \cdot 5^2, 5^4 \cdot 2^2, \cdots$$
$$\cdots$$

を考えるが，

$$2^{14} = 1024 \cdot 16,\ 2^4 \cdot 3^2 = 144,\ 2^2 \cdot 3^4 = 324$$

であり，最小の k は 144 であり，$2^4 q^2$ の場合において，$2^4 \cdot 5^2 = 400$ であるから，2 番目に小さい k の値は **324** である．

（ 3 ） 大小のサイコロを A，B とし，A，B に出る目を順に a, b とする．(a, b) は全部で 36 通りあり，$l = ab$ として $f(l) = 4$ のとき，$ab = p^3$，$ab = pq$（p, q は 2, 3, 5 のいずれか）の場合となる．

（ア） p^3 の場合

$(a, b) = (2, 4), (4, 2)$ の 2 通り．

（イ） pq の場合

$(a, b) = (1, 6), (2, 3), (2, 5), (3, 5),$
$(6, 1), (3, 2), (5, 2), (5, 3)$ の 8 通り．

（ア）（イ）から，$f(l) = 4$ となる確率は $\dfrac{2+8}{36} = \dfrac{5}{18}$ である．

（4） m と n が互いに素であるとき，
$f(mn) = f(m)f(n)$ が成り立つ．したがって

$$f(mn) = 3f(m) + 5f(n) - 13$$
$$f(m)f(n) - 3f(m) - 5f(n) + 15 = 2$$
$$(f(m) - 5)(f(n) - 3) = 2$$

$f(m), f(n)$ は $f(m) \geqq 1, f(n) \geqq 1$ を満たす整数であるから

$$(f(m) - 5, f(n) - 3) = (-2, -1), (-1, -2),$$
$$(1, 2), (2, 1)$$

$(f(m), f(n)) = (3, 2), (4, 1), (6, 5), (7, 4)$ ……①
それぞれの場合について（ここでは「m, n が互いに素」は無視せよ．答えに影響しない）

（最小の m，最小の n）$= (4, 2), (6, 1), (12, 16), (64, 6)$ である．なお，

$f(N) = 1$ を満たす最小の N は 1，
$f(N) = 2$ を満たす最小の N は 2，
$f(N) = 3$ を満たす最小の N は $2^2 = 4$，
$f(N) = 4$ を満たす最小の N は (iii) より 6，
$f(N) = 5, 6, 7$ を満たす最小の N は実質使わないから，無視せよ．一応書いておいただけである．

①の中で mn が最小になるものは，
$(f(m), f(n)) = (4, 1)$ のときの，$m = 6, n = 1$ となる．mn を最小にする $(m, n) = (6, 1)$ である．

注意 1°【f の性質】

m, n が互いに素のとき，$p_1, \cdots, p_i, q_1, \cdots, q_j$ を異なる素因数，$d_1, \cdots, d_i, e_1, \cdots e_j$ を自然数として

$$m = p_1^{d_1} \cdots p_i^{d_i}, n = q_1^{e_1} \cdots q_j^{e_j}$$

とおける．$mn = p_1^{d_1} \cdots p_i^{d_i} q_1^{e_1} \cdots q_j^{e_j}$ となり，mn, m, n の正の約数の個数は

$$f(mn) = (1+d_1)\cdots(1+d_i)(1+e_1)\cdots(1+e_j)$$
$$f(m) = (1+d_1)\cdots(1+d_i)$$
$$f(n) = (1+e_1)\cdots(1+e_j)$$

であり $f(mn) = f(m)f(n)$ が成り立つ．なお，「自然数 m, n が互いに素」とは，直訳すれば relatively prime の訳で 2 つの関係として，異なる素因数で構成されていること，共通な素因数をもたないことである．「最大公約数が 1」と説明されることが多いが，解法では最大公約数など考えず素因数を考えることが多いから直接的な説明とはいえない．

注意 2°【使わない値だが】

$f(m) = 6$ のとき，$m = p^5$ または $m = pq^2$ の形である．最小の m は $2^5 = 32$ または $3 \cdot 2^2 = 12$
$f(n) = 5$ のときは $n = p^4$ で，最小の $n = 2^4 = 16$
$f(m) = 7$ のときは $m = p^6$ で，最小の $m = 2^6 = 64$

《楕円型（B10）》

290. 等式 $m^2 + 2mn + 2n^2 - 4n - 22 = 0$
を満たす正の整数の組 (m, n) をすべて求めよ．

(23　甲南大)

▶解答◀　$m = -n \pm \sqrt{-n^2 + 4n + 22}$

$m \geqq 1, n \geqq 1$ であるから $m = -n + \sqrt{26 - (n-2)^2}$
$26 - (n-2)^2 \geqq 0$ より $1 \leqq n \leqq 7$
$n = 1, 2, 3, 4, 5, 6, 7$ を代入し
$26 - (n-2)^2 = 25, 26, 25, 22, 17, 10, 1$
となる．これが平方数になるときを調べて $n = 1, 3, 7$
順に $m = 4, 2, -6$ となる．$(m, n) = \boldsymbol{(4, 1), (2, 3)}$

注意 【楕円型】

曲線 $y = -x \pm \sqrt{-x^2 + 4x + 22}$ は図のような楕円になる．$m^2 + 2mn + 2n^2 - 4n - 22 = 0$ は楕円型の不定方程式となる．なお $\alpha = 2 - \sqrt{26}$，$\beta = 2 + \sqrt{26}$，A$(1, 4)$，B$(3, 2)$ である．楕円型は m, n に範囲があるから，その範囲で整数（今は自然数）を探す．

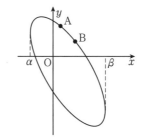

《双曲型（B20）》

291. （1） 2 次方程式 $4t^2 - 4t - 3 = 0$ の解は
$$t = -\frac{\square}{\square}, \frac{\square}{\square}$$ である．

（2） 等式 $4x^2 - 4xy - 3y^2 = 5$ を満たす整数の組 (x, y) は全部で $\square$ 組ある．

(23　日大)

▶解答◀　（1） $(2t+1)(2t-3) = 0$

$$t = -\frac{1}{2}, \frac{3}{2}$$

（**2**）$(2x+y)(2x-3y)=5$

$(2x+y,\ 2x-3y)$

$=(1,\ 5),\ (-1,\ -5),\ (5,\ 1),\ (-5,\ -1)$

$(x,\ y)=(1,\ -1),\ (-1,\ 1),\ (2,\ 1),\ (-2,\ -1)$

であるから全部で **4** 組ある.

注意 $4x^2-4xy-3y^2=5$ は $y=-2x,\ y=\dfrac{2}{3}x$
を漸近線とする図のような双曲線となり, $(1,\ -1)$,
$(-1,\ 1),\ (2,\ 1),\ (-2,\ -1)$ はこの双曲線上の格子点と
なるから, 問題の不定方程式は双曲線型と呼ばれる.

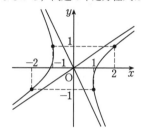

《**3 変数 1 次不定方程式 (B20)**》

292. $x,\ y,\ z$ を整数とする. $3x-23y=104$ を
満たすとき, $|2x-3y|$ の最小値は $\boxed{}$ である.
$5x-9y-2z=18$ および $-6x+2y+3z=25$ を
満たすとき, $|x+y+z|$ の最小値は $\boxed{}$ である.

（23 東邦大・医）

▶解答◀ 特に断りのない限り, 文字はすべて整数
とする.

$$x=\frac{23y+104}{3}=8y+35-\frac{y+1}{3}$$

であるから, $k=\dfrac{y+1}{3}$ とおくと $y=3k-1$ であり,

$$x=8(3k-1)+35-k=23k+27$$

$$x=23k+27,\ y=3k-1\ \cdots\cdots\cdots\cdots\cdots①$$

とかける. このとき

$$2x-3y=2(23k+27)-3(3k-1)$$

$$=37k+57$$

である. $k=-2$ のとき $|2x-3y|=17$, $k=-1$ の
とき $|2x-3y|=20$ であるから, $|2x-3y|$ の最小
値は **17** である. また

$$5x-9y-2z=18\ \cdots\cdots\cdots\cdots\cdots②$$

$$-6x+2y+3z=25\ \cdots\cdots\cdots\cdots\cdots③$$

②×3＋③×2 より z を消去すると $3x-23y=104$ と
なる. これより, $x,\ y$ は①のようにかけるから, ②
へ代入して

$$5(23k+27)-9(3k-1)-2z=18$$

$$z=44k+63$$

となるから,

$$x+y+z=(23k+27)+(3k-1)+(44k+63)$$

$$=70k+89$$

よって, $|x+y+z|$ は $k=-1$ のとき最小値 **19** を
とる.

《**双曲型不定方程式 (B5)**》

293. n を自然数とする. $\sqrt{n^2+63}$ が自然数にな
るような n は $\boxed{}$ 個ある. （23 東海大・医）

▶解答◀ $\sqrt{n^2+63}=m$ とおくと, m は 8 以上の
整数で

$$n^2+63=m^2$$

$$(m+n)(m-n)=63$$

$m+n>m-n\geqq 1$

$$(m+n,\ m-n)=(63,\ 1),\ (21,\ 3),\ (9,\ 7)$$

$$(m,\ n)=(32,\ 31),\ (12,\ 9),\ (8,\ 1)$$

自然数 n は **3** 個ある.

《**干支の問題 (B20)**》

294. 日本には十干十二支（じっかんじゅうにし）
で暦を表す方法がある. 十干は甲（きのえ）, 乙（き
のと）, 丙（ひのえ）, 丁（ひのと）, 戊（つちのえ）,
己（つちのと）, 庚（かのえ）, 辛（かのと）, 壬（みず
のえ）, 癸（みずのと）の順に全部で 10 種類あり,
表にすると
十干

順番	1	2	3	4	5	6	7	8	9	10
種類	甲	乙	丙	丁	戊	己	庚	辛	壬	癸

である. また, 十二支は子（ね）, 丑（うし）, 寅
（とら）, 卯（う）, 辰（たつ）, 巳（み）, 午（うま）,
未（ひつじ）, 申（さる）, 酉（とり）, 戌（いぬ）, 亥
（い）の順に全部で 12 種類があり, 表にすると
十二支

順番	1	2	3	4	5	6	7	8	9	10	11	12
種類	子	丑	寅	卯	辰	巳	午	未	申	酉	戌	亥

である.
十干と十二支を組み合わせて年を表す方法は次の
ようになる. 西暦 2022 年は十干十二支で表すと
「壬寅」の年で, 西暦 2023 年は十干と十二支が 1
つずつ進み, 「癸卯」の年になる. 十干も十二支
も最後まで行くと次は最初に戻る. したがって西
暦 2024 年は十干が最初に戻って「甲辰」の年にな
る. 以下では, 十干十二支と西暦の関係について,

このルールが例外なく適用できるものとする.

（1）「甲子」の年から数えて最初の「乙卯」の年は ☐ 年後である.

（2）大化の改新が始まったとされる年（西暦 645 年）に一番近い「甲子」の年は西暦 ☐ 年である.　　　　　　　　　　　（23　埼玉医大・後期）

▶解答◀ （1）「乙卯」の年は，周期が 10 の十干で 2 番目，周期が 12 の十二支で 4 番目である.「甲子」の年を 1 年目として,「乙卯」を x 年目とおくと

$$x \equiv 2 \pmod{10} \text{ かつ } x \equiv 4 \pmod{12}$$

整数 a, b を用いて

$$x = 10a + 2 = 12b + 4$$

$$10a - 12b = 2 \qquad \therefore \quad 5a - 6b = 1$$

$$a = \frac{6b+1}{5} = b + \frac{b+1}{5}$$

a, b は整数であるから $\frac{b+1}{5}$ も整数である.

$$\frac{b+1}{5} = k \text{ とおくと}$$

$$b = 5k - 1$$

$$x = 12(5k-1) + 4 = 60k - 8$$

「乙卯」となる最初の年であるから $k = 1$ のとき $x = 52$ となる.「甲子」の年から数えて $52 - 1 = \mathbf{51}$（年後）である.

（2）西暦 y 年について，十干十二支で「cd」と表されるとする.（十干で c 番目，十二支で d 番目の種類のものを用いている状態）

西暦 2022 年が「壬寅」であり, $2022 \equiv 2 \pmod{10}$, $2022 \equiv 6 \pmod{12}$ であるから

$$y \equiv c - 7 \pmod{10} \text{ かつ } y \equiv d + 3 \pmod{12}$$

「甲子」となる年は $c = 1, d = 1$ のときで

$$y \equiv -6 \pmod{10} \text{ かつ } y \equiv 4 \pmod{12}$$

整数 p, q を用いて

$$y = 10p - 6 = 12q + 4$$

$$10p - 12q = 10 \qquad \therefore \quad 5p - 6q = 5$$

$$p = \frac{6q+5}{5} = q + 1 + \frac{q}{5}$$

p, q は整数であるから $\frac{q}{5}$ も整数である.

$$\frac{q}{5} = l \text{ とおくと, } q = 5l$$

$$y = 12 \cdot 5l + 4 = 60l + 4$$

整数 l の中で $y = 645$ に最も近くなるのは $l = 11$ として

$$y = 60 \cdot 11 + 4 = 664$$

よって西暦 664 年

◆別解◆ ユークリッドの互除法を用いて解くと次のようになる. 以下，文字は整数とする.

（1）$5a - 6b = 1$ ……………①

$a = -1, b = -1$ はこれをみたすから

$$5(-1) - 6(-1) = 1 \text{ ……………②}$$

①－② より

$$5(a+1) - 6(b+1) = 0$$

$$5(a+1) = 6(b+1)$$

5 と 6 は互いに素であるから

$$a + 1 = 6k, \quad b + 1 = 5k$$

（2）$5p - 6q = 5$ ……………③

$p = -5, q = -5$ はこれをみたすから

$$5(-5) - 6(-5) = 5 \text{ ……………④}$$

③－④ より

$$5(p+5) - 6(q+5) = 0$$

$$5(p+5) = 6(q+5)$$

5 と 6 は互いに素であるから

$$p + 5 = 6l, \quad q + 5 = 5l$$

【p 進法】

《5 進法 → 10 進法（A2）》

295. 5 進法で表された数 $1234_{(5)}$ を 10 進法で表しなさい.　　　（23　福島大・共生システム理工）

▶解答◀ $1234_{(5)}$

$$= 1 \cdot 5^3 + 2 \cdot 5^2 + 3 \cdot 5^1 + 4 \cdot 5^0$$

$$= 125 + 50 + 15 + 4 = \mathbf{194}$$

《2 進法のままの計算（A0）》

296. 2 進法で表された数の次の計算をせよ. ただし，答えは 2 進法で表すこと.

$$110101_{(2)} - 1111_{(2)} = \boxed{}$$

（23　茨城大・工）

▶解答◀ $100110_{(2)}$

```
    1 1 0 1 0 1
 -)     1 1 1 1
 ─────────────
    1 0 0 1 1 0
```

《10 進法 → 3 進法（A0）》

297. 十進法で表した数 255 を二進法，および三進法でそれぞれ表しなさい.

（23　岩手県立大・ソフトウェア-推薦）

▶**解答**◀ $255 = 256 - 1 = 2^8 - 1$

$= 11111111_{(2)}$

```
3) 255
3)  85 … 0
3)  28 … 1
3)   9 … 1
3)   3 … 0
     1 … 0
```

$255 = 100110_{(3)}$

《2進法（B10）》

298. n 進法で表された数の各位がすべて同じ数字であるとき，その数を n 進法のゾロ目とよび，さらに n 進法のゾロ目の各位が数字 a であるとき，n 進法の a のゾロ目とよぶことにします．例えば，4進法の4桁の数 $3333_{(4)}$ は，4進法の3のゾロ目の1つです．次の（1）～（3）に答えなさい．

（1） $3333_{(4)}$ を10進法で表しなさい．

（2） $n \leq 10$ とします．3進法の1のゾロ目 $1111_{(3)}$ と n 進法の a のゾロ目 $aa_{(n)}$ が等しいとき，n と a の組をすべて求めなさい．

（3） 4進法の3のゾロ目を2進法で表すと2進法の1のゾロ目になることを証明しなさい．

(23 神戸大・理系-「志」入試)

▶**解答**◀ （1） $3333_{(4)}$

$= 3 \cdot 4^3 + 3 \cdot 4^2 + 3 \cdot 4^1 + 3 \cdot 4^0$

$= 3 \cdot \dfrac{4^4 - 1}{4 - 1} = \mathbf{255}$

（2） $1111_{(3)} = 1 \cdot 3^3 + 1 \cdot 3^2 + 1 \cdot 3^1 + 1 \cdot 3^0$

$= \dfrac{3^4 - 1}{3 - 1} = 40$

$aa_{(n)} = a \cdot n + a \cdot n^0 = a(n + 1)$

これより，$a(n + 1) = 40$ であり，$0 < a < n + 1 \leq 11$ であるから

$(a, n + 1) = (4, 10), (5, 8)$

$(a, n) = \mathbf{(4, 9), (5, 7)}$

（3） $\underbrace{33\cdots 3}_{n \text{ 個}}{}_{(4)}$

$= 3 \cdot 4^{n-1} + 3 \cdot 4^{n-2} + \cdots + 3 \cdot 4^1 + 3 \cdot 4^0$

$= 3 \cdot \dfrac{4^n - 1}{4 - 1} = 2^{2n} - 1$

$= 2^{2n-1} + 2^{2n-2} + \cdots + 2^0 = \underbrace{11\cdots 1}_{2n \text{ 個}}{}_{(2)}$

であるから，示された．

《3進法など（B5）☆》

299. 正の整数 N を7進法で表すと3桁の数 $abc_{(7)}$ となり，4進法で表すと3桁の数 $def_{(4)}$ となる．このとき，$4a + 2b + c = d - 3e + f$ を満たすすべての N を10進法で表せ．

(23 富山県立大・工)

▶**解答**◀ $a \sim f$ は，$1 \leq a \leq 6, 0 \leq b \leq 6,$ $0 \leq c \leq 6, 1 \leq d \leq 3, 0 \leq e \leq 3, 0 \leq f \leq 3$ を満たす整数である．

$N = abc_{(7)} = def_{(4)}$ であるから

$49a + 7b + c = 16d + 4e + f$ ……………①

これと

$4a + 2b + c = d - 3e + f$ ……………②

を連立して

$45a + 5b = 15d + 7e$ ……………③

$5(9a + b - 3d) = 7e$

左辺が5の倍数であるから，右辺は5の倍数で，$0 \leq e \leq 3$ より $e = 0$ である．③に代入して

$45a + 5b = 15d$

$9a + b = 3d$

$0 \leq d \leq 3$ より，$3d = 0, 3, 6, 9$ のいずれかで，$1 \leq a \leq 7, 0 \leq b \leq 3$ より $9a + b \geq 9$ であるから，$d = 3$ である．$9a + b = 9$ より $a = 1, b = 0$ である．$(a, b, d, e) = (1, 0, 3, 0)$ を①，②に代入すると

$49 + c = 48 + f$ ……………④

$4 + c = 3 + f$

で，$f - c = 1$ となる．$0 \leq c \leq 6, 0 \leq f \leq 3$ でこれを満たすものは $(c, f) = (0, 1), (1, 2), (2, 3)$ である．④に代入して $N = \mathbf{49, 50, 51}$ である．

《5進法の小数（A10）☆》

300. 5進法で表された数 $0.312_{(5)}$ を10進法で表すと，$0.\boxed{}$ である．

また，10進法で表された数 0.312 を5進法で表すと，$0.\boxed{}_{(5)}$ である． (23 国際医療福祉大・医)

▶**解答**◀ $0 < x < 1$ の実数 x を5進法で表すとは

$x = \dfrac{a_1}{5} + \dfrac{a_2}{5^2} + \dfrac{a_3}{5^3} + \dfrac{a_4}{5^4} + \cdots$

の形で表すことである．ただし a_k は整数で $0 \leq a_k \leq 4$ である．

$0.312_{(5)} = \dfrac{3}{5} + \dfrac{1}{25} + \dfrac{2}{125}$

$= 0.6 + 0.04 + 0.016 = \mathbf{0.656}$

$$0.312 = \frac{a_1}{5} + \frac{a_2}{5^2} + \frac{a_3}{5^3} + \frac{a_4}{5^4} + \cdots$$

として 5 倍すると

$$1.56 = a_1 + \frac{a_2}{5} + \frac{a_3}{5^2} + \frac{a_4}{5^3} + \cdots$$

両辺の整数部分を比べて $a_1 = 1$ である. 両辺から 1 を引いて

$$0.56 = \frac{a_2}{5} + \frac{a_3}{5^2} + \frac{a_4}{5^3} + \cdots$$

5 倍して

$$2.8 = a_2 + \frac{a_3}{5} + \frac{a_4}{5^2} + \cdots$$

両辺の整数部分を比べて $a_2 = 2$ である. 両辺から 2 を引いて

$$0.8 = \frac{a_3}{5} + \frac{a_4}{5^2} + \cdots$$

5 倍して

$$4 = a_3 + \frac{a_4}{5} + \cdots$$

$a_3 = 4$ で以後は 0 である. 答えは $0.312_{(10)} = \mathbf{0.124}_{(5)}$

【ガウス記号】

《整数部分を計算する (B10)》

301. $\sqrt{23}$ の整数部分を n_0, $(\sqrt{23} - n_0)^{-1}$ の整数部分を n_1, $\{(\sqrt{23} - n_0)^{-1} - n_1\}^{-1}$ の整数部分を n_2 とする. このとき $n_0 + (n_1 + n_2{}^{-1})^{-1}$ を求めよ.

(23 札幌医大)

▶解答◀ $16 < 23 < 25$ であるから $4 < \sqrt{23} < 5$

$[\sqrt{23}] = 4$ であるから ($[x]$ はガウス記号であり, x の小数部分を切り捨てた整数を表す) $n_0 = 4$

$$(\sqrt{23} - n_0)^{-1} = \frac{1}{\sqrt{23} - 4} = \frac{\sqrt{23} + 4}{7}$$

$$\frac{8}{7} < \frac{\sqrt{23} + 4}{7} < \frac{9}{7}$$

$\left[\dfrac{\sqrt{23} + 4}{7}\right] = 1$ であるから $n_1 = 1$

$$\{(\sqrt{23} - n_0)^{-1} - n_1\}^{-1} = \frac{1}{\dfrac{\sqrt{23} + 4}{7} - 1}$$

$$= \frac{7}{\sqrt{23} - 3} = \frac{\sqrt{23} + 3}{2}$$

$$\frac{7}{2} < \frac{\sqrt{23} + 3}{2} < \frac{8}{2}$$

$\left[\dfrac{\sqrt{23} + 3}{2}\right] = 3$ であるから $n_2 = 3$ であり, ゆえに

$$n_0 + (n_1 + n_2{}^{-1})^{-1} = 4 + \frac{1}{1 + \dfrac{1}{3}} = 4 + \frac{3}{4} = \frac{\mathbf{19}}{\mathbf{4}}$$

《整数部分と小数部分 (B10)》

---

302. 実数 x に対し, x を超えない最大の整数を $[x]$ で表す. このとき, 以下の問いに答えよ.

(1) $[\log_2 100]$ の値を求めよ.

(2) $\left[-\dfrac{x}{2} + 3\right] = -2$ を満たす x の値の範囲を求めよ.

(3) $[x^2 - 2x] = 2$ を満たす x の値の範囲を求めよ.

(4) $[x^2 + 3] = 4x$ を満たす x の値をすべて求めよ.

(23 工学院大)

▶解答◀ (1) $2^6 = 64$, $2^7 = 128$ より

$2^6 < 100 < 2^7$ であるから $6 < \log_2 100 < 7$ である.

よって $[\log_2 100] = \mathbf{6}$ である.

(2) $-2 \leqq -\dfrac{x}{2} + 3 < -1$ である.

$4 < \dfrac{x}{2} \leqq 5$ となり $\mathbf{8 < x \leqq 10}$ となる.

(3) $2 \leqq x^2 - 2x < 3$ である.

$x^2 - 2x - 2 = 0$ を解くと $x = 1 \pm \sqrt{3}$ となり,

$x^2 - 2x - 3 = 0$ を解くと $x = -1, 3$ となる.

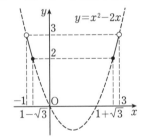

$$-1 < x \leqq 1 - \sqrt{3}, \ 1 + \sqrt{3} \leqq x < 3$$

(4) $[x^2 + 3] = n$ とおくと $4x = n$ となり, $x = \dfrac{n}{4}$ となる. これを $n \leqq x^2 + 3 < n + 1$ に代入し

$$n \leqq \frac{n^2}{16} + 3 < n + 1$$

$$-3 \leqq \frac{1}{16} n^2 - n < -2$$

$$-48 \leqq n(n - 16) < -32$$

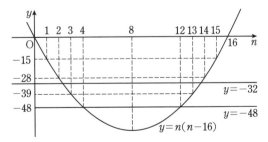

$f(x) = x(x - 16)$ とおく.

$f(1) = -15$, $f(2) = -28$, $f(3) = -39$,

$f(4) = -48$, $f(12) = -48$, $f(13) = -39$,

$f(14) = -28$

$-48 \leqq f(n) < -32$ になる n は $n = 3, 4, 12, 13$ である.

$$x = \frac{3}{4}, 1, 3, \frac{13}{4}$$

注意 ガウス記号は小数部分の切り捨てである.

$$x = n + \alpha,\ 0 \leqq \alpha < 1,\ n は整数$$

の形で表すとき $[x] = n$ である. 日本の高校では $x - 1 < [x] \leqq x$ と不等式でとらえるというテクニックを信じている人が多いと思うが, それはアプローチの 1 つでしかない. それよりも「整数部分と小数部分でとらえる」という本来の意味を覚えておきたい.

《整数部分と小数部分 (B20)》

303. $[x]$ は x を超えない最大の整数を表すものとする. 連立方程式

$$\begin{cases} 2[x]^2 - [y] = x + y \\ [x] - [y] = 2x - y \end{cases}$$

を満たす実数 x, y について, 以下の問いに答えよ.
（1） $3x, 3y$ はそれぞれ整数であることを示せ.
（2） x, y の組をすべて求めよ.

(23 早稲田大・人間科学-数学選抜)

▶解答◀ （1） $2[x]^2 - [y] = x + y$ …………①
$[x] - [y] = 2x - y$ …………………②

①＋② より

$$3x = 2[x]^2 + [x] - 2[y]$$

①×2－② より

$$3y = 4[x]^2 - [x] - [y]$$

それぞれ右辺は整数であるから証明された.
（2） $[x] = X,\ [y] = Y$ として

$$x = X + \alpha,\ y = Y + \beta,\ 0 \leqq \alpha < 1,\ 0 \leqq \beta < 1$$

とおく. ② に代入し

$$X - Y = 2(X + \alpha) - (Y + \beta)$$
$$X = -2\alpha + \beta$$

$-2 < -2\alpha + \beta < 1$ であるから $-2 < X < 1$
X は整数であるから $X = -1, 0$ となる. また, ① より

$$2X^2 - Y = X + \alpha + Y + \beta$$
$$2X^2 - X - 2Y = \alpha + \beta$$

$0 \leqq \alpha + \beta < 2$ であるから,

$$0 \leqq 2X^2 - X - 2Y < 2$$

（ア） $X = -1$ のとき:

$$0 \leqq 3 - 2Y < 2 \qquad \therefore\ \ \frac{1}{2} < Y \leqq \frac{3}{2}$$

Y は整数であるから $Y = 1$

$$1 = x + y,\ -2 = 2x - y$$
$$x = -\frac{1}{3},\ y = \frac{4}{3}$$

（イ） $X = 0$ のとき

$$0 \leqq -2Y < 2 \qquad \therefore\ \ -1 < Y \leqq 0$$

よって, $Y = 0$ である.

$$x + y = 0,\ 2x - y = 0$$
$$x = 0,\ y = 0$$

以上, （ア）,（イ）より

$$(x, y) = (0, 0),\ \left(-\frac{1}{3}, \frac{4}{3}\right)$$

《平方和で表す (B30)》

304. 実数 r に対して $[r]$ は r 以下の整数の中で最大のものを表す. 正整数 m に対して

$$n_1 = [\sqrt{m}]$$

とおく. 次に

$$n_2 = [\sqrt{m - n_1^2}]$$

とおく. 同様に整数 $n_i\ (i > 1)$ を帰納的に

$$n_i = [\sqrt{m - n_1^2 - \cdots - n_{i-1}^2}]$$

と定める. すると正整数 m は l 個の平方数 $n_i^2 (i = 1, \cdots, l)$ の和として,

$$m = n_1^2 + n_2^2 + \cdots + n_l^2,\ n_i > 0\ (i = 1, \cdots, l)$$

のように一意に表せる. このとき $l\,(> 0)$ は m により定まる関数であり, $l = l(m)$ とおく. 例えば $5 = 2^2 + 1^2$ なので $l(5) = 2$ である.
（1） $m\,(> 1)$ が平方数 $m = k^2 (k は正整数)$ ならば,
　　$l(m) \neq l(m-1)$ となることを証明せよ.
（2） 2 以上の任意の正整数 m に対して, $l(m) \neq l(m-1)$ となることを証明せよ.
（3） $l(a) = 5$ となる最小の正整数 a, $l(b) = 6$ となる最小の正整数 b, および $l(c) = 7$ となる最小の正整数 c を求めよ.

(23 奈良県立医大・後期)

▶解答◀ （1） 「一意に表せる」のであるから $m = k^2$ のとき $l(k^2) = 1$ である. $m > 1$ であるから $k \geqq 2$ であり,

$$k^2 - 1 - (k-1)^2 = 2k - 2 \geqq 2$$
$$(k-1)^2 < k^2 - 1 < k^2$$

であるから

$$k^2 - 1 = (k-1)^2 + 2k - 2$$

で，$2k-2$ を平方数を使っていくつかの和に表すことになり，$l(k^2-1) \geqq 2$ である．よって $m=k^2$ のとき $l(m) \neq l(m-1)$ である．

（2） m が平方数のときは（1）で示した．以下は m が平方数でないときを考える．題意から $n_1 \geqq n_2 \geqq \cdots \geqq n_l \geqq 1$ である．

$$m = n_1{}^2 + \cdots + n_{k-1}{}^2 + n_k{}^2$$

となったとする．（l があちこちに出てくるとうざいから k にする）

$$m-1 = n_1{}^2 + \cdots + n_{k-1}{}^2 + (n_k{}^2-1)$$

$n_k=1$ ならば

$$m-1 = n_1{}^2 + \cdots + n_{k-1}{}^2$$
$$l(m-1) = k-1 < l(m)$$

である．$n_k \geqq 2$ ならば（1）と同様に $n_k{}^2-1$ を平方数の和に表すのに 2 個以上の平方数が必要である．なお，$n_{k-1} \geqq n_k$ であるから $n_k{}^2-1$ を表すのに $n_{k-1}{}^2$ 以上の平方数は使えない．$l(m-1) > l(m)$ である．

以上で証明された．

（3） $n_1=N$ として

$$m = N^2 + M \quad \cdots\cdots\cdots\cdots\cdots① $$

とおく．$1 \leqq M \leqq 2N$ である．

$$l(m) = 1 + l(M)$$

$l(a)=5$ のとき ① の $m=a$ として

$$l(M) = 4, \quad 1 \leqq M \leqq 2N$$

$l(M)=4$ となる最小の M は

$$M = 1^2 + 1^2 + 1^2 + 2^2 = 7$$

で，このとき $7 \leqq 2N$ より $N \geqq 4$ である．なお，1^2 は 4 つは使えない．$4 \cdot 1^2$ は 2^2 にするからである．

最小の a は $4^2 + 2^2 + 1^2 + 1^2 + 1^2 = \mathbf{23}$

$l(b)=6$ のとき ① の $m=b$ として

$$l(M) = 5, \quad 1 \leqq M \leqq 2N$$

最小の $M=23$ であり，$1 \leqq 23 \leqq 2N$ より $N \geqq 12$ である．

最小の b は $12^2 + 23 = \mathbf{167}$

　同様に考え，$m=c$ として

$$l(M) = 6, \quad 1 \leqq M \leqq 2N$$

最小の $M=167$ で，$167 \leqq 2N$ より $N \geqq 84$

最小の c は $84^2 + 167 = \mathbf{7223}$

【整数問題の雑題】

《十進法（A5）》

305. 2 桁の自然数 n がある．n の一の位の数は十の位の数より 2 大きい．また，n の十の位の数の 2 乗は n より 26 小さい．このとき，自然数 n を求めなさい．　　　（23 福島大・共生システム理工）

▶解答◀ a を 1 から 9，b を 0 から 9 までの整数として，$n=10a+b$ とおく．$b=a+2$ より

$$n = 10a + b = 11a + 2$$

$a^2 = n-26$ より $a^2 = (11a+2)-26$

$$a^2 - 11a + 24 = 0$$
$$(a-3)(a-8) = 0$$

$a=8$ のとき，$b=10>9$ となるから $a=3, b=5$ であり，$n=\mathbf{35}$

《図形と整数（B10）》

306. △ABC において，

BC $=3$, AC $=b$, AB $=c$, $\angle$ACB $=\theta$

とする．b と c を素数とするとき，以下の問いに答えよ．

（1） $b=3, c=5$ のとき，$\cos\theta$ の値を求めよ．

（2） $\cos\theta < 0$ のとき，$c=b+2$ が成り立つことを示せ．

（3） $-\dfrac{5}{8} < \cos\theta < -\dfrac{7}{12}$ のとき，b と c の値の組をすべて求めよ．　　　（23 浜松医大）

▶解答◀ （1） 余弦定理より

$$\cos\theta = \frac{3^2 + 3^2 - 5^2}{2 \cdot 3 \cdot 3} = -\frac{7}{18}$$

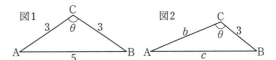

（2） $\cos\theta < 0$ のとき θ は鈍角であるから，c が最大辺の長さとなる．よって

$$b < c \quad \cdots\cdots\cdots\cdots\cdots① $$
$$3 < c \quad \cdots\cdots\cdots\cdots\cdots② $$

と，三角形の成立条件から

$$c < b+3 \quad \cdots\cdots\cdots\cdots\cdots③ $$

のすべてが成り立つ．①，③ より

$$c = b+1, \, b+2$$

$c=b+1$ のとき，$b=2$ ならば $c=3$ だが ② に反する．b が奇数ならば c は 4 以上の偶数となり c が素数であることに反する．よって $c=b+1$ は不適である．

$c=b+2$ のとき，② を満たすから適す．

以上より，$c = b+2$ が成り立つ．

（3） $-\dfrac{5}{8} < \cos\theta < -\dfrac{7}{12}$ のとき，$\cos\theta < 0$ であるから（2）より $c = b+2$ である．余弦定理より

$$\cos\theta = \dfrac{b^2 + 3^2 - (b+2)^2}{2 \cdot b \cdot 3} = \dfrac{5 - 4b}{6b}$$

であるから

$$-\dfrac{5}{8} < \dfrac{5 - 4b}{6b} < -\dfrac{7}{12}$$

左の不等式から

$$-15b < 20 - 16b \qquad \therefore \quad b < 20$$

右の不等式から

$$10 - 8b < -7b \qquad \therefore \quad 10 < b$$

$10 < b < 20$ を満たす素数 b は

$$11,\ 13,\ 17,\ 19$$

の4つであり，このうち $c = b+2$ も素数になる組は

$$(b, c) = (11, 13),\ (17, 19)$$

《平方差の集合 (B10) ☆》

307. 集合 A を次で定義する．

$$A = \{m^2 - n^2 \mid m \text{ と } n \text{ は整数}\}$$

このとき，次の問いに答えよ．

（1） 7は A の要素であることを証明せよ．

（2） 6は A の要素ではないことを証明せよ．

（3） 奇数全体の集合は A の部分集合であることを証明せよ．

（4） 偶数 a が A の要素であるための必要十分条件は，ある整数 k を用いて $a = 4k$ とかけることであることを証明せよ．(23 高知大・医，理工)

▶解答◀ k は整数である．

（1） 任意の奇数は，$2k+1 = (k+1)^2 - k^2$ により A の要素である．よって $7 = 4^2 - 3^2$ は A の要素である．

（2） $(m+n) - (m-n) = 2n$ は偶数であるから $m+n,\ m-n$ は偶奇が一致する．

$m+n,\ m-n$ がともに偶数なら $(m+n)(m-n)$ は4の倍数である．

よって，偶数が A の要素であるためには4の倍数であることが必要である．そして，$(k+1)^2 - (k-1)^2 = 4k$ により任意の4の倍数は A の要素であるから十分である．

$m+n,\ m-n$ がともに奇数なら $(m+n)(m-n)$ は奇数である．

したがって6は A の要素ではない．

（3） 上で示した．

（4） 以上で示してある．

《見かけが変わっている (B10)》

308. $a = 2023,\ b = 1742$ とする．このとき，

$$\dfrac{1}{ab} = \dfrac{m}{a} + \dfrac{n}{b}$$

となる整数の組 (m, n) で，$1 \leq n \leq 2000$ を満たすものをすべて求めよ． (23 宮崎大・教(理系))

▶解答◀ $\dfrac{1}{ab} = \dfrac{m}{a} + \dfrac{n}{b}$ より，

$$1 = bm + an$$

$a = 2023,\ b = 1742$ を代入して

$$1742m + 2023n = 1 \quad\cdots\cdots①$$

ユークリッドの互除法で

$$2023 = 1742 \cdot 1 + 281$$
$$1742 = 281 \cdot 6 + 56$$
$$281 = 56 \cdot 5 + 1$$

であるから

$$1 = 281 - 56 \cdot 5 = 281 - (1742 - 281 \cdot 6) \cdot 5$$
$$= 281 \cdot 31 - 1742 \cdot 5$$
$$= (2023 - 1742 \cdot 1) \cdot 31 - 1742 \cdot 5$$
$$= 2023 \cdot 31 - 1742 \cdot 36$$
$$1742 \cdot (-36) + 2023 \cdot 31 = 1 \quad\cdots\cdots②$$

①$-$② より $1742(m+36) + 2023(n-31) = 0$

1742 と 2023 は互いに素であるから k を整数として

$$m + 36 = -2023k,\ n - 31 = 1742k$$
$$m = -2023k - 36,\ n = 1742k + 31$$

$1 \leq n \leq 2000$ であるから，$k = 0, 1$ である．

したがって，$(m, n) = (-36, 31),\ (-2059, 1773)$

♦別解♦ 以下文字は整数とする．① の後で

$$m = \dfrac{1 - 2023n}{1742} = -n + \dfrac{1 - 281n}{1742}$$

$\dfrac{1 - 281n}{1742} = x$ とおけて

$$n = \dfrac{1 - 1742x}{281} = -6x + \dfrac{1 - 56x}{281}$$

$\dfrac{1 - 56x}{281} = y$ とおけて

$$x = \dfrac{1 - 281y}{56} = -5y + \dfrac{1 - y}{56}$$

$\dfrac{1 - y}{56} = k$ とおけて $y = 1 - 56k$

$$x = -5(1 - 56k) + k = 281k - 5$$
$$n = -6(281k - 5) + 1 - 56k = 31 - 1742k$$
$$m = -(31 - 1742k) + (281k - 5)$$
$$= -36 + 2023k$$

後は解答と同じ.

《3 次の不定方程式 (B30)》

309. 方程式

$$(x^3 - x)^2(y^3 - y) = 86400$$

を満たす整数の組 (x, y) をすべて求めよ.

(23 東工大)

▶**解答**◀ $f(t) = t^3 - t$ とおく. $f(t)$ は奇関数だから $\{f(t)\}^2$ は偶関数である. よって
$\{f(x)\}^2 = \{f(|x|)\}^2$ であり, $z = |x|$ とおくと, 満たすべき等式は

$$\{f(z)\}^2 f(y) = 2^7 \cdot 3^3 \cdot 5^2 \quad \cdots\cdots\cdots ①$$

となる. このとき $f(z) \neq 0$, $f(y) \neq 0$ であるから, $\{f(z)\}^2 > 0$ である. $f(y) > 0$ になる. すると $z \geq 2$, $y \geq 2$ である, $t \geq 2$ では $f(t) = t(t-1)(t+1)$ は正の値をとる増加関数である.

$$f(2) = 2 \cdot 3, \quad f(3) = 2^3 \cdot 3, \quad f(4) = 2^2 \cdot 3 \cdot 5$$
$$f(5) = 2^3 \cdot 3 \cdot 5$$

(ア) $z \leq y$ のとき

$$\{f(z)\}^3 \leq \{f(z)\}^2 f(y) = 2^7 \cdot 3^3 \cdot 5^2 < 2^9 \cdot 3^3 \cdot 5^3 ②$$
$$f(z) < 2^3 \cdot 3 \cdot 5 = f(5)$$

よって $z < 5$ である. $z = 2, 3, 4$

(a) $z = 2$ のとき. $\{f(2)\}^2 = 2^2 \cdot 3^2$ だから ① より

$$f(y) = 2^5 \cdot 3 \cdot 5^2 = 2400$$

$f(y) = (y-1)y(y+1)$ で, $y-1, y, y+1$ は連続 3 整数だから, この中に 5 の倍数は 1 個しかない. この中の 1 個だけが 25 の倍数である.

$f(y) \geq 23 \cdot 24 \cdot 25 > 8000 > 2400$ となり不適である.

(b) $z = 3$ のとき. $\{f(3)\}^2 = 2^6 \cdot 3^2$ だから ① より

$$f(y) = 2 \cdot 3 \cdot 5^2$$

これも 5^2 があるから上と同じ理由により不適である.

(c) $z = 4$ のとき. $\{f(4)\}^2 = 2^4 \cdot 3^2 \cdot 5^2$ だから ① より

$$f(y) = 2^3 \cdot 3$$ となり $y = 3$ となるが, $z \leq y$ を満たさず, 不適である.

(イ) $y \leq z$ のとき. ② の変形と同様にして

$$\{f(y)\}^3 \leq \{f(z)\}^2 f(y) = 2^7 \cdot 3^3 \cdot 5^2 < 2^9 \cdot 3^3 \cdot 5^3$$

となり, $f(y) < 2^3 \cdot 3 \cdot 5 = f(5)$ で $y = 2, 3, 4$ を得る.

(d) $y = 2$ のとき. ① より $\{f(z)\}^2 \cdot 2 \cdot 3 = 2^7 \cdot 3^3 \cdot 5^2$

$\{f(z)\}^2 = 2^6 \cdot 3^2 \cdot 5^2$ となり, $f(z) = 2^3 \cdot 3 \cdot 5$ で $z = 5$ である.

(e) $y = 3$ のとき. $\{f(z)\}^2 \cdot 2^3 \cdot 3 = 2^7 \cdot 3^3 \cdot 5^2$

$\{f(z)\}^2 = 2^4 \cdot 3^2 \cdot 5^2$ となり, $f(z) = 2^2 \cdot 3 \cdot 5$ で $z = 4$ である.

(f) $y = 4$ のとき. $\{f(z)\}^2 \cdot 2^2 \cdot 3 \cdot 5 = 2^7 \cdot 3^3 \cdot 5^2$

$\{f(z)\}^2 = 2^5 \cdot 3^2 \cdot 5$ となり, 不適である.

$x = \pm z$ であるから $(x, y) = (\pm 4, 3), (\pm 5, 2)$ である.

注 意 1°【最初の偶関数について】

$$\{f(x)\}^2 = (x^3 - x)^2 = x^2(x^2 - 1)^2$$
$$= |x|^2(|x|^2 - 1)^2$$
$$= (|x|^3 - |x|)^2 = \{f(|x|)\}^2$$

2°【驚いた】

形に驚いたことと「多くの試行錯誤が必要だろう」と思ったのに, ほとんど理詰めで行けることに, 驚いた. 上手い問題である.

《因数分解の活用 (B20)》

310. 素数 p に対し, 整式 $f(x)$ を

$$f(x) = x^4 - (4p + 2)x^2 + 1$$

により定める. 以下の問いに答えよ.

（1） $f(x) = (x^2 + ax - 1)(x^2 + bx - 1)$ を満たす実数 a と b を求めよ. ただし, $a \geq b$ とする.

（2） 方程式 $f(x) = 0$ の解はすべて無理数であることを示せ.

（3） 方程式 $f(x) = 0$ の解のうち最も大きいものを α, 最も小さいものを β とする. 整数 A と B が

$$AB\alpha + A - B = p(2 + p\beta)$$

を満たすとき, A と B を求めよ.

(23 中央大・理工)

▶**解答**◀ （1） 因数分解の定石に従った解法は注を見よ.

$$(x^2 + ax - 1)(x^2 + bx - 1)$$
$$= x^4 + (a+b)x^3 + (ab-2)x^2 - (a+b)x + 1$$

これと $f(x)$ の係数を比較して

$$a + b = 0, \quad ab - 2 = -4p - 2, \quad a + b = 0$$

$b = -a$ を $ab = -4p$ に代入して

$$a^2 = 4p \qquad \therefore \quad a = \pm 2\sqrt{p}$$

$a \geq b$ であるから, $\boldsymbol{a = 2\sqrt{p}, \ b = -2\sqrt{p}}$

（2） $f(x) = (x^2 + 2\sqrt{p}x - 1)(x^2 - 2\sqrt{p}x - 1)$

$f(x) = 0$ が有理数の解 $x = r$ をもつと仮定すると, $r^2 + 2\sqrt{p}r - 1 = 0$ または $r^2 - 2\sqrt{p}r - 1 = 0$ が成り立つ.

$$\pm 2\sqrt{p}r = r^2 - 1 \qquad \therefore \quad \sqrt{p} = \pm \frac{r^2 - 1}{2r}$$

p は素数であるから $\sqrt{p}$ は無理数で，$\dfrac{r^2-1}{2r}$ は有理数であるからプラスマイナスいずれの場合も矛盾する．よって，$f(x)=0$ の解はすべて無理数である．

（3）$x^2 \pm 2\sqrt{p}\,x-1=0$ を解くと，複号任意で

$$x = \pm\sqrt{p} \pm \sqrt{p+1}$$

$\alpha = \sqrt{p}+\sqrt{p+1}$, $\beta = -\sqrt{p}-\sqrt{p+1}$ であるから，$\beta = -\alpha$ である．

$$AB\alpha + A - B = p(2+p\beta)$$
$$AB\alpha + A - B = p(2-p\alpha)$$
$$(AB+p^2)\alpha = 2p - A + B \quad\cdots\cdots\cdots①$$

① の右辺は整数で，左辺の α は無理数であるから

$$-AB = p^2, \quad A-B = 2p$$

A と $-B$ は x の2次方程式 $x^2 - 2px + p^2 = 0$ の解である．$(x-p)^2 = 0$ より，$x = p$ であるから，**$A = p$, $B = -p$** である．

注意 【複2次では平方差の因数分解】

$$f(x) = x^4 - 2x^2 + 1 - 4px^2 = (x^2-1)^2 - (\sqrt{p}\,x)^2$$
$$= (x^2 - 1 + \sqrt{p}\,x)(x^2 - 1 - \sqrt{p}\,x)$$

《変わった論証（C20）》

311. xy 平面上の点 (p, q) について，p, q がともに整数のときこの点を格子点と呼ぶ．また e を自然対数の底とするとき，$p-e$ または $p+e$ のどちらかと，$q+\dfrac{1}{2}$ がともに整数のとき，この点を e 点と呼ぶことにする．例えば，$(p, q) = \left(1-e, \dfrac{3}{2}\right)$ は e 点である．

次の問いに答えよ．ただし，素数の平方根と e が無理数であり，

$2.7 < e < 2.8$ であることは証明なしに用いてよい．

（1）2つの格子点を結ぶ任意の線分は e 点を通らないことを示せ．

（2）4つの格子点を頂点とし，1辺の長さが1の任意の正方形の内部にある e 点の個数を求めよ．

（3）3つの格子点を頂点とし，1辺が x 軸に平行，1辺が y 軸に平行な任意の直角三角形の面積は，この三角形の内部にある e 点の個数の $\dfrac{1}{2}$ に等しいことを示せ．

（4）3つの格子点を頂点とする任意の三角形の面積は，この三角形の内部にある e 点の個数の $\dfrac{1}{2}$ に等しいことを示せ．

（5）3つの格子点を頂点とする正三角形は存在しないことを示せ． (23　藤田医科大・医学部前期)

▶解答◀ （1）　問題文の e 点の説明が回りくどい．「$p-e$ または $p+e$ のどちらかと，$q+\dfrac{1}{2}$ がともに整数」と，「整数」に結びつけているが，整数に帰着させる意味が分からない．「例えば」を見れば，「任意の整数 m, n に対して $\left(m-e, n+\dfrac{1}{2}\right)$, $\left(m+e, n+\dfrac{1}{2}\right)$ の形のものを e 点と呼ぶ」でよいのではないのか？そして，このとき $m-e$ または $m+e$ を r とおき，$n+\dfrac{1}{2}$ を s とおく．r は無理数，s は整数でない有理数である．

2つの異なる格子点 $A(a, b)$, $B(c, d)$ を結ぶ線分で，e 点 $R(r, s)$ を通るものがあると仮定する．a, b, c, d は整数である．$r \neq a$ であるから AR は x 軸に垂直でなく，AR, AB の傾きを比べて $\dfrac{s-b}{r-a} = \dfrac{d-b}{c-a}$ となる．$s-b \neq 0$ であるから $d-b \neq 0$ である．

$r-a = \dfrac{(c-a)(s-b)}{d-b}$ となり，左辺は無理数，右辺は有理数で矛盾する．よって証明された．

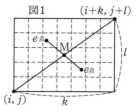 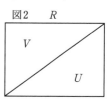

図1　　　　$(i+k, j+l)$　　図2　R

（2）m, n は任意の整数とする．$2.7 < e < 2.8$ だから正方形 $0 \leq x \leq 1, 0 \leq y \leq 1$ 内の e 点は

$\left(e-2, \dfrac{1}{2}\right)$,

$\left(3-e, \dfrac{1}{2}\right)$ の2個だけあり，正方形 $m \leq x \leq m+1, n \leq y \leq n+1$ 内の e 点は

$\left(m+e-2, n+\dfrac{1}{2}\right)$, $\left(m+3-e, n+\dfrac{1}{2}\right)$ の**2個**．

（3）三角形 T に対し，その面積を $S(T)$ とし，T の内部にある e 点の個数を $E(T)$ で表すことにする．さらに，「4つの格子点を頂点とし，1辺の長さが1の任意の正方形」を単位正方形と呼ぶことにする．i, j を整数，k, l を自然数とする．長方形 $R : i \leq x \leq i+k, j \leq y \leq j+l$ の中心 $\left(i+\dfrac{k}{2}, j+\dfrac{l}{2}\right)$ を M とする．R には単位正方形が kl 個ある．R の面積は kl である．R の内部には $2kl$ 個の e 点があり，R の周や対角線上には e 点はなく，R の内部にある e 点の M に関する対称点は R の内部の e 点である．R を対角線で二分割した直角三角形の一方を U, 他方を V とする．U, V の周上には e 点は

なく，U の内部にある e 点と V の内部にある e 点は，kl 個ずつある．$E(U) = kl$, $S(U) = \frac{1}{2}kl = \frac{1}{2}E(U)$ であるから証明された．

（4）図3，4を見よ．格子点を頂点とする任意の三角形を T とする．T の3頂点の x 座標の最小値を x_m，最大値を x_M，y 座標の最小値を y_m，最大値を y_M とする．4点 $(x_m, y_m), (x_M, y_m), (x_M, y_M), (x_m, y_M)$ を頂点とする長方形を T の（以下 T のを省略する）包形と呼ぶことにする．以下，$T_1, T_2, T_3, T_4, T_5, T_6$ はすべて，（3）に出てくる，1辺が x 軸に平行，1辺が y 軸に平行な直角三角形である．T の包形はその対角線で2つの直角三角形 T_1, T_2 に分けることができる．

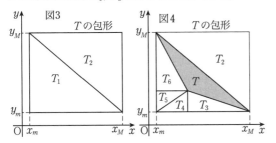

そして「包形から幾つかの直角三角形を除いたものが T」と捉えることができる．

x_m, x_M, y_m, y_M で4つの値があるが，T の頂点の中に，このどれも持たないものがあるときは図4のように，その頂点から包形の辺に下ろした2本の垂線（T の内部を通らないもの）と包形の2辺で長方形をなし，さらにその長方形を2分割（T_4 と T_5）して包形から5つの直角三角形 $T_2, \cdots, T_6$ を除いた形になる．きちんと書くと結構鬱陶しい．以下は図を見ていただきたい．

$$S(T) = S(T_1) - S(T_3) - S(T_4) - S(T_5) - S(T_6)$$
$$= \frac{1}{2}E(T_1) - \frac{1}{2}E(T_3) - \frac{1}{2}E(T_4)$$
$$- \frac{1}{2}E(T_5) - \frac{1}{2}E(T_6) = \frac{1}{2}E(T)$$

T が（3）に出てくる直角三角形の場合もあるが，これは省略する．図5のように T が，包形から2つの三角形 T_3, T_4 を除く形のときには

$$S(T) = S(T_1) + S(T_2) - S(T_3) - S(T_4)$$
$$= \frac{1}{2}E(T_1) + \frac{1}{2}E(T_2) - \frac{1}{2}E(T_3) - \frac{1}{2}E(T_3)$$
$$= \frac{1}{2}E(T)$$

包形から3つの直角三角形を除く場合（図6）でも同様である．

（5）これは有名問題であり，e 点など使わない方法が知られている．3頂点を格子点にもつ正三角形 ABC

が存在すると仮定する．$\overrightarrow{AB} = (a, b), \overrightarrow{AC} = (c, d)$ とおく．$\overrightarrow{AB}$ は格子点 A，B の成分同士の差であるから，a, b は整数になる．同じく c, d も整数である．三角形 ABC の面積 $\triangle ABC = \frac{1}{2}|ad - bc|$ は有理数であり，一方 $\triangle ABC = \frac{\sqrt{3}}{4}AB^2 = \frac{\sqrt{3}}{4}(a^2 + b^2)$ は無理数であるから矛盾する．よって証明された．

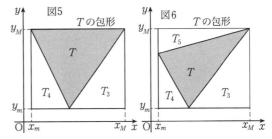

注意 1° 【出題者の意図に従えば】

（5）では次のようにすると $\frac{1}{2}|ad - bc|$ を使わなくても証明できる．

3頂点が格子点の三角形の面積は，包形の面積（整数）から，幾つかの直角三角形の面積を引いたものであるから，面積は有理数である．また，一辺の長さの2乗は x 成分の差の2乗と y 成分の差の2乗の和であるから整数である．ところが，正三角形 ABC の面積 $\triangle ABC = \frac{\sqrt{3}}{4}AB^2$ は無理数であるから矛盾する．

2° 【交角に着目すると】

3頂点が格子点の三角形 ABC の辺の中には x 軸に垂直でない2辺があるから，それを AB，AC とする．左まわりに A，B，C の順であるとする．

$\overrightarrow{AB} = (a, b), \overrightarrow{AC} = (c, d)$ とおく．a, b, c, d は整数であり，a, c は0でない．AB，AC の傾きを m_1, m_2 とする．

$$\tan \angle BAC = \frac{m_2 - m_1}{1 + m_1 m_2} = \frac{\dfrac{d}{c} - \dfrac{b}{a}}{1 + \dfrac{b}{a} \cdot \dfrac{d}{c}}$$

は有理数である．$\tan 60° = \sqrt{3}$ であるから，$\angle BAC$ が60度になることはない．

《3変数分数形（B25）》

312. $f(x) = x - \frac{1}{x}$ とする．自然数 a, b, c の組で，$a \leqq b \leqq c$ かつ $f(a) + f(b) + f(c)$ が自然数であるものの総数は，□ 個である．その中で $f(a) + f(b) + f(c)$ の値が最大になるのは $(a, b, c) = $ □ のときである．(23 慶應大・理工)

▶**解答**◀ $f(a)+f(b)+f(c)$

$$= (a+b+c) - \left(\frac{1}{a} + \frac{1}{b} + \frac{1}{c} \right)$$

である. $F = \frac{1}{a} + \frac{1}{b} + \frac{1}{c}$ とおく. $a+b+c$ は自然数であるから, $f(a)+f(b)+f(c)$ が自然数になるのは F が整数になるときである.

$$0 < F \leqq 1+1+1 = 3 \quad \cdots\cdots\cdots\cdots①$$

であるから, $F = 1, 2, 3$ それぞれの場合を考える.

（ア） $F = 3$ のとき：①において等号が成立するのは

$(a, b, c) = (1, 1, 1)$ のときだけである.

（イ） $F = 2$ のとき：$a \leqq b \leqq c$ より $\frac{1}{a} \geqq \frac{1}{b} \geqq \frac{1}{c}$ であるから

$$2 = F \leqq \frac{3}{a} \qquad \therefore \quad a \leqq \frac{3}{2}$$

これより, $a = 1$ である. このとき,

$$\frac{1}{b} + \frac{1}{c} = 1$$
$$bc - b - c = 0 \qquad \therefore \quad (b-1)(c-1) = 1$$

$0 \leqq b-1 \leqq c-1$ より

$$(b-1, c-1) = (1, 1)$$
$$(b, c) = (2, 2)$$

（ウ） $F = 1$ のとき：$a \leqq b \leqq c$ より $\frac{1}{a} \geqq \frac{1}{b} \geqq \frac{1}{c}$ であるから

$$1 = F \leqq \frac{3}{a} \qquad \therefore \quad a \leqq 3$$

これより, $a = 1, 2, 3$ である.

● $a = 1$ のとき $F = 1$ は成立しない.

● $a = 2$ のとき $\frac{1}{b} + \frac{1}{c} = \frac{1}{2}$ である.

$$bc - 2b - 2c = 0$$
$$(b-2)(c-2) = 4$$

$0 \leqq b-2 \leqq c-2$ より

$$(b-2, c-2) = (1, 4), (2, 2)$$
$$(b, c) = (3, 6), (4, 4)$$

● $a = 3$ のとき $\frac{1}{b} + \frac{1}{c} = \frac{2}{3}$ である. $3 \leqq b \leqq c$ より $\frac{1}{b} + \frac{1}{c} \leqq \frac{1}{3} + \frac{1}{3} = \frac{2}{3}$ となるが等号が成立するのは $b = c = 3$ のときだけである.

以上（ア）～（ウ）より, F が自然数となる組 (a, b, c) は

$$(a, b, c) = (1, 1, 1), (1, 2, 2),$$
$$(2, 3, 6), (2, 4, 4), (3, 3, 3)$$

である. それぞれについて $f(a)+f(b)+f(c)$ の値を求めると, 順に 0, 3, 10, 9, 8 となるから,

$f(a)+f(b)+f(c)$ が自然数となる組 (a, b, c) は **4個**で, 最大となるのは $(a, b, c) = \mathbf{(2, 3, 6)}$ のときである.

━━━《分数関数と整数 (B5)》━━━

313. $a_n = \dfrac{n^2 + 3n}{n^2 + 9n - 27}$ $(n = 1, 2, 3, \cdots)$ とする. このとき, 次の問いに答えよ.

（1） a_1, a_2, a_3, a_4 を求めよ.

（2） 不等式 $a_n \geqq 1$ を満たす自然数 n をすべて求めよ.

（3） a_n が整数となるような自然数 n をすべて求めよ.

(23 津田塾大・学芸-数学)

▶**解答**◀ （1） $a_1 = -\dfrac{4}{17}$,

$$a_2 = -\frac{10}{5} = \mathbf{-2}, \ a_3 = \frac{18}{9} = \mathbf{2}, \ a_4 = \frac{28}{25}$$

（2） （1）より, $n = 1, 2$ のとき $a_n < 1$ である. $n = 3, 4$ のとき $a_n > 1$ である. $n \geqq 5$ のとき

$$a_n - 1 = \frac{n^2 + 3n}{n^2 + 9n - 27} - 1 = \frac{3(9 - 2n)}{n(n+9) - 27}$$

（分母）$\geqq 5 \cdot 14 - 27 > 0$,（分子）$< 0$ であるから $0 < a_n < 1$ となる. 求める n の値は $n = \mathbf{3, 4}$ である.

（3） （1）より, $1 \leqq n \leqq 4$ のとき a_n が整数となるのは, $n = 2, 3$ のときである. （2）より, $n \geqq 5$ では, $0 < a_n < 1$ となり, a_n は整数とならない.

よって, 求める n は $n = \mathbf{2, 3}$ である.

━━━《大学の整数論 (D60)》━━━

314. p を 3 以上の素数とし, a を整数とする. このとき, p^2 以上の整数 n であって

$$_n\mathrm{C}_{p^2} \equiv a \pmod{p^3}$$

を満たすものが存在することを示せ.

(23 京大・特色入試)

考え方 2つの整数係数多項式 $f(x)$, $g(x)$ が法 p のもとで合同であるとは, それぞれの係数がすべて p の元で合同であることと定義しよう. 例えば,

$$4x^2 + 3x + 5 \equiv x^2 + 2 \pmod{3}$$
$$5x^3 + 3x^2 - x - 5 \equiv -2x^2 - x \pmod{5}$$

などである. また, 以下, 基礎的なことを 2 つ説明する.

$\prod$ について：一般に数列 $\{x_n\}$ について和 $\displaystyle\sum_{k=1}^{n} x_k$ は

$\displaystyle\sum_{k=1}^{n} x_k = x_1 + \cdots + x_n$ のことであるが, 積 $\displaystyle\prod_{k=1}^{n} x_k$ は

$\displaystyle\prod_{k=1}^{n} x_k = x_1 \cdots x_n$ のことである. $\prod$ はパイと読み, π

の大文字である．こう書くと「x_n ってどれですか？解答の中に x_n って出て来ないですよね」と聞く人がいるが，そのレベルでは，解答本体を読解することはできないから，本問を読み飛ばしてほしい．

　Taylor 展開について：$x^0 = 1, 0! = 1$ である．また $f^{(k)}(x)$ は $f(x)$ の k 階導関数を表し，$f^{(0)}(x) = f(x)$ である．多項式 $f(x) = a_n x^n + \cdots + a_0 = \sum_{k=0}^{n} a_k x^k$ において，$x^k = \{(x - \alpha) + \alpha\}^k$ として展開すると $f(x) = \sum_{k=0}^{n} b_k (x - \alpha)^k$ の形になる．これを $x = \alpha$ の周りに展開するという．

$$f'(x) = \sum_{k=1}^{n} b_k k (x - \alpha)^{k-1},$$
$$f''(x) = \sum_{k=2}^{n} b_k k(k-1)(x - \alpha)^{k-2}, \cdots$$

で $x = \alpha$ とおくと

$f(\alpha) = b_0, f'(\alpha) = b_1, f''(\alpha) = 2b_2,$
$f'''(\alpha) = 3 \cdot 2 b_3, \cdots$ となり，$b_k = \dfrac{f^{(k)}(\alpha)}{k!}$ と分かる．

$$f(x) = \sum_{k=0}^{n} \frac{f^{(k)}(\alpha)}{k!} (x - \alpha)^k$$

となる．これを Taylor 展開という．Taylor 展開は，一般の関数については無限級数になり，かつ，収束する範囲があるが，多項式については，有限項の和になる．

▶解答◀ 　$n = xp^2$ の形のものに見当をつけて考えてみる．

$$_{xp^2}C_{p^2} = \frac{xp^2}{p^2} \cdot \frac{xp^2 - 1}{p^2 - 1} \cdot \cdots \cdot \frac{xp^2 - p^2 + 1}{1}$$

$$= \prod_{k=0}^{p^2-1} \frac{xp^2 - k}{p^2 - k}$$

ここで，それぞれの k を p で割った商を i $(i = 0, 1, \cdots, p-1)$，余りを j $(j = 0, 1, \cdots, p-1)$ とすると，$k = ip + j$ とかける．

- $i = j = 0$ の項：$\dfrac{xp^2}{p^2} = x$

- $i \neq 0, j = 0$ の項：$\dfrac{xp^2 - ip}{p^2 - ip} = \dfrac{xp - i}{p - i}$

- $j \neq 0$ の項：$\dfrac{xp^2 - ip - j}{p^2 - ip - j}$

となるから，

$$_{xp^2}C_{p^2} = x \prod_{1 \le i \le p-1} \frac{xp - i}{p - i} \prod_{\substack{0 \le i \le p-1 \\ 1 \le j \le p-1}} \frac{xp^2 - ip - j}{p^2 - ip - j}$$

となる．ここで，方程式 $_{xp^2}C_{p^2} = a$ を考える．この分母を払うと

$$x \prod_{1 \le i \le p-1} (xp - i) \prod_{\substack{0 \le i \le p-1 \\ 1 \le j \le p-1}} (xp^2 - ip - j)$$

$$= a \prod_{1 \le i \le p-1} (p - i) \prod_{\substack{0 \le i \le p-1 \\ 1 \le j \le p-1}} (p^2 - ip - j)$$

となる．ここで，

$$f(x) = x \prod_{1 \le i \le p-1} (xp - i) \prod_{\substack{0 \le i \le p-1 \\ 1 \le j \le p-1}} (xp^2 - ip - j)$$

$$- a \prod_{1 \le i \le p-1} (p - i) \prod_{\substack{0 \le i \le p-1 \\ 1 \le j \le p-1}} (p^2 - ip - j)$$

とする．最終目標は，任意の a に対して，$f(x) \equiv 0 \pmod{p^3}$ が解をもつことを示すことである．まずは任意の a に対して，$f(x) \equiv 0 \pmod{p}$ が単根をもつことを示す．これが示されれば，Hensel の補題（☞注）によって根がもち上がるからよい．

$$f(x) \equiv x \prod_{1 \le i \le p-1} (-i) \prod_{1 \le j \le p-1} (-j)$$

$$- a \prod_{1 \le i \le p-1} (-i) \prod_{1 \le j \le p-1} (-j) \pmod{p}$$

ここで，$c = \prod_{1 \le i \le p-1} (-i) \prod_{1 \le j \le p-1} (-j)$ とおくと，$c \not\equiv 0 \pmod{p}$ であり，$f(x) \equiv c(x - a) \pmod{p}$ となる．ゆえに，$x = a$ が $f(x) \equiv 0 \pmod{p}$ の単根になるから示された．

注意 1° **【Hensel の補題】**
解答中で用いた Hensel の補題は次のようなものである．この証明は古き良き名著「初等整数論講義」（高木貞治，共立出版）の p.35 から載っている．

> p を素数とする．整数係数多項式 $f(x)$ について
> $$f(x) \equiv 0 \pmod{p^k}$$
> が単根 $x = x_k$ をもつならば，
> $$f(x) \equiv 0 \pmod{p^{k+1}}$$
> は根 $x = x_{k+1}$ をもち，さらに $x_k \equiv x_{k+1} \pmod{p^k}$ を満たしている．

　すなわち，$\bmod p^k$ における単根を見つければ，$\bmod p^{k+1}$ での解の存在が保証されるということである．証明をしておこう．

　$f(x) \equiv 0 \pmod{p^{k+1}}$ の解が存在するとき，もちろん $f(x) \equiv 0 \pmod{p^k}$ を満たしているから，その解を x_k とすると，$f(x) \equiv 0 \pmod{p^{k+1}}$ の解 x は

$$x = x_k + p^k y$$

の形をしている．このとき，

$$f(x) = f(x_k + p^k y)$$
$$= f(x_k) + p^k y f'(x_k) + p^{2k} y^2 \frac{f''(x_k)}{2} + \cdots$$

と有限項で Taylor 展開でき，$f(x)$ は整数係数の多

項式であるから，

$$f'(x_k),\ \frac{f''(x_k)}{2},\ \frac{f'''(x_k)}{3!},\ \dots$$

はすべて整数である．Taylor 展開の第 3 項以降は p^{k+1} で割り切れるから，$f(x) \equiv 0 \,(\mathrm{mod}\,p^{k+1})$ を満たす x を見つけることは

$$f(x_k) + p^k y f'(x_k) \equiv 0 \,(\mathrm{mod}\,p^{k+1})$$

を満たす y を見つけることと同じで，さらに $f(x_k)$ は p^k の倍数であるから，これは

$$\frac{f(x_k)}{p^k} + y f'(x_k) \equiv 0 \,(\mathrm{mod}\,p) \ \ \dots\dots\dots(\ast)$$

を満たす y を見つけることと同じである．以下，特に断りのない限り合同式の法を p とする．

$y = 0, 1, \cdots, p-1$ としたときに，（$\ast$）の左辺を p で割った余りがすべて異なることをいう．ある 2 つの整数 $a, b\,(1 \leqq a < b \leqq p)$ に対して

$$\frac{f(x_k)}{p^k} + a f'(x_k) \equiv \frac{f(x_k)}{p^k} + b f'(x_k)$$

と仮定すると，

$$a f'(x_k) \equiv b f'(x_k)$$

となる．ここで，x_k は単根であるから $f'(x_k) \not\equiv 0$（☞ 注 2°）で，$f'(x_k)$ と p は互いに素である．ゆえに，$a \equiv b$ となるが，$1 \leqq a < b \leqq p$ より $a \equiv b$ とはならないから矛盾する．よって，（$\ast$）を満たす y は $0, 1, \cdots, p-1$ の中にただ 1 つ存在する．このような y を y_k とおき，$x_{k+1} = x_k + p^k y_k$ とおくと，

$$f(x_{k+1}) \equiv 0 \,(\mathrm{mod}\,p^{k+1})$$

となり，さらに $x_{k+1} \equiv x_k \,(\mathrm{mod}\,p^k)$ である．

2°【証明の補足】

Hensel の補題の証明中に使用した次の事実も念の為示しておく．

---

p を素数とする．整数係数多項式 $f(x)$ について

$$f(x) \equiv 0 \,(\mathrm{mod}\,p^k)$$

の解 $x = x_k$ が単根であることと，

$$f'(x_k) \not\equiv 0 \,(\mathrm{mod}\,p)$$

であることは同値である．

この証明中では合同式の法は p とする．

（$\Longrightarrow$）$x = x_k$ は単根であるから，

$$f(x) \equiv (x - x_k) g(x)$$

かつ $g(x_k) \not\equiv 0$ とかける．このとき

$$f'(x) \equiv g(x) + (x - x_k) g'(x)$$

となるから，

$$f'(x_k) \equiv g(x_k) \not\equiv 0$$

（$\Longleftarrow$）背理法で示す．$x = x_k$ が重根であると仮定すると

$$f(x) \equiv (x - x_k)^2 g(x)$$

とかける．このとき，

$$f'(x) \equiv 2(x - x_k) g(x) + (x - x_k)^2 g'(x)$$

となるから，$f'(x_k) \equiv 0$ となり，矛盾する．よって，$x = x_k$ は単根である．

3°【Hensel の補題の系】

以上の事実を組み合わせると，解答中で用いた Hensel の補題の系が得られる．

---

p を素数とする．整数係数多項式 $f(x)$ について

$$f(x) \equiv 0 \,(\mathrm{mod}\,p)$$

が単根をもつならば，任意の自然数 n に対して

$$f(x) \equiv 0 \,(\mathrm{mod}\,p^n)$$

は根をもつ．

解答中では，$n = 3$ として $\mathrm{mod}\,p$ での解が $\mathrm{mod}\,p^3$ の解にもち上がることを利用した．私は高校生の頃，「初等整数論講義」を愛読していたが，この問題のように分母を払って Hensel の補題を利用することを思いつくのにかなり時間を要した．あっぱれである．

《整数の論証（B10）》

315. 3 以上の任意の自然数 n に対する次の命題の真偽をそれぞれ調べ，真である場合には証明し，偽である場合には反例をあげよ．

（1）$n! + 1 < p \leqq n! + n$ を満たす素数 p は存在しない．

（2）$n < p \leqq n! - 1$ を満たす素数 p が存在する．

(23 東京学芸大・前期)

▶解答◀ （1）この範囲に含まれる整数は，$n! + 2, n! + 3, \cdots, n! + n$ であり，連続する $n - 1$ 個の整数である．このとき，$2 \leqq k \leqq n$ を満たすような自然数 k に対して，$n!$ は k の倍数であるから，$n! + k$ は k の倍数になる．よって，この範囲に含まれるすべての整数は合成数である．したがって，**真**である．

（2）$n! - 1$ は 2 から n のいずれでも割り切ることができないから，n より大きい素因数 p をもつ．$n! - 1$ 自身が素数の場合もある．よって，$n < p \leqq n! - 1$ を満たす素数 p が存在する．したがって，**真**である．

注 意 問題文が読みづらい．例えば，（1）に関して
は，「$n!+2$ から $n!+n$ の間に含まれる数はすべて合
成数である」くらいの書き方でもよかったのではない
だろうか？

【二項定理】

《二項定理（A2）》

316. $\left(x^3+\dfrac{3}{x}\right)^8$ の展開式における定数項
は □ である．　　　（23　東北学院大・工）

▶解答◀　$\left(x^3+\dfrac{3}{x}\right)^8$ の一般項は

$${}_8\mathrm{C}_k\cdot(x^3)^k\left(\dfrac{3}{x}\right)^{8-k}={}_8\mathrm{C}_k3^{8-k}x^{4k-8}$$

定数項は $k=2$ のときで，${}_8\mathrm{C}_2\cdot 3^6=28\cdot 3^6=\mathbf{20412}$

《多項定理（B5）》

317. $(x^2+x+1)^{10}$ の展開式において，x^2 の項
の係数は □ である．　　　（23　神奈川大・理系）

▶解答◀　多項定理で展開すると，一般項は
$\dfrac{10!}{p!\,q!\,r!}(x^2)^p x^q\cdot 1^r$ であり，x^2 の係数について
$p+q+r=10,\ 2p+q=2$
となる．$q=2-2p,\ r=p+8$ となり，$2-2p\geqq 0$
であるから $p=0,1$
$(p,q,r)=(0,2,8),(1,0,9)$
x^2 の係数は

$$\dfrac{10!}{0!\,2!\,8!}+\dfrac{10!}{1!\,0!\,9!}=45+10=\mathbf{55}$$

◆別解◆　10個の (x^2+x+1) を並べ，
$(x^2+x+1)\cdots(x^2+x+1)$
の1個目の括弧から x^{a_1}，2個目の括弧から x^{a_2}，…，
$x^{a_{10}}$ を取ってきて $x^{a_1+a_2+\cdots+a_{10}}$ を作る．x^2 について
は

$$a_1+a_2+\cdots+a_{10}=2$$

○を2個，仕切りを9本並べ，1本目の仕切りから左
の○の個数を a_1，1本目の仕切りと2本目の仕切り
の間の○の個数を a_2，… とする．$(a_1,\cdots,a_{10})$ の個
数は ${}_{11}\mathrm{C}_2=\dfrac{11\cdot 10}{2}=55$ であるから，係数は **55** で
ある．なお，$a_1,a_2,\cdots,a_{10}$ はすべて0以上2以下で
ある．

《積分との融合（B20）☆》

318. n を正の整数とする．

$$(1+x)^n=\sum_{k=0}^{n}{}_n\mathrm{C}_k x^k={}_n\mathrm{C}_0 x^0+\cdots+{}_n\mathrm{C}_n x^n$$

であることを用いて，次の等式を証明せよ．

$$\dfrac{3^{n+1}-1}{n+1}=\sum_{k=0}^{n}\dfrac{{}_n\mathrm{C}_k}{k+1}2^{k+1}$$

（23　福井大・工-後）

▶解答◀　$\displaystyle\sum_{k=0}^{n}\dfrac{{}_n\mathrm{C}_k}{k+1}2^{k+1}$

$$=\sum_{k=0}^{n}\dfrac{n!}{k!(n-k)!}\cdot\dfrac{2^{k+1}}{k+1}$$

$$=\sum_{k=0}^{n}\dfrac{(n+1)!}{(k+1)!(n-k)!}\cdot\dfrac{2^{k+1}}{n+1}$$

$$=\dfrac{1}{n+1}\sum_{k=0}^{n}{}_{n+1}\mathrm{C}_{k+1}\cdot 2^{k+1}$$

$$=\dfrac{1}{n+1}\left(\sum_{k=0}^{n+1}{}_{n+1}\mathrm{C}_k\cdot 2^k-1\right)$$

$$=\dfrac{1}{n+1}\left\{(1+2)^{n+1}-1\right\}=\dfrac{3^{n+1}-1}{n+1}$$

となり示された．

◆別解◆　等式が書いてある意図は「積分せよ」とい
うことである．与式の両辺を $0\leqq x\leqq 2$ で積分すると

$$\left[\dfrac{(1+x)^{n+1}}{n+1}\right]_0^2=\sum_{k=0}^{n}{}_n\mathrm{C}_k\left[\dfrac{x^{k+1}}{k+1}\right]_0^2$$

$$\dfrac{3^{n+1}-1}{n+1}=\sum_{k=0}^{n}{}_n\mathrm{C}_k\cdot\dfrac{2^{k+1}}{k+1}$$

注 意 【二項係数について】

${}_n\mathrm{C}_k=\dfrac{n!}{k!(n-k)!}$ は生徒のなじみが悪いようで最
近はこの式を書いてある大学もある．（2022年東北大
学 AO など）

$${}_n\mathrm{C}_k=\dfrac{n(n-1)\cdots(n-k+1)}{k!}$$

$$=\dfrac{n(n-1)\cdots(n-k+1)}{k!}\cdot\dfrac{(n-k)!}{(n-k)!}$$

$$=\dfrac{n!}{k!(n-k)!}$$

《2乗の因数を作る（A10）》

319. 4^{21} を25で割った余りを求めよ．

（23　東北大・歯 AO）

▶解答◀　$4^{21}=(5-1)^{21}$

$$=\sum_{k=0}^{21}{}_{21}\mathrm{C}_k 5^k(-1)^{21-k}$$

$$=\sum_{k=2}^{21}{}_{21}\mathrm{C}_k 5^k(-1)^{21-k}+21\cdot 5\cdot 1-1$$

となるから，4^{21} を25で割った余りは，$21\cdot 5\cdot 1-1=104$
を25で割った余りに等しい．よって，**4** である．

◆別解◆　合同式の法を25とする．このとき，
$4^5=2^{10}=1024\equiv -1$ であるから

$$4^{21}=(4^5)^4\cdot 4\equiv(-1)^4\cdot 4=\mathbf{4}$$

《2乗の因数を作る（B20）》

320. 以下の問に答えよ．

（1） 次の方程式の整数解をすべて求めよ．

$$20x + 23y = 1$$

（2） $461^m - 24$ が 23^2 の倍数になる正の整数 m をすべて求めよ． （23 群馬大・医）

▶**解答**◀ （1） 以下文字は整数とする．

$$x = \frac{1 - 23y}{20} = -y + \frac{1 - 3y}{20}$$

$\dfrac{1 - 3y}{20} = j$ とおくと

$$y = \frac{1 - 20j}{3} = -7j + \frac{1 + j}{3}$$

$\dfrac{1 + j}{3} = k$ とおくと $j = 3k - 1$ であるから

$$y = -7j + k = -7(3k - 1) + k = -20k + 7$$

$$x = -y + j = -(-20k + 7) + (3k - 1)$$

$$= 23k - 8$$

求めるものは k を整数として

$$(x, y) = (\boldsymbol{23k - 8}, \boldsymbol{-20k + 7})$$

（2） $m = 1$ のとき

$$461 - 24 = (23 \cdot 20 + 1) - (23 + 1) = 23 \cdot 19$$

であるから 23^2 の倍数ではない．

$m \geqq 2$ のとき

$$461^m - 24 = (23 \cdot 20 + 1)^m - 24$$

これを二項展開して $k \leqq m - 2$ の項の和を $23^2 M$ とおく．M は整数である．

$$461^m - 24 = \sum_{k=0}^{m} {}_m\mathrm{C}_k (23 \cdot 20)^{m-k} - 24$$

$$= 23^2 M + {}_m\mathrm{C}_{m-1} 23 \cdot 20 - 23$$

$$= 23^2 M + 23(20m - 1)$$

23^2 の倍数になる条件は $20m - 1$ が 23 の倍数になることである．すなわち n を整数として

$$20m - 1 = 23n$$

$$20m + 23(-n) = 1$$

（1）より，k を正の整数として $m = \boldsymbol{23k - 8}$ である．

♦**別解**♦ （1） $20x + 23y = 1$ ……………①

ユークリッドの互除法を用いると

$$23 = 20 \cdot 1 + 3, \quad 20 = 3 \cdot 6 + 2,$$

$$3 = 2 \cdot 1 + 1, \quad 2 = 1 \cdot 2$$

であるから 20 と 23 は互いに素である．

$p = 20, q = 23$ とおくと

$$q = p + 3 \qquad \therefore \quad 3 = q - p$$

$$2 = p - 6(q - p) = 7p - 6q$$

$$1 = 3 - (7p - 6q) = (q - p) - (7p - 6q)$$

$$= -8p + 7q$$

したがって

$$20 \cdot (-8) + 23 \cdot 7 = 1 \quad \cdots\cdots\cdots\cdots\cdots\cdots ②$$

であるから，①，②を辺ごとに引いて

$$20(x + 8) = -23(y - 7)$$

k を整数として

$$x + 8 = -23k \qquad \therefore \quad \boldsymbol{x = -23k - 8}$$

$$y - 7 = 20k \qquad \therefore \quad \boldsymbol{y = 20k + 7}$$

k を $-k$ に変えることで解答と一致する．

《二項係数の和（B30）》

321. 中の見えない箱と十分な枚数の白いカードを用意します．用意した白いカードは書き込みが可能ですが，書き込みの有無や書かれた内容を触って判別することはできないものとします．このとき，以下の各問いに答えなさい．

（1） 新しい白いカードを用意して箱に入れておきます．いま，箱の中からすべての白いカードを取り出し，0 と書き込んだカードを a 枚作成します．また，1 と書き込んだカードを b 枚，2 と書き込んだカードも c 枚作成します．これら数字を書き込んだカードのみを箱の中にすべて戻して，よくかきまぜてから，2 枚のカードを箱から取り出したとき，カードに書かれている数の和が 3 以上になる確率を a, b, c を用いて書き表しなさい．ただし，$a \geqq 1$，$b \geqq 1$，$c \geqq 1$ とします．

（2） 最初に新しい白いカードを用意して箱に入れておきます．いま，箱の中からすべての白いカードを取り出し，0 と書いたカードを d 枚作成します．白いままのカードは e 枚です．箱の中にすべてのカードを戻し，よくかきまぜます．次に，投げたときに表と裏の出る確率がそれぞれ等しくなる公平な硬貨を 1 枚用意します．また，箱の中にあるものとは別に白いカードを用意します．この別途用意したカードは十分な枚数があって，必要なだけ使うことができます．用意した硬貨を投げ，表が出たら，箱の中とは別に用意した白いカード 1 枚に 0 と書いて箱の

中に入れます．裏が出たら，箱の中とは別に用意した白いカード1枚を取り，なにも書かないで箱に入れます．

硬貨を n 回投げたあとに，箱の中からカードを1枚取り出したとき，そのカードに0と書かれている確率を d, e, n を用いて書き表しなさい．

（3）　あらためて，新しい白いカードを x 枚用意して空の箱に入れておきます．この箱から m 枚のカードを取り出し，すべてに1と書きます．すべて書き終ったら，すべてのカードを箱に戻し，よくかきまぜてから n 枚のカードを取り出します．この取り出したカード n 枚のうち，ちょうど k 枚に1と書かれている確率を x, m, n, k を用いて書き表しなさい．ただし，$k \leqq m \leqq x$，$k \leqq n \leqq x$ とします．　　（23 横浜市大・共通）

▶解答◀（1）　箱の中に入っているカードの枚数は $a+b+c$ であり，この中から2枚のカードを取り出す組合せは ${}_{a+b+c}C_2$ 通りある．このうち，2枚のカードに書かれている数の和が3以上となるのは，1と2を1枚ずつ取り出すか，2を2枚取り出す場合で，${}_bC_1 \cdot {}_cC_1 + {}_cC_2$ 通りある．ただし，$c \geqq 2$ である．求める確率は

$$\frac{{}_bC_1 \cdot {}_cC_1 + {}_cC_2}{{}_{a+b+c}C_2} = \frac{2bc + c(c-1)}{(a+b+c)(a+b+c-1)}$$
$$= \frac{c(2b+c-1)}{(a+b+c)(a+b+c-1)}$$

この結果は $c=1$ のときも正しい．

（2）　n 回中，表が k 回 $(k=0,1,\cdots,n)$ 出るとき，この確率は ${}_nC_k \left(\frac{1}{2}\right)^k \left(\frac{1}{2}\right)^{n-k}$ である．このとき箱の中には0と書かれたカードが $d+k$ 枚，白いカードが $e+n-k$ 枚入っているから，この後，箱の中から0と書かれたカードを取り出す確率は $\frac{d+k}{d+e+n}$ である．求める確率を p とすると，k を動かして和をとって

$$p = \sum_{k=0}^{n} {}_nC_k \left(\frac{1}{2}\right)^k \left(\frac{1}{2}\right)^{n-k} \cdot \frac{d+k}{d+e+n}$$
$$= \frac{1}{2^n(d+e+n)} \sum_{k=0}^{n} (d+k){}_nC_k$$

ここで，二項定理を用いると

$$(1+x)^n = \sum_{k=0}^{n} {}_nC_k x^k \quad\cdots\cdots\cdots①$$

両辺を x で微分して

$$n(1+x)^{n-1} = \sum_{k=0}^{n} k{}_nC_k x^{k-1} \quad\cdots\cdots②$$

①，②で $x=1$ として

$$\sum_{k=0}^{n} {}_nC_k = 2^n, \quad \sum_{k=0}^{n} k{}_nC_k = n \cdot 2^{n-1}$$

よって

$$p = \frac{1}{2^n(d+e+n)}(d \cdot 2^n + n \cdot 2^{n-1})$$
$$= \frac{2d+n}{2(d+e+n)}$$

（3）　箱の中には1と書かれたカードが m 枚，白いカードが $x-m$ 枚入っている．この中から n 枚のカードを取り出す組合せは ${}_xC_n$ 通りある．

$x-m \geqq n-k$ のとき，1と書かれたカードがちょうど k 枚，白いカードが $n-k$ 枚となるのは，${}_mC_k \cdot {}_{x-m}C_{n-k}$ 通りあるから，求める確率は $\dfrac{{}_mC_k \cdot {}_{x-m}C_{n-k}}{{}_xC_n}$ である．

$x-m < n-k$ のとき，1と書かれたカードがちょうど k 枚，白いカードが $n-k$ 枚となることはないから，求める確率は **0** である．

《二項係数の和（B20）》

322. $\sum_{k=1}^{n} (k \cdot {}_nC_k)$ が10000を超えるような最小の正の整数 n は $\boxed{}$ である．　（23 東京医大・医）

考え方　n 人の国民から k 人の国会議員とその中から1人の首相を選ぶとき（${}_nC_k \cdot k$ 通り），先に首相を選んで（n 通り），残りの $n-1$ 人から $k-1$ 人の議員を選ぶと考えれば，$k{}_nC_k = n_{n-1}C_{k-1}$ が成り立つ．

▶解答◀　$1 \leqq k \leqq n$ のとき

$$k{}_nC_k = k \cdot \frac{n!}{k!(n-k)!}$$
$$= n \cdot \frac{(n-1)!}{(k-1)!(n-k)!} = n_{n-1}C_{k-1}$$
$$\sum_{k=0}^{n} k{}_nC_k = n \sum_{k=1}^{n} {}_{n-1}C_{k-1}$$
$$= n(1+1)^{n-1} = n \cdot 2^{n-1} \quad\cdots\cdots\cdots①$$

$n=10$ のとき①の右辺は $10 \cdot 2^9 = 5120 < 10000$，$n=11$ のとき①の右辺は $11 \cdot 2^{10} = 11 \cdot 1024 > 10000$ であるから，最小の **$n=11$** である．

注意　$(x+1)^n = \sum_{k=0}^{n} {}_nC_k x^k$ の両辺を x で微分して

$$n(x+1)^{n-1} = \sum_{k=1}^{n} (k \cdot {}_nC_k x^{k-1})$$

$x=1$ を代入して，$n \cdot 2^{n-1} = \sum_{k=1}^{n} (k \cdot {}_nC_k)$ を得る．

《オメガの問題（B2）☆》

323. 整式 x^{2023} を x^2+x+1 で割った余りを求

めよ. （23 昭和大・医-2期）

▶解答◀ $x^3 = 1$ すなわち $(x-1)(x^2+x+1) = 0$ の虚数解の1つを ω とおくと, $\omega^2+\omega+1 = 0$, $\omega^3 = 1$ である. x^{2023} を x^2+x+1 で割ったときの商を $Q(x)$, 余りを $ax+b$ とおく. a, b は実数である.

$$x^{2023} = (x^2+x+1)Q(x) + ax + b$$

$x = \omega$ を代入する. $\omega^{2023} = \omega^{3 \cdot 674} \cdot \omega = \omega$ であるから

$$\omega = a\omega + b \qquad \therefore \quad a = 1, b = 0$$

求める余りは **x** である.

♦別解♦ $x^{2023} = x^{2023} - x + x = x(x^{3 \cdot 674} - 1) + x$

$x^3 = A$ とおくと

$$x^{3 \cdot 674} - 1 = A^{674} - 1$$
$$= (A-1)(A^{673} + A^{672} + A^{671} + \cdots + 1)$$

$A - 1 = x^3 - 1 = (x-1)(x^2+x+1)$ であるから $x^{3 \cdot 674} - 1$ は x^2+x+1 で割り切れる. よって, 求める余りは **x** である.

《オメガの友達 (B10)》

324. 整式 $x^{2023} - 1$ を整式 $x^4+x^3+x^2+x+1$ で割ったときの余りを求めよ. （23 京大・前期）

▶解答◀ $A = x^4+x^3+x^2+x+1$, $B = x-1$ とおくと, $AB = x^5-1$ となるから $x^5 = AB+1$ である.

$$x^{2023} - 1 = (x^5)^{404}x^3 - 1$$
$$= (AB+1)^{404}x^3 - 1$$

$(AB+1)^{404}$ を二項展開すると $AC+1$ （C は多項式）の形になる.

$$x^{2023} - 1 = (AC+1)x^3 - 1 = ACx^3 + x^3 - 1$$

求める余りは **$x^3 - 1$** である.

《多項式の割り算の利用 (B5)》

325. $\left(\dfrac{1+\sqrt{5}}{2}\right)^3$ の整数部分を a, 小数部分を b とする. 次の問いに答えよ.

（1） a の値を求めよ.

（2） $b^4 + 3b^3 - 4b^2 + 6b + 1$ の値を求めよ.

（23 昭和大・医-2期）

▶解答◀ （1） $\left(\dfrac{1+\sqrt{5}}{2}\right)^3$

$= \dfrac{1}{8}(1 + 3\sqrt{5} + 3 \cdot 5 + 5\sqrt{5}) = 2 + \sqrt{5}$

$2 < \sqrt{5} < 3$ であるから, $a = 4$ である.

（2） $b = (2+\sqrt{5}) - 4 = \sqrt{5} - 2$

$b + 2 = \sqrt{5}$ であるから

$$(b+2)^2 = 5$$
$$b^2 + 4b - 1 = 0$$

$x^4 + 3x^3 - 4x^2 + 6x + 1$ を $x^2 + 4x - 1$ で割ったときの商 $x^2 - x + 1$ と余り $x + 2$ を利用して

$$b^4 + 3b^3 - 4b^2 + 6b + 1$$
$$= (b^2 + 4b - 1)(b^2 - b + 1) + b + 2$$
$$= (\sqrt{5} - 2) + 2 = \sqrt{5}$$

《多項式の割り算の利用 (B10)》

326. $\alpha = \sqrt{6 + 2\sqrt{5}}$ のとき,

$\alpha^5 - \alpha^4 - 12\alpha^3 + 12\alpha^2 + 16\alpha = \boxed{}$

である. （23 藤田医科大・医学部前期）

▶解答◀ $\alpha = \sqrt{6 + 2\sqrt{5}} = \sqrt{(\sqrt{5}+1)^2} = \sqrt{5} + 1$

$\alpha - 1 = \sqrt{5}$ の両辺を2乗して $\alpha^2 - 2\alpha - 4 = 0$ を得る. $x^5 - x^4 - 12x^3 + 12x^2 + 16x$ を $x^2 - 2x - 4$ で割ると商が $x^3 + x^2 - 6x + 4$, 余りが 16 であるから

$$x^5 - x^4 - 12x^3 + 12x^2 + 16x$$
$$= (x^2 - 2x - 4)(x^3 + x^2 - 6x + 4) + 16$$

ここに $x = \alpha$ を代入すると

$$\alpha^5 - \alpha^4 - 12\alpha^3 + 12\alpha^2 + 16\alpha$$
$$= (\alpha^2 - 2\alpha - 4)(\alpha^3 + \alpha^2 - 6\alpha + 4) + 16 = \mathbf{16}$$

注意 【次数下げ】

$\alpha^2 = 2\alpha + 4$ に α を掛けて $\alpha^3 = 2\alpha^2 + 4\alpha$ となる. ここに $\alpha^2 = 2\alpha + 4$ を代入して

$$\alpha^3 = 2(2\alpha + 4) + 4\alpha = 8\alpha + 8$$

これを繰り返すと $\alpha^4 = 24\alpha + 32$, $\alpha^5 = 80\alpha + 96$ となる.

$$\alpha^5 - \alpha^4 - 12\alpha^3 + 12\alpha^2 + 16\alpha$$
$$= 80\alpha + 96 - (24\alpha + 32) - 12(8\alpha + 8)$$
$$+ 12(2\alpha + 4) + 16\alpha = \mathbf{16}$$

《余りを求める (B2)》

327. $f(x)$ を3次式とし, $f(x)$ を $x^2 - 7x + 12$ で割った余りが $2x + 3$ で, $f(x)$ を $x^2 - 3x + 2$ で割った余りが 11 であるとする. このとき, $f(x)$ の定数項は $\boxed{}$ である. （23 芝浦工大）

▶解答◀ $A(x), B(x)$ は1次式とする.

$$f(x) = (x-3)(x-4)A(x) + 2x + 3 \quad \cdots\cdots ①$$
$$f(x) = (x-1)(x-2)B(x) + 11 \quad \cdots\cdots ②$$

とおける．①＝②で $x=1, 2$ として

$$6A(1) + 5 = 11, \quad 2A(2) + 7 = 11$$

$A(1) = 1, A(2) = 2$ となり $A(x) = ax + b$ とおくと

$a + b = 1, 2a + b = 2$ より $a = 1, b = 0$

$A(x) = x$ で $f(x) = x(x-3)(x-4) + 2x + 3$

$f(x)$ の定数項は **3**

《余りを求める（B2）》

328. 整式 x^{2023} を $x^3 - x$ で割った余りは ☐ である． 　　　　　　　　　　　　　　　(23　芝浦工大)

▶解答◀　$A(x)$ は商を表す．

$$x^{2023} = (x^3 - x)A(x) + ax^2 + bx + c$$

とおけて，$x = 0, 1, -1$ として

$$0 = c,$$

$$1 = a + b + c, \quad -1 = a - b + c$$

$b = 1, a = 0$ となる．よって，求める余りは **x** である．

《多項式の割り算（B5）》

329. 整式 $f(x) = (x-1)^2(x-2)$ を考える．
（1）$g(x)$ を実数を係数とする整式とし，$g(x)$ を $f(x)$ で割った余りを $r(x)$ とおく．$g(x)^7$ を $f(x)$ で割った余りをと $r(x)^7$ を $f(x)$ で割った余りが等しいことを示せ．
（2）a, b を実数とし，$h(x) = x^2 + ax + b$ とおく．$h(x)^7$ を $f(x)$ で割った余りを $h_1(x)$ とおき，$h_1(x)^7$ を $f(x)$ で割った余りを $h_2(x)$ とおく．$h_2(x)$ が $h(x)$ に等しくなるような a, b の組をすべて求めよ． 　　　(23　東大・理科)

▶解答◀　（1）$g(x)$ を $f(x)$ で割った商を $q(x)$ とおくと

$$g(x) = q(x)f(x) + r(x)$$

このとき

$$g(x)^7 = (q(x)f(x) + r(x))^7$$

$$= f(x)\sum_{k=1}^{7} {}_7\mathrm{C}_k q(x)^k f(x)^{k-1} r(x)^{7-k} + r(x)^7$$

であるから，$g(x)^7$ を $f(x)$ で割った余りと $r(x)^7$ を $f(x)$ で割った余りは等しい．
（2）（1）において $g(x) = h(x)^7$ として適用すると，
$\left(h(x)^7\right)^7 = h(x)^{49}$ を $f(x)$ で割った余りが $h_2(x)$ となる．$h_2(x)$ が $h(x)$ に等しくなるとき，商を $Q(x)$

とおくと

$$h(x)^{49} = Q(x)f(x) + h(x)$$

$$h(x)\left(h(x)^{48} - 1\right) = Q(x)f(x) \quad \cdots\cdots①$$

①の左辺を $H(x)$ とおくと，$H(x)$ が $f(x)$ で割り切れるための必要十分条件は

$$H(1) = 0, \quad H(2) = 0, \quad H'(1) = 0$$

である．①の両辺で $x = 1$ とすると，$f(x) = 0$ より

$$(1 + a + b)\{(1 + a + b)^{48} - 1\} = 0$$

$$1 + a + b = 0, \pm 1 \quad \cdots\cdots②$$

①の両辺で $x = 2$ とすると

$$(4 + 2a + b)\{(4 + 2a + b)^{48} - 1\} = 0$$

$$4 + 2a + b = 0, \pm 1 \quad \cdots\cdots③$$

①の両辺を x で微分すると

$$h'(x)\left(h(x)^{48} - 1\right) + h(x) \cdot 48h(x)^{47}h'(x)$$
$$= Q'(x)f(x) + Q(x)f'(x)$$

$$h'(x)\left(49h(x)^{48} - 1\right)$$
$$= Q'(x)f(x) + Q(x)f'(x) \quad \cdots④$$

②より $h(1) = 0, \pm 1$ であるから

$$49h(1)^{48} - 1 \neq 0$$

$$2 \cdot 1 + a = 0 \qquad \therefore \quad a = -2$$

②に代入すると $b = 0, 1, 2$
③に代入すると $b = 0, \pm 1$
よって，$(a, b) = (-2, 0), (-2, 1)$ である．

《多項式を求める（C20）》

330. $f(x)$ を整数係数の多項式とする．$f(x)$ が2つ以上の定数でない整数係数の多項式の積で表せないとき，$f(x)$ は既約多項式であると呼ぶこととする．例えば，$2x^2 + 3x + 1 = (2x+1)(x+1)$ より $2x^2 + 3x + 1$ は既約多項式ではなく，$2x^2 + 3x + 2$ は既約多項式である．
（1）$f(x+1)$ が既約多項式であれば，$f(x)$ も既約多項式であることを示せ．
（2）p は素数とする．
$$f(x) = a_3x^3 + a_2x^2 + a_1x + a_0$$
（$a_3 \neq 0$ かつ a_0, a_1, a_2, a_3 は整数）が次の3条件をすべて満たすとき，$f(x)$ は既約多項式であることを示せ．
（Ⅰ）a_0 は p の倍数であるが，p^2 の倍数でない．
（Ⅱ）a_1 と a_2 は p の倍数である．
（Ⅲ）a_3 は p の倍数でない．
（3）$f(x) = 2x^3 + 3x^2 - 6x + 4$ が既約多項式であることを証明せよ． 　　(23　大阪医薬大・後期)

▶解答◀ （1） $f(x+1)$ が既約多項式であるが $f(x)$ は既約多項式ではないと仮定する.

定数でない整数係数の多項式 $g(x)$, $h(x)$ を用いて, $f(x) = g(x)h(x)$ と表すことができる. x を $x+1$ に置き換えて, $f(x+1) = g(x+1)h(x+1)$

$g(x+1)$, $h(x+1)$ は定数でない整数係数の多項式であり, $f(x+1)$ が既約多項式であることに矛盾する.

よって, $f(x+1)$ が既約多項式であれば, $f(x)$ も既約多項式である.

（2）（Ⅰ）,（Ⅱ）,（Ⅲ）をすべて満たす $f(x)$ が既約多項式でないと仮定する.

$$f(x) = (b_1 x + b_0)(c_2 x^2 + c_1 x + c_0)$$
$$= b_1 c_2 x^3 + (b_1 c_1 + b_0 c_2)x^2$$
$$+ (b_1 c_0 + b_0 c_1)x + b_0 c_0$$

と表すことができる. $b_1 \neq 0$, $c_2 \neq 0$ かつ b_1, b_0, c_2, c_1, c_0 は整数である. 係数を比較して

$$a_3 = b_1 c_2 \quad\text{............①}$$
$$a_2 = b_1 c_1 + b_0 c_2 \quad\text{............②}$$
$$a_1 = b_1 c_0 + b_0 c_1 \quad\text{............③}$$
$$a_0 = b_0 c_0 \quad\text{............④}$$

a_0 は p で1回だけ割り切れるから, ④ より b_0, c_0 の一方のみが p の倍数である.

（ア） b_0 が p の倍数で c_0 が p の倍数でないとき

a_1, b_0 が p の倍数であるから, ③ より b_1 が p の倍数である. ① より a_3 が p の倍数となり（Ⅲ）に矛盾する.

（イ） c_0 が p の倍数で b_0 が p の倍数でないとき

a_1, c_0 が p の倍数であるから, ③ より c_1 が p の倍数である. すると a_2, c_1 が p の倍数であるから, ② より c_2 が p の倍数である. ① より a_3 が p の倍数となり

（Ⅲ）に矛盾する.

よって,（Ⅰ）,（Ⅱ）,（Ⅲ）をすべて満たすとき, $f(x)$ は既約多項式である.

（3） $f(x) = 2x^3 + 3x^2 - 6x + 4$

このままでは（Ⅰ）を満たさない. $f(x+1)$ を求めて（1）を利用する.

$$f(x+1) = 2(x+1)^3 + 3(x+1)^2 - 6(x+1) + 4$$
$$= 2x^3 + 9x^2 + 6x + 3$$

これだと $p = 3$ として（Ⅰ）,（Ⅱ）,（Ⅲ）をすべて満たす. $f(x+1)$ は既約多項式である. よって, $f(x)$ も既約多項式である.

─《商が残るように代入する (B10)》─

331. 整式 $P(x)$ を $x^2 + 5x + 6$ で割ると $x+1$ 余り, $x+1$ で割ると 2 余るとき, 以下の問いに答えよ.

（1） $P(-1)$ を求めよ.

（2） $P(x)$ を $(x+1)(x^2 + 5x + 6)$ で割った余りを求めよ. （23 鳥取大・工-後期）

考え方 こうした問題で昔からある解法は, $P(x) = (x+1)(x^2 + 5x + 6)A(x) + ax^2 + bx + c$ と設定して「商が消えるような x を代入する」ことが多い. 私は, 高校生の頃から「商が残ってもいいじゃないか」「この形の式を目標にするだけで, この式そのものは使わない解法」で解いていた. 割る式が1次式であっても, すべて等式で書くと, この解法が見える.

▶解答◀ （1） $A(x)$ などは商を表す.

$$P(x) = (x^2 + 5x + 6)A(x) + x + 1 \quad\text{............①}$$
$$P(x) = (x+1)B(x) + 2 \quad\text{............②}$$

とおける. ② で $x = -1$ として $P(-1) = 2$

（2） $P(x)$
$$= (x+1)(x^2 + 5x + 6)C(x) + ax^2 + bx + c \quad ③$$

① を変形して ③ の形にすることを目標とする.

①＝② で $x = -1$ として $2A(-1) = 2$

$A(-1) = 1$ であるから剰余の定理より

$$A(x) = (x+1)C(x) + 1$$

とおける. ① に代入し

$$P(x) = (x^2 + 5x + 6)\{(x+1)C(x) + 1\} + x + 1$$
$$= (x+1)(x^2 + 5x + 6)C(x)$$
$$+ (x^2 + 5x + 6) + x + 1$$

求める余りは $x^2 + 6x + 7$

─《商が残るように代入する (B10)》─

332. 整式 $P(x)$ を $(x+1)^3$ で割ったときの余りは 11 であり, $x-1$ で割ったときの余りは 3 である. $P(x)$ を $(x+1)^3(x-1)$ で割ったときの余りを求めよ. （23 山形大・工）

▶解答◀ $A(x)$ などは商を表す.

$$P(x) = (x+1)^3 A(x) + 11 \quad\text{............①}$$
$$P(x) = (x-1)B(x) + 3 \quad\text{............②}$$
$$P(x) = (x+1)^3(x-1)C(x)$$
$$+ ax^3 + bx^2 + cx + d \quad\text{............③}$$

とおける．① を変形して ③ にすることを考える．
① ＝ ② で $x = 1$ とおく．$8A(1) + 11 = 3$ となり，
$A(1) = -1$ である．

$A(x) = (x-1)C(x) - 1$ とおけて，① に代入する
と

$$P(x) = (x+1)^3\{(x-1)C(x) - 1\} + 11$$
$$= (x+1)^3(x-1)C(x) - (x+1)^3 + 11$$
$$= (x+1)^3(x-1)C(x) - x^3 - 3x^2 - 3x + 10$$

求める余りは $-x^3 - 3x^2 - 3x + 10$ である．

《虚数を代入する（B20）》

333.（1）整式 $P(x)$ を $x+2$ で割ると -2 余り，
$2x-3$ で割ると 5 余る．$P(x)$ を $(2x-3)(x+2)$
で割ったときの余りは，□ である．

（2）整式 $P(x)$ を x^2+2 で割ると $x+5$ 余
り，x^2+3 で割ると $3x-4$ 余る．$P(x)$ を
$(x^2+2)(x^2+3)$ で割ったときの余りは，□ で
ある．

（23　愛知学院大）

考え方　学校では多項式の割り算で「割る式が1次
式のときには等式で書かず，剰余の定理を使え，割る
式が2次以上になると等式で書け」という．そして
（1）は

『剰余の定理より $P(-2) = -2$，$P\left(\dfrac{3}{2}\right) = 5$ である．
$P(x) = (2x-3)(x+2)A(x) + ax + b$ とおくと

$$P(-2) = -2a + b = -2$$
$$P\left(\frac{3}{2}\right) = \frac{3}{2}a + b = 5$$

これを解いて $a = 2$，$b = 2$ となり，余りは $2x + 2$ で
ある．』
のような解法を教える．（2）では，今度は解法が変
わることになる．本当は「すべて等式で書いて代入」
なら，皆同じ道であるのに．その道が見えないのだろ
うか？

▶解答◀　以下 $A(x)$ などは商を表す．

（1）$P(x) = (x+2)A(x) - 2$ ……………………①
$P(x) = (2x-3)B(x) + 5$ ……………………②
$P(x) = (2x-3)(x+2)C(x) + ax + b$ …………③
とおける．① ＝ ③ で $x = -2$，② ＝ ③ で $x = \dfrac{3}{2}$ と
おくと

$$-2a + b = -2$$ ……………………④
$$\frac{3}{2}a + b = 5$$ ……………………⑤

⑤ － ④ より $\dfrac{7}{2}a = 7$ となり $a = 2$ である．④ よ
り $b = 2a - 2 = 2$ となる．求める余りは $2x + 2$ であ
る．別解も見よ．

（2）式番号が進み過ぎたから，式番号を ① から振
り直す．また，商も $A(x)$ から使う．

$$P(x) = (x^2+2)A(x) + x + 5$$ …………①
$$P(x) = (x^2+3)B(x) + 3x - 4$$ …………②
$$P(x) = (x^2+2)(x^2+3)C(x)$$
$$+ px^3 + qx^2 + rx + s$$ …………③

とおく．高校では実数係数の多項式を扱うから，
p, q, r, s も実数である．係数の実数性を使わない解
法は別解を見よ．

① ＝ ③ で $x = \sqrt{2}i$ とすると

$$\sqrt{2}i + 5 = -2\sqrt{2}pi - 2q + \sqrt{2}ri + s$$
$$5 + \sqrt{2}i = (-2q+s) + (-2p+r)\sqrt{2}i$$

$-2q + s$，$(-2p+r)\sqrt{2}$ は実数であるから

$$5 = -2q + s$$ ……………………④
$$\sqrt{2} = (-2p+r)\sqrt{2}$$ から $1 = -2p + r$ ……⑤

② ＝ ③ で $x = \sqrt{3}i$ とすると

$$3\sqrt{3}i - 4 = -3\sqrt{3}pi - 3q + \sqrt{3}ri + s$$
$$-4 + 3\sqrt{3}i = (-3q+s) + (-3p+r)\sqrt{3}i$$

$-3q + s$，$(-3p+r)\sqrt{3}$ は実数であるから

$$-4 = -3q + s$$ ……………………⑥
$$3\sqrt{3} = (-3p+r)\sqrt{3}$$ から $3 = -3p + r$ ……⑦

④，⑥ より $q = 9$，$s = 23$
⑤，⑦ より $p = -2$，$r = -3$
よって余りは $-2x^3 + 9x^2 - 3x + 23$ である．

◆別解◆（1）③ は「導く形の目標」であり，③
自体は使わない．①，② だけで解ける．① ＝ ②
で $x = -2$ とおく．$-2 = -7B(-2) + 5$ となり，
$B(-2) = 1$ である．剰余の定理より $B(x)$ を $x+2$ で
割った余りは 1 であり，$B(x) = (x+2)C(x) + 1$ と
おけて ② に代入すると

$$P(x) = (2x-3)\{(x+2)C(x) + 1\} + 5$$
$$= (2x-3)(x+2)C(x) + 2x + 2$$

求める余りは $2x + 2$

（2）今度も ③ は「導く形の目標」であり，③ 自体
は使わない．多項式の係数は実数であることも使わな
い．もし，多項式の係数が複素数であるとしても，こ
ちらの解法は通用する．

① ＝ ② で $x = \sqrt{2}i$ とおく．
$x^2 = -2$ であるから

$$\sqrt{2}i + 5 = B(\sqrt{2}i) + 3\sqrt{2}i - 4$$
$$B(\sqrt{2}i) + 2\sqrt{2}i - 9 = 0$$

① = ② で $x = -\sqrt{2}i$ とおくと

$$C(-\sqrt{2}i) - 2\sqrt{2}i - 9 = 0$$

因数定理より $B(x) + 2x - 9$ は $(x - \sqrt{2}i)(x + \sqrt{2}i)$ で割り切れる.

$$B(x) + 2x - 9 = (x^2 + 2)D(x)$$

とおけて, $B(x) = (x^2 + 2)D(x) - 2x + 9$ となる. ② に代入し

$$P(x) = (x^2 + 3)\{(x^2 + 2)D(x) - 2x + 9\}$$
$$+ 3x - 4$$
$$= (x^2 + 2)(x^2 + 3)D(x) - 2x^3 + 9x^2 - 3x + 23$$

求める余りは $\boldsymbol{-2x^3 + 9x^2 - 3x + 23}$

【恒等式】

──《3 次の恒等式 (B2)》──

334. 整式 $A : px^3 + qx^2 - 2x + r$, 整式 $B : 3x^2 - 8x - 3$, 整式 $C : 2x^2 - 7x + 3$ とする (p, q, r は実数)($p \ne 0$).

整式 A は整式 B および整式 C で割り切れる. $\dfrac{p + q + r}{5}$ の値を求めよ. （23 自治医大・医）

▶解答◀ $B : 3x^2 - 8x - 3 = (x - 3)(3x + 1)$

$$C : 2x^2 - 7x + 3 = (x - 3)(2x - 1)$$

であるから, A は定数 k を用いて次のように表される.

$$k(x - 3)(2x - 1)(3x + 1)$$
$$= k(6x^3 - 19x^2 + 2x + 3)$$

これと $px^3 + qx^2 - 2x + r$ の各項の係数を比べて

$$6k = p, \quad -19k = q, \quad 2k = -2, \quad 3k = r$$
$$k = -1, \quad p = -6, \quad q = 19, \quad r = -3$$
$$\frac{p + q + r}{5} = \frac{10}{5} = \boldsymbol{2}$$

──《4 次の恒等式 (B5)》──

335. 整式 $P(x) = x^4 + 11x^2 - 4x + 32$ が

$$P(x) = (x^2 + a)^2 - (x + b)^2$$

と表せるような定数 a, b の値は

$a = \boxed{}, b = \boxed{}$

であり, $P(x)$ を実数の範囲で因数分解すると $P(x) = \boxed{}$ となる. （23 関西学院大・理系）

▶解答◀ $(x^2 + a)^2 - (x + b)^2$

$$= x^4 + 2ax^2 + a^2 - x^2 - 2bx - b^2$$

$$= x^4 + (2a - 1)x^2 - 2bx + a^2 - b^2$$

であるから, これが

$$P(x) = x^4 + 11x^2 - 4x + 32$$

となるのは, $2a - 1 = 11, 2b = 4$, すなわち $a = \boldsymbol{6}, b = \boldsymbol{2}$ のときである. したがって,

$$P(x) = (x^2 + 6)^2 - (x + 2)^2$$
$$= (x^2 + 6 + x + 2)(x^2 + 6 - x - 2)$$
$$= \boldsymbol{(x^2 + x + 8)(x^2 - x + 4)}$$

──《分数の恒等式 (B2)》──

336. 等式

$$\frac{4}{(x^2 - 1)^2} = \frac{a}{x - 1} + \frac{b}{(x - 1)^2} + \frac{c}{x + 1} + \frac{d}{(x + 1)^2}$$

が x についての恒等式となるように, 実数 a, b, c, d の値を定めよ. （23 東京電機大）

▶解答◀ $\dfrac{4}{(x^2 - 1)^2}$

$$= \frac{a}{x - 1} + \frac{b}{(x - 1)^2} + \frac{c}{x + 1} + \frac{d}{(x + 1)^2}$$

分母をはらった

$$4 = a(x + 1)(x^2 - 1) + b(x + 1)^2$$
$$+ c(x - 1)(x^2 - 1) + d(x - 1)^2$$

も恒等式である. これは見かけの 3 次の恒等式であるから, 異なる 4 つの x で成り立つことが必要十分である. $x = -1, 1, 0, 2$ を代入すると

$$4 = 4d \quad \cdots\cdots\cdots\cdots\cdots ①$$
$$4 = 4b \quad \cdots\cdots\cdots\cdots\cdots ②$$
$$4 = -a + b + c + d \quad \cdots\cdots\cdots ③$$
$$4 = 9a + 9b + 3c + d \quad \cdots\cdots ④$$

①, ② より, $b = d = 1$ である. ③, ④ に代入して

$$-a + c = 2, \quad 3a + c = -2$$

この 2 式から $a = \boldsymbol{-1}, c = \boldsymbol{1}$ である.

注意 【恒等式の注意】

分母をはらう前は $x \ne -1, x \ne 1$ であるが, 分母をはらった後は多項式としての一致だから, 何を代入してもよい. 見せかけの n 次の恒等式は $n + 1$ 個の異なる実数で成り立つことが必要十分である.

──《分数の恒等式 (A2)》──

337. 等式 $3x^2y - 4xy^2 - 9x^2 + 16y^2 + 36x - 48y = 0$ が, x についての恒等式ならば $y = \boxed{}$ であり, y についての恒等式ならば $x = \boxed{}$ である. また, 等式 $\dfrac{33}{2x^2 + 5x - 12} = \dfrac{a}{2x - 3} - \dfrac{b}{x + 4}$ が x

についての恒等式ならば, $a = \boxed{}$, $b = \boxed{}$ である.

(23 東京工芸大・工)

▶解答◀

$3x^2y - 4xy^2 - 9x^2 + 16y^2 + 36x - 48y = 0$ ………①

① を x について整理して

$$3(y-3)x^2 - 4(y^2-9)x + 16y(y-3) = 0$$

x についての恒等式であるとき

$$y - 3 = 0, \quad y^2 - 9 = 0, \quad y(y-3) = 0$$

これらを満たすのは $y = 3$ である.

① を y について整理して

$$-4(x-4)y^2 + 3(x^2-16)y - 9x(x-4) = 0$$

y についての恒等式であるとき

$$x - 4 = 0, \quad x^2 - 16 = 0, \quad x(x-4) = 0$$

これらを満たすのは $x = 4$ である.

$$\frac{33}{2x^2 + 5x - 12} = \frac{a}{2x-3} - \frac{b}{x+4}$$

$$\frac{33}{(2x-3)(x+4)} = \frac{a}{2x-3} - \frac{b}{x+4}$$

$$33 = a(x+4) - b(2x-3)$$

$$(a-2b)x + 4a + 3b - 33 = 0$$

x についての恒等式であるとき

$$a - 2b = 0, \quad 4a + 3b - 33 = 0$$

これを解いて, $a = 6, b = 3$ となる.

【不等式の証明】

━━━《三角不等式 (B20) ☆》━━━

338. a, b を $0 < |a| < |b|$ を満たす実数とする. このとき, 以下の問に答えよ.

(1) $|x^3 - a^3| + |x^3 - b^3| = |a^3 - b^3|$

を満たす実数 x をすべて求めよ.

(2) n が正の偶数のとき,

$|x^n - a^n| + |x^n - b^n| = |a^n - b^n|$

を満たす実数 x をすべて求めよ.

(23 群馬大・医)

▶解答◀ (1) 注も合わせて読むこと.

三角不等式

$$|p + q| \leqq |p| + |q| \quad\cdots\cdots\cdots①$$

を用いる. p, q が実数のとき, 等号は p, q が同符号 ($pq \geqq 0$ になること. これについては注を見よ. なお 0 は任意の実数に対して同符号とする) のときに成り立つ.

$$|x^3 - a^3| + |x^3 - b^3|$$

$$= |a^3 - x^3| + |x^3 - b^3|$$

$$\geqq |(a^3 - x^3) + (x^3 - b^3)| = |a^3 - b^3|$$

であり, 今は等号が成り立つ場合である.

$$(a^3 - x^3)(x^3 - b^3) \geqq 0$$

-1 をかけて $(x^3 - a^3)(x^3 - b^3) \leqq 0$ であり, これは $(x-a)(x-b) \leqq 0$ と同値で (注を見よ), a と b の間 ($x = a, x = b$ を含む) である.

$a \leqq b$ のとき $a \leqq x \leqq b$,

$b \leqq a$ のとき $b \leqq x \leqq a$

である. $0 < |a| < |b|$ という条件があるから, 丁寧に場合分けすると

$0 < a < b$ のとき, $a \leqq x \leqq b$ ………………②

$b < -a < 0 < a$ のとき, $b \leqq x \leqq a$ …………③

$a < 0 < -a < b$ のとき, $a \leqq x \leqq b$ …………④

$b < a < 0$ のとき, $b \leqq x \leqq a$ ………………⑤

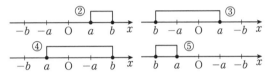

(2) $|a^n - x^n| + |x^n - b^n|$

$$\geqq |(a^n - x^n) + (x^n - b^n)| = |a^n - b^n|$$

の等号が成り立つときで, $(a^n - x^n)(x^n - b^n) \geqq 0$ のときである. $(x^n - a^n)(x^n - b^n) \leqq 0$ となり, n が偶数であるから

$$(|x| - |a|)(|x| - |b|) \leqq 0$$

$$|a| \leqq |x| \leqq |b|$$

と同値である. よって, 求める実数 x は

$$-|b| \leqq x \leqq -|a| \text{ または } |a| \leqq x \leqq |b|$$

注 意 1°【実数についての三角不等式】

① を 2 乗すると

$$p^2 + q^2 + 2pq \leqq p^2 + q^2 + 2|pq|$$

$$pq \leqq |pq|$$

で, 等号は $pq \geqq 0$ のとき成り立つ. ① は複素数でもベクトルでも成り立つ. ベクトルの場合なら, $|\vec{p} + \vec{q}| \leqq |\vec{p}| + |\vec{q}|$ となる. 昔, 「私は大人になってから 2 次方程式の解の公式を使ったことがないから, 解の公式は不要だ」と言った小説家がいたらしいが, 大学に入って相加相乗平均の不等式を使うことは大変少ない. しかし大学で $\varepsilon - \delta$ 論法を学ぶ場合, 三角不等式は日常的に使う. 相加相乗平均の不等式ばかりやらず三角不等式を教えなさいというメッセージであろうか?

2°【大小の関係】

関数 $f(x) = x^n$ について，n が奇数のとき $f(x)$ は増加関数である．以下同値変形をする．

$$x_1{}^n - x_2{}^n \le 0 \Longleftrightarrow x_1{}^n \le x_2{}^n$$

$$\Longleftrightarrow f(x_1) \le f(x_2) \Longleftrightarrow x_1 \le x_2$$

$$\Longleftrightarrow x_1 - x_2 \le 0$$

n が偶数のとき

$$x_1{}^n - x_2{}^n \le 0 \Longleftrightarrow |x_1|^n \le |x_2|^n$$

$$\Longleftrightarrow |x_1| \le |x_2|$$

《分数関数と最小値 (B10)》

339. 次の問いに答えよ．

（1） 2次関数 $y = x^2 + x + 3$ のグラフの軸と頂点を求め，そのグラフをかけ．

（2） 整式 $x^4 + 2x^3 - 3x^2 - 4x + 43$ を整式 $x^2 + x + 3$ で割った商と余りを求めよ．

（3） 関数 $f(x) = \dfrac{x^4 + 2x^3 - 3x^2 - 4x + 43}{x^2 + x + 3}$ の最小値を求めよ． (23 島根大・数理)

▶**解答**◀ （1） $y = \left(x + \dfrac{1}{2}\right)^2 + \dfrac{11}{4}$

となるから，軸は**直線 $x = -\dfrac{1}{2}$**，頂点は

点 $\left(-\dfrac{1}{2}, \dfrac{11}{4}\right)$ でグラフは下図の通り．

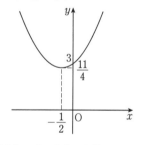

（2） $x^4 + 2x^3 - 3x^2 - 4x + 43$
$$= (x^2 + x + 3)(x^2 + x - 7) + 64$$

商は $x^2 + x - 7$，余りは 64

（3） $t = x^2 + x + 3$ とおく．（2）より

$$f(x) = \frac{(x^2 + x + 3)(x^2 + x - 7) + 64}{x^2 + x + 3}$$

$$= x^2 + x - 7 + \frac{64}{x^2 + x + 3} = t + \frac{64}{t} - 10$$

（1）より，t の値域は $t \ge \dfrac{11}{4}$ であるから，相加・相乗平均の不等式より

$$f(x) = t + \frac{64}{t} - 10 \ge 2\sqrt{t \cdot \frac{64}{t}} - 10 = 6$$

等号は $t = \dfrac{64}{t}$，すなわち $t = 8$ のとき成り立ち，$f(x)$ の最小値は **6** である．

《チェビシェフの不等式 (B10) ☆》

340. 実数 $a_1, a_2, a_3, b_1, b_2, b_3$ について，$0 < a_1 < a_2 < a_3$，$0 < b_1 < b_2 < b_3$ とします．

（1） 2つの集合 $A_2 = \{a_1, a_2\}$，$B_2 = \{b_1, b_2\}$ を考えます．集合 A_2 と B_2 から要素を1つずつ選び，ペアにして積を作りその和を求める作業を行うとき，考えられる和は $a_1b_1 + a_2b_2$……① または $a_1b_2 + a_2b_1$……② の2つです．2つの式①，②の大小関係を調べ結論しなさい．

（2） 2つの集合 $A_3 = \{a_1, a_2, a_3\}$，$B_3 = \{b_1, b_2, b_3\}$ について，（1）と同様に集合 A_3 と B_3 から要素を1つずつ選び，ペアにして積を作りその和を求める作業を行います．そのうちの1つには，例えば $a_1b_2 + a_2b_3 + a_3b_1$……③ が挙げられます．このような式は③の式を含めて全部で何通りありますか．ただし，項の順番を入れ替えると等しくなるような2つの式は同じ式とみなします．

（3） （2）で得られる式のうち，最大の値をとる式を求めなさい． (23 湘南工科大)

▶**解答**◀ （1）

$$(a_1b_1 + a_2b_2) - (a_1b_2 + a_2b_1)$$
$$= -a_1(b_2 - b_1) + a_2(b_2 - b_1)$$
$$= (a_2 - a_1)(b_2 - b_1) > 0$$
$$\boldsymbol{a_1b_1 + a_2b_2 > a_1b_2 + a_2b_1}$$

これは小さいものは小さい同志，大きいものは大きいもの同志掛けた方が大きくなると理解する．

$$
\begin{array}{cc}
\text{大} & \text{小} \\
a_1 < a_2 & a_1 < a_2 \\
\downarrow \quad \downarrow & \times \\
b_1 < b_2 & b_1 < b_2
\end{array}
$$

（2） その式を $a_1b_i + a_2b_j + a_3b_k$ としよう．i, j, k は 1, 2, 3 の順列であるから $3! = 6$ 通りの式ができる．

（3） $a_1b_i + a_2b_j + a_3b_k$ で，$i \ne 1$ であると仮定する．すると $a_1b_i + a_lb_1$ という形の項がある．$1 < i, 1 < l$ である．$a_1 < a_l$，$b_1 < b_i$ であるから

$$a_1b_i + a_lb_1 < a_1b_1 + a_lb_i$$

となり，a_1b_1 があるように掛ける相手を交換した方が大きくなる．よって最大値を考える場合，a_1b_1 がある状態で考える．$a_1b_1 + a_2b_j + a_3b_k$ とする．残り $a_2b_j + a_3b_k$ について，j, k は 2 と 3 であるから，$a_2b_2 + a_3b_3$ または $a_2b_3 + a_3b_2$ である．$a_2 < a_3$，$b_2 < b_3$ であるから $a_2b_2 + a_3b_3 > a_2b_3 + a_3b_2$ である．a_2b_2

がある方が大きい．最大の値は $a_1b_1 + a_2b_2 + a_3b_3$

《コーシーシュワルツの不等式 (B10) ☆》

341. 正の数 x, y, z は $x + y + z = 4$ をみたしている．このとき

$$\frac{1}{x} + \frac{4}{y} + \frac{9}{z}$$

の最小値は ☐ である．(23 東邦大・健康科学-看護)

▶**解答**◀ コーシー・シュワルツの不等式より

$$\{(\sqrt{x})^2 + (\sqrt{y})^2 + (\sqrt{z})^2\}$$

$$\times \left\{ \left(\frac{1}{\sqrt{x}}\right)^2 + \left(\frac{2}{\sqrt{y}}\right)^2 + \left(\frac{3}{\sqrt{z}}\right)^2 \right\}$$

$$\geqq \left(\sqrt{x} \cdot \frac{1}{\sqrt{x}} + \sqrt{y} \cdot \frac{2}{\sqrt{y}} + \sqrt{z} \cdot \frac{3}{\sqrt{z}} \right)^2 = 36$$

したがって

$$4\left(\frac{1}{x} + \frac{4}{y} + \frac{9}{z} \right) \geqq 36$$

$$\frac{1}{x} + \frac{4}{y} + \frac{9}{z} \geqq 9$$

等号は $\frac{1}{x} = \frac{2}{y} = \frac{3}{z}$ のとき成り立つから，最小値は **9** である．

◆**別解**◆ $(x + y + z)\left(\frac{1}{x} + \frac{4}{y} + \frac{9}{z} \right)$

$$= \left(1 + \frac{4x}{y} + \frac{9x}{z} \right)$$

$$+ \left(\frac{y}{x} + 4 + \frac{9y}{z} \right) + \left(\frac{z}{x} + \frac{4z}{y} + 9 \right)$$

$$= 14 + \left(\frac{4x}{y} + \frac{y}{x} \right)$$

$$+ \left(\frac{4z}{y} + \frac{9y}{z} \right) + \left(\frac{z}{x} + \frac{9x}{z} \right)$$

$$\geqq 14 + 2\sqrt{\frac{4x}{y} \cdot \frac{y}{x}}$$

$$+ 2\sqrt{\frac{4z}{y} \cdot \frac{9y}{z}} + 2\sqrt{\frac{z}{x} \cdot \frac{9x}{z}}$$

$$= 14 + 4 + 12 + 6 = 36$$

ここで相加相乗平均の不等式を用いた．等号は

$$\frac{4x}{y} = \frac{y}{x}, \frac{4z}{y} = \frac{9y}{z}, \frac{z}{x} = \frac{9x}{z}$$

$$4x^2 = y^2, 4z^2 = 9y^2, z^2 = 9x^2$$

$$y = 2x, 3y = 2z, 3x = z$$

が成り立つときで，つまり

$$\frac{1}{x} = \frac{2}{y} = \frac{3}{z}$$

のときである．

$$4\left(\frac{1}{x} + \frac{4}{y} + \frac{9}{z} \right) \geqq 36$$

$$\frac{1}{x} + \frac{4}{y} + \frac{9}{z} \geqq 9$$

より最小値は **9** である．

注 意 【コーシー・シュワルツの不等式】

$\vec{a} = (a, b, c), \vec{x} = (x, y, z)$ とし，なす角を θ とすると

$$(ax + by + cz)^2 = (\vec{a} \cdot \vec{x})^2$$

$$= |\vec{a}|^2 |\vec{x}|^2 \cos^2 \theta$$

$$= (a^2 + b^2 + c^2)(x^2 + y^2 + z^2) \cos^2 \theta$$

$$\leqq (a^2 + b^2 + c^2)(x^2 + y^2 + z^2)$$

等号は $\vec{a} // \vec{x}$ のとき成り立つ．そのとき

$$\frac{x}{a} = \frac{y}{b} = \frac{z}{c}$$

である．

《不等式証明 (B20) ☆》

342. 次の問いに答えよ．

（1） $x > 0$ のとき $x + \frac{1}{x}$ の最小値を求めよ．また，最小となるときの x の値を求めよ．

（2） n を自然数とするとき，x に関する方程式

$$\sum_{k=1}^{2n} \frac{x^k}{1 + x^{2k}} = n$$

の実数解は $x = 1$ だけであることを示せ．

(23 関大)

▶**解答**◀ （1） 相加相乗平均の不等式より

$$x + \frac{1}{x} \geqq 2\sqrt{x \cdot \frac{1}{x}} = 2$$

であり，等号は $x = \frac{1}{x}$，すなわち $x = 1$ のとき成り立つ．最小値は **2** で，そのときの $x = 1$ である．

（2） $\sum_{k=1}^{2n} \frac{x^k}{1 + x^{2k}} = n$ は $x = 0$ では成立しないから $x \neq 0$ で考える．

（1）と同様に $x \neq 0$ のとき $|x^k| + \frac{1}{|x^k|} \geqq 2$ であり，等号は $|x| = 1$ のとき成り立つ．そして逆数をとって $\frac{|x^k|}{1 + |x^k|^2} \leqq \frac{1}{2}$ となる．$x^k \leqq |x^k|$ （等号は $x > 0$ のとき成り立つ）であるから

$$\frac{x^k}{1 + |x^k|^2} \leqq \frac{|x^k|}{1 + |x^k|^2} \leqq \frac{1}{2}$$ となる．よって

$$\frac{x^k}{1 + x^{2k}} \leqq \frac{1}{2}$$ となる．等号は $x > 0$ かつ $|x| = 1$，すなわち $x = 1$ のときに限って成り立つ．この不等式を $1 \leqq k \leqq 2n$ でシグマして

$$\sum_{k=1}^{2n} \frac{x^k}{1 + x^{2k}} \leqq \frac{1}{2} \cdot 2n = n$$

等号は $x = 1$ のときに限る．以上で証明された．

【複素数の計算】

《2次方程式を解く（A10）》

343. i を虚数単位とし, x, y を正の整数とする. 複素数 $z = x + yi$ が $z^2 = 40 + 42i$ を満たすとき, x, y の値を求めよ. （23 岡山県立大・情報工）

▶解答◀ $x^2 - y^2 + 2xyi = 40 + 42i$

$$x^2 - y^2 = 40 \quad\cdots\cdots\cdots\cdots\cdots\cdots①$$

$$xy = 21 \quad\cdots\cdots\cdots\cdots\cdots\cdots②$$

x, y は正の整数で, ① より $x > y$ であるから ② を満たすのは

$$(x, y) = (21, 1), (7, 3)$$

このうち ① を満たすのは, $x = 7, y = 3$

《周期性の利用（A5）》

344. i を虚数単位とする. $(1+i)^n$ が正の実数になるような 3 桁の整数 n は □ 個である. （23 東京医大・医）

▶解答◀ $\alpha = 1 + i$ とおく.

$$\alpha^2 = 2i, \ \alpha^3 = 2(i-1), \ \alpha^4 = -4, \ \alpha^8 = 16$$

であるから α^n が正の実数になるのは n が 8 の倍数になるときである. 3 桁の 8 の倍数の個数は

$$\left[\frac{999}{8}\right] - \left[\frac{99}{8}\right] = 124 - 12 = \mathbf{112}$$

$[x]$ はガウス記号であり, x の小数部分の切り捨てを表す. n, k が自然数で, 1 以上 n 以下で k の倍数は $\left[\dfrac{n}{k}\right]$ 個ある.

◆別解◆ $\alpha = 1 + i$ とおく.

$$\alpha = \sqrt{2}\left(\cos\frac{\pi}{4} + i\sin\frac{\pi}{4}\right)$$

$$\alpha^n = \sqrt{2}\left(\cos\frac{n\pi}{4} + i\sin\frac{n\pi}{4}\right)$$

が正の実数になる条件は, 偏角 $\dfrac{n\pi}{4} = 2m\pi$ （m は整数）の形になることで, $n = 8m$ となる.（後は省略する）

【解と係数の関係】

《2解の設定（A5）☆》

345. 2次方程式 $x^2 - 3kx - k + 1 = 0$ の 1 つの解が他の解の 2 倍であるとき, 定数 k の値を求めなさい. （23 福島大・共生システム理工）

▶解答◀ $x^2 - 3kx - k + 1 = 0$ の 1 つの解を α とおくと, 他の解は 2α となる. 解と係数の関係より

$$\alpha + 2\alpha = 3k \quad\cdots\cdots\cdots\cdots\cdots\cdots①$$

$$\alpha \cdot 2\alpha = -k + 1 \quad\cdots\cdots\cdots\cdots\cdots\cdots②$$

① より $\alpha = k$ であり, ② に代入して

$$2k^2 + k - 1 = 0$$

$$(2k-1)(k+1) = 0 \qquad \therefore \quad k = \frac{1}{2}, -1$$

《虚数解の設定（B10）☆》

346. a, b, θ を実数, i を虚数単位とする. x の 2 次方程式 $x^2 - 2(a-1)x + b = 0$ が 虚数解 $\cos\theta + i\sin\theta$ をもつとき, a, b の満たす条件の表す曲線を ab 平面上に図示せよ. （23 東北大・医 AO）

▶解答◀ $\cos\theta + i\sin\theta$ が虚数となる条件は, $\sin\theta \neq 0$ である. x の方程式 $x^2 - 2(a-1)x + b = 0$ は実数係数であるから, $\cos\theta + i\sin\theta$ が解のとき $\cos\theta - i\sin\theta$ も解である. 解と係数の関係から

$$(\cos\theta + i\sin\theta) + (\cos\theta - i\sin\theta) = 2(a-1)$$

$$(\cos\theta + i\sin\theta)(\cos\theta - i\sin\theta) = b$$

であり, $a = 1 + \cos\theta, b = 1$ となる. $\sin\theta \neq 0$ より $-1 < \cos\theta < 1$ である. 点 (a, b) の描く図形は図の太線部（白丸を除く）になる.

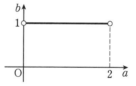

《実部の話（B20）☆》

347. a, b を実数とする. 整式 $f(x)$ を $f(x) = x^2 + ax + b$ で定める. 以下の問に答えよ. ただし, 2次方程式の重解は 2 つと数える.

（1） 2次方程式 $f(x) = 0$ が異なる 2 つの正の解をもつための a と b がみたすべき必要十分条件を求めよ.

（2） 2次方程式 $f(x) = 0$ の 2 つの解の実部が共に 0 より小さくなるような点 (a, b) の存在する範囲を ab 平面上に図示せよ.

（3） 2次方程式 $f(x) = 0$ の 2 つの解の実部が共に -1 より大きく, 0 より小さくなるような点 (a, b) の存在する範囲を ab 平面上に図示せよ. （23 神戸大・理系）

考え方 α, β が実数のとき

$$\alpha > 0 \text{ かつ } \beta > 0 \iff \alpha + \beta > 0 \text{ かつ } \alpha\beta > 0$$

$$\alpha < 0 \text{ かつ } \beta < 0 \iff \alpha + \beta < 0 \text{ かつ } \alpha\beta > 0$$

を使う.

▶解答◀ $f(x)$ の判別式を D, 2 解を α, β とする. $D = a^2 - 4b$, $\alpha + \beta = -a$, $\alpha\beta = b$

（1） $D > 0$, $\alpha + \beta > 0$, $\alpha\beta > 0$

のときで $b < \dfrac{a^2}{4}$, $a < 0$, $b > 0$

カンマは「かつ」を表す.

（2）● 解が実数のとき：$f(x) = 0$ の 2 解が $x < 0$ にある条件は,

$$D \geq 0, \quad \alpha + \beta < 0, \quad \alpha\beta > 0$$

$$b \leq \frac{a^2}{4}, \ a > 0, \ b > 0 \quad \cdots\cdots\cdots\text{①}$$

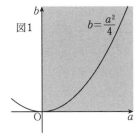

図1

● 解が虚数のとき：解 $x = \dfrac{-a \pm \sqrt{-D}\,i}{2}$ の実部は $-\dfrac{a}{2}$ であるから, 解の実部が負になる条件は

$$D < 0, \quad -\frac{a}{2} < 0$$

$$b > \frac{a^2}{4}, \ a > 0 \quad \cdots\cdots\cdots\cdots\cdots\text{②}$$

① または ② を図示すると図1の境界を除く網目部分になる. これらは $a > 0$, $b > 0$ を $b \leq \dfrac{a^2}{4}$ と $b > \dfrac{a^2}{4}$ に分けて扱っていることになる.

（3）● 解が実数のとき：$f(x) = 0$ の解が $-1 < x < 0$ にある条件は,

$$D \geq 0, \quad -1 < -\frac{a}{2} < 0, \quad f(0) > 0, \quad f(-1) > 0$$

$$b \leq \frac{a^2}{4}, \ 0 < a < 2, \ b > 0, \ b > a - 1 \quad \cdots\cdots\text{③}$$

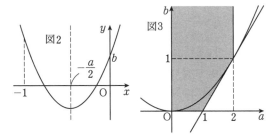

図2　図3

● 解が虚数のとき：解の実部は $-\dfrac{a}{2}$ であるから, 2 つの解の実部が -1 より大きく, 0 より小さくなる条件は

$$D < 0, \quad -1 < -\frac{a}{2} < 0$$

$$b > \frac{a^2}{4}, \ 0 < a < 2 \quad \cdots\cdots\cdots\text{④}$$

③ または ④ を図示すると図3の網目部分のようになる. ただし, 境界は含まない.

これらも, $0 < a < 2$, $b > 0$, $b > a - 1$ を $b \leq \dfrac{a^2}{4}$ と $b > \dfrac{a^2}{4}$ に分けて扱っていることになる.

注意 過去には何題かの類題があり, 一番有名なのは 1992 年の東大である. この問題は判別式 D で与えられる式が複雑な形になるが, 結局最終結果には影響しないことがミソになっている.

【類題】x についての方程式

$$px^2 + (p^2 - q)x - (2p - q - 1) = 0$$

が解をもち, すべての解の実部が負となるような実数の組 (p, q) の範囲を pq 平面上に図示せよ.

（92 東大・文科）

《共役解（A0）》

348. a, b を実数, i を虚数単位とする. 2 次方程式 $x^2 + ax + b = 0$ の解の 1 つが $x = -2 + i$ であるとき, $a = \boxed{}$, $b = \boxed{}$ である.

（23 日大・医-2期）

▶解答◀ $x^2 + ax + b = 0$ は実数係数であるから $-2 + i$ が解ならば $-2 - i$ も解で, 解と係数の関係より

$$a = -(-2 + i) - (-2 - i) = 4$$

$$b = (-2 + i)(-2 - i) = 4 + 1 = 5$$

《(B5) ☆》

349. i を虚数単位とする. p を素数, q を 0 でない有理数とし, $w = \sqrt{p} + qi$ とする. 実数 a, b を係数とする x の整式 $f(x)$ を $f(x) = x^3 + ax^2 + b$ で定める. 以下の問に答えよ.

（1） $\sqrt{p}$ は無理数であることを示せ.

（2） 複素数 z について, $f(z) = 0$ ならば $f(\overline{z}) = 0$ であることを示せ. ただし, $\overline{z}$ は z と共役な複素数を表す.

（3） a, b が有理数ならば $f(w) \neq 0$ であることを示せ.

（23 神戸大・後期）

▶解答◀ （1） $\sqrt{p}$ が有理数であると仮定する. 互いに素な自然数 m, n を用いて $\sqrt{p} = \dfrac{m}{n}$ とおくと, $p = \dfrac{m^2}{n^2}$ となる. 左辺は自然数であるから, 右辺も自然数であり, m, n は互いに素であるから $n = 1$

である.

$p = m^2$ であるが, p は素数より平方数にはならないから矛盾. よって, $\sqrt{p}$ は無理数である.

（2） a, b は実数であるから $a = \overline{a}$, $b = \overline{b}$ である.

$f(z) = 0$ ならば $z^3 + az^2 + b = 0$

両辺の共役複素数をとり $\overline{z^3 + az^2 + b} = 0$

一般に複素数 z, w, 実数 a に関して

$\overline{z+w} = \overline{z} + \overline{w}$, $\overline{zw} = \overline{z}\ \overline{w}$, $\overline{a} = a$

等は既知としてよいのであろう.

$\overline{z}^3 + a\overline{z}^2 + b = 0$ となり $f(\overline{z}) = 0$ である.

（3） $f(w) = 0$ と仮定すると, （2）より $x = \sqrt{p} \pm qi$ は $f(x) = 0$ の解である. もう 1 つの解を α とおくと, 解と係数の関係より

$$(\sqrt{p} + qi) + (\sqrt{p} - qi) + \alpha = -a$$

$$-b = (\sqrt{p} + qi)(\sqrt{p} - qi)(-a - 2\sqrt{p})$$

$$\alpha = -a - 2\sqrt{p}$$

これより, $p + q^2 > 0$ より

$$\sqrt{p} = \frac{b}{2(p + q^2)} - \frac{a}{2}$$

a, b は有理数より, 右辺は有理数となるが, （1）より左辺は無理数となり矛盾. よって, $f(w) \neq 0$ である.

《3 次方程式 (B5) ☆》

350. α, β, γ, k を定数とする. x についての恒等式 $x^3 - 2x^2 + kx - 1 = (x - \alpha)(x - \beta)(x - \gamma)$ が成り立つとする. このとき, $\alpha + \beta + \gamma = \boxed{}$ である. また, $\alpha^3 + \beta^3 + \gamma^3 = 1$ であるとき, $k = \dfrac{\boxed{}}{\boxed{}}$ である. （23 愛知工大・理系）

▶解答◀ $x^3 - 2x^2 + kx - 1$

$$= x^3 - (\alpha + \beta + \gamma)x^2 + (\alpha\beta + \beta\gamma + \gamma\alpha)x - \alpha\beta\gamma$$

で係数を比べ

$$\alpha + \beta + \gamma = 2, \ \alpha\beta + \beta\gamma + \gamma\alpha = k, \ \alpha\beta\gamma = 1$$

である.

$$\alpha^2 + \beta^2 + \gamma^2 = (\alpha + \beta + \gamma)^2 - 2(\alpha\beta + \beta\gamma + \gamma\alpha)$$

$$= 4 - 2k$$

となる. 一方

$$\alpha^3 - 2\alpha^2 + k\alpha - 1 = 0, \ \beta^3 - 2\beta^2 + k\beta - 1 = 0,$$

$$\gamma^3 - 2\gamma^2 + k\gamma - 1 = 0$$

が成り立つから, 3 式を辺ごとに加え

$$(\alpha^3 + \beta^3 + \gamma^3) - 2(\alpha^2 + \beta^2 + \gamma^2)$$

$$+ k(\alpha + \beta + \gamma) - 3 = 0$$

$\alpha^3 + \beta^3 + \gamma^3 = 1$ であるとき, $1 - 2(4 - 2k) + 2k - 3 = 0$ となり, $k = \dfrac{5}{3}$

《3 次方程式 (B20) ☆》

351. $x^3 + 7x^2 - x - 39 = 0$ の実数解を小さいものから順に a, b, c とするとき,

$$\frac{a}{b+c} + \frac{b}{c+a} + \frac{c}{a+b} = \frac{\boxed{}}{\boxed{}}$$

である. （23 藤田医科大・ふじた未来入試）

▶解答◀ 解と係数の関係を用いて

$$a + b + c = -7 \quad\cdots\cdots\cdots\cdots\cdots\text{①}$$

$$ab + bc + ca = -1 \quad\cdots\cdots\cdots\cdots\cdots\text{②}$$

$$abc = 39 \quad\cdots\cdots\cdots\cdots\cdots\cdots\cdots\text{③}$$

である. ① より $b + c = -7 - a$, $c + a = -7 - b$, $a + b = -7 - c$ であるから

$$\frac{a}{b+c} + \frac{b}{c+a} + \frac{c}{a+b}$$

$$= \frac{a}{-7-a} + \frac{b}{-7-b} + \frac{c}{-7-c} \quad\cdots\cdots\text{④}$$

これを通分すると, 分子は

$$a(7 + b)(7 + c) + b(7 + c)(7 + a)$$

$$+ c(7 + a)(7 + b)$$

$$= 3abc + 14(ab + bc + ca) + 49(a + b + c)$$

$$= 117 - 14 - 343 = -240$$

分母は

$$-(a + 7)(b + 7)(c + 7)$$

$$= -\{abc + 7(ab + bc + ca)$$

$$+ 49(a + b + c) + 343\}$$

$$= -(39 - 7 - 343 + 343) = -32$$

分子も分母も最後に ①〜③ を代入した.

したがって ④ は

$$\frac{a}{b+c} + \frac{b}{c+a} + \frac{c}{a+b} = \frac{-240}{-32} = \frac{15}{2}$$

◆別解◆ 微分を応用した素敵な解法がある.

解と係数の関係より $a + b + c = -7$

$k = \dfrac{a}{b+c} + \dfrac{b}{c+a} + \dfrac{c}{a+b}$ とおく.

$$k = \frac{a}{-7-a} + \frac{b}{-7-b} + \frac{c}{-7-c}$$

$$= -1 + \frac{7}{7+a} - 1 + \frac{7}{7+b} - 1 + \frac{7}{7+c}$$

$$= -3 - 7\left(\frac{1}{-7-a} + \frac{1}{-7-b} + \frac{1}{-7-c}\right)$$

$f(x) = x^3 + 7x^2 - x - 39$ とおく.

$$f(x) = (x - a)(x - b)(x - c)$$

$$f'(x) = (x-b)(x-c) + (x-a)(x-c)$$
$$+ (x-a)(x-b)$$

$$\frac{f'(x)}{f(x)} = \frac{1}{x-a} + \frac{1}{x-b} + \frac{1}{x-c}$$

ここで $\dfrac{f'(x)}{f(x)} = \dfrac{3x^2 + 14x - 1}{x^3 + 7x^2 - x - 39}$ であるから

$$k = -3 - 7 \cdot \frac{f'(-7)}{f(-7)}$$

$$= -3 - 7 \cdot \frac{147 - 98 - 1}{7 - 39} = -3 + 7 \cdot \frac{3}{2} = \frac{15}{2}$$

注意 $f(x) = 0$ の解は $x = -3, \ -2 \pm \sqrt{17}$ と求められる．これを代入してもよい．

───《$x^3 = -1$（B10）》───

352. 方程式 $x^2 - x + 1 = 0$ の異なる 2 つの解を α, β とする．このとき，
$$\frac{\beta}{\alpha} + \frac{\alpha}{\beta} = \boxed{}, \quad \alpha^9 + \beta^9 = \boxed{}$$
となる．また，任意の自然数 m に対して等式 $\alpha^{m+n} + \beta^{m+n} = \alpha^m + \beta^m$ が成り立つ最小の自然数 n は $n = \boxed{}$ である． （23 近大・医-推薦）

▶解答◀ $x^2 - x + 1 = 0$ の 2 解が α, β であるから，解と係数の関係により
$$\alpha + \beta = 1, \quad \alpha\beta = 1$$
このとき
$$\alpha^2 + \beta^2 = (\alpha + \beta)^2 - 2\alpha\beta = 1 - 2 = -1$$
また，$x^2 - x + 1 = 0$ のとき
$$x^3 + 1 = (x+1)(x^2 - x + 1) = 0$$
であるから，$x = \alpha, \beta$ は $x^3 + 1 = 0$ を満たす．よって
$$\alpha^3 = \beta^3 = -1$$
したがって
$$\frac{\beta}{\alpha} + \frac{\alpha}{\beta} = \frac{\alpha^2 + \beta^2}{\alpha\beta} = \frac{-1}{1} = -1$$
$$\alpha^9 + \beta^9 = (\alpha^3)^3 + (\beta^3)^3 = -1 - 1 = -2$$
ここで $\alpha^3 = -1$ より，α^n $(n = 1, 2, 3, \cdots)$ は周期 6 で
$$\alpha, \ \alpha^2, \ -1, \ -\alpha, \ -\alpha^2, \ 1$$
を繰り返す．β^n についても同様であるから，$\alpha^n + \beta^n$ $(n = 1, 2, 3, \cdots)$ も周期 6 で
$$\alpha + \beta = 1, \quad \alpha^2 + \beta^2 = -1, \quad -1 - 1 = -2,$$
$$-\alpha - \beta = -1, \quad -\alpha^2 - \beta^2 = 1, \quad 1 + 1 = 2$$
を繰り返す．よって，任意の自然数 m に対して
$$\alpha^{m+n} + \beta^{m+n} = \alpha^m + \beta^m$$

が成り立つ最小の自然数 n は $n = 6$ である．

───《3 次方程式（A10）》───

353. 複素数 α, β, γ が x についての恒等式
$$(x - \alpha)(x - \beta)(x - \gamma) = x^3 + 3x^2 + 2x + 4$$
を満たすとき，
$$\frac{1}{\alpha^2} + \frac{1}{\beta^2} + \frac{1}{\gamma^2} \text{ の値は } \boxed{} \text{ である．}$$ (23 関大・理系)

▶解答◀ 解と係数の関係より
$$\alpha + \beta + \gamma = -3,$$
$$\alpha\beta + \beta\gamma + \gamma\alpha = 2, \quad \alpha\beta\gamma = -4$$
であるから
$$\frac{1}{\alpha^2} + \frac{1}{\beta^2} + \frac{1}{\gamma^2} = \frac{\beta^2\gamma^2 + \gamma^2\alpha^2 + \alpha^2\beta^2}{(\alpha\beta\gamma)^2}$$
$$= \frac{(\alpha\beta + \beta\gamma + \gamma\alpha)^2 - 2\alpha\beta\gamma(\alpha + \beta + \gamma)}{(\alpha\beta\gamma)^2}$$
$$= \frac{2^2 - 2(-4)(-3)}{(-4)^2} = -\frac{5}{4}$$

───《3 変数 2 次（B10）》───

354. 実数 a, b, c が
$$a + b + c = 8, \quad a^2 + b^2 + c^2 = 32$$
を満たすとき，c のとりうる範囲を不等式を用いて表せ． （23 昭和大・医-1 期）

▶解答◀ $a + b + c = 8$ より
$$a + b = 8 - c \quad \cdots\cdots\cdots\cdots\cdots\text{①}$$
$a^2 + b^2 + c^2 = 32$ より，$(a + b)^2 - 2ab + c^2 = 32$
$$2ab = (8 - c)^2 + c^2 - 32$$
$$ab = c^2 - 8c + 16 \quad \cdots\cdots\cdots\cdots\cdots\text{②}$$

①，②より，a, b は 2 次方程式
$x^2 - (8 - c)x + c^2 - 8c + 16 = 0$ の実数解である．判別式を D とすると，
$$D = (8 - c)^2 - 4(c^2 - 8c + 16) = -3c^2 + 16c$$
$$= -c(3c - 16) \geqq 0$$
$$0 \leqq c \leqq \frac{16}{3}$$

◆別解◆ 直線と円が共有点をもつ条件を考える．ただし $32 - c^2 = 0$ のときには潰れた円と考える．
$$a + b = 8 - c, \quad a^2 + b^2 = 32 - c^2$$
$32 - c^2 \geqq 0$ のときで $\dfrac{|8 - c|}{\sqrt{2}} \leqq \sqrt{32 - c^2}$
$$64 - 16c + c^2 \leqq 64 - 2c^2$$
$$3c^2 - 16c \leqq 0 \qquad \therefore \quad 0 \leqq c \leqq \frac{16}{3}$$

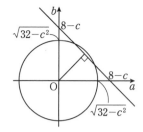

【因数定理】

━━━━《因数で表す (B15) ☆》━━━━

355. x の 8 次式 $f(x)$ は整数 k $(0 \leq k \leq 8)$ に対して，$f(k) = \dfrac{k^2}{k+1}$ を満たす．このとき，$f(9)$ の値を既約分数で求めると，$f(9) = \boxed{}$ である．

(23 山梨大・医-後期)

▶解答◀ $(k+1)f(k) - k^2 = 0$ が $k = 0, 1, \cdots, 8$ で成り立つ．$g(x) = (x+1)f(x) - x^2$ とおく．$f(x)$ は 8 次式であるから $g(x)$ は 9 次式である．

$g(0) = 0, g(1) = 0, \cdots, g(8) = 0$ であるから $g(x)$ は $x, x-1, \cdots, x-8$ で割り切れ，

$$g(x) = Ax(x-1)(x-2)\cdots(x-8)$$

とおける．

$$(x+1)f(x) - x^2 = Ax(x-1)(x-2)\cdots(x-8)$$

$x = -1$ を代入して $-1 = A(-1)(-2)\cdots(-9)$

となり，$A = \dfrac{1}{9!}$ である．

$$(x+1)f(x) - x^2 = \dfrac{1}{9!}x(x-1)(x-2)\cdots(x-8)$$

$x = 9$ を代入して

$$10f(9) - 81 = \dfrac{1}{9!} \cdot 9 \cdot 8 \cdots \cdot 1$$

右辺の値は 1 であるから $f(9) = \dfrac{82}{10} = \dfrac{41}{5}$

━━━━《因数分解への応用 (B10)》━━━━

356. $f(x, y, z) = x^2 + xy - yz - z^2$

$g(x, y, z) = x^3 - x(y^2 + yz + z^2) + yz(y + z)$

$h(x, y, z) = -x^3(y-z) - y^3(z-x) - z^3(x-y)$

とする．

（1）$f(x, y, z)$ を因数分解しなさい．

（2）$g(y, y, z)$ を求めなさい．

（3）（2）を用いて $g(x, y, z)$ を因数分解しなさい．

（4）$h(x, y, z)$ を因数分解しなさい．

(23 愛知学院大・薬, 歯)

▶解答◀ （1）$f(x, y, z)$

$= x^2 + xy - yz - z^2$

$= (x-z)y + (x+z)(x-z)$

$= \boldsymbol{(x-z)(x+y+z)}$

（2）$g(x, y, z) = x^3 - x(y^2 + yz + z^2) + yz(y+z)$

$g(y, y, z)$

$= y^3 - y(y^2 + yz + z^2) + yz(y+z) = \boldsymbol{0}$

（3）（2）より $g(x, y, z)$ は x についての多項式とみたときに $x-y$ を因数にもつから

$g(x, y, z) = (x-y)(x^2 + yx - yz - z^2)$

$= (x-y)(x^2 + xy - yz - z^2)$

$= (x-y)f(x, y, z)$

$= \boldsymbol{(x-y)(x-z)(x+y+z)}$

1	0	$-(y^2+yz+z^2)$	$yz(y+z)$	$\underline{y}$
	y	y^2	$-y^2z-yz^2$	
1	y	$-yz-z^2$	0	

（4）$h(x, y, z)$

$= -x^3(y-z) - y^3(z-x) - z^3(x-y)$

$= -(y-z)x^3 + (y^3 - z^3)x - y^3z + yz^3$

$= -(y-z)x^3 + (y-z)(y^2 + yz + z^2)x$

$\qquad\qquad -yz(y+z)(y-z)$

$= -(y-z)\{x^3 - (y^2 + yz + z^2)x + yz(y+z)\}$

$= -(y-z)g(x, y, z)$

$= -(y-z)(x-y)(x-z)(x+y+z)$

$= \boldsymbol{(x-y)(y-z)(z-x)(x+y+z)}$

注意 （3）は（2）がなくても解ける．y（もしくは z）について整理して

$g(x, y, z)$

$= -(x-z)y^2 - yz(x-z) + x(x+z)(x-z)$

$= -(x-z)\{y^2 + yz - x(x+z)\}$

$= -(x-z)(y-z)(y+x+z)$

$= \boldsymbol{(x-y)(x-z)(x+y+z)}$

【高次方程式】

━━━━《4 次方程式 (B20)》━━━━

357. 方程式 $x^4 + 4x^3 + 7x^2 + 2x - 5 = 0$ ……①について，次の問いに答えよ．

（1）$x = t - \alpha$ とおくと，①は t に関する方程式 $t^4 + At^2 + Bt + C = 0$ と表される．α, A, B, C の値をそれぞれ求めよ．

（2）（1）で求めた A, B, C に対して，t に関す

る恒等式 $t^4 + At^2 + Bt + C = (t^2+a)^2 + b(t+c)^2$ が成り立つ. a, b, c の値をそれぞれ求めよ. ただし, a, b, c はすべて実数とする.

（3） 方程式 ① を解け. (23 近大・医-後期)

▶ **解 答** ◀ （1） 平方完成なら, 何も言わずにやる. 4乗完成（二重平方ともいう）も同じである.

$x^4 + 4x^3 + 7x^2 + 2x - 5 = 0$

$x^4 + 4x^3 + 6x^2 + 4x + 1 + x^2 - 2x - 6 = 0$

$(x+1)^4 + x^2 + 2x + 1 - 4x - 7 = 0$

$(x+1)^4 + (x+1)^2 - 4(x+1) - 3 = 0$

$t^4 + t^2 - 4t - 3 = 0$

$\alpha = 1, A = 1, B = -4, C = -3$

となる. どうしても係数比較したいなら, $x = t - \alpha$ を ① に代入し,

$(t-\alpha)^4 + 4(t-\alpha)^3 + 7(t-\alpha)^2 + 2(t-\alpha) - 5 = 0$

t^3 の係数は $-4\alpha + 4 = 0$ であり, $\alpha = 1$ である.

$(t-1)^4 + 4(t-1)^3 + 7(t-1)^2 + 2(t-1) - 5 = 0$

$t^4 - 4t^3 + 6t^2 - 4t + 1 + 4(t^3 - 3t^2 + 3t - 1)$
$\qquad + 7(t^2 - 2t + 1) - 2t - 2 - 5 = 0$

$\qquad t^4 + t^2 - 4t - 3 = 0$

$A = 1, B = -4, C = -3$ である.

（2） $t^4 + t^2 - 4t - 3 = (t^2+a)^2 + b(t+c)^2$

t^2, t の係数, 定数項を順に比較して

$2a + b = 1, \quad 2bc = -4, \quad a^2 + bc^2 = -3$

最初の2式から a, c を b で表し, $a = \dfrac{1-b}{2}, c = -\dfrac{2}{b}$ となり, これらを $a^2 + bc^2 = -3$ に代入し

$\dfrac{1}{4}(1 - 2b + b^2) + b \cdot \dfrac{4}{b^2} = -3$

$b^3 - 2b^2 + 13b + 16 = 0$

$(b+1)(b^2 - 3b + 16) = 0$

これを満たす実数 $b = -1$ となり, $a = 1, c = 2$

（3） $(t^2+1)^2 - (t+2)^2 = 0$

$(t^2 + t + 3)(t^2 - t - 1) = 0$

$t = \dfrac{-1 \pm \sqrt{11}i}{2}, \dfrac{1 \pm \sqrt{5}}{2}$

$x = t - 1 = \dfrac{-3 \pm \sqrt{11}i}{2}, \dfrac{-1 \pm \sqrt{5}}{2}$

━━━━ 《相反方程式（B30）》 ━━━━

358. a, b は実数の定数とする. x の多項式

$f(x) = ax^4 - (a+1)bx^3 + (a^2 + b^2 + 1)x^2$
$\qquad - (a+1)bx + a$

について, 以下の問いに答えよ.

（1） $a = \alpha\beta, b = \alpha + \beta$ を満たす複素数 α, β を a, b で表せ.

（2） （1）の α, β について, $f(\alpha)$ と $f(\beta)$ の値を求めよ.

（3） 0 でない複素数 z が $f(z) = 0$ を満たすとき, $f\left(\dfrac{1}{z}\right)$ の値を求めよ.

（4） 方程式 $f(x) = 0$ が異なる4つの実数解をもつための a, b の条件を求めよ.

(23 福島県立医大・前期)

▶ **解 答** ◀ （1） 解と係数の関係より, α, β は2次方程式 $x^2 - bx + a = 0$ の解となる. α, β は

$\dfrac{b - \sqrt{b^2 - 4a}}{2}$ と $\dfrac{b + \sqrt{b^2 - 4a}}{2}$ である.

（2） 直接は代入できないから多項式の割り算を利用する. $f(x)$ を $x^2 - bx + a$ で割ると割り切れて

$f(x) = (x^2 - bx + a)(ax^2 - bx + 1)$ となる.

$\alpha^2 - b\alpha + a = 0$ だから $f(\alpha) = 0$ である. 同様に $f(\beta) = 0$

$$
\begin{array}{r}
ax^2 \quad\quad -bx \quad\quad +1 \\
\hline
x^2-bx+a\,)\,ax^4-(a+1)bx^3+(a^2+b^2+1)x^2-(a+1)bx+a \\
ax^4 \quad -abx^3 \quad\quad +a^2x^2 \\
\hline
-bx^3 + (b^2+1)x^2 - (a+1)bx + a \\
-bx^3 \quad + b^2x^2 \quad -abx \\
\hline
x^2 \quad -bx + a \\
x^2 \quad -bx + a \\
\hline
0
\end{array}
$$

（3） $g(x) = x^2 - bx + a, h(x) = ax^2 - bx + 1$ とおくと, $f(x) = g(x)h(x)$ である.

$g(z) = 0$ のとき

$h\left(\dfrac{1}{z}\right) = \dfrac{a}{z^2} - \dfrac{b}{z} + 1$

$= \dfrac{z^2 - bz + a}{z^2} = \dfrac{g(z)}{z^2} = 0$

となり, $h(x) = 0$ は $x = \dfrac{1}{z}$ を解にもつ.

$h(z) = 0$ のときも同様にして $g(x) = 0$ は $x = \dfrac{1}{z}$ を解にもつ. よって, $f(z) = 0$ のとき $f\left(\dfrac{1}{z}\right) = 0$ である.

（4） $a = 0$ のとき, $f(x) = -bx^3 + (b^2+1)x^2 - bx$ となり $f(x) = 0$ は異なる4つの実数解をもたない.

$g(x) = 0, h(x) = 0$ が共通解 α をもつとすると

$\alpha^2 - b\alpha + a = 0, \quad a\alpha^2 - b\alpha + 1 = 0$

辺ごとに引いて $(1-a)\alpha^2 + a - 1 = 0$ となり,

$(1-a)(\alpha^2 - 1) = 0$ となるから $a = 1$ または $\alpha = 1$ または $\alpha = -1$ となる.

$a = 1$ のとき $g(x)$ と $h(x)$ は一致するから, 2解が

共通となる．また $g(x) = 0$ が 1 または -1 を解にも
つと $h(x) = 0$ も 1 または -1 を解にもつ．

$g(1) \neq 0$, $g(-1) \neq 0$ より，

$$1 - b + a \neq 0, 1 + b + a \neq 0$$

求める必要十分条件は（判別式 > 0 も加えて）

$$a \neq 0, \ a \neq 1, \ b \neq a + 1,$$
$$b \neq -a - 1, \ b^2 - 4a > 0$$

《相反方程式（B20）》

359. x の 4 次方程式

$$3x^4 - 10x^3 + ax^2 - 10x + 3 = 0 \quad \cdots\cdots (*)$$

を考える．ただし a は実数の定数である．$x = 0$
は方程式 $(*)$ の解ではないので，以下 $x \neq 0$ と
する．

（1） $t = x + \dfrac{1}{x}$ とおく．x が 0 でない実数を動く
とき，t のとり得る値の範囲は $t \leq \boxed{}$, $\boxed{} \leq$
t である．また，$x^2 + \dfrac{1}{x^2} = t^2 + b$ とおくと
$b = \boxed{}$ である．

（2） 方程式 $(*)$ を $t = x + \dfrac{1}{x}$ の 2 次方程式とし
て表せば $\boxed{} t^2 - \boxed{} t + a - \boxed{} = 0$ となる．

（3） x の方程式 $(*)$ が実数解をもつとき，a のと
り得る値の範囲は $a \leq \boxed{}$ である．

（4） x の方程式 $(*)$ が相異なる 4 つの実数解を
もつとき，a のとり得る値の範囲は $a < \boxed{}$ で
ある．

（23 青学大・理工）

▶解答◀ （1） $t = x + \dfrac{1}{x}$ より

$$x^2 - tx + 1 = 0 \quad \cdots\cdots\cdots\cdots\cdots① $$

である．x の 2 次方程式 ① は $x = 0$ を解にもたない
から，（① の判別式）≥ 0 を考えて

$$t^2 - 4 \geq 0 \qquad \therefore \quad t \leq -2, 2 \leq t$$

である．また

$$x^2 + \frac{1}{x^2} = \left(x + \frac{1}{x}\right)^2 - 2x \cdot \frac{1}{x} = t^2 - 2$$

であるから，$b = -2$ である．

（2） $x \neq 0$ であるから，$(*)$ の両辺を x^2 で割って

$$3x^2 - 10x + a - \frac{10}{x} + \frac{3}{x^2} = 0$$

$$3\left(x^2 + \frac{1}{x^2}\right) - 10\left(x + \frac{1}{x}\right) + a = 0$$

$$3(t^2 - 2) - 10t + a = 0$$

$$3t^2 - 10t + a - 6 = 0 \quad \cdots\cdots\cdots\cdots\cdots②$$

（3） $a = -3t^2 + 10t + 6$

$f(t) = -3t^2 + 10t + 6$ とおくと

$$f(t) = -3\left(t - \frac{5}{3}\right)^2 + \frac{43}{3}$$

曲線 $y = f(t)$ $(t \leq -2, 2 \leq t)$，直線 $y = a$ が共有点
をもつ条件より，$a \leq 14$ である．

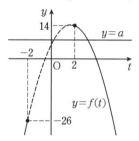

（4） （1）より ② の 1 つの解 t に対し，$t = \pm 2$ のと
き 1 つの x が定まり，$|t| > 2$ のとき 2 つの x が定ま
る．$|t| > 2$ の 2 解が存在する条件より，$a < -26$ で
ある．

《4 次の相反方程式（B20）》

360. （1） t を実数とする．x についての方程式
$$x + \frac{1}{x} = t$$ が実数解をもつための必要十分条件
は

$$t \leq -\boxed{カ} \ \text{または} \ t \geq \boxed{キ}$$

である．

（2） k を実数の定数とし，

$$f(x) = 7x^4 + 2x^3 + kx^2 + 2x + 7$$

とする．

$x = a$ が方程式 $f(x) = 0$ の解であるとき，
$t = a + \dfrac{1}{a}$ とおくと

$$\boxed{ク} t^2 + \boxed{ケ} t + (k - \boxed{コサ}) = 0$$

が成り立つ．

方程式 $f(x) = 0$ の異なる実数解の個数が 3 個
となるような k の値は $k = -\boxed{シス}$ である．

（23 明治大・理工）

▶解答◀ （1） $x + \dfrac{1}{x} = t$

$$x^2 - tx + 1 = 0$$

x が実数解をもつので，判別式について

$$t^2 - 4 \geq 0$$

$$(t + 2)(t - 2) \geq 0$$

$$t \leq -2 \ \text{または} \ t \geq 2$$

（2） $f(0) = 7 \neq 0$ であるから $a \neq 0$ である．

$$f(a) = 7a^4 + 2a^3 + ka^2 + 2a + 7 = 0$$

において，a^2 で割って整理した式は

$$7\left(a^2 + \frac{1}{a^2}\right) + 2\left(a + \frac{1}{a}\right) + k = 0$$

$$7\left\{\left(a+\frac{1}{a}\right)^2-2\right\}+2\left(a+\frac{1}{a}\right)+k=0$$

$$7t^2+2t+k-14=0 \quad\cdots\cdots\cdots①$$

① を満たす1つの実数解について，

$t<-2, 2<t$ を満たすとき実数 a が2個，

$t=2$ または $t=-2$ のとき実数 a が1個，

$-2<t<2$ を満たすとき実数 a は存在しない．

したがって，$f(x)=0$ の異なる実数解が3個となるときは，① の1つの実数解が2または -2 であり，もう1つの実数解が $t<-2, 2<t$ を満たすときである．

$t=2$ を実数解にもつとき

①より

$$28+4+k-14=0 \quad\therefore\quad k=-18$$

このとき

$$7t^2+2t-32=0$$

$$(t-2)(7t+16)=0 \quad\therefore\quad t=2, -\frac{16}{7}$$

$-\frac{16}{7}<-2$ であるから適する．

$t=-2$ を実数解にもつとき

①より

$$28-4+k-14=0 \quad\therefore\quad k=-10$$

このとき

$$7t^2+2t-24=0$$

$$(t+2)(7t-12)=0 \quad\therefore\quad t=-2, \frac{12}{7}$$

$\frac{12}{7}<2$ であるから不適．

以上のことから $k=-18$

《共役解（A0）》

361. a, b を実数，i を虚数単位とする．2次方程式 $x^2+ax+b=0$ の解の1つが $x=-2+i$ であるとき，$a=\boxed{}, b=\boxed{}$ である．

(23 日大・医-2期)

▶解答◀ $x^2+ax+b=0$ は実数係数であるから $-2+i$ が解ならば $-2-i$ も解で，解と係数の関係より

$$a=-(-2+i)-(-2-i)=4$$

$$b=(-2+i)(-2-i)=4+1=5$$

【直線の方程式（数II）】

《直線の交点（B10）》

362. 座標平面上に点 A$(2,0)$ と点 B$(0,1)$ がある．正の実数 t に対して，x 軸上の点 P$(2+t,0)$

と y 軸上の点 Q$\left(0, 1+\frac{1}{t}\right)$ を考える．

（1）直線 AQ の方程式を，t を用いて表せ．

（2）直線 BP の方程式を，t を用いて表せ．

直線 AQ と直線 BP の交点を R(u, v) とする．

（3）u と v を，t を用いて表せ．

（4）$t>0$ の範囲で，$u+v$ の値を最大にする t の値を求めよ。 (23 東京理科大・理工)

▶解答◀ （1）AQ の傾きは

$-\frac{1}{2}\left(1+\frac{1}{t}\right)$ より，AQ の方程式は

$$y=-\frac{1}{2}\left(1+\frac{1}{t}\right)(x-2)$$

（2）BP の傾きは $-\frac{1}{2+t}$ より，BP の方程式は

$$y=-\frac{1}{2+t}x+1$$

（3）AQ と BP の交点が R(u, v) より

$$-\frac{1}{2}\left(1+\frac{1}{t}\right)(u-2)=-\frac{1}{2+t}u+1$$

$$\frac{t^2+t+2}{2t(2+t)}u=\frac{1}{t} \quad\therefore\quad u=\frac{2(t+2)}{t^2+t+2}$$

このとき

$$v=-\frac{1}{2+t}u+1=\frac{-2}{t^2+t+2}+1$$

$$=\frac{t(t+1)}{t^2+t+2}$$

（4）$u+v=\dfrac{2(t+2)+t(t+1)}{t^2+t+2}$

$$=\frac{t^2+3t+4}{t^2+t+2}=1+\frac{2t+2}{t^2+t+2}$$

ここで，$s=t+1$ とおくと，$s>1$ であり

$$u+v=1+\frac{2s}{(s-1)^2+(s-1)+2}$$

$$=1+\frac{2s}{s^2-s+2}=1+\frac{2}{s+\frac{2}{s}-1}$$

$$\leqq 1+\frac{2}{2\sqrt{s\cdot\frac{2}{s}}-1}=1+\frac{2}{2\sqrt{2}-1}$$

等号は $s=\frac{2}{s}$，すなわち $s=\sqrt{2}$ のとき成立する。このとき $t=\sqrt{2}-1$ である。

◆別解◆ 【微分する】

$f(t)=\dfrac{t^2+3t+4}{t^2+t+2}$ とおくと，$f'(t)$ の分子は

$$(2t+3)(t^2+t+2)-(t^2+3t+4)(2t+1)$$

$$=-2(t^2+2t-1)$$

であるから，

$$f'(t)=\frac{-2(t^2+2t-1)}{(t^2+t+2)^2}$$

これより，$f(t)$ の増減表は次のようになる．

t	0	$\cdots$	$\sqrt{2}-1$	$\cdots$
$f'(t)$		$+$	0	$-$
$f(t)$		↗		↘

よって，$t=\sqrt{2}-1$ で $u+v$ は最大になる．

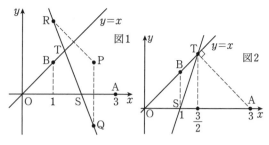

図1　図2

《折れ線の最短（B30）》

363. 原点を O とする座標平面上の 2 点 A$(3,0)$，B$(1,1)$ を考える．α,β を実数とし，点 P(α,β) は直線 OA 上にも直線 OB 上にもないとする．直線 OA に関して点 P と対称な点を Q とし，直線 OB に関して点 P と対称な点を R とする．次の問いに答えよ．

（1）点 Q および点 R の座標を，α,β を用いて表せ．

（2）直線 OA と直線 QR が交点 S をもつための条件を，α,β のうちの必要なものを用いて表せ．さらに，このときの交点 S の座標を，α,β のうちの必要なものを用いて表せ．

（3）直線 OB と直線 QR が交点 T をもつための条件を，α,β のうちの必要なものを用いて表せ．さらに，このときの交点 T の座標を，α,β のうちの必要なものを用いて表せ．

（4）α,β は（2）と（3）の両方の条件を満たすとし，S，T は（2），（3）で定めた点であるとする．このとき，直線 OA と直線 BS が垂直となり，直線 OB と直線 AT が垂直となる α,β の値を求めよ． （23 広島大・理系）

▶解答◀（1）点 P は，x 軸および直線 $y=x$ 上にないから，$\alpha\neq\beta$ かつ $\beta\neq 0$ である．以下はすべてこの条件のもとで考えるのは当然である．

2 点 P(α,β)，Q は x 軸に関して対称であるから，点 Q の座標は $(\boldsymbol{\alpha},-\boldsymbol{\beta})$，2 点 P，R は $y=x$ に関して対称であるから，点 R の座標は $(\boldsymbol{\beta},\boldsymbol{\alpha})$ である．

（2）直線 OA（x 軸）と直線 QR

$$y=\frac{\alpha+\beta}{\beta-\alpha}(x-\alpha)-\beta \quad\cdots\cdots\cdots\text{①}$$

が唯一の交点 S をもつのは平行でないときで，その条件は $\boldsymbol{\alpha+\beta\neq 0}$ である．

図1を見よ．①において $y=0$ とおくと

$$(\alpha+\beta)(x-\alpha)-\beta^2+\alpha\beta=0$$

$$(\alpha+\beta)x=\alpha^2+\beta^2 \qquad \therefore\quad x=\frac{\alpha^2+\beta^2}{\alpha+\beta}$$

交点 S の座標は $\left(\dfrac{\alpha^2+\beta^2}{\alpha+\beta},\ 0\right)$ である．

（3）直線 OB（$y=x$）と直線 QR が唯一の交点 T をもつのは平行でないときで，その条件は $\dfrac{\alpha+\beta}{\beta-\alpha}\neq 1$ すなわち $\boldsymbol{\alpha\neq 0}$ である．

図1を見よ．①と $y=x$ を連立して

$$x=\frac{\alpha+\beta}{\beta-\alpha}(x-\alpha)-\beta$$

$$(\beta-\alpha)x=(\alpha+\beta)(x-\alpha)-\beta^2+\alpha\beta$$

$$-2\alpha x=-\alpha^2-\beta^2 \qquad \therefore\quad x=\frac{\alpha^2+\beta^2}{2\alpha}$$

交点 T の座標は $\left(\dfrac{\alpha^2+\beta^2}{2\alpha},\ \dfrac{\alpha^2+\beta^2}{2\alpha}\right)$ である．

（4）図2を見よ．直線 OA と直線 BS が垂直であるから，点 S の x 座標は 1 である．

$$\frac{\alpha^2+\beta^2}{\alpha+\beta}=1$$

$$\alpha^2+\beta^2=\alpha+\beta \quad\cdots\cdots\cdots\cdots\cdots\cdots\cdots\text{②}$$

直線 OB と直線 AT が垂直であるから，点 T の x 座標は線分 OA の中点の x 座標 $\dfrac{3}{2}$ と一致する．

$$\frac{\alpha^2+\beta^2}{2\alpha}=\frac{3}{2}$$

$$\alpha^2+\beta^2=3\alpha \quad\cdots\cdots\cdots\cdots\cdots\cdots\cdots\text{③}$$

②，③より $3\alpha=\alpha+\beta$ すなわち $\beta=2\alpha$ となるから③に代入して

$$5\alpha^2=3\alpha$$

$\alpha\neq 0$ より $\alpha=\dfrac{3}{5}$ であり，$\beta=\dfrac{6}{5}$ である．

【円の方程式】

《最小の円（B5）》

364. 座標平面上に 3 点 A$(1,0)$，B$(5,0)$，P$(0,a)$ $(a>0)$ がある．3 点 A，B，P を通る円を C とするとき，次の問いに答えなさい．

（1）円 C の中心の座標を求めなさい．

（2）円 C が y 軸に接するとき，円 C の方程式を求めなさい．

（3）∠APB を最大にする点 P の座標を求めなさい． （23 長崎県立大・後期）

▶解答◀ （ 1 ） 円 C の方程式を

$$x^2 + y^2 + px + qy + r = 0$$

とおく．これが A$(1, 0)$，B$(5, 0)$，P$(0, a)$ を通るから

$$1 + p + r = 0 \quad \cdots\cdots\cdots①$$

$$25 + 5p + r = 0 \quad \cdots\cdots②$$

$$a^2 + qa + r = 0 \quad \cdots\cdots③$$

②－① より $24 + 4p = 0$ であるから，$p = -6$，これを ① に代入して $-5 + r = 0$ であるから，$r = 5$ である．

③ より

$$a^2 + qa + 5 = 0$$

$$qa = -a^2 - 5$$

$$q = -\frac{a^2 + 5}{a}$$

したがって，C の方程式は

$$x^2 + y^2 - 6x - \frac{a^2 + 5}{a}y + 5 = 0 \quad \cdots\cdots④$$

$$(x - 3)^2 + \left(y - \frac{a^2 + 5}{2a}\right)^2 = 4 + \frac{(a^2 + 5)^2}{4a^2}$$

であるから，中心は $\left(3, \dfrac{a^2 + 5}{2a}\right)$ である．

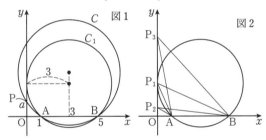

図 1　図 2

（ 2 ） 円 C が y 軸に接するとき，半径は 3 である（図 1 の C_1）．

$$3^2 = 4 + \frac{(a^2 + 5)^2}{4a^2}$$

$$20a^2 = a^4 + 10a^2 + 25$$

$$a^4 - 10a^2 + 25 = 0$$

$$(a^2 - 5)^2 = 0$$

$a > 0$ より，$a = \sqrt{5}$ である．

円 C_1 の方程式は

$$(x - 3)^2 + (y - \sqrt{5})^2 = 9$$

（ 3 ） P$_1(0, \sqrt{5})$ とする．図 2 を見よ．

$a \neq \sqrt{5}$ のとき，P$_2$ も P$_3$ も，いずれも円 C_1 の外部にあるから，$\angle$AP$_2$B も $\angle$AP$_3$B も $\angle$AP$_1$B より小さい．$\angle$APB が最大になるときの P の座標は $(0, \sqrt{5})$ である．

♦別解♦ （ 2 ） C と y 軸との交点は，④ で $x = 0$ として，

$$y^2 - \frac{a^2 + 5}{a}y + 5 = 0$$

の解である．C が y 軸と接するのは，これが重解をもつときであるから，判別式を D として

$$D = \left(\frac{a^2 + 5}{a}\right)^2 - 20 = 0$$

$a > 0$ より

$$\frac{a^2 + 5}{a} = 2\sqrt{5}$$

$$(a - \sqrt{5})^2 = 0 \qquad \therefore \quad a = \sqrt{5}$$

円 C_1 の方程式は $(x - 3)^2 + (y - \sqrt{5})^2 = 9$ である．

《 3 点を通る円など（B10）》

365. xy 平面において，直線 $y = -\dfrac{4}{3}x$ を l とし，円 $x^2 + y^2 - px - y + q = 0$（$p, q$ は定数，$p > 0$）を C とする．このとき，円 C の中心から y 軸までの距離を p を用いて表すと □ であり，円 C の中心から直線 l までの距離を p を用いて表すと □ である．したがって，円 C が y 軸と直線 l のどちらにも接しているとき，p, q の値は $p = \boxed{ア}$，$q = \boxed{イ}$ であり，円 C の半径は □ である．

次に，$p = \boxed{ア}$，$q = \boxed{イ}$ とし，y 軸上の点 A$\left(0, \dfrac{13}{2}\right)$，原点 O，直線 l 上の点 B の 3 点を頂点とする △AOB の内接円が円 C であるとする．このとき，直線 AB の方程式は $y = $ □ であり，直線 AB と円 C の接点の座標は □ であり，点 B の座標は □ である．また，△AOB の面積は □ であり，△AOB の外接円の半径は □ である．

（23 関西学院大・理系）

▶解答◀ 円 C の方程式は

$$\left(x - \frac{p}{2}\right)^2 + \left(y - \frac{1}{2}\right)^2 = \frac{p^2}{4} - q + \frac{1}{4} \quad \cdots①$$

であるから，中心 C$\left(\dfrac{p}{2}, \dfrac{1}{2}\right)$ と y 軸との距離は，$\dfrac{p}{2}$ である（図 1）．

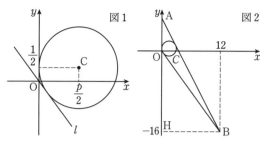

図1　図2

また，直線 l の方程式は

$$4x + 3y = 0$$

であるから，これと点 C との距離は，$p > 0$ に注意して

$$\frac{\left| 2p + \frac{3}{2} \right|}{\sqrt{16 + 9}} = \frac{2}{5} p + \frac{3}{10}$$

である．したがって，円 C が y 軸と直線 l のどちらにも接するのは，円 C の半径を r として

$$\frac{p}{2} = \frac{2}{5} p + \frac{3}{10} = r$$

となるときである．

$$\frac{1}{10} p = \frac{3}{10}$$

すなわち，$p = 3$ であるから，$r = \frac{3}{2}$ である．① より

$$r^2 = \frac{p^2}{4} - q + \frac{1}{4}$$

であるから，

$$\frac{9}{4} = \frac{9}{4} - q + \frac{1}{4}$$

すなわち，$q = \frac{1}{4}$ である．

直線 AB の方程式を $y = ax + \frac{13}{2}$，すなわち

$$2ax - 2y + 13 = 0$$

とおく．直線 AB が円 C に接するのは，これと点 $C\left(\frac{3}{2}, \frac{1}{2} \right)$ との距離が $\frac{3}{2}$ となるときであるから，

$$\frac{|3a + 12|}{\sqrt{4a^2 + 4}} = \frac{3}{2}$$

$$\frac{3|a + 4|}{2\sqrt{a^2 + 1}} = \frac{3}{2}$$

$$|a + 4| = \sqrt{a^2 + 1}$$

$$(a + 4)^2 = a^2 + 1$$

$$8a + 15 = 0$$

より $a = -\frac{15}{8}$ である．したがって，AB の方程式は

$$y = -\frac{15}{8} x + \frac{13}{2}$$

$$15x + 8y - 52 = 0$$

である．法線ベクトルは $\vec{v} = (15, 8)$ である．

直線 AB と円 C の接点を D とすると，$|\overrightarrow{CD}| = \frac{3}{2}$ である．

$$\overrightarrow{CD} = \frac{|\overrightarrow{CD}|}{|\vec{v}|} \vec{v} = \frac{3}{2\sqrt{15^2 + 8^2}} (15, 8) = \left(\frac{45}{34}, \frac{12}{17} \right)$$

$$\overrightarrow{OD} = \overrightarrow{OC} + \overrightarrow{CD}$$
$$= \left(\frac{3}{2}, \frac{1}{2} \right) + \left(\frac{45}{34}, \frac{12}{17} \right) = \left(\frac{48}{17}, \frac{41}{34} \right)$$

であるから，D の座標は $\left(\frac{48}{17}, \frac{41}{34} \right)$ である．

点 B は，直線 l と直線 AB の交点であるから，

$$-\frac{4}{3} x = -\frac{15}{8} x + \frac{13}{2}$$

$$\frac{13}{24} x = \frac{13}{2}$$

より $x = 12$ である．このとき，$y = -16$ であるから，点 B の座標は $(12, -16)$ である．したがって，$H(0, -16)$ とすると，

$$\triangle AOB = \frac{1}{2} OA \cdot HB = \frac{1}{2} \cdot \frac{13}{2} \cdot 12 = 39$$

である．

$\triangle AOB$ の外接円の方程式を

$$C_2 : x^2 + y^2 + sx + ty + u = 0$$

とおく．これが点 $O(0, 0)$ を通るから，$u = 0$ である．

また，C_2 は点 $A\left(0, \frac{13}{2} \right)$ を通るから，

$$\frac{169}{4} + \frac{13}{2} t = 0$$

すなわち，$t = -\frac{13}{2}$ である．また，C_2 は点 $B(12, -16)$ を通るから，

$$144 + 256 + 12s + 104 = 0$$

すなわち，$s = -42$ であるから，C_2 は

$$x^2 + y^2 - 42x - \frac{13}{2} y = 0$$

$$(x - 21)^2 + \left(y - \frac{13}{4} \right)^2 = 441 + \frac{169}{16}$$

したがって，$\triangle AOB$ の外接円の半径は

$$\sqrt{441 + \frac{169}{16}} = \frac{1}{4} \sqrt{441 \cdot 16 + 169} = \frac{1}{4} \sqrt{7225} = \frac{85}{4}$$

◆別解◆ $OB = \sqrt{12^2 + (-16)^2} = 20$

であるから，

$$\sin \angle AOB = \sin \angle HOB = \frac{HB}{OB} = \frac{12}{20} = \frac{3}{5}$$

である．

$$AB = \sqrt{12^2 + \left(-16 - \frac{13}{2} \right)^2}$$
$$= \sqrt{144 + \frac{2025}{4}} = \frac{1}{2} \sqrt{2601} = \frac{51}{2}$$

であるから，$\triangle AOB$ の外接円の半径を R とすると，

$$2R = \frac{AB}{\sin \angle AOB} = \frac{51}{2} \cdot \frac{5}{3} = \frac{85}{2}$$

である．したがって，$R = \dfrac{85}{4}$ である．

《点と円上の距離（A2）》

366. x, y が不等式 $(x-1)^2 + (y+2)^2 \leqq 5$ を満たすとき，$(x-4)^2 + (y-4)^2$ の最小値は $\boxed{11}\boxed{12}$ である． (23 日大・医-2期)

▶**解答**◀ $D : (x-1)^2 + (y+2)^2 \leqq 5$ は，円

$$C : (x-1)^2 + (y+2)^2 = 5$$

の周と内部を表す．A$(1, -2)$, B$(4, 4)$ とする．D 内の点を P(x, y) とする．

$$AP + PB \geqq AB = \sqrt{(4-1)^2 + (4+2)^2} = 3\sqrt{5}$$
$$BP \geqq AB - AP \geqq 3\sqrt{5} - \sqrt{5} = 2\sqrt{5}$$
$$BP \geqq 2\sqrt{5}$$

等号は A, P, B がこの順に一直線上にあり，P が C の周上にあるときに成り立つ．

$$(x-4)^2 + (y-4)^2 = BP^2 \geqq (2\sqrt{5})^2 = 20$$

求める最小値は **20**

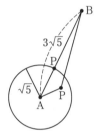

注意 最近は三角不等式を用いて論証することができない人が多い．

《方べき（B10）》

367. xy 平面上で，次の 3 つの円を考える．

C_1：中心が第 2 象限にあり，x 軸と点 $(-1, 0)$ で接する半径 a の円

C_2：中心が第 1 象限にあり，x 軸と点 $(1, 0)$ で接する半径 b の円

C_3：中心が点 $(0, c)$ で，2 点 $(-1, 0), (1, 0)$ を通る円

（1） $a = 2, b = 1$ のとき，C_1 と C_2 の交点の座標は，$(\boxed{ア}, \boxed{})$ と $(\boxed{イ}, \boxed{})$ である．ただし，$\boxed{ア} < \boxed{イ}$ とする．

（2） C_1 と C_2 が異なる 2 点 P, Q で交わるとき，原点 O との距離の積 OP・OQ の値は $\boxed{}$ である．

（3） C_1 と C_2 が接するとき，b は a を用いて表すと，$b = \boxed{}$ である．

（4） C_3 が点 $(-1, 2)$ を通るとき，$c = \boxed{}$ である．

（5） s を実数，t を正の実数とする．C_1, C_2, C_3 が共に点 R(s, t) を通るとき，a は s, t を用いて表すと，

$$a = \boxed{} \text{ である．また，積 } ab \text{ の値を } c \text{ のみで}$$

表すと，$ab = \boxed{}$ である． (23 東海大・医)

▶**解答**◀ $C_1 : (x+1)^2 + (y-a)^2 = a^2$

$$x^2 + y^2 + 2x - 2ay + 1 = 0 \quad \cdots\cdots\cdots\cdots① $$

$$C_2 : (x-1)^2 + (y-b)^2 = b^2$$

$$x^2 + y^2 - 2x - 2by + 1 = 0 \quad \cdots\cdots\cdots\cdots② $$

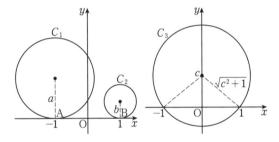

（1） $a = 2, b = 1$ のとき

$$C_1 : x^2 + y^2 + 2x - 4y + 1 = 0 \quad \cdots\cdots\cdots③ $$
$$C_2 : x^2 + y^2 - 2x - 2y + 1 = 0 \quad \cdots\cdots\cdots④ $$

③－④ より $4x - 2y = 0$

$y = 2x$ となり ③ に代入し

$$5x^2 - 6x + 1 = 0$$
$$(5x - 1)(x - 1) = 0$$

$x = \dfrac{1}{5}, 1$ で 2 交点は $\left(\dfrac{1}{5}, \dfrac{2}{5}\right), (1, 2)$

（2） ①－② より $2x - (a-b)y = 0$

C_1, C_2 が 2 交点をもつとき，2 交点を通る直線は原点 O を通る．A$(-1, 0)$ として，方べきの定理より

$$OP \cdot OQ = OA^2 = 1$$

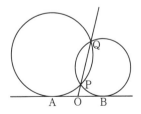

（3） C$(-1, a)$, D$(1, b)$ とする．

C_1, C_2 が接するのは外接するときに限る．

B$(1, 0)$ は C_1 の外部にあるから内接することはありえない．CD $= a + b$ として

$$2^2 + |a - b|^2 = (a + b)^2$$

$4ab = 4$ となり $b = \dfrac{1}{a}$

（4） $C_3 : x^2 + (y - c)^2 = c^2 + 1$

$\qquad x^2 + y^2 - 2cy = 1$ ……………………………⑤

が $(-1, 2)$ を通るとき

$\qquad 1 + 4 - 4c = 1$

となり，$c = 1$

（5） ①，②，⑤ が 1 点を共有するときである．

$\quad C_1, C_2, C_3$ が (s, t) を通るとき

$\qquad s^2 + t^2 + 2s - 2at + 1 = 0$ ………………………⑥

$\qquad s^2 + t^2 - 2s - 2bt + 1 = 0$ ………………………⑦

$\qquad s^2 + t^2 - 2ct - 1 = 0$ …………………………⑧

$\quad$⑥ より $a = \dfrac{1}{2t}(s^2 + t^2 + 2s + 1)$

$\quad$⑧ より $s^2 + t^2 = 2ct + 1$ であるから

$\qquad a = \dfrac{1}{t}(ct + s + 1)$

同様に ⑦，⑧ より $b = \dfrac{1}{t}(ct - s + 1)$ をえる．

$\qquad ab = \dfrac{1}{t^2}\{(ct + 1)^2 - s^2\}$

であり ⑧ より $s^2 = -t^2 + 2ct + 1$ を代入すると

$\qquad ab = \dfrac{1}{t^2}(c^2 t^2 + 2ct + 1 + t^2 - 2ct - 1)$

$\qquad\quad = \dfrac{1}{t^2}(c^2 + 1)t^2 = c^2 + 1$

《円の個数 (B20)》

368. 座標平面上の点 $(0, 1)$ を中心として半径 1 の円を C とする．点 $P(x, y)$ が $y \geqq 0$ の範囲にあり，P から C までの最短距離は ay であるとする．ただし，a は $0 < a < 1$ を満たす定数である．このとき，次の問いに答えよ．

（1） 点 P が円 C の円周上または外部にあるとき，$P(x, y)$ が満たす方程式を求めよ．

（2） 点 P が円 C の円周上または内部にあるとき，$P(x, y)$ が満たす方程式を求めよ．

（3） $x = \dfrac{1}{2}$ かつ $0 \leqq y \leqq 2$ を満たす点 $P(x, y)$ がちょうど 3 個存在するような定数 a の範囲を求めよ．

(23 早稲田大・教育)

▶解答◀ （1） 図1 (a) を見よ．

$CP = 1 + ay$ であるから

$\qquad x^2 + (y - 1)^2 = (1 + ay)^2$

$\qquad \boldsymbol{x^2 + (1 - a^2)y^2 - 2(1 + a)y = 0}$

（2） 図1 (b) を見よ．$CP = 1 - ay$ であるから

$\qquad x^2 + (y - 1)^2 = (1 - ay)^2$

$$x^2 + (1 - a^2)y^2 - 2(1 - a)y = 0$$

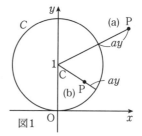

図1

（3） $x = \dfrac{1}{2}$ のとき，（1）より

$\qquad (1 - a^2)y^2 - 2(1 + a)y + \dfrac{1}{4} = 0$ …………①

（2）より

$\qquad (1 - a^2)y^2 - 2(1 - a)y + \dfrac{1}{4} = 0$ …………②

$C_1 : Y = (1 - a^2)y^2 - 2(1 + a)y + \dfrac{1}{4}$ とおくと

$\qquad C_1 : Y = (1 - a^2)\left(y - \dfrac{1}{1 - a}\right)^2 + \dfrac{1}{4} - \dfrac{1 + a}{1 - a}$

$C_2 : Y = (1 - a^2)y^2 - 2(1 - a)y + \dfrac{1}{4}$ とおくと

$\qquad C_2 : Y = (1 - a^2)\left(y - \dfrac{1}{1 + a}\right)^2 + \dfrac{1}{4} - \dfrac{1 - a}{1 + a}$

$0 < \dfrac{1}{1 + a} < 1 < \dfrac{1}{1 - a}$ であり，① と ② を連立すると $y = 0$ を得るから，C_1 と C_2 は $\left(0, \dfrac{1}{4}\right)$ で交わる．2 つの放物線 C_1，C_2 の位置は図2 のようになる．

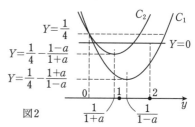

図2

$0 \leqq y \leqq 2$ を満たす y がちょうど 3 個存在するための条件は

$\qquad \dfrac{1}{4} - \dfrac{1 - a}{1 + a} < 0$ ……………………………③

かつ，C_1 について，$y = 2$ のとき $Y < 0$ …………④

となることである．

$\quad$③ より

$\qquad \dfrac{1}{4} < \dfrac{1 - a}{1 + a} \qquad \therefore \quad a < \dfrac{3}{5}$ ………………⑤

$\quad$④ より

$\qquad 4(1 - a^2) - 4(1 + a) + \dfrac{1}{4} < 0$

$\qquad a^2 - a - \dfrac{1}{16} > 0 \qquad \therefore \quad \left(a - \dfrac{1}{2}\right)^2 > \dfrac{5}{16}$

$\qquad a < \dfrac{-2 - \sqrt{5}}{4}, \ \dfrac{-2 + \sqrt{5}}{4} < a$

$\quad$⑤ と合わせて，$\dfrac{-2 + \sqrt{5}}{4} < a < \dfrac{3}{5}$ である．

【円と直線】

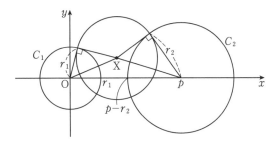

$$x^2 + y^2 - r_1^2 = (x-p)^2 + y^2 - r_2^2$$
$$-r_1^2 = -2px + p^2 - r_2^2$$

直線 $x = \dfrac{r_1^2 - r_2^2 + p^2}{2p}$

この直線は2円の中心を結ぶ直線に垂直である．そして，$p > r_1 + r_2$ であるから

$$r_1 < \frac{r_1^2 - r_2^2 + p^2}{2p} < p - r_2$$
$$\Longleftrightarrow 2pr_1 < r_1^2 - r_2^2 + p^2 < 2p^2 - 2pr_2$$
$$\Longleftrightarrow r_2^2 < p^2 + r_1^2 - 2pr_1$$
$$\text{かつ } r_1^2 < p^2 + r_2^2 - 2pr_2$$
$$\Longleftrightarrow r_2^2 < (p - r_1)^2 \text{かつ} r_1^2 < (p - r_2)^2$$

となり，これは成り立つ．根軸は C_1, C_2 の外部にある．

（3） C_1, C_2, C_3 の中心を O_1, O_2, O_3 とする．

C_1, C_2 の根軸は線分 O_1O_2 に垂直であり，C_1, C_3 の根軸は線分 O_1O_3 に垂直である．

O_1O_2, O_1O_3 は平行でないからこの2本の根軸はただ1つの交点をもつ．その交点は C_1, C_2, C_3 の外部にある．よって証明された．

===

《根軸（B20）》

369. 平面上の2つの円が直交するとは，2つの円が2点で交わり，各交点において2つの円の接線が互いに直交することである．以下の問いに答えよ．

（1） C_1, C_2 は半径がそれぞれ r_1, r_2 の円とする．C_1 の中心と C_2 の中心の間の距離を d とする．C_1 と C_2 が直交するための必要十分条件を d, r_1, r_2 の関係式で表せ．

（2） p, r_1, r_2 は $p > r_1 + r_2, r_1 > 0, r_2 > 0$ を満たす実数とする．座標平面上において，原点Oを中心とする半径 r_1 の円を C_1，点 $(p, 0)$ を中心とする半径 r_2 の円を C_2 とする．C_1 と C_2 のいずれにも直交する円の中心の軌跡を求めよ．

（3） 互いに外部にある3つの円の中心が一直線上にないとき，それら3つの円のいずれにも直交する円がただ1つ存在することを示せ．

（23 熊本大・医）

▶解答◀ （1） 円 C_1, C_2 の中心をそれぞれ O_1, O_2, 交点の1つをTとする．

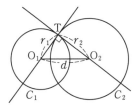

Tにおける各円の接線が直交するための必要十分条件は $\triangle O_1O_2T$ が直角三角形をなすことで

$$d^2 = r_1^2 + r_2^2$$

なお，$O_1O_2{}^2 - r_1^2$ を C_1 の外部の点 O_2 から C_1 への方べきということにする．

（2） このような円の中心を $X(x, y)$ とする．Xから C_1, C_2 への方べきが等しい点の軌跡を考えるということである．そして，この軌跡を C_1, C_2 の根軸と呼ぶ．

===

《円の束（B10）☆》

370. 以下の問いに答えよ．

（1） 点 (a, b) を中心とし，半径が3の円を C とする．円 $x^2 + y^2 = 5$ と円 C との2つの共有点を通る直線が $x - y + 1 = 0$ となる点 (a, b) を求めよ．

（2） （1）で求めた2つの共有点と点 (a, b) を通る円の中心と半径を求めよ．

（23 三重大・生物資源）

考え方 （1）で円 C の中心の座標しか問われていないが，それだと（2）の問い方と整合しないから，（1）では2円の共有点の座標も求めておく．

▶解答◀ （1） $C : (x-a)^2 + (y-b)^2 = 9$

$D : x^2 + y^2 = 5$ とおく．C と D の2つの共有点を通る直線は $C - D$ より

$$(x-a)^2 + (y-b)^2 - 9 - (x^2 + y^2 - 5) = 0$$

$$-a(2x-a) - b(2y-b) - 4 = 0$$
$$2ax + 2by + 4 - a^2 - b^2 = 0$$

これが $x - y + 1 = 0$ と一致するから

$$b = -a, \quad 2a = 4 - a^2 - b^2$$

$b = -a$ を 2 つ目の式に代入して

$$2a = 4 - 2a^2 \qquad \therefore \quad a^2 + a - 2 = 0$$
$$(a-1)(a+2) = 0 \qquad \therefore \quad a = 1, -2$$

$(a, b) = (1, -1), (-2, 2)$ である.

D と $y = x + 1$ を連立させて

$$x^2 + (x+1)^2 = 5 \qquad \therefore \quad 2x^2 + 2x - 4 = 0$$
$$(x-1)(x+2) = 0$$

$x = 1, -2, y = 2, -1$ を得て, 共有点の座標は $(1, 2)$, $(-2, -1)$ である.

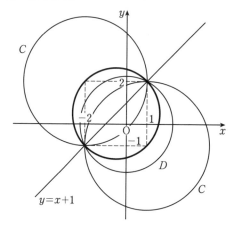

（2） 2 つの共有点を通る円は D と直線 $x - y + 1 = 0$ の共有点を通る円でもあるから，求める円の方程式を

$$x^2 + y^2 - 5 + k(x - y + 1) = 0 \quad \cdots\cdots\cdots ①$$

とおく. ① に $(1, -1)$ を代入して

$$1 + 1 - 5 + k(1 + 1 + 1) = 0 \qquad \therefore \quad k = 1$$

① に $(-2, 2)$ を代入して

$$4 + 4 - 5 + k(-2 - 2 + 1) = 0 \qquad \therefore \quad k = 1$$

① に $k = 1$ を代入して

$$x^2 + y^2 - 5 + x - y + 1 = 0$$
$$\left(x + \frac{1}{2}\right)^2 + \left(y - \frac{1}{2}\right)^2 = \frac{9}{2}$$

中心の座標は $\left(-\dfrac{1}{2}, \dfrac{1}{2}\right)$, 半径は $\dfrac{3}{\sqrt{2}}$ である.

注意 C と D の共有点 $(1, 2)$, $(-2, -1)$ と 2 つある C の中心 $(1, -1)$, $(-2, 2)$ の 4 点は正方形の頂点になっているから，（2）で求める円の中心は正方形の対角線の中点，半径は対角線の長さの半分である.

《点と直線の距離 (B10)》

371. 動点 P は直線 $l : ax + y - 3a - 2 = 0$ と，中心が点 $(1, 0)$, 半径が $\sqrt{2}$ の円 C の共有点である. ただし, a は定数である.

このとき，（1）〜（4）に答えよ.

（1） C の方程式は，$x^2 + y^2 - \boxed{}x - \boxed{} = 0$ である.

（2） l は常に点 $A\left(\boxed{}, \boxed{}\right)$ を通り, a の範囲は $\boxed{ア} - \sqrt{\boxed{イ}} \leqq a \leqq \boxed{ア} + \sqrt{\boxed{イ}}$ である.

（3） C の中心を G とし, l と異なる 2 点 P, Q を共有するとき，△PGQ の面積の最大値は $\boxed{}$ であり，このときの PQ の長さは $\boxed{}$ である.

（4） 点 B の座標を $(2, -2)$ とする. $\angle APB = 90°$ となる P を P_1, P_2 とすると, P_1 の座標は $\left(\boxed{ウ}, -\sqrt{\boxed{エ}}\right)$, P_2 の座標は $\left(\boxed{ウ}, \sqrt{\boxed{エ}}\right)$ であり，△AP_1B の面積は $\dfrac{\boxed{オ} - \sqrt{\boxed{カ}}}{\boxed{キ}}$, △$AP_2B$ の面積は $\dfrac{\boxed{オ} + \sqrt{\boxed{カ}}}{\boxed{キ}}$ である.

（23 岩手医大）

▶**解答**◀ （1） $(x-1)^2 + y^2 = 2$

$$x^2 + y^2 - 2x - 1 = 0$$

（2） $l : a(x - 3) + y - 2 = 0$ は定点 $A(3, 2)$ を通る. l と円の中心 $(1, 0)$ との距離を d とする. C と直線 l が共有点をもつ条件は, $d \leqq \sqrt{2}$

$$\frac{|a - 3a - 2|}{\sqrt{a^2 + 1}} \leqq 2 \qquad \therefore \quad \frac{2|a+1|}{\sqrt{a^2 + 1}} \leqq 2$$
$$4(a+1)^2 \leqq 2(a^2 + 1)$$
$$a^2 + 4a + 1 \leqq 0$$
$$-2 - \sqrt{3} \leqq a \leqq -2 + \sqrt{3}$$

（3） 2 点 P, Q のうち x 座標が大きい方を P とする. $\angle PGQ = \theta \, (0 < \theta < \pi)$ とおくと,

$$\triangle PGQ = \frac{1}{2} \cdot \sqrt{2} \cdot \sqrt{2} \cdot \sin\theta = \sin\theta$$

$\theta = \dfrac{\pi}{2}$ のとき最大となる. よって，△PGQ の面積の最大値は $\sin \dfrac{\pi}{2} = 1$ である. このとき，△PGQ は PG = QG = $\sqrt{2}$ の直角二等辺三角形であるから，PQ = $\sqrt{2} \cdot \sqrt{2} = 2$ である.

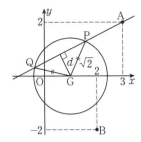

（4） P(x, y) とする．P は C 上の点であるから

$$x^2 + y^2 - 2x - 1 = 0 \quad \cdots\cdots①$$

を満たす．$\overrightarrow{PA} = (3-x, 2-y)$, $\overrightarrow{PB} = (2-x, -2-y)$

∠APB $= 90°$ のとき PA ⊥ PB であるから

$$\overrightarrow{PA} \cdot \overrightarrow{PB} = (3-x)(2-x) + (2-y)(-2-y) = 0$$

$$6 - 5x + x^2 - 4 + y^2 = 0$$

$$x^2 - 5x + y^2 + 2 = 0 \quad \cdots\cdots②$$

①－② より，$3x - 3 = 0$ すなわち $x = 1$

これを ① に代入して

$$1 + y^2 - 2 - 1 = 0$$

$$y^2 = 2 \qquad \therefore \quad y = \pm\sqrt{2}$$

よって，$\mathbf{P_1(1, -\sqrt{2})}$, $\mathbf{P_2(1, \sqrt{2})}$ である．

$\overrightarrow{P_1A} = (2, 2+\sqrt{2})$, $\overrightarrow{P_1B} = (1, -2+\sqrt{2})$

$$\triangle AP_1B = \frac{1}{2}\left| -4 + 2\sqrt{2} - 2 - \sqrt{2} \right|$$

$$= \frac{|\sqrt{2}-6|}{2} = \frac{6-\sqrt{2}}{2}$$

$\overrightarrow{P_2A} = (2, 2-\sqrt{2})$, $\overrightarrow{P_2B} = (1, -2-\sqrt{2})$

$$\triangle AP_2B = \frac{1}{2}\left| -4 - 2\sqrt{2} - 2 + \sqrt{2} \right|$$

$$= \frac{|-6-\sqrt{2}|}{2} = \frac{6+\sqrt{2}}{2}$$

《外接円と内接円 (B10)》

372. 座標平面上の3点 A$(1, 0)$, B$(14, 0)$, C$(5, 3)$ を頂点とする △ABC について，次の問いに答えよ．

（1） △ABC の重心の座標を求めよ．

（2） △ABC の外心の座標を求めよ．

（3） △ABC の内心の座標を求めよ．

（23 静岡大・理，教，農，グローバル共創）

▶解答◀ （1） △ABC の重心を G とすると，G の座標は

$$\left(\frac{1+14+5}{3}, \frac{3}{3} \right) = \left(\frac{20}{3}, 1 \right)$$

（2） 外心を P(x, y) とする．PA $=$ PC が成り立つから

$$(x-1)^2 + y^2 = (x-5)^2 + (y-3)^2$$

$$8x + 6y = 33$$

が成り立つ（これは AC の垂直二等分線の方程式である）．G は AB の垂直二等分線 $x = \dfrac{15}{2}$ 上にあるからこれを代入し $60 + 6y = 33$ となり，$y = -\dfrac{27}{6} = -\dfrac{9}{2}$ となる．P の座標は $\left(\dfrac{15}{2}, -\dfrac{9}{2} \right)$ である．

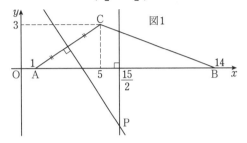
図1

（3） 内接円の半径を r とする．内心 I は (a, r) とおけて，直線 AC : $4y - 3x + 3 = 0$, BC : $3y + x - 14 = 0$ と I の距離が r であるから

$$r = \frac{|4r - 3a + 3|}{\sqrt{4^2 + (-3)^2}} = \frac{|3r + a - 14|}{\sqrt{3^2 + 1^2}}$$

$f(x, y) = 4y - 3x + 3$, $g(x, y) = 3y + x - 14$ とする．

$f(0, 0) = 3 > 0$, $g(0, 0) = -14 < 0$ であり，

$4y - 3x + 3 = 0$ に関して原点 O は正領域（I は反対の側）にあり，$3y + x - 14 = 0$ に関して O は負領域（I は同じ側）にある．$4r - 3a + 3 < 0$, $3r + a - 14 < 0$ である．

$$r = \frac{-4r + 3a - 3}{5} = \frac{-3r - a + 14}{\sqrt{10}}$$

左辺 $=$ 中辺から $a = 3r + 1$ となり，左辺 $=$ 右辺の式に代入し $\sqrt{10}r = -6r + 13$ となる．

$$r = \frac{13}{6 + \sqrt{10}} = \frac{6 - \sqrt{10}}{2}$$

$$a = 3r + 1 = 10 - \frac{3\sqrt{10}}{2}$$

となる．I $\left(10 - \dfrac{3\sqrt{10}}{2}, 3 - \dfrac{\sqrt{10}}{2} \right)$ である．

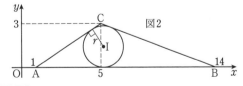
図2

注意 【側の判断】

xy 平面の曲線 C を $C : f(x, y) = 0$ の形で表すとき，$f(x_0, y_0) > 0$ を満たす (x_0, y_0) の集合を $f(x, y) = 0$ に関する正領域，$f(x_0, y_0) < 0$ を満たす (x_0, y_0) の集合を $f(x, y) = 0$ に関する負領域と

いう．50 年前は高校で普通に教えられていた．I は
直線 AC の下側 $y < \frac{3}{4}(x-1)$，直線 BC の下側
$y < -\frac{1}{3}(x-14)$ にあるから $r < \frac{3}{4}(a-1)$，
$r < \frac{3}{4}(a-1)$ としてもよいが…．

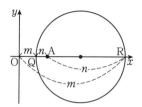

【軌跡】

《アポロニウスの円 (B10) ☆》

373. 座標平面上の点 O と A の座標をそれぞ
れ O(0,0) と A(a, 0) とする．平面上の点 P が，
OP : AP = $m : n$ を満たしながら動くとする．こ
こで a, m, n は正の定数である．

（1） $m = n$ のとき，点 P(x, y) の軌跡は直
線 □ である．

以下では $m \neq n$ とする．

（2） 点 P の軌跡と x 軸の共有点は 2 つある．線
分 OA を $m : n$ に内分する点 □ と，線分 OA
を $m : n$ に外分する点 □ である．

（3） 点 P の座標を (x, y) とする．OP : AP =
$m : n$ を満たすことから，OP$^2 = $ □ AP^2 が得
られる．

（4） この式を座標を用いて表し，展開して整理
すると点 P(x, y) の軌跡は，中心が点 □，半
径が □ の円となる． (23 東邦大・理)

考え方 $m \neq n$ のときの軌跡はアポロニウスの円
である．空欄をうめるだけならば，（4）は問題文にあ
るような展開・整理は不要である．

▶解答◀ （1） $m = n$ のとき，P の軌跡は線分
OA の垂直二等分線となるから，直線 $x = \frac{a}{2}$ である．

（2） 以下では，$m \neq n$ である．線分 OA を $m : n$ に
内分する点を Q，外分する点を R とおくと，座標はそ
れぞれ Q$\left(\frac{ma}{m+n}, 0\right)$，R$\left(\frac{ma}{m-n}, 0\right)$ である．

（3） OP : AP = $m : n$ より

$$OP = \frac{m}{n}AP \qquad \therefore \quad OP^2 = \frac{m^2}{n^2}AP^2$$

（4） 求める軌跡は 2 点 Q，R を直径の両端とする円
である．線分 QR の中点の x 座標は

$$\frac{1}{2}\left(\frac{ma}{m+n} + \frac{ma}{m-n}\right) = \frac{ma}{2} \cdot \frac{m-n+m+n}{(m+n)(m-n)}$$
$$= \frac{m^2 a}{m^2 - n^2}$$

より，求める円の中心は点 $\left(\frac{m^2 a}{m^2 - n^2}, 0\right)$ で，半径
は

$$\frac{QR}{2} = \frac{1}{2}\left|\frac{ma}{m+n} - \frac{ma}{m-n}\right| = \frac{mna}{|m^2 - n^2|}$$

《アポロニウスの円 (B20) ☆》

374. 座標平面において O(0, 0)，A(1, 0) とする
とき，次の問に答えよ．

（1） m を 1 より大きい実数とする．OP = mAP
を満たす点 P の軌跡は円となる．その円 C_1 の
中心の座標と半径を m を用いて表せ．

（2） θ を $0 < \theta < \frac{\pi}{2}$ の範囲の実数とする．
$\angle$OQA = θ を満たす点 Q の軌跡は 2 つの円の
一部となる．それらの円のうち，中心の y 座標
が正であるものを C_2 とする．C_2 の中心の座標
と半径を θ を用いて表せ．

（3） C_1 と C_2 の交点のうち，y 座標が正である
ものを R とする．$\triangle$OAR の面積を m と θ を用
いて表せ．

（4） R の座標を m と θ を用いて表せ．

(23 香川大・医-医)

▶解答◀ （1） P(x, y) とおくと
OP$^2 = m^2$AP^2 より $x^2 + y^2 = m^2\{(x-1)^2 + y^2\}$

$$(m^2 - 1)x^2 - 2m^2 x + (m^2 - 1)y^2 + m^2 = 0$$

$m > 1$ より $m^2 - 1 \neq 0$ であるから

$$x^2 - \frac{2m^2}{m^2 - 1}x + y^2 + \frac{m^2}{m^2 - 1} = 0$$

$$\left(x - \frac{m^2}{m^2 - 1}\right)^2 + y^2 - \frac{m^4}{(m^2 - 1)^2} + \frac{m^2}{m^2 - 1} = 0$$

$$\left(x - \frac{m^2}{m^2 - 1}\right)^2 + y^2 = \frac{m^2}{(m^2 - 1)^2}$$

C_1 の中心の座標は $\left(\frac{m^2}{m^2 - 1}, 0\right)$，半径は $\frac{m}{m^2 - 1}$

（2） C_2 の中心を D，OA の中点を M とする．
OM = $\frac{1}{2}$ である．$\frac{OM}{DM} = \tan\theta$ であり
DM = $\frac{1}{2\tan\theta}$，$\frac{OM}{OD} = \sin\theta$ であり OD = $\frac{1}{2\sin\theta}$
であるから，C_2 の中心の座標は $\left(\frac{1}{2}, \frac{1}{2\tan\theta}\right)$，半径
は
$$\frac{1}{2\sin\theta}$$

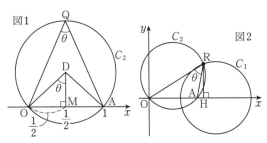

（3） $\triangle$OAR の面積を S とおくと，$S = \dfrac{1}{2}\text{OR} \cdot \text{AR}\sin\theta$

AR $= l$ とおくと OR $= m$AR が成り立つから

OR $= ml$

 $\triangle$OAR で余弦定理より

$$\text{OA}^2 = \text{OR}^2 + \text{AR}^2 - 2 \cdot \text{OR} \cdot \text{AR}\cos\theta$$

$$1 = m^2l^2 + l^2 - 2ml^2\cos\theta$$

$$l^2 = \frac{1}{m^2 + 1 - 2m\cos\theta}$$

$$S = \frac{1}{2}ml \cdot l\sin\theta = \frac{1}{2}ml^2\sin\theta$$

$$= \frac{m\sin\theta}{2(m^2 + 1 - 2m\cos\theta)}$$

（4） 図2を見よ．R から x 軸に下ろした垂線の足を H とおくと $S = \dfrac{1}{2}\text{OA} \cdot \text{RH}$ が成り立つから

$$\text{RH} = \frac{2S}{\text{OA}} = \frac{m\sin\theta}{m^2 + 1 - 2m\cos\theta}$$

また $\triangle$ORH で三平方の定理より

$$\text{OH}^2 = \text{OR}^2 - \text{RH}^2$$

$$= \frac{m^2}{m^2 + 1 - 2m\cos\theta} - \frac{m^2\sin^2\theta}{(m^2 + 1 - 2m\cos\theta)^2}$$

$$= \frac{m^2(m^2 + 1 - 2m\cos\theta) - m^2\sin^2\theta}{(m^2 + 1 - 2m\cos\theta)^2}$$

$$= \frac{m^4 - 2m^3\cos\theta + m^2(1 - \sin^2\theta)}{(m^2 + 1 - 2m\cos\theta)^2}$$

$$= \frac{m^2(m - \cos\theta)^2}{(m^2 + 1 - 2m\cos\theta)^2}$$

OH > 0 で $m > 1 > \cos\theta$ であるから

$$\text{OH} = \frac{m(m - \cos\theta)}{m^2 + 1 - 2m\cos\theta}$$

点 R の座標は

$$\left(\frac{m(m - \cos\theta)}{m^2 + 1 - 2m\cos\theta}, \ \frac{m\sin\theta}{m^2 + 1 - 2m\cos\theta} \right)$$

《三角形が動く（B30）》

375. 座標平面の点を O(0, 0)，A(-1, 0)，B(1, 0) とする．線分 AP は長さが 2 で，点 A を中心に回転する．正三角形 T は一辺の長さが $2\sqrt{3}$ で，点 B を重心とし，点 B を中心に回転する．点 P の x 座標を t とする．

（1） 線分 BP の長さを t の式で表せ．

（2） 線分 AP が以下の[条件]を満たすように動くとき，点 P の軌跡を求め，図示せよ．

 [条件]三角形 T を適当に回転させると，点 P は T の周上にある．

（3） 線分 AP と三角形 T の周が無限個の点を共有するような位置にあるとき，t の値を求めよ．

（4） 線分 AP と三角形 T（周および内部が1点のみを共有するように動くとき，その共有点の軌跡を求め，図示せよ． （23 千葉大・理，工）

▶**解答**◀ （1） P(t, u) とおく．AP $= 2$ より $(t+1)^2 + u^2 = 4$ ……………………①

$$u^2 = 4 - (t+1)^2$$

$$\text{BP} = \sqrt{(t-1)^2 + u^2}$$

$$= \sqrt{(t-1)^2 + 4 - (t+1)^2}$$

$$= \sqrt{4 - 4t} = 2\sqrt{1-t}$$

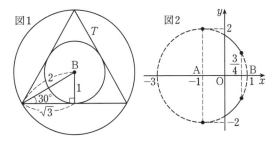

（2） T は B を重心とする一辺の長さが $2\sqrt{3}$ の正三角形であるから，P が T の周上にあるとき

$$1 \leqq \text{BP} \leqq 2$$

$$1 \leqq 2\sqrt{1-t} \leqq 2$$

$$1 \leqq 4(1-t) \leqq 4 \qquad \therefore \quad 0 \leqq t \leqq \frac{3}{4}$$

これと①から，求める軌跡は**円 $(x+1)^2 + y^2 = 4$ の $0 \leqq x \leqq \dfrac{3}{4}$ の部分**で図2の実線部分である．

（3） 線分 AP と T の周が無限個の点を共有するのは，線分 AP と T の辺の一部が重なるときである．

AB $= 2$ であることと（2）で考えたことから，それは A と T の頂点が一致するときである．

 このとき $\angle$PAB $= 30°$，AP $= 2$ であるから

$$t = -1 + 2\cos 30° = \sqrt{3} - 1$$

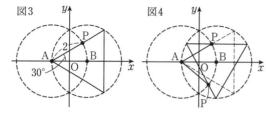

図3　図4

（4） P が T の辺上の点のとき

図4の上の P は線分 AP が T の内部を通り不適である。下の P は線分 AP と T が1点のみ共有している。

このときの共有点 P の軌跡は（2），（3）の結果より円 $(x+1)^2+y^2=4$ の $0 \le x < \sqrt{3}-1$ の部分である。

線分 AP が T の頂点を共有するとき

図5のようになるから，共有点の軌跡は，

円 $(x+1)^2+y^2=4$ の $-1 \le x \le 0$ の部分である。

図示すると図6の実線部分となる。

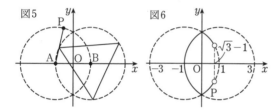

図5　図6

《外心の軌跡 (B10)》

376. 正の実数 a に対して，xy 平面上に2点 A$(2, a)$，B$(2, -a)$ をとる。原点を中心とする単位円を $C : x^2+y^2=1$ とする。以下の問いに答えよ。

（1） 点 P が円 C 上を動くとき，△APB の重心 G の軌跡を求めよ。

（2） 点 P が円 C 上を動くとき，△APB の外心 Q の軌跡を求めよ。　　　　（23 鳥取大・工-後期）

▶解答◀ （1） P(x, y)，G(X, Y) とおく。

$$X = \frac{x+2+2}{3}, \quad Y = \frac{y+a-a}{3}$$

$x = 3X-4$，$y = 3Y$ となり，これを $x^2+y^2=1$ に代入し

$$(3X-4)^2+(3Y)^2=1$$

$$\left(X-\frac{4}{3}\right)^2+Y^2=\frac{1}{9}$$

重心 G の軌跡は**中心 $\left(\frac{4}{3}, 0\right)$，半径 $\frac{1}{3}$ の円**である。

（2） A$(2, a)$，B$(2, -a)$，P(x, y)．Q は AB の垂直二等分線 $Y=0$ 上にあるから Q$(X, 0)$ とおけて，

AQ $=$ PQ であるから

$$(X-2)^2+a^2=(X-x)^2+y^2$$

$$-4X+4+a^2=-2xX+x^2+y^2$$

$x^2+y^2=1$ であるから

$$-4X+3+a^2=-2xX$$

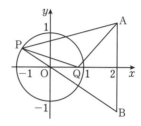

$X=0$ とすると成立しないから $X \neq 0$ であり，両辺を X で割って

$$-4+\frac{3+a^2}{X}=-2x$$

$$x=2-\frac{3+a^2}{2X}$$

$-1 \le x \le 1$ であるから

$$-1 \le 2-\frac{3+a^2}{2X} \le 1$$

$$1 \le \frac{3+a^2}{2X} \le 3$$

符号から $X>0$ であり $\frac{3+a^2}{6} \le X \le \frac{3+a^2}{2}$

したがって，外心 Q の軌跡は**2点**

$\left(\frac{a^2+3}{6}, 0\right)$，$\left(\frac{a^2+3}{2}, 0\right)$ **を両端とする線分**である。

《動くものが多い (B20) ☆》

377. 座標平面上に，定点 A$(2, 1)$ と円

$$C : (x+3)^2+y^2=9$$

がある。また，点 P を円 C 上の動点とし，線分 AP の中点を M とする。次の問い（1）〜（4）に答えよ。

（1） 点 P の座標は，θ を $0 \le \theta < 2\pi$ の範囲の実数として

$$P\left(\boxed{}\cos\theta-\boxed{}, \boxed{}\sin\theta\right)$$

と表すことができる。このとき，AP の中点 M の座標は

$$M\left(\frac{\boxed{}}{\boxed{}}\cos\theta-\frac{\boxed{}}{\boxed{}}, \frac{\boxed{}}{\boxed{}}\sin\theta+\frac{\boxed{}}{\boxed{}}\right)$$

である。

（2） 点 P が円 C 上を1周するとき，M の軌跡は

$\left(-\frac{\boxed{}}{\boxed{}}, \frac{\boxed{}}{\boxed{}}\right)$ を中心とする半径 $\frac{\boxed{}}{\boxed{}}$ の

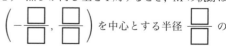

円である.

（3）点 P における円 C の接線上にあり，P から
の距離が $3\sqrt{3}$ であるような 2 つの点のうちの一
方を点 Q とする．点 P が円 C 上を 1 周すると
き，Q の軌跡は半径 $\boxed{}$ の円である．

（4）（3）の軌跡上に定点 Q_0 をとる．P が円 C
上を 1 周するとき，線分 PQ_0 が通過する領域の
面積は

$$\boxed{}\sqrt{\boxed{}}+\boxed{}\pi$$

である． （23 岩手医大）

▶解答◀（1）円 $C:(x+3)^2+y^2=9$ は中心
$(-3,0)$，半径 3 であるから，この円周上の点 P は

$$P(3\cos\theta-3,\ 3\sin\theta)$$

と表される．ただし，$0\leqq\theta<2\pi$ である．また，
$A(2,1)$ と P の中点 M の座標は

$$M\left(\frac{3}{2}\cos\theta-\frac{1}{2},\ \frac{3}{2}\sin\theta+\frac{1}{2}\right)$$

である．

（2）$M(X,Y)$ とする，（1）より

$$X+\frac{1}{2}=\frac{3}{2}\cos\theta,\ Y-\frac{1}{2}=\frac{3}{2}\sin\theta$$

$\sin^2\theta+\cos^2\theta=1$ が成り立つから

$$\frac{9}{4}\sin^2\theta+\frac{9}{4}\cos^2\theta=\frac{9}{4}$$

$$\left(X+\frac{1}{2}\right)^2+\left(Y-\frac{1}{2}\right)^2=\frac{4}{9}$$

よって，M の軌跡は円 $\left(x+\frac{1}{2}\right)^2+\left(y-\frac{1}{2}\right)^2=\frac{4}{9}$，
すなわち中心が $\left(-\frac{1}{2},\frac{1}{2}\right)$，半径 $\frac{3}{2}$ の円である．

（3）$C(-3,0)$ として，$\angle CPQ=90°$ であり

$$CQ=\sqrt{CP^2+PQ^2}=\sqrt{9+27}=6$$

よって，Q の軌跡は中心 $(-3,0)$，半径 **6** の円である．

図1

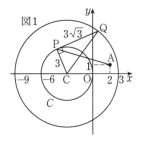

（4）定点 Q_0 を $(-3,6)$ にとり，P を円 C 上で一周
させたのが図 2 である．求める面積は図 3 の網目部分
である．

このとき Q_0 から円に接線を引き，接点を P_1，P_2 と
する．$\triangle CP_1Q_0$ と $\triangle CP_2Q_0$ は合同で，比が $1:2:\sqrt{3}$
の直角三角形である．

扇形の面積と直角三角形 2 つ分の和を考え

$$\pi\cdot3^2\cdot\frac{240}{360}+\frac{1}{2}\cdot3\cdot3\sqrt{3}\cdot2$$

$$=9\sqrt{3}+6\pi$$

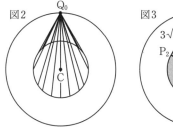

図2

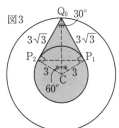

図3

《2 接点の中点 (B20)》

378. xy 平面上に 2 つの放物線

$$C_1:y=x^2,\ C_2:y=x^2-k^2$$

（k は正の実数）がある．C_2 上の点 T から C_1 に 2
本の接線を引き，その接点を A，B とする（A の x
座標は B の x 座標より小さいものとする）．線分
AB の中点を M とし，T を C_2 上で動かしたときの
M の軌跡の方程式は $\boxed{}$ である．M の軌跡を C_3
としたとき，C_3 が $3x^2+2xy-y^2+2x+2y\leqq0$
を満たす領域に含まれるような k の値の範囲は
$k\geqq\boxed{}$ である． （23 防衛医大）

▶解答◀ 図 1 を見よ．$y=x^2$ において，$y'=2x$
であるから，C_1 上の x 座標が s の点における接線の
方程式は

$$y=2s(x-s)+s^2\qquad\therefore\quad y=2sx-s^2$$

である．$T(t,t^2-k^2)$ とおくと，C_1 の接線が T を通
るとき

$$t^2-k^2=2st-s^2$$

$$s^2-2ts+(t^2-k^2)=0\quad\cdots\cdots\cdots\text{①}$$

A，B の x 座標をそれぞれ α，β $(\alpha<\beta)$ とおくと α，β
は ① の 2 解であり，解と係数の関係より

$$\alpha+\beta=2t,\ \alpha\beta=t^2-k^2$$

である．さらに，M の座標を (X,Y) とおくと，M は
AB の中点より

$$X=\frac{\alpha+\beta}{2}=t$$

$$Y=\frac{\alpha^2+\beta^2}{2}=\frac{1}{2}\{(\alpha+\beta)^2-2\alpha\beta\}$$

$$=\frac{1}{2}\{(2t)^2-2(t^2-k^2)\}=t^2+k^2$$

であるから，これらから t を消去すると $Y=X^2+k^2$
となる．よって，M の軌跡の方程式は $\boldsymbol{y=x^2+k^2}$ で
ある．

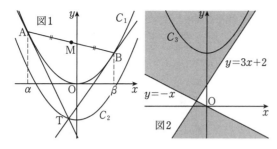

図1　図2

$$3x^2 + 2xy - y^2 + 2x + 2y \leqq 0$$
$$3x^2 + 2x - \{y-(x+1)\}^2 + (x+1)^2 \leqq 0$$
$$(2x+1)^2 - \{y-(x+1)\}^2 \leqq 0$$
$$(3x+2-y)(x+y) \leqq 0$$

これを図示すると，図2の境界を含む網目部分になる．C_3 が網目部分に含まれるための条件は，すべての x について

$$x^2 + k^2 \geqq 3x+2 \quad かつ \quad x^2 + k^2 \geqq -x$$
$$x^2 - 3x + (k^2-2) \geqq 0$$
$$かつ \quad x^2 + x + k^2 \geqq 0$$

が成立することである．それぞれの判別式を考えると，

$$9 - 4(k^2-2) \leqq 0 \quad かつ \quad 1 - 4k^2 \leqq 0$$
$$k^2 \geqq \frac{17}{4}$$

となる．$k>0$ より $k \geqq \dfrac{\sqrt{17}}{2}$ である．

【不等式と領域】

《同心円（A2）》

379. 不等式 $(x^2+y^2-1)(x^2+y^2-9)<0$ の表す領域を xy 平面上に図示せよ．　（23 茨城大・工）

▶解答◀　$(x^2+y^2-1)(x^2+y^2-9)<0$
$$1 < x^2+y^2 < 3^2$$

図の境界を含まない網目部分となる．

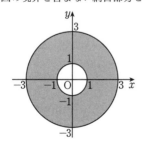

《対数との融合（B2）》

380. 次の不等式の表す領域を図示せよ．
$$\log_2(x^2+y^2-2) < 1 + \log_2|y-x|$$

▶解答◀　真数条件より

$$x^2+y^2-2>0 かつ |y-x|>0$$
$$x^2+y^2>2 かつ y \neq x \quad\cdots\cdots①$$
$$\log_2(x^2+y^2-2) < 1 + \log_2|y-x|$$
$$x^2+y^2-2 < 2|y-x|$$
$$x^2+y^2-2|y-x| < 2$$

（ア）$y>x$ のとき $x^2+y^2-2(y-x)<2$
$$(x+1)^2+(y-1)^2<4$$

（イ）$y<x$ のとき $x^2+y^2+2(y-x)<2$
$$(x-1)^2+(y+1)^2<4$$

領域は図の網目部分．ただし，境界を含まない．
$C_1:(x+1)^2+(y-1)^2=4$, $C_2:(x-1)^2+(y+1)^2=4$, $C_3:x^2+y^2=2$, $L:y=x$ である．

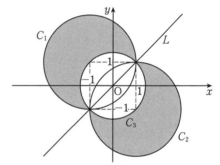

《円と放物線（B20）》

381. r, s を正の実数とする．放物線 $y=x^2$ と円 $x^2+(y-s)^2=r^2$ の共有点の個数 N を考える．
（1）N が奇数であるような (r, s) の範囲を rs 平面上に図示せよ．
（2）$N=2$ であるような (r, s) の範囲を rs 平面上に図示せよ．
（3）$N=0$ であるような (r, s) の範囲を rs 平面上に図示せよ．　（23 滋賀医大・医）

▶解答◀　（1）$y=x^2$, $x^2+(y-s)^2=r^2$ は $x=\pm\sqrt{y}$ かつ $y+(y-s)^2=r^2$ となり，
$$y^2-(2s-1)y+s^2-r^2=0 \quad\cdots\cdots①$$
$f(y)=y^2-(2s-1)y+s^2-r^2$ とおく．
①の解 y に対し $x=\pm\sqrt{y}$ で x が定まるから，$y=0$ が解でないときには N が偶数になる．N が奇数になるのは $y=0$ が解のときで，$f(0)=0$ より $s^2-r^2=0$ となる．$s>0, r>0$ より $s=r$ である．図示すると

図1の白丸を除く半直線である.

（**2**） $N=2$ になるのは ① が正の重解をもつか，正の解と負の解をもつときである．判別式を D とする．

$$D = (2s-1)^2 - 4s^2 + 4r^2 = 0 \text{ かつ } y = \frac{1}{2}(2s-1) > 0$$

または $f(0) = s^2 - r^2 < 0$ である．

$$s = r^2 + \frac{1}{4} > \frac{1}{2} \text{ または } 0 < s < r$$

図示すると図2の太線と網目部分となる．境界は除く．

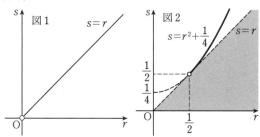

（**3**） $N=0$ になるのは ① が $y \geqq 0$ の解をもたないときである．軸の位置で場合分けする．

$2s-1 \geqq 0$ のとき，$D = 1 - 4s + 4r^2 < 0$

$2s-1 < 0$ のとき，$f(0) = s^2 - r^2 > 0$

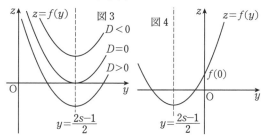

「$s \geqq \frac{1}{2}$ かつ $s > r^2 + \frac{1}{4}$」または「$s < \frac{1}{2}$ かつ $s > r$」

図示すると図5の境界を除く網目部分となる．

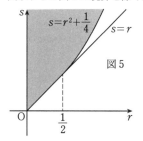

図5

《包含の条件（B20）☆》

382. a, b を実数とする．xy 平面上の3つの領域 D, E_1, E_2 を以下で定める．

D は不等式 $y \geqq 2x^2 + 2ax - b$ の表す領域

E_1 は不等式 $y \geqq x^2 - 2x$ の表す領域

E_2 は不等式 $y \geqq -x^2$ の表す領域

また，領域 E を E_1 と E_2 の共通部分とする．以下の問いに答えよ．

（**1**） 領域 E を図示せよ．

（**2**） 領域 D のすべての点が領域 E の点となるような ab 平面上の点 (a, b) のうち，b の値が最大となる点 (a, b) の座標を求めよ.

（23 東北大・理系-後期）

▶**解答**◀ （**1**） $y = x^2 - 2x = (x-1)^2 - 1$ であるから，E を図示すると図1の境界を含む網目部分となる.

（**2**） $D \subset E$ となる条件は $D \subset E_1$ かつ $D \subset E_2$ であることであり，それはすべての実数 x について

$$2x^2 + 2ax - b \geqq x^2 - 2x \quad\cdots\cdots\cdots\cdots\text{①}$$

$$\text{かつ} \quad 2x^2 + 2ax - b \geqq -x^2 \quad\cdots\cdots\cdots\cdots\text{②}$$

が成立することである.

① について

$$x^2 + 2(a+1)x - b \geqq 0$$

左辺の判別式を D_1 とすると，これがすべての x について成立する条件は $D_1 \leqq 0$ であり，

$$\frac{D_1}{4} = (a+1)^2 + b \leqq 0$$

$$b \leqq -(a+1)^2 \quad\cdots\cdots\cdots\cdots\cdots\cdots\text{③}$$

② について

$$3x^2 + 2ax - b \geqq 0$$

左辺の判別式を D_2 とすると，これがすべての x について成立する条件は $D_2 \leqq 0$ であり，

$$\frac{D_2}{4} = a^2 + 3b \leqq 0$$

$$b \leqq -\frac{a^2}{3} \quad\cdots\cdots\cdots\cdots\cdots\cdots\text{④}$$

③かつ④を図示すると図2のようになる.

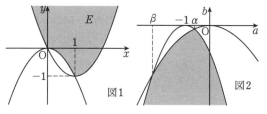

$b = -(a+1)^2$ と $b = -\frac{a^2}{3}$ の交点を求める.

$$-(a+1)^2 = -\frac{a^2}{3}$$

$$2a^2 + 6a + 3 = 0 \qquad \therefore \quad a = \frac{-3 \pm \sqrt{3}}{2}$$

$\alpha = \frac{-3+\sqrt{3}}{2}, \beta = \frac{-3-\sqrt{3}}{2}$ とおく．このとき，

$$-\frac{\alpha^2}{3} = -\frac{1}{3}\left(\frac{-3+\sqrt{3}}{2}\right)^2 = \frac{-2+\sqrt{3}}{2}$$

であるから, b の値が最大となる (a, b) の座標は

$$\left(\frac{-3+\sqrt{3}}{2}, \frac{-2+\sqrt{3}}{2}\right)$$ である.

《通過領域 (B5) ☆》

383. xy 平面において, 点 P と点 Q はともに曲線 $y = x^2$ の上を動く. $\overrightarrow{OP} + \overrightarrow{OQ} = \overrightarrow{OR}$ によって定まる点を R とする. このとき点 R の全体が表す領域を求めて図示せよ. (23 東京女子大・数理)

▶解答◀ $\overrightarrow{OP} = (p, p^2), \overrightarrow{OQ} = (q, q^2)$

とすると

$$\overrightarrow{OR} = \overrightarrow{OP} + \overrightarrow{OQ} = (p + q, p^2 + q^2)$$

$x = p + q, y = p^2 + q^2$ とおくと

$$y = (p + q)^2 - 2pq = x^2 - 2pq$$

よって, $pq = \dfrac{x^2 - y}{2}$ を得る.

p, q は t に関する 2 次方程式

$$t^2 - xt + \frac{x^2 - y}{2} = 0$$

の実数解である. 判別式を D とすると

$$D = (-x)^2 - 4 \cdot \frac{x^2 - y}{2} \geqq 0$$

$$x^2 - 2(x^2 - y) \geqq 0 \qquad \therefore \quad y \geqq \frac{x^2}{2}$$

よって, R の全体が表す領域は図の網目部分で境界を含む.

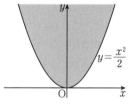

【領域と最大・最小】

《線形計画法 (B10) ☆》

384. 次の連立不等式

$$x + 2y \leqq 6, 3x + y \leqq 12, 2x + y \geqq 4, y \geqq 0$$

の表す領域を D とする. 点 (x, y) がこの領域 D を動くとき, 以下の問いに答えなさい.

(1) 領域 D を図示しなさい.

(2) 領域 D の面積を求めなさい.

(3) $x + y$ の最大値を求めなさい.

(4) $x + y$ の最小値を求めなさい.

(23 福島大・共生システム理工)

▶解答◀ (1) D は図の境界を含む網目部分である. $3x + y = 12, x + 2y = 6$ の交点 S の座標は

$\left(\dfrac{18}{5}, \dfrac{6}{5}\right)$ である. $x + 2y = 6, 2x + y = 4$ の交点 T の座標は $\left(\dfrac{2}{3}, \dfrac{8}{3}\right)$ である.

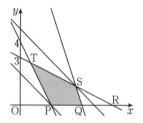

(2) $P(2, 0), Q(4, 0), R(6, 0)$ とする. D の面積は

$$\triangle TPR - \triangle SQR = \frac{1}{2} \cdot 4 \cdot \frac{8}{3} - \frac{1}{2} \cdot 2 \cdot \frac{6}{5}$$

$$= \frac{16}{3} - \frac{6}{5} = \frac{80 - 18}{15} = \frac{62}{15}$$

(3) $x + y$ が値 k をとるのは $x + y = k$ を満たす点 (x, y) が D 内にあるとき, すなわち, $x + y = k$ が表す直線 l が D と共有点をもつときである. いま, l の y 切片が k であり, 傾きは -1 である. よって, k が最大となるのは l が S を通るときであり, 最大値は

$$\frac{18}{5} + \frac{6}{5} = \frac{24}{5}$$

(4) k が最小となるのは l が P を通るときであり, 最小値は $2 + 0 = 2$

《格子点と線形計画法 (B20) ☆》

385. 連立不等式

$$\begin{cases} 3x + 5y \leqq 9 & \cdots\cdots\cdots\cdots\cdots (*) \\ 7x + 9y \leqq 20 \end{cases}$$

を考える.

(1) 座標平面において, 直線 $3x + 5y = 9$ を l とし, 直線 $7x + 9y = 20$ を m とする. l と m の交点の座標を求めなさい.

(2) 実数 x, y が $(*)$ をみたすとき, $5x + 7y$ の最大値を求めなさい.

(3) 1 次方程式 $5x + 7y = 1$ の整数解をすべて求めなさい.

(4) a を整数とするとき, 1 次方程式 $5x + 7y = a$ の整数解をすべて求めなさい.

(5) 整数 x, y が $(*)$ をみたすとき, $5x + 7y$ の最大値を求めなさい. また, 最大値をとるときの x, y の値を求めなさい.

(23 北海道大・フロンティア入試 (選択))

▶解答◀ (1) $3x + 5y = 9$ $\cdots\cdots\cdots\cdots\cdots$①

$7x + 9y = 20$ $\cdots\cdots\cdots\cdots\cdots$②

①×7 − ②×3 より

$$8y = 3 \qquad \therefore \quad y = \frac{3}{8}$$

①へ代入して

$$3x + \frac{15}{8} = 9 \qquad \therefore \quad x = \frac{19}{8}$$

よって，l と m の交点は $\left(\frac{19}{8}, \frac{3}{8} \right)$ である．この点を P とする．

（2）（＊）を満たす領域 D を図示すると，図1の境界を含む網目部分となる．$5x + 7y$ が値 k をとるのは，$5x + 7y = k$ を満たす点 (x, y) が D 内にあるときであり，これは直線 $L : 5x + 7y = k$ と D が共有点を持つことを表す．

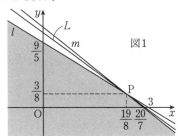

図1

$$-\frac{7}{9} < (L \text{ の傾き}) = -\frac{5}{7} < -\frac{3}{5}$$

である．L が P を通るとき，

$$k = 5 \cdot \frac{19}{8} + 7 \cdot \frac{3}{8} = \frac{29}{2}$$

であるから，$5x + 7y$ は最大値 $\dfrac{29}{2}$ をとる．

（3）$x = \dfrac{1 - 7y}{5} = -y + \dfrac{1 - 2y}{5}$

$z = \dfrac{1 - 2y}{5}$ とおくと

$$y = \frac{1 - 5z}{2} = -3z + \frac{1 + z}{2}$$

$n = \dfrac{1 + z}{2}$ とおくと $z = 2n - 1$

$$y = -3(2n - 1) + n = -5n + 3$$
$$x = -(-5n + 3) + 2n - 1 = 7n - 4$$

よって，n を整数として

$$x = 7n - 4, \ y = -5n + 3$$

（4）（3）と同様に考えて，$-4, 3$ をそれぞれ $-4a, 3a$ に変えると

$$x = 7n - 4a, \ y = -5n + 3a \quad \cdots\cdots\cdots ③$$

（5）③を（＊）に代入すると

$$3(7n - 4a) + 5(-5n + 3a) \leqq 9$$
$$a \leqq \frac{4}{3}n + 3 \quad \cdots\cdots\cdots\cdots ④$$
$$7(7n - 4a) + 9(-5n + 3a) \leqq 20$$
$$a \geqq 4n - 20 \quad \cdots\cdots\cdots\cdots ⑤$$

$a = \dfrac{4}{3}n + 3$ と $a = 4n - 20$ の交点を考えると，これは $\left(\dfrac{69}{8}, \dfrac{29}{2} \right)$ となる．この点を Q とする．④，⑤

をともに満たす領域 E を na 平面に図示し，Q の近くを拡大したものが，図2である．

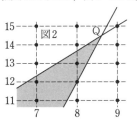

E に含まれる格子点のうち，a 座標が最大となるのは，$a = 13$ であり，このとき $n = 8$ であるから，

$$x = 56 - 52 = 4, \ y = -40 + 39 = -1$$

注意 図1を見て，P の近くの格子点に違いないと早合点して，L が $(1, 1)$ や $(2, 0)$ を通るときを考えればいいんだ！と思ってはいけない．

《円と正方形（B20）☆》

386. 実数 x, y が $x^2 - 2x + y^2 - 3 = 0$ を満たすとき，
（1）$|x| + |y|$ の最小値とそのときの x および y の値を求めよ．
（2）$|x| + |y|$ の最大値とそのときの x および y の値を求めよ．

（23　兵庫医大）

考え方 $|x| + |y| = k$ は原点を中心として4点 $(k, 0), (0, k), (-k, 0), (0, -k)$ を頂点とする正方形を表す．$x \geqq 0, y \geqq 0$ のとき $x + y = k$ となり，これは $(k, 0)$ および $(0, k)$ を切片とする直線である．x を $-x$，y を $-y$ に変えても式は変わらないから，この図形は x 軸，y 軸，原点に対してそれぞれ対称である．解答ではこれを基本知識として使う．

▶解答◀ $|x| + |y| = k$ とおく．

$x^2 - 2x + y^2 - 3 = 0$ は $(x - 1)^2 + y^2 = 4$ となり，この円を C とする．$|x| + |y|$ で表される図形は一般に正方形となる．これが C と共有点を持つときを考える．なお $k \geqq 0$ である．

（1）図1のようになるとき最小で，$k = 1$ である．また，そのとき $(x, y) = (-1, 0)$ である．

（2）図2のようになるとき最大である．図2内の45度定規を考えると，このとき $k = 1 + 2\sqrt{2}$ である．同様に x 軸に対して対称な点でも接しているから，そのとき $(x, y) = (1 + \sqrt{2}, \pm\sqrt{2})$ である．

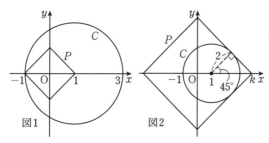

図1　　　図2

♦別解♦（ii）最大になるのは図2のように C と $x+y=k$ が第1象限で接するときである。$x+y=k$ と $(1, 0)$ の距離が 2 となるから $\dfrac{|1-k|}{\sqrt{1^2+1^2}}=2$ であり、$k>1$ であるから $k-1=2\sqrt{2}$ で最大値は $k=1+2\sqrt{2}$ である。

―――――《少し複雑な形（B30）☆》―――――

387. 座標平面に2点 $A(-3, -2)$, $B(1, -2)$ をとる。また点Pが円 $x^2+y^2=1$ 上を動くとし、$S=AP^2+BP^2$, $T=\dfrac{BP^2}{AP^2}$ とおく。以下の問いに答えよ。

（1）点Pの座標を (x, y) とするとき、S を x, y の1次式として表せ。

（2）S の最小値と S を最小にする点Pの座標を求めよ。

（3）T の最小値と T を最小にする点Pの座標を求めよ。

（23　中央大・理工）

▶解答◀（1）
$$S=(x+3)^2+(y+2)^2+(x-1)^2+(y+2)^2$$
$$=2(x^2+y^2)+4x+8y+18 \quad\cdots\cdots\cdots①$$
$$=4x+8y+20$$

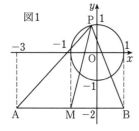
図1

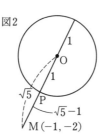
図2

（2）ABの中点を $M(-1, -2)$, $P(x, y)$ とする。

① は $S=2\{(x+1)^2+(y+2)^2\}+8=2PM^2+8$ と書ける。これはパップスの中線定理として知られている関係式を、式変形で導いたものである。

図2より PM の最小値は $\sqrt{5}-1$ である。S の最小値は $2(\sqrt{5}-1)^2+8=\mathbf{20-4\sqrt{5}}$ である。

$OM: y=2x$ と $x^2+y^2=1$ の $x<0$ における交点

を求め、S の最小値を与える P は $\left(-\dfrac{1}{\sqrt{5}}, -\dfrac{2}{\sqrt{5}}\right)$ である。

（3）$T=\dfrac{(x-1)^2+(y+2)^2}{(x+3)^2+(y+2)^2}$

$=\dfrac{-2x+4y+6}{6x+4y+14}=\dfrac{-x+2y+3}{3x+2y+7}$ $\cdots\cdots\cdots②$

$-x+2y+3=T(3x+2y+7)$

$l: (3T+1)x+(2T-2)y+7T-3=0$ とする。

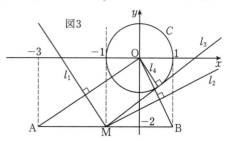
図3

$l_1: 3x+2y+7=0$ はMを通ってOAに垂直な直線で、$l_2: -x+2y+3=0$ はMを通ってOBに垂直な直線である。l_1 は円 $C: x^2+y^2=1$ と共有点をもたない。つまり、②の分母を0にしない。l はMを通る l_1 以外の直線を表す。l が C と共有点をもつ条件はOと l の距離が1以下になることで、

$$\dfrac{|7T-3|}{\sqrt{(3T+1)^2+(2T-2)^2}}\leqq 1$$

$$(7T-3)^2\leqq(3T+1)^2+(2T-2)^2$$

$36T^2-40T+4\leqq 0$ となり、$9T^2-10T+1\leqq 0$ となる。

$(9T-1)(T-1)\leqq 0$ となり、$\dfrac{1}{9}\leqq T\leqq 1$ を得る。

T の最大値は $T=1$ で、$T=1$ を l に代入すると $x=-1$ となる。T の最小値は $\dfrac{1}{9}$ である。$T=\dfrac{1}{9}$ を l に代入して整理すると $l_3: y=\dfrac{3}{4}x-\dfrac{5}{4}$ になる。このときの l はOとの距離が1だから C に接する。その接点は直線 $l_4: y=-\dfrac{4}{3}x$ と C の $x>0$ における交点で $(x, y)=\left(\dfrac{3}{5}, -\dfrac{4}{5}\right)$ となる。

注意　$4x+8y+20=S$ は OM に垂直な直線を表す。S が最小になるときは、直線 OM と C の $x<0$ における交点 $\left(-\dfrac{1}{\sqrt{5}}, -\dfrac{2}{\sqrt{5}}\right)$ を通るときで、これを $4x+8y+20=S$ に代入して $S=20-4\sqrt{5}$ を求める方が出題の意図に合っているかもしれない。

―――――《反比例のグラフ（B10）》―――――

388. 連立不等式
$$x+2y\leqq 18, \quad 2x+y\leqq 12, \quad 4x+y\leqq 20,$$

$x \geqq 0, \ y \geqq 0$

の表す座標平面上の領域を D とする．点 (x, y) が領域 D を動くとき，次の問いに答えよ．

（1） 領域 D を座標平面上に図示せよ．

（2） $3x + y$ の最大値とそのときの $x, \ y$ の値を求めよ．

（3） a を正の実数とするとき，$ax + y$ の最大値を求めよ．

（4） xy の最大値とそのときの $x, \ y$ の値を求めよ． 　　　　　　　　　　　（23　徳島大・理工）

▶解答◀ （1） $x + 2y = 18$ ‥‥‥‥‥‥①

$2x + y = 12$ ‥‥‥‥‥‥‥‥‥‥②

$4x + y = 20$ ‥‥‥‥‥‥‥‥‥‥③

①，②を解くと $x = 2, \ y = 8$

②，③を解くと $x = 4, \ y = 4$

領域 D は図1の網目部分で境界も含む．

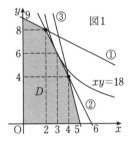
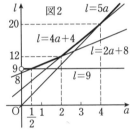

（2） $3x + y = k$ とおくと

$y = -3x + k$ ‥‥‥‥‥‥‥‥‥‥④

k が最大となるのは④が $(4, 4)$ を通るときである．よって $\boldsymbol{x = 4, \ y = 4}$ のとき最大値 $k = 3 \cdot 4 + 4 = \boldsymbol{16}$

（3） 図2を見よ．$ax + y = l$ とおく．$(0, 9), (2, 8),$ $(4, 4), (5, 0)$ を通るとき，順に $l = 9, 2a+8, 4a+4, 5a$ となる．このうち最大のものをとる．

$0 < a \leqq \dfrac{1}{2}$ のとき 9，$\dfrac{1}{2} < a \leqq 2$ のとき $2a + 8$，

$2 < a \leqq 4$ のとき $4a + 4$，$4 < a$ のとき $5a$

（4） $xy = h$ とおくと最大値を考えるから $x > 0$ としてよく，$y = \dfrac{h}{x}$

$y = \dfrac{h}{x}$ と①が $0 < x \leqq 2$ で接するかを調べる．

y を消去して $x + \dfrac{2h}{x} = 18$

$x^2 - 18x + 2h = 0$

これが重解をもつとき $x = 9$ となり $0 < x \leqq 2$ をみたさない．

$y = \dfrac{h}{x}$ と②が $2 \leqq x \leqq 4$ で接するかを調べる．

y を消去して $2x + \dfrac{h}{x} = 12$

$x^2 - 6x + \dfrac{h}{2} = 0$

これが重解をもつとき $x = 3$ となり $2 \leqq x \leqq 4$ をみたす．このとき $\dfrac{h}{2} = 9$ より $h = 18$

$y = \dfrac{h}{x}$ と③が $4 \leqq x < 6$ で接するかを調べる．

y を消去して $4x + \dfrac{h}{x} = 20$

$x^2 - 5x + \dfrac{h}{4} = 0$

これが重解をもつとき $x = \dfrac{5}{2}$ となり $4 \leqq x < 6$ をみたさない．

以上より $\boldsymbol{x = 3, \ y = 6}$ のとき最大値 $\boldsymbol{18}$

《距離 (B5) ☆》

389. 実数の組 (x, y) が $|x + 2y| \leqq 1$ を満たすとき，$(x-2)^2 + (y-1)^2$ の最小値は □ である． 　　　　　　　　　　　（23　山梨大・医-後期）

▶解答◀ $|x + 2y| \leqq 1$ より

$-1 \leqq x + 2y \leqq 1$

これをみたす領域 D は図の網目部分で境界も含む．$\mathrm{A}(2, 1), \mathrm{P}(x, y)$ とする．A と直線 $x + 2y - 1 = 0$ の距離は $\dfrac{|2 + 2 - 1|}{\sqrt{1^2 + 2^2}} = \dfrac{3}{\sqrt{5}}$ である．

$(x-2)^2 + (y-1)^2 = \mathrm{AP}^2 \geqq \dfrac{9}{5}$

求める最小値は $\dfrac{\boldsymbol{9}}{\boldsymbol{5}}$

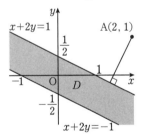

《円と距離 (B20)》

390. 原点を O とする座標平面において，連立不等式

$$\begin{cases} (x-2)^2 + (y-3)^2 \leqq 1 \\ x + y \leqq 4 \end{cases}$$

の表す領域を D とする．点 $\mathrm{P}(x, y)$ が領域 D 内を動くとき，以下の問いに答えよ．

（1） 原点 O と点 P との間の距離を l とする．距離 l が最大となるときの点 P の座標は，$\left(\boxed{}, \boxed{} \right)$ であり，その最大値は $\sqrt{\boxed{}}$ で

ある.

距離 l が最小となるときの点 P の座標は,

$$\left(\boxed{}-\frac{\boxed{}}{\boxed{}}\sqrt{\boxed{}},\ \boxed{}-\frac{\boxed{}}{\boxed{}}\sqrt{\boxed{}}\right)$$

であり,その最小値は $-\boxed{}+\sqrt{\boxed{}}$ である.

（2） $2x+y$ の値が最大となるときの点 P の座標は $\left(\boxed{},\ \boxed{}\right)$ であり,その最大値は $\boxed{}$ である. $2x+y$ の最小値は $\boxed{}-\sqrt{\boxed{}}$ である.

（3） $x^2+y^2-6x-8y$ の値の最大値は $-\boxed{}+\boxed{}\sqrt{\boxed{}}$ であり,最小値は $-\dfrac{\boxed{}}{\boxed{}}$ である.

（23 東京理科大・先進工）

▶解答◀ （1）

$C:(x-2)^2+(y-3)^2=1$, $m:x+y=4$ とし,円の中心 $(2,3)$ を E とおく.領域 D は図1の網目部分である（境界含む）.

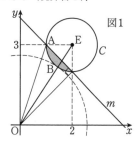

図1

C と m の交点の x 座標は

$$(x-2)^2+(-x+1)^2=1$$
$$x^2-3x+2=0$$
$$(x-1)(x-2)=0$$
$$x=1,\ 2$$

$(1,3)$ を A とおくと,l が最大となるのは P が A と一致するときである.P の座標は $(1,3)$ で,求める最大値は

$$\sqrt{1^2+3^2}=\sqrt{10}$$

直線 OE と C の交点を B とおくと,l が最小となるのは P が B と一致するときである.OE : $y=\dfrac{3}{2}x$ と C を連立して

$$(x-2)^2+\left(\frac{3}{2}x-3\right)^2=1$$
$$(x-2)^2+\frac{9}{4}(x-2)^2=1$$
$$(x-2)^2=\frac{4}{13}$$
$$x-2=\pm\frac{2\sqrt{13}}{13}$$

$x<2$ であるから,$x=2-\dfrac{2\sqrt{13}}{13}$

$$y=\frac{3}{2}\cdot\left(2-\frac{2\sqrt{13}}{13}\right)=3-\frac{3\sqrt{13}}{13}$$

P の座標は $\left(2-\dfrac{2\sqrt{13}}{13},\ 3-\dfrac{3\sqrt{13}}{13}\right)$ で,求める最小値は

$$\mathrm{OE}-\mathrm{BE}=\sqrt{2^2+3^2}-1=\boldsymbol{-1+\sqrt{13}}$$

（2） $2x+y=k$ とおく.直線 $n:y=-2x+k$ と領域 D が共有点をもつように n を動かす.

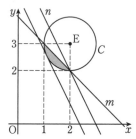

k が最大となるのは n が $(2,2)$ を通るときで,P の座標は $(\boldsymbol{2,2})$,求める最大値は $4+2=\boldsymbol{6}$

k が最小となるのは直線 n が円 C の下側から接するときで

$$\frac{|2\cdot2+3-k|}{\sqrt{2^2+1^2}}=1$$
$$|7-k|=\sqrt{5}$$
$$k-7=\pm\sqrt{5}$$

小さいほうの k を採用して $k=7-\sqrt{5}$

求める最小値は $\boldsymbol{7-\sqrt{5}}$

（3） F$(3,4)$ とする.

$$x^2+y^2-6x-8y=(x-3)^2+(y-4)^2-25$$
$$=\mathrm{FP}^2-25$$
$$\mathrm{FP}\leqq\mathrm{FE}+\mathrm{EP}=\sqrt{2}+1$$

等号は F, E, P の順で一直線にあるときに成り立つ.求める最大値は

$$(\sqrt{2}+1)^2-25=\boldsymbol{-22+2\sqrt{2}}$$

F と直線 $x+y=4$ の距離は $\dfrac{|3+4-4|}{\sqrt{2}}=\dfrac{3}{\sqrt{2}}$ であるから求める最小値は $\dfrac{9}{2}-25=\boldsymbol{-\dfrac{41}{2}}$

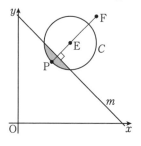

【加法定理とその応用】

─《関数の値 (B5)》─

391. 媒介変数 t $(0 \leq t < 2\pi)$ を用いて，

$$x = \cos\left(t + \frac{\pi}{6}\right),\ y = \cos\left(t - \frac{\pi}{6}\right)$$

で表される曲線について，以下の問いに答えなさい．

（1） $t = 0,\ \frac{\pi}{6},\ \frac{\pi}{3},\ \frac{\pi}{2}$ のときの曲線上の点の座標をそれぞれ求めなさい．

（2） 原点から曲線上の点 (x, y) までの距離 L を $\cos t$ を用いて表しなさい．

（3） 点 (x, y) が曲線上を動くとき，（2）で定めた距離 L が最大になる点と最小になる点の座標をそれぞれすべて求めなさい．

(23 福島大・共生システム理工)

▶解答◀ （1）

$$P(t) = \left(\cos\left(t + \frac{\pi}{6}\right),\ \cos\left(t - \frac{\pi}{6}\right)\right)\ とおく.$$

$$P(0) = \left(\cos\frac{\pi}{6},\ \cos\left(-\frac{\pi}{6}\right)\right) = \left(\frac{\sqrt{3}}{2},\ \frac{\sqrt{3}}{2}\right)$$

$$P\left(\frac{\pi}{6}\right) = \left(\cos\frac{\pi}{3},\ \cos 0\right) = \left(\frac{1}{2},\ 1\right)$$

$$P\left(\frac{\pi}{3}\right) = \left(\cos\frac{\pi}{2},\ \cos\frac{\pi}{6}\right) = \left(0,\ \frac{\sqrt{3}}{2}\right)$$

$$P\left(\frac{\pi}{2}\right) = \left(\cos\frac{2}{3}\pi,\ \cos\frac{\pi}{3}\right) = \left(-\frac{1}{2},\ \frac{1}{2}\right)$$

（2） $c = \cos t,\ s = \sin t$ とおく.

$$x = \cos t\cos\frac{\pi}{6} - \sin t\sin\frac{\pi}{6} = \frac{\sqrt{3}}{2}c - \frac{1}{2}s$$

$$y = \cos t\cos\frac{\pi}{6} + \sin t\sin\frac{\pi}{6} = \frac{\sqrt{3}}{2}c + \frac{1}{2}s$$

$$L^2 = x^2 + y^2 = 2\cdot\frac{3}{4}c^2 + 2\cdot\frac{1}{4}s^2 = \cos^2 t + \frac{1}{2}$$

$$L = \sqrt{\cos^2 t + \frac{1}{2}}$$

（3） L が最大のとき $c^2 = 1$ で $t = 0,\ \pi$

$$P(0) = \left(\frac{\sqrt{3}}{2},\ \frac{\sqrt{3}}{2}\right),\ P(\pi) = \left(-\frac{\sqrt{3}}{2},\ -\frac{\sqrt{3}}{2}\right)$$

$P(t) = (a, b)$ のとき $P(t + \pi) = (-a, -b)$ に符号が変わる.

L が最小のとき $c = 0$ で $t = \frac{\pi}{2},\ \frac{3}{2}\pi$

$$P\left(\frac{\pi}{2}\right) = \left(-\frac{1}{2},\ \frac{1}{2}\right),\ P\left(\frac{3}{2}\pi\right) = \left(\frac{1}{2},\ -\frac{1}{2}\right)$$

─《tan の値 (A2)》─

392. $\tan 15°$ の値を答えよ． (23 防衛大・理工)

▶解答◀ $\tan 15° = \tan(60° - 45°)$

$$= \frac{\tan 60° - \tan 45°}{1 + \tan 60°\tan 45°} = \frac{\sqrt{3} - 1}{1 + \sqrt{3}\cdot 1}$$

$$= \frac{(\sqrt{3} - 1)^2}{(\sqrt{3} + 1)(\sqrt{3} - 1)} = \frac{4 - 2\sqrt{3}}{2} = 2 - \sqrt{3}$$

─《tan の値 (B5)》─

393. $0 < \theta < \frac{\pi}{4}$ とする． $\sin\theta + \cos\theta = \frac{\sqrt{6}}{2}$ であるとき，$\tan\theta$ の値は $\boxed{}$ である．

(23 芝浦工大)

考え方 $c = \cos\theta,\ s = \sin\theta$ として，c, s の多項式と見たとき，「**次数を揃える**」のが定石である．勿論，$c^2 + s^2 = 1$ という関係式があるから，完全な意味の多項式ではない．

▶解答◀ $c = \cos\theta,\ s = \sin\theta$ とおく．$c + s = \frac{\sqrt{6}}{2}$ が成り立つ．両辺を2乗して $(c + s)^2 = \frac{3}{2}$ となり，右辺に $1 = c^2 + s^2$ を用いて見かけの次数を上げると $(c + s)^2 = \frac{3}{2}(c^2 + s^2)$ となる．両辺を2倍し，$2c^2 + 4cs + 2s^2 = 3c^2 + 3s^2$ となる．これを2次の同次形（c, s の2次の項だけで出来ている）という．そのときには比 $\frac{s}{c}$ が得られる．c^2 で割って，$\frac{s}{c} = t$ とおく．$t^2 - 4t + 1 = 0$ となる．$0 < \theta < \frac{\pi}{4}$ だから $0 < t < 1$ であり，これを解くと $\tan\theta = 2 - \sqrt{3}$

◆別解◆ $\sqrt{2}\sin\left(\theta + \frac{\pi}{4}\right) = \frac{\sqrt{6}}{2}$ となり，

$$\sin\left(\theta + \frac{\pi}{4}\right) = \frac{\sqrt{3}}{2},\ \frac{\pi}{4} < \theta + \frac{\pi}{4} < \frac{\pi}{2}$$

$\theta + \frac{\pi}{4} = \frac{\pi}{3}$ となる．

$$\tan\theta = \tan\left(\frac{\pi}{3} - \frac{\pi}{4}\right) = \frac{\tan\frac{\pi}{3} - \tan\frac{\pi}{4}}{1 + \tan\frac{\pi}{3}\tan\frac{\pi}{4}}$$

$$= \frac{\sqrt{3} - 1}{1 + \sqrt{3}} = \frac{(\sqrt{3} - 1)^2}{3 - 1} = 2 - \sqrt{3}$$

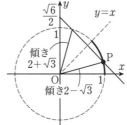

◆別解◆ $c = \frac{\sqrt{10}}{5} - s$ を $c^2 + s^2 = 1$ に代入し

$$\frac{2}{5} - \frac{2\sqrt{10}}{5}s + 2s^2 = 1$$

$$10s^2 - 2\sqrt{10}s - 3 = 0$$

$0° \leq \theta \leq 180°$ より $s \geq 0$ である．

$$s = \frac{\sqrt{10} + \sqrt{40}}{10} = \frac{3}{\sqrt{10}}$$

$$c = \frac{\sqrt{10}}{5} - \frac{3}{\sqrt{10}} = -\frac{1}{\sqrt{10}}$$

$$\tan\theta = \frac{\sin\theta}{\cos\theta} = -3$$

♦別解♦ $(c+s)^2 = \frac{3}{2}$ を展開し $c^2 + s^2 = 1$ を用いると $1 + 2cs = \frac{3}{2}$ となり $2cs = \frac{1}{2}$ である.

$0 < \theta < \frac{\pi}{4}$ より $\cos\theta > \sin\theta > 0$ である.

$(c-s)^2 = 1 - 2cs = 1 - \frac{1}{2} = \frac{1}{2}$ となり $c - s = \frac{\sqrt{2}}{2}$

$s + c = \frac{\sqrt{6}}{2}$ と合わせて解くと,

$$s = \frac{\sqrt{2}(\sqrt{3}-1)}{4}, \quad c = \frac{\sqrt{2}(\sqrt{3}+1)}{4}$$

$$\tan\theta = \frac{s}{c} = \frac{\sqrt{3}-1}{\sqrt{3}+1} = 2 - \sqrt{3}$$

── 《直線の交角 (A2)》 ──

394. 2直線 $y = \sqrt{3}x + \sqrt{3}$, $y = -x + 4$ のなす鋭角 θ を求めよ. （23 福島県立医大）

▶解答◀ $y = \sqrt{3}x + \sqrt{3}$, $y = -x + 4$ が x 軸の正方向とのなす角をそれぞれ α, β とすると

$$\tan\alpha = \sqrt{3}, \quad \tan\beta = -1$$

よって, $\alpha = \frac{\pi}{3}$, $\beta = \frac{3}{4}\pi$ であり

$$\theta = \beta - \alpha = \frac{3}{4}\pi - \frac{\pi}{3} = \frac{5}{12}\pi$$

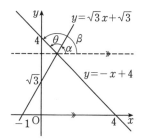

── 《tan の値 (A10)》 ──

395. $\tan^2\left(\frac{\pi}{7}\right)\tan\left(\frac{5\pi}{14}\right)\tan\left(\frac{9\pi}{14}\right) = \boxed{}$ である. （23 藤田医科大・ふじた未来入試）

▶解答◀ $\frac{5}{14}\pi = \frac{\pi}{2} - \frac{\pi}{7}$, $\frac{9}{14}\pi = \frac{\pi}{2} + \frac{\pi}{7}$ である. $\theta = \frac{\pi}{7}$ とおくと, $\tan\frac{5}{14}\pi = \tan\left(\frac{\pi}{2} - \theta\right) = \frac{1}{\tan\theta}$

$\tan\frac{9}{14}\pi = \tan\left(\frac{\pi}{2} + \theta\right) = -\frac{1}{\tan\theta}$

$$\tan^2\frac{\pi}{7}\tan\frac{5}{14}\pi\tan\frac{9}{14}\pi$$
$$= (\tan\theta)^2\left(\frac{1}{\tan\theta}\right)\left(-\frac{1}{\tan\theta}\right) = -1$$

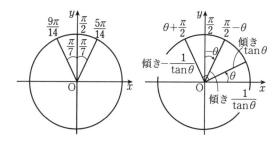

注意 【何を公式にするか？】

$$\tan\left(\frac{\pi}{2} - \theta\right) = \frac{1}{\tan\theta}$$

$$\tan\left(\frac{\pi}{2} + \theta\right) = -\frac{1}{\tan\theta}$$

を公式にするなら, このまま覚えないといけない. 図のように傾きを考えて, 覚えることになる.

人それぞれである. 私は $\cos\left(\frac{\pi}{2} - \theta\right) = \sin\theta$, $\sin\left(\frac{\pi}{2} - \theta\right) = \cos\theta$ を公式にし,

$$\tan\left(\frac{\pi}{2} - \theta\right) = \frac{\sin\left(\frac{\pi}{2} - \theta\right)}{\cos\left(\frac{\pi}{2} - \theta\right)}$$

$$= \frac{\cos\theta}{\sin\theta} = \frac{1}{\tan\theta}$$

などを確認している.

── 《cos の積 (B10)》 ──

396. $\cos\theta = \alpha$ として, $\cos 3\theta$ を α で表せ. また, $\theta = \frac{\pi}{9}$ のとき, 三角関数の積 $\cos\theta \cdot \cos 2\theta \cdot \cos 4\theta$ の値を求めよ. （23 三重大・医, 工, 教, 人文）

▶解答◀ $\cos 3\theta = 4\cos^3\theta - 3\cos\theta = 4\alpha^3 - 3\alpha$ は後の設問と関係ない. 主に極限で使う有名な関係式

$$\cos\theta\cos 2\theta\cos 4\theta\cdots\cos 2^{n-1}\theta = \frac{\sin 2^n\theta}{2^n\sin\theta}$$

がある. $y = \cos\theta\cos 2\theta\cos 4\theta$ とおく. $y\sin\theta$ を作り, $\sin$ の2倍角の公式を繰り返す.

$$y\sin\theta = \sin\theta\cos\theta\cos 2\theta\cos 4\theta$$
$$= \frac{1}{2}\sin 2\theta\cos 2\theta\cos 4\theta$$
$$= \frac{1}{4}\sin 4\theta\cos 4\theta = \frac{1}{8}\sin 8\theta$$

$\theta = \frac{\pi}{9}$ のとき $9\theta = \pi$ であるから $8\theta = \pi - \theta$

$\sin 8\theta = \sin\theta \neq 0$ である. $y = \frac{\sin 8\theta}{8\sin\theta} = \frac{1}{8}$

♦別解♦ 後半は積→和の公式を繰り返してもよい. $\theta = \frac{\pi}{9}$ のとき

$$\cos\theta\cos 2\theta\cos 4\theta$$
$$= \cos\theta \cdot \frac{1}{2}\{\cos(4\theta + 2\theta) + \cos(4\theta - 2\theta)\}$$
$$= \cos\theta \cdot \frac{1}{2}\left(\cos\frac{2}{3}\pi + \cos 2\theta\right)$$
$$= \cos\theta \cdot \frac{1}{2}\left(-\frac{1}{2} + \cos 2\theta\right)$$

$$= -\frac{1}{4}\cos\theta + \frac{1}{2}\cos 2\theta\cos\theta$$

$$= -\frac{1}{4}\cos\theta + \frac{1}{4}\{\cos(2\theta+\theta) + \cos(2\theta-\theta)\}$$

$$= -\frac{1}{4}\cos\theta + \frac{1}{4}\cos\frac{\pi}{3} + \frac{1}{4}\cos\theta = \frac{1}{8}$$

《sin などの値（B5）》

397. $\frac{3}{2}\pi < \theta < 2\pi$ において，$\cos 2\theta = -\frac{7}{25}$ のとき，$\sin\theta, \cos\theta, \tan\theta$ の値を求めよ．

（23 北海学園大・工）

▶**解答**◀　$\cos 2\theta = -\frac{7}{25}$

$$2\cos^2\theta - 1 = -\frac{7}{25}$$

$$\cos^2\theta = \frac{9}{25}$$

$\frac{3}{2}\pi < \theta < 2\pi$ より $\cos\theta > 0$ であるから

$$\cos\theta = \frac{3}{5}$$

$\sin\theta < 0$ であるから

$$\sin\theta = -\sqrt{1 - \cos^2\theta} = -\frac{4}{5}$$

したがって，$\tan\theta = \frac{\sin\theta}{\cos\theta} = -\frac{4}{3}$

《sin などの値（A5）》

398. $0 < \theta < \pi$ とする．$\tan\theta = -3$ のとき，$\cos^2\theta = \boxed{}$ であり，$\frac{\cos 2\theta}{3 - 2\sin 2\theta} = \boxed{}$ である．

（23 大工大・推薦）

▶**解答**◀　$0 < \theta < \pi$, $\tan\theta = -3$ より

$$\cos\theta = -\frac{1}{\sqrt{10}}, \quad \sin\theta = \frac{3}{\sqrt{10}}$$

$$\cos^2\theta = \frac{1}{10}$$

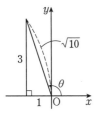

$$\cos 2\theta = \cos^2\theta - \sin^2\theta = \frac{1-9}{10} = -\frac{4}{5}$$

$$\sin 2\theta = 2\sin\theta\cos\theta = -\frac{3}{5}$$

$$\frac{\cos 2\theta}{3 - 2\sin 2\theta} = \frac{-\frac{4}{5}}{3 + \frac{6}{5}} = -\frac{4}{21}$$

[注意]　教科書は $1 + \tan^2\theta = \frac{1}{\cos^2\theta}$ を使えと教えるが，この公式は数 III 以外では真価を発揮せず，解

答のように三角形を描く方がよい．$\frac{1}{\cos^2\theta} = 10$ で，$\cos^2\theta = \frac{1}{10}$ となる．

《sin などの値（A2）》

399. $\tan\theta = \frac{4}{3}$ かつ $\pi < \theta < \frac{3}{2}\pi$ のとき，$\sin\theta = \dfrac{\boxed{}}{\boxed{}}$，$\sin 2\theta = \dfrac{\boxed{}}{\boxed{}}$ である．

（23 東京都市大・理系）

▶**解答**◀　図より，$\sin\theta = -\frac{4}{5}$，$\cos\theta = -\frac{3}{5}$ であるから，

$$\sin 2\theta = 2\sin\theta\cos\theta = \frac{24}{25}$$

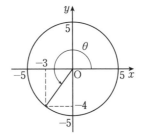

《和から積（A3）》

400. $\sin x + \cos x = \frac{1}{2}$ のとき，$\tan^3 x + \frac{1}{\tan^3 x} = \boxed{}$ である．

（23 東海大・医）

▶**解答**◀　$\sin x + \cos x = \frac{1}{2}$ の両辺を 2 乗して，

$$\sin^2 x + 2\sin x\cos x + \cos^2 x = \frac{1}{4}$$

$$1 + 2\sin x\cos x = \frac{1}{4}$$

$$\sin x\cos x = -\frac{3}{8}$$

$$\tan x + \frac{1}{\tan x} = \frac{\sin x}{\cos x} + \frac{\cos x}{\sin x}$$

$$= \frac{\sin^2 x + \cos^2 x}{\sin x\cos x} = \frac{1}{\sin x\cos x} = -\frac{8}{3}$$

であるから

$$\tan^3 x + \frac{1}{\tan^3 x}$$

$$= \left(\tan x + \frac{1}{\tan x}\right)^3$$

$$\qquad -3\tan x \cdot \frac{1}{\tan x}\left(\tan x + \frac{1}{\tan x}\right)$$

$$= \left(-\frac{8}{3}\right)^3 - 3\left(-\frac{8}{3}\right) = -\frac{296}{27}$$

《和から積（B5）》

401. $\sin\theta - \cos\theta = \frac{1}{3}\left(\frac{\pi}{4} < \theta < \frac{3}{4}\pi\right)$ であるとき，

（1） $\sin\theta\cos\theta = \boxed{}$ である.

（2） $\sin\theta + \cos\theta = \boxed{}$ である.

（3） $\sin 2\theta + \cos 2\theta = \boxed{}$ である.

（23 金沢工大）

▶解答◀ （1） $\sin\theta - \cos\theta = \dfrac{1}{3}$ を 2 乗して,

$\sin^2\theta + \cos^2\theta = 1$ を用いると

$$1 - 2\sin\theta cos\theta = \frac{1}{9}$$

$$\sin\theta\cos\theta = \frac{4}{9}$$

（2） $(\sin\theta + \cos\theta)^2 = 1 + 2\sin\theta\cos\theta = 1 + \dfrac{8}{9} = \dfrac{17}{9}$

$x = \cos\theta,\ y = \sin\theta$ とおくと,

$y = x + \dfrac{1}{3},\ \dfrac{\pi}{4} < \theta < \dfrac{3\pi}{4}$ だから,

(x, y) は図の黒丸である. $x + y > 0$ であり,

$$\sin\theta + \cos\theta = \frac{\sqrt{17}}{3}$$

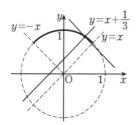

（3） $\sin 2\theta + \cos 2\theta$

$= 2\sin\theta\cos\theta + (\cos\theta + \sin\theta)(\cos\theta - \sin\theta)$

$= \dfrac{8}{9} + \dfrac{\sqrt{17}}{3} \cdot \dfrac{-1}{3} = \dfrac{8 - \sqrt{17}}{9}$

《sin の加法定理（B10）》

402. $-\dfrac{\pi}{2} < x < \dfrac{\pi}{2},\ -\dfrac{\pi}{2} < y < \dfrac{\pi}{2}$ とする.

連立方程式 $\begin{cases} \cos x + \sin y = \dfrac{\sqrt{2}}{2} \\ \sin x + \cos y = \dfrac{\sqrt{6}}{2} \end{cases}$

の解 x, y について $\sin(x+y) = \boxed{}$ であり,

$x = \boxed{},\ y = \boxed{}$ である.

（23 帝京大・医）

▶解答◀ $\cos x + \sin y = \dfrac{\sqrt{2}}{2}$ ……………………①

$\sin x + \cos y = \dfrac{\sqrt{6}}{2}$ ……………………②

①^2＋②^2 より

$2 + 2\cos x\sin y + 2\sin x\cos y = \dfrac{2}{4} + \dfrac{6}{4}$

$2 + 2\sin(x+y) = 2$

$\sin(x+y) = 0$ であり, $-\pi < x + y < \pi$ であるから

$x + y = 0$ である. $y = -x$ を①, ②に代入し

$\cos x - \sin x = \dfrac{\sqrt{2}}{2},\ \sin x + \cos x = \dfrac{\sqrt{6}}{2}$

$\cos x, \sin x$ について解くと

$\cos x = \dfrac{\sqrt{2} + \sqrt{6}}{4},\ \sin x = \dfrac{\sqrt{6} - \sqrt{2}}{4}$

$\cos x = \dfrac{\sqrt{2}}{2} \cdot \dfrac{\sqrt{3}}{2} + \dfrac{\sqrt{2}}{2} \cdot \dfrac{1}{2} = \cos\left(\dfrac{\pi}{4} - \dfrac{\pi}{6}\right) = \dfrac{\pi}{12}$

$-\dfrac{\pi}{2} < x < \dfrac{\pi}{2}$ より $x = \dfrac{\pi}{12}$ となり $y = -x = -\dfrac{\pi}{12}$

注意 【図形的に見る】

$z = \dfrac{\pi}{2} - y$ とおく. $\cos z = \sin y,\ \sin z = \cos y$

になるから

$\cos x + \cos y = \dfrac{\sqrt{2}}{2},\ \sin x + \sin y = \dfrac{\sqrt{6}}{2}$

$\dfrac{\cos x + \cos y}{2} = \dfrac{\sqrt{2}}{4},\ \dfrac{\sin x + \sin y}{2} = \dfrac{\sqrt{6}}{4}$

P$(\cos x, \sin x)$, P$(\cos x, \sin x)$, M$\left(\dfrac{\sqrt{2}}{4}, \dfrac{\sqrt{6}}{4}\right)$

とおくと, PQ の中点が M である. A$\left(\dfrac{1}{2}, \dfrac{\sqrt{3}}{2}\right)$ と

すると, $\overrightarrow{OM} = \dfrac{\sqrt{2}}{2}\overrightarrow{OA}$ であるから, 図のように三角

形 OPM, 三角形 OQM は直角二等辺三角形である.

$\overrightarrow{OA}$ の偏角は $\dfrac{\pi}{3},\ -\dfrac{\pi}{2} < x < \dfrac{\pi}{2},\ 0 < z < \pi$ である

から

$x = \dfrac{\pi}{3} - \dfrac{\pi}{4} = \dfrac{\pi}{12},\ z = \dfrac{\pi}{3} + \dfrac{\pi}{4} = \dfrac{7\pi}{12}$

$y = \dfrac{\pi}{2} - z = -\dfrac{\pi}{12}$

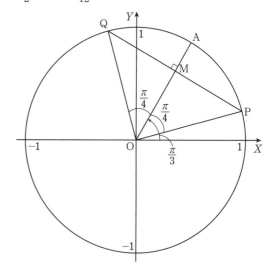

《和→積の公式（B20）》

403. 次の問いに答えなさい.

（1） α, β を実数とする. 等式

$$\sin(\alpha + \beta) + \sin(\alpha - \beta) = 2\sin\alpha\cos\beta$$

を証明しなさい.

（2） x, y を実数とする.

$$\sin x + \sin y = \frac{1+\sqrt{3}}{2},$$

$$\cos x + \cos y = \frac{-1+\sqrt{3}}{2}$$

のとき, $\tan \dfrac{x+y}{2}$ の値を求めなさい.

(23 山口大・理)

▶**解答**◀ （1）

$$\sin(\alpha+\beta) = \sin\alpha\cos\beta + \cos\alpha\sin\beta$$

$$\sin(\alpha-\beta) = \sin\alpha\cos\beta - \cos\alpha\sin\beta$$

$$\sin(\alpha+\beta) + \sin(\alpha-\beta) = 2\sin\alpha\cos\beta$$

（2） $\alpha = \dfrac{x+y}{2}, \beta = \dfrac{x-y}{2}$ として,

$$\sin(\alpha+\beta) + \sin(\alpha-\beta) = \frac{1+\sqrt{3}}{2}$$

$$\cos(\alpha+\beta) + \cos(\alpha-\beta) = \frac{-1+\sqrt{3}}{2} = \frac{-1+\sqrt{3}}{2}$$

をそれぞれ展開すると

$$2\sin\alpha\cos\beta = \frac{1+\sqrt{3}}{2} \quad\cdots\cdots\cdots\cdots①$$

$$2\cos\alpha\cos\beta = \frac{-1+\sqrt{3}}{2} \quad\cdots\cdots\cdots\cdots②$$

①÷② として,

$$\tan\frac{x+y}{2} = \frac{\sqrt{3}+1}{\sqrt{3}-1} = \frac{(\sqrt{3}+1)^2}{2} = 2+\sqrt{3}$$

注意 $\left(\dfrac{\sqrt{3}-1}{2}\right)^2 + \left(\dfrac{\sqrt{3}+1}{2}\right)^2 = 2$ となるから

$$\left(\frac{\sqrt{3}-1}{2\sqrt{2}}\right)^2 + \left(\frac{\sqrt{3}+1}{2\sqrt{2}}\right)^2 = 1$$

$p = \dfrac{\sqrt{3}-1}{2\sqrt{2}}, q = \dfrac{\sqrt{3}+1}{2\sqrt{2}}$ として, $p^2+q^2 = 1$ が成り立つ. $\mathrm{P}(\cos x, \sin x)$, $\mathrm{Q}(\cos y, \sin y)$, $\mathrm{A}(p, q)$ とする.

$$\frac{\cos x + \cos y}{\sqrt{2}} = \frac{\sqrt{3}-1}{2\sqrt{2}}, \frac{\sin x + \sin y}{\sqrt{2}} = \frac{1+\sqrt{3}}{2\sqrt{2}}$$

$$\frac{\overrightarrow{\mathrm{OP}} + \overrightarrow{\mathrm{OQ}}}{\sqrt{2}} = \overrightarrow{\mathrm{OA}}\ \text{であるから}\ \frac{\overrightarrow{\mathrm{OP}} + \overrightarrow{\mathrm{OQ}}}{2} = \frac{\overrightarrow{\mathrm{OA}}}{\sqrt{2}}$$

PQ の中点を M とする. 円 $X^2+Y^2=1$ 上の点 P, Q に対して, OM と PQ は垂直である. $\mathrm{OM} = \dfrac{1}{\sqrt{2}}$ だから三角形 OMP は 45 度定規である, そして A は確定しているから P, Q も確定する. P の方が Q より右にあるとすると, P と Q は

$$\left(\frac{\sqrt{3}}{2}, \frac{1}{2}\right), \left(-\frac{1}{2}, \frac{\sqrt{3}}{2}\right) \quad\cdots\cdots\cdots\cdots③$$

であり, $x = \dfrac{\pi}{6} + 2n\pi$, $y = \dfrac{2\pi}{3} + 2m\pi$ （m, n は整数）である.

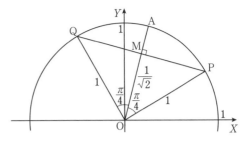

このことは, もう少し原始的にも示すことができる.

$$\sin y = \frac{1+\sqrt{3}}{2} - \sin x, \cos y = \frac{-1+\sqrt{3}}{2} - \cos x$$

を $\cos^2 y + \sin^2 y = 1$ に代入すると

$(\sqrt{3}-1)\cos x + (\sqrt{3}+1)\sin x = 2$ となる. これから合成するのは駄目だ. 直線 $(\sqrt{3}-1)X + (\sqrt{3}+1)Y = 2$ と円 $X^2+Y^2=1$ の交点を考える方がよい. それも, 正直に求めたら大変なので, 見当をつけて ③ の座標を代入して, これしかないと, 言い切るのが実戦的である.

《和→積と半角 (B5)》

404. $\sin\dfrac{\pi}{24} + \sin\dfrac{7}{24}\pi$ を求めよ.

(23 愛知医大・医)

▶**解答**◀ $\sin\dfrac{\pi}{24} + \sin\dfrac{7}{24}\pi$

$$= \sin\frac{4-3}{24}\pi + \sin\frac{4+3}{24}\pi$$

$$= \sin\left(\frac{\pi}{6} - \frac{\pi}{8}\right) + \sin\left(\frac{\pi}{6} + \frac{\pi}{8}\right)$$

$$= 2\sin\frac{\pi}{6}\cos\frac{\pi}{8} = \cos\frac{\pi}{8}$$

$$\cos^2\frac{\pi}{8} = \frac{1+\cos\frac{\pi}{4}}{2} = \frac{1+\frac{1}{\sqrt{2}}}{2} = \frac{2+\sqrt{2}}{4}$$

$\cos\dfrac{\pi}{8} > 0$ であるから, 求める値は $\dfrac{\sqrt{2+\sqrt{2}}}{2}$

《和→積と半角 (B5)》

405. $\sin\alpha + \cos\beta = \dfrac{1}{2}$, $\cos\alpha + \sin\beta = \dfrac{1}{\sqrt{2}}$ のとき, $\sin(\alpha+\beta) = \boxed{}$ である. また, $\tan\dfrac{\gamma}{2} = -2$ のとき $\tan\gamma = \boxed{}$, $\sin\gamma = \boxed{}$ である.

(23 中京大・工)

▶**解答**◀ 条件式を辺ごとに 2 乗して加え

$$(\sin\alpha + \cos\beta)^2 + (\cos\alpha + \sin\beta)^2 = \frac{1}{4} + \frac{1}{2}$$

$$2 + 2(\sin\alpha\cos\beta + \cos\alpha\sin\beta) = \frac{3}{4}$$

$$\sin(\alpha+\beta) = -\frac{5}{8}$$

$t = \tan \dfrac{\gamma}{2}$ として，$t = -2$ のとき

$\tan \gamma = \dfrac{2t}{1-t^2} = \dfrac{4}{3}$，$\sin \gamma = \dfrac{2t}{1+t^2} = -\dfrac{4}{5}$

注意 $\cos \gamma = \dfrac{1-t^2}{1+t^2}$，$\sin \gamma = \dfrac{2t}{1+t^2}$ は公式.

《有名角でない合成 (B5) ☆》

406. 関数 $f(\theta) = \sin\theta - 2\cos\theta + \sqrt{5}$ の最大値は $\square$ である．また，$f(\theta)$ が $\theta = \alpha$ で最大値をとるとき，$\sin\alpha = \square$ である． （23 工学院大）

▶**解答**◀ 最大・最小問題で合成をするならば，cos の合成がよい．ズレがないからだ．

$f(\theta) = -2\cos\theta + \sin\theta + \sqrt{5} = \sqrt{5}\cos(\theta - \beta) + \sqrt{5}$ ①

と合成できる．ただし①の最右辺を展開し

$f(\theta) = \sqrt{5}(\cos\theta\cos\beta + \sin\theta\sin\beta) + \sqrt{5}$

となり，係数を比べて

$\cos\beta = \dfrac{-2}{\sqrt{5}}$，$\sin\beta = \dfrac{1}{\sqrt{5}}$，$\dfrac{\pi}{2} < \beta < \pi$

とする．$f(\theta)$ は $\theta = \beta + 2n\pi$ で最大値 $2\sqrt{5}$ をとる．n は整数である．

$\sin\alpha = \sin(\beta + 2n\pi) = \sin\beta = \dfrac{1}{\sqrt{5}}$

大雑把に言えば「$\alpha =$ 合成で持ち出した角」である．

◆別解◆ $f(\theta) = \sqrt{5}\sin(\theta + \gamma) + \sqrt{5}$

と合成できる．ただし

$\cos\gamma = \dfrac{1}{\sqrt{5}}$，$\sin\gamma = \dfrac{-2}{\sqrt{5}}$，$-\dfrac{\pi}{2} < \gamma < 0$

とする．$f(\theta)$ は $\theta + \gamma = \dfrac{\pi}{2} + 2n\pi$ 最大値 $2\sqrt{5}$ をとる．n は整数である．

$\sin\alpha = \sin\left(\dfrac{\pi}{2} + 2n\pi - \gamma\right) = \cos\gamma = \dfrac{1}{\sqrt{5}}$

sin で合成すると「$\alpha =$ 合成で持ち出した角」ではない．そして，2 倍角でも絡むような問題では，さらにズレることになる．だから，最大・最小問題で合成するなら sin より cos の合成の方がよい．

《有名角でない合成 (B20) ☆》

407. $0 \leqq x \leqq \pi$ で定義された関数

$f(x) = \sin\left(x + \dfrac{\pi}{3}\right) + 2\cos\left(x + \dfrac{\pi}{6}\right)$

について考える．

（1） $f(x)$ の最大値は $\dfrac{\boxed{23}\sqrt{\boxed{24}}}{\boxed{25}}$ であり，最小値は $-\sqrt{\boxed{26}}$ である．

（2） $f(x)$ が最小となるような x の値を x_m とするとき，$\sin 2x_m = \dfrac{\boxed{27}\,\boxed{28}\sqrt{\boxed{29}}}{\boxed{30}\,\boxed{31}}$ である．

（23 日大・医-2 期）

▶**解答**◀ （1） $f(x) = \sin x \cos\dfrac{\pi}{3}$

$+ \cos x \sin\dfrac{\pi}{3} + 2\cos x \cos\dfrac{\pi}{6} - 2\sin x \sin\dfrac{\pi}{6}$

$= \dfrac{1}{2}\sin x + \dfrac{\sqrt{3}}{2}\cos x + \sqrt{3}\cos x - \sin x$

$= \dfrac{1}{2}(3\sqrt{3}\cos x - \sin x)$

$= \dfrac{\sqrt{28}}{2}\left(\dfrac{3\sqrt{3}}{\sqrt{28}}\cos x + \dfrac{-1}{\sqrt{28}}\sin x\right)$

$= \sqrt{7}\cos(x - \alpha)$

α は $\cos\alpha = \dfrac{3\sqrt{3}}{2\sqrt{7}}$，$\sin\alpha = \dfrac{-1}{2\sqrt{7}}$，$-\dfrac{\pi}{2} < \alpha < 0$ を満たす角である．$x = 0$ で最大値 $\dfrac{3\sqrt{3}}{2}$ をとる．

$x - \alpha = \pi$ で最小値 $-\sqrt{7}$ をとる．図の太線は点 $P(\cos x, \sin x)$ の存在範囲で，α との開きが一番小さいところ $x = 0$ で最大，一番開くとき $x - \alpha = \pi$ で最小になる．

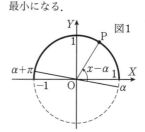

図1

（2） $x_m = \alpha + \pi$ であるから

$\sin 2x_m = \sin(2\alpha + 2\pi) = \sin 2\alpha$

$= 2\sin\alpha\cos\alpha = 2 \cdot \dfrac{-3\sqrt{3}}{4 \cdot 7} = -\dfrac{3\sqrt{3}}{14}$

コスの合成は $x - \alpha$ で合成する．99 パーセントの問題では $x = \alpha$，すなわち，合成で持ち出した角で最大が起こる．そして，本問のように，少しイレギュラーな問題では，端で最大が起こる．その場合は「なす角が一番小さいとき」に最大が起こる．

◆別解◆ sin の合成もやっておくが，sin の合成は「合成で持ち出した角では最大が起こらない」から，コスの合成ほどありがたくない．また，図の見方が違ってくる．

（1） $f(x) = \dfrac{3\sqrt{3}}{2}\cos x - \dfrac{1}{2}\sin x$

$= \dfrac{\sqrt{28}}{2}\left(-\dfrac{1}{\sqrt{28}}\sin x + \dfrac{3\sqrt{3}}{\sqrt{28}}\cos x\right)$

$= \sqrt{7}\sin(x + \beta)$

β は $\cos\beta = -\dfrac{1}{2\sqrt{7}}$, $\sin\beta = \dfrac{3\sqrt{3}}{2\sqrt{7}}$, $\dfrac{\pi}{2} < \beta < \pi$
を満たす角である.

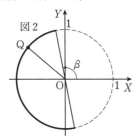

図2

$0 \le x \le \pi$ より $\beta \le x + \beta \le \pi + \beta$ である. 図
2の太線は $Q(\cos(x+\beta), \sin(x+\beta))$ の存在範囲である. $f(x)$ が最大となるのは $x + \beta = \beta$ のときで, $x = 0$ である. 最大値は $f(0) = \dfrac{3\sqrt{3}}{2}$

また, $f(x)$ が最小となるのは $x + \beta = \dfrac{3}{2}\pi$ のときで, 最小値は $-\sqrt{7}$

（2） $x_m = \dfrac{3}{2}\pi - \beta$ であるから
$$\sin 2x_m = \sin(3\pi - 2\beta)$$
$$= \sin 2\beta = 2\sin\beta\cos\beta = -\dfrac{3\sqrt{3}}{14}$$

【♦別解♦】 【直線をずらす】

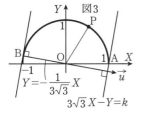

図3

$X = \cos x$, $Y = \sin x$, $\dfrac{1}{2}(3\sqrt{3}\cos x - \sin x) = k$
とおく. $3\sqrt{3}X - Y = 2k$ となる. 半円
$X^2 + Y^2 = 1$, $Y \ge 0$ と共有点をもつうちで, k が最大になるのは, $A(1, 0)$ を通るとき, すなわち, $x = 0$ のときであり, 最大値は $\dfrac{3\sqrt{3}}{2}$ である. 最小になるのは, 直線が半円の上方から接するときで,
$$\dfrac{|2k|}{\sqrt{1 + (3\sqrt{3})^2}} = 1, k < 0 \text{ として } k = -\sqrt{7} \text{ のときで}$$
ある. 最小値は $-\sqrt{7}$ である. このとき直線
$3\sqrt{3}X - Y = -2\sqrt{7}$ の両辺を $-2\sqrt{7}$ で割ると,
$$\dfrac{-3\sqrt{3}}{2\sqrt{7}}x + \dfrac{1}{2\sqrt{7}}y = 1 \text{ となり, これは点}$$
$B\left(\dfrac{-3\sqrt{3}}{2\sqrt{7}}, \dfrac{1}{2\sqrt{7}}\right)$ における接線であることを表している.

B の求め方はいろいろある. $3\sqrt{3}X - Y = -2\sqrt{7}$ と, 原点を通ってこれに垂直な直線 $Y = \dfrac{-1}{3\sqrt{3}}X$ との

交点を求めてもよい. あるいは, 直線 $3\sqrt{3}X - Y = -2\sqrt{7}$ の法線ベクトルを $\vec{u} = (3\sqrt{3}, -1)$ として, $\overrightarrow{OB} = \dfrac{-\vec{u}}{|\vec{u}|}$ と求めてもよい.
$$(\cos x_m, \sin x_m) = \left(\dfrac{-3\sqrt{3}}{2\sqrt{7}}, \dfrac{1}{2\sqrt{7}}\right) \text{ である.}$$
$$\sin 2x_m = 2\sin x_m \cos x_m$$
$$= 2 \cdot \dfrac{-3\sqrt{3}}{2\sqrt{7}} \cdot \dfrac{1}{2\sqrt{7}} = -\dfrac{3\sqrt{3}}{14}$$

《2倍角と合成（B10）》

408. 関数
$$y = 11\cos^2 x + 6\cos x \sin x + 3\sin^2 x$$
$(0 \le x < 2\pi)$ は
$$y = \boxed{}\sin 2x + \boxed{}\cos 2x + \boxed{}$$
と表すことができ, y の最大値は $\boxed{}$ であり, y が最大値をとるときの $\cos x$, $\sin x$ の値は
$$(\cos x, \sin x) = \boxed{}, \boxed{}$$
である.

（23 中京大）

【▶解答◀】
$$y = \dfrac{11}{2}(1 + \cos 2x) + 3\sin 2x + \dfrac{3}{2}(1 - \cos 2x)$$
$$= 4\cos 2x + 3\sin 2x + 7$$
最大・最小問題で合成をするときには $\cos$ で合成する. $\sin$ で合成すると少しだけ計算が面倒になる.
$$y = 5\cos(2x - \alpha) + 7$$
$\cos\alpha = \dfrac{4}{5}$, $\sin\alpha = \dfrac{3}{5}$, $0 < \alpha < \dfrac{\pi}{2}$
と合成できる. 最大値は **12** であり, それは $2x - \alpha = 2n\pi$ のときに起こる. n は整数である.
$2\cos^2\dfrac{\alpha}{2} - 1 = \dfrac{4}{5}$ であり, $0 < \dfrac{\alpha}{2} < \dfrac{\pi}{2}$ であるから $\cos\dfrac{\alpha}{2} > 0$ である. $\cos\dfrac{\alpha}{2} = \dfrac{3}{\sqrt{10}}$ である.
$\sin\dfrac{\alpha}{2} = \sqrt{1 - \cos^2\dfrac{\alpha}{2}} = \dfrac{1}{\sqrt{10}}$ となる. $x = \dfrac{\alpha}{2} + n\pi$ となり, 以下の符号は n が偶数のときはプラス, n が奇数のときはマイナスである.
$$(\cos x, \sin x) = \pm\left(\cos\dfrac{\alpha}{2}, \sin\dfrac{\alpha}{2}\right)$$
$$= \left(\dfrac{3}{\sqrt{10}}, \dfrac{1}{\sqrt{10}}\right), \left(\dfrac{-3}{\sqrt{10}}, \dfrac{-1}{\sqrt{10}}\right)$$

【♦別解♦】 $y = 3\sin 2x + 4\cos 2x + 7$
$$= 5\sin(2x + \beta) + 7$$
$\cos\beta = \dfrac{3}{5}$, $\sin\beta = \dfrac{4}{5}$, $0 < \beta < \dfrac{\pi}{2}$ と合成できる.
上と同様の計算で $\cos\dfrac{\beta}{2} = \dfrac{2}{\sqrt{5}}$, $\sin\dfrac{\beta}{2} = \dfrac{1}{\sqrt{5}}$ となる.
$2x + \beta = \dfrac{\pi}{2} + 2n\pi$ で最大値 **12** をとる.

$x = \dfrac{\pi}{4} - \dfrac{\beta}{2} + n\pi$ である．$\dfrac{\pi}{4}$ のズレが出るし，$\dfrac{\beta}{2}$ にマイナスが掛かっているし，鬱陶しい．だから，最大・最小で sin の合成はよくない．n が偶数のとき

$$\cos x = \cos\left(\dfrac{\pi}{4} - \dfrac{\beta}{2}\right) = \dfrac{1}{\sqrt{2}}\left(\cos\dfrac{\beta}{2} + \sin\dfrac{\beta}{2}\right)$$

$$= \dfrac{1}{\sqrt{2}} \cdot \dfrac{3}{\sqrt{5}} = \dfrac{3}{\sqrt{10}}$$

$$\sin x = \sin\left(\dfrac{\pi}{4} - \dfrac{\beta}{2}\right) = \dfrac{1}{\sqrt{2}}\left(\cos\dfrac{\beta}{2} - \sin\dfrac{\beta}{2}\right)$$

$$= \dfrac{1}{\sqrt{2}} \cdot \dfrac{1}{\sqrt{5}} = \dfrac{1}{\sqrt{10}}$$

後は省略する．

注意 【逆手流】

本問は，私が高校生のときには，判別式の応用として，普通に，参考書に載っていた．レイリー商（Rayleigh quotient）といい，もともと分数である．

$X = \cos x, Y = \sin x$ とおく．$X^2 + Y^2 = 1$ が成り立つ．分母に 1 を見て，その 1 を $X^2 + Y^2$ で置き換える．

$$y = \dfrac{11X^2 + 6XY + 3Y^2}{X^2 + Y^2} = k$$

とおく．分母をはらって整理し

$$(k-3)Y^2 - 6XY + (k-11)X^2 = 0$$

$k = 3$ は実現可能である．$X = 0$ で起こる．以下は $X \ne 0$ とする．$k \ne 3$ のとき

$$Y = \dfrac{3 \pm \sqrt{9 - (k-3)(k-11)}}{k-3}X$$

$$Y = \dfrac{3 \pm \sqrt{-(k-2)(k-12)}}{k-3}X$$

判別式 $D = -(k-2)(k-12) < 0$ とすると Y は虚数になり不適である．$D \geqq 0$ より $2 \leqq k \leqq 12$ である．k の最大値は $k = 12$ で，そのとき $Y = \dfrac{3}{k-3}X = \dfrac{1}{3}X$ であり $X^2 + Y^2 = 1$ より $(X, Y) = \pm\left(\dfrac{3}{\sqrt{10}}, \dfrac{1}{\sqrt{10}}\right)$

これは k を実現する X, Y の存在性を扱っている．

《2 次関数（A5）》

409. $0 \leqq \theta \leqq \pi$ とする．関数

$$y(\theta) = \sin^2\theta + \dfrac{1}{2}\cos\theta$$

が最大値をとるとき $\sin\theta = \dfrac{\sqrt{\square}}{\square}$ である．また，関数 $y(\theta)$ の最大値は $\dfrac{\square}{\square}$ である．

(23 北里大・理)

▶解答◀ $y(\theta) = \sin^2\theta + \dfrac{1}{2}\cos\theta$

$$= -\cos^2\theta + \dfrac{1}{2}\cos\theta + 1$$

$$= -\left(\cos\theta - \dfrac{1}{4}\right)^2 + \dfrac{17}{16}$$

$0 \leqq \theta \leqq \pi$ より $-1 \leqq \cos\theta \leqq 1$ であるから，$\cos\theta = \dfrac{1}{4}$ のとき，すなわち

$$\sin\theta = \sqrt{1 - \left(\dfrac{1}{4}\right)^2} = \dfrac{\sqrt{15}}{4}$$

のとき，$y(\theta)$ は最大値 $\dfrac{17}{16}$ をとる．

《半角の tan 表示（B20）☆》

410. 座標平面上の原点 $O(0, 0)$ を中心とする半径 1 の円周を C とし，点 $A(-1, 0)$ における C の接線と点 $B\left(\dfrac{1}{\sqrt{2}}, \dfrac{1}{\sqrt{2}}\right)$ における C の接線の交点を D とする．また，線分 AD 上に点 $P(-1, k)$ をとり，線分 BD 上に点 Q をとる．直線 PQ と C が点 R において接しているとき，以下の問いに答えよ．ただし，$0 < k < 1$ とする．

（1） 点 D の座標を求めよ．

（2） 点 R の座標を k を用いて表せ．

（3） $\dfrac{PD}{BQ}$ を k を用いて表せ． (23 工学院大)

▶解答◀ （1） 図で $AD = AE = \sqrt{2} + 1$ であるから $\mathbf{D(-1, \sqrt{2}+1)}$ である．

（2） 図のように θ と α をとる．

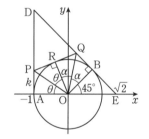

$\tan\theta = k$ であり，$\angle AOR = 2\theta$ である．

$$\cos 2\theta = \dfrac{1 - k^2}{1 + k^2}, \quad \sin 2\theta = \dfrac{2k}{1 + k^2}$$

$$R(-\cos 2\theta, \sin 2\theta) = \left(\dfrac{k^2 - 1}{k^2 + 1}, \dfrac{2k}{k^2 + 1}\right)$$

（3） $2\alpha + 2\theta = 135°$ であるから

$$\alpha = \dfrac{135°}{2} - \theta$$

$u = \dfrac{135°}{2}$ とおくと $2u = 135°$ である．

$$\tan 2u = \dfrac{2\tan u}{1 - \tan^2 u} = -1$$ であり

$$\tan^2 u - 2\tan u - 1 = 0$$

$\tan u > 0$ より $\tan u = 1 + \sqrt{2}$ である．

$$BQ = \tan\alpha = \tan(u - \theta)$$

$$= \frac{\tan u - \tan\theta}{1 + \tan u \tan\theta} = \frac{1 + \sqrt{2} - k}{1 + (1+\sqrt{2})k}$$

$$\text{PD} = \text{AD} - \text{AP} = 1 + \sqrt{2} - k$$

$$\frac{\text{PD}}{\text{BQ}} = 1 + (1+\sqrt{2})k$$

注意 $\tan\theta = k$ のとき

$$\frac{1-k^2}{1+k^2} = \frac{1-\tan^2\theta}{1+\tan^2\theta}$$

$$= \frac{\cos^2\theta - \sin^2\theta}{\cos^2\theta + \sin^2\theta} = \cos 2\theta$$

$$\frac{2k}{1+k^2} = \frac{2\tan\theta}{1+\tan^2\theta} = \frac{2\cos\theta\sin\theta}{\cos^2\theta + \sin^2\theta} = \sin 2\theta$$

──《和→積の公式（A5）》──

411. $\dfrac{\sin 65° + \sin 55°}{\cos 50° + \cos 40°}$ の値を求めると □ である.　　（23 聖マリアンナ医大・医-後期）

▶解答◀　$\sin 65° + \sin 55°$

$= \sin(60° + 5°) + \sin(60° - 5°)$

$= 2\sin 60° \cos 5°$

$\cos 50° + \cos 40°$

$= \cos(45° + 5°) + \cos(45° - 5°)$

$= 2\cos 45° \cos 5°$

であるから,

$$\frac{\sin 65° + \sin 55°}{\cos 50° + \cos 40°} = \frac{\sin 60°}{\cos 45°}$$

$$= \frac{\sqrt{3}}{2} \cdot \sqrt{2} = \frac{\sqrt{6}}{2}$$

──《多項式で表す（B20）》──

412. $5\alpha = \pi$ のとき, 次の問いに答えよ.
（1）等式 $\cos 2\alpha + \cos 3\alpha = 0$ が成り立つことを示せ.
（2）$x = \cos\alpha$ は方程式
$$4x^3 + 2x^2 - 3x - 1 = 0$$
の解の1つであることを示せ.
（3）$\cos\alpha + \cos 3\alpha$ の値を求めよ.
（23 東北大・医AO）

▶解答◀　（1）$2\alpha = \pi - 3\alpha$

$\cos 2\alpha = \cos(\pi - 3\alpha)$

$\cos 2\alpha = -\cos 3\alpha$

$\cos 2\alpha + \cos 3\alpha = 0$

（2）$\cos 2\alpha = 2\cos^2\alpha - 1$

$\cos 3\alpha = 4\cos^3\alpha - 3\cos\alpha$

であるから,（1）より

$$(2\cos^2\alpha - 1) + (4\cos^3\alpha - 3\cos\alpha) = 0$$

$$4\cos^3\alpha + 2\cos^2\alpha - 3\cos\alpha - 1 = 0$$

よって, $x = \cos\alpha$ は $4x^3 + 2x^2 - 3x - 1 = 0$ の解の1つである. さらに,

$$4x^3 + 2x^2 - 3x - 1 = 0$$

$$(x+1)(4x^2 - 2x - 1) = 0 \quad\cdots\cdots①$$

であり, $\cos\alpha \neq -1$ であるから, $x = \cos\alpha$ は $4x^2 - 2x - 1 = 0$ の解の1つでもある.

（3）$\beta = \dfrac{3\pi}{5}$ とおくと $5\beta = 3\pi$ であるから, 上と同様の考察が可能で, $x = \cos\beta$ は $4x^2 - 2x - 1 = 0$ の解の1つである. $0 < \dfrac{\pi}{5} < \dfrac{3\pi}{5} < \pi$ であるから $1 > \cos\dfrac{\pi}{5} > \cos\dfrac{3\pi}{5} > -1$ であり, $4x^2 - 2x - 1 = 0$ の2解は $\cos\alpha, \cos 3\alpha$ である. 解と係数の関係より

$$\cos\alpha + \cos 3\alpha = -\frac{-2}{4} = \frac{1}{2}$$

注意 【サインをとる】

①の因数分解に気づかない人もいる. だから $\cos 2\alpha + \cos 3\alpha = 0$ でなく, $\sin 2\alpha = \sin(\pi - 3\alpha)$ を作るのが定石である. $\sin 2\alpha = \sin 3\alpha$ であり,

$$2\sin\alpha\cos\alpha = 3\sin\alpha - 4\sin^3\alpha$$

となり, $\sin\alpha \neq 0$ で割ると $2\cos\alpha = 3 - 4\sin^2\alpha$ を得て, $2\cos\alpha = 3 - 4(1 - \cos^2\alpha)$ となる.

──《分散（A10）》──

413. 5個の値からなるデータ
$3\cos a, 2\sin 2a, -2\sin 2a, 2\cos a, 0$ の分散の最小値は □, 最大値は □/□ である. ただし a は実数とする.　（23 藤田医科大・医学部後期）

▶解答◀　与えられたデータの変量を x, 分散を v とする.

$$\overline{x} = \frac{1}{5}(3\cos a + 2\sin 2a - 2\sin 2a + 2\cos a + 0)$$

$$= \cos a$$

$$\overline{x^2} = \frac{1}{5}(9\cos^2 a + 4\sin^2 2a + 4\sin^2 2a + 4\cos^2 a + 0)$$

$$= \frac{1}{5}(13\cos^2 a + 8\sin^2 2a)$$

$$v = \overline{x^2} - (\overline{x})^2 = \frac{8}{5}(\sin^2 2a + \cos^2 a)$$

$$= \frac{8}{5}(4\sin^2 a\cos^2 a + \cos^2 a)$$

$$= \frac{8}{5}(-4\cos^4 a + 5\cos^2 a)$$

$$= \frac{8}{5}\cdot(-4)\left\{\left(\cos^2 a - \frac{5}{8}\right)^2 - \frac{25}{64}\right\}$$

$$= -\frac{32}{5}\left(\cos^2 a - \frac{5}{8}\right)^2 + \frac{5}{2}$$

$0 \leqq \cos^2 a \leqq 1$ より v は $\cos^2 a = 0$ のとき最小値 **0**, $\cos^2 a = \dfrac{5}{8}$ のとき最大値 $\dfrac{5}{2}$ をとる.

【三角関数の方程式】

━━《2 次方程式の解 (B10)》━━

414. 方程式 $4\sin^2 x + 2(1+\sqrt{2})\cos x = 4 + \sqrt{2}$ の $0 \leqq x \leqq \pi$ における 2 つの解を α, β $(\alpha < \beta)$ とする. $\tan(\beta - \alpha)$ の値を求めよ.

(23 福島県立医大・前期)

▶解答◀ $4(1 - \cos^2 x) + 2(1+\sqrt{2})\cos x = 4 + \sqrt{2}$

$$4\cos^2 x - 2(1+\sqrt{2})\cos x + \sqrt{2} = 0$$

$$(2\cos x - \sqrt{2})(2\cos x - 1) = 0$$

$$\cos x = \frac{1}{\sqrt{2}},\ \frac{1}{2}$$

$0 \leqq x \leqq \pi$, $\alpha < \beta$ より, $\cos\alpha = \dfrac{1}{\sqrt{2}}$, $\cos\beta = \dfrac{1}{2}$ であり, $\alpha = \dfrac{\pi}{4}$, $\beta = \dfrac{\pi}{3}$ である.

$$\tan(\beta - \alpha) = \tan\left(\frac{\pi}{3} - \frac{\pi}{4}\right)$$

$$= \frac{\tan\frac{\pi}{3} - \tan\frac{\pi}{4}}{1 + \tan\frac{\pi}{3}\cdot\tan\frac{\pi}{4}} = \frac{\sqrt{3}-1}{1 + \sqrt{3}\cdot 1}$$

$$= \frac{(\sqrt{3}-1)^2}{(\sqrt{3}+1)(\sqrt{3}-1)} = 2 - \sqrt{3}$$

━━《解の配置 (B20) ☆》━━

415. a, b を実数とする. θ についての方程式

$$\cos 2\theta = a\sin\theta + b$$

が実数解をもつような点 (a, b) の存在範囲を座標平面上に図示せよ. (23 阪大・前期)

▶解答◀ $1 - 2\sin^2\theta = a\sin\theta + b$

$$2\sin^2\theta + a\sin\theta + b - 1 = 0 \quad\cdots\cdots\cdots\cdots①$$

$\sin\theta = t$ とおく. $-1 \leqq t \leqq 1$ である. t についての 2 次方程式

$$2t^2 + at + b - 1 = 0 \quad\cdots\cdots\cdots\cdots②$$

が $-1 \leqq t \leqq 1$ の範囲で実数解をもつ条件は, 左辺を $f(t)$, 判別式を D とおくと,

（ア）$f(-1) \geqq 0$ かつ $f(1) \geqq 0$ かつ $D \geqq 0$

$f(-1) = 2 - a + b - 1$ $\quad\therefore\quad b \geqq a - 1$

$f(1) = 2 + a + b - 1$ $\quad\therefore\quad b \geqq -a - 1$

$D = a^2 - 8(b-1) \geqq 0$

$8b \leqq a^2 + 8$ $\quad\therefore\quad b \leqq \dfrac{a^2}{8} + 1$

（イ）$f(-1) \leqq 0$ かつ $f(1) \geqq 0$

$-a - 1 \leqq b \leqq a - 1$

（ウ）$f(-1) \geqq 0$ かつ $f(1) \leqq 0$

$a - 1 \leqq b \leqq -a - 1$

求める存在範囲は図の網目部分である. ただし, 境界も含む.

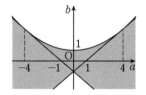

♦別解♦ ② までは本解と同じである.

$$b = -2t^2 - at + 1$$

右辺を $g(t)$ とおいて, $-1 \leqq t \leqq 1$ における $g(t)$ の最大値・最小値をそれぞれ M, m とすると, ② が $-1 \leqq t \leqq 1$ の範囲で実数解をもつ条件は $m \leqq b \leqq M$ である.

$$g(t) = -2\left(t + \frac{a}{4}\right)^2 + \frac{a^2}{8} + 1$$

連続関数の閉区間における最大・最小は区間の端または極値でとる. M, m の候補は

$$g(-1) = a - 1,\quad g(1) = -a - 1$$

$$g\left(-\frac{a}{4}\right) = \frac{a^2}{8} + 1$$

のいずれかである. ただし, $g\left(-\dfrac{a}{4}\right)$ が候補となるのは $-1 \leqq -\dfrac{a}{4} \leqq 1$, すなわち $-4 \leqq a \leqq 4$ のときであり, このとき $g(-1)$, $g(1)$ は M として考える必要はない. これらのグラフをかくと, 本解と同じ図が得られる.

━━《コスよりタン (B3) ☆》━━

416. $\cos^2\theta - \dfrac{1}{9}\sin^2\theta = 0$ のとき, $\cos 2\theta$ の値は $\boxed{}$ である. また, k を自然数とする. $0 < \theta < k\pi$ のとき, 方程式 $\cos^2\theta - \dfrac{1}{9}\sin^2\theta = 0$ の解の個数を k を用いて表すと $\boxed{}$ である.

(23 関大・理系)

▶**解答**◀ $\dfrac{1+\cos 2\theta}{2} - \dfrac{1}{9} \cdot \dfrac{1-\cos 2\theta}{2} = 0$

$$9(1+\cos 2\theta) - (1-\cos 2\theta) = 0$$

$$\cos 2\theta = -\dfrac{4}{5}$$

また $\tan\theta = \pm 3$ となる．$\tan\theta$ の周期は π であるから $0 < \theta < k\pi$ では **$2k$ 個**ある．

《置き換えて2次方程式 (B10) ☆》

417. p を実数とする．x の方程式

$\sin 2x - 2\cos x + 2\sin x + p = 0 \ (0 \leqq x \leqq \pi)$ ①

を考える．

(1) $t = \cos x - \sin x$ とおく．$0 \leqq x \leqq \pi$ のとき，t の取りうる値の範囲は □ である．また，$\sin 2x - 2\cos x + 2\sin x$ を t の式で表すと □ である．

(2) $p = -1$ のとき，方程式 ① の実数解は，$x = $ □ である．

(3) 方程式 ① が異なる実数解をちょうど3個もつとき，p の取りうる値の範囲は □ である．

(23 関西学院大)

▶**解答**◀ (1) $t = \sqrt{2}\cos\left(x + \dfrac{\pi}{4}\right)$ であり，$0 \leqq x \leqq \pi$ より $\dfrac{\pi}{4} \leqq x + \dfrac{\pi}{4} \leqq \dfrac{5}{4}\pi$ であるから，図1より，$-\sqrt{2} \leqq t \leqq 1$ …………………②

$t^2 = 1 - 2\sin x\cos x = 1 - \sin 2x$ であるから

$\sin 2x - 2\cos x + 2\sin x$

$= \sin 2x - 2(\cos x - \sin x)$

$= (1 - t^2) - 2t = \boldsymbol{-t^2 - 2t + 1}$

(2) (i) より ① は

$-t^2 - 2t + 1 + p = 0$

$t^2 + 2t - 1 = p$ …………………………③

となるから，$p = -1$ のとき

$t(t + 2) = 0$

であり，② より

$t = 0 \qquad \therefore \quad \cos\left(x + \dfrac{\pi}{4}\right) = 0$

$x + \dfrac{\pi}{4} = \dfrac{\pi}{2} \qquad \therefore \quad x = \dfrac{\pi}{4}$

(3) 図1を見よ．② の範囲から t の値を定めるとき，$\sqrt{2}\cos\left(x + \dfrac{\pi}{4}\right) = t$ を満たす異なる x の個数は，$-\sqrt{2} < t \leqq -1$ のとき2個，$t = -\sqrt{2}$，$-1 < t \leqq 1$ のとき1個である．よって，① が異なる3つの実数解をもつのは，③ を満たす t が $-\sqrt{2} < t \leqq -1$ の範囲

に1個，$t = -\sqrt{2}$，$-1 < t \leqq 1$ の範囲に1個存在するときであるから，図2より，$\boldsymbol{-2 < p < 1 - 2\sqrt{2}}$

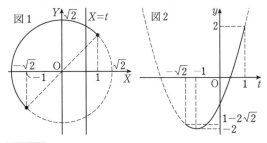

図1　　　　　図2

◆**別解**◆ $\sin$ で合成すると次のようになる．

(i) $t = \sqrt{2}\sin\left(x + \dfrac{3}{4}\pi\right)$ であり，$0 \leqq x \leqq \pi$ より $\dfrac{3}{4}\pi \leqq x + \dfrac{3}{4}\pi \leqq \dfrac{7}{4}\pi$ だから，図3より $-\sqrt{2} \leqq t \leqq 1$

(以下，▶**解答**◀ と同様)

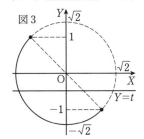

図3

《3倍角で展開 (B5)》

418. $0 \leqq x < 2\pi$ のとき，$\sin 6x = \cos 4x$ を満たす x の値は全部で □ 個ある． (23 東京薬大)

▶**解答**◀ $\sin 6x = \cos 4x$

$3\sin 2x - 4\sin^3 2x = 1 - 2\sin^2 2x$

$4\sin^3 2x - 2\sin^2 2x - 3\sin 2x + 1 = 0$

$(\sin 2x - 1)(4\sin^2 2x + 2\sin 2x - 1) = 0$

$\sin 2x = 1, \ \dfrac{-1 \pm \sqrt{5}}{4}$

$0 \leqq x < 2\pi$ のとき $0 \leqq 2x < 4\pi$ で，$\sin 2x = 1$ を満たす x は2個，$\sin 2x = \dfrac{-1 - \sqrt{5}}{4}$，$\dfrac{-1 + \sqrt{5}}{4}$ を満たす x はそれぞれ4個あるから，合計で **10** 個ある．ただし，図の a, b はそれぞれ $\dfrac{-1 - \sqrt{5}}{4}$，$\dfrac{-1 + \sqrt{5}}{4}$ である．

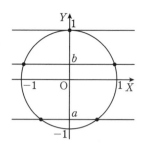

《和と積の話 (B20) ☆》

419. $0 \leqq x < 2\pi$, $k > 0$ とする.

$(\cos x + 1)(\sin x + 1) = k$

の解の個数が2個となるような定数 k の範囲を求めよ. (23 早稲田大・人間科学-数学選抜)

▶**解答**◀ $t = \cos x + \sin x$ とおく.

$t = \sqrt{2} \sin\left(x + \dfrac{\pi}{4}\right)$, $0 \leqq x < 2\pi$ より $-\sqrt{2} \leqq t \leqq \sqrt{2}$ である. また

$$t^2 = 1 + 2\sin x \cos x$$
$$\sin x \cos x = \frac{t^2 - 1}{2}$$

である. これより,

$(\cos x + 1)(\sin x + 1)$
$= \cos x \sin x + \cos x + \sin x + 1$
$= \dfrac{t^2 - 1}{2} + t + 1$
$= \dfrac{t^2}{2} + t + \dfrac{1}{2} = \dfrac{1}{2}(t+1)^2$

$f(t) = \dfrac{1}{2}(t+1)^2$ とおく.

$$f(-\sqrt{2}) = \frac{3}{2} - \sqrt{2}, \quad f(\sqrt{2}) = \frac{3}{2} + \sqrt{2}$$

$\alpha = \dfrac{3}{2} - \sqrt{2}$, $\beta = \dfrac{3}{2} + \sqrt{2}$ とおく.

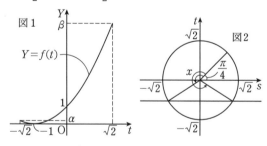

図1で放物線 $Y = f(t)$ と直線 $Y = k$ の共有点を考え, そのときの t の値に対し, 図2で何個の x があるかを見る.

$k < 0$ のとき, 共有点は存在しない.

$k = 0$ のとき, $t = -1$ で, このとき x は2個ある.

$0 < k < \alpha$ のとき, $-\sqrt{2} < t < -1$, $-1 < t < 0$ を満たす2個の共有点があり, それぞれの t に対し x は2個あるから全部で4個ある.

$k = \alpha$ のとき, $t = -\sqrt{2}$, $-1 < t < 0$ を満たす2個の共有点があり, $t = -\sqrt{2}$ に対し x は1個, $-1 < t < 0$ に対し x は2個あるから全部で3個ある.

$\alpha < k < \beta$ のとき, $-1 < t < \sqrt{2}$ を満たす1個の共有点があり, x は2個ある.

$k = \beta$ のとき, $t = \sqrt{2}$ を満たす1個の共有点があり, x は1個ある.

$k > \beta$ のとき, 共有点は存在しない.

$(\cos x + 1)(\sin x + 1) = k$ の解の個数が2個になる $k > 0$ の範囲は $\dfrac{3}{2} - \sqrt{2} < k < \dfrac{3}{2} + \sqrt{2}$ である.

◆**別解**◆ $X = \cos x$, $Y = \sin x$ とおく.

$$X^2 + Y^2 = 1, \quad (X+1)(Y+1) = k$$

曲線 $(X+1)(Y+1) = k$ は反比例のグラフを平行移動したものである.

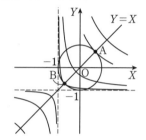

$A\left(\dfrac{1}{\sqrt{2}}, \dfrac{1}{\sqrt{2}}\right)$, $B\left(-\dfrac{1}{\sqrt{2}}, -\dfrac{1}{\sqrt{2}}\right)$ とする. 直線 $X = -1$, $Y = -1$ を漸近線とする双曲線 (反比例のグラフ) が A を通るときから B を通るときの間で

$$\left(-\frac{1}{\sqrt{2}} + 1\right)^2 < k < \left(\frac{1}{\sqrt{2}} + 1\right)^2$$

少し問題がある. B を通るときに, 双曲線が B の近くで円の外側に出ないか? 普通はそんなことに気づかない. 答えを出すには十分であろう. 正確には式で行う.

◆**別解**◆ $X = \cos x$, $Y = \sin x$ とおく.

$X + Y = u$, $XY = v$ とおく. XY 平面上で $X^2 + Y^2 = 1$ と $X + Y = u$ が共有点をもつ条件は $-\sqrt{2} \leqq u \leqq \sqrt{2}$ である. $(X+Y)^2 - 2XY = 1$ より $u^2 - 2v = 1$ となる. $(X+1)(Y+1) = k$ より

$XY + X + Y = k - 1$ となり, $u + v = k - 1$ となる.

$$v = \frac{1}{2}(u^2 - 1), \quad -\sqrt{2} \leqq u \leqq \sqrt{2} \quad \cdots\cdots\cdots ①$$

$(u, v) = \left(-\sqrt{2}, \dfrac{1}{2}\right)$ のとき $k = 1 - \sqrt{2} + \dfrac{1}{2}$

$(u, v) = \left(\sqrt{2}, \dfrac{1}{2}\right)$ のとき $k = 1 + \sqrt{2} + \dfrac{1}{2}$

uv 平面の直線 $u + v = k - 1$ と曲線 ① の交点 (u, v) が1つ定まるとき $-\sqrt{2} < u < \sqrt{2}$ ならば円 $X^2 + Y^2 = 1$, $X + Y = u$ の交点 (X, Y) が2つ, し

たがって x が 2 つ定まる．$u = \sqrt{2}$ のときは x は 1 つ，$u = -\sqrt{2}$ のときも x は 1 つ定まる．x が 2 つ存在する条件は $\dfrac{3}{2} - \sqrt{2} < k < \dfrac{3}{2} + \sqrt{2}$

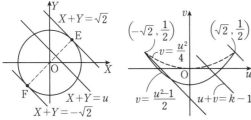

図で $\mathrm{E}\left(\dfrac{1}{\sqrt{2}}, \dfrac{1}{\sqrt{2}}\right)$, $\mathrm{F}\left(-\dfrac{1}{\sqrt{2}}, -\dfrac{1}{\sqrt{2}}\right)$ である．

$g(u) = \dfrac{1}{2}(u^2 - 1)$ として $g'(u) = u$ で，$g'(u) = -1$ のとき $u = -1$ であり，$v = \dfrac{1}{2}(u^2 - 1) = 0$ となる．$(u, v) = (-1, 0)$ のとき $k = 0$ となる．$k > 0$ だから，$(-1, 0)$ と $\left(-\sqrt{2}, \dfrac{1}{2}\right)$ を通る間は (u, v) が 2 つあり，x は 4 つ存在する．

《チェビシェフの多項式系列 (B20)》

420. 以下の問に答えなさい．

(1) $\sin 3\theta = \sin \theta(-1 + 4\cos^2\theta)$ を示しなさい．

(2) $\theta = \dfrac{\pi}{7}, \dfrac{3\pi}{7}, \dfrac{5\pi}{7}$ のとき，それぞれ $\sin 3\theta = \sin 4\theta$ が成り立つことを示しなさい．

(3) (1) と (2) を用いて，整式 $x^3 - x^2 - 2x + 1$ は次のように因数分解できることを示しなさい．

$$x^3 - x^2 - 2x + 1 = \left(x - 2\cos\dfrac{\pi}{7}\right)\left(x - 2\cos\dfrac{3\pi}{7}\right)\left(x - 2\cos\dfrac{5\pi}{7}\right)$$

(4) 次の値が有理数になることを示しなさい．

$$\cos^3\dfrac{\pi}{7} + \cos^3\dfrac{3\pi}{7} + \cos^3\dfrac{5\pi}{7}$$

(23 筑波大・医 (医)-推薦)

▶解答◀ (1)

$$\sin 3\theta = -4\sin^3\theta + 3\sin\theta$$
$$= \sin\theta(3 - 4\sin^2\theta)$$
$$= \sin\theta\{3 - 4(1 - \cos^2\theta)\}$$
$$= \sin\theta(-1 + 4\cos^2\theta)$$

となるから，示された．

(2) $\sin 4\theta = \sin 3\theta$ を解く．

$$\sin\left(\dfrac{7\theta}{2} + \dfrac{\theta}{2}\right) = \sin\left(\dfrac{7\theta}{2} - \dfrac{\theta}{2}\right)$$
$$\cos\dfrac{7\theta}{2}\sin\dfrac{\theta}{2} = 0$$
$$\dfrac{7\theta}{2} = \dfrac{\pi}{2} + m\pi \text{ または } \dfrac{\theta}{2} = n\pi$$

m, n は整数である．$\theta = \dfrac{(2m+1)\pi}{7}$ または $\theta = 2n\pi$

$\theta = \dfrac{(2m+1)\pi}{7}$ で $m = 0, 1, 2$ とすると

$$\theta = \dfrac{\pi}{7}, \dfrac{3}{7}\pi, \dfrac{5}{7}\pi \quad\cdots\cdots\cdots①$$

となる．$0 < \theta < \pi$ では $\cos\theta$ は減少関数であるから，これらは $\sin 3\theta = \sin 4\theta$ の異なる解である．

(3) $\sin 4\theta = 2\sin 2\theta\cos 2\theta$

$$= 4\sin\theta\cos\theta(2\cos^2\theta - 1)$$

であるから，$\sin 3\theta = \sin 4\theta$ は

$$\sin\theta(-1 + 4\cos^2\theta) = 4\sin\theta\cos\theta(2\cos^2\theta - 1)$$

ここで，① の θ に対して $\sin\theta \neq 0$ であるから，

$$-1 + 4\cos^2\theta = 4\cos\theta(2\cos^2\theta - 1)$$

$x = 2\cos\theta$ とおくと

$$-1 + x^2 = x^3 - 2x$$
$$x^3 - x^2 - 2x + 1 = 0 \quad\cdots\cdots\cdots②$$

この 3 解が $2\cos\dfrac{\pi}{7}$, $2\cos\dfrac{3\pi}{7}$, $2\cos\dfrac{5\pi}{7}$ であるから，

$$x^3 - x^2 - 2x + 1$$
$$= \left(x - 2\cos\dfrac{\pi}{7}\right)\left(x - 2\cos\dfrac{3\pi}{7}\right)\left(x - 2\cos\dfrac{5\pi}{7}\right)$$

と因数分解できる．

(4) $\alpha = 2\cos\dfrac{\pi}{7}$, $\beta = 2\cos\dfrac{3}{7}\pi$, $\gamma = 2\cos\dfrac{5}{7}\pi$ とおく．②i において解と係数の関係より

$$\alpha + \beta + \gamma = 1, \ \alpha\beta + \beta\gamma + \gamma\alpha = -2$$
$$\alpha\beta\gamma = -1$$

となる．また，$\alpha^3 = \alpha^2 + 2\alpha - 1$, $\beta^3 = \beta^2 + 2\beta - 1$, $\gamma^3 = \gamma^2 + 2\gamma - 1$ が成り立つから，次数下げをする．

$$\left(\dfrac{\alpha}{2}\right)^3 + \left(\dfrac{\beta}{2}\right)^3 + \left(\dfrac{\gamma}{2}\right)^3 = \dfrac{1}{8}(\alpha^3 + \beta^3 + \gamma^3)$$
$$= \dfrac{1}{8}\{(\alpha^2 + \beta^2 + \gamma^2) + 2(\alpha + \beta + \gamma) - 3\}$$
$$= \dfrac{1}{8}\{(\alpha + \beta + \gamma)^2 - 2(\alpha\beta + \beta\gamma + \gamma\alpha) + 2\cdot 1 - 3\}$$
$$= \dfrac{1}{8}(1 + 4 + 2 - 3) = \dfrac{1}{2}$$

は有理数である．

【三角関数の不等式】

《sin の不等式 (A2) ☆》

421. $0 \leqq \theta < 2\pi$ のとき，不等式 $\cos 2\theta - \sin\theta < 0$ を解くと ☐ である． (23 会津大・推薦)

▶解答◀ $1 - 2\sin^2\theta - \sin\theta < 0$
$$2\sin^2\theta + \sin\theta - 1 > 0$$
$$(2\sin\theta - 1)(\sin\theta + 1) > 0$$

$\sin\theta = -1$ のときは成立しない．$-1 < \sin\theta \leqq 1$ であり，$\sin\theta + 1 > 0$ であるから，$\sin\theta > \dfrac{1}{2}$

$$\dfrac{\pi}{6} < \theta < \dfrac{5}{6}\pi$$

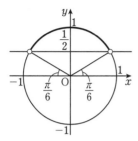

《合成して不等式 (B10) ☆》

422. $0 \leqq \theta < 2\pi$ のとき，不等式
$1 + 4\cos\theta - 2\cos 2\theta < 0$ をみたす θ の範囲を求めよ． (23 福岡教育大・中等)

▶解答◀ $1 + 4\cos\theta - 2\cos 2\theta < 0$
$1 + 4\cos\theta - 2(2\cos^2\theta - 1) < 0$
$4\cos^2\theta - 4\cos\theta - 3 > 0$
$(2\cos\theta - 3)(2\cos\theta + 1) > 0$

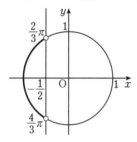

$2\cos\theta - 3 < 0$ であるから，$\cos\theta < -\dfrac{1}{2}$

$0 \leqq \theta < 2\pi$ より $\dfrac{2}{3}\pi < \theta < \dfrac{4}{3}\pi$

《合成して不等式 (B10) ☆》

423. $0 \leqq \theta \leqq \pi$ とする．2次方程式
$x^2 - 2(\sin\theta + \cos\theta)x - \sqrt{3}\cos 2\theta = 0$
について，次の問いに答えよ．
（1）この方程式の判別式 D を $\sin 2\theta$, $\cos 2\theta$ を用いて表せ．
（2）この方程式が実数解をもつとき，定数 θ の値の範囲を求めよ．
（3）この方程式の解がすべて正の実数であるとき，定数 θ の値の範囲を求めよ．
(23 徳島大・理工，医（保健）)

▶解答◀ （1）
$x^2 - 2(\sin\theta + \cos\theta)x - \sqrt{3}\cos 2\theta = 0$ ……①

について，

$$\dfrac{D}{4} = (\sin\theta + \cos\theta)^2 + \sqrt{3}\cos 2\theta$$
$$= \sin^2\theta + 2\sin\theta\cos\theta + \cos^2\theta + \sqrt{3}\cos 2\theta$$
$$= \sin 2\theta + \sqrt{3}\cos 2\theta + 1$$

したがって

$$D = 4(\sin 2\theta + \sqrt{3}\cos 2\theta + 1)$$

（2）①が実数解をもつとき，$D \geqq 0$ が成り立つから

$$\sin 2\theta + \sqrt{3}\cos 2\theta + 1 \geqq 0$$
$$2\sin\left(2\theta + \dfrac{\pi}{3}\right) \geqq -1$$
$$\sin\left(2\theta + \dfrac{\pi}{3}\right) \geqq -\dfrac{1}{2}$$

$0 \leqq \theta \leqq \pi$ より $\dfrac{\pi}{3} \leqq 2\theta + \dfrac{\pi}{3} \leqq \dfrac{7}{3}\pi$ が成り立つから

$$\dfrac{\pi}{3} \leqq 2\pi + \dfrac{\pi}{3} \leqq \dfrac{7}{6}\pi,\ \dfrac{11}{6}\pi \leqq 2\theta + \dfrac{\pi}{3} \leqq \dfrac{7}{3}\pi$$

$$0 \leqq \theta \leqq \dfrac{5}{12}\pi,\ \dfrac{3}{4}\pi \leqq \theta \leqq \pi$$

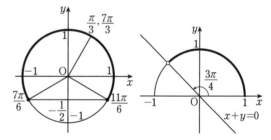

（3）$f(x) = x^2 - 2(\sin\theta + \cos\theta)x - \sqrt{3}\cos 2\theta$ とおくと $f(x) = 0$ の解がすべて正の実数である条件は
$D \geqq 0$, 2解の和 $2(\sin\theta + \cos\theta) > 0$,
2解の積 $-\sqrt{3}\cos 2\theta >$
$D \geqq 0$ のときは（2）より

$$0 \leqq \theta \leqq \dfrac{5}{12}\pi,\ \dfrac{3}{4}\pi \leqq \theta \leqq \pi \cdots\cdots\cdots\cdots ②$$

$\sin\theta + \cos\theta > 0$ のとき単位円 ($y \geqq 0$) の $y + x > 0$ の部分を考えて

$$0 \leqq \theta < \dfrac{3}{4}\pi \cdots\cdots\cdots\cdots\cdots ③$$

$\cos 2\theta < 0$, $0 \leqq 2\theta \leqq 2\pi$ より $\dfrac{\pi}{2} < 2\theta < \dfrac{3}{2}\pi$

$$\dfrac{\pi}{4} < \theta < \dfrac{3}{4}\pi \cdots\cdots\cdots\cdots\cdots ④$$

②，③，④ より $\dfrac{\pi}{4} < \theta \leqq \dfrac{5}{12}\pi$

《直線を考える (B3)》

424. $0 \leqq x < 2\pi$ のとき，不等式
$\sqrt{3}\sin x + \cos x < -1$
を解け． (23 東京電機大)

▶解答◀ $\sqrt{3}\sin x + \cos x < -1$

$2\sin\left(x+\dfrac{\pi}{6}\right) < -1$

$\sin\left(x+\dfrac{\pi}{6}\right) < -\dfrac{1}{2}$

$\dfrac{\pi}{6} \le x+\dfrac{\pi}{6} < 2\pi+\dfrac{\pi}{6}$ より

$\dfrac{7}{6}\pi < x+\dfrac{\pi}{6} < \dfrac{11}{6}\pi$ $\qquad \therefore \quad \pi < x < \dfrac{5}{3}\pi$

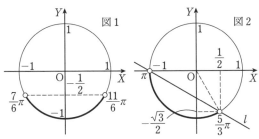

◆別解◆ $X=\cos x, Y=\sin x, l:\sqrt{3}Y+X=-1$
とおく. 図2を見よ. $X^2+Y^2=1$ かつ $\sqrt{3}Y+X<-1$ をみたす (X,Y) は図の太線部分となる. x の値の範囲を求めると $\pi < x < \dfrac{5}{3}\pi$ である.

《領域で考える (B10) ☆》

425. $0 \le x < 2\pi$ のとき, 不等式
$\sqrt{2}\sin x + 2\cos x + \sqrt{2}\sin 2x + 1 \le 0$
の解は $\boxed{}$ である. $\qquad$ (23 福岡大・医-推薦)

▶解答◀ $\sqrt{2}\sin x + 2\cos x + \sqrt{2}\sin 2x + 1 \le 0$

$2\sqrt{2}\sin x\cos x + \sqrt{2}\sin x + 2\cos x + 1 \le 0$

$\sqrt{2}\sin x(2\cos x+1) + (2\cos x+1) \le 0$

$(\sqrt{2}\sin x+1)(2\cos x+1) \le 0$

$X=\cos x, Y=\sin x$ とおくと

$(\sqrt{2}Y+1)(2X+1) \le 0$ $\cdots\cdots$①

この不等式を満たす x の値の範囲は, 図1の単位円周上の網目部分の偏角となる. 求める値の範囲は

$\dfrac{2}{3}\pi \le x \le \dfrac{5}{4}\pi, \ \dfrac{4}{3}\pi \le x \le \dfrac{7}{4}\pi$

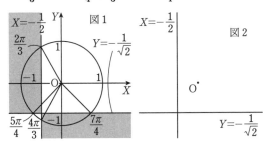

注意 ①の図示について：図2を見よ. まず2直線 $X=-\dfrac{1}{2}, \ Y=-\dfrac{1}{\sqrt{2}}$ で分けられた4つの領域につ

いて, $(X,Y)=(0,0)$ を $(\sqrt{2}Y+1)(2X+1) \le 0$ に代入すると $1 \le 0$ で成立しないから $(0,0)$ は不適であり, $(0,0)$ を含む部分は不適. あとは境界を交点ではなく線でとびこえるたびに適, 不適をくり返す.

《領域で考える (B10) ☆》

426. $0 \le \theta < 2\pi$ において, 不等式
$(1+\sqrt{3})\sin\theta + (2+\sqrt{3})\cos\theta \le |\cos\theta|$
を満たす θ は

$\dfrac{\boxed{}}{\boxed{}}\pi \le \theta \le \dfrac{\boxed{}}{\boxed{}}\pi$

である. $\qquad$ (23 久留米大・後期)

▶解答◀ $x=\cos\theta, y=\sin\theta$ とおく.
点 $P(x,y)$ は円 $x^2+y^2=1$ 上の偏角が θ の点である.

$(1+\sqrt{3})y + (2+\sqrt{3})x \le |x|$

は, $x \ge 0$ のとき

$(1+\sqrt{3})y + (2+\sqrt{3})x \le x$

$(1+\sqrt{3})(y+x) \le 0$ $\qquad \therefore \quad y \le -x$ $\cdots\cdots$①

$x \le 0$ のとき

$(1+\sqrt{3})y + (2+\sqrt{3})x \le -x$

$(1+\sqrt{3})(y+\sqrt{3}x) \le 0$

$y \le -\sqrt{3}x$ $\cdots\cdots$②

であり, ①, ②を満たす領域は, 図の境界を含む網目部分となる. ただし, 図の円は単位円で, $l_1:y=-x$, $l_2:y=-\sqrt{3}x$ とし, 円周上にその点に対する偏角を記入している.

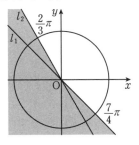

P が網目部分にあるときの偏角 θ の範囲を考えて
$\dfrac{2}{3}\pi \le \theta \le \dfrac{7}{4}\pi$

【三角関数と最大・最小】
《置き換えて最大最小 (B10) ☆》

427. $0 \le \theta \le \pi$ のとき, 2つの関数
$x=\cos\theta+\sin\theta,$
$y=\cos\left(2\theta-\dfrac{\pi}{2}\right) - \cos\left(\theta-\dfrac{\pi}{4}\right)$

について，以下の問に答えよ．
（1）x のとりうる値の範囲を求めよ．
（2）y を x の関数で表せ．
（3）y の最大値と最小値を求めよ．

（23 群馬大・理工）

▶解答◀ （1）$x = \cos\theta + \sin\theta$

$= \sqrt{2}\sin\left(\theta + \dfrac{\pi}{4}\right)$

$0 \leq x \leq \pi$ より $\dfrac{\pi}{4} \leq \theta + \dfrac{\pi}{4} \leq \dfrac{5\pi}{4}$ であるから，

$-1 \leq x \leq \sqrt{2}$ である．

（2）$\cos\left(2\theta - \dfrac{\pi}{2}\right) = \sin 2\theta = 2\sin\theta\cos\theta$

$\cos\left(\theta - \dfrac{\pi}{4}\right) = \dfrac{1}{\sqrt{2}}(\cos\theta + \sin\theta)$

$x = \cos\theta + \sin\theta$ のとき

$x^2 = 1 + 2\sin\theta\cos\theta$

したがって

$y = x^2 - \dfrac{1}{\sqrt{2}}x - 1$

（3）$f(x) = x^2 - \dfrac{1}{\sqrt{2}}x - 1$ とおく．

$f(x) = \left(x - \dfrac{1}{2\sqrt{2}}\right)^2 - \dfrac{9}{8}$

$f(-1) = \dfrac{1}{\sqrt{2}}$, $f(\sqrt{2}) = 0$

したがって，最大値 $\dfrac{1}{\sqrt{2}}$，最小値 $-\dfrac{9}{8}$ をとる．

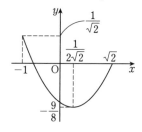

《和に名前・ノーヒント（B10）☆》

428. 関数

$y = 2\sin x\cos x + \sqrt{2}\sin x + \sqrt{2}\cos x - 1$

$(0 \leq x \leq 2\pi)$

の最大値と最小値を求めよ．また，そのときの x の値を求めよ．（23 広島大・光り輝き入試-教育（数））

▶解答◀ $t = \sin x + \cos x$ とおくと

$t = \sqrt{2}\cos\left(x - \dfrac{\pi}{4}\right)$

であるから，t の値域は $-\sqrt{2} \leq t \leq \sqrt{2}$ である．

$t^2 = (\sin x + \cos x)^2 = 1 + 2\sin x\cos x$

であるから，

$f(x) = t^2 - 1 + \sqrt{2}t - 1 = t^2 + \sqrt{2}t - 2$

$= \left(t + \dfrac{\sqrt{2}}{2}\right)^2 - \dfrac{5}{2}$

これより，$t = \sqrt{2}$ すなわち，$x = \dfrac{\pi}{4}$ のときに最大値

$2 + 2 - 2 = 2$ をとり，$t = -\dfrac{\sqrt{2}}{2}$ のとき，すなわち

$\cos\left(x - \dfrac{\pi}{4}\right) = -\dfrac{1}{2}$

$x = \dfrac{11}{12}\pi, \dfrac{19}{12}\pi$

のとき，最小値 $-\dfrac{5}{2}$ をとる．

《周期性の論証（B10）》

429. 連立不等式

$x \geq 0$, $y \geq 0$,

$x + y < \dfrac{\pi}{2}$, $\tan(x + y) \leq \sqrt{3}$

を満たす平面上の点 (x, y) 全体の領域を D とする．以下の問いに答えよ．

（1）領域 D を平面上に図示せよ．

（2）点 (x, y) が領域 D を動くとき，$t = 3x + 2y$ のとり得る値の範囲を求めよ．

（3）点 (x, y) が領域 D を動くとき，

$2\sqrt{3}\cos^2\left(\dfrac{3}{2}x + y\right) + \sin(3x + 2y)$

の最大値と最小値を求めよ．（23 三重大・工）

▶解答◀ （1）$x \geq 0$, $y \geq 0$, $x + y < \dfrac{\pi}{2}$ のとき，$\tan(x + y) \leq \sqrt{3}$ を満たすのは $0 \leq x + y \leq \dfrac{\pi}{3}$ のときであるから，領域 D は図の境界を含む網目部分になる．

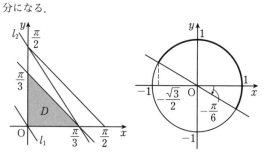

（2）$l : t = 3x + 2y$ とおく．

$l : y = -\dfrac{3}{2}x + \dfrac{t}{2}$

l が原点を通るとき（図の l_1），$t = 0$, l が $\left(\dfrac{\pi}{3}, 0\right)$ を通るとき（図の l_2），$t = \pi$ であるから，$0 \leq t \leq \pi$ である．

（3）$2\sqrt{3}\cos^2\dfrac{t}{2} + \sin t = 2\sqrt{3}\cdot\dfrac{1}{2}(1 + \cos t) + \sin t$

$= \sqrt{3}\cos t + \sin t + \sqrt{3} = 2\cos\left(t - \dfrac{\pi}{6}\right) + \sqrt{3}$

$0 \leqq t \leqq \pi$ のとき, $-\dfrac{\sqrt{3}}{2} \leqq \cos\left(t - \dfrac{\pi}{6}\right) \leqq 1$ であるから最大値は $\mathbf{2 + \sqrt{3}}$, 最小値は $-\sqrt{3} + \sqrt{3} = \mathbf{0}$ である.

《三角表示 (B10)》

430. $x^2 + y^2 = 1,\ x \geqq 0,\ y \geqq 0$ のとき,

$$\sqrt{3}x^2 + 2xy - \sqrt{3}y^2$$

の最大値は $\boxed{}$ であり, 最小値は $\boxed{}$ である.

(23 愛知工大・理系)

▶**解答**◀ $x^2 + y^2 = 1,\ x \geqq 0,\ y \geqq 0$ より, $x = \cos\theta,\ y = \sin\theta,\ 0 \leqq \theta \leqq \dfrac{\pi}{2}$ とおける.

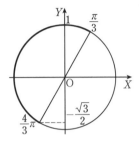

$P = \sqrt{3}x^2 + 2xy - \sqrt{3}y^2$ とする.

$P = \sqrt{3}\cos^2\theta + 2\cos\theta\sin\theta - \sqrt{3}\sin^2\theta$

$= \sin 2\theta + \sqrt{3}\cos 2\theta = 2\sin\left(2\theta + \dfrac{\pi}{3}\right)$

$\dfrac{\pi}{3} \leqq 2\theta + \dfrac{\pi}{3} \leqq \dfrac{4}{3}\pi$ であるから

$-\dfrac{\sqrt{3}}{2} \leqq \sin\left(2\theta + \dfrac{\pi}{3}\right) \leqq 1$

$-\sqrt{3} \leqq P \leqq 2$

よって, 最大値は $\mathbf{2}$, 最小値は $-\sqrt{3}$ である.

《和に名前・ノーヒント (B10) ☆》

431. 関数 $f(x) = \sin x + \sin x \cos x + \cos x$ の $0 \leqq x \leqq \pi$ における最大値と最小値を求めよ. また, そのときの x の値を求めよ.

(23 東京女子大・文系)

▶**解答**◀ $t = \sin x + \cos x$ とおくと

$$t = \sqrt{2}\sin\left(x + \dfrac{\pi}{4}\right)$$

$\dfrac{\pi}{4} \leqq x + \dfrac{\pi}{4} \leqq \dfrac{5\pi}{4}$ より $-1 \leqq t \leqq \sqrt{2}$ …………①

$t^2 = 1 + 2\sin x \cos x$ より $\sin x \cos x = \dfrac{t^2 - 1}{2}$

$f(x) = \sin x + \sin x \cos x + \cos x$

$= t + \dfrac{t^2 - 1}{2} = \dfrac{1}{2}(t+1)^2 - 1 = g(t)$

とおく.

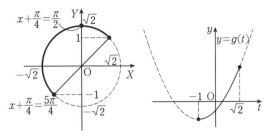

$g(t)$ は $t = -1$ のとき最小値 -1 をとる. このとき

$$x = \pi$$

$t = \sqrt{2}$ のとき最大値 $\dfrac{1}{2} + \sqrt{2}$ をとる. このとき

$$x = \dfrac{\pi}{4} \text{ である.}$$

《倍角公式で最大最小 (B10)》

432. 関数

$$y = 2\sin\theta(2\cos\theta - 3\sin\theta)\ \left(0 \leqq \theta \leqq \dfrac{\pi}{2}\right)$$

の最大値と最小値を求めよ.

(23 早稲田大・人間科学-数学選抜)

▶**解答**◀ $y = 2\sin\theta(2\cos\theta - 3\sin\theta)$

$= 4\sin\theta\cos\theta - 6\sin^2\theta$

$= 2\sin 2\theta - 6 \cdot \dfrac{1 - \cos 2\theta}{2}$

$= 2\sin 2\theta + 3\cos 2\theta - 3$

$= \sqrt{13}\sin(2\theta + \alpha) - 3$

ただし, α は $\cos\alpha = \dfrac{2}{\sqrt{13}},\ \sin\alpha = \dfrac{3}{\sqrt{13}}$ を満たす第 1 象限の角とする.

$0 \leqq \theta \leqq \dfrac{\pi}{2}$ のとき $\alpha \leqq 2\theta + \alpha \leqq \pi + \alpha$ である. これより, $2\theta + \alpha = \dfrac{\pi}{2}$ のとき, 最大値 $\sqrt{13} - 3$ をとり, $2\theta + \alpha = \pi + \alpha$, すなわち $\theta = \dfrac{\pi}{2}$ のとき, 最小値 $2 \cdot (0 - 3) = -6$ をとる.

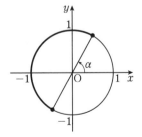

♦**別解**♦ $y = 2\sin 2\theta + 3\cos 2\theta - 3$ …………①

までは上と同じ.

$$y = \sqrt{13}\cos(2\theta - \beta) - 3$$

ただし, β は $\cos\beta = \dfrac{3}{\sqrt{13}},\ \sin\beta = \dfrac{2}{\sqrt{13}}$ を満たす鋭角とする. $P(\cos 2\theta, \sin 2\theta),\ A(\cos\beta, \sin\beta)$ とする. $\angle AOP = 0$ のときに最大値 $\sqrt{13} - 3$ をとり,

∠AOP が最大になるのは $2\theta = \pi$ のときで，そのとき最小値 -6 をとる．$2\theta = \pi$ の代入は ① にする．

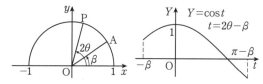

【三角関数の図形への応用】

---《tan で交角 (B10)》---

433. 座標平面上に 2 点 $A(-1, 0)$, $B(1, 0)$ がある．また，点 $P(x, y)$ が $x > 1$, $y > 0$ を満たしながら座標平面上を動くとする．このとき，次の各問に答えよ．

（1） $\tan \dfrac{\pi}{12}$ の値を求めよ．

（2） $\tan \angle APB$ を，x と y を用いて表せ．

（3） 点 P が $x > 1$, $y > 0$, $\angle APB \leqq \dfrac{\pi}{12}$ を満たしながらくまなく動くとき，点 P の動きうる領域を座標平面上に図示せよ．

(23　宮崎大・医，工，教（理系以外），農)

▶解答◀ （1） 加法定理を用いて

$$\tan \frac{\pi}{12} = \tan\left(\frac{\pi}{3} - \frac{\pi}{4}\right)$$

$$= \frac{\tan \frac{\pi}{3} - \tan \frac{\pi}{4}}{1 + \tan \frac{\pi}{3} \tan \frac{\pi}{4}} = \frac{\sqrt{3} - 1}{1 + \sqrt{3} \cdot 1}$$

$$= \frac{(\sqrt{3} - 1)^2}{(\sqrt{3} + 1)(\sqrt{3} - 1)} = 2 - \sqrt{3}$$

（2） PA, PB と x 軸の正の方向とのなす角をそれぞれ $\alpha, \beta \left(0 < \alpha < \beta < \dfrac{\pi}{2}\right)$ とすると

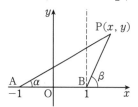

$\tan \alpha = \dfrac{y}{x+1}$, $\tan \beta = \dfrac{y}{x-1}$ で

$$\tan \angle APB = \tan(\beta - \alpha) = \frac{\tan \beta - \tan \alpha}{1 + \tan \beta \tan \alpha}$$

$$= \frac{\dfrac{y}{x-1} - \dfrac{y}{x+1}}{1 + \dfrac{y}{x-1} \cdot \dfrac{y}{x+1}} = \frac{2y}{x^2 + y^2 - 1}$$

（3） $\angle APB \leqq \dfrac{\pi}{12}$ であるから

$$\tan \angle APB \leqq \tan \frac{\pi}{12}$$

（1），（2）より，$\dfrac{2y}{x^2 + y^2 - 1} \leqq 2 - \sqrt{3}$

$x > 1$, $y > 0$ であるから $x^2 + y^2 - 1 > 0$ であり

$$2(2 + \sqrt{3})y \leqq x^2 + y^2 - 1$$

$$x^2 + (y - 2 - \sqrt{3})^2 \geqq (2 + \sqrt{3})^2 + 1$$

これで表される図形は中心 $(0, 2 + \sqrt{3})$ で，2 点 A，B を通る円の外部及び周上の領域を表す．

よって，求める領域は，図の網目部分で，境界は，直線は含まず，円周は含む．

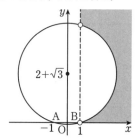

---《積→和 (B0)》---

434. 三角形 ABC の 3 つの角 $\angle A$, $\angle B$, $\angle C$ の大きさをそれぞれ A, B, C とおく．

（1） $\sin \dfrac{A}{2} \sin \dfrac{B}{2} = \dfrac{1}{2} \cos \dfrac{A-B}{2} - \dfrac{1}{2} \sin \dfrac{C}{2}$ を示せ．

（2） $\cos A + \cos B + \cos C = k$ としたとき，$\sin \dfrac{A}{2} \sin \dfrac{B}{2} \sin \dfrac{C}{2}$ を k を用いて表せ．

（3） 三角形 ABC が $A < B < C = \dfrac{\pi}{2}$ の直角三角形であり，$\sin \dfrac{A}{2} \sin \dfrac{B}{2} \sin \dfrac{C}{2} = \dfrac{1}{10}$ のとき，3 辺の長さの比 $BC : CA : AB$ を求めよ．

(23　お茶の水女子大・前期)

▶解答◀ （1） 和積の公式を用いて

$$\sin \frac{A}{2} \sin \frac{B}{2} = \frac{1}{2}\left(\cos \frac{A-B}{2} - \cos \frac{A+B}{2}\right)$$

$A + B + C = \pi$ であるから

$$\cos \frac{A+B}{2} = \cos \frac{\pi - C}{2} = \sin \frac{C}{2} \quad \cdots\cdots ①$$

よって

$$\sin \frac{A}{2} \sin \frac{B}{2} = \frac{1}{2} \cos \frac{A-B}{2} - \frac{1}{2} \sin \frac{C}{2}$$

（2） （1）と ①，和積の公式を用いる．

$$\sin \frac{A}{2} \sin \frac{B}{2} \sin \frac{C}{2}$$

$$= \left(\frac{1}{2} \cos \frac{A-B}{2} - \frac{1}{2} \sin \frac{C}{2}\right) \sin \frac{C}{2}$$

$$= \frac{1}{2} \cos \frac{A-B}{2} \cos \frac{A+B}{2} - \frac{1}{2} \sin^2 \frac{C}{2}$$

$$= \frac{1}{4}(\cos A + \cos B) - \frac{1}{4}(1 - \cos C)$$

$$= \frac{1}{4}(\cos A + \cos B + \cos C - 1) = \frac{k-1}{4}$$

（3） $\sin\dfrac{A}{2}\sin\dfrac{B}{2}\sin\dfrac{C}{2}=\dfrac{1}{10}$ のとき

$$\dfrac{k-1}{4}=\dfrac{1}{10}\qquad \therefore\quad k=\dfrac{7}{5}$$

これと $\cos C=0$ を $\cos A+\cos B+\cos C=k$ に代入して

$$\cos A+\cos B=\dfrac{7}{5}$$

$A+B=\dfrac{\pi}{2}$ であるから，$\cos B=\sin A$ であり

$$\cos A+\sin A=\dfrac{7}{5}$$

$\cos A=c$，$\sin A=s$ とおくと

$$c+s=\dfrac{7}{5}\ \cdots\cdots\cdots\cdots\cdots\cdots\cdots\cdots②$$

$c^2+s^2=1$ であるから

$$(c+s)^2-2cs=1$$

$$\dfrac{49}{25}-2cs=1\qquad \therefore\quad cs=\dfrac{12}{25}\ \cdots\cdots\cdots③$$

②，③ より c，s は

$$t^2-\dfrac{7}{5}t+\dfrac{12}{25}=0$$

の 2 解であり

$$\left(t-\dfrac{3}{5}\right)\left(t-\dfrac{4}{5}\right)=0\qquad \therefore\quad t=\dfrac{3}{5},\ \dfrac{4}{5}$$

$A<B$ と $A+B=\dfrac{\pi}{2}$ より $0<A<\dfrac{\pi}{4}$ であるから，$s<c$ であり

$$\sin A=\dfrac{3}{5},\ \cos A=\dfrac{4}{5},\ \sin B=\cos A=\dfrac{4}{5}$$

正弦定理を用いると

$$\mathrm{BC}:\mathrm{CA}:\mathrm{AB}=\sin A:\sin B:\sin C$$
$$=\dfrac{3}{5}:\dfrac{4}{5}:1=\mathbf{3:4:5}$$

――――――《和の最大（B10）》――――――

435. m を実数とする．2 直線 $l_1:mx-y=0$, $l_2:x+my-2m-1=0$ の交点 P の描く図形を C とする．図形 C と l_1 との P 以外の交点を Q_1，図形 C と l_2 との P 以外の交点を Q_2 とするとき，次の問いに答えよ．

（1） 点 P の軌跡を求め，座標平面に図形 C を図示せよ．

（2） $\mathrm{PQ}_1+\mathrm{PQ}_2$ の最大値とそのときの m の値を求めよ． （23 愛知医大・医）

▶解答◀ （1） $mx-y=0\ \cdots\cdots\cdots\cdots\cdots①$

$x+my-2m-1=0\ \cdots\cdots\cdots\cdots\cdots②$

$x\neq 0$ のとき，① より

$$m=\dfrac{y}{x}$$

② に代入して

$$x+\dfrac{y}{x}\cdot y-2\cdot\dfrac{y}{x}-1=0$$

$$x^2+y^2-2y-x=0$$

$$\left(x-\dfrac{1}{2}\right)^2+(y-1)^2=\dfrac{5}{4}$$

$x=0$ のとき，① より $y=0$

② に代入すると $-2m-1=0\qquad \therefore\quad m=-\dfrac{1}{2}$

よって，P の軌跡は $\left(\dfrac{1}{2},\,1\right)$ **を中心とする半径** $\dfrac{\sqrt{5}}{2}$ **の円である．ただし，**$(0,2)$ **を除く．**

C を図示すると図 1 の通りである．

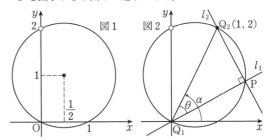

（2） ② より $m(y-2)+x-1=0$

l_1 は $(0,0)$ を通り，l_2 は $(1,2)$ を通り，2 直線は直交する．よって，Q_1，Q_2 の座標はそれぞれ $(0,0)$，$(1,2)$ であり，線分 $\mathrm{Q}_1\mathrm{Q}_2$ は C の直径である．

$\angle\mathrm{Q}_2\mathrm{Q}_1\mathrm{P}=\theta\left(0<\theta<\dfrac{\pi}{2}\right)$ とおくと，$\mathrm{Q}_1\mathrm{Q}_2=\sqrt{5}$ であるから

$$\mathrm{PQ}_1+\mathrm{PQ}_2=\sqrt{5}\cos\theta+\sqrt{5}\sin\theta$$
$$=\sqrt{10}\sin\left(\theta+\dfrac{\pi}{4}\right)$$

$\dfrac{\pi}{4}<\theta+\dfrac{\pi}{4}<\dfrac{3}{4}\pi$ であるから，$\mathrm{PQ}_1+\mathrm{PQ}_2$ は $\theta+\dfrac{\pi}{4}=\dfrac{\pi}{2}$ すなわち $\theta=\dfrac{\pi}{4}$ のとき，最大値 $\sqrt{10}$ をとる．

l_1 の傾きが m である．直線 $\mathrm{Q}_1\mathrm{Q}_2$ が x 軸の正方向となす角を α とすると $\tan\alpha=2$ である．以下，複号同順である．

$$m=\tan\left(\alpha\pm\dfrac{\pi}{4}\right)=\dfrac{\tan\alpha\pm\tan\dfrac{\pi}{4}}{1\mp\tan\alpha\tan\dfrac{\pi}{4}}$$
$$=\dfrac{2\pm1}{1\mp2\cdot1}=\mathbf{-3,\ \dfrac{1}{3}}$$

――――――《tan の半角（B20）☆》――――――

436. $\angle\mathrm{ACB}$ が直角である三角形 ABC を考える．頂点 C から辺 AB に下ろした垂線を CH とするとき，線分 CH の長さは 1 であるとする．また，$\angle\mathrm{BAC}$ の二等分線と直線 CH の交点を D とし，直線 BD と辺 AC の交点を E とする．$\alpha=\angle\mathrm{BAC}$，$t=\tan\dfrac{\alpha}{2}$ とおく．

（1） 辺 AB の長さを t の式で表せ．

（2） 線分の長さの比 $\dfrac{\mathrm{AE}}{\mathrm{EC}}$ を t の式で表せ．

（3） さらに，E が辺 AC の中点であるとする．このとき，$\cos\alpha$ の値を求めよ．ただし，二重根号を含まない式で表すこと．(23 千葉大・医, 理)

▶**解答**◀ （1） AB = AH + BH

$$= \frac{CH}{\tan\alpha} + CH\tan\alpha$$

CH = 1, $\tan\alpha = \dfrac{2t}{1-t^2}$ であるから

$$AB = \frac{1-t^2}{2t} + \frac{2t}{1-t^2}$$

$$= \frac{(1-t^2)^2 + 4t^2}{2t(1-t^2)} = \frac{(1+t^2)^2}{2t(1-t^2)}$$

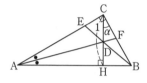

（2） 直線 AD と辺 BC との交点を F とする．△ABC にチェバの定理を用いて

$$\frac{AE}{EC} \cdot \frac{CF}{FB} \cdot \frac{BH}{HA} = 1$$

$$\frac{AE}{EC} = \frac{FB}{CF} \cdot \frac{HA}{BH} \quad\cdots\cdots\cdots\cdots①$$

角の二等分線の定理より

$$CF : FB = AC : AB = \cos\alpha : 1$$

$$\cos\alpha = \frac{1-t^2}{1+t^2} \quad\cdots\cdots\cdots\cdots②$$

これと（1）で求めた HA, BH と①より

$$\frac{AE}{EC} = \frac{1+t^2}{1-t^2} \cdot \frac{1-t^2}{2t} \cdot \frac{1-t^2}{2t} = \frac{1-t^4}{4t^2}$$

（3） E が辺 AC の中点であるとき $\dfrac{AE}{EC} = 1$

$$\frac{1-t^4}{4t^2} = 1$$

$$t^4 + 4t^2 - 1 = 0$$

$t^2 > 0$ であるから $t^2 = -2 + \sqrt{5}$

②に代入して

$$\cos\alpha = \frac{1-(-2+\sqrt{5})}{1+(-2+\sqrt{5})} = \frac{(3-\sqrt{5})(\sqrt{5}+1)}{(\sqrt{5}-1)(\sqrt{5}+1)}$$

$$= \frac{2\sqrt{5}-2}{4} = \frac{\sqrt{5}-1}{2}$$

注意 【tan の半角表示】

$t = \tan\dfrac{\theta}{2}\ \left(-\dfrac{\pi}{2} < \dfrac{\theta}{2} < \dfrac{\pi}{2}\right)$ として

$$\cos\theta = \frac{1-t^2}{1+t^2},\ \sin\theta = \frac{2t}{1+t^2},\ \tan\theta = \frac{2t}{1-t^2}$$

ただし $\tan\theta$ が存在するのは $t \neq \pm 1$ のときである．これは有名な公式である．よく「答案の中で証明を書け」という人がいるが，有名な公式，知識は証明など

する必要はない．書籍としては注に証明を書く．

$\dfrac{\theta}{2} = \beta$ として

$$\cos\theta = \cos 2\beta = \frac{\cos^2\beta - \sin^2\beta}{\cos^2\beta + \sin^2\beta}$$

$$= \frac{1-\tan^2\beta}{1+\tan^2\beta} = \frac{1-t^2}{1+t^2}$$

$$\sin\theta = \sin 2\beta = \frac{2\sin\beta\cos\beta}{\cos^2\beta + \sin^2\beta}$$

$$= \frac{2\tan\beta}{1+\tan^2\beta} = \frac{2t}{1+t^2}$$

である．学校では $1 + \tan^2\beta = \dfrac{1}{\cos^2\beta}$ を使う証明を習うだろうがそれは伝統的な証明ではない．奇怪な方法というしかない．

《**四角形の面積の最大（B30）☆**》

437. AB = 1, BC = 2, CD = $\sqrt{3}$, AD = $\sqrt{2}$ である四角形 ABCD について考える．ただし，どの内角も 180° より小さいものとする．

（1） ∠ABC = 150° であるとき，

　（i） ∠ADC を求めよ．

　（ii） ∠BAD を求めよ．

　（iii） 対角線 BD の長さを求めよ．

　（iv） 四角形 ABCD の面積を求めよ．

（2） 四角形 ABCD の面積の最大値を求めよ．また，そのときの対角線 AC の長さを求めよ．

(23 近大・医-前期)

▶**解答**◀ （1）（i） ∠ABC = α,
∠ADC = β とおく．△ABC に余弦定理を用いて

$$AC^2 = AB^2 + BC^2 - 2AB\cdot BC\cos\alpha$$

$$= 1 + 4 - 2\cdot 1\cdot 2\cos\alpha$$

$$= 5 - 4\cos\alpha \quad\cdots\cdots\cdots\cdots①$$

△ACD に余弦定理を用いて

$$AC^2 = AD^2 + CD^2 - 2AD\cdot CD\cos\beta$$

$$= 2 + 3 - 2\sqrt{6}\cos\beta$$

$$= 5 - 2\sqrt{6}\cos\beta \quad\cdots\cdots\cdots\cdots②$$

①，②より，$2\cos\alpha = \sqrt{6}\cos\beta \quad\cdots\cdots\cdots③$
$\alpha = 150°$ のとき

$$\sqrt{6}\cos\beta = 2\cos 150° \qquad \therefore\quad \cos\beta = -\frac{1}{\sqrt{2}}$$

∠ADC = 135° である．

（ii） 四角形 ABCD は図1のように2つの三角定規

を組み合わせた図形になるから，$\angle \mathbf{BAD} = \mathbf{45°}$

（iii） $\mathbf{BD} = \mathbf{1}$

（iv） 四角形 ABCD の面積を S とおくと

$$S = \triangle ABD + \triangle BCD$$
$$= \frac{1}{2} \cdot 1 \cdot 1 + \frac{1}{2} \cdot 1 \cdot \sqrt{3} = \frac{1}{2} + \frac{\sqrt{3}}{2}$$

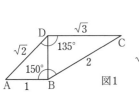 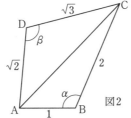

図1　図2

（2）　$S = \triangle ABC + \triangle ACD$

$$= \frac{1}{2} \cdot 1 \cdot 2 \sin\alpha + \frac{1}{2} \cdot \sqrt{2}\sqrt{3}\sin\beta$$
$$= \sin\alpha + \frac{\sqrt{6}}{2}\sin\beta$$
$$2S = 2\sin\alpha + \sqrt{6}\sin\beta \quad \cdots\cdots\cdots\cdots④$$

③より

$$2\cos\alpha - \sqrt{6}\cos\beta = 0 \quad \cdots\cdots\cdots\cdots⑤$$

④^2 ＋⑤^2 より

$$4S^2 = (2\sin\alpha + \sqrt{6}\sin\beta)^2 + (2\cos\alpha - \sqrt{6}\cos\beta)^2$$
$$= 10 - 4\sqrt{6}(\cos\alpha\cos\beta - \sin\alpha\sin\beta)$$
$$= 10 - 4\sqrt{6}\cos(\alpha + \beta)$$

これは $\alpha + \beta = 180°$ で最大で

$$4S^2 = 10 + 2\sqrt{24} \qquad \therefore \quad 2S = 2 + \sqrt{6}$$

⑤より

$$2\cos\alpha = \sqrt{6}\cos(180° - \alpha) \qquad \therefore \quad \cos\alpha = 0$$

$\alpha = \beta = 90°$ であるから，AC を直径とする円に内接する四角形として四角形 ABCD は実現可能である．S の最大値は $1 + \frac{\sqrt{6}}{2}$，$\mathrm{AC} = \sqrt{5}$ である．

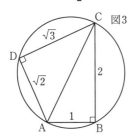

図3

《モーリーの定理（B30）》

438. 図のように，任意の △ABC において，3つ

の内角それぞれの3等分線を引き，角 α, β, γ を図のように定める．隣接する2本の3等分線が交わる点をL，M，Nとする．このとき，△LMN は正三角形であることを以下の（1）から（5）の問いに答えながら証明せよ．なお，解答できない問いがあっても，その問いの結果を使って以降の問いに解答してよい．

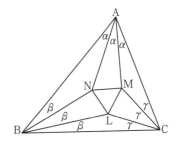

（1）　△ANB に正弦定理を用いることにより，

$$AN = \frac{AB\sin\beta}{\sin(\alpha + \beta)}$$

を示し，さらに △ABC に正弦定理を用いることにより，

$$AN = 2R\sin\angle ACB \frac{\sin\beta}{\sin(60° - \gamma)}$$

を示せ．ただし，R は △ABC の外接円の半径である．

（2）　$\sin(60° - \gamma)$ と $\sin(60° + \gamma)$ に加法定理を用いることにより，

$$4\sin\gamma\sin(60° - \gamma)\sin(60° + \gamma) = \sin\angle ACB$$

を示せ．必要ならば，3倍角の公式 $\sin 3\theta = 3\sin\theta - 4\sin^3\theta$ を用いてもよい．

（3）　（1）と（2）より次を示せ．

$$\frac{AM}{\sin(60° + \beta)} = \frac{AN}{\sin(60° + \gamma)}$$

（4）　（3）より，$\angle ANM = 60° + \beta$，$\angle AMN = 60° + \gamma$ を示せ．必要ならば，以下の事実を用いてもよい．

　［事実］ x と y に関する連立方程式

$$\begin{cases} x + y = 120° + \beta + \gamma \\ \dfrac{AM}{\sin x} = \dfrac{AN}{\sin y} \end{cases}$$

の解は，$0° < x < 180°$，$0° < y < 180°$ の範囲には $x = 60° + \beta$，$y = 60° + \gamma$ だけである．

（5）　（4）より，$\angle MNL = \angle NLM = \angle LMN = 60°$ を示せ．　　　　　（23　東邦大・理）

▶解答◀　（1）　△ANB に正弦定理を用いて

$$\frac{AN}{\sin\beta} = \frac{AB}{\sin(\pi - \alpha - \beta)}$$

$$AN = \frac{AB \sin\beta}{\sin(\alpha+\beta)}$$

△ABC の内角について

$$3\alpha + 3\beta + 3\gamma = 180° \qquad \therefore \quad \alpha + \beta + \gamma = 60°$$

が成り立つから，$\alpha + \beta = 60° - \gamma$ である．よって

$$AN = \frac{AB\sin\beta}{\sin(60°-\gamma)} \quad \cdots\cdots\cdots\cdots\cdots\cdots\cdots ①$$

△ABC に正弦定理を用いて

$$\frac{AB}{\sin\angle ACB} = 2R$$

$AB = 2R\sin\angle ACB$ を ① に代入して

$$AN = 2R\sin\angle ACB \frac{\sin\beta}{\sin(60°-\gamma)} \quad \cdots\cdots\cdots② $$

図1　　　　　　　　図2

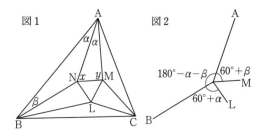

（2）　加法定理を用いて

$$\sin(60°-\gamma) = \frac{\sqrt{3}}{2}\cos\gamma - \frac{1}{2}\sin\gamma$$

$$\sin(60°+\gamma) = \frac{\sqrt{3}}{2}\cos\gamma + \frac{1}{2}\sin\gamma$$

であるから

$$\begin{aligned}
&4\sin\gamma\sin(60°-\gamma)\sin(60°+\gamma) \\
&= 4\sin\gamma\left(\frac{3}{4}\cos^2\gamma - \frac{1}{4}\sin^2\gamma\right) \\
&= 4\sin\gamma\left\{\frac{3}{4}(1-\sin^2\gamma) - \frac{1}{4}\sin^2\gamma\right\} \\
&= 3\sin\gamma - 4\sin^3\gamma = \sin 3\gamma = \sin\angle ACB \quad \cdots③
\end{aligned}$$

（3）　② と ③ より ∠ACB を消去して

$$AN = 2R \cdot 4\sin\gamma\sin(60°+\gamma)\sin\beta$$

$$\frac{AN}{\sin(60°+\gamma)} = 8R\sin\beta\sin\gamma \quad \cdots\cdots\cdots\cdots④$$

△AMC に正弦定理を用いて（1）と同様に解くと

$$AM = 2R\sin\angle ABC \frac{\sin\gamma}{\sin(60°-\beta)}$$

である．さらに（2）と同様にして β について立式すると

$$4\sin\beta\sin(60°-\beta)\sin(60°+\beta) = \sin\angle ABC$$

が導かれるから，$\sin\angle ABC$ を消去して

$$AM = 2R \cdot 4\sin\beta\sin(60°+\beta)\sin\gamma$$

$$\frac{AM}{\sin(60°+\beta)} = 8R\sin\beta\sin\gamma$$

これと ④ より

$$\frac{AM}{\sin(60°+\beta)} = \frac{AN}{\sin(60°+\gamma)}$$

（4）　∠ANM $= x$，∠AMN $= y$ とおく．

$0° < x < 180°$，$0° < y < 180°$ であり

$$x + y = 180° - \alpha$$

$$= 180° - (60° - \beta - \gamma) = 120° + \beta + \gamma$$

△ANM に正弦定理を用いて

$$\frac{AM}{\sin x} = \frac{AN}{\sin y}$$

よって，与えられた ［事実］ より，$x = 60° + \beta$，
$y = 60° + \gamma$，すなわち ∠ANM $= 60° + \beta$，
∠AMN $= 60° + \gamma$ である．

（5）　（1）～（4）と同様にすると，△BLN において

$$\angle BNL = 60° + \alpha$$

を得る．図2は点 N の周りの角の図である．

$$\begin{aligned}
\angle MNL &= 360° - (60°+\beta) - (180°-\alpha-\beta) \\
&\quad - (60°+\alpha) = 60°
\end{aligned}$$

点 L，点 M の周りについても同様に考えることができ

$$\angle NLM = 60°, \quad \angle LMN = 60°$$

となる．示された．

━━━━━━《三角関数の和（B30）》━━━━━━

439. n を 3 以上の自然数とし，正 n 角形 P を xy 平面の $y \geqq 0$ の範囲内で動かすことを考える．P の頂点を反時計回り（左回り）に A_0，A_1，$\cdots$，A_{n-1} とおく．まず，辺 A_0A_1 が x 軸と重なった状態から，A_1 を中心として P を時計回りに辺 A_1A_2 が x 軸と重なるまで回転させる．以降，同様に，辺 $A_{k-1}A_k$ が x 軸と重なった状態から A_k を中心として P を時計回りに辺 A_kA_{k+1} が x 軸と重な を，$k = 2, \cdots, n-1$ に対して順に行う．ただし，A_n は A_0 を表すものとする．以上のように正 n 角形 P を動かしたときの頂点 A_0 の軌跡の長さを S とする．また，$k = 1, 2, \cdots, n-1$ に対し，線分 A_0A_k の長さを a_k とおく．次の問いに答えよ．

（1）　$k = 2, \cdots, n-1$ に対して，下線部の操作における A_0 の軌跡の長さを，a_k を用いて表せ．

（2）　$k = 1, 2, \cdots, n-2$ に対して，∠$A_kA_{k+1}A_0$ を求めよ．

（3）　正弦定理を用いることによって，$k = 1, 2, \cdots, n-1$ に対して，$\dfrac{a_k}{a_1}$ を求めよ．

（4）　三角関数の積を差に変形する公式を用いる

ことによって，$\sum_{k=1}^{n-1}\left(\dfrac{a_k}{a_1}\sin\dfrac{\pi}{2n}\right)$ を求めよ．

（5） P が半径 1 の円に内接するとき，S を求めよ．

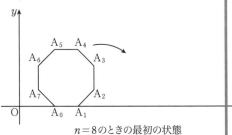

$n=8$ のときの最初の状態

（23　大阪公立大・理-後）

▶解答◀ （1）図1を参照せよ．$\dfrac{\pi}{n}=\alpha$ とおく．

$\angle A_{k-1}A_kA_{k+1}$ の外角は $\dfrac{2\pi}{n}=2\alpha$ であるから，下線部の操作によって，図形 P は点 A_k を中心に $\dfrac{2\pi}{n}$ だけ回転する．線分 A_0A_k の長さは a_k であるから，この操作による点 A_0 の軌跡の長さは，$\dfrac{2\pi}{n}a_k$ である．

（2）図2を参照せよ．図形 P の外接円を描くと，1辺に対する円周角は $\dfrac{\pi}{n}=\alpha$ である．$\angle A_kA_{k+1}A_0$ 内には A_0A_1 から $A_{k-1}A_k$ までの k 個の辺があるから，$\angle A_kA_{k+1}A_0=\dfrac{k\pi}{n}$ である．

（3）$\triangle A_0A_kA_{k+1}$ において，$A_0A_k=a_k$
$A_kA_{k+1}=a_1$，$\angle A_kA_{k+1}A_0=k\alpha$，$\angle A_kA_0A_{k+1}=\alpha$ であるから，正弦定理を用いて

$$\dfrac{a_k}{\sin k\alpha}=\dfrac{a_1}{\sin\alpha}$$

$$\dfrac{a_k}{a_1}=\dfrac{\sin k\alpha}{\sin\alpha}=\dfrac{\sin\dfrac{k\pi}{n}}{\sin\dfrac{\pi}{n}}$$

となる．

（4）$\dfrac{a_k}{a_1}\sin\dfrac{\pi}{2n}=\dfrac{1}{\sin\alpha}\sin k\alpha\sin\dfrac{\alpha}{2}$ である．

$2\sin k\alpha\sin\dfrac{\alpha}{2}=\cos\left(k\alpha-\dfrac{\alpha}{2}\right)-\cos\left(k\alpha+\dfrac{\alpha}{2}\right)$
$=\cos\left(k-\dfrac{1}{2}\right)\alpha-\cos\left(k+\dfrac{1}{2}\right)\alpha$

であるから

$2\sum_{k=1}^{n-1}\sin k\alpha\sin\dfrac{\alpha}{2}=\cos\dfrac{\alpha}{2}-\cos\left(n-\dfrac{1}{2}\right)\alpha$

となり

$\cos\left(n-\dfrac{1}{2}\right)\alpha=\cos\left(\pi-\dfrac{\alpha}{2}\right)=-\cos\dfrac{\alpha}{2}$

であるから

$\sum_{k=1}^{n-1}\sin k\alpha\sin\dfrac{\alpha}{2}=\cos\dfrac{\alpha}{2}$

となる．よって

$\sum_{k=1}^{n-1}\dfrac{a_k}{a_1}\sin\dfrac{\alpha}{2}=\dfrac{1}{\sin\alpha}\sum_{k=1}^{n-1}\sin k\alpha\sin\dfrac{\alpha}{2}$

$=\dfrac{1}{\sin\alpha}\cos\dfrac{\alpha}{2}$ ……………………①

$=\dfrac{1}{2\sin\dfrac{\alpha}{2}}=\dfrac{1}{2\sin\dfrac{\pi}{2n}}$

$\cos\dfrac{1}{2}\alpha-\cos\dfrac{3}{2}\alpha$
$+\cos\dfrac{3}{2}\alpha-\cos\dfrac{5}{2}\alpha$
⋮
$+\cos\dfrac{2k-1}{2}\alpha-\cos\dfrac{2k+1}{2}\alpha$
⋮
$+\cos\dfrac{2n-3}{2}\alpha-\cos\dfrac{2n-1}{2}\alpha$

（5）外接円の半径が 1 であるから，正弦定理より，$a_1=2\sin\alpha$ となる．よって，① より

$\sum_{k=1}^{n-1}a_k=\dfrac{a_1}{\sin\dfrac{\alpha}{2}}\cdot\dfrac{\cos\dfrac{\alpha}{2}}{\sin\alpha}$

$=\dfrac{2\sin\alpha\cos\dfrac{\alpha}{2}}{\sin\dfrac{\alpha}{2}\sin\alpha}=\dfrac{2}{\tan\dfrac{\alpha}{2}}$

$S=\sum_{k=1}^{n-1}a_k\dfrac{2\pi}{n}=\dfrac{2}{\tan\dfrac{\alpha}{2}}\cdot\dfrac{2\pi}{n}=\dfrac{4\pi}{n\tan\dfrac{\pi}{2n}}$

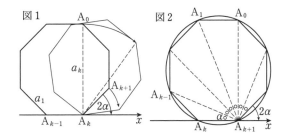

図1　　　　図2

【指数の計算】

━━《指数の計算（A2）☆》━━

440. $\sqrt[3]{6.4\times10^{16}}$ の値を求めなさい．

（23　福島大・共生システム理工）

▶解答◀ $6.4\times10^{16}=64\times10^{15}=(4\times10^5)^3$

$\sqrt[3]{6.4\times10^{16}}=\sqrt[3]{(4\times10^5)^3}=4\times10^5=\mathbf{400000}$

━━《指数の計算（A2）》━━

441. $188^x=16,\ 47^y=8$ のとき，$\dfrac{4}{x}-\dfrac{3}{y}$ の値を求めよ．

（23　福井工大）

▶解答◀ $188^x=2^4$ のとき，右辺は 1 でないから $x\neq0$ である．$188^x=2^4$ の両辺を $\dfrac{1}{x}$ 乗すると

$188=2^{\frac{4}{x}}\cdots$① となり，$47^y=2^3$ の両辺を $\dfrac{1}{y}$ 乗する

と $47 = 2^{\frac{3}{y}} \cdots$② となる．①÷②より $2^{\frac{4}{x}-\frac{3}{y}} = 4$ となる．$\dfrac{4}{x} - \dfrac{3}{y} = 2$ である．

《**指数の計算 (B5) ☆**》

442. 次の問いに答えなさい

（1）x を正の実数とする．$4^x + 4^{-x} = 4$ のとき，$2^x - 2^{-x}$, $4^x - 4^{-x}$ の値をそれぞれ求めなさい．

（2）x, y, z, w を実数とする．$2^x = 3^y = 5^z = 7^w = 210$ のとき $\dfrac{1}{x} + \dfrac{1}{y} + \dfrac{1}{z} + \dfrac{1}{w}$ の値を求めなさい．

(23 山口大・理)

考え方 高木貞治という昔の偉い数学者のダジャレで「微分（じぶん）のことは微分（じぶん）でせよ」というものがある．ある微分の理論を，積分と融合して話をしていたのが「積分なんか要らないだろう．微分の定理だから微分でしよう」と言った（「数学の自由性」ちくま学芸文庫 p.049）．

（2）は，いきなり log をとる人が多い．弊社のスタッフは，全員，そうする．そして，そうした原稿を，私はせっせと直している．

どうも，教科書傍用問題集がいきなり log をとるらしい．$2^x = 210$ から $\dfrac{1}{x}$ を作るのに，どうして対数が必要なのか？高木貞治なら指数のままで行え「指数は e ね（底は 210 だけど）」と言うだろうか．この洒落は O 先生妻の案である．

▶解答◀ （1）$4^x + 4^{-x} = 4$ より
$$(2^x - 2^{-x})^2 + 2 \cdot 2^x \cdot 2^{-x} = 4$$
$(2^x - 2^{-x})^2 = 2$ である．$x > 0$ より $2^x > 1 > 2^{-x}$ であるから $2^x - 2^{-x} = \sqrt{2}$ ……………①
同様に $(2^x + 2^{-x})^2 - 2 \cdot 2^x \cdot 2^{-x} = 4$ より
$2^x + 2^{-x} = \sqrt{6}$ ……………②
①×②より $4^x - 4^{-x} = \mathbf{2\sqrt{3}}$

（2）$2^x = 210 \neq 1$ だから $x \neq 0$ である．この両辺の $\dfrac{1}{x}$ 乗をして $2 = 210^{\frac{1}{x}}$ である．同様に $3 = 210^{\frac{1}{y}}$, $5 = 210^{\frac{1}{z}}$, $7 = 210^{\frac{1}{w}}$ であり，これらを辺ごとに掛けて $210 = 210^{\frac{1}{x}+\frac{1}{y}+\frac{1}{z}+\frac{1}{w}}$ となる．$\dfrac{1}{x} + \dfrac{1}{y} + \dfrac{1}{z} + \dfrac{1}{w} = \mathbf{1}$

《**大小比較 (B10) ☆**》

443. $2^{63}, 7^{21}, 17^{16}$ を大きい順に並べよ．

(23 早稲田大・人間科学-数学選抜)

考え方 $\log_{10} 2 = 0.3010$,

$\log_{10} 3 = 0.4771$, $\log_{10} 7 = 0.8451$

を知っていると空欄補充では有効だし論述でも予想で役立つ．

$$63 \log_{10} 2 = 63 \cdot 0.3010 = 18.963 \quad\cdots\cdots\cdots①$$

$$21 \log_{10} 7 = 21 \cdot 0.8451 = 17.7471 \quad\cdots\cdots\cdots②$$

$\log_{10} 17$ は不明だが

$$\log_{10} 17 \fallingdotseq \log_{10} 16 = 4 \log_{10} 2 = 1.204$$

で代入すれば

$$16 \log_{10} 17 \fallingdotseq 16 \cdot 1.204 = 19.264 \quad\cdots\cdots\cdots③$$

で①，②，③の大小は③＞①＞②である．

$$17^{16} > 2^{63} > 7^{21}$$

と予想できる．これを示すためには（最大は小さめに，最小は大きめにして）

$$16^{16} > 2^{63} > 8^{21}$$

を示せばよいと考える．実は上の式は少しまちがっているが気にするな．

▶解答◀ $17^{16} > 16^{16} = (2^4)^{16} = 2^{64}$
$$> 2^{63} = (2^3)^{21} = 8^{21} > 7^{21}$$

よって，大きい順に並べると $\mathbf{17^{16}, 2^{63}, 7^{21}}$ である．

【指数関数とそのグラフ】

《**置き換えて 2 次関数 (B5)**》

444. 関数 $f(x) = 3^{2x+1} + 3^{-2x+1} - 20(3^x + 3^{-x}) + 10$ の最小値は $\boxed{}$ で，このときの x の値は $x = \boxed{}$ または $x = \boxed{}$ となる．

(23 聖マリアンナ医大・医)

▶解答◀ $t = 3^x + 3^{-x}$ とおくと，相加・相乗平均の不等式より $t \geqq 2\sqrt{3^x \cdot 3^{-x}} = 2$ であり，等号は $3^x = 3^{-x}$，すなわち $x = 0$ で成立するから，t のとりうる値の範囲は $t \geqq 2$ である．

$$f(x) = 3(3^{2x} + 3^{-2x}) - 20(3^x + 3^{-x}) + 10$$
$$= 3(t^2 - 2) - 20t + 10$$
$$= 3t^2 - 20t + 4 = 3\left(t - \frac{10}{3}\right)^2 - \frac{88}{3}$$

$t \geqq 2$ より，$t = \dfrac{10}{3}$ で最小値 $-\dfrac{88}{3}$ をとる．このとき，

$$3^x + 3^{-x} = \frac{10}{3}$$
$$3(3^x)^2 - 10 \cdot 3^x + 3 = 0$$
$$(3^x - 3)(3 \cdot 3^x - 1) = 0$$

$3^x = 3, \dfrac{1}{3}$ $\qquad \therefore \quad x = \pm 1$

【対数の計算】

――――《対数の計算 (B2)》――――

445. $A = \log_\pi 3$, $B = \log_\pi(3\pi)$, $C = \log_\pi 9$, $D = (\log_\pi 3)^2$, $E = \log_3(\pi^2)$

とする．A, B, C, D, E の中で最も値が大きいものは $\boxed{}$ であり，最も値が小さいものは $\boxed{}$ である．ただし，解答は A, B, C, D, E のいずれかで答えよ． (23 工学院大)

▶解答◀ まず A, B, C は底がそろっていて 2 乗もかかっていないから比べやすい．

$3 < 9 < 3\pi$ であるから

$\log_\pi 3 < \log_\pi 9 < \log_\pi 3\pi$

$A < C < B$

である．次に 2 乗がかかっている D と E であるが，

$0 < \log_\pi 3 < \log_\pi \pi = 1$ $\quad$……………………①

であるから $0 < A < 1$ であり，$D = A^2 < A$ である．E では底を π にして

$E = \log_3 \pi^2 = \dfrac{\log_\pi \pi^2}{\log_\pi 3} = \dfrac{2}{\log_\pi 3}$

$E - B = \dfrac{2}{\log_\pi 3} - (1 + \log_\pi 3)$

$= \dfrac{2 - \log_\pi 3 - (\log_\pi 3)^2}{\log_\pi 3}$

$= \dfrac{(2 + \log_\pi 3)(1 - \log_\pi 3)}{\log_\pi 3} > 0$

であるから $B < E$ である．なお ① を用いた．

$D < A < C < B < E$

最も値が大きいものは E であり，最も値が小さいものは D である．

注意 $B < E$ のところは次のようにしてもよい．

$B = \log_\pi 3\pi < \log_\pi \pi^2$

$= \dfrac{\log_3 \pi^2}{\log_3 \pi} < \log_3 \pi^2 = E$

なお，$\log_3 \pi > 1$ を用いた．

――――《対数の計算 (B5)》――――

446. $a = \dfrac{1}{8}$, $b = \log_4 \dfrac{25}{49}$ のとき $a^b = \dfrac{\boxed{}}{\boxed{}}$ となる． (23 愛知学院大・薬, 歯)

▶解答◀ $b = \dfrac{\log_2 \left(\dfrac{5}{7}\right)^2}{\log_2 4} = \dfrac{2\log_2 \dfrac{5}{7}}{2} =$

$\log_2 \dfrac{5}{7}$

$2^b = \dfrac{5}{7}$

また，$a = \dfrac{1}{2^3}$ であるから

$a^b = \dfrac{1}{(2^3)^b} = \dfrac{1}{(2^b)^3} = \dfrac{1}{\left(\dfrac{5}{7}\right)^3} = \dfrac{7^3}{5^3} = \dfrac{343}{125}$

――――《対数と整数 (B5)》――――

447. $\log_{36} a$ が 2 より小さい有理数になるような自然数 a をすべて求めよ． (23 広島工業大・A日程)

▶解答◀ $a = 1$ は適する．以下 $a \geqq 2$ とする．

$\log_{36} a = \dfrac{\log_6 a}{\log_6 36} = \dfrac{\log_6 a}{2}$

が 2 より小さい有理数であるから $\log_6 a$ は 4 より小さい有理数である．

$\log_6 a = \dfrac{n}{m}$ $\quad$ (m, n は互いに素な正の整数)

とおける．

$a^m = 6^n$

となる．a は素因数 2 をもつ．a が 2 を k 個もつとすると $km = n$ であるから，m と n が互いに素になるのは $m = 1$ のときに限る．よって

$a = 6^n,\ 0 < n < 4$

$n = 1, 2, 3$

$a = 1, 6, 36, 216$

【対数関数とそのグラフ】

――――《グラフの移動 (A2) ☆》――――

448. $y = \log_8 4(x-1)^3$ のグラフは，$y = \log_2 x$ のグラフを x 軸方向に $\boxed{}$，y 軸方向に $\dfrac{\boxed{}}{\boxed{}}$ だけ平行移動したグラフである． (23 松山大・薬)

▶解答◀ $y = \log_8 4(x-1)^3 = \dfrac{\log_2 2^2(x-1)^3}{\log_2 2^3}$

$= \dfrac{3\log_2(x-1) + 2}{3} = \log_2(x-1) + \dfrac{2}{3}$

したがって，$y = \log_2 x$ のグラフを x 軸方向に 1，y 軸方向に $\dfrac{2}{3}$ だけ平行移動したグラフである．

――――《対数と 2 次関数 (A5) ☆》――――

449. $x \geqq 1$, $y \geqq 1$, $x^2 y = 16$ のとき，$(\log_2 x)(\log_2 y)$ は $x = \boxed{}$, $y = \boxed{}$ で最大値 $\boxed{}$ をとる． (23 北里大・理)

▶解答◀ $X = \log_2 x, Y = \log_2 y$ とおく．

$x \geqq 1, y \geqq 1, x^2 y = 16$ のとき

$X \geqq 0, Y \geqq 0, 2X + Y = 4$

$Y = 4 - 2X \geqq 0$ であるから，$X \leqq 2$ である．

よって，X のとりうる値の範囲は $0 \leqq X \leqq 2$ である．$Z = (\log_2 x)(\log_2 y)$ とおくと

$Z = XY = X(4 - 2X) = -2(X - 1)^2 + 2$

$0 \leqq X \leqq 2$ において，$X = 1, Y = 4 - 2 \cdot 1 = 2$ すなわち，$x = 2, y = 4$ のとき Z は最大値 **2** をとる．

━━《対数と相加相乗（B5）》━━

450. $\log_2 x + \log_2(4y) = 8$ のとき，次の問いに答えなさい．

（1） $x + y$ の最小値を求めなさい．

（2） $\dfrac{1}{x} + \dfrac{1}{y}$ の最小値を求めなさい．

（3） (ii)のとき，x, y の値をそれぞれ求めなさい． (23 福岡歯科大)

▶解答◀ （1） 真数条件は $x > 0, y > 0$ である．

$\log_2 x + \log_2(4y) = 8$

$\log_2(4xy) = \log_2 2^8$

$4xy = 2^8 \qquad \therefore \quad xy = 2^6 = 64$

相加相乗平均の不等式を用いて

$x + y \geqq 2\sqrt{xy} = 16$

等号は $x = y$ のとき成り立つ．$x > 0, y > 0$ より $x = y = 8$ である．このとき $x + y$ は最小値 **16** をとる．

（2） $\dfrac{1}{x} + \dfrac{1}{y} = \dfrac{x + y}{xy} = \dfrac{x + y}{64} \geqq \dfrac{1}{4}$

等号は $x = y = 8$ のとき成り立つから，$\dfrac{1}{x} + \dfrac{1}{y}$ は最小値 $\dfrac{1}{4}$ をとる．

（3） $x = y = 8$

【常用対数】

━━《範囲を求める（B2）☆》━━

451. n を自然数とするとき，$6^{100} \cdot 10^n$ が 100 桁の数となるような n の値を求めよ．

ただし，$\log_{10} 2 = 0.3010, \log_{10} 3 = 0.4771$ とする． (23 岩手大・理工-後期)

▶解答◀ $\log_{10}(6^{100} \cdot 10^n) = 100 \log_{10} 6 + n$

$= 100(\log_{10} 2 + \log_{10} 3) + n$

$= 100(0.3010 + 0.4771) + n$

$= 77.81 + n$

$6^{100} \cdot 10^n$ が 100 桁の数であるから

$10^{99} \leqq 6^{100} \cdot 10^n < 10^{100}$

常用対数をとって

$99 \leqq 77.81 + n < 100$

$21.19 \leqq n < 22.19$

これをみたす自然数 n は，$n = \mathbf{22}$

━━《近似値を覚えよ（B10）☆》━━

452. 不等式 $\dfrac{k-1}{k} < \log_{10} 6 < \dfrac{k}{k+1}$ を満たす自然数 k の値は □ である．また，6^{20} は □ 桁の整数である． (23 東京薬大)

▶解答◀ まず，$\log_{10} 2 = 0.3010$，$\log_{10} 3 = 0.4771$ を既知とした解法を示す．

$\log_{10} 6 = \log_{10} 2 + \log_{10} 3 = 0.7781$ である．

$\dfrac{k-1}{k} < \log_{10} 6 < \dfrac{k}{k+1}$

$\dfrac{1}{k+1} < 1 - \log_{10} 6 < \dfrac{1}{k}$

$k < \dfrac{1}{1 - \log_{10} 6} < k + 1$

ここで

$\dfrac{1}{1 - \log_{10} 6} = \dfrac{1}{1 - 0.7781} = \dfrac{1}{0.2219} = 4.5 \cdots$

であるから，求める自然数 k は **4** である．

また，上の不等式より $\dfrac{3}{4} < \log_{10} 6 < \dfrac{4}{5}$ であり，20 倍して

$15 < \log_{10} 6^{20} < 16$

$10^{15} < 6^{20} < 10^{16}$

したがって 6^{20} は **16** 桁の整数である．

◆別解◆ 常用対数の値を知らないときの解法もある．

$6^1 = 6, \; 6^2 = 36, \; 6^3 = 216, \; 6^4 = 1296,$

$6^5 = 7776, \; 6^6 = 46656$

であるから，$10^3 < 6^4, 6^5 < 10^4$ である．

両辺の常用対数をとると

$3 < 4\log_{10} 6, 5\log_{10} 6 < 4$

$\dfrac{3}{4} < \log_{10} 6 < \dfrac{4}{5}$ となり $k = 4$ である．

━━《近似値を覚えよ（B5）☆》━━

453. $\log_2 10^5$ の整数部分は □ である．また，$\log_2 10^2, \log_2 10^3, \log_2 10^5$ の小数部分を，それぞれ a, b, c とするとき，$2a + 7b - 5c = $ □ である． (23 帝京大・医)

考え方 「問題文に $\log_{10}2 = 0.3010$ の値が与えられていないの勝手に使っていいのですか？」という人がいるが，空欄補充問題だから答えを出せばよい．たとえ論述であっても，遠慮などする必要はない．数学は答えが出てなんぼ．白紙では 0 点になるだけである．

▶解答◀ $\log_{10}2 = 0.3010$ を用いる．

$$\log_2 10^5 = \frac{\log_{10}10^5}{\log_{10}2} = \frac{5}{0.3010} = 16.6\cdots$$

$\log_2 10^5$ の整数部分は **16** である．

$$\log_2 10^2 = \frac{2}{\log_{10}2} = \frac{2}{0.3010} = 6.6\cdots$$

$$\log_2 10^3 = \frac{3}{\log_{10}2} = \frac{3}{0.3010} = 9.9\cdots$$

$$a = \frac{2}{\log_{10}2} - 6,\ b = \frac{3}{\log_{10}2} - 9,\ c = \frac{5}{\log_{10}2} - 16$$

$2a + 7b - 5c$ に代入すると $\log_{10}2$ が消えて

$$2a + 7b - 5c = -12 - 63 + 80 = 5$$

◆別解◆ $64 < 10^2 < 128$

$$6 < \log_2 10^2 < 7 \quad\cdots\cdots\cdots\cdots①$$

$$512 < 10^3 < 1024$$

$$9 < \log_2 10^3 < 10 \quad\cdots\cdots\cdots\cdots②$$

①＋② より

$$15 < \log_2 10^5 < 17$$

$2^{16} = 64 \cdot 1024 = 65536 < 10^5$ であるから

$$16 < \log_2 10^5 < 17 \quad\cdots\cdots\cdots\cdots③$$

$\log_2 10^5$ の整数部分は **16** である．

$x = \log_2 10$ とおくと，① より

$$a = \log_2 10^2 - 6 = 2x - 6$$

②，③ より

$$b = 3x - 9,\ c = 5x - 16$$

$$2a + 7b - 5c = 2(2x - 6) + 7(3x - 9) - 5(5x - 16)$$
$$= -12 - 63 + 80 = 5$$

《マグニチュード（B10）》

454. 常用対数（底が 10 の対数）は身近なところで用いられている．ただし，$\log_{10}2 = 0.3010$，$\log_{10}3 = 0.4771$ とする．

（1） 水溶液の酸性，塩基性（アルカリ性）の程度を表すために用いられる pH は，水溶液の水素イオン濃度が

$m\,[\text{mol/L}]$ のとき，

$$\text{pH} = -\log_{10}m$$

で定められる．したがって，pH が 7 の水溶液の水素イオン濃度は □ mol/L である．

（2） 地震の大きさを表すのに用いられるマグニチュード M と，その地震のもつエネルギー E との関係は，次の式で表される．

$$\log_{10}E = 4.8 + 1.5M$$

したがって，マグニチュードが 2 大きくなると，エネルギーは □ 倍になる．

（3） ある細菌は 1 分間で 6 倍に増殖する．この細菌 1 個は 1 分後には 6 個，2 分後には 36 個，3 分後には 216 個となり，n 分後（n は整数）には初めて 1 億（10^8）個以上に増殖した．このときの n の値を N とすると，

$N = $ □ である．また，N 分後の細菌の個数は $\boxed{ア} \times 10^8$ 個以上である．$\boxed{ア}$ は適する数値の中で最も大きい整数で答えよ．

（23 立命館大・薬）

▶解答◀ （1） $\text{pH} = -\log_{10}m$ より

$m = 10^{-\text{pH}}$ であるから，pH $= 7$ のとき $m = \mathbf{10^{-7}}$

（2） マグニチュード M のときのエネルギーを E_M とすると，$\log_{10}E_M = 4.8 + 1.5M$ より

$$E_M = 10^{4.8 + 1.5M}$$

であるから，マグニチュード M が 2 大きくなると

$$E_{M+2} = 10^{4.8 + 1.5(M+2)} = 10^{4.8 + 1.5M} \cdot 10^3 = 1000E_M$$

となり，エネルギーは **1000** 倍になる．

（3） n 分後の細菌の個体数は 6^n であるから，10^8 個以上になるのは，$6^n \geqq 10^8$ より $n\log_{10}6 \geqq 8$

$\log_{10}6 = \log_{10}2 + \log_{10}3 = 0.7781$ であるから

$$n \geqq \frac{8}{\log_{10}6} = 10.2\cdots$$

n は整数であるから，$n = 11$ のときに，初めて 10^8 個以上になる．$N = \mathbf{11}$ である．

N 分後の個体数を X とすると

$$X = 6^{11}$$

であるから

$$\log_{10}X = 11 \cdot \log_{10}6 = 8.5\cdots$$

この値の小数部分を α とおく．$\alpha = 0.5\cdots$，$\log_{10}X = 8 + \alpha$ であるから

$$X = 10^{8+\alpha} = 10^8 \cdot 10^{\alpha}$$

である．$\log_{10}3 = 0.4771$，$\log_{10}4 = 2\log_{10}2 = 0.6020$ であるから

$$\log_{10}3 < \alpha < \log_{10}4 \qquad \therefore\quad 3 < 10^{\alpha} < 4$$

よって

$$3 \cdot 10^8 < X < 4 \cdot 10^8$$

となるから，N 分後の細菌の個数は，3×10^8 個以上である．

《京大派の問題（B10）》

455. $N = 853^{20}$（853 の 20 乗）とおく．N の桁数と N の上 2 桁の数を，それぞれ求めよ．ここで，例えば $M = 163478025$ に対し，M の桁数は 9 であり，M の上 2 桁の数は 16 である．必要であれば常用対数表を用いてよい．この常用対数表には，1.00 から 9.99 までの数 a の常用対数 $\log_{10} a$ の値を，その小数第 5 位を四捨五入して，小数第 4 位まで載せてある．（執筆者註：実際の表は大き過ぎるから一部を掲載する）

数	0	1	2	3	4	5	6	7	8	9
4.0	0.6021	0.6031	0.6042	0.6053	0.6064	0.6075	0.6085	0.6096	0.6107	0.6117
4.1	0.6128	0.6138	0.6149	0.6160	0.6170	0.6180	0.6191	0.6201	0.6212	0.6222
4.2	0.6232	0.6243	0.6253	0.6263	0.6274	0.6284	0.6294	0.6304	0.6314	0.6325
8.5	0.9294	0.9299	0.9304	0.9309	0.9315	0.9320	0.9325	0.9330	0.9335	0.9340
8.6	0.9345	0.9350	0.9355	0.9360	0.9365	0.9370	0.9375	0.9380	0.9385	0.9390
8.7	0.9395	0.9400	0.9405	0.9410	0.9415	0.9420	0.9425	0.9430	0.9435	0.9440

（23 広島大・理-後期）

考え方 対数の思想は小数表示で大きな数を近似することである．表の左で 8.5 の欄を見て，右へ行き，3 の真下を見ると 0.9309 となる．

$\log_{10} 8.53 = 0.9309$ と近似する．

$\log_{10} 853 = \log_{10}(8.53 \cdot 100) = 20(2 + 0.9309) = 58.618$ となり，$N = 10^{0.618} \cdot 10^{58}$ で，今度は表中の 0.618 を探す．ちょうど 0.6180 がある．$\log_{10} 4.15$ の欄である．$10^{0.618} = 4.15$ だから，$N = 10^{0.618} \cdot 10^{58} = 4.15 \cdot 10^{58}$ と近似する．誤差は気にしない．これが本来の使い方である．ところがである．京大が，奇妙なことを始めた．そして，軽率にも，それに賛同する出題者が現れた．下の解答は京大が広めた「本来の使い方でない解答」である．

▶解答◀ $\log_{10} N = \log_{10} 853^{20}$

$$= 20 \log_{10} 853 = 20(2 + \log_{10} 8.53)$$

常用対数表より $0.93085 \leqq \log_{10} 8.53 < 0.93095$ であるから

$$20 \cdot 2.93085 \leqq \log_{10} N < 20 \cdot 2.93095$$

$$58.617 \leqq \log_{10} N < 58.619$$

$$10^{0.617} \cdot 10^{58} \leqq N < 10^{0.619} \cdot 10^{58}$$

常用対数表より

$$4.13 < 10^{0.617} < 4.15,\ 4.15 < 10^{0.619} < 4.16$$

であるから，

$$4.13 \cdot 10^{58} < N < 4.16 \cdot 10^{58}$$

したがって，N の桁数は **59** であり，N の上 2 桁の数は **41** である．

【京大方式批判】

従来，対数の計算は $\log_{10} 2 = 0.3010$ と近似計算をしてきた．$\log_{10} 2$ は無理数で

$\log_{10} 2 = 0.30102999566398119521373889472\cdots$ と無限に続く．

世界では多くの実験や観測が行われている．観測するたびに得られるデータは違う．そのデータを元に計算をする．そのとき，多くの対数計算をする．もともと，データにふらつきがあるから，対数計算だけ，「小数第 4 位を四捨五入した値だから誤差を見積もって計算しろ」は，無駄である．私の学生時代には，丸善の数表という，多くの数値が載った書籍を横に置いて，データ処理をした．今は，誰もそんなことをしないだろう．数式処理ソフト Mathematica で計算させるに違いない．対数が無理数であるいじょう，Mathematica とて，誤差を含むが，誤差の評価などしても意味がない．繰り返すが，もともと観測データ自体が，ふらつきがあるからである．

京大では 2016 年から，$0.3010 < \log_{10} 2 < 0.3011$ と不等式で与えることを始めた．2019 年などの類題がある．そして，「対数は不等式で扱うことを，続ける」と公言している．

もしかしたら，京大の工学部や，物理実験ではこうした誤差の評価計算をしているのかもしれない．こうした計算をすべきだというのなら，京大は，文科省に働き掛けて，$\log_{10} 2 = 0.3010$ という近似計算をやめさせるべきではないか？大学入試問題を使って持論を展開し，教科書で習ったことと違うことを生徒にさせて，虐めるのは，やめるべきである．**他大学も，安易に京大に追随すべきではない．**Examination ハラスメントであろう．

そして，受験生は，京大方式に追随する出題があるいじょう，そのことを念頭において対策を立てる必要がある．世間にはいろいろな人がいる．街で会ういつものオジさんか，その振りをする人か，よく見る必要がある．私なら「誤差の評価など無駄だから，Examination ハラスメントをやめるべきである．学校で習った方法で行う」と書いて，冒頭の解答を書く．

【指数・対数方程式】

《固まりを見る (A2)》

456. 方程式 $2^{x+2} - 2^{2x+1} + 16 = 0$ を解くと $x = \boxed{}$ である. 　（23　立教大・数学）

▶**解答**◀　$2(2^x)^2 - 4 \cdot 2^x - 16 = 0$

$(2^x + 2)(2^x - 4) = 0$

$2^x > 0$ であるから，$2^x = 2^2$ 　　∴　$x = 2$

《置き換える (A5) ☆》

457. 方程式 $8^x + 16 \cdot 2^x = 7 \cdot 4^x + 12$ の解は $x = \boxed{}$ である. 　（23　会津大・推薦）

▶**解答**◀　$2^x = t$ とおくと，$t > 0$ であり

$t^3 + 16t = 7t^2 + 12$

$t^3 - 7t^2 + 16t - 12 = 0$

$(t - 2)(t^2 - 5t + 6) = 0$

$(t - 2)^2 (t - 3) = 0$ 　　∴　$t = 2, 3$

よって，$x = 1, \log_2 3$

《置き換える (B10)》

458. a を正の定数とするとき，x についての方程式 $\log_3 \left(\dfrac{9^x + a}{2} \right) - x = 0$ の実数解をすべて求めよ. 　（23　東京女子大・数理）

▶**解答**◀　$\log_3 \left(\dfrac{9^x + a}{2} \right) = x$

真数条件より $\dfrac{9^x + a}{2} > 0$ ……………①

$\dfrac{9^x + a}{2} = 3^x$

今は $a > 0$ だから ① は成り立つ（が，注に述べるように，本当は $a > 0$ はない方が面白い．これが成り立つ限り右辺は正であるから ① は成り立つ）.

$(3^x)^2 - 2 \cdot 3^x + a = 0$

$t = 3^x$ とおくと $t^2 - 2t + a = 0$

$t = 1 \pm \sqrt{1 - a}$

$0 < a \leqq 1$ のとき，2解はともに $t > 0$ を満たす.

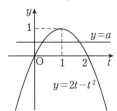

$3^x = 1 \pm \sqrt{1 - a}$

$x = \log_3 (1 \pm \sqrt{1 - a})$

$0 < a \leqq 1$ のとき $x = \log_3 (1 \pm \sqrt{1 - a})$

$a > 1$ のとき **解なし**

注意　$a > 0$ という条件はない方が面白い．$a \leqq 0$ のときはプラスマイナスのマイナスは不適となる.

《連立方程式 (B10) ☆》

459. 実数 x, y がそれぞれ

$\dfrac{1}{\log_3 x} - \dfrac{1}{\log_2 x} = \dfrac{1}{3}$,

$\dfrac{1}{2^{3y-1}} + \dfrac{1}{8^{2y-1}} = 1$

を満たすとき，$x = \dfrac{\boxed{}}{\boxed{}}$，$\log_x y = \dfrac{\boxed{}}{\boxed{}}$ である. 　（23　東邦大・医）

▶**解答**◀　底を 3 に揃えると

$\dfrac{1}{\log_3 x} - \dfrac{\log_3 2}{\log_3 x} = \dfrac{1}{3}$

$\log_3 x = 3(1 - \log_3 2)$

$\log_3 x = 3 \log_3 \dfrac{3}{2}$

$x = \left(\dfrac{3}{2} \right)^3 = \dfrac{27}{8}$

である．また，$Y = 2^{3y}$ とおくと

$\dfrac{2}{Y} + \dfrac{8}{Y^2} = 1$

$Y^2 - 2Y - 8 = 0$

$(Y + 2)(Y - 4) = 0$

$Y > 0$ より $Y = 4$ であるから，$2^{3y} = 4$ となる．よって，$y = \dfrac{2}{3}$ となる．このとき，

$x = (y^{-1})^3$ 　　∴　$x^{-\frac{1}{3}} = y$

となるから，$\log_x y = \dfrac{-1}{3}$ である.

《置き換える (B10)》

460. x, θ は実数で $0 \leqq \theta \leqq \dfrac{\pi}{2}$ を満たし，

$9^{\sin^2 \theta} + 9^{\cos^2 \theta} = x$

が成り立つとする．$\theta = \dfrac{\pi}{6}$ のとき $x = \boxed{}$ であり，$x = 6$ のとき $\theta = \boxed{}$ である. 　（23　東邦大・理）

▶**解答**◀　$9^{\sin^2 \theta} = t$ とおくと $9^{\cos^2 \theta} = 9^{1 - \sin^2 \theta} = \dfrac{9}{t}$ であるから $x = t + \dfrac{9}{t}$ である.

$\theta = \dfrac{\pi}{6}$ のとき，$t = 9^{\frac{1}{4}} = \sqrt{3}$ より

$x = \sqrt{3} + \dfrac{9}{\sqrt{3}} = 4\sqrt{3}$

また，$x = 6$ のとき

$t + \dfrac{9}{t} = 6$

$$t^2 - 6t + 9 = 0$$

$$(t-3)^2 = 0 \qquad \therefore \quad t = 3$$

$9^{\sin^2\theta} = 3$ となるのは $\sin^2\theta = \dfrac{1}{2}$ のときだから,

$0 \leqq \theta \leqq \dfrac{\pi}{2}$ では $\sin\theta = \dfrac{1}{\sqrt{2}}$ すなわち $\theta = \dfrac{\pi}{4}$ である.

《2つの2次方程式 (B20)》

461. x の方程式

$(\log_2 x)^2 - \left|\log_2 x^3\right| - \log_2 x = \log_2(x \cdot 2^k)\cdots$ⓐ

(k は定数) について,

（1） $k = 6$ のときの方程式 ⓐ の実数解は $x = \boxed{}$ である.

（2） 方程式 ⓐ の実数解が1個となるような k の値は $k = \boxed{}$ であり,その解は $x = \boxed{}$ である.

（3） 方程式 ⓐ の異なる実数解が4個となるような k の値の範囲は $\boxed{}$ であり,このときの実数解を $\alpha, \beta, \gamma, \delta$ とするとき,この4つの解の積 $\alpha\beta\gamma\delta$ の値は $\boxed{}$ である.　　　（23 久留米大・推薦）

▶解答◀ （1） $\log_2 x = t$ とおく.

$$t^2 - 3|t| - t = t + k$$

$$t^2 - 3|t| - 2t = k \quad\cdots\cdots\cdots\cdots\cdots①$$

$k = 6$ のとき,① は $t^2 - 3|t| - 2t = 6$

$t \geqq 0$ のとき

$$t^2 - 5t - 6 = 0$$

$$(t-6)(t+1) = 0 \qquad \therefore \quad t = 6$$

$t \leqq 0$ のとき

$$t^2 + t - 6 = 0$$

$$(t+3)(t-2) = 0 \qquad \therefore \quad t = -3$$

$x = 2^t$ より,$x = 2^6, 2^{-3}$

すなわち,$x = \mathbf{64}, \dfrac{\mathbf{1}}{\mathbf{8}}$

（2） ① の左辺を $f(t)$ とおく.

$t \geqq 0$ のとき

$$f(t) = t^2 - 3t - 2t$$

$$= t^2 - 5t = \left(t - \dfrac{5}{2}\right)^2 - \dfrac{25}{4}$$

$t \leqq 0$ のとき

$$f(t) = t^2 + 3t - 2t$$

$$= t^2 + t = \left(t + \dfrac{1}{2}\right)^2 - \dfrac{1}{4}$$

曲線 $y = f(t)$ と直線 $y = k$ の交点を考え,$f(t) = k$ の解が1個ある条件は $k = -\dfrac{25}{4}$ であ

る.図は見やすさを優先して描いてある.このとき $t = \dfrac{5}{2}$ であるから,求める解 x は

$$x = 2^{\frac{5}{2}} = \mathbf{4\sqrt{2}}$$

（3） $f(t) = k$ の解が4個ある条件は $-\dfrac{\mathbf{1}}{\mathbf{4}} < \boldsymbol{k} < \mathbf{0}$

$t^2 + t = k$ の解を $a, b\,(a < b < 0)$,$t^2 - 5t = k$ の解を $c, d\,(0 < c < d)$ とする.解と係数の関係より

$$a + b = -1, \ c + d = 5$$

$\alpha < \beta < \gamma < \delta$ としてもよい.

$$\log_2 \alpha = a, \ \log_2 \beta = b, \ \log_2 \gamma = c, \ \log_2 \delta = d$$

$$\alpha = 2^a, \ \beta = 2^b, \ \gamma = 2^c, \ \delta = 2^d$$

$$\alpha\beta\gamma\delta = 2^{a+b+c+d} = 2^4 = \mathbf{16}$$

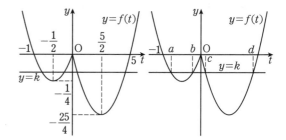

《置き換えて2次方程式 (B10) ☆》

462. a を実数とする.実数 x の関数

$$f(x) = 4^x + 4^{-x} + a(2^x + 2^{-x}) + \dfrac{1}{3}a^2 - 1$$

がある.

（1） $t = 2^x + 2^{-x}$ とおくとき t の最小値は $\boxed{}$ であり,$f(x)$ を t の式で表すと $\boxed{}$ である.

（2） $a = -3$ のとき,方程式 $f(x) = 0$ の解をすべて求めると,$x = \boxed{}$ である.

（3） 方程式 $f(x) = 0$ が実数解を持たないような a の値の範囲は $\boxed{}$ である.　（23 慶應大・薬）

▶解答◀ （1） $2^x > 0, 2^{-x} > 0$ であるから,相加・相乗平均の不等式より

$$t = 2^x + 2^{-x} \geqq 2\sqrt{2^x \cdot 2^{-x}} = 2$$

等号は $2^x = 2^{-x}$,すなわち $x = 0$ のとき成り立つから t の最小値は **2** である.

$$4^x + 4^{-x} = (2^x + 2^{-x})^2 - 2 = t^2 - 2$$

$$f(x) = t^2 - 2 + at + \dfrac{1}{3}a^2 - 1$$

$$= \boldsymbol{t^2 + at + \dfrac{1}{3}a^2 - 3}$$

（2） $g(t) = t^2 + at + \dfrac{1}{3}a^2 - 3$ とおく.$a = -3$ のとき,$g(t) = 0$ を解いて

$$t^2 - 3t = 0$$

$t(t-3)=0$ $\therefore$ $t=0,3$

$t \geqq 2$ より, $t=3$ で

$$2^x + 2^{-x} = 3$$

$$(2^x)^2 - 3 \cdot 2^x + 1 = 0$$

$$2^x = \frac{3 \pm \sqrt{5}}{2} \qquad \therefore \quad \boldsymbol{x = \log_2 \frac{3 \pm \sqrt{5}}{2}}$$

（3） 方程式 $f(x)=0$ が実数解をもたないのは, t の方程式 $g(t)=0$ が実数解をもたないか, $t<2$ の範囲に 2 つの実数解（ただし, 重解を含む）をもつときである.

前者のとき, $g(t)=0$ の判別式を D とすると

$$D = a^2 - 4\left(\frac{1}{3}a^2 - 3\right) < 0$$

$$-\frac{1}{3}a^2 + 12 < 0 \qquad \therefore \quad a < -6, 6 < a \cdots ①$$

後者のとき

$$D \geqq 0 \qquad \therefore \quad -6 \leqq a \leqq 6$$

$$y = g(t) \text{の軸}: -\frac{a}{2} < 2 \qquad \therefore \quad a > -4$$

$$g(2) = \frac{1}{3}a^2 + 2a + 1 > 0$$

$$a^2 + 6a + 3 > 0$$

$$a < -3 - \sqrt{6}, -3 + \sqrt{6} < a$$

よって, $-3 + \sqrt{6} < a \leqq 6$ ·······························②

① または ② より, $\boldsymbol{a < -6, -3 + \sqrt{6} < a}$

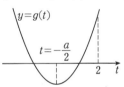

$$y = g(t)$$
$$t = -\frac{a}{2}$$

《対数方程式・底の変換あり (B5)》

463. 方程式

$$\log_3(x^2 - 1) = \frac{6}{\log_x 3} + \log_3 \frac{1}{x^2(x^2 + 2)}$$

を解け. （23 会津大）

▶**解答**◀ 真数条件, 底の条件より
$x^2 - 1 > 0, x \neq 1, x > 0$ であり, $x > 1$

$$\log_3(x^2 - 1) = 6\log_3 x - \log_3 x^2(x^2 + 2)$$

$$\log_3(x^2 - 1) = \log_3 \frac{x^6}{x^2(x^2 + 2)}$$

$$x^2 - 1 = \frac{x^4}{x^2 + 2} \qquad \therefore \quad x^4 + x^2 - 2 = x^4$$

$x^2 = 2$ であり $x > 1$ より $x = \sqrt{2}$

《対数方程式・底の変換なし (B2)》

464. 下の 2 式

$$\log_a x(x - 8) = 2$$

$$\log_a(5x - 42) = 1$$

を同時に満たす実数 x が存在するような a を a_0 とする. $a = a_0$ のとき, 上の 2 式を同時に満たす x を x_0 とすると, a_0 と x_0 の積は $\boxed{}$ である. また,

$$\log_a x(x - 8) = 2\log_a(5x - 42)$$

を満たす x をすべて足し合わせると $\boxed{}$ になる.

（23 防衛医大）

▶**解答**◀ 真数条件より $x(x - 8) > 0$ かつ $5x - 42 > 0$, ゆえに $x > \frac{42}{5}$ である. また, 底の条件より $0 < a < 1, a > 1$ である.

$$x(x - 8) = a^2, 5x - 42 = a$$

これらから a を消去すると

$$x(x - 8) = (5x - 42)^2$$

$$24x^2 - 412x + 42^2 = 0$$

$$6x^2 - 103x + 21^2 = 0$$

$$(6x - 49)(x - 9) = 0 \qquad \therefore \quad x = \frac{49}{6}, 9$$

$x > \frac{42}{5}$ より, $x = 9$ である. このとき, 2 番目の式より $a = 5 \cdot 9 - 42 = 3$ である. これより, $a_0 x_0 = 3 \cdot 9 = \boldsymbol{27}$ である. また,

$$\log_a x(x - 8) = 2\log_a(5x - 42)$$

$$\log_a x(x - 8) = \log_a(5x - 42)^2$$

$$x(x - 8) = (5x - 42)^2$$

となり前半と同様に $x = 9$ のみであるから, 求める和も $\boldsymbol{9}$ である.

《対数方程式 (A2)》

465. 方程式 $\log_{2-x}(2x^2 - 6x + 1) = 2$ を解け.

（23 広島大・光り輝き入試-教育（数））

▶**解答**◀ 真数条件より

$$2x^2 - 6x + 1 > 0$$

$$x < \frac{3 - \sqrt{7}}{2}, \frac{3 + \sqrt{7}}{2} < x \quad \cdots\cdots\cdots\cdots①$$

底の条件より,

$$2 - x \neq 1, 2 - x > 0$$

$$x < 1, 1 < x < 2 \quad \cdots\cdots\cdots\cdots②$$

このもとで,

$$(2 - x)^2 = 2x^2 - 6x + 1$$

$$x^2 - 2x - 3 = 0$$

$$(x+1)(x-3) = 0 \qquad \therefore \quad x = -1, 3$$

①, ② も合わせると, $x = -1$ である.

《対数方程式・底の変換なし (A2)》

466. 方程式 $\log_3(x+7) + \log_3(x+1) = 3$ を解きなさい. (23 岩手県立大・ソフトウェア-推薦)

▶解答◀ 真数条件より

$$x + 7 > 0 \text{ かつ } x + 1 > 0$$

$$x > -1 \quad \cdots\cdots\cdots\cdots\cdots\cdots\cdots\cdots① $$

与式を変形して

$$\log_3(x+7)(x+1) = 3$$

$$(x+7)(x+1) = 3^3$$

$$x^2 + 8x - 20 = 0$$

$$(x+10)(x-2) = 0$$

① より, $x = 2$

《対数方程式・解の配置 (B10) ☆》

467. 方程式

$$\log_a(x-3) = \log_a(x+2) + \log_a(x-1) + 1$$

が解をもつとき, 定数 a のとり得る値の範囲を求めよ. (23 信州大・医, 工, 医-保健, 経法)

▶解答◀ 底の条件から $a > 0, a \neq 1$ ………①
真数条件から $x - 3 > 0, x + 2 > 0, x - 1 > 0$ で $x > 3$

$$\log_a(x-3) = \log_a(x+2) + \log_a(x-1) + 1$$

$$\log_a(x-3) = \log_a a(x+2)(x-1)$$

$$x - 3 = a(x^2 + x - 2)$$

① より $a \neq 0$ であるから $\dfrac{1}{a}(x-3) = x^2 + x - 2$ となり, $\dfrac{1}{a} = b$ とおくと $x^2 + x - 2 = b(x-3)$ となる.
$x^2 + (1-b)x + 3b - 2 = 0$ で

$$x = \frac{b - 1 \pm \sqrt{b^2 - 14b + 9}}{2}$$

$b^2 - 14b + 9 = 0$ のとき $b = 7 \pm 2\sqrt{10}$
重解 $x = \dfrac{b-1}{2} = 3 \pm \sqrt{10} > 3$ になるとき
$b = 7 + 2\sqrt{10}$ である. 曲線 $C : y = x^2 + x - 2$
と直線 $y = b(x-3)$ が $x > 3$ で共有点をもつ条件は
$b \geq 7 + 2\sqrt{10}$

$\dfrac{1}{a} \geq 7 + 2\sqrt{10}$ を解いて $0 < a \leq \dfrac{7 - 2\sqrt{10}}{9}$
これは $0 < a < 1$ となり, ① をみたす.

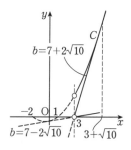

《対数方程式・底の変換あり (B2)》

468. 方程式 $\log_4(x+4) = \log_8(3x+10)$ の正の解は $x = \boxed{}\sqrt{\boxed{}}$ である. (23 城西大・数学)

▶解答◀ $x > 0$ のとき真数はすべて正である.

$$\frac{\log_2(x+4)}{\log_2 4} = \frac{\log_2(3x+10)}{\log_2 8}$$

$$\frac{1}{2}\log_2(x+4) = \frac{1}{3}\log_2(3x+10)$$

$$3\log_2(x+4) = 2\log_2(3x+10)$$

$$(x+4)^3 = (3x+10)^2$$

$$x^3 + 12x^2 + 48x + 64 = 9x^2 + 60x + 100$$

$$x^3 + 3x^2 - 12x - 36 = 0$$

$$(x+3)(x^2 - 12) = 0$$

$x > 0$ より, $x = 2\sqrt{3}$

《 (B20)》

469. 方程式 $\log_2(3-x) = 2\log_2(2x-1) + 1$ の解は $x = \boxed{}$ である. (23 神奈川大・給費生)

▶解答◀ 真数条件より, $3 - x > 0, 2x - 1 > 0$
よって, $\dfrac{1}{2} < x < 3$ ………………………①
与式より, $\log_2(3-x) = \log_2(2x-1)^2 \cdot 2$

$$3 - x = 2(2x-1)^2$$

$$8x^2 - 7x - 1 = 0$$

$$(8x+1)(x-1) = 0$$

① より, $x = 1$

《指数不等式 (B2) ☆》

470. 次の不等式を満たす実数 x の範囲を求めよ.

$$\left(\frac{1}{8}\right)^x \leq 21\left(\frac{1}{2}\right)^x - 20$$

(23 昭和大・医-1 期)

▶解答◀ $\left(\dfrac{1}{8}\right)^x \leq 21\left(\dfrac{1}{2}\right)^x - 20$ より

$$1 \leq 21 \cdot 4^x - 20 \cdot 8^x$$

$$20 \cdot 8^x - 21 \cdot 4^x + 1 \le 0$$

$2^x = X$ とおくと，$20X^3 - 21X^2 + 1 \le 0$

$$(5X+1)(4X-1)(X-1) \le 0$$

$X > 0$ であるから，$\dfrac{1}{4} \le X \le 1$

$$2^{-2} \le 2^x \le 2^0 \qquad \therefore \quad -2 \le x \le 0$$

《手数が多い (B20)》

471. θ は $0 < \theta < \dfrac{\pi}{2}$ を満たす定数とし，関数 $f(x) = \log_{\sin\theta} x$ がある．

(1) $\theta = \dfrac{\pi}{6}$ とする．$f(1) = \boxed{}$，$f(4) = \boxed{}$ である．

また，$x > 0$ のとき関数

$$f(2x^2+1) - f(4x^4+12x^2+9)$$

は，$x = \dfrac{\sqrt{\boxed{}}}{\boxed{}}$ のとき最小値 $\boxed{}$ をとる．

(2) $\theta = \dfrac{\pi}{4}$ とする．$f(x) = \boxed{} \log_2 x$ であり，$\dfrac{f(8)}{\sqrt[3]{-f(16)}} = \boxed{}$ である．また，x の不等式 $2\{f(x)\}^2 + 9f(x) - 5 > 0$ を満たす最小の自然数 x は $\boxed{}$ である．

(3) 原点を O とする座標平面で，$y = |f(x)|$ のグラフ上に 3 点をとり，y 軸に近い方から順に A，B，C とする．3 点 A，B，C は一直線上に並んでおり，A，B，C から x 軸に垂線を引き，交点をそれぞれ A′，B′，C′ とすると，OA′ : A′B′ : B′C′ = 1 : 1 : 1 である．このとき，点 C′ の x 座標は $\dfrac{\boxed{}\sqrt{\boxed{}}}{\boxed{}}$ である．

また，四角形 AA′C′C の面積が $\dfrac{\sqrt{3}}{2}$ のとき，$\sin^2 2\theta = \dfrac{\boxed{}}{\boxed{}}$ である． (23 川崎医大)

考え方 $\sqrt[3]{-f(16)}$ があるから，$\sqrt[3]{\text{負の数}}$ をやらせるつもりなのかと思ったら，$\sqrt[3]{\text{正の数}}$ になってしまう．

▶解答◀ (1) $\theta = \dfrac{\pi}{6}$ のとき

$$f(x) = \log_{\frac{1}{2}} x = \dfrac{\log_2 x}{\log_2 \frac{1}{2}} = -\log_2 x$$

$f(1) = 0$，$f(4) = -2$

$$f(2x^2+1) - f(4x^4+12x^2+9)$$
$$= -\log_2(2x^2+1) + \log_2(4x^4+12x^2+9)$$
$$= \log_2 \dfrac{4x^4+12x^2+9}{2x^2+1}$$

$$= \log_2\left(2x^2 + 5 + \dfrac{4}{2x^2+1}\right)$$

ここで，相加相乗平均の不等式より

$$2x^2 + 5 + \dfrac{4}{2x^2+1} = 2x^2 + 1 + \dfrac{4}{2x^2+1} + 4$$
$$\ge 2\sqrt{(2x^2+1)\cdot\dfrac{4}{2x^2+1}} + 4 = 8$$

等号成立は $2x^2 + 1 = \dfrac{4}{2x^2+1}$ のときで

$$(2x^2+1)^2 = 4$$
$$2x^2 + 1 = 2 \qquad \therefore \quad x^2 = \dfrac{1}{2}$$
$$x = \dfrac{1}{\sqrt{2}}$$

$x = \dfrac{\sqrt{2}}{2}$ のとき最小値 $\log_2 8 = 3$ をとる．

(2) $\theta = \dfrac{\pi}{4}$ のとき

$$f(x) = \log_{\frac{1}{\sqrt{2}}} x = \dfrac{\log_2 x}{\log_2 \frac{1}{\sqrt{2}}} = -2\log_2 x$$

$$\dfrac{f(8)}{\sqrt[3]{-f(16)}} = \dfrac{-2\cdot3}{\sqrt[3]{-(-2\cdot4)}} = \dfrac{-6}{2} = -3$$

$$2\{f(x)\}^2 + 9f(x) - 5 > 0 \quad\cdots\cdots\cdots\text{①}$$
$$(2f(x)-1)(f(x)+5) > 0$$
$$f(x) < -5,\ \dfrac{1}{2} < f(x)$$
$$-2\log_2 x < -5,\ \dfrac{1}{2} < -2\log_2 x$$
$$\log_2 x > \dfrac{5}{2},\ -\dfrac{1}{4} > \log_2 x$$
$$x > 2^{\frac{5}{2}},\ x < 2^{-\frac{1}{4}}$$

$5 < 2^{\frac{5}{2}} = \sqrt{32} < 6$，$2^{-\frac{1}{4}} < 1$ であるから①を満たす最小の自然数 x は **6** である．

(3) $\sin\theta = p$ とおく．$0 < p < 1$ である．

$$f(x) = \log_p x$$

$y = |f(x)|$ のグラフは $y = \log_p x$ のグラフの $y < 0$ の部分 ($x > 1$ の部分) を x 軸に関して折り返したものである (図参照)．

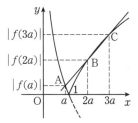

A′ の x 座標を a とすると

$$\text{A}(a, |f(a)|),\ \text{B}(2a, |f(2a)|),\ \text{C}(3a, |f(3a)|)$$

$y = |f(x)|$ のグラフは $0 < x < 1$ では下に凸，$1 < x$ では上に凸であるから A，B，C の 3 点すべて

が $0 < x < 1$ の部分，または $1 < x$ の部分に乗ることはない．よって，$0 < a < 1$ かつ $1 < 3a$ を満たす．

$$\frac{1}{3} < a < 1 \quad \cdots\cdots\cdots\cdots\cdots\cdots ②$$

B は AC の中点であるから

$$2\left| f(2a) \right| = \left| f(a) \right| + \left| f(3a) \right|$$

$$2\left| \log_p 2a \right| = \log_p a - \log_p 3a$$

$$\left| \log_p 2a \right| = \frac{1}{2} \log_p \frac{1}{3}$$

$$\log_p 2a = \pm \frac{1}{2} \log_p \frac{1}{3}$$

$$\log_p 2a = \log_p 3^{\pm\frac{1}{2}}$$

$$2a = \sqrt{3}, \frac{1}{\sqrt{3}} \qquad \therefore \quad a = \frac{\sqrt{3}}{2}, \frac{1}{2\sqrt{3}}$$

② より $a = \dfrac{\sqrt{3}}{2}$ であるから C′ の x 座標は $3a = \dfrac{3\sqrt{3}}{2}$

四角形 AA′C′C は台形であるから

$$\frac{1}{2}(\log_p a - \log_p 3a) \cdot 2a = \frac{\sqrt{3}}{2}$$

$$\frac{\sqrt{3}}{2} \log_p \frac{1}{3} = \frac{\sqrt{3}}{2} \qquad \therefore \quad \log_p \frac{1}{3} = 1$$

$p = \dfrac{1}{3}$ であるから $\sin\theta = \dfrac{1}{3}$ である．

$$\sin^2 2\theta = (2\sin\theta\cos\theta)^2 = 4\sin^2\theta(1 - \sin^2\theta)$$

$$= 4 \cdot \frac{1}{9} \cdot \frac{8}{9} = \frac{32}{81}$$

《不等式証明 (B10) ☆》

472. a, b は 1 より大きく相異なる実数とする．次の問いに答えよ．

（1） $x = \log_a \sqrt{ab}$, $y = \log_{\sqrt{ab}} b$ とする．x, y の大小関係を不等式を用いて表せ．

（2） $w = \log_{\frac{a+b}{2}} b$ とする．y, w の大小関係を不等式を用いて表せ．

（3） $z = \log_a \dfrac{a+b}{2}$ とする．x, y, w, z の大小関係を不等式を用いて表せ．

(23 昭和大・医-1 期)

▶**解答◀** a, b は 1 より大きく相異なる実数であるから $\log_a b > 0$, $\log_a b \neq 1$ である．

（1） $x - y = \log_a \sqrt{ab} - \log_{\sqrt{ab}} b$

$$= \log_a \sqrt{ab} - \frac{\log_a b}{\log_a \sqrt{ab}}$$

$$= \frac{1}{2}(\log_a b + 1) - \frac{2\log_a b}{\log_a b + 1}$$

$$= \frac{(\log_a b + 1)^2 - 4\log_a b}{2(\log_a b + 1)} = \frac{(\log_a b - 1)^2}{2(\log_a b + 1)} > 0$$

よって，$\boldsymbol{x > y}$

（2） $y = \log_{\sqrt{ab}} b = \dfrac{\log_a b}{\log_a \sqrt{ab}}$

$$w = \log_{\frac{a+b}{2}} b = \frac{\log_a b}{\log_a \frac{a+b}{2}}$$

a, b は 1 より大きく相異なる実数であるから，相加相乗平均の不等式より，$\dfrac{a+b}{2} > \sqrt{ab} > 1$

$$0 < \log_a \sqrt{ab} < \log_a \frac{a+b}{2} \quad \cdots\cdots\cdots\cdots ①$$

よって，$\boldsymbol{y > w}$

（3） ① より $z > x$ で，これと（ⅰ），（ⅱ）の結果より

$$\boldsymbol{z > x > y > w}$$

《関係のない式が並ぶ (B10)》

473. 方程式 $\log_2(x+4) - \log_4(x+7) = 1$ の解は $x = \boxed{}$ であり，不等式 $\log_{\frac{1}{9}}(4-x) > \dfrac{1}{2}$ を満たす x の値の範囲は $\boxed{}$ である．また，関数 $y = 2(\log_2 \sqrt{x})^2 + \log_{\frac{1}{2}} x^2 + 5$ の $\dfrac{1}{4} \leqq x \leqq 8$ における最小値は $\boxed{}$ である．

(23 関西学院大・理系)

▶**解答◀** 方程式 $\log_2(x+4) - \log_4(x+7) = 1$ において，真数条件より $x > -4$, $x > -7$, すなわち

$$x > -4 \quad \cdots\cdots\cdots\cdots\cdots\cdots\cdots ①$$

である．

$$\log_2(x+4) = \frac{\log_4(x+4)}{\log_4 2}$$

$$= 2\log_4(x+4) = \log_4(x+4)^2$$

であるから，

$$\log_4(x+4)^2 - \log_4(x+7) = 1$$

$$\log_4 \frac{(x+4)^2}{x+7} = 1$$

$$\frac{(x+4)^2}{x+7} = 4$$

$$x^2 + 8x + 16 = 4x + 28$$

$$x^2 + 4x - 12 = 0$$

$$(x-2)(x+6) = 0$$

① より，$x = \boldsymbol{2}$ である．

不等式 $\log_{\frac{1}{9}}(4-x) > \dfrac{1}{2}$ において，真数条件より $4 - x > 0$, すなわち

$$x < 4 \quad \cdots\cdots\cdots\cdots\cdots\cdots\cdots ②$$

である．

$$\log_{\frac{1}{9}}(4-x) > \log_{\frac{1}{9}} \frac{1}{3}$$

$$4 - x < \frac{1}{3}$$

$$x > \frac{11}{3}$$

これと ② とから，$\boldsymbol{\dfrac{11}{3} < x < 4}$ である．

関数 $y = 2(\log_2 \sqrt{x})^2 + \log_{\frac{1}{2}} x^2 + 5$ において，

$$2(\log_2 \sqrt{x})^2 = 2\left(\frac{1}{2}\log_2 x\right)^2 = \frac{1}{2}(\log_2 x)^2$$

$$\log_{\frac{1}{2}} x^2 = \frac{\log_2 x^2}{\log_2 \frac{1}{2}} = -2\log_2 x$$

であるから，

$$y = \frac{1}{2}(\log_2 x)^2 - 2\log_2 x + 5$$

である．$\log_2 x = t$ とおくと，

$$y = \frac{1}{2}t^2 - 2t + 5 = \frac{1}{2}(t-2)^2 + 3$$

であるから，$\frac{1}{4} \leqq x \leqq 8$，すなわち $-2 \leqq t \leqq 3$ にお
ける最小値は **3** である．

━━━━━《命題（B20）》━━━━━

474. x の範囲を $0 < x < \dfrac{\pi}{2}$，a を正の定数とす
る．また，次のように x に関する条件 p, q を定
める．

条件 $p : (x - a)^2\left(x - \dfrac{1}{a}\right) \geqq 0$

条件
$q : -1 < \log_{(\cos x)}\left(8\cos^3 x - 8\cos x + \dfrac{1}{\cos x}\right) < 0$

以下の問いに答えよ．

（1）$\cos 4x - \cos x$ を 2 つの三角関数の積の形
に変形し，$\cos 4x \leqq \cos x$ を満たす x の値の範
囲を求めよ．

（2）条件 p を満たす x の範囲を a を用いて表せ．

（3）$\cos 4x$ を $\cos x$ を用いて表せ．また，条件
q を満たす x の値の範囲を求めよ．

（4）命題「$q \Rightarrow p$」が，$0 < x < \dfrac{\pi}{2}$ のすべての
x に対して成り立つような a の値の範囲を求め
よ．
（23 公立はこだて未来大）

▶**解答**◀ （1）$\cos 4x - \cos x$

$$= -2\sin \frac{5}{2}x \sin \frac{3}{2}x$$

であるから，$\cos 4x \leqq \cos x$ をみたすのは，

$$\cos 4x - \cos x \leqq 0$$

$$-2\sin \frac{5}{2}x \sin \frac{3}{2}x \leqq 0$$

$$\sin \frac{5}{2}x \sin \frac{3}{2}x \geqq 0 \quad \cdots\cdots\cdots① $$

のときである．$0 < x < \dfrac{\pi}{2}$ のとき，$0 < \dfrac{3}{2}x < \dfrac{3}{4}\pi$
であるから，$\sin \dfrac{3}{2}x > 0$ である．

したがって，① をみたすのは $\sin \dfrac{5}{2}x \geqq 0$ のときで
ある．$0 < \dfrac{5}{2}x < \dfrac{5}{4}\pi$ であるから，

$$0 < \frac{5}{2}x \leqq \pi \qquad \therefore \quad \boldsymbol{0 < x \leqq \frac{2}{5}\pi}$$

（2）$(x - a)^2 \geqq 0$ であるから，

$$(x-a)^2\left(x - \frac{1}{a}\right) \geqq 0$$

をみたすのは，$x = a$，または $x \geqq \dfrac{1}{a}$ のときである．
$0 < x < \dfrac{\pi}{2}$ をふまえて ax 平面に図示すると，図 1
の網目部分と直線 $x = a$ の $0 < a < \dfrac{\pi}{2}$ の部分とな
る．境界線上は，$x = \dfrac{1}{a}$ の $a > \dfrac{2}{\pi}$ の部分は含む．
$x = \dfrac{\pi}{2}$ 上は含まない．この領域を D_p とする．

a 軸と垂直な直線を考え，その直線と領域 D_p との
共通部分を順に読んでいく．

$\boldsymbol{0 < a \leqq \dfrac{2}{\pi}}$ **のとき**，$a < \dfrac{\pi}{2} \leqq \dfrac{1}{a}$ だから，$\boldsymbol{x = a}$

$\boldsymbol{\dfrac{2}{\pi} < a \leqq 1}$ **のとき**，$a \leqq \dfrac{1}{a} < \dfrac{\pi}{2}$ であるから，

$\boldsymbol{x = a}$，**または** $\boldsymbol{\dfrac{1}{a} \leqq x < \dfrac{\pi}{2}}$

$\boldsymbol{1 < a \leqq \dfrac{\pi}{2}}$ **のとき**，$\dfrac{1}{a} < a \leqq \dfrac{\pi}{2}$ であるから，
$x = a$，または $\dfrac{1}{a} \leqq x < \dfrac{\pi}{2}$ であるが，$x = a$ は
$\dfrac{1}{a} \leqq x < \dfrac{\pi}{2}$ に含まれる．つまり，$\boldsymbol{\dfrac{1}{a} \leqq x < \dfrac{\pi}{2}}$

$\boldsymbol{\dfrac{\pi}{2} < a}$ **のとき**，$\dfrac{1}{a} < \dfrac{\pi}{2} < a$ だから，$\boldsymbol{\dfrac{1}{a} \leqq x < \dfrac{\pi}{2}}$

（$x = a$ は $x > \dfrac{\pi}{2}$ となるから，範囲外である．）

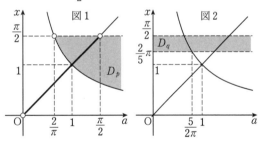

（3）$\cos 4x = 2\cos^2 2x - 1$

$$= 2(2\cos^2 x - 1)^2 - 1$$

$$= 2(4\cos^4 x - 4\cos^2 x + 1) - 1$$

$$= \boldsymbol{8\cos^4 x - 8\cos^2 x + 1}$$

$0 < x < \dfrac{\pi}{2}$ のとき，$0 < \cos x < 1$ であるから，

$$\frac{1}{\cos x} > 8\cos^3 x - 8\cos x + \frac{1}{\cos x} > 1$$

$$1 > 8\cos^4 x - 8\cos^2 x + 1 > \cos x$$

$$1 > \cos 4x > \cos x$$

（1）より，$\boldsymbol{\dfrac{2}{5}\pi < x < \dfrac{\pi}{2}}$ である．

（4）$\dfrac{2}{5}\pi > 1$ であるから，$0 < x < \dfrac{\pi}{2}$ かつ，条件 q
が成り立つ範囲を ax 平面に図示すると，図 2 の網目

部分となる．この領域を D_q とする．境界線上は含まない．

a 軸に垂直な直線を考えていくとき，$q \Rightarrow p$ が $0 < x < \dfrac{\pi}{2}$ で常に成り立つのは，この直線と D_q との共通部分が D_p との共通部分に含まれるときである．

すなわち，$\boldsymbol{a \geqq \dfrac{5}{2\pi}}$ のときである．

━━《領域の図示 (B10) ☆》━━

475. 不等式

$(\log_x 9 - 1)\log_3 y + \log_3 x \leqq \left(\log_3 \dfrac{y}{x} + 2\right)\log_x y$

を満たすような x, y について，次の問いに答えよ．

（1） $\log_3 x = A$ とするとき，$\log_x 9$ を A で表せ．さらに $\log_3 y = B$ とするとき，$\log_3 \dfrac{y}{x}$ および $\log_x y$ をそれぞれ A, B で表せ．

（2） 点 (x, y) の存在する範囲を xy 平面上に図示せよ．

(23 岩手大・前期)

▶解答◀ （1） $\log_x 9 = \dfrac{\log_3 9}{\log_3 x} = \dfrac{2}{A}$

$\log_3 \dfrac{y}{x} = \log_3 y - \log_3 x = \boldsymbol{B - A}$

$\log_x y = \dfrac{\log_3 y}{\log_3 x} = \dfrac{\boldsymbol{B}}{\boldsymbol{A}}$

（2） 底の条件と真数条件より $x > 0, x \neq 1, y > 0$ である．（1）より，与えられた不等式は

$\left(\dfrac{2}{A} - 1\right)B + A \leqq (B - A + 2)\dfrac{B}{A}$

$\dfrac{2B - AB + A^2}{A} \leqq \dfrac{B^2 - AB + 2B}{A}$

$\dfrac{A^2 - B^2}{A} \leqq 0$

$\dfrac{(\log_3 x)^2 - (\log_3 y)^2}{\log_3 x} \leqq 0$

境界は，$\log_3 x = 0$ のとき（勿論，$\log_3 x = 0$ になるわけではない）の $x = 1$，$(\log_3 x)^2 - (\log_3 y)^2 = 0$ のときの $\log_3 y = \pm \log_3 x$ であり，$y = x, y = \dfrac{1}{x}$ である．

図示すると，$x = 1, x = 0, y = 0$ 上を除く網目部分となる．

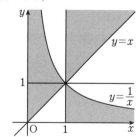

注意 答えは図示すればよい．なぜこのようになるかは次のように判断する．

たとえば $x = 2, y = 100$ を代入すると，

$\dfrac{\log_3 2 - \log_3 100}{\log_3 2} \leqq 0$

は成り立つ．だから $y = x$ の右上部分は適す．あとは境界を線でとびこえるたびに適，不適を交代する．このことは書かなくてよい．

━━《領域の図示 (B10) ☆》━━

476. x, y は 1 でない正の実数とする．このとき，次の問に答えよ．

（1） $\log_x y > 0$ を満たす点 (x, y) の範囲を座標平面に図示せよ．

（2） $\log_x y + 3\log_y x - 4 < 0$ を満たす点 (x, y) の範囲を座標平面に図示せよ．

(23 香川大・共通)

▶解答◀ （1） $\dfrac{\log_{10} y}{\log_{10} x} > 0$

$x > 1, y > 1$ または $0 < x < 1, 0 < y < 1$

図示すると図 1 の境界を除く網目部分となる．

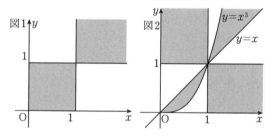

（2） $\log_x y + 3\log_y x - 4 < 0$

$\log_{10} x = X, \log_{10} y = Y$ とおく．

$\dfrac{Y}{X} + 3 \cdot \dfrac{X}{Y} - 4 < 0$

$\dfrac{Y^2 - 4XY + 3X^2}{XY} < 0$

$\dfrac{(Y - X)(Y - 3X)}{XY} < 0$

$\dfrac{(\log_{10} y - \log_{10} x)(\log_{10} y - 3\log_{10} x)}{(\log_{10} y)(\log_{10} x)} < 0$

境界は $x = 1, y = 1, y = x, y = x^3$ である．図示をすると図 2 の境界を除く網目部分である．

注意 【図示の考え方】

答案には図示の結果を書けばよい．各因子 $\log_{10} y - \log_{10} x$，$\log_{10} y - 3\log_{10} x$，$\log_{10} y$，$\log_{10} x$ が 0 になるもの，すなわち

$\log_{10} y - \log_{10} x = 0$，$\log_{10} y - 3\log_{10} x = 0$，

$\log_{10} y = 0$，$\log_{10} x = 0$

を境界という．境界は $y = x, y = x^3, x = 1, y = 1$ である．勿論，$x = 1, y = 1$ になる訳ではない．第 1 象限を境界で区切り 8 個の領域に分ける．次に，たと

えば $x = 0.5$, $y = 100$ を代入すると

$\log_{10} y - \log_{10} x > 0$, $\log_{10} y - 3\log_{10} x > 0$ が成り立つから分子は正で，$\log_{10} y > 0$，$\log_{10} x < 0$ だから分母は負になり，不等式を満たす．だから $0 < x < 1$，$y > 1$ の部分は適す．後は境界を線で飛び越える度に適・不適を交代する．この解法のよいところは，実質，不等式を解いていないことである．

♦別解♦ （2） $\log_x y = t$ とおくと $t + \dfrac{3}{t} - 4 < 0$

$$\dfrac{t^2 - 4t + 3}{t} < 0$$

$$\dfrac{(t-1)(t-3)}{t} < 0$$

これを解くと $t < 0$, $1 < t < 3$ を得る．

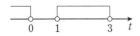

（答案では $t < 0$, $1 < t < 3$ を導く過程は書く必要はない．考え方を述べる．境界は $t = 0, 1, 3$ で，これらで数直線全体を区切る．大きな t，たとえば $t = 100$ を代入すると成立しない．$t > 3$ は不適である．後は，境界を越えるたびに適・不適を交代する．それで解が分かる．分母の 2 乗を掛けろとか，グラフをかけという人がいるが，代入して符号を考えるだけだから，分母にあろうと分子にあろうと関係ない．分母の 2 乗など掛ける必要はないし，各因子の符号しか関係ないから，全体のグラフなど不要である．）

$$\log_x y < 0, \ 1 < \log_x y < 3$$

$$\log_x y < \log_x 1, \ \log_x x < \log_x y < \log_x x^3$$

$$0 < x < 1 \ \text{のとき} \ y > 1, \ x > y > x^3$$

$$1 < x \ \text{のとき} \ y < 1, \ x < y < x^3$$

図示すると図 2 の境界を除く網目部分となる．しかし，この方針の解法では，途中で諦める人が少なくない．

《**底の変換なし（A2）**》

477. $2\log_2(x-2) \leqq 1 + \log_2(x-1)$ を満たす x のとり得る値の範囲は ☐ である．

（23　北見工大・後期）

▶解答◀ 真数条件より

$$x - 2 > 0, \ x - 1 > 0 \qquad \therefore \quad x > 2 \ \cdots\cdots\cdots ①$$

与えられた不等式を変形して

$$\log_2(x-2)^2 \leqq \log_2 2(x-1)$$

$$(x-2)^2 \leqq 2(x-1)$$

$$x^2 - 6x + 6 \leqq 0 \qquad \therefore \quad 3 - \sqrt{3} \leqq x \leqq 3 + \sqrt{3}$$

① より，$\boldsymbol{2 < x \leqq 3 + \sqrt{3}}$

《**底の変換あり（A2）☆**》

478. 不等式

$$8(\log_2 \sqrt{x})^2 - 3\log_8 x^9 < 5$$

をみたす x の範囲を求めよ．　（23　札幌医大）

▶解答◀ $8(\log_2 \sqrt{x})^2 - 3\log_8 x^9 < 5$ $\cdots\cdots$①

真数条件より，$x > 0$ $\cdots\cdots\cdots\cdots\cdots\cdots$②

① より，$8\left(\dfrac{1}{2}\log_2 x\right)^2 - \dfrac{3 \cdot 9 \log_2 x}{\log_2 8} - 5 < 0$

$$2(\log_2 x)^2 - 9\log_2 x - 5 < 0$$

$$(2\log_2 x + 1)(\log_2 x - 5) < 0$$

$$-\dfrac{1}{2} < \log_2 x < 5$$

$$\dfrac{1}{\sqrt{2}} < x < 32$$

もちろん，このとき ② は成り立つ．

《**不等式を解くときに（B5）☆**》

479. 関数 $f(x) = 25^x - 6 \cdot 5^x - 7$

について，$f(x) \leqq 0$ を満たす x の値の範囲を求めよ．また，$(x-2)f(x) \leqq 0$ を満たす x の値の範囲を求めよ．　（23　中京大）

▶解答◀ $f(x) = (5^x - 7)(5^x + 1)$ となる．

$5^x + 1 > 0$ であるから $f(x) \leqq 0$ の解は $5^x \leqq 7$ となるもので，$\boldsymbol{x \leqq \log_5 7}$ なお，$5^2 = 25 > 7$ であるから $\log_5 7 < 2$ である．

$(x-2)f(x) = (x-2)(5^x - 7)(5^x + 1) \leqq 0$

の解は 2 解の間（境界を含む）で $\boldsymbol{\log_5 7 \leqq x \leqq 2}$

なお $5^2 = 25 > 7$ であるから $\log_5 7 < 2$ である．

注意 【本当にグラフを描くのか？】

不等式 $f(x) \leqq 0$ を解くときに曲線 $y = f(x)$ を描けと教える人達がいる．出題者は「それが本当なら曲線 $y = (x-2)(5^x - 7)(5^x + 1)$ を描くのか？」というプロセス（問題提起）をしている．違うだろう？ $x - 2$ の符号，$5^x - 7$ の符号が問題である．だから，数直線を，境界値 $x = \log_5 7$, $x = 2$ で区切って，3 つの区間に分け，$x > 2$ のときは $x - 2 > 0$, $5^x - 7 > 0$ で $(x-2)(5^x - 7)(5^x + 1) > 0$ になって不適である．$\log_5 7 < x < 2$ のときは，$x - 2$ の符号だけが変わるから $(x-2)(5^x - 7)(5^x + 1) < 0$ になって適す．$x < \log_5 7$ のときは $5^x - 7$ の符号も変わるから不適になる．このように，境界（$x = \log_5 7$, $x = 2$ のこと）を越える度に適と不適を交代する．不等式を解くのにグラフなど不要である．

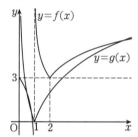

$$\log_5 7 \quad 2 \quad x$$

《複雑な不等式 (B20)》

480. 3 次方程式 $8x^3 - 8x^2 + 1 = 0$ の解は $x = \boxed{}$ である．また，不等式

$(\log_x 2)\,|\log_2|x-1||+|\log_x 8|-2 \geqq 0$ の解は $\boxed{}$ である． (23 福岡大・医)

考え方

$f(x) = \dfrac{|\log_2 x|}{\log_2 x}|\log_2|x-1||+3,$

$g(x)=2|\log_2 x|$ とおく．不等式は $f(x)\geqq g(x)$ となる．曲線 $y=f(x)$, $y=g(x)$ は図のようになる．この交点の様子から

$0<x<1,\ 1<x\leqq 2,\ 2<x$

の 3 通りの場合分けは必要であることがわかる．あとはいかに要領よく，混乱しないように記述するかである．

y, $y=f(x)$, $y=g(x)$, 3, O, 1, 2, x

▶解答◀ $8x^3 - 8x^2 + 1 = 0$

$(2x-1)(4x^2-2x-1)=0$

$x = \dfrac{1}{2},\ \dfrac{1\pm\sqrt{5}}{4}$

$\alpha = \dfrac{1+\sqrt{5}}{4},\ \beta = \dfrac{1-\sqrt{5}}{4}$ とおく．

$\beta < 0 < \dfrac{1}{2} < \alpha < 1$ である．

底の条件，真数条件から $x>0$, $x\neq 1$ であり，与えられた不等式を変形すると

$\dfrac{1}{\log_2 x}|\log_2|x-1||+\left|\dfrac{\log_2 8}{\log_2 x}\right|-2 \geqq 0$

となり 2 を右辺に移項し，$|\log_2 x|$ をかけると

$\dfrac{|\log_2 x|}{\log_2 x}|\log_2|x-1||+3 \geqq 2|\log_2 x|$

となる．$f(x)=\dfrac{|\log_2 x|}{\log_2 x}|\log_2|x-1||+3,$

$g(x)=2|\log_2 x|$ とおく．

（ア）$0<x<1$ のとき，$\log_2 x < 0$ である．

$0<|x-1|<1$ であるから $\log_2|x-1|<0$ であ

る．

$f(x) = \dfrac{-\log_2 x}{\log_2 x}(-\log_2(1-x))+3$

$= \log_2(1-x)+3$

$g(x) = -2\log_2 x$

$f(x)-g(x) = \log_2(1-x)+3+2\log_2 x$

$= \log_2 8x^2(1-x) \geqq 0$

$8x^2(1-x) \geqq 1$

$8x^3 - 8x^2 + 1 \leqq 0$

$(2x-1)(4x^2-2x-1) \leqq 0$

$(2x-1)\cdot 4(x-\alpha)(x-\beta) \leqq 0$

$x-\beta > 0$ であるから $(2x-1)(x-\alpha) \leqq 0$

$\dfrac{1}{2} \leqq x \leqq \alpha$

（イ）$1<x$ のとき，$\log_2 x > 0$ である．

$f(x) = |\log_2(x-1)|+3 \geqq 3$

$g(x)=2\log_2 x$ であるから $1<x\leqq 2$ のときは $g(x)\leqq 2 < f(x)$ となり，$g(x)\leqq f(x)$ は成り立つ．$x>2$ のとき $x-1>1$ だから $\log_2(x-1)>0$ であり

$f(x)=\log_2(x-1)+3=\log_2 8(x-1)$

$f(x)-g(x)=\log_2 8(x-1)-\log_2 x^2 \geqq 0$

になるのは $8(x-1)\geqq x^2$ になるときで，

$x^2 - 8x + 8 \leqq 0$

$4-2\sqrt{2} \leqq x \leqq 4+2\sqrt{2}$

$x>2$ とあわせて $2<x\leqq 4+2\sqrt{2}$

$1<x\leqq 2$ とまとめて $1<x\leqq 4+2\sqrt{2}$

以上より $\dfrac{1}{2}\leqq x \leqq \dfrac{1+\sqrt{5}}{4},\ 1<x\leqq 4+2\sqrt{2}$

【関数の極限 (数 II)】

《易しい極限 (B1)》

481. $\lim\limits_{x\to\infty}\dfrac{f(x)}{x^2+x}=3$ と $\lim\limits_{x\to 1}\dfrac{f(x)}{x^2-x}=5$ をともに満たす 2 次関数 $f(x)$ を求めよ． (23 会津大)

▶解答◀ $\lim\limits_{x\to 1}\dfrac{f(x)}{x^2-x}=\lim\limits_{x\to 1}\dfrac{f(x)}{x-1}\cdot\dfrac{1}{x}$ ………①

の分母 $\to 0$ であるから，これが収束するとき分子 $\to 0$ となる．$f(x)$ は 2 次式であるから，$f(x)$ は $x-1$ を因数にもち $f(x)=(ax+b)(x-1)$ とおける．①は

$\lim\limits_{x\to 1}(ax+b)\cdot\dfrac{1}{x}=a+b$

となるから $a+b=5$

$\lim\limits_{x\to-\infty}\dfrac{f(x)}{x^2+x}=\lim\limits_{x\to-\infty}\dfrac{\left(a+\dfrac{b}{x}\right)\left(1-\dfrac{1}{x}\right)}{1+\dfrac{1}{x}}=a$

である. $a = 3, b = 2$ となる.

$$f(x) = (3x + 2)(x - 1)$$

【微分係数と導関数】

《係数を決定する (B5) ☆》

482. $f(1) = 0, f(0) = f(-1) = -1, f'(-1) = \frac{1}{6}$ を満たす 3 次関数 $f(x)$ を求めよ. (23 福島県立医大・前期)

▶解答◀ $f(x) = ax^3 + bx^2 + cx + d$ とおく.
$f(1) = 0, f(0) = f(-1) = -1$ より

$$a + b + c + d = 0, d = -1,$$
$$-a + b - c + d = -1$$
$$a + c = \frac{1}{2}, b = \frac{1}{2}, d = -1$$

$f'(x) = 3ax^2 + 2bx + c, f'(-1) = \frac{1}{6}$ より
$f'(x) = 3ax^2 + x + \frac{1}{2} - a$ であるから,
$2a - \frac{1}{2} = \frac{1}{6}$ で $a = \frac{1}{3}$ となり, $c = \frac{1}{6}$ となる.

$$f(x) = \frac{1}{3}x^3 + \frac{1}{2}x^2 + \frac{1}{6}x - 1$$

《定義から求める (A2)》

483. $f(x) = x^4$ とする. $f(x)$ の $x = a$ における微分係数を, 定義に従って求めなさい. 計算過程も記述しなさい. (23 慶應大・理工)

▶解答◀ $f'(a) = \lim_{h \to 0} \dfrac{(a+h)^4 - a^4}{h}$

$$= \lim_{h \to 0} \frac{(a^4 + 4a^3h + 6a^2h^2 + 4ah^3 + h^4) - a^4}{h}$$
$$= \lim_{h \to 0}(4a^3 + 6a^2h + 4ah^2 + h^3) = \mathbf{4a^3}$$

《次数から決める (B20)》

484. 整式 $f(x)$ が
$$\{f'(x)\}^2 = f(x)$$
および $f(0) = 4, f'(0) < 0$
をみたすとき, $f(x)$ を求めよ. (23 東京電機大)

▶解答◀ $f(x)$ は明らかに定数ではない. n を自然数として, $f(x)$ を n 次の多項式とする. $f'(x)$ は $n-1$ 次で, $\{f'(x)\}^2 = f(x)$ の両辺の次数を比べ $2(n-1) = n$ となり $n = 2$
$f(x) = ax^2 + bx + c$ とおける. $a \neq 0$ である.

$$(2ax + b)^2 = ax^2 + bx + c$$
$$4a^2x^2 + 4abx + b^2 = ax^2 + bx + c$$

係数を比べ

$$4a^2 = a, 4ab = b, b^2 = c$$

$4a^2 = a, a \neq 0$ より $a = \frac{1}{4}$ である. このとき $4ab = b$ は成り立ち, $f(0) = 4$ より $c = 4$ で $b^2 = c$ より $b = \pm 2$ となる. $f'(0) = b < 0$ より $b = -2$

$$f(x) = \frac{1}{4}x^2 - 2x + 4$$

《立式の順序 (B10)》

485. A, B, C, D を定数とする.
$$f(x) = 2x^3 - 9x^2 + Ax + B, g(x) = x^2 - Cx - D$$
とおく. 以下の問いに答えよ.

(1) $g(1 - \sqrt{2}) = 0$ かつ $g(1 + \sqrt{2}) = 0$ のとき, $C = \boxed{}, D = \boxed{}$ である. また, $f(1 - \sqrt{2}) = 0$ かつ $f(1 + \sqrt{2}) = 0$ のとき, $A = \boxed{}, B = \boxed{}$ であり, 方程式 $f(x) = 0$ を満たす有理数 x は

$$x = \frac{\boxed{}}{\boxed{}}$$

である.

(2) $f(x)$ の導関数 $f'(x)$ は
$$f'(x) = \boxed{}x^2 - \boxed{}x + A$$
であり, 方程式 $f'(x) = 0$ が実数解をもつような A の値の範囲は

$$A \leq \frac{\boxed{\text{ア}}}{\boxed{\text{イ}}}$$

である. $A = \dfrac{\boxed{\text{ア}}}{\boxed{\text{イ}}}, B = \dfrac{1}{4}$ のときには,

$$f(x) = \frac{1}{\boxed{}}\left(2x - \boxed{}\right)^3 + \boxed{}$$

と表すことができる. (23 東京理科大・理工)

▶解答◀ (1) $g(x) = 0$ の解が $x = 1 \pm \sqrt{2}$ であるから, 解と係数の関係より

$$C = (1 + \sqrt{2}) + (1 - \sqrt{2})$$
$$-D = (1 + \sqrt{2})(1 - \sqrt{2})$$

よって $C = 2, D = 1$ である.
$f(1 \pm \sqrt{2}) = 0$ のとき, $f(x)$ は $g(x)$ で割り切れる. ここで

$$f(x) = (2x - 5)g(x) + (A - 8)x + (B - 5)$$

であるから, $f(x)$ が $g(x)$ で割り切れる条件は

$$A - 8 = 0, B - 5 = 0$$

よって $A = 8, B = 5$ である. このとき

$$f(x) = (2x - 5)g(x)$$

であるから，$f(x)=0$ の有理数解は $x=\dfrac{5}{2}$ である．

（2） $f'(x)=6x^2-18x+A$ であり，$f'(x)$ の判別式を D とすると，$f'(x)=0$ が実数解を持つ条件は $\dfrac{D}{4}\geqq 0$ である．

$$\frac{D}{4}=9^2-6A\geqq 0 \qquad \therefore \quad A\leqq \frac{27}{2}$$

$A=\dfrac{27}{2}$ のとき $f'(x)=6\left(x-\dfrac{3}{2}\right)^2$ である．

$$f(x)=\int 6\left(x-\frac{3}{2}\right)^2 dx=2\left(x-\frac{3}{2}\right)^3+C$$

とかける．ここで，$f(0)=\dfrac{1}{4}$ より

$$2\left(-\frac{3}{2}\right)^3+C=\frac{1}{4} \qquad \therefore \quad C=7$$

となる．これより

$$f(x)=2\left(x-\frac{3}{2}\right)^3+7=\frac{1}{4}(2x-3)^3+7$$

《微分法で形を見る (B5)》

486. 3次関数 $f(x)$ はある実数 $p\neq 0$ に対して，$f'(p)=f'(2p)=\dfrac{p^2}{3}$，$f(p)=f(2p)=0$ を満たすとする．

このとき，$f(p+1)=ap^2+bp+c$ と表すことができ，$a=\boxed{}$，$b=\boxed{}$，$c=\boxed{}$ である．ただし，関数 $f(x)$ の導関数を $f'(x)$ で表すものとする．

(23 帝京大・医)

考え方 以下の文字は解答の文字とは，直接は関係がない．3次関数 $f(x)=ax^3+bx^2+cx+d\ (a\neq 0)$ のグラフ C について，よく知られた性質を述べる．

（ア） 点 $\mathrm{M}\left(-\dfrac{b}{3a}, f\left(-\dfrac{b}{3a}\right)\right)$ に関して C は点対称である．M は変曲点である．教科書では変曲点は「2階微分するから数学 III である」としているが，本来，凹凸と微分は直接的な関係はない．詳しく知りたい人は拙著「崖っぷち数学 III 検定外教科書」をみてほしい．

このことに注意すると $f'(x_1)=f'(x_2)$，$x_1\neq x_2$ になるとき，$\mathrm{P}(x_1, f(x_1))$，$\mathrm{Q}(x_2, f(x_2))$ は M に関して点対称になり，$\dfrac{x_1+x_2}{2}=-\dfrac{b}{3a}$ となる．

（イ） 特に $f(x_1)=f(x_2)$ のとき直線 PQ は x 軸に平行であり，本問では $f'(p)=f'(2p)$，$f(p)=f(2p)=0$ より $f(x)=A(x-p)(x-2p)\left(x-\dfrac{3p}{2}\right)$ となる．

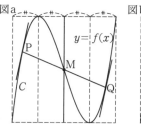
図a

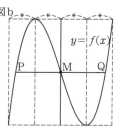
図b

▶解答◀ $f(p)=0$，$f(2p)=0$ より

$$f(x)=A(x-p)(x-2p)(x-\alpha),\ A\neq 0$$

とおけて

$$f'(x)=A(x-2p)(x-\alpha)+A(x-p)(x-\alpha)$$
$$+A(x-p)(x-2p)$$

$f'(p)=f'(2p)=\dfrac{p^2}{3}$ より

$$A(-p)(p-\alpha)=Ap(2p-\alpha)=\frac{p^2}{3}$$

$A\neq 0$，$p\neq 0$ より，$-p+\alpha=2p-\alpha$

$\alpha=\dfrac{3}{2}p$ であり，$A\cdot p\cdot\dfrac{p}{2}=\dfrac{p^2}{3}$ より，$A=\dfrac{2}{3}$ となる．

$$f(x)=\frac{2}{3}(x-p)(x-2p)\left(x-\frac{3}{2}p\right)$$
$$f(p+1)=\frac{2}{3}(1-p)\left(1-\frac{1}{2}p\right)$$
$$=\frac{1}{3}(1-p)(2-p)$$
$$=\frac{1}{3}(p^2-3p+2)=\frac{1}{3}p^2-p+\frac{2}{3}$$

$a=\dfrac{1}{3}$，$b=-1$，$c=\dfrac{2}{3}$ である．

注意 p は定数だから，$\dfrac{1}{3}p^2-p+\dfrac{2}{3}$ と ap^2+bp+c の係数を比べるというのはおかしい．「p は任意定数とする」等，何かコメントが必要だろう．

【接線 (数 II)】

《直交する接線 (B20) ☆》

487. a を実数とし，$\mathrm{O}(0,0)$ を原点とする座標平面上の曲線 $C:y=\dfrac{1}{3}x^3-ax$ を考える．曲線 C 上の点 P における曲線 C の接線を l_{P} とおく．以下の問いに答えよ．

（1） 原点 O における C の接線 l_0 の方向ベクトルで単位ベクトルであるものを a を用いて表せ．

（2） l_{P} と l_0 が垂直であるような点 P が存在するための a の条件を不等式により表せ．また，そのような点 P の x 座標を a を用いて表せ．

（3） 次の条件 A を満たすような実数 $b\geqq 0$ の値の範囲を求めよ．

条件 A：（2）で得られた条件を満たす実数 a と，$-b \leqq t \leqq b$ を満たす実数 t をどのように選んでも，点 $\mathrm{P}\left(t, \frac{1}{3}t^3 - at\right)$ における C の接線 l_P と l_O は垂直ではない．

（4） a は（2）で得られた条件を満たすとする．次の条件 B を満たす C 上の点 P の x 座標の範囲を a を用いて表せ．

条件 B：l_Q と l_P が垂直になるような C 上の点 Q が二つ以上存在する．ただし，l_Q は曲線 C 上の点 Q における曲線 C の接線を表す．

(23 広島大・光り輝き入試-理（数))

▶解答◀ （1） C において，$y' = x^2 - a$ であるから，l_O の方向ベクトルの 1 つは $(1, -a)$ である．この大きさを 1 にすると，$\frac{1}{\sqrt{a^2+1}}(1, -a)$ である．

（2） 同様に，P の x 座標を t とすると，l_P の方向ベクトルの 1 つは $(1, t^2 - a)$ である．l_P と l_O が直交する条件は

$$(1, -a) \cdot (1, t^2 - a) = 0$$
$$1 - a(t^2 - a) = 0$$
$$at^2 = a^2 + 1 \quad\cdots\cdots\cdots\cdots\cdots①$$

①の右辺は正であるから，これを満たす実数 t が存在する条件は $\boldsymbol{a > 0}$ であり，このとき，$t = \pm\sqrt{a + \dfrac{1}{a}}$ である．

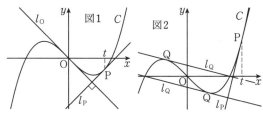

（3） $a > 0$ を固定したとき，$-b \leqq t \leqq b$ において ① が解を持たない条件は

$$0 \leqq b < \sqrt{a + \frac{1}{a}} \quad\cdots\cdots\cdots\cdots\cdots②$$

である．すべての $a > 0$ に対して ② が成立する条件を考える．相加・相乗平均の不等式より

$$\sqrt{a + \frac{1}{a}} \geqq \sqrt{2\sqrt{a \cdot \frac{1}{a}}} = \sqrt{2}$$

であり，等号は $a = \dfrac{1}{a}$，すなわち $a = 1$ で成立する．よって，すべての $a > 0$ に対して ② が成立する条件は $\boldsymbol{0 \leqq b < \sqrt{2}}$ である．

（4） Q の x 座標を s とすると l_Q の方向ベクトルの

1 つは $(1, s^2 - a)$ である．l_P と l_Q が直交する条件は

$$(1, t^2 - a) \cdot (1, s^2 - a) = 0$$
$$1 + s^2 t^2 - a(s^2 + t^2) + a^2 = 0$$
$$(t^2 - a)s^2 - at^2 + a^2 + 1 = 0$$
$$(a - t^2)s^2 = a^2 + 1 - at^2 \quad\cdots\cdots\cdots③$$

$t^2 = a$ のとき左辺は 0，右辺は 1 となり成立しない．③ を満たす実数 s が 2 つ以上存在する条件は $a - t^2$ と $a^2 + 1 - at^2$ が同符号であることであり，

$$(a - t^2)(a^2 + 1 - at^2) > 0$$

（2）より $a > 0$ であるから

$$(t^2 - a)\left\{t^2 - \left(a + \frac{1}{a}\right)\right\} > 0$$
$$t^2 < a,\ a + \frac{1}{a} < t^2$$
$$t < -\sqrt{a + \frac{1}{a}},\ -\sqrt{a} < t < \sqrt{a},\ \sqrt{a + \frac{1}{a}} < t$$

《平行な接線（B20)》

488. 実数 p, q に対して，方程式 $x^3 + px + q = 0$ は異なる 2 つの実数解 α, β をもつとする．ここで，α は重解とする．このとき，次の問いに答えよ．

（1） p, q および β を，それぞれ α を用いて表せ．

（2） $\alpha = 2$ のとき $x^3 + px + q > 0$ となる実数 x の値の範囲を求めよ．

（3） $\alpha = 2$ とする．曲線 $y = x^3 + px + q$ と直線 $y = 3x + t$ の共有点がちょうど 2 個であるとき，t の値とそのときの 2 つの共有点の座標を求めよ．

(23 静岡大・理)

▶解答◀ （1） 解と係数の関係を用いて

$$\alpha + \alpha + \beta = 0 \quad\cdots\cdots\cdots\cdots①$$
$$\alpha^2 + \alpha\beta + \beta\alpha = p \quad\cdots\cdots\cdots②$$
$$\alpha \cdot \alpha\beta = -q \quad\cdots\cdots\cdots\cdots③$$

① より $\beta = -2\alpha$ で，これを ②，③ に代入して $p = -3\alpha^2$，$q = 2\alpha^3$ である．

（2） $\alpha = 2$ のとき $p = -12$，$q = 16$ であるから

$$x^3 - 12x + 16 = (x - 2)^2(x + 4) > 0$$
$$-4 < x < 2,\ x > 2$$

（3） $f(x) = x^3 - 12x + 16$ とおく．曲線 $y = f(x)$ と直線 $y = 3x + t$ が異なる共有点を 2 個もつとき，この曲線と直線は接する．接点の x 座標を s とおく．$f'(x) = 3x^2 - 12$ であるから，$f'(s) = 3$ のとき

$$3s^2 - 12 = 3 \qquad \therefore\quad s = \pm\sqrt{5}$$

また，曲線 $y = f(x)$ と直線 $y = 3x + t$ の接点では
ない共有点の x 座標を u とすると

$$f(x) = 3x + t$$

$$x^3 - 15x + 16 - t = 0$$

の解が $x = s, s, u$ だから，解と係数の関係を用いて

$$s + s + u = 0 \qquad \therefore \quad u = -2s \quad \cdots\cdots\cdots④$$

$$s^2 u = t - 16 \qquad \therefore \quad t = s^2 u + 16 \quad \cdots\cdots⑤$$

$s = \sqrt{5}$ のとき，④ より $u = -2\sqrt{5}$，⑤ より
$t = 16 - 10\sqrt{5}$ である．
$s = -\sqrt{5}$ のとき，④ より $u = 2\sqrt{5}$，⑤ より
$t = 16 + 10\sqrt{5}$ である．

　したがって，$t = \mathbf{16 - 10\sqrt{5}}$ のとき，$x = \sqrt{5}, -2\sqrt{5}$
を $y = 3x + 16 - 10\sqrt{5}$ に代入して，共有点の座標は
$(\mathbf{-2\sqrt{5},\ 16 - 16\sqrt{5}}),\ (\mathbf{\sqrt{5},\ 16 - 7\sqrt{5}})$
$t = \mathbf{16 + 10\sqrt{5}}$ のとき，$x = -\sqrt{5}, 2\sqrt{5}$ を
$y = 3x + 16 + 10\sqrt{5}$ に代入して，共有点の座標は
$(\mathbf{-\sqrt{5},\ 16 + 7\sqrt{5}}),\ (\mathbf{2\sqrt{5},\ 16 + 16\sqrt{5}})$

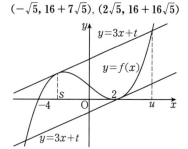

《(B20) ☆》

489. 2 つの直線 $y = \dfrac{2}{3}x \cdots①$，$y = -\dfrac{4}{3}x \cdots②$
に接し，点 K$(0, 1)$ を通る放物線の方程式は

$y = \dfrac{\boxed{}}{\boxed{}}x^2 - \dfrac{\boxed{}}{\boxed{}}x + \boxed{} \cdots③$ である．① と

③ の接点を A，② と ③ の接点を B とするとき，

A$\left(\boxed{}, \dfrac{\boxed{}}{\boxed{}}\right)$，B$\left(-\boxed{}, \dfrac{\boxed{}}{\boxed{}}\right)$ である．

また，K における ③ の接線の方程式は $y = $

$-\dfrac{\boxed{}}{\boxed{}}x + 1 \cdots④$ であり，原点を O，④ と ①

の交点を A′，④ と ② の交点を B′ とするとき，

$\triangle$OA′B′ の面積は $\boxed{}$ である．

(23 金沢医大・医-前期)

▶解答◀ 放物線を $y = ax^2 + bx + 1$ とおき，A，
B の x 座標をそれぞれ α, β とする．

$y = ax^2 + bx + 1$ のとき，$y' = 2ax + b$ であるから，

$x = t$ における接線は

$$y = (2at + b)(x - t) + at^2 + bt + 1$$

$$y = (2at + b)x - at^2 + 1 \quad \cdots\cdots\cdots\cdots\cdots⑤$$

$t = \alpha, \beta$ を代入すると ①，② に一致するから

$$2a\alpha + b = \frac{2}{3} \quad \cdots\cdots\cdots\cdots\cdots\cdots⑥$$

$$-a\alpha^2 + 1 = 0 \quad \cdots\cdots\cdots\cdots\cdots\cdots⑦$$

$$2a\beta + b = -\frac{4}{3} \quad \cdots\cdots\cdots\cdots\cdots⑧$$

$$-a\beta^2 + 1 = 0 \quad \cdots\cdots\cdots\cdots\cdots\cdots⑨$$

⑦，⑨ より

$$a\alpha^2 = a\beta^2$$

$a \neq 0$，$\alpha \neq \beta$ より $\beta = -\alpha$ で，⑧ に代入して

$$-2a\alpha + b = -\frac{4}{3}$$

⑥ と連立して

$$2b = -\frac{2}{3} \qquad \therefore \quad b = -\frac{1}{3}$$

⑥ に代入して

$$2a\alpha = 1 \qquad \therefore \quad a\alpha = \frac{1}{2}$$

⑦ に代入して

$$-\frac{\alpha}{2} + 1 = 0 \qquad \therefore \quad \alpha = 2$$

したがって $\beta = -\alpha = -2$ で，$a = \dfrac{1}{4}$ であるから，

③ は $y = \dfrac{1}{4}x^2 - \dfrac{1}{3}x + 1$ であり，①，② より，A の

座標は $\left(2, \dfrac{4}{3}\right)$，B の座標は $\left(-2, \dfrac{8}{3}\right)$ となる．

　⑤ の $t = 0$，$a = \dfrac{1}{4}$，$b = -\dfrac{1}{3}$ を代入して，K にお

ける ③ の接線は $y = -\dfrac{1}{3}x + 1$ となる．

　①，④ より $x = 1$，$y = \dfrac{2}{3}$ であるから，A′ の座標

は

$\left(1, \dfrac{2}{3}\right)$ である．②，④ より $x = -1$，$y = \dfrac{4}{3}$ である

から，B′ の座標は $\left(-1, \dfrac{4}{3}\right)$ である．したがって

$$\triangle\text{OA′B′} = \frac{1}{2}\left| 1 \cdot \frac{4}{3} - (-1) \cdot \frac{2}{3} \right| = \mathbf{1}$$

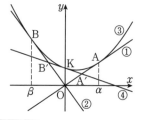

◆別解◆ 式番号は ⑤ から振り直す．

　①，③ を連立して

$$ax^2 + \left(b - \frac{2}{3}\right)x + 1 = 0$$

判別式を D_1 とすると，①，③ が接するとき $D_1 = 0$ であるから

$$D_1 = \left(b - \frac{2}{3}\right)^2 - 4a = b^2 - \frac{4}{3}b - 4a + \frac{4}{9}$$

$$b^2 - \frac{4}{3}b - 4a + \frac{4}{9} = 0 \ \cdots\cdots\cdots\cdots⑤$$

②，③ を連立して

$$ax^2 + \left(b + \frac{4}{3}\right)x + 1 = 0$$

判別式を D_2 とすると，②，③ が接するとき $D_2 = 0$ であるから

$$D_2 = \left(b + \frac{4}{3}\right)^2 - 4a$$

$$= b^2 + \frac{8}{3}b - 4a + \frac{16}{9}$$

$$b^2 + \frac{8}{3}b - 4a + \frac{16}{9} = 0 \ \cdots\cdots\cdots\cdots⑥$$

⑥ − ⑤ より

$$4b + \frac{4}{3} = 0 \qquad \therefore \quad b = -\frac{1}{3}$$

⑤ に代入して

$$\frac{1}{9} + \frac{4}{9} + \frac{4}{9} - 4a = 0 \qquad \therefore \quad a = \frac{1}{4}$$

③ は $y = \dfrac{1}{4}x^2 - \dfrac{1}{3}x + 1$ である．

―《接線の基本 (B5) ☆》――

490. 放物線 $y = 2x^2 - 3x + 4$ に点 $\left(1, -\dfrac{1}{8}\right)$ から引いた接線の接点のうち，x 座標が正である接点は $(\boxed{}, \boxed{})$ である． (23 帝京大・医)

▶解答◀ $y = 2x^2 - 3x + 4$

$$y' = 4x - 3$$

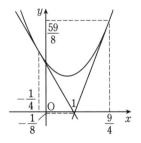

放物線上の点 $\mathrm{T}(t, 2t^2 - 3t + 4)$ における接線を l とする．

$$l : y = (4t - 3)(x - t) + 2t^2 - 3t + 4$$

$$l : y = (4t - 3)x - 2t^2 + 4$$

l が $\left(1, -\dfrac{1}{8}\right)$ を通るとき

$$-\frac{1}{8} = 4t - 3 - 2t^2 + 4$$

$$16t^2 - 32t - 9 = 0$$

$$(4t - 9)(4t + 1) = 0 \qquad \therefore \quad t = \frac{9}{4}, \ -\frac{1}{4}$$

$x = \dfrac{9}{4}$ のとき T の y 座標は

$$y = \frac{81}{8} - \frac{27}{4} + 4 = \frac{59}{8}$$

x 座標が正である接点の座標は $\left(\dfrac{9}{4}, \dfrac{59}{8}\right)$

図は上下に圧縮してある．

―《包絡線 (B10)》――

491. （1） 放物線 $y = ax^2$ $(a \neq 0)$ について，曲線の向きを変えずにその頂点が直線 $l : y = mx$ $(m \neq 0)$ の上を動くときにできる放物線の方程式を求めよ．このとき，頂点の x 座標を t とせよ．

（2） これらの放物線群のすべての放物線に接する直線の方程式を求めよ． (23 三条市立大・工)

▶解答◀ （1） 求める放物線の頂点が l 上にあるから，頂点の座標は (t, mt) と表せる．曲線の向き（放物線の開き具合）は $y = ax^2$ を保ったままであるから

$$y = a(x - t)^2 + mt$$

が求める放物線の方程式である．

（2） x 軸に垂直な直線は明らかに接しないから，接する直線の方程式は $y = px + q$ とおける．このとき（1）で求めた放物線と連立して

$$a(x - t)^2 + mt = px + q$$

$$ax^2 - (2at + p)x + at^2 + mt - q = 0$$

直線と放物線が接する条件は上の方程式の判別式を D としたとき $D = 0$ となることである．

$$D = (2at + p)^2 - 4a(at^2 + mt - q) = 0$$

$$4a(p - m)t + p^2 + 4aq = 0$$

これが任意の実数 t について成立する条件は

$$4a(p - m) = 0 \quad かつ \quad p^2 + 4aq = 0$$

$a \neq 0$ であるから，$p = m$ である．よって，$m^2 + 4aq = 0$

すなわち，$q = -\dfrac{m^2}{4a}$ である．

よって，求める直線の方程式は

$$y = mx - \frac{m^2}{4a}$$

【法線（数 II）】

―《法政 (B20) ☆》――

492. 座標平面上にある放物線 $y = x^2$ を C とし，C 上の 2 点 $\mathrm{A}(\alpha, \alpha^2)$ と $\mathrm{B}(\beta, \beta^2)$ を考える．ただし，$\alpha < \beta$ とする．C の A における接線 l_1 と，B における接線 l_2 との交点を P とする．また，A を

通り l_1 と直交する直線 m_1 と，B を通り l_2 と直交する直線 m_2 との交点を Q とする．さらに，3 点 A，B，Q を通る円の中心を点 S(s, t) とする．

（1）P と Q の座標を α，β を用いて表せ．

（2）s と t を α，β を用いて表せ．

（3）α，β が $\alpha < \beta$ かつ $s = 0$ をみたしながら動くとき，t のとりうる値の範囲を求めよ．

(23 北海道大・後期)

▶**解答**◀ （1）C において $y' = 2x$ であるから，l_1 の方程式は

$$y = 2\alpha(x - \alpha) + \alpha^2$$
$$y = 2\alpha x - \alpha^2$$

である．同様に．$l_2 : y = 2\beta x - \beta^2$ となる．これらを連立して

$$2\alpha x - \alpha^2 = 2\beta x - \beta^2$$
$$2(\beta - \alpha)x = \beta^2 - \alpha^2 \qquad \therefore \quad x = \frac{\alpha + \beta}{2}$$

このとき，$y = 2\alpha \cdot \dfrac{\alpha + \beta}{2} - \alpha^2 = \alpha\beta$ であるから，P の座標は $\left(\dfrac{\alpha + \beta}{2}, \alpha\beta \right)$ である．

また，$\alpha \neq 0$ のとき m_1 の方程式は

$$y = -\frac{1}{2\alpha}(x - \alpha) + \alpha^2$$
$$x + 2\alpha y = \alpha + 2\alpha^3$$

これは $\alpha = 0$ でも正しい．同様に，$m_2 : x + 2\beta y = \beta + 2\beta^3$ となる．これらを連立して

$$2(\beta - \alpha)y = \beta - \alpha + 2(\beta^3 - \alpha^3)$$
$$y = \alpha^2 + \alpha\beta + \beta^2 + \frac{1}{2}$$

このとき，

$$x = -2\alpha\left(\alpha^2 + \alpha\beta + \beta^2 + \frac{1}{2} \right) + \alpha + 2\alpha^3$$
$$= -2\alpha\beta(\alpha + \beta)$$

であるから，Q の座標は

$$\left(-2\alpha\beta(\alpha + \beta), \alpha^2 + \alpha\beta + \beta^2 + \frac{1}{2} \right)$$

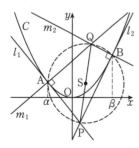

（2）$\angle \text{PAQ} = \angle \text{PBQ} = 90°$ であるから，4 点 A，

P，B，Q は PQ を直径とする円周上にある．S は PQ の中点であるから，

$$s = \frac{1}{2}\left\{ \frac{\alpha + \beta}{2} - 2\alpha\beta(\alpha + \beta) \right\}$$
$$= \frac{1}{4}(\alpha + \beta)(1 - 4\alpha\beta)$$
$$t = \frac{1}{2}\left\{ \alpha\beta + \left(\alpha^2 + \alpha\beta + \beta^2 + \frac{1}{2} \right) \right\}$$
$$= \frac{1}{4}\{1 + 2(\alpha + \beta)^2\}$$

（3）$s = 0$ のとき $\alpha + \beta = 0$ または $\alpha\beta = \dfrac{1}{4}$ である．$\alpha + \beta = 0$ のとき，$t = \dfrac{1}{4}$ である．$\alpha\beta = \dfrac{1}{4}$ のとき

$(\alpha + \beta)^2$ のとりうる値の範囲を考える．$\alpha = 0$ のとき，$\alpha\beta = \dfrac{1}{4}$ は成立しないから $\alpha \neq 0$ であり，このとき $\beta = \dfrac{1}{4\alpha}$ である．$\alpha^2 > 0$ より，相加・相乗平均の不等式より

$$(\alpha + \beta)^2 = \left(\alpha + \frac{1}{4\alpha} \right)^2$$
$$= \alpha^2 + \frac{1}{16\alpha^2} + \frac{1}{2}$$
$$\geq 2\sqrt{\alpha^2 \cdot \frac{1}{16\alpha^2}} + \frac{1}{2} = 1$$

等号が成立するなら $\alpha^2 = \dfrac{1}{16\alpha^2}$，すなわち $\alpha = \beta$ のときであるが，いまは $\alpha < \beta$ であるから等号は成立しない．ただし α と β が限りなく近いとき，$(\alpha + \beta)^2$ は 1 に限りなく近づくから，$(\alpha + \beta)^2 > 1$ となる．よって，

$$t > \frac{1}{4}(1 + 2 \cdot 1) = \frac{3}{4}$$

であるから，t のとりうる値の範囲は

$$t = \frac{1}{4}, \ t > \frac{3}{4}$$

【関数の増減・極値（数 II）】

《4 次関数と絶対値 (B20)》

493. 実数 x 全体で定義された関数

$$f(x) = \frac{1}{4}(1 - x^2)^2 + |x(x-1)(x+1)|$$

が極値をとる x の値はいくつあるか答えよ．

(23 東北大・理-AO)

▶**解答**◀

$$f(x) = \frac{1}{4}(x^2 - 1)^2 + |x(x^2 - 1)|$$

は偶関数であるから，グラフは y 軸に関して対称である．$x > 1$ では $x^2 - 1$，x は正の値をとりながら増加するから，$f(x)$ は増加する．よって $0 < x < 1$ での増減を調べれば f の増減は分かる．このとき

$$f(x) = \frac{1}{4}(x^4 - 2x^2 + 1) - (x^3 - x)$$

$$f'(x) = \frac{1}{4}(4x^3 - 4x) - (3x^2 - 1)$$
$$= x^3 - x - 3x^2 + 1 = (x^3 - 3x^2) - (x - 1)$$

ここで, $g(x) = x^3 - 3x^2$, $h(x) = x - 1$ とおく.
$0 < x < 1$ において $g'(x) = 3x(x - 2) < 0$ だから
$g(x)$ は減少し, $h(x)$ は増加する. 図1を見よ. これ
より $f'(x) = g(x) - h(x)$ は正から負に一度だけ符
号を変える. その符号を変える x の値を α とする.
実数全体では $x = 0$ で極小, $x = \pm\alpha$ で極大, $x = \pm 1$
で極小になる. 極値をとる x の値は **5** 個ある.

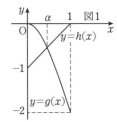
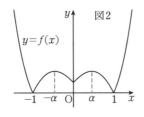

◆**別解**◆ 最初の考察は解答と同じ. $x > 1$ のとき
$$f(x) = \frac{1}{4}(x^4 - 2x^2 + 1) + (x^3 - x)$$
$$f'(x) = x(x^2 - 1) + (3x^2 - 1)$$
で, $x > 0$, $x^2 - 1 > 0$, $3x^2 - 1 > 0$ だから $f'(x) > 0$
$0 < x < 1$ のとき
$$f(x) = \frac{1}{4}(x^4 - 2x^2 + 1) - (x^3 - x)$$
$$f'(x) = x^3 - x - 3x^2 + 1$$
$$f''(x) = 3x^2 - 6x - 1 = 3x(x - 2) - 1$$
$0 < x < 1$ で $3x(x - 2) < 0$ であるから $f''(x) < 0$
である. $f'(x)$ は減少し, $f'(0) = 1 > 0$, $f'(1) = -2 < 0$ である. ゆえに $f'(x)$ は $0 < x < 1$ で1回
だけ符号を変え, その符号を変える x の値を α とすると, α の前後で正から負に符号を変える. $f(x)$ は
$0 < x < 1$ において, $x = \alpha$ で極大になる.（以下省
略する)

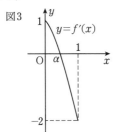

《4次関数の極値 (B20) ☆》

494. $f(x) = 2x^4 - 4(1+a)x^3 + 12ax^2 + 16ax + 5$
が極大値を持つような正の実数 a の範囲は
$\boxed{} < a < \dfrac{\boxed{}}{\boxed{}}$, $\boxed{} < a$ である.

(23 藤田医科大・医学部後期)

▶**解答**◀ x^4 の係数が正であるから, $f(x)$ が極大
値をもつ条件は $f'(x) = 0$ が異なる3つの実数解を
もつことで, それは $f'(x)$ の極値の積が負になること
である.
$$f(x) = 2x^4 - 4(1+a)x^3 + 12ax^2 + 16ax + 5$$
$$f'(x) = 8x^3 - 12(1+a)x^2 + 24ax + 16a$$
$$= 4\{2x^3 - 3(1+a)x^2 + 6ax + 4a\}$$
$g(x) = 2x^3 - 3(1+a)x^2 + 6ax + 4a$ とおく.
$$g'(x) = 6x^2 - 6(1+a)x + 6a$$
$$= 6(x - 1)(x - a)$$
より, $a \neq 1$ のとき $g(x)$ は極値 $g(1)$, $g(a)$ をもつ.
$$g(a) = 2a^3 - 3(1+a)a^2 + 6a^2 + 4a$$
$$= -a^3 + 3a^2 + 4a = -a(a+1)(a-4)$$
$$g(1) = 2 - 3(1+a) + 6a + 4a = 7a - 1$$
$g(a) \cdot g(1) < 0$ のときである.
$$(-a^3 + 3a^2 + 4a)(7a - 1) < 0$$
$$-a(a+1)(a-4)(7a - 1) < 0$$
$a > 0$ であるから
$$(a - 4)(7a - 1) > 0$$
これは $a \neq 1$ を満たすから, 求める a の範囲は
$\mathbf{0 < a < \dfrac{1}{7}}$, $\mathbf{a > 4}$ である.

《3次関数の極値 (B10)》

495. 関数
$$f(x) = x^3 - (a^2 + 2)x^2 + (a^2 - 5)x + 6(a^2 + 1)$$
について, 次の問いに答えよ. ただし, a は
$-1 < a < 1$ を満たす定数とする.
（1） $f(-2)$ および $f(3)$ を求めよ.
（2） $f(x)$ を因数分解せよ.
（3） $y = f(x)$ のグラフと x 軸および y 軸との
　　共有点の座標を求めよ.
（4） $y = f(x)$ の増減を調べ, グラフの概形をか
　　け. ただし, 極値は求めなくてよい.

(23 広島工業大・公募)

▶**解答**◀ （1） $f(-2)$
$$= (-2)^3 - (a^2 + 2) \cdot (-2)^2$$
$$+ (a^2 - 5) \cdot (-2) + 6(a^2 + 1) = \mathbf{0}$$
$$f(3) = 3^3 - (a^2 + 2) \cdot 3^2$$
$$+ (a^2 - 5) \cdot 3 + 6(a^2 + 1) = \mathbf{0}$$

（2） $f(x)$ は $(x+2)(x-3)$ で割り切れるから

$$f(x)=(x+2)(x-3)(x-p)$$

とおける．もとの式と定数項を比較して $6p=6(a^2+1)$ となるから $p=a^2+1$ であり

$$f(x)=\boldsymbol{(x+2)(x-3)(x-a^2-1)}$$

（3） x 軸との共有点の座標は

$$\boldsymbol{(-2,\,0),\,(3,\,0),\,(a^2+1,\,0)}$$

y 軸との共有点の座標は $(0,\,f(0))=\boldsymbol{(0,\,6a^2+6)}$

（4） $f'(x)=3x^2-2(a^2+2)x+a^2-5=0$ を解いて

$$\alpha=\frac{a^2+2-\sqrt{a^4+a^2+19}}{3}$$

$$\beta=\frac{a^2+2+\sqrt{a^4+a^2+19}}{3}$$

とする．$f(x)$ の増減表は次のようになる．

x	$\cdots$	α	$\cdots$	β	$\cdots$
$f'(x)$	$+$	0	$-$	0	$+$
$f(x)$	↗		↘		↗

グラフの概形は図のようになる．

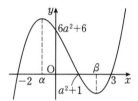

《三角関数で置き換えて部分（B30）》

496. 関数

$$y=2\cos^5 x-3\cos^3 x+\cos x-2\sin^5 x$$
$$+3\sin^3 x-\sin x$$

を考える．ただし，$0\le x<2\pi$ とする．
$t=\cos x-\sin x$ とおくと，t のとりうる値の範囲は

$$-\sqrt{\boxed{}}\le t\le\sqrt{\boxed{}}$$

である．このとき，$\cos x\sin x$ と $\cos^3 x-\sin^3 x$ はそれぞれ t を用いて

$$\cos x\sin x=\frac{-t^2+\boxed{}}{\boxed{}},$$

$$\cos^3 x-\sin^3 x=\frac{-t^3+\boxed{}t}{\boxed{}}$$

と表され，関数 y は t を用いて

$$y=\frac{-t^5+\boxed{}t^3-\boxed{}t}{\boxed{}}\quad\cdots\cdots\cdots\text{①}$$

と表される．

$y=0$ となる x の値は全部で $\boxed{}$ 個あり，そのうち最も大きい値は $\dfrac{\boxed{}}{\boxed{}}\pi$ である．

式 ① で表される t の関数 y を $f(t)$ とする．$y=f(t)$ が極値をとる t は 4 つあり，小さい方から順に $a,\,b,\,c,\,d$ とする．このとき，

$$ac=\frac{\boxed{}\sqrt{\boxed{}}}{\boxed{}},\quad f(b)f(d)=\frac{\boxed{}\sqrt{\boxed{}}}{\boxed{}}$$

である．

(23 近大・医-推薦)

▶**解答**◀ $t=\cos x-\sin x$

$$=\sqrt{2}\left(\cos x\cos\frac{\pi}{4}-\sin x\sin\frac{\pi}{4}\right)$$

$$=\sqrt{2}\cos\left(x+\frac{\pi}{4}\right)$$

$\dfrac{\pi}{4}\le x+\dfrac{\pi}{4}<2\pi+\dfrac{\pi}{4}$ であるから，t の値域は

$$-\sqrt{2}\le t\le\sqrt{2}$$

このとき，$t^2=1-2\cos x\sin x$ であるから

$$\cos x\sin x=\frac{-t^2+1}{2}$$

$$\cos^3 x-\sin^3 x$$

$$=(\cos x-\sin x)(1+\cos x\sin x)$$

$$=t\left(1+\frac{-t^2+1}{2}\right)=\frac{-t^3+3t}{2}$$

また

$$(\cos^2 x+\sin^2 x)(\cos^3 x-\sin^3 x)$$

$$=\cos^5 x-\sin^5 x+\cos^2 x\sin^2 x(\cos x-\sin x)$$

であるから

$$1\cdot\frac{-t^3+3t}{2}=\cos^5 x-\sin^5 x+\left(\frac{-t^2+1}{2}\right)^2 t$$

$$\cos^5 x-\sin^5 x=\frac{-t^3+3t}{2}-\frac{(-t^2+1)^2 t}{4}$$

$$=\frac{-t^5+5t}{4}$$

よって

$$y=2(\cos^5 x-\sin^5 x)-3(\cos^3 x-\sin^3 x)$$

$$+(\cos x-\sin x)$$

$$=2\cdot\frac{-t^5+5t}{4}-3\cdot\frac{-t^3+3t}{2}+t$$

$$=\frac{-t^5+3t^3-2t}{2}$$

$y=0$ となるのは $-t^5+3t^3-2t=0$ のときで

$$t(t^2-1)(t^2-2)=0$$

$-\sqrt{2}\le t\le\sqrt{2}$ に注意して

$$t=0,\ \pm 1,\ \pm\sqrt{2}$$

すなわち，$\cos\left(x+\dfrac{\pi}{4}\right)=0,\ \pm\dfrac{1}{\sqrt{2}},\ \pm1$ である．

$x+\dfrac{\pi}{4}=\theta$ とおくと $\dfrac{\pi}{4}\leqq\theta<2\pi+\dfrac{\pi}{4}$ であるから，これを満たす x の値は，次の図の●に対する 8 個であり，この中で最大のものは $\theta=2\pi$ のときの $\dfrac{7}{4}\pi$ である．

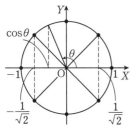

$$f(t)=\frac{-t^5+3t^3-2t}{2}$$

$$f'(t)=\frac{-5t^4+9t^2-2}{2}$$

$t^2=s$ とおく．$0\leqq s\leqq 2$

$g(s)=-5s^2+9s-2$ とおく．

$$g(0)=-2<0,\ g(1)=2>0,$$
$$g(2)=-20+18-2=-4<0$$

$g(s)=0$ は $0<s<2$ に 2 つの解をもつ．その解を $\alpha,\ \beta\ (0<\alpha<\beta<2)$ とする．解と係数の関係より

$$\alpha+\beta=\frac{9}{5},\ \alpha\beta=\frac{2}{5}$$

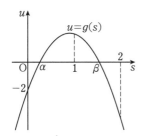

t	$-\sqrt{2}$	$\cdots$	a	$\cdots$	b	$\cdots$	c	$\cdots$	d	$\cdots$	$\sqrt{2}$
$f'(t)$		$-$	0	$+$	0	$-$	0	$+$	0	$-$	
$f(t)$		$\searrow$		$\nearrow$		$\searrow$		$\nearrow$		$\searrow$	

$a=-\sqrt{\beta},\ b=-\sqrt{\alpha},\ c=\sqrt{\alpha},\ d=\sqrt{\beta}$

$$ac=-\sqrt{\alpha\beta}=-\sqrt{\frac{2}{5}}=-\frac{\sqrt{10}}{5}$$

$$f(t)=-\frac{t}{2}(t^4-3t^2+2)=-\frac{t}{2}(t^2-1)(t^2-2)$$

であるから

$$f(b)f(d)=f(-\sqrt{\alpha})f(\sqrt{\beta})$$
$$=\frac{\sqrt{\alpha}}{2}(\alpha-1)(\alpha-2)$$
$$\times\left(-\frac{\sqrt{\beta}}{2}\right)(\beta-1)(\beta-2)$$

$$g(s)=-5(\alpha-s)(\beta-s)$$

$$f(b)f(d)=\frac{\sqrt{\alpha\beta}}{-4}\cdot\frac{g(1)}{-5}\cdot\frac{g(2)}{-5}$$

$$=\frac{\sqrt{\dfrac{2}{5}}}{-100}\cdot 2\cdot(-4)=\frac{2\sqrt{10}}{125}$$

♦別解♦ α は $5\alpha^2-9\alpha+2=0$ を満たすから

$$\alpha^2=\frac{9\alpha-2}{5}$$

$$f(b)=\frac{-b^5+3b^3-2b}{2}=\frac{\sqrt{\alpha}}{2}(\alpha^2-3\alpha+2)$$

$$=\frac{\sqrt{\alpha}}{2}\left(\frac{9\alpha-2}{5}-3\alpha+2\right)=-\frac{\sqrt{\alpha}}{5}(3\alpha-4)$$

$\beta,\ d$ についても同様に考えて

$$f(d)=\frac{\sqrt{\beta}}{5}(3\beta-4)$$

したがって

$$f(b)f(d)=-\frac{\sqrt{\alpha\beta}}{25}(3\alpha-4)(3\beta-4)$$

$$=-\frac{\sqrt{\alpha\beta}}{25}\{9\alpha\beta-12(\alpha+\beta)+16\}$$

$$=-\frac{1}{25}\sqrt{\frac{2}{5}}\left(\frac{18}{5}-\frac{108}{5}+16\right)=\frac{2\sqrt{10}}{125}$$

注意

因数分解を利用した代入は藤田医大・未来 **1**（5）別解を見よ．また

$$(\alpha-1)(\beta-1)=\alpha\beta-(\alpha+\beta)+1$$
$$=\frac{2}{5}-\frac{9}{5}+1=-\frac{2}{5}$$

のように計算してもよい．

《極値の和（B10）》

497. a を実数の定数とする．
$$f(x)=x^3+ax^2+2x-2a$$
が極値を 2 つもつとき，a の範囲は，
$$a<-\sqrt{\boxed{}},\ a>\sqrt{\boxed{}}\ \text{となる．}$$
また，2 つの極値の和が 0 となるとき，$a=\boxed{}$ である．

（23 西南学院大）

▶解答◀ $f'(x)=3x^2+2ax+2$

$f'(x)$ の判別式 D について，$\dfrac{D}{4}=a^2-6>0$

$$\boldsymbol{a<-\sqrt{6},\ \sqrt{6}<a}\ \cdots\cdots\cdots\cdots\text{①}$$

$f'(x)=0$ の 2 解を $\alpha,\ \beta$ とする．解と係数の関係より

$$\alpha+\beta=-\frac{2}{3}a,\ \alpha\beta=\frac{2}{3}$$

$$f(\alpha)+f(\beta)$$
$$=(\alpha^3+a\alpha^2+2\alpha-2a)+(\beta^3+a\beta^2+2\beta-2a)$$

$$= (\alpha^3 + \beta^3) + a(\alpha^2 + \beta^2) + 2(\alpha + \beta) - 4a$$

$$= (\alpha + \beta)^3 - 3\alpha\beta(\alpha + \beta)$$

$$\quad + a\{(\alpha+\beta)^2 - 2\alpha\beta\} + 2(\alpha+\beta) - 4a$$

$$= \left(-\frac{2}{3}a\right)^3 - 3 \cdot \frac{2}{3} \cdot \left(-\frac{2}{3}a\right)$$

$$\quad + a\left\{\left(-\frac{2}{3}a\right)^2 - 2\cdot\frac{2}{3}\right\} + 2\cdot\left(-\frac{2}{3}a\right) - 4a$$

$$= -\frac{8}{27}a^3 + \frac{4}{3}a + \frac{4}{9}a^3 - \frac{4}{3}a - \frac{4}{3}a - 4a$$

$$= \frac{4}{27}a^3 - \frac{16}{3}a$$

$f(\alpha) + f(\beta) = 0$ から，$a = 0, \pm6$

① より，$a = \pm6$

【最大値・最小値（数 II）】

《最大を論じる（B20）☆》

498. a を正の定数とします．関数
$$f(x) = x^3 - 2ax^2 + a^2 x$$
について，次の（1），（2）に答えなさい．
（1） 関数 $f(x)$ の極大値を a を用いて表しなさい．
（2） 関数 $f(x)$ の区間 $0 \le x \le 4$ における最大値が 8 であるような定数 a の値をすべて求めなさい．
(23 神戸大・理系-「志」入試)

▶**解答**◀ （1） $f'(x) = 3x^2 - 4ax + a^2$

$$= (x - a)(3x - a)$$

$a > 0$ より，$f(x)$ の増減表は下のようになり，極大値は

$$f\left(\frac{a}{3}\right) = \frac{a^3}{27} - \frac{2}{9}a^3 + \frac{a^3}{3} = \frac{4}{27}a^3$$

x	$\cdots$	$\frac{a}{3}$	$\cdots$	a	$\cdots$
$f'(x)$	+	0	−	0	+
$f(x)$	↗		↘		↗

（2） $f(x) = f\left(\frac{a}{3}\right)$ の解を考える．$x = \frac{a}{3}$ でない方の解を α とおく．$x = \frac{a}{3}$ が重解であることも合わせると，解と係数の関係より

$$\frac{a}{3} + \frac{a}{3} + \alpha = 2a \qquad \therefore \quad \alpha = \frac{4}{3}a$$

これより，$y = f(x)$ のグラフは次のようになる．

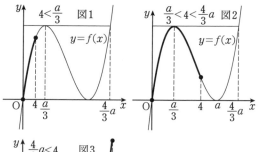

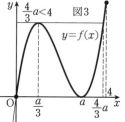

（ア） $0 \le 4 \le \frac{a}{3}$ のとき：図1を参照．$a \ge 12$ である．このとき，最大値は $f(4)$ である．以後は（ウ）でまとめて考える．

（イ） $\frac{a}{3} \le 4 \le \frac{4}{3}a$ のとき：図2を参照．$3 \le a \le 12$ である．このとき，最大値は $f\left(\frac{a}{3}\right)$ であるから，

$$f\left(\frac{a}{3}\right) = \frac{4}{27}a^3 = 8$$

$$a^3 = 2 \cdot 27 \qquad \therefore \quad a = 3\sqrt[3]{2}$$

（ウ） $\frac{4}{3}a \le 4$ のとき：図3を参照．$0 < a \le 3$ である．最大値は $f(4) = 4(a-4)^2$ で，（ア）とまとめると $a \ge 12$ または $0 < a \le 3$ で $4(a-4)^2 = 8$ となる．適するのは $a = 4 - \sqrt{2}$ のときである．

求める $a = 4 - \sqrt{2},\ 3\sqrt[3]{2}$ である．

◆**別解**◆ （2）【候補を挙げて考える】
図の番号は 1 から付け直す．連続関数の閉区間における最大・最小は区間の端，または極値でとる．$0 \le x \le 4$ における $f(x)$ の最大の候補は

$$f\left(\frac{a}{3}\right) = \frac{4}{27}a^3,\ f(0) = 0$$

$$f(4) = 64 - 32a + 4a^2 = 4(a-4)^2$$

のいずれかである．ただし $f\left(\frac{a}{3}\right)$ が候補として有効なのは $0 < \frac{a}{3} \le 4$，すなわち $0 < a \le 12$ のときである．これらのグラフを描いて図から読み取る．図1ではわかりにくいかもしれないから，$0 < a < 6$ のあたりを拡大したものが図2である．

$f(x)$ の $0 \le x \le 4$ における最大値を $M(a)$ としたとき，太線が $Y = M(a)$ である．

$f\left(\frac{a}{3}\right) = f(4)$ を考えると

$$\frac{4}{27}a^3 = 64 - 32a + 4a^2$$

$$\left(\frac{a}{3}\right)^3 - 9\left(\frac{a}{3}\right)^2 + 24\left(\frac{a}{3}\right) - 16 = 0$$

$$\left(\frac{a}{3} - 1\right)\left\{\left(\frac{a}{3}\right)^2 - 8\left(\frac{a}{3}\right) + 16\right\} = 0$$

$$\left(\frac{a}{3} - 1\right)\left(\frac{a}{3} - 4\right)^2 = 0 \qquad \therefore \quad a = 3, 12$$

また，$f\left(\dfrac{a}{3}\right) = 8$ のとき

$$\frac{4}{27}a^3 = 8 \qquad \therefore \quad a^3 = 2 \cdot 27$$

$a \geqq 3$ より $a = 3\sqrt[3]{2}$ である．また，$f(4) = 8$ のとき

$$4(a - 4)^2 = 8 \qquad \therefore \quad a - 4 = \pm\sqrt{2}$$

$0 < a \leqq 3$ より，$a = 4 - \sqrt{2}$ である．

以上より，$0 \leqq x \leqq 4$ における最大値が 8 であるような定数 a の値は $a = 3\sqrt[3]{2},\ 4 - \sqrt{2}$ である．

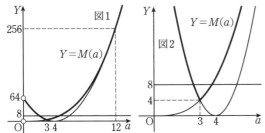

《単調でないこと (C20) ☆》

499. a を実数とし，座標平面上の点 $(0, a)$ を中心とする半径 1 の円の周を C とする．

（1）C が，不等式 $y > x^2$ の表す領域に含まれるような a の範囲を求めよ．

（2）a は（1）で求めた範囲にあるとする．C のうち $x \geqq 0$ かつ $y < a$ を満たす部分を S とする．S 上の点 P に対し，点 P での C の接線が放物線 $y = x^2$ によって切り取られてできる線分の長さを L_P とする．$L_Q = L_R$ となる S 上の相異なる 2 点 Q，R が存在するような a の範囲を求めよ．

(23　東大・理科)

▶解答◀（1）a は明らかに正である．$x^2 + (y - a)^2 = 1$ と $y = x^2$ から x^2 を消去して

$$y + (y - a)^2 = 1$$
$$y^2 - (2a - 1)y + (a^2 - 1) = 0$$

これが $a - 1 < y < a + 1$ の範囲に解をもたない条件を考える．この左辺を $f(y)$ とおいたとき，$f(y)$ の軸は $\dfrac{2a - 1}{2} = a - \dfrac{1}{2}$ であるから，必ず $a - 1 < y < a + 1$ の範囲に含まれる．ゆえに，求める条件は $f(y) = 0$ の判別式を D としたとき $D < 0$ であるから

$$D = (2a - 1)^2 - 4(a^2 - 1)$$
$$= -4a + 5 < 0$$

よって $\boldsymbol{a > \dfrac{5}{4}}$ である．

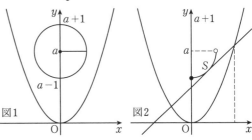

図1　　　図2

（2）S 上の点 P を $(\cos\theta,\ a + \sin\theta)$ $\left(-\dfrac{\pi}{2} \leqq \theta < 0\right)$ とおく．P における接線は

$$(\cos\theta)x + (\sin\theta)(y - a) = 1 \quad \cdots\cdots\cdots① $$

である．これと $y = x^2$ を連立して

$$(\cos\theta)x + (\sin\theta)(x^2 - a) = 1$$
$$(\sin\theta)x^2 + (\cos\theta)x - (a\sin\theta + 1) = 0$$

この解を α，β とすると，解と係数の関係より，

$$\alpha + \beta = -\frac{1}{\tan\theta}, \quad \alpha\beta = -a - \frac{1}{\sin\theta}$$

である．① の傾きが $-\dfrac{\cos\theta}{\sin\theta} = -\dfrac{1}{\tan\theta}$ であることから，$1 + \dfrac{1}{\tan^2\theta} = \dfrac{1}{\sin^2\theta}$ も合わせると

$$L_P = \sqrt{1 + \frac{1}{\tan^2\theta}}\,|\alpha - \beta|$$
$$= \left|\frac{1}{\sin\theta}\right||\alpha - \beta|$$

となる．このとき

$$L_P{}^2 = \frac{1}{\sin^2\theta}(\alpha - \beta)^2$$
$$= \frac{1}{\sin^2\theta}\{(\alpha + \beta)^2 - 4\alpha\beta\}$$
$$= \frac{1}{\sin^2\theta}\left\{\frac{1}{\tan^2\theta} - 4\left(-a - \frac{1}{\sin\theta}\right)\right\}$$

$s = \dfrac{1}{\sin\theta}$ とおくと $s \leqq -1$ で，s の値と S 上の点は 1 対 1 に対応する．

$$L_P{}^2 = s^2\{(s^2 - 1) - 4(-a - s)\}$$
$$= s^2\{s^2 + 4s + (4a - 1)\}$$

これを $g(s)$ とおくと

$$g'(s) = 2s\{s^2 + 4s + (4a - 1)\} + s^2(2s + 4)$$
$$= 2s\{2s^2 + 6s + (4a - 1)\}$$

ここで，

$$h(s) = 2s^2 + 6s + (4a - 1)$$
$$= 2\left(s + \frac{3}{2}\right)^2 + 4a - \frac{11}{2}$$

とおく．$L_Q = L_R$ となる S 上の相異なる 2 点 Q，R が存在するための必要十分条件は，ある定数 c に対して，$g(s) = c$ という方程式が $s \leqq -1$ に異なる解を

もつことであり，それは $g(s)$ が $s \leqq -1$ において単調でないことである．ゆえに，求める条件は $g(s)$ が $s \leqq -1$ のある点において符号変化する，すなわち，$h(s) = 0$ が $s \leqq -1$ の範囲に解をもつことであるから，$h(s)$ の軸が $s = -\dfrac{3}{2}$ であることも合わせると

$$h\left(-\frac{3}{2}\right) = 4a - \frac{11}{2} < 0 \qquad \therefore \quad a < \frac{11}{8}$$

よって，（1）と合わせて $\dfrac{5}{4} < a < \dfrac{11}{8}$ である．

―――《三角関数・和で表す（B20）》―――

500. 関数

$$f(\theta) = 2\sin 3\theta - 3\sin\theta + 3\sqrt{3}\cos\theta$$

について，以下の問いに答えなさい．

（1） $\sin\theta - \sqrt{3}\cos\theta$ を

$r\sin(\theta + \alpha)\,(r > 0,\,-\pi \leqq \alpha < \pi)$

の形に変形しなさい．

（2） $-\dfrac{\pi}{2} \leqq \theta \leqq \dfrac{\pi}{2}$ のとき $\sin\theta - \sqrt{3}\cos\theta$ の最大値と最小値を求め，そのときの θ の値をそれぞれ求めなさい．

（3） $x = \sin\theta - \sqrt{3}\cos\theta$ とおく．

$\sin\left\{3\left(\theta - \dfrac{\pi}{3}\right)\right\} = 3\left(\dfrac{x}{2}\right) - 4\left(\dfrac{x}{2}\right)^3$

であることを示しなさい．

（4） $-\dfrac{\pi}{2} \leqq \theta \leqq \dfrac{\pi}{2}$ のとき $f(\theta)$ の最大値と最小値を求め，そのときの θ の値をそれぞれすべて求めなさい． (23 都立大・理系)

▶**解答**◀ （1）

$$\sin\theta - \sqrt{3}\cos\theta = 2\sin\left(\theta - \frac{\pi}{3}\right)$$

（2） $-\dfrac{\pi}{2} \leqq \theta \leqq \dfrac{\pi}{2}$ のとき $-\dfrac{5\pi}{6} \leqq \theta - \dfrac{\pi}{3} \leqq \dfrac{\pi}{6}$ であるから，$-1 \leqq \sin\left(\theta - \dfrac{\pi}{3}\right) \leqq \dfrac{1}{2}$

$\theta = \dfrac{\pi}{2}$ のとき最大値 1, $\theta = -\dfrac{\pi}{6}$ のとき最小値 -2

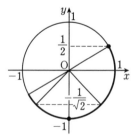

（3） $\theta - \dfrac{\pi}{3} = t$ とおくと，$x = 2\sin t$ である．

$$\sin 3t = \sin(2t + t) = \sin 2t\cos t + \cos 2t\sin t$$
$$= 2\sin t\cos^2 t + (1 - 2\sin^2 t)\sin t$$
$$= 2\sin t(1 - \sin^2 t) + (1 - 2\sin^2 t)\sin t$$
$$= 3\sin t - 4\sin^3 t = 3\left(\frac{x}{2}\right) - 4\left(\frac{x}{2}\right)^3$$

（4） $\sin 3\left(\theta - \dfrac{\pi}{3}\right) = \sin(3\theta - \pi) = -\sin 3\theta$

$$f(\theta) = -2\sin 3\left(\theta - \frac{\pi}{3}\right) - 3(\sin\theta - \sqrt{3}\cos\theta)$$
$$= -2\left(\frac{3}{2}x - \frac{x^3}{2}\right) - 3x = x^3 - 6x$$

$g(x) = x^3 - 6x\,(-2 \leqq x \leqq 1)$ とおく．

$$g'(x) = 3x^2 - 6 = 3(x^2 - 2)$$

x	-2	$\cdots$	$-\sqrt{2}$	$\cdots$	1
$g'(x)$		$+$	0	$-$	
$g(x)$		$\nearrow$		$\searrow$	

$$g(-2) = 4,\ g(1) = -5,\ g(-\sqrt{2}) = 4\sqrt{2}$$

$x = 1$ のとき，$\sin\left(\theta - \dfrac{\pi}{3}\right) = \dfrac{1}{2}$ より

$$\theta - \frac{\pi}{3} = \frac{\pi}{6} \qquad \therefore \quad \theta = \frac{\pi}{2}$$

$x = -\sqrt{2}$ のとき，$\sin\left(\theta - \dfrac{\pi}{3}\right) = -\dfrac{1}{\sqrt{2}}$ より

$$\theta - \frac{\pi}{3} = -\frac{\pi}{4},\,-\frac{3\pi}{4} \qquad \therefore \quad \theta = \frac{\pi}{12},\,-\frac{5\pi}{12}$$

$\theta = \dfrac{\pi}{12},\,-\dfrac{5\pi}{12}$ のとき最大値 $4\sqrt{2}$, $\theta = \dfrac{\pi}{2}$ のとき最小値 -5

―――《和が固まり（B10）》―――

501. 関数

$$f(x) = x^3 - 5x^2 + 6x - 6 + \frac{6}{x} - \frac{5}{x^2} + \frac{1}{x^3}$$

$(x \geqq 1)$ は，$x = \boxed{}$ のとき，最小値 $\boxed{}$ をとる． (23 山梨大・医-後期)

▶**解答**◀ $x + \dfrac{1}{x} = t$ とおくと，相加・相乗平均の不等式より $t \geqq 2\sqrt{x \cdot \dfrac{1}{x}} = 2$ で，等号成立は $x = \dfrac{1}{x}$ かつ $x \geqq 1$，つまり $x = 1$ のとき成り立つから $t \geqq 2$ である．

$$f(x) = \left(x + \frac{1}{x}\right)^3 - 3\left(x + \frac{1}{x}\right)$$
$$\qquad - 5\left(x + \frac{1}{x}\right)^2 + 10 + 6\left(x + \frac{1}{x}\right) - 6$$
$$= t^3 - 5t^2 + 3t + 4$$

$g(t) = t^3 - 5t^2 + 3t + 4$ とおくと

$$g'(t) = 3t^2 - 10t + 3 = (3t - 1)(t - 3)$$

t	2	$\cdots$	3	$\cdots$
$g'(t)$		$-$	0	$+$
$g(t)$		$\searrow$		$\nearrow$

増減表より $t = 3$ のとき最小値

$g(3) = 27 - 45 + 9 + 4 = -5$ をとる．このときの x は $x + \dfrac{1}{x} = 3$ から

$$x^2 - 3x + 1 = 0$$

$$x = \frac{3 \pm \sqrt{5}}{2}$$

$x \geqq 1$ より $x = \dfrac{3 + \sqrt{5}}{2}$

━━━《和と積 (B20)》━━━

502. 実数 a, b, c が

$a + b + c = 1, 2a^2 + b^2 + c^2 = 2$

を満たすとき，次の問いに答えよ．

（1） x の2次方程式

$2x^2 + 2(a-1)x + 3a^2 - 2a - 1 = 0$

の解は b, c であることを示せ．

（2） a のとり得る値の範囲を求めよ．

（3） $2(b^3 + c^3)$ の最大値を求めよ．

(23 山形大・工)

▶解答◀ （1） $a + b + c = 1$ ……………①

$2a^2 + b^2 + c^2 = 2$ ……………②

① より $b + c = 1 - a$ である．② は

$b^2 + c^2 = 2(1 - a^2)$

$(b + c)^2 - 2bc = 2(1 - a^2)$

$b + c = 1 - a$ を代入して

$(1 - a)^2 - 2bc = 2(1 - a^2)$

$bc = \dfrac{1}{2}(3a^2 - 2a - 1)$

解と係数の関係より $x = b, c$ を解にもつ2次方程式の1つは

$x^2 - (1 - a)x + \dfrac{1}{2}(3a^2 - 2a - 1) = 0$

$2x^2 + 2(a-1)x + 3a^2 - 2a - 1 = 0$

であるから示された．

（2） $b + c = 1 - a, bc = \dfrac{1}{2}(3a^2 - 2a - 1)$ を満たす実数 b, c が存在するための a の条件を求める．

$2x^2 + 2(a-1)x + 3a^2 - 2a - 1 = 0$

の判別式を D とすると，条件は $\dfrac{D}{4} \geqq 0$ で

$\dfrac{D}{4} = (a-1)^2 - 2(3a^2 - 2a - 1)$

$= -5a^2 + 2a + 3$

$-5a^2 + 2a + 3 = -(5a + 3)(a - 1) \geqq 0$

$-\dfrac{3}{5} \leqq a \leqq 1$

（3） $b^3 + c^3 = (b + c)^3 - 3bc(b + c)$

$= (1 - a)^3 - 3 \cdot \dfrac{1}{2}(3a^2 - 2a - 1)(1 - a)$

$= (-a^3 + 3a^2 - 3a + 1)$

$\qquad - \dfrac{3}{2}(-3a^3 + 5a^2 - a - 1)$

$= \dfrac{7}{2}a^3 - \dfrac{9}{2}a^2 - \dfrac{3}{2}a + \dfrac{5}{2}$

$f(a) = 2(b^3 + c^3)$ とおくと，$f(a) = 7a^3 - 9a^2 - 3a + 5$ である．

$f'(a) = 21a^2 - 18a - 3 = 3(7a^2 - 6a - 1)$

$\qquad = 3(7a + 1)(a - 1)$

$-\dfrac{3}{5} \leqq a \leqq 1$ における増減表は次の通り．

a	$-\dfrac{3}{5}$	$\cdots$	$-\dfrac{1}{7}$	$\cdots$	1
$f'(a)$		$+$	0	$-$	
$f(a)$		$\nearrow$		$\searrow$	

$f(a) = \left(\dfrac{1}{3}a - \dfrac{1}{7}\right)f'(a) - \dfrac{32}{7}a + \dfrac{32}{7}$

より，求める最大値は

$$f\left(-\dfrac{1}{7}\right) = \dfrac{32}{49} + \dfrac{32}{7} = \dfrac{256}{49}$$

━━━《三角形の面積 (B10) ☆》━━━

503. 曲線 $C : y = x - x^3$ 上の点 $A(1, 0)$ における接線を l とし，C と l の共有点のうち A とは異なる点を B とする．また，$-2 < t < 1$ とし，C 上の点 $P(t, t - t^3)$ をとる．さらに，三角形 ABP の面積を $S(t)$ とする．

（1） 点 B の座標を求めよ．

（2） $S(t)$ を求めよ．

（3） t が $-2 < t < 1$ の範囲を動くとき，$S(t)$ の最大値を求めよ． (23 筑波大・前期)

▶解答◀ （1） $y = x - x^3$ のとき

$y' = 1 - 3x^2$ である．l は $y = -2(x - 1)$ である．

C と l を連立して $x - x^3 = -2x + 2$

$(x - 1)^2(x + 2) = 0$ となり，$x = 1, -2$

よって，点 B の座標は $(-2, 6)$ である．

（2） $\overrightarrow{AB} = (-3, 6), \overrightarrow{AP} = (t - 1, t - t^3)$

$S(t) = \dfrac{1}{2}\left| -3t + 3t^3 - 6t + 6 \right| = \dfrac{3}{2}\left| t^3 - 3t + 2 \right|$

$-2 < t < 1$ より $t^3 - 3t + 2 = (t - 1)^2(t + 2) > 0$

$S(t) = \dfrac{3}{2}(t^3 - 3t + 2)$

（3） $S'(t) = \dfrac{3}{2}(3t^2 - 3) = \dfrac{9}{2}(t + 1)(t - 1)$

t	-2	$\cdots$	-1	$\cdots$	1
$S'(t)$		$+$	0	$-$	
$S(t)$		$\nearrow$		$\searrow$	

$S(t)$ の最大値は $S(-1) = 6$ である．

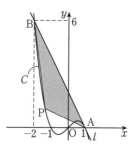

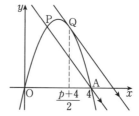

$$= 2 \cdot \frac{p+4}{2} \cdot \frac{4-p}{2} = \frac{1}{2}(p+4)(4-p)$$

よって求める面積は

$$\triangle \text{OPQ} + \triangle \text{OAQ} = \frac{1}{8}(p+4)(4-p)(p+4)$$

$$= \frac{(p+4)^2(4-p)}{8}$$

《四角形の面積 (B15)》

504. 点 O を原点とする xy 平面上の放物線

$$y = -x^2 + 4x$$

を C とする．また，放物線 C 上に点

A$(4, 0)$, P$(p, -p^2+4p)$, Q$(q, -q^2+4q)$ をとる．

ただし，$0 < p < q < 4$ とする．

（1）放物線 C の接線のうち，直線 AP と傾き
が等しいものを l とする．接線 l の方程式を求
めよ．

（2）点 P を固定する．点 Q が $p < q < 4$ を満た
しながら動くとき，四角形 OAQP の面積の最大
値を p を用いて表せ．

（3）（2）で求めた四角形 OAQP の面積の最大
値を $S(p)$ とおく．$0 < p < 4$ のとき，関数 $S(p)$
の最大値を求めよ． （23 青学大・理工）

▶解答◀ （1） $y = -x^2 + 4x$ のとき

$$y' = -2x + 4$$

直線 AP の傾きは $\dfrac{-p^2+4p}{p-4} = -p$ である．よって

$$-2x + 4 = -p \qquad \therefore \quad x = \frac{p+4}{2}$$

C と l の接点の x 座標は $\dfrac{p+4}{2}$ である．したがって
l の方程式は

$$y = -p\left(x - \frac{p+4}{2}\right) - \left(\frac{p+4}{2}\right)^2 + 2(p+4)$$

$$\boldsymbol{y = -px + \frac{(p+4)^2}{4}}$$

（2） $\triangle$OAP の面積は一定だから $\triangle$PAQ の面積が
最大となる条件を考える．AP を底辺とすると高さ
が最大となるのは C の点 Q における接線が直線 AP
と平行になるときであるから $q = \dfrac{p+4}{2}$ となる．
よって

$$\triangle \text{OPQ} = \frac{1}{2}\left| p(-q^2+4q) - q(-p^2+4p) \right|$$

$$= \frac{1}{2} pq(q-p) = \frac{1}{2} \cdot p \cdot \frac{p+4}{2} \cdot \frac{4-p}{2}$$

$$= \frac{1}{8} p(p+4)(4-p)$$

$$\triangle \text{OAQ} = \frac{1}{2} \cdot 4(-q^2+4q) = 2q(4-q)$$

（3） $S(p) = \dfrac{(p+4)^2(4-p)}{8}$

$$S'(p) = \frac{2(p+4)(4-p) - (p+4)^2}{8}$$

$$= \frac{(4-3p)(p+4)}{8}$$

p	0	$\cdots$	$\dfrac{4}{3}$	$\cdots$	4
$S'(p)$		$+$	0	$-$	
$S(p)$		$\nearrow$		$\searrow$	

最大値は $S\left(\dfrac{4}{3}\right) = \dfrac{1}{8} \cdot \left(\dfrac{16}{3}\right)^2 \cdot \dfrac{8}{3} = \dfrac{256}{27}$

《置き換えて 3 次関数 (B10) ☆》

505. 関数

$$f(x) = 3^{3x+1} - 42 \cdot 3^{2x-1} + 3^{x+1} \quad (x \leqq \log_3 4)$$

は，$x = \boxed{}$ で最大値 $\boxed{}$ をとる．また，最小値
は $\boxed{}$ である． （23 帝京大・医）

考え方 3 次関数の最大値，最小値は定義域の端点
または極値にある．

▶解答◀ $t = 3^x$ とおくと，$0 < t \leqq 4$

$$f(x) = 3t^3 - 14t^2 + 3t$$

$g(t) = 3t^3 - 14t^2 + 3t$ とおく．

$$g'(t) = 9t^2 - 28t + 3 = (9t-1)(t-3)$$

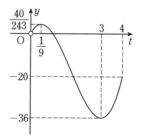

$$g(0) = 0, \quad g\left(\frac{1}{9}\right) = \frac{1}{3^5} - \frac{14}{3^4} + \frac{1}{3} = \frac{40}{243}$$

$$g(3) = 81 - 14 \cdot 9 + 9 = -36$$

$g(4) = 3 \cdot 64 - 14 \cdot 16 + 12 = -20$

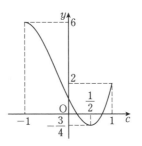

$t = \dfrac{1}{9}$，すなわち，$\boldsymbol{x = -2}$ のとき最大値 $\dfrac{\boldsymbol{40}}{\boldsymbol{243}}$ を
とる．

$t = 0$ は $g(t)$ の定義域に含まれないが，$g(3) < g(0)$
であるから最小値は -36 である．

図は正確ではない．

《解の個数（B20）☆》

506. $0° \leqq \theta < 360°$ とする．関数

$y = \cos 3\theta + \dfrac{3}{2}\cos 2\theta - 3\cos\theta + \dfrac{5}{2}$ …………①

は

$y = \boxed{}\cos^3\theta + \boxed{}\cos^2\theta - \boxed{}\cos\theta + \boxed{}$

と変形できる．よって，①は $\theta = \boxed{}°$ のとき最

大値 $\boxed{}$ をとり，$\theta = \boxed{}°$，$\boxed{}°$ のとき最小値

$-\dfrac{\boxed{}}{\boxed{}}$ をとる．次に，a を定数とする．

$0° \leqq \theta < 360°$ のとき，方程式

$2\cos 3\theta + 3\cos 2\theta - 6\cos\theta - a = 0$

は最大で $\boxed{}$ 個の異なる解をもち，このときの a

のとり得る値の範囲は $-\dfrac{\boxed{}}{\boxed{}} < a < -\boxed{}$ であ

る． （23 金沢医大・医-後期）

▶**解答**◀ $\cos\theta = c$ とおく．$-1 \leqq c \leqq 1$

$y = \cos 3\theta + \dfrac{3}{2}\cos 2\theta - 3\cos\theta + \dfrac{5}{2}$ ………①

$= 4c^3 - 3c + \dfrac{3}{2}(2c^2 - 1) - 3c + \dfrac{5}{2}$

$= \boldsymbol{4c^3 + 3c^2 - 6c + 1}$ ………………②

$f(c) = 4c^3 + 3c^2 - 6c + 1$ とおく．$-1 \leqq c \leqq 1$ であ
る．

$f'(c) = 12c^2 + 6c - 6 = 6(2c-1)(c+1)$

$f(-1) = 6$，$f\left(\dfrac{1}{2}\right) = -\dfrac{3}{4}$，$f(1) = 2$

$f(c)$ の最大値は 6 で，それは $c = -1$ すなわち
$\theta = 180°$ のときにとる．$f(c)$ の最小値は $-\dfrac{3}{4}$ で，そ

れは $c = \dfrac{1}{2}$ すなわち $\theta = 60°$，$300°$ のときにとる．

$2\cos 3\theta + 3\cos 2\theta - 6\cos\theta - a = 0$ …………③

$\cos 3\theta + \dfrac{3}{2}\cos 2\theta - 3\cos\theta = \dfrac{a}{2}$

$4c^3 + 3c^2 - 6c + 1 = \dfrac{a+5}{2}$

図は②のグラフである．$c = \pm 1$ に対応する θ は 1
つで，$-1 < c < 1$ の c には 2 つの θ が対応するから，
方程式③は最大で 4 個の解をもち，このとき a のと
り得る値の範囲は

$-\dfrac{3}{4} < \dfrac{a+5}{2} < 2$ ∴ $-\dfrac{\boldsymbol{13}}{\boldsymbol{2}} < \boldsymbol{a} < -\boldsymbol{1}$

《区間に文字（B20）》

507. 関数 $f(x) = x^3 - 3x^2 + 4$ について，区間
$t \leqq x \leqq t + 1$ における $f(x)$ の最大値を $g(t)$ と
する．

（1） $y = f(x)$ の増減を調べ，グラフの概形を描
きなさい．

（2） $g\left(-\dfrac{1}{2}\right)$ および $g\left(\dfrac{3}{2}\right)$ を求めなさい．

（3） $g(t) = f(t) = f(t+1)$ となる t の値を求
めなさい． （23 龍谷大・推薦）

▶**解答**◀ （1） $f'(x) = 3x^2 - 6x$

$= 3x(x-2)$

$f(x)$ の増減は次の通りである．

x	$\cdots$	0	$\cdots$	2	$\cdots$
$f'(x)$	$+$	0	$-$	0	$+$
$f(x)$	↗		↘		↗

$f(0) = 4$，$f(3) = 4$，$f(2) = 8 - 12 + 4 = 0$

$f(x) = (x+1)(x-2)^2$ である．$y = f(x)$ のグラフ
は図 1 のようになる．

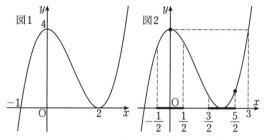

図1　図2

（2）　図2を見よ. $g\left(-\dfrac{1}{2}\right)$ は $-\dfrac{1}{2}\leqq x\leqq\dfrac{1}{2}$ における $f(x)$ の最大値であるから

$$g\left(-\dfrac{1}{2}\right)=f(0)=4$$

$g\left(\dfrac{3}{2}\right)$ は $\dfrac{3}{2}\leqq x\leqq\dfrac{5}{2}$ における $f(x)$ の最大値である.

$$f\left(\dfrac{3}{2}\right)=\dfrac{27}{8}-3\cdot\dfrac{9}{4}+4=\dfrac{5}{8}$$

$$f\left(\dfrac{5}{2}\right)=\dfrac{125}{8}-3\cdot\dfrac{25}{4}+4=\dfrac{7}{8}$$

よって

$$g\left(\dfrac{3}{2}\right)=f\left(\dfrac{5}{2}\right)=\dfrac{7}{8}$$

（3）　図3を見よ. $g(t)=f(t)=f(t+1)$ となるのは

$t\leqq 2\leqq t+1$ かつ $f(t)=f(t+1)$ となるときである.

$t\leqq 2\leqq t+1$ より

$$1\leqq t\leqq 2 \quad\cdots\cdots\cdots①$$

$f(t)=f(t+1)$ より

$$t^3-3t^2+4=(t+1)^3-3(t+1)^2+4$$

$$3t^2-3t-2=0$$

①より $t=\dfrac{3+\sqrt{33}}{6}$

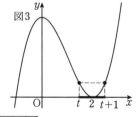

図3

♦別解♦　（2）　最大値は $f(t)$, $f(t+1)$, $f(0)$ のいずれかである. ただし $t\leqq 0\leqq t+1$ すなわち $-1\leqq t\leqq 0$ のときは最大値は $g(t)=f(0)=4$ である. $Y=f(t)$, $Y=f(t+1)$, $Y=4$ のグラフを描き図から読み取る. グラフの一番上をなぞったものが $Y=g(t)$ のグラフである.

$f(t)=f(t+1)$ とすると

$$t^3-3t^2+4=(t+1)^3-3(t+1)^2+4$$

$$3t^2-3t-2=0 \qquad\therefore\quad t=\dfrac{3\pm\sqrt{33}}{6}$$

$$g\left(-\dfrac{1}{2}\right)=4$$

$\dfrac{3}{2}>\dfrac{3+\sqrt{33}}{6}$ であるから

$$g\left(\dfrac{3}{2}\right)=f\left(\dfrac{3}{2}+1\right)=\dfrac{125}{8}-3\cdot\dfrac{25}{4}+4=\dfrac{7}{8}$$

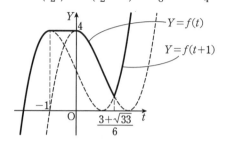

（3）　$g(t)=f(t)=f(t+1)$ となるのは $Y=f(t)$ と

$Y=f(t+1)$ の交点の y 座標が最大値となっているときであるから, 求める t の値は $\dfrac{3+\sqrt{33}}{6}$

《置き換えて3次関数（A5）☆》

508. 関数 $y=8^x-3\cdot 2^{x+3}+2$ は, $x=\boxed{}$ のとき最小値をとる.　（23　東海大・医）

▶解答◀　$2^x=t$ とおくと, $t>0$ で, $y=t^3-24t+2$

$f(t)=t^3-24t+2$ とおくと, $f'(t)=3t^2-24$

t	0	$\cdots$	$2\sqrt{2}$	$\cdots$
$f'(t)$		$-$	0	$+$
$f(t)$		$\searrow$		$\nearrow$

よって, $t=2\sqrt{2}$, すなわち, $x=\dfrac{3}{2}$ のとき, 最小値をとる.

【微分と方程式（数Ⅱ）】

《接線を考える（B20）☆》

509. k を実数として, x についての方程式

$$x^3-x^2-kx+3-2k=0 \quad\cdots\cdots\cdots(*)$$

を考える. 次の問いに答えよ.

（1）　方程式$(*)$について, $0<x<2$ の範囲における異なる実数解の個数が2個であるような k の値の範囲を求めよ.

（2）　方程式$(*)$について, $-1\leqq x\leqq 2$ の範囲における異なる実数解の個数が2個であるような k の値を求めよ.　（23　弘前大・理工（数物科学））

▶解答◀　（1）

$$x^3-x^2+3=k(x+2) \quad\cdots\cdots\cdots①$$

$x=0$ で成り立つとき $3=2k$, $x=2$ で成り立つとき $7=4k$ で，（1）では，$\dfrac{3}{2}<\dfrac{7}{4}$ に注意する．

$f(x)=x^3-x^2+3$ とおく．

$$f'(x)=3x^2-2x=x(3x-2)$$

x	$\cdots$	0	$\cdots$	$\dfrac{2}{3}$	$\cdots$
$f'(x)$	$+$	0	$-$	0	$+$
$f(x)$	$\nearrow$		$\searrow$		$\nearrow$

点 $(t, f(t))$ における接線

$$y=(3t^2-2t)(x-t)+t^3-t^2+3$$
$$y=(3t^2-2t)x-2t^3+t^2+3$$

が点 $(-2, 0)$ を通るとき

$$0=-2(3t^2-2t)-2t^3+t^2+3$$
$$2t^3+5t^2-4t-3=0$$
$$(t-1)(2t^2+7t+3)=0$$
$$(t-1)(2t+1)(t+3)=0$$

$t=1$, $-\dfrac{1}{2}$, -3 であり $f'(1)=1$, $f'\left(-\dfrac{1}{2}\right)=\dfrac{7}{4}$ である．$t=-3$ は使わない．曲線 $y=f(x)$ と直線 $y=k(x+2)$ の交点を調べ，$0<x<2$ で2回交わる条件は $\boldsymbol{1<k<\dfrac{3}{2}}$

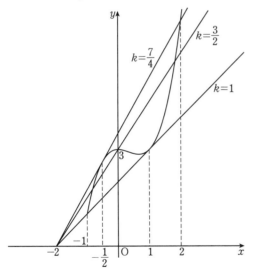

（2）① が $x=-1$ で成り立つとき $1=k$ となる．

曲線 $y=f(x)$ と直線 $y=k(x+2)$ が $-1\leqq x\leqq2$ で2回交わる（接点も「交点」の1つ）条件は $\boldsymbol{k=1,\ \dfrac{7}{4}}$

【◆別解◆】 $g(x)=\dfrac{x^3-x^2+3}{x+2}$ $(-1\leqq x\leqq2)$ とする．

$$g'(x)=\dfrac{(3x^2-2x)(x+2)-(x^3-x^2+3)\cdot1}{(x+2)^2}$$
$$=\dfrac{2x^3+5x^2-4x-3}{(x+2)^2}$$

$$=\dfrac{(x-1)(x+3)(2x+1)}{(x+2)^2}$$

$g(-1)=1$, $g\left(-\dfrac{1}{2}\right)=\dfrac{7}{4}$, $g(1)=1$,
$g(2)=\dfrac{7}{4}$, $g(0)=\dfrac{3}{2}$

x	-1	$\cdots$	$-\dfrac{1}{2}$	$\cdots$	1	$\cdots$	2
$g'(x)$		$+$	0	$-$	0	$+$	0
$g(x)$		$\nearrow$		$\searrow$		$\nearrow$	

（1）曲線 $y=g(x)$ と直線 $y=k$ の $0<x<2$ における交点が2つある条件は $\boldsymbol{1<k<\dfrac{3}{2}}$

（2）曲線 $y=g(x)$ と直線 $y=k$ の $-1\leqq x\leqq2$ における交点が2つある条件は $\boldsymbol{k=1,\ \dfrac{7}{4}}$

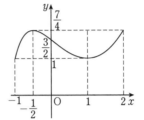

《接線を3本引く（B10）》

510. 座標平面上の点 $A(0, a)$ と曲線 $C:y=x^3+3x^2$ に対し，A を通る C の接線の本数がちょうど3本になるような実数 a の値の範囲は $\boxed{}<a<\boxed{}$. 　　（23　工学院大）

▶解答◀ $y'=3x^2+6x$ より C 上の点 (t, t^3+3t^2) における接線の方程式は

$$y=(3t^2+6t)(x-t)+t^3+3t^2$$

これが A を通るとき $(0, a)$ を代入して

$$a=-3t^3-6t^2+t^3+3t^2$$
$$a=-2t^3-3t^2$$

$f(t)=-2t^3-3t^2$ とおく．

$$f'(t)=-6t^2-6t=-6t(t+1)$$
$$f(0)=0,\ f(-1)=-1$$

曲線 $Y=f(t)$ と直線 $Y=a$ が3交点をもつ条件より

$\boldsymbol{-1<a<0}$ である．

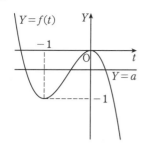

$$4x^4 - 7x^2 + 4 = \frac{r^2}{9} \quad \cdots\cdots\cdots\cdots\cdots\textcircled{1}$$

$r = 6$ のとき

$$4x^4 - 7x^2 = 0$$

$$x^2(4x^2 - 7) = 0 \qquad \therefore \quad x = 0, \pm\frac{\sqrt{7}}{2}$$

よって，このときの共有点の座標は

$$(x, y) = (0, 0), \left(\frac{\sqrt{7}}{2}, \frac{7}{2}\right), \left(-\frac{\sqrt{7}}{2}, \frac{7}{2}\right)$$

《4 次方程式にする (B15)》

511. 放物線 $y = 2x^2$ と円 $x^2 + (y-2)^2 = \dfrac{r^2}{9}$ が

ある．ただし，r は正の定数とする．

（1） $r = 6$ のとき，放物線と円の共有点の座標

(x, y) は，

$$\left(\boxed{}, \boxed{}\right),$$

$$\left(\frac{\sqrt{\boxed{}}}{\boxed{}}, \frac{\boxed{}}{\boxed{}}\right),$$

$$\left(-\frac{\sqrt{\boxed{}}}{\boxed{}}, \frac{\boxed{}}{\boxed{}}\right)$$

である．

（2） r が正の実数をとって変化するとき，放物線

と円の共有点の個数は，

$0 < r < \dfrac{\boxed{ア}\sqrt{\boxed{イ}}}{\boxed{ウ}}$ のとき，$\boxed{}$個

$r = \dfrac{\boxed{ア}\sqrt{\boxed{イ}}}{\boxed{ウ}}$, $\boxed{エ} < r$ のとき，$\boxed{}$個

$r = \boxed{エ}$ のとき，$\boxed{}$個

$\dfrac{\boxed{ア}\sqrt{\boxed{イ}}}{\boxed{ウ}} < r < \boxed{エ}$ のとき，$\boxed{}$個

である． （23 久留米大・後期）

考え方 （1）を解くと放物線と円が原点で接する

状況がわかる．ここから円の半径を増減することで放

物線と円の位置関係はだいたいわかるが，本来，下に

凸同士の曲線の共有点の状況を図を根拠に論じること

は「見込み」であり，安全とは言えない．ここでは厳

密に計算する解法をとる．

▶**解答◀** （1） $C_1 : y = 2x^2$,

$C_2 : x^2 + (y-2)^2 = \dfrac{r^2}{9}$ とおく．C_1 と C_2 を連立し

て

$$x^2 + (2x^2 - 2)^2 = \frac{r^2}{9}$$

（2） ①の左辺を $f(x)$ とおく．

$$f(x) = 4x^4 - 7x^2 + 4$$

$$f'(x) = 16x^3 - 14x = 2x(8x^2 - 7)$$

x	$\cdots$	$-\dfrac{\sqrt{14}}{4}$	$\cdots$	0	$\cdots$	$\dfrac{\sqrt{14}}{4}$	$\cdots$
$f'(x)$	$-$	0	$+$	0	$-$	0	$+$
$f(x)$	$\searrow$		$\nearrow$		$\searrow$		$\nearrow$

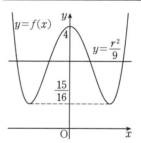

$$f\left(\pm\frac{\sqrt{14}}{4}\right) = 4\left(\frac{7}{8}\right)^2 - 7 \cdot \frac{7}{8} + 4 = \frac{15}{16}, \ f(0) = 4$$

曲線 $y = f(x)$ と直線 $y = \dfrac{r^2}{9}$ の共有点の個数より

$0 < \dfrac{r^2}{9} < \dfrac{15}{16} \left(0 < r < \dfrac{3\sqrt{15}}{4}\right)$ のとき，**0** 個

$\dfrac{r^2}{9} = \dfrac{15}{16}, 4 < \dfrac{r^2}{9} \left(r = \dfrac{3\sqrt{15}}{4}, 6 < r\right)$ のとき，**2**

個

$\dfrac{r^2}{9} = 4 \ (r = 6)$ のとき，**3** 個

$\dfrac{15}{16} < \dfrac{r^2}{9} < 4 \left(\dfrac{3\sqrt{15}}{4} < r < 6\right)$ のとき，**4** 個

《文字定数は分離 (B10)》

512. $-\dfrac{4}{3}x^3 + 4x + a = 0$ が異なる実数解を 3 つ

もち，そのうち 2 つが負で，1 つが正の場合の a の

範囲を求めなさい． （23 産業医大）

▶**解答◀** $-\dfrac{4}{3}x^3 + 4x + a = 0 \quad \cdots\cdots\cdots\cdots\textcircled{1}$

とすると $\dfrac{4}{3}x^3 - 4x = a$

$f(x) = \dfrac{4}{3}x^3 - 4x$ とおくと $f'(x) = 4(x^2 - 1)$

x	$\cdots$	-1	$\cdots$	1	$\cdots$
$f'(x)$	$+$	0	$-$	0	$+$
$f(x)$	↗		↘		↗

$f(-1) = \dfrac{8}{3}$, $f(1) = -\dfrac{8}{3}$

$C : y = f(x)$ のグラフは図のようになる. ① が異なる 2 つの負の解と 1 つの正の解をもつのは C と直線 $y = a$ とが $x < 0$ において異なる 2 つの交点をもち,

$x > 0$ において 1 つの交点をもつときである. よって

$$0 < a < \dfrac{8}{3}$$

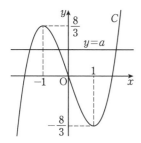

《対数から 3 次関数 (B20)》

513. a を定数とする. x の方程式

$$\log_4 (x-2)^2 + 3\log_8 x^2 - \log_2 (a+1) = 0$$

が異なる 4 個の実数解をもつような a の値の範囲は, $\boxed{} < a < \boxed{}$ である. (23 帝京大・医)

▶解答◀ 真数条件より $x \neq 0, 2$, $a > -1$

$$\log_4 (x-2)^2 + 3\log_8 x^2 = \log_2 (a+1)$$

$$\log_4 |x-2|^2 + 3\log_8 |x|^2 = \log_2 (a+1)$$

$$2 \cdot \dfrac{\log_2 |x-2|}{\log_2 4} + 3 \cdot 2 \cdot \dfrac{\log_2 |x|}{\log_2 8} = \log_2 (a+1)$$

$$\log_2 |x-2| + 2\log_2 |x| = \log_2 (a+1)$$

$$\log_2 x^2 |x-2| = \log_2 (a+1)$$

$$x^2 |x-2| = a+1$$

$f(x) = x^2(x-2)$ とおく.

$$f(x) = x^3 - 2x^2$$

$$f'(x) = 3x^2 - 4x = x(3x-4)$$

$$f(0) = 0, \quad f\left(\dfrac{4}{3}\right) = -\dfrac{16}{9} \cdot \dfrac{2}{3} = -\dfrac{32}{27}$$

$y = x^2|x-2|$ のグラフは $y = f(x)$ のグラフの $y \leqq 0$ の部分を x 軸に関して折り返して得られる.

求める a の値の範囲は

$$0 < a + 1 < \dfrac{32}{27} \qquad \therefore \quad -1 < a < \dfrac{5}{27}$$

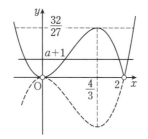

【微分と不等式 (数 II)】

【定積分 (数 II)】

《係数の決定 (A10) ☆》

514. a, b を定数とし, $f(x) = ax + b$ とする. 次の関係式が成り立つとする.

$$\int_0^1 f(x)\, dx = 0$$

$$\int_0^1 x f(x)\, dx = 1$$

このとき, $\displaystyle\int_0^1 \{f(x)\}^2\, dx = \boxed{}$ であり,

$\displaystyle\int_0^1 |f(x)|\, dx = \boxed{}$ である. (23 東邦大・理)

▶解答◀ $\displaystyle\int_0^1 (ax+b)\, dx = \left[\dfrac{a}{2}x^2 + bx\right]_0^1$

$$= \dfrac{a}{2} + b = 0 \quad \cdots\cdots① $$

$$\int_0^1 (ax^2 + bx)\, dx = \left[\dfrac{a}{3}x^3 + \dfrac{b}{2}x^2\right]_0^1$$

$$= \dfrac{a}{3} + \dfrac{b}{2} = 1 \quad \cdots\cdots②$$

①, ② より, $a = 12$, $b = -6$

よって, $f(x) = 12x - 6 = 6(2x-1)$

$$\int_0^1 \{f(x)\}^2\, dx = 36\int_0^1 (2x-1)^2\, dx$$

$$= 36 \cdot \dfrac{1}{3} \cdot \dfrac{1}{2}\left[(2x-1)^3\right]_0^1 = 6(1+1) = \mathbf{12}$$

$\displaystyle\int_0^1 |f(x)|\, dx$ は図の網目部分の面積であるから

$$\int_0^1 |f(x)|\, dx = 2 \cdot \dfrac{1}{2} \cdot \dfrac{1}{2} \cdot 6 = \mathbf{3}$$

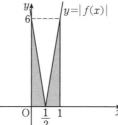

《基本的な積分 (A1)》

515. $\displaystyle\int_{-1}^{2}(x+2)(x-3)\,dx = \boxed{}$

(23　東海大・医)

▶**解答**◀　$\displaystyle\int_{-1}^{2}(x+2)(x-3)\,dx$

$\displaystyle= \int_{-1}^{2}(x^2-x-6)\,dx$

$\displaystyle= \left[\frac{x^3}{3}-\frac{x^2}{2}-6x\right]_{-1}^{2}$

$\displaystyle= \frac{8-(-1)}{3}-\frac{4-1}{2}-6\{2-(-1)\}$

$\displaystyle= 3-\frac{3}{2}-18=-\frac{33}{2}$

《**絶対値と積分（A5）☆**》

516. $\displaystyle\int_{0}^{4}|x^2-4x+3|\,dx = \boxed{}$

(23　東海大・医)

▶**解答**◀　曲線 $y=x^2-4x+3$ の $x=2$ に関する

対称性を利用する．求める定積分を I として

$\displaystyle\frac{I}{2}=\int_{0}^{1}(x^2-4x+3)\,dx$

$\displaystyle\qquad -\int_{1}^{2}(x^2-4x+3)\,dx$

$\displaystyle= \left[\frac{x^3}{3}-2x^2+3x\right]_{0}^{1}-\left[\frac{x^3}{3}-2x^2+3x\right]_{1}^{2}$

$\displaystyle= 2\left(\frac{1}{3}-2+3\right)-\left(\frac{8}{3}-8+6\right)$

$= -2+2+8-6=2$

$I=4$

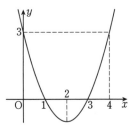

注意　$\displaystyle\int_{0}^{4}y\,dx+\frac{1}{6}(3-1)^3\cdot2$ という計算も可能で

はあるが，楽になるわけではない．牛刀を用いて鶏を

裂く行為である．

《**積分と不等式（B20）**》

517. a を実数の定数，n を自然数とし，関数 $f(x)$

を $f(x)=1-ax^n$ と定める．次の問いに答えよ．

（1）　$\displaystyle\frac{n+5}{n+2}\leqq2$ を示せ．

（2）　$\displaystyle\int_{0}^{1}xf(x)\,dx\leqq\frac{2}{3}\left(\int_{0}^{1}f(x)\,dx\right)^2$

を示せ．

（3）（2）の不等式において，等号が成立すると

きの a と n の値を求めよ．　(23　島根大・前期)

▶**解答**◀　（1）　$n\geqq1$ より

$\displaystyle2-\frac{n+5}{n+2}=\frac{2(n+2)-(n+5)}{n+2}=\frac{n-1}{n+2}\geqq0$

であるから，$\displaystyle\frac{n+5}{n+2}\leqq2$

（2）　$\displaystyle\int_{0}^{1}xf(x)\,dx=\int_{0}^{1}(x-ax^{n+1})\,dx$

$\displaystyle= \left[\frac{1}{2}x^2-\frac{a}{n+2}x^{n+2}\right]_{0}^{1}=\frac{1}{2}-\frac{a}{n+2}$

$\displaystyle\int_{0}^{1}f(x)\,dx=\left[x-\frac{a}{n+1}x^{n+1}\right]_{0}^{1}=1-\frac{a}{n+1}$

$\displaystyle\frac{2}{3}\left(\int_{0}^{1}f(x)\,dx\right)^2-\int_{0}^{1}xf(x)\,dx$

$\displaystyle= \frac{2}{3}\left(1-\frac{a}{n+1}\right)^2-\left(\frac{1}{2}-\frac{a}{n+2}\right)$

$\displaystyle= \frac{2}{3(n+1)^2}a^2-\frac{4}{3(n+1)}a+\frac{1}{n+2}a+\frac{1}{6}$

$\displaystyle= \frac{2}{3(n+1)^2}a^2-\frac{n+5}{3(n+1)(n+2)}a+\frac{1}{6}$

$\displaystyle= \frac{2}{3(n+1)^2}\left\{a^2-\frac{(n+1)(n+5)}{2(n+2)}a\right\}+\frac{1}{6}$

$\displaystyle= \frac{2}{3(n+1)^2}\left\{a-\frac{(n+1)(n+5)}{4(n+2)}\right\}^2$

$\displaystyle\qquad -\frac{(n+5)^2}{24(n+2)^2}+\frac{1}{6}$

$\displaystyle= \frac{2}{3(n+1)^2}\left\{a-\frac{(n+1)(n+5)}{4(n+2)}\right\}^2$

$\displaystyle\qquad +\frac{1}{24}\left\{4-\left(\frac{n+5}{n+2}\right)^2\right\}\geqq0$

ここで，（1）を用いた．

（3）　等号は，$\displaystyle a=\frac{(n+1)(n+5)}{4(n+2)}$ かつ $n=1$，す

なわち $a=1,\ n=1$ のとき成り立つ．

《**絶対値と積分（B20）☆**》

518. $\displaystyle f(x)=\int_{0}^{1}|t(t-x)|\,dt$ とする．$0\leqq$

$x\leqq1$ のとき，$f(x)$ を x の整式で表すと $f(x)=$

$\boxed{}$ であり，$\displaystyle\int_{0}^{2}f(x)\,dx=\boxed{}$ である．

(23　愛知工大・理系)

▶**解答**◀　$g(t)=|t(t-x)|$ とおく．

$0\leqq x\leqq1$ のとき（図1）

$\displaystyle f(x)=\int_{0}^{1}g(t)\,dt$

$\displaystyle= -\int_{0}^{x}t(t-x)\,dt+\int_{x}^{1}t(t-x)\,dt$

$\displaystyle= -\left[\frac{t^3}{3}-\frac{x}{2}t^2\right]_{0}^{x}+\left[\frac{t^3}{3}-\frac{x}{2}t^2\right]_{x}^{1}$

$$= -2\left(\frac{x^3}{3} - \frac{x^3}{2} \right) + \frac{1}{3} - \frac{x}{2}$$

$$= \frac{x^3}{3} - \frac{x}{2} + \frac{1}{3}$$

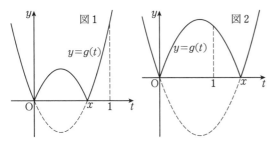

図 1 $y = g(t)$

図 2 $y = g(t)$

$1 \leqq x$ のとき（図 2）

$$f(x) = \int_0^1 g(t)\,dt = -\int_0^1 t(t-x)\,dt$$

$$= -\left[\frac{t^3}{3} - \frac{x}{2}t^2 \right]_0^1 = -\frac{1}{3} + \frac{x}{2}$$

$$\int_0^2 f(x)\,dx = \int_0^1 \left(\frac{x^3}{3} - \frac{x}{2} + \frac{1}{3} \right) dx$$

$$+ \int_1^2 \left(\frac{x}{2} - \frac{1}{3} \right) dx$$

$$= \left[\frac{x^4}{12} - \frac{x^2}{4} + \frac{x}{3} \right]_0^1 + \left[\frac{x^2}{4} - \frac{x}{3} \right]_1^2$$

$$= \frac{1}{12} - \frac{1}{4} + \frac{1}{3} + 1 - \frac{2}{3} - \left(\frac{1}{4} - \frac{1}{3} \right) = \frac{7}{12}$$

【面積（数 II）】

《6 分の 1 公式（B5）☆》

519. 2 つの放物線 $y = x^2 + x$, $y = -x^2 + 1$ で囲まれた図形の面積を答えよ． （23　防衛大・理工）

▶解答◀　$C_1 : y = x^2 + x$, $C_2 : y = -x^2 + 1$ とする．C_1 と C_2 を連立すると $x^2 + x = -x^2 + 1$

$$2x^2 + x - 1 = 0$$

$$(2x-1)(x+1) = 0 \qquad \therefore \quad x = \frac{1}{2},\ -1$$

C_1 と C_2 で囲まれた図形の面積を S とする．6 分の 1 公式を使えば

$$S = \frac{1 - (-1)}{6} \left(\frac{1}{2} - (-1) \right)^3 = \frac{9}{8}$$

途中の式をもう少し書けば（大差ない）

$$S = \int_{-1}^{\frac{1}{2}} \{(-x^2+1) - (x^2+x)\}\,dx$$

$$= -2 \int_{-1}^{\frac{1}{2}} (x+1)\left(x - \frac{1}{2} \right) dx$$

$$= 2 \cdot \frac{1}{6} \left(\frac{1}{2} + 1 \right)^3 = \frac{9}{8}$$

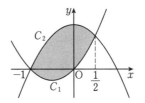

C_2　-1　O　$\frac{1}{2}$　C_1

《法線と囲む面積（B15）☆》

520. 正の実数 t に対し，平面上の曲線

$$C : y = tx^2 - (4t-2)x + 4t - 1$$

を考える．

（1）C は t の値によらず，平面上のある点を通る．その点を P とするとき，P の座標を求めよ．

（2）P における C の法線 L の方程式を求めよ．

（3）C と L の交点で，P とは異なる点を Q とする．Q の座標を求めよ．

（4）C と L とで囲まれる部分の面積 S を求めよ．

（23　学習院大・理）

▶解答◀　（1）t について整理し

$$y = (x^2 - 4x + 4)t + 2x - 1$$

$t > 0$ によらず成り立つとき，

$$x^2 - 4x + 4 = 0$$

$$(x-2)^2 = 0 \qquad \therefore \quad x = 2$$

このとき $y = 3$ であるから P の座標は $(2, 3)$ である．

（2）$y = tx^2 - (4t-2)x + 4t - 1$ のとき

$$y' = 2tx - (4t-2)$$

P における接線の傾きは 2 であるから，法線の傾きは $-\frac{1}{2}$ である．L の方程式は

$$y = -\frac{1}{2}(x-2) + 3$$

$$y = -\frac{1}{2}x + 4$$

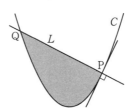

Q　L　C　P

（3）C と L を連立する．

$$tx^2 - (4t-2)x + 4t - 1 = -\frac{1}{2}x + 4$$

$$tx^2 - \left(4t - \frac{5}{2} \right)x + 4t - 5 = 0$$

$$(x-2)\left(tx - \frac{4t-5}{2} \right) = 0$$

$x \neq 2$, $t > 0$ より $x = \dfrac{4t-5}{2t} = 2 - \dfrac{5}{2t}$ である. このとき,

$$y = -\frac{1}{2}\left(2 - \frac{5}{2t}\right) + 4 = 3 + \frac{5}{4t}$$

Q の座標は $\left(2 - \dfrac{5}{2t},\ 3 + \dfrac{5}{4t}\right)$ である.

（4） $t > 0$ のとき $2 - \dfrac{5}{2t} < 2$ である.

$$f(x) = tx^2 - (4t-2)x + 4t - 1$$
$$g(x) = -\frac{1}{2}x + 4$$

とおく.

$$S = \int_{2-\frac{5}{2t}}^{2} \{g(x) - f(x)\}\,dx$$
$$= -\int_{2-\frac{5}{2t}}^{2} t(x-2)\left\{x - \left(2 - \frac{5}{2t}\right)\right\}\,dx$$
$$= \frac{t}{6}\left\{2 - \left(2 - \frac{5}{2t}\right)\right\}^3 = \frac{t}{6}\cdot\frac{125}{8t^3} = \frac{125}{48t^2}$$

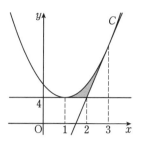

（3） 求める面積は 12 分の 1 公式を用いて

$$\frac{2}{12}(3-1)^3 = \frac{4}{3}$$

注意 最後の面積は 12 分の 1 公式を用いないと次のようになる.

$$\int_1^2 (2x^2 - 4x + 6 - 4)\,dx$$
$$\qquad + \int_2^3 (2x^2 - 4x + 6 - 8x + 12)\,dx$$
$$= \int_1^2 2(x-1)^2\,dx + \int_2^3 2(x-3)^2\,dx$$
$$= \left[\frac{2}{3}(x-1)^3\right]_1^2 + \left[\frac{2}{3}(x-3)^3\right]_2^3$$
$$= \frac{2}{3} + \frac{2}{3} = \frac{4}{3}$$

《12 分の 1 公式 (B5)》

521. 曲線 $y = 2x^2 - 4x + 6$ を C とする. また, p を正の実数とし, 点 $\mathrm{P}(p, p^2)$ を考える.

（1） $2p^2 - 4p + 6 > p^2$ を示せ.

（2） 点 P から曲線 C に引いた 2 つの接線のうち, 一方の接線の傾きが 0 であるとする. このとき, p の値を求めよ. さらに, 2 つの接線についてそれぞれの方程式を求めよ.

（3） 曲線 C と (ii) で求めた 2 つの接線とで囲まれた図形の面積を求めよ.

(23 愛媛大・工, 農, 教)

▶解答◀ （1） $2p^2 - 4p + 6 - p^2 = p^2 - 4p + 6$
$$= (p-2)^2 + 2 > 0$$

であるから $2p^2 - 4p + 6 > p^2$ である.

（2） $C : y = 2(x-1)^2 + 4$ の接線で傾きが 0 であるものは頂点で接する $y = 4$ である. $p^2 = 4$ で $p > 0$ より

$p = 2$ である.

C 上の点 $(t,\ 2t^2 - 4t + 6)$ における接線の方程式は
$y' = 4x - 4$ であるから

$$y = (4t-4)(x-t) + 2t^2 - 4t + 6 \quad\cdots\cdots\text{①}$$

P(2, 4) を通るから

$$4 = (4t-4)(2-t) + 2t^2 - 4t + 6$$
$$2t^2 - 8t + 6 = 0$$
$$2(t-1)(t-3) = 0 \qquad \therefore\quad t = 1,\ 3$$

① に代入して求める接線の方程式は

$$y = 4,\ y = 8x - 12$$

《12 分の 1 の半分 (B20)》

522. xy 平面において, 円 $x^2 + y^2 = 1$ を E とする. また, k を正の実数とし, 放物線 $y = kx^2$ を H とする. さらに, 円 E 上の点 $\mathrm{P}(s, t)$ における E の接線を l_1 とし, 放物線 H 上の点 $\mathrm{Q}(u, ku^2)$ における H の接線を l_2 とする. ただし, $s > 0$, $t < 0$, $u > 0$ とする. 放物線 H, 接線 l_2 および y 軸で囲まれる図形の面積を A とする. 以下の問いに答えよ.

（1） 接線 l_1, l_2 の方程式をそれぞれ求めよ.

（2） t を s を用いて表せ.

（3） l_1 と l_2 が一致するとき, u と k を s を用いてそれぞれ表せ.

（4） l_1 と l_2 が一致するとき, 面積 A を s を用いて表せ.

（5） l_1 と l_2 が一致するとき, 面積 A の最小値と, そのときの s の値を求めよ.

(23 北見工大・後期)

▶解答◀ （1） l_1 の方程式は

$$sx + ty = 1 \qquad \therefore\quad y = -\frac{s}{t}x + \frac{1}{t}$$

$y = kx^2$ のとき, $y' = 2kx$ であるから, l_2 の方程式は

$$y = 2ku(x - u) + ku^2$$
$$\boldsymbol{y = 2kux - ku^2}$$

（ 2 ） $s^2 + t^2 = 1, t < 0$ より， $t = -\sqrt{1 - s^2}$

（ 3 ） l_1 と l_2 が一致するとき

$$-\frac{s}{t} = 2ku \quad \cdots\cdots\cdots\cdots\cdots①$$

$$\frac{1}{t} = -ku^2 \quad \cdots\cdots\cdots\cdots\cdots②$$

②÷① より， $u = \dfrac{2}{s}$ で① と（ 2 ） より

$$k = -\frac{s^2}{4t} = \frac{s^2}{4\sqrt{1 - s^2}}$$

（ 4 ） A は図の網目部分の面積である．

$$A = \int_0^u (kx^2 - 2kux + ku^2)\, dx$$

$$= k \int_0^u (x - u)^2\, dx = k \left[\frac{1}{3}(x - u)^3 \right]_0^u$$

$$= \frac{k}{3}u^3 = \frac{1}{3} \cdot \frac{s^2}{4\sqrt{1 - s^2}} \cdot \frac{8}{s^3} = \frac{2}{3s\sqrt{1 - s^2}}$$

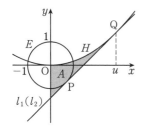

（ 5 ） s の値域は $0 < s < 1$ である．

$$A = \frac{2}{3\sqrt{s^2 - s^4}} = \frac{2}{3\sqrt{-\left(s^2 - \frac{1}{2}\right)^2 + \frac{1}{4}}}$$

であるから， $s = \dfrac{1}{\sqrt{2}}$ のとき，最小値 $\dfrac{4}{3}$ をとる．

―――《共通接線で囲む面積（B5）》―――

523. $f(x) = x^2 + 2x,\ g(x) = x^2 - 2x + 4$ とする．次の（ 1 ）〜（ 3 ）に答えよ．

（ 1 ） $y = f(x)$ のグラフと $y = g(x)$ のグラフの交点の座標を求めよ．

（ 2 ） $y = f(x)$ のグラフと $y = g(x)$ のグラフの両方に接する直線 l の方程式を求めよ．

（ 3 ） $y = f(x)$ のグラフと $y = g(x)$ のグラフ，および直線 l で囲まれた部分の面積を求めよ．

(23 福井県立大)

▶解答◀ （ 1 ） $C_1 : y = f(x)$,

$C_2 : y = g(x)$ とする． C_1 と C_2 を連立して

$$x^2 + 2x = x^2 - 2x + 4 \qquad \therefore \quad x = 1$$

C_1 と C_2 の交点の座標は $(1, 3)$ である．

（ 2 ） $f'(x) = 2x + 2$

C_1 の $(t, t^2 + 2t)$ における接線の方程式は

$$y = (2t + 2)(x - t) + t^2 + 2t$$

$$y = (2t + 2)x - t^2$$

これと C_2 を連立して

$$x^2 - 2x + 4 = (2t + 2)x - t^2$$

$$x^2 - 2(t + 2)x + t^2 + 4 = 0$$

判別式を D とすると

$$\frac{D}{4} = (t + 2)^2 - (t^2 + 4) = 0 \qquad \therefore \quad t = 0$$

$$l : y = 2x$$

このとき， C_1 と l, C_2 と l の接点の x 座標はそれぞれ $0, t + 2 = 2$ である．

（ 3 ） 求める面積 S は図の網目部分の面積であるから

$$S = \int_0^1 (x^2 + 2x - 2x)\, dx$$
$$\qquad + \int_1^2 (x^2 - 2x + 4 - 2x)\, dx$$

$$= \int_0^1 x^2\, dx + \int_1^2 (x - 2)^2\, dx$$

$$= \left[\frac{x^3}{3} \right]_0^1 + \left[\frac{(x - 2)^3}{3} \right]_1^2$$

$$= \frac{1}{3} + \frac{1}{3} = \frac{2}{3}$$

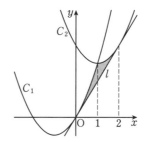

◆別解◆ （ 2 ） $y = mx + n$ が 2 つの放物線に接する m, n を求める．

C_1 と $y = mx + n$ を連立して

$$x^2 + 2x = mx + n$$

$$x^2 - (m - 2)x - n = 0$$

判別式を D_1 とすると

$$D_1 = (m - 2)^2 + 4n = 0 \quad \cdots\cdots\cdots\cdots①$$

C_2 と $y = mx + n$ を連立して

$$x^2 - 2x + 4 = mx + n$$

$$x^2 - (m + 2)x - (n - 4) = 0$$

判別式を D_2 とすると

$$D_2 = (m + 2)^2 + 4(n - 4) = 0 \quad \cdots\cdots②$$

②−① より

$$8m - 16 = 0 \qquad \therefore \quad m = 2$$

① に代入して $n=0$

$l:y=2x$

《共通接線で囲む面積（B20）☆》

524. $f(x)=|x^2-x-2|-x^2+|x|$ について，以下の問いに答えよ．

（1） $y=f(x)$ のグラフの概形をかけ．また，$y=0$ のときの x の値を求めよ．

（2） $y=f(x)$ のグラフと2点で接する傾き1の直線が存在する．その方程式を求めよ．

（3）（2）で求めた接線と $y=f(x)$ のグラフで囲まれる2つの部分の面積の和を求めよ．

(23 東北学院大・工)

▶解答◀ （1）

$$f(x)=|x^2-x-2|-x^2+|x|$$
$$=|(x-2)(x+1)|-x^2+|x|$$

（ア） $x\le-1$ のとき．

$$f(x)=x^2-x-2-x^2-x=-2x-2$$

（イ） $-1\le x\le0$ のとき．

$$f(x)=-(x^2-x-2)-x^2-x=-2x^2+2$$

（ウ） $0\le x\le2$ のとき．

$$f(x)=-(x^2-x-2)-x^2+x$$
$$=-2x^2+2x+2$$
$$=-2\left(x-\frac{1}{2}\right)^2+\frac{5}{2}$$

（エ） $2\le x$ のとき．

$$f(x)=x^2-x-2-x^2+x=-2$$

グラフは図1の曲線 C のようになる．

$y=0$ のとき，図1より解の1つは $x=-1$ である．

$$-2x^2+2x+2=0 \qquad \therefore \quad x^2-x-1=0$$
$$x=\frac{1\pm\sqrt{5}}{2}$$

よって，$x=-1,\dfrac{1+\sqrt{5}}{2}$

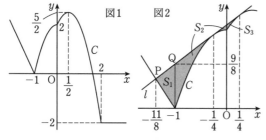

（2） 直線は2つの放物線に接する．

$f(x)=-2x^2+2$ のとき，$f'(x)=-4x$

$$-4x=1 \qquad \therefore \quad x=-\frac{1}{4}$$
$$f\left(-\frac{1}{4}\right)=-\frac{1}{8}+2=\frac{15}{8}$$

$x=-\dfrac{1}{4}$ での接線を l とすると

$$l:y=\left(x-\left(-\frac{1}{4}\right)\right)+\frac{15}{8}$$
$$l:y=x+\frac{17}{8}$$

$f(x)=-2x^2+2x+2$ のとき，$f'(x)=-4x+2$

$$-4x+2=1 \qquad \therefore \quad x=\frac{1}{4}$$
$$f\left(\frac{1}{4}\right)=-\frac{1}{8}+\frac{1}{2}+2=\frac{19}{8}$$

$x=\dfrac{1}{4}$ での接線を m とすると

$$m:y=\left(x-\frac{1}{4}\right)+\frac{19}{8}$$
$$m:y=x+\frac{17}{8}$$

l と m は一致するから求める直線は $y=x+\dfrac{17}{8}$

（3） 図2を見よ．接線 l とグラフ C で囲まれる部分を $x\le-1$ の三角形（面積 S_1），$-1\le x\le0$ の放物線の上方（面積 S_2），$0\le x\le\dfrac{1}{4}$ の放物線の上方（面積 S_3）の3つに分ける．

$l:y=x+\dfrac{17}{8}$ に $x=-1$ を代入して $y=\dfrac{9}{8}$

$x+\dfrac{17}{8}=-2x-2$ を解いて，$x=-\dfrac{11}{8}$

$$S_1=\frac{1}{2}\cdot\frac{9}{8}\cdot\left(-1-\left(-\frac{11}{8}\right)\right)=\frac{27}{128}$$

$$S_2+S_3=\int_{-1}^{0}\left(x+\frac{17}{8}-(-2x^2+2)\right)dx$$
$$+\int_{0}^{\frac{1}{4}}\left(x+\frac{17}{8}-(-2x^2+2x+2)\right)dx$$
$$=2\int_{-1}^{0}\left(x+\frac{1}{4}\right)^2dx+2\int_{0}^{\frac{1}{4}}\left(x-\frac{1}{4}\right)^2dx$$
$$=\frac{2}{3}\left[\left(x+\frac{1}{4}\right)^3\right]_{-1}^{0}+\frac{2}{3}\left[\left(x-\frac{1}{4}\right)^3\right]_{0}^{\frac{1}{4}}$$
$$=\frac{2}{3}\left(\frac{1}{64}+\frac{27}{64}\right)+\frac{2}{3}\cdot\frac{1}{64}=\frac{29}{96}$$

求める面積は $S_1+S_2+S_3=\dfrac{27}{128}+\dfrac{29}{96}=\dfrac{197}{384}$

《積分するしかない構図（B20）》

525. α,β を実数とし，$\alpha>1$ とする．曲線 $C_1:y=|x^2-1|$ と曲線 $C_2:y=-(x-\alpha)^2+\beta$ が，点 (α,β) と点 (p,q) の2点で交わるとする．また，C_1 と C_2 で囲まれた図形の面積を S_1 とし，x 軸，直線 $x=\alpha$，および C_1 の $x\ge1$ を満たす部分で囲まれた図形の面積を S_2 とする．

（1） p を α を用いて表し，$0<p<1$ であるこ

とを示せ.

（2） S_1 を α を用いて表せ.

（3） $S_1 > S_2$ であることを示せ.

（23 筑波大・前期）

▶解答◀ （1） $\alpha > 1$ であり，(α, β) は
$y = x^2 - 1, \ x > 1$ 上にあるから $\beta = \alpha^2 - 1$
である．C_2 は $y = -(x - \alpha)^2 + \alpha^2 - 1$ である．
$y = -x^2 + 2\alpha x - 1$ となる．$y = 1 - x^2$ と連立さ
せて $1 - x^2 = -x^2 + 2\alpha x - 1$ となる．$x = \dfrac{1}{\alpha}$ であ
る．$p = \dfrac{1}{\alpha}$ である．また，$\alpha > 1$ より，$0 < \dfrac{1}{\alpha} < 1$
であるから，$0 < p < 1$

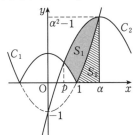

（2） $S_1 = \displaystyle\int_{\frac{1}{\alpha}}^{1} \{(-x^2 + 2\alpha x - 1) - (-x^2 + 1)\} \, dx$

$\qquad + \displaystyle\int_{1}^{\alpha} \{(-x^2 + 2\alpha x - 1) - (x^2 - 1)\} \, dx$

$\quad = \displaystyle\int_{\frac{1}{\alpha}}^{1} (2\alpha x - 2) \, dx + \int_{1}^{\alpha} (-2x^2 + 2\alpha x) \, dx$

$\quad = \Big[\alpha x^2 - 2x\Big]_{\frac{1}{\alpha}}^{1} + \Big[-\dfrac{2}{3} x^3 + \alpha x^2\Big]_{1}^{\alpha}$

$\quad = (\alpha - 2) - \Big(\dfrac{1}{\alpha} - \dfrac{2}{\alpha}\Big)$

$\qquad + \Big(-\dfrac{2}{3} \alpha^3 + \alpha^3\Big) - \Big(-\dfrac{2}{3} + \alpha\Big)$

$\quad = \dfrac{1}{3} \alpha^3 + \dfrac{1}{\alpha} - \dfrac{4}{3}$

（3） $S_2 = \displaystyle\int_{1}^{\alpha} (x^2 - 1) \, dx = \Big[\dfrac{1}{3} x^3 - x\Big]_{1}^{\alpha}$

$\quad = \dfrac{1}{3} \alpha^3 - \alpha - \Big(\dfrac{1}{3} - 1\Big) = \dfrac{1}{3} \alpha^3 - \alpha + \dfrac{2}{3}$

$S_1 - S_2 = \dfrac{1}{3} \alpha^3 + \dfrac{1}{\alpha} - \dfrac{4}{3} - \Big(\dfrac{1}{3} \alpha^3 - \alpha + \dfrac{2}{3}\Big)$

$\quad = \alpha + \dfrac{1}{\alpha} - 2 = \dfrac{\alpha^2 + 1 - 2\alpha}{\alpha} = \dfrac{(\alpha - 1)^2}{\alpha} > 0$

よって，$S_1 > S_2$ である.

注意 $y = x^2 - 1$ と $y = -(x - \alpha)^2 + \alpha^2 - 1$ は頂
点どうしで交わる.

《全体を構成して考える (B15)》

526. a を正の数とする．曲線

$\quad C : y = a|x^2 - 2x - 3|$

は直線 $l : y = 4x + 6$ に接している．次の問いに
答えよ.

（1） 定数 a の値を求めよ.

（2） C と l とで囲まれた部分の面積 S を求めよ.

（23 東北大・医 AO）

▶解答◀ （1） $C : y = |(x + 1)(x - 3)|$
図1を見よ．C の $x < -1$ における接線 l_1 は $(-1, 0)$
の下方を通り，C の $x > 3$ における接線 l_2 は $(3, 0)$
の下方を通るから，いずれも y 切片は負になるため，
6になることはできない．l が C と接する場合は
$-1 \leqq x \leqq 3$ で接する．このとき

$\quad y = -a(x^2 - 2x - 3)$ と $y = 4x + 6$ を連立して

$\qquad -a(x^2 - 2x - 3) = 4x + 6$

$\qquad ax^2 - 2(a - 2)x - 3(a - 2) = 0$

判別式を D とすると重解をもつ条件は $\dfrac{D}{4} = 0$ であ
り

$\qquad \dfrac{D}{4} = (a - 2)^2 + 3a(a - 2) = 0$

$\qquad (a - 2)(4a - 2) = 0 \qquad \therefore \quad a = 2, \dfrac{1}{2}$

$a = 2$ のとき重解 $x = \dfrac{a - 2}{a} = 0$

$a = \dfrac{1}{2}$ のとき重解 $x = \dfrac{a - 2}{a} = -3$

となり，$-1 \leqq x \leqq 3$ で C と l が接する $a = \boldsymbol{2}$ である.

（2） $a = 2$ のとき $2(x^2 - 2x - 3) = 4x + 6$ は
$x^2 - 4x - 6 = 0$ となり，$x = 2 \pm \sqrt{10}$

$\quad \alpha = 2 - \sqrt{10}, \beta = 2 + \sqrt{10}$ とおく．6分の1公式を
用いる．C と x 軸で囲まれた部分の面積を T とおく
と，

$\qquad T = \dfrac{2}{6} \{3 - (-1)\}^3 = \dfrac{64}{3}$

$\qquad S + 2T = \dfrac{2}{6} (\beta - \alpha)^3 = \dfrac{80\sqrt{10}}{3}$

$\qquad S = \dfrac{80\sqrt{10}}{3} - 2 \cdot \dfrac{64}{3} = \dfrac{\boldsymbol{16}}{\boldsymbol{3}} (5\sqrt{10} - 8)$

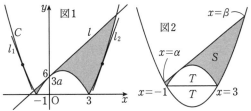

《横向き放物線で6分の1 (B5)》

527. 座標平面上の曲線 $y^2 = x$ を C, 直線
$y = x - 6$ を l とする．次の問いに答えなさい.

（1） 曲線 C と直線 l の交点の座標をすべて求め

なさい.

（2）曲線 C と直線 l に囲まれた図形の面積 S を
求めなさい. （23 山口大・理）

▶解答◀ （1） $x = y^2$, $x = y + 6$ を連立させて
$y^2 - y - 6 = 0$ となり, $(y + 2)(y - 3) = 0$ となる.
$y = -2, 3$ であり, 交点の座標は $(4, -2), (9, 3)$

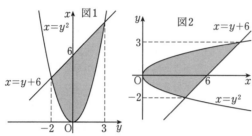

（2） $\displaystyle\int_{-2}^{3} (y + 6 - y^2) \, dy = -\int_{-2}^{3} (y + 2)(y - 3) \, dy$

$\displaystyle = \frac{1}{6} \{3 - (-2)\}^3 = \frac{125}{6}$

注意 図示は, 高校時代の私は図1を描いていた.
縦が x であろうと, y であろうと, 構ったことではな
い. 高校では, 先生に合わせよう. 入試は関係ない.

《線分の通過領域 (B20)》

528. 実数 a に対して, 座標平面上の放物線
$C_1 : y = x^2 - 1$ と放物線 $C_2 : y = \dfrac{1}{2}(x - a)^2$
の共有点を P, Q とし, P, Q を通る直線を l と
する.

（1） 直線 l の方程式を求めよ.

（2） a が $-1 \leqq a \leqq 1$ を満たしながら動くとき,
l が通過しうる領域 D を図示せよ.

（3） a が（2）の範囲を動くとき, 線分 PQ が通
過しうる領域の面積を求めよ.

（23 東京海洋大・海洋工）

▶解答◀ （1） C_1 と C_2 の共有点を通る直線は 1
次式であるから, C_1 と C_2 の 2 式から x^2 を消去する.

$$y = x^2 - 1, \quad 2y = x^2 - 2ax + a^2$$

より, l は

$$y = -2ax + a^2 + 1$$

（2） l の方程式は

$$y = (a - x)^2 + (1 - x^2)$$

と変形できる. このとき常に

$$y \geqq 1 - x^2$$

が成り立つ. そこで放物線

$$y = 1 - x^2$$

と l の方程式を連立させると

$$-2ax + a^2 + 1 = 1 - x^2$$
$$x^2 - 2ax + a^2 = 0$$
$$(x - a)^2 = 0$$

となり, $x = a$ の重解となる. l は放物線 $y = 1 - x^2$
に

$x = a$ で接して動く. あとは実際に直線を動かして,
D は境界を含む図1の網目部分となる.

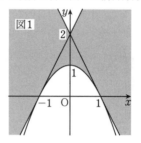

（3） P, Q は C_1 上の点であるから, 線分 PQ は
$y \geqq x^2 - 1$ に存在する. したがって線分 PQ の通過領
域は, D かつ $y \geqq x^2 - 1$ である. ここで, $y = x^2 - 1$
と

$y = 2x + 2$ を連立して

$$x^2 - 1 = 2x + 2$$
$$x^2 - 2x - 3 = 0$$
$$(x - 3)(x + 1) = 0 \qquad \therefore \quad x = -1, 3$$

$y = x^2 - 1$ と $y = -2x + 2$ を連立して

$$x^2 - 1 = -2x + 2$$
$$x^2 + 2x - 3 = 0$$
$$(x - 1)(x + 3) = 0 \qquad \therefore \quad x = -3, 1$$

図示すると図2のようになる.

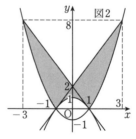

求める面積は,

$$2\int_0^3 \{(2x + 2) - (x^2 - 1)\} \, dx - 2 \cdot \frac{1}{6}(1 - (-1))^3$$

$$= 2\int_0^3 (-x^2 + 2x + 3) \, dx - \frac{8}{3}$$

$$= 2\left[-\frac{x^3}{3} + x^2 + 3x\right]_0^3 - \frac{8}{3}$$

$$= 2 \cdot 9 - \frac{8}{3} = \frac{46}{3}$$

♦別解♦ （**2**） $l : a^2 - 2xa - y + 1 = 0$ となる.

$f(a) = a^2 - 2xa - y + 1$ とおく. $f(a) = 0$ が
$-1 \leqq a \leqq 1$ に少なくとも1つの実数解をもつ x, y
の条件を求める. 判別式を D とする.

　軸:$-1 \leqq x \leqq 1$ かつ $\dfrac{D}{4} = x^2 + y - 1 \geqq 0$ かつ

$f(1) = -2x - y + 2 \geqq 0$ かつ $f(-1) = 2x - y + 2 \geqq 0$

または $f(-1)f(1) = (-2x - y + 2)(2x - y + 2) \leqq 0$

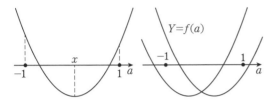

《円と放物線（B25）》

529. 座標平面上で, 不等式

$$\frac{1}{4}x^2 - 2 \leqq y \leqq 0 \text{ または } x^2 + y^2 \leqq 4$$

の表す領域を D_1 とし, 不等式

$$y > \sqrt{3}x \text{ かつ } x^2 + y^2 < 2$$

の表す領域を D_2 とし, 不等式

$$y > -\sqrt{3}x \text{ かつ } x^2 + y^2 < 2$$

の表す領域を D_3 とする. また, D_2 と D_3 の和集
合を X とし, D_1 から X を除いた領域を Y とす
る. このとき, 次の問いに答えなさい.

（**1**） 領域 D_1 を図示しなさい.

（**2**） 領域 D_1 の面積を求めなさい.

（**3**） 領域 Y を図示しなさい.

（**4**） 領域 Y の面積を求めなさい.

（23　山口大・医, 理（数））

▶解答◀ （**1**） $C_1 : y = \dfrac{1}{4}x^2 - 2$ と

$C_2 : x^2 + y^2 = 4$ を連立して

$$4(y + 2) + y^2 = 4$$

$$(y + 2)^2 = 0 \qquad \therefore \quad y = -2$$

このとき $x = 0$ である.

　C_1 と C_2 の共有点は $(0, -2)$ のみである. 領域 D_1
は境界を含む図1の網目部分となる.

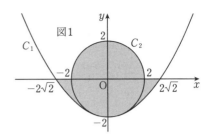

図1

（**2**）　D_1 の面積は

$$\frac{1}{2} \cdot 2^2 \pi - \int_{-2\sqrt{2}}^{2\sqrt{2}} \left(\frac{1}{4}x^2 - 2 \right) dx$$

$$= 2\pi - \frac{1}{4} \int_{-2\sqrt{2}}^{2\sqrt{2}} (x - 2\sqrt{2})(x + 2\sqrt{2}) \, dx$$

$$= 2\pi + \frac{1}{24}(4\sqrt{2})^3 = \boldsymbol{2\pi + \frac{16\sqrt{2}}{3}}$$

（**3**）　D_2 と D_3 の和集合の領域 X は, $l_1 : y = \sqrt{3}x$,
$l_2 : y = -\sqrt{3}x$ とすると, 境界を含まない図2の網目
部分となる. したがって領域 Y は, 図3の境界を含
む網目部分となる.

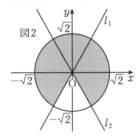

図2

（**4**）　（**2**）より, Y の面積は

$$2\pi + \frac{16\sqrt{2}}{3} - \frac{5}{6} \cdot (\sqrt{2})^2 \pi = \boldsymbol{\frac{\pi + 16\sqrt{2}}{3}}$$

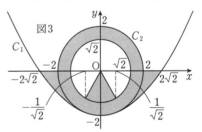

図3

《円と放物線（B15）☆》

530. 連立不等式

$$\begin{cases} y \geqq x^2 - \dfrac{1}{4} \\ x^2 + y^2 \leqq 1 \end{cases}$$

で表される領域の面積を求めよ.

（23　早稲田大・人間科学-数学選抜）

▶解答◀ $y = x^2 - \dfrac{1}{4}$ のとき, $x^2 = y + \dfrac{1}{4}$ で, こ
れを $x^2 + y^2 = 1$ に代入して

$$y^2 + y - \frac{3}{4} = 0$$

$4y^2 + 4y - 3 = 0$

$(2y-1)(2y+3) = 0$ $\therefore$ $y = \dfrac{1}{2}, -\dfrac{3}{2}$

$y = x^2 - \dfrac{1}{4} \geqq -\dfrac{1}{4}$ より $y = \dfrac{1}{2}$ である.

このとき, $x^2 = \dfrac{3}{4}$ より $x = \pm\dfrac{\sqrt{3}}{2}$ である.

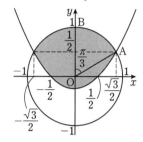

求める面積は $x \geqq 0$ の部分を求めて 2 倍したものである. $A\left(\dfrac{\sqrt{3}}{2}, \dfrac{1}{2}\right)$, $B(0, 1)$ とする.

OA は $y = \dfrac{1}{\sqrt{3}}x$ であり, OA と x 軸の正の方向がなす角は $\dfrac{\pi}{6}$ であるから $\angle BOA = \dfrac{\pi}{3}$ である. また,

$\displaystyle\int_0^{\frac{\sqrt{3}}{2}} \left\{ \dfrac{1}{\sqrt{3}}x - \left(x^2 - \dfrac{1}{4}\right) \right\} dx$

$= \left[-\dfrac{x^3}{3} + \dfrac{x^2}{2\sqrt{3}} + \dfrac{x}{4} \right]_0^{\frac{\sqrt{3}}{2}}$

$= -\dfrac{1}{3}\cdot\dfrac{3\sqrt{3}}{8} + \dfrac{1}{2\sqrt{3}}\cdot\dfrac{3}{4} + \dfrac{1}{4}\cdot\dfrac{\sqrt{3}}{2} = \dfrac{\sqrt{3}}{8}$

であるから, 求める面積は

$2\left(\dfrac{1}{2}\cdot\dfrac{\pi}{3}\cdot1^2 + \dfrac{\sqrt{3}}{8} \right) = \dfrac{\pi}{3} + \dfrac{\sqrt{3}}{4}$

《写像と面積 (B20) ☆》

531. 原点を O とする xy 平面上に点 A$(1, -1)$ があり, 点 B は $\overrightarrow{AB} = (2\cos\theta, 2\sin\theta)(0 \leqq \theta \leqq 2\pi)$ を満たす点である. B の軌跡を境界線とする 2 つの領域のうち, 点 A を含む領域を領域 C とする. ただし, 領域 C は境界線を含む.

(1) 点 B の軌跡の方程式は □ である.

(2) 点 (x, y) が xy 平面上のすべての点を動くとき, 点 $(x-y, xy)$ が xy 平面上で動く範囲は式 □ で表される領域である.

(3) 点 (x, y) が領域 C 上のすべての点を動くとき, 点 $(x-y, xy)$ が xy 平面上で動く領域を領域 D とする.

  (i) 領域 D を図示しなさい. ただし領域は斜線で示し, 境界線となる式も図に記入すること.

  (ii) 領域 D の面積は □ である.

(23 慶應大・薬)

▶解答◀ (1) $\overrightarrow{AB} = (2\cos\theta, 2\sin\theta)$ $(0 \leqq \theta \leqq 2\pi)$ より, 点 B の軌跡は点 A を中心とする半径 2 の円 (図 1) であり, その方程式は

$$(x-1)^2 + (y+1)^2 = 4$$

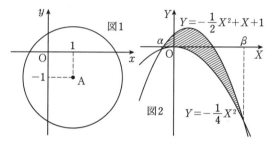

(2) $X = x - y, Y = xy$ とおく. 点 (X, Y) が求める領域に含まれるのは, 2 式から x を消去した

$$Y = (X+y)y \qquad \therefore \quad y^2 + Xy - Y = 0$$

を満たす実数 y が存在するときである. 判別式を D として

$$D = X^2 + 4Y \geqq 0 \qquad \therefore \quad Y \geqq -\dfrac{1}{4}X^2 \quad \cdots\text{①}$$

(3) (i) 領域 C は点 B の軌跡の円の周および内部であり, 点 (x, y) が領域 C 上のすべての点を動くとき

$(x-1)^2 + (y+1)^2 \leqq 4$

$x^2 + y^2 - 2(x-y) + 2 \leqq 4$

$(x-y)^2 + 2xy - 2(x-y) \leqq 2$

$X^2 + 2Y - 2X \leqq 2$

$Y \leqq -\dfrac{1}{2}X^2 + X + 1$ $\cdots\cdots\cdots\cdots\cdots$②

領域 D は ① かつ ② で表される領域で, 図 2 の斜線部分である. ただし, 境界は含む.

(ii) 曲線 $Y = -\dfrac{1}{4}X^2$ と曲線 $Y = -\dfrac{1}{2}X^2 + X + 1$ の交点の X 座標は

$-\dfrac{1}{4}X^2 = -\dfrac{1}{2}X^2 + X + 1$

$X^2 - 4X - 4 = 0 \qquad \therefore \quad X = 2 \pm 2\sqrt{2}$

$\alpha = 2 - 2\sqrt{2}, \beta = 2 + 2\sqrt{2}$ とする. 求める面積は

$\displaystyle\int_\alpha^\beta \left\{ -\dfrac{1}{2}X^2 + X + 1 - \left(-\dfrac{1}{4}X^2 \right) \right\} dX$

$= -\dfrac{1}{4}\displaystyle\int_\alpha^\beta (X-\alpha)(X-\beta)\, dX$

$= -\dfrac{1}{4}\cdot\left\{ -\dfrac{1}{6}(\beta-\alpha)^3 \right\} = \dfrac{16\sqrt{2}}{3}$

注意 $x + (-y) = X, x\cdot(-y) = -Y$ であるから, 解と係数の関係より, t の 2 次方程式 $t^2 - Xt - Y = 0$

は $t = x, -y$ を解にもつ．（2）では，この t の2次方程式が実数解をもつ条件から答えを求めてもよい．

《線分と囲む面積 (B15) ☆》

532. 3次関数 $f(x)$ は常に $f(-x) = -f(x)$ を満たし，$x = 1$ のときに極大値2をとる．このとき，以下の問に答えよ．

（1） $f(x)$ を求めよ．

（2） 曲線 $y = f(x)$ と x 軸で囲まれた2つの部分のうち，$y \geqq 0$ の領域にある部分を D とする．直線 $y = ax$ が D の面積を2等分するように a の値を定めよ． (23 群馬大・理工)

▶**解答**◀ （1） $f(-x) = -f(x)$ より $f(x)$ は奇関数で，原点を通るから $f(x) = ax^3 + bx$ とおける．$f(1) = 2$, $f'(x) = 3ax^2 + b$ で $f'(1) = 0$ であるから

$$a + b = 2, \ 3a + b = 0$$

したがって，$a = -1, b = 3$ であるから $f(x) = -x^3 + 3x$ となる．

（2） D は図の網目部分である．

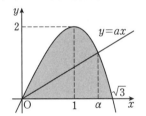

D の面積は

$$\int_0^{\sqrt{3}} (-x^3 + 3x)\,dx = \left[-\frac{x^4}{4} + \frac{3}{2}x^2 \right]_0^{\sqrt{3}}$$

$$= -\frac{9}{4} + \frac{9}{2} = \frac{9}{4}$$

$y = f(x)$ と $y = ax$ を連立して

$$-x^3 + 3x = ax$$

$$x\{x^2 - (3 - a)\} = 0$$

$y = ax$ が D の面積を2等分するとき，$0 < a < 3$ である．$\alpha = \sqrt{3 - a}$ とおくと

$$\int_0^{\alpha} (-x^3 + 3x - ax)\,dx$$

$$= -\int_0^{\alpha} \{x^3 - (3 - a)x\}\,dx$$

$$= -\left[\frac{x^4}{4} - \frac{(3-a)}{2}x^2 \right]_0^{\alpha}$$

$$= -\frac{\alpha^4}{4} + \frac{(3-a)\alpha^2}{2} = \frac{(3-a)^2}{4}$$

$\dfrac{(3-a)^2}{4} = \dfrac{9}{8}$, $0 < a < 3$ のとき

$$(3 - a)^2 = \frac{9}{2}, \ 0 < a < 3$$

$$a = 3 - \frac{3}{\sqrt{2}}$$

《積分するしかない (B20) ☆》

533. k は正の実数とし，2つの関数

$$f(x) = \frac{2}{3}x^3 + x^2 - 4x + \frac{7}{3},$$

$$g(x) = x^2 + 4x + 4 + k$$

を考える．xy 平面上の曲線 $y = f(x)$ を C_1 とし，放物線 $y = g(x)$ を C_2 とする．以下の問いに答えよ．

（1） 関数 $f(x) - g(x)$ の極値を k を用いて表せ．

（2） C_1 と C_2 がちょうど2個の共有点をもつような k の値を求めよ．

（3） k を（2）で求めた値とする．C_1 と C_2 の2個の共有点を通る直線を l とするとき，C_2 と l で囲まれた図形と $x \geqq 0$ の表す領域の共通部分の面積を求めよ． (23 熊本大・医，教)

▶**解答**◀ （1） $f(x) - g(x) = h(x)$ とおくと

$$h(x) = \left(\frac{2}{3}x^3 + x^2 - 4x + \frac{7}{3} \right)$$

$$- (x^2 + 4x + 4 + k)$$

$$= \frac{2}{3}x^3 - 8x - \frac{5}{3} - k$$

$$h'(x) = 2x^2 - 8 = 2(x - 2)(x + 2)$$

$h(x)$ の増減は次のようになる．

x	$\cdots$	-2	$\cdots$	2	$\cdots$
$h'(x)$	$+$	0	$-$	0	$+$
$h(x)$	$\nearrow$		$\searrow$		$\nearrow$

$x = -2$ で，極大値

$$h(-2) = \frac{2}{3} \cdot (-8) + 16 - \frac{5}{3} - k = 9 - k$$

$x = 2$ で，極小値

$$h(2) = \frac{2}{3} \cdot 8 - 16 - \frac{5}{3} - k = -\frac{37}{3} - k$$

（2） C_1 と C_2 が2個の共有点をもつ条件は，$h(x)$ の極値が0になることである．極小値 $h(2) = -\frac{37}{3} - k < 0$ だから，極大値 $h(-2) = 9 - k = 0$ であり，$k = 9$

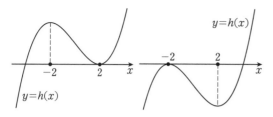

$y=h(x)$

（3）　C_1 と C_2 の共有点の x 座標は $h(x)=0$ の解である．$k=9$ のとき

$$h(x) = \frac{2}{3}x^3 - 8x - \frac{32}{3} = \frac{2}{3}(x+2)^2(x-4)$$

で $h(x)=0$ を解くと $x=-2, 4$

$$g(-2) = (-2)^2 + 4 \cdot (-2) + 4 + 9 = 9$$

$$g(4) = 4^2 + 4 \cdot 4 + 4 + 9 = 45$$

であるから，l は 2 点 $(-2, 9), (4, 45)$ を通る直線で $l : y = \frac{36}{6}(x+2) + 9$ である．$l : y = 6x + 21$

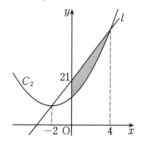

求める面積は

$$\int_0^4 \{6x + 21 - (x^2 + 4x + 13)\} \, dx$$

$$= \int_0^4 (-x^2 + 2x + 8) \, dx$$

$$= \left[-\frac{1}{3}x^3 + x^2 + 8x \right]_0^4$$

$$= -\frac{64}{3} + 16 + 32 = \frac{80}{3}$$

《三角形も考える (B25)》

534. $a, b\,(a > 0, b > 0)$ を定数とし，関数 $f(x)$ を $f(x) = x^3 - 3ax^2 + b$ とする．O を原点とする座標平面を考え，曲線 $y = f(x)$ を曲線 C とする．また，関数 $f(x)$ の極大値を与える x の値を α，極小値を与える x の値を β とし，座標平面上に 2 点 $P_1(\alpha, f(\alpha)), P_2(\beta, f(\beta))$ をとる．さらに，2 点 P_1 と P_2 を通る直線を l とし，点 P_1, P_2 以外の，曲線 C と直線 l との共有点を Q とする．次に答えよ．

（1）　関数 $f(x)$ についての増減表を利用して，方程式 $x^3 - 3ax^2 + b = 0$ の異なる実数解の個数が 2 個以下となるための条件を a, b を用いて表せ．

（2）　点 Q の座標を求め，曲線 C と線分 P_1Q で囲まれる図形の面積 S_1 および曲線 C と線分 QP_2 で囲まれる図形の面積 S_2 を求めよ．

（3）　曲線 C と x 軸の共有点が 2 つである場合を考える．曲線 C と $x < 0$ における x 軸との共有点を P_3 とし，線分 P_3P_1 と線分 P_3Q および曲線 C で囲まれる図形の面積を S_3 とする．このとき，b を a を用いて表し，さらに，$S_3 = 13$ が成り立つ場合の a の値を求めよ．

（4）　曲線 C と x 軸の共有点が 1 つである場合を考える．直線 l と x 軸との交点を P_4 とし，線分 OP_1 と線分 OP_2 および曲線 C で囲まれる図形の面積を S_4，三角形 OP_2P_4 の面積を S_5 とする．このとき，$S_4 = S_5$ かつ $S_4 = 2$ が成り立つ場合の a と b の値を求めよ．（23　九州工業大・後期）

▶解答◀　（1）　$f'(x) = 3x^2 - 6ax$

$$= 3x(x - 2a)$$

$f(x)$ の増減表は次のようになる．

x	$\cdots$	0	$\cdots$	$2a$	$\cdots$
$f'(x)$	$+$	0	$-$	0	$+$
$f(x)$	$\nearrow$		$\searrow$		$\nearrow$

$f(0) = b, \ f(2a) = 8a^3 - 12a^3 + b = -4a^3 + b$

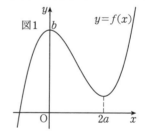

図1　$y = f(x)$

条件は $f(2a) \geqq 0$ で

$$b - 4a^3 \geqq 0$$

（2）　$P_1(0, b), P_2(2a, -4a^3 + b)$ である．l の方程式は

$$y = \frac{-4a^3 + b - b}{2a - 0}x + b$$

$$y = -2a^2 x + b$$

C と l の方程式を連立して

$$x^3 - 3ax^2 + b = -2a^2 x + b$$

$$x^3 - 3ax^2 + 2a^2 x = 0$$

$$x(x - a)(x - 2a) = 0$$

よって，Q の座標は $(a, -2a^3 + b)$

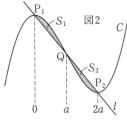

図2

$$S_1 = \int_0^a \{(x^3 - 3ax^2 + b) - (-2a^2 x + b)\}\, dx$$

$$= \left[\frac{1}{4}x^4 - ax^3 + a^2 x^2 \right]_0^a$$

$$= \frac{1}{4}a^4 - a^4 + a^4 = \frac{1}{4}a^4$$

$$S_2 = \int_a^{2a} \{(-2a^2 x + b) - (x^3 - 3ax^2 + b)\}\, dx$$

$$= \left[-\frac{1}{4}x^4 + ax^3 - a^2 x^2 \right]_a^{2a}$$

$$= -4a^4 + 8a^4 - 4a^4 + \frac{1}{4}a^4 - a^4 + a^4 = \frac{1}{4}a^4$$

（3） P_2 の y 座標が0であるから，$b = 4a^3$

このとき，$P_1(0, 4a^3)$，$P_2(2a, 0)$，$Q(a, 2a^3)$ で

$$f(x) = x^3 - 3ax^2 + 4a^3 = (x - 2a)^2 (x + a)$$

であるから，$P_3(-a, 0)$ である．

$$\overrightarrow{P_3 P_1} = (0, 4a^3) - (-a, 0) = (a, 4a^3)$$

$$\overrightarrow{P_3 Q} = (a, 2a^3) - (-a, 0) = (2a, 2a^3)$$

であるから

$$S_3 = \triangle P_1 P_3 Q + S_1$$

$$= \frac{1}{2}|a \cdot 2a^3 - 4a^3 \cdot 2a| + \frac{1}{4}a^4 = \frac{13}{4}a^4$$

$S_3 = 13$ のとき

$$\frac{13}{4}a^4 = 13$$

$$a^4 = 4 \qquad \therefore\quad a = \sqrt{2}$$

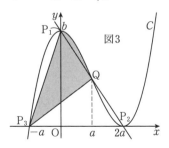

図3

（4） $-4a^3 + b > 0$ である．

$S_1 = S_2$ であるから，$S_4 = \triangle OP_1 P_2$ となり

$$S_4 = \frac{1}{2} \cdot b \cdot 2a = ab$$

$P_4\left(\frac{b}{2a^2}, 0\right)$ であるから

$$S_5 = \frac{1}{2} \cdot \frac{b}{2a^2}(-4a^3 + b) = -ab + \frac{b^2}{4a^2}$$

$S_4 = S_5$ より

$$2ab = \frac{b^2}{4a^2} \qquad \therefore\quad b = 8a^3$$

$ab = 2$ より $b = \dfrac{2}{a}$ を代入して $a^4 = \dfrac{1}{4}$

$$a = \frac{1}{\sqrt{2}},\ b = 2\sqrt{2}$$

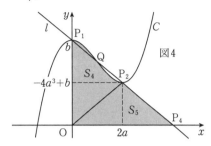

図4

《係数の決定（B20）》

535. n を2以上の自然数とし，

$$f(x) = x^n + a_1 x^{n-1} + \cdots + a_{n-1}x + a_n$$

とおく．ただし，$a_1, a_2, \cdots, a_n$ は定数である．以下の問いに答えよ．

（1） $\displaystyle\lim_{h \to 0} \frac{f(x + 4h) - f(x)}{h}$ の x^{n-1} と x^{n-2} の係数を答えよ．

（2） すべての実数 x について

$$\lim_{h \to 0}\left\{ \frac{x}{8}\frac{f(x+4h) - f(x)}{h} - 2f(x) \right.$$

$$\left. -2x^3 + x^2 + 9x \right\} = 0$$

が成り立つとき，n を求め，$f(x)$ を具体的に表せ．

（3） $f(x)$ を（2）で得られた関数とする．曲線 $y = f(x)$ と x 軸で囲まれた図形の面積を求めよ．

(23 三重大・前期)

▶解答◀ （1） $\displaystyle\lim_{h \to 0}\frac{f(x+4h) - f(x)}{h}$

$$= \lim_{h \to 0}\frac{f(x+4h) - f(x)}{4h} \cdot 4 = 4f'(x)$$

$$= 4nx^{n-1} + 4(n-1)a_1 x^{n-2} + \cdots$$

の $x^{n-1},\ x^{n-2}$ の係数は $4n,\ 4(n-1)a_1$

（2） $\displaystyle\lim_{h \to 0}\left\{ \frac{x}{8} \cdot \frac{f(x+4h)-f(x)}{h} - 2f(x) \right\}$

$$= 2x^3 - x^2 - 9x$$

$$\frac{x}{2}f'(x) - 2f(x) = 2x^3 - x^2 - 9x$$

$$\frac{x}{2}(nx^{n-1} + a_1(n-1)x^{n-2} + \cdots)$$

$$-2(x^n + a_1 x^{n-1} + \cdots)$$

$$= 2x^3 - x^2 - 9x$$

$$\left(\frac{n}{2} - 2\right)x^n + \cdots = 2x^3 - x^2 - 9x$$

$n \geq 5$ とすると，$\dfrac{n}{2} - 2 \neq 0$ で左辺は 5 次以上となり，両辺の次数が合わない．$n = 3$ とすると，両辺の x^3 の係数が $-\dfrac{1}{2}$ と 2 で合わない．$n \leq 2$ としても，両辺の次数が合わない．よって，$n = 4$ である．

$$\dfrac{x}{2}(4x^3 + 3a_1 x^2 + 2a_2 x + a_3)$$
$$\qquad - 2(x^4 + a_1 x^3 + a_2 x^2 + a_3 x + a_4)$$
$$= 2x^3 - x^2 - 9x$$

両辺の x^3, x^2, x の係数と定数項を比べて

$$\dfrac{3}{2}a_1 - 2a_1 = 2, \quad a_2 - 2a_2 = -1,$$
$$\dfrac{1}{2}a_3 - 2a_3 = -9, \quad -2a_4 = 0$$
$$a_1 = -4, \quad a_2 = 1, \quad a_3 = 6, \quad a_4 = 0$$

ゆえに，$f(x) = \boldsymbol{x^4 - 4x^3 + x^2 + 6x}$

（3） $f(x) = x(x^3 - 4x^2 + x + 6)$
$$= x(x+1)(x-2)(x-3)$$

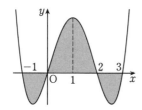

求める面積を S とする．直線 $x = 1$ に関する対称性を用いて

$$\dfrac{S}{2} = -\int_{-1}^{0} f(x)\,dx + \int_{0}^{1} f(x)\,dx$$
$$= -\left[\dfrac{x^5}{5} - x^4 + \dfrac{x^3}{3} + 3x^2 \right]_{-1}^{0}$$
$$\qquad + \left[\dfrac{x^5}{5} - x^4 + \dfrac{x^3}{3} + 3x^2 \right]_{0}^{1}$$
$$= -\dfrac{1}{5} - 1 - \dfrac{1}{3} + 3 + \dfrac{1}{5} - 1 + \dfrac{1}{3} + 3 = 4$$
$$S = 8$$

《考えにくい構図？（B20）☆》

536. 座標平面上の曲線 $y = x^3\ (0 \leq x \leq \sqrt{3})$ を C，線分 $y = 3x\ (0 \leq x \leq \sqrt{3})$ を L とする．次の問いに答えよ．

（1） C 上の点 P と L 上の点 Q があり，線分 PQ が L と直交する．PQ の長さが最大となるとき，点 P と点 Q を通る直線の方程式を求めよ．

（2） C と L とで囲まれる図形を（1）で求めた直線で 2 つの図形に分けたとき，2 つの図形のうち原点を含む方の図形の面積を S_1，原点を含まない方の図形の面積を S_2 とする．S_1 と S_2 の比を求めよ． (23　名古屋市立大・後期)

▶解答◀ （1） $P(t, t^3)\ (0 \leq t \leq \sqrt{3})$ とおく．

PQ は P と $L : 3x - y = 0$ の距離であるから

$$PQ = \dfrac{|3t - t^3|}{\sqrt{9 + 1}} = \dfrac{|3t - t^3|}{\sqrt{10}}$$

$0 \leq t \leq \sqrt{3}$ であるから，$3t - t^3 = t(3 - t^2) \geq 0$ であり

$$PQ = \dfrac{1}{\sqrt{10}}(3t - t^3)$$

$f(t) = 3t - t^3$ とおくと

$$f'(t) = 3 - 3t^2 = -3(t+1)(t-1)$$

t	0	$\cdots$	1	$\cdots$	$\sqrt{3}$
$f'(t)$		$+$	0	$-$	
$f(t)$		$\nearrow$		$\searrow$	

$f(t)$ は表のように増減し，$t = 1$ で PQ は最大となる．このとき，$P(1, 1)$ であり，PQ は P を通り L に垂直な直線であるから

$$y = -\dfrac{1}{3}(x - 1) + 1 \qquad \therefore\quad \boldsymbol{y = -\dfrac{1}{3}x + \dfrac{4}{3}}$$

（2） L と PQ の方程式を連立し

$$3x = -\dfrac{1}{3}x + \dfrac{4}{3}$$
$$9x = -x + 4 \qquad \therefore\quad x = \dfrac{2}{5},\ y = \dfrac{6}{5}$$

$Q\left(\dfrac{2}{5}, \dfrac{6}{5}\right)$ である．$A(\sqrt{3}, 3\sqrt{3})$ とおき，A, P, Q から x 軸に下ろした垂線の足をそれぞれ H, K, M とおく．なお，下の図は見やすさを優先して誇張して描いてある．

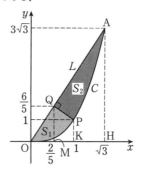

$S_1 + S_2$ は C と L で囲まれる図形の面積で

$$S_1 + S_2 = \int_0^{\sqrt{3}} (3x - x^3)\,dx$$
$$= \left[\dfrac{3}{2}x^2 - \dfrac{x^4}{4} \right]_0^{\sqrt{3}} = \dfrac{9}{2} - \dfrac{9}{4} = \dfrac{9}{4}$$

$$S_1 = \triangle OQM + (\text{台形 PQMK}) - \int_0^1 x^3\,dx$$
$$= \dfrac{1}{2} \cdot \dfrac{2}{5} \cdot \dfrac{6}{5} + \dfrac{1}{2} \cdot \left(1 + \dfrac{6}{5}\right) \cdot \dfrac{3}{5} - \left[\dfrac{x^4}{4} \right]_0^1$$
$$= \dfrac{6}{25} + \dfrac{33}{50} - \dfrac{1}{4} = \dfrac{24 + 66 - 25}{100} = \dfrac{13}{20}$$

$$S_2 = \frac{9}{4} - S_1 = \frac{9}{4} - \frac{13}{20} = \frac{32}{20}$$

$$S_1 : S_2 = \frac{13}{20} : \frac{32}{20} = \mathbf{13 : 32}$$

◆**別解**◆ （2） 数学 III で積分すれば単純である.

弧 OP 上の動点 X(s, s^3) $(0 < s \leqq 1)$ から L に下ろした垂線の足を Y とする. XY の長さを u とする.

$$u = \frac{3s - s^3}{\sqrt{10}}$$

直線 XY は $x + 3y = s + 3s^3$ で, O との距離を v とする. $v = \frac{s + 3s^3}{\sqrt{10}}$

$$u\, dv = u\, \frac{dv}{ds}\, ds = \frac{(3s - s^3)(1 + 9s^2)}{10}\, ds$$
$$= \frac{3s + 26s^3 - 9s^5}{10}\, ds$$

$$S_1 = \int_0^1 u\, \frac{dv}{ds}\, ds = \frac{1}{10}\left(\frac{3}{2} + \frac{26}{4} - \frac{9}{6}\right) = \frac{13}{20}$$

後は省略する.

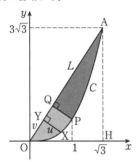

═══《4 次関数と面積（B25）》═══

537. c を実数とし, 関数 $f(x) = (x^2 + c)^2 + c$ を考える. 以下の問いに答えよ.

（1） $x^2 - x + c = 0$ を満たす実数 x に対して, $f(x) - x = 0$ が成り立つことを示せ.

（2） $y = f(x)$ のグラフと直線 $y = x$ が異なる 4 つの共有点をもつとき, 定数 c のとり得る値の範囲を求めよ.

（3） $c = -1$ としたとき, $y = f(x)$ のグラフと直線 $y = x$ の共有点の x 座標のうち, 最大のものと 2 番目に大きいものをそれぞれ a, b とする. $b \leqq x \leqq a$ において $y = f(x)$ のグラフと直線 $y = x$ で囲まれた図形の面積を求めよ.

（23 お茶の水女子大・前期）

▶**解答**◀ （1） $g(x) = x^2 + c$ とおくと
$$f(x) = (x^2 + c)^2 + c = g(x)^2 + c = g(g(x))$$

$x^2 - x + c = 0$ を満たす実数 x を α とおくと, $g(\alpha) = \alpha$ であるから
$$f(\alpha) - \alpha = g(g(\alpha)) - \alpha$$

$$= g(\alpha) - \alpha = \alpha - \alpha = 0$$

よって, 題意は示された.

（2） $f(x) = g(x)^2 + c$
$$g(x) = x^2 + c$$

辺ごとに引いて
$$f(x) - g(x) = g(x)^2 - x^2$$
$$f(x) - g(x) = \{g(x) - x\}\{g(x) + x\}$$

両辺に $g(x) - x$ を加えて
$$f(x) - x = \{g(x) - x\}\{g(x) + x + 1\}$$
$$f(x) - x = (x^2 - x + c)(x^2 + x + c + 1)$$

$f(x) = x$ とすると
$$x^2 - x + c = 0 \quad\cdots\cdots\cdots\cdots\cdots①$$

または
$$x^2 + x + c + 1 = 0 \quad\cdots\cdots\cdots\cdots②$$

$y = f(x)$ と $y = x$ が異なる 4 つの共有点をもつとき, ① または ② を満たす異なる実数 x が 4 個となるから, ①, ② がともに異なる 2 つの実数解をもち, かつ共通解をもたない. ①, ② の判別式はともに正で
$$1 - 4c > 0, \quad 1 - 4(c + 1) > 0$$
$$c < \frac{1}{4}, \quad c < -\frac{3}{4} \qquad \therefore \quad c < -\frac{3}{4} \quad\cdots\cdots③$$

①, ② が共通解をもつとき, ② − ① として
$$2x + 1 = 0 \qquad \therefore \quad x = -\frac{1}{2}$$

① に代入して
$$\frac{1}{4} + \frac{1}{2} + c = 0 \qquad \therefore \quad c = -\frac{3}{4}$$

①, ② が共通解をもたない条件は $c \neq -\frac{3}{4}$ である. これと ③ より, c のとりうる値の範囲は $\boldsymbol{c < -\dfrac{3}{4}}$ である.

（3） $c = -1$ のとき
$$f(x) - x = (x^2 - x - 1)(x^2 + x)$$

$f(x) = x$ とすると, $x = \dfrac{1 \pm \sqrt{5}}{2}, 0, -1$ である.

$-1 < \dfrac{1 - \sqrt{5}}{2} < 0 < \dfrac{1 + \sqrt{5}}{2}$ より, $a = \dfrac{1 + \sqrt{5}}{2}$, $b = 0$ である. $b \leqq x \leqq a$ で $f(x) - x \leqq 0$ であるから, 求める面積を S とすると

$$S = \int_b^a \{x - f(x)\}\, dx$$
$$= \int_0^a (-x^4 + 2x^2 + x)\, dx$$
$$= \left[-\frac{x^5}{5} + \frac{2}{3}x^3 + \frac{x^2}{2}\right]_0^a$$
$$= -\frac{a^5}{5} + \frac{2}{3}a^3 + \frac{a^2}{2}$$
$$= \frac{1}{30}(-6a^5 + 20a^3 + 15a^2)$$

$a^2 - a - 1 = 0$ に注意して

$$S = \frac{1}{30}\{(a^2-a-1)(-6a^3-6a^2+8a+17)$$
$$+25a+17\}$$
$$= \frac{1}{30}\left(25 \cdot \frac{1+\sqrt{5}}{2}+17\right) = \frac{59+25\sqrt{5}}{60}$$

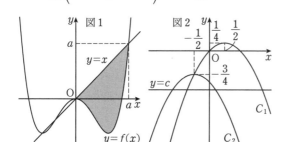

図1　図2

♦別解♦　（2）　文字定数を分離する．①，②より

$$c = -x^2+x, \quad c = -x^2-x-1$$

$C_1 : y = -x^2+x$，$C_2 : y = -x^2-x-1$ とおくと，
2曲線 C_1，C_2 と直線 $y=c$ が4個の共有点をもつ．

$$C_1 : y = -\left(x-\frac{1}{2}\right)^2 + \frac{1}{4}$$
$$C_2 : y = -\left(x+\frac{1}{2}\right)^2 - \frac{3}{4}$$

であるから，C_1，C_2 は図2のようになる．C_1 が C_2 の頂点 $\left(-\frac{1}{2}, -\frac{3}{4}\right)$ を通ることに注意する．c のとりうる値の範囲は $c < -\dfrac{3}{4}$ である．

《3次関数と面積 (B20) ☆》

538. 次の問に答えよ．

（1）　α, β を実数とするとき，定積分
$$\int_0^{\alpha} x(x-\alpha)(x-\beta)\,dx$$
を求めよ．

（2）　c を正の実数とする．2次方程式
$$cx^2 - cx - 1 = 0$$
の異なる2個の実数解を α, β とするとき，
$\alpha^2+\beta^2$, $\alpha^4+\beta^4$ をそれぞれ c を用いて表せ．

（3）　c を正の実数とする．曲線 $y = cx^3 - x$ と
曲線 $y = cx^2$ で囲まれた2つの部分の面積の和
S を，c を用いて表せ．

（4）　c が正の実数全体を動くとき，（3）の S の
最小値を求めよ．　　　　　　（23　東京電機大）

▶解答◀　（1）　$\displaystyle\int_0^{\alpha} x(x-\alpha)(x-\beta)\,dx$

$$= \int_0^{\alpha}\{x^3 - (\alpha+\beta)x^2 + \alpha\beta x\}\,dx$$
$$= \left[\frac{x^4}{4} - \frac{\alpha+\beta}{3}x^3 + \frac{\alpha\beta}{2}x^2\right]_0^{\alpha}$$

$$= \left(\frac{\alpha}{4} - \frac{\alpha+\beta}{3} + \frac{\beta}{2}\right)\alpha^3$$
$$= -\frac{1}{12}\alpha^4 + \frac{1}{6}\alpha^3\beta$$

（2）　$c > 0$ より，$cx^2 - cx - 1 = 0$ の判別式について，$c^2 + 4c > 0$ であるから，異なる2つの実数解 α, β をもつ．解と係数の関係より

$$\alpha+\beta = 1, \quad \alpha\beta = -\frac{1}{c} \quad\cdots\cdots\cdots\cdots①$$

であるから

$$\alpha^2 + \beta^2 = (\alpha+\beta)^2 - 2\alpha\beta = 1 + \frac{2}{c}$$
$$\alpha^4 + \beta^4 = (\alpha^2+\beta^2)^2 - 2(\alpha\beta)^2$$
$$= \left(1+\frac{2}{c}\right)^2 - \frac{2}{c^2} = 1 + \frac{4}{c} + \frac{2}{c^2}$$

（3）　$cx^3 - x = cx^2$

$$(cx^2 - cx - 1)x = 0$$

この方程式の実数解は，（2）の α, β を用いて

$$x = 0, \alpha, \beta$$

である．$c > 0$ であるから①より，$\alpha < 0 < \beta$ としてよい．曲線 $C : y = cx^3 - x$ と $C' : y = cx^2$ で囲まれた部分は図の網目部分となる．（1），（2）より

$$S = \int_{\alpha}^{0}\{(cx^3-x)-cx^2\}\,dx$$
$$\quad - \int_0^{\beta}\{(cx^3-x)-cx^2\}\,dx$$
$$= -\int_0^{\alpha} x(cx^2-cx-1)\,dx$$
$$\quad - \int_0^{\beta} x(cx^2-cx-1)\,dx$$
$$= -c\int_0^{\alpha} x(x-\alpha)(x-\beta)\,dx$$
$$\quad - c\int_0^{\beta} x(x-\alpha)(x-\beta)\,dx$$
$$= -c\left(-\frac{1}{12}\alpha^4 + \frac{1}{6}\alpha^3\beta\right) - c\left(-\frac{1}{12}\beta^4 + \frac{1}{6}\alpha\beta^3\right)$$
$$= \frac{c}{12}(\alpha^4+\beta^4) - \frac{c}{6}\alpha\beta(\alpha^2+\beta^2)$$
$$= \frac{c}{12}\left(1+\frac{4}{c}+\frac{2}{c^2}\right) - \frac{c}{6}\left(-\frac{1}{c}\right)\left(1+\frac{2}{c}\right)$$
$$= \frac{1}{12}\left(c + \frac{6}{c} + 6\right)$$

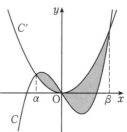

（4）　$c > 0$ より，相加・相乗平均の不等式により

$$c + \frac{6}{c} \geqq 2\sqrt{c \cdot \frac{6}{c}} = 2\sqrt{6}$$

したがって

$$S \geqq \frac{1}{12}(2\sqrt{6}+6) = \frac{\sqrt{6}+3}{6}$$

となり，等号は $c = \dfrac{6}{c}$ すなわち $c = \sqrt{6}$ のとき成り立つ．S の最小値は $\dfrac{\sqrt{6}+3}{6}$ である．

《4次関数の複接線（B20）☆》

539. 曲線 $y = x^4 + 2x^3 - 3x^2$ を C とし，C 上の点 $\mathrm{P}(1,0)$ における接線を L とするとき，次の（ⅰ），（ⅱ），（ⅲ）に答えよ．

（1） 接線 L の方程式を求めよ．

（2） 曲線 C と接線 L の共有点の座標を求めよ．

（3） 曲線 C と接線 L で囲まれた部分の面積を求めよ．

(23 山形大・医，理)

▶解答◀ （1） $g(x) = x^4 + 2x^3 - 3x^2$ とおく．

$$g'(x) = 4x^3 + 6x^2 - 6x$$

$g'(1) = 4 + 6 - 6 = 4$ であるから，L の方程式は

$$y = 4(x-1)$$

$$\boldsymbol{y = 4x - 4}$$

（2） C と L を連立する．

$$x^4 + 2x^3 - 3x^2 = 4x - 4$$

$$x^4 + 2x^3 - 3x^2 - 4x + 4 = 0$$

$$(x-1)^2(x+2)^2 = 0$$

$g(-2) = 16 - 16 - 12 = -12$ であるから C と L の共有点の座標は $\boldsymbol{(1,0)}$，$\boldsymbol{(-2,-12)}$ である．

（3） 図の網目部分の図形の面積を求める．

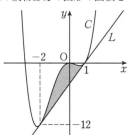

$$\int_{-2}^{1} \{g(x) - (4x-4)\}\, dx = \int_{-2}^{1} (x-1)^2(x+2)^2\, dx$$

$x + 2 = A$ とおくと

$$\int_{-2}^{1} (x-1)^2(x+2)^2\, dx = \int_{-2}^{1} (A-3)^2 A^2\, dx$$

$$= \int_{-2}^{1} (A^4 - 6A^3 + 9A^2)\, dx$$

$$= \left[\frac{(x+2)^5}{5} - \frac{3(x+2)^4}{2} + 3(x+2)^3 \right]_{-2}^{1}$$

$$= \frac{243}{5} - \frac{243}{2} + 81 = \boldsymbol{\frac{81}{10}}$$

注意 【30分の1公式】

x^4 の係数が a であるような4次関数 $y = f(x)$ が，$x = \alpha,\ \beta\ (\alpha < \beta)$ を接点とする2重接線 $y = g(x)$ をもつとき，$f(x)$ と $g(x)$ が囲む図形の面積は

$$\left| \int_{\alpha}^{\beta} \{f(x) - g(x)\}\, dx \right|$$

$$= |a| \left| \int_{\alpha}^{\beta} (x-\alpha)^2 (x-\beta)^2\, dx \right|$$

$$= \frac{|a|}{30} (\beta - \alpha)^5$$

で与えられる．

（2）(ⅲ) では $a = 1,\ \alpha = -2,\ \beta = 1$ を代入して

$$\frac{1}{30} \{1 - (-2)\}^5 = \frac{243}{30} = \frac{81}{10}$$

が得られる．

【微積分の融合（数Ⅱ）】

《面積の最小（B30）☆》

540. 座標平面上に曲線

$$C : y = 2x^2 - 3x + 2 + (x-2)|x-1|$$

と直線 $l : y = ax - a + 1$ がある．C と l で囲まれる部分の面積を $S(a)$ とする．次の問いに答えよ．

（1） 曲線 C のグラフをかけ．

（2） $S(a)$ を求めよ．

（3） $S(a)$ の最小値を求めよ．

(23 名古屋市立大・前期)

▶解答◀ （1） 絶対値を外す．

$f(x) = 2x^2 - 3x + 2 + (x-2)|x-1|$ とおく．

$x \leqq 1$ のとき

$$f(x) = 2x^2 - 3x + 2 - (x-2)(x-1) = x^2$$

$x \geqq 1$ のとき

$$f(x) = 2x^2 - 3x + 2 + (x-2)(x-1)$$

$$= 3x^2 - 6x + 4 = 3(x-1)^2 + 1$$

C は図1のようになる．

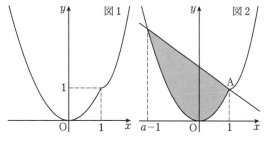

（2） $l : y = a(x-1) + 1$ であるから，l は点 $\mathrm{A}(1,1)$ を通り傾き a の直線である．

$g(x) = x^2$，$h(x) = 3(x-1)^2 + 1$ とおくと

$$g'(x) = 2x, \quad h'(x) = 6(x-1)$$

$g'(1) = 2,\ h'(1) = 0$ であるから, l の傾き a と 0, 2 の大小で場合分けする. C と l の交点の x 座標を調べ ておく. $g(x) = a(x-1) + 1$ とすると

$$x^2 = a(x-1) + 1$$
$$(x-1)(x+1-a) = 0 \qquad \therefore \quad x = 1,\ a-1$$

$h(x) = a(x-1) + 1$ とすると

$$3(x-1)^2 + 1 = a(x-1) + 1$$
$$(x-1)\{3(x-1) - a\} = 0$$
$$x = 1,\ \frac{a}{3} + 1$$

（ア）$a \leqq 0$ のとき（図2）

$a - 1 < 1$, $\frac{a}{3} + 1 \leqq 1$ に注意すると

$$S(a) = \int_{a-1}^{1} \{-(x-1)(x+1-a)\}\, dx$$
$$= \frac{1}{6}\{1 - (a-1)\}^3 = \frac{1}{6}(2-a)^3$$

（イ）$0 \leqq a \leqq 2$ のとき（図3）

$a - 1 \leqq 1 \leqq \frac{a}{3} + 1$ に注意すると

$$S(a) = \int_{a-1}^{1} \{-(x-1)(x+1-a)\}\, dx$$
$$\qquad + \int_{1}^{\frac{a}{3}+1} \left\{ -3(x-1)\left(x - \frac{a}{3} - 1\right) \right\} dx$$
$$= \frac{1}{6}(2-a)^3 + \frac{3}{6}\left\{ \left(\frac{a}{3} + 1\right) - 1 \right\}^3$$
$$= \frac{1}{6}(2-a)^3 + \frac{1}{2}\left(\frac{a}{3}\right)^3 \quad\cdots\cdots\cdots\cdots①$$
$$= \frac{1}{6}(-a^3 + 6a^2 - 12a + 8) + \frac{a^3}{54}$$
$$= -\frac{4}{27}a^3 + a^2 - 2a + \frac{4}{3}$$

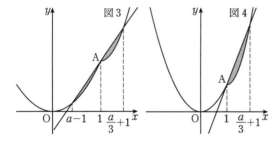

（ウ）$2 \leqq a$ のとき（図4）

$1 \leqq a - 1$, $1 < \frac{a}{3} + 1$ に注意すると

$$S(a) = \int_{1}^{\frac{a}{3}+1} \left\{ -3(x-1)\left(x - \frac{a}{3} - 1\right) \right\} dx$$
$$= \frac{a^3}{54}$$

（3）$S(a)$ は $a \leqq 0$ で減少関数, $2 \leqq a$ で増加関数で あるから, $S(a)$ の最小値を求めるためには $0 \leqq a \leqq 2$ で考えれば十分である. このとき

$$S'(a) = -\frac{4}{9}a^2 + 2a - 2 = -\frac{2}{9}(2a^2 - 9a + 9)$$

$$= -\frac{2}{9}(a-3)(2a-3)$$

a	0	$\cdots$	$\frac{3}{2}$	$\cdots$	2
$S'(a)$		$-$	0	$+$	
$S(a)$		$\searrow$		$\nearrow$	

$S(a)$ は表のように増減し, $a = \frac{3}{2}$ で最小となる. 最 小値は ① に $a = \frac{3}{2}$ を代入して

$$\frac{1}{6}\left(\frac{1}{2}\right)^3 + \frac{1}{2}\left(\frac{1}{2}\right)^3 = \frac{2}{3} \cdot \frac{1}{8} = \frac{1}{12}$$

《面積の最小（B20）☆》

541. 座標平面上の曲線 $y = x|x-2|$ を C とし, 直線 $y = mx$ を l とする. ただし, $0 < m < 2$ とする. また, 曲線 C と直線 l で囲まれた部分の面積を S とする. 以下の問いに答えよ.

（1）曲線 C と直線 l を同一の座標平面上に図示せよ.

（2）面積 S を m を用いて表せ.

（3）面積 S が最小となるときの m の値を求めよ. ただし, そのときの S の値を求める必要はない.

（23 公立はこだて未来大）

▶**解答**◀　（1）$f(x) = x|x-2|$ とする.

$x \leqq 2$ のとき $f(x) = -x(x-2)$ $\cdots\cdots\cdots\cdots①$

$x \geqq 2$ のとき $f(x) = x(x-2)$ $\cdots\cdots\cdots\cdots②$

① で $-x(x-2) = mx$ を解くと $x = 0,\ 2 - m$

② で $x(x-2) = mx$ を解くと $x = 0,\ 2 + m$

C と l は図1のようになる.

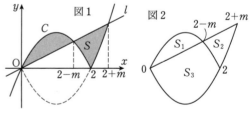

（2）図2のように各領域の面積を設定する. 6分の 1公式を用いる. $2 - m$ などはその点の x 座標を示す.

$$S_1 = \frac{1}{6}(2-m)^3 \quad\cdots\cdots\cdots\cdots\cdots\cdots\cdots③$$
$$S_1 + S_3 = \frac{1}{6}2^3 \cdot 2 \quad\cdots\cdots\cdots\cdots\cdots\cdots④$$
$$S_3 + S_2 = \frac{1}{6}(2+m)^3 \quad\cdots\cdots\cdots\cdots\cdots⑤$$

S_3 は不要だから ⑤ − ④ を作る.

$$S_2 - S_1 = \frac{1}{6}(2+m)^3 - \frac{1}{6}2^3 \cdot 2 \quad\cdots\cdots\cdots⑥$$

⑥＋③×2 より

$$S = S_1 + S_2$$
$$= \frac{1}{6}(2+m)^3 + 2\cdot\frac{1}{6}(2-m)^3 - 2\cdot\frac{1}{6}\cdot 2^3$$
$$= \frac{1}{6}\{(2+m)^3 + 2(2-m)^3 - 16\}$$
$$= \frac{1}{6}(8 + 12m + 6m^2 + m^3$$
$$\qquad + 16 - 24m + 12m^2 - 2m^3 - 16)$$
$$= -\frac{1}{6}m^3 + 3m^2 - 2m + \frac{4}{3}$$

（3） $S' = -\frac{1}{2}m^2 + 6m - 2 = -\frac{1}{2}(m^2 - 12m + 4)$

$m^2 - 12m + 4 = 0$, $0 < m < 2$ を解くと $m = 6 - 4\sqrt{2}$

m	0	$\cdots$	$6-4\sqrt{2}$	$\cdots$	2
S'		$-$	0	$+$	
S		$\searrow$		$\nearrow$	

S が最小となる m は $m = 6 - 4\sqrt{2}$ である.

注 意 1°【かたくなな人々】

積分の実行こそ正しい道であると信じ

$$S_1 = \int_0^{2-m}(-x^2 + 2x - mx)\,dx$$
$$= \left[-\frac{x^3}{3} + \frac{2-m}{2}x^2 \right]_0^{2-m} = \frac{1}{6}(2-m)^3$$
$$S_2 = \int_{2-m}^2 (mx + x^2 - 2x)\,dx$$
$$\qquad + \int_2^{2+m}(mx - x^2 + 2x)\,dx$$
$$= \left[\frac{x^3}{3} - \frac{2-m}{2}x^2 \right]_{2-m}^2$$
$$\qquad + \left[-\frac{x^3}{3} + \frac{2+m}{2}x^2 \right]_2^{2+m} = \cdots = 2m^2$$

を実行する人達がいる. 不思議なことに, 過去のテストゼミや模試の結果では, この方針の正答率は 4 割もいかない.

2°【三角形に等積変形する】

図 3 のように, C と l の交点を P, Q とする. また, $(2, 0)$ を R とする.

線分 PR と C に囲まれた部分の面積と, 線分 QR と C に囲まれた部分の面積は, いずれも $\frac{1}{6}m^3$ であるから, S_2 は △PQR の面積と等しい.

図 3

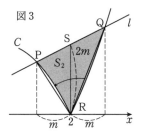

l 上の点 $(2, 2m)$ を S とすると, △PQR は線分 RS を底辺とする高さ m の三角形を 2 つあわせたものである. したがって,

$$S_2 = \triangle\text{PQR} = \frac{1}{2}\cdot 2m\cdot m\cdot 2 = 2m^2$$
$$S = S_1 + S_2 = \frac{1}{6}(2-m)^3 + 2m^2$$
$$= -\frac{1}{6}m^3 + 3m^2 - 2m + \frac{4}{3}$$

【定積分で表された関数（数 II）】

《微積分の基本定理（A2）☆》

542. a を実数の定数とする. 連続関数 $f(x)$ が等式

$$\int_a^x f(t)\,dt = x^3 - x^2 - x - 2$$

を満たすとする. このとき, $f(x) = \boxed{}$ であり, $a = \boxed{}$ である. （23 茨城大・工）

▶解答◀ $\displaystyle\int_a^x f(t)\,dt = x^3 - x^2 - x - 2$ ……①

①の両辺を x で微分して

$$f(x) = 3x^2 - 2x - 1$$

①に $x = a$ を代入して

$$0 = a^3 - a^2 - a - 2$$
$$(a-2)(a^2 + a + 1) = 0$$

a は実数であるから $a = 2$

《微積分の基本定理（A2）》

543. 次の等式

$$\int_3^x f(t)\,dt = x^2 + ax - 3$$

を満たす関数 $f(t)$ と定数 a の値を求めると, $f(t) = \boxed{}$, $a = \boxed{}$ である. （23 会津大・推薦）

▶解答◀ $\displaystyle\int_3^x f(t)\,dt = x^2 + ax - 3$ …………①

①に $x = 3$ を代入して $0 = 6 + 3a$ であり $a = -2$

①の両辺を x で微分して

$$f(x) = 2x - 2$$

よって, $f(t) = 2t - 2$

《定積分は定数（B20）☆》

544. 関数 $f(x)$, $g(x)$ が次の等式をみたすとします.

$$f(x) = -4x - \int_0^1 g(t)\,dt,$$
$$g(x) = 2x + 2\int_0^1 f(t)\,dt$$

次の（1）～（3）に答えなさい.

（1） $f(x)$ と $g(x)$ をそれぞれ求めなさい.

（2） 直線 $y=f(x)$ と直線 $y=g(x)$ がともに放物線 $y=x^2+ax+b$ に接するように, 定数 a, b の値を定めなさい. また, そのときの接点の座標をそれぞれ求めなさい.

（3） a, b を（2）で定めた値とします. 放物線 $y=x^2+ax+b$ と2直線 $y=f(x), y=g(x)$ で囲まれた図形の面積 S を求めなさい.

（23 神戸大・理系-「志」入試）

▶解答◀ （1） $A=\displaystyle\int_0^1 g(t)\,dt$,

$B=\displaystyle\int_0^1 f(t)\,dt$ とおくと

$$f(x)=-4x-A, \quad g(x)=2x+2B$$

となるから,

$$A=\int_0^1 (2t+2B)\,dt$$

$$=\Big[\,t^2+2Bt\,\Big]_0^1=2B+1 \quad\cdots\cdots\cdots①$$

$$B=\int_0^1 (-4t-A)\,dt$$

$$=\Big[\,-2t^2-At\,\Big]_0^1=-A-2 \quad\cdots\cdots②$$

①, ② より $(A, B)=(-1, -1)$ であるから,

$$f(x)=\mathbf{-4x+1}, \quad g(x)=\mathbf{2x-2}$$

（2） $y=x^2+ax+b$ と $y=f(x)$ を連立して

$$x^2+ax+b=-4x+1$$

$$x^2+(a+4)x+(b-1)=0 \quad\cdots\cdots③$$

③ の判別式を D_1 とすると, これらが接する条件は $D_1=0$ であり

$$D_1=(a+4)^2-4(b-1)=0$$

$$b=\frac{1}{4}a^2+2a+5 \quad\cdots\cdots④$$

$y=x^2+ax+b$ と $y=g(x)$ を連立して

$$x^2+ax+b=2x-2$$

$$x^2+(a-2)x+(b+2)=0 \quad\cdots\cdots⑤$$

⑤ の判別式を D_2 とすると, これらが接する条件は $D_2=0$ であり

$$D_2=(a-2)^2-4(b+2)=0$$

$$b=\frac{1}{4}a^2-a-1 \quad\cdots\cdots⑥$$

④, ⑥ より, $(a, b)=(\mathbf{-2, 2})$ である.

このとき, $y=x^2+ax+b$ と $y=f(x)$ の接点の x 座標は ③ の重解であるから, $x=-\dfrac{a+4}{2}=-1$ である. よって, 接点は $(\mathbf{-1, 5})$ である.

また, $y=x^2+ax+b$ と $y=g(x)$ の接点の x 座標は ⑤ の重解であるから, $x=-\dfrac{a-2}{2}=2$ である. よって, 接点は $(\mathbf{2, 2})$ である.

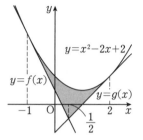

（3） $y=f(x)$ と $y=g(x)$ を連立すると

$$-4x+1=2x-2 \quad\therefore\quad x=\frac{1}{2}$$

これより, 求める面積 S は

$$S=\int_{-1}^{\frac{1}{2}} (x+1)^2\,dx+\int_{\frac{1}{2}}^{2} (x-2)^2\,dx$$

$$=\Big[\,\frac{1}{3}(x+1)^3\,\Big]_{-1}^{\frac{1}{2}}+\Big[\,\frac{1}{3}(x-2)^3\,\Big]_{\frac{1}{2}}^{2}$$

$$=\frac{1}{3}\Big(\frac{3}{2}\Big)^3-\frac{1}{3}\Big(-\frac{3}{2}\Big)^3=\frac{9}{4}$$

《積分して最小（B20）》

545. $0\leq k\leq 2$ とし,

$$S(k)=\int_k^{k+1} |x^2-2x|\,dx$$

とする.

（1） 関数 $y=|x^2-2x|$ のグラフを描きなさい.

（2） $0\leq k\leq 1$ のとき, $S(k)$ を k を用いて表しなさい.

（3） $0\leq k\leq 1$ のとき, $S(k)$ の最大値とそのときの k の値を求めなさい.

（4） $1\leq k\leq 2$ のとき, $S(k)$ を k を用いて表しなさい.

（5） $1\leq k\leq 2$ のとき, $S(k)$ が最小となる k の値を求めなさい. （23 大分大・理工, 経済, 教育）

▶解答◀ （1） $y=|x(x-2)|$ より, グラフは図1のようになる.

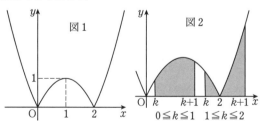

（2） 図2を見よ. $0\leq k\leq 1$ のとき, $k+1\leq 2$ で

あるから

$$S(k) = -\int_k^{k+1} (x^2 - 2x)\, dx = -\left[\frac{1}{3}x^3 - x^2\right]_k^{k+1}$$

$$= -\left\{\frac{1}{3}(k+1)^3 - (k+1)^2\right\} + \frac{1}{3}k^3 - k^2$$

$$= -\left(\frac{1}{3}k^3 - k - \frac{2}{3}\right) + \frac{1}{3}k^3 - k^2$$

$$= -k^2 + k + \frac{2}{3}$$

（3） $S(k) = -\left(k - \frac{1}{2}\right)^2 + \frac{11}{12}$

$k = \dfrac{1}{2}$ のとき最大値 $\dfrac{11}{12}$ をとる.

（4） 図2を見よ. $1 \leq k \leq 2$ のとき, $k \leq 2 \leq k+1$
であるから

$$S(k) = -\int_k^2 (x^2 - 2x)\, dx + \int_2^{k+1} (x^2 - 2x)\, dx$$

$$= -\left[\frac{1}{3}x^3 - x^2\right]_k^2 + \left[\frac{1}{3}x^3 - x^2\right]_2^{k+1}$$

$$= -2\left(\frac{8}{3} - 4\right) + \frac{1}{3}k^3 - k^2 + \frac{1}{3}k^3 - k - \frac{2}{3}$$

$$= \frac{2}{3}k^3 - k^2 - k + 2$$

（5） $S'(k) = 2k^2 - 2k - 1$

k	1	$\cdots$	$\dfrac{1+\sqrt{3}}{2}$	$\cdots$	2
$S'(k)$		$-$	0	$+$	
$S(k)$		$\searrow$		$\nearrow$	

よって, $S(k)$ は $k = \dfrac{1+\sqrt{3}}{2}$ のとき最小である.

《係数の決定 (B15)》

546. x の2次関数 $f(x)$ が

$$\int_0^1 f(x+t)\, dt = x^2 - 2x + \frac{1}{2}f(x)$$

を満たすとき, $f(x) = \boxed{}x^2 - \boxed{}x + \boxed{}$ で
ある. （23 帝京大・医）

▶解答◀ $f(x) = ax^2 + bx + c$ とおく.

$$\int_0^1 f(x+t)\, dt = \left[\frac{a}{3}(x+t)^3 + \frac{b}{2}(x+t)^2 + ct\right]_0^1$$

$$= \frac{a}{3}((x+1)^3 - x^3) + \frac{b}{2}((x+1)^2 - x^2) + c$$

$$= \frac{a}{3}(3x^2 + 3x + 1) + \frac{b}{2}(2x+1) + c$$

$$= ax^2 + (a+b)x + \frac{a}{3} + \frac{b}{2} + c \quad \cdots\cdots\text{①}$$

$$x^2 - 2x + \frac{1}{2}f(x)$$

$$= \left(\frac{a}{2} + 1\right)x^2 + \left(\frac{b}{2} - 2\right)x + \frac{c}{2} \quad \cdots\cdots\text{②}$$

①と②で係数比較して

$$a = \frac{a}{2} + 1 \qquad \therefore \quad a = 2$$

$$2 + b = \frac{b}{2} - 2 \qquad \therefore \quad b = -8$$

$$\frac{2}{3} - 4 + c = \frac{c}{2} \qquad \therefore \quad c = \frac{20}{3}$$

$$f(x) = 2x^2 - 8x + \frac{20}{3}$$

【等差数列】

《等差数列の基本 (A2) ☆》

547. 初項3の等差数列がある. 初項から第30項
までの和が264であるとき, 第6項は $\boxed{}$ である.
（23 茨城大・工）

▶解答◀ 公差を d とおく. 初項から第30項まで
の和について

$$\frac{1}{2} \cdot 30 \cdot (3 + 3 + 29d) = 264$$

$$5(6 + 29d) = 88 \qquad \therefore \quad 5d = 2$$

第6項は $3 + 5d = 3 + 2 = \mathbf{5}$

《等差数列の和 (A10) ☆》

548. 初項から第8項までの和が44, 初項から第
15項までの和が -75 である等差数列 $\{a_n\}$ におい
て, 一般項は $a_n = -\boxed{}n + \boxed{}$ となる. また,
初項から第 $\boxed{}$ 項までの和が最大となり, そのと
きの和は $\boxed{}$ となる. （23 東京工芸大・工）

▶解答◀ $\{a_n\}$ の公差を d とおくと, 初項から第8
項までの和が44であるから

$$\frac{1}{2}(2a_1 + 7d) \cdot 8 = 44$$

$$2a_1 + 7d = 11 \quad \cdots\cdots\cdots\cdots\cdots\text{①}$$

初項から第15項までの和が -75 であるから

$$\frac{1}{2}(2a_1 + 14d) \cdot 15 = -75$$

$$a_1 + 7d = -5 \quad \cdots\cdots\cdots\cdots\cdots\text{②}$$

①と②を解いて, $a_1 = 16$, $d = -3$ であるから

$$a_n = 16 + (n-1) \cdot (-3) = \mathbf{-3n + 19}$$

$n \leq 6$ のとき $a_n > 0$, $n \geq 7$ のとき $a_n < 0$ であるか
ら, 初項から第**6**項までの和が最大となり, その和は

$$\frac{1}{2}(a_1 + a_6) \cdot 6 = \frac{1}{2}(16 + 1) \cdot 6 = \mathbf{51}$$

注意 初項から第 n 項までの和 S_n は

$$S_n = \frac{1}{2}\{16 + (-3n + 19)\}n$$

$$= -\frac{3}{2}n^2 + \frac{35}{2}n$$

$$= -\frac{3}{2}\left(n - \frac{35}{6}\right)^2 + \frac{3}{2}\left(\frac{35}{6}\right)^2$$

$\dfrac{35}{6} = 5.83\cdots$ であるから, $n = 6$ のとき最大となる.

《等差数列の和 (B20)》

549. 項数 200 の等差数列 $a_1, \cdots, a_{200}$ を考える．$a_3 = 14$, $a_8 = 29$ である．

（1）この数列の第 5 項は $a_5 = \boxed{}$，末項は $a_{200} = \boxed{}$ であり，すべての項を足した値は
$a_1 + \cdots + a_{200} = \boxed{}$．

（2）k が 10 の倍数であるような a_k をすべて足した値は
$a_{10} + a_{20} + \cdots + a_{200} = \boxed{}$．
また，10 の倍数でも 15 の倍数でもないような k について，a_k をすべて足した値は
$a_1 + \cdots + a_9 + a_{11}$
$\quad + \cdots + a_{14} + a_{16} + \cdots + a_{199} = \boxed{}$．

(23 奈良県立医大・推薦)

▶解答◀ （1）初項を a，公差を d とすると，$a_n = a + (n-1)d$ であり，$a_3 = 14$, $a_8 = 29$ から

$$a + 2d = 14, \quad a + 7d = 29$$

2 式より $a = 8$, $d = 3$ であるから

$$a_n = 8 + 3(n-1) = 3n + 5$$

$$a_5 = 15 + 5 = \mathbf{20}, \quad a_{200} = 600 + 5 = \mathbf{605}$$

また，$S = a_1 + a_2 + \cdots + a_{200}$ とおくと

$$S = \frac{200}{2}(a_1 + a_{200}) = 100(8 + 605) = \mathbf{61300}$$

（2）$a_{10} = 35$ より，数列 $a_{10}, a_{20}, a_{30}, \cdots, a_{200}$ は初項 35，公差 $3 \cdot 10 = 30$，項数 20 の等差数列であるから，$T = a_{10} + a_{20} + a_{30} + \cdots + a_{200}$ とおくと

$$T = \frac{20}{2}(a_{10} + a_{200}) = \frac{20}{2}(35 + 605) = \mathbf{6400}$$

また，k が 15 の倍数であり，10 の倍数でないような a_k は $a_{15}, a_{45}, a_{75}, a_{105}, a_{135}, a_{165}, a_{195}$ であり $a_{15} = 45 + 5 = 50$, $a_{195} = 585 + 5 = 590$ であるから，数列 $a_{15}, a_{45}, a_{75}, \cdots, a_{195}$ は初項 50，公差 $3 \cdot 30 = 90$，末項 590，項数 7 の等差数列である．

$U = a_{15} + a_{45} + \cdots + a_{195}$ とおくと

$$U = \frac{7}{2}(50 + 590) = 2240$$

求める値は $S - T - U$ であるから

$$S - T - U = 61300 - 6400 - 2240 = \mathbf{52660}$$

【等比数列】

《等比数列の基本 (B2) ☆》

550. 数列 $\{a_n\}$ は公比 r が正の実数である等比数列で，$a_4 = \dfrac{1}{81}a_8$, $a_4 \neq 0$ を満たすとする．このとき，公比 r の値は $\boxed{}$ である．さらに，第 3 項から第 7 項までの和が 121 のとき，一般項 a_n を求めると，$a_n = \boxed{}$ である． (23 芝浦工大・前期)

▶解答◀ $a_n = a_1 r^{n-1}$ とする．

$a_8 = 81 a_4 \neq 0$ より $r^4 = 81$ であり，$r > 0$ より $r = \mathbf{3}$

$$a_3 + \cdots + a_7 = a_3 \cdot \frac{1 - r^5}{1 - r} = a_3 \cdot \frac{242}{2} = 121 a_3$$

が 121 に等しいから $a_3 = 1$ であり $a_n = r^{n-3}a_3 = \mathbf{3^{n-3}}$

《和の計算いろいろ (B25)》

551. 2 次方程式 $x^2 + x - 1 = 0$ の 2 つの解を α, β とする．次の式の値を求めよ．

（1）$(\alpha - 1)(\beta - 1)$

（2）$\alpha^4 + \beta^4$

（3）$\alpha^{16} + \beta^{16}$

（4）$(\alpha + 1)^8 + (\beta + 1)^8$

（5）$(\alpha^3 + 1)^8 + (\beta^3 + 1)^8$

（6）$\sum_{k=1}^{17}(\alpha^k + \beta^k)$ (23 大教大・前期)

▶解答◀ 解と係数の関係より

$$\alpha + \beta = -1, \quad \alpha\beta = -1$$

（1）$(\alpha - 1)(\beta - 1) = \alpha\beta - (\alpha + \beta) + 1$
$\qquad = -1 - (-1) + 1 = \mathbf{1}$

（2）$\alpha^2 + \beta^2 = (\alpha + \beta)^2 - 2\alpha\beta$
$\qquad = (-1)^2 - 2 \cdot (-1) = 3$
$\quad \alpha^4 + \beta^4 = (\alpha^2 + \beta^2)^2 - 2(\alpha\beta)^2$
$\qquad = 3^2 - 2 \cdot (-1)^2 = \mathbf{7}$

（3）$\alpha^8 + \beta^8 = (\alpha^4 + \beta^4)^2 - 2(\alpha\beta)^4$
$\qquad = 7^2 - 2 \cdot (-1)^4 = 47$
$\quad \alpha^{16} + \beta^{16} = (\alpha^8 + \beta^8)^2 - 2(\alpha\beta)^8$
$\qquad = 47^2 - 2 \cdot (-1)^8 = \mathbf{2207}$

（4）$\alpha + \beta = -1$ より $\alpha + 1 = -\beta$, $\beta + 1 = -\alpha$
$\quad (\alpha + 1)^8 + (\beta + 1)^8 = \beta^8 + \alpha^8 = \mathbf{47}$

（5）$\alpha^2 + \alpha - 1 = 0$ より $\alpha^2 = 1 - \alpha$
$\quad \alpha^3 = \alpha^2 \cdot \alpha = \alpha - \alpha^2 = \alpha - (1 - \alpha) = 2\alpha - 1$
であるから
$\quad \alpha^3 + 1 = 2\alpha$

同様に $\beta^3 + 1 = 2\beta$

$$(\alpha+1)^8 + (\beta+1)^8 = (2\alpha)^8 + (2\beta)^8$$

$$= 2^8(\alpha^8 + \beta^8) = 256 \cdot 47 = \mathbf{12032}$$

（6） $\alpha^2 + \alpha - 1 = 0$ より $1 - \alpha = \alpha^2$ であるから

$$\sum_{k=1}^{17} \alpha^k = \alpha \cdot \frac{1 - \alpha^{17}}{1 - \alpha}$$

$$= \alpha \cdot \frac{1 - \alpha^{17}}{\alpha^2} = \frac{1}{\alpha} - \alpha^{16}$$

β についても同様であるから

$$\sum_{k=1}^{17} (\alpha^k + \beta^k) = \frac{1}{\alpha} - \alpha^{16} + \frac{1}{\beta} - \beta^{16}$$

$$= \frac{\alpha + \beta}{\alpha\beta} - (\alpha^{16} + \beta^{16}) = 1 - 2207 = \mathbf{-2206}$$

【数列の雑題】

《教科書にある欠陥問題（B5）》

552. n は自然数とする．次の数列から一般項 a_n を推測し，一般項 a_n を n の式で表せ．

（1） $1, 2, 6, 15, 31, 56, 92, 141, 205, 286, \cdots$

（2） $1, 2, 10, 37, 101, 226, 442, 785, 1297, 2026, \cdots$

（23 昭和大・医-2期）

考え方 数を幾つ並べようと，確定するものではない．この類いの問題の欠陥であるが，「階差数列が n の多項式で表されるものとして，最も次数の低い式で表せ」という注意がないと，数列は確定しない．

▶解答◀ （1） 数列 $\{a_n\}$ の階差数列は

$$1, 4, 9, 16, 25, 36, \cdots$$

であり，その一般項は n^2 と推測できる（ただし，条件不足で，その推測を証明することはできない．上の注意のもとで解答を書く）．$n \geqq 2$ のとき

$$a_n = a_1 + \sum_{k=1}^{n-1} k^2 = 1 + \frac{1}{6}n(n-1)(2n-1)$$

$$= \frac{1}{6}(2n^3 - 3n^2 + n + 6)$$

この結果は $n = 1$ のときも成り立つ．

（2） 数列 $\{a_n\}$ の階差数列は

$$1, 8, 27, 64, 125, 216, \cdots$$

であり，その一般項は n^3 と推測できる．$n \geqq 2$ のとき

$$a_n = a_1 + \sum_{k=1}^{n-1} k^3 = 1 + \frac{1}{4}n^2(n-1)^2$$

$$= \frac{1}{4}(n^4 - 2n^3 + n^2 + 4)$$

この結果は $n = 1$ のときも成り立つ．

注意 （1） $a_{n+1} - a_n = b_n$ として，今は $b_n = n^2 \, (1 \leqq n \leqq 9)$ は成立している．しかし

$b_{10} = 100$ になる保証など，どこにもない．

$$b_n = (n-1)(n-2)\cdots(n-9) + n^2$$

かもしれないのである．

《解と係数和の計算（A10）☆》

553. 2次方程式 $x^2 - 4x + 2 = 0$ の2つの解を α, β とするとき，次の問いに答えなさい．

（1） $\alpha + \beta, \alpha\beta, \dfrac{1}{\alpha} + \dfrac{1}{\beta}$ の値をそれぞれ求めなさい．

（2） n を自然数とする．

$\displaystyle\sum_{k=1}^{n} \left(\dfrac{1}{\alpha^k \beta^{k-1}} + \dfrac{1}{\alpha^{k-1} \beta^k} \right)$ の値を求めなさい．

（23 山口大・後期-理）

▶解答◀ （1） 解と係数の関係より

$$\alpha + \beta = 4, \quad \alpha\beta = 2$$

$$\frac{1}{\alpha} + \frac{1}{\beta} = \frac{\alpha + \beta}{\alpha\beta} = 2$$

（2） $\dfrac{1}{\alpha^k \beta^{k-1}} + \dfrac{1}{\alpha^{k-1} \beta^k} = \dfrac{\alpha + \beta}{\alpha^k \beta^k} = \dfrac{4}{2^k} = \dfrac{2}{2^{k-1}}$

であるから

$$\sum_{k=1}^{n} \left(\frac{1}{\alpha^k \beta^{k-1}} + \frac{1}{\alpha^{k-1} \beta^k} \right) = \sum_{k=1}^{n} \frac{2}{2^{k-1}}$$

$$= 2 \cdot \frac{1 - \left(\frac{1}{2}\right)^n}{1 - \frac{1}{2}} = 4\left\{ 1 - \left(\frac{1}{2}\right)^n \right\}$$

《和の計算（B5）☆》

554. 数列

$$\frac{3}{1 \cdot 2 \cdot 3 \cdot 4}, \; \frac{3}{2 \cdot 3 \cdot 4 \cdot 5}, \; \cdots,$$

$$\frac{3}{n(n+1)(n+2)(n+3)}, \; \cdots$$

の初項から第 n 項までの和を求めよ．

（23 愛知医大・医-推薦）

▶解答◀ $a_n = \dfrac{3}{n(n+1)(n+2)(n+3)}$ とおくと

$$a_n = \frac{1}{n(n+1)(n+2)} - \frac{1}{(n+1)(n+2)(n+3)}$$

であるから

$$\sum_{k=1}^{n} a_k = \sum_{k=1}^{n} \left\{ \frac{1}{k(k+1)(k+2)} \right.$$

$$\left. - \frac{1}{(k+1)(k+2)(k+3)} \right\}$$

$$= \frac{1}{1 \cdot 2 \cdot 3} - \frac{1}{(n+1)(n+2)(n+3)}$$

$$= \frac{1}{6} - \frac{1}{(n+1)(n+2)(n+3)}$$

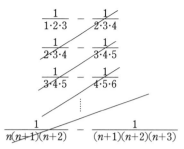

$$\frac{1}{1\cdot2\cdot3}-\frac{1}{2\cdot3\cdot4}$$

$$\frac{1}{2\cdot3\cdot4}-\frac{1}{3\cdot4\cdot5}$$

$$\frac{1}{3\cdot4\cdot5}-\frac{1}{4\cdot5\cdot6}$$

$$\vdots$$

$$\frac{1}{n(n+1)(n+2)}-\frac{1}{(n+1)(n+2)(n+3)}$$

注意 無意味な計算であるが，通分を好む人もいるだろう．

$$\frac{1}{6}-\frac{1}{(n+1)(n+2)(n+3)}$$
$$=\frac{(n+1)(n+2)(n+3)-6}{6(n+1)(n+2)(n+3)}$$
$$=\frac{n^3+6n^2+11n+6-6}{6(n+1)(n+2)(n+3)}$$
$$=\frac{n(n^2+6n+11)}{6(n+1)(n+2)(n+3)}$$

──────────《2乗の和（B5）☆》──────────

555. $a_{10}>0,\ \sum\limits_{n=1}^{15}a_n=0,\ \sum\limits_{n=1}^{15}a_n^2=70$ を満たす等差数列 $\{a_n\}$ の一般項を求めよ．

(23 福島県立医大・前期)

▶解答◀ $a_n=a+(n-1)d$ とおく．

$$\sum_{n=1}^{15}a_n=\frac{15}{2}(2a+14d)=15(a+7d)$$

より，$a+7d=0$ である．このとき，

$$a_n=(n-8)d,\ a_{10}=2d>0$$

$$\sum_{n=1}^{15}a_n^2=d^2\sum_{n=1}^{15}(n-8)^2=2d^2\sum_{n=1}^{7}n^2$$

$$=\left(2\cdot\frac{1}{6}\cdot7\cdot8\cdot15\right)d^2=280d^2$$

これが 70 に等しく $d>0$ より $d=\dfrac{1}{2}$ である．

よって，$a_n=(n-8)\cdot\dfrac{1}{2}=\dfrac{1}{2}n-4$

──────────《和の計算（B10）》──────────

556. 数列 $\{a_n\}$ $(n=1,2,3,\cdots)$ の初項から第 n 項までの和 S_n が

$$S_n=\frac{1}{6}(2n^3+9n^2+7n)$$

で与えられている．また，一般項が

$$b_n=a_n\sin\frac{n}{2}\pi$$

で表される数列 $\{b_n\}$ の初項から第 n 項までの和を T_n とする．次の問いに答えなさい．

（1） 一般項 a_n を n を用いて表しなさい．

（2） T_4 の値を求めなさい．

（3） m を自然数とするとき，T_{4m} を m を用いて表しなさい．

（4） $T_{4m+1}>2451$ を満たす最小の自然数 m の値を求めなさい． (23 前橋工大・前期)

▶解答◀ （1） $a_1=S_1$
$$=\frac{1}{6}(2+9+7)=3$$

$n\geqq2$ のとき

$$a_n=S_n-S_{n-1}$$
$$=\frac{1}{6}(2n^3+9n^2+7n)$$
$$\qquad-\frac{1}{6}\{2(n-1)^3+9(n-1)^2+7(n-1)\}$$
$$=\frac{1}{6}(6n^2-6n+2+18n-9+7)=n^2+2n$$

結果は $n=1$ のときも成り立つ．

（2） $b_n=(n^2+2n)\sin\dfrac{n}{2}\pi$ であるから

$$T_4=b_1+b_2+b_3+b_4$$
$$=a_1\sin\frac{\pi}{2}+a_2\sin\pi+a_3\sin\frac{3}{2}\pi+a_4\sin2\pi$$
$$=a_1-a_3=3-15=-12$$

（3） $T_{4m}=\sum\limits_{k=1}^{m}(b_{4k-3}+b_{4k-2}+b_{4k-1}+b_{4k})$

$$=\sum_{k=1}^{m}\Big(a_{4k-3}\sin\frac{4k-3}{2}\pi+a_{4k-2}\sin\frac{4k-2}{2}\pi$$
$$\qquad+a_{4k-1}\sin\frac{4k-1}{2}\pi+a_{4k}\sin\frac{4k}{2}\pi\Big)$$
$$=\sum_{k=1}^{m}(a_{4k-3}-a_{4k-1})$$
$$=\sum_{k=1}^{m}\{(4k-3)^2+2(4k-3)$$
$$\qquad-(4k-1)^2-2(4k-1)\}$$
$$=\sum_{k=1}^{m}(-16k+4)$$
$$=-16\cdot\frac{1}{2}m(m+1)+4m=-8m^2-4m$$

（4） $T_{4m+1}=T_{4m}+b_{4m+1}$

$$=-8m^2-4m+a_{4m+1}\sin\frac{4m+1}{2}\pi$$
$$=-8m^2-4m+(4m+1)^2+2(4m+1)$$
$$=8m^2+12m+3$$

$T_{4m+1}>2451$ であるとき，$m(2m+3)>612$

$m\leqq16$ のとき，$m(2m+3)\leqq560<612$

$m=17$ のとき，$17\cdot(34+3)=629>612$

であるから，求める最小の m の値は **17**

──────────《二項の積の和（A5）》──────────

557. 自然数 $1,2,3,\cdots,n$ の中の異なる 2 個の数の積を考える．その積の総和を求めよ．

(23 岡山県立大・情報工)

▶**解答**◀ 求める積の総和を S とおくと

$$(1+2+\cdots+n)^2 = 1^2+2^2+\cdots+n^2+2S$$

$$S = \frac{1}{2}\left\{\left(\sum_{k=1}^{n}k\right)^2 - \sum_{k=1}^{n}k^2\right\}$$

$$= \frac{1}{2}\left\{\frac{1}{4}n^2(n+1)^2 - \frac{1}{6}n(n+1)(2n+1)\right\}$$

$$= \frac{1}{24}n(n+1)(3n^2-n-2)$$

$$= \frac{1}{24}(n-1)n(n+1)(3n+2)$$

《**等比数列の和など（B20）**》

558. 数列 $\{a_n\}$ は $\sum_{n=5}^{13}a_n = 0$ を満たす公差 $\frac{1}{2}$ の等差数列とする．このとき，次の問に答えよ．

（1） a_1 の値を答えよ．

（2） 数列 $\{b_n\}$ が

$$\log_4\left(b_n - \frac{1}{3}\right) = a_n \ (n = 1, 2, 3, \cdots)$$

を満たすとき，b_{10} の値を答えよ．

（3）（2）の数列 $\{b_n\}$ について，$\sum_{k=1}^{n}b_k > 2023$ となる最小の n の値を答えよ． （23 防衛大・理工）

▶**解答**◀ （1） $a_5 = a_1 + 4\cdot\frac{1}{2} = a_1 + 2$

$$a_{13} = a_1 + 12\cdot\frac{1}{2} = a_1 + 6$$

$$\sum_{n=5}^{13}a_n = \frac{9}{2}(a_5 + a_{13})$$

$$= \frac{9}{2}(a_1 + 2 + a_1 + 6) = 9(a_1 + 4)$$

よって $9(a_1 + 4) = 0$ であるから $a_1 = \mathbf{-4}$

（2） $a_n = -4 + (n-1)\cdot\frac{1}{2} = \frac{1}{2}(n-9)$

$$\log_4\left(b_n - \frac{1}{3}\right) = a_n \ \text{より}$$

$$b_n - \frac{1}{3} = 4^{a_n}$$

$$b_n = 4^{\frac{1}{2}(n-9)} + \frac{1}{3} = 2^{n-9} + \frac{1}{3}$$

$$b_{10} = 2^{10-9} + \frac{1}{3} = \frac{\mathbf{7}}{\mathbf{3}}$$

（3） $\sum_{k=1}^{n}b_k = S_n$ とおく．

$$S_n = \sum_{k=1}^{n}\left(2^{k-9} + \frac{1}{3}\right) = 2^{-8}\cdot\frac{2^n - 1}{2 - 1} + \frac{n}{3}$$

$$= 2^{n-8} + \frac{n}{3} - 2^{-8}$$

$n \leqq 18$ のとき

$$S_n \leqq 2^{10} + \frac{18}{3} - 2^{-8} = 1024 + 6 - 2^{-8} < 2023$$

$$S_{19} = 2^{11} + \frac{19}{3} - 2^{-8}$$

$$= 2048 + \frac{19}{3} - 2^{-8} > 2023$$

よって求める最小の n は **19** である．

《**格子点の個数（B10）☆**》

559. 座標平面上で x 座標と y 座標がともに整数である点を格子点という．自然数 n に対して，座標平面において連立不等式

$$y \leqq -\frac{1}{3}x^2 + 3n^2, \quad x \geqq 0, \quad y \geqq 0$$

によって表される領域を D_n とする．

（1） D_1 に含まれる格子点の総数を求めよ．

（2） D_n に含まれ，かつ直線 $x = 0$ 上にある格子点の総数を n を用いて表せ．

（3） D_n に含まれ，かつ直線 $x = 1$ 上にある格子点の総数を n を用いて表せ．

（4） 自然数 k に対して，D_n に含まれ，かつ直線 $x = 3k - 2$ 上にある格子点の総数を k, n を用いて表せ．

（5） D_n に含まれる格子点の総数を n を用いて表せ．
（23 東京海洋大・海洋工）

▶**解答**◀ （1） D_1 は

$$y \leqq -\frac{1}{3}x^2 + 3, \ x \geqq 0, \ y \geqq 0$$

である．

$x = k \ (k = 0, 1, 2, 3)$ 上の格子点の個数を数える．図1を見よ．

$x = 0$ のとき，$y = 0\sim3$ の 4 個ある．

$x = 1$ のとき，$y = 0\sim2$ の 3 個ある．

$x = 2$ のとき，$y = 0, 1$ の 2 個ある．

$x = 3$ のとき，$y = 0$ の 1 個ある．

D_1 に格子点は，$4 + 3 + 2 + 1 = \mathbf{10}$ 個ある．

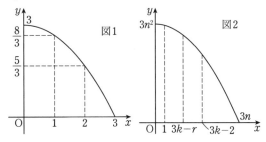

（2） $x = 0$ 上の格子点は，$y = 0\sim3n^2$ の $\mathbf{3n^2 + 1}$ 個ある．

（3） $x = 1$ のとき，y の最大値は $3n^2 - \frac{1}{3}$ であるから，$x = 1$ 上の格子点は $y = 0\sim3n^2 - 1$ の $\mathbf{3n^2}$ 個ある．

（4） $x = 3k - 2$ のとき，y の最大値は

$$-\frac{1}{3}(3k-2)^2 + 3n^2 = 3n^2 - 3k^2 + 4k - \frac{4}{3}$$

であるから，$x = 3k - 2$ 上の格子点は，

$y = 0 \sim 3n^2 - 3k^2 + 4k - 2$ の $\mathbf{3n^2 - 3k^2 + 4k - 1}$ 個ある.

（5） $k = 1, \cdots, n,\ r = 0, 1, 2$ とし，$x = 3k - r$ 上の格子点の個数を考える．ここで $[x]$ はガウス記号である．

$x = 3k - r$ のとき，y の最大値は

$$-\frac{1}{3}(3k - r)^2 + 3n^2$$
$$= 3n^2 - 3k^2 + 2kr - \frac{1}{3}r^2$$

であるから，$x = 3k - r$ 上の格子点は

$y = 0 \sim \left[3n^2 - 3k^2 + 2kr - \frac{1}{3}r^2 \right]$ の

$\left[3n^2 - 3k^2 + 2kr - \frac{1}{3}r^2 \right] + 1$ 個ある.

$r = 0$ のとき，格子点の個数は $3n^2 - 3k^2 + 1$ で，この結果は $k = 0$ のときも成り立つ.

$r = 1$ のとき，格子点の個数は $3n^2 - 3k^2 + 2k$ である.

$r = 2$ のときは（4）で求めた.

求める格子点の個数は

$$\sum_{k=0}^{n}(3n^2 - 3k^2 + 1) + \sum_{k=1}^{n}(3n^2 - 3k^2 + 2k)$$
$$\quad + \sum_{k=1}^{n}(3n^2 - 3k^2 + 4k - 1)$$
$$= 3n^2 + 1 + \sum_{k=1}^{n}(9n^2 - 9k^2 + 6k)$$
$$= 3n^2 + 1 + 9n^3 - 9 \cdot \frac{1}{6}n(n+1)(2n+1)$$
$$\quad + 6 \cdot \frac{1}{2}n(n+1)$$
$$= (9n^3 + 3n^2 + 1) - \frac{3}{2}(2n^3 + 3n^2 + n)$$
$$\quad + 3(n^2 + n)$$
$$= 6n^3 + \frac{3}{2}n^2 + \frac{3}{2}n + 1$$

《格子点の個数（B20）》

560. xy 平面上の曲線

$$C : y = x^3 - 3x$$

を考える．n を自然数とし，点 $(n, n^3 - 3n)$ における C の接線を l_n とする．また，C と l_n で囲まれた図形（境界を含む）を D_n とし，D_n に含まれる格子点の個数を T_n とする．ただし，格子点とは x 座標，y 座標がどちらも整数である点のことをいう．次の問いに答えよ.

（1） l_n の方程式を求めよ.

（2） C と l_n の共有点をすべて求めよ.

（3） $n = 1$ のときを考える．D_1 に含まれる格子点をすべて求めよ.

（4） T_n を求めよ. （23 埼玉大・理系）

▶**解答**◀ （1） $y' = 3x^2 - 3$ であるから，l_n の方程式は

$$y = (3n^2 - 3)(x - n) + (n^3 - 3n)$$
$$\mathbf{y = (3n^2 - 3)x - 2n^3}$$

（2） C と l_n を連立して

$$x^3 - 3x = (3n^2 - 3)x - 2n^3$$
$$x^3 - 3n^2 x + 2n^3 = 0$$
$$(x - n)^2(x + 2n) = 0$$

よって，C と l_n の共有点は $(\boldsymbol{n, n^3 - 3n})$，$(\boldsymbol{-2n, -8n^3 + 6n})$ である.

（3） $x = k\ (-2n \leqq k \leqq n)$ を考えると，D_n 内の格子点の y 座標は

$$(3n^2 - 3)k - 2n^3, \cdots, k^3 - 3k$$

となるから，$x = k$ 上の格子点は

$$(k^3 - 3k) - \{(3n^2 - 3)k - 2n^3\} + 1$$
$$= (k - n)^2(k + 2n) + 1\ (個)$$

$n = 1$ とすると，D_1 内には

$x = -2$ 上では $(\boldsymbol{-2, -2})$

$x = -1$ 上では

$(\boldsymbol{-1, -2}), (\boldsymbol{-1, -1}), (\boldsymbol{-1, 0}), (\boldsymbol{-1, 1}), (\boldsymbol{-1, 2})$

$x = 0$ 上では $(\boldsymbol{0, -2}), (\boldsymbol{0, -1}), (\boldsymbol{0, 0})$

$x = 1$ 上では $(\boldsymbol{1, -2})$

の 10 個の格子点がある.

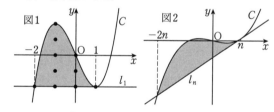

図1　　　図2

（4） $$T_n = \sum_{k=-2n}^{n}\{(k - n)^2(k + 2n) + 1\}$$

$n - k = j$ とおくと

$$T_n = \sum_{j=0}^{3n}\{(-j)^2(3n - j) + 1\}$$
$$= \sum_{j=0}^{3n}(3nj^2 - j^3 + 1)$$
$$= 3n \cdot \frac{1}{6}(3n)(3n+1)(6n+1)$$
$$\quad - \frac{1}{4}(3n)^2(3n+1)^2 + (3n+1)$$
$$= \frac{1}{12}(3n)^2(3n+1)\{2(6n+1) - 3(3n+1)\}$$
$$\quad + (3n+1)$$
$$= \frac{3}{4}n^2(3n+1)(3n-1) + (3n+1)$$
$$= \frac{1}{4}(3n+1)\{3n^2(3n-1) + 4\}$$

$$= \frac{1}{4}(3n+1)(9n^3 - 3n^2 + 4)$$

$$= \frac{1}{4}(3n+1)(3n+2)(3n^2 - 3n + 2)$$

─── 《積の微分法に相等すること (B30)》 ───

561. 数列 $\{a_n\}$ に対し,

$$a_n' = a_{n+1} - a_n \quad (n = 1, 2, 3, \cdots)$$

により定まる数列 $\{a_n'\}$ を,もとの数列 $\{a_n\}$ の階差数列という.数列 $\{a_n'\}$ の階差数列を $\{a_n''\}$ と表し,$\{a_n''\}$ の階差数列を $\{a_n'''\}$ と表す.以下の問いに答えよ.

(1) $a_n = n^2 + n + 1 \ (n = 1, 2, 3, \cdots)$ により定まる数列 $\{a_n\}$ について,数列 $\{a_n'\}$, $\{a_n''\}$, $\{a_n'''\}$ の一般項をそれぞれ求めよ.

(2) 数列 $\{a_n\}$ について,$\{a_n\}$ が等差数列であることと,すべての自然数 n について $a_n'' = 0$ となることが同値であることを示せ.

(3) 数列 $\{x_n\}$, $\{y_n\}$ がともに等差数列であっても,

$$a_n = x_n \cdot y_n \quad (n = 1, 2, 3, \cdots)$$

により定まる数列 $\{a_n\}$ は等差数列であるとは限らないことを,具体的な反例を挙げて説明せよ.

(4) 数列 $\{x_n\}$, $\{y_n\}$ に対し,$a_n = x_n \cdot y_n \ (n = 1, 2, 3, \cdots)$ により定まる数列 $\{a_n\}$ は,すべての自然数 n について

$$a_n' = x_{n+1} \cdot y_n' + x_n' \cdot y_n$$

を満たすことを示せ.ただし,$\{x_n\}$, $\{y_n\}$ の階差数列をそれぞれ $\{x_n'\}$, $\{y_n'\}$ と表すものとする. (23 広島大・光り輝き入試-理 (数))

▶解答◀ (1)

$$a_n' = \{(n+1)^2 + (n+1) + 1\} - (n^2 + n + 1)$$

$$= 2n + 2$$

$$a_n'' = \{2(n+1) + 2\} - (2n + 2) = 2$$

$$a_n''' = 2 - 2 = 0$$

(2) 階差数列が定数になるのが等差数列であるから,

$\{a_n\}$ が等差数列 $\iff$ $\{a_n'\}$ が定数列

$\iff a_n'' = 0$

であるから,示された.

(3) $x_n = n$, $y_n = n$ とすると,これらはともに等差数列であるが,$a_n = x_n y_n = n^2$ は明らかに等差数列

ではない.

(4) $a_n' = x_{n+1}y_{n+1} - x_n y_n$

$$= x_{n+1}y_{n+1} - x_{n+1}y_n + x_{n+1}y_n - x_n y_n$$

$$= x_{n+1}(y_{n+1} - y_n) + (x_{n+1} - x_n)y_n$$

$$= x_{n+1}y_n' + x_n'y_n$$

となるから,示された.

注意 数列を離散的な関数と見たとき,階差をとる操作は形式的には微分に相当する.

─── 《S_n から a_n を求める (B20) ☆》 ───

562. 数列 $\{a_n\}$ の初項 a_1 から第 n 項 a_n までの和 S_n は次の式で表されるとする.

$$S_n = \frac{1}{2}(5n - 2022)(n + 1) - 6$$

$$(n = 1, 2, 3, \cdots)$$

不等式 $a_n \leqq 0$ を満たす n の最大値を p とする.以下の各問に答えよ.

(1) 数列 $\{a_n\}$ の一般項を求めよ.

(2) a_n が 7 の倍数であり,かつ $n \leqq p$ を満たす n の個数を求めよ.

(3) $q = p + 1$ とし,$n \geqq q$ を満たす n に対して

$$A_n = \frac{1}{a_{n+1}\sqrt{a_n} + a_n\sqrt{a_{n+1}}},$$

$$B_n = \frac{1}{\sqrt{a_n}} - \frac{1}{\sqrt{a_{n+1}}}$$

とする.次の等式が成り立つような定数 c の値を求めよ.

$$A_n = cB_n \ (n \geqq q)$$

また,和 $D = A_q + A_{q+1} + A_{q+2} + \cdots + A_{2q}$ を求めよ. (23 茨城大・理)

▶解答◀ (1) $a_1 = S_1$

$$= \frac{1}{2}(5 - 2022) \cdot 2 - 6 = -2023$$

$n \geqq 2$ のとき,$a_n = S_n - S_{n-1}$

$$= \frac{5}{2}n(n+1) - 1011(n+1) - 6$$

$$\qquad - \frac{5}{2}n(n-1) + 1011n + 6$$

$$= 5n - 1011$$

したがって $a_1 = -2023$, $n \geqq 2$ のとき $a_n = 5n - 1011$

(2) $n \geqq 2$ のとき $a_n \leqq 0$ とおくと,$5n - 1011 \leqq 0$ から $n \leqq 202.2$ であるから $p = 202$ である.

$a_1 = -2023 = -289 \cdot 7$ は 7 の倍数である.

$2 \leqq n \leqq 202$ のとき,l を整数として

$$5n - 1011 = 7l$$

とおく.

$$n = l + 202 + \frac{2l+1}{5} \quad \cdots\cdots\cdots\cdots \text{①}$$

$2l + 1 = 5m$ とおく.

$$l = 2m + \frac{m-1}{2} \quad \cdots\cdots\cdots\cdots \text{②}$$

$m - 1 = 2k$ とおくと $m = 2k + 1$

② より, $l = 2(2k+1) + k = 5k + 2$

① より, $n = 5k + 2 + 202 + (2k + 1) = 7k + 205$

$2 \leqq n \leqq 202$ に代入して

$$2 \leqq 7k + 205 \leqq 202 \qquad \therefore \quad -29 \leqq k \leqq -\frac{3}{7}$$

これを満たす k の値は $-29 \leqq k \leqq -1$ の29個ある.

以上より a_n が7の倍数となる n の個数は $29 + 1 =$ **30**

（3）（2）より $q = 203$ である. $a_n \neq a_{n+1}$ であるから, $B_n \neq 0$ であり

$$c = \frac{A_n}{B_n}$$

$$= \frac{1}{(\sqrt{a_{n+1}} + \sqrt{a_n})\sqrt{a_n}\sqrt{a_{n+1}}} \cdot \frac{\sqrt{a_n}\sqrt{a_{n+1}}}{\sqrt{a_{n+1}} - \sqrt{a_n}}$$

$$= \frac{1}{a_{n+1} - a_n}$$

$$= \frac{1}{5(n+1) - 1011 - (5n - 1011)} = \frac{1}{5}$$

$$D = \sum_{k=203}^{406} A_k = \frac{1}{5} \sum_{k=203}^{406} B_k$$

$$= \frac{1}{5} \sum_{k=203}^{406} \left(\frac{1}{\sqrt{a_k}} - \frac{1}{\sqrt{a_{k+1}}} \right)$$

$$= \frac{1}{5} \left(\frac{1}{\sqrt{a_{203}}} - \frac{1}{\sqrt{a_{407}}} \right)$$

$$= \frac{1}{5} \left(\frac{1}{\sqrt{5 \cdot 203 - 1011}} - \frac{1}{\sqrt{5 \cdot 407 - 1011}} \right)$$

$$= \frac{1}{5} \left(\frac{1}{2} - \frac{1}{32} \right) = \frac{3}{32}$$

$$\frac{1}{\sqrt{a_{203}}} - \frac{1}{\sqrt{a_{204}}}$$
$$\frac{1}{\sqrt{a_{204}}} - \frac{1}{\sqrt{a_{205}}}$$
$$\vdots$$
$$\frac{1}{\sqrt{a_{406}}} - \frac{1}{\sqrt{a_{407}}}$$

《等差と等比の選択数列 (B20) ☆》

563. d, r は実数で, $r > 0$ とする. 数列 $\{a_n\}$ は $a_1 = 2$ で公差が d の等差数列とする. 数列 $\{b_n\}$ は $b_1 = 4$ で公比が r の等比数列とする. さらに,

数列 $\{c_n\}$ を

$$c_n = \begin{cases} a_n & (a_n \geqq b_n \text{ のとき}) \\ b_n & (a_n < b_n \text{ のとき}) \end{cases}$$

によって定める. このとき, 次の問いに答えよ.

（1） $c_3 = c_4 = 3$ となるような d, r を求めよ.

（2） $d = -\dfrac{1}{64}$, $r = \dfrac{1}{2}$ のとき, $c_n = a_n$ を満たす最大の n を求めよ.

（3） $d = 9, r = 2$ のとき, $\displaystyle\sum_{k=1}^{n} c_k$ を求めよ.

(23 高知大・医, 理工)

▶**解答**◀ （1） c_n は a_n と b_n の大きい方 (等しいときはその値) である.

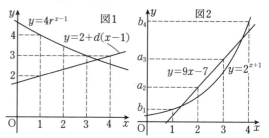

$c_3 = c_4 = 3$ の両方とも a_3, a_4 だとすると $\{a_n\}$ の公差が0になり, a_n が一定値3になって, $a_1 = 2$ に矛盾する. $c_3 = c_4 = 3$ の両方とも b_3, b_4 だとすると数列 $\{b_n\}$ の公比が1になり, b_n が一定値3になって, $b_1 = 4$ に矛盾する. よって $(c_3, c_4) = (a_3, a_4)$ または $(c_3, c_4) = (b_3, a_4)$ である.

a_n は $a_1 = 2$ から3へ増加するから $d > 0$, b_n は $b_1 = 4$ から3へ減少するから公比 r は $0 < r < 1$ である. よって, $a_4 = 3$, $b_3 = 3$ である (図1).

$a_4 = 2 + 3d$ が3に等しいから $d = \dfrac{1}{3}$

$b_3 = 4r^2$ が3に等しいから $4r^2 = 3$ で $r = \dfrac{\sqrt{3}}{2}$

（2） $a_n = 2 - \dfrac{1}{64}(n-1) = \dfrac{1}{64}(129 - n)$

$$b_n = 4 \cdot \left(\frac{1}{2} \right)^{n-1} = \left(\frac{1}{2} \right)^{n-3}$$

$c_n = a_n$ となるのは $a_n \geqq b_n$ のときである.

$$\frac{1}{64}(129 - n) \geqq \left(\frac{1}{2} \right)^{n-3}$$

$$2^{n-9}(129 - n) \geqq 1 \quad \cdots\cdots\cdots\cdots \text{①}$$

$n \geqq 129$ のとき ① の左辺は 0 以下であるから不適で, $n = 128$ のとき ① の左辺は $2^{119} \geqq 1$ であるから最大の $n = \mathbf{128}$ である.

（3） $a_n = 9n - 7$, $b_n = 2^{n+1}$

$$a_1 = 2 < b_1 = 4$$

$$a_2 = 11 > b_2 = 8$$

$a_3 = 20 > b_3 = 16$

$a_4 = 29 < b_4 = 32$

以降は1次関数と指数関数の比較から $a_n < b_n$ である（図2を参照）. $c_1 = b_1$, $n = 2, 3$ のとき $c_n = a_n$, $n \geq 4$ のとき $c_n = b_n$ である.

$n = 1$ のとき, $\sum_{k=1}^{n} c_k = c_1 = b_1 = 4$

$n = 2, 3$ のとき

$$\sum_{k=1}^{n} c_k = b_1 + \sum_{k=2}^{n} a_k = b_1 - a_1 + \sum_{k=1}^{n} a_k$$

$$= 4 - 2 + \frac{2 + 9n - 7}{2} \cdot n = \frac{9}{2}n^2 - \frac{5}{2}n + 2$$

結果は $n = 1$ でも成り立つ.

$n \geq 4$ のとき

$$\sum_{k=1}^{n} c_k = b_1 + a_2 + a_3 + \sum_{k=4}^{n} b_k$$

$$= 4 + 11 + 20 + 2^5 \cdot \frac{2^{n-3} - 1}{2 - 1} = 2^{n+2} + 3$$

$1 \leq n \leq 3$ のとき, $\sum_{k=1}^{n} c_k = \dfrac{9}{2}n^2 - \dfrac{5}{2}n + 2$,

$n \geq 4$ のとき, $\sum_{k=1}^{n} c_k = 2^{n+2} + 3$

《二項係数の変形（B30）》

564. n を正の整数とし, n 次の整式

$$P_n(x) = x(x+1)\cdots(x+n-1)$$

を展開して

$$P_n(x) = \sum_{m=1}^{n} {}_n\mathrm{B}_m x^m$$

と表す.

（1） 等式 $\sum_{m=1}^{n} {}_n\mathrm{B}_m = n!$ を示せ.

（2） 等式

$$P_n(x+1) = \sum_{m=1}^{n} ({}_n\mathrm{B}_m \cdot {}_m\mathrm{C}_0 + {}_n\mathrm{B}_m \cdot {}_m\mathrm{C}_1 x$$

$$+ \cdots + {}_n\mathrm{B}_m \cdot {}_m\mathrm{C}_m x^m)$$

を示せ. ただし, ${}_m\mathrm{C}_0$, ${}_m\mathrm{C}_1$, $\cdots$, ${}_m\mathrm{C}_m$ は二項係数である.

（3） $k = 1, 2, \cdots, n$ に対して, 等式

$$\sum_{j=k}^{n} {}_n\mathrm{B}_j \cdot {}_j\mathrm{C}_k = {}_{n+1}\mathrm{B}_{k+1}$$

を示せ.
(23 名古屋大・前期)

▶**解答**◀ （1） $P_n(x) = \sum_{m=1}^{n} {}_n\mathrm{B}_m x^m$ ……………①

において, $x = 1$ として

$$1 \cdot 2 \cdots \cdot n = \sum_{m=1}^{n} {}_n\mathrm{B}_m \qquad \therefore \quad \sum_{m=1}^{n} {}_n\mathrm{B}_m = n!$$

（2） ①において, x の代わりに $x + 1$ として

$$P_n(x+1) = \sum_{m=1}^{n} {}_n\mathrm{B}_m (x+1)^m$$

二項定理を用いると

$$(x+1)^m = {}_m\mathrm{C}_0 + {}_m\mathrm{C}_1 x + \cdots + {}_m\mathrm{C}_m x^m$$

であるから

$$P_n(x+1) = \sum_{m=1}^{n} {}_n\mathrm{B}_m ({}_m\mathrm{C}_0 + {}_m\mathrm{C}_1 x + \cdots + {}_m\mathrm{C}_m x^m)$$

$$= \sum_{m=1}^{n} ({}_n\mathrm{B}_m \cdot {}_m\mathrm{C}_0 + {}_n\mathrm{B}_m \cdot {}_m\mathrm{C}_1 x + \cdots + {}_n\mathrm{B}_m \cdot {}_m\mathrm{C}_m x^m)$$

（3） ${}_{n+1}\mathrm{B}_{k+1}$ は $P_{n+1}(x)$ を展開した式における x^{k+1} の係数である. ここで

$$P_{n+1}(x) = x(x+1)\cdots(x+n) = x P_n(x+1)$$

であるから,（2）を用いて

$$P_{n+1}(x) = x \sum_{m=1}^{n} ({}_n\mathrm{B}_m \cdot {}_m\mathrm{C}_0 + {}_n\mathrm{B}_m \cdot {}_m\mathrm{C}_1 x + \cdots$$

$$+ {}_n\mathrm{B}_m \cdot {}_m\mathrm{C}_m x^m)$$

$$= \sum_{m=1}^{n} ({}_n\mathrm{B}_m \cdot {}_m\mathrm{C}_0 x + {}_n\mathrm{B}_m \cdot {}_m\mathrm{C}_1 x^2 + \cdots$$

$$+ {}_n\mathrm{B}_m \cdot {}_m\mathrm{C}_m x^{m+1})$$

$$= ({}_n\mathrm{B}_1 \cdot {}_1\mathrm{C}_0 x + {}_n\mathrm{B}_1 \cdot {}_1\mathrm{C}_1 x^2)$$

$$+ ({}_n\mathrm{B}_2 \cdot {}_2\mathrm{C}_0 x + {}_n\mathrm{B}_2 \cdot {}_2\mathrm{C}_1 x^2 + {}_n\mathrm{B}_2 \cdot {}_2\mathrm{C}_2 x^3)$$

$$+ \cdots$$

$$+ ({}_n\mathrm{B}_k \cdot {}_k\mathrm{C}_0 x + {}_n\mathrm{B}_k \cdot {}_k\mathrm{C}_1 x^2 + \cdots + {}_n\mathrm{B}_k \cdot {}_k\mathrm{C}_k x^{k+1})$$

$$+ ({}_n\mathrm{B}_{k+1} \cdot {}_{k+1}\mathrm{C}_0 x + {}_n\mathrm{B}_{k+1} \cdot {}_{k+1}\mathrm{C}_1 x^2 + \cdots$$

$$+ {}_n\mathrm{B}_{k+1} \cdot {}_{k+1}\mathrm{C}_k x^{k+1} + {}_n\mathrm{B}_{k+1} \cdot {}_{k+1}\mathrm{C}_{k+1} x^{k+2})$$

$$+ \cdots$$

$$+ ({}_n\mathrm{B}_n \cdot {}_n\mathrm{C}_0 x + {}_n\mathrm{B}_n \cdot {}_n\mathrm{C}_1 x^2 + \cdots$$

$$+ {}_n\mathrm{B}_n \cdot {}_n\mathrm{C}_k x^{k+1} + \cdots + {}_n\mathrm{B}_n \cdot {}_n\mathrm{C}_n x^{n+1})$$

最後は $m = 1, 2, \cdots, n$ として, $\sum$ を使わずに項を書き並べたものである. この和の中で, x^{k+1} の項は k 番目の括弧, すなわち $m = k$ のときの括弧から現れ, その後は最後の括弧まで現れる. 係数を抜き出して和をとり

$${}_n\mathrm{B}_k \cdot {}_k\mathrm{C}_k + {}_n\mathrm{B}_{k+1} \cdot {}_{k+1}\mathrm{C}_k + \cdots + {}_n\mathrm{B}_n \cdot {}_n\mathrm{C}_k$$

$$= \sum_{j=k}^{n} {}_n\mathrm{B}_j \cdot {}_j\mathrm{C}_k$$

よって, $\sum_{j=k}^{n} {}_n\mathrm{B}_j \cdot {}_j\mathrm{C}_k = {}_{n+1}\mathrm{B}_{k+1}$ が成り立つ.

《4 次の因数分解（B10）》

565. 以下の問に答えよ.

（1） x の整式 $x^4 + x^2 + 1$ を2つの2次式の積に因数分解せよ.

（2） 任意の正整数 n に対して, 不等式 $\sum_{k=1}^{n} \dfrac{k}{k^4 + k^2 + 1} < \dfrac{1}{2}$ が成り立つことを証明せよ.
(23 奈良県立医大・推薦)

▶解答◀ （1） $x^4 + x^2 + 1$

$$= (x^2 + 1)^2 - x^2 = (\boldsymbol{x^2 + x + 1})(\boldsymbol{x^2 - x + 1})$$

（2）（1）の結果を用いると

$$\frac{k}{k^4 + k^2 + 1} = \frac{k}{(k^2 + k + 1)(k^2 - k + 1)}$$

$$= \frac{1}{2}\left(\frac{1}{k^2 - k + 1} - \frac{1}{k^2 + k + 1}\right)$$

$$\sum_{k=1}^{n} \frac{k}{k^4 + k^2 + 1} = \frac{1}{2}\sum_{k=1}^{n}\left(\frac{1}{k^2 - k + 1} - \frac{1}{k^2 + k + 1}\right)$$

$$= \frac{1}{2}\left(1 - \frac{1}{n^2 + n + 1}\right) < \frac{1}{2}$$

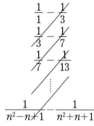

$$\frac{1}{n^2 - n + 1} - \frac{1}{n^2 + n + 1}$$

《kr^k の和（B20）》

566. 1個のさいころを6の目が2回出るまで投げ続ける．$k = 1, 2, 3, \cdots\cdots$ に対して p_k を $k+1$ 回目に2回目の6の目が出る確率とするとき，次の問いに答えよ．

（1） p_k を求めよ．

（2） p_k を最大にする k の値を求めよ．

（3） $S_n = \sum_{k=1}^{n} p_k$ を求めよ． （23 琉球大）

▶解答◀ （1） p_k は1回目から k 回目までに6の目が1回出て，$k+1$ 回目に6の目が出る確率だから

$$p_k = {}_k\mathrm{C}_1\left(\frac{1}{6}\right)\left(\frac{5}{6}\right)^{k-1}\cdot\frac{1}{6} = \frac{\boldsymbol{k}}{\boldsymbol{36}}\left(\frac{\boldsymbol{5}}{\boldsymbol{6}}\right)^{\boldsymbol{k-1}}$$

（2） $\dfrac{p_{k+1}}{p_k} = \dfrac{\frac{k+1}{36}\left(\frac{5}{6}\right)^k}{\frac{k}{36}\left(\frac{5}{6}\right)^{k-1}} = \dfrac{5k+5}{6k}$ であるから

$$\frac{p_{k+1}}{p_k} - 1 = \frac{5k+5}{6k} - 1$$

$$\frac{p_{k+1} - p_k}{p_k} = \frac{5-k}{6k}$$

$5 - k > 0$ つまり $k < 5$ のとき $p_k < p_{k+1}$ である．また，$k = 5$ のとき $p_k = p_{k+1}$ で $k > 5$ のとき $p_k > p_{k+1}$ である．よって

$$p_1 < p_2 < \cdots < p_5 = p_6$$

$$p_6 > p_7 > \cdots$$

となるから，p_k を最大にする k の値は $\boldsymbol{k = 5, 6}$

（3） $r = \dfrac{5}{6}$ とおく．

$$S_n = \sum_{k=1}^{n} \frac{k}{36} r^{k-1} = \frac{1}{36} \sum_{k=1}^{n} kr^{k-1}$$

$$36S_n = 1\cdot 1 + 2r + 3r^2 + \cdots + nr^{n-1}$$

$$30S_n = \qquad 1r + 2r^2 + \cdots + (n-1)r^{n-1} + nr^n$$

辺ごとに引いて

$$6S_n = 1 + r + r^2 + \cdots + r^{n-1} - nr^n$$

$$= \frac{1\cdot(1 - r^n)}{1 - r} - nr^n$$

$$= \frac{1}{1 - r} - \left(n + \frac{1}{1 - r}\right)r^n$$

$$= 6 - (n + 6)\left(\frac{5}{6}\right)^n$$

$$S_n = 1 - \frac{\boldsymbol{n+6}}{\boldsymbol{6}} \cdot \left(\frac{\boldsymbol{5}}{\boldsymbol{6}}\right)^{\boldsymbol{n}}$$

《整数部分（B20）☆》

567. 正の整数 n に対して $\sqrt{n}$ の整数部分を a_n で表す．例えば $a_2 = 1$, $a_3 = 1$, $a_5 = 2$ である．正の整数 k に対して，$a_n = k$ となる n の個数を k を用いて表すと □ となる．また，$\sum_{n=1}^{2023} a_n$ を求めると □ となる． （23 聖マリアンナ医大・医-後期）

▶解答◀ $a_n = k$ となるとき，

$$k \leqq \sqrt{n} < k + 1$$

$$k^2 \leqq n < (k+1)^2 = k^2 + 2k + 1$$

であるから，$a_n = k$ となる n の個数は

$$(k^2 + 2k) - k^2 + 1 = \boldsymbol{2k + 1}$$

である．$k^2 \fallingdotseq 2023$ としてみると $k \fallingdotseq 45$ であり，

$$44^2 \leqq 2023 < 45^2 = 2025$$

である．ここで，$a_n = k$ となるものの和は $k(2k+1)$ であるから，

$$\sum_{n=1}^{2023} a_n = \sum_{n=1}^{2024} a_n - a_{2024}$$

$$= \sum_{k=1}^{44} k(2k+1) - 44 = \sum_{k=1}^{44}(2k^2 + k) - 44$$

$$= 2\cdot\frac{1}{6}\cdot 44\cdot 45\cdot 89 + \frac{1}{2}\cdot 44\cdot 45 - 44$$

$$= \frac{1}{6}\cdot 44\cdot 45(178 + 3) - 44$$

$$= \frac{1}{6}\cdot 44\cdot 45\cdot 181 - 44$$

$$= 22\cdot 15\cdot 181 - 44 = \boldsymbol{59686}$$

《三角形の個数を数える（B20）☆》

568. 下図のように，同じ大きさの正三角形を並べて大きい正三角形を構築し，上から順番に1段目，2段目，3段目，$\cdots\cdots$ と呼ぶことにして，100

段目まで並べる．さらに，下図のように，各段の小三角形を左から白色，灰色，黒色の順に繰り返し塗ることにする．

このとき，100 段目までの小三角形の総数と 100 段目までの白色の小三角形の個数を求めよ．

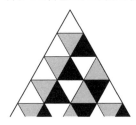

(23 琉球大)

▶解答◀ k 段目の小三角形の個数は $2k-1$ だから，100 段目までの小三角形の個数は

$$\sum_{k=1}^{100} (2k-1) = 100^2 = \mathbf{10000}$$

k 段目にある白の個数を a_k とする．

問題文にあるように，白，灰，黒の順で出てくるから，k 段目（$2k-1$ 個の小三角形がある）で左から $3(m-1)+1$ 番目の小三角形が，その段の中の，m 番目の白である．$3m-2 \le 2k-1$ として $m \le \dfrac{2k+1}{3}$ となる．このような自然数 m の個数は $\left[\dfrac{2k+1}{3}\right]$ である．$[x]$ はガウス記号であり，x の整数部分を表す．$a_k = \left[\dfrac{2k+1}{3}\right]$ である．

$a_1 = \left[\dfrac{3}{3}\right] = 1$, $a_2 = \left[\dfrac{5}{3}\right] = 1$, $a_3 = \left[\dfrac{7}{3}\right] = 2$ となる．実際，1 段目，2 段目，3 段目には白は 1，1，2 個ある．$a_{100} = \left[\dfrac{201}{3}\right] = 67$ である．

$$a_{k+3} = \left[\dfrac{2(k+3)+1}{3}\right] = \left[\dfrac{2k+1}{3} + 2\right] = a_k + 2$$

となるから，3 段下では，白は 2 個増える．

$a_1 + a_2 + a_3 = 4$, $a_4 + a_5 + a_6 = 4 + 6\cdot 1$, $\cdots$,
$a_{97} + a_{98} + a_{99} = 4 + 6\cdot 32$
$a_1 + \cdots + a_{100} = \dfrac{1}{2}(4 + 4 + 6\cdot 32)\cdot 33 + 67$
$\qquad\qquad = 3300 + 67 = \mathbf{3367}$

注意 【奇数の和は平方数】

$$1 + 3 + 5 + \cdots + (2n-1) = n^2$$

1 番目の奇数から n 番目の奇数までの和は n^2 である．普通に $\dfrac{1}{2}(1 + 2n-1)n = n^2$ と計算してもよい．

――――《接する円列 (B20) ☆》――――

569. xy 平面の第 1 象限に中心がある半径 r_n の円 C_n ($n = 1, 2, \cdots$) を次の規則で定める．

• 円 C_n の中心の座標を (x_n, r_n) とする．

• $(x_1, r_1) = (1, 1)$, $r_2 = \dfrac{1}{4}$ とする．

• 円 C_2 は円 C_1 と外接し，$x_2 > 1$ とする．

• 3 以上の自然数 n に対して，円 C_n は，円 C_1 と円 C_{n-1} に外接し，$x_n < x_{n-1}$ とする．

このとき，次の問いに答えよ．

（1）x_2 を求めよ．

（2）$x_{n-1} - x_n = 2\sqrt{r_{n-1}r_n}$ ($n = 3, 4, \cdots$) を示せ．

（3）$\sqrt{r_{n-1}} - \sqrt{r_n} = \sqrt{r_{n-1}r_n}$ ($n = 3, 4, \cdots$) を示せ．

（4）$n \ge 3$ のとき，r_n を n を用いて表せ．

(23 富山大・理（数）-後期)

▶解答◀ （1）図 1 の直角三角形において，三平方の定理より

$$(x_2 - 1)^2 + \left(\dfrac{3}{4}\right)^2 = \left(1 + \dfrac{1}{4}\right)^2$$

$$(x_2 - 1)^2 = 1$$

$$x_2 - 1 = 1 \qquad \therefore \quad x_2 = \mathbf{2}$$

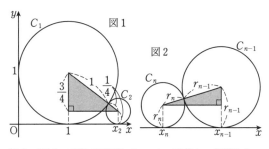

（2）図 2 の直角三角形において，三平方の定理より

$$(x_{n-1} - x_n)^2 + (r_{n-1} - r_n)^2 = (r_{n-1} + r_n)^2$$

$$(x_{n-1} - x_n)^2 = 4r_{n-1}r_n$$

$$x_{n-1} - x_n = 2\sqrt{r_{n-1}r_n} \quad \cdots\cdots\cdots\cdots\cdots①$$

（3）図 3 の直角三角形において，三平方の定理より

$$(x_{n-1} - 1)^2 + (1 - r_{n-1})^2 = (1 + r_{n-1})^2$$

$$(x_{n-1} - 1)^2 = 4r_{n-1}$$

$$x_{n-1} - 1 = 2\sqrt{r_{n-1}} \qquad \therefore \quad x_{n-1} = 1 + 2\sqrt{r_{n-1}}$$

同様にして，$x_n = 1 + 2\sqrt{r_n}$ であるから，① に代入して

$$1 + 2\sqrt{r_{n-1}} - (1 + 2\sqrt{r_n}) = 2\sqrt{r_{n-1}r_n}$$

$$\sqrt{r_{n-1}} - \sqrt{r_n} = \sqrt{r_{n-1}r_n} \quad \cdots\cdots\cdots\cdots\cdots②$$

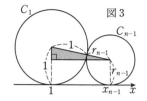

図3

（4） ②の両辺を $\sqrt{r_{n-1}r_n}$ で割ると

$$\frac{1}{\sqrt{r_n}} - \frac{1}{\sqrt{r_{n-1}}} = 1$$

数列 $\left\{\dfrac{1}{\sqrt{r_n}}\right\}$ は等差数列で，

$$\frac{1}{\sqrt{r_n}} = \frac{1}{\sqrt{r_2}} + (n-2)\cdot 1 = n$$

したがって $r_n = \dfrac{1}{n^2}$

《マルコフの方程式 (B30) ☆》

570. 整数の組 (x, y, z) が次の2つの式をともに満たすとき，(x, y, z) は（＊）を満たす整数の組であるという．

（＊）$x^2 + y^2 + z^2 - 3xyz = 0,\ 0 < x < y < z$

例えば，$(1, 2, 5)$ は（＊）を満たす整数の組である．

（1）$(2, 5, a)$ が（＊）を満たす整数の組となるような整数 a を求めよ．

（2）次の条件（ i ），（ ii ）をともに満たす数列 $\{a_n\}$ が存在することを示せ．

（ i ）$a_1 = 1,\ a_2 = 2$ である．

（ ii ）任意の自然数 n に対して，(a_n, a_{n+1}, a_{n+2}) は（＊）を満たす整数の組である．

（3）（2）の数列 $\{a_n\}$ はただ1つである．この数列 $\{a_n\}$ について，a_n が偶数となる n をすべて求めよ． （23 山梨大・医-後期）

▶解答◀ （1）$(x, y, z) = (2, 5, a)$ のとき（＊）より

$$4 + 25 + a^2 - 30a = 0$$
$$a^2 - 30a + 29 = 0$$
$$(a-1)(a-29) = 0$$

$a > 5$ より $a = \boldsymbol{29}$

（2）$(x, y, z) = (1, 2, a_3)$ のとき（＊）より

$$1 + 4 + a_3^2 - 6a_3 = 0$$
$$a_3^2 - 6a_3 + 5 = 0$$
$$(a_3 - 1)(a_3 - 5) = 0$$

$a_3 > 2$ より $a_3 = 5$

よって $n = 1$ のとき $(1, 2, 5)$ は（＊）を満たす整数の組となる．

$n = k$ のとき (a_k, a_{k+1}, a_{k+2}) が（＊）を満たす整数の組となると仮定すると，（＊）より

$$a_k{}^2 + a_{k+1}{}^2 + a_{k+2}{}^2 - 3a_k a_{k+1} a_{k+2} = 0 \quad \cdots\cdots①$$
$$0 < a_k < a_{k+1} < a_{k+2}$$

このとき

$$a_{k+1}{}^2 + a_{k+2}{}^2 + a_{k+3}{}^2 - 3a_{k+1}a_{k+2}a_{k+3} = 0 \quad \cdots②$$

を満たす $a_{k+3}\,(a_{k+2} < a_{k+3})$ が存在することを示す．

②－①より

$$a_{k+3}{}^2 - a_k{}^2 - 3a_{k+1}a_{k+2}a_{k+3} + 3a_k a_{k+1}a_{k+2} = 0$$
$$(a_{k+3} + a_k)(a_{k+3} - a_k)$$
$$\qquad - 3a_{k+1}a_{k+2}(a_{k+3} - a_k) = 0$$
$$(a_{k+3} - a_k)(a_{k+3} + a_k - 3a_{k+1}a_{k+2}) = 0$$

$a_{k+3} = a_k$ または $a_{k+3} = -a_k + 3a_{k+1}a_{k+2}$

いずれも a_{k+3} は整数であるが，$a_{k+3} = a_k$ は $a_{k+2} < a_{k+3}$ を満たさないから不適．

$a_{k+3} = -a_k + 3a_{k+1}a_{k+2}$ のとき

$$a_{k+3} - a_{k+2} = -a_k + 3a_{k+1}a_{k+2} - a_{k+2}$$
$$= (a_{k+1}a_{k+2} - a_k) + a_{k+2}(2a_{k+1} - 1) > 0$$

であるから，$n = k+1$ のとき $a_{k+3} = -a_k + 3a_{k+1}a_{k+2}$ とすれば $(a_{k+1}, a_{k+2}, a_{k+3})$ は（＊）を満たす整数の組である．よって示せた．

（3）$\bmod 2$ とする．$a_{n+3} = -a_n + 3a_{n+2}a_{n+1}$ より

$$a_{n+3} \equiv a_n + a_{n+2}a_{n+1}$$
$$a_1 = 1 \equiv 1,\ a_2 = 2 \equiv 0,\ a_3 = 5 \equiv 1$$
$$a_4 = 29 \equiv 1$$
$$a_5 = a_4 + a_3 a_2 \equiv 1 + 1\cdot 0 \equiv 1$$
$$a_6 = a_5 + a_4 a_3 \equiv 1 + 1\cdot 1 \equiv 0$$
$$a_7 \equiv a_6 + a_5 a_4 \equiv 0 + 1\cdot 1 \equiv 1$$

$1, 0, 1$ から始まり $1, 0, 1$ まできたから $1, 0, 1, 1$ を周期4で繰り返す．一応，数学的帰納法で示しておく．$a_n \equiv a_{n-4}$ が成り立つことを示す．

$n \leqq 7$ で成り立つ．$n \leqq k$ で成り立つとする．

$$a_{k+1} \equiv a_{k-2} + a_k \cdot a_{k-1} \quad \cdots\cdots\cdots\cdots\cdots③$$
$$a_{k-3} \equiv a_{k-6} + a_{k-4} \cdot a_{k-5} \quad \cdots\cdots\cdots\cdots④$$

であり，$a_{k-2} \equiv a_{k-6}$，$a_k \equiv a_{k-4}$，$a_{k-1} \equiv a_{k-5}$ であるから③≡④である．よって $a_{k+1} \equiv a_{k-3}$ となり，$n = k+1$ でも成り立つ．

a_n が偶数になる n は $n = \boldsymbol{4m - 2}\ (\boldsymbol{m = 1, 2, 3, \cdots})$

《等差数列の和に分解 (B20) ☆》

571. a を整数, n を 2 以上の整数として, 次の問いに答えよ.

(1) a から始まる連続する n 個の整数の和が 2023 になる a と n の組み合わせについて考える.

  (i) 全部で何通りあるか.

  (ii) a と n がともに奇数となるのは何通りあるか.

(2) a から始まる連続する n 個の整数の平均値を $\overline{x}$, 分散を s^2, 標準偏差を s とする.

  (i) $\overline{x}$ を a と n の式で表せ.

  (ii) s^2 を n の式で表せ.

  (iii) s^2 が自然数になるときの n を小さい順に並べたものを $n_1, n_2, \cdots$ とする. $n_k = 2023$ となる k の値を求めよ.

  (iv) s が自然数になるときの s を小さい順に並べたものを $s_1, s_2, \cdots$ とする. s_2 の値を求めよ.

  (23 近大・医-前期)

▶**解答**◀ (1) (i) この数列は初項 a, 末項 $a+n-1$, 項数 n の等差数列だから

$$\frac{2a+n-1}{2} \cdot n = 2023$$

$$n(2a+n-1) = 4046$$

$$n(2a+n-1) = 2 \cdot 7 \cdot 17^2 \quad\cdots\cdots\cdots\cdots\cdots①$$

$(2a+n-1)-n = 2a-1$ であるから, n と $2a+n-1$ の偶奇は異なる. $n = 2l$ とすると

$$2l(2a+2l-1) = 4046$$

$$l(2a+2l-1) = 2023 \quad\cdots\cdots\cdots\cdots\cdots②$$

$n = 2l+1$ とすると

$$(2l+1)(2a+2l) = 4046$$

$$(2l+1)(a+l) = 2023 \quad\cdots\cdots\cdots\cdots\cdots③$$

②, ③ いずれの場合も整数 l に対して整数 a が求められるから, 組 (a, n) はそれぞれ 2023 の正の約数の個数だけある. ただし, $n \geqq 2$ であるから ③ で $l = 0$ は除く. 2023 の正の約数の個数は $2 \cdot 3 = 6$ であるから, 組 (a, n) は $2 \cdot 6 - 1 = $ **11 通り**ある.

(ii) n が奇数であるのは ③ のときで, a も奇数であるのは l が偶数のときである.

$$2l+1 = 7, 7 \cdot 17, 7 \cdot 17^2, 17, 17^2$$

を解いて, 順に, $l = 3, 59, 1011, 8, 144$ であるから a と n がともに奇数である組 (a, n) は **2 通り**ある.

(2) (i) 初項 a, 末項 $a+n-1$ の等差数列の平

均だから $\overline{x} = \dfrac{2a+n-1}{2}$ である.

(ii) 変数変換 $Y = X - a + 1$ によって分散は変わらないから

$$s^2 = \overline{y^2} - \left(\overline{y}\right)^2 = \frac{1}{n}\sum_{k=1}^{n} k^2 - \left(\frac{(1+n)}{2}\right)^2$$

$$= \frac{1}{n} \cdot \frac{n(n+1)(2n+1)}{6} - \frac{(n+1)^2}{4}$$

$$= \frac{1}{12}(n+1)(2(2n+1)-3(n+1)) = \frac{n^2-1}{12}$$

(iii) $\dfrac{n^2-1}{12}$ が自然数になるのは n^2-1 が 12 の倍数になるときである. 改めて $n = 6l + r$ ($r = 0, \pm 1, \pm 2, 3$) と表すと

$$\frac{n^2-1}{12} = \frac{(6l+r)^2-1}{12} = 3l^2 + lr + \frac{r^2-1}{12}$$

$r = \pm 1$ であるから $n = 6l \pm 1$ である. $6l + 1 = 2023$ のとき $l = 337$ であるから $k = 337 \cdot 2 = $ **674** である.

(iv) $n = 6l \pm 1$ と表したときに

$$s^2 = \frac{(6l \pm 1)^2 - 1}{12} = 3l^2 \pm l = l(3l \pm 1)$$

l と $3l \pm 1$ は互いに素であるから, s^2 が平方数になるのは l と $3l \pm 1$ がいずれも平方数になるときである. さらに, 平方数は 3 で割ると割り切れるか 1 余るのいずれかであるから, l と $3l + 1$ が平方数になるものについて $l = 1, 4, 9, 16, \cdots$ を順に調べていく.

  $l = 1$ のとき, $l(3l+1) = 4$

  $l = 16$ のとき, $l(3l+1) = 16 \cdot 49$

であるから, $s_1 = 2$, $s_2 = $ **28** である.

注意 【典型問題】

(1) で $a > 0$, $n \geqq 1$ であるときは, 分解 ① において $2a+n-1 > n$ が成り立つから, 組 (a, n) は 4046 の奇数の約数の個数と等しく 6 通りある.

《格子点の個数 (B20)》

572. n を正の整数とする. 連立不等式

$$\begin{cases} y \geqq 2^{\log_2 x + x} \\ y \leqq -x^2 + n(2^n + n) \end{cases}$$

で表される領域を D_n とする. ただし, x 座標と y 座標がともに整数となる点を「格子点」と呼ぶものとする.

(1) D_2 に含まれる格子点の個数は $\boxed{}$ 個である.

(2) $S = 1 \cdot 2 + 2 \cdot 2^2 + 3 \cdot 2^3 + \cdots + n \cdot 2^n$ とするとき,

$$S = (n - \boxed{}) \cdot 2^{n+\boxed{}} + \boxed{}$$

である.

(3) D_n に含まれる格子点の個数を n を用いて表

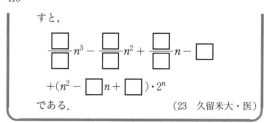

すと,

$$\frac{\Box}{\Box}n^3 - \frac{\Box}{\Box}n^2 + \frac{\Box}{\Box}n - \Box$$

$$+(n^2 - \Box n + \Box)\cdot 2^n$$

である. （23　久留米大・医）

▶解答◀　（1）真数条件より, $x > 0$

$$2^{\log_2 x + x} = 2^{\log_2 x}\cdot 2^x = x\cdot 2^x$$

であるから, 領域 D_n は

$$x\cdot 2^x \leqq y \leqq -x^2 + n(2^n + n), \ x > 0$$

と表される. $f(x) = x\cdot 2^x$, $g(x) = -x^2 + n(2^n + n)$ とおく. $f(x)$ と $g(x)$ を連立すると

$$x\cdot 2^x = -x^2 + n(2^n + n)$$

$$x\cdot 2^x - n\cdot 2^n + (x+n)(x-n) = 0$$

$x = n$ のとき, この等式は成り立つ. $x > 0$ で $f(x)$ は増加関数, $g(x)$ は減少関数だから, $y = f(x)$ と $y = g(x)$ のグラフは $x = n$ で交点をもち, それ以外の共有点はない.

$n = 2$ のとき, $g(x) = -x^2 + 12$ で $y = f(x)$ と $y = g(x)$（曲線 C とする）は $x = 2$ で交点をもつから, D_2 は図 1 の網目部分（境界は y 軸上の点以外は含む）である. 格子点は $x = 1$ のとき $11 - 2 + 1 = 10$ 個, $x = 2$ のとき 1 個だから, 全部では $10 + 1 = \mathbf{11}$ 個である.

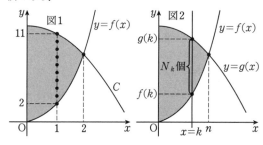

（2）　$S = 1\cdot 2 + 2\cdot 2^2 + 3\cdot 2^3 + \cdots + n\cdot 2^n$

$2S = 1\cdot 2^2 + 2\cdot 2^3 + 2\cdot 2^4 + \cdots + (n-1)\cdot 2^n + n\cdot 2^{n+1}$

辺ごとに引いて

$$-S = 2 + 2^2 + \cdots + 2^n - n\cdot 2^{n+1}$$

$$S = n\cdot 2^{n+1} - 2\cdot\frac{1 - 2^n}{1 - 2}$$

$$= n\cdot 2^{n+1} + 2(1 - 2^n) = \mathbf{(n-1)\cdot 2^{n+1} + 2}$$

（3）　D_n は図 2 の網目部分（境界は y 軸上の点以外は含む）で, $x = k$ のときの D_n 内の格子点の個数を N_k とおくと

$$N_k = g(k) - f(k) + 1$$

$$= -k^2 + n(2^n + n) - k\cdot 2^k + 1$$

$$= (n^2 + 1 + n\cdot 2^n) - k^2 - k\cdot 2^k$$

$k = 1 \sim n$ の N_k をすべて足し合わせたものが求める格子点の個数であるから

$$\sum_{k=1}^{n} N_k = (n^2 + 1 + n\cdot 2^n)n - \sum_{k=1}^{n} k^2 - S$$

$$= (n^2 + 1 + n\cdot 2^n)n - \frac{1}{6}n(n+1)(2n+1)$$

$$\quad - (n-1)\cdot 2^{n+1} - 2$$

$$= \frac{2}{3}n^3 - \frac{1}{2}n^2 + \frac{5}{6}n - 2 + (n^2 - 2n + 2)\cdot 2^n$$

━━━《二項係数の和 (B20) ☆》━━━

573. $\sum_{k=1}^{n}(k\cdot {}_n\mathrm{C}_k)$ が 10000 を超えるような最小の正の整数 n は $\boxed{}$ である.　（23　東京医大・医）

考え方　n 人の国民から k 人の国会議員とその中から 1 人の首相を選ぶとき（${}_n\mathrm{C}_k\cdot k$ 通り）, 先に首相を選んで（n 通り）, 残りの $n-1$ 人から $k-1$ 人の議員を選ぶと考えれば, $k\,{}_n\mathrm{C}_k = n\,{}_{n-1}\mathrm{C}_{k-1}$ が成り立つ.

▶解答◀　$1 \leqq k \leqq n$ のとき

$$k\,{}_n\mathrm{C}_k = k\cdot\frac{n!}{k!(n-k)!}$$

$$= n\cdot\frac{(n-1)!}{(k-1)!(n-k)!} = n\,{}_{n-1}\mathrm{C}_{k-1}$$

$$\sum_{k=0}^{n} k\,{}_n\mathrm{C}_k = n\sum_{k=1}^{n} {}_{n-1}\mathrm{C}_{k-1}$$

$$= n(1+1)^{n-1} = n\cdot 2^{n-1} \quad\cdots\cdots\cdots①$$

$n = 10$ のとき ① の右辺は $10\cdot 2^9 = 5120 < 10000$, $n = 11$ のとき ① の右辺は $11\cdot 2^{10} = 11\cdot 1024 > 10000$ であるから, 最小の $\mathbf{n = 11}$ である.

注意　$(x+1)^n = \sum_{k=0}^{n} {}_n\mathrm{C}_k x^k$ の両辺を x で微分して

$$n(x+1)^{n-1} = \sum_{k=1}^{n}(k\cdot {}_n\mathrm{C}_k x^{k-1})$$

$x = 1$ を代入して, $n\cdot 2^{n-1} = \sum_{k=1}^{n}(k\cdot {}_n\mathrm{C}_k)$ を得る.

━━━《対数との融合 (B2)》━━━

574. $\sum_{n=1}^{2023}\log_{10}\dfrac{5n+1}{5n-4}$ の整数部分は $\boxed{}$ である.　（23　東邦大・理）

▶解答◀　$S_n = \sum_{k=1}^{n}\log_{10}\dfrac{5k+1}{5k-4}$ とおくと

$$S_n = \sum_{k=1}^{n}\{\log_{10}(5k+1) - \log_{10}(5k-4)\}$$

$$= \log_{10}(5n+1) - \log_{10} 1 = \log_{10}(5n+1)$$

$$\begin{array}{c} \cancel{\log_{10}6} - \cancel{\log_{10}1} \\ \cancel{\log_{10}11} - \cancel{\log_{10}6} \\ \cancel{\log_{10}16} - \cancel{\log_{10}11} \\ \vdots \\ \log_{10}(5n+1) - \cancel{\log_{10}(5n-4)} \end{array}$$

$$\sum_{n=1}^{2023}\log_{10}\frac{5n+1}{5n-4} = S_{2023} = \log_{10}(5\cdot2023+1)$$

$$= \log_{10}(1.0116\cdot10^4) = 4 + \log_{10}1.0116$$

$0 < \log_{10}1.0116 < 1$ であるから, 求める整数部分は **4** である.

《対数との融合 (B510)》

575. 数列 $\{a_n\}$ の第 1 項から第 n 項までの和 S_n が $S_n = \dfrac{7}{6}(a_n - 1)$ を満たすとき, 以下の問いに答えよ. ただし, $\log_{10}2 = 0.3010$, $\log_{10}3 = 0.4771$, $\log_{10}7 = 0.8451$ とする.

（1） 一般項 a_n を求めよ.

（2） a_n が 89 桁の整数となるとき, n を求めよ.

（3） n を（2）で求めたものとする. a_n の 1 の位の数字を求めよ.

（4） n を（2）で求めたものとする. a_n の最高位の数字を求めよ. (23 岡山大・理系)

▶解答◀ （1） $S_n = \dfrac{7}{6}(a_n - 1)$ …………………①

①で $n=1$ として, $a_1 = \dfrac{7}{6}(a_1 - 1)$ ∴ $a_1 = 7$

① より, $S_{n+1} = \dfrac{7}{6}(a_{n+1} - 1)$ …………………②

② － ① より

$$S_{n+1} - S_n = \frac{7}{6}(a_{n+1} - 1) - \frac{7}{6}(a_n - 1)$$

$$a_{n+1} = \frac{7}{6}(a_{n+1} - a_n) \qquad ∴\quad a_{n+1} = 7a_n$$

数列 $\{a_n\}$ は公比 7 の等比数列であるから

$$a_n = a_1 \cdot 7^{n-1} = \boldsymbol{7^n}$$

（2） a_n が 89 桁であるから

$$10^{88} < a_n < 10^{89}$$

$$\log_{10}10^{88} < \log_{10}7^n < \log_{10}10^{89}$$

$$88 < n\log_{10}7 < 89$$

$$\frac{88}{0.8451} < n < \frac{89}{0.8451}$$

$$104.1\cdots < n < 105.3\cdots$$

よって, 求める n は $n = \boldsymbol{105}$

（3） a_n の 1 の位に 7 をかけた整数の 1 の位が a_{n+1} の 1 の位であるから, a_n の 1 の位を $n=1$ から順に書いていくと $7, 9, 3, 1, 7, \cdots$ と, $7, 9, 3, 1$ の周期で

繰り返す.

$105 = 4\cdot26+1$ であるから, a_{105} の 1 の位は **7** である.

（4） $\log_{10}a_{105} = 105\log_{10}7 = 105\cdot0.8451 = 88.7355$

ここで, $1 - 0.3010 < 0.7355 < 0.3010 + 0.4771$

すなわち $1 - \log_{10}2 < 0.7355 < \log_{10}2 + \log_{10}3$

$$\log_{10}5 < 0.7355 < \log_{10}6$$

よって, $88 + \log_{10}5 < \log_{10}a_{105} < 88 + \log_{10}6$

$$5\cdot10^{88} < a_{105} < 6\cdot10^{88}$$

したがって, a_{105} の最高位の数字は **5** である.

《2 項間 (A2) ☆》

576. $a_1 = 2$, $a_{n+1} = 2a_n - 1$ $(n = 1, 2, 3, \cdots)$ で定められる数列 $\{a_n\}$ の一般項を求めると $a_n = \boxed{}$ である. (23 会津大・推薦)

▶解答◀ $a_{n+1} - 1 = 2(a_n - 1)$

数列 $\{a_n - 1\}$ は, 初項 $a_1 - 1$, 公比 2 の等比数列より

$$a_n - 1 = (a_1 - 1)\cdot2^{n-1} = 2^{n-1}$$

よって, $a_n = \boldsymbol{2^{n-1} + 1}$

《3 項間 (B10)》

577. $a_{n+2} - 10a_{n+1} + xa_n = 0$

$(n = 1, 2, 3, \cdots)$, $a_1 = 1$, $a_2 = 8$

を満たす数列 $\{a_n\}$ について, 以下の問いに答えよ.

（1） $x = 21$ のとき, 数列 $\{a_n\}$ の一般項を以下の手順で求めよ.

　（ i ） $(a_{n+2} - 3a_{n+1}) = 7(a_{n+1} - 3a_n)$ のように変形し, $b_n = a_{n+1} - 3a_n$ によって定められる数列 $\{b_n\}$ の一般項を求めよ.

　（ ii ） （ i ）と同様の変形を行い, $c_n = a_{n+1} - 7a_n$ によって定められる数列 $\{c_n\}$ の一般項を求めよ.

　（iii） 数列 $\{b_n\}$ と数列 $\{c_n\}$ の一般項から, 数列 $\{a_n\}$ の一般項を求めよ.

（2） $x = 25$ のとき, 数列 $\{a_n\}$ の一般項を以下の手順で求めよ.

　（ i ） $(a_{n+2} - 5a_{n+1}) = 5(a_{n+1} - 5a_n)$ のように変形し, $d_n = \dfrac{a_n}{5^n}$ によって定められる数列 $\{d_n\}$ に対し, $d_{n+1} - d_n$ を求めよ.

　（ ii ） 数列 $\{d_n\}$ の一般項から, 数列 $\{a_n\}$ の一般項を求めよ.

  (23 富山大・工, 都市デザイン-後期)

▶解答◀ （1）

$$a_{n+2} - 10a_{n+1} + 21a_n = 0 \quad \cdots\cdots\cdots\cdots①$$

（ⅰ） ① より

$$a_{n+2} - 3a_{n+1} = 7(a_{n+1} - 3a_n)$$

$b_n = a_{n+1} - 3a_n$ とおくと，$b_{n+1} = 7b_n$

数列 $\{b_n\}$ は，等比数列である．

$$b_n = b_1 \cdot 7^{n-1} = (a_2 - 3a_1) \cdot 7^{n-1} = \boldsymbol{5 \cdot 7^{n-1}}$$

（ⅱ） ① より

$$a_{n+2} - 7a_{n+1} = 3(a_{n+1} - 7a_n)$$

$c_n = a_{n+1} - 7a_n$ とおくと，$c_{n+1} = 3c_n$

数列 $\{c_n\}$ は，等比数列である．

$$c_n = c_1 \cdot 3^{n-1} = (a_2 - 7a_1) \cdot 3^{n-1} = \boldsymbol{3^{n-1}}$$

（ⅲ） （ⅰ），（ⅱ）より

$$a_{n+1} - 3a_n = 5 \cdot 7^{n-1}, \quad a_{n+1} - 7a_n = 3^{n-1}$$

辺々引いて

$$4a_n = 5 \cdot 7^{n-1} - 3^{n-1}$$

$$a_n = \frac{1}{4}(5 \cdot 7^{n-1} - 3^{n-1})$$

（2） $a_{n+2} - 10a_{n+1} + 25a_n = 0 \quad \cdots\cdots\cdots\cdots②$

（ⅰ） ② より

$$a_{n+2} - 5a_{n+1} = 5(a_{n+1} - 5a_n)$$

数列 $\{a_{n+1} - 5a_n\}$ は，等比数列である．

$$a_{n+1} - 5a_n = (a_2 - 5a_1) \cdot 5^{n-1} = 3 \cdot 5^{n-1}$$

両辺を 5^{n+1} で割ると

$$\frac{a_{n+1}}{5^{n+1}} - \frac{a_n}{5^n} = \frac{3}{25}$$

$d_n = \dfrac{a_n}{5^n}$ とおくと，$d_{n+1} - d_n = \dfrac{3}{25}$

（ⅱ） 数列 $\{d_n\}$ は等差数列である．

$$d_n = d_1 + (n-1) \cdot \frac{3}{25} = \frac{3}{25}n + \frac{2}{25}$$

よって，

$$a_n = 5^n d_n = \boldsymbol{(3n + 2) \cdot 5^{n-2}}$$

《S_n と a_n で 3 項間 (B10)》

578. n は自然数とする．漸化式

$$a_1 = 4, \quad \sum_{k=1}^{n+1} a_k = 4a_n + 8$$

で定まる数列 $\{a_n\}$ の一般項 a_n を n の式で表せ．

(23 昭和大・医-2期)

▶解答◀ $\displaystyle\sum_{k=1}^{n+1} a_k = 4a_n + 8 \quad \cdots\cdots\cdots\cdots①$

$$\sum_{k=1}^{n+2} a_k = 4a_{n+1} + 8 \quad \cdots\cdots\cdots\cdots②$$

②－① より

$$a_{n+2} = 4a_{n+1} - 4a_n \quad \cdots\cdots\cdots\cdots③$$

特性方程式 $t^2 = 4t - 4$ を解く．

$$(t-2)^2 = 0 \qquad \therefore \quad t = 2$$

よって③は次のように変形できる．

$$a_{n+2} - 2a_{n+1} = 2(a_{n+1} - 2a_n) \quad \cdots\cdots\cdots\cdots④$$

ここで① より

$$S_2 = 4a_1 + 8$$

$$a_2 + 4 = 4 \cdot 4 + 8 \qquad \therefore \quad a_2 = 20$$

④ より，数列 $\{a_{n+1} - 2a_n\}$ は公比 2 の等比数列であるから

$$a_{n+1} - 2a_n = (a_2 - 2a_1) \cdot 2^{n-1} = 3 \cdot 2^{n+1}$$

$$\frac{a_{n+1}}{2^{n+1}} = \frac{a_n}{2^n} + 3$$

数列 $\left\{\dfrac{a_n}{2^n}\right\}$ は公差 3 の等差数列であるから

$$\frac{a_n}{2^n} = \frac{a_1}{2} + 3(n-1) = 3n - 1$$

$$a_n = \boldsymbol{(3n - 1) \cdot 2^n}$$

《3 項間と整数部分 (B15) ☆》

579. $\alpha = 3 + \sqrt{10}$, $\beta = 3 - \sqrt{10}$ とし，正の整数 n に対して $A_n = \alpha^n + \beta^n$ とおく．このとき，A_2, A_3 の値はそれぞれ $A_2 = \boxed{}$，$A_3 = \boxed{}$ であり，A_{n+2} を A_{n+1} と A_n を用いて表すと $A_{n+2} = \boxed{}$ である．また，α^{111} の整数部分を K とするとき，K を 10 で割ると $\boxed{}$ 余る．

(23 北里大・医)

▶解答◀ $\alpha + \beta = 6$, $\alpha\beta = -1$ であるから

$$A_2 = (\alpha + \beta)^2 - 2\alpha\beta = 36 + 2 = \boldsymbol{38}$$

$$A_3 = (\alpha + \beta)^3 - 3\alpha\beta(\alpha + \beta)$$

$$= 216 + 18 = \boldsymbol{234}$$

$$A_{n+2} = \alpha^{n+2} + \beta^{n+2}$$

$$= (\alpha^{n+1} + \beta^{n+1})(\alpha + \beta) - \alpha\beta(\alpha^n + \beta^n)$$

$$= \boldsymbol{6A_{n+1} + A_n}$$

合同式の法を 10 とする．

$$A_1 \equiv 6, \ A_2 \equiv 8, \ A_3 \equiv 4,$$

$$A_4 \equiv 6A_3 + A_2 \equiv 24 + 8 \equiv 2,$$

$$A_5 \equiv 6A_4 + A_3 \equiv 12 + 4 \equiv 6,$$

$$A_6 \equiv 6A_5 + A_4 \equiv 36 + 2 \equiv 8$$

6, 8 から始まって 6, 8 にもどった．6, 8, 4, 2 を周期 4 で繰り返す．$111 = 27 \cdot 4 + 3$ であるから $A_{111} \equiv A_3 \equiv 4$ である．指数や添字が 111 というのはうるさい．以下

$N = 111$ とする．$-1 < \beta < 0$ である．$A_N = \alpha^N + \beta^N$，

$-1 < \beta^N < 0$ であるから $\alpha^N = A_N - \beta^N$ は A_N に少し加えた形で，その整数部分は A_N である．これを 10 で割ると余りは **4** である．

《3 項間で重解 (B12) ☆》

580. 次で定められた数列 $\{a_n\}$ がある．

$$a_1 = 3, \quad a_{n+1} = 9a_n - 4S_n \,(n = 1, 2, 3, \cdots)$$

ただし，S_n は数列 $\{a_n\}$ の初項から第 n 項までの和である．

（1） a_2, a_3 を求めよ．

（2） $b_n = a_{n+1} - 3a_n$ で定まる数列 $\{b_n\}$ の一般項を求めよ．

（3） $c_n = \dfrac{a_n}{3^n}$ で定まる数列 $\{c_n\}$ の一般項を求めよ．

（4） S_n を求めよ． （23 徳島大・理工）

▶解答◀ （1） $a_2 = 9a_1 - 4S_1$

$= 9a_1 - 4a_1 = 5a_1 = \mathbf{15}$

$a_3 = 9a_2 - 4S_2 = 9a_2 - 4(a_1 + a_2)$

$= 5a_2 - 4a_1 = 75 - 12 = \mathbf{63}$

（2） $a_{n+1} = 9a_n - 4S_n$ $\cdots\cdots\cdots\cdots\cdots\cdots$①

$a_{n+2} = 9a_{n+1} - 4S_{n+1}$ $\cdots\cdots\cdots\cdots\cdots$②

②－① より

$a_{n+2} - a_{n+1} = 9a_{n+1} - 9a_n - 4(S_{n+1} - S_n)$

$a_{n+2} - a_{n+1} = 9a_{n+1} - 9a_n - 4a_{n+1}$

$a_{n+2} - 3a_{n+1} = 3(a_{n+1} - 3a_n)$

$b_{n+1} = 3b_n$

$\{b_n\}$ は等比数列であるから

$b_n = b_1 \cdot 3^{n-1} = 6 \cdot 3^{n-1} = \mathbf{2 \cdot 3^n}$

（3） $a_{n+1} - 3a_n = 2 \cdot 3^n$ の両辺を 3^{n+1} で割って

$\dfrac{a_{n+1}}{3^{n+1}} - \dfrac{a_n}{3^n} = \dfrac{2}{3}$

$c_{n+1} - c_n = \dfrac{2}{3}$

$c_n = c_1 + \dfrac{2}{3}(n-1) = 1 + \dfrac{2}{3}(n-1) = \dfrac{\mathbf{2}}{\mathbf{3}}\mathbf{n} + \dfrac{\mathbf{1}}{\mathbf{3}}$

（4） （3）より

$a_n = 3^n \cdot c_n = (2n+1) \cdot 3^{n-1}$

① より $4S_n = 9a_n - a_{n+1}$

$= (2n+1) \cdot 3^{n+1} - (2n+3) \cdot 3^n = 4n \cdot 3^n$

$S_n = \mathbf{n \cdot 3^n}$

《2 項間 +1 次式 (B10) ☆》

581. 数列 $\{a_n\}$ の初項から第 n 項までの和を S_n とする．

$$a_1 = 1, \quad a_{n+1} = S_n + (n+1)^2 \,(n = 1, 2, 3, \cdots)$$

が成り立つとき，以下の空欄をうめよ．

（1） a_{n+1} を a_n と n の式で表すと $a_{n+1} = \boxed{}$ である．

（2） $b_n = a_{n+1} - a_n$ とおくとき，b_{n+1} を b_n の式で表すと $b_{n+1} = \boxed{}$ である．

（3） b_n を n の式で表すと $b_n = \boxed{}$ である．

（4） a_n を n の式で表すと $a_n = \boxed{}$ である．

（23 会津大）

▶解答◀ （1） $n \geqq 2$ のとき

$a_{n+1} = S_n + (n+1)^2$ $\cdots\cdots\cdots\cdots\cdots\cdots$①

$a_n = S_{n-1} + n^2$ $\cdots\cdots\cdots\cdots\cdots\cdots\cdots$②

①－② より

$a_{n+1} - a_n = (S_n - S_{n-1}) + 2n + 1$

$a_{n+1} - a_n = a_n + 2n + 1$

$\boldsymbol{a_{n+1} = 2a_n + 2n + 1}$ $\cdots\cdots\cdots\cdots\cdots$③

また，① において $n = 1$ のとき

$a_2 = S_1 + 2^2 = a_1 + 4 = 5$

であるから，③ は $n = 1$ のときも成り立つ．

（2） ③ より

$a_{n+2} = 2a_{n+1} + 2(n+1) + 1$ $\cdots\cdots\cdots\cdots$④

④－③ より

$a_{n+2} - a_{n+1} = 2(a_{n+1} - a_n) + 2$

$b_n = a_{n+1} - a_n$ とおくと

$\boldsymbol{b_{n+1} = 2b_n + 2}$

（3） $b_{n+1} + 2 = 2(b_n + 2)$

数列 $\{b_n + 2\}$ は等比数列で

$b_n + 2 = (b_1 + 2) \cdot 2^{n-1} = (4 + 2) \cdot 2^{n-1} = 3 \cdot 2^n$

$\boldsymbol{b_n = 3 \cdot 2^n - 2}$

（4） $n \geqq 2$ のとき

$a_n = a_1 + \displaystyle\sum_{k=1}^{n-1} b_k = 1 + \sum_{k=1}^{n-1}(3 \cdot 2^k - 2)$

$= 1 + 3 \cdot \dfrac{2(2^{n-1} - 1)}{2 - 1} - 2(n - 1)$

$= \boldsymbol{3 \cdot 2^n - 2n - 3}$

結果は $n = 1$ のときにも成り立つ．

《2 項間 +2 次式 (B20)》

582. 正の数からなる数列 $\{a_n\}$ は，すべての正の

整数 n について

$$\log_2(a_1 \cdot a_2 \cdot a_3 \cdots \cdots a_n) = -2n^3 + 49 + \log_2 a_n{}^2$$

を満たしている.

$\log_{10} 2 = 0.3010,\ \log_{10} 3 = 0.4771$ とする.

（1） $b_n = \log_2 a_n$ とおくとき, b_{n+1} を b_n を用いて表すと

$$b_{n+1} = \boxed{ア} b_n + \boxed{イ} n^2 + \boxed{ウ} n + \boxed{エ} \quad ①$$

である.

$f(n) = \alpha n^2 + \beta n + \gamma$ （α, β, γ は定数）とする.

$$f(n+1) = \boxed{ア} f(n) + \boxed{イ} n^2 + \boxed{ウ} n + \boxed{エ} \quad ②$$

が n についての恒等式となるような α, β, γ の値を求めると

$$\alpha = -\boxed{オ},\ \beta = -\boxed{カ},\ \gamma = -\boxed{キ}$$

である.

①－② より, 数列 $\{b_n - f(n)\}$ は等比数列になる. よって, 数列 $\{b_n\}$ の一般項 b_n は

$$b_n = \boxed{} \cdot \boxed{}^{\,n-\boxed{}} - \boxed{オ} n^2 - \boxed{カ} n - \boxed{キ}$$

となる.

（2） b_n が最小となる n の値は

$$n = \boxed{ク},\ \boxed{ケ} \quad (\text{ただし}, \boxed{ク} < \boxed{ケ})$$

である.

また, a_n の最小値は $2^{\boxed{コ}}$ であり, $2^{\boxed{コ}}$ を小数で表したとき, 小数第 $\boxed{}$ 位に初めて 0 でない数 $\boxed{}$ が現れる.

(23 獨協医大)

▶解答◀ 問題文中にも式番号が使われているが, ここでは一旦無視して式番号を振り直すことにする.

（1） 漸化式より

$$\sum_{k=1}^{n} \log_2 a_k = -2n^3 + 49 + 2\log_2 a_n \quad\cdots\cdots\cdots ①$$

$$\sum_{k=1}^{n+1} \log_2 a_k = -2(n+1)^3 + 49 + 2\log_2 a_{n+1} \quad\cdots ②$$

②－① より

$$\log_2 a_{n+1} = -2(n+1)^3 + 2n^3$$
$$+ 2\log_2 a_{n+1} - 2\log_2 a_n$$

$b_n = \log_2 a_n$ とおくと

$$b_{n+1} = -6n^2 - 6n - 2 + 2b_{n+1} - 2b_n$$
$$b_{n+1} = 2b_n + 6n^2 + 6n + 2 \quad\cdots\cdots\cdots\cdots\cdots ③$$
$$f(n+1) = \alpha(n+1)^2 + \beta(n+1) + \gamma$$
$$= \alpha n^2 + (2\alpha + \beta)n + (\alpha + \beta + \gamma) \quad\cdots\cdots\cdots ④$$
$$2f(n) + 6n^2 + 6n + 2$$
$$= (2\alpha + 6)n^2 + (2\beta + 6)n + (2\gamma + 2) \quad\cdots\cdots ⑤$$

④, ⑤ の係数を比較して

$$\alpha = 2\alpha + 6,\ 2\alpha + \beta = 2\beta + 6,$$
$$\alpha + \beta + \gamma = 2\gamma + 2$$

これを解くと, $(\alpha, \beta, \gamma) = (-6, -18, -26)$ である.

$$f(n+1) = 2f(n) + 6n^2 + 6n + 2 \quad\cdots\cdots\cdots\cdots ⑥$$

として, ③－⑥ より

$$b_{n+1} - f(n+1) = 2(b_n - f(n))$$

これより数列 $\{b_n - f(n)\}$ は等比数列である. また,

$$b_1 = -2 + 49 + 2b_1 \qquad \therefore \quad b_1 = -47$$

であるから,

$$b_n - f(n) = 2^{n-1}(b_1 - f(1))$$
$$= 2^{n-1}\{-47 - (-6 - 18 - 26)\} = 3 \cdot 2^{n-1}$$
$$b_n = 3 \cdot 2^{n-1} - 6n^2 - 18n - 26 \quad\cdots\cdots\cdots\cdots ⑦$$

（2） $b_{n+1} = 3 \cdot 2^n - 6(n+1)^2 - 18(n+1) - 26 \quad\cdot ⑧$

⑧－⑦ より

$$b_{n+1} - b_n = 3 \cdot 2^{n-1} - 12n - 24$$

$n = 6$ としてみると

$$b_7 - b_6 = 3 \cdot 2^5 - 12 \cdot 6 - 24 = 0$$

これより, $n < 6$ のとき $b_{n+1} < b_n$,

$\quad n = 6$ のとき $b_{n+1} = b_n$,

$n > 6$ のとき $b_{n+1} > b_n$ である（指数関数 $y = 3 \cdot 2^{x-1}$ と 1 次関数 $y = 12x + 24$ が交わる様子は次のようになる. 図はデフォルメしてある）.

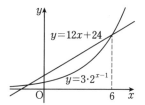

これより,

$$b_1 > b_2 > b_3 > \cdots > b_6 = b_7$$
$$b_7 < b_8 < b_9 < \cdots$$

となるから, b_n が最小となる n の値は $n = 6, 7$ である. このとき,

$$b_6 = 3 \cdot 2^5 - 6 \cdot 6^2 - 18 \cdot 6 - 26 = -254$$

であるから, a_n の最小値は 2^{-254} である. ここで, 常用対数をとると

$$\log_{10} 2^{-254} = -254 \cdot 0.3010$$
$$= -76.454 = -77 + 0.546$$

である. また,

$$\log_{10} 3 = 0.4771 < 0.546 < 2 \cdot 0.3010 = \log_{10} 4$$

となっているから

$$-77 + \log_{10} 3 < \log_{10} 2^{-254} < -77 + \log_{10} 4$$

$$3 \cdot 10^{-77} < 2^{-254} < 4 \cdot 10^{-77}$$

よって，**小数第 77 位に初めて 0 でない数 3 が現れる**.

《連立漸化式 ＋ 悪文 (B20)》

583. 数列 $\{a_n\}$, $\{b_n\}$ を

$$\begin{cases} a_1 = 1 \\ b_1 = 2 \end{cases}, \quad \begin{cases} a_{n+1} = 3a_n - 2b_n \\ b_{n+1} = -a_n + 4b_n \end{cases} \quad (n = 1, 2, 3, \cdots)$$

で定める．以下の問いに答えよ．

（1） a_4 の値を求めよ．

（2） 等式 $a_{n+1} + kb_{n+1} = r(a_n + kb_n)$ がすべての自然数 n について成り立つ実数の組 (k, r) をすべて求めよ．

（3） 数列 $\{b_n\}$ の一般項を求めよ．(23 工学院大)

▶**解答**◀ （1）

$$a_2 = 3a_1 - 2b_1 = 3 - 4 = -1$$

$$b_2 = -a_1 + 4b_1 = -1 + 8 = 7$$

$$a_3 = 3a_2 - 2b_2 = -3 - 14 = -17$$

$$b_3 = -a_2 + 4b_2 = 1 + 28 = 29$$

$$a_4 = 3a_3 - 2b_3 = -51 - 58 = \mathbf{-109}$$

（2） $a_{n+1} + kb_{n+1} = r(a_n + kb_n)$ より

$$3a_n - 2b_n + k(-a_n + 4b_n) = r(a_n + kb_n)$$

$$(3 - k)a_n + (-2 + 4k)b_n = ra_n + rkb_n$$

よって

$$3 - k = r \quad\cdots\cdots\cdots\cdots\cdots\cdots①$$

$$-2 + 4k = rk \quad\cdots\cdots\cdots\cdots\cdots②$$

（これは十分条件である．本当に「すべて」かは不明である．注意を見よ）

① を ② に代入して

$$-2 + 4k = (3 - k)k$$

$$k^2 + k - 2 = 0$$

$$(k + 2)(k - 1) = 0 \qquad \therefore \quad k = -2, 1$$

よって $(k, r) = (-2, 5), (1, 2)$ である．

（3） （2）より

$$a_{n+1} - 2b_{n+1} = 5(a_n - 2b_n) \quad\cdots\cdots\cdots③$$

$$a_{n+1} + b_{n+1} = 2(a_n + b_n) \quad\cdots\cdots\cdots④$$

③ より $a_n - 2b_n = (a_1 - 2b_1) \cdot 5^{n-1} = -3 \cdot 5^{n-1}$ ‥⑤

④ より $a_n + b_n = (a_1 + b_1) \cdot 2^{n-1} = 3 \cdot 2^{n-1}$ ‥‥‥⑥

⑥ － ⑤ より

$$3b_n = 3 \cdot 2^{n-1} + 3 \cdot 5^{n-1}$$

$$b_n = 2^{n-1} + 5^{n-1}$$

注意 （2）の系統の問題では，一般項を求めるのが目的であるから，このような (k, r) を 2 つ定めればよい．だから「すべて求めよ」とは書かないのが普通である．唯一に定まるかどうかは初項に左右される．$a_1 - 2b_1 = 0$ の場合と $a_1 + b_1 = 0$ の場合には k, r は確定しない．

たとえば $a_1 = 2$, $b_1 = 1$ のケースならつねに $a_n = 2b_n$ になり，$a_n = 2^n$, $b_n = 2^{n-1}$ になる．$a_{n+1} + kb_{n+1} = r(a_n + kb_n)$ に代入すれば

$$2^{n+1} + k \cdot 2^n = r(2^n + k \cdot 2^{n-1})$$

$$4 + 2k = r(2 + k)$$

を満たすものならなんでもよいことになる．$k = -2$ なら r は確定しないし，$r = 2$ なら k は確定しない．だから，本当に「すべて求める」ときには初項を考えに入れないと話にならない．上の解答は初項を考えに入れていないから，すべて求めているわけではない．

◆**別解**◆ （2）について：

$$a_{n+1} + kb_{n+1} = r(a_n + kb_n)$$

が任意の n で成り立つためには

$$a_2 + kb_2 = r(a_1 + kb_1)$$

かつ $a_3 + kb_3 = r(a_2 + kb_2)$

すなわち $-1 + 7k = r(1 + 2k)$ $\cdots\cdots\cdots\cdots\cdots⑦$

かつ $-17 + 29k = r(-1 + 7k)$ $\cdots\cdots\cdots\cdots⑧$

が成り立つことが必要である．

⑦ $\times (-1 + 7k) - ⑧ \times (1 + 2k)$ より

$$(-1 + 7k)^2 - (-17 + 29k)(1 + 2k) = 0$$

$$-9k^2 - 9k + 18 = 0$$

$$(k - 1)(k + 2) = 0 \qquad \therefore \quad k = 1, -2$$

$k = 1$ のとき ⑦ に代入し $6 = 3r$ で $r = 2$ となる．

$k = -2$ のとき $-15 = -3r$ で $r = 5$ となる．逆に，

$$a_{n+1} - 2b_{n+1} = 5(a_n - 2b_n)$$

$$a_{n+1} + b_{n+1} = 2(a_n + b_n)$$

は成り立つ．$(k, r) = (-2, 5), (1, 2)$ のときには成り立つから十分である．もし，出題者が本当に「すべて」を求めているのなら，この論述をしなければならない．

a_4 を求めさせているということは，a_2, b_2, a_3, b_3 を使

えということで，これが意図かもしれない．

《連立漸化式 (B20) ☆》

584. 2 つの数列 $\{a_n\}$, $\{b_n\}$ があり，次の漸化式

を満たすとする $(n = 1, 2, 3, \cdots)$.

$$\begin{cases} a_{n+1} = (1-s)a_n + tb_n \\ b_{n+1} = sa_n + (1-t)b_n \end{cases}$$

ただし，s, t は実数の定数であり，$s + t \neq 0$ とする．また，$a_1 = b_1 = \dfrac{1}{2}$ とする．さらに，$c_n = a_n + b_n$，$d_n = sa_n - tb_n$ とおく $(n = 1, 2, 3, \cdots)$．以下の問いに答えよ．

（1）c_{n+1}，d_{n+1} を c_n，d_n を用いて表せ．

（2）2つの数列 $\{c_n\}$，$\{d_n\}$ の一般項を求めよ．

（3）2つの数列 $\{a_n\}$，$\{b_n\}$ の一般項を求めよ．

(23 福井大・工-後)

▶解答◀ （1）

$$a_{n+1} = (1-s)a_n + tb_n \quad \cdots\cdots\cdots\cdots\cdots① $$

$$b_{n+1} = sa_n + (1-t)b_n \quad \cdots\cdots\cdots\cdots\cdots② $$

①＋② より

$$a_{n+1} + b_{n+1} = a_n + b_n$$

$$\boldsymbol{c_{n+1} = c_n}$$

①×s－②×t より

$$sa_{n+1} - tb_{n+1} = (1-s-t)(sa_n - tb_n)$$

$$\boldsymbol{d_{n+1} = (1-s-t)d_n}$$

（2）数列 $\{c_n\}$ は定数列で

$$c_1 = a_1 + b_1 = \frac{1}{2} + \frac{1}{2} = 1$$

であるから，$c_n = c_1 = \boldsymbol{1}$ $\quad \cdots\cdots\cdots\cdots\cdots③$

数列 $\{d_n\}$ は等比数列で

$$d_1 = sa_1 - tb_1 = \frac{s-t}{2}$$

であるから

$$d_n = (1-s-t)^{n-1}d_1$$

$$d_n = \boldsymbol{\frac{s-t}{2}(1-s-t)^{n-1}} \quad \cdots\cdots\cdots\cdots④$$

（3）③，④ より，$a_n + b_n = 1 \quad \cdots\cdots\cdots⑤$

$$sa_n - tb_n = \frac{s-t}{2}(1-s-t)^{n-1} \quad \cdots\cdots\cdots⑥$$

連立して b_n を消去する．⑤×t＋⑥ より

$$(s+t)a_n = \frac{s-t}{2}(1-s-t)^{n-1} + t$$

$s + t \neq 0$ より

$$a_n = \frac{1}{2(s+t)}\{2t + (s-t)(1-s-t)^{n-1}\}$$

⑤ に代入して

$$b_n = 1 - a_n$$

$$= 1 - \frac{1}{2(s+t)}\{2t + (s-t)(1-s-t)^{n-1}\}$$

$$= \frac{1}{2(s+t)}\{2s - (s-t)(1-s-t)^{n-1}\}$$

《連立漸化式（B10）》

585. 数列 $\{a_n\}$，$\{b_n\}$ を

$$a_1 = 1, \ b_1 = 2,$$

$$a_{n+1} = 6a_n + b_n \ (n = 1, 2, 3, \cdots)$$

$$b_{n+1} = -3a_n + 2b_n \ (n = 1, 2, 3, \cdots)$$

により定める．次の問いに答えよ．

（1）a_2，b_2 の値を，それぞれ求めよ．

（2）数列 $\{a_n + b_n\}$，$\{3a_n + b_n\}$ の一般項を，それぞれ求めよ．

（3）数列 $\{a_n\}$，$\{b_n\}$ の一般項を，それぞれ求めよ．

（4）数列 $\{c_n\}$ を

$$c_1 = a_1 + b_1,$$

$$c_{n+1} = (a_{n+1} + b_{n+1})c_n \ (n = 1, 2, 3, \cdots)$$

により定める．数列 $\{c_n\}$ の一般項を求めよ．

(23 東京農工大・前期)

▶解答◀ （1）$a_{n+1} = 6a_n + b_n \quad \cdots\cdots\cdots\cdots①$

$$b_{n+1} = -3a_n + 2b_n \quad \cdots\cdots\cdots\cdots\cdots②$$

① で $n = 1$ として，$a_2 = 6a_1 + b_1 = 8$

② で $n = 1$ として，$b_2 = -3a_1 + 2b_1 = 1$

（2）①＋② より，$a_{n+1} + b_{n+1} = 3(a_n + b_n)$

数列 $\{a_n + b_n\}$ は公比 3 の等比数列だから

$$a_n + b_n = (a_1 + b_1) \cdot 3^{n-1}$$

$$a_n + b_n = \boldsymbol{3^n} \quad \cdots\cdots\cdots\cdots\cdots③$$

①×3＋② より，$3a_{n+1} + b_{n+1} = 5(3a_n + b_n)$

数列 $\{3a_n + b_n\}$ は公比 5 の等比数列だから

$$3a_n + b_n = (3a_1 + b_1) \cdot 5^{n-1}$$

$$3a_n + b_n = \boldsymbol{5^n} \quad \cdots\cdots\cdots\cdots\cdots④$$

（3）（④－③）÷2 および（③×3－④）÷2 より

$$a_n = \frac{5^n - 3^n}{2}, \ b_n = \frac{3^{n+1} - 5^n}{2}$$

（4）（2）より $c_{n+1} = 3^{n+1}c_n$

$$\log_3 c_{n+1} = \log_3 3^{n+1}c_n$$

$$\log_3 c_{n+1} = \log_3 c_n + n + 1$$

$d_n = \log_3 c_n$ とおく．$d_1 = \log_3 c_1 = 1$ であり

$$d_{n+1} = d_n + n + 1$$

$n \geq 2$ のとき

$$d_n = d_1 + \sum_{k=1}^{n-1}(k+1)$$

$$= 1 + \frac{1}{2}(n-1)(2+n)$$

$$= \frac{1}{2}n^2 + \frac{1}{2}n = \frac{n(n+1)}{2}$$

結果は $n=1$ のときも成り立つ． $c_n = 3^{d_n} = 3^{\frac{n(n+1)}{2}}$

《分数形漸化式（B20）☆》

586. 次の条件によって定められる数列 $\{a_n\}$ がある．

$$a_1 = 10, \quad a_{n+1} = \frac{10a_n + 4}{a_n + 10} \quad (n = 1, 2, 3, \cdots)$$

また，数列 $\{b_n\}$ を $b_n = \dfrac{a_n - 2}{a_n + 2}$ により定める．

以下の問いに答えよ．

（1） b_{n+1} を b_n を用いて表せ．

（2） 数列 $\{b_n\}$ の一般項を求めよ．また，数列 $\{a_n\}$ の一般項を求めよ．

（3） $a_n < 2.05$ を満たす最小の自然数 n を求めよ．ただし必要なら $\log_{10} 2 = 0.3010$, $\log_{10} 3 = 0.4771$ として用いてもよい． （23 福井大・工）

▶解答◀ （1） $b_{n+1} = \dfrac{a_{n+1} - 2}{a_{n+1} + 2}$

$$= \frac{\dfrac{10a_n + 4}{a_n + 10} - 2}{\dfrac{10a_n + 4}{a_n + 10} + 2} = \frac{10a_n + 4 - 2(a_n + 10)}{10a_n + 4 + 2(a_n + 10)}$$

$$= \frac{8a_n - 16}{12a_n + 24} = \frac{2}{3} \cdot \frac{a_n - 2}{a_n + 2}$$

であるから，$b_{n+1} = \dfrac{2}{3} b_n$

（2） 数列 $\{b_n\}$ は公比 $\dfrac{2}{3}$ の等比数列であり

$$b_n = b_1 \left(\frac{2}{3}\right)^{n-1} = \frac{10 - 2}{10 + 2} \cdot \left(\frac{2}{3}\right)^{n-1} = \left(\frac{2}{3}\right)^n$$

また，$\left(\dfrac{2}{3}\right)^n = \dfrac{a_n - 2}{a_n + 2}$

$$2^n(a_n + 2) = 3^n(a_n - 2)$$

$$(3^n - 2^n)a_n = 2(3^n + 2^n)$$

$$a_n = \frac{2(3^n + 2^n)}{3^n - 2^n}$$

（3） $2.05 = \dfrac{41}{20}$ より，$\dfrac{2(3^n + 2^n)}{3^n - 2^n} < \dfrac{41}{20}$

$$40(3^n + 2^n) < 41(3^n - 2^n)$$

$$3^n > 81 \cdot 2^n$$

$$3^{n-4} > 2^n$$

常用対数をとると

$$(n-4)\log_{10} 3 > n \log_{10} 2$$

$$n(\log_{10} 3 - \log_{10} 2) > 4 \log_{10} 3$$

$$n(0.4771 - 0.3010) > 4 \cdot 0.4771$$

$$n > \frac{1.9084}{0.1761} \fallingdotseq 10.8\cdots$$

よって，求める自然数は $n = 11$

《S_n と a_n（B5）☆》

587. 数列 $\{a_n\}$ の初項から第 n 項までの和 S_n が $S_n = n^2 + 2n$ で表されるとき，数列 $\{a_n\}$ の一般項は $a_n = \boxed{}$ である．

数列 $\{b_n\}$ の初項から第 n 項までの和 T_n が

$$T_n = (n+1)b_n - \frac{1}{2}n(n+1)$$

を満たすとき，数列 $\{b_n\}$ の一般項は $b_n = \boxed{}$ である． （23 南山大・理系）

▶解答◀ $a_1 = S_1 = 1 + 2 = 3$

$n \geqq 2$ のとき

$$a_n = S_n - S_{n-1}$$

$$= n^2 + 2n - \{(n-1)^2 + 2(n-1)\}$$

$$= n^2 + 2n - (n^2 - 1)$$

$$a_n = 2n + 1$$

結果は $n = 1$ のときも成り立つ．

$$T_1 = b_1, \quad T_1 = 2b_1 - 1$$

より $b_1 = 2b_1 - 1$ ∴ $b_1 = 1$

また

$$T_{n+1} = (n+2)b_{n+1} - \frac{1}{2}(n+1)(n+2)$$

$$T_n = (n+1)b_n - \frac{1}{2}n(n+1)$$

辺ごとに引く．$T_{n+1} - T_n = b_{n+1}$ であるから

$$b_{n+1} = (n+2)b_{n+1} - (n+1)b_n - (n+1)$$

$$b_{n+1} = b_n + 1$$

数列 $\{b_n\}$ は等差数列であるから

$$b_n = b_1 + (n-1)$$

$$b_n = 1 + (n-1) = n$$

《S_n と a_n（B10）☆》

588. 数列 $\{a_n\}$ を $a_1 = 2$,

$$a_n = n + 1 + \frac{1}{n}\sum_{k=1}^{n-1}(k+2)a_k \quad (n \geqq 2)$$

で定める．このとき，次の問いに答えなさい．

（1） a_2 を求めなさい．

（2） $n \geqq 2$ に対して $a_n = 2a_{n-1} + 2$ が成り立つことを示しなさい．

（3） （2）の結果を利用して数列 $\{a_n\}$ の一般項を求めなさい． （23 山口大・後期-理）

▶解答◀ （1） $a_2 = 3 + \dfrac{1}{2} \cdot 3a_1$

$$= 3 + \frac{1}{2} \cdot 3 \cdot 2 = 6$$

（2） $a_{n+1} = 2a_n + 2$

は $n=1$ で成り立つ. $n \geqq 2$ のとき

$$na_n = n(n+1) + \sum_{k=1}^{n-1}(k+2)a_k \quad \cdots\cdots\cdots①$$

$$(n+1)a_{n+1}$$
$$\qquad = (n+1)(n+2) + \sum_{k=1}^{n}(k+2)a_k \quad \cdots\cdots②$$

②$-$① より

$$(n+1)a_{n+1} - na_n = 2(n+1) + (n+2)a_n$$
$$(n+1)a_{n+1} = 2(n+1)a_n + 2(n+1)$$

$n+1$ で割り

$$a_{n+1} = 2a_n + 2$$

（ 3 ） $a_{n+1} + 2 = 2(a_n + 2)$

数列 $\{a_n + 2\}$ は等比数列であるから

$$a_n + 2 = 2^{n-1}(a_1 + 2)$$
$$a_n = 4 \cdot 2^{n-1} - 2 = \boldsymbol{2^{n+1} - 2}$$

《逆数の数列（B10）》

589. 数列 $\{a_n\}$ を $a_1 = \dfrac{1}{8}$,

$$(4n^2 - 1)(a_n - a_{n+1}) = 8(n^2 - 1)a_n a_{n+1}$$

$(n = 1, 2, 3, \cdots)$ により定める. 以下の問いに答えよ.

（ 1 ） a_2, a_3 を求めよ.

（ 2 ） $a_n \neq 0$ を示せ.

（ 3 ） $\dfrac{1}{a_{n+1}} - \dfrac{1}{a_n}$ を n の式で表せ.

（ 4 ） 数列 $\{a_n\}$ の一般項を求めよ.

(23 熊本大・医, 理, 薬, 工)

▶解答◀ （ 1 ）

$$(4n^2 - 1)(a_n - a_{n+1}) = 8(n^2 - 1)a_n a_{n+1} \quad \cdots\cdots①$$

で $n=1$ として $3(a_1 - a_2) = 0$

$$a_2 = a_1 = \frac{1}{8}$$

① で $n=2$ として

$$15(a_2 - a_3) = 24a_2 a_3$$
$$15\left(\frac{1}{8} - a_3\right) = 24 \cdot \frac{1}{8}a_3$$
$$a_3 = \frac{5}{48}$$

（ 2 ） $a_1 \neq 0, a_2 \neq 0, a_3 \neq 0$ である.

ある n に対して, $a_1 \neq 0, \cdots, a_n \neq 0$ かつ, はじめて $a_{n+1} = 0$ となったとする. このとき, ① より
$(4n^2 - 1)(a_n) = 0$ となる. $a_n = 0$ となり矛盾. よって, 常に $a_n \neq 0$ である.

（ 3 ） ① の両辺を $(4n^2 - 1)a_n a_{n+1}(\neq 0)$ で割ると

$$\frac{1}{a_{n+1}} - \frac{1}{a_n} = \frac{8n^2 - 8}{4n^2 - 1}$$

$$\frac{8n^2 - 8}{4n^2 - 1} = \frac{2(4n^2 - 1) - 6}{4n^2 - 1} = 2 - \frac{6}{4n^2 - 1}$$

であるから

$$\frac{1}{a_{n+1}} - \frac{1}{a_n} = 2 - \frac{6}{4n^2 - 1}$$

（ 4 ） $\dfrac{6}{4n^2 - 1} = \dfrac{6}{(2n-1)(2n+1)}$

$$= 3\left(\frac{1}{2n-1} - \frac{1}{2n+1}\right)$$

であるから

$$\frac{1}{a_{n+1}} - \frac{1}{a_n} = 2 - 3\left(\frac{1}{2n-1} - \frac{1}{2n+1}\right) \quad \cdots\cdots②$$

$$\frac{1}{a_{n+1}} - \frac{3}{2n+1} = \left(\frac{1}{a_n} - \frac{3}{2n-1}\right) + 2$$

数列 $\left\{\dfrac{1}{a_n} - \dfrac{3}{2n-1}\right\}$ は, 初項 $\dfrac{1}{a_1} - 3$, 公差 2 の等差数列となるから

$$\frac{1}{a_n} - \frac{3}{2n-1} = \left(\frac{1}{a_1} - 3\right) + 2(n-1)$$
$$= 5 + 2n - 2 = 2n + 3$$
$$\frac{1}{a_n} = \frac{3}{2n-1} + 2n + 3$$
$$= \frac{3 + (2n+3)(2n-1)}{2n-1} = \frac{4n(n+1)}{2n-1}$$
$$a_n = \boldsymbol{\frac{2n-1}{4n(n+1)}}$$

◆別解◆ （ 4 ） $n \geqq 2$ のとき, ② より

$$\frac{1}{a_n} = \frac{1}{a_1} + \sum_{k=1}^{n-1}\left\{2 - 3\left(\frac{1}{2k-1} - \frac{1}{2k+1}\right)\right\}$$
$$\frac{1}{a_n} = 8 + 2(n-1) - 3\left(1 - \frac{1}{2n-1}\right)$$

結果は $n=1$ でも成り立つ.

$$\frac{1}{a_n} = \frac{3}{2n-1} + 2n + 3$$
$$a_n = \boldsymbol{\frac{2n-1}{4n(n+1)}}$$

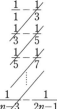

注意 【繰り返す書き方】

ある n に対して, $a_{n+1} = 0$ になるとする. ① に代入すると $a_n = 0$ になる. これを繰り返すと,
$a_{n+1} = a_n = a_{n-1} = \cdots = a_1 = 0$ となり, $a_1 \neq 0$ に反する. ゆえに常に $a_n \neq 0$ である.

《鹿野健問題（B20）☆》

590. 数列 $\{a_k\}$ が $k \geqq 1$ で $a_k > 0$, a_k の第 1 項

から第 n 項までの和 S_n が $S_n = \dfrac{1}{2}\left(a_n + \dfrac{n^3}{a_n}\right)$ で

あるとき，$S_5 = \boxed{}$，$S_{20} = \boxed{}$ である．

（23 藤田医科大・医）

▶解答◀ $S_n = \dfrac{1}{2}\left(a_n + \dfrac{n^3}{a_n}\right)$ ……………①

で，$n=1$ とすると

$$a_1 = \frac{1}{2}\left(a_1 + \frac{1}{a_1}\right)$$

$a_1{}^2 = 1$ となり $a_1 > 0$ より $a_1 = 1$ である．

$n \geqq 2$ のとき $a_n = S_n - S_{n-1}$ であり，これを

$2S_n = a_n + \dfrac{n^3}{a_n}$ に代入し

$$2S_n = S_n - S_{n-1} + \frac{n^3}{S_n - S_{n-1}}$$

$$S_n + S_{n-1} = \frac{n^3}{S_n - S_{n-1}}$$

$$S_n{}^2 - S_{n-1}{}^2 = n^3$$

$k \geqq 2$ のとき $S_k{}^2 - S_{k-1}{}^2 = k^3$ を $k = 2, 3, \cdots, n$ とした式について辺ごとに加える．

$$S_n{}^2 - S_1{}^2 = \left\{\frac{1}{2}n(n+1)\right\}^2 - 1^3$$

$S_1 = 1$ より $S_n{}^2 = \left\{\dfrac{1}{2}n(n+1)\right\}^2$ となり，$S_n > 0$ より

$S_n = \dfrac{1}{2}n(n+1)$ である．

したがって

$$S_5 = \frac{1}{2}\cdot 5 \cdot 6 = \mathbf{15}, \quad S_{20} = \frac{1}{2}\cdot 20 \cdot 21 = \mathbf{210}$$

$$
\begin{aligned}
S_n{}^2 - S_{n-1}{}^2 &= n^3 \\
S_{n-1}{}^2 - S_{n-2}{}^2 &= (n-1)^3 \\
&\vdots \\
S_3{}^2 - S_2{}^2 &= 3^3 \\
S_2{}^2 - S_1{}^2 &= 2^3
\end{aligned}
$$

注意 1°【一般項】

$n \geqq 2$ のとき $a_n = S_n - S_{n-1} = n$

結果は $n=1$ でも成り立つ．よって $a_n = n$ である．

2°【元祖】

受験雑誌「大学への数学」第3巻に行われた読者の作問コンクールで，第3位になった鹿野健氏（当時麻生高校3年，後に山形大教授）の問題が

$S_n = \dfrac{1}{2}\left(a_n + \dfrac{1}{a_n}\right)$，$a_n > 0$ である．

$a_n = \sqrt{n} - \sqrt{n-1}$ になる．後に 1977 年徳島大学などに出題された．$a_n = S_n - S_{n-1}$ で a_n を消去するという発想が新傾向のものであった．この元祖では $a_n = \sqrt{n} - \sqrt{n-1}$ と予想することは難しい．

♦別解♦ ①で $n=1$ として

$$a_1 = \frac{1}{2}\left(a_1 + \frac{1}{a_1}\right)$$

$a_1{}^2 = 1$ となり $a_1 > 0$ より $a_1 = 1$ である．

①で $n=2$ として

$$1 + a_2 = \frac{1}{2}\left(a_2 + \frac{8}{a_2}\right)$$

$$a_2{}^2 + 2a_2 - 8 = 0$$

$$(a_2 - 2)(a_2 + 4) = 0$$

$a_2 > 0$ より $a_2 = 2$ である．

①で $n=3$ として

$$1 + 2 + a_3 = \frac{1}{2}\left(a_3 + \frac{27}{a_3}\right)$$

$$a_3{}^2 + 6a_3 - 27 = 0$$

$$(a_3 + 9)(a_3 - 3) = 0$$

$a_3 > 0$ より $a_3 = 3$ である．

$a_n = n$ であることを数学的帰納法で証明する．

$n=1$ のとき成り立つ．

$n = 1, 2, \cdots, k$ で成り立つとする．

$$a_1 = 1, \ a_2 = 2, \cdots, a_k = k$$

である．このとき

$$S_{k+1} = a_1 + a_2 + \cdots + a_k + a_{k+1}$$

$$= (1 + 2 + \cdots + k) + a_{k+1} = \frac{1}{2}k(k+1) + a_{k+1}$$

であり，$S_{k+1} = \dfrac{1}{2}\left\{a_{k+1} + \dfrac{(k+1)^3}{a_{k+1}}\right\}$ であるから

$$\frac{1}{2}k(k+1) + a_{k+1} = \frac{1}{2}\left\{a_{k+1} + \frac{(k+1)^3}{a_{k+1}}\right\}$$

$$a_{k+1}{}^2 + k(k+1)a_{k+1} - (k+1)^3 = 0$$

$$\{a_{k+1} - (k+1)\}\{a_k + (k+1)^2\} = 0$$

$a_{k+1} > 0$ より $a_{k+1} = k+1$ である．$n = k+1$ のとき成り立つから証明された．

したがって，$S_n = \displaystyle\sum_{k=1}^{n} k = \dfrac{1}{2}n(n+1)$ であるから

$$S_5 = \frac{1}{2}\cdot 5 \cdot 6 = \mathbf{15}, \quad S_{20} = \frac{1}{2}\cdot 20 \cdot 21 = \mathbf{210}$$

注意【帰納法の構造】

実験の様子をよく見ると

「a_1 の値を用いて a_2 を求める」

「a_1, a_2 の値を用いて a_3 を求める」

という状態になっている．次は

「a_1, a_2, a_3 の値を用いて a_4 を求める」

ことになる．したがって，$a_1 = 1, \cdots, a_k = k$ を仮定して $a_{k+1} = k+1$ を証明する形の帰納法（人生帰納法という用語はある程度定着している）になるはずだと，理解してほしいが，実際に答案を書かせると「$n=k$ のとき成り立つとすると」としか，書かない人が多い．あるいは「常に $a_n = n$ が成り立つとする

と, $S_n = \dfrac{1}{2}\left(a_n + \dfrac{n^3}{a_n}\right)$ が成り立つ」という「十分性としての形」(採点では減点) の答案を書く人も多い.

──《少し変わった連立漸化式 (B20)》──

591. 数列 $\{a_n\}$ を次で定める.

$a_1 = 1,$

$\begin{cases} a_{2n} = 3a_{2n-1} - n \\ a_{2n+1} = a_{2n} + 1 \end{cases}$ $(n = 1, 2, 3, \cdots)$

(1) a_5 を求めよ.

(2) $b_n = a_{2n+1} - a_{2n-1}$ $(n = 1, 2, 3, \cdots)$ とおく. 数列 $\{b_n\}$ の一般項を求めよ.

(3) a_{2n+1} を求めよ.

(4) a_{199} の桁数を求めよ. ただし, $\log_{10} 2 = 0.3010$, $\log_{10} 3 = 0.4771$ とする.

(23 名古屋工大)

▶**解答**◀ (1) $a_2 = 3a_1 - 1 = 2,$

$a_3 = a_2 + 1 = 3$, $a_4 = 3a_3 - 2 = 7$, $a_5 = a_4 + 1 = 8$

(2) 問題の漸化式の上の式を下の式に代入して

$$a_{2n+1} = 3a_{2n-1} - n + 1 \quad \cdots\cdots\cdots\cdots ①$$

n のかわりに $n+1$ として

$$a_{2n+3} = 3a_{2n+1} - (n+1) + 1 \quad \cdots\cdots\cdots ②$$

②−① より

$$a_{2n+3} - a_{2n+1} = 3(a_{2n+1} - a_{2n-1}) - 1$$

$$b_{n+1} = 3b_n - 1$$

$$b_{n+1} - \frac{1}{2} = 3\left(b_n - \frac{1}{2}\right)$$

数列 $\left\{b_n - \dfrac{1}{2}\right\}$ は等比数列で

$$b_n - \frac{1}{2} = 3^{n-1}\left(b_1 - \frac{1}{2}\right)$$

$b_1 = a_3 - a_1 = 2$ であるから

$$b_n = 3^{n-1}\left(2 - \frac{1}{2}\right) + \frac{1}{2} = \frac{3^n}{2} + \frac{1}{2}$$

(3) (2)より $a_{2k+1} - a_{2k-1} = \dfrac{3^k}{2} + \dfrac{1}{2}$ $\cdots\cdots$③

であるから, ③に $k = 1, 2, \cdots, n$ を代入した式を辺ごとに加え

$$a_{2n+1} - a_1 = \frac{3}{2} \cdot \frac{3^n - 1}{3 - 1} + \frac{1}{2}n$$

$$a_{2n+1} = \frac{3^{n+1} + 2n + 1}{4}$$

となる.

$$a_3 - a_1 = \frac{3^1}{2} + \frac{1}{2}$$
$$a_5 - a_3 = \frac{3^2}{2} + \frac{1}{2}$$
$$a_7 - a_5 = \frac{3^3}{2} + \frac{1}{2}$$
$$\vdots$$
$$a_{2n+1} - a_{2n-1} = \frac{3^n}{2} + \frac{1}{2}$$

(4) (3)の結果に $n = 99$ を代入して

$$a_{199} = \frac{3^{100}}{4} + \frac{199}{4}$$

$$\log_{10} \frac{3^{100}}{4} = 100 \log_{10} 3 - 2 \log_{10} 2 = 47.108 \text{ だから}$$

$$\frac{3^{100}}{4} = 10^{47} \cdot 10^{0.108}$$

$2 = 10^{0.3010} > 10^{0.108} > 1$ だから, $10^{0.108} = 1.\cdots$ である. $\dfrac{3^{100}}{4}$ は 1 の後に数を 47 個続けた数であるから, $\dfrac{3^{100}}{4} + \dfrac{199}{4}$ すなわち, a_{199} は **48 桁**の数である.

──《二項間 + 等比数列 (A5) ☆》──

592. 数列 $\{a_n\}$ を次のように定める.

$$a_1 = \frac{3}{2}, \quad a_{n+1} = \frac{a_n}{2} + \frac{1}{2^n} \quad (n = 1, 2, 3, \cdots)$$

(1) a_2 と a_3 の値を求めよ.

(2) $b_n = 2^n a_n$ とおくとき, 数列 $\{b_n\}$ の一般項を求めよ.

(3) 数列 $\{a_n\}$ の一般項を求めよ.

(23 岡山県立大・情報工)

▶**解答**◀ (1) $a_{n+1} = \dfrac{a_n}{2} + \dfrac{1}{2^n}$ $\cdots\cdots\cdots$①

$$a_2 = \frac{a_1}{2} + \frac{1}{2} = \frac{1}{2} \cdot \frac{3}{2} + \frac{1}{2} = \frac{5}{4}$$

$$a_3 = \frac{a_2}{2} + \frac{1}{4} = \frac{1}{2} \cdot \frac{5}{4} + \frac{1}{4} = \frac{7}{8}$$

(2) ① の両辺に 2^{n+1} をかけて

$$2^{n+1}a_{n+1} = 2^n a_n + 2$$

$$b_{n+1} = b_n + 2$$

数列 $\{b_n\}$ は等差数列で, $b_1 = 2a_1 = 3$ であるから

$$b_n = 3 + (n-1) \cdot 2 \qquad \therefore \quad b_n = 2n + 1$$

(3) $a_n = \dfrac{b_n}{2^n}$ であるから, $a_n = \dfrac{2n + 1}{2^n}$

──《ペル方程式の形 (B20) ☆》──

593. 自然数 n に対して $(1 + \sqrt{2})^n$ を

$$(1 + \sqrt{2})^n = x_n + y_n \sqrt{2} \quad (x_n, y_n \text{ は自然数})$$

と表す. (ただし, このような自然数 x_n, y_n が一意に定まることは認めてよい.) また, $z_n =$

$x_n{}^2 - 2y_n{}^2$ とおく. 数列 $\{x_n\}$, $\{y_n\}$, $\{z_n\}$ について, 次の問いに答えよ.

（1） x_{n+1}, y_{n+1} を, x_n, y_n を用いてそれぞれ表せ.

（2） z_{n+1} を z_n を用いて表せ.

（3） 数列 $\{z_n\}$ の一般項 z_n を求めよ.

（4） 方程式 $x^2 - 2y^2 = 1$ を満たす自然数 x, y の組 (x, y) を 4 組求めよ.

（23 静岡大・理, 工, 情報）

▶解答◀ （1） $(1+\sqrt{2})^n = x_n + y_n\sqrt{2}$ のとき

$(1+\sqrt{2})^{n+1} = (1+\sqrt{2})(x_n + y_n\sqrt{2})$

$= (x_n + 2y_n) + (x_n + y_n)\sqrt{2}$

$(1+\sqrt{2})^{n+1} = x_{n+1} + y_{n+1}\sqrt{2}$ であるから

$\boldsymbol{x_{n+1} = x_n + 2y_n, \ y_{n+1} = x_n + y_n}$ $\cdots\cdots\cdots$①

（2） $z_{n+1} = x_{n+1}{}^2 - 2y_{n+1}{}^2 = (x_n + 2y_n)^2 - 2(x_n + y_n)^2$

$\qquad = -x_n{}^2 + 2y_n{}^2 = -z_n$

より $\boldsymbol{z_{n+1} = -z_n}$ である.

（3） $x_1 = 1$, $y_1 = 1$ より $z_1 = 1^2 - 2 \cdot 1^2 = -1$ である. 数列 $\{z_n\}$ は等比数列であるから

$z_n = (-1)^{n-1}z_1 = \boldsymbol{(-1)^n}$

（4） n が偶数のとき $z_n = 1$ であるから

$(x, y) = (x_n, y_n)$ は $x^2 - 2y^2 = 1$ を満たす.

(x_{2m}, y_{2m}) $(m = 1, 2, 3, 4)$ を求める. ここで① より

$x_{n+2} = x_{n+1} + 2y_{n+1} = (x_n + 2y_n) + 2(x_n + y_n)$

$= 3x_n + 4y_n$ $\cdots\cdots\cdots\cdots\cdots\cdots\cdots$②

$y_{n+2} = x_{n+1} + y_{n+1} = (x_n + 2y_n) + (x_n + y_n)$

$= 2x_n + 3y_n$ $\cdots\cdots\cdots\cdots\cdots\cdots\cdots$③

$(x_1, y_1) = (1, 1)$ のとき, ① より

$(x_2, y_2) = (x_1 + 2y_1, x_1 + y_1) = (3, 2)$

②, ③ より

$(x_4, y_4) = (3x_2 + 4y_2, 2x_2 + 3y_2) = (17, 12)$

$(x_6, y_6) = (3x_4 + 4y_4, 2x_4 + 3y_4) = (99, 70)$

$(x_8, y_8) = (3x_6 + 4y_6, 2x_6 + 3y_6) = (577, 408)$

求めるものは $(x, y) = \boldsymbol{(3, 2)}, \boldsymbol{(17, 12)}, \boldsymbol{(99, 70)}$, $\boldsymbol{(577, 408)}$ である.

《係数の穴を埋める (B20)》

594. s を実数とし, 数列 $\{a_n\}$ を

$a_1 = s,$

$(n+2)a_{n+1} = na_n + 2$ $(n = 1, 2, 3, \cdots)$

で定める. 以下の問いに答えよ.

（1） a_n を n と s を用いて表せ.

（2） ある正の整数 m に対して $\sum\limits_{n=1}^{m} a_n = 0$ が成り立つとする. s を m を用いて表せ.

（23 東北大・理系）

▶解答◀ （1） 漸化式の両辺に $n+1$ をかけると

$(n+2)(n+1)a_{n+1} = (n+1)na_n + 2(n+1)$

ここで, $b_n = (n+1)na_n$ とおくと

$b_{n+1} - b_n = 2(n+1)$

であるから, $n \geqq 2$ において

$b_n = b_1 + \sum\limits_{k=1}^{n-1} 2(k+1)$

$= 2 \cdot 1 \cdot s + 2 \cdot \dfrac{1}{2}n(n-1) + 2(n-1)$

$= 2s + (n-1)(n+2)$

この結果は $n = 1$ でも成立する. よって,

$(n+1)na_n = 2s + (n-1)(n+2)$

$a_n = \dfrac{\boldsymbol{2s + (n-1)(n+2)}}{\boldsymbol{n(n+1)}}$

（2） $(n-1)(n+2) = n(n+1) - 2$ であるから

$a_n = (2s - 2) \cdot \dfrac{1}{n(n+1)} + 1$

$\sum\limits_{n=1}^{m} a_n = \sum\limits_{n=1}^{m} \left\{ (2s - 2)\left(\dfrac{1}{n} - \dfrac{1}{n+1} \right) + 1 \right\}$

$= (2s - 2)\left(1 - \dfrac{1}{m+1} \right) + m = 0$

$$\dfrac{1}{1} - \dfrac{1}{2}$$
$$\dfrac{1}{2} - \dfrac{1}{3}$$
$$\dfrac{1}{3} - \dfrac{1}{4}$$
$$\vdots$$
$$\dfrac{1}{m} - \dfrac{1}{m+1}$$

$(2s - 2) \cdot \dfrac{m}{m+1} + m = 0$

$m > 0$ で割って

$(2s - 2) \cdot \dfrac{1}{m+1} + 1 = 0$

$2s - 2 = -(m+1)$ $\qquad \therefore \ \ s = \dfrac{\boldsymbol{1 - m}}{\boldsymbol{2}}$

《変わった漸化式 (B5)》

595. 座標平面上に中心 $Q(0, 1)$, 半径 1 の円 C がある. $n = 1, 2, 3, \cdots$ に対して, 点 $P_n(a_n, 0)$ を以下のように順に定める.

$a_1 = 1$ とおく.

線分 QP_n と C の交点の x 座標を a_{n+1} と

おく.

このとき，次の問いに答えよ.

（1） a_{n+1} を a_n を用いて表せ.

（2） 数列 $\{b_n\}$ を $b_n = \left(\dfrac{1}{a_n}\right)^2$ で定めるとき，b_{n+1} を b_n を用いて表せ.

（3） 数列 $\{a_n\}$ の一般項を求めよ.

（23　和歌山大・共通）

▶解答◀　（1）　図のように線分 QP_n と C の交点 R_n と，y 軸上の点 H_n をおくと，

$\triangle OQP_n \backsim \triangle H_n QR_n$ であるから

$$OP_n : H_n R_n = QP_n : QR_n$$

$$a_n : a_{n+1} = \sqrt{a_n{}^2 + 1} : 1$$

$$\boldsymbol{a_{n+1} = \dfrac{a_n}{\sqrt{a_n{}^2 + 1}}}$$

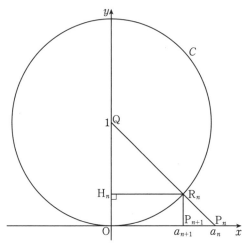

（2）　$a_1 = 1$ であり，（1）の漸化式の形から $a_n > 0$ は明らか. 逆数をとり，2乗すると

$$\dfrac{1}{a_{n+1}{}^2} = \dfrac{a_n{}^2 + 1}{a_n{}^2} = \dfrac{1}{a_n{}^2} + 1$$

$$\boldsymbol{b_{n+1} = b_n + 1}$$

（3）　$b_1 = \dfrac{1}{a_1{}^2} = 1$ であり，（2）より $\{b_n\}$ は公差 1 の等差数列であるから，$b_n = n$

したがって，$a_n > 0$，$\left(\dfrac{1}{a_n}\right)^2 = n$ から $a_n = \dfrac{1}{\sqrt{n}}$

《対数をとる (B20)》

596. 次の問いに答えよ.

（1）　$a_1 = 36$，$a_{n+1} = 6a_n{}^6$，$b_n = \log_6 a_n$（$n = 1, 2, 3, \cdots$）で定義される数列 $\{a_n\}$，$\{b_n\}$ それぞれの一般項を求めよ.

（2）　$c_1 = 6$，$c_{n+1} = \dfrac{n+3}{n+1}c_n + 1$,

$$d_n = \dfrac{c_n}{(n+1)(n+2)} \ (n = 1, 2, 3, \cdots)$$

で定義される数列 $\{c_n\}$，$\{d_n\}$ それぞれの一般項を求めよ.

（23　山梨大・工, 教）

▶解答◀　（1）　$b_1 = \log_6 a_1 = \log_6 6^2 = 2$

$\log_6 a_{n+1} = \log_6 6a_n{}^6 = \log_6 6 + 6\log_6 a_n$ より

$$b_{n+1} = 6b_n + 1$$

$$b_{n+1} + \dfrac{1}{5} = 6\left(b_n + \dfrac{1}{5}\right)$$

数列 $\left\{b_n + \dfrac{1}{5}\right\}$ は等比数列であるから

$$b_n + \dfrac{1}{5} = \left(b_1 + \dfrac{1}{5}\right) \cdot 6^{n-1}$$

$$b_n = \dfrac{1}{5}(11 \cdot 6^{n-1} - 1)$$

また $a_n = 6^{b_n} = 6^{\frac{1}{5}(11 \cdot 6^{n-1} - 1)}$

（2）　$d_1 = \dfrac{c_1}{2 \cdot 3} = \dfrac{6}{2 \cdot 3} = 1$

$c_{n+1} = \dfrac{n+3}{n+1}c_n + 1$ の両辺を $(n+2)(n+3)$ で割って

$$\dfrac{c_{n+1}}{(n+2)(n+3)} = \dfrac{c_n}{(n+1)(n+2)} + \dfrac{1}{(n+2)(n+3)}$$

$$d_{n+1} = d_n + \dfrac{1}{(n+2)(n+3)}$$

$$= d_n + \dfrac{1}{n+2} - \dfrac{1}{n+3}$$

$$d_{n+1} + \dfrac{1}{n+3} = d_n + \dfrac{1}{n+2}$$

数列 $\left\{d_n + \dfrac{1}{n+2}\right\}$ は定数列で

$$d_n + \dfrac{1}{n+2} = d_1 + \dfrac{1}{3} = 1 + \dfrac{1}{3}$$

$$d_n = \dfrac{4}{3} - \dfrac{1}{n+2} = \dfrac{4n+5}{3(n+2)}$$

$$c_n = (n+1)(n+2)d_n = \dfrac{1}{3}(n+1)(4n+5)$$

《バサバサ消える (B5)》

597. 数列 $\{a_n\}$ は

$$a_1 = 1, \quad a_{n+1} = 2^n \cdot a_n \quad (n = 1, 2, 3, \cdots)$$

をみたしている. このとき以下の設問に答えよ.

（1）　$b_n = \log_2 a_n$ とおくとき，数列 $\{b_n\}$ の一般項を求めよ.

（2）　数列 $\{a_n\}$ の一般項を求めよ.

（3）　a_1 から a_n までの積 $a_1 a_2 \cdots a_{n-1} a_n$ を求めよ.

（23　東京女子大・数理）

▶解答◀　（1）　$a_{n+1} = 2^n \cdot a_n$

$$\log_2 a_{n+1} = \log_2(2^n \cdot a_n)$$

$$\log_2 a_{n+1} = n + \log_2 a_n$$

$b_n = \log_2 a_n$ より $b_{n+1} = b_n + n$

$$b_{k+1} - b_k = k$$

$n \geqq 2$ のとき，$k = 1, 2, \cdots, k = n-1$ とした式を辺ごとに加え

$$b_n - b_1 = 1 + 2 + \cdots + (n-1)$$

$$b_2 - b_1 = 1$$
$$b_3 - b_2 = 2$$
$$\vdots$$
$$b_n - b_{n-1} = n-1$$

$$b_n = b_1 + \frac{1}{2}(n-1)n$$

結果は $n = 1$ でも成り立つ．

$a_1 = 1$ より $b_1 = 0$ であるから

$$b_n = \frac{1}{2}n(n-1)$$

（2） $b_n = \log_2 a_n$ であるから

$$\log_2 a_n = \frac{(n-1)n}{2} \qquad \therefore \quad a_n = 2^{\frac{(n-1)n}{2}}$$

（3） $\log_2(a_1 a_2 \cdots a_n)$

$$= \log_2 a_1 + \log_2 a_2 + \cdots + \log_2 a_n$$

$$= \sum_{k=1}^{n} \log_2 a_k = \frac{1}{2}\sum_{k=1}^{n}(k-1)k$$

$$= \frac{1}{2} \cdot \frac{(n-1)n(n+1)}{3}$$

$$= \frac{(n-1)n(n+1)}{6}$$

よって $a_1 a_2 \cdots a_n = 2^{\frac{(n-1)n(n+1)}{6}}$

注意 【和分の公式】

$$\sum_{k=1}^{n} k(k+1) = \frac{1}{3}n(n+1)(n+2)$$

$$\sum_{k=1}^{n} k(k+1)(k+2) = \frac{1}{4}n(n+1)(n+2)(n+3)$$

が成り立つ．証明は同じことなので，1つ目だけ行う．

$$n(n+1) = \frac{1}{3}\{n(n+1)(n+2) - (n-1)n(n+1)\}$$

であるから

$$\sum_{k=1}^{n} k(k+1)$$

$$= \frac{1}{3}\sum_{k=1}^{n}\{k(k+1)(k+2) - (k-1)k(k+1)\}$$

$$= \frac{1}{3}\{n(n+1)(n+2) - 0\}$$

$$= \frac{1}{3}n(n+1)(n+2)$$

$$1 \cdot 2 \cdot 3 - 0 \cdot 1 \cdot 2$$
$$\vdots$$
$$(n-1)n(n+1) - (n-2)(n-1)n$$
$$n(n+1)(n+2) - (n-1)n(n+1)$$

《複利計算 (B10)》

598. 1年ごとの複利法の金融商品があり，年度初めの投資額に年利率 r ％をかけた金額が利息として年度末に支払われる．複利法とは投資額に利息を繰り入れその加算額を次期の投資額とする計算法である．たとえば，年利率5％の金融商品に対して，初年度初めに1万円を投資すると年度末には500円の利息が得られ投資額は10500円となる．2年目初頭にさらに1万円を追加投資すると投資額は20500円となり，その5％が2年目末に利息として得られる．この金融商品に毎年度初めに a 円を追加で投資することにした．

（1） n 年目末の投資額を S_n とするとき，S_n を S_{n-1} および，a と r を用いて表せ．ただし $n \geqq 2$ とする．

（2） S_n を n の式で表せ．

（3） 年利率3％，毎年度初めの投資額を60万円とするとき，10年目末の投資額のうち利息によって得られる金額を求めよ．なお，$(1.03)^{10} = 1.34$ とする． （23 東京女子医大）

▶解答◀ （1）

$$S_n = \left(1 + \frac{r}{100}\right)(S_{n-1} + a) \quad \cdots\cdots\cdots①$$

（2） $S_0 = 0$ とおく．$S_1 = \left(1 + \frac{r}{100}\right)a$ であるから，① は $n = 1$ のときも成り立つ．

$$100\beta = (100 + r)(\beta + a) \quad \cdots\cdots\cdots②$$

とおく．$\beta = -\frac{100+r}{r}a$ となる．

①－② より

$$S_n - \beta = \left(1 + \frac{r}{100}\right)(S_{n-1} - \beta)$$

となる．数列 $\{S_n - \beta\}$ は等比数列であるから

$$S_n - \beta = (S_0 - \beta)\left(1 + \frac{r}{100}\right)^n$$

$$S_n = \beta\left\{1 - \left(1 + \frac{r}{100}\right)^n\right\}$$

$$= \frac{100+r}{r}a\left\{\left(1 + \frac{r}{100}\right)^n - 1\right\}$$

（3） 10年後の元利合計は

$$S_{10} = \frac{103 \cdot 60}{3}(1.03^{10} - 1)$$

$$= 103 \cdot 20(1.34 - 1) = 700.4 \ (万円)$$

であり，10年間に積み立てた元金は $10a = 600$ 万円であるから，10年間の金利によって増えた金額は

$$S_{10} - 600 = 100.4(万円) = \mathbf{1004000(円)}$$

《多項式の割り算との融合 (B10) ☆》

599. n を自然数として,整式 $(3x+2)^n$ を x^2+x+1 で割った余りを $a_n x + b_n$ とおく.以下の問に答えよ.

（1） a_{n+1} と b_{n+1} を,それぞれ a_n と b_n を用いて表せ.

（2） 全ての n に対して,a_n と b_n は 7 で割り切れないことを示せ.

（3） a_n と b_n を a_{n+1} と b_{n+1} で表し,全ての n に対して,2 つの整数 a_n と b_n は互いに素であることを示せ. （23 早稲田大・理工）

▶**解答**◀ $(3x+2)^n$ を x^2+x+1 で割った商を $Q_n(x)$ とおく.

（1） $(3x+2)^{n+1} = (3x+2)(3x+2)^n$

$= (3x+2)(Q_n(x)(x^2+x+1) + a_n x + b_n)$

$= (3x+2)Q_n(x)(x^2+x+1)$
$\qquad +3a_n x^2 + (2a_n + 3b_n)x + 2b_n$

$= (x^2+x+1)((3x+2)Q_n(x) + 3a_n)$
$\qquad +(-a_n + 3b_n)x + (2b_n - 3a_n)$

となるから

$a_{n+1} = -a_n + 3b_n, \quad b_{n+1} = -3a_n + 2b_n$ ……①

（2） $a_1 = 3, b_1 = 2$ である.合同式の法を 7 とする.

$a_2 = -3 + 3 \cdot 2 \equiv 3, \quad b_2 = -3 \cdot 3 + 2 \cdot 2 \equiv 2$

であるから,帰納的に $a_n \equiv 3, b_n \equiv 2$ となる.ゆえに,a_n と b_n は 7 で割り切れない.

（3） ①を a_n, b_n について解くと

$a_n = \dfrac{1}{7}(2a_{n+1} - 3b_{n+1})$,

$b_n = \dfrac{1}{7}(3a_{n+1} - b_{n+1})$

ある n に対して a_{n+1} と b_{n+1} が共通な素因数 p を持っていたとすると,（2）より $p \neq 7$ であり

$a_{n+1} = pA_{n+1}, \quad b_{n+1} = pB_{n+1}$

とかけて

$a_n = \dfrac{1}{7}(2pA_{n+1} - 3pB_{n+1})$

$7a_n = p(2A_{n+1} - 3B_{n+1})$

$b_n = \dfrac{1}{7}(3pA_{n+1} - pB_{n+1})$

$7b_n = p(3A_{n+1} - B_{n+1})$

p と 7 は互いに素より,a_n と b_n も共通の素因数 p を持つことになる.これより帰納的に a_1 と b_1 も共通な素因数 p を持つことになるが,$a_1 = 3$ と $b_1 = 2$ は互いに素であるから矛盾する.

よって,すべての n に対して a_n と b_n は互いに素である.

《偶奇で変わる数列（B30）》

600.（1） 数列 $\{a_n\}$ は

$a_1 = 1$,

$a_{n+1} = 3a_n + 3n - 5 \ (n = 1, 2, 3\cdots)$

によって定められる.

このとき,$a_{n+1} - a_n = b_n$ とおけば,数列 $\{b_n\}$ の一般項は

$b_n = \dfrac{\left(\boxed{}\right)^n}{\boxed{}} + \dfrac{\boxed{}}{\boxed{}}$

となる.したがって,数列 $\{a_n\}$ の一般項は

$a_n = \dfrac{\left(\boxed{}\right)^n}{\boxed{}} + \dfrac{\boxed{}}{\boxed{}}n + \dfrac{\boxed{}}{\boxed{}}$

である.

（2） 数列 $\{c_n\}$ は $c_1 = 1, c_2 = 3, c_{n+2} = 5c_n + 12 \ (n = 1, 2, 3\cdots)$ によって定められる.

このとき

$c_{n+2} + \boxed{ア} = \boxed{}\left(c_n + \boxed{ア}\right)$

である.したがって,数列 $\{c_n\}$ の一般項は,n が偶数のとき $n = 2m \ (m = 1, 2, 3\cdots)$ とすると

$c_n = c_{2m} = \boxed{}\left(\boxed{}\right)^{m-1} + \boxed{}$

であり,n が奇数のとき

$n = 2m - 1 \ (m = 1, 2, 3\cdots)$ とすると

$c_n = c_{2m-1} = \boxed{}\left(\boxed{}\right)^{m-1} + \boxed{}$

である.

（3） 数列 $\{f_n\}$, $\{g_n\} \ (n = 1, 2, 3\cdots)$ の一般項は,それぞれ $f_n = 3n - 2$, $g_n = 5n + 3$ で与えられる.

このとき,数列 $\{f_n\}$ と $\{g_n\}$ に共通に含まれる数を小さい方から順に並べてできる数列 $\{h_k\} \ (k = 1, 2, 3\cdots)$ の一般項は

$h_k = \boxed{}k + \boxed{}$

である.

（4） 数列 $\{A_n\}$ は

$A_{n+1} = \begin{cases} 1 - A_n & (A_n \geqq 0 \text{ のとき}) \\ 1 + 2A_n & (A_n < 0 \text{ のとき}) \end{cases}$

$(n = 1, 2, 3\cdots)$

によって定められる.

（i） $A_1 = 2$ のとき,$A_5 = \boxed{}$ である.

（ ii ） $A_1 = \dfrac{13}{12}$ のとき, $A_8 = \dfrac{\Box}{\Box}$ である.

（ iii ） $A_1 = \dfrac{7}{5}$ のとき, $\displaystyle\sum_{k=1}^{30} A_k = \Box$ である.

(23 北里大・理)

▶解答◀ （ 1 ） $a_{n+1} = 3a_n + 3n - 5$ ……………①

n を $n+1$ で置き換えて

$$a_{n+2} = 3a_{n+1} + 3(n+1) - 5 \quad\cdots\cdots\cdots\cdots②$$

②−① より $a_{n+2} - a_{n+1} = 3(a_{n+1} - a_n) + 3$ となる.

$b_n = a_{n+1} - a_n$ より

$$b_{n+1} = 3b_n + 3$$
$$b_{n+1} + \frac{3}{2} = 3\left(b_n + \frac{3}{2}\right)$$

数列 $\left\{b_n + \dfrac{3}{2}\right\}$ は公比 3 の等比数列で

$$b_1 = a_2 - a_1 = 3a_1 + 3 \cdot 1 - 5 - a_1$$
$$= 2a_1 - 2 = 2 \cdot 1 - 2 = 0$$

であるから

$$b_n + \frac{3}{2} = \left(b_1 + \frac{3}{2}\right) \cdot 3^{n-1}$$
$$b_n + \frac{3}{2} = \frac{3}{2} \cdot 3^{n-1} \qquad \therefore \quad b_n = \frac{3^n}{2} - \frac{3}{2}$$

$n \geqq 2$ のとき

$$a_n = a_1 + \sum_{k=1}^{n-1} b_k = 1 + \sum_{k=1}^{n-1}\left(\frac{3}{2} \cdot 3^{k-1} - \frac{3}{2}\right)$$
$$= 1 + \frac{3}{2} \cdot \frac{1 - 3^{n-1}}{1 - 3} - \frac{3}{2}(n-1)$$
$$= \frac{3^n}{4} - \frac{3}{2}n + \frac{7}{4}$$

$a_1 = 1$ より, 結果は $n = 1$ のときも成り立つ.

（ 2 ） $c_{n+2} = 5c_n + 12$ より

$$c_{n+2} + 3 = 5(c_n + 3)$$

$n = 2m$ のとき, c_2 から c_{2m} に進むのに要するステップ数は $\dfrac{2m-2}{2}$ すなわち $m-1$ である. よって

$$c_{2m} + 3 = (c_2 + 3) \cdot 5^{m-1}$$

$c_2 = 3$ より, $c_{2m} = 6 \cdot 5^{m-1} - 3$

$$c_1 \overset{\frown}{c_2\ c_3}\ \overset{\frown}{c_4\ c_5}\ \overset{\frown}{c_6} \cdots\cdots\cdots\cdots\cdots \overset{\frown}{c_{2m-1}\ c_{2m}}$$

同様に, $n = 2m-1$ のとき, c_1 から c_{2m-1} に進むときのステップ数は $m-1$ であるから

$$c_{2m-1} + 3 = (c_1 + 3) \cdot 5^{m-1}$$

$c_1 = 1$ より, $c_{2m-1} = 4 \cdot 5^{m-1} - 3$

（ 3 ） 数列 $\{f_n\}$ は初項 1, 公差 3 の等差数列, 数列 $\{g_n\}$ は初項 8, 公差 5 の等差数列である.

$$\{f_n\}: 1,\ 4,\ 7,\ 10,\ 13,\ 16,\ \cdots$$

$$\{g_n\}: 8,\ 13,\ \cdots$$

よって, 共通項で作られる数列 $\{h_k\}$ は初項 13, 公差 15 の等差数列であるから

$$h_k = 13 + (k-1) \cdot 15 \qquad \therefore \quad h_k = 15k - 2$$

（ 4 ） （ i ） $A_1 = 2$ のとき

$$A_2 = 1 - 2 = -1,\ A_3 = 1 + 2 \cdot (-1) = -1$$

以降, すべての項は -1 となるから, $A_5 = -1$ である.

（ ii ） $A_1 = \dfrac{13}{12}$ のとき

$$A_2 = 1 - \frac{13}{12} = -\frac{1}{12}$$
$$A_3 = 1 + 2 \cdot \left(-\frac{1}{12}\right) = \frac{5}{6}$$
$$A_4 = 1 - \frac{5}{6} = \frac{1}{6},\ A_5 = 1 - \frac{1}{6} = \frac{5}{6}$$

以降, $\dfrac{1}{6}$ と $\dfrac{5}{6}$ を交互に繰り返す. よって

$$A_8 = A_6 = A_4 = \frac{1}{6}$$

（ iii ） $A_1 = \dfrac{7}{5}$ のとき

$$A_2 = 1 - \frac{7}{5} = -\frac{2}{5},\ A_3 = 1 + 2 \cdot \left(-\frac{2}{5}\right) = \frac{1}{5}$$
$$A_4 = 1 - \frac{1}{5} = \frac{4}{5},\ A_5 = 1 - \frac{4}{5} = \frac{1}{5}$$

以降, $\dfrac{4}{5}$ と $\dfrac{1}{5}$ を交互に繰り返す.

A_3 以降の奇数項は $\dfrac{1}{5}$, A_4 以降の偶数項は $\dfrac{4}{5}$ だから

$$\sum_{k=1}^{30} A_k = A_1 + A_2 + (A_3 + A_5 + \cdots + A_{29})$$
$$+ (A_4 + A_6 + \cdots + A_{30})$$
$$= \frac{7}{5} - \frac{2}{5} + \frac{1}{5} \cdot 14 + \frac{4}{5} \cdot 14 = 15$$

【数学的帰納法】

《 $z^n + \dfrac{1}{z^n}$ （B10）☆》

601. n を整数とし, z を 0 でない複素数とする. $z + \dfrac{1}{z}$ が実数であるとき, $z^n + \dfrac{1}{z^n}$ が実数であることを示せ. (23 愛媛大・後期)

▶解答◀ まず $n > 0$ の場合について数学的帰納法で示す.

$n = 1$ のとき $z + \dfrac{1}{z}$ は実数で成り立つ.

$n = 2$ のとき

$$z^2 + \frac{1}{z^2} = \left(z + \frac{1}{z}\right)^2 - 2$$

は実数であるから成り立つ.

$n = k,\ k+1$ のとき成り立つと仮定すると $z^k + \dfrac{1}{z^k},\ z^{k+1} + \dfrac{1}{z^{k+1}}$ は実数である.

$$z^{k+2} + \frac{1}{z^{k+2}}$$

$$= \left(z + \frac{1}{z}\right)\left(z^{k+1} + \frac{1}{z^{k+1}}\right) - \left(z^k + \frac{1}{z^k}\right)$$

は実数であるから $n = k+2$ のときも成り立つ. よって, $n > 0$ のとき示された.

$n = 0$ のときは $z^0 + \frac{1}{z^0} = 2$ で成り立つ.

$n < 0$ のときは $n = -m$ (m は正の整数) とおくと

$$z^n + \frac{1}{z^n} = z^{-m} + \frac{1}{z^{-m}} = \frac{1}{z^m} + z^m$$

であるから成り立つ.

以上より, 整数 n に対して $z + \dfrac{1}{z}$ が実数であるとき

$z^n + \dfrac{1}{z^n}$ は実数である.

♦別解♦ $z + \dfrac{1}{z} = a$ (実数) とおく.

$$z^2 - az + 1 = 0$$
$$z = \frac{1}{2}\left(a \pm \sqrt{a^2 - 4}\right)$$

（ア） $|a| \geqq 2$ のとき

z は実数であるから z^n は実数で, $z^n + \dfrac{1}{z^n}$ は実数である.

（イ） $|a| < 2$ のとき

$a = 2\cos\theta$ とおけて

$$z = \cos\theta \pm i\sin\theta = \cos t + i\sin t$$

となる. $t = \pm\theta$ とおいた.

以前は n が自然数のときに

$$z^n = \cos n\theta + i\sin n\theta$$

が成り立つことをド・モアブルの定理といったが最近では負, 0 も含めて成立を認めるようである. もっともド・モアブル自身はこのことを述べたという事実はないらしいから, どこまでをド・モアブルの定理といおうと, ド・モアブルから文句は出ないだろう.

$$\frac{1}{z^n} = \cos n\theta - i\sin n\theta$$

であるから $z^n + \dfrac{1}{z^n} = 2\cos n\theta =$ 実数.

《2 次の式から 1 次式 (B20) ☆》

602. 各項が正の実数である数列 $\{a_n\}$ が

$$a_1 = 1,\ a_2 = 3,$$
$$a_{n+1}{}^2 - a_n a_{n+2} = 2^n\ (n = 1, 2, 3, \cdots)$$

を満たしているとする. このとき, 次の問に答えよ.

（1） すべての自然数 n に対して

$$a_{n+2} - 3a_{n+1} + 2a_n = 0$$

が成り立つことを示せ.

（2） $a_{n+2} + \beta a_{n+1} = a_{n+1} + \beta a_n$

がすべての自然数 n に対して成り立つような実数 β の値を求めよ.

（3） a_n を n を用いて表せ. （23 香川大・医-医）

▶解答◀ （1） $a_{n+1}{}^2 - a_n a_{n+2} = 2^n$ ……………①

①に $n = 1$ を代入して, $a_2{}^2 - a_1 a_3 = 2^1$

$9 - a_3 = 2$ ∴ $a_3 = 7$

すべての自然数 n に対して

$$a_{n+2} - 3a_{n+1} + 2a_n = 0$$ ……………………②

が成り立つことを数学的帰納法で示す.

$n = 1$ のとき $a_3 - 3a_2 + 2a_1 = 7 - 9 + 2 = 0$ で②は成り立つ.

$n = k$ のとき②が成り立つとすると

$$a_{k+2} - 3a_{k+1} + 2a_k = 0$$
$$a_k = \frac{1}{2}(-a_{k+2} + 3a_{k+1})$$ ……………③

一方, ①で $n = k, k+1$ とすると

$$a_{k+1}{}^2 - a_k a_{k+2} = 2^k,\ a_{k+2}{}^2 - a_{k+1} a_{k+3} = 2^{k+1}$$

2 式で 2^k を消去して

$$a_{k+2}{}^2 - a_{k+1} a_{k+3} = 2(a_{k+1}{}^2 - a_k a_{k+2})$$

ここに③を代入すると

$$a_{k+2}{}^2 - a_{k+1} a_{k+3}$$
$$= 2a_{k+1}{}^2 - (-a_{k+2} + 3a_{k+1})a_{k+2}$$
$$a_{k+2}{}^2 - a_{k+1} a_{k+3} = 2a_{k+1}{}^2 + a_{k+2}{}^2 - 3a_{k+1} a_{k+2}$$
$$a_{k+1}(a_{k+3} - 3a_{k+2} + 2a_{k+1}) = 0$$

$a_{k+1} > 0$ であるから, $a_{k+3} - 3a_{k+2} + 2a_{k+1} = 0$

よって $n = k+1$ のときも成り立つ.

以上よりすべての自然数 n に対して②は成り立つ.

（2） $a_{n+2} + \beta a_{n+1} = a_{n+1} + \beta a_n$ が成り立つとき

$$a_{n+2} + (\beta - 1)a_{n+1} - \beta a_n = 0$$

②と比較して $\beta = -2$

（3） （2）より $a_{n+2} - 2a_{n+1} = a_{n+1} - 2a_n$ であるから

$$a_{n+1} - 2a_n = a_n - 2a_{n-1}$$
$$= \cdots = a_2 - 2a_1 = 3 - 2 = 1$$

つまり $a_{n+1} - 2a_n = 1$ が成り立つ.

$$a_{n+1} + 1 = 2(a_n + 1)$$

数列 $\{a_n + 1\}$ は等比数列であるから

$$a_n + 1 = (a_1 + 1) \cdot 2^{n-1} \quad ∴\quad a_n = 2^n - 1$$

《3 ごとの関係を作る (B20) ☆》

603. 自然数 n に対して, a_n, b_n を

$$\left(\frac{1 + \sqrt{5}}{2}\right)^n = a_n + b_n\sqrt{5}$$

を満たす有理数とする．ただし，4 つの有理数 a, b, c, d が

$$a + b\sqrt{5} = c + d\sqrt{5}$$

を満たせば $a = c$ かつ $b = d$ が成り立つので，a_n, b_n は各自然数 n に対し 1 通りに定まることに注意する．

（1） n が 3 の倍数であるとき，a_n, b_n がともに整数となることを示せ．

（2） 自然数 n が 3 の倍数であるとき，a_n, b_n のどちらか一方が偶数で他方が奇数となることを示せ．

（3） a_n, b_n がともに整数となるのは n が 3 の倍数のときに限ることを示せ．（23 鹿児島大・共通）

▶解答◀ 問題文を見ると，3 項あとの関係が重要に思われる．

$$\left(\frac{1+\sqrt{5}}{2}\right)^3 = \frac{1 + 3\sqrt{5} + 3(\sqrt{5})^2 + (\sqrt{5})^3}{8} = 2 + \sqrt{5}$$

$$a_{n+3} + b_{n+3}\sqrt{5} = \left(\frac{1+\sqrt{5}}{2}\right)^{n+3}$$

$$= \left(\frac{1+\sqrt{5}}{2}\right)^{n}\left(\frac{1+\sqrt{5}}{2}\right)^{3}$$

$$= (a_n + b_n\sqrt{5})(2 + \sqrt{5})$$

$$= 2a_n + 5b_n + (a_n + 2b_n)\sqrt{5}$$

$$a_{n+3} = 2a_n + 5b_n \quad \cdots\cdots\cdots① $$

$$b_{n+3} = a_n + 2b_n \quad \cdots\cdots\cdots② $$

$$a_1 = \frac{1}{2}, \ b_1 = \frac{1}{2}$$

$$\left(\frac{1+\sqrt{5}}{2}\right)^2 = \frac{6+2\sqrt{5}}{4} = \frac{3}{2} + \frac{1}{2}\sqrt{5}$$

$$a_2 = \frac{3}{2}, \ b_2 = \frac{1}{2}, \ a_3 = 2, \ b_3 = 1$$

分母が 2 で分子が奇数の数を半整数と呼ぶことにする．n が 3 の倍数のとき a_n, b_n は正の整数で，n が 3 の倍数でないとき a_n, b_n は半整数であることを証明する．

$n \leqq 3$ で成り立つ．k は 0 以上の整数とする．$n = 3k+1, 3k+2, 3k+3$ で成り立つとする．$a_{3k+1}, b_{3k+1}, a_{3k+2}, b_{3k+2}$ は半整数，a_{3k+3}, b_{3k+3} は整数である．

$$a_{3k+4} = 2a_{3k+1} + 5b_{3k+1}$$

$$= （整数）+（半整数の 5 倍）=（半整数）$$

$b_{3k+4} = a_{3k+1} + 2b_{3k+1}$ も半整数，a_{3k+5}, b_{3k+5} も同様に半整数である．

$$a_{3k+6} = 2a_{3k+3} + 5b_{3k+3}$$

$$=（整数の 2 倍）+（整数の 5 倍）=（整数）$$

b_{3k+6} も同様に整数である．$n = 3k+4, 3k+5, 3k+6$ で成り立つ．数学的帰納法により証明された．

（1）（3）は上で示した．

（2） $a_{3k+6} + b_{3k+6} = 3a_{3k+3} + 7b_{3k+3}$

$$= a_{3k+3} + b_{3k+3} + 2(a_{3k+3} + 3b_{3k+3})$$

$2(a_{3k+3} + 3b_{3k+3})$ は偶数であり，$a_3 + b_3 = 3$ は奇数であるから，つねに $a_{3k+3} + b_{3k+3}$ は奇数である．よって証明された．

《一の位 (B30)》

604. $\alpha = \sqrt{2} + \sqrt{3}, \beta = -\sqrt{2} + \sqrt{3}$ として，数列 $\{a_n\}$（$n = 1, 2, \cdots$）を $a_n = \alpha^n + \beta^n$ により定める．以下の設問に答えよ．

（1） a_2 及び a_4 を求めよ．

（2） 方程式 $x^4 + Ax^3 + Bx^2 + Cx + D = 0$ が $x = \alpha$ を解にもつような整数 A, B, C, D の値の組を一つ求めよ．

（3） 5 以上の自然数 n に対して，a_n を a_{n-2}, a_{n-4} を用いて表せ．

（4） 全ての自然数 m に対して，a_{2m} が整数であることを示せ．

（5） α^{2022} の整数部分の 1 の位の数を求めよ．ただし，実数 x の整数部分とは，x を超えない最大の整数を指すものとする．（23 気象大・全）

▶解答◀ （1） $\alpha + \beta = 2\sqrt{3}, \alpha\beta = 1$ より

$$a_2 = \alpha^2 + \beta^2 = (\alpha + \beta)^2 - 2\alpha\beta = 12 - 2 = 10$$

$$a_4 = \alpha^4 + \beta^4 = (\alpha^2 + \beta^2)^2 - 2\alpha^2\beta^2$$

$$= 100 - 2 = 98$$

（2） $x = \alpha, \beta$ を解にもつ 2 次方程式は $x^2 - 2\sqrt{3}x + 1 = 0$ である．

$$x^2 + 1 = 2\sqrt{3}x$$

両辺を 2 乗して

$$x^4 + 2x^2 + 1 = 12x^2$$

$$x^4 - 10x^2 + 1 = 0$$

$$A = 0, \ B = -10, \ C = 0, \ D = 1$$

（3） $n \geqq 5$ のとき

$$a_n = \alpha^n + \beta^n$$

$$= (\alpha^2 + \beta^2)(\alpha^{n-2} + \beta^{n-2}) - \alpha^2\beta^2(\alpha^{n-4} + \beta^{n-4})$$

$$= 10a_{n-2} - a_{n-4}$$

したがって，$a_n = 10a_{n-2} - a_{n-4}$ である．

（4） 数学的帰納法で示す．

$m = 1, 2$ のとき，$a_2 = 10$，$a_4 = 98$ であるから成り立つ.

$m = k, k+1$ で成り立つとする. $a_{2k}, a_{2(k+1)}$ は整数である. このとき

$$a_{2(k+2)} = 10a_{2(k+1)} - a_{2k}$$

の右辺は整数であるから $m = k+2$ のとき成り立つ.

したがって，すべての自然数 m に対して，a_{2m} は整数であることが示された.

（5） 10 を法とする. a_{2m} は整数であるから，（4）より $a_{2m} \equiv -a_{2m-4}$ である. $a_2 \equiv 0$，$a_4 \equiv 8$ であるから

$$a_6 \equiv -a_2 \equiv 0, \quad a_8 \equiv -a_4 \equiv 2$$

$$a_{10} \equiv -a_6 \equiv 0, \quad a_{12} \equiv -a_8 \equiv 8$$

となり，a_{2m} の一の位は 0, 8, 0, 2 をくり返す.

数列 $\{a_{2m}\}$ で a_{2022} は 1011 番目にあり，$1011 = 4 \cdot 252 + 3$ より，$a_{2022} \equiv 0$ である. $a_{2022} = \alpha^{2022} + \beta^{2022}$ であるから，α^{2022} の一の位は $\alpha^{2022} - \beta^{2022}$ の一の位である.

$\sqrt{2} = 1.41\cdots$，$\sqrt{3} = 1.73\cdots$ より $0 < \beta < 0.4$ であるから，$0 < \beta^{2022} < 0.064$ である（本当はとても小さい）.

$a_{2022} \equiv 0$ より α^{2022} の一の位は **9** である.

《一般項を予想（B20）☆》

605. 数列 $\{a_n\}$，$\{b_j\}$ が次のように与えられているとする. ただし，r は正の定数とする.

$a_1 = r^2 - 12r$,

$\quad a_{n+1} = ra_n + (r-1)r^{2n+1} \quad (n = 1, 2, 3, \cdots)$

$b_1 = -29$,

$\quad b_{j+1} - b_j = \dfrac{6}{1 - 4j^2} \quad (j = 1, 2, 3, \cdots)$

このとき，以下の問いに答えよ.

（1） a_2, a_3 を求めよ. さらに，n と r を用いて一般項 a_n を表す式を予想し，その予想が正しいことを数学的帰納法で証明せよ.

（2） 一般項 b_j を j を用いて表せ.

（3） n を与えたとき，$a_n < b_j < a_{n+1}$ となる j が無限に多く存在するような r の範囲を n を用いて表せ.

(23 三重大・医)

▶**解答**◀ （1） $a_2 = ra_1 + (r-1) \cdot r^3$

$\quad = r(r^2 - 12r) + r^4 - r^3 = \boldsymbol{r^4 - 12r^2}$

$a_3 = ra_2 + (r-1) \cdot r^5$

$\quad = r(r^4 - 12r^2) + r^6 - r^5 = \boldsymbol{r^6 - 12r^3}$

$a_n = r^{2n} - 12r^n$

と予想できる.

$n = 1$ のとき，$a_1 = r^2 - 12r$ より成り立つ.

$n = k$ のとき，成り立つとすると

$$a_k = r^{2k} - 12r^k$$

このとき

$$a_{k+1} = ra_k + (r-1)r^{2k+1}$$

$$= r(r^{2k} - 12r^k) + r^{2k+2} - r^{2k+1}$$

$$= r^{2k+2} - 12r^{k+1}$$

であるから，$n = k+1$ のときも成り立つ.

数学的帰納法により証明された.

よって，$\boldsymbol{a_n = r^{2n} - 12r^n}$

（2） $b_{j+1} - b_j = \dfrac{6}{1 - 4j^2} = -\dfrac{6}{(2j+1)(2j-1)}$

$$= -3\left(\dfrac{1}{2j-1} - \dfrac{1}{2j+1}\right)$$

であるから，$j \geq 2$ のとき

$$b_j = b_1 - 3\sum_{k=1}^{j-1}\left(\dfrac{1}{2k-1} - \dfrac{1}{2k+1}\right)$$

$$= -29 - 3\left(\dfrac{1}{1} - \dfrac{1}{2j-1}\right)$$

$$\boldsymbol{b_j = -32 + \dfrac{3}{2j-1}}$$

結果は $j = 1$ のときも成り立つ.

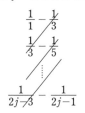

（3） $a_n < b_j$ について，$a_n + 32 < \dfrac{3}{2j-1}$ ………①

$a_n + 32 \leq 0$ のとき，任意の自然数 j において，① は成り立つ. $a_n + 32 > 0$ のとき，ある程度以上大きな j に対しては ① は成立せず不適である.

したがって，$a_n + 32 \leq 0$ である.

$$r^{2n} - 12r^n + 32 \leq 0$$

$$(r^n - 4)(r^n - 8) \leq 0$$

$$4 \leq r^n \leq 8 \quad \cdots\cdots\cdots②$$

次に，$b_j < a_{n+1}$ について，$\dfrac{3}{2j-1} < a_{n+1} + 32$ ③

$\dfrac{3}{2j-1} > 0$ だから，$a_{n+1} + 32 \leq 0$ のときは ③ が成り立たない. $a_{n+1} + 32 > 0$ のとき，③ をみたす無限に多くの j が存在する. したがって，$a_{n+1} + 32 > 0$ である.

$$r^{2n+2} - 12r^{n+1} + 32 > 0$$

$(r^{n+1}-4)(r^{n+1}-8)>0$ ……………………④

②のとき，$r>1$ である．$0<r\leqq1$ と仮定すれば $r^n\leqq1$ になり，②が成立しないからである．すると $4\leqq r^n<r^{n+1}$ となり，$r^{n+1}-4>0$ である．④より，$r^{n+1}>8$ となる．よって，r がみたす条件は

$$4\leqq r^n\leqq8 \text{ かつ } r^{n+1}>8$$

となる．各辺の $\log_2$ をとり

$$2\leqq n\log_2 r\leqq3 \text{ かつ } (n+1)\log_2 r>3$$
$$\frac{2}{n}\leqq\log_2 r\leqq\frac{3}{n} \text{ かつ } \frac{3}{n+1}<\log_2 r$$

$n=1$ のとき，$2\leqq\log_2 r\leqq3$ かつ $\frac{3}{2}<\log_2 r$ となり，まとめると，$2\leqq\log_2 r\leqq3$

$n\geqq2$ のときは $\frac{3}{n+1}-\frac{2}{n}=\frac{n-2}{n(n+1)}\geqq0$ であるから

$$\frac{2}{n}\leqq\frac{3}{n+1}<\log_2 r\leqq\frac{3}{n}$$

となる．求める r の範囲は，**$n=1$ のとき，$4\leqq r\leqq8$**

$n\geqq2$ のとき，$2^{\frac{3}{n+1}}<r\leqq2^{\frac{3}{n}}$

《無理数性（B15）》

606. 次の問いに答えよ．ただし，$\sqrt3$ が無理数であることは用いてよい．
（1）s,t が有理数であるとき，$s+t\sqrt3=0$ ならば $s=t=0$ であることを証明せよ．
（2）$1+\sqrt3$ が方程式 $x^3+px+q=0$ の解であるような有理数 p,q の値と他の解を求めよ．
（3）すべての自然数 n に対して，次の等式を満たすような自然数 a_n,b_n が存在することを示せ．
$$(1+\sqrt3)^n=a_n+b_n\sqrt3$$
（4）n が自然数であるとき，$(1-\sqrt3)^n$ は無理数であることを証明せよ． （23 大教大・後期）

▶解答◀ （1）$s+t\sqrt3=0$ について，$t\neq0$ と仮定すると，$\sqrt3=-\frac{s}{t}$ となる．s,t は有理数であるから $-\frac{s}{t}$ も有理数であり，$\sqrt3$ が無理数であることと矛盾する．よって，$t=0$ であり，$s=0$ である．
（2）$x=1+\sqrt3$ が解であるから
$$(1+\sqrt3)^3+p(1+\sqrt3)+q=0$$
$$1+3\sqrt3+9+3\sqrt3+p(1+\sqrt3)+q=0$$
$$(p+q+10)+(p+6)\sqrt3=0$$
（1）より
$$p+q+10=0,\ p+6=0$$
したがって，**$p=-6,\ q=-4$** である．

また，$x^3-6x-4=0$ の解は
$$(x+2)(x^2-2x-2)=0$$
$$x=-2,1\pm\sqrt3$$
他の解は，$x=-2,1-\sqrt3$ である．
（3）$(1+\sqrt3)^1=1+\sqrt3$ であるから，$a_1=1,\ b_1=1$ として，$n=1$ のとき成り立つ．
$n=k$ のとき成り立つとする．
$$(1+\sqrt3)^k=a_k+b_k\sqrt3$$
を満たす自然数 a_k,b_k が存在する．
このとき
$$(1+\sqrt3)^{k+1}=(1+\sqrt3)(a_k+b_k\sqrt3)$$
$$=(a_k+3b_k)+(a_k+b_k)\sqrt3$$
となるから，$a_{k+1}=a_k+3b_k,\ b_{k+1}=a_k+b_k$ として a_{k+1},b_{k+1} は自然数であり
$$(1+\sqrt3)^{k+1}=a_{k+1}+b_{k+1}\sqrt3$$
となる．$n=k+1$ でも成り立つから数学的帰納法により証明された．
（4）（3）で定めた自然数 a_n,b_n に対し
$$(1-\sqrt3)^n=a_n-b_n\sqrt3$$
になることを証明する．
$$(1-\sqrt3)^1=1-\sqrt3=a_1-b_1\sqrt3$$
$n=1$ のとき成り立つ．$n=k$ で成り立つとすると
$$(1-\sqrt3)^k=a_k-b_k\sqrt3$$
このとき
$$(1-\sqrt3)^{k+1}=(1-\sqrt3)(a_k-b_k\sqrt3)$$
$$=a_k+3b_k-(a_k+b_k)\sqrt3$$
$$=a_{k+1}-b_{k+1}\sqrt3$$
$n=k+1$ でも成り立つから数学的帰納法により証明された．
$(1-\sqrt3)^n$ が有理数になる n が存在すると仮定する．その有理数を u として
$$a_n-b_n\sqrt3=u$$
$$a_n-u-b_n\sqrt3=0$$
（1）より $a_n=u,\ b_n=0$ となるが，b_n は自然数であるから矛盾する．
よって $(1-\sqrt3)^n$ は無理数である．
注意 $(1+\sqrt3)^n=a_n+b_n\sqrt3$
$$\frac{1}{(1+\sqrt3)^n}=\frac{1}{a_n+b_n\sqrt3}$$
$$\frac{(1-\sqrt3)^n}{(-2)^n}=\frac{a_n-b_n\sqrt3}{a_n^2-3b_n^2}$$
$$(1-\sqrt3)^n=\frac{(-2)^n a_n}{a_n^2-3b_n^2}-\frac{(-2)^n b_n}{a_n^2-3b_n^2}\sqrt3$$

あとは解答と同様である.

《ペ方程式の形（B20）》

607. 自然数からなる 2 つの数列 $\{a_n\}$, $\{b_n\}$ を

$$(3 + 2\sqrt{2})^n = a_n + b_n\sqrt{2} \quad (n = 1, 2, 3, \cdots)$$

で定める．次の問いに答えよ．

（1） すべての自然数 n に対して，a_n は奇数，b_n は偶数であることを示せ．

（2） すべての自然数 n に対して，

$$1 + 2 + 3 + \cdots + \frac{a_n - 3}{2} + \frac{a_n - 1}{2}$$
$$= 1 + 3 + 5 + \cdots + (b_n - 3) + (b_n - 1)$$

が成立することを示せ． （23 琉球大・理-後）

▶**解答**◀ （1） $a_{n+1} + b_{n+1}\sqrt{2}$

$$= (3 + 2\sqrt{2})^n(3 + 2\sqrt{2}) = (a_n + b_n\sqrt{2})(3 + 2\sqrt{2})$$
$$= 3a_n + 4b_n + (2a_n + 3b_n)\sqrt{2}$$

a_n, b_n は自然数，$\sqrt{2}$ は無理数だから

$$a_{n+1} = 3a_n + 4b_n, \quad b_{n+1} = 2a_n + 3b_n$$

$a_1 = 3$ は奇数で $b_1 = 2$ は偶数であるから $n = 1$ のとき成り立つ．$n = k$ で成り立つとする．a_k が奇数，b_k が偶数である．このとき，$3a_k$ は奇数，$4b_k$ は偶数であるから，$a_{k+1} = 3a_k + 4b_k$ は奇数である．また，$2a_k$, $3b_k$ は偶数だから，$b_{k+1} = 2a_k + 3b_k$ は偶数である．$n = k + 1$ でも成り立つから，数学的帰納法により示された．

（2） $1 + 2 + 3 + \cdots + \dfrac{a_n - 3}{2} + \dfrac{a_n - 1}{2}$

$$= \frac{1}{2} \cdot \frac{a_n - 1}{2}\left(\frac{a_n - 1}{2} + 1\right) = \frac{a_n{}^2 - 1}{8}$$

$$1 + 3 + 5 + \cdots + (b_n - 3) + (b_n - 1)$$
$$= \left(\frac{b_n}{2}\right)^2 = \frac{b_n{}^2}{4}$$

であるから，すべての自然数 n に対して，

$$\frac{a_n{}^2 - 1}{8} = \frac{b_n{}^2}{4}$$
$$a_n{}^2 - 2b_n{}^2 = 1$$

が成り立つことを示せばよい．（1）より

$$a_{n+1}{}^2 - 2b_{n+1}{}^2 = (3a_n + 4b_n)^2 - 2(2a_n + 3b_n)^2$$
$$= 9a_n{}^2 + 24a_nb_n + 16b_n{}^2 - 2(4a_n{}^2 + 12a_nb_n + 9b_n{}^2)$$
$$= a_n{}^2 - 2b_n{}^2$$

よって，数列 $\{a_n{}^2 - 2b_n{}^2\}$ は定数数列で

$$a_n{}^2 - 2b_n{}^2 = a_1{}^2 - 2b_1{}^2 = 1$$

以上で示された．

《2 つをまとめて帰納法（B20）》

608. $\alpha = 2 + \sqrt{3}$, $\beta = 2 - \sqrt{3}$ とし，数列 $\{x_n\}$ を $x_n = \dfrac{\alpha^n - \beta^n}{\alpha - \beta}$ と定める．以下の問いに答えなさい．

（1） x_2, x_3 の値を求めなさい．

（2） すべての自然数 r, s に対して，

$$x_{r+s+1} = x_{r+1}x_{s+1} - x_r x_s$$

が成り立つことを示しなさい．

（3） すべての自然数 n に対して，x_n と x_{n+1} がともに整数であることを数学的帰納法で示しなさい．

（4） m を 2 以上の自然数とする．すべての自然数 n に対して，x_{mn} が x_m の倍数であることを，n に関する数学的帰納法で示しなさい．

（23 都立大・数理科学）

▶**解答**◀ （1） $\alpha + \beta = 4$, $\alpha\beta = 1$

$$x_1 = \frac{\alpha - \beta}{\alpha - \beta} = 1$$

$$x_2 = \frac{\alpha^2 - \beta^2}{\alpha - \beta} = \alpha + \beta = \mathbf{4}$$

$$x_3 = \frac{\alpha^3 - \beta^3}{\alpha - \beta} = \frac{(\alpha - \beta)(\alpha^2 + \alpha\beta + \beta^2)}{\alpha - \beta}$$
$$= \alpha^2 + \alpha\beta + \beta^2 = (\alpha + \beta)^2 - \alpha\beta$$
$$= 16 - 1 = \mathbf{15}$$

（2） $x_{r+1}x_{s+1} - x_r x_s$

$$= \frac{\alpha^{r+1} - \beta^{r+1}}{\alpha - \beta} \cdot \frac{\alpha^{s+1} - \beta^{s+1}}{\alpha - \beta}$$
$$\quad - \frac{\alpha^r - \beta^r}{\alpha - \beta} \cdot \frac{\alpha^s - \beta^s}{\alpha - \beta}$$

分子だけの計算を続ける．

$$\alpha^{r+s+2} - \alpha^{r+1}\beta^{s+1} - \alpha^{s+1}\beta^{r+1} + \beta^{r+s+2}$$
$$\quad - (\alpha^{r+s} - \alpha^r\beta^s - \alpha^s\beta^r + \beta^{r+s})$$
$$= \alpha^{r+s+2} - \alpha^{r+s} + \beta^{r+s+2} - \beta^{r+s}$$
$$\quad - \alpha^r\beta^s(\alpha\beta - 1) - \alpha^s\beta^r(\alpha\beta - 1)$$
$$= \alpha^{r+s+1}\left(\alpha - \frac{1}{\alpha}\right) + \beta^{r+s+1}\left(\beta - \frac{1}{\beta}\right)$$
$$= \alpha^{r+s+1}(\alpha - \beta) + \beta^{r+s+1}(\beta - \alpha)$$
$$= (\alpha^{r+s+1} - \beta^{r+s+1})(\alpha - \beta)$$

よって，

$$x_{r+1}x_{s+1} - x_r x_s = \frac{(\alpha^{r+s+1} - \beta^{r+s+1})(\alpha - \beta)}{(\alpha - \beta)^2}$$

$$= \frac{\alpha^{r+s+1} - \beta^{r+s+1}}{\alpha - \beta} = x_{r+s+1}$$

等式は証明された.

（3）「x_n が整数である」

$x_1 = 1$, $x_2 = 4$ であるから $n = 1$ のとき成り立つ.

$n = k$ で成り立つとする. x_k と x_{k+1} が整数である.

（2）の等式に $r = k$, $s = 1$ を代入する.

$$x_{k+2} = x_{k+1}x_2 - x_k x_1$$

x_{k+1}, x_2, x_k, x_1 はすべて整数であるから x_{k+1}, x_{k+2} は整数である. $n = k+1$ のときも成り立つから, 数学的帰納法により証明された.

（4）「x_{mn} が x_m の倍数である」

　$n = 1$ のとき, x_m は x_m の倍数である. $n = k$ で成り立つとする. x_{mk} が x_m の倍数である.

　（2）で $r + 1 = mk$, $s = m$ とすると

$$x_{m(k+1)} = x_{mk}x_{m+1} - x_{mk-1}x_m$$

の右辺は x_m の倍数である. $n = k+1$ でも成り立つから数学的帰納法により証明された.

《3 の冪（B20）☆》

609. n を正の整数とし, 命題 $P(n)$ を

「すべての整数 z に対して, $z^{3^n} - z^{3^{n-1}}$ は 3^n の倍数である」

とする. 次の問いに答えよ.

（1）命題 $P(1)$ が真であることを示せ.

（2）命題 $P(2)$ が真であることを示せ.

（3）すべての正の整数 n に対して, 命題 $P(n)$ が真であることを示せ.

(23 富山大・医, 理-数, 薬)

▶解答◀ （1） $w_n = z^{3^n} - z^{3^{n-1}}$ とおく.

$$w_1 = z^3 - z = (z-1)z(z+1)$$

$z-1$, z, $z+1$ は連続する 3 整数であるからこの中の 1 つは 3 の倍数である. w_1 は 3 の倍数である.

（2） $z = z^3 - w_1$ を用いる.

$$
\begin{aligned}
w_2 &= z^{3^2} - z^3 = z^9 - (z^3 - w_1)^3 \\
&= z^9 - \{(z^3)^3 - 3(z^3)^2 w_1 + 3(z^3)w_1^2 - w_1^3\} \\
&= 3(z^3)^2 w_1 - 3(z^3)w_1^2 + w_1^3
\end{aligned}
$$

w_1 は 3 の倍数である. $3w_1$, $3w_1^2$, w_1^3 は 9 の倍数である. $n = 2$ のときも成り立つ.

（3） $w_n = z^{3^n} - z^{3^{n-1}}$ であり, $z^{3^{n-1}} = z^{3^n} - w_n$ を用いると

$$
\begin{aligned}
w_{n+1} &= z^{3 \cdot 3^n} - z^{3 \cdot 3^{n-1}} = z^{3 \cdot 3^n} - (z^{3^{n-1}})^3 \\
&= z^{3 \cdot 3^n} - (z^{3^n} - w_n)^3 \\
&= z^{3 \cdot 3^n} - \{(z^{3^n})^3 - 3(z^{3^n})^2 w_n + 3(z^{3^n})w_n^2 - w_n^3\} \\
w_{n+1} &= 3(z^{3^n})^2 w_n - 3(z^{3^n})w_n^2 + w_n^3
\end{aligned}
$$

「w_n は 3^n の倍数である」は $n = 1, 2$ のとき成り立つ.

$n = k$ で成り立つとする. w_k は 3^k の倍数であるから $w_k = 3^k A$ とおける. A は整数である.

$$
\begin{aligned}
w_{k+1} &= 3(z^{3^k})^2 w_k - 3(z^{3^k})w_k^2 + w_k^3 \\
&= 3(z^{3^k})^2(3^k A) - 3(z^{3^k})(3^k A)^2 + (3^k A)^3 \\
&= 3(z^{3^k})^2(3^k A) - 3(z^{3^k})3^{2k}A^2 + 3^{3k}A^3 \\
&= 3^{k+1}\{(z^{3^k})^2 A - (z^{3^k})3^k A^2 + 3^{2k-1}A^3\}
\end{aligned}
$$

は 3^{k+1} の倍数である. $n = k+1$ でも成り立つから数学的帰納法により証明された.

《チェビシェフの多項式（C20）☆》

610. p を 3 以上の素数とする. また, θ を実数とする.

（1） $\cos 3\theta$ と $\cos 4\theta$ を $\cos\theta$ の式として表せ.

（2） $\cos\theta = \dfrac{1}{p}$ のとき, $\theta = \dfrac{m}{n}\cdot\pi$ となるような正の整数 m, n が存在するか否かを理由を付けて判定せよ.

(23 京大・前期)

考え方 もし, $\theta = \dfrac{m}{4}\pi$, $\cos\theta = \dfrac{1}{p}$ であるとすると

$$\cos 4\theta = 8\cos^4\theta - 8\cos^2\theta + 1$$

より

$$\cos m\pi = 8\cdot\frac{1}{p^4} - 8\cdot\frac{1}{p^2} + 1$$

p^2 を掛けて

$$p^2(-1)^m = 8\cdot\frac{1}{p^2} - 8 + p^2$$

これより $8\cdot\dfrac{1}{p^2}$ は整数になるが, p は奇数の素数であるから矛盾する. よって $\theta = \dfrac{m}{4}\pi$ とはならない. ここでは $\cos n\theta$ が最高次の係数が 2^{n-1} の, 整数係数の多項式であることを使う.

▶解答◀ （1） $\cos 3\theta = 4\cos^3\theta - 3\cos\theta$

$$
\begin{aligned}
\cos 4\theta &= 2\cos^2 2\theta - 1 = 2(2\cos^2\theta - 1)^2 - 1 \\
&= 8\cos^4\theta - 8\cos^2\theta + 1
\end{aligned}
$$

（2）まず, しばらくは以下の n は, $\theta = \dfrac{m}{n}\cdot\pi$ の n とは無関係な自然数である.

　$\cos n\theta$ を展開し, $x = \cos\theta$ と置き換えると, 最高次の係数が 2^{n-1} の n 次の整数係数の多項式の形になることを証明する. $\cos\theta = x$, $\cos 2\theta = 2x^2 - 1$ であるから $n = 1, 2$ で成り立つ. $n = k-1, k$ で成り立つとする.

$$\cos(k+1)\theta + \cos(k-1)\theta = 2\cos k\theta \cos\theta$$
$$\cos(k+1)\theta = 2(2^{k-1}x^k + \cdots)x - (2^{k-2}x^{k-1} + \cdots)$$
$$= 2^k x^{k+1} + \cdots$$

$n = k+1$ で成り立つ. なお, 上の 3 箇所の $\cdots$ は（それがあれば）整数係数の x の多項式である. 数学的帰

納法により証明された.

$$\cos n\theta = 2^{n-1}x^n + a_{n-1}x^{n-1} + \cdots + a_1 x + a_0$$

a_0 から a_{n-1} は整数である. さて $\theta = \dfrac{m}{n}\cdot\pi$ となるような自然数 m, n が存在すると仮定する. $x = \cos\theta = \dfrac{1}{p}$ であるから

$$\cos m\pi = \frac{2^{n-1}}{p^n} + \frac{a_{n-1}}{p^{n-1}} + \cdots + \frac{a_1}{p} + a_0$$

p^{n-1} を掛けて

$$\frac{2^{n-1}}{p} = (-1)^m p^{n-1} - a_{n-1} - \cdots - a_0\cdot p^{n-1}$$

右辺は整数であるが, p は 3 以上の奇数の素数である から左辺の $\dfrac{2^{n-1}}{p}$ は整数でなく, 矛盾する. よって, $\theta = \dfrac{m}{n}\pi$ となるような正の整数 m, n は存在しない.

注意 【展開する】

$x = \cos\theta, s = \sin\theta$ とおく. ド・モアブルの定理より

$$\cos n\theta + i\sin n\theta = (\cos\theta + i\sin\theta)^n = (x + is)^n$$
$$= \sum_{k=0}^{n} {}_n C_{n-k} x^{n-k}(is)^k$$

この実部をとる. k が偶数のとき $k = 2m$ とおく. $\left[\dfrac{n}{2}\right] = N$ とおく. [ ] はガウス記号で, 整数部分を表す. $i^2 s^2 = -(1-x^2) = x^2 - 1$ であるから

$$\cos n\theta = \sum_{m=0}^{N} {}_n C_{n-2m} x^{n-2m}(x^2-1)^m$$

の右辺は x の, 整数係数の多項式の n 次式の形であ る. x^n の係数は $\displaystyle\sum_{m=0}^{N} {}_n C_{n-2m}$ である.

$(a+b)^n = \displaystyle\sum_{k=0}^{n} {}_n C_k a^k b^{n-k}$ で $a=1, b=1$ として
$2^n = {}_n C_0 + {}_n C_1 + {}_n C_2 + {}_n C_3 + \cdots$
$a = -1, b = 1$ として
$0 = {}_n C_0 - {}_n C_1 + {}_n C_2 - {}_n C_3 + \cdots$
$\displaystyle\sum_{m=0}^{N} {}_n C_{n-2m} = \dfrac{2^n}{2} = 2^{n-1}$

《漸化式を変形して (B20)》

611. すべての自然数 n に対して
$a_1^3 + \cdots + a_n^3 = (a_1 + \cdots + a_n)^2$
を満たすような数列 $\{a_n\}$ について, 次の問いに答えよ.

（1） すべての自然数 n に対して $a_n a_{n+1} < 0$ を満たすとき, 一般項 a_n を推測して, それが正しいことを数学的帰納法を用いて証明せよ.

（2） すべての自然数 n に対して $a_n > 0$ を満たすとき, 一般項 a_n を推測して, それが正しいこと

を数学的帰納法を用いて証明せよ.

（23 広島工業大・A 日程）

▶解答◀ 数学的帰納法で示せといわれても何度も 与式にもどるのはつらい.

$$a_1^3 + \cdots + a_n^3 = (a_1 + \cdots + a_n)^2 \quad\cdots\cdots\text{①}$$
$$a_1^3 + \cdots + a_{n+1}^3 = (a_1 + \cdots + a_{n+1})^2 \quad\cdots\cdots\text{②}$$

②−① より

$$a_{n+1}^3 = a_{n+1}\{2(a_1 + \cdots + a_n) + a_{n+1}\}$$

（1）,（2）いずれでも $a_{n+1} \neq 0$ であるから

$$a_{n+1}^2 = 2(a_1 + \cdots + a_n) + a_{n+1} \quad\cdots\cdots\text{③}$$
$$a_{n+2}^2 = 2(a_1 + \cdots + a_n + a_{n+1}) + a_{n+2} \quad\cdots\cdots\text{④}$$

④−③ より

$$a_{n+2}^2 - a_{n+1}^2 = 2a_{n+1} + a_{n+2} - a_{n+1}$$
$$a_{n+2}^2 - a_{n+1}^2 = a_{n+2} + a_{n+1}$$
$$(a_{n+2} + a_{n+1})(a_{n+2} - a_{n+1} - 1) = 0$$
$$a_{n+2} = -a_{n+1} \quad\cdots\cdots\text{⑤}$$

または $a_{n+2} = a_{n+1} + 1 \quad\cdots\cdots\text{⑥}$

これは n の値によってどちらかを使うということで, いつも一方を使うということではない. ① で $n = 1$ として $a_1^3 = a_1^2$

（1）,（2）いずれでも $a_1 \neq 0$ であるから $a_1 = 1$ ・⑦

③ で $n = 1$ として $a_2^2 = 2a_1 + a_2$

$$a_2^2 - a_2 - 2 = 0$$
$$(a_2 + 1)(a_2 - 2) = 0$$
$$a_2 = -1 \text{ または } a_2 = 2 \quad\cdots\cdots\text{⑧}$$

（1） $a_1 a_2 < 0$ であるから, ⑦, ⑧ より $a_2 = -1$

⑤, ⑥ より $a_3 = -a_2 = 1$ または $a_3 = a_2 + 1 = 0$
$a_3 \neq 0$ であるから $a_3 = 1$

$1, -1, 1$ となったから $a_n = (-1)^{n-1}$ と予想できる. $n = k\,(\geqq 3)$ で成り立つとする. $a_k = (-1)^{k-1}$

⑤, ⑥ で $n = k-1$ として

$$a_{k+1} = -a_k = (-1)^k$$

または $a_{k+1} = a_k + 1$

後者の場合は

$$a_k a_{k+1} = a_k^2 + a_k = 1 + (-1)^{k-1} \geqq 0$$

となり不適. よって $a_{k+1} = (-1)^k$ となり $n = k+1$ でも成り立つ. 数学的帰納法により証明された.

$$\boldsymbol{a_n = (-1)^{n-1}}$$

（2） つねに $a_n > 0$ であるから ⑤ は不適. よって ⑥ であり, $a_n = n$ と予想できる. $n = 1$ のとき成り 立つ. $n = k$ で成り立つとすると $a_k = k$

$$a_{k+1} = a_k + 1 = k + 1$$

$n=k+1$ のときも成り立つから数学的帰納法により証明された.

$a_n = n$

♦別解♦ （1） ① で $n=1,2$ として

$$a_1{}^3 = a_1{}^2 \quad \cdots\cdots\cdots ⑨$$

$$a_1{}^3 + a_2{}^3 = (a_1 + a_2)^2 \quad \cdots\cdots\cdots ⑩$$

$a_1 a_2 < 0$ より $a_1 \neq 0$

⑨ より $a_1 = 1$ で⑩に代入し

$$1 + a_2{}^3 = (1 + a_2)^2 \quad \cdots\cdots\cdots ⑪$$

$$a_2{}^3 - a_2{}^2 - 2a_2 = 0$$

$$a_2(a_2 + 1)(a_2 - 2) = 0$$

$a_1 a_2 < 0$ より $a_2 < 0$ であるから $a_2 = -1$

$a_n = (-1)^{n-1}$ と予想できる. $n \leq k$ で成り立つとする.

$$a_1 = 1,\ a_2 = -1,\ \cdots,\ a_k = (-1)^{k-1}$$

$n = k+1$ のとき

$$a_1{}^3 + \cdots + a_k{}^3 + a_{k+1}{}^3$$
$$= (a_1 + \cdots + a_k + a_{k+1})^2$$

k が偶数ならば

$$a_1{}^3 + \cdots + a_k{}^3 = 1 - 1 + 1 - 1 + \cdots + 1 - 1 = 0$$

$$a_1 + \cdots + a_k = 0$$

であるから $a_{k+1}{}^3 = a_{k+1}{}^2$ となる.

$a_{k+1} \neq 0$ より $a_{k+1} = 1 = (-1)^k$

k が奇数ならば

$$a_1{}^3 + \cdots + a_k{}^3 = 1$$

$$a_1 + \cdots + a_k = 1$$

であるから $1 + a_{k+1}{}^3 = (1 + a_{k+1})^2$

これは⑪と同じ形だから $a_{k+1} = -1 = (-1)^k$ となる.

$n = k+1$ でも成り立つ. 数学的帰納法により証明された.

（2） $a_1 = 1$ は上と同じ. $a_n = n$ と予想できる.

$n \leq k$ で成り立つとする.

$$a_1 = 1,\ \cdots,\ a_k = k$$

$n = k+1$ のとき

$$a_1{}^3 + \cdots + a_k{}^3 + a_{k+1}{}^3 = (a_1 + \cdots + a_k + a_{k+1})^2$$

$$1^3 + \cdots + k^3 + a_{k+1}{}^3 = (1 + \cdots + k + a_{k+1})^2$$

$$\left\{ \frac{1}{2}k(k+1) \right\}^2 + a_{k+1}{}^3$$
$$= \left\{ \frac{1}{2}k(k+1) + a_{k+1} \right\}^2$$

$$\left\{ \frac{1}{2}k(k+1) \right\}^2 + a_{k+1}{}^3$$

$$= \left\{ \frac{1}{2}k(k+1) \right\}^2 + k(k+1)a_{k+1} + a_{k+1}{}^2$$

$$a_{k+1}{}^3 = k(k+1)a_{k+1} + a_{k+1}{}^2$$

を a_{k+1} で割って

$$a_{k+1}{}^2 - a_{k+1} - k(k+1) = 0$$

$$(a_{k+1} - k - 1)(a_{k+1} + k) = 0$$

$a_{k+1} > 0$ より $a_{k+1} = k+1$

$n = k+1$ でも成り立つから数学的帰納法により証明された.

注意 $n = 1, \cdots, n = k$ を仮定して $n = k+1$ を示すタイプは，生徒はほとんどできない.

《力学系 (B20)》

612. 関数 $f(x)$ を

$$f(x) = \begin{cases} \dfrac{1}{2}x + \dfrac{1}{2} & (x \leq 1) \\ 2x - 1 & (x > 1) \end{cases}$$

で定める. a を実数とし，数列 $\{a_n\}$ を

$$a_1 = a,\ a_{n+1} = f(a_n) \quad (n = 1, 2, 3, \cdots)$$

で定める. 以下の問に答えよ.

（1） すべての実数 x について $f(x) \geq x$ が成り立つことを示せ.

（2） $a \leq 1$ のとき，すべての正の整数 n について $a_n \leq 1$ が成り立つことを示せ.

（3） 数列 $\{a_n\}$ の一般項を n と a を用いて表せ.

(23 神戸大・理系)

▶解答◀ （1） $x \leq 1$ のとき

$$f(x) - x = \left(\frac{1}{2}x + \frac{1}{2} \right) - x = \frac{1}{2}(1 - x) \geq 0$$

$x \geq 1$ のとき $f(x) - x = (2x - 1) - x = x - 1 \geq 0$

よって $f(x) \geq x$ である. なお，$y = f(x)$ のグラフを図示すると図1の太線部のようになる.

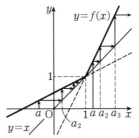

（2） $a_n \leq 1$ は $n = 1$ で成り立つ. $n = k$ で成り立つとする. $a_k \leq 1$ である. このとき

$$a_{k+1} = \frac{1}{2}a_k + \frac{1}{2} \leq \frac{1}{2} + \frac{1}{2} = 1$$

$n = k+1$ でも成り立つから数学的帰納法により証明された.

（3） （ア） $a \leq 1$ のとき：（2）より常に $a_n \leq 1$ で

あるから，漸化式は $a_{n+1} = \frac{1}{2}a_n + \frac{1}{2}$ であり，

$$a_{n+1} - 1 = \frac{1}{2}(a_n - 1)$$

これより，数列 $\{a_n - 1\}$ は等比数列で

$$a_n - 1 = \left(\frac{1}{2}\right)^{n-1}(a_1 - 1) = \left(\frac{1}{2}\right)^{n-1}(a - 1)$$

$$a_n = 1 - (1 - a)\left(\frac{1}{2}\right)^{n-1}$$

（イ）$a > 1$ のとき：$a_n > 1$ であることを証明する．

$n = 1$ で成り立つ．$n = k$ で成り立つとする．$a_k > 1$ である．$a_{k+1} = 2a_k - 1 > 2 - 1 = 1$

$n = k + 1$ でも成り立つから数学的帰納法により証明された．漸化式は $a_{n+1} = 2a_n - 1$ となる．

$$a_{n+1} - 1 = 2(a_n - 1)$$

これより，数列 $\{a_n - 1\}$ は等比数列で

$$a_n - 1 = 2^{n-1}(a_1 - 1) = 2^{n-1}(a - 1)$$

$$a_n = (a - 1)2^{n-1} + 1$$

《一昨日帰納法（B20）》

613. n を自然数とする．正の実数
$a = \sqrt[3]{2 + \sqrt{5}}, b = \sqrt[3]{-2 + \sqrt{5}}$
を用いて，数列 $\{c_n\}$ を $c_n = a^n - b^n$ と定める．以下の問いに答えよ．

（1）ab, c_3, c_1 がそれぞれ整数であることを示せ．

（2）$\frac{c_2}{\sqrt{5}}$, $\frac{c_4}{\sqrt{5}}$ がそれぞれ整数であることを示せ．

（3）$f(a) = f(b) = 0$ となるような，整数係数の4次多項式 $f(x)$ を1つ求めよ．また，漸化式 $c_{n+4} = Ac_{n+2} + Bc_n$ を満たすような定数 A および B の値をそれぞれ求めよ．

（4）c_{2n-1} および $\frac{c_{2n}}{\sqrt{5}}$ がそれぞれ正の整数であることを示せ．さらに，c_{2n-1} が $(c_{2n})^2 - 1$ の約数であることを示せ．　（23　公立はこだて未来大）

▶解答◀ （1）$a = \sqrt[3]{2 + \sqrt{5}}$,
$b = \sqrt[3]{-2 + \sqrt{5}}$ であるから，

$$ab = \sqrt[3]{(2 + \sqrt{5})(-2 + \sqrt{5})} = \sqrt[3]{1} = 1$$

$$c_3 = a^3 - b^3 = 2 + \sqrt{5} - (-2 + \sqrt{5}) = 4$$

$$(a - b)^3 = a^3 - b^3 - 3ab(a - b)$$

であるから，

$$c_1{}^3 = 4 - 3c_1$$

$$c_1{}^3 + 3c_1 - 4 = 0$$

$$(c_1 - 1)(c_1{}^2 + c_1 + 4) = 0$$

a, b は実数であるから c_1 も実数で，$c_1 = 1$ である．

以上より，ab, c_3, c_1 はいずれも整数である．

（2）$(a + b)^2 = (a - b)^2 + 4ab = 5$

$a + b > 0$ であるから，$a + b = \sqrt{5}$ である．また，$c_1 = 1$ より $a - b = 1$ であるから

$$a = \frac{1 + \sqrt{5}}{2}, b = \frac{\sqrt{5} - 1}{2}$$ となる．3乗根が外れた．

$$a^2 + b^2 = (a - b)^2 + 2ab = 3$$

であるから，

$$c_2 = a^2 - b^2 = (a - b)(a + b) = \sqrt{5}$$

$$c_4 = a^4 - b^4 = (a - b)(a + b)(a^2 + b^2) = 3\sqrt{5}$$

$\frac{c_2}{\sqrt{5}} = 1$, $\frac{c_4}{\sqrt{5}} = 3$ は，いずれも整数である．

（3）$a + b = \sqrt{5}, ab = 1$ であるから解と係数の関係より a, b は $x^2 - \sqrt{5}x + 1 = 0$ の2解である．$x^2 + 1 = \sqrt{5}x$ を2乗して $x^4 + 2x^2 + 1 = 5x^2$ となるから $f(x)$ の1つとして $f(x) = x^4 - 3x^2 + 1$

$a^4 - 3a^2 + 1 = 0, b^4 - 3b^2 + 1 = 0$ が成り立つからそれぞれ a^n, b^n を掛けて引くと $c_{n+4} - 3c_{n+2} + c_n = 0$ が得られる．$A = 3, B = -1$ である．

（4）$a > b > 0$ であるから $a^n > b^n > 0$ であり $c_n > 0$ である．

「c_{2n-1} が整数」は $n = 1, 2$ のとき成り立つ．$n = k, k + 1$ で成り立つとする．c_{2k-1}, c_{2k+1} は整数である．

$$c_{2k+3} = 3c_{2k+1} - c_{2k-1}$$

の右辺は整数どうしを引いているから整数である．$n = k + 2$ でも成り立つから数学的帰納法により c_{2n-1} は整数である．そしてこれは正の整数である．

$\frac{c_2}{\sqrt{5}} = 1$, $\frac{c_4}{\sqrt{5}} = 3$ は整数であるから「$\frac{c_{2n}}{\sqrt{5}}$ が整数」は $n = 1, 2$ で成り立つ．$n = k, k + 1$ で成り立つとする．

$\frac{c_{2k}}{\sqrt{5}}$, $\frac{c_{2k+2}}{\sqrt{5}}$ は整数である．

$$\frac{c_{2k+4}}{\sqrt{5}} = 3 \cdot \frac{c_{2k+2}}{\sqrt{5}} - \frac{c_{2k}}{\sqrt{5}}$$

右辺は整数どうしを引いているから整数である．$n = k + 2$ でも成り立つから数学的帰納法により $\frac{c_{2n}}{\sqrt{5}}$ は整数である．そしてこれは正の整数である．

$ab = 1, a^2 + b^2 = 3$ に注意して，

$$(c_{2n})^2 - 1 = (a^{2n} - b^{2n})^2 - 1$$

$$= a^{4n} - 2a^{2n}b^{2n} + b^{4n} - 1 = a^{4n} + b^{4n} - 3$$

が $c_{2n-1} = a^{2n-1} - b^{2n-1}$ で割り切れるはずだから，指数を見て，商は $c_{2n+1} = a^{2n+1} - b^{2n+1}$ と予想できる．

$$c_{2n-1}c_{2n+1} = (a^{2n-1} - b^{2n-1})(a^{2n+1} - b^{2n+1})$$

$$= a^{4n} + b^{4n} - a^{2n-1}b^{2n+1} - a^{2n+1}b^{2n-1}$$

$$= a^{4n} + b^{4n} - a^{2n-1}b^{2n-1}(a^2 + b^2)$$

$$= a^{4n} + b^{4n} - 3 = (c_{2n})^2 - 1$$

よって c_{2n-1} は $(c_{2n})^2 - 1$ の約数である.

注意 a, b は $x^2 - \sqrt{5}x + 1 = 0$ の 2 解であるから

$$a = \frac{\sqrt{5}+1}{2}, \quad b = \frac{\sqrt{5}-1}{2}$$

=== 《凸性の証明 (C30)》 ===

614. 関数 $f(x)$ は常に正の値をとり, どんな実数 x, y についても $f(x+y) = f(x)f(y)$ が成り立っている. 次の問いに答えよ.

（1） x を実数とするとき, $f\left(\dfrac{x}{2}\right) = \sqrt{f(x)}$ が成り立つことを示せ.

（2） k を自然数とする. 初項 1, 公差 2 の等差数列 $\{a_n\}$ の第 $2^k + 1$ 項から第 2^{k+1} 項までの和
$S = a_{2^k+1} + a_{2^k+2} + a_{2^k+3} + \cdots + a_{2^{k+1}}$ を求めよ.

（3） n を自然数とする. 2^n 個の実数
$x_1, x_2, x_3, \cdots, x_{2^n}$ に対して

$$f\left(\frac{x_1 + x_2 + x_3 + \cdots + x_{2^n}}{2^n}\right)$$

$$\leqq \frac{f(x_1) + f(x_2) + f(x_3) + \cdots + f(x_{2^n})}{2^n}$$

が成り立つことを, n に関する数学的帰納法によって示せ. （23 福岡教育大・中等）

考え方 $f(x+y) = f(x)f(y)$ ……………ⓐ という関係式を関数方程式という. 今では 3 年に 1 題も出題されないから, 多くの生徒にとっては「奇妙な問題」にしか見えず, ほとんど手を出さない. 一番の基本の関数方程式は

$$f(x+y) = f(x) + f(y) \quad \cdots\cdots\cdots\cdots ⓑ$$

であり, コーシーの関数方程式という. ⓑを満たす f として

$$f(x) = ax, \quad a = f(1)$$

があるが, これ以外にも知られている. 興味のある人はハメルの基底, 集合の選択公理で調べてみよ. ⓐを満たすものとして $f(x) = a^x, a = f(1)$ があるが, これ以外にもある. だから, いきなり $f(x) = a^x$ であるとして答案をはじめたら, 0 点である. しかも, ボカして与えているからわかりにくい.

元にする関係式がⓐでは, 方針が定まらない.（3）の最初だけⓐを元にして

$$\frac{f(x) + f(y)}{2} \geqq f\left(\frac{x+y}{2}\right) \quad \cdots\cdots\cdots\cdots ⓒ$$

を示す. これは凸性を利用した不等式という.
$A(x_1, f(x_1))$, $B(x_2, f(x_2))$,

$$M\left(\frac{x_1 + x_2}{2}, \frac{f(x_1) + f(x_2)}{2}\right),$$

$$N\left(\frac{x_1 + x_2}{2}, f\left(\frac{x_1 + x_2}{2}\right)\right) \text{ として, M の } y \text{ 座標と}$$
N の y 座標を比べている.

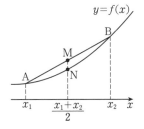

そして, これを示したら, もうⓐにもどってはいけない. ⓒを使う.

$$\frac{f(x_1) + f(x_2) + f(x_3) + f(x_4)}{4}$$

$$\geqq \frac{2f\left(\dfrac{x_1 + x_2}{2}\right) + 2f\left(\dfrac{x_3 + x_4}{2}\right)}{4}$$

$$= \frac{f\left(\dfrac{x_1 + x_2}{2}\right) + f\left(\dfrac{x_3 + x_4}{2}\right)}{2}$$

$$\geqq f\left(\frac{\dfrac{x_1 + x_2}{2} + \dfrac{x_3 + x_4}{2}}{2}\right)$$

$$= f\left(\frac{x_1 + x_2 + x_3 + x_4}{4}\right)$$

と, 変数の個数を 2, 4, 8, 16, … と増やしていく.
という話である. これを帰納法で示す.
しかも（2）の存在理由は伝わりにくい. ここは,

$$\frac{f(a) + f(b) + f(c) + f(d)}{4} \geqq f\left(\frac{a+b+c+d}{4}\right)$$

を示せくらいの方がよい.

▶解答◀ （1） $f(x) = f\left(\dfrac{x}{2} + \dfrac{x}{2}\right)$

$$= f\left(\frac{x}{2}\right) \cdot f\left(\frac{x}{2}\right) = \left\{f\left(\frac{x}{2}\right)\right\}^2$$

$f\left(\dfrac{x}{2}\right) > 0$ であるから $f\left(\dfrac{x}{2}\right) = \sqrt{f(x)}$

（2） 数列 $\{a_n\}$ は初項 1, 公差 2 の等差数列であるから
$a_n = 2n - 1$ と表せる. a_{2^k+1} から $a_{2^{k+1}}$ までの個数は
$2^{k+1} - (2^k + 1) + 1 = 2^k$ 個である. したがって

$$S = \frac{1}{2} \cdot 2^k (a_{2^k+1} + a_{2^{k+1}})$$

$$= 2^{k-1}\{2(2^k + 1) - 1 + 2 \cdot 2^{k+1} - 1\}$$

$$= 2^{k-1}(2^{k+1} + 2 \cdot 2^{k+1}) = \mathbf{3 \cdot 2^{2k}}$$

（3） $n = 1$ のときは 2 変数 x_1, x_2 に対し,
$f\left(\dfrac{x_1 + x_2}{2}\right) \leqq \dfrac{f(x_1) + f(x_2)}{2}$ が成り立つことを
示す. $f(x_1) > 0, f(x_2) > 0$ であるから, 相加・相乗

平均の不等式により

$$\frac{f(x_1) + f(x_2)}{2} \geqq \sqrt{f(x_1)f(x_2)}$$

$$= \sqrt{f(x_1)}\sqrt{f(x_2)} = f\left(\frac{x_1}{2}\right)f\left(\frac{x_2}{2}\right)$$

$$= f\left(\frac{x_1 + x_2}{2}\right)$$

であるから，$n=1$ のとき成り立つ．

$n=k$ のとき成り立つとする．2^k 個の変数 $x_1, \cdots, x_{2^k}$ および $x_{2^k+1}, \cdots, x_{2^{k+1}}$ に対して

$$\frac{f(x_1) + \cdots + f(x_{2^k})}{2^k} \geqq f\left(\frac{x_1 + \cdots + x_{2^k}}{2^k}\right)$$

$$\frac{f(x_{2^k+1}) + \cdots + f(x_{2^{k+1}})}{2^k}$$

$$\geqq f\left(\frac{x_{2^k+1} + \cdots + x_{2^{k+1}}}{2^k}\right)$$

が成り立つ．

$a = \dfrac{x_1 + \cdots + x_{2^k}}{2^k}, b = \dfrac{x_{2^k+1} + \cdots + x_{2^{k+1}}}{2^k}$ として

$$f(x_1) + \cdots + f(x_{2^k}) \geqq 2^k f(a)$$

$$f(x_{2^k+1}) + \cdots + f(x_{2^{k+1}}) \geqq 2^k f(b)$$

であるから

$$\frac{1}{2^{k+1}}\{f(x_1) + \cdots + f(x_{2^k})$$

$$+ f(x_{2^k+1}) + \cdots + f(x_{2^{k+1}})\}$$

$$\geqq \frac{1}{2^{k+1}}(2^k f(a) + 2^k f(b))$$

$$= \frac{f(a) + f(b)}{2} \geqq f\left(\frac{a+b}{2}\right)$$

$$= f\left(\frac{x_1 + \cdots + x_{2^k} + x_{2^k+1} + \cdots + x_{2^{k+1}}}{2^{k+1}}\right)$$

$n=k+1$ でも成り立つ．数学的帰納法により証明された．

《平方根を求める漸化式（B10）》

615．次のように定められた数列 $\{a_n\}$ を考える．

$$a_1 = \frac{17}{15},$$

$$a_{n+1} = \frac{1}{2}\left(a_n + \frac{1}{a_n}\right) (n = 1, 2, 3, \cdots)$$

以下の問いに答えなさい．

（1） すべての自然数 n に対して $a_n > 1$ であることを示しなさい．

（2） $a_n = \dfrac{4^{b_n}+1}{4^{b_n}-1}$ とするとき，b_n を a_n を用いて表しなさい．

（3） b_{n+1} を b_n を用いて表しなさい．

（4） 数列 $\{a_n\}$ の一般項を求めなさい．

(23　都立大・理，都市環境，システム)

▶解答◀ （1） $n=1$ のとき $a_1 = \dfrac{17}{15} > 1$

$n=k$ で成り立つとする．$a_k > 1$ である．

$$a_{k+1} - 1 = \frac{1}{2}\left(a_k + \frac{1}{a_k}\right) - 1$$

$$= \frac{1}{2a_k}(a_k^2 - 2a_k + 1) = \frac{(a_k - 1)^2}{2a_k} > 0$$

$a_{k+1} > 1$ である．$n=k+1$ でも成り立つから数学的帰納法により証明された．

（2） $(4^{b_n}-1)a_n = 4^{b_n}+1$

$(a_n - 1)4^{b_n} = a_n + 1$ 　　$\therefore$ 　$4^{b_n} = \dfrac{a_n+1}{a_n-1}$

$$b_n = \log_4 \frac{a_n+1}{a_n-1}$$

（3） $\dfrac{a_{n+1}+1}{a_{n+1}-1} = \dfrac{\frac{1}{2}\left(a_n + \frac{1}{a_n}\right) + 1}{\frac{1}{2}\left(a_n + \frac{1}{a_n}\right) - 1} =$

$$\frac{(a_n+1)^2}{(a_n-1)^2}$$

$$\log_4 \frac{a_{n+1}+1}{a_{n+1}-1} = 2\log_4 \frac{a_n+1}{a_n-1}$$

となり，$b_{n+1} = 2b_n$ である．

（4） $\dfrac{a_1+1}{a_1-1} = \dfrac{\frac{17}{15}+1}{\frac{17}{15}-1} = 16 = 4^2$ だから $b_1 = 2$

$\{b_n\}$ は公比 2 の等比数列だから $b_n = b_1 \cdot 2^{n-1} = 2^n$

$$a_n = \frac{4^{2^n}+1}{4^{2^n}-1}$$

【確率と漸化式】

《階段上り（B10）☆》

616．10 段の階段を 1 段上がり，または 2 段上がりを組合せて上がるとする．次の上がり方は何通りあるか．

（1） 1 段上がり 4 回と 2 段上がり 3 回を組み合わせた上がり方．

（2） すべての上がり方（ただし，1 段上がりのみの上がり方と 2 段上がりのみの上がり方も含む）．

(23　新潟工科大)

考え方　「のぼりかた」というから，

右足から上るのと，左足から上るのは，区別するのか？

途中でケンケン飛びを入れたらどうなるのか？

逆立ちをしたらどうなるのか？

などを考えて，「題意がよくわからん」となったのは，52 年前の私である．こういう問題では「たとえば，2 段上るときは 1 段，1 段で上がるか，2 段上がるかで 2 通りある」等の実例を書くべきである．右足，左足は関係ないとわかる．まして逆立ちなんかしてはいけな

い.

▶解答◀ （1）何段進むかだけが問題である．たとえば $1+1+1+1+2+2+2$ は最初に1段を4回，その後2段を3回進むことを表す．4個の1と3個の2の列だから，全部で $_7C_3 = \dfrac{7\cdot6\cdot5}{3\cdot2\cdot1} = 35$ 通りある．

（2）和が n になる1または2の列の個数を a_n とする．

$$n = 1 + (n-1)$$
$$n = 2 + (n-2)$$

であるから

$$a_n = a_{n-1} + a_{n-2}$$

日本語で言えば，n 段上がる（その列の個数は a_n）とき，最初に1段上がるなら後は $n-1$ 段上がり（その列の個数は a_{n-1}），最初に2段上がるなら後は $n-2$ 段上がる（その列の個数は a_{n-2}）．

$1=1$ であり $a_1 = 1$

$2=2, 2=1+1$ であり，$a_2 = 2$

$a_3 = a_2 + a_1 = 3$ となり，以後，これを続けて

a_n：1, 2, 3, 5, 8, 13, 21, 34, 55, 89

$a_{10} = 89$

注意 **1°【意味にこだわる書き方】**

従来は，次のように説明される．

n 段目にくるとき（そこまでの上り方は a_n 通りある）

直前の足が $n-1$ 段目にあって（そこまでの上り方は a_{n-1} 通りある），1段で上がる

か，

直前の足が $n-2$ 段目にあって（そこまでの上り方は a_{n-2} 通りある），2段で上がる

があるから

$$a_n = a_{n-1} + a_{n-2}$$

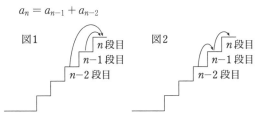

しかし，このように意味にこだわっていると，

「図2のように，$n-2$ 段目から1段，1段で上がるのを忘れているんじゃないですか？」

という生徒が必ずいるから，先回りして，

「それは，直前の足は $n-1$ 段目にあるから，a_{n-1} 通りの中で数えられているので，カウントしてはいけません」

と説明を入れないといけない．

2°【式の立て方によってはシグマの式になる】

1段を y 個，2段を x 個 n 合わせて n 段上がるとき，$y + 2x = n$ で，$y = n - 2x \geqq 0$ である，$x \leqq \dfrac{n}{2}$ となる．1を y 個，2を x 個並べる列は $_{x+y}C_x = {}_{n-x}C_x$ 通りあるから

$$a_n = \sum_{x=0}^{\left[\frac{n}{2}\right]} {}_{n-x}C_x$$

となる．$[x]$ はガウス記号であり，小数部分の切り捨て，x の整数部分を表す．

《最初でタイプ分け（B10）☆》

617. 白玉と黒玉を合わせて n 個を左から右へ横1列に並べる．ただし，白玉を2個以上つづいて並べることはない．このようにして並べたときの場合の数を a_n 通りとする．たとえば，a_1 は，白か黒の2通りなので $a_1 = 2$，a_2 は，白黒，黒白，黒黒の3通りなので $a_2 = 3$ である．ただし，白は白玉，黒は黒玉を表す．このとき，a_{15} を求めよ．

（23 東北大・医AO）

▶解答◀ 白玉を W，黒玉を B で表す．「W が2個以上連続しない，W または B の n 個の文字列の個数が a_n」である．a_n 通りの文字列を，1文字目が何かでタイプ分けする．1文字目が B のものは a_{n-1} 通りある．1文字目が W のものは2文字目が B で，a_{n-2} 通りある．

$$a_n = a_{n-1} + a_{n-2}$$

が成り立つから，$a_3 = a_2 + a_1 = 3 + 2 = 5$

a_4 以後も同様に求め

8, 13, 21, 34, 55, 89, 144, 233, 377, 610, 987, 1597

$a_{15} = 1597$

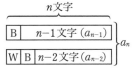

♦別解♦ **1°【後ろでタイプ分けする】**

a_n 通りの W または B の列で，n 番目が W のものが x_n 通り，B のものが y_n 通りあるとする．

$$a_n = x_n + y_n \quad\cdots\cdots\cdots①$$

である．$n+1$ 文字目が W のもの（x_{n+1} 通りある）は，n 文字目が B のもの（y_n 通りある）の右に W を付けて得られるから

$$x_{n+1} = y_n \quad\cdots\cdots\cdots②$$

$n+1$ 文字目が B のもの（y_{n+1} 通りある）は，n 文字目が W のもの（x_n 通りある）の右に B を付けるか，

Bのもの（y_n 通りある）の右にBを付けて得られるから

$$y_{n+1} = x_n + y_n \quad\cdots\cdots\cdots\text{③}$$

が成り立つ. ②＋③に $a_{n+1} = x_{n+1} + y_{n+1}$, および $a_n = x_n + y_n$ を用いると $a_{n+1} = y_n + a_n$ となる. ①, ③より $y_{n+1} = a_n$ だから $y_n = a_{n-1}$ となる. よって $a_{n+1} = a_{n-1} + a_n$ となる.（後省略）

2° 【直接数える】

黒玉 $n-k$ 個, 白玉 k 個を白玉が隣り合わないように並べるとき黒玉の間（$n+1-k$ カ所ある）のうち k カ所に白玉を入れるとき, 場所の組合せは $_{n+1-k}C_k$ 通りある. ただし, $n+1-k \geqq k$ より $0 \leqq k \leqq \dfrac{n+1}{2}$ である.

$$\underset{黒\;黒\;黒\;\cdots\cdots\;黒\;黒\;黒}{\downarrow\;\downarrow\;\downarrow\;\downarrow\quad\downarrow\;\downarrow\;\downarrow\;\downarrow}$$

$$a_{15} = {}_{16}C_0 + {}_{15}C_1 + {}_{14}C_2 + {}_{13}C_3 + {}_{12}C_4$$
$$\qquad + {}_{11}C_5 + {}_{10}C_6 + {}_9C_7 + {}_8C_8$$
$$= 1 + 15 + 91 + 286 + 495 + 462 + 210 + 36 + 1 = \mathbf{1597}$$

注意 【一般化】 黒玉 $n-k$ 個, 白玉 k 個の場合は

$$a_n = \sum_{k=0}^{\left[\frac{n+1}{2}\right]} {}_{n+1-k}C_k$$

《塗り分け問題（B10）☆》

618. n を正の整数とする. 下図のように, 円盤の片面を $n+1$ 個の扇形の領域に分け, その中の一つの扇形の領域にのみ印（★）をつける. $n+1$ 個の扇形の領域それぞれを赤, 緑, 青の3色を用いて以下のルールにしたがい塗り分ける. ただし, 3色すべてを使うとは限らない. この塗り分け方の総数を $f(n)$ とする. このとき, 次の各問いに答えよ.

> ―― ルール ――
>
> 隣り合う扇形どうし, つまり辺を共有する扇形どうしは異なる色を塗り, 印（★）のついた扇形の領域には必ず赤を塗る.

（1）$f(1), f(2), f(3), f(4)$ を求めよ.

（2）$n \geqq 2$ のとき, $f(n)$ を n と $f(n-1)$ を用いて表せ.

（3）$f(n)$ を n を用いて表せ. （23 芝浦工大）

▶解答◀ （1）★付きの扇形の左隣の扇形から順に, 反時計回りに塗る色を書き出す. 右端の（赤）は★の領域の色を示す.

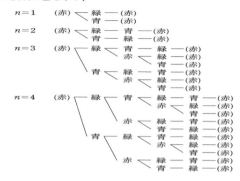

これより, $f(1) = 2$, $f(2) = 2$, $f(3) = 6$, $f(4) = 10$

（2）$(n+1)$ 個に分けられた扇形のうち, ★付きの扇形の左隣の扇形を A_1, その左隣の扇形を A_2, … と名前をつける. 最初の扇形の右隣が A_n である.

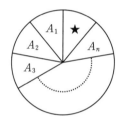

A_1 に赤以外の2色のどちらかを塗り, A_2 に A_1 で塗る色以外の2色を塗る. その後も, 直前の扇形に塗る色以外の2色を塗ることにして, A_n まで塗る. ここまでの A_1 の色, A_2 の色, …, A_n の色の列は 2^n 通りある.

このうち, 問題のルールに合わないのは A_n に赤を塗る場合である. このとき A_n と ★付きの扇形をまとめて1つの扇形と考えると, $f(n-1)$ 通りある. 2^n 通りから, ルールに合わない $f(n-1)$ 通りを引いて

$$f(n) = 2^n - f(n-1) \quad\cdots\cdots\cdots\text{①}$$

（3）$g(n) = 2^n - g(n-1) \quad\cdots\cdots\cdots\text{②}$ となる1つの解 $g(n)$ を見つける. $g(n) = A \cdot 2^n$ として

$$A \cdot 2^n = 2^n - A \cdot 2^{n-1} \qquad \therefore\quad 2A = 2 - A$$

$A = \dfrac{2}{3}$ となり, $g(n) = \dfrac{2}{3} \cdot 2^n$

①－②より

$$f(n) - \frac{2}{3} \cdot 2^n = -\left(f(n-1) - \frac{2}{3} \cdot 2^{n-1}\right)$$

数列 $\left\{ f(n) - \dfrac{2^{n+1}}{3} \right\}$ は公比 -1 の等比数列で

$$f(n) - \frac{2^{n+1}}{3} = (-1)^{n-1}\left(f(1) - \frac{2^2}{3}\right)$$

$$= (-1)^{n-1}\left(2 - \frac{4}{3}\right)$$

$$f(n) = \frac{2^{n+1}}{3} + \frac{2}{3}(-1)^{n-1}$$

♦別解♦ ①の両辺を$(-1)^n$で割る.

$$\frac{f(n)}{(-1)^n} = \frac{f(n-1)}{(-1)^{n-1}} + (-2)^n$$

$$\frac{f(k)}{(-1)^k} = \frac{f(k-1)}{(-1)^{k-1}} + (-2)^k$$

$n \geq 2$のとき$k = 2, \cdots, n$とした式を辺ごとに加え

$$\frac{f(n)}{(-1)^n} = \frac{f(1)}{(-1)^1} + 4 \cdot \frac{1-(-2)^{n-1}}{1-(-2)}$$

結果は$n = 1$でも成り立つ.

$$\frac{f(n)}{(-1)^n} = -2 + \frac{4}{3}\{1-(-2)^{n-1}\}$$

$$f(n) = -\frac{2}{3}(-1)^n + \frac{4}{3} \cdot 2^{n-1}$$

♦別解♦ $\dfrac{f(n)}{2^n} = 1 - \dfrac{1}{2} \cdot \dfrac{f(n-1)}{2^{n-1}}$

$$\frac{f(n)}{2^n} - \frac{2}{3} = -\frac{1}{2}\left\{\frac{f(n-1)}{2^{n-1}} - \frac{2}{3}\right\}$$

数列$\left\{\dfrac{f(n)}{2^n} - \dfrac{2}{3}\right\}$は,公比$-\dfrac{1}{2}$の等比数列で

$$\frac{f(n)}{2^n} - \frac{2}{3} = \left\{\frac{f(1)}{2} - \frac{2}{3}\right\}\left(-\frac{1}{2}\right)^{n-1}$$

$$\frac{f(n)}{2^n} = \frac{1}{3}\left(-\frac{1}{2}\right)^{n-1} + \frac{2}{3}$$

$$f(n) = \frac{2}{3}\left\{2^n - (-1)^n\right\}$$

[確率と漸化式]

《2項間漸化式 (B10) ☆》

619. 最初の持ち点をX_0とし,以降$n = 1, 2, 3, \cdots$に対して,以下のように持ち点X_{n-1}から持ち点X_nを定める.ただし,$X_0 = 0$とする.さいころを振って,出た目をaとし,$a = 2$ならば$X_n = 2X_{n-1}$,$a \neq 2$ならば$X_n = X_{n-1} + a$とする.

(1) $X_2 = 6$となる確率を求めよ.

(2) $n = 1, 2, 3, \cdots$に対して,X_nが2の倍数である確率をp_nとする.p_nとp_{n-1}の間に成り立つ関係を求めよ.

(3) p_nを求めよ.

(23 学習院大・理)

▶解答◀ (1) さいころを振って,1回目に出る目をb,2回目に出る目をcとして(b, c)と表す.$X_2 = 6$となるのは

(ア) 2が出ない場合,$(1, 5), (3, 3), (5, 1)$の3通り.

(イ) 2が出る場合,$(2, 6), (3, 2)$の2通り.

したがって,$X_2 = 6$となる確率は$\dfrac{3+2}{6^2} = \dfrac{5}{36}$

(2) n回目に出る目をdとする.X_nが偶数になるのは

(ア) X_{n-1}が奇数(その確率は$1-p_{n-1}$)で,$d = 1, 3, 5$または$d = 2$になるとき

(イ) X_{n-1}が偶数(その確率はp_{n-1})で,$d = 4, 6$または$d = 2$になるとき

である.

$$p_n = \frac{4}{6}(1-p_{n-1}) + \frac{3}{6}p_{n-1}$$

$$p_n = -\frac{1}{6}p_{n-1} + \frac{2}{3}$$

(3) X_0は偶数であるから,$p_0 = 1$として,(2)の漸化式は$n = 1$でも成り立つ.この漸化式を変形すると

$$p_n - \frac{4}{7} = -\frac{1}{6}\left(p_{n-1} - \frac{4}{7}\right)$$

数列$\left\{p_n - \dfrac{4}{7}\right\}$は,公比$-\dfrac{1}{6}$の等比数列である.

$$p_n - \frac{4}{7} = \left(p_0 - \frac{4}{7}\right)\left(-\frac{1}{6}\right)^n$$

$$p_n = \frac{3}{7}\left(-\frac{1}{6}\right)^n + \frac{4}{7}$$

《3項間漸化式 (B10) ☆》

620. nを自然数とする.1個のさいころを投げる試行において,1または2の目が出れば2点,3以上の目が出れば1点を得るとする.この試行をくり返し行うとき,得点の合計が途中でちょうどn点となる確率をp_nとすると,$p_2 - p_1 = \boxed{}$,$p_4 = \boxed{}$である.また,等式$p_{n+2} - p_{n+1} = a(p_{n+1} - p_n)$がすべての自然数$n$で成り立つような定数$a$の値は$a = \boxed{}$であり,$p_n$を$n$の式で表すと,$p_n = \boxed{}$となる.一方,$n$が2以上の自然数のとき,得点の合計が途中で,ちょうどn点となることなくちょうど$(n+5)$点となる確率q_nをnの式で表すと$q_n = \boxed{}$である.

(23 同志社大・理系)

▶解答◀ 1または2の目が出ることを〇,3以上の目が出ることを×と書くことにする.ちょうど1点となるのは最初に×が起きるときで,$p_1 = \dfrac{2}{3}$である.また,ちょうど2点となるのは〇または××が起きることで,

$$p_2 = \frac{1}{3} + \frac{2}{3} \cdot \frac{2}{3} = \frac{7}{9}$$

$$p_2 - p_1 = \frac{7}{9} - \frac{2}{3} = \frac{1}{9}$$

ちょうど$n+2$点となるのは,ちょうどn点となり(確率p_n),その後〇が起こる(確率$\dfrac{1}{3}$)か,ちょうど$n+1$点となり(確率p_{n+1}),その後×が起こる(確率

$\frac{2}{3}$）のいずれかであるから

$$p_{n+2} = \frac{1}{3}p_n + \frac{2}{3}p_{n+1}$$

$x^2 = \frac{1}{3} + \frac{2}{3}x$ を解くと $x = 1, -\frac{1}{3}$ であるから

$$p_{n+2} - p_{n+1} = -\frac{1}{3}(p_{n+1} - p_n)$$

$$p_{n+2} + \frac{1}{3}p_{n+1} = p_{n+1} + \frac{1}{3}p_n$$

これより数列 $\{p_{n+1} - p_n\}$ は等比数列，数列 $\left\{p_{n+1} + \frac{1}{3}p_n\right\}$ は定数列であるから

$$p_{n+1} - p_n = \left(-\frac{1}{3}\right)^{n-1}(p_2 - p_1) = \left(-\frac{1}{3}\right)^{n+1} \quad ①$$

$$p_{n+1} + \frac{1}{3}p_n = p_2 + \frac{1}{3}p_1 = 1 \quad \cdots\cdots\cdots ②$$

（②－①）$\div \frac{4}{3}$ より

$$p_n = \frac{3}{4}\left\{1 - \left(-\frac{1}{3}\right)^{n+1}\right\}$$

これより，$p_4 = \frac{3}{4}\left\{1 - \left(-\frac{1}{243}\right)\right\} = \frac{61}{81}$ である．

ちょうど n 点になることなく，ちょうど $n+5$ 点となるのは，ちょうど $n-1$ 点になり（確率 p_{n-1}），○が起こり（確率 $\frac{1}{3}$），その後ちょうど 4 点を得る（確率 $p_4 = \frac{61}{81}$）ときであるから

$$q_n = p_{n-1} \cdot \frac{1}{3} \cdot \frac{61}{81} = \frac{61}{324}\left\{1 - \left(-\frac{1}{3}\right)^n\right\}$$

《3 項間漸化式（B20）》

621. 1 から 3 までの数字が 1 つずつ書かれた 3 枚のカードが入っている箱と，頂点が反時計回りに A, B, C の順 に 並んでいる正三角形 ABC がある．箱から 1 枚のカードを取り出し，数字を確認してからもとに戻す．このとき，点 P を以下の〈規則〉にしたがって正三角形の頂点を移動させ，移動した頂点に応じて文字列を作る試行を行う．文字列は左から順に文字○，×を書くものとする．

〈規則〉

- 1 回目は次のようにする．

　1 の書かれたカードが取り出されたときは点 P を頂点 A におき，文字○を書く．

　2 の書かれたカードが取り出されたときは点 P を頂点 B におき，文字×を書く．

　3 の書かれたカードが取り出されたときは点 P を頂点 C におき，文字×を書く．

- 2 回目以降は次のようにする．

　$k\,(k = 1, 2, 3)$ の書かれたカードが取り出されたとき，点 P がおいてある頂点から反時計回りに k 個先の正三角形の頂点に移動

し，移動した頂点が A のときは既にある文字列の右側に○を，移動した頂点が A 以外のときは既にある文字列の右側に×を書く．

例えば，3 回の試行において取り出されたカードに書かれた数字が順に 1, 2, 3 のとき，点 P は A → C → C と 移動し，得られる文字列は○××である．この試行を $n\,(n \geq 2)$ 回繰り返したとき，文字列中に×が連続しない確率を p_n とする．

（1）p_2, p_3, p_4 を求めよ．

（2）$p_n\,(n \geq 2)$ を求めよ．(23 大阪医薬大・前期)

▶**解答**◀ （1）黒丸はそこに P があることを意味する．

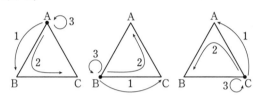

P がどこにあっても次の試行で A, B, C に移動する確率はすべて $\frac{1}{3}$ である．よって文字○を書く確率は $\frac{1}{3}$，×を書く確率は $\frac{2}{3}$ である．

p_2 について．○×，×○，○○のときで

$$p_2 = \frac{1}{3} \cdot \frac{2}{3} \cdot 2 + \frac{1}{3} \cdot \frac{1}{3} = \frac{5}{9}$$

p_3 について．3 回で×が連続しない（確率 p_3）のは，1 回目が○で，あと 2 回で×が連続しない（確率 p_2）か，1 回目が×，2 回目が○（確率 $\frac{2}{3} \cdot \frac{1}{3}$）になるときで

$$p_3 = \frac{1}{3}p_2 + \frac{2}{3} \cdot \frac{1}{3} = \frac{1}{3} \cdot \frac{5}{9} + \frac{2}{9} = \frac{11}{27}$$

p_4 について．4 回で×が連続しない（確率 p_4）のは，1 回目が○で，あと 3 回で×が連続しない（確率 p_3）か，1 回目が×，2 回目が○（確率 $\frac{2}{3} \cdot \frac{1}{3}$）であとと 2 回で×が連続しない（確率 p_2）ときで

$$p_4 = \frac{1}{3}p_3 + \frac{2}{3} \cdot \frac{1}{3}p_2$$
$$= \frac{1}{3} \cdot \frac{11}{27} + \frac{2}{9} \cdot \frac{5}{9} = \frac{21}{81} = \frac{7}{27}$$

（2）$n+2$ 回で×が連続しない（確率 p_{n+2}）のは，1 回目が○（確率 $\frac{1}{3}$）で，あと $n+1$ 回で×が連続しない（確率 p_{n+1}）か，1 回目が×，2 回目が○（確率 $\frac{2}{3} \cdot \frac{1}{3}$）で，あと n 回で×が連続しない（確率 p_n）ときで

$$p_{n+2} = \frac{1}{3}p_{n+1} + \frac{2}{3} \cdot \frac{1}{3}p_n$$

$x^2 - \frac{1}{3}x - \frac{2}{9} = 0$ の解は $x = -\frac{1}{3}, \frac{2}{3}$ であるから

$$p_{n+2} + \frac{1}{3}p_{n+1} = \frac{2}{3}\left(p_{n+1} + \frac{1}{3}p_n\right)$$

$$p_{n+2} - \frac{2}{3} p_{n+1} = -\frac{1}{3}\left(p_{n+1} - \frac{2}{3} p_n\right)$$

数列 $\left\{p_{n+1} + \frac{1}{3} p_n\right\}$, $\left\{p_{n+1} - \frac{2}{3} p_n\right\}$ は等比数列で

$$p_{n+1} + \frac{1}{3} p_n = \left(\frac{2}{3}\right)^{n-2}\left(p_3 + \frac{1}{3} p_2\right)$$

$$p_{n+1} - \frac{2}{3} p_n = \left(-\frac{1}{3}\right)^{n-2}\left(p_3 - \frac{2}{3} p_2\right)$$

辺ごとにひいて

$$p_n = \left(\frac{2}{3}\right)^{n-2}\left(\frac{11}{27} + \frac{5}{27}\right)$$
$$\qquad - \left(-\frac{1}{3}\right)^{n-2}\left(\frac{11}{27} - \frac{10}{27}\right)$$
$$\quad = \frac{8}{9}\left(\frac{2}{3}\right)^{n-1} + \frac{1}{9}\left(-\frac{1}{3}\right)^{n-1}$$

《基本的な漸化式 (B10) ☆》

622. K を自然数とする. 2 つの箱 A と B があり, A に赤玉 1 個, B に白玉 K 個が入っている. A の中の 1 個の玉と B の中の 1 個の玉の交換を繰り返し行う. n 回目の交換が終わったときに A の中の玉が赤玉である確率を求めよ.

(23 金沢大・理系)

▶解答◀ 求める確率を p_n とする. 1 回目の交換をすると, A の中の玉は白になるから, $p_1 = 0$ である. $n+1$ 回目の交換が終わったときに A の中が赤玉であるのは, n 回目の交換が終わったときに A の中が白玉であり (確率 $1 - p_n$), $n+1$ 回目の交換のときに B (赤 1 個, 白 $K-1$ 個) から取り出す玉が赤である (確率 $\frac{1}{K}$) のときであるから,

$$p_{n+1} = \frac{1}{K}(1 - p_n)$$

$$p_{n+1} - \frac{1}{K+1} = -\frac{1}{K}\left(p_n - \frac{1}{K+1}\right)$$

これより, 数列 $\left\{p_n - \frac{1}{K+1}\right\}$ は等比数列であり,

$$p_n - \frac{1}{K+1} = \left(-\frac{1}{K}\right)^{n-1}\left(p_1 - \frac{1}{K+1}\right)$$

$$p_n - \frac{1}{K+1} = -\frac{1}{K+1}\left(-\frac{1}{K}\right)^{n-1}$$

$$p_n = \frac{1}{K+1}\left\{1 - \left(-\frac{1}{K}\right)^{n-1}\right\}$$

《等式の変形が肝 (B15) ☆》

623. 1 個のさいころを n 回投げて, k 回目に出た目を a_k とする. b_n を

$$b_n = \sum_{k=1}^{n} a_1^{\,n-k} a_k$$

により定義し, b_n が 7 の倍数となる確率を p_n とする.

（1） p_1, p_2 を求めよ.

（2） 数列 $\{p_n\}$ の一般項を求めよ.

(23 阪大・理系)

▶解答◀ （1） $b_1 = a_1^{\,0} \cdot a_1 = a_1$

$a_k = 1, 2, 3, 4, 5, 6$ より, $p_1 = \boldsymbol{0}$

$$b_2 = \sum_{k=1}^{2} a_1^{\,2-k} a_k = a_1^{\,2} + a_2$$

$a_1 = 1, 2, 3, 4, 5, 6$ すなわち $a_1^{\,2} = 1, 4, 9, 16, 25, 36$ の各々に対し, b_2 が 7 の倍数となるような a_2 は,

$a_2 = 6, 3, 5, 5, 3, 6$ の順で一つずつ存在する. よって, 条件を満たす (a_1, a_2) は 6 組あり, $p_2 = \dfrac{6}{36} = \dfrac{1}{6}$

（2） $b_{n+1} = \sum_{k=1}^{n+1} a_1^{\,n+1-k} a_k$

$$= \sum_{k=1}^{n} (a_1^{\,n-k} a_1) a_k + a_1^{\,0} a_{n+1}$$

$$= a_1 \sum_{k=1}^{n} a_1^{\,n-k} a_k + a_{n+1}$$

$$= a_1 b_n + a_{n+1}$$

b_n が 7 の倍数のとき (確率 p_n): $a_1 b_n$ も 7 の倍数であるが, $a_{n+1} = 1, 2, 3, 4, 5, 6$ であるから, b_{n+1} は 7 の倍数ではない.

b_n が 7 の倍数でない (確率 $1 - p_n$) とき: l, m を整数とし (ただし $m = 1, 2, 3, 4, 5, 6$), $a_1 b_n = 7l + m$ と表せる. b_{n+1} が 7 の倍数となるのは, $a_{n+1} = 7 - m$ のときである. そのような確率は各 m に対して $\dfrac{1}{6}$ である.

以上より,

$$p_{n+1} = \frac{1}{6}(1 - p_n)$$

$$p_{n+1} = -\frac{1}{6} p_n + \frac{1}{6}$$

$$p_{n+1} - \frac{1}{7} = -\frac{1}{6}\left(p_n - \frac{1}{7}\right)$$

これより, 数列 $\left\{p_n - \frac{1}{7}\right\}$ は等比数列であり,

$$p_n - \frac{1}{7} = -\frac{1}{7}\left(-\frac{1}{6}\right)^{n-1}$$

$$p_n = \frac{1}{7}\left\{1 - \left(-\frac{1}{6}\right)^{n-1}\right\}$$

《1 飛ばしの漸化式 (B20) ☆》

624. 頂点と辺からなる図形 G と, そのひとつの頂点 O が与えられている. 動点 P は, 頂点 O を出発し, 1 秒ごとに辺で結ばれた隣り合う頂点に同じ確率で移動する. 例えば G と O が下図で与えられた場合, 動点 P は出発の 1 秒後にはそれぞれ $\frac{1}{4}$

の確率で頂点 A，B，C，D にある．また，動点 P が頂点 A にある場合，その 1 秒後に P はそれぞれ $\frac{1}{2}$ の確率で頂点 O または D にある．

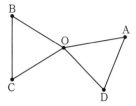

出発の n 秒後に動点 P が頂点 O にある確率を $p_n (n = 0, 1, 2, \cdots)$ とする．

（1） G と O が上図で与えられた場合に，p_{n+1} を p_n を用いて表せ．また，$p_n (n \geqq 1)$ を求めよ．

（2） G が正八面体で，O がそのひとつの頂点である場合に，$p_n (n \geqq 1)$ を求めよ．

（3） G が正八角形で，O がそのひとつの頂点である場合に，$p_n (n \geqq 1)$ を求めよ．

（23 千葉大・医，理，工）

▶解答◀ （1） $p_0 = 1$ である．

$n+1$ 秒後に P が O にある（確率 p_{n+1}）のは，n 秒後に P が O にはなく（確率 $1 - p_n$），その 1 秒後に O にある（確率 $\frac{1}{2}$）ときであるから

$$p_{n+1} = \frac{1}{2}(1 - p_n)$$

$$p_{n+1} - \frac{1}{3} = -\frac{1}{2}\left(p_n - \frac{1}{3}\right)$$

数列 $\left\{p_n - \frac{1}{3}\right\}$ は公比 $-\frac{1}{2}$ の等比数列であるから

$$p_n - \frac{1}{3} = \left(p_0 - \frac{1}{3}\right)\left(-\frac{1}{2}\right)^n = \frac{2}{3}\left(-\frac{1}{2}\right)^n$$

$$p_n = \frac{2}{3}\left(-\frac{1}{2}\right)^n + \frac{1}{3}$$

（2） 正八面体を図 1 のように $OA_1A_2A_3A_4B$ とする．

1 秒後には A_1, A_2, A_3, A_4 のいずれかにある．$n \geqq 1$ のとき n 秒後に P が O にある確率が p_n であるから対称性により n 秒後に P が B にある確率も p_n である．n 秒後に A_1 にある確率を a_n とすると，A_2, A_3, A_4 にある確率もそれぞれ a_n である．

$$2p_n + 4a_n = 1 \,(n \geqq 1)$$

$n+1$ 秒後に O にある（確率 p_{n+1}）のは n 秒後に A_1 にあり（確率 a_n），確率 $\frac{1}{4}$ で O に移るか，n 秒後に A_2 にあり O に移るか，A_3 にあり O に移るか，A_4 にあり O に移るときで

$$p_{n+1} = a_n \cdot \frac{1}{4} \cdot 4 = \frac{1}{4}(1 - 2p_n)$$

$$p_{n+1} - \frac{1}{6} = -\frac{1}{2}\left(p_n - \frac{1}{6}\right)$$

数列 $\left\{p_n - \frac{1}{6}\right\}$ は等比数列で，$p_1 = 0$ より

$$p_n - \frac{1}{6} = \left(-\frac{1}{2}\right)^{n-1}\left(p_1 - \frac{1}{6}\right)$$

$$p_n = \frac{1}{6} - \frac{1}{6}\left(-\frac{1}{2}\right)^{n-1}$$

（3） 正八角形を図 2 のように $OA_1B_1C_1DC_2B_2A_2$ とする．1 秒後には A_1 か A_2 にある．2 秒後には O, B_1, B_2 のいずれかにある．3 秒後には A_1, A_2, C_1, C_2 のいずれかにある．4 秒後には O, B_1, B_2, D のいずれかにある．以後これを繰り返す．よって，**n が奇数のとき $p_n = 0$**

以下は n が正の偶数のときである．

n 秒後に P が B_1 にある確率を b_n，B_2 にある確率を b_n，D にある確率を d_n とする．

$$p_n + 2b_n + d_n = 1 \cdots\cdots\cdots\cdots\cdots\cdots① $$

$n+2$ 秒後に P が O にある（確率 p_{n+2}）のは n 秒後に P が O にあり（確率 p_n），2 秒間に $O \to A_1 \to O$ と移る（確率 $\frac{1}{2} \cdot \frac{1}{2}$）か，$O \to A_2 \to O$ と移るか，n 秒後に B_1 にあり（確率 b_n），2 秒間に $B_1 \to A_1 \to O$ と移るか，B_2 にあり $B_2 \to A_2 \to O$ と移るときで

$$p_{n+2} = p_n \cdot \frac{1}{4} \cdot 2 + b_n \cdot \frac{1}{4} \cdot 2 \cdots\cdots\cdots\cdots② $$

同様に

$$b_{n+2} = \frac{1}{4}p_n + \frac{1}{4}d_n + \frac{1}{4}b_n \cdots\cdots\cdots③ $$

①より $p_n + d_n = 1 - 2b_n$ であるから，③に代入し

$$b_{n+2} = \frac{1}{4}(1 - 2b_n) + \frac{1}{2}b_n$$

$$b_{n+2} = \frac{1}{4}$$

$b_2 = \frac{1}{4}$ であるから $n \geqq 2$ で $b_n = \frac{1}{4}$

②に代入し

$$p_{n+2} = \frac{1}{2}p_n + \frac{1}{8}$$

$$p_{n+2} - \frac{1}{4} = \frac{1}{2}\left(p_n - \frac{1}{4}\right)$$

数列 $\left\{p_n - \frac{1}{4}\right\}$ は 1 つとばしの等比数列である．

$$p_n - \frac{1}{4} = \left(\frac{1}{2}\right)^{\frac{n-2}{2}}\left(p_2 - \frac{1}{4}\right)$$

$p_2 = \frac{1}{2}$ であるから

$$p_n = \frac{1}{4} + \frac{1}{4}\left(\frac{1}{2}\right)^{\frac{n-2}{2}}$$

n が 2 以上の偶数のとき $p_n = \frac{1}{4} + \left(\frac{1}{2}\right)^{\frac{n}{2}+1}$

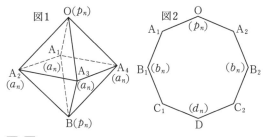

図1 O(p_n) / A$_1$ (a_n) / A$_2$ (a_n) A$_3$ (a_n) A$_4$ (a_n) / B(p_n)

図2 O (p_n) / A$_1$ A$_2$ / B$_1$ (b_n) (b_n) B$_2$ / C$_1$ (d_n) C$_2$ / D

対して，等式 $c_{n+2} = p(a_n + b_n) + qc_n$ が成り立つような定数 p, q の値はそれぞれ $p = \boxed{}$, $q = \boxed{}$ であり，等式 $c_{n+2} - \dfrac{1}{3} = r\left(c_n - \dfrac{1}{3}\right)$ が成り立つような定数 r の値は $r = \boxed{}$ である．したがって，自然数 m に対して，c_{2m} を m の式で表すと $c_{2m} = \boxed{}$ となる．(23 同志社大・理工)

注意 【ステップ数を数える】

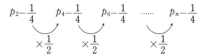

$p_2 - \dfrac{1}{4}$ から $p_n - \dfrac{1}{4}$ に行くためには添字が $n-2$ 増えるが1ステップで2ずつ増えるから $\dfrac{n-2}{2}$ ステップある．よって $p_2 - \dfrac{1}{4}$ に $\dfrac{1}{2}$ を $\dfrac{n-2}{2}$ 回かけて

$$p_n - \frac{1}{4} = \left(\frac{1}{2}\right)^{\frac{n-2}{2}} \left(p_2 - \frac{1}{4}\right)$$

となる．このとき，安全のために $n=2$ を代入して

$$p_2 - \frac{1}{4} = \left(\frac{1}{2}\right)^{0} \left(p_2 - \frac{1}{4}\right)$$

が成り立つことを確認せよ．そのためには $p_2 - \dfrac{1}{4}$ と，添字つきにしておくべきである．学校教育では $n=2k$ とおいて

$$p_{2k+2} = \frac{1}{2}p_{2k} + \frac{1}{8} \quad\cdots\cdots\cdots④$$

とするだろうが，どうせ n の式にしなければならないのだから，④にするのは無駄である．原理を理解していれば n のままで解けるのがよいとわかる．

もしも，$p_{n+2} - \alpha = r(p_n - \alpha)$ (n が奇数のとき) ならば $p_n - \alpha = r^{\frac{n-1}{2}}(p_1 - \alpha)$ となるし，$p_{n+3} - \alpha = r(p_n - \alpha)$ (n が0以上の3の倍数) ならば $p_n - \alpha = r^{\frac{n}{3}}(p_0 - \alpha)$ となる．そのままやる軽快さを味わえ．

《3 箱の交換（B20）☆》

625．n を自然数とする．3つの袋 A，B，C があり，袋 A には1つの赤玉，袋 B には1つの青玉，袋 C には1つの白玉がそれぞれ入っている．次の試行 (∗) を n 回続けて行った後に白玉が袋 A，B，C の中にある確率をそれぞれ a_n, b_n, c_n とする．

　　試行 (∗)：1個のさいころを投げて，出た目が1の場合は袋 A の中の玉と袋 C の中の玉を交換し，出た目が1以外の場合は袋 B の中の玉と袋 C の中の玉を交換する．

このとき，$c_2 = \boxed{}$ である．$n = 1, 2, 3, \cdots$ に

▶解答◀ $n+1$ 回後に白玉が A にあるのは，n 回後に白玉が A にあり（確率 a_n），$n+1$ 回目に B と C の玉を交換する（確率 $\dfrac{5}{6}$）か，n 回後に白玉が C にあり（確率 c_n），$n+1$ 回目に A と C の玉を交換する（確率 $\dfrac{1}{6}$）ときだから

$$a_{n+1} = \frac{5}{6}a_n + \frac{1}{6}c_n \quad\cdots\cdots\cdots①$$

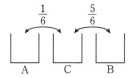

$\dfrac{1}{6}$ $\dfrac{5}{6}$ / A C B

$n+1$ 回後に白玉が B にあるのは，n 回後に白玉が B にあり（確率 b_n），$n+1$ 回目に A と C の玉を交換する（確率 $\dfrac{1}{6}$）か，n 回後に白玉が C にあり（確率 c_n），$n+1$ 回目に B と C の玉を交換する（確率 $\dfrac{5}{6}$）ときだから

$$b_{n+1} = \frac{1}{6}b_n + \frac{5}{6}c_n \quad\cdots\cdots\cdots②$$

$n+1$ 回後に白玉が C にあるのは，n 回後に白玉が A にあり（確率 a_n），$n+1$ 回目に A と C の玉を交換する（確率 $\dfrac{1}{6}$）か，n 回後に白玉が B にあり（確率 b_n），$n+1$ 回目に B と C の玉を交換する（確率 $\dfrac{5}{6}$）ときだから

$$c_{n+1} = \frac{1}{6}a_n + \frac{5}{6}b_n \quad\cdots\cdots\cdots③$$

$a_1 = \dfrac{1}{6}$, $b_1 = \dfrac{5}{6}$ より，③ から

$$c_2 = \frac{1}{6} \cdot \frac{1}{6} + \frac{5}{6} \cdot \frac{5}{6} = \frac{26}{36} = \mathbf{\frac{13}{18}}$$

また，$c_{n+2} = \dfrac{1}{6}a_{n+1} + \dfrac{5}{6}b_{n+1}$ に①，②を代入して

$$c_{n+2} = \frac{1}{6}\left(\frac{5}{6}a_n + \frac{1}{6}c_n\right) + \frac{5}{6}\left(\frac{1}{6}b_n + \frac{5}{6}c_n\right)$$

$$= \frac{5}{36}(a_n + b_n) + \frac{13}{18}c_n$$

$a_n + b_n + c_n = 1$ より，$a_n + b_n = 1 - c_n$ であるから

$$c_{n+2} = \frac{5}{36}(1 - c_n) + \frac{13}{18}c_n$$

$$c_{n+2} = \frac{7}{12}c_n + \frac{5}{36}$$

これは

$$c_{n+2} - \frac{1}{3} = \frac{7}{12}\left(c_n - \frac{1}{3}\right)$$

と変形される. $n = 2m$ として

$$c_{2(m+1)} - \frac{1}{3} = \frac{7}{12}\left(c_{2m} - \frac{1}{3}\right)$$

数列 $\left\{c_{2m} - \frac{1}{3}\right\}$ は, 公比 $\frac{7}{12}$ の等比数列をなすから

$$c_{2m} - \frac{1}{3} = \left(c_2 - \frac{1}{3}\right) \cdot \left(\frac{7}{12}\right)^{m-1}$$

$$c_{2m} = \frac{1}{3} + \frac{2}{3}\left(\frac{7}{12}\right)^m$$

《連立漸化式（B20）》

626. 数直線上で座標が整数である点を移動する点 P がある. 時刻 $n = 0, 1, 2, \cdots$ での点 P の位置は次の規則に従うとする.

① 時刻 0 での点 P の座標は 0 である.

② 時刻 n での点 P の座標 x が偶数であるとき, 時刻 $n+1$ での点 P の座標は確率 $\frac{2}{3}$ で $x+1$ となり, 確率 $\frac{1}{3}$ で x のままである.

③ 時刻 n での点 P の座標 x が奇数であるとき, 時刻 $n+1$ での点 P の座標は確率 $\frac{7}{8}$ で $x+1$ となり, 確率 $\frac{1}{8}$ で $x-1$ となる.

自然数 n に対し, 時刻 n での点 P の座標が 0 である確率を p_n とし, 座標が 1 である確率を q_n とする. また, 時刻 n での点 P の座標が奇数である確率を r_n とする. このとき, 以下の問いに答えよ.

（1） p_1, p_2 を求めよ.

（2） r_n を求めよ.

（3） p_{n+2} を p_{n+1} と p_n を用いて表せ.

（4） 実数 α, β はすべての自然数 n に対して

$$p_{n+2} - \alpha p_{n+1} = \beta(p_{n+1} - \alpha p_n)$$

を満たす. このような α, β の組 (α, β) を 2 組求めよ.

（5） p_n, q_n を求めよ. （23 電気通信大・後期）

▶**解答**◀ （1） 図 1 を見よ. P は 0 の左側に移動しないことに注意せよ. $p_1 = \dfrac{1}{3}$

$n = 2$ のときに P が 0 にあるのは 0 に居続けるか, 1 に移動してから 0 に戻るときであるから

$$p_2 = \left(\frac{1}{3}\right)^2 + \frac{2}{3} \cdot \frac{1}{8} = \frac{7}{36}$$

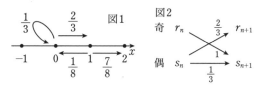

図 1　図 2

（2） 図 2 を見よ. 時刻 n での点 P の座標が偶数である確率を s_n とする.

$$r_n + s_n = 1 \quad \cdots\cdots\cdots\cdots\cdots①$$

$$r_{n+1} = \frac{2}{3}s_n \quad \cdots\cdots\cdots\cdots\cdots②$$

$$s_{n+1} = r_n + \frac{1}{3}s_n$$

が成り立っており, ①, ② より

$$r_{n+1} = \frac{2}{3}(1 - r_n)$$

$$r_{n+1} - \frac{2}{5} = -\frac{2}{3}\left(r_n - \frac{2}{5}\right)$$

数列 $\left\{r_n - \dfrac{2}{5}\right\}$ は等比数列であるから

$$r_n - \frac{2}{5} = \left(r_0 - \frac{2}{5}\right)\left(-\frac{2}{3}\right)^n$$

$r_0 = 0$ であるから, $r_n = \dfrac{2}{5}\left(1 - \left(-\dfrac{2}{3}\right)^n\right)$

（3） 図 1 の 0 を任意の偶数に置き換えてみる. 例えば P が 4 にあるとき次の移動先は 4 または 5 である. したがって, P がある偶数 (例えば 4) の点にあるとき, それ以降は左側の点 $(x < 4)$ に移動することは出来ない. P が 0 に移動できるのは直前に 0 または 1 にあるときである. 図 3 を見よ.

$$p_{n+1} = \frac{1}{3}p_n + \frac{1}{8}q_n$$

$$q_{n+1} = \frac{2}{3}p_n$$

であるから

$$p_{n+2} = \frac{1}{3}p_{n+1} + \frac{1}{8} \cdot \frac{2}{3}p_n$$

$$p_{n+2} = \frac{1}{3}p_{n+1} + \frac{1}{12}p_n$$

図 3

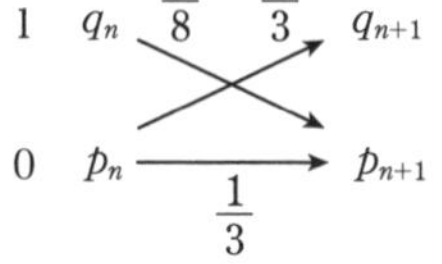

$$
\begin{array}{ccc}
1 & q_n \quad \frac{1}{8} \quad \frac{2}{3} & q_{n+1} \\
 & \times & \\
0 & p_n \quad \quad \quad & p_{n+1} \\
 & \frac{1}{3} &
\end{array}
$$

（4）

$$p_{n+2} - \alpha p_{n+1} = \beta(p_{n+1} - \alpha p_n)$$

$$p_{n+2} = (\alpha + \beta)p_{n+1} - \alpha\beta p_n$$

（3）の解と比べて

$$\alpha + \beta = \frac{1}{3}, \quad \alpha\beta = -\frac{1}{12}$$

α, β は 2 次方程式 $t^2 - \dfrac{1}{3}t - \dfrac{1}{12} = 0$ の解である.

$$t = -\frac{1}{6}, \ \frac{1}{2}$$

$(\alpha, \beta) = \left(-\dfrac{1}{6}, \dfrac{1}{2}\right), \left(\dfrac{1}{2}, -\dfrac{1}{6}\right)$

（5）（4）より

$$p_{n+2} + \dfrac{1}{6}p_{n+1} = \dfrac{1}{2}\left(p_{n+1} + \dfrac{1}{6}p_n\right)$$

$\left\{p_{n+1} + \dfrac{1}{6}p_n\right\}$ は等比数列であるから

$$p_{n+1} + \dfrac{1}{6}p_n = \left(p_2 + \dfrac{1}{6}p_1\right)\left(\dfrac{1}{2}\right)^{n-1}$$

$$p_{n+1} + \dfrac{1}{6}p_n = \left(\dfrac{1}{2}\right)^{n+1} \quad\cdots\cdots\cdots\cdots\cdots\cdots ③$$

$$p_{n+2} - \dfrac{1}{2}p_{n+1} = -\dfrac{1}{6}\left(p_{n+1} - \dfrac{1}{2}p_n\right)$$

$\left\{p_{n+1} - \dfrac{1}{2}p_n\right\}$ は等比数列であるから

$$p_{n+1} - \dfrac{1}{2}p_n = \left(p_2 - \dfrac{1}{2}p_1\right)\left(-\dfrac{1}{6}\right)^{n-1}$$

$$p_{n+1} - \dfrac{1}{2}p_n = \left(-\dfrac{1}{6}\right)^{n+1} \quad\cdots\cdots\cdots\cdots ④$$

③－④より

$$\dfrac{2}{3}p_n = \left(\dfrac{1}{2}\right)^{n+1} - \left(-\dfrac{1}{6}\right)^{n+1}$$

$$p_n = \dfrac{3}{2}\left(\left(\dfrac{1}{2}\right)^{n+1} - \left(-\dfrac{1}{6}\right)^{n+1}\right)$$

$n = 0$ のときも $p_0 = 1$ とすれば成り立ち，

$$q_n = \dfrac{2}{3}p_{n-1} = \left(\dfrac{1}{2}\right)^n - \left(-\dfrac{1}{6}\right)^n$$

《条件付き確率 (B20)》

627. 下図のような三角形 XYZ があり，3 地点
X，Y，Z を移動する人がいる．はじめ，この人は
地点 X にいるものとする．

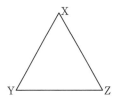

この人は，自分のいる地点で，大きいサイコロと
小さいサイコロを振り，2 つのサイコロの目の出方
に従って次のように行動する．

　●2 つのサイコロの目が同じ場合は移動せず同
じ地点にとどまる．

　●2 つのサイコロの目が異なる場合は大きいサ
イコロの出た目の数だけ反時計回りに地点を移動
する．

この試行を n 回繰り返した後に，地点 X にいる確
率を x_n，同様に，地点 Y，Z にいる確率をそれぞ
れ y_n，z_n とする．次に答えよ．

（1）　x_1, y_1, z_1 をそれぞれ求めよ．

（2）　x_{n+1} を x_n, y_n, z_n を用いて表せ．同様に，

y_{n+1}, z_{n+1} を x_n, y_n, z_n を用いて表せ．

（3）　x_n, y_n, z_n をそれぞれ求めよ．

（4）　$n+1$ 回目の試行後に地点 X にいるという
　　条件のもとで，n 回目の試行後に地点 Y にいた
　　確率を求めよ．　　　　　（23　九州工業大・後期）

▶解答◀　（1）　大きいサイコロの目を a，小さい
サイコロの目を b とすると，(a, b) は全部で $6^2 = 36$
通りある．

同じ地点 X にとどまるのは，$a = b$ または $a = 3, b \ne$
3 または $a = 6, b \ne 6$ の場合であるから

$$x_1 = \dfrac{6+5+5}{36} = \dfrac{4}{9}$$

反時計回りに 1 または 4 移動して地点 Y にいるのは，
$a = 1, b \ne 1$ または $a = 4, b \ne 4$ の場合であるから

$$y_1 = \dfrac{5+5}{36} = \dfrac{5}{18}$$

反時計回りに 2 または 5 移動して地点 Z にいるのは，
$a = 2, b \ne 2$ または $a = 5, b \ne 5$ の場合であるから

$$z_1 = \dfrac{5+5}{36} = \dfrac{5}{18}$$

（2）　$n+1$ 回後に X にいるのは，n 回後に X にい
て（確率 x_n），$n+1$ 回目に同じ地点にとどまる（確率
$\dfrac{4}{9}$），または n 回後に Y にいて（確率 y_n），$n+1$ 回目
に X に移動する（確率 $\dfrac{5}{18}$），または n 回後に Z にいて
（確率 z_n），$n+1$ 回目に X に移動する（確率 $\dfrac{5}{18}$）場合
であるから

$$x_{n+1} = \dfrac{4}{9}x_n + \dfrac{5}{18}y_n + \dfrac{5}{18}z_n \quad\cdots\cdots\cdots\cdots ①$$

同様にして

$$y_{n+1} = \dfrac{5}{18}x_n + \dfrac{4}{9}y_n + \dfrac{5}{18}z_n \quad\cdots\cdots\cdots\cdots ②$$

$$z_{n+1} = \dfrac{5}{18}x_n + \dfrac{5}{18}y_n + \dfrac{4}{9}z_n \quad\cdots\cdots\cdots\cdots ③$$

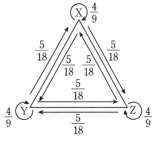

（3）　$x_n + y_n + z_n = 1$ であるから①より

$$x_{n+1} = \dfrac{4}{9}x_n + \dfrac{5}{18}(1 - x_n)$$

$$x_{n+1} = \dfrac{1}{6}x_n + \dfrac{5}{18}$$

$$x_{n+1} - \dfrac{1}{3} = \dfrac{1}{6}\left(x_n - \dfrac{1}{3}\right)$$

数列 $\left\{ x_n - \frac{1}{3} \right\}$ は等比数列で

$$x_n - \frac{1}{3} = \left(\frac{1}{6} \right)^{n-1} \left(x_1 - \frac{1}{3} \right)$$

$x_1 = \frac{4}{9}$ であるから $x_n = \frac{1}{3} + \frac{1}{9} \left(\frac{1}{6} \right)^{n-1}$

同様に

$$y_n = \frac{1}{3} + \left(\frac{5}{18} - \frac{1}{3} \right) \left(\frac{1}{6} \right)^{n-1}$$

$$= \frac{1}{3} - \frac{1}{18} \left(\frac{1}{6} \right)^{n-1}$$

$$z_n = \frac{1}{3} - \frac{1}{18} \left(\frac{1}{6} \right)^{n-1}$$

（4） $n+1$ 回目の試行後に地点 X にいる事象を A，n 回目の試行後に地点 Y にいる事象を B とする．

$$P(A) = x_{n+1} = \frac{1}{3} \left\{ 2 \left(\frac{1}{6} \right)^{n+1} + 1 \right\}$$

$$P(A \cap B) = y_n \cdot \frac{5}{18} = \frac{5}{54} \left\{ 1 - \left(\frac{1}{6} \right)^n \right\}$$

であるから，求める確率は

$$P_A(B) = \frac{P(A \cap B)}{P(A)} = \frac{\frac{5}{54} \left\{ 1 - \left(\frac{1}{6} \right)^n \right\}}{\frac{1}{3} \left\{ 2 \left(\frac{1}{6} \right)^{n+1} + 1 \right\}}$$

$$= \frac{5}{3} \cdot \frac{6^n - 1}{6^{n+1} + 2}$$

《連立漸化式（B20）》

628. 1 から 6 の目があるサイコロを使ったゲームを行う．プレイヤーは初め数直線上の $x = 4$ の位置にいて，以下のルールに従って移動する．

> プレイヤーが $x = a$ の位置にいるとき，サイコロを振って
> - 出た数が a より大きければ $x = a+1$ に移動
> - 出た数が a 以下ならば $x = a-1$ に移動

プレイヤーが $x = 0$ か $x = 6$ に到達した時点でゲームを終了する．

（1） サイコロを 2 回振ってゲームが終了する確率は $\boxed{}$．

（2） サイコロを $2n$ 回振ってゲームが終了する確率 P_n を求める．$2n$ 回でゲームが終了するためには，$2(n-1)$ 回後の位置が $x = 2$ か $x = 4$ でなければならない．$2(n-1)$ 回後の位置が $x = 2$ である確率を a_{n-1}，$x = 4$ である確率を b_{n-1} とすると

$$P_n = \boxed{} (a_{n-1} + b_{n-1})$$

が成り立つ．また，$x = 2$ または $x = 4$ の状態

からサイコロを 2 回振って位置が $x = 2$ または $x = 4$ になる確率を考えると，a_k と b_k は漸化式

$$a_{k+1} = \boxed{\text{ア}} a_k + \boxed{\text{イ}} b_k,$$

$$b_{k+1} = \boxed{\text{イ}} a_k + \boxed{\text{ア}} b_k$$

を満たすから

$$a_{k+1} + b_{k+1} = \boxed{} (a_k + b_k)$$

が成り立つ．したがって $P_n = \boxed{}$．

(23 奈良県立医大・前期)

▶**解答**◀ （1） 1 回目に 5 か 6 が出て，2 回目に 6 が出るときで求める確率は $\frac{2}{6} \cdot \frac{1}{6} = \frac{1}{18}$

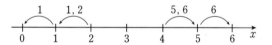

（2） $2(n-1)$ 回後に 2 にあり（確率 a_{n-1}），次に 1 か 2，さらに次に 1 が出るか，$2(n-1)$ 回後に 4 にあり（確率 b_{n-1}），次に 5 か 6，さらに次に 6 が出るときで，

$$P_n = \frac{2}{6} \cdot \frac{1}{6} (a_{n-1} + b_{n-1})$$

$$P_n = \frac{1}{18} (a_{n-1} + b_{n-1})$$

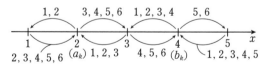

$2k+2$ 回後に $x = 2$ にある（確率 a_{k+1}）のは $2k$ 回後 $x = 2$ にあり（確率 a_k），次の 2 回が「1 か 2 が出て，2 か 3 か 4 か 5 か 6 が出る」または「3 か 4 か 5 か 6 が出て，1 か 2 か 3 が出る」か，または，$2k$ 回後に $x = 4$ にあり（確率 b_k），次の 2 回が「1 か 2 か 3 か 4 が出て，1 か 2 か 3 が出る」ときであり

$$a_{k+1} = a_k \left(\frac{2}{6} \cdot \frac{5}{6} + \frac{4}{6} \cdot \frac{3}{6} \right) + b_k \cdot \frac{4}{6} \cdot \frac{3}{6}$$

$$a_{k+1} = \frac{11}{18} a_k + \frac{1}{3} b_k$$

同様に

$$b_{k+1} = \frac{1}{3} a_k + \frac{11}{18} b_k$$

$$a_{k+1} + b_{k+1} = \frac{17}{18} (a_k + b_k)$$

数列 $\{ a_k + b_k \}$ は等比数列であり

$$a_k + b_k = \left(\frac{17}{18} \right)^k (a_0 + b_0)$$

$a_0 + b_0 = 1$ であるから

$$a_n + b_n = \left(\frac{17}{18}\right)^n \ (n \geqq 0)$$

$$P_n = \frac{1}{18}(a_{n-1} + b_{n-1}) = \frac{1}{18}\left(\frac{17}{18}\right)^{n-1}$$

《《(B20)》》

629. 空(から)の壺(つぼ)がある．また，袋に，「壺を空にする」と書かれたカードが1枚，「0」と書かれたカードが1枚，「1」と書かれたカードが2枚，「2」と書かれたカードが1枚，計5枚のカードが入っている．以下の操作を考える．

操作：袋からカードを1枚引き，カードに書かれている数字の数だけ玉を壺に入れる．ただし，カードに「壺を空にする」と書かれている場合は，壺を空にする．いずれの場合も，引いたカードは袋に戻す．

n を $n \geqq 1$ である整数とする．操作を n 回行ったあとに，壺が空である確率を p_n，壺に入っている玉の個数が1である確率を q_n とする．以下の問いに答えよ．ただし，玉は十分多くあるものとする．

（1） p_{n+1} を p_n の式で表せ．

（2） 数列 $\{p_n\}$ の一般項を答えよ．

（3） q_{n+1} を p_n と q_n の式で表せ．

（4） $r_n = 5^n q_n$ とおく． $r_{n+1} - r_n$ を n の式で表せ．

（5） 数列 $\{q_n\}$ の一般項を答えよ．

(23 大阪公立大・工)

▶解答◀ （1） カードは，空 0 1 1

2 の5枚であるから，各場合の確率は次のようになる．

カード	空	0	1	2
確率	$\frac{1}{5}$	$\frac{1}{5}$	$\frac{2}{5}$	$\frac{1}{5}$

表を参照せよ． $n+1$ 回の操作の結果，壺が空であるのは

（ア） n 回目に壺が空であって（確率 p_n）， $n+1$ 回目が 0 または 空 のとき（確率 $\frac{1}{5} + \frac{1}{5}$）

（イ） n 回目に壺には1個以上入っていて（確率 $1-p_n$）， $n+1$ 回目が 空 のとき（確率 $\frac{1}{5}$）

であるから

$$p_{n+1} = \frac{2}{5}p_n + \frac{1}{5}(1-p_n)$$

$$\boldsymbol{p_{n+1} = \frac{1}{5}p_n + \frac{1}{5}}$$

---

n 回目 $n+1$ 回目

壺は空 $\xrightarrow{\text{空, } 0 \ \left(\frac{1}{5}+\frac{1}{5}\right)}$ 壺は空

(p_n)   (p_{n+1})

空ではない $\nearrow$ 空 $\left(\frac{1}{5}\right)$

$(1-p_n)$ （括弧内は確率）

（2） $p_{n+1} - \frac{1}{4} = \frac{1}{5}\left(p_n - \frac{1}{4}\right)$ となるから数列 $\left\{p_n - \frac{1}{4}\right\}$ は等比数列であり

$$p_n - \frac{1}{4} = \left(p_1 - \frac{1}{4}\right)\left(\frac{1}{5}\right)^{n-1}$$

最初，壺は空であるから，1回目の操作のあと，壺が空であるのは，1回目の操作で 0 または 空 のカードをひくときであるから， $p_1 = \frac{2}{5}$ である．よって

$$p_n = \left(\frac{2}{5} - \frac{1}{4}\right)\left(\frac{1}{5}\right)^{n-1} + \frac{1}{4}$$

$$= \frac{3}{20}\left(\frac{1}{5}\right)^{n-1} + \frac{1}{4} = \frac{3}{4}\left(\frac{1}{5}\right)^{n} + \frac{1}{4} \quad \cdots\cdots\cdots ①$$

（3） $n+1$ 回目の操作の結果，壺の玉が1個であるのは

（ウ） n 回目に壺が空であって（確率 p_n）， $n+1$ 回目が 1 のとき（確率 $\frac{2}{5}$）

（エ） n 回目に壺に1個の玉が入っていて（確率 q_n）， $n+1$ 回目が 0 のとき（確率 $\frac{1}{5}$）

であるから， $\boldsymbol{q_{n+1} = \frac{2}{5}p_n + \frac{1}{5}q_n}$ $\cdots\cdots\cdots\cdots ②$

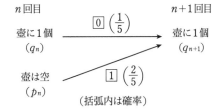

n 回目 $n+1$ 回目

壺に1個 $\xrightarrow{0 \ \left(\frac{1}{5}\right)}$ 壺に1個

(q_n)   (q_{n+1})

壺は空 $\nearrow$ 1 $\left(\frac{2}{5}\right)$

(p_n)   （括弧内は確率）

（4） ②$\times 5^{n+1}$ より

$$5^{n+1}q_{n+1} = 2 \cdot 5^n p_n + 5^n q_n$$

$$r_{n+1} = 2 \cdot 5^n p_n + r_n$$

① より $5^n p_n = \frac{1}{4}(5^n + 3)$ であるから

$$r_{n+1} - r_n = 2 \cdot 5^n p_n = \frac{1}{2}(5^n + 3)$$

（5） $r_1 = 5^1 q_1 = 5 \cdot \frac{2}{5} = 2$

$n \geqq 2$ のとき

$$r_n = r_1 + \sum_{k=1}^{n-1}(r_{k+1} - r_k) = 2 + \frac{1}{2}\sum_{k=1}^{n-1}(5^k + 3)$$

$$= 2 + \frac{1}{2}\left\{5 \cdot \frac{5^{n-1} - 1}{5-1} + 3(n-1)\right\}$$

$$= \frac{1}{8}(5^n + 12n - 1)$$

これは $n=1$ のときも成り立つ.

$$q_n = \frac{r^n}{5^n} = \frac{1}{8}\left(1 + \frac{12n-1}{5^n}\right)$$

―――《有名問題を後ろでタイプ分け (B20)》―――

630. 赤球が 1 個, 白球が 2 個入った袋から球を 1 個取り出して, その色を見てから袋に戻すという試行を, 白球が 2 回続けて出るまで行う. n 回目に白球を取り出しまだ試行が終わらない確率を p_n, n 回目に赤球を取り出す確率を q_n とする. 次の問いに答えよ.

（1） p_{n+1}, q_{n+1} を p_n, q_n を用いて表せ.

（2） $a_n = p_n - q_n$ とするとき, 数列 $\{a_n\}$ の一般項を求めよ.

（3） $b_n = (-3)^n p_n$ とするとき, 数列 $\{b_n\}$ の一般項を求めよ.

（4） $n+1$ 回目で試行が終わる確率を求めよ.

(23 琉球大・理-後)

▶解答◀ （1） p_{n+1} は n 回目に赤玉を取り出し（確率 q_n）, $n+1$ 回目に白玉を取り出す（確率 $\frac{2}{3}$）確率で

$$p_{n+1} = \frac{2}{3} q_n \quad\text{………………………①}$$

q_{n+1} は n 回目に白玉を取り出しまだ試行が終わらないか赤玉を取り出し（確率 $p_n + q_n$）, $n+1$ 回目に赤玉を取り出す（確率 $\frac{1}{3}$）確率で

$$q_{n+1} = \frac{1}{3}(p_n + q_n) \quad\text{………………………②}$$

（2） ①－② より $p_{n+1} - q_{n+1} = -\frac{1}{3}(p_n - q_n)$

$$a_{n+1} = -\frac{1}{3} a_n$$

数列 $\{a_n\}$ は公比 $-\frac{1}{3}$ の等比数列で $p_1 = \frac{2}{3}$, $q_1 = \frac{1}{3}$

より $a_1 = p_1 - q_1 = \frac{1}{3}$ であるから

$$a_n = \frac{1}{3}\left(-\frac{1}{3}\right)^{n-1}$$

（3） $p_n - q_n = \frac{1}{3}\left(-\frac{1}{3}\right)^{n-1}$

$$q_n = p_n + \left(-\frac{1}{3}\right)^n$$

これと① より $p_{n+1} = \frac{2}{3} p_n + \frac{2}{3}\left(-\frac{1}{3}\right)^n$

両辺に $(-3)^{n+1}$ をかけて

$$(-3)^{n+1} p_{n+1} = -2 \cdot (-3)^n p_n - 2$$

$$b_{n+1} = -2 b_n - 2$$

$$b_{n+1} + \frac{2}{3} = -2\left(b_n + \frac{2}{3}\right)$$

数列 $\left\{b_n + \frac{2}{3}\right\}$ は公比 -2 の等比数列で $b_1 = -3p_1 = -2$ であるから

$$b_n + \frac{2}{3} = \left(b_1 + \frac{2}{3}\right) \cdot (-2)^{n-1}$$

$$b_n = -\frac{4}{3}(-2)^{n-1} - \frac{2}{3} = \frac{2}{3}(-2)^n - \frac{2}{3}$$

（4） $p_n = \frac{b_n}{(-3)^n} = \left(\frac{2}{3}\right)^{n+1} - \frac{2}{3}\left(-\frac{1}{3}\right)^n$

$n+1$ 回目で試行が終わるのは, n 回目に白玉を取り出しまだ試行が終わらず（確率 p_n）, 次に白玉を取り出す（確率 $\frac{2}{3}$）ときであるから, 求める確率は

$$\frac{2}{3} p_n = \left(\frac{2}{3}\right)^{n+2} - \frac{4}{9}\left(-\frac{1}{3}\right)^n$$

注意 【有名な定型問題】

本問は, 最初で場合分けをする有名問題である. n 回目に試行が終わる確率を x_n とする. $n \geq 3$ のとき, n 回目で終了する（確率 x_n）のは

1 回目に赤玉を取り出し（確率 $\frac{1}{3}$）その $n-1$ 回後に終了する（確率 x_{n-1}）か,

1 回目に白玉を取り出し 2 回目に赤玉を取り出し（確率 $\frac{2}{3} \cdot \frac{1}{3}$）その $n-2$ 回後に終了する（確率 x_{n-2}）ときで

$$x_n = \frac{1}{3} x_{n-1} + \frac{2}{3} \cdot \frac{1}{3} x_{n-2}$$

となる. 後はこれを解く. $x_1 = 0$, $x_2 = \frac{2}{3} \cdot \frac{2}{3}$

―――《追いつけ追い越せ (C40)》―――

631. 何も入っていない 2 つの袋 A, B がある. いま,「硬貨を 1 枚投げて表が出たら袋 A, 裏が出たら袋 B を選び, 以下のルールに従って選んだ袋の中に玉を入れる」という操作を繰り返す.

―――ルール―――

• 選んだ袋の中に入っている玉の数がもう一方の袋の中に入っている玉の数より多いか, 2 つの袋の中に入っている玉の数が同じとき, 選んだ袋の中に玉を 1 個入れる.

• 選んだ袋の中に入っている玉の数がもう一方の袋の中に入っている玉の数より少ないとき, 選んだ袋の中に入っている玉の数が, もう一方の袋の中に入っている玉の数と同じになるまで選んだ袋の中に玉を入れる.

たとえば, 上の操作を 3 回行ったとき, 硬貨が順に表, 表, 裏と出たとすると, A, B 2 つの袋の中の玉の数は次のように変化する.

A：0個	→	A：1個	→	A：2個	→	A：2個
B：0個		B：0個		B：0個		B：2個

（1） 4回目の操作を終えたとき，袋Aの中に3個以上の玉が入っている確率は□である．また，4回目の操作を終えた時点で袋Aの中に3個以上の玉が入っているという条件の下で，7回目の操作を終えたとき袋Bの中に入っている玉の数が3個以下である条件付き確率は□である．

（2） n回目の操作を終えたとき，袋Aの中に入っている玉の数のほうが，袋Bの中に入っている玉の数より多い確率をp_nとする．p_{n+1}をp_nを用いて表すと$p_{n+1}=$□となり，これよりp_nをnを用いて表すと$p_n=$□となる．

（3） n回目（$n \geqq 4$）の操作を終えたとき，袋Aの中に$n-1$個以上の玉が入っている確率は□であり，$n-2$個以上の玉が入っている確率は□である． (23 慶應大・理工)

▶解答◀ （1） A，Bの袋の中の玉の個数を順にa,bとする．その状態を$\binom{a}{b}$とする．またn回目の操作を終えた後のa,bをa_n,b_nとする．表を○，裏を×で表す．

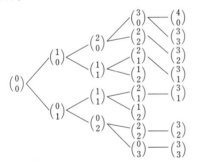

3回目までは8本のすべての枝を書き，4回後に$a \geqq 3$になる枝を書いた．このようになる確率は$\frac{7}{2^4}=\frac{7}{16}$である．ここで，一番右に書いた7つの状態のうち，$\binom{3}{2}$が2つあることに注意せよ．これが最後に利いてくる．

次に，$a_4 \geqq 3$，かつ，$b_7 \leqq 3$である確率を求める．4回目の操作が終わったときの状態が，

• $\binom{4}{0}$，$\binom{3}{3}$のとき（順に1本，2本の枝がある）：5～7回目は○○○である．$1+2=3$通りある．

• $\binom{3}{2}$，$\binom{3}{1}$のとき（ここまでの枝は2本ずつある）：

5～7回目は○○○または×○○である．$2\cdot2\cdot2=8$通りある．

$a_4 \geqq 3$，かつ，$b_7 \leqq 3$である確率は$\frac{3+8}{2^7}=\frac{11}{2^7}$である．求める条件付き確率は$\dfrac{\frac{11}{2^7}}{\frac{7}{2^4}}=\frac{11}{7\cdot2^3}=\frac{11}{56}$

（2） $a_n > b_n$となる確率がp_nである．対称性から$a_n < b_n$となる確率もp_nであるから，$a_n = b_n$となる確率は$1-2p_n$である．

$a_{n+1}>b_{n+1}$となる（確率p_{n+1}）のは，$a_n>b_n$の状態（確率p_n）で，○が起こる（確率$\frac{1}{2}$）か，$a_n=b_n$の状態（確率$1-2p_n$）で，○が起こる（確率$\frac{1}{2}$）かのいずれかであるから

$$p_{n+1} = p_n \cdot \frac{1}{2} + (1-2p_n) \cdot \frac{1}{2}$$
$$p_{n+1} = -\frac{1}{2}p_n + \frac{1}{2}$$
$$p_{n+1} - \frac{1}{3} = -\frac{1}{2}\left(p_n - \frac{1}{3}\right)$$

数列$\left\{p_n - \frac{1}{3}\right\}$は等比数列であるから

$$p_n - \frac{1}{3} = \left(-\frac{1}{2}\right)^{n-1}\left(p_1 - \frac{1}{3}\right)$$

$p_1 = \frac{1}{2}$であるから

$$p_n = \frac{1}{6}\left(-\frac{1}{2}\right)^{n-1} + \frac{1}{3} = \frac{1}{3}\left\{1-\left(-\frac{1}{2}\right)^n\right\}$$

（3） $a_n = n$になるのはn回とも○になる1通りである．

$a_5 = 4$になる例を挙げてみる．勿論，1回後に$\binom{0}{1}$になる場合もあるが，今は1回後に$\binom{1}{0}$になる場合について書く．

$$\binom{0}{0} \to \binom{1}{0} \to \binom{2}{0} \to \binom{3}{0} \to \binom{4}{0} \to \binom{4}{4}$$

$a \neq b$の状態から，1回操作を行った後に$a=b$になることを「追いつき」と呼ぶことにする．上は5回目に追いつきが起こる場合である．

$$\binom{0}{0} \to \binom{1}{0} \to \binom{2}{0} \to \binom{3}{0} \to \binom{3}{3} \to \binom{4}{3}$$

は4回目に追いつきが起こる場合である．

$$\binom{0}{0} \to \binom{1}{0} \to \binom{2}{0} \to \binom{2}{2} \to \binom{3}{2} \to \binom{4}{2}$$

は3回目に追いつきが起こる場合である．

$$\binom{0}{0} \to \binom{1}{0} \to \binom{1}{1} \to \binom{2}{1} \to \binom{3}{1} \to \binom{4}{1}$$

は2回目に追いつきが起こる場合である．追いつきが起こるのは2回目から5回目のどこかである．

1回後に$\binom{0}{1}$になる場合で，追いつきが起こり$a_5 = 4$になる例としては

$$\begin{pmatrix}0\\0\end{pmatrix} \to \begin{pmatrix}0\\1\end{pmatrix} \to \begin{pmatrix}0\\2\end{pmatrix} \to \begin{pmatrix}2\\2\end{pmatrix} \to \begin{pmatrix}3\\2\end{pmatrix} \to \begin{pmatrix}4\\2\end{pmatrix}$$

がある．これは 3 回目に追いつきが起こる場合である．

1 回後に $\begin{pmatrix}1\\0\end{pmatrix}$ になる場合で，$a_n = n-1$ になる場合は，追いつきが 2 回目から n 回目のどこで起こるかによって $n-1$ 通りある．1 回後に $\begin{pmatrix}0\\1\end{pmatrix}$ になる場合も同数ある．$a_n \geqq n-1$ になる確率は

$$\frac{1+2(n-1)}{2^n} = \frac{2n-1}{2^n}$$

$a_n = n-2 \geqq b_n$ になる場合：2 回追いつきが起こる場合である．たとえば $a_9 = 7 > b_9$ になる一例は

$$\begin{pmatrix}0\\0\end{pmatrix} \to \begin{pmatrix}1\\0\end{pmatrix} \to \begin{pmatrix}2\\0\end{pmatrix} \to \begin{pmatrix}3\\0\end{pmatrix} \to \begin{pmatrix}3\\3\end{pmatrix} \to \begin{pmatrix}3\\4\end{pmatrix} \to \begin{pmatrix}3\\5\end{pmatrix} \to$$
$$\begin{pmatrix}3\\6\end{pmatrix} \to \begin{pmatrix}6\\6\end{pmatrix} \to \begin{pmatrix}7\\6\end{pmatrix}$$

がある．追いつきが起こるのは 2 回目から n 回目の中である．その回を i 回目と j 回目とすると $2 \leqq i < j \leqq n$ かつ $j-i \geqq 2$ である．i, j は連続してはいけない．$2 \leqq i < (j-1) \leqq n-1$ であるから，$(i, j-1)$ は $_{n-2}C_2$ 通りある．さらに，1 回目から $i-1$ 回目に A，B のどちらがリードするかで 2 通り，$i+1$ 回目から $j-1$ 回目に A，B のどちらがリードするかで 2 通りあるから，$a_n = n-2$ になる場合は $_{n-2}C_2 \cdot 2^2 = 2(n-2)(n-3)$ 通りある．

$a_n = n-2 < b_n$ になる場合：$a_9 = 7 < b_9$ になる一例は

$$\begin{pmatrix}0\\0\end{pmatrix} \to \begin{pmatrix}1\\0\end{pmatrix} \to \begin{pmatrix}2\\0\end{pmatrix} \to \begin{pmatrix}3\\0\end{pmatrix} \to \begin{pmatrix}4\\0\end{pmatrix} \to \begin{pmatrix}5\\0\end{pmatrix} \to \begin{pmatrix}6\\0\end{pmatrix} \to$$
$$\begin{pmatrix}7\\7\end{pmatrix} \to \begin{pmatrix}7\\7\end{pmatrix} \to \begin{pmatrix}7\\8\end{pmatrix}$$

がある．この場合，追いつくのは 8 回目である．その前に追いついてしまうと

$$\begin{pmatrix}0\\0\end{pmatrix} \to \begin{pmatrix}1\\0\end{pmatrix} \to \begin{pmatrix}2\\0\end{pmatrix} \to \begin{pmatrix}3\\0\end{pmatrix} \to \begin{pmatrix}4\\0\end{pmatrix} \to \begin{pmatrix}5\\0\end{pmatrix} \to \begin{pmatrix}6\\0\end{pmatrix} \to$$
$$\begin{pmatrix}6\\6\end{pmatrix} \to \begin{pmatrix}6\\7\end{pmatrix} \to \begin{pmatrix}6\\8\end{pmatrix}$$

のように $a_9 = 7$ になることはできない．

$a_n = n-2 < b_n$ になる場合には $b_n = n-1$ であり，追いつきが起こるのは $n-1$ 回目である．その前は A，B のどちらがリードしてもよいから 2 通りある．

$a_n \geqq n-2$ である確率は

$$\frac{1+2(n-1)+2(n-2)(n-3)+2}{2^n}$$
$$= \frac{2n^2-8n+13}{2^n}$$

《漸化式でない方がよい問題 (B20)》

632. 箱の中に赤玉 3 個と白玉 2 個が入っている．

このとき，次の (規則 1)，(規則 2)，(規則 3) にしたがって玉を 1 個ずつ取り出すという操作を繰り返し行う．

(規則 1) 赤玉を取り出したときは箱の中に戻す．

(規則 2) 白玉を取り出したときは箱の中に戻さない．

(規則 3) 白玉が 2 個取り出された時点で操作を終了する．

n が自然数のとき，n 回目で操作が終了する確率を P_n とする．

次の問いに答えなさい．

(1) P_2 および P_3 を求めなさい．

(2) $n \geqq 2$ のとき，$n-1$ 回目までに白玉が 1 個取り出されている確率を Q_{n-1} とするとき，P_n を Q_{n-1} で表しなさい．

(3) $n \geqq 2$ のとき，P_{n+1} を P_n で表しなさい．

(4) $n \geqq 2$ のとき，P_n を n の式で表しなさい．

(23 長崎県立大・後期)

▶解答◀ (1) 袋の中の赤玉が a 個，白玉が b 個であることを (a, b) と表すこととする．

$(3, 2)$ のとき，操作後に $(3, 2)$ のままである確率は $\frac{3}{5}$，$(3, 1)$ となる確率は $\frac{2}{5}$ である．

$(3, 1)$ のとき，操作後に $(3, 1)$ のままである確率は $\frac{3}{4}$，$(3, 0)$ となる確率は $\frac{1}{4}$ である．

2 回で操作が終了するのは，$(3, 2) \to (3, 1) \to (3, 0)$ となるときであるから，その確率は

$$P_2 = \frac{2}{5} \cdot \frac{1}{4} = \frac{1}{10}$$

3 回で操作が終了するのは，
$(3, 2) \to (3, 1) \to (3, 1) \to (3, 0)$，または
$(3, 2) \to (3, 2) \to (3, 1) \to (3, 0)$ となるときであるから，その確率は

$$P_3 = \frac{2}{5} \cdot \frac{3}{4} \cdot \frac{1}{4} + \frac{3}{5} \cdot \frac{2}{5} \cdot \frac{1}{4}$$
$$= \frac{3}{40} + \frac{3}{50} = \frac{27}{200}$$

(2) n 回目で操作が終了するのは，$n-1$ 回目で $(3, 1)$ の状態にあり，そこから n 回目に白玉を取り出

すときであるから，

$$P_n = \frac{1}{4}Q_{n-1}$$

（**3**）　$n-1$ 回の操作後に $(3,2)$ であるのは，赤玉を取り出し続けるときであるから，その確率は $\left(\frac{3}{5}\right)^{n-1}$ である．

　n 回目の操作後に $(3,1)$ となるのは，$n-1$ 回目まで $(3,2)$ で n 回目に白玉を取り出すときか，$n-1$ 回目で $(3,1)$ で n 回目に赤玉を取り出すときであるから，

$$Q_n = \frac{2}{5}\cdot\left(\frac{3}{5}\right)^{n-1} + \frac{3}{4}Q_{n-1}$$

$Q_{n-1} = 4P_n$ であるから，

$$4P_{n+1} = \frac{2\cdot 3^{n-1}}{5^n} + 3P_n$$

$$P_{n+1} = \frac{3}{4}P_n + \frac{3^{n-1}}{2\cdot 5^n} \quad\cdots\cdots\cdots\cdots\text{①}$$

（**4**）　1 回目の操作後に $(3,0)$ となることはないから，

$P_1 = 0$ である．①は，$n=1$ でも成り立つ．

①$\times\left(\frac{5}{3}\right)^{n+1}$ より

$$\left(\frac{5}{3}\right)^{n+1}P_{n+1} = \frac{5}{4}\left(\frac{5}{3}\right)^n P_n + \frac{5}{18}$$

$\left(\frac{5}{3}\right)^n P_n = a_n$ とおく．

$$a_{n+1} = \frac{5}{4}a_n + \frac{5}{18}$$

$$a_{n+1} + \frac{10}{9} = \frac{5}{4}\left(a_n + \frac{10}{9}\right)$$

数列 $\left\{a_n + \frac{10}{9}\right\}$ は公比 $\frac{5}{4}$ の等比数列であるから

$$a_n + \frac{10}{9} = \left(\frac{5}{4}\right)^{n-1}\left(a_1 + \frac{10}{9}\right)$$

$$a_n + \frac{10}{9} = \frac{10}{9}\left(\frac{5}{4}\right)^{n-1}$$

$$a_n = \frac{10}{9}\left\{\left(\frac{5}{4}\right)^{n-1} - 1\right\}$$

$$P_n = \left(\frac{3}{5}\right)^n \cdot \frac{10}{9}\left\{\left(\frac{5}{4}\right)^{n-1} - 1\right\}$$

$$= \frac{8}{9}\left(\frac{3}{4}\right)^n - \frac{10}{9}\left(\frac{3}{5}\right)^n$$

♦別解♦　（2）の誘導に乗らずに，最初で場合分けをすると，次のようになる．

（**3**）　$n+1$ 回目で操作が終了するときを考える．

　1 回目で赤玉を取り出し $(3,2)$ のままとなるとき（確率は $\frac{3}{5}$），残り n 回で操作が終了する確率が P_n である．

　1 回目で白玉を取り出し $(3,1)$ となるとき（確率は $\frac{2}{5}$），残り n 回で操作が終了するのは，$n-1$ 回赤玉を取り出し続け，最後に白玉を取り出すときである．

$$P_{n+1} = \frac{3}{5}P_n + \frac{2}{5}\left(\frac{3}{4}\right)^{n-1}\cdot\frac{1}{4}$$

$$P_{n+1} = \frac{3}{5}P_n + \frac{1}{10}\left(\frac{3}{4}\right)^{n-1} \quad\cdots\cdots\cdots\cdots\text{②}$$

（**4**）　②$\times\left(\frac{4}{3}\right)^{n+1}$ より

$$\left(\frac{4}{3}\right)^{n+1}P_{n+1} = \frac{4}{5}\left(\frac{4}{3}\right)^n P_n + \frac{8}{45}$$

$\left(\frac{4}{3}\right)^n P_n = b_n$ とおく．

$$b_{n+1} = \frac{4}{5}b_n + \frac{8}{45}$$

$$b_{n+1} - \frac{8}{9} = \frac{4}{5}\left(b_n - \frac{8}{9}\right)$$

数列 $\left\{b_n - \frac{8}{9}\right\}$ は公比 $\frac{4}{5}$ の等比数列であるから

$$b_n - \frac{8}{9} = \left(\frac{4}{5}\right)^{n-1}\left(b_1 - \frac{8}{9}\right)$$

$$b_n - \frac{8}{9} = -\frac{8}{9}\left(\frac{4}{5}\right)^{n-1}$$

$$b_n = \frac{8}{9}\left\{1 - \left(\frac{4}{5}\right)^{n-1}\right\}$$

$$P_n = \left(\frac{3}{4}\right)^n \cdot \frac{8}{9}\left\{1 - \left(\frac{4}{5}\right)^{n-1}\right\}$$

$$= \frac{8}{9}\left(\frac{3}{4}\right)^n - \frac{10}{9}\left(\frac{3}{5}\right)^n$$

注意　漸化式を立てずに，直接 P_n を求めると，以下のようになる．

　n 回目で操作が終了するのは，1 回目から $n-1$ 回目までのいずれか 1 回で白玉を取り出して $(3,1)$ となり，さらに n 回目で白玉を取り出して $(3,0)$ となるときである．

　以下は，$n=5$ の場合を表したものである．白玉の個数のみに注目し，$(3,2)$ を (2) などのように書くこととする．$\frac{3}{5}=p,\ \frac{2}{5}=q,\ \frac{3}{4}=r,\ \frac{1}{4}=s$ とする．

$$(2)\xrightarrow{p}(2)\xrightarrow{p}(2)\xrightarrow{p}(2)\xrightarrow{q}(1)\xrightarrow{s}(0)$$
$$(2)\xrightarrow{p}(2)\xrightarrow{p}(2)\xrightarrow{q}(1)\xrightarrow{r}(1)\xrightarrow{s}(0)$$
$$(2)\xrightarrow{p}(2)\xrightarrow{q}(1)\xrightarrow{r}(1)\xrightarrow{r}(1)\xrightarrow{s}(0)$$
$$(2)\xrightarrow{q}(1)\xrightarrow{r}(1)\xrightarrow{r}(1)\xrightarrow{r}(1)\xrightarrow{s}(0)$$

$$P_n = p^{n-2}qs + p^{n-3}qrs + p^{n-4}qr^2s + \cdots + qr^{n-2}s$$

つまり，P_n は初項 $\frac{1}{10}\left(\frac{3}{5}\right)^{n-2}$，公比 $\frac{r}{p} = \frac{5}{4}$ の等比数列の和となる．項数は $n-1$ であるから，

$$P_n = \frac{1}{10}\left(\frac{3}{5}\right)^{n-2}\cdot\frac{1-\left(\frac{5}{4}\right)^{n-1}}{1-\frac{5}{4}}$$

$$= \frac{2}{5}\left\{\frac{5}{4}\left(\frac{3}{4}\right)^{n-2} - \left(\frac{3}{5}\right)^{n-2}\right\}$$

$$= \frac{8}{9}\left(\frac{3}{4}\right)^n - \frac{10}{9}\left(\frac{3}{5}\right)^n$$

【群数列】

460

《易しい群（A8）》

633. すべての自然数を 1 から小さい順に並べ，下のように，並んでいる順にグループ分けし，k 番目のグループ G_k が $2k-1$ 個の連続する自然数から成るようにする．

$$\underset{G_1}{1} \mid \underset{G_2}{2, 3, 4,} \mid \underset{G_3}{5, 6, 7, 8, 9,} \mid \underset{G_4}{10, 11, 12, 13, 14, 15, 16,} \mid \cdots$$

このとき，グループ G_n に含まれるすべての自然数の和を $an^3 + bn^2 + cn - 1$ と表せば，$a = \boxed{}$，$b = \boxed{}$，$c = \boxed{}$ である． （23 帝京大・医）

▶**解答**◀ グループ G_k の最後の項は

$$1 + 3 + \cdots + (2k-1) = k^2$$

であるから，グループ G_n に含まれる項の和は

$$((n-1)^2 + 1) + ((n-1)^2 + 2) + \cdots + n^2$$
$$= \frac{(n-1)^2 + 1 + n^2}{2} \cdot (2n-1)$$
$$= (n^2 - n + 1)(2n - 1)$$
$$= 2n^3 - 3n^2 + 3n - 1$$

$$\boldsymbol{a = 2,\ b = -3,\ c = 3}$$

《斜めに上下（B20）☆》

634. 自然数 $1, 2, 3, \cdots$ を図のように配置する．

（1）1 行目に現れる数列 $1, 3, 4, 10, 11, \cdots$ を順に $a_1, a_2, a_3, a_4, a_5, \cdots$ とするとき，$a_{15} = \boxed{}$，$a_{16} = \boxed{}$ である．

（2）200 は $\boxed{}$ 行目の $\boxed{}$ 列目にある．

次に，n 行目の n 列目にある数を b_n とする．すなわち，$b_1 = 1, b_2 = 5, b_3 = 13, \cdots$ とする．

（3）$b_n = \boxed{}n^2 - \boxed{}n + \boxed{}$ と表される．

（4）1000 を超えない b_n の最大値は $\boxed{\mathcal{P}}$ であり，$b_n = \boxed{\mathcal{P}}$ を満たす n の値は $\boxed{}$ である．

	1列	2列	3列	4列	5列	6列	…
1行	1	3	4	10	11	…	
2行	2	5	9	12	…		
3行	6	8	13	…			
4行	7	14	…				
5行	15	…					
6行	16						
…							

（23 金沢医大・医-前期）

▶**解答**◀ （1）m 行 n 列の数を (m, n) と表す．

m＼n	1	2	3	4
1	1	3–4	10	
2	2	5	9	
3	6	8		
4	7			

1群	2群	3群	第k群
$m+n=2$	$m+n=3$	$m+n=4$	…… $m+n=k+1$
1	2, 3	4, 5, 6	

のように群に分ける．第 k 群には k 項ある．a_k は k が奇数のときは k 群の初項，k が偶数のときは末項である．

$$a_{15} = \sum_{k=1}^{14} k + 1 = \frac{1}{2} \cdot 14 \cdot 15 + 1 = \boldsymbol{106}$$
$$a_{16} = \sum_{k=1}^{16} k = \frac{1}{2} \cdot 16 \cdot 17 = \boldsymbol{136}$$

（2）200 が第 l 群にあるとする．

$$\frac{1}{2} l(l-1) < 200 \leqq \frac{1}{2} l(l+1)$$

$\frac{1}{2} l \cdot l \fallingdotseq 200$ としてみると，$l \fallingdotseq 20$ である．$l = 20$ としてみると

$$190 < 200 \leqq 210$$

で成り立つ．l は偶数であるから

$$(20, 1) = 191,\ (19, 2) = 192, \cdots,$$
$$(m, n) = 200$$

のとき $m + n = 21$，$n = 10$ であるから $m = 11$ となる．

11 行目の **10** 列目である．

（3）(n, n) は第 $2n-1$ 群の n 番目であり（$2n-1$ が奇数であるから上から下へ大きくなる形），$n \geqq 2$ のとき

$$b_n = \sum_{k=1}^{2n-2} k + n$$
$$= \frac{1}{2}(2n-2)(2n-1) + n = \boldsymbol{2n^2 - 2n + 1}$$

結果は $n = 1$ でも成り立つ．

（4）$2n^2 - 2n + 1 \leqq 1000$

$2n^2 \fallingdotseq 1000$ としてみると $n \fallingdotseq 10\sqrt{5} = 22.\cdots$

$n = 22$ としてみると $925 \leqq 1000$ で成り立ち，$n = 23$ としてみると $1013 \leqq 1000$ は成り立たない．最大の n は **22** で b_n の最大値は **925** である．

注意【一般形】

$(m, n) = N$ とおく．$m + n - 1 = k$ として

$$\frac{1}{2} k(k-1) < N \leqq \frac{1}{2} k(k+1)$$
$$k^2 - k - 2N < 0,\quad k^2 + k - 2N \geqq 0$$
$$\frac{-1 + \sqrt{1 + 8N}}{2} \leqq k < \frac{1 + \sqrt{1 + 8N}}{2}$$

この区間の幅が1であるから

$$k = \left\lceil \frac{-1 + \sqrt{1 + 8N}}{2} \right\rceil$$

$\lceil x \rceil$ は ceiling function で, 小数部分の切り上げ, x 以上の最小の整数を表す.

k が奇数のときは

$$m = N - \frac{1}{2}(k-1)k, \ n = k + 1 - m$$

k が偶数のときは

$$n = N - \frac{1}{2}(k-1)k, \ m = k + 1 - n$$

《斜めに下がる (B30)》

635. 自然数 $1, 2, 3, \cdots$ を下の図のように表に並べていく.

1	2	4	7	11
3	5	8	12	
6	9	13		
10	14			
15				

　表の横の並びを行と呼び, 上から順に1行目, 2行目, 3行目, $\cdots$ と呼ぶ. 表の縦の並びを列と呼び, 左から順に1列目, 2列目, 3列目, $\cdots$ と呼ぶ. 例えば, 表の2行目は $3, 5, 8, \cdots$ であり, 表の3列目は $4, 8, 13, \cdots$ である. i, j を自然数として, i 行目 j 列目にある数を (i, j) 成分と呼ぶ. 例えば, $(3, 2)$ 成分は9である. 上の表は, $(1, 1)$ 成分を1として, 以下の規則で自然数を並べている.

　(i) $(i, 1)$ 成分が k ならば, $(1, i+1)$ 成分は $k + 1$ である.

　(ii) (i, j) 成分 $(j \neq 1)$ が k ならば, $(i+1, j-1)$ 成分は $k + 1$ である.

（1）$(20, 1)$ 成分は □ であり, $(20, 20)$ 成分は □ である. また, (□, □) 成分は200である.

（2）n を自然数とする. $(1, n)$ 成分は □ であり, (n, n) 成分は □ である.

（3）n を自然数とする. 表の1行目から n 行目のうち, 1列目から n 列目を取り出す. その中に含まれる数のうち, 奇数の個数を $a(n)$ とおく.

　例えば, $n = 3$ であれば,

1	2	4
3	5	8
6	9	13

の中の奇数の個数であるから, $a(3) = 5$ となる. $a(20)$ は □ である.　　　　　　（23 東海大・医）

▶**解答**◀ （1）図のように, $i + j = N$ である (i, j) を考え第 $N - 1$ 群をつくる.

　$(20, 1)$ について $i + j = 21$ であるから20群の最後にある. 最初から数えると

$1 + 2 + \cdots + 20 = \frac{1}{2} \cdot 20 \cdot 21 = 210$ 番目にあるから **210** である.

　1 群　　　2 群　　　　3 群
$i + j = 2$　$i + j = 3$　　$i + j = 4$
$(1, 1)$　　$(1, 2)$ $(2, 1)$　$(1, 3)$ $(2, 2)$ $(3, 1)$
　1　　　　2　　3　　　　4　　5　　6

　4 群
$i + j = 5$
$(1, 4)$ $(2, 3)$ $(3, 2)$ $(4, 1)$ ......
　7　　8　　9　　10

　(i, j) の数を $x(i, j)$ とする.

　$(20, 20)$ は $i + j = 40$ を満たすから第39群の20番目にある. 第1群, $\cdots$, 第38群には1項, $\cdots$, 38項ある.

$$x(20, 20) = 1 + 2 + \cdots + 38 + 20$$
$$= \frac{1}{2} \cdot 38(38 + 1) + 20 = \mathbf{761}$$

$i + j \geqq 3$ のとき

$$x(i, j) = 1 + 2 + \cdots + (i + j - 2) + i$$
$$= \frac{1}{2}(i + j - 2)(i + j - 1) + i$$

結果は $i = j = 1$ でも成り立つ.

　$x(i, j) = 200$ のとき $i + j - 1 = N$ とおくと

$$\frac{1}{2}(N - 1)N < 200 \leqq \frac{1}{2}N(N + 1)$$

$\frac{1}{2}N^2 \fallingdotseq 200$ とすると $N \fallingdotseq 20$

　$N = 20$ とすると $190 < 200 \leqq 210$ で成り立つ.

$$i + j = 21, \ x(i, j) = 190 + i$$

よって $i = 10, \ j = 11$ であり $(i, j) = \mathbf{(10, 11)}$

（2）$x(1, n) = \frac{1}{2}(n - 1)n + 1 = \frac{1}{2}\mathbf{(n^2 - n + 2)}$

$$x(n, n) = \frac{1}{2}(2n - 2)(2n - 1) + n$$

$$= (n-1)(2n-1) + n = \boldsymbol{2n^2 - 2n + 1}$$

（3）　$x(n, n) = 2n^2 - 2n + 1$ は奇数である．つまり，左上から右下へかけての対角線 1, 5, 13 には奇数がある．この左も奇数である．

$n \geqq 2$ のとき

$$x(n, n-1) = \frac{1}{2}(2n-3)(2n-2) + n$$
$$= 2n^2 - 4n + 3$$

も奇数である．与えられた表の中で横に 2 ずれると偶奇が入れかわることに気づく．これは次のように確認できる．

$$x(i, j+2) - x(i, j)$$
$$= \frac{1}{2}(i+j)(i+j+1) + i$$
$$\qquad - \frac{1}{2}(i+j-2)(i+j-1) - i$$
$$= \frac{1}{2}(i+j)^2 + \frac{1}{2}(i+j)$$
$$\qquad - \frac{1}{2}(i+j)^2 + \frac{3}{2}(i+j) - 1$$
$$= 2(i+j) - 1 = 奇数$$

今求めるものが $a(20)$ で 20 が 4 の倍数であることに着目する．左右に 2 ずれたら偶奇が入れかわり，4 ずれたら偶奇が一致する．どの左右の 4 個をとっても半分は偶数，半分は奇数である．たとえば下の表に 19, 25, 32, 40 という並びがある．この中には偶数も奇数も 2 個ずつある．

1	2	4	7	11	16	22	29
3	5	8	12	17	23	30	38
6	9	13	18	24	31	39	48
10	14	19	25	32	40	49	59
15	20	26	33	41	50	60	71
21	27	34	42	51	61	72	84
28	35	43	52	62	73	85	98
36	44	53	63	74	86	99	113

左右 20 の正方形の中には $20^2 = 400$ 個の数があるが，その半分 200 個は奇数である．$a(20) = \boldsymbol{200}$

注意 カギ型の並びを考える．

たとえば 7, 12, 18, 25, 19, 14, 10 を $L(4)$ とし $L(4)$ の中の奇数の個数を $y(4)$ とする．他も同様とする．上と同様の計算で $x(i+2, j) - x(i, j)$ が奇数である

とわかり，上下に 2 ずれても偶奇が入れかわる．よって，$L(n+4)$ と $L(n)$ では奇数は上下方向で 2 個ふえ，左右方向で 2 個ふえるから $y(n+4) - y(n) = 4$ である．実際に数えると $y(1) = 1$，$y(2) = 2$，$y(3) = 2$，$y(4) = 3$ であるから，これを用いて一般の個数も容易に求められる．

たとえば $a(613)$ を求めてみよう．$613 = 4 \cdot 153 + 1$ である．

$$y(4m) = y(4) + 4(m-1)$$
$$= 3 + 4(m-1) = 4m - 1$$
$$y(4m-1) = y(3) + 4(m-1)$$
$$= 2 + 4(m-1) = 4m - 2$$
$$y(4m-2) = y(2) + 4(m-1)$$
$$= 2 + 4(m-1) = 4m - 2$$
$$y(4m-3) = y(1) + 4(m-1)$$
$$= 1 + 4(m-1) = 4m - 3$$
$$y(4m) + y(4m-1) + y(4m-2) + y(4m-3)$$
$$= 4(4m-2) = 8(2m-1)$$
$$a(613) = \sum_{k=1}^{612} y(k) + y(613)$$
$$= \sum_{m=1}^{153} 8(2m-1) + 613 = 8 \cdot 153^2 + 613 = 187885$$

$\frac{1}{2} \cdot 613^2 = 187884.5$ だから，およそ半分ではある．

《等差数列を群に（B20）》

636. 群に分けられた数列

$$a_1 \mid a_2 \ a_3 \mid a_4 \ a_5 \ a_6 \mid \cdots$$

は，次の条件（ ⅰ ），（ ⅱ ），（ ⅲ ）を満たしているとする．

（ ⅰ ）　第 1 群は a_1 のみからなる．また n を 2 以上の自然数とするとき，第 n 群は項数が n であるような等差数列であり，その公差は n によらない定数 d である．

（ ⅱ ）　自然数 n に対し，第 n 群の最後の項を b_n とし，$S_n = \sum_{k=1}^{n} b_k$ とおくとき，

$$S_n = \frac{d+1}{2}n^2 + \frac{1-d}{2}n$$

が成り立つ．

（ ⅲ ）　自然数 n に対し，第 n 群に含まれる項の和を T_n とおくとき，

$$T_n = 4n^2 - 3n$$

が成り立つ．

このとき，次の問いに答えよ．

（1）　定数 d の値を求めよ．

（2） k を自然数とする．次の条件を満たすような m をすべて求めよ．

第 m 群は $7k-6$ を含む． （23 信州大・理）

▶解答◀ （1）

$$S_n = \frac{d+1}{2}n^2 + \frac{1-d}{2}n \quad \cdots\cdots\cdots\cdots ①$$

$$T_n = 4n^2 - 3n \quad \cdots\cdots\cdots\cdots\cdots ②$$

① で $n=1$ として $S_1 = \dfrac{d+1}{2} + \dfrac{1-d}{2} = 1$ すなわち

$a_1 = 1$

① で $n=2$ として

$$S_2 = 2(d+1) + 1 - d = d + 3$$

よって，$a_1 + a_3 = d + 3 \quad \cdots\cdots\cdots ③$

② で $n=2$ として

$$T_2 = 16 - 6 = 10$$

よって，$a_2 + a_3 = 10 \quad \cdots\cdots\cdots ④$

また，第2群は公差 d の等差数列だから

$$a_2 + d = a_3 \quad \cdots\cdots\cdots\cdots\cdots ⑤$$

③ より $a_3 = d+2$ で ④ より $a_2 = 10 - a_3 = -d + 8$

⑤ に代入して

$$-d + 8 + d = d + 2 \qquad \therefore \quad d = 6$$

（2） 第 n 群は項数 n，公差6の等差数列で，末項が b_n である．第 n 群の l 番目の項は $b_n - 6(n-l)$ であり，第 n 群に含まれる項の和は

$$\sum_{l=1}^{n} \{b_n - 6(n-l)\} = nb_n - 6\left\{n^2 - \frac{1}{2}n(n+1)\right\}$$
$$= nb_n - 3n^2 + 3n$$

これが ② と一致するから

$$nb_n - 3n^2 + 3n = 4n^2 - 3n$$
$$b_n = 7n - 6$$

第 n 群の初項は $b_n - 6(n-1) = n$ である．よって，第 m 群に含まれる項は

$$m,\ m+6,\ m+12,\ \cdots,\ 7m-12,\ 7m-6$$

第 m 群の l 番目は $m + 6(l-1)$ である．

第 m 群に $7k-6$ が含まれる条件は，$m \le 7k-6 \le 7m-6$ すなわち $k \le m \le 7k-6$ のもとで

$$7k - 6 = m + 6(l-1)$$
$$m = 7k - 6l$$

である．

$k \le 7k - 6l \le 7k - 6$ だから $1 \le l \le k$ で求める値は

$$m = 7k - 6l \ (1 \le l \le k)$$

《規則が書いてない問題（B10）》

637. 次の数列について，以下の問いに答えよ．

$$1,\ \frac{1}{2},\ 1,\ \frac{1}{3},\ \frac{2}{3},\ 1,\ \frac{1}{4},\ \frac{1}{2},\ \frac{3}{4},\ 1,$$
$$\frac{1}{5},\ \frac{2}{5},\ \frac{3}{5},\ \frac{4}{5},\ 1,\ \frac{1}{6},\ \frac{1}{3},\ \cdots$$

（1） 最初に出てくる $\dfrac{5}{8}$ は第何項になるか．

（2） 第200項を求めよ．

（3） 初項から第200項までの和を求めよ．

（23 愛知医大・医）

考え方 「第 k 群の分母は k で，分子は1から k」ということを書かないと，数列は確定しない．だから，本当は，こうした問題は答えは確定しない．

▶解答◀ 第 k 群に k 個の項があるように群に分ける．第 k 群は，約分せずに分母を k とすれば，分子は自然数を1から k まで順に並べたものになっている．

$$\frac{1}{1} \mid \frac{1}{2},\ \frac{2}{2} \mid \frac{1}{3},\ \frac{2}{3},\ \frac{3}{3} \mid \frac{1}{4},\ \cdots$$

第 k 群の最後までの個数は

$$1 + 2 + 3 + \cdots + k = \frac{1}{2}k(k+1)$$

である．

（1） 最初に出てくる $\dfrac{5}{8}$ は第8群の5項目であるから

$$\frac{1}{2} \cdot 7 \cdot 8 + 5 = 33$$

よって，**第33項**である．

（2） 第200項が第 n 群にあるとすると

$$\frac{1}{2}n(n-1) < 200 \le \frac{1}{2}n(n+1) \quad \cdots\cdots\cdots ①$$

を満たす．$\dfrac{1}{2}n^2 \fallingdotseq 200$ としてみると，$n \fallingdotseq 20$ である．① で $n=20$ としてみると，$190 < 200 \le 210$ で成り立つ．よって，第200項は第20群の $200 - 190 = 10$ 項目であるから，その値は $\dfrac{10}{20} = \dfrac{1}{2}$

（3） 第 k 群の総和は

$$\frac{1}{k} + \frac{2}{k} + \cdots + \frac{k}{k} = \frac{1}{k}(1 + 2 + \cdots + k)$$
$$= \frac{1}{k} \cdot \frac{1}{2}k(k+1) = \frac{1}{2}(k+1)$$

初項から第200項までの和は

$$\sum_{k=1}^{19} \frac{1}{2}(k+1) + \frac{1}{20} + \frac{2}{20} + \cdots + \frac{10}{20}$$

$$= \frac{1}{2}\left(\frac{1}{2}\cdot 19\cdot 20 + 19\right) + \frac{1}{20}\cdot\frac{1}{2}\cdot 10\cdot 11$$

$$= \frac{209}{2} + \frac{11}{4} = \frac{429}{4}$$

《変則2進法（B20）》

638. n を自然数として，数字の 1 と 2 のみを用いてできる自然数を小さい順に並べて数列 $\{a_n\}$ を次のように作る．以下の □ をうめよ．

$$\{a_n\}: 1, 2, 11, 12, 21, 22, 111, 112, \cdots$$

（1）$a_{11} = $ □ ，$a_{16} = $ □ である．

（2）数列 $\{a_n\}$ の項のうち，4桁の自然数で，千の位の数が 1 であるものは全部で □ 個ある．また，4桁の自然数となるすべての項の和は □ である．

（3）$a_n = 21121$ であるとき，$n = $ □ である．

（4）数列 $\{a_n\}$ の項のうち，n 桁の自然数で，左端の数が 1 であるものは全部で □ 個ある．また，n 桁の自然数となるすべての項の和は □ である．

(23 関大)

▶**解答**◀ （1）$\{a_n\}$ を次のような群に分ける．

$$1, 2 \mid 11, 12, 21, 22 \mid 111, \cdots, 222 \mid 1111, \cdots$$

ただし，第 k 群には k 桁の自然数が 2^k 個並んでいる．$11 = 2 + 4 + 5$ より，a_{11} は第3群の5番目にある．第3群は $111, 112, 121, 122, 211, \cdots$ となるから，$a_{11} = \mathbf{211}$ である．

$16 = 2 + 4 + 8 + 2$ より，a_{16} は第4群の2番目にあるから，$a_{16} = \mathbf{1112}$ である．

（2）第4群には次の $2^4 = 16$ 個の自然数が並ぶ．

1111	1112	1121	1122
1211	1212	1221	1222
2111	2112	2121	2122
2211	2212	2221	2222

千の位が 1 であるものは **8** 個ある．百の位，十の位，一の位についても，1 であるものは8個ずつある．同様に，各位が 2 であるものについても，それぞれ8個ずつあるから，求める和は

$$8(1000 + 100 + 10 + 1) + 8(2000 + 200 + 20 + 2)$$

$$= 8\cdot 1111 + 2\cdot 8\cdot 1111 = 3\cdot 8\cdot 1111 = \mathbf{26664}$$

（3）$a_n = 21121$ は5桁の自然数であるから，第5群にある．第5群は

$$\underbrace{11111, \cdots, 12222,}_{2^4 個} 21111, 21112, 21121, \cdots$$

となるから，a_n は第5群の $2^4 + 3 = 19$ 番目にある．求める n は $n = 2 + 4 + 8 + 16 + 19 = \mathbf{49}$

（4）（2）と同様に，第 n 群の 2^n 個の自然数の各位について，1 であるものと 2 であるものはそれぞれ 2^{n-1} 個ずつある．よって，求める和は

$$2^{n-1}(10^{n-1} + \cdots + 10 + 1)$$
$$\qquad + 2^{n-1}(2\cdot 10^{n-1} + \cdots + 20 + 2)$$
$$= 3\cdot 2^{n-1}(10^{n-1} + \cdots + 10 + 1)$$
$$= 3\cdot 2^{n-1}\cdot\frac{1 - 10^n}{1 - 10} = \frac{2^{n-1}}{3}(10^n - 1)$$

注意

《変則割り算の原則》

n は自然数，p は 2 以上の自然数である．$n = pk + r$（k は 0 以上の整数，r は $1 \le r \le p$ を満たす整数）の形に一意に表すことができる．ここでは「変則割り算」と呼ぶことにして，n を p で割ったときの商が k，余りが r であるということにする．

証明の必要などないだろう．0 の代わりに p を使っているだけである．この変則割り算を用いて，$n = 100$，$p = 3$ で，変則3進法に表示してみよう．

$$100 = 3\cdot 33 + 1$$

100 を 3 で割った商は 33，余りは 1 である．$33 = 3\cdot 11 + 0$ だが，0 では具合が悪い．

$$33 = 3\cdot 10 + 3$$

33 を 3 で割った商は 10，余りは 3 である．

$$10 = 3\cdot 3 + 1$$

10 を 3 で割った商は 3，余りは 1 である．

$$100 = 3\cdot 33 + 1 = 3\cdot(3\cdot 10 + 3) + 1$$
$$= 3^2\cdot 10 + 3\cdot 3 + 1$$
$$= 3^2\cdot(3\cdot 3 + 1) + 3\cdot 3 + 1$$
$$= 3^3\cdot 3 + 3^2\cdot 1 + 3\cdot 3 + 1$$

3 の冪の部分を省略して

$$100_{(10)} = 3131_{(h3)}$$

と書く．ただし (10) は通常の 10 進法であることを表し，$(h3)$ は変則3進法であることを表す．

◆**別解**◆ （3）1 と 2 の 2 数による「変則2進法」を考える．たとえば 21 は $\{a_n\}$ の第5項であるが，これを

$$21_{(h2)} = 2\cdot 2 + 1 = 5$$

と考える．また，111 は $\{a_n\}$ の第7項であるが，これを

$$111_{(h2)} = 1\cdot 2^2 + 1\cdot 2 + 1 = 4 + 2 + 1 = 7$$

と考える. このように考えると 21121 は

$$21121_{(h2)} = 2 \cdot 2^4 + 1 \cdot 2^3 + 1 \cdot 2^2 + 2 \cdot 2 + 1$$
$$= 32 + 8 + 4 + 4 + 1 = \mathbf{49}$$

──────《グルグル回る（C30）》──────

639. 図のように, 自然数 1, 2, 3, … を 1 を中心として時計回りに渦巻き状に並べる. 中心の 1 の場所を 0 行 0 列とし, 上方向を行の正, 下方向を行の負, 右方向を列の正, 左方向を列の負として, 各数字の位置を表すものとする. 例えば, 数字 16 は -2 行 -1 列にある. 以下の問いに答えよ.

	21	22	23	•	•	•
	20	7	8	9	10	•
	19	6	1	2	11	•
	18	5	4	3	12	•
	17	16	15	14	13	•
•	•	•	•	•	•	

（1） 数字 1000 は, 何行何列の位置にあるか求めよ.

（2） n を自然数とし, n 行 0 列の位置にある数字を a_n とするとき, a_n を n の式で表せ.

（23 早稲田大・人間科学-数学選抜）

考え方 よくある数の並べ方による群数列であるが, 自分で群を指定することが第一歩である. 分かりづらいのは, 座標のように場所を指定しているが, m 行 n 列のように答えることで, さらに 0 行 0 列があることである.

このため, 群への番号づけを少し工夫する方が混乱が少なくなる.

試験会場でそこまで考えて解答するのは難しいだろう.

							3行
	21	22	23	•	•	•	2行
	20	7	8	9	10	•	1行
	19	6	1	2	11	•	0行
	18	5	4	3	12	•	−1行
	17	16	15	14	13	•	−2行
•	•	•	•	•	•	•	−3行

$\begin{array}{ccccccc}-3 & -2 & -1 & 0 & 1 & 2 & 3\\ \text{列} & \text{列} & \text{列} & \text{列} & \text{列} & \text{列} & \text{列}\end{array}$

▶解答◀ （1） 1 を第 0 群, 第 0 群を囲む正方形状に並ぶ数（2〜9）を第 1 群, 第 1 群を囲む正方形状に並ぶ数（10〜25）を第 2 群のように第 n 群を定める. 第 n 群には, 縦, 横それぞれ $2n+1$ 個の数が並ぶ.

図1

第 n 群の末項の数を b_n とすると第 0 群〜第 n 群に $(2n+1)^2$ 個の数が並んでいるから

$$b_n = (2n+1)^2$$

であり, b_n は n 行 n 列にある.
1000 が第 m 群に属するとする. ただし $m \geqq 1$ である.
このとき

$$b_{m-1} < 1000 \leqq b_m \quad \cdots\cdots\cdots ①$$
$$(2m-1)^2 < 1000 \leqq (2m+1)^2$$

$(2m+1)^2 \fallingdotseq 1024 (= 32^2)$ とすると

$$2m+1 \fallingdotseq 32$$
$$m \fallingdotseq 15.5$$

$m = 15$ は ① を満たさず, $m = 16$ は ① を満たすから 1000 は第 16 群に属する.
第 16 群の初項は $31^2 + 1 = 962$ で 15 行 16 列にある.
第 16 群の縦, 横にそれぞれ 33 個並んでおり, 第 16 群の初項と末項は同じ列にあることに注意せよ.
1000 は第 16 群の $1000 - 962 + 1 = 39$ 番目にある.
962 を 1 番目の数としたとき, 32 番目の数は
$962 + 32 - 1 = 993$ で -16 行 16 列である.
993 を 1 番目として 1000 は $1000 - 993 + 1 = 8$ 番目にあるから $\mathbf{-16}$ **行** $\mathbf{9}$ **列**にある.

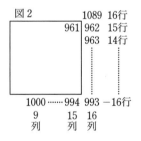

図2

（2） $b_n = (2n+1)^2$ であり, n 行 n 列であるから, n 行 0 列の数はこれより n 列左にある.
したがって

$$a_n = (2n+1)^2 - n = \mathbf{4n^2 + 3n + 1}$$

注意 （ⅱ）は $n = 0$ のときも成り立つ.

【平面ベクトルの成分表示】

──────《成分の設定（A5）》──────

640. 点 A(2, 1) を原点 O を中心に反時計回りに 90° 回転させた点を B とする．このとき点 C(5, 0) について，ベクトル $\overrightarrow{OC}$ をベクトル $\overrightarrow{OA}$, $\overrightarrow{OB}$ を用いて表せ．

(23 広島工業大・公募)

▶解答◀ $\overrightarrow{OA} = (2, 1)$, $\overrightarrow{OB} = (-1, 2)$ である．
$\overrightarrow{OC} = s\overrightarrow{OA} + t\overrightarrow{OB}$ とおくと

$$(5, 0) = (2s - t, s + 2t)$$

よって，$2s - t = 5$, $s + 2t = 0$
これを解いて $s = 2$, $t = -1$ となり，$\overrightarrow{OC} = 2\overrightarrow{OA} - \overrightarrow{OB}$

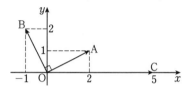

──《3次関数で相似縮小 (B20)》──

641. 座標平面上の 3 点 A(−1, −1), P(x_1, y_1), Q(x_2, y_2) について，$\overrightarrow{AQ} = \frac{1}{2}\overrightarrow{AP}$ の関係があるとき，

$$x_1 = \boxed{}x_2 + \boxed{}, \ y_1 = \boxed{}y_2 + \boxed{}$$

となる．$\overrightarrow{AQ} = \frac{1}{2}\overrightarrow{AP}$ を満たしながら点 P が曲線 $l_1 : y = x^3 - 3x$ 上を動くとき，点 Q は曲線 $l_2 : y = ax^3 + bx^2 + cx + d$ 上を動く．ただし，

$$a = \boxed{}, \ b = \boxed{}, \ c = \boxed{}, \ d = \dfrac{\boxed{}}{\boxed{}}$$

である．このような関係があるとき，曲線 l_1 と曲線 l_2 は点 A を相似の中心として相似の位置にあるといい，相似比は $1 : 2$ である．曲線 l_1 と曲線 $l_3 : y = \frac{1}{4}x^3 + \frac{3}{4}x^2 - \dfrac{\boxed{}}{\boxed{}}x - \frac{11}{4}$ が相似の位置にあるとき，3 次の係数より相似比は $\boxed{} : 1$ であり，相似の中心は B$\left(\boxed{}, \boxed{}\right)$ である．

(23 順天堂大・医)

▶解答◀ $\overrightarrow{AQ} = \frac{1}{2}\overrightarrow{AP}$ より

$$(x_2 + 1, y_2 + 1) = \frac{1}{2}(x_1 + 1, y_1 + 1)$$

$$x_1 = 2(x_2 + 1) - 1 = \boldsymbol{2x_2 + 1}$$

$$y_1 = \boldsymbol{2y_2 + 1}$$

P は l_1 上にあり，$y_1 = x_1^3 - 3x_1$ を満たしているから，

$$2y_2 + 1 = (2x_2 + 1)^3 - 3(2x_2 + 1)$$

$$y_2 = 4x_2^3 + 6x_2^2 - \frac{3}{2}$$

よって，Q は $l_2 : y = \boldsymbol{4x^3 + 6x^2 + 0x - \dfrac{3}{2}}$ 上を動く．次に，B(p, q), R(x_3, y_3) とし，l_1 と l_3 の相似比を $1 : k$ ($k > 0$) とすると，$\overrightarrow{BR} = \frac{1}{k}\overrightarrow{BP}$ より

$$(x_3 - p, y_3 - q) = \frac{1}{k}(x_1 - p, y_1 - p)$$

$$x_1 = k(x_3 - p) + p = kx_3 - (k-1)p$$

$$y_1 = ky_3 - (k-1)q$$

P は l_1 上にあるから

$$ky_3 - (k-1)q = \{kx_3 - (k-1)p\}^3$$
$$-3\{kx_3 - (k-1)p\} \quad \cdots\cdots\cdots ①$$

これを y_3 について解いたときの $x_3{}^3$ の係数は $\dfrac{k^3}{k} = k^2$ である．これが $\frac{1}{4}$ となるから，$k = \frac{1}{2}$ である．よって，相似比は $1 : \frac{1}{2} = \boldsymbol{2 : 1}$ である．このとき ① は

$$\frac{1}{2}y_3 + \frac{1}{2}q = \left(\frac{1}{2}x_3 + \frac{1}{2}p\right)^3 - 3\left(\frac{1}{2}x_3 + \frac{1}{2}p\right)$$

$$y_3 = \frac{1}{4}x_3^3 + \frac{3}{4}px_3^2$$
$$+ \left(\frac{3}{4}p^2 - 3\right)x_3 + \left(\frac{1}{4}p^3 - 3p - q\right)$$

となる．R が l_3 上にあるから，2 次の係数を比較して

$$\frac{3}{4}p = \frac{3}{4} \qquad \therefore \quad p = 1$$

これより l_3 の 1 次の係数は $\frac{3}{4} \cdot 1^2 - 3 = -\dfrac{9}{4}$ であり，定数項を比較すると

$$\frac{1}{4} \cdot 1^3 - 3 \cdot 1 - q = -\frac{11}{4} \qquad \therefore \quad q = 0$$

となるから，相似の中心は $(\boldsymbol{1, 0})$ である．

注意 通常，相似比は逆である．P, Q がそれぞれ l_1, l_2 上を動き，$\overrightarrow{AQ} = \frac{1}{2}\overrightarrow{AP}$ を満たしているのだから，l_1 と l_2 の相似比は $2 : 1$ とするのが普通である．

【平面ベクトルの内積】

──《図形と内積 (B10) ☆》──

642. 平面上の 2 点 A, B が点 O を中心とする半径 1 の円 C の周上にあり，$\angle AOB = \dfrac{\pi}{2}$ とする．また，点 P は $\overrightarrow{AP} = 4\overrightarrow{AB}$ を満たす点とし，点 Q は直線 OP と円 C の交点であり，$|\overrightarrow{PQ}| > |\overrightarrow{PO}|$ を満たす点とする．このとき，$|\overrightarrow{PQ}| = \boxed{}$ であり，$\overrightarrow{PO} \cdot \overrightarrow{PA} = \boxed{}$ である．また，△APQ の重心 G について，$\overrightarrow{OG}$ を $\overrightarrow{OA}$, $\overrightarrow{OB}$ を用いて表すと，

$$\overrightarrow{OG} = \boxed{}\overrightarrow{OA} + \boxed{}\overrightarrow{OB}$$

である．

(23 大工大・推薦)

▶**解答**◀ $OA = OB = 1$, $\angle AOB = \dfrac{\pi}{2}$ であるから

$AB = \sqrt{2}$ である．さらに，$\overrightarrow{AP} = 4\overrightarrow{AB}$ より

$$PA = 4\sqrt{2}, \quad PB = 3\sqrt{2}$$

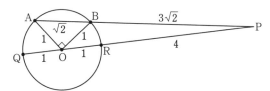

直線 OP と円 C の交点のうち，Q でない方を R とすると，$QR = 2$ である．したがって，方べきの定理より

$$PB \cdot PA = PR \cdot PQ$$
$$3\sqrt{2} \cdot 4\sqrt{2} = (PQ - 2) \cdot PQ$$
$$PQ^2 - 2PQ - 24 = 0$$
$$(PQ - 6)(PQ + 4) = 0$$

$PQ = 6$ で，$|\overrightarrow{PQ}| = \mathbf{6}$

$$|\overrightarrow{OA}|^2 = |\overrightarrow{PA} - \overrightarrow{PO}|^2$$
$$= |\overrightarrow{PA}|^2 + |\overrightarrow{PO}|^2 - 2\overrightarrow{PO} \cdot \overrightarrow{PA}$$
$$\overrightarrow{PO} \cdot \overrightarrow{PA} = \frac{1}{2}(PA^2 + PO^2 - OA^2)$$
$$= \frac{1}{2}((4\sqrt{2})^2 + 5^2 - 1) = \mathbf{28}$$

$\triangle APQ$ の重心 G について

$$\overrightarrow{OG} = \frac{1}{3}(\overrightarrow{OA} + \overrightarrow{OP} + \overrightarrow{OQ})$$

ここで

$$\overrightarrow{OP} = \overrightarrow{OA} + \overrightarrow{AP} = \overrightarrow{OA} + 4\overrightarrow{AB} = -3\overrightarrow{OA} + 4\overrightarrow{OB}$$
$$\overrightarrow{OQ} = -\frac{1}{5}\overrightarrow{OP}$$

であるから

$$\overrightarrow{OG} = \frac{1}{3}\left(\overrightarrow{OA} + \frac{4}{5}\overrightarrow{OP}\right)$$
$$= \frac{1}{3}\left(-\frac{7}{5}\overrightarrow{OA} + \frac{16}{5}\overrightarrow{OB}\right) = -\frac{7}{15}\overrightarrow{OA} + \frac{16}{15}\overrightarrow{OB}$$

《**直交（A2）☆**》

643. 二つのベクトル $\vec{a}, \vec{b}$ が与えられたとき，$|2\vec{a} + t\vec{b}|$ を最小にする t を求めよ．ただし，$\vec{b} \neq \vec{0}$ とする． （23 秋田県立大・前期）

▶**解答**◀ $\vec{b} \neq \vec{0}$ であるから $|\vec{b}| \neq 0$ である．

$$|2\vec{a} + t\vec{b}|^2 = |\vec{b}|^2 t^2 + 4(\vec{a} \cdot \vec{b})t + 4|\vec{a}|^2$$
$$= |\vec{b}|^2\left(t + \frac{2\vec{a} \cdot \vec{b}}{|\vec{b}|^2}\right)^2 - \frac{4(\vec{a} \cdot \vec{b})^2}{|\vec{b}|^2} + 4|\vec{a}|^2$$

$|2\vec{a} + t\vec{b}|^2$ すなわち，$|2\vec{a} + t\vec{b}|$ を最小にする t の値は $-\dfrac{2\vec{a} \cdot \vec{b}}{|\vec{b}|^2}$ である．

《**基底の変更（B20）☆**》

644. ベクトル $\vec{a}$ と $\vec{b}$ が
$$|\vec{a} - \vec{b}| = 1, \quad |3\vec{a} + 2\vec{b}| = 3$$
を満たしているとき，

（1）$|\vec{a}|^2$ と $|\vec{b}|^2$ を $\vec{a} \cdot \vec{b}$ だけで表すと，
$$|\vec{a}|^2 = \boxed{} - \boxed{}\,\vec{a} \cdot \vec{b}, \quad |\vec{b}|^2 = \boxed{}\,\vec{a} \cdot \vec{b}$$
である．

（2）$\vec{a} \cdot \vec{b}$ のとりうる値の範囲は，
$$\boxed{} \leqq \vec{a} \cdot \vec{b} \leqq \frac{\boxed{}}{\boxed{}}$$
である．

（3）$|\vec{a} + \vec{b}|$ のとりうる値の最大値と最小値は，
$$\text{最大値} \frac{\boxed{}}{\boxed{}}, \quad \text{最小値} \boxed{} \text{ である．}$$

（23 久留米大・医）

考え方 誘導にしたがって解くが，別解を見よ．そちらが本筋である．

▶**解答**◀ （1）$|\vec{a} - \vec{b}|^2 = 1^2$ より
$$|\vec{a}|^2 - 2\vec{a} \cdot \vec{b} + |\vec{b}|^2 = 1 \quad \cdots\cdots①$$
$|3\vec{a} + 2\vec{b}|^2 = 3^2$ より
$$9|\vec{a}|^2 + 12\vec{a} \cdot \vec{b} + 4|\vec{b}|^2 = 9 \quad \cdots\cdots②$$
②$-$①$\times 4$ より
$$5|\vec{a}|^2 + 20\vec{a} \cdot \vec{b} = 5 \quad \therefore \quad |\vec{a}|^2 = 1 - 4\vec{a} \cdot \vec{b}$$
①$\times 9 -$② より
$$-30\vec{a} \cdot \vec{b} + 5|\vec{b}|^2 = 0 \quad \therefore \quad |\vec{b}|^2 = 6\vec{a} \cdot \vec{b}$$

（2）$\vec{a} \cdot \vec{b} = t$ とおく．（1）より
$$|\vec{a}|^2 = 1 - 4t, \quad |\vec{b}|^2 = 6t$$
$|\vec{a}|^2 \geqq 0$, $|\vec{b}|^2 \geqq 0$ であるから，$0 \leqq t \leqq \dfrac{1}{4}$ $\cdots$③ また，$\vec{a}$ と $\vec{b}$ のなす角を θ とおく．$-1 \leqq \cos\theta \leqq 1$ と $\vec{a} \cdot \vec{b} = |\vec{a}||\vec{b}|\cos\theta$ から
$$|\vec{a} \cdot \vec{b}| \leqq |\vec{a}||\vec{b}|$$
が成り立つ．$|\vec{a} \cdot \vec{b}|^2 \leqq |\vec{a}|^2|\vec{b}|^2$ より
$$t^2 \leqq (1 - 4t) \cdot 6t$$
$$t(25t - 6) \leqq 0$$
$$0 \leqq t \leqq \frac{6}{25} \quad \cdots\cdots④$$
③かつ④より，$0 \leqq t \leqq \dfrac{6}{25}$

ただし，ここで気をつけなければならない．$\vec{a}$ と $\vec{b}$ には，$|\vec{a}-\vec{b}|=1$，$|3\vec{a}+2\vec{b}|=3$ という条件がある．④を導くのに用いた $|\vec{a}\cdot\vec{b}|\leqq|\vec{a}||\vec{b}|$ という関係式は，$\vec{a},\vec{b}$ に特に制約のないときに成り立つ関係式である．したがって，本問の $\vec{a},\vec{b}$ で $t=0$ や $t=\dfrac{6}{25}$ という値が実現するかどうかの確かめをしておかないと危険である．

$t=0$ は比較的見つけやすい．$\vec{a}$ を $|\vec{a}|=1$ を満たすベクトル，$\vec{b}=\vec{0}$ ととれば，$|\vec{a}-\vec{b}|=1$，$|3\vec{a}+2\vec{b}|=3$ を満たして $t=0$ である．

$t=\dfrac{6}{25}$ については④の等号が成り立つときであるから，もし実現するならば，$|\vec{a}|\neq 0$ かつ $|\vec{b}|\neq 0$ かつ $\vec{a}/\!/\vec{b}$ のときである．$\vec{b}=k\vec{a}$ （ただし $k\neq 0$）とおくと

$$|1-k||\vec{a}|=1,\quad |3+2k||\vec{a}|=3$$

これを解いて，$|\vec{a}|=\dfrac{1}{5}$，$k=6$

実際に $|\vec{a}|=\dfrac{1}{5}$，$\vec{b}=6\vec{a}$ となる $\vec{a},\vec{b}$ をとれば，与えられた条件を満たして $t=\dfrac{6}{25}$ となる．

以上より，$0\leqq\vec{a}\cdot\vec{b}\leqq\dfrac{6}{25}$ である．

（3）$|\vec{a}+\vec{b}|^2=|\vec{a}|^2+2\vec{a}\cdot\vec{b}+|\vec{b}|^2$

$\qquad =1-4t+2t+6t=1+4t$

$0\leqq t\leqq\dfrac{6}{25}$ より，$|\vec{a}+\vec{b}|^2$ は $t=\dfrac{6}{25}$ のとき最大値 $\dfrac{49}{25}$，$t=0$ のとき最小値 1 をとる．よって，$|\vec{a}+\vec{b}|$ の最大値は $\dfrac{7}{5}$，最小値は 1 である．

注意 【基底の変更】

$\vec{p}=\vec{a}-\vec{b}$，$\vec{q}=3\vec{a}+2\vec{b}$ とおく．$|\vec{p}|=1$，$|\vec{q}|=3$ で

$$\vec{a}=\dfrac{1}{5}(2\vec{p}+\vec{q}),\quad \vec{b}=\dfrac{1}{5}(-3\vec{p}+\vec{q})$$

であるから

$\vec{a}\cdot\vec{b}=\dfrac{1}{25}(2\vec{p}+\vec{q})(-3\vec{p}+\vec{q})$

$\qquad =\dfrac{1}{25}(-6|\vec{p}|^2-\vec{p}\cdot\vec{q}+|\vec{q}|^2)$

$\qquad =\dfrac{1}{25}(-6-\vec{p}\cdot\vec{q}+9)=\dfrac{1}{25}(3-\vec{p}\cdot\vec{q})$

$\vec{p}$ と $\vec{q}$ のなす角はすべての値をとりうるから

$$-|\vec{p}||\vec{q}|\leqq\vec{p}\cdot\vec{q}\leqq|\vec{p}||\vec{q}|$$

すなわち $-3\leqq\vec{p}\cdot\vec{q}\leqq 3$ が成り立ち，これを用いて $0\leqq\vec{a}\cdot\vec{b}\leqq\dfrac{6}{25}$ が得られる．

《2次元の格子点全体（C25）☆》

645. 点 O を原点とする座標平面上の $\vec{0}$ でない2つのベクトル

$$\vec{m}=(a,c),\quad \vec{n}=(b,d)$$

に対して，$D=ad-bc$ とおく．座標平面上のベクトル $\vec{q}$ に対して，次の条件を考える．

　条件I　$r\vec{m}+s\vec{n}=\vec{q}$ を満たす実数 r,s が存在する．

　条件II　$r\vec{m}+s\vec{n}=\vec{q}$ を満たす整数 r,s が存在する．

以下の問いに答えよ．

（1）条件Iがすべての $\vec{q}$ に対して成り立つとする．$D\neq 0$ であることを示せ．

以下，$D\neq 0$ であるとする．

（2）座標平面上のベクトル $\vec{v},\vec{w}$ で

$$\vec{m}\cdot\vec{v}=\vec{n}\cdot\vec{w}=1,\quad \vec{m}\cdot\vec{w}=\vec{n}\cdot\vec{v}=0$$

を満たすものを求めよ．

（3）さらに a,b,c,d が整数であるとし，x 成分と y 成分がともに整数であるすべてのベクトル $\vec{q}$ に対して条件IIが成り立つとする．D のとりうる値をすべて求めよ． （23　九大・理系）

▶解答◀　（1）$\vec{q}=(x,y)$ とすると，$r\vec{m}+s\vec{n}=\vec{q}$ であるとき

$$ra+sb=x \quad\cdots\cdots\text{①}$$

$$rc+sd=y \quad\cdots\cdots\text{②}$$

①$\times d$ −②$\times b$ より

$$(ad-bc)r=xd-yb \quad\cdots\cdots\text{③}$$

②$\times a$ −①$\times c$ より

$$(ad-bc)s=ya-xc$$

ここで，$D=0$ と仮定する．$\vec{q}$ は任意だったから $\vec{q}=(d,-b)$ としてみると，③より

$$0\cdot r=d^2+b^2 \quad\therefore\quad b=d=0$$

これは $\vec{n}\neq\vec{0}$ に矛盾する．よって，$D\neq 0$ である．

（2）$\vec{v}=(P,R)$，$\vec{w}=(Q,S)$ とする．

$$\vec{m}\cdot\vec{v}=aP+cR=1$$

$$\vec{n}\cdot\vec{v}=bP+dR=0$$

$D=ad-bc\neq 0$ より

$$P=\dfrac{d}{ad-bc},\quad R=\dfrac{-b}{ad-bc}$$

よって，$\vec{v}=\dfrac{1}{ad-bc}(d,-b)$ である．また，

$$\vec{n}\cdot\vec{w}=bQ+dS=1$$

$$\vec{m}\cdot\vec{w}=aQ+cS=0$$

$D = ad - bc \neq 0$ より

$$Q = \frac{-c}{ad - bc}, S = \frac{a}{ad - bc}$$

よって，$\vec{w} = \dfrac{1}{ad - bc}(-c, a)$ である．

（3）$\vec{q} = (x, y)$ とする．$\vec{r m} + \vec{s n} = \vec{q}$ の両辺について $\vec{v}$ との内積をとると，

$$r = \frac{1}{D}(xd - yb) \quad \cdots\cdots\cdots\cdots④$$

$\vec{w}$ との内積をとると

$$s = \frac{1}{D}(ya - xc) \quad \cdots\cdots\cdots\cdots⑤$$

④，⑤ で $\vec{q_1} = (1, 0)$ とし，それぞれに対応する r, s を r_1, s_1 とすると

$$r_1 = \frac{d}{D}, s_1 = \frac{-c}{D}$$

$\vec{q_2} = (0, 1)$ とし，それぞれに対応する r, s を r_2, s_2 とすると

$$r_2 = \frac{-b}{D}, s_2 = \frac{a}{D}$$

となる．ここで，

$$s_2 r_1 - s_1 r_2 = \frac{ad - bc}{D^2} = \frac{1}{D}$$

条件 II が成り立っているとき，これが整数になるから，$D = \pm 1$ が必要である．逆に $D = \pm 1$ のとき，④，⑤ より r, s はともに整数になる．よって，$D = \pm 1$ である．

注意【行列として捉えると】

（3）はほぼ計算不要である．以降，ベクトルの矢は書かない．$A = \begin{pmatrix} a & b \\ c & d \end{pmatrix}$ とおくと，条件 II は任意のベクトル q に対して，$Ax = q$ の解は成分がすべて整数のベクトルになることを述べている．$D = \det A \neq 0$ より，A の逆行列 A^{-1} は確かに存在する．

このとき，$q = \begin{pmatrix} 1 \\ 0 \end{pmatrix}, \begin{pmatrix} 0 \\ 1 \end{pmatrix}$ として適用すると，

$A^{-1} = \left(A^{-1} \begin{pmatrix} 1 \\ 0 \end{pmatrix} \ A^{-1} \begin{pmatrix} 0 \\ 1 \end{pmatrix} \right)$ はすべて成分が整数の行列になり，$\det A^{-1}$ も整数になる．$AA^{-1} = E$ の行列式をとると

$$(\det A)(\det A^{-1}) = \det E = 1$$

$\det A, \det A^{-1}$ はともに整数であるから，$\det A$ のとりうる値は ± 1 に限られる．

《存在性（C15）》

646．a を実数とする．O を原点とする xy 平面上の点 P と点 Q に対して，条件

$$|\vec{OP}| + \vec{OP} \cdot \vec{OQ} + a = 0 \quad (*)$$

を考える．次の問いに答えよ．

（1）点 Q の座標が $(0, -1)$ で $a = -2$ のとき，点 P が条件 $(*)$ を満たしながら動いてできる図形を xy 平面に図示せよ．

（2）$a > 0$ とする．点 P と点 Q が条件 $(*)$ を満たして動くとき，点 Q の動く範囲を xy 平面に図示せよ．

（23 信州大・理）

▶解答◀（1）$\vec{OP} = (x, y)$ とおくと $(*)$ は，

$$\sqrt{x^2 + y^2} - y - 2 = 0$$
$$\sqrt{x^2 + y^2} = y + 2$$

左辺が 0 以上だから $y \geqq -2$ で

$$x^2 + y^2 = (y + 2)^2$$
$$y = \frac{1}{4}x^2 - 1$$

これを図示すると次図のようになる．

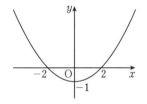

（2）$\vec{OP}$ と $\vec{OQ}$ のなす角を θ とする．

$$|\vec{OP}| + |\vec{OP}||\vec{OQ}| \cos\theta + a = 0$$

$a > 0$ であるから $|\vec{OP}| = 0$ のときは成立しない．よって $\vec{OP} \neq \vec{0}$ である．$|\vec{OP}| \neq 0$ で割って

$$1 + |\vec{OQ}| \cos\theta + \frac{a}{|\vec{OP}|} = 0$$
$$1 + \frac{a}{|\vec{OP}|} = -|\vec{OQ}| \cos\theta$$

$a > 0$ だから両辺の符号を考え $-\cos\theta > 0$ である．

$$|\vec{OQ}| = -\frac{1}{\cos\theta}\left(1 + \frac{a}{|\vec{OP}|}\right) \quad \cdots\cdots\cdots①$$

$$-\frac{1}{\cos\theta} \geqq 1, \ 1 + \frac{a}{|\vec{OP}|} > 1$$

であるから，① をみたす $\cos\theta, |\vec{OP}|$ が存在するために Q のみたす必要十分条件は $|\vec{OQ}| > 1$

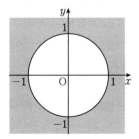

よって，点 Q の動く範囲は図の網目部分（境界を含まない）である．

♦別解♦ （2）（1）の指示は座標を設定せよとい

うヒントと考える.

$\overrightarrow{OQ} = \vec{0}$ とすると

$|\overrightarrow{OP}| + a = 0$

で成立しない. $\overrightarrow{OQ} \neq \vec{0}$ である. $\overrightarrow{OQ}$ とは逆向きの方

向に Y 軸の正方向をとり, $Q(0, -q)$ $(q > 0)$ とする.

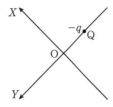

$P(X, Y)$ として

$$\sqrt{X^2 + Y^2} - qX + a = 0$$

$$\sqrt{X^2 + Y^2} = qX - a \quad \cdots\cdots\cdots\cdots\cdots②$$

左辺 $\geqq 0$ であるから $qX - a \geqq 0$ $\cdots\cdots\cdots\cdots③$

この条件のもとで② を 2 乗する.

$$X^2 + Y^2 = q^2 X^2 - 2aqX + a^2$$

$$Y^2 = (q^2 - 1)X^2 - 2aqX + a^2$$

$Y^2 \geqq 0$ であるから

$$(q^2 - 1)X^2 - 2aqX + a^2 \geqq 0 \quad \cdots\cdots\cdots④$$

（ア） $q > 1$ のとき, 大きな X で③, ④は成り立つ.

（イ） $q = 1$ のとき, ④より $-2aX + a^2 \geqq 0$

$X \leqq \dfrac{a}{2}$ となり, ③の $X \geqq a$ と矛盾する.

（ウ） $q < 1$ のとき, $f(X) = (q^2 - 1)X^2 - 2aqX + a^2$

とおく. $q^2 - 1 < 0$, 軸: $X = \dfrac{aq}{q^2 - 1} < 0$

$$f\left(\dfrac{a}{q}\right) = \dfrac{a^2(q^2 - 1)}{q^2} - a^2 = -\dfrac{a^2}{q^2} < 0$$

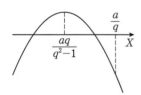

よって, $X \geqq \dfrac{a}{q}$ で $f(X) \geqq 0$ とならず不適.

ゆえに③かつ④となる実数 X が存在するために

q のみたす必要十分条件は $q > 1$

$|\overrightarrow{OQ}| > 1$ となり, 図は解答と同じ.

──《図形と内積 (B5)》──

647. OA = OB = 1 である二等辺三角形 OAB を

考える. $\overrightarrow{OA} = \vec{a}, \overrightarrow{OB} = \vec{b}, \angle AOB = \theta$ として, 次

の問いに答えなさい.

（1） $|\vec{a} + \vec{b}|^2$ を θ で表しなさい.

（2） $|\vec{a} + \vec{b}| - |\vec{a} - \vec{b}| = \sqrt{2}$ のとき, θ を求め

なさい. 　　　　　　　　（23 龍谷大・推薦）

▶解答◀ $|\vec{a}| = |\vec{b}| = 1, \vec{a} \cdot \vec{b} = \cos\theta$ である.

（1） $|\vec{a} + \vec{b}|^2 = |\vec{a}|^2 + 2\vec{a} \cdot \vec{b} + |\vec{b}|^2$

$$= 1 + 2\cos\theta + 1 = 2(1 + \cos\theta)$$

（2） $0 < \theta < \pi$ より $0 < \dfrac{\theta}{2} < \dfrac{\pi}{2}$ であるから

$\sin\dfrac{\theta}{2} > 0, \cos\dfrac{\theta}{2} > 0$ である. （1）の結果より

$$|\vec{a} + \vec{b}|^2 = 2(1 + \cos\theta) = 2 \cdot 2\cos^2\dfrac{\theta}{2}$$

$$|\vec{a} + \vec{b}| = 2\cos\dfrac{\theta}{2}$$

同様にして

$$|\vec{a} - \vec{b}|^2 = 2(1 - \cos\theta) = 2 \cdot 2\sin^2\dfrac{\theta}{2}$$

$$|\vec{a} - \vec{b}| = 2\sin\dfrac{\theta}{2}$$

$|\vec{a} + \vec{b}| - |\vec{a} - \vec{b}| = \sqrt{2}$ のとき

$$2\left(\cos\dfrac{\theta}{2} - \sin\dfrac{\theta}{2}\right) = \sqrt{2}$$

$$-2\sqrt{2}\sin\left(\dfrac{\theta}{2} - \dfrac{\pi}{4}\right) = \sqrt{2}$$

$$\sin\left(\dfrac{\theta}{2} - \dfrac{\pi}{4}\right) = -\dfrac{1}{2}$$

$-\dfrac{\pi}{4} < \dfrac{\theta}{2} - \dfrac{\pi}{4} < \dfrac{\pi}{4}$ であるから

$$\dfrac{\theta}{2} - \dfrac{\pi}{4} = -\dfrac{\pi}{6} \qquad \therefore \ \theta = \dfrac{\pi}{6}$$

注意

ひし形 OACB を考える, 対角線 OC と AB の交点

を M とすると, M は 2 本の対角線の中点であり,

$\angle OMA = \dfrac{\pi}{2}$ であるから

$$|\vec{a} + \vec{b}| = OC = 2OM = 2\cos\dfrac{\theta}{2}$$

$$|\vec{a} - \vec{b}| = BA = 2AM = 2\sin\dfrac{\theta}{2}$$

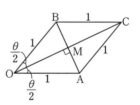

【位置ベクトル（平面）】

──《基本的なベクトル (A1)》──

648. △OAB において, ベクトル $\vec{a}, \vec{b}$ を

$\vec{a} = \overrightarrow{OA}, \vec{b} = \overrightarrow{OB}$ とする. 辺 AB を $s : (1 - s)$ に

内分する点を P とするとき，ベクトル $\overrightarrow{\mathrm{OP}}$ を $\vec{a}$ と $\vec{b}$ の式で表せ．また，線分 OP を $t:(1-t)$ に内分する点を Q とするとき，ベクトル $\overrightarrow{\mathrm{OQ}}$ を $\vec{a}$ と $\vec{b}$ の式で表せ．

(23　岩手大・理工-後期)

▶**解答**◀　$\overrightarrow{\mathrm{OP}} = (1-s)\vec{a} + s\vec{b}$

$\overrightarrow{\mathrm{OQ}} = t\overrightarrow{\mathrm{OP}} = (1-s)t\vec{a} + st\vec{b}$

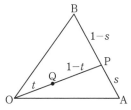

《**基本的なベクトル (B5)**》

649. $\triangle\mathrm{ABC}$ の周囲の長さが 40，$\triangle\mathrm{ABC}$ に内接する円の半径が 4 である．点 Q が
$$5\overrightarrow{\mathrm{AQ}} + 3\overrightarrow{\mathrm{BQ}} + 2\overrightarrow{\mathrm{CQ}} = \vec{0}$$
を満たすとき，$\triangle\mathrm{QBC}$ の面積は $\boxed{}$ である．

(23　藤田医科大・ふじた未来入試)

▶**解答**◀　内接円の半径を r として

$\triangle\mathrm{ABC} = \dfrac{1}{2}(\mathrm{AB} + \mathrm{BC} + \mathrm{CA}) \cdot r$

$\qquad = \dfrac{1}{2} \cdot 40 \cdot 4 = 80$

$5\overrightarrow{\mathrm{AQ}} + 3\overrightarrow{\mathrm{BQ}} + 2\overrightarrow{\mathrm{CQ}} = \vec{0}$

$5\overrightarrow{\mathrm{AQ}} + 3(\overrightarrow{\mathrm{AQ}} - \overrightarrow{\mathrm{AB}}) + 2(\overrightarrow{\mathrm{AQ}} - \overrightarrow{\mathrm{AC}}) = \vec{0}$

$10\overrightarrow{\mathrm{AQ}} - 3\overrightarrow{\mathrm{AB}} - 2\overrightarrow{\mathrm{AC}} = \vec{0}$

であるから

$$\overrightarrow{\mathrm{AQ}} = \frac{1}{2} \cdot \frac{3\overrightarrow{\mathrm{AB}} + 2\overrightarrow{\mathrm{AC}}}{5}$$

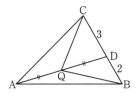

BC を $2:3$ に内分する点を D とすると，Q は AD の中点である．

したがって，$\triangle\mathrm{QBC} = \dfrac{1}{2}\triangle\mathrm{ABC} = \mathbf{40}$ である．

♦**別解**♦　$5\overrightarrow{\mathrm{AQ}} + 3\overrightarrow{\mathrm{BQ}} + 2\overrightarrow{\mathrm{CQ}} = \vec{0}$

$5(\overrightarrow{\mathrm{BQ}} - \overrightarrow{\mathrm{BA}}) + 3\overrightarrow{\mathrm{BQ}} + 2(\overrightarrow{\mathrm{BQ}} - \overrightarrow{\mathrm{BC}}) = \vec{0}$

$\overrightarrow{\mathrm{BQ}} = \dfrac{1}{2}\overrightarrow{\mathrm{BA}} + \dfrac{1}{5}\overrightarrow{\mathrm{BC}}$

$\overrightarrow{\mathrm{BE}} = \dfrac{1}{2}\overrightarrow{\mathrm{BA}}$，$\overrightarrow{\mathrm{BF}} = \dfrac{1}{5}\overrightarrow{\mathrm{BC}}$ とする．QE ∥ BC である．

$\triangle\mathrm{QBC} = \triangle\mathrm{BCE} = \dfrac{1}{2}\triangle\mathrm{ABC} = \mathbf{40}$

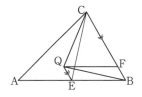

【**ベクトルと図形（平面）**】

《**基底の変更 (B15)** ☆》

650. 同一平面上にあるベクトル $\vec{a}, \vec{b}$ は
$$|\vec{a} + 3\vec{b}| = 5,\quad |3\vec{a} - \vec{b}| = 5$$
をみたすように動く．このとき，$|\vec{a} + \vec{b}|$ の値がとりうる範囲を不等式を用いて表せ．

(23　昭和大・医-1 期)

▶**解答**◀　$\vec{a} + 3\vec{b} = \vec{p}$，$3\vec{a} - \vec{b} = \vec{q}$ とおくと，

$|\vec{p}| = 5$，$|\vec{q}| = 5$ であり，$\vec{a} = \dfrac{1}{10}(\vec{p} + 3\vec{q})$，

$\vec{b} = \dfrac{1}{10}(3\vec{p} - \vec{q})$ である．

$|\vec{a} + \vec{b}| = \dfrac{1}{10}|(\vec{p} + 3\vec{q}) + (3\vec{p} - \vec{q})| = \dfrac{1}{5}|2\vec{p} + \vec{q}|$

$|2\vec{p}| > |\vec{q}|$ であるから三角不等式より

$\qquad |2\vec{p}| - |\vec{q}| \le |2\vec{p} + \vec{q}| \le |2\vec{p}| + |\vec{q}|$

$\qquad 5 \le |2\vec{p} + \vec{q}| \le 15$

$\qquad \mathbf{1 \le |\vec{a} + \vec{b}| \le 3}$

注意　1°【**大きさの計算をする**】

　私の生徒では，三角不等式を使える人がほとんどいない．だから，忘れたときにはどうするかも教えておかないといけない．

　$\vec{p}, \vec{q}$ のなす角を θ とする．

$\qquad |2\vec{p} + \vec{q}|^2 = 4|\vec{p}|^2 + |\vec{q}|^2 + 4\vec{p} \cdot \vec{q}$

$\qquad = 5 \cdot 5^2 + 4|\vec{p}||\vec{q}|\cos\theta = 125 + 100\cos\theta$

$-1 \le \cos\theta \le 1$ であるから $25 \le |2\vec{p} + \vec{q}|^2 \le 225$

$5 \le |2\vec{p} + \vec{q}| \le 15$ となる．

　2023 年では，久留米大には同系統の問題がある．

2°【**三角不等式・ベクトルの場合**】

$\qquad \big||\vec{a}| - |\vec{b}|\big| \le |\vec{a} + \vec{b}| \le |\vec{a}| + |\vec{b}|$

　右の等号は $\vec{a}, \vec{b}$ が同じ向きに平行のときに成り立つ．左の等号は $\vec{a}, \vec{b}$ が逆向きに平行のときに成り立つ．ただし「$\vec{0}$ の方向は定義できない」という記述が見られることがあるが，それは「なす角を求める」と

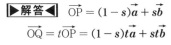

きの話で，なす角を求める必要がないときには，$\vec{0}$ はすべてのベクトルと同じ向きに平行で，すべてのベクトルと逆向きに平行であると定義する．内積が関係するときは，$\vec{0}$ はすべてのベクトルと垂直であると定義する．場面に合わせてできるだけ簡潔に表現する立場をとる．たとえば $\vec{a}\cdot\vec{b}=0$ のときは，大学入試では「$\vec{a},\vec{b}$ は垂直である」と表現する．

《基底の変更 (B15) ☆》

651. 平面上のベクトル $\vec{a},\vec{b}$ が $|\vec{a}-2\vec{b}|=1$，$|-2\vec{a}+7\vec{b}|=1$ を満たすとする．このとき，$|\vec{a}+\vec{b}|$ の最大値は $\boxed{}$，最小値は $\boxed{}$ である．

(23 帝京大・医)

考え方 基底の変更（厳密な意味では基底にならないが）をする．そして，三角不等式

$$\big||\vec{x}|-|\vec{y}|\big| \leqq |\vec{x}+\vec{y}| \leqq |\vec{x}|+|\vec{y}|$$

左の等号は $\vec{x},\vec{y}$ が逆向きに平行のとき，右の等号は $\vec{x},\vec{y}$ が同じ向きに平行のとき成り立つ．

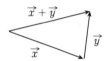

▶解答◀ $\vec{p}=\vec{a}-2\vec{b}$，$\vec{q}=-2\vec{a}+7\vec{b}$ とおく．$|\vec{p}|=1$，$|\vec{q}|=1$ である．$\vec{a},\vec{b}$ について解いて，

$$\vec{a}=\frac{1}{3}(2\vec{p}+\vec{q}),\ \vec{b}=\frac{1}{3}(7\vec{p}+2\vec{q})$$
$$\vec{a}+\vec{b}=3\vec{p}+\vec{q}$$

三角不等式を用いる．

$$|3\vec{p}|-|\vec{q}| \leqq |3\vec{p}+\vec{q}| \leqq |3\vec{p}|+|\vec{q}|$$
$$3-1 \leqq |3\vec{p}+\vec{q}| \leqq 3+1$$
$$2 \leqq |\vec{a}+\vec{b}| \leqq 4$$

左の等号は $\vec{p},\vec{q}$ が逆向きに平行のとき，右の等号は $\vec{p},\vec{q}$ が同じ向きに平行のとき成り立つ．最小値は 2，最大値は 4

注意 $|\vec{a}+\vec{b}|^2=|3\vec{p}+\vec{q}|^2$
$$=9|\vec{p}|^2+6\vec{p}\cdot\vec{q}+|\vec{q}|^2$$

$\vec{p}$ と $\vec{q}$ のなす角を θ とすると，$|\vec{p}|=|\vec{q}|=1$ であるから

$$\vec{p}\cdot\vec{q}=|\vec{p}||\vec{q}|\cos\theta=\cos\theta$$

よって

$$|\vec{a}+\vec{b}|^2=10+6\cos\theta$$

$0 \leqq \theta \leqq \pi$ より $-1 \leqq \cos\theta \leqq 1$ であるから，

$$4 \leqq |\vec{a}+\vec{b}|^2 \leqq 16$$

最小値は **2**，最大値は **4**

《領域 (B10) ☆》

652. α,β は実数とする．O を原点とする座標平面上に $\vec{a}=(3,2),\vec{b}=(-1,2)$ をとる．点 P は $\overrightarrow{OP}=\alpha\vec{a}+\beta\vec{b}$，$2|\alpha|+3|\beta| \leqq 6$ を満たしながら座標平面上を動く．このとき，点 P が動くことのできる領域の面積 S を求めよ．

(23 昭和大・医-2 期)

▶解答◀ $2|\alpha|+3|\beta| \leqq 6$ より

$$\frac{|\alpha|}{3}+\frac{|\beta|}{2} \leqq 1 \quad\cdots\cdots\cdots①$$

① を満たす領域を $\alpha\beta$ 平面上に表すと図1のひし形の周と内部になる．

$$\overrightarrow{OP}=\alpha\vec{a}+\beta\vec{b} \quad\cdots\cdots\cdots②$$

② において $(\alpha,\beta)=(3,0),(0,2),(-3,0),(0,-2)$ のときの P をそれぞれ A，B，C，D とおく．①，② を満たす P の存在領域は図2の平行四辺形 ABCD の周と内部である．

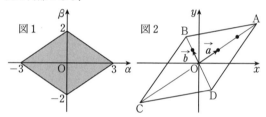

図1　　　図2

A(9, 6)，B(−2, 4) であるから

$$\triangle OAB=\frac{1}{2}|9\cdot4-6\cdot(-2)|=24$$

S は平行四辺形 ABCD の面積であるから

$$S=4\triangle OAB=4\cdot24=\mathbf{96}$$

《平行線を引け (B5) ☆》

653. AB = 2，AC = 3 である △ABC において，∠A の二等分線上にある点 P が

$$\overrightarrow{BP}=\frac{1}{2}\overrightarrow{BA}+k\overrightarrow{BC}$$

を満たすとする．このとき，定数 k の値を答えよ．

(23 防衛大・理工)

考え方 図形問題は解法の選択をする．図形的に解く，ベクトルで計算する，三角関数で計算する，座標計算する．今は，幾何が本質である．

▶解答◀ AB の中点を M とする．問題の式は $\overrightarrow{BP}=\overrightarrow{BM}+k\overrightarrow{BC}$ であるから MP // BC である．∠A の二等分線と辺 BC の交点を D とする．P は AD の中点である．角の二等分線の定理により

BD : DC = AB : AC = 2 : 3 であり，BD = $\dfrac{2}{5}$BC である．さらに中点連結定理より MP = $\dfrac{1}{2}$BD = $\dfrac{1}{5}$BC である．$k = \dfrac{1}{5}$

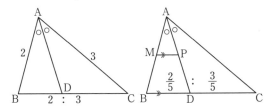

注 意 【どう見ているか？】

$\overrightarrow{BP} = \overrightarrow{BM} + k\overrightarrow{BC}$ の $\overrightarrow{BP}$，$\overrightarrow{BM}$ の始点の B を省略する．$k\overrightarrow{BC}$ の B は残しておく．$P = M + k\overrightarrow{BC}$ と見る．（アメリカの書籍に合わせてすべてイタリックの文字を使う）点 P は点 M から，BC に平行に移動した点である．だから M から BC に平行に線を引く．

♦別解♦ P は直線 AD 上の点であるから

$$\overrightarrow{BP} = (1-t)\overrightarrow{BA} + t\overrightarrow{BD} = (1-t)\overrightarrow{BA} + t \cdot \dfrac{2}{5}\overrightarrow{BC}$$

と書けて $\overrightarrow{BP} = \dfrac{1}{2}\overrightarrow{BA} + k\overrightarrow{BC}$ と係数を比較して

$$1 - t = \dfrac{1}{2}, \quad \dfrac{2}{5}t = k$$

$$t = \dfrac{1}{2}, \quad k = \dfrac{1}{5}$$

──《正十二角形（B10）》──

654. 平面上に，原点 O，点 A，点 B を頂点とする三角形 OAB がある．∠BOA の二等分線と ∠OAB の二等分線との交点を点 C とする．また，$|\overrightarrow{OA}| = 11$，$|\overrightarrow{OB}| = 13$，$|\overrightarrow{OB} - \overrightarrow{OA}| = 20$ である．以下の問いに答えよ．

（1） 三角形 OAB の面積を求めよ．

（2） $\overrightarrow{OC}$ を $\overrightarrow{OA}$，$\overrightarrow{OB}$ を用いて表せ．

（3） 点 C を中心とする円が，線分 OA に接するとき，円の半径を求めよ．

（4） この平面上にある点 P は $|\overrightarrow{OP} - t\overrightarrow{OC}| = 6$ の関係を満たす．点 P の表す図形が，線分 OA に接するとき，t を求めよ．

（23 富山大・工，都市デザイン-後期）

▶解答◀ （1） $|\overrightarrow{OB} - \overrightarrow{OA}|^2 = 400$

$$|\overrightarrow{OB}|^2 - 2\overrightarrow{OA} \cdot \overrightarrow{OB} + |\overrightarrow{OA}|^2 = 400$$

$$13^2 - 2\overrightarrow{OA} \cdot \overrightarrow{OB} + 11^2 = 400$$

$$-2\overrightarrow{OA} \cdot \overrightarrow{OB} = 110 \qquad \therefore \quad \overrightarrow{OA} \cdot \overrightarrow{OB} = -55$$

であるから

$$\triangle OAB = \dfrac{1}{2}\sqrt{|\overrightarrow{OA}|^2|\overrightarrow{OB}|^2 - (\overrightarrow{OA} \cdot \overrightarrow{OB})^2}$$

$$= \dfrac{1}{2}\sqrt{11^2 \cdot 13^2 - 55^2}$$

$$= \dfrac{1}{2}\sqrt{11^2(13^2 - 5^2)} = \dfrac{1}{2} \cdot 11 \cdot 12 = \mathbf{66}$$

（2） ∠BOA の二等分線と線分 AB との交点を D とすると，AD : DB = 11 : 13 により

$$AD = 20 \cdot \dfrac{11}{11 + 13} = \dfrac{55}{6}$$

$$\overrightarrow{OD} = \dfrac{13\overrightarrow{OA} + 11\overrightarrow{OB}}{13 + 11} = \dfrac{13}{24}\overrightarrow{OA} + \dfrac{11}{24}\overrightarrow{OB}$$

また，OC : CD = OA : AD = 11 : $\dfrac{55}{6}$ = 6 : 5 だから

$$\overrightarrow{OC} = \dfrac{6}{11}\overrightarrow{OD} = \dfrac{13}{44}\overrightarrow{OA} + \dfrac{1}{4}\overrightarrow{OB}$$

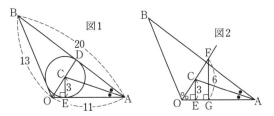

（3） 線分 OA との接点を E とする．点 C は △OAB の内心だから，CE は内接円の半径となる．CE = r として

$$\triangle OAB = \dfrac{1}{2}r(OA + OB + AB)$$

$$66 = \dfrac{1}{2}r \cdot 44 \qquad \therefore \quad r = \mathbf{3}$$

（4） $t\overrightarrow{OC} = \overrightarrow{OF}$ とおく．点 P の表す図形は F を中心とする半径 6 の円である．この円と線分 OA との接点を G とする．

△OCE ∽ △OFG で

OC : OF = CE : FG = 3 : 6 = 1 : 2 であるから，$\overrightarrow{OF} = 2\overrightarrow{OC}$ となり $t = \mathbf{2}$

──《三角形と交点（B20）☆》──

655. 原点を O とする座標平面上の △OAB が $|\overrightarrow{OA}| = 4$，$|\overrightarrow{OB}| = 5$，∠AOB = 60° を満たしているとする．辺 OB を 2 : 3 に内分する点を D，辺 AB を s : $1 - s$（s は実数）に内分する点を E，線分 OE と線分 AD の交点を F とする．このとき，次の問いに答えなさい．

（1） $s = \dfrac{3}{5}$ とするとき，$\overrightarrow{DE}$ を $\overrightarrow{OA}$ と $\overrightarrow{OB}$ を用いて表しなさい．

（2） $s = \dfrac{2}{3}$，$\overrightarrow{OF} = t\overrightarrow{OE}$ とするとき，t の値（t は実数）を求めなさい．

（3） △DEF の面積が $\dfrac{4\sqrt{3}}{9}$ となるとき，s の値を求めなさい．

（23 秋田大・理工-後期）

▶解答◀ $\overrightarrow{OA} = \vec{a}$, $\overrightarrow{OB} = \vec{b}$ とする.

$\overrightarrow{OD} = \frac{2}{5}\vec{b}$, $\overrightarrow{OE} = (1-s)\vec{a} + s\vec{b}$ である.

（1） $s = \frac{3}{5}$ のとき $\overrightarrow{OE} = \frac{2}{5}\vec{a} + \frac{3}{5}\vec{b}$

$\overrightarrow{DE} = \overrightarrow{OE} - \overrightarrow{OD} = \frac{2}{5}\vec{a} + \frac{3}{5}\vec{b} - \frac{2}{5}\vec{b}$

$= \frac{2}{5}\vec{a} + \frac{1}{5}\vec{b} = \frac{2}{5}\overrightarrow{OA} + \frac{1}{5}\overrightarrow{OB}$

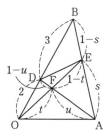

（2） 以下では $0 < s < 1$, $0 < t < 1$, $0 < u < 1$ である.

$\overrightarrow{OF} = t\overrightarrow{OE} = (1-s)t\vec{a} + st\vec{b}$ ……………①

$DF : FA = (1-u) : u$ とおくと

$\overrightarrow{OF} = (1-u)\overrightarrow{OA} + u\overrightarrow{OD}$

$= (1-u)\vec{a} + \frac{2}{5}u\vec{b}$ ……………②

①, ②の係数を比較して

$(1-s)t = 1-u$ ……………③

$st = \frac{2}{5}u$ ……………④

③より $u = 1 - (1-s)t$

④に代入して $st = \frac{2}{5}\{1-(1-s)t\}$

$5st = 2 - 2(1-s)t$

$t(3s+2) = 2$

$t = \frac{2}{3s+2}$

$u = \frac{5}{2}s \cdot \frac{2}{3s+2} = \frac{5s}{3s+2}$

$s = \frac{2}{3}$ のとき $t = \frac{2}{2+2} = \frac{1}{2}$

（3） $\triangle OAB = \frac{1}{2} \cdot 4 \cdot 5 \cdot \sin 60° = 5\sqrt{3}$

$\triangle DEF = (1-t)\triangle OED$

$= (1-t) \cdot \frac{2}{5}\triangle OEB$

$= \frac{2}{5}(1-t)(1-s)\triangle OAB$

$= \frac{2}{5}(1-t)(1-s) \cdot 5\sqrt{3}$

$= 2(1-t)(1-s)\sqrt{3}$

よって

$2(1-t)(1-s)\sqrt{3} = \frac{4}{9}\sqrt{3}$

$9\left(1 - \frac{2}{3s+2}\right)(1-s) = 2$

$9 \cdot 3s(1-s) = 2(3s+2)$

$27s^2 - 21s + 4 = 0$

$(3s-1)(9s-4) = 0$ $\qquad \therefore \quad s = \frac{1}{3}, \frac{4}{9}$

いずれも $0 < s < 1$ を満たしている.

♦別解♦ （2） $\triangle OEB$ と直線 AD にメネラウスの定理を用いて

$\frac{OF}{FE} \cdot \frac{EA}{AB} \cdot \frac{BD}{DO} = 1$

$\frac{t}{1-t} \cdot \frac{s}{1} \cdot \frac{3}{2} = 1$

$3st = 2(1-t)$

$(3s+2)t = 2$ $\qquad \therefore \quad t = \frac{2}{3s+2}$

$s = \frac{2}{3}$ のとき $t = \frac{2}{2+2} = \frac{1}{2}$

《三角形と交点（B20）☆》

656. 1辺の長さが1の正三角形 ABC について, 辺 BC, 辺 CA, 辺 AB をそれぞれ 2 : 3 に内分する点を P, Q, R とする. また, 線分 AP と線分 BQ の交点を L, 線分 BQ と線分 CR の交点を M, 線分 CR と線分 AP の交点を N とする. このとき, 次の問に答えよ.

（1） $|\overrightarrow{AP}|$ の値を答えよ.

（2） $|\overrightarrow{AL}|$ の値を答えよ.

（3） 三角形 LMN の面積を答えよ.

（23 防衛大・理工）

▶解答◀ $\overrightarrow{AB} = \vec{b}$, $\overrightarrow{AC} = \vec{c}$ とする.

$|\vec{b}| = |\vec{c}| = 1$, $\vec{b} \cdot \vec{c} = |\vec{b}||\vec{c}|\cos 60° = \frac{1}{2}$ である.

（1） $\overrightarrow{AP} = \frac{1}{5}(3\vec{b} + 2\vec{c})$ であるから

$|\overrightarrow{AP}|^2 = \frac{1}{25}|3\vec{b} + 2\vec{c}|^2$

$= \frac{1}{25}(9|\vec{b}|^2 + 12\vec{b} \cdot \vec{c} + 4|\vec{c}|^2)$

$= \frac{1}{25}\left(9 \cdot 1 + 12 \cdot \frac{1}{2} + 4 \cdot 1\right) = \frac{19}{25}$

$|\overrightarrow{AP}| = \frac{\sqrt{19}}{5}$

（2） 以下では $0 < s < 1$, $0 < t < 1$ である.

L は線分 AP 上の点であるから

$\overrightarrow{AL} = s\overrightarrow{AP} = \frac{3}{5}s\vec{b} + \frac{2}{5}s\vec{c}$ ……………①

また, L は線分 BQ 上の点でもあるから

$\overrightarrow{AL} = (1-t)\overrightarrow{AB} + t\overrightarrow{AQ}$

$= (1-t)\vec{b} + \frac{3}{5}t\vec{c}$ ……………②

①, ②の係数を比較して

$\frac{3}{5}s = 1-t$, $\frac{2}{5}s = \frac{3}{5}t$

$$s = \frac{15}{19}, t = \frac{10}{19}$$

$$|\overrightarrow{AL}| = s|\overrightarrow{AP}| = \frac{15}{19} \cdot \frac{\sqrt{19}}{5} = \frac{3}{19}\sqrt{19}$$

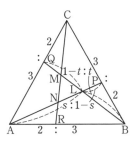

（3） 対称性から $\triangle LMN$ は正三角形である.

$$AN = BL = tBQ = tAP$$

$$= \frac{10}{19} \cdot \frac{\sqrt{19}}{5} = \frac{2}{19}\sqrt{19}$$

$$NL = AL - AN = \frac{3}{19}\sqrt{19} - \frac{2}{19}\sqrt{19} = \frac{\sqrt{19}}{19}$$

$$\triangle LMN = \frac{1}{2}NL \cdot NM \sin 60°$$

$$= \frac{1}{2}\left(\frac{\sqrt{19}}{19}\right)^2 \cdot \frac{\sqrt{3}}{2} = \frac{\sqrt{3}}{76}$$

─《平行四辺形（B10）》─

657. 平行四辺形 OABC について, 辺 OA, CB を 1:2 に内分する点をそれぞれ D, F とし, 辺 OC, AB を 3:2 に内分する点をそれぞれ G, E とする. 線分 DF と線分 GE の交点を H, 線分 AG と線分 CD の交点を I とする. $\overrightarrow{OA} = \vec{a}, \overrightarrow{OC} = \vec{c}$ とするとき, 次の問に答えよ.

（1） $\overrightarrow{HB}$ を $\vec{a}$ と $\vec{c}$ を用いて表せ.

（2） $\overrightarrow{OI}$ を $\vec{a}$ と $\vec{c}$ を用いて表せ.

（3） 3 点 B, H, I は同一直線上にあることを示せ.

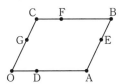

（23 名城大・情報工, 理工）

▶解答◀ （1） $\overrightarrow{HB} = \overrightarrow{HE} + \overrightarrow{EB}$

$$= \frac{2}{3}\vec{a} + \frac{2}{5}\vec{c}$$

（2） 点 I は線分 AG, 線分 CD 上にあるから $0 < s < 1, 0 < t < 1$ として

$$\overrightarrow{OI} = s\overrightarrow{OA} + (1-s)\overrightarrow{OG}$$

$$= s\vec{a} + (1-s)\cdot\frac{3}{5}\vec{c} \quad\cdots\cdots\cdots\cdots①$$

$$\overrightarrow{OI} = t\overrightarrow{OC} + (1-t)\overrightarrow{OD}$$

$$= t\vec{c} + (1-t)\cdot\frac{1}{3}\vec{a} \quad\cdots\cdots\cdots\cdots②$$

$\vec{a}$ と $\vec{c}$ は 1 次独立だから①, ②より

$$s = \frac{1}{3}(1-t), \quad \frac{3}{5}(1-s) = t$$

$$s = \frac{1}{6}, t = \frac{1}{2}$$

$0 < s < 1, 0 < t < 1$ を満たす. $\overrightarrow{OI} = \frac{1}{6}\vec{a} + \frac{1}{2}\vec{c}$

（3） $\overrightarrow{IH} = \overrightarrow{OH} - \overrightarrow{OI} = \left(\frac{1}{3}\vec{a} + \frac{3}{5}\vec{c}\right) - \left(\frac{1}{6}\vec{a} + \frac{1}{2}\vec{c}\right)$

$$= \frac{1}{6}\vec{a} + \frac{1}{10}\vec{c} = \frac{1}{4}\left(\frac{2}{3}\vec{a} + \frac{2}{5}\vec{c}\right) = \frac{1}{4}\overrightarrow{HB}$$

であるから, 3 点 B, H, I は同一直線上にある.

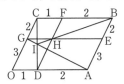

─《正射影ベクトル（B20）☆》─

658. 点 O を原点とする座標平面において, 点 A と点 B が

$$\overrightarrow{OA} \cdot \overrightarrow{OA} = 5, \overrightarrow{OB} \cdot \overrightarrow{OB} = 2, \overrightarrow{OA} \cdot \overrightarrow{OB} = 3$$

を満たすとする.

（1） $\overrightarrow{OB} = k\overrightarrow{OA}$ となるような実数 k は存在しないことを示せ.

（2） 点 B から直線 OA に下ろした垂線と OA との交点を H とする. $\overrightarrow{HB}$ を $\overrightarrow{OA}$ と $\overrightarrow{OB}$ を用いて表せ.

（3） 実数 t に対し, 直線 OA 上の点 P を $\overrightarrow{OP} = t\overrightarrow{OA}$ となるようにとる. 同様に直線 OB 上の点 Q を

$$\overrightarrow{OQ} = (1-t)\overrightarrow{OB}$$

となるようにとる. 点 P を通り直線 OA と直交する直線を l_1 とし, 点 Q を通り直線 OB と直交する直線を l_2 とする. l_1 と l_2 の交点を R とするとき, $\overrightarrow{OR}$ を $\overrightarrow{OA}, \overrightarrow{OB}, t$ を用いて表せ.

（4） 3 点 O, A, B を通る円の中心を C とするとき, $\overrightarrow{OC}$ を $\overrightarrow{OA}$ と $\overrightarrow{OB}$ を用いて表せ.

（23 千葉大・前期）

▶解答◀ （1） $|\overrightarrow{OA}| = \sqrt{5}, |\overrightarrow{OB}| = \sqrt{2}$ $\overrightarrow{OA} \cdot \overrightarrow{OB} = 3$

$$\cos\angle AOB = \frac{\overrightarrow{OA} \cdot \overrightarrow{OB}}{|\overrightarrow{OA}||\overrightarrow{OB}|} = \frac{3}{\sqrt{10}} \neq \pm 1$$

O, A, B は同一直線上にないから, $\overrightarrow{OB} = k\overrightarrow{OA}$ と

なる実数 k は存在しない.

（2） $\overrightarrow{OH} = u\overrightarrow{OA}$ とおけて

$$\overrightarrow{BH} = \overrightarrow{OH} - \overrightarrow{OB} = u\overrightarrow{OA} - \overrightarrow{OB}$$

が $\overrightarrow{OA}$ に垂直であるから，内積をとって

$$u|\overrightarrow{OA}|^2 - \overrightarrow{OA} \cdot \overrightarrow{OB} = 0$$

$$u = \frac{\overrightarrow{OA} \cdot \overrightarrow{OB}}{|\overrightarrow{OA}|^2} = \frac{3}{5} \text{ となり, } \overrightarrow{OH} = \frac{3}{5}\overrightarrow{OA}$$

$$\overrightarrow{OH} = \frac{\overrightarrow{OA} \cdot \overrightarrow{OB}}{|\overrightarrow{OA}|^2}\overrightarrow{OA} \text{ を } \overrightarrow{OB} \text{ の } \overrightarrow{OA} \text{ への正射影ベク}$$

トルという． $\overrightarrow{HB} = \overrightarrow{OB} - \overrightarrow{OH} = -\dfrac{3}{5}\overrightarrow{OA} + \overrightarrow{OB}$

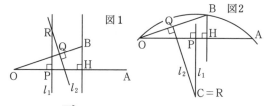

図1　図2

（3） l_1 は $\overrightarrow{HB}$ に平行であるから，

$$\overrightarrow{OR} = \overrightarrow{OP} + \overrightarrow{PR} = t\overrightarrow{OA} + s\overrightarrow{HB}$$

$$= t\overrightarrow{OA} + s\left(-\frac{3}{5}\overrightarrow{OA} + \overrightarrow{OB}\right)$$

と表せる． $\overrightarrow{OQ}$ は $\overrightarrow{OR}$ の $\overrightarrow{OB}$ への正射影ベクトルであ

るから $\overrightarrow{OQ} = \dfrac{\overrightarrow{OR} \cdot \overrightarrow{OB}}{|\overrightarrow{OB}|^2}\overrightarrow{OB}$ となり，これが $(1-t)\overrightarrow{OB}$

に等しいから

$$\frac{\overrightarrow{OR} \cdot \overrightarrow{OB}}{|\overrightarrow{OB}|^2} = \frac{t\overrightarrow{OA} \cdot \overrightarrow{OB} + s\left(-\frac{3}{5}\overrightarrow{OA} \cdot \overrightarrow{OB} + |\overrightarrow{OB}|^2\right)}{|\overrightarrow{OB}|^2}$$

$$= \frac{3t + s\left(-\frac{3}{5} \cdot 3 + 2\right)}{2} = \frac{3}{2}t + \frac{s}{10}$$

が $1 - t$ に等しい． $\dfrac{3}{2}t + \dfrac{s}{10} = 1 - t$ を解いて

$s = 10 - 25t$

$$\overrightarrow{OR} = (16t - 6)\overrightarrow{OA} + (-25t + 10)\overrightarrow{OB}$$

（4） O, A, B を通る円の中心 C は，線分 OA，線分 OB の垂直二等分線上にある．P が OA の中点，Q が OB の中点のときである． $t = \dfrac{1}{2}$ のときで，そのとき，R は OA の垂直二等分線，と OB の垂直二等分線の交点となり，R が外心 C に一致する．

$$\overrightarrow{OC} = \overrightarrow{OR} = 2\overrightarrow{OA} - \frac{5}{2}\overrightarrow{OB}$$

――――《正射影ベクトル（B20）☆》――――

659. 辺 OA, OB, AB の長さがそれぞれ 6, 5, 4 である △OAB がある．辺 AB を $t:(1-t)$ に内分する点 P から直線 OA に下ろした垂線と直線 OA との交点を Q とする．ただし，$0 < t < 1$ である．また，点 P から直線 OB に下ろした垂線と直線 OB との交点を R とする． $\vec{a} = \overrightarrow{OA}, \vec{b} = \overrightarrow{OB}$ として，

以下の問いに答えよ．

（1） $\theta = \angle AOB$ について，$\cos\theta$ と $\sin\theta$ の値を求めよ．

（2） $\overrightarrow{OQ}$ と $\overrightarrow{OR}$ をそれぞれ $t, \vec{a}, \vec{b}$ で表せ．

（3） △APQ の面積と △BPR の面積の和を $S(t)$ とする． $0 < t < 1$ における $S(t)$ の最小値を求めよ．　　　　　（23　福島県立医大・前期）

▶**解答**◀　（1）　△OAB で余弦定理より

$$\cos\theta = \frac{5^2 + 6^2 - 4^2}{2 \cdot 5 \cdot 6} = \frac{45}{2 \cdot 5 \cdot 6} = \frac{3}{4}$$

また，$\sin\theta = \sqrt{1 - \cos^2\theta} = \sqrt{1 - \dfrac{9}{16}} = \dfrac{\sqrt{7}}{4}$ である．

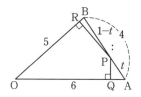

（2） $\overrightarrow{OP} = (1-t)\vec{a} + t\vec{b}$ であり，$|\vec{a}| = 6$, $|\vec{b}| = 5$,

$\vec{a} \cdot \vec{b} = 6 \cdot 5 \cdot \dfrac{3}{4} = \dfrac{45}{2}$ である． $\overrightarrow{OQ} = q\vec{a}$, $\overrightarrow{OR} = r\vec{b}$

とおく． $\overrightarrow{PQ} = \overrightarrow{OQ} - \overrightarrow{OP} = q\vec{a} - \overrightarrow{OP}$ となり，これが

$\vec{a}$ に垂直であるから内積をとり $q|\vec{a}|^2 - \overrightarrow{OP} \cdot \vec{a} = 0$ と

なる． $q = \dfrac{\overrightarrow{OP} \cdot \vec{a}}{|\vec{a}|^2}$ となる． $\overrightarrow{OQ} = \dfrac{\overrightarrow{OP} \cdot \vec{a}}{|\vec{a}|^2}\vec{a}$ を $\overrightarrow{OP}$ の

$\vec{a}$ への正射影ベクトルという． $\overrightarrow{OP} = (1-t)\vec{a} + t\vec{b}$ を代入し

$$q = \frac{(1-t)|\vec{a}|^2 + t\vec{a} \cdot \vec{b}}{|\vec{a}|^2}$$

$$= \frac{36(1-t) + \frac{45}{2}t}{36} = \frac{4(1-t) + \frac{5}{2}t}{4}$$

$$= 1 - \frac{3}{8}t$$

$$r = \frac{\overrightarrow{OP} \cdot \vec{b}}{|\vec{b}|^2} = \frac{(1-t)\vec{a} \cdot \vec{b} + t|\vec{b}|^2}{|\vec{b}|^2}$$

$$= \frac{\frac{45}{2}(1-t) + 25t}{25} = \frac{9}{10} + \frac{1}{10}t$$

$$\overrightarrow{OQ} = \left(1 - \frac{3}{8}t\right)\vec{a}, \quad \overrightarrow{OR} = \left(\frac{9}{10} + \frac{1}{10}t\right)\vec{b}$$

（3） $\triangle OAB = \dfrac{1}{2}OA \cdot OB\sin\theta = \dfrac{1}{2} \cdot 6 \cdot 5 \cdot \dfrac{\sqrt{7}}{4}$

$$\triangle APQ = \frac{AP}{AB} \cdot \frac{AQ}{OA} \cdot \triangle OAB = \frac{3t^2}{8}\triangle OAB$$

$$\triangle BPR = \frac{BP}{AB} \cdot \frac{BR}{OB} \cdot \triangle OAB$$

$$= (1-t)(1-r)\triangle OAB = \frac{1}{10}(1-t)^2\triangle OAB$$

$$S(t) = \triangle APQ + \triangle BPR$$

$$= \frac{1}{40}\{15t^2 + 4(1-t)^2\}\triangle OAB$$

$$= \frac{1}{40}(19t^2 - 8t + 4)\triangle OAB$$

$$= \frac{1}{40}\left\{19\left(t - \frac{4}{19}\right)^2 + 4 - \frac{16}{19}\right\}\frac{15\sqrt{7}}{4}$$

は $t = \dfrac{4}{19}$ で最小となり, 最小値は

$$\frac{1}{8}\left(1 - \frac{4}{19}\right)3\sqrt{7} = \frac{15 \cdot 3\sqrt{7}}{8 \cdot 19} = \frac{45\sqrt{7}}{152}$$

《垂線を下ろす (B15)》

660. 三角形 OAB において, $OA = 1$, $OB = \sqrt{2}$ とする. 辺 AB 上に点 C があり,
$$\angle AOC = 30°, \quad \angle COB = 45°$$
とする.
$\overrightarrow{OA} = \vec{a}, \overrightarrow{OB} = \vec{b}, \overrightarrow{OC} = \vec{c}$ とおき,
$$\vec{c} = (1-t)\vec{a} + t\vec{b}$$
をみたす実数 t をとる. 次の問いに答えよ.
（1） 内積 $\vec{a} \cdot \vec{b}$ の値を求めよ.
（2） 内積 $\vec{a} \cdot \vec{c}$ 及び $\vec{b} \cdot \vec{c}$ を t で表せ.
（3） t の値を求めよ.
（4） 辺 OB 上に点 D をとり, 直線 AD と直線 OC が直交するようにする. 線分 OD の長さを求めよ.

（23 岡山県立大・情報工）

▶解答◀ （1） $\vec{a} \cdot \vec{b} = 1 \cdot \sqrt{2}\cos 75°$

$\cos 75° = \cos(30° + 45°)$

$$= \cos 30°\cos 45° - \sin 30°\sin 45° = \frac{\sqrt{3}-1}{2\sqrt{2}}$$

よって, $\vec{a} \cdot \vec{b} = \dfrac{\sqrt{3}-1}{2}$

図 1 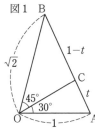　図 2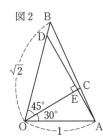

（2） $\vec{c} = (1-t)\vec{a} + t\vec{b}$ であるから,

$$\vec{a} \cdot \vec{c} = (1-t)|\vec{a}|^2 + t\vec{a}\cdot\vec{b}$$

$$= 1 - t + t \cdot \frac{\sqrt{3}-1}{2} = \frac{\sqrt{3}-3}{2}t + 1$$

$$\vec{b} \cdot \vec{c} = (1-t)\vec{a}\cdot\vec{b} + t|\vec{b}|^2$$

$$= (1-t)\cdot\frac{\sqrt{3}-1}{2} + 2t = \frac{5-\sqrt{3}}{2}t + \frac{\sqrt{3}-1}{2}$$

（3） $\triangle OAC : \triangle OBC = t : (1-t)$ である.

$$\triangle OAC = \frac{1}{2} \cdot 1 \cdot OC \sin 30° = \frac{1}{4}OC$$

$$\triangle OBC = \frac{1}{2} \cdot \sqrt{2} \cdot OC \sin 45° = \frac{1}{2}OC$$

であるから,

$$\triangle OAC : \triangle OBC = \frac{1}{4} : \frac{1}{2} = 1 : 2$$

よって, $t : (1-t) = 1 : 2$

$$2t = 1 - t \qquad \therefore \quad t = \frac{1}{3}$$

（4） 図 2 を見よ. AD と OC の交点を E とおく.
$\triangle OAE$, $\triangle ODE$ は三角定規の三角形であるから

$$OE = \frac{\sqrt{3}}{2}OA = \frac{\sqrt{3}}{2}$$

$$OD = \sqrt{2}OE = \frac{\sqrt{6}}{2}$$

♦別解♦ （3） $\vec{a} \cdot \vec{c} = |\vec{a}||\vec{c}|\cos 30° = \dfrac{\sqrt{3}}{2}|\vec{c}|$

$$\vec{b} \cdot \vec{c} = |\vec{b}||\vec{c}|\cos 45° = |\vec{c}|$$

であるから, $\vec{a} \cdot \vec{c} = \dfrac{\sqrt{3}}{2}\vec{b} \cdot \vec{c}$ が成り立つ.（2）の結果を用いて

$$\frac{\sqrt{3}-3}{2}t + 1 = \frac{\sqrt{3}}{2}\left(\frac{5-\sqrt{3}}{2}t + \frac{\sqrt{3}-1}{2}\right)$$

$$(2\sqrt{3}-6)t + 4 = (5\sqrt{3}-3)t + 3 - \sqrt{3}$$

$$(3\sqrt{3}+3)t = 1 + \sqrt{3} \qquad \therefore \quad t = \frac{1}{3}$$

（4） $\overrightarrow{OD} = s\vec{b}$ とおく. $\overrightarrow{DA} = \vec{a} - s\vec{b}$ である.
$DA \perp OC$ であるから

$$\overrightarrow{DA} \cdot \overrightarrow{OC} = \vec{a}\cdot\vec{c} - s\vec{b}\cdot\vec{c} = 0$$

（3）より, $\vec{a}\cdot\vec{c} = \dfrac{\sqrt{3}}{2}\vec{b}\cdot\vec{c}$ であるから,

$$\frac{\sqrt{3}}{2}\vec{b}\cdot\vec{c} - s\vec{b}\cdot\vec{c} = 0 \qquad \therefore \quad s = \frac{\sqrt{3}}{2}$$

$$OD = s|\overrightarrow{OB}| = \frac{\sqrt{3}}{2} \cdot \sqrt{2} = \frac{\sqrt{6}}{2}$$

《内心 (B10)》

661. l, m, n を正の実数とする. $BC = l$, $CA = m$, $AB = n$ である三角形 ABC の内心を I とする. AI の延長と辺 BC との交点を D, BI の延長と辺 CA との交点を E とする. 次の問いに答えなさい.
（1） $BD : DC$ と $CE : EA$ を求めなさい.
（2） $BI : IE$ を求めなさい.
（3） $\overrightarrow{CI}$ を $\overrightarrow{CA}$ と $\overrightarrow{CB}$ を用いて表しなさい.
（4） 内心 I を基準とする 3 点 A, B, C の位置ベクトルをそれぞれ $\vec{a}, \vec{b}, \vec{c}$ とするとき,
$$l\vec{a} + m\vec{b} + n\vec{c} = \vec{0}$$
であることを証明しなさい.

（23 山口大・後期-理）

▶解答◀ （1） 角の二等分線の定理より

$$BD : DC = AB : AC = \boldsymbol{n} : \boldsymbol{m} \quad \cdots\cdots\cdots①$$

$$CE : EA = BC : BA = \boldsymbol{l} : \boldsymbol{n} \quad \cdots\cdots\cdots②$$

最初に BD : DC を聞いたのなら，普通は BD の長さを求め，AD 上で AI : ID = BA : BD を計算させる．しかし，次の設問は BI : IE を求めよとなっている．「そんなことなら BD : DC なんか聞くな」と思う．①は使わない．②を用いる．（2）で AE または CE の長さが必要になる．今は CE を求める．

$$CE = \frac{l}{l+n}AC = \frac{lm}{l+n}$$

（2） 再び角の二等分線の定理より

$$BI : IE = CB : CE = l : \frac{lm}{l+n} = (\boldsymbol{l+n}) : \boldsymbol{m}$$

（3）
$$\overrightarrow{CE} = \frac{l}{l+n}\overrightarrow{CA}$$

$$\overrightarrow{CI} = \frac{(l+n)\overrightarrow{CE} + m\overrightarrow{CB}}{l+n+m} = \frac{\boldsymbol{l\overrightarrow{CA} + m\overrightarrow{CB}}}{\boldsymbol{l+n+m}}$$

（4）
$$-(l+m+n)\overrightarrow{IC} = l(\overrightarrow{IA} - \overrightarrow{IC}) + m(\overrightarrow{IB} - \overrightarrow{IC})$$

$$l\overrightarrow{IA} + m\overrightarrow{IB} + n\overrightarrow{IC} = \vec{0}$$

$$l\vec{a} + m\vec{b} + n\vec{c} = \vec{0}$$

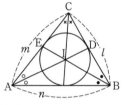 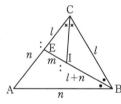

注意 【結果を覚えよう】

BC $= a$, CA $= b$, AB $= c$ とするのが普通である．位置ベクトルの始点を O として

$$\overrightarrow{OI} = \frac{a\vec{a} + b\vec{b} + c\vec{c}}{a+b+c}$$

となる．

《内接円と等式 (B20) ☆》

662. 1 辺の長さが 2 の正三角形とその内接円の接点を A, B, C とする．点 P が内接円の円周上にあるとき，以下の設問に答えよ．

（1） 内接円の中心を O とするとき，線分 OA の長さを求めよ．

（2） $\overrightarrow{PA}\cdot\overrightarrow{PB} + \overrightarrow{PB}\cdot\overrightarrow{PC} + \overrightarrow{PC}\cdot\overrightarrow{PA}$ の値を求めよ．

（3） $|\overrightarrow{PA}|^2 + |\overrightarrow{PB}|^2 + |\overrightarrow{PC}|^2$ の値を求めよ．

（4） 点 P が円周上を動くとき，$\overrightarrow{PA}\cdot\overrightarrow{PB}$ の最大値および最小値を求めよ． （23 関西医大・医）

▶解答◀ （1） 問題文の正三角形を DEF（図1）

とする．△OAE は 60 度定規であるから

$$OA = \frac{AE}{\sqrt{3}} = \frac{1}{\sqrt{3}} = \frac{\sqrt{3}}{3}$$

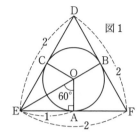 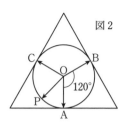

（2） $\overrightarrow{OA} = \vec{a}$, $\overrightarrow{OB} = \vec{b}$, $\overrightarrow{OC} = \vec{c}$, $\overrightarrow{OP} = \vec{p}$ とおく．

$$|\vec{a}| = |\vec{b}| = |\vec{c}| = |\vec{p}| = \frac{\sqrt{3}}{3}$$

$$\vec{a}\cdot\vec{b} = \frac{\sqrt{3}}{3}\cdot\frac{\sqrt{3}}{3}\cdot\cos 120° = -\frac{1}{6}$$

同様に $\vec{b}\cdot\vec{c} = \vec{c}\cdot\vec{a} = -\frac{1}{6}$

O は正三角形 ABC の重心であるから

$$\vec{a} + \vec{b} + \vec{c} = \vec{0}$$

このとき

$$\overrightarrow{PA}\cdot\overrightarrow{PB} + \overrightarrow{PB}\cdot\overrightarrow{PC} + \overrightarrow{PC}\cdot\overrightarrow{PA}$$
$$= (\vec{a}-\vec{p})\cdot(\vec{b}-\vec{p})$$
$$\quad + (\vec{b}-\vec{p})\cdot(\vec{c}-\vec{p}) + (\vec{c}-\vec{p})\cdot(\vec{a}-\vec{p})$$
$$= \vec{a}\cdot\vec{b} - (\vec{a}+\vec{b})\cdot\vec{p} + |\vec{p}|^2$$
$$\quad + \vec{b}\cdot\vec{c} - (\vec{b}+\vec{c})\cdot\vec{p} + |\vec{p}|^2$$
$$\quad + \vec{c}\cdot\vec{a} - (\vec{c}+\vec{a})\cdot\vec{p} + |\vec{p}|^2$$
$$= 3|\vec{p}|^2 - 2(\vec{a}+\vec{b}+\vec{c})\cdot\vec{p} + \vec{a}\cdot\vec{b} + \vec{b}\cdot\vec{c} + \vec{c}\cdot\vec{a}$$
$$= 3\cdot\frac{1}{3} - 0 - \frac{1}{6} - \frac{1}{6} - \frac{1}{6} = \frac{1}{2}$$

（3） $|\overrightarrow{PA}|^2 + |\overrightarrow{PB}|^2 + |\overrightarrow{PC}|^2$
$$= |\vec{a}-\vec{p}|^2 + |\vec{b}-\vec{p}|^2 + |\vec{c}-\vec{p}|^2$$
$$= |\vec{a}|^2 - 2\vec{a}\cdot\vec{p} + |\vec{p}|^2 + |\vec{b}|^2 - 2\vec{b}\cdot\vec{p} + |\vec{p}|^2$$
$$\quad + |\vec{c}|^2 - 2\vec{c}\cdot\vec{p} + |\vec{p}|^2$$
$$= |\vec{a}|^2 + |\vec{b}|^2 + |\vec{c}|^2$$
$$\quad + 3|\vec{p}|^2 - 2(\vec{a}+\vec{b}+\vec{c})\cdot\vec{p}$$
$$= \frac{1}{3} + \frac{1}{3} + \frac{1}{3} + 3\cdot\frac{1}{3} - 0 = 2$$

（4） $\vec{a} + \vec{b} = -\vec{c}$ に注意して

$$\overrightarrow{PA}\cdot\overrightarrow{PB} = (\vec{a}-\vec{p})\cdot(\vec{b}-\vec{p})$$
$$= \vec{a}\cdot\vec{b} - (\vec{a}+\vec{b})\cdot\vec{p} + |\vec{p}|^2$$
$$= -\frac{1}{6} + \vec{c}\cdot\vec{p} + \frac{1}{3} = \vec{c}\cdot\vec{p} + \frac{1}{6}$$

ここで, $\vec{c}, \vec{p}$ のなす角を $\theta\,(0 \leqq \theta \leqq \pi)$ とおくと

$$\vec{c} \cdot \vec{p} = |\vec{c}||\vec{p}| \cos\theta = \frac{1}{3}\cos\theta$$

$-1 \leqq \cos\theta \leqq 1$ より $-\frac{1}{3} \leqq \vec{c}\cdot\vec{p} \leqq \frac{1}{3}$

よって, 最大値 $\frac{1}{3} + \frac{1}{6} = \frac{1}{2}$

最小値 $-\frac{1}{3} + \frac{1}{6} = -\frac{1}{6}$

《傍心 (B25) ☆》

663. 次の各問に答えよ.

（1）同一直線上にない平面上の相異なる任意の 3 つの点 X, Y, Z に対して, $\angle$YXZ の二等分線はベクトル $\dfrac{1}{|\overrightarrow{XY}|}\overrightarrow{XY} + \dfrac{1}{|\overrightarrow{XZ}|}\overrightarrow{XZ}$ と平行であることを示せ.

平面上の OA $= 2$, OB $= 3$, AB $= 4$ である三角形 OAB の内接円の中心を I とする.

（2）$\overrightarrow{OI}$ を, $\overrightarrow{OA}$ と $\overrightarrow{OB}$ を用いて表せ.

$\angle$OAB の外角の二等分線と直線 OI の交点を J とする.

（3）$\overrightarrow{OJ}$ を, $\overrightarrow{OA}$ と $\overrightarrow{OB}$ を用いて表せ.

（4）I から直線 OA に下ろした垂線を IH とするとき, IH の長さを求めよ.

（5）J から直線 AB に下ろした垂線を JK とするとき, JK の長さを求めよ. (23 札幌医大)

▶**解答**◀ （1）図1を見よ. $\dfrac{1}{|\overrightarrow{XY}|}\overrightarrow{XY}$ は $\overrightarrow{XY}$ 方向の単位ベクトル, $\dfrac{1}{|\overrightarrow{XZ}|}\overrightarrow{XZ}$ は $\overrightarrow{XZ}$ 方向の単位ベクトルである.

$$\overrightarrow{XY'} = \frac{1}{|\overrightarrow{XY}|}\overrightarrow{XY},\quad \overrightarrow{XZ'} = \frac{1}{|\overrightarrow{XZ}|}\overrightarrow{XZ}$$

$$\overrightarrow{XW} = \overrightarrow{XY'} + \overrightarrow{XZ'}$$

とすると, X, Y′, W, Z′ は一辺の長さが 1 のひし形をなし, XW は $\angle$YXZ を二等分する. よって示された.

（2）OI は $\angle$AOB を二等分するから

$$\overrightarrow{OI} = s\left(\frac{1}{OA}\overrightarrow{OA} + \frac{1}{OB}\overrightarrow{OB}\right)$$

$$= \frac{s}{2}\overrightarrow{OA} + \frac{s}{3}\overrightarrow{OB} \quad\text{……………………①}$$

とおける. AI は $\angle$OAB を二等分するから

$$\overrightarrow{AI} = t\left(\frac{1}{AO}\overrightarrow{AO} + \frac{1}{AB}\overrightarrow{AB}\right)$$

とおけて

$$\overrightarrow{OI} - \overrightarrow{OA} = t\left\{-\frac{1}{2}\overrightarrow{OA} + \frac{1}{4}(\overrightarrow{OB} - \overrightarrow{OA})\right\}$$

$$\overrightarrow{OI} = \left(1 - \frac{3}{4}t\right)\overrightarrow{OA} + \frac{t}{4}\overrightarrow{OB} \quad\text{……………②}$$

$\overrightarrow{OA}, \overrightarrow{OB}$ は一次独立であるから①, ②の係数を比べ

$$\frac{s}{2} = 1 - \frac{3}{4}t,\quad \frac{s}{3} = \frac{t}{4}$$

t を消去し $\dfrac{s}{2} = 1 - s$ となり, $s = \dfrac{2}{3}$

$$\overrightarrow{OI} = \frac{1}{3}\overrightarrow{OA} + \frac{2}{9}\overrightarrow{OB}$$

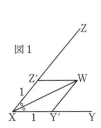
図 1

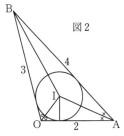
図 2

（3）$\overrightarrow{OJ} = \dfrac{s}{2}\overrightarrow{OA} + \dfrac{s}{3}\overrightarrow{OB}$ ……………………③
とおける.

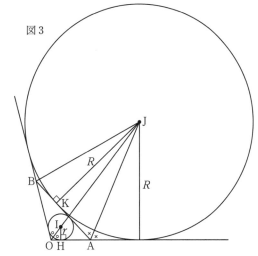
図 3

$$\overrightarrow{AJ} = u\left(\frac{1}{OA}\overrightarrow{OA} + \frac{1}{AB}\overrightarrow{AB}\right)$$

とおけて

$$\overrightarrow{OJ} - \overrightarrow{OA} = u\left\{\frac{1}{2}\overrightarrow{OA} + \frac{1}{4}(\overrightarrow{OB} - \overrightarrow{OA})\right\}$$

$$\overrightarrow{OJ} = \left(1 + \frac{u}{4}\right)\overrightarrow{OA} + \frac{u}{4}\overrightarrow{OB} \quad\text{………………④}$$

③, ④の係数を比べ

$$\frac{s}{2} = 1 + \frac{u}{4},\quad \frac{s}{3} = \frac{u}{4}$$

$$\frac{s}{2} = 1 + \frac{s}{3} \text{ となり } 3s = 6 + 2s$$

$s = 6$ となる. $\overrightarrow{OJ} = 3\overrightarrow{OA} + 2\overrightarrow{OB}$

（4）$\angle$AOB $= \theta$ とおく. 余弦定理より

$$\cos\theta = \frac{2^2 + 3^2 - 4^2}{2\cdot 2\cdot 3} = -\frac{1}{4}$$

$$\sin\theta = \sqrt{1 - \cos^2\theta} = \frac{\sqrt{15}}{4}$$

$$\triangle\text{OAB} = \frac{1}{2}\cdot 2\cdot 3\cdot \sin\theta = \frac{3}{4}\sqrt{15}$$

△OAB の内接円の半径を r とする.

$$IH = r = \frac{\triangle OAB}{\frac{1}{2}(OA + OB + AB)} = \frac{\frac{3}{4}\sqrt{15}}{\frac{9}{2}} = \frac{\sqrt{15}}{6}$$

（5） J を中心とする傍接円の半径を R とする.

$$\triangle OAB = \triangle OAJ + \triangle OBJ - \triangle ABJ$$

$$\triangle OAB = \frac{1}{2}(OA + OB - AB)R$$

$$JK = R = \frac{2\triangle OAB}{OA + OB - AB} = \frac{3}{2}\sqrt{15}$$

注意 1°【内心の公式】以下すべて, I は △OAB の内心である. OA $= a$, OB $= b$, AB $= c$ とし, ∠AOB の二等分線と AB の交点を C とする.

角の二等分線の定理により

AC : BC = OA : OB = $a : b$ であり

$$AC = c \cdot \frac{a}{a+b}, \quad \overrightarrow{OC} = \frac{a\overrightarrow{OB} + b\overrightarrow{OA}}{a+b}$$

となる. AI は ∠OAB の二等分線であり

$$OI : IC = OA : AC = a : \frac{ac}{a+b} = (a+b) : c$$

$$\overrightarrow{OI} = \frac{a+b}{a+b+c}\overrightarrow{OC} = \frac{a\overrightarrow{OB} + b\overrightarrow{OA}}{a+b+c}$$

2°【外角の二等分線の定理】∠OAB の外角の二等分線と ∠OBA の外角の二等分線の交点 D は傍接円の中心で, OD は ∠AOB の二等分線である.

$$OD : DC = OA : AC$$

となる. これが覚えにくい場合は「外角」というのを消して, 内角の場合の図を書いて比を記述し, その後「外角」を復活させればよい. 証明は内角の場合とほとんど同じである.

【証明】∠OAB の外角を 2θ として, 三角形の面積比を 2 通りに表現する.

$$OD : DC = \triangle ADO : \triangle ADC$$
$$= \frac{1}{2}AO \cdot AD\sin(\pi - \theta) : \frac{1}{2}AC \cdot AD\sin\theta$$
$$= OA : AC$$

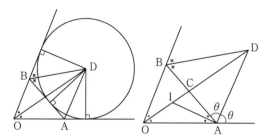

3°【傍心の公式】外角の二等分線の定理より

$$OD : DC = OA : AC = a : \frac{ac}{a+b} = (a+b) : c$$

$$\overrightarrow{OD} = \frac{OD}{OC}\overrightarrow{OC} = \frac{a+b}{a+b-c}\overrightarrow{OC}$$

$$= \frac{a+b}{a+b-c} \cdot \frac{b\overrightarrow{OA} + a\overrightarrow{OB}}{a+b} = \frac{b\overrightarrow{OA} + a\overrightarrow{OB}}{a+b-c}$$

━━《傍心 (B20)》━━

664. AB $= 5$, AC $= 8$, BC $= 7$ の三角形 ABC を考える. 辺 AB の B の向きへの延長線, 辺 AC の C の向きへの延長線, および辺 BC と接する円の中心を P とする. また AP と BC との共有点を Q とする. $\overrightarrow{AB} = \vec{b}$, $\overrightarrow{AC} = \vec{c}$ として, 以下の問いに答えよ.

（1） ∠BAC を求めよ.

（2） AP は ∠BAC の 2 等分線であることを証明せよ.

（3） $\overrightarrow{AQ}$ の大きさ $|\overrightarrow{AQ}|$ を求めよ.

（4） $\overrightarrow{AP}$ を $\vec{b}$, $\vec{c}$ を用いて表せ.

(23 津田塾大・推薦)

▶解答◀ （1） $|\overrightarrow{BC}|^2 = |\vec{c} - \vec{b}|^2$
$$= |\vec{c}|^2 - 2\vec{c} \cdot \vec{b} + |\vec{b}|^2$$

であるから

$$7^2 = 8^2 - 2\vec{b} \cdot \vec{c} + 5^2 \quad \therefore \quad \vec{b} \cdot \vec{c} = 20$$

よって, $\cos\angle BAC = \dfrac{\vec{b} \cdot \vec{c}}{|\vec{b}||\vec{c}|} = \dfrac{20}{5 \cdot 8} = \dfrac{1}{2}$

∠BAC $= 60°$

（2） 円が半直線 AB, AC と接する点をそれぞれ R, S とすると, PR = PS であり, PR ⊥ AB, PS ⊥ AC

よって, △ARP ≡ △ASP で, ∠PAR = ∠PAS

すなわち, AP は ∠BAC の 2 等分線である.

図1

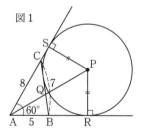

（3） 角の二等分線の定理より

$$BQ : QC = AB : AC = 5 : 8$$

$$\overrightarrow{AQ} = \frac{8\vec{b} + 5\vec{c}}{13}$$

ここで $|8\vec{b} + 5\vec{c}|^2 = 64|\vec{b}|^2 + 80\vec{b} \cdot \vec{c} + 25|\vec{c}|^2$

$$= 64 \cdot 5^2 + 80 \cdot 20 + 25 \cdot 8^2$$

$$|8\vec{b} + 5\vec{c}| = 40\sqrt{3} = 5^2 \cdot 8^2 \cdot 3$$

$$\therefore \quad |\overrightarrow{AQ}| = \frac{40\sqrt{3}}{13}$$

（4） BP は ∠RBQ を二等分する．外角の二等分線の定理より

$$AP : PQ = BA : BQ = 5 : 7 \cdot \frac{5}{5+8} = 13 : 7$$

$$AP : AQ = 13 : 6$$

$$\overrightarrow{AP} = \frac{13}{6}\overrightarrow{AQ} = \frac{8\vec{b} + 5\vec{c}}{6}$$

♦別解♦ （4） 円の半径を r とおくと

$$\triangle ABC = \triangle ABP + \triangle ACP - \triangle PBC$$

$$\frac{1}{2} \cdot 5 \cdot 8 \sin 60° = \frac{1}{2} \cdot 5r + \frac{1}{2} \cdot 8r - \frac{1}{2} \cdot 7r$$

$$5 \cdot 8 \cdot \frac{\sqrt{3}}{2} = 6r \qquad \therefore \quad r = \frac{10\sqrt{3}}{3}$$

よって，$AP = 2r = \dfrac{20\sqrt{3}}{3}$ である．したがって

$$\overrightarrow{AP} = \frac{AP}{AQ}\overrightarrow{AQ}$$

$$= \frac{20\sqrt{3}}{3} \cdot \frac{13}{40\sqrt{3}} \cdot \frac{8\vec{b} + 5\vec{c}}{13} = \frac{8\vec{b} + 5\vec{c}}{6}$$

図2

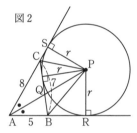

注意 1°【内心の公式】以下すべて，I は △OAB の内心である．OA $= a$, OB $= b$, AB $= c$ とする．OC は ∠AOB の二等分線である．角の二等分線の定理により AC : BC = OA : OB $= a : b$ であり，

$$AC = c \cdot \frac{a}{a+b}, \quad \overrightarrow{OC} = \frac{a\overrightarrow{OB} + b\overrightarrow{OA}}{a+b}$$

となる．AI は ∠OAB の二等分線であり，
OI : IC = OA : AC $= a : \dfrac{ac}{a+b} = (a+b) : c$

$$\overrightarrow{OI} = \frac{a+b}{a+b+c}\overrightarrow{OC} = \frac{a\overrightarrow{OB} + b\overrightarrow{OA}}{a+b+c}$$

2°【外角の二等分線の定理】 ∠OAB の外角の二等分線と ∠OBA の外角の二等分線の交点 D は傍接円の中心で，OD は ∠AOB の二等分線である．

AB と OD の交点を C とする．
OD : DC = OA : AC となる．これが覚えにくい場合は「外角」というのを消して，内角の場合の図を書いて比を記述し，その後「外角」を復活させればよい．証明は内角の場合とほとんど同じである．

【証明】 ∠OAB の外角を 2θ として，三角形の面積比を2通りに表現する．

$$OD : DC = \triangle ADO : \triangle ADC$$

$$= \frac{1}{2}AO \cdot AD\sin(\pi-\theta) : \frac{1}{2}AC \cdot AD\sin\theta$$

$$= OA : AC$$

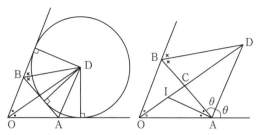

3°【傍心の公式】 OA $= a$, OB $= b$, AB $= c$ とおく．角の二等分線の定理より AC : CB = OA : OB $= a : b$

$$AC = c \cdot \frac{a}{a+b}$$

外角の二等分線の定理より

$$OD : DC = OA : AC = a : \frac{ac}{a+b} = (a+b) : c$$

$$\overrightarrow{OD} = \frac{OD}{OC}\overrightarrow{OC} = \frac{a+b}{a+b-c}\overrightarrow{OC}$$

$$= \frac{a+b}{a+b-c} \cdot \frac{b\overrightarrow{OA} + a\overrightarrow{OB}}{a+b} = \frac{b\overrightarrow{OA} + a\overrightarrow{OB}}{a+b-c}$$

《図形の論証（C30）》

665. 座標平面上の点 $A(a, 0)$, $B(0, b)$, $C(c, d)$ を頂点とする三角形 ABC を考える．ただし a, b, c, d は正の実数とし，三角形 ABC は ∠ACB が直角で $|\overrightarrow{AB}| = 2|\overrightarrow{AC}|$ であるとする．以下の問いに答えよ．

（1） 座標平面の原点を O とし，$\overrightarrow{OA}$ と $\overrightarrow{AC}$ がなす角を θ $(0 < \theta < \pi)$ とする．このとき $\sin\theta, \cos\theta$ の値を a, b を用いて表せ．

（2） 三角形 ABC の内接円の中心の座標を a, b を用いて表せ．

（3） 三角形 ABC の内接円の中心と三角形 ABO の内接円の中心との距離 s を a, b を用いて表せ．また，正の定数 l に対して，常に $|\overrightarrow{AB}| = l$ となるように点 A, B をそれぞれ動かしたとき，s を最小にする a を l を用いて表せ．

(23 九大・後期)

▶解答◀ （1） ∠AOB $=$ ∠ACB $= 90°$ より，4点 O, A, C, B は AB を直径とする円周上にある．AB $=$ 2AC より，AC は半径に等しい．これより，△ABC は 60 度定規である．$\theta =$ ∠CAx であり，∠OAB $= \alpha$ とすると

$$\cos\alpha = \frac{a}{\sqrt{a^2+b^2}}, \quad \sin\alpha = \frac{b}{\sqrt{a^2+b^2}}$$

であり，$\theta = 120° - \alpha$ であるから

$$\sin\theta = \sin(120° - \alpha)$$

$$= \sin 120° \cos\alpha - \cos 120° \sin\alpha$$

$$= \frac{\sqrt{3}a + b}{2\sqrt{a^2 + b^2}}$$

$$\cos\theta = \cos(120° - \alpha)$$

$$= \cos 120° \cos\alpha + \sin 120° \sin\alpha$$

$$= \frac{\sqrt{3}b - a}{2\sqrt{a^2 + b^2}}$$

（2）　$\triangle ABC$ の内接円の中心を I，半径を r_1 とおく．

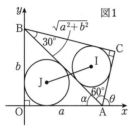
図1

また，$AB = l$ とおくと，

$$AC = \frac{l}{2}, \quad BC = \frac{\sqrt{3}}{2}l$$

であるから，直角三角形の内接円の半径の公式より

$$r_1 = \frac{CA + CB - AB}{2} = \frac{\sqrt{3} - 1}{4}l$$

このとき，$\angle IAB = \angle IAC = 30°$ であるから，

$$AI = 2r_1 = \frac{\sqrt{3} - 1}{2}l$$

$$\cos(\theta + 30°) = \cos(150° - \alpha)$$

$$= -\frac{\sqrt{3}}{2}\cos\alpha + \frac{1}{2}\sin\alpha = \frac{-\sqrt{3}a + b}{2l}$$

$$\sin(\theta + 30°) = \sin(150° - \alpha)$$

$$= \frac{1}{2}\cos\alpha + \frac{\sqrt{3}}{2}\sin\alpha = \frac{\sqrt{3}b + a}{2l}$$

である．$I(i_x, i_y)$ とすると

$$i_x = a + \frac{\sqrt{3} - 1}{2}l\cos(\theta + 30°)$$

$$= a + (\sqrt{3} - 1)\frac{-\sqrt{3}a + b}{4}$$

$$= \frac{(\sqrt{3} + 1)a + (\sqrt{3} - 1)b}{4}$$

$$i_y = \frac{\sqrt{3} - 1}{2}l\sin(\theta + 30°) = (\sqrt{3} - 1)\frac{\sqrt{3}b + a}{4}$$

I の座標は

$$\left(\frac{(\sqrt{3} + 1)a + (\sqrt{3} - 1)b}{4}, \frac{(\sqrt{3} - 1)a + (3 - \sqrt{3})b}{4} \right)$$

（3）　$\triangle OAB$ の内接円の中心を J，半径を r_2 とおく．

$$r_2 = \frac{OA + OB - AB}{2} = \frac{1}{2}(a + b - l)$$

$J\left(\frac{1}{2}(a + b - l), \frac{1}{2}(a + b - l) \right)$ である．また，$\sqrt{3} + 1$ や $\sqrt{3} - 1$ が今後たくさん出てきて混乱するから，文字でおく．$p = \sqrt{3} + 1$，$q = \sqrt{3} - 1$ とする．

（2）と合わせると

$$\vec{JI} = \frac{1}{4}(qa - \sqrt{3}qb + 2l, -\sqrt{3}qa - qb + 2l)$$

となる．ここで，

$$(qa - \sqrt{3}qb + 2l)^2$$

$$= q^2(a - \sqrt{3}b)^2 + 4lq(a - \sqrt{3}b) + 4l^2$$

$$(-\sqrt{3}qa - qb + 2l)^2$$

$$= q^2(\sqrt{3}a + b)^2 - 4lq(\sqrt{3}a + b) + 4l^2$$

であるから，

$$|\vec{JI}|^2 = \frac{1}{4}\{(q^2 + 2)l^2 - ql(qa + pb)\}$$

$$= \frac{3 - \sqrt{3}}{2}l^2 - \frac{l}{2}((2 - \sqrt{3})a + b)$$

となる．よって，s は

$$\sqrt{\frac{3 - \sqrt{3}}{2}(a^2 + b^2) - \frac{\sqrt{a^2 + b^2}}{2}((2 - \sqrt{3})a + b)}$$

$a^2 + b^2 = l^2$ のもとで，$(2 - \sqrt{3})a + b$ が最大となるときを考える．$(2 - \sqrt{3})a + b = k$ とおいて円 $a^2 + b^2 = l^2$ と $(2 - \sqrt{3})a + b = k$ が共有点を持つ条件を考えると

$$\frac{|k|}{\sqrt{(2 - \sqrt{3})^2 + 1^2}} \leq l$$

$$|k| \leq (\sqrt{6} - \sqrt{2})l$$

よって，k の最大値は $(\sqrt{6} - \sqrt{2})l$ である．このとき，$(2 - \sqrt{3})a + b = (\sqrt{6} - \sqrt{2})l$ と $a - (2 - \sqrt{3})b = 0$ の交点を考えると $a = \frac{\sqrt{6} - \sqrt{2}}{4}l$ となる．

◆別解◆　（3）【図形的に考える】

最終目標は $AB = l$ を定数としたときに，$s = IJ$ を最小にする a を求めることである．幾何的に考察するとほとんど計算不要である．座標は円周角が苦手である．幾何的に考察する方がよい．

AB の長さを固定するということは，A，B を固定すると言ってもよい．さらに，$\triangle ABC$ の形が 60 度定規で固定されるから，C も定点と考える．

$\angle OBA + \angle OAB = 90°$ より，$\angle JBA + \angle JAB = 45°$ となる．ゆえに，$\angle BJA = 135°$ を満たしながら，J が動く．J は AB を定弦とする円周角が 135°（中心角が 270°）の円弧を描く．その円の中心を D とする．また，$\angle AIB = 135°$ でもある．I は AB を弦とする円周角が 135°（中心角が 270°）の円弧の上にある．その円の中心を E とする，ADBE は正方形をなす．DI の長さと DJ の長さは一定である．

483

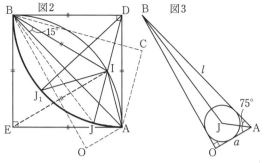

DI ＋ IJ ≧ DJ であり，IJ ≧ DJ － DI である．右辺
は定数である．

　等号が成立するのは，D，I，J がこの順に一直線上
に並ぶときである．以下はこの等号が成立するときの
形状の考察である．図 2 で，左の J_1 は一般の J のつ
もり，右の J は最小を与える J である．

$$\angle EBI = \angle EBA + \angle ABI = 45° + 15° = 60°$$

これと EB ＝ EI より △BEI は正三角形になる．ゆえ
に，△BID は BI ＝ BD の二等辺三角形である．さら
に，∠IBD ＝ 30° であるから，弧 BJ_1J に対する中心角

$$\angle BDJ = \frac{180° - 30°}{2} = 75°$$

となり，今度は円周角で $\angle BAJ = \frac{75°}{2} = 37.5°$ であ
る．次は図 3 で ∠BAO ＝ 2∠BAJ ＝ 75° となる．ゆ
えに

$$a = l\cos 75° = \frac{\sqrt{6} - \sqrt{2}}{4}l$$

《垂心の位置ベクトル（B5）☆》

666. △ABC の外心を O とし，
$\overrightarrow{OH} = \overrightarrow{OA} + \overrightarrow{OB} + \overrightarrow{OC}$ となる点を H とするとき，
点 H は △ABC の垂心であることを証明せよ．

（23　広島大・光り輝き入試-教育（数））

▶解答◀ $|\overrightarrow{OA}| = |\overrightarrow{OB}| = |\overrightarrow{OC}|$ より
$$\overrightarrow{AH} \cdot \overrightarrow{BC} = (\overrightarrow{OH} - \overrightarrow{OA}) \cdot (\overrightarrow{OC} - \overrightarrow{OB})$$
$$= (\overrightarrow{OC} + \overrightarrow{OB}) \cdot (\overrightarrow{OC} - \overrightarrow{OB})$$
$$= |\overrightarrow{OC}|^2 - |\overrightarrow{OB}|^2 = 0$$
$$\overrightarrow{BH} \cdot \overrightarrow{CA} = (\overrightarrow{OH} - \overrightarrow{OB}) \cdot (\overrightarrow{OA} - \overrightarrow{OC})$$
$$= (\overrightarrow{OA} + \overrightarrow{OC}) \cdot (\overrightarrow{OA} - \overrightarrow{OC})$$
$$= |\overrightarrow{OA}|^2 - |\overrightarrow{OC}|^2 = 0$$
$$\overrightarrow{CH} \cdot \overrightarrow{AB} = (\overrightarrow{OH} - \overrightarrow{OC}) \cdot (\overrightarrow{OB} - \overrightarrow{OA})$$
$$= (\overrightarrow{OB} + \overrightarrow{OA}) \cdot (\overrightarrow{OB} - \overrightarrow{OA})$$
$$= |\overrightarrow{OB}|^2 - |\overrightarrow{OA}|^2 = 0$$

よって，$\overrightarrow{AH} \perp \overrightarrow{BC}$，$\overrightarrow{BH} \perp \overrightarrow{CA}$，$\overrightarrow{CH} \perp \overrightarrow{AB}$ であるから，
$\overrightarrow{OH} = \overrightarrow{OA} + \overrightarrow{OB} + \overrightarrow{OC}$ を満たす点 H は垂心であるこ
とが示された．

《垂心の位置ベクトル（C20）☆》

667. 平面内の鋭角三角形 △ABC を考える．
△ABC の内部の点 P に対して，

直線 BC に関して P と対称な点を D，
直線 CA に関して P と対称な点を E，
直線 AB に関して P と対称な点を F

とする．6 点 A，B，C，D，E，F が同一円周上に
あるような P は △ABC の内部にいくつあるか求
めよ．

（23　京大・特色入試）

考え方 P を対称移動するのではなく，弧を対称移
動し，P をその交点として捉えることができるかどう
かが決め手である．さらに，解法の選択が重要であ
る．図形的に考察する，ベクトルで計算する，三角関
数で計算する，困ったら座標設定する．今はベクトル
が書きやすい．

▶解答◀　三角形 ABC の外接円を円 O，その中心
を O，半径を r とする．OA ＝ OB ＝ OC ＝ r であ
るから三角形 OAB，OBC，OCA は二等辺三角形で
ある．直線 BC に関して P を折り返した点が D であ
る．O の直線 BC に関する対称点を A′，O の直線 CA
に関する対称点を B′，O の直線 AB に関する対称点
を C′ とする．A′，B′，C′ を中心とする半径 r の円を
順に A′，B′，C′ とする．もし，D，E，F が円 O 上に
あるならば，P は円 A′，B′，C′ 上にある．これは逆も
言えて，もし，円 A′，B′，C′ が共有点をもつならば，
D，E，F が円 O 上にある．よって，A′，B′，C′ から
等距離 r にある点が三角形 ABC の内部に幾つあるか
を考察する．A′，B′，C′ から等距離にある点は三角
形 A′B′C′ の外接円の中心であるから，存在するなら
ば，1 個しかない．その点が 1 個，三角形 ABC の内
部に存在することを以下で示す．

図1

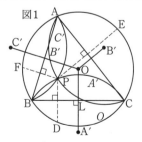

$\overrightarrow{OA} = \vec{a}$ とし，他も同様に表す．BC の中点を L と
する．$\vec{a'} = 2\overrightarrow{OL} = \vec{b} + \vec{c}$
となる．同様に $\vec{b'} = \vec{c} + \vec{a}$，$\vec{c'} = \vec{a} + \vec{b}$
となる．ここで $\vec{h} = \vec{a} + \vec{b} + \vec{c}$ で定まる点 H を考え
る．

$$\overrightarrow{\mathrm{A'H}} = \vec{h} - \vec{a'} = \vec{a}$$

$|\overrightarrow{\mathrm{A'H}}| = |\vec{a}| = r$ となり，同様に

$|\overrightarrow{\mathrm{B'H}}| = r$, $|\overrightarrow{\mathrm{C'H}}| = r$ である.

次に，有名な事実であるが，$\vec{h} = \vec{a} + \vec{b} + \vec{c}$ で定まる点 H は三角形 ABC の垂心であり，三角形 ABC が鋭角三角形の場合には三角形 ABC の内部にある. よって証明された. **1 個存在する.**

注意 【垂心の位置ベクトルの証明 1】

三角形 ABC の外心を O，外接円を O とし，BO の延長が O と交わる点を I とする. また，三角形 ABC の垂心を H，BC の中点を L，A から直線 BC に下ろした垂線の足を M，C から直線 AB に下ろした垂線の足を N とする. 直線 AH, IC は（直線 BC と垂直だから）平行であり，直線 CH, IA は（直線 BA と垂直だから）平行であるから，四角形 AHCI は平行四辺形である. また三角形 BOL と三角形 BIC は相似で，相似比は 1:2 である.

$$\overrightarrow{\mathrm{AH}} = \overrightarrow{\mathrm{IC}} = 2\overrightarrow{\mathrm{OL}} = \overrightarrow{\mathrm{OB}} + \overrightarrow{\mathrm{OC}}$$
$$\overrightarrow{\mathrm{OH}} = \overrightarrow{\mathrm{OA}} + \overrightarrow{\mathrm{AH}} = \overrightarrow{\mathrm{OA}} + \overrightarrow{\mathrm{OB}} + \overrightarrow{\mathrm{OC}}$$

また，三角形 ABC が鋭角三角形のときには，M は B と C の間にあり，N は A と B の間にある. よって，H は三角形 ABC の内部にある.

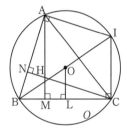

【垂心の位置ベクトルの証明 2】

$$(\overrightarrow{\mathrm{OH}} - (\overrightarrow{\mathrm{OA}} + \overrightarrow{\mathrm{OB}} + \overrightarrow{\mathrm{OC}})) \cdot \overrightarrow{\mathrm{CB}}$$
$$= (\overrightarrow{\mathrm{AH}} - (\overrightarrow{\mathrm{OB}} + \overrightarrow{\mathrm{OC}})) \cdot (\overrightarrow{\mathrm{OB}} - \overrightarrow{\mathrm{OC}})$$
$$= \overrightarrow{\mathrm{AH}} \cdot \overrightarrow{\mathrm{CB}} - (|\overrightarrow{\mathrm{OB}}|^2 - |\overrightarrow{\mathrm{OC}}|^2) = 0$$

同様に $(\overrightarrow{\mathrm{OH}} - (\overrightarrow{\mathrm{OA}} + \overrightarrow{\mathrm{OB}} + \overrightarrow{\mathrm{OC}})) \cdot \overrightarrow{\mathrm{CA}} = 0$

$\overrightarrow{\mathrm{CB}}$, $\overrightarrow{\mathrm{CA}}$ は平行ではないから

$$\overrightarrow{\mathrm{OH}} - (\overrightarrow{\mathrm{OA}} + \overrightarrow{\mathrm{OB}} + \overrightarrow{\mathrm{OC}}) = \vec{0}$$
$$\overrightarrow{\mathrm{OH}} = \overrightarrow{\mathrm{OA}} + \overrightarrow{\mathrm{OB}} + \overrightarrow{\mathrm{OC}}$$

《円に内接する正三角形 (B5) ☆》

668. 平面上の点 O を中心とする半径 1 の円周上に異なる 3 点 A，B，C をとる. $|\overrightarrow{\mathrm{OA}} + \overrightarrow{\mathrm{OB}}| = |\overrightarrow{\mathrm{OC}}|$ が成り立つとき，$\overrightarrow{\mathrm{OA}}$ と $\overrightarrow{\mathrm{OB}}$ の内積を求めよ. さらに，$|\overrightarrow{\mathrm{OB}} + \overrightarrow{\mathrm{OC}}| = |\overrightarrow{\mathrm{OA}}|$ も成り立つとき，△ABC の三辺の長さの和を求めよ.

(23 三重大・工)

▶解答◀ $|\overrightarrow{\mathrm{OA}} + \overrightarrow{\mathrm{OB}}|^2 = |\overrightarrow{\mathrm{OC}}|^2$

$$|\overrightarrow{\mathrm{OA}}|^2 + |\overrightarrow{\mathrm{OB}}|^2 + 2\overrightarrow{\mathrm{OA}} \cdot \overrightarrow{\mathrm{OB}} = |\overrightarrow{\mathrm{OC}}|^2$$
$$1 + 1 + 2\overrightarrow{\mathrm{OA}} \cdot \overrightarrow{\mathrm{OB}} = 1$$
$$\overrightarrow{\mathrm{OA}} \cdot \overrightarrow{\mathrm{OB}} = -\frac{1}{2}$$

$\cos \angle \mathrm{AOB} = -\dfrac{1}{2}$ となって $\angle \mathrm{AOB} = 120°$ である.

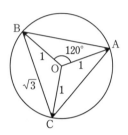

$|\overrightarrow{\mathrm{OB}} + \overrightarrow{\mathrm{OC}}| = |\overrightarrow{\mathrm{OA}}|$ も成り立つとき，同様にして，$\angle \mathrm{BOC} = 120°$ である. このとき，C が直線 OB に関して A と同じ側にあると A = C になるから，A と C は直線 OB に関して反対側にある. よって $\angle \mathrm{COA} = 120°$ も成り立ち，△ABC は正三角形となる.

AB = BC = CA = $\sqrt{3}$ となるから，三辺の長さの和は $\mathbf{3\sqrt{3}}$ である.

《外接円と内積 (B15) ☆》

669. 平面において，点 O を中心とする半径 1 の円周上に異なる 3 点 A，B，C がある. $\vec{a} = \overrightarrow{\mathrm{OA}}$, $\vec{b} = \overrightarrow{\mathrm{OB}}$, $\vec{c} = \overrightarrow{\mathrm{OC}}$ とおくとき，

$$2\vec{a} + 3\vec{b} + 4\vec{c} = \vec{0}$$

が成り立つとする. 次の問いに答えよ.

（1） 内積 $\vec{a} \cdot \vec{b}$, $\vec{b} \cdot \vec{c}$, $\vec{c} \cdot \vec{a}$ をそれぞれ求めよ.

（2） △ABC の面積を求めよ.

(23 名古屋市立大・後期-総合生命理, 経)

▶解答◀ （1） $|\vec{a}| = |\vec{b}| = |\vec{c}| = 1$ である.

$2\vec{a} + 3\vec{b} = -4\vec{c}$ を用いて

$$|2\vec{a} + 3\vec{b}|^2 = |-4\vec{c}|^2$$
$$4 + 12\vec{a} \cdot \vec{b} + 9 = 16 \qquad \therefore \quad \vec{a} \cdot \vec{b} = \frac{1}{4}$$

同様にして

$$|3\vec{b} + 4\vec{c}|^2 = |-2\vec{a}|^2$$
$$9 + 24\vec{b} \cdot \vec{c} + 16 = 4 \qquad \therefore \quad \vec{b} \cdot \vec{c} = -\frac{7}{8}$$

$$|2\vec{a} + 4\vec{c}|^2 = |-3\vec{b}|^2$$
$$4 + 16\vec{c} \cdot \vec{a} + 16 = 9 \qquad \therefore \quad \vec{c} \cdot \vec{a} = -\frac{11}{16}$$

（2） $\vec{c} = -\dfrac{\overrightarrow{2a+3b}}{4} = -\dfrac{5}{4}\cdot\dfrac{\overrightarrow{2a+3b}}{5}$

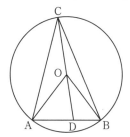

AB を $3:2$ に内分する点を D とすると

$$\overrightarrow{OD} = \frac{\overrightarrow{2a+3b}}{5}, \quad \vec{c} = -\frac{5}{4}\overrightarrow{OD}$$

C, O, D はこの順に一直線上にあり，CO:OD $= 5:4$ であるから $\triangle ABC = \dfrac{9}{4}\triangle OAB$ である．

$$\triangle OAB = \frac{1}{2}\sqrt{|\vec{a}|^2|\vec{b}|^2-(\vec{a}\cdot\vec{b})^2}$$

$$= \frac{1}{2}\sqrt{1\cdot1-\left(\frac{1}{4}\right)^2} = \frac{1}{2}\cdot\frac{\sqrt{15}}{4} = \frac{\sqrt{15}}{8}$$

$$\triangle ABC = \frac{9}{4}\cdot\frac{\sqrt{15}}{8} = \frac{9\sqrt{15}}{32}$$

《三角形内三角形 (B20) ☆》

670. $\triangle ABC$ において，辺 BC, CA, AB を $1:2$ に内分する点をそれぞれ A_1, B_1, C_1 とし，線分 AA_1 と線分 BB_1 の交点を A_2，線分 BB_1 と線分 CC_1 の交点を B_2，線分 CC_1 と線分 AA_1 の交点を C_2 とする．$\triangle ABC$, $\triangle A_2B_2C_2$ の面積をそれぞれ S, S_2 とする．また，$\overrightarrow{AB} = \vec{a}$, $\overrightarrow{AC} = \vec{b}$ とする．このとき，次の問いに答えよ．

（1） ベクトル $\overrightarrow{AA_1}$, $\overrightarrow{AA_2}$, $\overrightarrow{AC_2}$ をそれぞれ $\vec{a}$, $\vec{b}$ を用いて表せ．

（2） $\triangle BAC_2$ の面積と $\triangle BA_2C_2$ の面積は等しいことを示せ．

（3） 面積比 $S:S_2$ を求めよ．

（23 静岡大・理，情報，工）

▶**解答**◀ （1） $BA_1:A_1C = 1:2$ より

$$\overrightarrow{AA_1} = \frac{2\overrightarrow{AB}+\overrightarrow{AC}}{3} = \frac{2}{3}\vec{a} + \frac{1}{3}\vec{b}$$

$\overrightarrow{AB_1} = \dfrac{2}{3}\vec{b}$ である．p を定数として $\overrightarrow{AA_2} = p\overrightarrow{AA_1}$ とおくと

$$\overrightarrow{AA_2} = \frac{2}{3}p\vec{a} + \frac{1}{3}p\vec{b}$$

$$= \frac{2}{3}p\vec{a} + \frac{1}{2}p\left(\frac{2}{3}\vec{b}\right) = \frac{2}{3}p\overrightarrow{AB} + \frac{1}{2}p\overrightarrow{AB_1}$$

A_2 は BB_1 上の点であるから

$$\frac{2}{3}p + \frac{1}{2}p = 1 \qquad \therefore \quad p = \frac{6}{7}$$

$$\overrightarrow{AA_2} = \frac{4}{7}\vec{a} + \frac{2}{7}\vec{b}$$

$\overrightarrow{AC_1} = \dfrac{1}{3}\vec{a}$ である．q を定数として $\overrightarrow{AC_2} = q\overrightarrow{AA_1}$ とおくと

$$\overrightarrow{AC_2} = \frac{2}{3}q\vec{a} + \frac{1}{3}q\vec{b}$$

$$= 2q\left(\frac{1}{3}\vec{a}\right) + \frac{1}{3}q\vec{b} = 2q\overrightarrow{AC_1} + \frac{1}{3}q\overrightarrow{AC}$$

C_2 は CC_1 上の点であるから

$$2q + \frac{1}{3}q = 1 \qquad \therefore \quad q = \frac{3}{7}$$

$$\overrightarrow{AC_2} = \frac{2}{7}\vec{a} + \frac{1}{7}\vec{b}$$

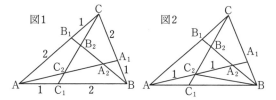

（2） $\overrightarrow{AC_2} = \dfrac{1}{2}\overrightarrow{AA_2}$ であるから，C_2 は AA_2 の中点である．したがって $\triangle BAC_2 = \triangle BA_2C_2$ である．

（3） $\overrightarrow{AA_2} = \dfrac{6}{7}\overrightarrow{AA_1}$ より $AA_2:AA_1 = 6:7$ である．

$BA_1:A_1C = 1:2$ より

$$\triangle ABA_2 = \frac{6}{7}\triangle ABA_1 = \frac{6}{7}\cdot\frac{1}{3}S = \frac{2}{7}S$$

全く同様にして $\triangle BCB_2 = \triangle CAC_2 = \dfrac{2}{7}S$ であるから

$$S_2 = S - 3\cdot\frac{2}{7}S = \frac{1}{7}S$$

したがって $S:S_2 = 7:1$ である．

◆**別解**◆ （1） $\triangle ACA_1$ と直線 B_1B についてメネラウスの定理を用いて

$$\frac{AB_1}{B_1C}\cdot\frac{CB}{BA_1}\cdot\frac{A_1A_2}{A_2A} = 1$$

$$\frac{2}{1}\cdot\frac{3}{1}\cdot\frac{A_1A_2}{A_2A} = 1$$

$\dfrac{A_1A_2}{A_2A} = \dfrac{1}{6}$ より $AA_2:A_2A_1 = 6:1$ であるから

$$\overrightarrow{AA_2} = \frac{6}{7}\overrightarrow{AA_1}$$

$$= \frac{6}{7}\left(\frac{2}{3}\vec{a} + \frac{1}{3}\vec{b}\right) = \frac{4}{7}\vec{a} + \frac{2}{7}\vec{b}$$

$\triangle CBC_1$ と直線 A_1A についてメネラウスの定理を用いて

$$\frac{CA_1}{A_1B}\cdot\frac{BA}{AC_1}\cdot\frac{C_1C_2}{C_2C} = 1$$

$$\frac{2}{1}\cdot\frac{3}{1}\cdot\frac{C_1C_2}{C_2C} = 1$$

$\dfrac{C_1C_2}{C_2C} = \dfrac{1}{6}$ より $CC_2:C_2C_1 = 6:1$ であるから

$$\overrightarrow{AC_2} = \frac{6}{7}\overrightarrow{AC_1} + \frac{1}{7}\overrightarrow{AC}$$

$$= \frac{6}{7} \cdot \frac{1}{3}\vec{a} + \frac{1}{7}\vec{b} = \frac{2}{7}\vec{a} + \frac{1}{7}\vec{b}$$

《ベクトルで円 (B15) ☆》

671. AB $= 4$, BC $= \sqrt{11}$, CA $= 2$ である三角形 ABC について，∠BAC の 2 等分線と辺 BC の交点 を D とおく．また，実数 s は $s > 1$ を満たすとす る．$\overrightarrow{AE} = s\overrightarrow{AD}$ を満たす点 E が BC を直径とする 円周上にあるとき，次の問いに答えよ．

（1）$\overrightarrow{AB}$ と $\overrightarrow{AC}$ の内積を求めよ．

（2）s の値を求めよ．(23 信州大・工，繊維-後期)

▶**解答**◀ （1）$\overrightarrow{BC} = \overrightarrow{AC} - \overrightarrow{AB}$ を用いて

$$|\overrightarrow{BC}|^2 = |\overrightarrow{AC} - \overrightarrow{AB}|^2$$
$$|\overrightarrow{BC}|^2 = |\overrightarrow{AC}|^2 - 2\overrightarrow{AB} \cdot \overrightarrow{AC} + |\overrightarrow{AB}|^2$$
$$11 = 4 - 2\overrightarrow{AB} \cdot \overrightarrow{AC} + 16$$
$$\overrightarrow{AB} \cdot \overrightarrow{AC} = \frac{9}{2}$$

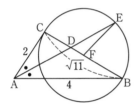

（2）角の 2 等分線の定理より

$$CD : DB = AC : AB = 1 : 2$$

であるから

$$\overrightarrow{AD} = \frac{1}{3}\overrightarrow{AB} + \frac{2}{3}\overrightarrow{AC}$$

よって

$$\overrightarrow{AE} = s\overrightarrow{AD} = \frac{1}{3}s\overrightarrow{AB} + \frac{2}{3}s\overrightarrow{AC}$$

また，BC を直径とする円の中心を F とおくと，F は BC の中点であるから

$$\overrightarrow{AF} = \frac{1}{2}\overrightarrow{AB} + \frac{1}{2}\overrightarrow{AC}$$

よって

$$\overrightarrow{FE} = \overrightarrow{AE} - \overrightarrow{AF}$$
$$= \left(\frac{1}{3}s - \frac{1}{2}\right)\overrightarrow{AB} + \left(\frac{2}{3}s - \frac{1}{2}\right)\overrightarrow{AC}$$

$|\overrightarrow{FE}| = \frac{1}{2}|\overrightarrow{BC}| = \frac{\sqrt{11}}{2}$ であるから

$$\left|\left(\frac{1}{3}s - \frac{1}{2}\right)\overrightarrow{AB} + \left(\frac{2}{3}s - \frac{1}{2}\right)\overrightarrow{AC}\right|^2 = \frac{11}{4}$$
$$16\left(\frac{1}{3}s - \frac{1}{2}\right)^2 + 9\left(\frac{1}{3}s - \frac{1}{2}\right)\left(\frac{2}{3}s - \frac{1}{2}\right)$$
$$+ 4\left(\frac{2}{3}s - \frac{1}{2}\right)^2 = \frac{11}{4}$$
$$\frac{50}{9}s^2 - \frac{25}{2}s + \frac{9}{2} = 0$$

$$100s^2 - 225s + 81 = 0$$
$$(20s - 9)(5s - 9) = 0$$

$s > 1$ であるから $s = \dfrac{9}{5}$

《ベクトルと軌跡 (B10)》

672. 座標平面上に 3 点 A$(0, 2)$, B$(4, 0)$, C$(7, 6)$ がある．点 P は座標平面上を

$$\overrightarrow{AP} \cdot (2\overrightarrow{BP} + \overrightarrow{CP}) = 0$$

を満たしながら動くとする．

（1）点 P の軌跡を図示せよ．また，軌跡と x 軸， y 軸との共有点を求めよ．

（2）△ABP の面積が最大になるときの P の座 標および △ABP の面積を求めよ．

(23 東京海洋大・海洋工)

▶**解答**◀ （1）P(x, y) とすると

$$\overrightarrow{AP} = (x, y - 2)$$
$$2\overrightarrow{BP} + \overrightarrow{CP} = 2(x - 4, y) + (x - 7, y - 6)$$
$$= (3x - 15, 3y - 6)$$

であるから

$$\overrightarrow{AP} \cdot (2\overrightarrow{BP} + \overrightarrow{CP}) = 0$$
$$x(3x - 15) + (y - 2)(3y - 6) = 0$$
$$x(x - 5) + (y - 2)^2 = 0$$
$$x^2 + y^2 - 5x - 4y + 4 = 0$$
$$\left(x - \frac{5}{2}\right)^2 + (y - 2)^2 = \frac{25}{4} \quad \cdots\cdots\cdots①$$

$y = 0$ のとき

$$\left(x - \frac{5}{2}\right)^2 = \frac{9}{4}$$
$$x - \frac{5}{2} = \pm\frac{3}{2} \qquad \therefore \quad x = 1, 4$$

$x = 0$ のとき

$$(y - 2)^2 = 0 \qquad \therefore \quad y = 2$$

P の軌跡は円 $\left(x - \dfrac{5}{2}\right)^2 + (y - 2)^2 = \dfrac{25}{4}$ で，x 軸 との共有点は $(1, 0)$, $(4, 0)$，y 軸との共有点は $(0, 2)$ であり，図示すると図 1 のようになる．

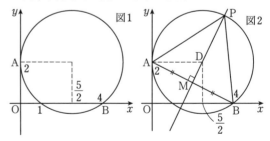

（2）図 2 を参照せよ．AB の垂直二等分線と円の共 有点のうち，AB から離れている方の点が P になると

き

△ABP の面積は最大である.

AB は

$$\frac{x}{4} + \frac{y}{2} = 1$$

$$x + 2y - 4 = 0 \quad \text{……………………………②}$$

より傾きは $-\frac{1}{2}$ である.

AB の中点を M とすると座標は $(2, 1)$ であるから, 垂直二等分線は

$$y = 2(x - 2) + 1$$

$$y = 2x - 3 \quad \text{…………………………………③}$$

① に代入して

$$\left(x - \frac{5}{2}\right)^2 + (2x - 5)^2 = \frac{25}{4}$$

$$5x^2 - 25x + 25 = 0$$

$$x^2 - 5x + 5 = 0$$

$$x = \frac{5 \pm \sqrt{25 - 20}}{2} = \frac{5 \pm \sqrt{5}}{2}$$

P の x 座標は $x = \dfrac{5 + \sqrt{5}}{2}$ で, ③ に代入して $y = 2 + \sqrt{5}$ であるから, △ABP の面積が最大になるときの P の座標は $\left(\dfrac{5 + \sqrt{5}}{2}, 2 + \sqrt{5}\right)$ である.

このときの △ABP の面積を求める. 円の中心を D とおく. D と AB の距離は ② より

$$DM = \frac{\left|\dfrac{5}{2} + 2 \cdot 2 - 4\right|}{\sqrt{1^2 + 2^2}} = \frac{\sqrt{5}}{2}$$

$DP = \dfrac{5}{2}$ であるから

$$PM = DM + DP = \frac{5 + \sqrt{5}}{2}$$

$AB = \sqrt{4^2 + 2^2} = 2\sqrt{5}$ であるから,

$$\triangle ABP = \frac{1}{2} \cdot 2\sqrt{5} \cdot \frac{5 + \sqrt{5}}{2} = \frac{5(1 + \sqrt{5})}{2}$$

《格子点の論証 (C20) ☆》

673. 座標平面上の点 (x, y) のうち x, y がともに整数であるものを格子点と呼ぶ. （1）の □ にあてはまる適切な数と（1）の（ⅱ）および（2）に対する解答を解答用紙の所定の欄に記載せよ.

（1）原点 O および格子点 A, B を頂点とする △OAB のうち面積が最小となるものを考える.

（ⅰ）$\overrightarrow{OA} = (a_1, a_2)$, $\overrightarrow{OB} = (b_1, b_2)$ とするとき $|a_1 b_2 - a_2 b_1| = \boxed{}$ となる.

（ⅱ）平面上の点 P の位置ベクトルを, $\overrightarrow{OP} = m\overrightarrow{OA} + n\overrightarrow{OB}$ と表す. とくに P が格子点のと

き, m, n は整数となることを示せ.

（2）原点 O および格子点 A, B, C を頂点とする四角形のうち面積が最小となるものを考える. ただし各頂点における内角は 180° 未満とする.

（ⅰ）この四角形の周および内部に含まれる格子点は頂点のみであることを示せ.

（ⅱ）この四角形は平行四辺形であることを示せ.

（23 聖マリアンナ医大・医）

▶解答◀ （1）（ⅰ）$\overrightarrow{OA} = (a_1, a_2)$, $\overrightarrow{OB} = (b_1, b_2)$ のとき

$$\triangle OAB = \frac{1}{2}\left|a_1 b_2 - a_2 b_1\right|$$

である. $\left|a_1 b_2 - a_2 b_1\right|$ は整数である. 三角形 OAB ができるときを考えるから $\left|a_1 b_2 - a_2 b_1\right|$ は 1 以上の整数であり, $\triangle OAB \geqq \dfrac{1}{2}$ である. 例えば A(1, 0), B(0, 1) で △OAB $= \dfrac{1}{2}$ は実現可能である. $\left|a_1 b_2 - a_2 b_1\right| = \mathbf{1}$

（ⅱ）$a_1 b_2 - a_2 b_1 = \pm 1$ である.

$$\overrightarrow{OP} = m(a_1, a_2) + n(b_1, b_2)$$

$$= (ma_1 + nb_1, ma_2 + nb_2)$$

$\overrightarrow{OP} = (p, q)$ （p, q は整数）とおくと,

$$ma_1 + nb_1 = p \quad \text{………………………………①}$$

$$ma_2 + nb_2 = q \quad \text{………………………………②}$$

①$\times b_2 -$②$\times b_1$ より

$$(a_1 b_2 - a_2 b_1)m = pb_2 - qb_1$$

②$\times a_1 -$①$\times a_2$ より

$$(a_1 b_2 - a_2 b_1)n = qa_1 - pa_2$$

$a_1 b_2 - a_2 b_1 = \pm 1$ より

$$m = \frac{pb_2 - qb_1}{\pm 1}, \quad n = \frac{qa_1 - pa_2}{\pm 1}$$

はともに整数になる.

（2）（ⅰ）四角形 OABC を F とする. F の面積を S とする.

$$S = \triangle OAB + \triangle OBC \geqq \frac{1}{2} + \frac{1}{2} = 1$$

であり, たとえば A(1, 0), B(1, 1), C(0, 1) のように, $S = 1$ になる図形は存在するから, $S = 1$ になるときを考える.

（ア）図 1 を参照せよ. F の内部に格子点が存在すると仮定する. それを P として,

$$1 = S = \triangle PAB + \triangle PBC + \triangle PCO + \triangle POA$$
$$\geqq \frac{1}{2} \cdot 4 = 2$$

となり矛盾する. ゆえに F の内部に格子点は存在し

ない．

（イ）図2を参照せよ．F の辺上の頂点以外に格子点が存在すると仮定する．それを Q として，たとえば Q が辺 AB（両端を除く）上にあるとする．

$$1 = S = \triangle OAC + \triangle CAQ + \triangle CQB \geq \frac{1}{2} \cdot 3$$

となり矛盾する．Q が他の辺上にあっても同様である．ゆえに F の周上に頂点以外の格子点は存在しない．

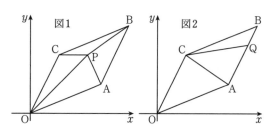

（ⅱ）図3を参照せよ．$S = 1$ のとき，

$$1 = S = \triangle OAB + \triangle OBC \geq \frac{1}{2} + \frac{1}{2} = 1$$

で，等号が成立するから $\triangle OAB = \frac{1}{2}$ である．同様に $\triangle OAC = \frac{1}{2}$ である．$\triangle OAB = \triangle OAC$ であり，直線 OA と B の距離，直線 OA と C の距離を考え，それらは等しい．よって BC は OA と平行である．同様に AB と OC は平行である．ゆえに F は平行四辺形である．

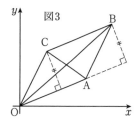

【点の座標（空間）】

《正四面体の座標（B20）☆》

674. 座標空間において，3点
Q$(-1, -1, 1)$, R$(1, -1, -1)$, S$(-1, 1, -1)$ に対し，点 P を四面体 PQRS が正四面体となるようにとる．また，点 T は三角形 QRS を含む平面に関して点 P と対称な点とする．このとき，以下の問いに答えよ．

（1）上の条件を満たす点 P の座標をすべて求めよ．

（2）正四面体 PQRS に外接する球の半径を求めよ．

（3）正四面体 PQRS を直線 PT を軸として回転させるとき，面 PQR が通過する部分の体積を求めよ．

（23 福井大・医）

▶**解答◀**　（1）P(a, b, c) とおく．

QR $= \sqrt{2^2 + 0^2 + 2^2} = 2\sqrt{2}$ より，

PQ^2 = PR^2 = PS^2 = 8 である．

$$(a+1)^2 + (b+1)^2 + (c-1)^2 = 8 \quad \cdots\cdots①$$
$$(a-1)^2 + (b+1)^2 + (c+1)^2 = 8 \quad \cdots\cdots②$$
$$(a+1)^2 + (b-1)^2 + (c+1)^2 = 8 \quad \cdots\cdots③$$

①$-$② より

$$4a - 4c = 0 \qquad \therefore \quad a = c$$

②$-$③ より

$$-4a + 4b = 0 \qquad \therefore \quad a = b$$

これらを ① に代入して

$$(a+1)^2 + (a+1)^2 + (a-1)^2 = 8$$
$$3a^2 + 2a - 5 = 0$$
$$(3a+5)(a-1) = 0 \qquad \therefore \quad a = -\frac{5}{3}, 1$$

よって，点 P の座標は $\left(-\frac{5}{3}, -\frac{5}{3}, -\frac{5}{3}\right), (1, 1, 1)$
この一方が P，他方が T である．

（2）外接球の中心を X(a, b, c)，半径を r とすると XQ^2 = XR^2 = XS^2 が成り立つから（1）の計算と同様に $a = b = c$ となり X(a, a, a) となる．r を求めるだけだからどっちの P でやっても同じである．P$(1, 1, 1)$ として

$$XP^2 = XQ^2 = r^2$$
$$(a-1)^2 + (a-1)^2 + (a-1)^2$$
$$= (a+1)^2 + (a+1)^2 + (a-1)^2 = r^2$$

容易に $a = 0$ を得る．$r^2 = 3$ で $r = \sqrt{3}$

（3）X は原点 O$(0, 0, 0)$ である．QR の中点を M，$\triangle QRS$ の重心を H$\left(-\frac{1}{3}, -\frac{1}{3}, -\frac{1}{3}\right)$ とする．

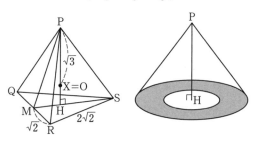

$$MH = \frac{1}{3} SM = \frac{1}{3} \cdot \sqrt{2} \cdot \sqrt{3}$$

$$PH = OP + OH = \sqrt{3} + \frac{\sqrt{3}}{3} = \frac{4}{3}\sqrt{3}$$

$$HS = 2HM = \frac{2}{3}\sqrt{6}$$

底面の円の半径 $\dfrac{2}{3}\sqrt{6}$, 高さ $\dfrac{4}{3}\sqrt{3}$ の円錐から底面の円の半径 $\dfrac{1}{3}\sqrt{6}$, 高さ $\dfrac{4}{3}\sqrt{3}$ の円錐をひいて

$$\dfrac{1}{3}\cdot\pi\left(\dfrac{2\sqrt{6}}{3}\right)^2\cdot\dfrac{4\sqrt{3}}{3}-\dfrac{1}{3}\cdot\pi\left(\dfrac{\sqrt{6}}{3}\right)^2\cdot\dfrac{4\sqrt{3}}{3}$$

$$=\dfrac{32\sqrt{3}}{27}\pi-\dfrac{8\sqrt{3}}{27}\pi=\dfrac{8\sqrt{3}}{9}\pi$$

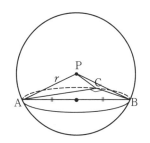

━《空間の円 (B10) ☆》━

675. 座標空間内の3点

A(0, 0, 2), B(1, 1, 0), C(0, 1, 0) を通る円の中心の座標は $\boxed{}$ であり, 半径は $\boxed{}$ である.

(23 工学院大)

▶**解答**◀ $AB^2 = 1^2 + 1^2 + (-2)^2 = 6$,

$BC^2 = (-1)^2 + 0^2 + 0^2 = 1$, $CA^2 = 0^2 + (-1)^2 + 2^2 = 5$

であるから $AB^2 = BC^2 + CA^2$ が成り立つ.

よって, △ABC は $\angle C = 90°$ の直角三角形であるから3点 A, B, C を通る円の中心は AB の中点で, 座標は $\left(\dfrac{1}{2},\ \dfrac{1}{2},\ 1\right)$ であり, 半径は $\dfrac{1}{2}AB = \dfrac{\sqrt{6}}{2}$ である.

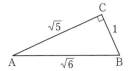

◆**別解**◆ $\angle C = 90°$ に気付かなければどうするか?

三角形 ABC の外心を $P(x, y, z)$, 求める円の半径を r とすると

$$r^2 = AP^2 = BP^2 = CP^2 \quad\cdots\cdots\cdots①$$

$$r^2 = x^2 + y^2 + (z-2)^2 = (x-1)^2 + (y-1)^2 + z^2$$
$$= x^2 + (y-1)^2 + z^2$$

この $BP^2 = CP^2$ より $(x-1)^2 = x^2$ となり, $x = \dfrac{1}{2}$ となる.

$$r^2 = \dfrac{1}{4} + y^2 + (z-2)^2 = \dfrac{1}{4} + (y-1)^2 + z^2$$

これを展開して整理すると $y = 2z - \dfrac{3}{2}$ を得る.

$$r^2 = \dfrac{1}{4} + \left(2z - \dfrac{3}{2}\right)^2 + (z-2)^2$$
$$= 5z^2 - 10z + \dfrac{5}{2} + 4 = 5(z-1)^2 + \dfrac{3}{2}$$

①を満たす P は A, B, C を通る球面の中心でもあるから, r が最小になるときが求める円の半径になる. $z = 1$ のとき $x = \dfrac{1}{2}$, $y = \dfrac{1}{2}$ で, $r^2 = \dfrac{3}{2}$ である. 外接円の中心は $\left(\dfrac{1}{2},\ \dfrac{1}{2},\ 1\right)$, 半径は $\dfrac{\sqrt{6}}{2}$ である.

【空間ベクトルの成分表示】

━《成分計算 (A2) ☆》━

676. $\vec{a} = (3, -1, 2)$, $\vec{b} = (2, 2, 1)$ とする. t をすべての実数とするとき $|\vec{a} + t\vec{b}|$ の最小値を求めよ.

(23 札幌医大)

▶**解答**◀ $\vec{a} + t\vec{b} = (2t+3,\ 2t-1,\ t+2)$ より

$$|\vec{a} + t\vec{b}|^2 = (2t+3)^2 + (2t-1)^2 + (t+2)^2$$
$$= 9\left(t + \dfrac{2}{3}\right)^2 + 10$$

よって, $|\vec{a} + t\vec{b}|$ の最小値は, $t = -\dfrac{2}{3}$ のとき $\sqrt{10}$

━《(B0)》━

677. xyz 空間内の点のうち, x 座標, y 座標, z 座標の値がすべて整数である点を格子点という. 原点を O とし, 3つの格子点 A, B, C に対して次のような命題 (K) を考える.

(K) 空間内のどの格子点 $P(x, y, z)$ を選んでも,

$$\overrightarrow{OP} = s\overrightarrow{OA} + t\overrightarrow{OB} + u\overrightarrow{OC}$$

を満たすような整数 s, t, u が存在する.

(1) 次の (ア) と (イ) はどちらも正しい. いずれか一方を選んで, それを証明せよ. ただし, 解答の初めにどちらを証明するか明記すること.

(ア) 3点 A(1, 1, 0), B(1, 1, 1), C(0, 1, 1) に対し, 命題 (K) は真である.

(イ) 3点 A(1, 1, 0), B(1, 0, 1), C(0, 1, 1) に対し, 命題 (K) は偽である.

(2) 3つの格子点 A(1, 1, 0), B(b, 1, 0), C(0, 0, c) に対し, 命題 (K) が真となるような (b, c) の組を4つ求めよ.

(23 奈良県立医大・前期)

▶**解答**◀ (1) (ア) $s\overrightarrow{OA} + t\overrightarrow{OB} + u\overrightarrow{OC}$

$$= s(1, 1, 0) + t(1, 1, 1) + u(0, 1, 1)$$

$$= (s+t,\ s+t+u,\ t+u)$$

これが $\overrightarrow{\mathrm{OP}} = (x, y, z)$ と等しいとき,

$$x = s + t \quad \cdots\cdots\cdots\cdots\cdots\cdots\cdots ①$$

$$y = s + t + u \quad \cdots\cdots\cdots\cdots\cdots ②$$

$$z = t + u \quad \cdots\cdots\cdots\cdots\cdots\cdots ③$$

が成り立つ.

①, ② より $y = x + u$ $\quad\therefore\quad u = y - x$

②, ③ より $y = s + z$ $\quad\therefore\quad s = y - z$

① より $t = x - s = x - (y - z) = x - y + z$

よって $(s, t, u) = (y - z, x - y + z, y - x)$ とすれば, s, t, u は整数であり, $\overrightarrow{\mathrm{OP}} = s\overrightarrow{\mathrm{OA}} + t\overrightarrow{\mathrm{OB}} + u\overrightarrow{\mathrm{OC}}$ が成立するから命題 (K) は真である.

（イ） $s\overrightarrow{\mathrm{OA}} + t\overrightarrow{\mathrm{OB}} + u\overrightarrow{\mathrm{OC}} = (s + t, s + u, t + u)$

これが $\overrightarrow{\mathrm{OP}} = (x, y, z)$ と等しいとき

$$x = s + t, \quad y = s + u, \quad z = t + u$$

3式より $s + t + u = \frac{1}{2}(x + y + z)$ であるから

$$s = \frac{1}{2}(x + y + z) - z = \frac{1}{2}(x + y - z)$$

$$t = \frac{1}{2}(x + y + z) - y = \frac{1}{2}(x - y + z)$$

$$u = \frac{1}{2}(x + y + z) - x = \frac{1}{2}(-x + y + z)$$

s, t, u は常に整数とは限らない.（たとえば $x = 1$, $y = 1$, $z = 1$ のとき, $s = t = u = \frac{1}{2}$）よって命題 (K) は偽である.

（2）（1）と同様にして $\overrightarrow{\mathrm{OP}} = s\overrightarrow{\mathrm{OA}} + t\overrightarrow{\mathrm{OB}} + u\overrightarrow{\mathrm{OC}}$ が成り立つとき,

$$x = s + bt \quad \cdots\cdots\cdots\cdots\cdots\cdots ④$$

$$y = s + t \quad \cdots\cdots\cdots\cdots\cdots\cdots\cdots ⑤$$

$$z = cu \quad \cdots\cdots\cdots\cdots\cdots\cdots\cdots\cdots ⑥$$

⑥ で $c = 0$ のとき $z = 0$ となり任意の整数 z で成り立たない. よって $c \neq 0$ となり, このとき $u = \frac{z}{c}$ で, 任意の整数 z に対して u は整数となるから $c = \pm 1$ であり, このとき $u = \pm z$ である. また ④ − ⑤ より

$$(b - 1)t = x - y$$

$b = 1$ とすると $x - y = 0$ となり任意の整数 x, y で成り立たない. よって $b \neq 1$ となり, このとき $t = \dfrac{x - y}{b - 1}$ で, 任意の整数 x, y に対して t は整数となるから $b - 1 = \pm 1$ つまり $b = 0, 2$ である. このとき, $t = \pm(x - y)$ であり, さらに $s = y - t = y \pm (x - y)$ よって s, t, u はいずれも整数となるから

$$(b, c) = (0, 1), (0, -1), (2, 1), (2, -1)$$

【ベクトルと図形（空間）】

《四面体の重心（B10）☆》

678. 平面上の三角形に対して成り立つ「3本の中線は1点で交わる」という性質を空間内の四面体に拡張するとき, どのような性質が考えられるか. そのように考えた過程も含め解答欄の枠内に記述せよ.

（23 東京学芸大・小論文-前期）

▶解答◀ 「対面の重心と頂点を結ぶ4本の線分は1点で交わる」という性質が成り立つと考えられる. これを示す. A, B, C, D の位置ベクトルをそれぞれ $\vec{a}, \vec{b}, \vec{c}, \vec{d}$ とする.

$\triangle \mathrm{BCD}$ の重心 G の位置ベクトルは $\frac{1}{3}(\vec{b} + \vec{c} + \vec{d})$ であるから, AG 上の点の位置ベクトルは,

$$t_1\vec{a} + (1 - t_1)\frac{1}{3}(\vec{b} + \vec{c} + \vec{d}) \quad \cdots\cdots ①$$

と書ける. 同様に, $\triangle \mathrm{ACD}$, $\triangle \mathrm{ABD}$, $\triangle \mathrm{ABC}$ の重心をそれぞれ H, I, J とすると,

BH 上の点は,

$$t_2\vec{b} + (1 - t_2)\frac{1}{3}(\vec{a} + \vec{c} + \vec{d}) \quad \cdots\cdots ②$$

CI 上の点は,

$$t_3\vec{c} + (1 - t_3)\frac{1}{3}(\vec{a} + \vec{b} + \vec{d}) \quad \cdots\cdots ③$$

DJ 上の点は,

$$t_4\vec{d} + (1 - t_4)\frac{1}{3}(\vec{a} + \vec{b} + \vec{c}) \quad \cdots\cdots ④$$

と書ける. ①～④ において, $t_1 = t_2 = t_3 = t_4 = \frac{1}{4}$ とすると, すべて $\frac{1}{4}(\vec{a} + \vec{b} + \vec{c} + \vec{d})$ となるから, AG, BH, CI, DJ は位置ベクトルが $\frac{1}{4}(\vec{a} + \vec{b} + \vec{c} + \vec{d})$ であるような点 K（これが四面体の重心となる）で交わる.

よって, 示された.

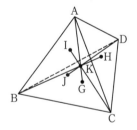

《内積の計算（B5）☆》

679. 1辺の長さが1である正四面体 OABC において, 辺 AC の中点を M, 辺 BC を $1:2$ に内分する点を N とする. このとき,

$$|\overrightarrow{\mathrm{MN}}| = \frac{\sqrt{\square}}{\square}, \quad \overrightarrow{\mathrm{OM}} \cdot \overrightarrow{\mathrm{ON}} = \frac{\square}{\square} \text{ である.}$$

▶解答◀　$CM = \dfrac{1}{2}$, $CN = \dfrac{2}{3}$

△CMN で余弦定理より

$$MN^2 = \left(\dfrac{1}{2}\right)^2 + \left(\dfrac{2}{3}\right)^2 - 2 \cdot \dfrac{1}{2} \cdot \dfrac{2}{3} \cos 60°$$

$$= \dfrac{1}{4} + \dfrac{4}{9} - 2 \cdot \dfrac{1}{2} \cdot \dfrac{2}{3} \cdot \dfrac{1}{2}$$

$$= \dfrac{1}{4} + \dfrac{4}{9} - \dfrac{1}{3} = \dfrac{13}{36}$$

$$MN = \dfrac{\sqrt{13}}{6}$$

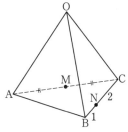

また，$|\overrightarrow{OA}| = |\overrightarrow{OB}| = |\overrightarrow{OC}| = 1$,

$\overrightarrow{OA} \cdot \overrightarrow{OB} = \overrightarrow{OB} \cdot \overrightarrow{OC} = \overrightarrow{OC} \cdot \overrightarrow{OA} = 1 \cdot 1 \cdot \cos 60° = \dfrac{1}{2}$,

$\overrightarrow{OM} = \dfrac{\overrightarrow{OA} + \overrightarrow{OC}}{2}$, $\overrightarrow{ON} = \dfrac{2\overrightarrow{OB} + \overrightarrow{OC}}{3}$ より

$$\overrightarrow{OM} \cdot \overrightarrow{ON} = \dfrac{1}{6}(\overrightarrow{OA} + \overrightarrow{OC}) \cdot (2\overrightarrow{OB} + \overrightarrow{OC})$$

$$= \dfrac{1}{6}(2\overrightarrow{OA} \cdot \overrightarrow{OB} + \overrightarrow{OC} \cdot \overrightarrow{OA}$$
$$\qquad\qquad + 2\overrightarrow{OB} \cdot \overrightarrow{OC} + |\overrightarrow{OC}|^2)$$

$$= \dfrac{1}{6}\left(2 \cdot \dfrac{1}{2} + \dfrac{1}{2} + 2 \cdot \dfrac{1}{2} + 1^2\right)$$

$$= \dfrac{1}{6}\left(1 + \dfrac{1}{2} + 1 + 1\right) = \dfrac{7}{12}$$

――――《空間の三角形 (B10)》――――

680. 空間内の異なる 3 点 O，A，B について，

$\vec{a} = \overrightarrow{OA}$, $\vec{b} = \overrightarrow{OB}$

とおき，$\vec{c} = |\vec{a}|^2 \vec{b} - (\vec{a} \cdot \vec{b})\vec{a}$ とする．下の問い
に答えなさい．

（1）$\vec{c} \cdot \vec{a} = 0$ であることを示しなさい．

（2）$|\vec{c}|^2 = |\vec{a}|^2(|\vec{a}|^2|\vec{b}|^2 - (\vec{a} \cdot \vec{b})^2)$ である
　　　ことを示しなさい．

（3）$\vec{a}$ と $\vec{b}$ のなす角を θ とする．ただし，
　　　$0 \leqq \theta \leqq \pi$ とする．$|\vec{c}| = |\vec{a}|^2|\vec{b}|\sin\theta$ で
　　　あることを示しな
　　　さい．

（4）O，A，B の座標をそれぞれ
　　　$(0, 0, 0)$, $(1, -2, 0)$, $(-1, 1, 1)$

として，△OAB の面積を求めなさい．

▶解答◀　（1）$\vec{c} \cdot \vec{a}$

$$= \{|\vec{a}|^2 \vec{b} - (\vec{a} \cdot \vec{b})\vec{a}\} \cdot \vec{a}$$

$$= |\vec{a}|^2(\vec{b} \cdot \vec{a}) - (\vec{a} \cdot \vec{b})(\vec{a} \cdot \vec{a})$$

$$= |\vec{a}|^2(\vec{a} \cdot \vec{b}) - |\vec{a}|^2(\vec{a} \cdot \vec{b}) = 0$$

（2）$|\vec{c}|^2 = \vec{c} \cdot \vec{c}$

$$= \{|\vec{a}|^2 \vec{b} - (\vec{a} \cdot \vec{b})\vec{a}\} \cdot \{|\vec{a}|^2 \vec{b} - (\vec{a} \cdot \vec{b})\vec{a}\}$$

$$= |\vec{a}|^4(\vec{b} \cdot \vec{b}) - 2|\vec{a}|^2(\vec{a} \cdot \vec{b})^2 + (\vec{a} \cdot \vec{b})^2(\vec{a} \cdot \vec{a})$$

$$= |\vec{a}|^4|\vec{b}|^2 - 2|\vec{a}|^2(\vec{a} \cdot \vec{b})^2 + |\vec{a}|^2(\vec{a} \cdot \vec{b})^2$$

$$= |\vec{a}|^4|\vec{b}|^2 - |\vec{a}|^2(\vec{a} \cdot \vec{b})^2$$

$$= |\vec{a}|^2\{|\vec{a}|^2|\vec{b}|^2 - (\vec{a} \cdot \vec{b})^2\}$$

（3）$\vec{a} \cdot \vec{b} = |\vec{a}||\vec{b}|\cos\theta$ であり，（2）より

$$|\vec{c}| = |\vec{a}|\sqrt{|\vec{a}|^2|\vec{b}|^2 - |\vec{a}|^2|\vec{b}|^2\cos^2\theta}$$

$$= |\vec{a}|^2|\vec{b}|\sqrt{1 - \cos^2\theta} = |\vec{a}|^2|\vec{b}|\sin\theta$$

（4）（3）より △OAB の面積 S は

$$S = \dfrac{1}{2}|\vec{a}||\vec{b}|\sin\theta$$

$$= \dfrac{1}{2|\vec{a}|} \cdot |\vec{a}|^2|\vec{b}|\sin\theta = \dfrac{|\vec{c}|}{2|\vec{a}|}$$

$$|\vec{a}| = \sqrt{1 + 4 + 0} = \sqrt{5},$$

$$|\vec{b}| = \sqrt{1 + 1 + 1} = \sqrt{3},$$

$$\vec{a} \cdot \vec{b} = -1 - 2 + 0 = -3,$$

$$|\vec{c}| = |\vec{a}|\sqrt{|\vec{a}|^2|\vec{b}|^2 - (\vec{a} \cdot \vec{b})^2}$$

$$= \sqrt{5} \cdot \sqrt{5 \cdot 3 - 9} = \sqrt{30}$$

$$S = \dfrac{\sqrt{30}}{2\sqrt{5}} = \dfrac{\sqrt{6}}{2}$$

注意　$\vec{a}, \vec{b}$ の始点を O とし，$\vec{a}, \vec{b}$ の終点を A，B と
する．

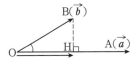

B から直線 OA におろした垂線の足を H とする．$\overrightarrow{OH}$
は $\vec{b}$ の $\vec{a}$ への正射影ベクトルで

$$\overrightarrow{OH} = \dfrac{\vec{a} \cdot \vec{b}}{|\vec{a}|^2}\vec{a}$$

$$\vec{c} = |\vec{a}|^2\vec{b} - |\vec{a}|^2\overrightarrow{OH} = |\vec{a}|^2\overrightarrow{HB}$$

――――《立方体と平面 (B10)》――――

681. 一辺の長さが 1 の立方体 OADB-CEFG の
辺 EF を 2 : 3 に内分する点を P，辺 FG の中点を

Q とし，平面 OPQ と直線 AE の交点を R とする．
$\overrightarrow{OA}=\vec{a}, \overrightarrow{OB}=\vec{b}, \overrightarrow{OC}=\vec{c}$ とするとき，次の問いに答えよ．

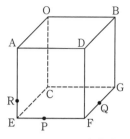

（1）$\overrightarrow{OP}, \overrightarrow{OQ}$ を $\vec{a}, \vec{b}, \vec{c}$ を用いて表せ．

（2）AR：RE を求めよ．

（3）$\cos\angle POR$ の値を求めよ．

（23 津田塾大・学芸-数学）

▶解答◀ （1）$\overrightarrow{OP}=\overrightarrow{OA}+\overrightarrow{AE}+\overrightarrow{EP}$
$=\vec{a}+\dfrac{2}{5}\vec{b}+\vec{c}$

$\overrightarrow{OQ}=\overrightarrow{OB}+\overrightarrow{BG}+\overrightarrow{GQ}=\dfrac{1}{2}\vec{a}+\vec{b}+\vec{c}$

（2）R は直線 AE 上にあるから，実数 k を用いて
$\overrightarrow{OR}=\overrightarrow{OA}+\overrightarrow{AE}=\vec{a}+k\vec{c}$

とおける．さらに，R は平面 OPQ 上にあるから，実数
s, t を用いて
$\overrightarrow{OR}=s\overrightarrow{OP}+t\overrightarrow{OQ}$
$=s\Big(\vec{a}+\dfrac{2}{5}\vec{b}+\vec{c}\Big)+t\Big(\dfrac{1}{2}\vec{a}+\vec{b}+\vec{c}\Big)$
$=\Big(s+\dfrac{1}{2}t\Big)\vec{a}+\Big(\dfrac{2}{5}s+t\Big)\vec{b}+(s+t)\vec{c}$

とおける．係数を比べ
$s+\dfrac{1}{2}t=1, \ \dfrac{2}{5}s+t=0, \ s+t=k$

これを解いて，$s=\dfrac{5}{4}, t=-\dfrac{1}{2}, k=\dfrac{3}{4}$ である．
よって，AR：RE ＝ **3：1**

（3）$\vec{a}=(1,0,0), \vec{b}=(0,1,0), \vec{c}=(0,0,1)$ と座標軸を定める．

$\overrightarrow{OP}=\Big(1, \dfrac{2}{5}, 1\Big)=\dfrac{1}{5}(5,2,5)$

$\overrightarrow{OR}=\Big(1, 0, \dfrac{3}{4}\Big)=\dfrac{1}{4}(4,0,3)$

$|\overrightarrow{OP}|=\dfrac{1}{5}\sqrt{25+4+25}=\dfrac{3}{5}\sqrt{6}$

$|\overrightarrow{OR}|=\dfrac{1}{4}\sqrt{16+9}=\dfrac{5}{4}$

$\overrightarrow{OP}\cdot\overrightarrow{OR}=\dfrac{1}{20}(20+15)=\dfrac{7}{4}$

$\cos\angle POR=\dfrac{\overrightarrow{OP}\cdot\overrightarrow{OR}}{|\overrightarrow{OP}||\overrightarrow{OR}|}$

$=\dfrac{\dfrac{7}{4}}{\dfrac{3\sqrt{6}}{5}\cdot\dfrac{5}{4}}=\dfrac{7}{3\sqrt{6}}$

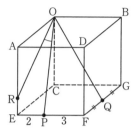

《平面と直線の交点 (B10) ☆》

682. 空間内の 4 点 O, A, B, C は同一平面上にないとする．点 D, P, Q を次のように定める．点 D は
$\overrightarrow{OD}=\overrightarrow{OA}+2\overrightarrow{OB}+3\overrightarrow{OC}$ を満たし，点 P は線分 OA を 1：2 に内分し，点 Q は線分 OB の中点である．さらに，直線 OD 上の点 R を，直線 QR と直線 PC が交点を持つように定める．このとき，線分 OR の長さと線分 RD の長さの比 OR：RD を求めよ．

（23 京大・共通）

▶解答◀ 問題文で「直線 QR と直線 PC が交点を持つ」と言っているが，この交点を式にするのではなく「このとき，4 点 P, Q, R, C は同一平面上にあるから，R は OD と平面 PQC の交点」という事実に着目する．

$\vec{a}=\overrightarrow{OA}, \vec{b}=\overrightarrow{OB}, \vec{c}=\overrightarrow{OC}$ とおく．このとき

$\overrightarrow{OD}=\vec{a}+2\vec{b}+3\vec{c}$

$\overrightarrow{OP}=\dfrac{1}{3}\vec{a}, \ \overrightarrow{OQ}=\dfrac{1}{2}\vec{b}$

である．直線 QR と直線 PC が交点を持つとき，4 点 P, Q, R, C は同一平面上にあるから，R は OD と平面 PQC の交点となる．$\overrightarrow{OR}=k\overrightarrow{OD}$ とおくと

$\overrightarrow{OR}=k\vec{a}+2k\vec{b}+3k\vec{c}$

$=3k\overrightarrow{OP}+4k\overrightarrow{OQ}+3k\overrightarrow{OC}$

R は平面 PQC 上にあるから

$3k+4k+3k=1 \qquad \therefore \quad k=\dfrac{1}{10}$

よって，OR：RD $=\dfrac{1}{10}:\Big(1-\dfrac{1}{10}\Big)=$ **1：9** である．

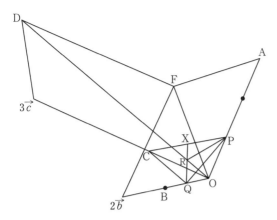

図で $\overrightarrow{\mathrm{OF}} = \vec{a} + 2\vec{b}$ とする.

【♦別解♦】 $\overrightarrow{\mathrm{OR}} = k\overrightarrow{\mathrm{OD}}$ とおく. 直線 QR と直線 PC の交点を X とする.

$$\overrightarrow{\mathrm{OX}} = t\overrightarrow{\mathrm{OR}} + (1-t)\overrightarrow{\mathrm{OQ}}$$
$$= tk(\vec{a} + 2\vec{b} + 3\vec{c}) + \frac{1-t}{2}\vec{b}$$

とおけて

$$\overrightarrow{\mathrm{OX}} = s\overrightarrow{\mathrm{OP}} + (1-s)\vec{c} = \frac{s}{3}\vec{a} + (1-s)\vec{c}$$

とおける. 2 式の $\vec{a}, \vec{c}, \vec{b}$ の係数を比べ

$$tk = \frac{s}{3},\ 3tk = 1-s,\ 2tk + \frac{1-t}{2} = 0$$

となる. 最初の 2 つより $s = 1-s$ となり $s = \frac{1}{2}$ となる. よって $tk = \frac{1}{6}$ となり, $2 \cdot \frac{1}{6} + \frac{1-t}{2} = 0$ を得るから $t = \frac{5}{3}$ となり, $\frac{5}{3}k = \frac{1}{6}$ となって, $k = \frac{1}{10}$ を得る.

《線分と線分の交点（B15）》

683. 1 辺の長さが 4 の正四面体 OABC がある. 辺 OA 上の点 D, 辺 OB 上の点 E, 辺 OC 上の点 F を
OD $= 1$, OE $= 3$, OF $= 2$ を満たすようにとる. このとき, 線分 DE の長さは ☐ であり, 三角形 DEF の面積は ☐ である. さらに, 辺 OA 上の点 G, 辺 OB 上の点 H, 辺 OC 上の点 I を
OG $= 2$, OH $= 1$, OI $= 3$ を満たすようにとる. また, 2 つの線分 DE と GH の交点を J とおき, 2 つの線分 EF と HI の交点を K とおく. このとき, $\overrightarrow{\mathrm{OJ}}$ は $\overrightarrow{\mathrm{OA}}$ と $\overrightarrow{\mathrm{OB}}$ を用いて $\overrightarrow{\mathrm{OJ}} = \boxed{}\overrightarrow{\mathrm{OA}} + \boxed{}\overrightarrow{\mathrm{OB}}$
と表される. また, 四角形 JKFD の面積は ☐ である.

(23 北里大・薬)

▶解答◀ 図 1 を見よ. △ODE で余弦定理により

$$\mathrm{DE}^2 = 1 + 9 - 2 \cdot 1 \cdot 3 \cos\frac{\pi}{3} = 7$$

よって, 線分 DE の長さは $\sqrt{7}$ である.

△ODF, △OEF で余弦定理により

$$\mathrm{DF}^2 = 1 + 4 - 2 \cdot 1 \cdot 2 \cos\frac{\pi}{3} = 3$$
$$\mathrm{DF} = \sqrt{3}$$
$$\mathrm{EF}^2 = 4 + 9 - 2 \cdot 2 \cdot 3 \cos\frac{\pi}{3} = 7$$
$$\mathrm{EF} = \sqrt{7}$$

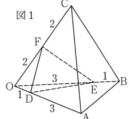
図 1

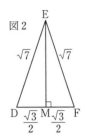
図 2

図 2 を見よ. △DEF は ED $=$ EF の二等辺三角形であるから, 線分 DF の中点を M とおくと EM $\perp$ DF であり,

$$\mathrm{EM} = \sqrt{\mathrm{DE}^2 - \mathrm{DM}^2} = \sqrt{7 - \left(\frac{\sqrt{3}}{2}\right)^2} = \frac{5}{2}$$

△DEF の面積は $\frac{1}{2} \cdot \frac{5}{2} \cdot \sqrt{3} = \dfrac{5\sqrt{3}}{4}$

図 3 を見よ. DJ : JE $= (1-s) : s$,
GJ : JH $= (1-t) : t\ (0 < s < 1, 0 < t < 1)$ とおくと

$$\overrightarrow{\mathrm{OJ}} = s\overrightarrow{\mathrm{OD}} + (1-s)\overrightarrow{\mathrm{OE}}$$
$$= \frac{s}{4}\overrightarrow{\mathrm{OA}} + \frac{3(1-s)}{4}\overrightarrow{\mathrm{OB}} \quad\cdots\cdots\cdots\cdots①$$
$$\overrightarrow{\mathrm{OJ}} = t\overrightarrow{\mathrm{OG}} + (1-t)\overrightarrow{\mathrm{OH}}$$
$$= \frac{t}{2}\overrightarrow{\mathrm{OA}} + \frac{1-t}{4}\overrightarrow{\mathrm{OB}} \quad\cdots\cdots\cdots\cdots②$$

①, ② より

$$\frac{s}{4} = \frac{t}{2},\ \frac{3(1-s)}{4} = \frac{1-t}{4}$$

が成り立つ. これを解くと $s = \dfrac{4}{5}, t = \dfrac{2}{5}$ $\cdots\cdots$③

よって, $\overrightarrow{\mathrm{OJ}} = \dfrac{1}{5}\overrightarrow{\mathrm{OA}} + \dfrac{3}{20}\overrightarrow{\mathrm{OB}}$ と表される.

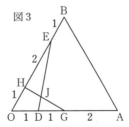
図 3

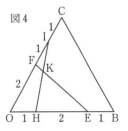
図 4

図 4 を見よ. EK : KF $= (1-u) : u$,
HK : KI $= (1-v) : v\ (0 < u < 1, 0 < v < 1)$ とおくと

$$\overrightarrow{\mathrm{OK}} = u\overrightarrow{\mathrm{OE}} + (1-u)\overrightarrow{\mathrm{OF}}$$
$$= \frac{3u}{4}\overrightarrow{\mathrm{OB}} + \frac{1-u}{2}\overrightarrow{\mathrm{OC}} \quad\cdots\cdots\cdots\cdots④$$

$$\overrightarrow{\text{OK}} = v\overrightarrow{\text{OH}} + (1-v)\overrightarrow{\text{OI}}$$

$$= \frac{v}{4}\overrightarrow{\text{OB}} + \frac{3(1-v)}{4}\overrightarrow{\text{OC}} \quad\cdots\cdots\cdots⑤$$

④, ⑤ より

$$\frac{3u}{4} = \frac{v}{4}, \quad \frac{1-u}{2} = \frac{3(1-v)}{4}$$

が成り立つ. これを解くと $u = \dfrac{1}{7},\ v = \dfrac{3}{7}$ $\cdots\cdots\cdots⑥$

図5を見よ. △DEF の辺 DE 上に点 J があり, ③より, JE : JD = 4 : 1 である. また, 辺 EF 上に点 K があり, ⑥より, EK : KF = 6 : 1 である. 以上のことから, 四角形 JKFD の面積は

$$\triangle\text{DEF} - \triangle\text{EJK} = \triangle\text{DEF} - \frac{4}{5}\cdot\frac{6}{7}\triangle\text{DEF}$$

$$= \left(1 - \frac{24}{35}\right)\cdot\frac{5\sqrt{3}}{4} = \frac{11\sqrt{3}}{28}$$

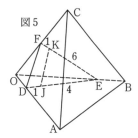

図5

《正四面体を切る (B13)》

684. 四面体 OABC において, 辺 OA を 1 : 3 に内分する点を D, 辺 AB を 1 : 2 に内分する点を E, 辺 OC を 1 : 2 に内分する点を F とすると,

$$\overrightarrow{\text{DE}} = \boxed{\dfrac{\boxed{ノ}}{\boxed{ハヒ}}}\overrightarrow{\text{OA}} + \dfrac{\boxed{フ}}{\boxed{ヘ}}\overrightarrow{\text{OB}}$$

$$\overrightarrow{\text{DF}} = -\dfrac{\boxed{ホ}}{\boxed{マ}}\overrightarrow{\text{OA}} + \dfrac{\boxed{ミ}}{\boxed{ム}}\overrightarrow{\text{OC}}$$

である. さらに, 3 点 D, E, F を通る平面と辺 BC の交点を G とすると,

$$\overrightarrow{\text{DG}} = \dfrac{\boxed{メ}}{\boxed{モ}}\overrightarrow{\text{DE}} + \dfrac{\boxed{ヤ}}{\boxed{ユ}}\overrightarrow{\text{DF}}$$

である. したがって

$$\overrightarrow{\text{BG}} = \dfrac{\boxed{ヨ}}{\boxed{ラ}}\overrightarrow{\text{BC}}$$

となる. （23 明治大・理工）

▶解答◀ 図1を見よ.

$$\overrightarrow{\text{DE}} = \overrightarrow{\text{OE}} - \overrightarrow{\text{OD}}$$

$$= \frac{2\overrightarrow{\text{OA}} + \overrightarrow{\text{OB}}}{1+2} - \frac{1}{4}\overrightarrow{\text{OA}} = \frac{5}{12}\overrightarrow{\text{OA}} + \frac{1}{3}\overrightarrow{\text{OB}}$$

$$\overrightarrow{\text{DF}} = \overrightarrow{\text{OF}} - \overrightarrow{\text{OD}} = -\frac{1}{4}\overrightarrow{\text{OA}} + \frac{1}{3}\overrightarrow{\text{OC}}$$

$$\overrightarrow{\text{BG}} = k\overrightarrow{\text{BC}}\ (k:実数)\ とおくと$$

$$\overrightarrow{\text{OG}} - \overrightarrow{\text{OB}} = k(\overrightarrow{\text{OC}} - \overrightarrow{\text{OB}})$$

$$\overrightarrow{\text{OG}} = (1-k)\overrightarrow{\text{OB}} + k\overrightarrow{\text{OC}} \quad\cdots\cdots\cdots①$$

G は平面 DEF 上にあるから, 実数 s, t を用いて

$$\overrightarrow{\text{DG}} = s\overrightarrow{\text{DE}} + t\overrightarrow{\text{DF}}$$

とおける（図2参照）.

$$\overrightarrow{\text{OG}} - \frac{1}{4}\overrightarrow{\text{OA}}$$

$$= s\left(\frac{5}{12}\overrightarrow{\text{OA}} + \frac{1}{3}\overrightarrow{\text{OB}}\right) + t\left(-\frac{1}{4}\overrightarrow{\text{OA}} + \frac{1}{3}\overrightarrow{\text{OC}}\right)$$

$$\overrightarrow{\text{OG}} = \left(\frac{1}{4} + \frac{5}{12}s - \frac{t}{4}\right)\overrightarrow{\text{OA}}$$
$$+ \frac{s}{3}\overrightarrow{\text{OB}} + \frac{t}{3}\overrightarrow{\text{OC}} \quad\cdots\cdots\cdots②$$

①, ②より

$$\frac{1}{4} + \frac{5}{12}s - \frac{t}{4} = 0,\quad \frac{s}{3} = 1-k,\quad \frac{t}{3} = k$$

この 3 式から

$$\frac{1}{4} + \frac{5}{12}\cdot 3(1-k) - \frac{1}{4}\cdot 3k = 0$$

$$k = \frac{3}{4},\quad s = \frac{3}{4},\quad t = \frac{9}{4}$$

以上のことから

$$\overrightarrow{\text{DG}} = \frac{3}{4}\overrightarrow{\text{DE}} + \frac{9}{4}\overrightarrow{\text{DF}}$$

$$\overrightarrow{\text{BG}} = \frac{3}{4}\overrightarrow{\text{BC}}$$

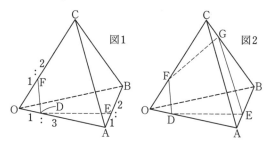

図1　図2

《平行六面体 (A5)》

685. 平行六面体 OABC-DEFG において辺 BF を 4 : 3 に内分する点を Q, 直線 OQ が平面 ACD と交わる点を P とする. このとき OP : PQ = $\boxed{}$ となる.

（23 産業医大）

▶解答◀ $\overrightarrow{\text{OA}} = \vec{a},\ \overrightarrow{\text{OC}} = \vec{c},\ \overrightarrow{\text{OD}} = \vec{d}$ とすると

$$\overrightarrow{\text{OQ}} = \overrightarrow{\text{OA}} + \overrightarrow{\text{AB}} + \overrightarrow{\text{BQ}}$$

$$= \vec{a} + \vec{c} + \frac{4}{7}\vec{d} = \frac{7\vec{a} + 7\vec{c} + 4\vec{d}}{7}$$

$$= \frac{18}{7}\cdot\frac{7\vec{a} + 7\vec{c} + 4\vec{d}}{18}$$

よって, $\dfrac{7\vec{a} + 7\vec{c} + 4\vec{d}}{18} = \overrightarrow{\text{OP}}$ であり $\overrightarrow{\text{OQ}} = \dfrac{18}{7}\overrightarrow{\text{OP}}$

したがって OP : PQ = **7 : 11**

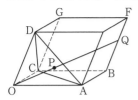

《平行六面体（B20）》

686. 平行六面体 OABC − DEFG において，辺 OC の中点を H，辺 DG を 3 : 1 に内分する点を I，辺 EF と平面 AHI の交点を J，対角線 OF と平面 ADH および AHI の交点をそれぞれ P，Q とする．

（1） $\dfrac{OP}{OF} = \dfrac{\boxed{26}}{\boxed{27}}$ である．

（2） △AEJ および平行四辺形 ABFE の面積をそれぞれ S_1，S_2 とすると，$\dfrac{S_1}{S_2} = \dfrac{\boxed{28}}{\boxed{29}}$ である．

（3） OP : PQ : QF を最も簡単な整数比で表すと，$\boxed{30} : \boxed{31} : \boxed{32} \boxed{33}$ である．

(23 日大・医)

▶解答◀ （1） P は OF 上にあるから，

$$\overrightarrow{OP} = s\overrightarrow{OF} = s\overrightarrow{OA} + s\overrightarrow{OC} + s\overrightarrow{OD} \quad \cdots\cdots①$$

と表せる．H は辺 OC の中点であるから $\overrightarrow{OC} = 2\overrightarrow{OH}$ である．

$$\overrightarrow{OP} = s\overrightarrow{OA} + 2s\overrightarrow{OH} + s\overrightarrow{OD}$$

であり，さらに P が平面 ADH 上にあるから

$$s + 2s + s = 1 \qquad \therefore \quad s = \dfrac{1}{4}$$

である．したがって，$\dfrac{OP}{OF} = s = \dfrac{1}{4}$

図1

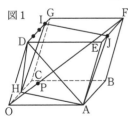

図2

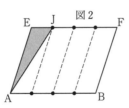

（2） $\overrightarrow{OI} = \dfrac{1}{4}\overrightarrow{OD} + \dfrac{3}{4}\overrightarrow{OG}$

$$= \dfrac{1}{4}\overrightarrow{OD} + \dfrac{3}{4}(\overrightarrow{OC} + \overrightarrow{OD}) = \dfrac{3}{4}\overrightarrow{OC} + \overrightarrow{OD}$$

J は平面 AHI 上にあるから $\overrightarrow{OJ} = x\overrightarrow{OA} + y\overrightarrow{OH} + z\overrightarrow{OI}$，$x + y + z = 1$ とおけて

$$\overrightarrow{OJ} = x\overrightarrow{OA} + \dfrac{y}{2}\overrightarrow{OC} + z\left(\dfrac{3}{4}\overrightarrow{OC} + \overrightarrow{OD}\right)$$

$$= x\overrightarrow{OA} + \left(\dfrac{y}{2} + \dfrac{3}{4}z\right)\overrightarrow{OC} + z\overrightarrow{OD} \quad \cdots\cdots②$$

また，J は EF 上にあるから

$$\overrightarrow{OJ} = (1-w)\overrightarrow{OE} + w\overrightarrow{OF}$$

$$= (1-w)(\overrightarrow{OA} + \overrightarrow{OD}) + w(\overrightarrow{OA} + \overrightarrow{OC} + \overrightarrow{OD})$$

$$= \overrightarrow{OA} + w\overrightarrow{OC} + \overrightarrow{OD} \quad \cdots\cdots③$$

とおける．②，③ の係数を比べ

$$x = 1, \dfrac{y}{2} + \dfrac{3}{4}z = w, z = 1$$

$x + y + z = 1$ もあわせて $y = -1$

$$w = -\dfrac{1}{2} + \dfrac{3}{4} = \dfrac{1}{4}$$

$$EJ : JF = w : (1-w) = 1 : 3$$

図2を見よ．$\dfrac{S_1}{S_2} = \dfrac{1}{8}$ である．

（3） $\overrightarrow{OQ}$ も①，②の形に表され

$$x = s, \dfrac{y}{2} + \dfrac{3}{4}z = s, z = s$$

よって $y = \dfrac{1}{2}s$ で，$x + y + z = 1$ に代入すると

$$\dfrac{5}{2}s = 1$$

$s = \dfrac{2}{5}$ で $\overrightarrow{OQ} = \dfrac{2}{5}\overrightarrow{OF}$

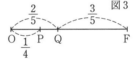

図3

$$OP : PQ : QF = \dfrac{1}{4} : \left(\dfrac{2}{5} - \dfrac{1}{4}\right) : \dfrac{3}{5} = \textbf{5 : 3 : 12}$$

《平面のパラメタ表示（B20）☆》

687. 四面体 OABC について，辺 OA を 1 : 2 に内分する点を D，辺 CA を 1 : 2 に内分する点を E，辺 AB を 1 : 2 に内分する点を F とする．また，△BCD，△OBE，△OCF の交わる点を G とするとき，以下の問いに答えなさい．

（1） $\overrightarrow{OD}$，$\overrightarrow{OE}$，$\overrightarrow{OF}$ を $\overrightarrow{OA}$，$\overrightarrow{OB}$，$\overrightarrow{OC}$ を用いて表しなさい．

（2） 3点 O, B, E を通る平面と 3点 O, C, F を通る平面の交線が △ABC と交わる点を H とする．このとき，△ABC に 3点 E, F, H を図示しなさい．

（3） $\overrightarrow{OH}$ を $\overrightarrow{OA}$，$\overrightarrow{OB}$，$\overrightarrow{OC}$ を用いて表しなさい．

（4） $\overrightarrow{OG}$ を $\overrightarrow{OA}$，$\overrightarrow{OB}$，$\overrightarrow{OC}$ を用いて表しなさい．

(23 福島大・共生システム理工)

▶解答◀ （1） $\overrightarrow{OD} = \dfrac{1}{3}\overrightarrow{OA}$，

$\overrightarrow{OE} = \dfrac{1}{3}\overrightarrow{OA} + \dfrac{2}{3}\overrightarrow{OC}$，$\overrightarrow{OF} = \dfrac{2}{3}\overrightarrow{OA} + \dfrac{1}{3}\overrightarrow{OB}$

（2） B, E および C, F はすべて平面 ABC 上にある

から，H は 2 線分 BE, CF の交点であり，図示すると図 2 のようになる.

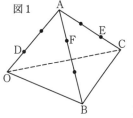

図1

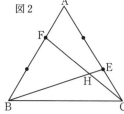

図2

（3） H は BE 上にあるから
$$\overrightarrow{AH} = (1-s)\overrightarrow{AB} + s\overrightarrow{AE}$$
$$= (1-s)\overrightarrow{AB} + \frac{2}{3}s\overrightarrow{AC} \cdots\cdots\cdots\cdots① $$
と表せる．H は CF 上にもあるから
$$\overrightarrow{AH} = (1-t)\overrightarrow{AC} + t\overrightarrow{AF}$$
$$= \frac{1}{3}t\overrightarrow{AB} + (1-t)\overrightarrow{AC} \cdots\cdots\cdots\cdots② $$
と表せる．①，②で係数を比較して
$$1-s = \frac{1}{3}t \ \text{かつ} \ \frac{2}{3}s = 1-t$$
$$(s, t) = \left(\frac{6}{7}, \frac{3}{7}\right)$$
よって
$$\overrightarrow{AH} = \frac{1}{7}\overrightarrow{AB} + \frac{4}{7}\overrightarrow{AC}$$
$$\overrightarrow{OH} - \overrightarrow{OA} = \frac{1}{7}(\overrightarrow{OB} - \overrightarrow{OA}) + \frac{4}{7}(\overrightarrow{OC} - \overrightarrow{OA})$$
$$\overrightarrow{OH} = \frac{2}{7}\overrightarrow{OA} + \frac{1}{7}\overrightarrow{OB} + \frac{4}{7}\overrightarrow{OC}$$

（4） G は 2 平面 OBE, OCF 上にあるから，その交線である OH 上の点であり
$$\overrightarrow{OG} = u\overrightarrow{OH} = \frac{2}{7}u\overrightarrow{OA} + \frac{1}{7}u\overrightarrow{OB} + \frac{4}{7}u\overrightarrow{OC}$$
$$= \frac{6}{7}u\overrightarrow{OD} + \frac{1}{7}u\overrightarrow{OB} + \frac{4}{7}u\overrightarrow{OC}$$
と表せる．G は平面 BCD 上にあるから
$$\frac{6}{7}u + \frac{1}{7}u + \frac{4}{7}u = 1 \qquad \therefore \quad u = \frac{7}{11}$$
である．したがって
$$\overrightarrow{OG} = \frac{2}{11}\overrightarrow{OA} + \frac{1}{11}\overrightarrow{OB} + \frac{4}{11}\overrightarrow{OC}$$

《空間版メネラウス (B20) ☆》

688. k を $0 < k < 1$ を満たす定数とする．1 辺の長さが 1 である正四面体 OABC において，辺 OA を 3 : 2 に内分する点を D, 辺 OB を 2 : 1 に内分する点を E, 辺 AC を $k : (1-k)$ に内分する点を F とする．また，3 点 D, E, F が定める平面と，直線 BC の交点を G とする．$\vec{a} = \overrightarrow{OA}, \vec{b} = \overrightarrow{OB}, \vec{c} = \overrightarrow{OC}$ とおくとき，次の問いに答えなさい.

（1） $\overrightarrow{DE}$ を $\vec{a}, \vec{b}$ を用いて表しなさい.

（2） $\overrightarrow{DF}$ を $\vec{a}, \vec{c}$ および k を用いて表しなさい.

（3） $\overrightarrow{OG}$ を $\vec{b}, \vec{c}$ および k を用いて表しなさい.

（4） 点 G が辺 BC (両端を除く) 上にあることを示しなさい.

（5） $\overrightarrow{DG} \perp \overrightarrow{BC}$ となる k の値を求めなさい.

（23 前橋工大・前期）

▶解答◀ 図を参照せよ.

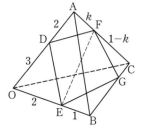

（1） $\overrightarrow{DE} = \overrightarrow{OE} - \overrightarrow{OD} = -\frac{3}{5}\vec{a} + \frac{2}{3}\vec{b}$

（2） $\overrightarrow{DF} = \overrightarrow{OF} - \overrightarrow{OD}$
$$= (1-k)\vec{a} + k\vec{c} - \frac{3}{5}\vec{a} = \left(\frac{2}{5} - k\right)\vec{a} + k\vec{c}$$

（3） 点 G は直線 BC 上にあるから
$$\overrightarrow{OG} = (1-l)\vec{b} + l\vec{c}$$
とおける．また，点 G は平面 DEF 上にあるから
$$\overrightarrow{OG} = \overrightarrow{OD} + s\overrightarrow{DE} + t\overrightarrow{DF}$$
$$= \frac{3}{5}\vec{a} + s\left(-\frac{3}{5}\vec{a} + \frac{2}{3}\vec{b}\right) + t\left\{\left(\frac{2}{5} - k\right)\vec{a} + k\vec{c}\right\}$$
$$= \left\{\frac{3}{5} - \frac{3}{5}s + t\left(\frac{2}{5} - k\right)\right\}\vec{a} + \frac{2}{3}s\vec{b} + tk\vec{c}$$
$$\frac{3}{5} - \frac{3}{5}s + t\left(\frac{2}{5} - k\right) = 0 \cdots\cdots\cdots\cdots① $$
$$1 - l = \frac{2}{3}s \cdots\cdots\cdots\cdots② $$
$$l = tk \cdots\cdots\cdots\cdots③ $$
②，③より
$$s = \frac{3}{2}(1-l), \ t = \frac{1}{k}l$$
これを①に代入して
$$\frac{3}{5} - \frac{9}{10}(1-l) + \frac{l}{k}\left(\frac{2}{5} - k\right) = 0$$
$$6k - 9k(1-l) + 10l\left(\frac{2}{5} - k\right) = 0$$
$$(4-k)l - 3k = 0$$
$$l = \frac{3k}{4-k}$$
したがって
$$\overrightarrow{OG} = \frac{4-4k}{4-k}\vec{b} + \frac{3k}{4-k}\vec{c}$$

（4） $l = 3\left(\dfrac{4}{4-k} - 1\right)$ であり
$$3 < 4-k < 4, \ 1 < \frac{4}{4-k} < \frac{4}{3}, \ 0 < \frac{4}{4-k} - 1 < \frac{1}{3}$$
となり，$0 < l < 1$

したがって，点 G は辺 BC（両端を除く）上にある．

（5） $|\vec{a}| = |\vec{b}| = |\vec{c}| = 1$

$$\vec{a} \cdot \vec{b} = \vec{b} \cdot \vec{c} = \vec{c} \cdot \vec{a} = 1 \cdot 1 \cdot \cos \frac{\pi}{3} = \frac{1}{2}$$

$$\vec{DG} \cdot \vec{BC}$$

$$= \left(-\frac{3}{5}\vec{a} + \frac{4-4k}{4-k}\vec{b} + \frac{3k}{4-k}\vec{c} \right) \cdot (\vec{c} - \vec{b})$$

$$= -\frac{3}{5} \cdot \frac{1}{2} + \frac{3}{5} \cdot \frac{1}{2} + \frac{4-4k}{4-k} \cdot \frac{1}{2}$$

$$\qquad - \frac{4-4k}{4-k} + \frac{3k}{4-k} - \frac{3k}{4-k} \cdot \frac{1}{2}$$

$$= \frac{7k-4}{2(4-k)}$$

$\vec{DG} \perp \vec{BC}$ のとき，$k = \dfrac{4}{7}$

注意 次のカルノーの定理を用いると

$$\frac{AD}{DO} \cdot \frac{OE}{EB} \cdot \frac{BG}{GC} \cdot \frac{CF}{FA} = 1$$

$$\frac{2}{3} \cdot \frac{2}{1} \cdot \frac{BG}{GC} \cdot \frac{1-k}{k} = 1 \text{ となり } \frac{BG}{GC} = \frac{3k}{4-4k}$$

【カルノーの定理】

　四面体 ABCD がある．線分（両端を除く）AB，BC，CD，DA 上にそれぞれ点 P，Q，R，S がある．点 P，Q，R，S は同一平面 α 上にあるとする．このとき

$$\frac{AP}{PB} \cdot \frac{BQ}{QC} \cdot \frac{CR}{RD} \cdot \frac{DS}{SA} = 1$$

が成り立つ．

【証明】 P，Q，R，S がのっている平面を α，直線 AC，PQ，RS を l_1，l_2，l_3 とする．α と l_1 が平行でないとき（今はそのケース）は l_1 と α は共有点（X とする）をもつ．X，P，Q はともに α と平面 ABC 上にあるから α と平面 ABC の交線上にある．同様に X，R，S は α と平面 ADC の交線上にあり，l_2，l_3 は X で交わる．

　そのときは，X は AC の C 方向への延長上にあるか，AC の A 方向への延長上にある．どちらでも同じことだから C 方向への延長上にあるとしてよい．

△ABC と l_2 に関してメネラウスの定理を用いて

$$\frac{AP}{PB} \cdot \frac{BQ}{QC} \cdot \frac{CX}{XA} = 1$$

△ADC と l_3 に関してメネラウスの定理を用いて

$$\frac{CR}{RD} \cdot \frac{DS}{SA} \cdot \frac{AX}{XC} = 1$$

辺ごとにかけると AX と XC が消えて結果を得る．

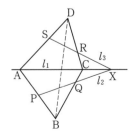

《平面に垂線を下ろす（B10）》

689. 四面体 OABC があり，辺 OA，OB，OC の長さはそれぞれ $\sqrt{13}$, 5, 5 である．

$\vec{OA} \cdot \vec{OB} = \vec{OA} \cdot \vec{OC} = 1$, $\vec{OB} \cdot \vec{OC} = -11$ とする．頂点 O から △ABC を含む平面に下ろした垂線とその平面の交点を H とする．以下の問に答えよ．

（1） 線分 AB の長さを求めよ．

（2） 実数 s, t を $\vec{OH} = \vec{OA} + s\vec{AB} + t\vec{AC}$ をみたすように定めるとき，s と t の値を求めよ．

（3） 四面体 OABC の体積を求めよ．

（23 神戸大・理系）

▶解答◀ （1） $\vec{OA} = \vec{a}, \vec{OB} = \vec{b}, \vec{OC} = \vec{c}$ とかく．このとき

$$|\vec{b} - \vec{a}|^2 = 25 - 2 \cdot 1 + 13 = 36$$

であるから，$|\vec{AB}| = |\vec{b} - \vec{a}| = 6$ である．また，同様に $|\vec{AC}| = 6$ となる．

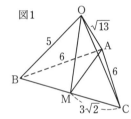
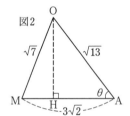

（2） $|\vec{c} - \vec{b}|^2 = 25 - 2 \cdot (-11) + 25 = 72$ であるから，$|\vec{BC}| = |\vec{c} - \vec{b}| = 6\sqrt{2}$ となる．これより，△ABC は 45 度定規である．図 2 を見よ．BC の中点を M とすると，四面体は平面 OAM に関して対称であるから，H は AM 上にある．また，

$$AM = BM = CM = \frac{1}{\sqrt{2}}AC = 3\sqrt{2}$$

$$OM = \sqrt{OB^2 - BM^2} = \sqrt{7}$$

である．$\theta = \angle OAM$ とすると △OAM で余弦定理より

$$\cos\theta = \frac{13 + 18 - 7}{2 \cdot \sqrt{13} \cdot 3\sqrt{2}} = \frac{2\sqrt{2}}{\sqrt{13}}$$

であるから，

$$AH = OA\cos\theta = 2\sqrt{2}$$

$$OH = \sqrt{OA^2 - AH^2} = \sqrt{5}$$

となる．これより，$AH = \dfrac{2}{3}AM$ であり，

$$\vec{OH} = \vec{OA} + \frac{2}{3}\vec{AM}$$

$$= \vec{OA} + \frac{2}{3}\left(\frac{1}{2}\vec{AB} + \frac{1}{2}\vec{AC} \right)$$

$$= \vec{OA} + \frac{1}{3}\vec{AB} + \frac{1}{3}\vec{AC}$$

となる．よって，$s = t = \dfrac{1}{3}$ である．

（3）$\triangle ABC = \dfrac{1}{2} \cdot 6 \cdot 6 = 18$ であるから，四面体 OABC の体積は

$$\dfrac{1}{3} \cdot \triangle ABC \cdot OH = \dfrac{1}{3} \cdot 18 \cdot \sqrt{5} = \mathbf{6\sqrt{5}}$$

《平面に垂線を下ろす（B20）》

690. 三角錐 OABC は OA = BC = 5,

OB = AC = 7, OC = AB = 8

をみたしている．点 C から平面 OAB に垂線 CH を下ろす．$\overrightarrow{OA} = \vec{a}$, $\overrightarrow{OB} = \vec{b}$, $\overrightarrow{OC} = \vec{c}$ として，次の問いに答えよ．

（1）内積 $\vec{a} \cdot \vec{b}$, $\vec{b} \cdot \vec{c}$, $\vec{c} \cdot \vec{a}$ を求めよ．

（2）$\overrightarrow{OH}$ を $\vec{a}$, $\vec{b}$, $\vec{c}$ で表せ．

（3）平面 OAB において，点 B から直線 OA に垂線 BK を下ろす．このとき $\dfrac{OK}{OA}$ を求めよ．

（4）平面 OAB 上の直線 l は，点 A を通り，直線 OA とのなす角が $\angle OAB$ と等しく，直線 AB とは異なる．l と直線 OH の交点を D とするとき，$\dfrac{OD}{OH}$ を求めよ．　　　　（23 名古屋工大）

▶解答◀（1）$|\overrightarrow{AB}|^2 = |\vec{b} - \vec{a}|^2$

$= |\vec{b}|^2 - 2\vec{a} \cdot \vec{b} + |\vec{a}|^2$ であるから

$$\vec{a} \cdot \vec{b} = \dfrac{|\vec{b}|^2 + |\vec{a}|^2 - |\overrightarrow{AB}|^2}{2}$$

$$= \dfrac{49 + 25 - 64}{2} = \mathbf{5}$$

同様にして

$$\vec{b} \cdot \vec{c} = \dfrac{|\vec{c}|^2 + |\vec{b}|^2 - |\overrightarrow{BC}|^2}{2}$$

$$= \dfrac{64 + 49 - 25}{2} = \mathbf{44}$$

$$\vec{c} \cdot \vec{a} = \dfrac{|\vec{a}|^2 + |\vec{c}|^2 - |\overrightarrow{CA}|^2}{2}$$

$$= \dfrac{25 + 64 - 49}{2} = \mathbf{20}$$

（2）H は平面 OAB 上にあるから，$\overrightarrow{OH} = s\vec{a} + t\vec{b}$

$$\overrightarrow{CH} = \overrightarrow{OH} - \overrightarrow{OC} = s\vec{a} + t\vec{b} - \vec{c}$$

$\overrightarrow{CH} \cdot \vec{a} = 0$ であるから

$$s|\vec{a}|^2 + t\vec{a} \cdot \vec{b} - \vec{c} \cdot \vec{a} = 0$$

$$25s + 5t - 20 = 0 \qquad \therefore \quad 5s + t - 4 = 0 \cdots ①$$

$\overrightarrow{CH} \cdot \vec{b} = 0$ であるから

$$s\vec{a} \cdot \vec{b} + t|\vec{b}|^2 - \vec{b} \cdot \vec{c} = 0$$

$$5s + 49t - 44 = 0 \cdots\cdots\cdots\cdots\cdots\cdots②$$

①, ② より，$s = \dfrac{19}{30}$, $t = \dfrac{5}{6}$

$$\overrightarrow{OH} = \dfrac{19}{30}\vec{a} + \dfrac{5}{6}\vec{b}$$

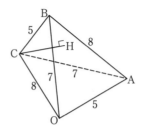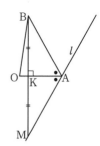

（3）K は直線 OA 上にあるから $\overrightarrow{OK} = k\vec{a}$ とおける．BK ⊥ OA であるから

$$\overrightarrow{BK} \cdot \overrightarrow{OA} = (\overrightarrow{OK} - \overrightarrow{OB}) \cdot \overrightarrow{OA}$$

$$= (k\vec{a} - \vec{b}) \cdot \vec{a} = k|\vec{a}|^2 - \vec{a} \cdot \vec{b} = 0$$

$$k = \dfrac{\vec{a} \cdot \vec{b}}{|\vec{a}|^2} = \dfrac{5}{25} = \dfrac{1}{5}$$

したがって，$\dfrac{OK}{OA} = k = \dfrac{1}{5}$

（4）直線 OA に関して B と対称な点を M とすると，K は線分 BM の中点となるから

$$\overrightarrow{OK} = \dfrac{1}{2}(\overrightarrow{OB} + \overrightarrow{OM})$$

$$\dfrac{1}{5}\vec{a} = \dfrac{1}{2}(\vec{b} + \overrightarrow{OM})$$

$$\overrightarrow{OM} = \dfrac{2}{5}\vec{a} - \vec{b}$$

l は直線 AM である．D は直線 AM 上にあるから

$$\overrightarrow{OD} = (1 - u)\overrightarrow{OA} + u\overrightarrow{OM}$$

$$= (1 - u)\vec{a} + \dfrac{2}{5}u\vec{a} - u\vec{b}$$

$$= \left(1 - \dfrac{3}{5}u\right)\vec{a} - u\vec{b} \cdots\cdots\cdots\cdots\cdots③$$

D は直線 OH 上にあるから

$$\overrightarrow{OD} = v\overrightarrow{OH} = \dfrac{19}{30}v\vec{a} + \dfrac{5}{6}v\vec{b} \cdots\cdots\cdots\cdots④$$

$\vec{a}$, $\vec{b}$ は一次独立であるから③，④ の係数を比較して

$$1 - \dfrac{3}{5}u = \dfrac{19}{30}v, \quad -u = \dfrac{5}{6}v$$

$$u = -\dfrac{25}{4}, \quad v = \dfrac{15}{2}$$

したがって，$\dfrac{OD}{OH} = v = \dfrac{15}{2}$

《平面に垂線を下ろす（B20）☆》

691. 四面体 ABCD において，AB = 4, BC = 6, $\angle ABC = \angle BCD = 60°$ とする．辺 AC を AL : LC = 1 : 6 に内分する点 L をとり，点 A から辺 BC に垂線を下ろし，辺 BC との交点を M とする．AM と BL との交点を P とするとき，次の各問いに答えよ．

（1） 辺 AC の長さ，および内積 $\overrightarrow{AB}\cdot\overrightarrow{AC}$ の値を求めよ．

（2） $\overrightarrow{AP}$ を $\overrightarrow{AB}$ と $\overrightarrow{AC}$ を用いて表せ．

（3） 三角形 ABC を含む平面を α とする．点 D から平面 α に下ろした垂線と平面 α との交点は P に一致する．

（ⅰ） PD の長さを求めよ．

（ⅱ） PD 上に $\overrightarrow{PQ}=k\overrightarrow{PD}$ となる点 Q をとる．$\overrightarrow{AQ}\cdot\overrightarrow{CD}=0$ のとき，k の値と四面体 QABC の体積を求めよ．ただし，$0<k<1$ とする．

(23 旭川医大)

▶解答◀ （1） $|\overrightarrow{AC}|^2=|\overrightarrow{BC}-\overrightarrow{BA}|^2$

$=|\overrightarrow{BC}|^2-2\overrightarrow{BC}\cdot\overrightarrow{BA}+|\overrightarrow{BA}|^2$

$=36-2\cdot6\cdot4\cos60°+16=28$

$AC=\mathbf{2\sqrt{7}}$

$\overrightarrow{AB}\cdot\overrightarrow{AC}=\dfrac{|\overrightarrow{AC}|^2+|\overrightarrow{AB}|^2-|\overrightarrow{BC}|^2}{2}$

$=\dfrac{28+16-36}{2}=\mathbf{4}$

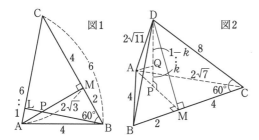

（2） 図1を見よ．$\triangle ABM$ は $\angle ABC=60°$ の60度定規である．$AB=4$ であるから

$BM=2,\ AM=2\sqrt{3},\ CM=6-2=4$ ………①

$\overrightarrow{AB}=\vec{b},\ \overrightarrow{AC}=\vec{c}$ とおく．$\overrightarrow{AM}=\dfrac{2\vec{b}+\vec{c}}{3}$

AM 上の点 P は

$\overrightarrow{AP}=s\overrightarrow{AM}=\dfrac{2}{3}s\vec{b}+\dfrac{1}{3}s\vec{c}$ ………………②

と表される．また，P は BL 上の点でもあるから

$\overrightarrow{AP}=(1-t)\vec{b}+t\overrightarrow{AL}=(1-t)\vec{b}+\dfrac{1}{7}t\vec{c}$ ……③

と表される．②，③の係数を比べ

$\dfrac{2}{3}s=1-t,\ \dfrac{1}{3}s=\dfrac{1}{7}t$

t を消去して $\dfrac{2}{3}s+\dfrac{7}{3}s=1$ となり，$s=\dfrac{1}{3}$

$\overrightarrow{AP}=\dfrac{2}{9}\overrightarrow{AB}+\dfrac{1}{9}\overrightarrow{AC}$

（3）（ⅰ） $\overrightarrow{AD}=\vec{d}$ とおく．

$\overrightarrow{DP}=\overrightarrow{AP}-\overrightarrow{AD}=\dfrac{2}{9}\vec{b}+\dfrac{1}{9}\vec{c}-\vec{d}$ ………④

が $\vec{b},\vec{c}$ に垂直だから，$\overrightarrow{DP}\cdot\vec{b}=0$ より

$\dfrac{2}{9}|\vec{b}|^2+\dfrac{1}{9}\vec{b}\cdot\vec{c}-\vec{b}\cdot\vec{d}=0$

$\vec{b}\cdot\vec{d}=\dfrac{2}{9}\cdot16+\dfrac{1}{9}\cdot4=4$

$\overrightarrow{DP}\cdot\vec{c}=0$ より $\dfrac{2}{9}\vec{b}\cdot\vec{c}+\dfrac{1}{9}|\vec{c}|^2-\vec{c}\cdot\vec{d}=0$

$\vec{c}\cdot\vec{d}=\dfrac{2}{9}\cdot4+\dfrac{1}{9}\cdot28=4$

$\triangle CDM$ は60度定規で，$CM=4$ だから $CD=8$

$|\overrightarrow{CD}|^2=|\vec{d}-\vec{c}|^2=|\vec{d}|^2+|\vec{c}|^2-2\vec{c}\cdot\vec{d}$

$64=|\vec{d}|^2+28-8$ となり，$|\vec{d}|^2=44$

以下 $\overrightarrow{DP}\cdot\vec{b}=0,\overrightarrow{DP}\cdot\vec{c}=0$ を何度か用いるから注意せよ．④に $\overrightarrow{DP}$ を掛けて

$|\overrightarrow{DP}|^2=\dfrac{2}{9}\overrightarrow{DP}\cdot\vec{b}+\dfrac{1}{9}\overrightarrow{DP}\cdot\vec{c}-\overrightarrow{DP}\cdot\vec{d}=-\overrightarrow{DP}\cdot\vec{d}$

$=-\dfrac{2}{9}\vec{b}\cdot\vec{d}-\dfrac{1}{9}\vec{c}\cdot\vec{d}+|\vec{d}|^2$

$=-\dfrac{2}{9}\cdot4-\dfrac{1}{9}\cdot4+44=44-\dfrac{4}{3}=\dfrac{4\cdot32}{3}$ ⑤

$PD=\dfrac{8}{3}\sqrt{6}$

（ⅱ） Q は DP を $(1-k):k$ に内分する．

$\overrightarrow{AQ}=\overrightarrow{AD}+\overrightarrow{DQ}=\vec{d}+(1-k)\overrightarrow{DP}$ と $\overrightarrow{CD}=\vec{d}-\vec{c}$ の内積をとる．

$|\vec{d}|^2-\vec{c}\cdot\vec{d}+(1-k)(\overrightarrow{DP}\cdot\vec{d}-\overrightarrow{DP}\cdot\vec{c})=0$

$\overrightarrow{DP}\cdot\vec{d}$ の値は⑤の途中に出ている．

$44-4+(1-k)\left(-\dfrac{128}{3}\right)=0$

$5-\dfrac{16}{3}(1-k)=0$ となり，$k=\dfrac{1}{16}$ を得る．

①の $AM=2\sqrt{3}$ より $\triangle ABC=\dfrac{1}{2}\cdot2\sqrt{3}\cdot6=6\sqrt{3}$

体積は $\dfrac{1}{3}\cdot\dfrac{1}{16}DP\cdot\triangle ABC=\dfrac{1}{3}\cdot\dfrac{1}{16}\cdot\dfrac{8\sqrt{6}}{3}\cdot6\sqrt{3}=\sqrt{2}$

《空間で論証（B20）☆》

692. 四面体 OABC において，

$\vec{a}=\overrightarrow{OA},\vec{b}=\overrightarrow{OB},\vec{c}=\overrightarrow{OC}$

とおき，次が成り立つとする．

$\angle AOB=60°,\ |\vec{a}|=2,\ |\vec{b}|=3,$

$|\vec{c}|=\sqrt{6},\ \vec{b}\cdot\vec{c}=3$

ただし $\vec{b}\cdot\vec{c}$ は，2つのベクトル $\vec{b}$ と $\vec{c}$ の内積を表す．さらに，線分 OC と線分 AB は垂直であるとする．点 C から3点 O, A, B を含む平面に下ろした垂線を CH とし，点 O から3点 A, B, C を含む平面に下ろした垂線を OK とする．

（1） $\vec{a}\cdot\vec{b}$ と $\vec{c}\cdot\vec{a}$ を求めよ．

（2） ベクトル $\overrightarrow{OH}$ を $\vec{a}$ と $\vec{b}$ を用いて表せ．

（3） ベクトル $\vec{c}$ とベクトル $\overrightarrow{HK}$ は平行であるこ

とを示せ.　　　　　　　　（23 東北大・理系）

$CM^2 = AC^2 - AM^2, OM^2 = OA^2 - AM^2$ だから $OM = CM$ である. 三角形 OCM は二等辺三角形であるから, $\angle MOC = \angle MCO = \theta$ とすると, OH, CK の長さは $OC\cos\theta$ で等しいから, HK は OC に平行である.

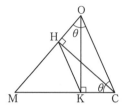

▶解答◀ （1）$\vec{a}\cdot\vec{b} = |\vec{a}||\vec{b}|\cos 60°$

$= 2\cdot 3\cdot\dfrac{1}{2} = \mathbf{3}$

また, OC ⊥ AB より

$\vec{c}\cdot(\vec{b}-\vec{a}) = 3 - \vec{c}\cdot\vec{a} = 0$

よって, $\vec{c}\cdot\vec{a} = \mathbf{3}$ である.

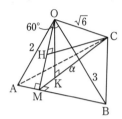

（2）$\overrightarrow{OH} = s\vec{a} + t\vec{b}$ とおくと, $\overrightarrow{CH}\cdot\vec{a} = 0$ かつ $\overrightarrow{CH}\cdot\vec{b} = 0$ である.

$\overrightarrow{CH}\cdot\vec{a} = (s\vec{a} + t\vec{b} - \vec{c})\cdot\vec{a}$

$= 4s + 3t - 3 = 0$ ……………………①

$\overrightarrow{CH}\cdot\vec{b} = (s\vec{a} + t\vec{b} - \vec{c})\cdot\vec{b}$

$= 3s + 9t - 3 = 0$ ……………………②

①, ② より $s = \dfrac{2}{3}, t = \dfrac{1}{9}$ であるから

$$\overrightarrow{OH} = \dfrac{2}{3}\vec{a} + \dfrac{1}{9}\vec{b}$$

（3）$\overrightarrow{OK} = p\vec{a} + q\vec{b} + r\vec{c}$ とおくと, K は平面 ABC 上にあるから

$p + q + r = 1$ ……………………③

であり, $\overrightarrow{OK}\cdot\overrightarrow{AB} = 0$ かつ $\overrightarrow{OK}\cdot\overrightarrow{AC} = 0$ である.

$\overrightarrow{OK}\cdot\overrightarrow{AB} = (p\vec{a} + q\vec{b} + r\vec{c})\cdot(\vec{b}-\vec{a})$

$= -p + 6q = 0$　　∴　$q = \dfrac{p}{6}$ …………④

$\overrightarrow{OK}\cdot\overrightarrow{AC} = (p\vec{a} + q\vec{b} + r\vec{c})\cdot(\vec{c}-\vec{a})$

$= -p + 3r = 0$　　∴　$r = \dfrac{p}{3}$ …………⑤

③, ④, ⑤ より $p = \dfrac{2}{3}, q = \dfrac{1}{9}, r = \dfrac{2}{9}$ であるから,

$$\overrightarrow{OK} = \dfrac{2}{3}\vec{a} + \dfrac{1}{9}\vec{b} + \dfrac{2}{9}\vec{c}$$

よって, $\overrightarrow{HK} = \dfrac{2}{9}\vec{c}$ であるから, HK // $\vec{c}$ である.

◆別解◆ （3）点 O を通って直線 AB に垂直な平面を α とし, その平面と直線 AB の交点を M とする. OC は AB と垂直であるから, C も α 上にある. O から直線 AB に下ろした垂線の足を M とする.

$AC^2 = |\vec{c}-\vec{a}|^2 = |\vec{c}|^2 + |\vec{a}|^2 - 2\vec{a}\cdot\vec{c}$

$= 6 + 4 - 6 = 4 = OA^2$

《長さの2乗で工夫する（B20）☆》

693. 空間に四面体 OABC があり,

$OA = \dfrac{1}{\sqrt{3}}, OB = 2, OC = \sqrt{2},$

$\angle AOB = 60°, \angle BOC = \angle COA = 45°$

とする. 点 B から直線 OA におろした垂線の足を D とし, 点 C から平面 OAB におろした垂線の足を E とする. また, 点 F を, $\overrightarrow{OF} = \overrightarrow{DB}$ となるように定める. このとき,

$\vec{a} = \overrightarrow{OA}, \vec{b} = \overrightarrow{OB}, \vec{c} = \overrightarrow{OC}, \vec{f} = \overrightarrow{OF}$

として, 次の各問に答えよ.

（1）$\vec{a}\cdot\vec{b}, \vec{b}\cdot\vec{c}, \vec{c}\cdot\vec{a}$ の値をそれぞれ求めよ.

（2）$\overrightarrow{DB}$ を, $\vec{a}, \vec{b}$ を用いて表せ. また, $|\overrightarrow{DB}|$ の値も求めよ.

（3）$\overrightarrow{CE}$ を, $\vec{a}, \vec{c}, \vec{f}$ を用いて表せ.

（4）四面体 OACF の体積を求めよ.

（23 宮崎大・医, 工）

▶解答◀ （1）$\vec{a}\cdot\vec{b} = OA\cdot OB\cdot\cos 60°$

$= \dfrac{1}{\sqrt{3}}\cdot 2\cdot\dfrac{1}{2} = \dfrac{\mathbf{1}}{\sqrt{\mathbf{3}}}$

$\vec{b}\cdot\vec{c} = OB\cdot OC\cdot\cos 45° = 2\cdot\sqrt{2}\cdot\dfrac{1}{\sqrt{2}} = \mathbf{2}$

$\vec{c}\cdot\vec{a} = OC\cdot OA\cdot\cos 45° = \sqrt{2}\cdot\dfrac{1}{\sqrt{3}}\cdot\dfrac{1}{\sqrt{2}} = \dfrac{\mathbf{1}}{\sqrt{\mathbf{3}}}$

（2）$OB = 2, \angle AOB = 60°$ であるから,

$OD = OB\cos 60° = 2\cdot\dfrac{1}{2} = 1$

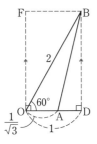

$$\overrightarrow{\mathrm{DB}} = -\sqrt{3}\,\vec{a} + \vec{b}$$

$$\mathrm{DB} = \mathrm{OB}\sin 60° = 2 \cdot \frac{\sqrt{3}}{2} = \sqrt{3}$$

$$|\overrightarrow{\mathrm{DB}}| = \sqrt{3}$$

（3） E は平面 OAB 上にあるから

$$\overrightarrow{\mathrm{OE}} = s\vec{a} + t\vec{b} \quad (s,\,t \text{ は実数})$$

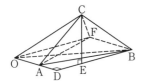

CE は平面 OAB と垂直であるから，
CE ⊥ OA，CE ⊥ OB で

$$\overrightarrow{\mathrm{CE}} \cdot \vec{a} = 0,\ \overrightarrow{\mathrm{CE}} \cdot \vec{b} = 0$$

$$\overrightarrow{\mathrm{CE}} \cdot \vec{a} = (\overrightarrow{\mathrm{OE}} - \overrightarrow{\mathrm{OC}}) \cdot \vec{a} = (s\vec{a} + t\vec{b} - \vec{c}) \cdot \vec{a}$$

$$= s|\vec{a}|^2 + t\vec{a} \cdot \vec{b} - \vec{c} \cdot \vec{a} = \frac{1}{3}s + \frac{1}{\sqrt{3}}t - \frac{1}{\sqrt{3}}$$

$$\overrightarrow{\mathrm{CE}} \cdot \vec{b} = (\overrightarrow{\mathrm{OE}} - \overrightarrow{\mathrm{OC}}) \cdot \vec{b} = (s\vec{a} + t\vec{b} - \vec{c}) \cdot \vec{b}$$

$$= s\vec{a} \cdot \vec{b} + t|\vec{b}|^2 - \vec{b} \cdot \vec{c} = \frac{1}{\sqrt{3}}s + 4t - 2$$

よって，$\sqrt{3}s + 3t = 3$，$\sqrt{3}s + 12t = 6$ であるから，

$$t = \frac{1}{3},\ s = \frac{2}{\sqrt{3}}$$

$$\overrightarrow{\mathrm{CE}} = \frac{2}{\sqrt{3}}\vec{a} + \frac{1}{3}\vec{b} - \vec{c}$$

ここで，$\overrightarrow{\mathrm{OF}} = \overrightarrow{\mathrm{DB}}$ すなわち $\vec{f} = \vec{b} - \sqrt{3}\,\vec{a}$ より
$\vec{b} = \vec{f} + \sqrt{3}\,\vec{a}$ を代入して

$$\overrightarrow{\mathrm{CE}} = \frac{2}{\sqrt{3}}\vec{a} + \frac{1}{3}(\vec{f} + \sqrt{3}\,\vec{a}) - \vec{c}$$

$$= \sqrt{3}\,\vec{a} - \vec{c} + \frac{1}{3}\vec{f}$$

（4） $\triangle \mathrm{OAF} = \dfrac{1}{2}\mathrm{OA} \cdot \mathrm{OF} = \dfrac{1}{2}\mathrm{OA} \cdot \mathrm{DB}$

$$= \frac{1}{2} \cdot \frac{1}{\sqrt{3}} \cdot \sqrt{3} = \frac{1}{2}$$

$\overrightarrow{\mathrm{CE}} \cdot \vec{a} = 0,\ \overrightarrow{\mathrm{CE}} \cdot \vec{b} = 0$ に注意して

$$|\overrightarrow{\mathrm{CE}}|^2 = \overrightarrow{\mathrm{CE}} \cdot \overrightarrow{\mathrm{CE}} = \overrightarrow{\mathrm{CE}} \cdot (s\vec{a} + t\vec{b} - \vec{c})$$

$$= s\overrightarrow{\mathrm{CE}} \cdot \vec{a} + t\overrightarrow{\mathrm{CE}} \cdot \vec{b} - \overrightarrow{\mathrm{CE}} \cdot \vec{c}$$

$$= -(s\vec{a} + t\vec{b} - \vec{c}) \cdot \vec{c} = -s\vec{c} \cdot \vec{a} - t\vec{b} \cdot \vec{c} + |\vec{c}|^2$$

$$= -\frac{2}{\sqrt{3}} \cdot \frac{1}{\sqrt{3}} - \frac{1}{\sqrt{3}} \cdot \frac{1}{3} \cdot 2 + 2 = \frac{2}{3}$$

$$\mathrm{CE} = \sqrt{\frac{2}{3}}$$

求める体積は

$$\frac{1}{3} \cdot \triangle \mathrm{OAF} \cdot \mathrm{CE} = \frac{1}{3} \cdot \frac{1}{2} \cdot \sqrt{\frac{2}{3}} = \frac{\sqrt{6}}{18}$$

《四面体の体積（B20）☆》

694. 座標空間内において，原点 O を中心とする
半径 1 の球面上に異なる 3 点 A，B，C がある．線
分 BC を 3：4 に内分する点を L，線分 AL の中点
を M，線分 OM の中点を N とする．直線 BN が
3 点 O，A，C で定める平面 OAC と交わる点を P
とする．O から 3 点 A，B，C で定める平面 ABC
に下ろした垂線と平面 ABC との交点を Q とする．
ただし，O は平面 ABC 上にないものとする．さら
に，

$$5\overrightarrow{\mathrm{QA}} + 4\overrightarrow{\mathrm{QB}} + 3\overrightarrow{\mathrm{QC}} = \vec{0}$$

が成り立つとき，以下の問いに答えよ．
（1） $\overrightarrow{\mathrm{OP}}$ を $\overrightarrow{\mathrm{OA}}$，$\overrightarrow{\mathrm{OC}}$ を用いて表せ．
（2） $\triangle \mathrm{ABC}$ と $\triangle \mathrm{QBC}$ の面積の比を求めよ．
（3） $\angle \mathrm{BAC}$ の大きさを求めよ．
（4） 4 面体 OABC の体積がとりうる最大値を求
めよ．
（23 京都府立大・環境・情報）

▶解答◀ $\overrightarrow{\mathrm{OA}} = \vec{a}$，$\overrightarrow{\mathrm{OB}} = \vec{b}$，$\overrightarrow{\mathrm{OC}} = \vec{c}$ とする．

（1） $\overrightarrow{\mathrm{OL}} = \dfrac{4}{7}\overrightarrow{\mathrm{OB}} + \dfrac{3}{7}\overrightarrow{\mathrm{OC}} = \dfrac{4}{7}\vec{b} + \dfrac{3}{7}\vec{c}$

$$\overrightarrow{\mathrm{OM}} = \frac{1}{2}\overrightarrow{\mathrm{OA}} + \frac{1}{2}\overrightarrow{\mathrm{OL}} = \frac{1}{2}\vec{a} + \frac{2}{7}\vec{b} + \frac{3}{14}\vec{c}$$

$$\overrightarrow{\mathrm{ON}} = \frac{1}{2}\overrightarrow{\mathrm{OM}} = \frac{1}{4}\vec{a} + \frac{1}{7}\vec{b} + \frac{3}{28}\vec{c}$$

P は直線 BN 上の点であるから

$$\overrightarrow{\mathrm{OP}} = (1-t)\overrightarrow{\mathrm{OB}} + t\overrightarrow{\mathrm{ON}}$$

$$= (1-t)\vec{b} + \frac{t}{4}\vec{a} + \frac{t}{7}\vec{b} + \frac{3}{28}t\vec{c}$$

$$= \frac{t}{4}\vec{a} + \left(1 - \frac{6}{7}t\right)\vec{b} + \frac{3}{28}t\vec{c}$$

P は平面 OAC 上の点であるから

$$1 - \frac{6}{7}t = 0 \qquad \therefore\quad t = \frac{7}{6}$$

$$\overrightarrow{\mathrm{OP}} = \frac{7}{24}\vec{a} + \frac{1}{8}\vec{c} = \frac{7}{24}\overrightarrow{\mathrm{OA}} + \frac{1}{8}\overrightarrow{\mathrm{OC}}$$

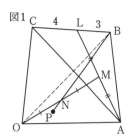

図1

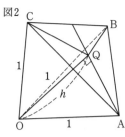

図2

（2） $5\overrightarrow{QA} + 4\overrightarrow{QB} + 3\overrightarrow{QC} = \vec{0}$ ……① とする．① より

$$5(\vec{a} - \overrightarrow{OQ}) + 4(\vec{b} - \overrightarrow{OQ}) + 3(\vec{c} - \overrightarrow{OQ}) = \vec{0}$$

$$12\overrightarrow{OQ} = 5\vec{a} + 4\vec{b} + 3\vec{c}$$

$$12\overrightarrow{OQ} = 5\vec{a} + 7 \cdot \frac{4\vec{b} + 3\vec{c}}{7} = 5\vec{a} + 7\overrightarrow{OL}$$

$$\overrightarrow{OQ} = \frac{5\vec{a} + 7\overrightarrow{OL}}{12}$$

Q は線分 AL を $7:5$ に内分する点であるから

$$\triangle ABC : \triangle QBC = AL : QL = \mathbf{12:5}$$

（3） $OQ = h$ とおく．OQ⊥ 平面 ABC であるから $AQ^2 = OA^2 - OQ^2 = 1 - h^2$ である．他も同様にして

$$AQ = BQ = CQ = \sqrt{1 - h^2} \quad\cdots\cdots\cdots\cdots②$$

となり，Q は $\triangle ABC$ の外心である．① より

$$4\overrightarrow{QB} + 3\overrightarrow{QC} = -5\overrightarrow{QA}$$

$$|4\overrightarrow{QB} + 3\overrightarrow{QC}|^2 = |-5\overrightarrow{QA}|^2$$

$$16|\overrightarrow{QB}|^2 + 24\overrightarrow{QB} \cdot \overrightarrow{QC} + 9|\overrightarrow{QC}|^2 = 25|\overrightarrow{QA}|^2$$

② より $\overrightarrow{QB} \cdot \overrightarrow{QC} = 0$ $\quad\therefore\quad \angle BQC = \dfrac{\pi}{2}$

$$\angle BAC = \frac{1}{2}\angle BQC = \frac{\pi}{4}$$

（4） $\triangle QBC = \dfrac{1}{2}BQ \cdot CQ = \dfrac{1}{2}(1 - h^2)$

$$\triangle ABC = \frac{12}{5}\triangle QBC = \frac{6}{5}(1 - h^2)$$

4 面体 OABC の体積を V とすると

$$V = \frac{1}{3} \cdot \triangle ABC \cdot OQ = \frac{2}{5}(h - h^3)$$

$$V' = \frac{2}{5}(1 - 3h^2)$$

V の最大値は $\dfrac{2}{5} \cdot \dfrac{1}{\sqrt{3}}\left(1 - \dfrac{1}{3}\right) = \dfrac{\mathbf{4}}{\mathbf{45}}\sqrt{3}$

h	0	$\cdots$	$\dfrac{1}{\sqrt{3}}$	$\cdots$	1
V'		$+$	0	$-$	
V		$\nearrow$		$\searrow$	

《正八面体上の点（B20）☆》

695. 空間内の 6 点 A, B, C, D, E, F は 1 辺の長さが 1 の正八面体の頂点であり，四角形 ABCD は

正方形であるとする．$\vec{b} = \overrightarrow{AB}, \vec{d} = \overrightarrow{AD}, \vec{e} = \overrightarrow{AE}$ とおくとき，次の問いに答えよ．

（1） 内積 $\vec{b} \cdot \vec{d}, \vec{b} \cdot \vec{e}, \vec{d} \cdot \vec{e}$ の値を求めよ．

（2） $\overrightarrow{AF} = p\vec{b} + q\vec{d} + r\vec{e}$ を満たす実数 p, q, r の値を求めよ．

（3） 辺 BE を $1:2$ に内分する点を G とする．また，$0 < t < 1$ を満たす実数 t に対し，辺 CF を $t:(1 - t)$ に内分する点を H とする．t が $0 < t < 1$ の範囲を動くとき，$\triangle AGH$ の面積が最小となる t の値とそのときの $\triangle AGH$ の面積を求めよ．

（23 広島大・理系）

▶**解答**◀ 図1の正八面体において，3 つの四角形 ABCD, AECF, BEDF はすべて正方形であり，対角線 AC, BD, EF は直交している．もちろん 8 つの面は正三角形である．このことを先に確認しておく．

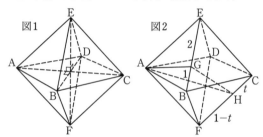

図1

図2

（1） 図1を見よ．$\angle BAD = \dfrac{\pi}{2}$ であるから，$\vec{b} \cdot \vec{d} = \mathbf{0}$ $\triangle ABE$, $\triangle ADE$ は辺の長さが 1 の正三角形であるから

$$\vec{b} \cdot \vec{e} = \vec{d} \cdot \vec{e} = 1^2 \cdot \cos\frac{\pi}{3} = \frac{\mathbf{1}}{\mathbf{2}}$$

（2） $\overrightarrow{AC} = \overrightarrow{AE} + \overrightarrow{AF} = \overrightarrow{AB} + \overrightarrow{AD}$ であるから

$$\vec{e} + \overrightarrow{AF} = \vec{b} + \vec{d} \qquad \therefore\quad \overrightarrow{AF} = \vec{b} + \vec{d} - \vec{e}$$

したがって，$p = q = 1, r = \mathbf{-1}$

（3） 図2を見よ．$\overrightarrow{AG} = \dfrac{2\vec{b} + \vec{e}}{3}$ であり，

$$\overrightarrow{AH} = t\overrightarrow{AF} + (1 - t)\overrightarrow{AC}$$

$$= t(\vec{b} + \vec{d} - \vec{e}) + (1 - t)(\vec{b} + \vec{d}) = \vec{b} + \vec{d} - t\vec{e}$$

である．

$$|\overrightarrow{AG}|^2 = \frac{1}{9}(4|\vec{b}|^2 + 4\vec{b} \cdot \vec{e} + |\vec{e}|^2)$$

$$= \frac{1}{9}(4 + 2 + 1) = \frac{7}{9}$$

$$|\overrightarrow{AH}|^2 = |\vec{b} + \vec{d} - t\vec{e}|^2$$

$$= |\vec{b}|^2 + |\vec{d}|^2 + t^2|\vec{d}|^2$$

$$+ 2\vec{b} \cdot \vec{d} - 2t\vec{d} \cdot \vec{e} - 2t\vec{b} \cdot \vec{e}$$

$$= 1 + 1 + t^2 - t - t = t^2 - 2t + 2$$

$$\overrightarrow{\mathrm{AG}} \cdot \overrightarrow{\mathrm{AH}} = \frac{1}{3}(2\vec{b} + \vec{e}) \cdot (\vec{b} + \vec{d} - t\vec{e})$$

$$= \frac{1}{3}(2|\vec{b}|^2 + 2\vec{b}\cdot\vec{d} + \vec{b}\cdot\vec{e}$$

$$+ \vec{d}\cdot\vec{e} - 2t\vec{b}\cdot\vec{e} - t|\vec{e}|^2)$$

$$= \frac{1}{3}\left(2 + \frac{1}{2} + \frac{1}{2} - t - t\right) = \frac{1}{3}(3 - 2t)$$

$$\triangle \mathrm{AGH} = \frac{1}{2}\sqrt{|\overrightarrow{\mathrm{AG}}|^2 |\overrightarrow{\mathrm{AH}}|^2 - (\overrightarrow{\mathrm{AG}}\cdot\overrightarrow{\mathrm{AH}})^2}$$

$$= \frac{1}{2}\sqrt{\frac{7}{9}(t^2 - 2t + 2) - \frac{1}{9}(3 - 2t)^2}$$

$$= \frac{1}{6}\sqrt{3t^2 - 2t + 5} = \frac{1}{6}\sqrt{3\left(t - \frac{1}{3}\right)^2 + \frac{14}{3}}$$

$t = \dfrac{1}{3}$ のとき, $\triangle$AGH の面積は最小値

$\dfrac{1}{6}\sqrt{\dfrac{14}{3}} = \dfrac{\sqrt{42}}{18}$ をとる.

《正八面体上の点（B20）》

696. 下の図のように 1 辺の長さが 1 の正八面体
ABCDEF とその 8 つの面に接する球 S があり, 動
点 P, Q は, それぞれ辺 AE, 辺 BC 上を AP = BQ
を満たしながら動く.

AP = BQ = t とし, $\overrightarrow{\mathrm{AB}}$, $\overrightarrow{\mathrm{AC}}$, $\overrightarrow{\mathrm{AD}}$ をそれぞれ $\vec{b}$,
$\vec{c}$, $\vec{d}$ として, 以下の問いに答えよ.

（1） 球 S の半径を求めよ.

（2） $\overrightarrow{\mathrm{AP}}$, $\overrightarrow{\mathrm{AQ}}$ を, それぞれ t, $\vec{b}$, $\vec{c}$, $\vec{d}$ を用いて
表せ.

（3） 線分 PQ が球 S と 1 点で接するときの t の
値を求めよ. その接点を M とするとき, $\overrightarrow{\mathrm{AM}}$ を
$\vec{b}$, $\vec{c}$, $\vec{d}$ を用いて表せ.

（4） M は（3）で与えた点とし, R は辺 AB 上の
動点とする. $|\overrightarrow{\mathrm{MR}}| + |\overrightarrow{\mathrm{RF}}|$ が最小となるとき
の点 R に対する $\overrightarrow{\mathrm{AR}}$ を $\vec{b}$ を用いて表せ.

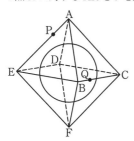

(23 お茶の水女子大・前期)

▶解答◀ （1） S の中心を O とし, 半径を r とす
る. BE, CD の中点をそれぞれ K, L とし, 対称面で
ある平面 AKFL で切って考える. S の断面である円
はひし形 AKFL に内接する. 円と AK の接点を T と

すると, OT = r である. また, 正八面体の 1 辺の長
さが 1 であるから

$$\mathrm{AK} = \frac{\sqrt{3}}{2}, \quad \mathrm{OK} = \frac{1}{2}, \quad \mathrm{OA} = \frac{\sqrt{2}}{2}$$

である. $\triangle$OAT $\backsim$ $\triangle$KAO を用いて

$$\mathrm{OA} : \mathrm{OT} = \mathrm{KA} : \mathrm{KO}$$

$$\frac{\sqrt{2}}{2} : r = \frac{\sqrt{3}}{2} : \frac{1}{2} \qquad \therefore \quad r = \frac{1}{\sqrt{6}}$$

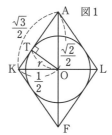

図1

（2） $\overrightarrow{\mathrm{AE}} = \overrightarrow{\mathrm{AB}} + \overrightarrow{\mathrm{BE}} = \overrightarrow{\mathrm{AB}} + \overrightarrow{\mathrm{CD}} = \vec{b} + \vec{d} - \vec{c}$ であ
るから

$$\overrightarrow{\mathrm{AP}} = t\overrightarrow{\mathrm{AE}} = t(\vec{b} + \vec{d} - \vec{c})$$

Q は BC を $t : (1-t)$ に内分するから

$$\overrightarrow{\mathrm{AQ}} = (1-t)\vec{b} + t\vec{c}$$

（3） $\triangle$OAP $\equiv$ $\triangle$OBQ であるから, OP = OQ であ
る. これと OM $\perp$ PQ を用いると, $\triangle$OPM $\equiv$ $\triangle$OQM
であるから M は PQ の中点である. よって

$$\overrightarrow{\mathrm{AM}} = \frac{\overrightarrow{\mathrm{AP}} + \overrightarrow{\mathrm{AQ}}}{2} = \frac{1}{2}(\vec{b} + t\vec{d}) \quad \cdots\cdots\cdots ①$$

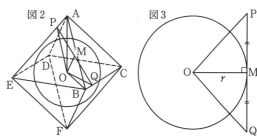

O は BD の中点であるから, $\overrightarrow{\mathrm{AO}} = \frac{1}{2}(\vec{b} + \vec{d})$ であり

$$\overrightarrow{\mathrm{OM}} = \overrightarrow{\mathrm{AM}} - \overrightarrow{\mathrm{AO}} = \frac{1}{2}(t-1)\vec{d}$$

OM = r であるから

$$\left| \frac{1}{2}(t-1)\vec{d} \right| = \frac{1}{\sqrt{6}}$$

$0 \le t \le 1$ と $|\vec{d}| = 1$ を用いて

$$1 - t = \frac{\sqrt{6}}{3} \qquad \therefore \quad t = \frac{3 - \sqrt{6}}{3}$$

① に代入して

$$\overrightarrow{\mathrm{AM}} = \frac{1}{2}\vec{b} + \frac{3 - \sqrt{6}}{6}\vec{d} \quad \cdots\cdots\cdots\cdots\cdots ②$$

（4） ②より M は平面 ABD 上にあり, R, F も平面
ABD 上にあるから, 平面 ABD で考える.

OM $= \dfrac{1}{\sqrt{6}} < \dfrac{1}{2}$ であるから, M と F は AB に関して同じ側にある. AB に関する M の対称点を M′ とすると

$$|\overrightarrow{MR}| + |\overrightarrow{RF}| = M'R + RF \geqq M'F$$

であり, 等号は M′, R, F がこの順に一直線上に並ぶとき成り立つから, このとき $|\overrightarrow{MR}| + |\overrightarrow{RF}|$ は最小となる. なお, 図 4 が正しい図であるが, 見やすいように M の位置を変えて拡大したものが図 5 である.

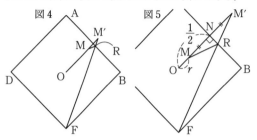

MM′ の中点を N とすると, △RMN ∽ △RFB であるから

$$NR : BR = MN : FB = \left(\dfrac{1}{2} - \dfrac{1}{\sqrt{6}}\right) : 1$$
$$= (3 - \sqrt{6}) : 6$$

よって, $\overrightarrow{NR} = \dfrac{3 - \sqrt{6}}{9 - \sqrt{6}}\overrightarrow{NB} = \dfrac{3 - \sqrt{6}}{2(9 - \sqrt{6})}\vec{b}$ で

$$\overrightarrow{AR} = \overrightarrow{AN} + \overrightarrow{NR} = \dfrac{1}{2}\vec{b} + \dfrac{3 - \sqrt{6}}{2(9 - \sqrt{6})}\vec{b}$$
$$= \dfrac{1}{2}\left\{1 + \dfrac{(3 - \sqrt{6})(9 + \sqrt{6})}{75}\right\}\vec{b}$$
$$= \dfrac{1}{2} \cdot \dfrac{96 - 6\sqrt{6}}{75}\vec{b} = \dfrac{16 - \sqrt{6}}{25}\vec{b}$$

《遠回りな問題 (B20)》

697. 四面体 OABC は
OA $=$ OC $= 1$, OB $= \sqrt{2}$,
$\angle AOB = \angle BOC = \dfrac{\pi}{4}$
をみたしている.
$\overrightarrow{OA} = \vec{a}, \overrightarrow{OB} = \vec{b}, \overrightarrow{OC} = \vec{c}$,
$\angle COA = \theta \left(0 < \theta < \dfrac{\pi}{2}\right)$
として, 次に答えよ.

（1） 線分 AB の長さおよび内積 $\vec{a} \cdot \vec{b}$ を求めよ.

（2） 内積 $\overrightarrow{BA} \cdot \overrightarrow{BC}$ および三角形 ABC の面積 S を θ を用いて表せ.

（3） 3 点 A, B, C の定める平面を α とし, α 上の点 H を直線 OH と α が垂直になるように選ぶ. $\overrightarrow{OH}$ を $\overrightarrow{OB}$, $\overrightarrow{BA}$, $\overrightarrow{BC}$ および θ を用いて表せ.

（4） （3）の点 H に対して, 線分 OH の長さを θ

を用いて表せ.

（5） 四面体 OABC の体積を V とする. V を θ を用いて表せ. また, θ が変化するとき, V の最大値とそのときの θ の値を求めよ.

(23 九州工業大・前期)

考え方 大学入試の中には, 酷く遠回りな問題がある. 「ベクトルで体積の最大問題」は, 危険である. V の最大値を求めるだけなら, 一行である.

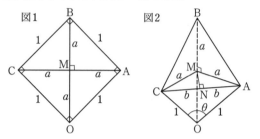

図 1 のように, 正方形の紙を用意し, OB を折り目として折り立てる. OB の中点を M とし, 図 1 の四角形を OB で折り立てた後の図 2 で, AC の中点を N とする. $a = \dfrac{\sqrt{2}}{2}$ とする. 三角形 OBC, 三角形 OAB は 45 度定規である.

$V = \dfrac{1}{3} \triangle AMC \cdot OB = \dfrac{1}{3} \cdot \dfrac{1}{2} a^2 \sin \angle AMC \cdot \sqrt{2}$

は $\angle AMC = 90°$ のときに最大値 $\dfrac{1}{3} \cdot \dfrac{1}{2} \cdot \dfrac{1}{2}\sqrt{2} = \dfrac{\sqrt{2}}{12}$ をとる. そのとき AC $= \sqrt{2}a = 1$ となり, 三角形 OAC は正三角形で, $\theta = \dfrac{\pi}{3}$ となる. 勿論, V を θ で表すことも容易である. 図 2 で $b = \sin\dfrac{\theta}{2}$, MN $= \sqrt{a^2 - b^2}$,

$\triangle AMC = \dfrac{1}{2} \cdot 2b \cdot MN = \sin\dfrac{\theta}{2}\sqrt{\dfrac{1}{2} - \sin^2\dfrac{\theta}{2}}$
などとなる.

▶解答◀ （1） 三角形 OAB は, $\angle OAB = \dfrac{\pi}{2}$ の直角二等辺三角形であるから

$$AB = OA = 1$$
$$\vec{a} \cdot \vec{b} = OA \cdot OB \cos\dfrac{\pi}{4} = 1 \cdot \sqrt{2} \cdot \dfrac{1}{\sqrt{2}} = 1$$

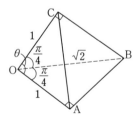

（2） （1）と同様にして, BC $= 1$ であるから
$$\triangle ABC \equiv \triangle AOC$$

よって，$\angle ABC = \angle AOC = \theta$ であるから

$$\overrightarrow{BA} \cdot \overrightarrow{BC} = BA \cdot BC \cos\theta = \cos\theta$$

また，$S = \dfrac{1}{2} BA \cdot BC \sin\theta = \dfrac{1}{2}\sin\theta$

（3）H は α 上にあるから，$\overrightarrow{OH} = \overrightarrow{OB} + s\overrightarrow{BA} + t\overrightarrow{BC}$
とかける．

直線 OH が α と垂直であるから，OH ⊥ BA, OH ⊥ BC
であり $\overrightarrow{OH} \cdot \overrightarrow{BA} = 0, \overrightarrow{OH} \cdot \overrightarrow{BC} = 0$

（1）と同様にして，$\overrightarrow{BO} \cdot \overrightarrow{BA} = 1, \overrightarrow{BO} \cdot \overrightarrow{BC} = 1$ であり

$$\overrightarrow{OH} \cdot \overrightarrow{BA} = (-\overrightarrow{BO} + s\overrightarrow{BA} + t\overrightarrow{BC}) \cdot \overrightarrow{BA}$$
$$= -1 + s + t\cos\theta$$
$$\overrightarrow{OH} \cdot \overrightarrow{BC} = (-\overrightarrow{BO} + s\overrightarrow{BA} + t\overrightarrow{BC}) \cdot \overrightarrow{BC}$$
$$= -1 + s\cos\theta + t$$

よって

$$s + t\cos\theta = 1 \quad\cdots\cdots\cdots\text{①}$$
$$s\cos\theta + t = 1 \quad\cdots\cdots\cdots\text{②}$$

①$-$②$\times\cos\theta$ より，$(1-\cos^2\theta)s = 1 - \cos\theta$

$0 < \theta < \dfrac{\pi}{2}$ であるから，$1 - \cos^2\theta \neq 0$

よって，$s = \dfrac{1}{1+\cos\theta}$

② より

$t = 1 - s\cos\theta = 1 - \dfrac{\cos\theta}{1+\cos\theta} = \dfrac{1}{1+\cos\theta}$ であり

$$\overrightarrow{OH} = \overrightarrow{OB} + \dfrac{1}{1+\cos\theta}(\overrightarrow{BA} + \overrightarrow{BC})$$

（4）$|\overrightarrow{OH}|^2 = \left| -\overrightarrow{BO} + \dfrac{1}{1+\cos\theta}(\overrightarrow{BA} + \overrightarrow{BC}) \right|^2$

$$= |\overrightarrow{BO}|^2 - \dfrac{2}{1+\cos\theta}\overrightarrow{BO} \cdot (\overrightarrow{BA} + \overrightarrow{BC})$$
$$+ \left(\dfrac{1}{1+\cos\theta}\right)^2 |\overrightarrow{BA} + \overrightarrow{BC}|^2$$

$|\overrightarrow{BA} + \overrightarrow{BC}|^2 = |\overrightarrow{BA}|^2 + 2\overrightarrow{BA} \cdot \overrightarrow{BC} + |\overrightarrow{BC}|^2$
$$= 2(1+\cos\theta)$$

であるから

$$|\overrightarrow{OH}|^2 = 2 - \dfrac{4}{1+\cos\theta} + \dfrac{2}{1+\cos\theta} = \dfrac{2\cos\theta}{1+\cos\theta}$$

よって，$OH = \sqrt{\dfrac{2\cos\theta}{1+\cos\theta}}$

（5）$V = \dfrac{1}{3}\triangle ABC \cdot OH$

$$= \dfrac{1}{3} \cdot \dfrac{1}{2}\sin\theta \cdot \sqrt{\dfrac{2\cos\theta}{1+\cos\theta}}$$
$$= \dfrac{1}{6}\sqrt{\dfrac{(1-\cos^2\theta)2\cos\theta}{1+\cos\theta}}$$
$$= \dfrac{\sqrt{2}}{6}\sqrt{(1-\cos\theta)\cos\theta}$$
$$= \dfrac{\sqrt{2}}{6}\sqrt{-\left(\cos\theta - \dfrac{1}{2}\right)^2 + \dfrac{1}{4}}$$

$0 < \theta < \dfrac{\pi}{2}$ より $0 < \cos\theta < 1$ であるから，
$\cos\theta = \dfrac{1}{2}$ すなわち $\theta = \dfrac{\pi}{3}$ のとき，V は最大値
$\dfrac{\sqrt{2}}{12}$ をとる．

《（B0）》

698. 3 点 A$(0, 0, 2)$,
B$(2\sin\theta\cos\theta, 0, 2\cos^2\theta)$,
C$(0, 2\sin\theta\cos\theta, 2\cos^2\theta)$ を座標空間に取
り，三角形 ABC の面積を S とする．$0 < \theta < \dfrac{\pi}{2}$
のとき，次の問いに答えよ．

（1）内積 $\overrightarrow{AB} \cdot \overrightarrow{AC}$ を $\cos 2\theta$ を用いて表せ．

（2）$t = (1-\cos 2\theta)^2$ とおいて，S を t で表せ．

（3）θ の値が変化するとき，S が最大となる点
B, C の座標を求め，また S の最大値を求めよ．

（23 名古屋市立大・薬）

▶解答◀ （1）倍角の公式を用いて

$$\overrightarrow{AB} = (2\sin\theta\cos\theta, 0, 2\cos^2\theta - 2)$$
$$= (\sin 2\theta, 0, \cos 2\theta - 1)$$
$$\overrightarrow{AC} = (0, 2\sin\theta\cos\theta, 2\cos^2\theta - 2)$$
$$= (0, \sin 2\theta, \cos 2\theta - 1)$$

であるから

$$\overrightarrow{AB} \cdot \overrightarrow{AC} = (1-\cos 2\theta)^2$$

（2）$|\overrightarrow{AB}|^2 = |\overrightarrow{AC}|^2 = \sin^2 2\theta + (\cos 2\theta - 1)^2$
$$= 2 - 2\cos 2\theta = 2(1-\cos 2\theta)$$

であるから

$$\triangle ABC = \dfrac{1}{2}\sqrt{|\overrightarrow{AB}|^2|\overrightarrow{AC}|^2 - (\overrightarrow{AB} \cdot \overrightarrow{AC})^2}$$
$$= \dfrac{1}{2}\sqrt{4(1-\cos 2\theta)^2 - (1-\cos 2\theta)^4}$$
$$= \dfrac{1}{2}\sqrt{4t - t^2}$$

（3）$0 < 2\theta < \pi$ であるから $-1 < \cos 2\theta < 1$ であ
り，t の値域は $0 < t < 4$ である．

$$S = \dfrac{1}{2}\sqrt{-(t-2)^2 + 4}$$

であるから，S は $t = 2$ で最大値 1 をとる．このとき

$$(1-\cos 2\theta)^2 = 2$$

$1 - \cos 2\theta > 0$ であるから

$$1 - \cos 2\theta = \sqrt{2} \qquad \therefore \quad \cos 2\theta = 1 - \sqrt{2}$$

$\sin 2\theta > 0$ であるから

$$\sin 2\theta = \sqrt{1 - (1-\sqrt{2})^2} = \sqrt{2\sqrt{2} - 2}$$

$B = (\sin 2\theta, 0, 1 + \cos 2\theta) = (\sqrt{2\sqrt{2}-2}, 0, 2 - \sqrt{2})$
$C = (0, \sin 2\theta, 1 + \cos 2\theta) = (0, \sqrt{2\sqrt{2}-2}, 2 - \sqrt{2})$

《平面との交点（B20）》

699. 1辺の長さが1の正四面体 OABC があり，3点 O, B, C を通る平面上の点 P が，$3\overrightarrow{OP} = 2\overrightarrow{BP} + \overrightarrow{PC}$ を満たしている．三角形 ABC の重心を G とし，$\overrightarrow{OA} = \vec{a}, \overrightarrow{OB} = \vec{b}, \overrightarrow{OC} = \vec{c}$ とするとき，次の問いに答えなさい．

（1）（ i ），（ ii ）に答えなさい．
　（ i ）$\overrightarrow{OP}$ を $\vec{b}, \vec{c}$ で表しなさい．
　（ ii ）内積 $\vec{a} \cdot \vec{b}$ の値を求めなさい．

（2）2点 G, P を結ぶ線分 GP が，3点 O, A, C を通る平面と交わる点を Q とする．$\overrightarrow{OQ}$ を $\vec{a}, \vec{b}, \vec{c}$ で表しなさい．

（3）（2）のとき，辺 OC 上に点 R をとる．三角形 PQR が PQ を斜辺とする直角三角形となるとき，$\dfrac{OR}{OC}$ の値を求めなさい．

（23　長崎県立大・前期）

▶**解答**◀　（1）（ i ）
$$3\overrightarrow{OP} = 2\left(\overrightarrow{OP} - \overrightarrow{OB}\right) + \overrightarrow{OC} - \overrightarrow{OP}$$
$$2\overrightarrow{OP} = -2\vec{b} + \vec{c}$$
$$\overrightarrow{OP} = -\vec{b} + \frac{1}{2}\vec{c}$$

（ ii ）$\vec{a} \cdot \vec{b} = 1 \cdot 1 \cdot \cos 60° = \dfrac{1}{2}$

（2）$\overrightarrow{OG} = \dfrac{1}{3}(\vec{a} + \vec{b} + \vec{c})$

Q は GP 上の点であるから，
$$\overrightarrow{OQ} = (1-k)\overrightarrow{OP} + k\overrightarrow{OG}$$
$$= \frac{k}{3}\vec{a} + \left(\frac{4}{3}k - 1\right)\vec{b} + \left(\frac{1}{2} - \frac{k}{6}\right)\vec{c}$$

とおける．Q は平面 OAC 上の点であるから，
$$\frac{4}{3}k - 1 = 0$$

すなわち，$k = \dfrac{3}{4}$ である．したがって，
$$\overrightarrow{OQ} = \frac{1}{4}\vec{a} + \frac{3}{8}\vec{c}$$

（3）$\dfrac{OR}{OC} = l\ (0 \leq l \leq 1)$ とおく．$\overrightarrow{OR} = l\vec{c}$ である．

三角形 PQR が PQ を斜辺とする直角三角形となるのは，$\overrightarrow{RQ} \perp \overrightarrow{RP}$ のときである．
$$\overrightarrow{RQ} = \overrightarrow{OQ} - \overrightarrow{OR} = \frac{1}{4}\vec{a} + \left(\frac{3}{8} - l\right)\vec{c}$$
$$\overrightarrow{RP} = \overrightarrow{OP} - \overrightarrow{OR} = -\vec{b} + \left(\frac{1}{2} - l\right)\vec{c}$$
$$\overrightarrow{RQ} \cdot \overrightarrow{RP} = \left\{\frac{1}{4}\vec{a} + \left(\frac{3}{8} - l\right)\vec{c}\right\} \cdot \left\{-\vec{b} + \left(\frac{1}{2} - l\right)\vec{c}\right\}$$
$$= -\frac{1}{4}\vec{a} \cdot \vec{b} - \left(\frac{3}{8} - l\right)\vec{b} \cdot \vec{c}$$

$$+ \left(\frac{1}{8} - \frac{l}{4}\right)\vec{a} \cdot \vec{c} + \left(\frac{3}{16} - \frac{7}{8}l + l^2\right)|\vec{c}|^2$$

$\vec{a} \cdot \vec{b} = \vec{b} \cdot \vec{c} = \vec{a} \cdot \vec{c} = \dfrac{1}{2}$，$|\vec{c}| = 1$ であるから，
$$\overrightarrow{RQ} \cdot \overrightarrow{RP} = -\frac{1}{8} - \frac{3}{16} + \frac{l}{2} + \frac{1}{16} - \frac{l}{8} + \frac{3}{16} - \frac{7}{8}l + l^2$$
$$= l^2 - \frac{1}{2}l - \frac{1}{16} = 0$$
$$16l^2 - 8l - 1 = 0$$

$0 \leq l \leq 1$ より，$l = \dfrac{4 + 4\sqrt{2}}{16} = \dfrac{1 + \sqrt{2}}{4}$ である．

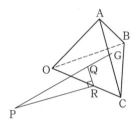

《四面体を平面で切って体積（B30）》

700. 四面体 OABC があり，
OA = 4, OB = 5, OC = 3，
$\angle AOB = \angle BOC = \angle AOC = 90°$
であるとする．$0 < t < 1$ である実数 t に対し，線分 OA を $t : (1-t)$ に内分する点を D，線分 AB を $(1-t) : t$ に内分する点を E，線分 BC を $t : (1-t)$ に内分する点を F，線分 CO を $(1-t) : t$ に内分する点を G とする．t を用いて，以下の問いに答えよ．

（1）四角形 DEFG の面積を答えよ．

（2）四角形 DEFG を含む平面を α とするとき，点 O から平面 α に下した垂線と α の交点を H とする．線分 OH の長さを答えよ．

（3）四面体 OABC を平面 α で2つの部分に分けたとき，頂点 O を含む部分の体積を答えよ．

（23　大阪公立大・工）

▶**解答**◀　OA ⊥ OB，OB ⊥ OC，OC ⊥ OA であるから，O(0, 0, 0)，A(4, 0, 0)，B(0, 5, 0)，C(0, 0, 3) とおく．

線分 OA を $t : (1-t)$ に内分する点 D の座標は $(4t, 0, 0)$

線分 BA を $t : (1-t)$ に内分する点 E の座標は $(4t, 5(1-t), 0)$

線分 BC を $t : (1-t)$ に内分する点 F の座標は $(0, 5(1-t), 3t)$

線分 OC を $t : (1-t)$ に内分する点 G の座標は

$(0, 0, 3t)$ となる.

（1） $\overrightarrow{DG} = (-4t, 0, 3t)$, $\overrightarrow{EF} = (-4t, 0, 3t)$,
$\overrightarrow{DE} = (0, 5(1-t), 0)$ であるから

$$\overrightarrow{DG} = \overrightarrow{EF}$$

$$\overrightarrow{DG} \cdot \overrightarrow{DE} = -4t \cdot 0 + 0 \cdot 5(1-t) + 3t \cdot 0 = 0$$

となり，四角形 DEFG は長方形である．

$$GD = \sqrt{(4t)^2 + (3t)^2} = 5t,\ DE = 5(1-t)$$

である．四角形 DEFG の面積は，$DG \cdot DE = 25t(1-t)$

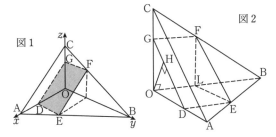

図1　図2

（2）平面 α は xz 平面と垂直であるから，原点 O から平面 α に下した垂線の足 H は xz 平面上にある（図2）．

$$\triangle ODG = \frac{1}{2} OD \cdot OG = \frac{1}{2} DG \cdot OH$$

であるから，$4t \cdot 3t = 5t \cdot OH$　$\therefore\ OH = \dfrac{12}{5} t$

（3）四面体 OABC を平面 α で2つに分け，点 O を含む部分（立体 DEFG-OB）の体積を V とおく（図2）．

線分 OB を $(1-t) : t$ に内分する点 $L(0, 5(1-t), 0)$ をとると，立体 DEFG-OB は，三角柱 ODG-LEF と三角錐 B-LEF に分けられる．

$$\triangle LEF = \triangle ODG = \frac{1}{2} OD \cdot OG = \frac{1}{2} \cdot 4t \cdot 3t = 6t^2$$

$$OL = 5(1-t),\ LB = 5t$$

であるから，三角柱 ODG-LEF の体積 V_1 は

$$V_1 = \triangle ODG \cdot OL = 6t^2 \cdot 5(1-t) = 30t^2(1-t)$$

三角錐 B-LEF の体積 V_2 は

$$V_2 = \frac{1}{3} \triangle LEF \cdot LB = \frac{1}{3} 6t^2 \cdot 5t = 10t^3$$

よって $V = V_1 + V_2 = 30t^2(1-t) + 10t^3 = \boldsymbol{30t^2 - 20t^3}$

◆別解◆ 【積分の利用】

（3）断面積が $25t(1-t)$ であり，O から平面 α に下した垂線の長さを h とすると，$h = \dfrac{12}{5} t$ である．求める立体の体積を $V(t)$ とする．$0 < t_1 < 1$ に対して

$$V(t_1) = \int_0^{\frac{12}{5}t_1} 25t(1-t)\, dh$$

である．$dh = \dfrac{12}{5} dt$

h	0	$\to$	$\dfrac{12}{5} t_1$
t	0	$\to$	t_1

$$V(t_1) = 25 \cdot \frac{12}{5} \int_0^{t_1} t(1-t)\, dt$$

$$= 60 \int_0^{t_1} (t - t^2)\, dt = 60 \left[\frac{t^2}{2} - \frac{t^3}{3} \right]_0^{t_1}$$

$$= 30t_1{}^2 - 20t_1{}^3$$

よって求める体積は，$V(t) = \boldsymbol{30t^2 - 20t^3}$ である．

《明らかなことを論証（C20）》

701. 四面体 OABC の各辺上に頂点以外の点を1つずつとり，その6点を考える．

（1）6点のうちの4点を頂点とする平行四辺形が作れるとき，平行四辺形の辺は四面体のある辺と平行であることを示せ．

（2）6点のうちの4点を頂点とする平行四辺形が2つ作れるとき，2つの平行四辺形は対角線の1本を共有することを示せ．

（3）（2）において，共有する対角線の中点を M とするとき，$\overrightarrow{OM}$ を $\overrightarrow{OA}$, $\overrightarrow{OB}$, $\overrightarrow{OC}$ を用いて表せ．

(23　滋賀医大・医)

▶解答◀（1）四面体 OABC を T とする．T を1枚の平面で切り，断面が平行四辺形になるようにするということである．T の1頂点を共有する3本の辺と交わるように切ると断面は三角形になり，不適である．たとえば OA，OB，OC と交わるように切ると（図1）不適である．

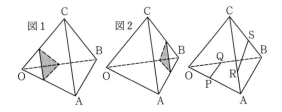

図1　図2

T には辺が6辺あるから，このうちの4辺と交わるように（2辺と交わらないように）切る．交わらない2辺が1頂点を共有すると不適である．たとえば OA，OC と交わらないように切ると，B から出る，BC，BO，BA と交わることになり断面が三角形になって（図2）不適である．よって交わらない2辺は頂点を共有しない2辺である．OC，AB と交わらないとしても一般性を失わない．OA，OB，AC，BC との交点を順に P，

Q, R, S とする. $\overrightarrow{OA} = \vec{a}$, $\overrightarrow{OB} = \vec{b}$, $\overrightarrow{OC} = \vec{c}$ として

$$\overrightarrow{OP} = p\vec{a}, \quad \overrightarrow{OQ} = q\vec{b} \quad \cdots\cdots\cdots\cdots① $$

$$\overrightarrow{OR} = r\vec{a} + (1-r)\vec{c}, \quad \overrightarrow{OS} = s\vec{b} + (1-s)\vec{c} \quad \cdots② $$

とおける. p, q, r, s はすべて 0 と 1 の間の数である.
$\overrightarrow{PQ} = \overrightarrow{RS}$ であるから $\overrightarrow{OQ} - \overrightarrow{OP} = \overrightarrow{OS} - \overrightarrow{OR}$

$$q\vec{b} - p\vec{a} = s\vec{b} - r\vec{a} + (r-s)\vec{c} $$

$\vec{a}, \vec{b}, \vec{c}$ は 1 次独立であるから

$$q = s, \quad p = r, \quad r = s $$

よって $p = q = r = s$ である.

$$\overrightarrow{PQ} = \overrightarrow{RS} = p(\vec{b} - \vec{a}) = p\overrightarrow{AB} $$

となり, PQ と RS は AB と平行である.
そしてこのとき

$$\overrightarrow{PR} = \overrightarrow{OR} - \overrightarrow{OP} = (1-p)\vec{c} $$

$$\overrightarrow{QS} = \overrightarrow{OS} - \overrightarrow{OQ} = (1-p)\vec{c} $$

PR と QS は OC と平行である. つまり, T の 6 辺を頂点を共有しない 2 本ずつのペア {OC と AB}, {OB と AC}, {OA と BC} に分けて, それらに平行に切って断面が平行四辺形になるようにするということである. 言い方を変えると, 4 点をとるとき, これらのペアの辺上にない 4 点をとるということでもある.

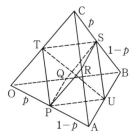

（2）（1）のように P, Q, R, S をとり, OC, AB 上に T, U をとり, 平行四辺形 PQSR, 平行四辺形 PUST を考えるとしてもよい. このとき PS は 2 つの平行四辺形の対角線であり, 2 つの平行四辺形は PS を共有する.
（3）①, ② を用いて

$$\overrightarrow{OM} = \frac{1}{2}(\overrightarrow{OP} + \overrightarrow{OS}), \quad \overrightarrow{OM} = \frac{1}{2}(\overrightarrow{OQ} + \overrightarrow{OR}) $$

を作ると, いずれも

$$\overrightarrow{OM} = \frac{1}{2}\left(p\vec{a} + p\vec{b} + (1-p)\vec{c}\right) \quad \cdots\cdots\cdots③ $$

となる.
同様に式をたてると

$$\overrightarrow{OT} = p\vec{c}, \quad \overrightarrow{OU} = (1-p)\vec{a} + p\vec{b} $$

となる.

$$\overrightarrow{OM} = \frac{1}{2}(\overrightarrow{OT} + \overrightarrow{OU}) $$

$$= \frac{1}{2}\left((1-p)\vec{a} + p\vec{b} + p\vec{c}\right) \quad \cdots\cdots\cdots\cdots④ $$

となり, ③, ④ の係数を比べると $p = 1-p$ となり $p = \frac{1}{2}$ となる.

$$\overrightarrow{OM} = \frac{1}{4}\left(\overrightarrow{OA} + \overrightarrow{OB} + \overrightarrow{OC}\right) $$

《空間で垂線を下ろす (B20)》

702. 座標空間内の 4 点

O(0, 0, 0), A(2, 0, 0), B(1, 1, 1), C(1, 2, 3) を考える.

（1） $\overrightarrow{OP} \perp \overrightarrow{OA}$, $\overrightarrow{OP} \perp \overrightarrow{OB}$, $\overrightarrow{OP} \cdot \overrightarrow{OC} = 1$ を満たす点 P の座標を求めよ.

（2） 点 P から直線 AB に垂線を下ろし, その垂線と直線 AB の交点を H とする. $\overrightarrow{OH}$ を $\overrightarrow{OA}$ と $\overrightarrow{OB}$ を用いて表せ.

（3） 点 Q を $\overrightarrow{OQ} = \frac{3}{4}\overrightarrow{OA} + \overrightarrow{OP}$ により定め, Q を中心とする半径 r の球面 S を考える. S が三角形 OHB と共有点を持つような r の範囲を求めよ. ただし, 三角形 OHB は 3 点 O, H, B を含む平面内にあり, 周とその内部からなるものとする.

(23 東大・理科)

▶**解答**◀（1） P(a, b, c) とすると

$$\overrightarrow{OP} \cdot \overrightarrow{OA} = 2a = 0 \qquad \therefore \quad a = 0 $$

$$\overrightarrow{OP} \cdot \overrightarrow{OB} = a + b + c = 0 \qquad \therefore \quad c = -b $$

$$\overrightarrow{OP} \cdot \overrightarrow{OC} = a + 2b + 3c = 1 $$

$$2b - 3b = 1 \qquad \therefore \quad b = -1 $$

よって, P の座標は $(0, -1, 1)$ となる. このとき, OP と平面 OAB は垂直となり, $OP = \sqrt{2}$ となっている.
（2） $\overrightarrow{AP} = (-2, -1, 1)$ を $\overrightarrow{AB} = (-1, 1, 1)$ に正射影したベクトルが $\overrightarrow{AH}$ であるから

$$\overrightarrow{AH} = \frac{\overrightarrow{AP} \cdot \overrightarrow{AB}}{|\overrightarrow{AB}|^2}\overrightarrow{AB} = \frac{2}{3}\overrightarrow{AB} $$

となる. よって, H は線分 AB を 2:1 に内分するから

$$\overrightarrow{OH} = \frac{1}{3}\overrightarrow{OA} + \frac{2}{3}\overrightarrow{OB} $$

（3） $\overrightarrow{OQ} = \frac{3}{4}\overrightarrow{OA} + \overrightarrow{OP} = \left(\frac{3}{2}, -1, 1\right)$ である. また, $AB = \sqrt{3}$, $OA = 2$ である.

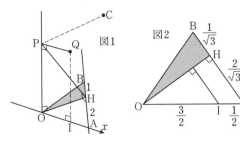

図1を見よ．Q から OA に下ろした垂線の足を I とすると，四角形 POIQ は長方形だから $OI = \dfrac{3}{4}OA = \dfrac{3}{2}$ となる．ここで，$\triangle OHB$ 内の点 R に対して

$$QR = \sqrt{QI^2 + IR^2}$$
$$= \sqrt{OP^2 + IR^2} = \sqrt{IR^2 + 2}$$

となるから，IR の最大値・最小値を考える．図 2 を見よ．IR の最小値は，I から OH に垂線を下ろしたときで，その長さは $\dfrac{3}{4}AH = \dfrac{\sqrt{3}}{2}$ である．最大値は IO か IB となる．$IO = \dfrac{3}{2}$ である．

$$\vec{IB} = (1, 1, 1) - \left(\dfrac{3}{2}, 0, 0\right) = \left(-\dfrac{1}{2}, 1, 1\right)$$

$$IB = \sqrt{\dfrac{1}{4} + 1 + 1} = \dfrac{3}{2}$$

であるから，いずれにしても最大値は $\dfrac{3}{2}$ である．よって，共有点をもつような r の範囲は

$$\sqrt{\left(\dfrac{\sqrt{3}}{2}\right)^2 + 2} \leqq r \leqq \sqrt{\left(\dfrac{3}{2}\right)^2 + 2}$$

$$\dfrac{\sqrt{11}}{2} \leqq r \leqq \dfrac{\sqrt{17}}{2}$$

《内積を平方完成（B20）》

703. 座標空間内の原点 O を中心とする半径 r の球面 S 上に 4 つの頂点がある四面体 ABCD が，

$$\vec{OA} + \vec{OB} + \vec{OC} + \vec{OD} = \vec{0}$$

を満たしているとする．また三角形 ABC の重心を G とする．

（1）$\vec{OG}$ を $\vec{OD}$ を用いて表せ．

（2）$\vec{OA} \cdot \vec{OB} + \vec{OB} \cdot \vec{OC} + \vec{OC} \cdot \vec{OA}$ を r を用いて表せ．

（3）点 P が球面 S 上を動くとき，
$\vec{PA} \cdot \vec{PB} + \vec{PB} \cdot \vec{PC} + \vec{PC} \cdot \vec{PA}$
の最大値を r を用いて表せ．さらに，最大値をとるときの点 P 対して，$|\vec{PG}|$ を r を用いて表せ．

(23 筑波大・前期)

▶解答◀ （1）$\vec{OA} + \vec{OB} + \vec{OC} + \vec{OD} = \vec{0}$ より

$$\vec{OG} = \dfrac{\vec{OA} + \vec{OB} + \vec{OC}}{3} = -\dfrac{\vec{OD}}{3}$$

（2）$\vec{OA} + \vec{OB} + \vec{OC} = -\vec{OD}$

$$|\vec{OA} + \vec{OB} + \vec{OC}|^2 = |\vec{OD}|^2$$
$$|\vec{OA}|^2 + |\vec{OB}|^2 + |\vec{OC}|^2$$
$$+2(\vec{OA} \cdot \vec{OB} + \vec{OB} \cdot \vec{OC} + \vec{OC} \cdot \vec{OA}) = |\vec{OD}|^2$$

ここで，4 点 A, B, C, D は半径 r の球面 S 上だから

$$|\vec{OA}| = |\vec{OB}| = |\vec{OC}| = |\vec{OD}| = r$$

よって，

$$3r^2 + 2(\vec{OA} \cdot \vec{OB} + \vec{OB} \cdot \vec{OC} + \vec{OC} \cdot \vec{OA}) = r^2$$
$$\vec{OA} \cdot \vec{OB} + \vec{OB} \cdot \vec{OC} + \vec{OC} \cdot \vec{OA} = -r^2$$

（3）$\vec{PA} \cdot \vec{PB} + \vec{PB} \cdot \vec{PC} + \vec{PC} \cdot \vec{PA}$

$$= (\vec{OA} - \vec{OP}) \cdot (\vec{OB} - \vec{OP})$$
$$+ (\vec{OB} - \vec{OP}) \cdot (\vec{OC} - \vec{OP})$$
$$+ (\vec{OC} - \vec{OP}) \cdot (\vec{OA} - \vec{OP})$$
$$= \vec{OA} \cdot \vec{OB} + \vec{OB} \cdot \vec{OC} + \vec{OC} \cdot \vec{OA}$$
$$- 2(\vec{OA} + \vec{OB} + \vec{OC}) \cdot \vec{OP} + 3|\vec{OP}|^2$$
$$= 3|\vec{OP}|^2 + 2\vec{OD} \cdot \vec{OP} - r^2$$
$$= 3\left|\vec{OP} + \dfrac{1}{3}\vec{OD}\right|^2 - \dfrac{1}{3}|\vec{OD}|^2 - r^2$$

ここで，

$$\left|\vec{OP} + \dfrac{1}{3}\vec{OD}\right| \leqq |\vec{OP}| + \dfrac{1}{3}|\vec{OD}|$$
$$= r + \dfrac{1}{3}r = \dfrac{4}{3}r$$

が成り立つから

$$\vec{PA} \cdot \vec{PB} + \vec{PB} \cdot \vec{PC} + \vec{PC} \cdot \vec{PA}$$
$$\leqq 3\left(\dfrac{4}{3}r\right)^2 - \dfrac{1}{3}r^2 - r^2 = 4r^2$$

である．等号は $\vec{OP}$ と $\vec{OD}$ が同一直線上にあるとき成り立つ．

よって，最大値は $4r^2$ であり，

$$|\vec{PG}| = |\vec{OP} - \vec{OG}| = \left|\vec{OP} + \dfrac{1}{3}\vec{OD}\right| = \dfrac{4}{3}r$$

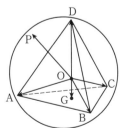

《立方体を切る（B15）》

704. 一辺の長さが 2 である立方体 OADB-CFGE を考える．$\vec{OA} = \vec{a}$，$\vec{OB} = \vec{b}$，$\vec{OC} = \vec{c}$ とおく．辺 AF の中点を M，辺 BD の中点を N とし，3 点 O，

M, N を通る平面 π で立方体を切断する.

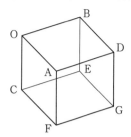

（1） 平面 π は辺 AF, BD 以外に辺 **あ** とその両端以外で交わる. ただし, **あ** には, 立方体の頂点の中から, 辺の両端の 2 頂点をマークして答えよ.

（2） 平面 π と辺 **あ** との交点を P とする.
$$\overrightarrow{OP} = \boxed{}\vec{a} + \boxed{}\vec{b} + \boxed{}\vec{c}$$
である.

（3） 断面の面積は $\dfrac{\boxed{}}{\boxed{}}\sqrt{\boxed{}}$ である.

（4） 切断されてできる立体のうち, 頂点 A を含むものの体積は $\dfrac{\boxed{}}{\boxed{}}$ である.

（5） 平面 π と線分 CD との交点を Q とする.
（ i ） 点 Q は線分 CD を $\boxed{}$ に内分する.
（ ii ） $\overrightarrow{OQ} = \boxed{}\vec{a} + \boxed{}\vec{b} + \boxed{}\vec{c}$
である.　　　　　　（23 上智大・理工-TEAP）

▶解答◀ （1） 図1を見よ. 平面 OCFA と平面 BEGD は平行であるから, これらの平面と平面 π との交線は平行になる. したがって P は辺 **DG** 上にある.

（2） △OAM ∽ △NDP で相似比は 2 : 1 であるから, $DP = \dfrac{1}{4}DG$ である.
$$\overrightarrow{OP} = \overrightarrow{OA} + \overrightarrow{AD} + \overrightarrow{DP} = \mathbf{1}\vec{a} + \mathbf{1}\vec{b} + \dfrac{1}{4}\vec{c}$$

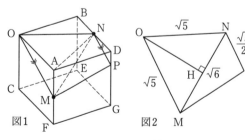

図1　　　　図2

（3） $OM = ON = \sqrt{5}$, $NP = \dfrac{\sqrt{5}}{2}$

$AN = \sqrt{5}$ であるから
$$MN = \sqrt{AN^2 + 1} = \sqrt{6}$$

△OMN は二等辺三角形であるから, MN の中点を H とすると $OH = \sqrt{5 - \dfrac{6}{4}} = \dfrac{\sqrt{14}}{2}$
$$\triangle OMN = \dfrac{1}{2} \cdot \sqrt{6} \cdot \dfrac{\sqrt{14}}{2} = \dfrac{\sqrt{21}}{2}$$
OM // NP であるから
$$\triangle MNP = \dfrac{1}{2}\triangle OMN = \dfrac{\sqrt{21}}{4}$$
断面の四角形 OMPN の面積は $\dfrac{\sqrt{21}}{2} + \dfrac{\sqrt{21}}{4} = \dfrac{3}{4}\sqrt{21}$

（4） ON の延長と MP の延長の交点を R とする. 三角錐 R-OAM と三角錐 R-NDP は相似な図形で, 相似比 2 : 1 であるから体積比は 8 : 1 である. よって求める体積は, $\dfrac{7}{8} \cdot \dfrac{1}{2} \cdot 2 \cdot 1 \cdot 4 \cdot \dfrac{1}{3} = \dfrac{7}{6}$ である.

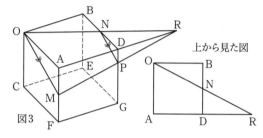

上から見た図

図3

（5）（ i ） $CQ : QD = s : (1-s)$ とおくと
$$\overrightarrow{OQ} = s\overrightarrow{OD} + (1-s)\overrightarrow{OC}$$
$$= s\vec{a} + s\vec{b} + (1-s)\vec{c} \quad\cdots\cdots①$$
点 Q は平面 OMN 上にあるから
$$\overrightarrow{OQ} = x\overrightarrow{ON} + y\overrightarrow{OM}$$
とおけて
$$\overrightarrow{OQ} = x\left(\dfrac{1}{2}\vec{a} + \vec{b}\right) + y\left(\vec{a} + \dfrac{1}{2}\vec{c}\right)$$
$$= \left(\dfrac{1}{2}x + y\right)\vec{a} + x\vec{b} + \dfrac{1}{2}y\vec{c} \quad\cdots\cdots②$$
①, ② の係数を比較して
$$s = \dfrac{1}{2}x + y,\ s = x,\ 1-s = \dfrac{1}{2}y$$
これを解いて, $x = \dfrac{4}{5}$, $y = \dfrac{2}{5}$, $s = \dfrac{4}{5}$ を得る. 点 Q は線分 CD を **4 : 1** に内分する.

（ ii ） $\overrightarrow{OQ} = \dfrac{1}{5}\overrightarrow{OC} + \dfrac{4}{5}\overrightarrow{OD} = \dfrac{4}{5}\vec{a} + \dfrac{4}{5}\vec{b} + \dfrac{1}{5}\vec{c}$

《六角柱 (B20)》

705. 下の図のように, すべての辺の長さが 1 であるような正六角柱 ABCDEF-GHIJKL があり, 3 点 A, I, K を含む平面を α とする. $\overrightarrow{AB} = \vec{p}$, $\overrightarrow{AF} = \vec{q}$, $\overrightarrow{AG} = \vec{r}$ とするとき,

（1） $\vec{p} \cdot \vec{q} = \boxed{}$, $\vec{p} \cdot \vec{r} = \vec{q} \cdot \vec{r} = \boxed{}$ である.

（2） ベクトル $\overrightarrow{AK}$, $\overrightarrow{AI}$ は $\vec{p}, \vec{q}, \vec{r}$ を用いて
$$\overrightarrow{AK} = \boxed{},\quad \overrightarrow{AI} = \boxed{}$$

と表せる．また，直線 LC と平面 α の交点を P とすると，P は平面 α 上にあるから，実数 s, t を用いて $\overrightarrow{AP} = s\overrightarrow{AK} + t\overrightarrow{AI}$ とおけるので，

$$\overrightarrow{AP} = \boxed{}\,\vec{p} + \boxed{}\,\vec{q} + \boxed{}\,\vec{r}$$

と表せる．一方，ベクトル $\overrightarrow{AL}, \overrightarrow{LC}$ は $\vec{p}, \vec{q}, \vec{r}$ を用いて

$$\overrightarrow{AL} = \boxed{}, \quad \overrightarrow{LC} = \boxed{}$$

と表せる．したがって，$\overrightarrow{AP}$ を $\overrightarrow{AK}$ と $\overrightarrow{AI}$ を用いて表すと，

$$\overrightarrow{AP} = \boxed{\text{ア}}\,\overrightarrow{AK} + \boxed{\text{イ}}\,\overrightarrow{AI}$$

である．ただし，$\boxed{\text{ア}}$ と $\boxed{\text{イ}}$ には s, t を用いず，既約分数を用いて答えよ．また，直線 AP と直線 KI の交点を Q とすると，点 Q は $\boxed{\text{ウ}}$ である．ただし，$\boxed{\text{ウ}}$ に当てはまるものを下の ⓪〜③ の中から 1 つ選べ．

 ⓪ 線分 KI を $2:3$ に内分する点 ①
線分 KI を $3:2$ に内分する点
 ② 線分 KI を $1:2$ に内分する点 ③
線分 KI を $2:1$ に内分する点

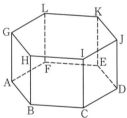

(23 久留米大・推薦)

▶解答◀ （1） $\angle BAF = 120°$ より

$$\vec{p} \cdot \vec{q} = 1 \cdot 1 \cdot \cos 120° = -\frac{1}{2}$$

$$\vec{p} \cdot \vec{r} = \vec{q} \cdot \vec{r} = 0$$

（2） 正六角形 ABCDEF の対角線の交点を O とおく．

$$\overrightarrow{AK} = \overrightarrow{AO} + \overrightarrow{OE} + \overrightarrow{EK}$$

$$= (\vec{p} + \vec{q}) + \vec{q} + \vec{r} = \vec{p} + 2\vec{q} + \vec{r}$$

$$\overrightarrow{AI} = \overrightarrow{AO} + \overrightarrow{OC} + \overrightarrow{CI}$$

$$= (\vec{p} + \vec{q}) + \vec{p} + \vec{r} = 2\vec{p} + \vec{q} + \vec{r}$$

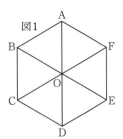

図1

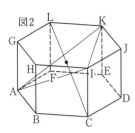

図2

$\overrightarrow{AP} = s\overrightarrow{AK} + t\overrightarrow{AI}$ とおくとき

$$\overrightarrow{AP} = s(\vec{p} + 2\vec{q} + \vec{r}) + t(2\vec{p} + \vec{q} + \vec{r})$$

$$= (s+2t)\vec{p} + (2s+t)\vec{q} + (s+t)\vec{r} \quad \cdots\cdots ①$$

また

$$\overrightarrow{AL} = \overrightarrow{AF} + \overrightarrow{FL} = \vec{q} + \vec{r}$$

$$\overrightarrow{LC} = \overrightarrow{AC} - \overrightarrow{AL}$$

$$= (2\vec{p} + \vec{q}) - (\vec{q} + \vec{r}) = 2\vec{p} - \vec{r}$$

であるから，LC 上の点 P は実数 u を用いて

$$\overrightarrow{AP} = \overrightarrow{AL} + u\overrightarrow{LC} = \vec{q} + \vec{r} + u(2\vec{p} - \vec{r})$$

$$= 2u\vec{p} + \vec{q} + (1-u)\vec{r} \quad \cdots\cdots\cdots\cdots ②$$

と表せる．① と ② を係数比較して

$$s + 2t = 2u, \quad 2s + t = 1, \quad s + t = 1 - u$$

これを解いて $s = \dfrac{2}{5}, t = \dfrac{1}{5}, u = \dfrac{2}{5}$

$$\overrightarrow{AP} = \frac{2}{5}\overrightarrow{AK} + \frac{1}{5}\overrightarrow{AI} = \frac{3}{5} \cdot \frac{2\overrightarrow{AK} + \overrightarrow{AI}}{3}$$

よって AP と KI の交点 Q は $\overrightarrow{AQ} = \dfrac{2\overrightarrow{AK} + \overrightarrow{AI}}{3}$ と表されるから，Q は**線分 KI を $1:2$ に内分する点**である．

《空間の円（B15）》

706. $\boxed{\text{ア}}$ の解答は該当する解答群から最も適当なものを一つ選べ．
点 O を原点とする座標空間に 3 点
A$(-1, 0, -2)$, B$(-2, -2, -3)$, C$(1, 2, -2)$
がある．
（1） ベクトル $\overrightarrow{AB}$ と $\overrightarrow{AC}$ の内積は $\overrightarrow{AB} \cdot \overrightarrow{AC} = \boxed{}$ であり，△ABC の外接円の半径は $\sqrt{\boxed{}}$ である．△ABC の外接円の中心を点 P とすると，$\overrightarrow{AP} = \boxed{}\overrightarrow{AB} + \dfrac{\boxed{}}{\boxed{}}\overrightarrow{AC}$ が成り立つ．
（2） △ABC の重心を点 G とすると，$\overrightarrow{OG} = \dfrac{\boxed{}}{\boxed{}}(\overrightarrow{OA} + \overrightarrow{OB} + \overrightarrow{OC})$ であり，線分 OB を $2:1$

に内分する点を Q とすると,

$$\overrightarrow{AQ} = \left(\frac{\Box}{\Box}, \frac{\Box}{\Box}, \Box \right)$$

となる.

（3）線分 OC を 2：1 に内分する点を R とし, 3 点 A, Q, R を通る平面 α と直線 OG との交点を S とする. 点 S は平面 α 上にあることから,

$$\overrightarrow{OS} = t\overrightarrow{OA} + u\overrightarrow{OB} + v\overrightarrow{OC} \quad (ただし\ t, u, v\ は$$

$t + \dfrac{\Box}{\Box} u + \dfrac{\Box}{\Box} v = 1$ を満たす実数)

と書けるので, $\overrightarrow{OS} = \dfrac{\Box}{\Box} \overrightarrow{OG}$ となることがわかる.

平面 α 上において, 点 S は三角形 AQR の ア に存在し, 四面体 O-AQR の体積は, 四面体 O-ABC の体積の $\dfrac{\Box}{\Box}$ 倍である.

ア の解答群

① 辺 AQ 上　　② 辺 AR 上　　③ 辺 QR 上　　④ 内部　　⑤ 外部　　（23 杏林大・医）

▶解答◀（1）$\overrightarrow{AB} = (-1, -2, -1)$,
$\overrightarrow{AC} = (2, 2, 0)$ より

$$\overrightarrow{AB} \cdot \overrightarrow{AC} = -2 - 4 = -6$$
$$|\overrightarrow{AB}| = \sqrt{1+4+1} = \sqrt{6}$$
$$|\overrightarrow{AC}| = \sqrt{4+4} = 2\sqrt{2}$$
$$\cos A = \frac{\overrightarrow{AB} \cdot \overrightarrow{AC}}{|\overrightarrow{AB}||\overrightarrow{AC}|} = \frac{-6}{\sqrt{6} \cdot 2\sqrt{2}} = -\frac{\sqrt{3}}{2}$$

$A = \dfrac{5}{6}\pi$ である. △ABC の外接円の半径を R とおくと, 正弦定理より

$$2R = \frac{BC}{\sin \dfrac{5}{6}\pi}$$

$\overrightarrow{BC} = (3, 4, 1)$ より

$$R = \frac{\sqrt{9+16+1}}{2 \cdot \dfrac{1}{2}} = \sqrt{26}$$

$\overrightarrow{AP} = p\overrightarrow{AB} + q\overrightarrow{AC}$ とおき, 辺 AB, AC の中点をそれぞれ M, N とする. $\overrightarrow{MP} \perp \overrightarrow{AB}$ より

$$\left\{ \left(p - \frac{1}{2} \right)\overrightarrow{AB} + q\overrightarrow{AC} \right\} \cdot \overrightarrow{AB} = 0$$
$$\left(p - \frac{1}{2} \right)|\overrightarrow{AB}|^2 + q\overrightarrow{AB} \cdot \overrightarrow{AC} = 0$$
$$6\left(p - \frac{1}{2} \right) - 6q = 0$$

$$2p - 2q - 1 = 0 \quad \cdots\cdots\cdots\cdots\cdots①$$

$\overrightarrow{NP} \perp \overrightarrow{AC}$ より

$$\left\{ p\overrightarrow{AB} + \left(q - \frac{1}{2} \right)\overrightarrow{AC} \right\} \cdot \overrightarrow{AC} = 0$$
$$p\overrightarrow{AB} \cdot \overrightarrow{AC} + \left(q - \frac{1}{2} \right)|\overrightarrow{AC}|^2 = 0$$
$$-6p + 8\left(q - \frac{1}{2} \right) = 0$$
$$3p - 4q + 2 = 0 \quad \cdots\cdots\cdots\cdots\cdots②$$

①, ② より, $p = 4$, $q = \dfrac{7}{2}$

$$\overrightarrow{AP} = 4\overrightarrow{AB} + \frac{7}{2}\overrightarrow{AC}$$

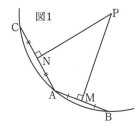
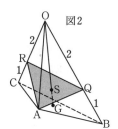

図1　　　　　図2

（2）$\overrightarrow{OG} = \dfrac{1}{3}(\overrightarrow{OA} + \overrightarrow{OB} + \overrightarrow{OC})$

$$\overrightarrow{AQ} = \frac{\overrightarrow{AO} + 2\overrightarrow{AB}}{3}$$
$$= \frac{1}{3}(1, 0, 2) + \frac{2}{3}(-1, -2, -1)$$
$$= \left(-\frac{1}{3}, -\frac{4}{3}, 0 \right)$$

（3）$\overrightarrow{OQ} = \dfrac{2}{3}\overrightarrow{OB}$, $\overrightarrow{OR} = \dfrac{2}{3}\overrightarrow{OC}$ であるから

$$\overrightarrow{OS} = t\overrightarrow{OA} + u\overrightarrow{OB} + v\overrightarrow{OC}$$
$$= t\overrightarrow{OA} + \frac{3}{2}u\overrightarrow{OQ} + \frac{3}{2}v\overrightarrow{OR}$$

ただし, 点 S は平面 AQR 上の点より, t, u, v は

$$t + \frac{3}{2}u + \frac{3}{2}v = 1 \quad \cdots\cdots\cdots\cdots\cdots③$$

を満たす実数である. また, S は直線 OG 上の点であるから, 実数 s を用いて

$$\overrightarrow{OS} = s\overrightarrow{OG} = \frac{s}{3}\overrightarrow{OA} + \frac{s}{3}\overrightarrow{OB} + \frac{s}{3}\overrightarrow{OC}$$

とも表せる. 係数を比較して

$$t = u = v = \frac{s}{3}$$

③ に代入して

$$\frac{s}{3} + \frac{3}{2} \cdot \frac{s}{3} + \frac{3}{2} \cdot \frac{s}{3} = 1 \qquad \therefore \quad s = \frac{3}{4}$$

$\overrightarrow{OS} = \dfrac{3}{4}\overrightarrow{OG}$ である. ここで, 点 G は △ABC の重心であるから $\overrightarrow{OS} = \dfrac{3}{4}\overrightarrow{OG}$ で定まる点 S は四面体 O-ABC の内部にある（図2）. よって S は △AQR の**内部（④）**に存在する.

四面体 O-ABC, O-AQR の体積をそれぞれ V, V' とおくと

$$V' = \frac{OQ}{OB} \cdot \frac{OR}{OC} \cdot V = \frac{2}{3} \cdot \frac{2}{3}V = \frac{4}{9}V$$

513

《等面四面体を埋め込む（B20）》

707. 四面体 OABC の 4 枚の面は互いに合同な三角形でできているとする．$\overrightarrow{OA} = \vec{a}$, $\overrightarrow{OB} = \vec{b}$, $\overrightarrow{OC} = \vec{c}$ とおく．ただし，$|\vec{a}|$, $|\vec{b}|$, $|\vec{c}|$ はすべて異なるとする．このとき以下の問いに答えよ．

（1）$|\vec{a}|^2 + |\vec{b}|^2 + |\vec{c}|^2 - 2\vec{a}\cdot\vec{b} - 2\vec{b}\cdot\vec{c} - 2\vec{c}\cdot\vec{a} = 0$ を示せ．

（2）$|\vec{a} + \vec{b} - \vec{c}|^2 = k\vec{a}\cdot\vec{b}$ を満たす実数 k の値を求めよ．

（3）$\vec{a}$ と $\vec{b}$ のなす角は鋭角であることを示せ．

（4）4 点 O, A, B, C を頂点に含む平行六面体 ODAE-FCGB があるとする．このとき平行六面体 ODAE-FCGB は直方体であることを示せ．ただし，平行六面体では，すべての面は平行四辺形であり，向かい合う面は合同である．

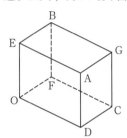

（23 明治大・総合数理）

▶解答◀ （1）図を見よ．$|\vec{a}| = a$, $|\vec{b}| = b$, $|\vec{c}| = c$ とする．

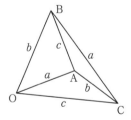

四面体 OABC の 4 つの面は合同であるから AB = c, BC = a, CA = b である．

$|\overrightarrow{AB}| = c$ より，$|\vec{b} - \vec{a}|^2 = c^2$ ……①
同様にして

$|\vec{c} - \vec{b}|^2 = a^2$ ……②

$|\vec{a} - \vec{c}|^2 = b^2$ ……③

①＋②＋③より

$2(a^2 + b^2 + c^2 - \vec{a}\cdot\vec{b} - \vec{b}\cdot\vec{c} - \vec{c}\cdot\vec{a}) = a^2 + b^2 + c^2$

$|\vec{a}|^2 + |\vec{b}|^2 + |\vec{c}|^2 - 2\vec{a}\cdot\vec{b} - 2\vec{b}\cdot\vec{c} - 2\vec{c}\cdot\vec{a} = 0$

が成り立つ．

（2）$|\vec{a} + \vec{b} - \vec{c}|^2$
$= |\vec{a}|^2 + |\vec{b}|^2 + |\vec{c}|^2 + 2\vec{a}\cdot\vec{b} - 2\vec{b}\cdot\vec{c} - 2\vec{c}\cdot\vec{a} = 4\vec{a}\cdot\vec{b}$
であるから $k = 4$ である．

（3）O, A, B, C は同一平面上にないから，$\vec{a} + \vec{b} - \vec{c} \neq \vec{0}$ であることに注意せよ．（2）より
$$\vec{a}\cdot\vec{b} = \frac{1}{4}|\vec{a} + \vec{b} - \vec{c}|^2 > 0$$
であるから $\vec{a}$ と $\vec{b}$ のなす角は鋭角である．

（4）$\overrightarrow{OD} = \vec{d}$, $\overrightarrow{OE} = \vec{e}$, $\overrightarrow{OF} = \vec{f}$ とおく．
$$\vec{a} = \vec{d} + \vec{e}, \ \vec{b} = \vec{e} + \vec{f}, \ \vec{c} = \vec{f} + \vec{d} \ \cdots\cdots④$$
これら 3 式を辺ごとに足して 2 で割ると
$$\frac{1}{2}(\vec{a} + \vec{b} + \vec{c}) = \vec{d} + \vec{e} + \vec{f}$$
④ と比較して
$$\vec{d} = \frac{1}{2}(\vec{a} - \vec{b} + \vec{c})$$
$$\vec{e} = \frac{1}{2}(\vec{a} + \vec{b} - \vec{c})$$
$$\vec{f} = \frac{1}{2}(-\vec{a} + \vec{b} + \vec{c})$$
$$\vec{d}\cdot\vec{e} = \frac{1}{4}(\vec{a} - \vec{b} + \vec{c})\cdot(\vec{a} + \vec{b} - \vec{c})$$
$$= \frac{1}{4}(|\vec{a}|^2 - |\vec{b} - \vec{c}|^2)$$
$$= \frac{1}{4}(|\overrightarrow{OA}|^2 - |\overrightarrow{BC}|^2) = 0$$
であるから $\vec{d} \perp \vec{e}$ である．同様にして $\vec{e} \perp \vec{f}$, $\vec{f} \perp \vec{d}$ であるから，平行六面体 ODAE-FCGB は直方体である．

注意 【ケプラー四面体】

直方体に等面四面体（4 面が合同な四面体）に埋め込む話題は「ケプラー四面体」として知られているが，本題は等面四面体を埋め込む平行六面体は直方体に限ることの論証である．

《平行四辺形（B5）》

708. 座標空間に 3 点 A$(5, 5, 5)$, B$(4, 6, 3)$, C$(0, 1, 4)$ がある．

（1）$\overrightarrow{AB}\cdot\overrightarrow{AC} = \boxed{}$ である．

（2）四角形 ABCD が平行四辺形となるような点 D をとる．
D の座標は，$(\boxed{}, \boxed{}, \boxed{})$ であり，平行四辺形 ABCD の面積は $\boxed{}\sqrt{\boxed{}}$ である．

（23 国際医療福祉大・医）

▶解答◀ （1）$\overrightarrow{AB} = (-1, 1, -2)$, $\overrightarrow{AC} = (-5, -4, -1)$
$\overrightarrow{AB}\cdot\overrightarrow{AC} = 5 - 4 + 2 = \mathbf{3}$

（2）　AC の中点と BD の中点が一致するから

$$\overrightarrow{OD} + \overrightarrow{OB} = \overrightarrow{OA} + \overrightarrow{OC}$$

$$\overrightarrow{OD} = \overrightarrow{OA} + \overrightarrow{OC} - \overrightarrow{OB}$$

$$= (5, 5, 5) + (0, 1, 4) - (4, 6, 3) = (1, 0, 6)$$

D の座標は **(1, 0, 6)** である．

$$|\overrightarrow{AB}|^2 = 1 + 1 + 4 = 6$$

$$|\overrightarrow{AC}|^2 = 25 + 16 + 1 = 42$$

平行四辺形 ABCD の面積は △ABC の面積の 2 倍であるから

$$2\triangle ABC = \sqrt{|\overrightarrow{AB}|^2 |\overrightarrow{AC}|^2 - (\overrightarrow{AB} \cdot \overrightarrow{AC})^2}$$

$$= \sqrt{6 \cdot 42 - 9} = \mathbf{9\sqrt{3}}$$

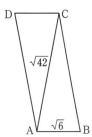

《平面の方程式（B20）》

709. 4 点 A(6, 2, 3), B(−1, 3, 2), C(3, 1, 8), D(1, −3, 6) を頂点とする四面体 ABCD がある．辺 CD の中点を M とするとき，BM ⊥ CD より △BCD の面積は $\boxed{}\sqrt{\boxed{}}$ となる．また，四面体 ABCD の体積は $\boxed{}$ となる．

(23　東京工芸大・工)

▶解答◀　点 M の座標は (2, −1, 7) であるから

$$\overrightarrow{BM} = (3, -4, 5), \quad \overrightarrow{CD} = (-2, -4, -2)$$

$$|\overrightarrow{BM}| = \sqrt{9 + 16 + 25} = 5\sqrt{2}$$

$$|\overrightarrow{CD}| = \sqrt{4 + 16 + 4} = 2\sqrt{6}$$

$\overrightarrow{BM} \cdot \overrightarrow{CD} = -6 + 16 - 10 = 0$ であるから $\overrightarrow{BM} \perp \overrightarrow{CD}$ で

$$\triangle BCD = \frac{1}{2} |\overrightarrow{BM}| |\overrightarrow{CD}|$$

$$= \frac{1}{2} \cdot 5\sqrt{2} \cdot 2\sqrt{6} = \mathbf{10\sqrt{3}}$$

点 A から平面 BCD に下ろした垂線の足を H とする．

$$\overrightarrow{AH} = \overrightarrow{AB} + s\overrightarrow{BC} + t\overrightarrow{BD}$$

$$= (-7, 1, -1) + s(4, -2, 6) + t(2, -6, 4)$$

$$= (4s + 2t - 7, -2s - 6t + 1, 6s + 4t - 1)$$

と表せて，$\overrightarrow{AH} \perp \overrightarrow{BC}$, $\overrightarrow{AH} \perp \overrightarrow{BD}$ であるから

$$\overrightarrow{AH} \cdot \overrightarrow{BC} = 4(4s + 2t - 7) - 2(-2s - 6t + 1)$$

$$+ 6(6s + 4t - 1)$$

$$= 56s + 44t - 36 = 0$$

$$14s + 11t - 9 = 0 \quad \cdots\cdots\cdots① $$

$$\overrightarrow{AH} \cdot \overrightarrow{BD} = 2(4s + 2t - 7) - 6(-2s - 6t + 1)$$

$$+ 4(6s + 4t - 1)$$

$$= 44s + 56t - 24 = 0$$

$$11s + 14t - 6 = 0 \quad \cdots\cdots\cdots② $$

①，② を解いて，$s = \dfrac{4}{5}$, $t = -\dfrac{1}{5}$ となる．

$$\overrightarrow{AH} = \left(\frac{16}{5} - \frac{2}{5} - 7, -\frac{8}{5} + \frac{6}{5} + 1, \frac{24}{5} - \frac{4}{5} - 1 \right)$$

$$= \left(-\frac{21}{5}, \frac{3}{5}, 3 \right) = \frac{3}{5}(-7, 1, 5)$$

$$|\overrightarrow{AH}| = \frac{3}{5}\sqrt{49 + 1 + 25} = \frac{3}{5} \cdot 5\sqrt{3} = 3\sqrt{3}$$

よって，四面体 ABCD の体積は

$$\frac{1}{3}\triangle BCD \cdot |\overrightarrow{AH}| = \frac{1}{3} \cdot 10\sqrt{3} \cdot 3\sqrt{3} = \mathbf{30}$$

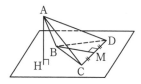

◆別解◆　$\overrightarrow{BC} = (4, -2, 6) = 2(2, -1, 3)$ と $\overrightarrow{BD} = (2, -6, 4) = 2(1, -3, 2)$ の両方に垂直なベクトルを $\vec{n} = (a, b, c)$ とする．内積をとり

$$2a - b + 3c = 0 \quad \cdots\cdots\cdots③ $$

$$a - 3b + 2c = 0 \quad \cdots\cdots\cdots④ $$

③−④×2 より $5b - c = 0$ となり $c = 5b$ となる．

$a = 3b - 2c = -7b$ だから，$\vec{n} = b(-7, 1, 5)$ となる．

平面 BCD の方程式は

$$-7(x + 1) + 1 \cdot (y - 3) + 5(z - 2) = 0$$

$$-7x + y + 5z - 20 = 0$$

点と平面の距離の公式を用いて

$$|\overrightarrow{AH}| = \frac{|-42 + 2 + 15 - 20|}{\sqrt{49 + 1 + 25}} = \frac{|-45|}{\sqrt{75}} = 3\sqrt{3}$$

$$\triangle BCD = \frac{1}{2}\sqrt{|\overrightarrow{BC}|^2 |\overrightarrow{BD}|^2 - (\overrightarrow{BC} \cdot \overrightarrow{BD})^2}$$

$$= \frac{1}{2}\sqrt{56 \cdot 56 - 44^2} = \frac{1}{2}\sqrt{(56 + 44)(56 - 44)}$$

$$= \frac{1}{2}\sqrt{100 \cdot 12} = \mathbf{10\sqrt{3}}$$

四面体 ABCD の体積は

$$\frac{1}{3}\triangle BCD \cdot |\overrightarrow{AH}| = \frac{1}{3} \cdot 10\sqrt{3} \cdot 3\sqrt{3} = \mathbf{30}$$

《台形を切る（B20）》

710. k を正の実数とし，空間内に点 $O(0,0,0)$，$A(4k,-4k,-4\sqrt{2}k)$，$B(7,5,-\sqrt{2})$ をとる．点 C は O，A，B を含む平面上の点であり，$OA=4BC$ で，四角形 OACB は OA を底辺とする台形であるとする．

（1）$\cos\angle AOB=\boxed{}$ である．台形 OACB の面積を k を用いて表すと $\boxed{}$ となる．また，線分 AC の長さを k を用いて表すと $\boxed{}$ となる．

（2）台形 OACB が円に内接するとき，$k=\boxed{\text{ア}}$ である．

（3）$k=\boxed{\text{ア}}$ であるとし，直線 OB と直線 AC の交点を D とする．△OBP と △ACP の面積が等しい，という条件を満たす空間内の点 P 全体は，点 D を通る 2 つの平面上の点全体から点 D を除いたものとなる．これら 2 つの平面のうち，線分 OA と交わらないものを α とする．点 O から平面 α に下ろした垂線の長さは $\boxed{}$ である．

（23 慶應大・理工）

▶**解答**◀　（1）$OA=4k\sqrt{1+1+2}=8k$

$OB=\sqrt{49+25+2}=2\sqrt{19}$

$\overrightarrow{OA}\cdot\overrightarrow{OB}=28k-20k+8k=16k$

であるから，

$$\cos\angle AOB=\frac{16k}{8k\cdot 2\sqrt{19}}=\frac{1}{\sqrt{19}}$$

$OA=4BC$ より，$BC=2k$ である．また，台形 OACB の高さ h は

$$h=OB|\sin\angle AOB|=2\sqrt{19}\cdot\sqrt{1-\frac{1}{19}}=6\sqrt{2}$$

であるから，台形 OACB の面積は

$$\frac{1}{2}\cdot(2k+8k)\cdot 6\sqrt{2}=\mathbf{30\sqrt{2}k}$$

さらに，

$$\overrightarrow{AC}=\overrightarrow{OC}-\overrightarrow{OA}=\left(\overrightarrow{OB}+\frac{1}{4}\overrightarrow{OA}\right)-\overrightarrow{OA}$$

$$=-\frac{3}{4}\overrightarrow{OA}+\overrightarrow{OB}$$

$$=(-3k+7,\,3k+5,\,3\sqrt{2}k-\sqrt{2})$$

であるから，

$$|\overrightarrow{AC}|=\sqrt{(-3k+7)^2+(3k+5)^2+(3\sqrt{2}k-\sqrt{2})^2}$$

$$=2\sqrt{9k^2-6k+19}$$

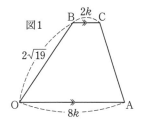

図1

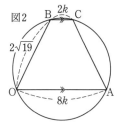

図2

（2）台形 OACB が円に内接するとき

$$\angle AOB+\angle ACB=180°$$

また，OA // BC より

$$\angle CAO+\angle ACB=180°$$

この 2 つから $\angle AOB=\angle OAC$ となり，台形 OACB は等脚台形となる．よって，OB = AC であるから

$$2\sqrt{19}=2\sqrt{9k^2-6k+19}$$

$$9k^2-6k=0\qquad\therefore\quad k(3k-2)=0$$

$k>0$ より，$k=\dfrac{2}{3}$ である．

（3）4 点 C，O，A，B を含む平面を π とする．いま，OB = AC であるから，△OBP ≡ △ACP となるための必要十分条件は P から直線 OB への距離と P から直線 AC への距離が等しくなることである．π 上で考えると，そのような P の軌跡は直線 OB と直線 AC の角の 2 等分線（これは 2 つある）となる．角の 2 等分線を含み，π に垂直な平面（これも 2 つあり，線分 OA と交わらない方を α，交わる方を β とする）を考える．このとき，α，β 上の点 P において，P から OB，AC への距離は等しくなる．ここで，△DOA は DO = DA の二等辺三角形であるから，平面 β と OA は垂直である．さらに，平面 α と平面 β も垂直になるから，OA と平面 α は平行となる．

よって，O から平面 α に下ろした垂線の足 H は平面 π 上にある．△DBC ∽ △DOA で相似比は 1 : 4 であるから，$OH=\dfrac{4}{3}h=\mathbf{8\sqrt{2}}$ である．

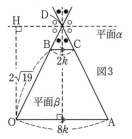

図3

《（A5）》

711. O を原点とする座標空間上に 4 点 $A(3,5,1)$，$B(2,4,1)$，$C(2,3,-2)$，$D(1,x,-1)$

をとる．これらの点が同一平面上にあるとき，x の値を求めよ． （23 昭和大・医-2期）

▶解答◀ $\overrightarrow{AB} = (-1, -1, 0) = -(1, 1, 0)$,
$\overrightarrow{AC} = (-1, -2, -3) = -(1, 2, 3)$
に垂直なベクトルを $\overrightarrow{v} = (a, b, c)$ とする．内積をとり，$a+b=0$, $a+2b+3c=0$ となる．$b=-a$, $c=\dfrac{a}{3}$ となる．$\overrightarrow{v} = \left(a, -a, \dfrac{a}{3}\right)$ となる．$a = 3$ として $\overrightarrow{v} = (3, -3, 1)$ を採用する．平面 ABC の方程式は（問題文が x を使ってしまっているから XYZ 座標で書く）

$3(X-3) - 3(Y-5) + 1\cdot(Z-1) = 0$

$3X - 3Y + Z + 5 = 0$ となる．D$(1, x, -1)$ を代入し

$3 - 3x - 1 + 5 = 0$ となり，$x = \dfrac{7}{3}$ である．

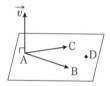

◆別解◆ 4点 A, B, C, D が同一平面上にあるから

$$\overrightarrow{AD} = s\overrightarrow{AB} + t\overrightarrow{AC}$$

と表すことができる．

$\overrightarrow{AD} = (-2, x-5, -2)$
$s\overrightarrow{AB} + t\overrightarrow{AC} = s(-1, -1, 0) + t(-1, -2, -3)$
$= (-s-t, -s-2t, -3t)$

よって

$-s-t = -2$, $-s-2t = x-5$, $-3t = -2$

$t = \dfrac{2}{3}$, $s = \dfrac{4}{3}$ であり，$x = \dfrac{7}{3}$ である．

《球面の方程式（B10）》

712. 球 $x^2+y^2+z^2=25$ と平面 $x+2y+2z=9$ が交わってできる図形を円 C とする．
（1） 円 C の半径は $\boxed{}$ である．
（2） 円 C 上に2点 P と Q をとるとき，内積 $\overrightarrow{OP}\cdot\overrightarrow{OQ}$ の最小値は $\boxed{}$ である．ただし，O は原点とする．

（23 帝京大・医）

▶解答◀ （1） 球の中心 $(0, 0, 0)$ から平面 $x+2y+2z-9 = 0$ までの距離は $\dfrac{|-9|}{\sqrt{1+4+4}} = 3$ であるから，C の半径は $\sqrt{5^2-3^2} = 4$ である．

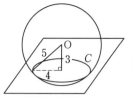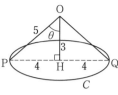

（i） O から平面に下ろした垂線の足を H とする．△OPH は，3辺の長さが 3, 4, 5 の直角三角形であり，これが OH を軸として回転する．∠POH $= \theta$ とする．$\cos\theta = \dfrac{3}{5}$, $\sin\theta = \dfrac{4}{5}$ である．

$\overrightarrow{OP}\cdot\overrightarrow{OQ} = |\overrightarrow{OP}||\overrightarrow{OQ}|\cos\angle POQ = 5^2\cos\angle POQ$

が最小になるのは ∠POQ が一番大きく開いたときで，そのとき ∠POQ $= 2\theta$ である．

$\cos 2\theta = 2\cos^2\theta - 1 = 2\cdot\dfrac{9}{25} - 1 = -\dfrac{7}{25}$

$\overrightarrow{OP}\cdot\overrightarrow{OQ} = 25\cos\angle POQ$ の最小値は -7 である．

◆別解◆ $|\overrightarrow{PQ}|^2 = |\overrightarrow{OQ} - \overrightarrow{OP}|^2$
$= |\overrightarrow{OQ}|^2 + |\overrightarrow{OP}|^2 - 2\overrightarrow{OP}\cdot\overrightarrow{OQ}$
$= 50 - 2\overrightarrow{OP}\cdot\overrightarrow{OQ}$

$\overrightarrow{OP}\cdot\overrightarrow{OQ} = 25 - \dfrac{1}{2}|\overrightarrow{PQ}|^2$

PQ が最大となるのは点 P，Q が円 C の直径の両端になるときでそのとき PQ $= 8$ である．

$\overrightarrow{OP}\cdot\overrightarrow{OQ} \geqq 25 - \dfrac{64}{2} = -7$

よって，$\overrightarrow{OP}\cdot\overrightarrow{OQ}$ の最小値は -7 である．

【球面の方程式】
《球面の方程式（B20）》

713. xyz-空間内の2点 P$(-1, 1, -4)$ と Q$(1, 2, -2)$ を通る直線 l と，原点 O を中心とする半径 r の球面 S_r が与えられている．以下の問に答えなさい．
（1） 球面 S_r と直線 l が2点で交わるための r の条件を求めなさい．
（2） 球面 S_r と直線 l が2点 A, B で交わるとき，ベクトル $\overrightarrow{OA}$ と $\overrightarrow{OB}$ の内積 $\overrightarrow{OA}\cdot\overrightarrow{OB}$ を r を用いて表しなさい．
（3） （2）のとき，三角形 OAB の面積を r を用いて表しなさい． （23 大分大・医）

▶解答◀ （1）
$\overrightarrow{PQ} = (1, 2, -2) - (-1, 1, -4) = (2, 1, 2)$
O から l に垂線 OH を引く．実数 t を用いて
$\overrightarrow{OH} = \overrightarrow{OP} + t\overrightarrow{PQ} = (-1, 1, -4) + t(2, 1, 2)$
$= (2t-1, t+1, 2t-4)$

と表せる．$\overrightarrow{\mathrm{OH}} \perp \overrightarrow{\mathrm{PQ}}$ より，$\overrightarrow{\mathrm{OH}} \cdot \overrightarrow{\mathrm{PQ}} = 0$ であるから

$$2(2t-1) + t + 1 + 2(2t-4) = 0$$
$$9t - 9 = 0 \qquad \therefore \quad t = 1$$

よって，$\overrightarrow{\mathrm{OH}} = (1, 2, -2)$ であり，
$\mathrm{OH} = \sqrt{1+4+4} = 3$ である．S_r と l が 2 点で交わるのは，$r > \mathrm{OH}$，すなわち $\boldsymbol{r > 3}$ のときである．

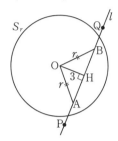

（2） $\mathrm{AB} = 2\mathrm{AH} = 2\sqrt{\mathrm{OA}^2 - \mathrm{OH}^2} = 2\sqrt{r^2 - 9}$

$$\overrightarrow{\mathrm{OA}} \cdot \overrightarrow{\mathrm{OB}} = \frac{|\overrightarrow{\mathrm{OA}}|^2 + |\overrightarrow{\mathrm{OB}}|^2 - |\overrightarrow{\mathrm{OB}} - \overrightarrow{\mathrm{OA}}|^2}{2}$$
$$= \frac{|\overrightarrow{\mathrm{OA}}|^2 + |\overrightarrow{\mathrm{OB}}|^2 - |\overrightarrow{\mathrm{AB}}|^2}{2}$$
$$= \frac{r^2 + r^2 - 4(r^2 - 9)}{2} = \boldsymbol{18 - r^2}$$

（3） $\triangle \mathrm{OAB} = \dfrac{1}{2} \cdot \mathrm{AB} \cdot \mathrm{OH} = \boldsymbol{3\sqrt{r^2 - 9}}$

♦別解♦ （1） 直線 l 上の任意の点 $\mathrm{R}(x, y, z)$ とする．本解と同様にして，実数 s を用いて
$\overrightarrow{\mathrm{OR}} = (2s-1, s+1, 2s-4)$ と表せる．つまり

$$x = 2s-1, \ y = s+1, \ z = 2s-4$$

と表せる．R が S_r 上にあるとき，$x^2 + y^2 + z^2 = r^2$ が成り立つから

$$(2s-1)^2 + (s+1)^2 + (2s-4)^2 = r^2$$
$$9s^2 - 18s + 18 - r^2 = 0 \quad \cdots\cdots\cdots\cdots①$$

S_r と l が 2 点で交わるのは，①が異なる 2 つの実数解をもつことである．①の判別式を D として

$$\frac{D}{4} = 81 - 9(18 - r^2) > 0$$
$$r^2 > 9$$

$r > 0$ より，$\boldsymbol{r > 3}$

（2） S_r と l が 2 点 A，B で交わるとき，①の異なる 2 つの実数解を $s = \alpha, \beta$ とすると

$$\overrightarrow{\mathrm{OA}} = (2\alpha - 1, \alpha + 1, 2\alpha - 4)$$
$$\overrightarrow{\mathrm{OB}} = (2\beta - 1, \beta + 1, 2\beta - 4)$$

と表せる．また，解と係数の関係より

$$\alpha + \beta = 2, \ \alpha\beta = \frac{18 - r^2}{9}$$

よって

$$\overrightarrow{\mathrm{OA}} \cdot \overrightarrow{\mathrm{OB}} = (2\alpha - 1)(2\beta - 1)$$

$$+ (\alpha + 1)(\beta + 1) + (2\alpha - 4)(2\beta - 4)$$
$$= 9\alpha\beta - 9(\alpha + \beta) + 18 = \boldsymbol{18 - r^2}$$

（3） $S = \dfrac{1}{2}\sqrt{|\overrightarrow{\mathrm{OA}}|^2 |\overrightarrow{\mathrm{OB}}|^2 - (\overrightarrow{\mathrm{OA}} \cdot \overrightarrow{\mathrm{OB}})^2}$

$$= \frac{1}{2}\sqrt{r^2 \cdot r^2 - (18 - r^2)^2} = \frac{1}{2}\sqrt{36(r^2 - 9)}$$
$$= \boldsymbol{3\sqrt{r^2 - 9}}$$

───《球面の方程式（A2）☆》───

714. 座標空間上の 2 点 $\mathrm{A}(4, -2, -4)$，$\mathrm{B}(-1, 3, 1)$ からの距離の比が $3:2$ である点 P が描く図形を求めよ．

（23 愛知医大・医-推薦）

▶解答◀ P の座標を (x, y, z) とおく．
$\mathrm{AP} : \mathrm{BP} = 3 : 2$ であるから $3\mathrm{BP} = 2\mathrm{AP}$

$$9\mathrm{BP}^2 = 4\mathrm{AP}^2$$
$$9\{(x+1)^2 + (y-3)^2 + (z-1)^2\}$$
$$= 4\{(x-4)^2 + (y+2)^2 + (z+4)^2\}$$
$$5x^2 + 50x + 5y^2 - 70y + 5z^2 - 50z - 45 = 0$$
$$x^2 + 10x + y^2 - 14y + z^2 - 10z - 9 = 0$$
$$(x+5)^2 + (y-7)^2 + (z-5)^2 = 108$$

よって，P が描く図形は**中心が $(-5, 7, 5)$，半径** $\sqrt{108} = 6\sqrt{3}$ **の球**である．

───《球面の方程式（A5）》───

715. xyz 空間において，2 点 $(5, 1, 2)$，$(-3, 7, 12)$ を直径の両端とする球面がある．この球面が，z 軸から切り取る線分の長さを求めよ．

（23 兵庫医大）

▶解答◀ 直径の両端をそれぞれ A，B とすると，AB の中点の座標は $\left(\dfrac{5-3}{2}, \dfrac{1+7}{2}, \dfrac{2+12}{2}\right)$，すなわち $(1, 4, 7)$ であり，AB の長さは $\sqrt{8^2 + (-6)^2 + (-10)^2} = 10\sqrt{2}$ であるから，この球面の中心は $(1, 4, 7)$，半径は $5\sqrt{2}$ となり，その方程式は

$$(x-1)^2 + (y-4)^2 + (z-7)^2 = 50$$

となる．これと z 軸との交点は，$x = y = 0$ とすれば

$$(-1)^2 + (-4)^2 + (z-7)^2 = 50$$
$$(z-7)^2 = 33 \qquad \therefore \quad z = 7 \pm \sqrt{33}$$

であるから，この球面が z 軸から切り取る線分の長さは $(7 + \sqrt{33}) - (7 - \sqrt{33}) = \boldsymbol{2\sqrt{33}}$ である．

───《球面の方程式（B10）》───

716. 球 $x^2+y^2+z^2=25$ と平面 $x+2y+2z=9$ が交わってできる図形を円 C とする.

（1） 円 C の半径は $\boxed{}$ である.

（2） 円 C 上に 2 点 P と Q をとるとき，内積 $\overrightarrow{\mathrm{OP}}\cdot\overrightarrow{\mathrm{OQ}}$ の最小値は $\boxed{}$ である．ただし，O は原点とする．

(23 帝京大・医)

▶解答◀ （1） 球の中心 $(0,0,0)$ から平面 $x+2y+2z-9=0$ までの距離は $\dfrac{|-9|}{\sqrt{1+4+4}}=3$ であるから，C の半径は $\sqrt{5^2-3^2}=\mathbf{4}$ である．

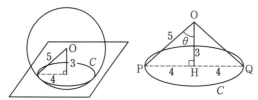

（ i ） O から平面に下ろした垂線の足を H とする．$\triangle$OPH は，3 辺の長さが 3, 4, 5 の直角三角形であり，これが OH を軸として回転する．$\angle$POH $=\theta$ とする．$\cos\theta=\dfrac{3}{5}$, $\sin\theta=\dfrac{4}{5}$ である．

$\overrightarrow{\mathrm{OP}}\cdot\overrightarrow{\mathrm{OQ}}=|\overrightarrow{\mathrm{OP}}||\overrightarrow{\mathrm{OQ}}|\cos\angle\mathrm{POQ}=5^2\cos\angle\mathrm{POQ}$

が最小になるのは $\angle$POQ が一番大きく開いたときで，そのとき $\angle$POQ $=2\theta$ である．

$\cos2\theta=2\cos^2\theta-1=2\cdot\dfrac{9}{25}-1=-\dfrac{7}{25}$

$\overrightarrow{\mathrm{OP}}\cdot\overrightarrow{\mathrm{OQ}}=25\cos\angle\mathrm{POQ}$ の最小値は $\mathbf{-7}$ である．

♦別解♦ $|\overrightarrow{\mathrm{PQ}}|^2=|\overrightarrow{\mathrm{OQ}}-\overrightarrow{\mathrm{OP}}|^2$

$=|\overrightarrow{\mathrm{OQ}}|^2+|\overrightarrow{\mathrm{OP}}|^2-2\overrightarrow{\mathrm{OP}}\cdot\overrightarrow{\mathrm{OQ}}$

$=50-2\overrightarrow{\mathrm{OP}}\cdot\overrightarrow{\mathrm{OQ}}$

$\overrightarrow{\mathrm{OP}}\cdot\overrightarrow{\mathrm{OQ}}=25-\dfrac{1}{2}|\overrightarrow{\mathrm{PQ}}|^2$

PQ が最大となるのは点 P，Q が円 C の直径の両端になるときでそのとき PQ $=8$ である．

$\overrightarrow{\mathrm{OP}}\cdot\overrightarrow{\mathrm{OQ}}\geqq25-\dfrac{64}{2}=-7$

よって，$\overrightarrow{\mathrm{OP}}\cdot\overrightarrow{\mathrm{OQ}}$ の最小値は $\mathbf{-7}$ である．

《球面と直線 (B15) ☆》

717. O を原点とする座標空間において，3 点 A(4, 2, 1)，B(1, -4, 1)，C(2, 2, -1) を通る平面を α とおく．また，球面 S は半径が 9 で，S と α の交わりは A を中心とし B を通る円であるとする．ただし，S の中心 P の z 座標は正とする．

（1） 線分 AP の長さを求めよ．

（2） P の座標を求めよ．

（3） S と直線 OC は 2 点で交わる．その 2 点間の距離を求めよ．

(23 北海道大・理系)

▶解答◀ （1） 図 1 を見よ．

$\overrightarrow{\mathrm{AB}}=(-3,-6,0)=-3(1,2,0)$

であるから AB $=3\sqrt{5}$ である．PB $=9$ であるから，

$\mathrm{AP}=\sqrt{\mathrm{PB}^2-\mathrm{AB}^2}=\mathbf{6}$

（2） $\overrightarrow{\mathrm{AP}}=(a,b,c)$ とおくと，$\overrightarrow{\mathrm{AP}}$ は

$\overrightarrow{\mathrm{AB}}=-3(1,2,0)$，$\overrightarrow{\mathrm{AC}}=(-2,0,-2)=-2(1,0,1)$

に垂直であるから内積をとって $a+2b=0$, $a+c=0$ となる．$a=-2b$, $c=2b$ となる．

$\overrightarrow{\mathrm{AP}}=(-2b,b,2b)=b(-2,1,2)$

$|\overrightarrow{\mathrm{AP}}|=6$ より $3|b|=6$ となり，$b=\pm2$ となる．

$\overrightarrow{\mathrm{OP}}=\overrightarrow{\mathrm{OA}}+\overrightarrow{\mathrm{AP}}=(4-2b,2+b,1+2b)$

の z 成分 $1+2b>0$ であるから，$b=2$ であり，P の座標は $(\mathbf{0,4,5})$ である．

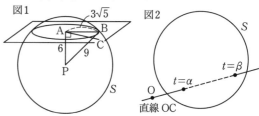

（3） S の方程式は $x^2+(y-4)^2+(z-5)^2=81$ である．図 2 を見よ．OC 上の点 Q について

$\overrightarrow{\mathrm{OQ}}=t\overrightarrow{\mathrm{OC}}=(2t,2t,-t)$

と書けて，Q が S 上にあるとき

$(2t)^2+(2t-4)^2+(-t-5)^2=81$

$9t^2-6t-40=0$

$(3t)^2-2(3t)-40=0$ で $3t=1\pm\sqrt{41}$ となる．

$\alpha=\dfrac{1-\sqrt{41}}{3}$, $\beta=\dfrac{1+\sqrt{41}}{3}$ とおく．これらに対応する Q を T，U として，$\overrightarrow{\mathrm{OT}}=\alpha\overrightarrow{\mathrm{OC}}$，$\overrightarrow{\mathrm{OU}}=\beta\overrightarrow{\mathrm{OC}}$ となる．$\overrightarrow{\mathrm{TU}}=(\beta-\alpha)\overrightarrow{\mathrm{OC}}$ となる．

$|\overrightarrow{\mathrm{TU}}|=|\beta-\alpha||\overrightarrow{\mathrm{OC}}|=\dfrac{2\sqrt{41}}{3}\cdot3=\mathbf{2\sqrt{41}}$

《球面と内積の値域 (B15) ☆》

718. 座標空間の 2 点 A(1, -1, 1)，B(1, -1, 5) を直径の両端とする球面を S とする．次の問いに答えよ．

（1） 球面 S の中心 C の座標と，S の方程式を求めよ．

（2） 点 P が S 上を動くとき，$\triangle$ABP の面積の最大値を求めよ.

（3） 点 $Q(x, y, z)$ が $\angle$QCA $= \dfrac{\pi}{3}$ かつ $y \geqq 0$ を満たしながら S 上を動く. 点 $R(1+\sqrt{2}, 0, 4)$ に対して，内積 $\overrightarrow{CQ} \cdot \overrightarrow{CR}$ のとりうる値の範囲を求めよ. （23 新潟大・前期）

▶解答◀ （1） $AB = 4$ より S の半径は 2 である. C は AB の中点であるから，C の座標は $(1, -1, 3)$ である. S の方程式は

$$(x-1)^2 + (y+1)^2 + (z-3)^2 = 4 \quad \cdots\cdots\cdots① $$

（2） $\triangle$ABP の面積が最大になるのは，AB を底辺とみたときの高さが最大となるときであり，それは，点 P から AB に下ろした垂線の足が C に一致するとき，つまり PC の長さが S の半径に一致するときである.

よって $\triangle$ABP の面積の最大値は $\dfrac{1}{2} \cdot 4 \cdot 2 = \mathbf{4}$

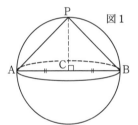

図1

（3） $\overrightarrow{CQ} = (x-1, y+1, z-3)$, $\overrightarrow{CA} = (0, 0, -2)$, $|\overrightarrow{CQ}| = |\overrightarrow{CA}| = 2$ である. $\angle$QCA $= \dfrac{\pi}{3}$ より

$$\overrightarrow{CQ} \cdot \overrightarrow{CA} = |\overrightarrow{CQ}||\overrightarrow{CA}| \cos \frac{\pi}{3}$$

$$-2(z-3) = 2 \cdot 2 \cdot \frac{1}{2}$$

$$z - 3 = -1 \qquad \therefore \quad z = 2$$

よって点 Q は平面 $z = 2$ 上にあり，さらに①に $z = 2$ を代入して

$$(x-1)^2 + (y+1)^2 = 3 \quad \cdots\cdots\cdots② $$

よって点 Q は平面 $z = 2$ 上で $D(1, -1, 2)$ を中心とする半径 $\sqrt{3}$ の円上の $y \geqq 0$ の部分を動く. ②で $y = 0$ とすると

$$(x-1)^2 = 2 \qquad \therefore \quad x = 1 \pm \sqrt{2}$$

$E\left(1+\sqrt{2}, 0, 2\right)$, $F\left(1-\sqrt{2}, 0, 2\right)$ とおく.

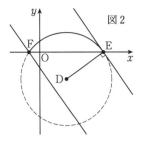

図2

$\overrightarrow{CQ} = (x-1, y+1, -1)$, $\overrightarrow{CR} = (\sqrt{2}, 1, 1)$ であるから

$$\overrightarrow{CQ} \cdot \overrightarrow{CR} = \sqrt{2}(x-1) + (y+1) - 1$$
$$= \sqrt{2}x + y - \sqrt{2}$$

$\sqrt{2}x + y - \sqrt{2} = k$ とおくと

$$y = -\sqrt{2}x + k + \sqrt{2} \quad \cdots\cdots\cdots③ $$

よって直線③が②の $y \geqq 0$ の部分と共有点をもつときの k のとりうる値の範囲を求める.

平面 $z = 2$ 上で考えるから z 成分を省略する. $\overrightarrow{DE} = (\sqrt{2}, 1)$ は直線 $\sqrt{2}x + y - \sqrt{2} = k$ と垂直である. k は E を通るときに最大，F を通るときに最小になる.

E を通るとき

$$k = \sqrt{2}\left(1+\sqrt{2}\right) - \sqrt{2} = 2$$

F を通るとき

$$k = \sqrt{2}\left(1-\sqrt{2}\right) - \sqrt{2} = -2$$

$\overrightarrow{CQ} \cdot \overrightarrow{CR}$ のとりうる値の範囲は

$$\mathbf{-2 \leqq \overrightarrow{CQ} \cdot \overrightarrow{CR} \leqq 2}$$

注意 （3） 図3は z 軸正方向から見た図である. A, C は重なって見える. C が手前，A が下である. 図4は x 軸正方向から見た図である.

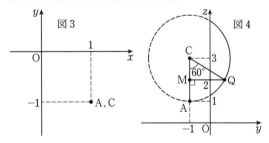

$\angle$QCA $= 60°$ のとき $M(1, -1, 2)$ として，$\triangle$QCM は $60°$ 定規であり，Q は半径 $\sqrt{3}$ の円弧をえがく. ただし，その $y \geqq 0$ の部分である.

《（B0）》

719. 原点を O とする座標空間に，3 点 $A(2, 2, 0)$, $B(0, 2, 2)$, $P(t, t, t)$ がある. 線分 AB

を直径とする球面を K とし，球面 K の中心を C とする．ただし，t は正の実数とする．

（1） $\overrightarrow{OA}\cdot\overrightarrow{OB}=\boxed{}$ であり，球面 K の方程式は，
$$x^2+y^2+z^2-\boxed{}x-\boxed{}y-\boxed{}z+\boxed{}=0$$
である．

（2） 直線 OP と球面 K の共有点を P_1，P_2 とし，$OP_1<OP_2$ とする．P_1 の x 座標は $\dfrac{\boxed{}}{\boxed{}}$ であり，P_2 の x 座標は $\boxed{}$ である．このとき，$\triangle CP_1P_2$ の面積は $\dfrac{\boxed{}\sqrt{\boxed{}}}{\boxed{}}$ である．

（3） 点 P を通り直線 OP に垂直な平面が球面 K と接するとき，接点の座標を (p,q,r) とすると，
$$p=\boxed{\text{ア}}-\sqrt{\dfrac{\boxed{\text{イ}}}{\boxed{\text{ウ}}}}, \quad \boxed{\text{ア}}+\sqrt{\dfrac{\boxed{\text{イ}}}{\boxed{\text{ウ}}}}$$
である．ただし，2 つずつある $\boxed{\text{ア}}$，$\boxed{\text{イ}}$，$\boxed{\text{ウ}}$ にはそれぞれ同じものがはいる．このとき，2 つの p の値に対応する接点を p の値が小さい順に T_1，T_2 とし，点 T_2 から直線 OT_1 に垂線 T_2D を引くと，
$$D\left(\dfrac{\boxed{}}{\boxed{}},\ \boxed{}+\dfrac{\sqrt{\boxed{}}}{\boxed{}},\ \dfrac{\boxed{}}{\boxed{}}\right)$$
である．

（4） 点 P を通り直線 OP に垂直な平面 α と球面 K の共有部分が円 R となるときを考える．ただし，平面 α が点 C を通るときを除くとする．このとき，C を頂点とし，円 R を底面とする円錐の体積の最大値は $\dfrac{\boxed{}\sqrt{\boxed{}}}{\boxed{}}\pi$ である．

（23 川崎医大）

考え方 t は定数で，点 P は定点であるが，点 $(1,1,1)$ と原点 O を結ぶ直線上に動点 $P(t,t,t)$ がある，と考える方が分かりやすい．

▶解答◀ （1） $\overrightarrow{OA}\cdot\overrightarrow{OB}=\mathbf{4}$

K の中心は $C(1,2,1)$，直径は $AB=\sqrt{4+0+4}=2\sqrt{2}$ であるから，
$$K:(x-1)^2+(y-2)^2+(z-1)^2=2$$
$$K:x^2+y^2+z^2-\mathbf{2}x-\mathbf{4}y-\mathbf{2}z+\mathbf{4}=0$$

（2） $P(t,t,t)$ が K 上にあるとき
$$3t^2-8t+4=0$$
$$(3t-2)(t-2)=0 \qquad \therefore\ t=\frac{2}{3},\ 2$$

P_1 の x 座標は $\dfrac{\mathbf{2}}{\mathbf{3}}$，$P_2$ の x 座標は $\mathbf{2}$ である．

$P_1\left(\dfrac{2}{3},\dfrac{2}{3},\dfrac{2}{3}\right)$，$P_2(2,2,2)$，$C(1,2,1)$ であるから

$$\overrightarrow{CP_1}=\left(-\frac{1}{3},-\frac{4}{3},-\frac{1}{3}\right),\quad \overrightarrow{CP_2}=(1,0,1)$$
$$\overrightarrow{CP_1}\cdot\overrightarrow{CP_2}=-\frac{1}{3}-\frac{1}{3}=-\frac{2}{3}$$

$\triangle CP_1P_2$ の面積は
$$\frac{1}{2}\sqrt{|\overrightarrow{CP_1}|^2|\overrightarrow{CP_2}|^2-(\overrightarrow{CP_1}\cdot\overrightarrow{CP_2})^2}$$
$$=\frac{1}{2}\sqrt{2\cdot2-\frac{4}{9}}=\frac{\mathbf{2\sqrt{2}}}{\mathbf{3}}$$

（3） T_1 と T_2 を結ぶ線分は球面 K の直径である．図 1 は O，C，P を通る平面で切ったときの断面図で，l_1，l_2 は K に接する平面である．接点を単に T と書くことにすると $\overrightarrow{CT}\parallel\overrightarrow{OP}$ かつ $|\overrightarrow{CT}|=\sqrt{2}$ であるから

$$\overrightarrow{CT}=\pm\frac{|\overrightarrow{CT}|}{\sqrt{3}}(1,1,1)=\pm\left(\frac{\sqrt{6}}{3},\frac{\sqrt{6}}{3},\frac{\sqrt{6}}{3}\right)$$
$$\overrightarrow{OT}=\overrightarrow{OC}+\overrightarrow{CT}$$
$$=\left(1\pm\frac{\sqrt{6}}{3},2\pm\frac{\sqrt{6}}{3},1\pm\frac{\sqrt{6}}{3}\right)$$

$p=\mathbf{1}\pm\dfrac{\sqrt{\mathbf{6}}}{\mathbf{3}}$ である．

T_1T_2 が K の直径で，$\angle T_1DT_2=90°$ であるから D は K 上にある．$\overrightarrow{OD}=k\overrightarrow{OT_1}$ とおく．D の座標は
$$k\left(1-\frac{\sqrt{6}}{3},2-\frac{\sqrt{6}}{3},1-\frac{\sqrt{6}}{3}\right)$$

（1）で求めた K の方程式に代入して
$$k^2\left(\left(1-\frac{\sqrt{6}}{3}\right)^2+\left(2-\frac{\sqrt{6}}{3}\right)^2+\left(1-\frac{\sqrt{6}}{3}\right)^2\right)$$
$$-2k\left(1-\frac{\sqrt{6}}{3}+2\left(2-\frac{\sqrt{6}}{3}\right)+1-\frac{\sqrt{6}}{3}\right)+4=0$$
$$\left(8-\frac{8\sqrt{6}}{3}\right)k^2+\left(\frac{8\sqrt{6}}{3}-12\right)k+4=0$$
$$(6-2\sqrt{6})k^2+(2\sqrt{6}-9)k+3=0$$
$$(k-1)((6-2\sqrt{6})k-3)=0$$

$k=1$ のとき D は T_1 と一致するから
$$k=\frac{3}{6-2\sqrt{6}}=\frac{3+\sqrt{6}}{2}$$
$$\overrightarrow{OD}=\frac{3+\sqrt{6}}{2}\left(\frac{3-\sqrt{6}}{3},\frac{6-\sqrt{6}}{3},\frac{3-\sqrt{6}}{3}\right)$$
$$=\left(\frac{1}{2},2+\frac{\sqrt{6}}{2},\frac{1}{2}\right)$$

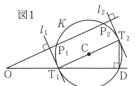

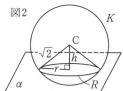

（4）図2を見よ．円Rの半径をr，Kの中心Cからαまでの距離をhとすると，$r^2+h^2=2\,(0<h<\sqrt{2})$が成り立つ．円錐の体積を$V$とする．

$$V=\frac{1}{3}\pi r^2 h=\frac{\pi}{3}(2-h^2)h=\frac{\pi}{3}(2h-h^3)$$

$$V'=\pi\left(\frac{2}{3}-h^2\right)$$

$h=\sqrt{\dfrac{2}{3}}$のときVは最大で

$$V=\frac{\pi}{3}\left(2-\frac{2}{3}\right)\sqrt{\frac{2}{3}}=\frac{4\sqrt{6}}{27}\pi$$

【♦別解♦】（1）K上の点を$\mathrm{X}(x,y,z)$とする．A，Bは球の直径の両端であるから，$\overrightarrow{\mathrm{AX}}\perp\overrightarrow{\mathrm{BX}}$より

$$(x-2,\,y-2,\,z)\cdot(x,\,y-2,\,z-2)=0$$

$$K:x^2+y^2+z^2-2x-4y-2z+4=0$$

（3）後半：Dの座標について

$s=\dfrac{\sqrt{6}}{3}$とおく．

$\mathrm{T_1}(1-s,\,2-s,\,1-s)$，$\mathrm{T_2}(1+s,\,2+s,\,1+s)$点Dは直線$\mathrm{OT_1}$上にあるから$\overrightarrow{\mathrm{OD}}=k\overrightarrow{\mathrm{OT_1}}$と表せて$\mathrm{OT_1}\perp\mathrm{T_2D}$より

$$\overrightarrow{\mathrm{OT_1}}\cdot\overrightarrow{\mathrm{T_2D}}=\overrightarrow{\mathrm{OT_1}}\cdot(\overrightarrow{\mathrm{OD}}-\overrightarrow{\mathrm{OT_2}})$$

$$=\overrightarrow{\mathrm{OT_1}}\cdot(k\overrightarrow{\mathrm{OT_1}}-\overrightarrow{\mathrm{OT_2}})$$

$$=k|\overrightarrow{\mathrm{OT_1}}|^2-\overrightarrow{\mathrm{OT_1}}\cdot\overrightarrow{\mathrm{OT_2}}=0$$

$$k((1-s)^2+(2-s)^2+(1-s)^2)$$
$$=(1-s)(1+s)+(2-s)(2+s)$$
$$+(1-s)(1+s)$$

$$k(3s^2-8s+6)=6-3s^2$$

$$\left(8-\frac{8\sqrt{6}}{3}\right)k=4\qquad\therefore\ \frac{8}{3}(3-\sqrt{6})k=4$$

$$k=\frac{3}{2(3-\sqrt{6})}=\frac{3+\sqrt{6}}{2}$$

$$\overrightarrow{\mathrm{OD}}=k(1-s,\,2-s,\,1-s)$$

$$=\frac{3+\sqrt{6}}{2}\left(\frac{3-\sqrt{6}}{3},\,\frac{6-\sqrt{6}}{3},\,\frac{3-\sqrt{6}}{3}\right)$$

$$=\left(\frac{1}{2},\,2+\frac{\sqrt{6}}{2},\,\frac{1}{2}\right)$$

《軌跡（C20）》

720．Oを原点とする座標空間に2点

A$(0,0,1)$，B$(0,0,-1)$

がある．$r>0$，$-\pi<\theta<\pi$に対して，2点

$\mathrm{P}(r\cos\theta,\,r\sin\theta,\,0)$，$\mathrm{Q}\left(\dfrac{1}{r}\cos\theta,\,\dfrac{1}{r}\sin\theta,\,0\right)$

をとり，2直線APとBQの交点を$\mathrm{R}(a,b,c)$とするとき，次の問いに答えよ．

（1）a,b,cの間に成り立つ関係式を求めよ．

（2）点G$(4,1,1)$をとる．r,θが$r\cos\theta=\dfrac{1}{2}$をみたしながら変化するとき，内積$\overrightarrow{\mathrm{OG}}\cdot\overrightarrow{\mathrm{OR}}$の最大値とそのときの$a,b,c$の値を求めよ．

（23 東京慈恵医大）

【▶解答◀】（1）P，Q，R，A，Bは1つの平面上にあるから，その断面を考える．図1を見よ．

図1のようにu軸をとると，uz平面においてAPの傾きは$-\dfrac{1}{r}$，BQの傾きはrであるから，APとBQは直交する．これより$\angle\mathrm{ARB}=90^\circ$であるから円周角の定理より$\mathrm{R}$は$uz$平面上で$\mathrm{AB}$を直径とする円周上にあり，$\mathrm{OR}=1$となる．よって，$\mathrm{R}(a,b,c)$としたとき成り立つ関係式は$a^2+b^2+c^2=1$

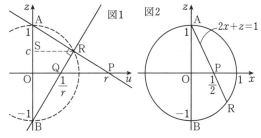

（2）y軸の負方向から見た図2を見よ．$r\cos\theta=\dfrac{1}{2}$のとき，Pはxy平面の直線$x=\dfrac{1}{2}$，$z=0$上を動く．直線APは平面$z+2x=1$上にある．Rは直線AP上にあるから平面$z+2x=1$と球面$x^2+y^2+z^2=1$の交わりの円（ただしAを除く）を動く．$k=\overrightarrow{\mathrm{OG}}\cdot\overrightarrow{\mathrm{OR}}$とおくと$k=4a+b+c$である．また，$c+2a=1$が成り立つ．これらより$c=1-2a$，$b=k-1-2a$となる．これらを$a^2+b^2+c^2=1$に代入し

$$a^2+(k-1-2a)^2+(1-2a)^2=1$$

$$9a^2-4ka+(k-1)^2=0$$

となる．これを解いて$a=\dfrac{2k\pm\sqrt{D_1}}{9}$となる．ただし

$$D_1=4k^2-9(k-1)^2$$

$$=\{2k-3(k-1)\}\{2k+3(k-1)\}$$

$$= (3-k)(5k-3) \geqq 0$$

よって，$\dfrac{3}{5} \leqq k \leqq 3$ であるから，$\overrightarrow{\mathrm{OG}} \cdot \overrightarrow{\mathrm{OR}}$ の最大値

は **3** である．このとき重解 $a = \dfrac{2 \cdot 3}{9} = \dfrac{2}{3}$ であり，

$$b = k - 1 - 2a = 2 - \dfrac{4}{3} = \dfrac{2}{3}$$

$$c = 1 - 2a = 1 - 2 \cdot \dfrac{2}{3} = -\dfrac{1}{3}$$

となるから，k が最大値をとるとき

$$(a, b, c) = \left(\dfrac{2}{3}, \dfrac{2}{3}, -\dfrac{1}{3} \right)$$

注意 【r, θ の存在性】k の最大を与えるとき

$$\overrightarrow{\mathrm{OP}} = (1-t)(0, 0, 1) + t(a, b, c)$$

とおけて z 成分が 0 だから $1 - t - \dfrac{t}{3} = 0$ で $t = \dfrac{3}{4}$ と

なる．$\mathrm{P}\left(\dfrac{1}{2}, \dfrac{1}{2}, 0 \right)$，$r \cos\theta = \dfrac{1}{2}$，$r \sin\theta = \dfrac{1}{2}$ と

なり，$r = \dfrac{1}{\sqrt{2}}$，$\theta = \dfrac{\pi}{4}$ は存在する．

《射影 (B20) ☆》

721. 座標空間において，原点 $\mathrm{O}(0, 0, 0)$ を中心とする半径 1 の球面を S とする．S から点 $\mathrm{N}(0, 0, 1)$ を取り除いた部分を T とする．T 上の点 $\mathrm{P}(u, v, w)$ に対して，直線 NP が xy 平面と交わる点を $\mathrm{Q}(x, y, 0)$ とする．

（1）x, y を u, v, w の式で表しなさい．

（2）u, v, w を x, y の式で表しなさい．

（3）a を 1 より大きい定数とする．点 P が $u = \dfrac{1}{a}$ をみたしながら T 上を動くとき，点 Q の軌跡は xy 平面上の円であることを示し，その円の中心と半径を求めなさい．

（4）θ を $0 < \theta < \pi$ をみたす定数とし，T 上に点 $\mathrm{A}(\sin\theta, 0, \cos\theta)$ をとる．点 P が，次の条件（＊）をみたしながら T 上を動くとする．

$\overrightarrow{\mathrm{OA}}$ と $\overrightarrow{\mathrm{OP}}$ のなす角は θ である $\cdots\cdots$（＊）

このとき，点 Q の軌跡は xy 平面上のどのような図形であるか答えなさい．

（23 北海道大・フロンティア入試（選択））

▶解答◀ （1）$\overrightarrow{\mathrm{NP}} = k\overrightarrow{\mathrm{NQ}}$ とかけるから

$$(u, v, w-1) = k(x, y, -1)$$

$$u = kx, \quad v = ky, \quad w - 1 = -k$$

$k = 1 - w$ であり，$w \neq 1$ であるから

$$x = \dfrac{u}{1-w}, \quad y = \dfrac{v}{1-w}$$

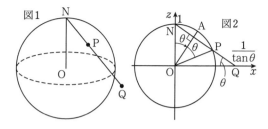

図1　図2

（2）P は T 上にあるから

$$u^2 + v^2 + w^2 = 1$$

$$(kx)^2 + (ky)^2 + (1-k)^2 = 1$$

$$(x^2 + y^2 + 1)k^2 - 2k = 0$$

$k \neq 0$ より $k = \dfrac{2}{x^2 + y^2 + 1}$ である．これより

$$u = \dfrac{2x}{x^2 + y^2 + 1}, \quad v = \dfrac{2y}{x^2 + y^2 + 1}$$

$$w = 1 - \dfrac{2}{x^2 + y^2 + 1} = \dfrac{x^2 + y^2 - 1}{x^2 + y^2 + 1}$$

（3）$u = \dfrac{1}{a}$ であるとき

$$\dfrac{2x}{x^2 + y^2 + 1} = \dfrac{1}{a}$$

$$x^2 + y^2 + 1 = 2ax$$

$$(x - a)^2 + y^2 = a^2 - 1$$

いま，$a > 1$ であるから，Q の軌跡は xy 平面上において中心が $(a, 0)$，半径が $\sqrt{a^2 - 1}$ の円である．

（4）（＊）が成立しているとき

$$\overrightarrow{\mathrm{OA}} \cdot \overrightarrow{\mathrm{OP}} = 1 \cdot 1 \cdot \cos\theta = \cos\theta$$

である．また，成分ごとに考えると

$$\overrightarrow{\mathrm{OA}} \cdot \overrightarrow{\mathrm{OP}} = (\sin\theta, 0, \cos\theta) \cdot (u, v, w)$$

$$= u\sin\theta + w\cos\theta$$

これが $\cos\theta$ になるから

$$u\sin\theta + w\cos\theta = \cos\theta$$

$$u\sin\theta = (1-w)\cos\theta$$

$$kx\sin\theta = k\cos\theta$$

$k > 0$，$\sin\theta > 0$ より，$x = \dfrac{\cos\theta}{\sin\theta}$ である．よって，

Q の軌跡は**直線 $x = \dfrac{\cos\theta}{\sin\theta}$** である．

注意 【（4）の意味】図2を見よ．

「$\overrightarrow{\mathrm{OA}}$ と $\overrightarrow{\mathrm{OP}}$ のなす角は θ」だから，OP は OA を中心軸とする頂角 2θ の円錐面上にある．P は球面と円錐面の交線の上にあり，N を通って OA に垂直な平面 $\sin\theta(x - 0) + \cos\theta(z - 1) = 0$ 上にある．特に P が xz 平面上にあるときには，$\mathrm{OQ} = \dfrac{1}{\tan\theta}$ となるから，Q は直線 $x = \dfrac{1}{\tan\theta}$ を描く．

《円錐と内接球 (B0)》

722. a, b を $a^2 + b^2 > 1$ かつ $b \neq 0$ をみたす実数の定数とする. 座標空間の点 A$(a, 0, b)$ と点 P$(x, y, 0)$ をとる. 点 O$(0, 0, 0)$ を通り直線 AP と垂直な平面を α とし, 平面 α と直線 AP との交点を Q とする.

（１） $(\overrightarrow{\mathrm{AP}} \cdot \overrightarrow{\mathrm{AO}})^2 = |\overrightarrow{\mathrm{AP}}|^2 |\overrightarrow{\mathrm{AQ}}|^2$ が成り立つことを示せ.

（２） $|\overrightarrow{\mathrm{OQ}}| = 1$ をみたすように点 P$(x, y, 0)$ が xy 平面上を動くとき, 点 P の軌跡を求めよ.

(23 阪大・前期)

▶**解答**◀ （１） $\angle \mathrm{OAP} = \theta$ とおく. $\overrightarrow{\mathrm{AP}}$ と $\overrightarrow{\mathrm{AQ}}$ のなす角は θ または θ の補角である.

$$\overrightarrow{\mathrm{AP}} \cdot \overrightarrow{\mathrm{AO}} = \pm |\overrightarrow{\mathrm{AP}}| |\overrightarrow{\mathrm{AO}}| \cos\theta = \pm \overrightarrow{\mathrm{AP}} \cdot \overrightarrow{\mathrm{AQ}}$$

なお, $\mathrm{AO}\cos\theta = \pm\mathrm{AQ}$ である.

$$(\overrightarrow{\mathrm{AP}} \cdot \overrightarrow{\mathrm{AO}})^2 = |\overrightarrow{\mathrm{AP}}|^2 |\overrightarrow{\mathrm{AQ}}|^2$$

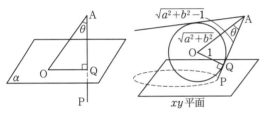

（２） $\overrightarrow{\mathrm{AP}} = (x - a, y, -b)$, $\overrightarrow{\mathrm{AO}} = (-a, 0, -b)$ は $\vec{0}$ ではないから

$$\cos\theta = \pm \frac{\overrightarrow{\mathrm{AP}} \cdot \overrightarrow{\mathrm{AO}}}{|\overrightarrow{\mathrm{AP}}| |\overrightarrow{\mathrm{AO}}|}$$

$$= \pm \frac{-a(x - a) + b^2}{\sqrt{(x - a)^2 + y^2 + b^2}\sqrt{a^2 + b^2}}$$

である. 一方, $\mathrm{OA} = \sqrt{a^2 + b^2}$

$\mathrm{AQ} = \sqrt{\mathrm{OA}^2 - \mathrm{OQ}^2} = \sqrt{a^2 + b^2 - 1}$ より

$\cos\theta = \dfrac{\sqrt{a^2 + b^2 - 1}}{\sqrt{a^2 + b^2}}$ であるから

$$\pm \frac{-ax + a^2 + b^2}{\sqrt{(x - a)^2 + y^2 + b^2}\sqrt{a^2 + b^2}} = \frac{\sqrt{a^2 + b^2 - 1}}{\sqrt{a^2 + b^2}}$$

$$\pm \frac{-ax + a^2 + b^2}{\sqrt{(x - a)^2 + y^2 + b^2}} = \sqrt{a^2 + b^2 - 1}$$

$$a^2x^2 - 2ax(a^2 + b^2) + (a^2 + b^2)^2$$
$$= (a^2 + b^2 - 1)(x^2 + y^2 - 2ax + a^2 + b^2)$$

よって, 求める軌跡は

$$(b^2 - 1)x^2 + 2ax + (a^2 + b^2 - 1)y^2 = a^2 + b^2$$

注意 【円錐と xy 平面との交わり】

O を中心とする半径 1 の球面を内接球とする円錐面と xy 平面との交線を求めている.

《4 直線に接する球面 (C30)》

723. xyz 空間の 4 点

A$(1, 0, 0)$, B$(1, 1, 1)$, C$(-1, 1, -1)$, D$(-1, 0, 0)$ を考える.

（１） 2 直線 AB, BC から等距離にある点全体のなす図形を求めよ.

（２） 4 直線 AB, BC, CD, DA に共に接する球面の中心と半径の組をすべて求めよ.

(23 東工大・前期)

▶**解答**◀ （１） 点 P(x, y, z) を考えて, P から AB, BC に下ろした垂線の足をそれぞれ H, I とする. このとき, PH = PI となる条件は, BH = BI である. ゆえに, $\overrightarrow{\mathrm{BP}}$ の $\overrightarrow{\mathrm{BA}}$, $\overrightarrow{\mathrm{BC}}$ 上への正射影ベクトルの長さが等しいことである. また, $\overrightarrow{\mathrm{BP}}$ の $\overrightarrow{\mathrm{BA}}$ 上への正射影ベクトルの長さは

$$\left| \frac{\overrightarrow{\mathrm{BP}} \cdot \overrightarrow{\mathrm{BA}}}{|\overrightarrow{\mathrm{BA}}|^2} \overrightarrow{\mathrm{BA}} \right| = \frac{|\overrightarrow{\mathrm{BP}} \cdot \overrightarrow{\mathrm{BA}}|}{|\overrightarrow{\mathrm{BA}}|}$$

で与えられる. $\overrightarrow{\mathrm{BA}} = (0, -1, -1)$, $\overrightarrow{\mathrm{BC}} = (-2, 0, -2)$ より, P が 2 直線 AB, BC から等距離にある条件は

$$\frac{|\overrightarrow{\mathrm{BP}} \cdot \overrightarrow{\mathrm{BA}}|}{|\overrightarrow{\mathrm{BA}}|} = \frac{|\overrightarrow{\mathrm{BP}} \cdot \overrightarrow{\mathrm{BC}}|}{|\overrightarrow{\mathrm{BC}}|}$$

$$\frac{|-(y - 1) - (z - 1)|}{\sqrt{2}} = \frac{|-2(x - 1) - 2(z - 1)|}{2\sqrt{2}}$$

$$|-(y - 1) - (z - 1)| = |-(x - 1) - (z - 1)|$$

$$-(y - 1) - (z - 1) = \pm\{-(x - 1) - (z - 1)\}$$

$$P_1 : y = x, \quad P_2 : x + y + 2z = 4$$

これより, 2 直線 AB, BC から等距離にある点全体のなす図形は, **平面 $y = x$ または平面 $x + y + 2z = 4$** である.

（２） A, B はそれぞれ y 軸に関して D, C と対称であるから, 2 直線 DC, CB から等距離にある点全体のなす図形は, （１）において x を $-x$, z を $-z$ とすると

$$Q_1 : y = -x, \quad Q_2 : -x + y - 2z = 4$$

である. P が 2 直線 DA, AB から等距離にある条件は

$$\frac{|\overrightarrow{\mathrm{AP}} \cdot \overrightarrow{\mathrm{AD}}|}{|\overrightarrow{\mathrm{AD}}|} = \frac{|\overrightarrow{\mathrm{AP}} \cdot \overrightarrow{\mathrm{AB}}|}{|\overrightarrow{\mathrm{AB}}|}$$

$$\frac{|-2(x - 1)|}{2} = \frac{|y + z|}{\sqrt{2}}$$

$$\sqrt{2}\,|x-1| = |y+z|$$

$$\sqrt{2}(x-1) = \pm(y+z)$$

$$R_1 : \sqrt{2}x - y - z = \sqrt{2},$$

$$R_2 : \sqrt{2}x + y + z = \sqrt{2}$$

4 直線 AB, BC, CD, DA に共に接する球面の中心 $Q(x, y, z)$ は P_a かつ Q_b かつ R_c (a, b, c は 1 か 2 のいずれか) 上にある. このとき, DA は x 軸であるから, 球の半径は $\sqrt{y^2+z^2}$ で与えられる.

● P_1 かつ Q_1 上にあるとき:$x = y = 0$ である. $Q(0, 0, z)$ がそれぞれ R_1, R_2 上にある条件は

$$\mp z = \sqrt{2} \qquad \therefore \quad z = \mp\sqrt{2}$$

これより, 中心は **$(0, 0, \mp\sqrt{2})$** で, 半径は **$\sqrt{2}$** である.

● P_1 かつ Q_2 上にあるとき:$z = -2$ である. $Q(x, x, -2)$ がそれぞれ R_1, R_2 上にある条件は

$$(\sqrt{2}\mp1)x = \sqrt{2}\mp2 \qquad \therefore \quad x = \mp\sqrt{2}$$

これより, 中心は **$(\mp\sqrt{2}, \mp\sqrt{2}, -2)$** (複号同順) で, 半径は **$\sqrt{2+4} = \sqrt{6}$** である.

● P_2 かつ Q_1 上にあるとき:$z = 2$ である. $Q(x, -x, 2)$ がそれぞれ R_1, R_2 上にある条件は

$$(\sqrt{2}\pm1)x = \sqrt{2}\pm2 \qquad \therefore \quad x = \pm\sqrt{2}$$

これより, 中心は **$(\pm\sqrt{2}, \mp\sqrt{2}, 2)$** (複号同順) で, 半径は **$\sqrt{2+4} = \sqrt{6}$** である.

● P_2 かつ Q_2 上にあるとき:$y = 4$ である. $Q(-2z, 4, z)$ がそれぞれ R_1, R_2 上にある条件は

$$(-2\sqrt{2}\mp1)z = \sqrt{2}\pm4 \qquad \therefore \quad z = \mp\sqrt{2}$$

これより, 中心は **$(\pm2\sqrt{2}, 4, \mp\sqrt{2})$** (複号同順) で, 半径は **$\sqrt{16+2} = 3\sqrt{2}$** である.

《空間の円 (C30)》

724. xyz 空間に点 O を中心とする半径 2 の球面 S があり, S 上に異なる 3 点 A, B, C をとる. ここで, △ABC は xy 平面上にある正三角形で点 A の座標は $(2, 0, 0)$ であり, 点 B の y 座標の値が正であるとする. S 上にある点 P が, $\angle\mathrm{BOP} = \dfrac{\pi}{6}$ という条件を満たして動くとき, z 座標の値が最小であるような点 P を P_1 とする. このとき, 以下の問に答えよ.

(1) P_1 の座標を求めよ.

(2) S 上にある点 Q が $\angle\mathrm{QOP_1} = \dfrac{\pi}{6}$ という条件を満たして動くとき, 線分 AQ の長さが最小となる点 Q を Q_1 とする. このとき, 三角錐 $\mathrm{ABCQ_1}$ の体積はいくらか.

(23 防衛医大)

▶解答◀ (1) 球面 S の方程式は

$$x^2 + y^2 + z^2 = 4 \quad\cdots\cdots\cdots\cdots①$$

である. 図1を見よ. A, B, C は円 $x^2 + y^2 = 4$ に内接する正三角形であり, A の座標は $(2, 0, 0)$, B の y 座標は正であるから $B(-1, \sqrt{3}, 0)$, $C(-1, -\sqrt{3}, 0)$ となる.

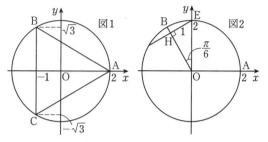

$E(0, 2, 0)$ とする. $\angle\mathrm{EOB} = \dfrac{\pi}{6}$ である. E から OB に下ろした垂線の足を H とする. $\mathrm{EH} = 1$ である.

$\angle\mathrm{BOP} = \dfrac{\pi}{6}$ となる P について, HP は HE を線分 OB の周りに回転したものである. ただし HP は OB に垂直であるようにして回転する.

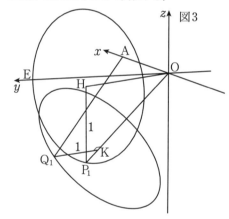

$$\overrightarrow{\mathrm{OH}} = \cos\frac{\pi}{6}\overrightarrow{\mathrm{OB}} = \frac{\sqrt{3}}{2}(-1, \sqrt{3}, 0)$$

z 座標が最小な P については, HP が紙面の下方 1 にあり, P_1 の座標は $\left(-\dfrac{\sqrt{3}}{2}, \dfrac{3}{2}, -1\right)$ である.

(2) $\overrightarrow{\mathrm{OK}} = \cos\dfrac{\pi}{6}\overrightarrow{\mathrm{OP_1}} = \dfrac{\sqrt{3}}{2}\left(-\dfrac{\sqrt{3}}{2}, \dfrac{3}{2}, -1\right)$

とする. (1) で, P 全体は H を通って OH に垂直な平面上にある. Q は K を通って, $\overrightarrow{\mathrm{OK}} = \dfrac{\sqrt{3}}{4}(-\sqrt{3}, 3, -2)$ に垂直な平面

$$-\sqrt{3}\left(x+\frac{3}{4}\right) + 3\left(y - \frac{3\sqrt{3}}{4}\right) - 2\left(z + \frac{\sqrt{3}}{2}\right) = 0$$

$$-\sqrt{3}x + 3y - 2z = 4\sqrt{3} \quad\cdots\cdots\cdots\cdots②$$

上にあり，この平面と球面 ① の交線が Q の描く円弧である．このとき，① より

$$AQ^2 = (x-2)^2 + y^2 + z^2$$
$$= (x^2+y^2+z^2) - 4x + 4 = 8 - 4x$$

が最小となる x を求める．それは x のうちで最大の x である．① かつ ② のとき x の値域を求める．yz 平面の円 $y^2 + z^2 = \left(\sqrt{4-x^2}\right)^2$（ただし $\sqrt{4-x^2} = 0$ のときも円であるということにする）と直線 $3y - 2z = \sqrt{3}(x+4)$ が共有点をもつ条件は，原点と直線の距離が半径以下になることで

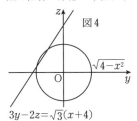
図4

$3y-2z=\sqrt{3}(x+4)$

$$4 - x^2 \geqq 0 \text{ かつ } \frac{|\sqrt{3}(x+4)|}{\sqrt{9+4}} \leqq \sqrt{4-x^2}$$

後者より $3(x+4)^2 \leqq 13(4-x^2)$
となり，左辺は 0 以上だから $4-x^2 \geqq 0$ は成り立つ．

$$3x^2 + 24x + 48 \leqq 13(4 - x^2)$$
$$4x^2 + 6x - 1 \leqq 0$$
$$\frac{-3-\sqrt{13}}{4} \leqq x \leqq \frac{-3+\sqrt{13}}{4}$$

等号が成り立つときの y, z は原点から直線 $3y - 2z = \sqrt{3}(x+4)$ に下ろした垂線の足であり，

$$\binom{y}{z} = \frac{\sqrt{3}x + 4\sqrt{3}}{13}\binom{3}{-2}$$

Q_1 の x 座標は $x = \dfrac{-3+\sqrt{13}}{4}$ であり，このとき

$$z = -\frac{2\sqrt{3}\left(\dfrac{-3+\sqrt{13}}{4}+4\right)}{13}$$
$$= -\frac{\sqrt{3}(13+\sqrt{13})}{26}$$

となる．三角錐 $ABCQ_1$ の体積は

$$\frac{1}{3}\triangle ABC \cdot |z| = \frac{1}{3}\cdot\frac{\sqrt{3}}{4}(2\sqrt{3})^2 \cdot \frac{\sqrt{3}(13+\sqrt{13})}{26}$$
$$= \frac{3}{26}(13+\sqrt{13})$$

注意 1°【円錐】

一般に，$\angle BOP = \dfrac{\pi}{6}$ を満たす点 $P(x, y, z)$ の集合は円錐となる．

$$\cos\frac{\pi}{6} = \frac{\overrightarrow{OP}\cdot\overrightarrow{OB}}{|\overrightarrow{OP}||\overrightarrow{OB}|}$$
$$-x + \sqrt{3}y = \sqrt{x^2+y^2+z^2}\cdot 2\cdot\frac{\sqrt{3}}{2}$$

これを 2 乗して展開すると円錐面の方程式が得られる．しかし，これと $x^2+y^2+z^2 = 4$ を連立させる必要があるから，ここでさっさと $x^2+y^2+z^2 = 4$ を代入すると $-x + \sqrt{3}y = 2\sqrt{3}$ を得る．これは平面の方程式である．どんな平面かといえば，点 H を通って OB に垂直な平面であり，解答のような着眼に至るだろう．同じく，$\angle QOP_1 = \dfrac{\pi}{6}$ を満たす点 $Q(x, y, z)$ について

$$\cos\frac{\pi}{6} = \frac{\overrightarrow{OQ}\cdot\overrightarrow{OP_1}}{|\overrightarrow{OQ}||\overrightarrow{OP_1}|}$$

$|\overrightarrow{OQ}| = |\overrightarrow{OP_1}| = 2$ だから

$$-\frac{\sqrt{3}}{2}x + \frac{3}{2}y - z = 2\cdot 2\frac{\sqrt{3}}{2}$$

この平面は K を通って OK に垂直な平面である．

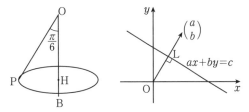

$ax+by=c$

2°【原点から直線に下ろした垂線の足】

直線 $ax + by = c$ に原点 O から下ろした垂線の足を L とすると $\overrightarrow{OL} = t\binom{a}{b} = \binom{at}{bt}$ とおけて，L は $ax + by = c$ 上にあるから $t(a^2+b^2) = c$ となり $t = \dfrac{c}{a^2+b^2}$ となる．$\overrightarrow{OL} = \dfrac{c}{a^2+b^2}\binom{a}{b}$

3°【x の値域について】

$$y = \frac{2z+\sqrt{3}(x+4)}{3}$$ を ① に代入して 9 倍すると

$$9x^2 + \{2z + \sqrt{3}(x+4)\}^2 + 9z^2 = 36$$
$$13z^2 + 4\sqrt{3}(x+4)z + (12x^2+24x+12) = 0 \quad\cdots\cdots③$$

この判別式を D として $\dfrac{D}{4} \geqq 0$ より

$$\frac{D}{4} = 12(x+4)^2 - 13\cdot 12(x+1)^2 \geqq 0$$
$$4x^2 + 6x - 1 \leqq 0$$
$$\frac{-3-\sqrt{13}}{4} \leqq x \leqq \frac{-3+\sqrt{13}}{4}$$

ゆえに，Q_1 の x 座標は $\dfrac{-3+\sqrt{13}}{4}$ であり，このとき ③ の重解 z は

$$z = -\frac{2\sqrt{3}(x+4)}{13} = -\frac{\sqrt{3}(13+\sqrt{13})}{26}$$

《球面の方程式（B0）》

725. 点 O を原点とする xyz 空間内に，O を中心とする半径 1 の球面 S と点 $A(-1, 0, 2)$ がある．直線が球面 S とただ 1 つの共有点をもつとき，直

線は球面 S に接するという. x, y, z がともに整数
であるとき, 点 (x, y, z) を格子点とよぶ. 次の問
いに答えよ.

（1） xy 平面上の点 $P(u, v, 0)$ を考え, 実数 t と
直線 AP 上の点 M に対して, $\overrightarrow{AM} = t\overrightarrow{AP}$ とす
る. このとき, $\overrightarrow{OM}$ を u, v, t を用いて表せ. ま
た, 直線 AP が球面 S に接するように点 P が xy
平面上を動くとき, xy 平面における点 P の軌跡
H の方程式を u, v を用いて表せ.

（2） 点 A と異なる点 B, および xy 平面上の点 Q
を考える. 直線 BQ が球面 S に接するように点
Q が xy 平面上を動くとき, 点 Q の軌跡が（1）
の軌跡 H と一致するような点 B を1つ求めよ.

（3）（1）の軌跡 H 上の格子点をすべて求めよ.

（4） 点 A を1つの頂点とする四面体 ACDE が
次の条件（ⅰ）～（ⅲ）を同時に満たしている. こ
のとき, 頂点 C, D, E の組を1つ求めよ.

（ⅰ） 頂点 C, D, E はすべて格子点である.

（ⅱ） どの2つの頂点を結ぶ直線も球面 S と接
する.

（ⅲ） すべての辺の長さは整数である.

（23 同志社大・理系）

▶**解答**◀ （1） $\overrightarrow{OM} = \overrightarrow{OA} + t\overrightarrow{AP}$

$$= (-1, 0, 2) + t(u+1, v, -2)$$

$$= ((u+1)t - 1, vt, -2t + 2)$$

M が球面上にあるとき, OM $= 1$ であるから

$$\{(u+1)t - 1\}^2 + (vt)^2 + (-2t+2)^2 = 1$$

$$\{(u+1)^2 + v^2 + 4\}t^2 - \{2(u+1) + 8\}t + 4 = 0$$

$$\{(u+1)^2 + v^2 + 4\}t^2 - 2(u+5)t + 4 = 0$$

直線 AP が S に接するとき, これを満たす実数 t が1
つとなる. その条件は判別式を D として $\dfrac{D}{4} = 0$ で
あるから

$$\frac{D}{4} = (u+5)^2 - \{(u+1)^2 + v^2 + 4\} \cdot 4$$

$$= -3u^2 - 4v^2 + 2u + 5$$

よって, P の軌跡 H の方程式は

$$3u^2 + 4v^2 - 2u - 5 = 0$$

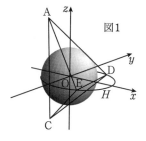

図1

（2） S が xy 平面に関して対称であることから, xy
平面に関して A と対称な点 $(-1, 0, -2)$ を B とすれ
ば, Q の軌跡は H と一致する.

（3） H の方程式は

$$3x^2 + 4y^2 - 2x - 5 = 0 \quad\cdots\cdots\cdots\cdots①$$

$$3\left(x - \frac{1}{3}\right)^2 + 4y^2 = \frac{16}{3}$$

である. ここで, $y = 0$ とすると

$$\left(x - \frac{1}{3}\right)^2 = \frac{16}{9} \qquad \therefore \quad x = -1, \frac{5}{3}$$

となるから, H 上の格子点の x 座標の候補は $-1, 0, 1$
のいずれかである. ①で $x = -1$ とすると

$$4y^2 = 0 \qquad \therefore \quad y = 0$$

①で $x = 0$ とすると

$$4y^2 = 5 \qquad \therefore \quad y = \pm\frac{\sqrt{5}}{2}$$

①で $x = 1$ とすると

$$4y^2 = 4 \qquad \therefore \quad y = \pm 1$$

よって, H 上の格子点は $(-1, 0, 0)$, $(1, \pm1, 0)$ であ
る. 図2中で, $\alpha = \dfrac{\sqrt{5}}{2}$ である.

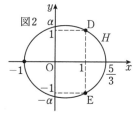

図2

（4） $C(-1, 0, -2)$, $D(1, 1, 0)$, $E(1, -1, 0)$ とする
と, 四面体 ACDE が条件をすべて満たすことを示す.
D, E は H 上にあるから, （2）より AD, AE, CD, CE
はすべて S に接する. また, AC の方程式は $x = -1$
かつ $y = 0$ だから, これも S に接する. DE の方程式
は $x = 1$ かつ $z = 0$ だから, これも S に接する. さ
らに

$$AC = 4, \quad DE = 2,$$

$$AD = CD = \sqrt{2^2 + 1^2 + (-2)^2} = 3,$$

$$AE = CE = \sqrt{2^2 + (-1)^2 + (-2)^2} = 3$$

であるから，すべての辺の長さは整数である．よって，示された．

【直線の方程式（数B）】

──《共通垂線 (B20) ☆》──

726. 空間内に 4 点 A$(1, 2, 3)$, B$(3, 1, 4)$, C$(2, 7, 1)$, D$(5, 7, 7)$ がある．直線 AB 上を点 P が動き，直線 CD 上を点 Q が動く．直線 AB と直線 PQ が垂直であり，かつ直線 CD と直線 PQ が垂直であるとき，点 P の座標は ☐ であり，点 Q の座標は ☐ である．ただし，答えに分数があらわれるときは，既約分数にせよ．

(23 山梨大・医-後期)

▶解答◀ O$(0, 0, 0)$ とすると実数 s, t を用いて

$$\overrightarrow{OP} = (1-s)\overrightarrow{OA} + s\overrightarrow{OB}$$

$$= \overrightarrow{OA} + s\overrightarrow{AB} = \begin{pmatrix} 1 \\ 2 \\ 3 \end{pmatrix} + s\begin{pmatrix} 2 \\ -1 \\ 1 \end{pmatrix}$$

$$\overrightarrow{OQ} = (1-t)\overrightarrow{OC} + t\overrightarrow{OD}$$

$$= \overrightarrow{OC} + t\overrightarrow{CD} = \begin{pmatrix} 2 \\ 7 \\ 1 \end{pmatrix} + 3t\begin{pmatrix} 1 \\ 0 \\ 2 \end{pmatrix}$$

と表せる．

$$\overrightarrow{PQ} = \overrightarrow{OQ} - \overrightarrow{OP} = \begin{pmatrix} 1 \\ 5 \\ -2 \end{pmatrix} + 3t\begin{pmatrix} 1 \\ 0 \\ 2 \end{pmatrix} - s\begin{pmatrix} 2 \\ -1 \\ 1 \end{pmatrix}$$

が $\overrightarrow{AB} = \begin{pmatrix} 2 \\ -1 \\ 1 \end{pmatrix}$ と $\dfrac{1}{3}\overrightarrow{CD} = \begin{pmatrix} 1 \\ 0 \\ 2 \end{pmatrix}$ に垂直であるから

内積をとって，$\overrightarrow{PQ} \cdot \overrightarrow{AB} = 0$, $\dfrac{1}{3}\overrightarrow{PQ} \cdot \overrightarrow{CD} = 0$

$$2 - 5 - 2 + 3t \cdot 4 - s \cdot 6 = 0$$

$$1 - 4 + 3t \cdot 5 - s \cdot 4 = 0$$

$$-5 + 12t - 6s = 0 \quad \cdots\cdots\cdots① $$

$$-3 + 15t - 4s = 0 \quad \cdots\cdots\cdots② $$

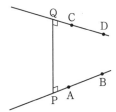

①$\times 2 -$②$\times 3$ より $-1 - 21t = 0$ で $t = -\dfrac{1}{21}$

①$\times 5 -$②$\times 4$ より $-13 - 14s = 0$ で $s = -\dfrac{13}{14}$

$$\overrightarrow{OP} = \begin{pmatrix} 1 \\ 2 \\ 3 \end{pmatrix} - \frac{13}{14}\begin{pmatrix} 2 \\ -1 \\ 1 \end{pmatrix}, \overrightarrow{OQ} = \begin{pmatrix} 2 \\ 7 \\ 1 \end{pmatrix} - \frac{1}{7}\begin{pmatrix} 1 \\ 0 \\ 2 \end{pmatrix}$$

P, Q の座標はそれぞれ $\left(-\dfrac{6}{7}, \dfrac{41}{14}, \dfrac{29}{14}\right)$, $\left(\dfrac{13}{7}, 7, \dfrac{5}{7}\right)$ である．

注意 $\overrightarrow{PQ} = \vec{a} + 3t\vec{u} - s\vec{v}$ とすると

$$\overrightarrow{PQ} \cdot \vec{u} = \vec{a} \cdot \vec{u} + 3t|\vec{u}|^2 - s\vec{u} \cdot \vec{v}$$

のように計算する．パラメータ s, t をちらかさない．

──《共通垂線 (B20)》──

727. 空間内の 2 つの直線 $l : 2x - 4 = y = 2z + 2$ と $m : 6 - 2x = y - 5 = z + 5$ について，以下の各問いに答えなさい．

(1) l, m 両方の直線の方向ベクトルに垂直なベクトル $\vec{p}$ を求めなさい．

(2) (1) で求めた $\vec{p}$ に平行な直線 n が l, m とそれぞれ点 P, Q とで交わるとき，P, Q それぞれの座標および直線 n の方程式を求めなさい．

(3) 線分 PQ を直径として持つような球の方程式を求めなさい． (23 横浜市大・共通)

考え方 直線の分数形表示は，教科書によっては掲載されているが，入試としては亡霊の復活．これを許すと，問題の type が広がる．

▶解答◀ (1) $2x - 4 = y = 2z + 2 = s$ とおくと

$$x = 2 + \frac{s}{2}, \ y = s, \ z = -1 + \frac{s}{2}$$

$$l : (x, y, z) = (2, 0, -1) + \frac{s}{2}(1, 2, 1)$$

$6 - 2x = y - 5 = z + 5 = t$ とおくと

$$x = 3 - \frac{t}{2}, \ y = 5 + t, \ z = -5 + t$$

$$m : (x, y, z) = (3, 5, -5) + \frac{t}{2}(-1, 2, 2)$$

l, m の方向ベクトルはそれぞれ

$$\vec{d_1} = (1, 2, 1), \ \vec{d_2} = (-1, 2, 2)$$

とおける．$\vec{p} = (a, b, c)$ とおく．$\vec{p} \cdot \vec{d_1} = 0$, $\vec{p} \cdot \vec{d_2} = 0$ であるから

$$a + 2b + c = 0 \quad \cdots\cdots\cdots① $$

$$-a + 2b + 2c = 0 \quad \cdots\cdots\cdots② $$

①$+$② として

$$4b + 3c = 0 \qquad \therefore \quad b = -\frac{3}{4}c$$

① に代入し

$$a - \frac{3}{2}c + c = 0 \qquad \therefore \quad a = \frac{c}{2}$$

よって，$\vec{p} = \left(\dfrac{c}{2}, -\dfrac{3}{4}c, c\right) = \dfrac{c}{4}(2, -3, 4)$ であるから，$\vec{p} = \bm{k}(2, -3, 4)$ である．k は 0 以外の実数で

ある.

（2）P は l 上, Q は m 上にあるから

$$\overrightarrow{\mathrm{OP}} = (2, 0, -1) + u\vec{d_1} \quad \cdots\cdots\cdots\cdots\text{③}$$

$$\overrightarrow{\mathrm{OQ}} = (3, 5, -5) + v\vec{d_2} \quad \cdots\cdots\cdots\cdots\text{④}$$

と書けて

$$\overrightarrow{\mathrm{PQ}} = \overrightarrow{\mathrm{OQ}} - \overrightarrow{\mathrm{OP}} = (1, 5, -4) + v\vec{d_2} - u\vec{d_1}$$

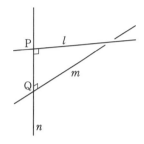

$\mathrm{PQ} \perp l$, $\mathrm{PQ} \perp m$ であるから

$$\overrightarrow{\mathrm{PQ}} \cdot \vec{d_1} = \{(1, 5, -4) + v\vec{d_2} - u\vec{d_1}\} \cdot \vec{d_1} = 0$$

$$\overrightarrow{\mathrm{PQ}} \cdot \vec{d_2} = \{(1, 5, -4) + v\vec{d_2} - u\vec{d_1}\} \cdot \vec{d_2} = 0$$

$$7 + 5v - 6u = 0, \ 1 + 9v - 5u = 0$$

$u = 2$, $v = 1$ であり, ③, ④ に代入して

$$\overrightarrow{\mathrm{OP}} = (2, 0, -1) + 2(1, 2, 1) = (4, 4, 1)$$

$$\overrightarrow{\mathrm{OQ}} = (3, 5, -5) + (-1, 2, 2) = (2, 7, -3)$$

P の座標は **(4, 4, 1)**, Q の座標は **(2, 7, −3)** である.
直線 n は点 P を通りベクトル $(2, -3, 4)$ に平行であるから, n の方程式は

$$(x, y, z) = (4, 4, 1) + w(2, -3, 4)$$

と書ける. w を消去して

$$\frac{x-4}{2} = \frac{y-4}{-3} = \frac{z-1}{4}$$

（3）題意の球の中心は PQ の中点 $\left(3, \dfrac{11}{2}, -1\right)$ であり, 半径は $\dfrac{1}{2}\mathrm{PQ} = \dfrac{1}{2}\sqrt{4+9+16} = \dfrac{\sqrt{29}}{2}$ であるから, 求める方程式は

$$(x-3)^2 + \left(y - \frac{11}{2}\right)^2 + (z+1)^2 = \frac{29}{4}$$

注意 1°【外積の利用】

× は外積を表す.

$\vec{d_1} \times \vec{d_2} = (2, -3, 4)$ であるから, $\vec{p} = k(2, -3, 4)$ $(k \neq 0)$ である.

2°【（2）で $\vec{p}$ を利用する】

$$\overrightarrow{\mathrm{PQ}} = (1, 5, -4) + v(-1, 2, 2) - u(1, 2, 1)$$

$$= (1 - v - u, \ 5 + 2v - 2u, \ -4 + 2v - u)$$

$\overrightarrow{\mathrm{PQ}} \parallel \vec{p}$ であるから, $\overrightarrow{\mathrm{PQ}} = r(2, -3, 4)$ と書けて

$$1 - v - u = 2r \quad \cdots\cdots\cdots\cdots\text{⑤}$$

$$5 + 2v - 2u = -3r \quad \cdots\cdots\cdots\cdots\text{⑥}$$

$$-4 + 2v - u = 4r \quad \cdots\cdots\cdots\cdots\text{⑦}$$

⑤×2 + ⑥ として

$$7 - 4u = r \quad \cdots\cdots\cdots\cdots\text{⑧}$$

⑦ − ⑥ として

$$-9 + u = 7r \quad \cdots\cdots\cdots\cdots\text{⑨}$$

⑧ + ⑨×4 として

$$-29 = 29r \qquad \therefore \ r = -1$$

⑧ に代入して $u = 2$, ⑤ に代入して $v = 1$ を得る.

《2 直線で作る体積 (B20) ☆》

728. 座標空間において, 2 点

A(0, −1, −6), B(1, −2, −4) を通る直線を l とし, 2 点 C(1, 1, 2), D(2, 3, 1) を通る直線を m とする.

（1）2 つのベクトル $\overrightarrow{\mathrm{AB}}, \overrightarrow{\mathrm{CD}}$ のなす角 θ を求めよ. また, $\overrightarrow{\mathrm{AB}}, \overrightarrow{\mathrm{CD}}$ の両方に垂直で, 大きさが $\sqrt{3}$ であるベクトルを全て求めよ.

（2）次の条件 (a), (b), (c) を同時に満たす点 L, M の座標を求めよ.

(a) L は直線 l 上の点である. (b) M は直線 m 上の点である. (c) $\overrightarrow{\mathrm{LM}}$ は, $\overrightarrow{\mathrm{AB}}, \overrightarrow{\mathrm{CD}}$ の両方に垂直である.

（3）k は実数とし, 直線 l 上に, 2 点 P, Q を $\overrightarrow{\mathrm{AP}} = k\overrightarrow{\mathrm{AB}}$, $\overrightarrow{\mathrm{AQ}} = (k+1)\overrightarrow{\mathrm{AB}}$ となるようにとる. このとき, 四面体 PQMC の体積 V を求めよ.

(23 岐阜薬大)

▶**解答**◀ （1）$\overrightarrow{\mathrm{AB}} = (1, -1, 2)$,
$\overrightarrow{\mathrm{CD}} = (1, 2, -1)$, $|\overrightarrow{\mathrm{AB}}| = \sqrt{6}$, $|\overrightarrow{\mathrm{CD}}| = \sqrt{6}$,
$\overrightarrow{\mathrm{AB}} \cdot \overrightarrow{\mathrm{CD}} = 1 - 2 - 2 = -3$ より

$$\cos\theta = \frac{-3}{\sqrt{6} \cdot \sqrt{6}} = -\frac{1}{2} \qquad \therefore \quad \theta = 120°$$

$\overrightarrow{\mathrm{AB}}$ と $\overrightarrow{\mathrm{CD}}$ の両方に垂直で長さが $\sqrt{3}$ のベクトルを $\vec{n} = (a, b, c)$ とおく. $\vec{n}$ と $\overrightarrow{\mathrm{AB}}, \overrightarrow{\mathrm{CD}}$ の内積をとり

$$a - b + 2c = 0, \ a + 2b - c = 0$$

これを整理して $b = -a$, $c = -a$ となり
$\vec{n} = a(1, -1, -1)$ となる. $|\vec{n}| = \sqrt{3}$ より $a = \pm 1$

$$\vec{n} = (1, -1, -1), (-1, 1, 1)$$

（2）条件 (a), (b) より, 実数 s, t を用いて

$$\overrightarrow{\mathrm{OL}} = \overrightarrow{\mathrm{OA}} + s\overrightarrow{\mathrm{AB}} = (s, -1 - s, -6 + 2s)$$

$$\overrightarrow{\mathrm{OM}} = \overrightarrow{\mathrm{OC}} + t\overrightarrow{\mathrm{CD}} = (1 + t, 1 + 2t, 2 - t)$$

とおける. $\overrightarrow{\mathrm{LM}} = (1 + t - s, 2 + 2t + s, 8 - t - 2s)$ と
$\vec{n}$ は平行であるから

$$1 + t - s = u \quad \cdots\cdots\cdots\cdots\text{①}$$

$2+2t+s = -u$ ……………………②

$8-t-2s = -u$ ……………………③

を満たす実数 u が存在する.

①＋② より $3+3t = 0$ で $t = -1$

①＋③ より $9-3s = 0$ で $s = 3$

① に代入して $u = -3$ となる. よって, 求める点の座標は $L(3, -4, 0)$, $M(0, -1, 3)$

（3） $\overrightarrow{LM}$ を法線ベクトルとする平面のうち, l を含む平面を α, m を含む平面を β とおく. α と β の距離は

$LM = \sqrt{(-3)^2 + 3^2 + 3^2} = 3\sqrt{3}$ で, この 2 平面は平行である.

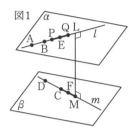

図1

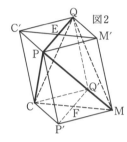

図2

$\overrightarrow{PQ} = (k+1)\overrightarrow{AB} - k\overrightarrow{AB} = \overrightarrow{AB}$

$|\overrightarrow{PQ}| = |\overrightarrow{AB}| = \sqrt{6}$

$\overrightarrow{CM} = t\overrightarrow{CD} = -\overrightarrow{CD}$

$|\overrightarrow{CM}| = |-\overrightarrow{CD}| = \sqrt{6}$

よって, $PQ = CM$ である. ここで, PQ, CM の中点をそれぞれ E, F とおく. 図2を見よ. α 上に C′, M′ を, β 上に P′, Q′ を, $\overrightarrow{PP'}$, $\overrightarrow{QQ'}$, $\overrightarrow{M'M}$, $\overrightarrow{C'C}$ がすべて $\overrightarrow{EF}$ と等しくなるようにとる. このとき, 四面体 PQMC は平行六面体 PM′QC′ − P′MQ′C に埋め込まれている.

平行六面体の体積を V' とおく. 四面体の体積は, 平行六面体から四隅の三角錐を除くと考えて

$V = V' - 4 \cdot \dfrac{1}{6}V' = \dfrac{1}{3}V'$

$= \dfrac{1}{3} \cdot \dfrac{1}{2} \cdot (\sqrt{6})^2 \sin 120° \cdot 3\sqrt{3} = \dfrac{9}{2}$

【注意】 対角線の長さが l, m, 対角線のなす角が θ である四角形の面積 S は $S = \dfrac{1}{2}lm\sin\theta$ で得られる. 記号の意味は図を見よ. 説明のための余白が少ない.

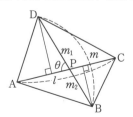

$S = \triangle ACD + \triangle ABC = \dfrac{1}{2}lm_1\sin\theta + \dfrac{1}{2}lm_2\sin\theta$

$= \dfrac{1}{2}l(m_1 + m_2)\sin\theta = \dfrac{1}{2}lm\sin\theta$

（3）の最後はこれを用いた.

【平面の方程式】

《平面の方程式 (B5) ☆》

729. t を実数とする. 座標空間において, 3 点 $A(2, 0, 1)$, $B(1, 4, 0)$, $C(0, -1, 0)$ によって定められる平面上に点 $P(1, 1, t)$ があるとき, t の値を求めよ. （23 茨城大・工）

▶解答◀ $\overrightarrow{AB} = (-1, 4, -1)$,

$\overrightarrow{AC} = (-2, -1, -1) = -(2, 1, 1)$ に垂直なベクトルを $\vec{v} = (a, b, c)$ とする. 内積をとって

$-a + 4b - c = 0$ ……………………①

$2a + b + c = 0$ ……………………②

①＋② より $a + 5b = 0$ で $a = -5b$ となる. ② に代入して $-9b + c = 0$ となり $c = 9b$ となる. $\vec{v} = b(-5, 1, 9)$ となる. $b = 1$ として $\vec{v} = (-5, 1, 9)$ を採用する. 平面 ABC は

$-5(x-2) + 1 \cdot (y-0) + 9(z-1) = 0$

$-5x + y + 9z + 1 = 0$

となる. 点 P もこの平面上にあるから, 代入し $-5 + 1 + 9t + 1 = 0$ となる. $t = \dfrac{1}{3}$

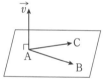

◆別解◆ 点 P は 3 点 A, B, C によって定められる平面上にあるから実数 k, l を用いて, $\overrightarrow{AP} = k\overrightarrow{AB} + l\overrightarrow{AC}$ と表せる. 式番号を 1 から振り直す.

$(-1, 1, t-1) = k(-1, 4, -1) + l(-2, -1, -1)$

$k + 2l = 1\cdots$①, $4k - l = 1\cdots$②, $k + l = -t+1\cdots$③

①＋②×2 より $9k = 3$ となる. ①×4−② より $9l = 3$ となる. $k = \dfrac{1}{3}$, $l = \dfrac{1}{3}$ となり, ③ に代入し

$t = 1 - 2 \cdot \dfrac{1}{3} = \dfrac{1}{3}$

《平面の方程式 (B10) ☆》

730. 2 つの正の数 c, d に対して, 座標空間の 4 点

$A(2, 1, 0)$, $B(0, 2, -1)$, $C(c, 0, -2c)$, $D(d, -d, d)$ を考える. $\triangle ABC$ は正三角形とし,

∠ABD $= \dfrac{\pi}{6}$ とする．このとき，次の問いに答えよ．

（1） c, d の値をそれぞれ求めよ．

（2） 3点 A, B, C を通る平面 α に点 D から下ろした垂線を DE とする．点 E の座標を求めよ．

（3） 四面体 ABCD の体積を求めよ．

(23 静岡大・理，工，情報)

▶解答◀ （1） △ABC が正三角形となる条件は，$AB^2 = BC^2 = CA^2$ である．

$4 + 1 + 1 = c^2 + 4 + (1 - 2c)^2 = (c - 2)^2 + 1 + 4c^2$

$6 = 5c^2 - 4c + 5 = 5c^2 - 4c + 5$

結局 $6 = 5c^2 - 4c + 5$ となり，$5c^2 - 4c - 1 = 0$ となる．

$(5c + 1)(c - 1) = 0$ であり，$c > 0$ より $c = 1$ である．

$\overrightarrow{BD} = (d, -d-2, d+1), \overrightarrow{BA} = (2, -1, 1)$

$|\overrightarrow{BD}| = \sqrt{d^2 + (-d-2)^2 + (d+1)^2}$

$|\overrightarrow{BD}| = \sqrt{3d^2 + 6d + 5}, |\overrightarrow{BC}| = \sqrt{6}$

$\overrightarrow{BA} \cdot \overrightarrow{BD} = 2d + d + 2 + d + 1 = 4d + 3$

$\cos 30° = \dfrac{\overrightarrow{BA} \cdot \overrightarrow{BD}}{|\overrightarrow{BA}||\overrightarrow{BD}|}$

$\dfrac{\sqrt{3}}{2} = \dfrac{4d + 3}{\sqrt{6}\sqrt{3d^2 + 6d + 5}}$

$d > 0$ であるから両辺は正で

$3\sqrt{6d^2 + 12d + 10} = 8d + 6$

$9(6d^2 + 12d + 10) = 64d^2 + 96d + 36$

$5d^2 - 6d - 27 = 0$

$(5d + 9)(d - 3) = 0$

$d > 0$ より $d = 3$ である．

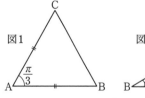

図1　　図2

（2） $c = 1$ であるから $\overrightarrow{AB} = (-2, 1, -1)$ であり，

$\overrightarrow{AC} = (-1, -1, -2) = -(1, 1, 2)$

これらに垂直なベクトルを $\vec{n} = (p, q, r)$ として，内積をとると

$-2p + q - r = 0$ ……………①

$-p - q - 2r = 0$ ……………②

①＋② より $p = -r$ である．このとき ② より $q = p$ であり $\vec{n} = (p, p, -p)$ となる．$p = 1$ として

$\vec{n} = (1, 1, -1)$ を採用する．平面 ABC の方程式は

$1 \cdot (x - 2) + 1 \cdot (y - 1) + (-1) \cdot z = 0$

$x + y - z - 3 = 0$ …………③

となる．$d = 3$ であるから D(3, -3, 3) である．

$\overrightarrow{DE} = t\vec{n} = (t, t, -t)$

とおけて

$\overrightarrow{OE} = \overrightarrow{OD} + \overrightarrow{DE} = (t + 3, t - 3, -t + 3)$

となり，E は平面 ABC 上にあるから，③ に代入して

$(t + 3) + (t - 3) - (-t + 3) - 3 = 0$

$3t - 6 = 0$ となり，$t = 2$ である，E**(5, -1, 1)** である．

（3） $|\overrightarrow{DE}| = |2\vec{n}| = 2\sqrt{3}$ であり，求める体積は

$\dfrac{1}{3}△ABC \cdot |\overrightarrow{DE}| = \dfrac{1}{3} \cdot \dfrac{\sqrt{3}}{4} \cdot (\sqrt{6})^2 \cdot 2\sqrt{3} = \mathbf{3}$

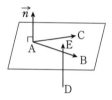

実際の $\vec{n} = (1, 1, -1)$ の方向は $z < 0$ 方向に向かうがそんな細かいことは無視した図である．

注意 【点と平面の距離の公式】

（2）がなければ，点と平面の距離の公式から

$DE = \dfrac{|3 - 3 - 3 - 3|}{\sqrt{1^2 + 1^2 + (-1)^2}} = \dfrac{6}{\sqrt{3}} = 2\sqrt{3}$

と求めるところである．

《平面の方程式 (B10)》

731. 座標空間において，3点

A(2, -1, -5), B(1, 0, -4), C(-1, 3, 1)

の定める平面を α とする．点 P(a, a, a) が平面 α 上にあるとき，a の値は $a = \dfrac{\Box}{\Box}$ である．点 Q$(b, c, -7)$ があり，直線 AQ が平面 α に直交するとき，b と c の値はそれぞれ $b = \Box$，$c = \Box$ である．

(23 東邦大・医)

▶解答◀ α の法線ベクトルを $\vec{v} = (p, q, r)$ とすると，$\overrightarrow{AB} = (-1, 1, 1), \overrightarrow{AC} = (-3, 4, 6)$ が $\vec{v}$ に垂直であるから内積をとって

$-p + q + r = 0$ ……………①

$-3p + 4q + 6r = 0$ ……………②

②－①×4 より $p + 2r = 0$ となり $p = -2r$ である．これを ① に代入し $q + 3r = 0$ となる．

$p = -2r, q = -3r$ となるから，$\vec{v} = -r(2, 3, -1)$ となる．$r = -1$ として $\vec{v} = (2, 3, -1)$ を採用する．

$$\alpha : 2(x-2) + 3(y+1) - (z+5) = 0$$
$$2x + 3y - z = 6$$

となる．P(a, a, a) が平面 α 上にあるから

$$2a + 3a - a = 6 \qquad \therefore \quad a = \frac{3}{2}$$

である．また，AQ が α に直交するとき，
$\overrightarrow{AQ} = (b-2, c+1, -2)$ が $\vec{v} = (2, 3, -1)$ と平行であるから，$(b-2, c+1, -2) = t(2, 3, -1)$ とおけて z 成分から $t = 2$ となる．

$$b - 2 = 4, c + 1 = 6 で b = 6, c = 5$$

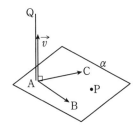

《折れ線の最短距離 (B20) ☆》

732. 座標空間において，3 点

A$(1, 3, 0)$，B$(0, -1, -3)$，C$(2, 4, 1)$

が定める平面を α とし，D$(0, 6, -3)$ とする．このとき，α に関して D と対称な点 E の座標は □ である．ただし，E が α に関して D と対称であるとは，直線 DE は α に垂直であり，かつ線分 DE の中点は α 上にあることをいう．また，F$(1, 1, 1)$ とするとき，α 上の点 P で，2 線分 DP，FP の長さの和 DP + FP を最小にする P の座標は □ である．

(23 福岡大・医)

▶解答◀ α の法線ベクトルを $\vec{n} = (a, b, c)$ とする．$\overrightarrow{AB} = (-1, -4, -3)$，$\overrightarrow{AC} = (1, 1, 1)$ と $\vec{n}$ は垂直であるから

$$\vec{n} \cdot \overrightarrow{AB} = -a - 4b - 3c = 0 \quad \cdots\cdots\cdots\cdots①$$
$$\vec{n} \cdot \overrightarrow{AC} = a + b + c = 0 \quad \cdots\cdots\cdots\cdots②$$

①＋②×3 より $2a - b = 0 \qquad \therefore \quad b = 2a$
①＋②×4 より $3a + c = 0 \qquad \therefore \quad c = -3a$

$a = 1$ として，$\vec{n} = (1, 2, -3)$ とする．α は A を通るからその方程式は

$$(x-1) + 2(y-3) - 3z = 0$$
$$x + 2y - 3z - 7 = 0$$

となる．線分 DE の中点を M とすると

$$\overrightarrow{OM} = \overrightarrow{OD} + \overrightarrow{DM} = \overrightarrow{OD} + s\vec{n}$$

$$= (0, 6, -3) + s(1, 2, -3)$$
$$= (s, 6 + 2s, -3 - 3s)$$

とおけて，M は α 上にあるから

$$s + 2(6 + 2s) - 3(-3 - 3s) - 7 = 0$$
$$14s + 14 = 0 \qquad \therefore \quad s = -1$$
$$\overrightarrow{OE} = \overrightarrow{OD} + \overrightarrow{DE} = \overrightarrow{OD} + 2s\vec{n}$$
$$= (0, 6, -3) - 2\vec{n} = (-2, 2, 3)$$

点 E の座標は $(-2, 2, 3)$ である．

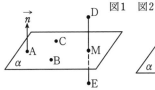 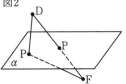

図1　図2

$$DP + PF \geqq DF$$

等号は D，P，F の順で一直線上にあるときに成り立つ．直線 DF 上の点 P は $\overrightarrow{OP} = t\overrightarrow{OF} + (1-t)\overrightarrow{OD}$ とおけて

$$\overrightarrow{OP} = t(1, 1, 1) + (1-t)(0, 6, -3)$$
$$= (t, 6 - 5t, -3 + 4t)$$

とおける．P が α 上にあるとき

$$t + 2(6 - 5t) - 3(-3 + 4t) - 7 = 0$$

$-21t + 14 = 0$ で $t = \frac{2}{3}$ となる．$0 < t < 1$ であるから確かに D，P，F の順に一直線上にあり，D，F が α に関して反対の側にあることが示された．

点 P の座標は $\left(\frac{2}{3}, \frac{8}{3}, -\frac{1}{3} \right)$ である．

注意 【正領域と負領域】

平面 $ax + by + cz + d = 0$ 上の点 $P_0(x_0, y_0, z_0)$ から，法線ベクトル $\vec{n} = (a, b, c)$ と同じ方向に離れた点 P について

$$\overrightarrow{OP} = \overrightarrow{OP_0} + \overrightarrow{P_0P}$$
$$= (x_0, y_0, z_0) + t(a, b, c)$$
$$= (x_0 + ta, y_0 + tb, z_0 + tc)$$

とおける．ただし

$$ax_0 + by_0 + cz_0 + d = 0 \text{ かつ } t > 0$$

である．

$$f(x, y, z) = ax + by + cz + d$$

として，

$$f(x_0 + ta, y_0 + tb, z_0 + tc)$$
$$= a(x_0 + ta) + b(y_0 + tb) + c(z_0 + tc) + d$$
$$= ax_0 + by_0 + cz_0 + d + t(a^2 + b^2 + c^2)$$

$$= t(a^2 + b^2 + c^2) > 0$$

となる. このとき P は平面 $ax + by + cz + d = 0$ に関して正領域にあるという.

同様に $f(x, y, z) < 0$ を負領域という.

なお, 「上側, 下側」という概念ではないから注意せよ.

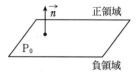

正領域

負領域

$f(x, y, z) = x + 2y - 3z - 7$ とおくと

$$f(0, 6, -3) = 12 + 9 - 7 > 0$$

$$f(1, 1, 1) = 1 + 2 - 3 - 7 < 0$$

であり, D は正領域, F は負領域にある. しかし, 今, このことは必要ではない. 解答の計算で t を求め, もし, $t < 0$, $t > 1$ になれば, D, F は同じ側にあることになる. だから, 正領域, 負領域を知らずとも答えは出せる.

《点と平面の距離の公式 (B25)》

733. 座標空間において, 3 点 A(1, 0, 0), B(0, 1, 0), C(0, 0, 1) を通り, 中心が原点 O である球面を S とする. S と xy 平面との交線上に点 P, S と yz 平面との交線上に点 Q, S と zx 平面との交線上に点 R をとり, 3 点 P, Q, R は
$$\angle AOP = \angle BOQ = \angle COR = \theta$$
を満たしている. ただし, 3 点 P, Q, R の x 座標, y 座標, z 座標はすべて 0 以上とする. このとき, θ を用いて点 P の座標を表すと □ であり, 点 Q, R の座標はそれぞれ □, □ である. また, △PQR の面積は □ となる. 四面体 OPQR の体積 V は □ であり, V の最小値は □ となる.

(23 近大・医-後期)

考え方 平面 $ax + by + cz + d = 0$ と点 (x_0, y_0, z_0) との距離は $\dfrac{|ax_0 + by_0 + cz_0 + d|}{\sqrt{a^2 + b^2 + c^2}}$ で求められる.

▶解答◀ P, Q, R はそれぞれ xy 平面, yz 平面, zx 平面内の単位円周上の点であるから P($\cos\theta, \sin\theta, 0$), Q($0, \cos\theta, \sin\theta$), R($\sin\theta, 0, \cos\theta$) である. ただし, $\sin\theta \geqq 0$, $\cos\theta \geqq 0$ であるから $0 \leqq \theta \leqq 90°$ とする.

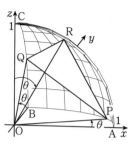

$$PQ = QR = RP$$
$$= \sqrt{\cos^2\theta + (\sin\theta - \cos\theta)^2 + \sin^2\theta}$$
$$= \sqrt{2 - 2\sin\theta\cos\theta}$$

であるから △PQR は正三角形である.

$$\triangle PQR = \frac{\sqrt{3}}{4}PQ^2 = \frac{\sqrt{3}}{2}(1 - \sin\theta\cos\theta)$$

3 点 P, Q, R の 3 つの座標の和は $\sin\theta + \cos\theta$ であるから, 平面 PQR の方程式は

$$x + y + z = \sin\theta + \cos\theta$$

である. △PQR を四面体 OPQR の底面と見るとき, その高さは原点と平面 PQR との距離に等しいから

$$\frac{|\sin\theta + \cos\theta|}{\sqrt{1 + 1 + 1}} = \frac{\sin\theta + \cos\theta}{\sqrt{3}}$$

である.

$$V = \frac{1}{3} \cdot \frac{\sqrt{3}}{2}(1 - \sin\theta\cos\theta) \cdot \frac{\sin\theta + \cos\theta}{\sqrt{3}}$$
$$= \frac{1}{6}(1 - \sin\theta\cos\theta)(\sin\theta + \cos\theta)$$

$u = \sin\theta + \cos\theta$ とおく.

$$u^2 = 1 + 2\sin\theta\cos\theta$$
$$\sin\theta\cos\theta = \frac{u^2 - 1}{2}$$

$u = \sqrt{2}\sin(\theta + 45°)$ であるから, $1 \leqq u \leqq \sqrt{2}$ である.

$$V = \frac{1}{6}\left(1 - \frac{u^2 - 1}{2}\right)u = \frac{1}{12}(-u^3 + 3u)$$

$$\frac{dV}{du} = \frac{1}{12}(-3u^2 + 3) = -\frac{1}{4}(u^2 - 1) \leqq 0$$

であるから, V は減少する. よって, $u = \sqrt{2}$ のとき V は最小で $V = \dfrac{\sqrt{2}}{12}$ である.

《平行六面体 (B20)》

734. 座標空間上に 4 点
O(0, 0, 0), A(3, 0, 0), B(1, 2, 0), C(0, 2, 1)
があり, O から平面 ABC に垂線 OH を下ろす. 実数 s, t, u に対し,
$$\overrightarrow{OP} = s\overrightarrow{OA} + t\overrightarrow{OB} + u\overrightarrow{OC}$$
で定まる点 P について考える.

（1）四面体 OABC の体積は □ である.

（2）s, t, u が, $0 \leq s \leq 2, 0 \leq t \leq 2, 0 \leq u \leq 2$ を満たすように動くとき, P が動く部分の体積は □ である.

（3）s, t, u が, $s+t+u = 1, 0 \leq s, 0 \leq t, 0 \leq u$ を満たすように動く. $\overrightarrow{OP}$ と $\overrightarrow{OH}$ のなす角を θ とするとき, $\cos\theta$ の最小値は $\dfrac{\sqrt{\square}}{\square}$ である.

（23 東京医大・医）

▶解答◀ （1）△OAB を底面と見て, 四面体 OABC の体積は $\dfrac{1}{2} \cdot 3 \cdot 2 \cdot 1 \cdot \dfrac{1}{3} = 1$ である.

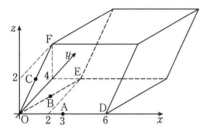

（2）$\overrightarrow{OD} = 2\overrightarrow{OA}, \overrightarrow{OE} = 2\overrightarrow{OB}, \overrightarrow{OF} = 2\overrightarrow{OC}$ とすると, D(6, 0, 0), E(2, 4, 0), F(0, 4, 2) であり, P は図のように O, D, E, F を頂点とする平行六面体を作る. 求める体積は $6 \cdot 4 \cdot 2 = \mathbf{48}$ である.

（3）A, B, C いずれの点も x 座標, y 座標, z 座標の和は 3 であるから 3 点は平面 $x+y+z = 3$ 上にある. よって, O から下ろした垂線の足は $x = y = z$ を満たす直線上にあるから H の座標は $(1, 1, 1)$ である.

$\cos\theta$ が最小になるのは θ が最大となるときで, OP が最大になるときである. △ABC の周上または内部の点で O から最も遠い点は頂点 A, B, C のいずれかである.

$$OA = 3, OB = \sqrt{1+4} = \sqrt{5}, OC = \sqrt{4+1} = \sqrt{5}$$

P ＝ A のとき OP は最大になるから, $\cos\theta$ の最小値は $\dfrac{OH}{OA} = \dfrac{\sqrt{3}}{3}$ である.

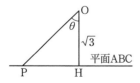

♦別解♦ $\overrightarrow{OH} = k\overrightarrow{OA} + l\overrightarrow{OB} + m\overrightarrow{OC}$ とおく.

$$\overrightarrow{OH} = (3k+l, 2l+2m, m)$$

$\overrightarrow{AB} = (-2, 2, 0), \overrightarrow{AC} = (-3, 2, 1)$ と $\overrightarrow{OH}$ が垂直に

なるとき

$$\overrightarrow{OH} \cdot \overrightarrow{AB} = -2(3k+l) + 2(2l+2m) = 0$$
$$-3k+l+2m = 0 \quad \cdots\cdots\cdots①$$
$$\overrightarrow{OH} \cdot \overrightarrow{AC} = -3(3k+l) + 2(2l+2m) + m = 0$$
$$-9k+l+5m = 0 \quad \cdots\cdots\cdots②$$

①, ② を連立して, $l = -k, m = 2k$ を得て

$$\overrightarrow{OH} = (2k, 2k, 2k)$$

H は平面 ABC 上にあるから $l = -k, m = 2k$ を $k+l+m = 1$ に代入して

$$k - k + 2k = 1 \qquad \therefore \quad k = \dfrac{1}{2}$$

H(1, 1, 1) である. 以降は本解と同様である.

《立体を想像せよ (B15) ☆》

735. xyz 空間において,

立体 A : $\begin{cases} |x| \leq 1 \\ |y| \leq 1 \\ z \geq 0 \end{cases}$

立体 B : $|x| + |y| \leq 2-z$

があり, 立体 A と立体 B の共通部分からなる立体を T とするとき, 立体 T の体積 V を求める.

（1）立体 T の z のとりうる値の範囲は $\boxed{み} \leq z \leq \boxed{む}$ である.

（2）立体 T において, z の $\boxed{め} \leq z \leq \boxed{も}$ の部分は, 立体 B そのものである.

（3）立体 T を平面 $z = t$ で切った切り口の面積を求める. $\boxed{み} \leq t \leq \boxed{め}$ のとき, その切り口の面積は $\boxed{や} - \boxed{ゆ} t^{\boxed{よ}}$ であり, $\boxed{め} \leq t \leq \boxed{も}$ のとき, その切り口の面積は $\boxed{ら}\left(\boxed{り} - t\right)^{\boxed{る}}$ である.

（4）立体 T の体積は $\boxed{れ}$ である.

（23 久留米大・後期）

考え方 立体の様子が分からないと, 求積のしようがない. たとえば,

xy 平面の図形「$|x| \leq 1, |y| \leq 1$」や「$|x| + |y| \leq 1$」

ならば, 「明らかに x 軸, y 軸に関して対称である」と言い切り, 「$x \geq 0, y \geq 0$ で調べる」と書き始めるだろう. 本問では「x 軸, y 軸に関して対称」が, xz 平面, yz 平面に関して対称」になるだけである. また, 平面 $x+y+z = k$ は有名な切片形であり, x 軸, y 軸, z 軸と座標が k の点で交わる平面の方程式である.

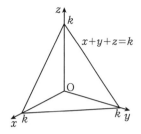

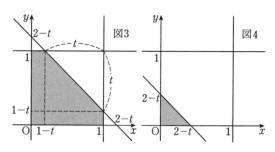

出題者の意図は（3）で切断面の面積を求めて，（4）はそれを積分する，という流れであると思われるが，立体 A, B は簡単にわかるから，それをやるまでもないだろう．

▶解答◀ （1） $z \geqq 0$ かつ $0 \leqq |x|+|y| \leqq 2-z$ より $0 \leqq z \leqq 2$

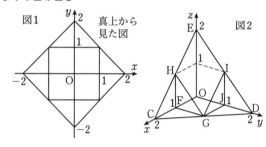

（2） T において $1 \leqq z \leqq 2$ は B そのものである．

（4） x, y にはすべて絶対値が被っているから，yz 平面，xz 平面に関して対称である．

まず $x \geqq 0, y \geqq 0$ のときを考える．このとき
$A' : x \leqq 1, y \leqq 1, z \geqq 0$
$B' : x+y+z \leqq 2, x \geqq 0, y \geqq 0, z \geqq 0$

とする．題意の立体は次のように分かる．B' は図 2 の三角錐 OCDE である．これに $x \leqq 1, y \leqq 1$ を考えると，A' と B' の共通部分は，四面体 OCDE で平面 $x=1$ で切り取った部分（四面体 CGFH）を捨て，平面 $y=1$ で切り取った部分（四面体 DGJI）を捨てたものである．ここまで分かれば，体積は分かってしまう．四面体 OCDE の体積を [OCDE] と表す．他も同様である．

$$[OCDE]-[CGFH]-[DGJI]=[OCDE]-[OCDE]\cdot\frac{1}{8}-[OCDE]\cdot\frac{1}{8}$$

$$\frac{1}{6}2^3\left\{1-\left(\frac{1}{2}\right)^3\cdot 2\right\}\times 4 = \frac{4}{3}(4-1)=4$$

（3） $x \geqq 0, y \geqq 0$ で考える．$z=t$ のとき
$A : x \leqq 1, y \leqq 1$
$B : x+y \leqq 2-t$

であるから，共通部分は，$0 \leqq t \leqq 1$ のときは図 3，$1 \leqq t \leqq 2$ のときは図 4 のそれぞれ網目部分となる．

求める面積を S とおくと，S は網目部分の面積の 4 倍であるから，$0 \leqq t \leqq 1$ のとき

$$S=4\left(1^2-\frac{1}{2}t^2\right)=4-2t^2$$

$1 \leqq t \leqq 2$ のとき，$S=4 \cdot \frac{1}{2}(2-t)^2=2(2-t)^2$

◆別解◆ （4） 積分を用いる．求める体積は

$$\int_0^2 S\,dt = \int_0^1 (4-2t^2)\,dt + \int_1^2 2(2-t)^2\,dt$$

$$= \left[4t-\frac{2}{3}t^3\right]_0^1 + \left[-\frac{2}{3}(2-t)^3\right]_1^2 = 4$$

━━━━━━《平面の方程式（B20）》━━━━━━

736. 座標空間に点 $A(1, 0, 1)$，点 $B(-1, 1, 3)$，点 $C(0, 2, 3)$ をとる．原点を O とする．以下の問いに答えよ．

（1） 3 点 A, B, C は一直線上にないことを示せ．

（2） 3 点 A, B, C の定める平面を α とする．点 O は平面 α 上にないことを示せ．

（3） 点 O から（2）で定めた平面 α に垂線 OH を下ろすとき，点 H の座標を求めよ．

（23 奈良女子大・理）

▶解答◀ （1）
$$\overrightarrow{AB}=(-2, 1, 2), \quad \overrightarrow{AC}=(-1, 2, 2)$$
3 点 A, B, C が一直線上にあるとすると，$\overrightarrow{AC}=k\overrightarrow{AB}$ の形になる．$-1=-2k, 2=k, 2=2k$ で，$k=\frac{1}{2}, 2, 1$ となり矛盾する．3 点 A, B, C は一直線上にない．

（2） 平面 α 上の任意の点 P は，m, n を実数として
$$\overrightarrow{AP}=m\overrightarrow{AB}+n\overrightarrow{AC}$$
$$=(-2m-n, m+2n, 2m+2n) \quad\cdots\cdots\cdots①$$

と表せる．点 O が平面 α 上にあるとすると
$\overrightarrow{AO} = (-1, 0, -1)$ であるから ① より

$$-1 = -2m - n \quad \cdots\cdots\cdots\cdots②$$

$$0 = m + 2n \quad \cdots\cdots\cdots\cdots③$$

$$-1 = 2m + 2n \quad \cdots\cdots\cdots\cdots④$$

が成り立つ．②，④ より $m = \dfrac{3}{2}$，$n = -2$ となるが，これらは ③ をみたさない．

よって $\overrightarrow{AO} = m\overrightarrow{AB} + n\overrightarrow{AC}$ をみたす m, n が存在しないから，点 O は平面 α 上にはない．

（**3**）点 H は平面 α 上にあるから ① より

$$\overrightarrow{AH} = (-2m - n, m + 2n, 2m + 2n)$$

とおける．

$$\overrightarrow{OH} = \overrightarrow{OA} + \overrightarrow{AH}$$

$$= (-2m - n + 1, m + 2n, 2m + 2n + 1)$$

$\overrightarrow{OH} \perp \overrightarrow{AB}$ より $\overrightarrow{OH} \cdot \overrightarrow{AB} = 0$

$$-2(-2m - n + 1) + (m + 2n)$$
$$+ 2(2m + 2n + 1) = 0$$

$$9m + 8n = 0 \quad \cdots\cdots\cdots\cdots⑤$$

$\overrightarrow{OH} \perp \overrightarrow{AC}$ より $\overrightarrow{OH} \cdot \overrightarrow{AC} = 0$

$$-(-2m - n + 1) + 2(m + 2n)$$
$$+ 2(2m + 2n + 1) = 0$$

$$8m + 9n + 1 = 0 \quad \cdots\cdots\cdots\cdots⑥$$

⑤，⑥ より $m = \dfrac{8}{17}$，$n = -\dfrac{9}{17}$ である．

点 H の座標は $\left(\dfrac{10}{17}, -\dfrac{10}{17}, \dfrac{15}{17} \right)$ である．

◆別解◆（**2**）$\overrightarrow{AB}, \overrightarrow{AC}$ に垂直なベクトルを
$\vec{n} = (a, b, c)$ とおく．

$\overrightarrow{AB} \cdot \vec{n} = 0$ より $-2a + b + 2c = 0$

$\overrightarrow{AC} \cdot \vec{n} = 0$ より $-a + 2b + 2c = 0$

2 式より $b = -a$，$c = \dfrac{3}{2}a$ である．

$\vec{n} = \left(a, -a, \dfrac{3}{2}a \right)$ となり，$a = 2$ として
$\vec{n} = (2, -2, 3)$ を採用する．よって平面 α の方程式は

$$2(x - 1) - 2(y - 0) + 3(z - 1) = 0$$

$$2x - 2y + 3z - 5 = 0 \quad \cdots\cdots\cdots⑦$$

これに $(0, 0, 0)$ を代入すると $-5 = 0$ となるから
点 O は平面 α 上にない．

◆別解◆（**3**）$\overrightarrow{OH} \parallel \vec{n}$ より $\overrightarrow{OH} = l\vec{n}$ とおけて

$$\overrightarrow{OH} = (2l, -2l, 3l)$$

H は平面 α 上の点であるから ⑦ に代入して

$$4l + 4l + 9l - 5 = 0 \qquad \therefore \quad l = \dfrac{5}{17}$$

点 H の座標は $\left(\dfrac{10}{17}, -\dfrac{10}{17}, \dfrac{15}{17} \right)$

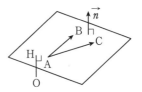

《（B0）》

737. p は実数とする．O を原点とする座標空間に 3 点 A$(1, 0, 0)$, B$(0, 1, 0)$, P$(p, -p + 3, 5)$ があり，次の 3 つの条件を満たす点 C がある．

（条件 1）$\overrightarrow{OA} \cdot \overrightarrow{OC} = 0$

（条件 2）$\overrightarrow{OB} \cdot \overrightarrow{OC} = -1$

（条件 3）平面 ABC はベクトル $\vec{v} = (2, 2, 1)$ に垂直である．

点 P から平面 ABC に垂線 PQ を下ろす．次の問いに答えよ．

（**1**）点 C の座標を求めよ．

（**2**）ベクトル $\overrightarrow{PQ}$ を成分で表せ．

（**3**）四面体 ABCP の体積を求めよ．

（**4**）△BCP の面積の最小値を求めよ．また，最小値をとるときの p の値を求めよ．

(23　東京農工大・後期)

▶解答◀（**1**）C(s, t, u) とおく．

$$\overrightarrow{OC} = (s, t, u), \overrightarrow{OA} = (1, 0, 0), \overrightarrow{OB} = (0, 1, 0)$$

（条件 1）より $s = 0$ で，（条件 2）より $t = -1$ である．

（条件 3）より平面 ABC の方程式は

$$2(x - 1) + 2y + z = 0$$

$$2x + 2y + z = 2 \quad \cdots\cdots\cdots\cdots①$$

であるから

$$2s + 2t + u = 2$$

$$2 \cdot 0 + 2 \cdot (-1) + u = 2 \qquad \therefore \quad u = 4$$

よって，点 C の座標は $(0, -1, 4)$

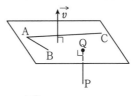

（**2**）$\overrightarrow{PQ}$ は平面 ABC と垂直であるから，
$\overrightarrow{PQ} = k\vec{v} = (2k, 2k, k)$ と表せる．

$$\overrightarrow{OQ} = \overrightarrow{OP} + \overrightarrow{PQ}$$

$$= (p, -p + 3, 5) + (2k, 2k, k)$$

$$= (2k + p, 2k - p + 3, k + 5)$$

点 Q は平面 ABC 上にあるから，① より

$$2(2k+p)+2(2k-p+3)+k+5=2$$

$$9k=-9 \qquad \therefore \quad k=-1$$

よって，$\overrightarrow{PQ}=(-2, -2, -1)$

（ 3 ） $\overrightarrow{AB}=(-1, 1, 0)$，$\overrightarrow{AC}=(-1, -1, 4)$ だから

$$|\overrightarrow{AB}|=\sqrt{2}, \quad |\overrightarrow{AC}|=\sqrt{1+1+16}=3\sqrt{2}$$

$$\overrightarrow{AB}\cdot\overrightarrow{AC}=0$$

よって，$\triangle ABC=\dfrac{1}{2}\cdot\sqrt{2}\cdot 3\sqrt{2}=3$

（ 2 ）より，$|\overrightarrow{PQ}|=\sqrt{4+4+1}=3$ であるから，求める体積は

$$\frac{1}{3}\cdot\triangle ABC\cdot PQ=\frac{1}{3}\cdot 3\cdot 3=\boldsymbol{3}$$

（ 4 ） $\overrightarrow{BC}=(0, -2, 4)$，$\overrightarrow{BP}=(p, -p+2, 5)$ だから

$$|\overrightarrow{BC}|^2=4+16=20$$

$$|\overrightarrow{BP}|^2=p^2+(-p+2)^2+25=2p^2-4p+29$$

$$\overrightarrow{BC}\cdot\overrightarrow{BP}=2p-4+20=2p+16$$

よって

$$|\overrightarrow{BC}|^2|\overrightarrow{BP}|^2-(\overrightarrow{BC}\cdot\overrightarrow{BP})^2$$

$$=20(2p^2-4p+29)-(2p+16)^2$$

$$=40p^2-80p+580-4p^2-64p-256$$

$$=36p^2-144p+324$$

$$=36(p^2-4p+9)=36\{(p-2)^2+5\}$$

$$\triangle BCP=\frac{1}{2}\sqrt{|\overrightarrow{BC}|^2|\overrightarrow{BP}|^2-(\overrightarrow{BC}\cdot\overrightarrow{BP})^2}$$

$$=3\sqrt{(p-2)^2+5}$$

$\triangle BCP$ の面積は $\boldsymbol{p=2}$ のとき，最小値 $\boldsymbol{3\sqrt{5}}$ をとる.

──《（A5）》──

738. O を原点とする座標空間上に 4 点
A$(3, 5, 1)$, B$(2, 4, 1)$, C$(2, 3, -2)$, D$(1, x, -1)$
をとる．これらの点が同一平面上にあるとき，x
の値を求めよ． (23 昭和大・医-2期)

▶**解答**◀ $\overrightarrow{AB}=(-1, -1, 0)=-(1, 1, 0)$,
$\overrightarrow{AC}=(-1, -2, -3)=-(1, 2, 3)$
に垂直なベクトルを $\vec{v}=(a, b, c)$ とする．内積をとり，$a+b=0$, $a+2b+3c=0$ となる．$b=-a$, $c=\dfrac{a}{3}$
となる．$\vec{v}=\left(a, -a, \dfrac{a}{3}\right)$ となる．$a=3$ として
$\vec{v}=(3, -3, 1)$ を採用する．平面 ABC の方程式は
（問題文が x を使ってしまっているから XYZ 座標で書く）

$$3(X-3)-3(Y-5)+1\cdot(Z-1)=0$$

$3X-3Y+Z+5=0$ となる．D$(1, x, -1)$ を代入し
$3-3x-1+5=0$ となり，$x=\dfrac{7}{3}$ である．

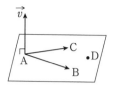

◆**別解**◆ 4 点 A, B, C, D が同一平面上にあるから

$$\overrightarrow{AD}=s\overrightarrow{AB}+t\overrightarrow{AC}$$

と表すことができる．

$$\overrightarrow{AD}=(-2, x-5, -2)$$

$$s\overrightarrow{AB}+t\overrightarrow{AC}=s(-1, -1, 0)+t(-1, -2, -3)$$

$$=(-s-t, -s-2t, -3t)$$

よって

$$-s-t=-2, \quad -s-2t=x-5, \quad -3t=-2$$

$t=\dfrac{2}{3}$, $s=\dfrac{4}{3}$ であり，$x=\dfrac{7}{3}$ である．

──《折れ線の最短距離（B20）》──

739. O を原点とする xyz 空間に 3 点
A$(6, -6, 0)$, B$(1, 1, 0)$, C$(1, 0, 1)$ がある．3 点
O, B, C を通る平面を α とする．また，点 D を，線
分 AD が平面 α と垂直に交わり，その交点は AD
の中点であるように定める．次の問いに答えよ．

（ 1 ） D の座標を求めよ．

xy 平面上に点 E がある．点 P が α 上を動くとき，
線分 AP, PE の長さの和 AP＋PE の最小値を m
とし，その最小値をとる点を P_0 とする．

（ 2 ） E の座標が $(10, 6, 0)$ のとき，P_0 の座標を
求めよ．

（ 3 ） E が xy 平面内の曲線 $y=-(x-5)^2$ 上を
動くとき，m が最小となる点 E の座標を求めよ．

(23 横浜国大・理工, 都市科学)

▶**解答**◀ （ 1 ） 平面 α の法線ベクトルを
$\vec{n}=(a, b, c)$ とおく．$\vec{n}\perp\overrightarrow{OB}$, $\vec{n}\perp\overrightarrow{OC}$ であるから

$$\vec{n}\cdot\overrightarrow{OB}=a+b=0, \quad \vec{n}\cdot\overrightarrow{OC}=a+c=0$$

$b=-a$, $c=-a$ であるから，$a=1$ として
$\vec{n}=(1, -1, -1)$ である．

α 上の任意の点 X(x, y, z) に対して $\vec{n}\perp\overrightarrow{OX}$ であるから，$\vec{n}\cdot\overrightarrow{OX}=0$ より

$$\alpha: x-y-z=0 \quad\cdots\cdots\cdots\cdots\cdots① $$

線分 AD の中点を M とする．$AM \perp \alpha$ であるから，$\overrightarrow{AM} = p\vec{n} = (p, -p, -p)$ とおけて

$$\overrightarrow{OM} = \overrightarrow{OA} + \overrightarrow{AM} = (6+p, -6-p, -p)$$

$M(6+p, -6-p, -p)$ である．M は α 上にあるから ① に代入して

$$6+p+6+p+p=0 \qquad \therefore \quad p=-4$$

$\overrightarrow{AM} = (-4, 4, 4)$ である．

$$\overrightarrow{OD} = \overrightarrow{OA} + 2\overrightarrow{AM}$$
$$= (6, -6, 0) + (-8, 8, 8) = (-2, 2, 8)$$

点 D の座標は $(-2, 2, 8)$ である．

（2） $f(x, y, z) = x - y - z$ とおく．

$$f(6, -6, 0) = 12 > 0, \quad f(10, 6, 0) = 4 > 0$$

であるから，A と E は平面 α に関して同じ側にある．図2を見よ．

$$AP + PE = DP + PE \geqq DP_0 + P_0E = DE$$

であるから，直線 DE と平面 α の交点が P_0 である．

P_0 は直線 DE 上の点であるから

$$\overrightarrow{OP_0} = s\overrightarrow{OE} + (1-s)\overrightarrow{OD}$$
$$= (10s - 2(1-s), 6s + 2(1-s), 8(1-s))$$
$$= (12s - 2, 4s + 2, -8s + 8)$$

とおけて，これを ① に代入して

$$12s - 2 - (4s + 2) - (-8s + 8) = 0$$
$$16s - 12 = 0 \qquad \therefore \quad s = \frac{3}{4}$$

点 P_0 の座標は $(7, 5, 2)$ である．

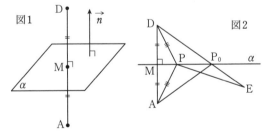

（3） $E(x, -(x-5)^2, 0)$ とする．

$$f(x, -(x-5)^2, 0) = x^2 - 9x + 25$$
$$= \left(x - \frac{9}{2}\right)^2 + \frac{19}{4} > 0$$

であるから，曲線 $y = -(x-5)^2$ 上の点 E は平面 α に関して A と同じ側にある．

$$m^2 = (x+2)^2 + (2 + (x-5)^2)^2 + 64$$

このまま展開すると大変であるから $x - 5 = d$ とおく．

$$m^2 = (d+7)^2 + (d^2+2)^2 + 64$$

$$= d^4 + 5d^2 + 14d + 117$$

$g(d) = d^4 + 5d^2 + 14d + 117$ とおく．

$$g'(d) = 4d^3 + 10d + 14$$
$$= 2(d+1)(2d^2 - 2d + 7)$$

d	$\cdots$	-1	$\cdots$
$g'(d)$	$-$	0	$+$
$g(d)$	$\searrow$		$\nearrow$

$d = -1$ のとき $g(d)$ は最小であるから，m も最小となる．$d = -1$ より $x = 4$ であるから，m が最小となる点 E の座標は $(4, -1, 0)$ である．

【期待値】

《（B0）》

740. 袋に赤玉4個と白玉2個が入っている．無作為に玉を1個取り出して，それが赤玉であれば白玉と，白玉であれば赤玉と取り換えて袋に戻すという操作を考える．この操作を2回繰り返したあと袋にある赤玉の数を X とし，一方，3回繰り返したあと袋にある白玉の数を Y とする．

（1） 確率 $P(X=4)$ を求めよ．

（2） 確率変数 X の期待値 $E(X)$ と分散 $V(X)$ を求めよ．

（3） 確率変数 Y の期待値 $E(Y)$ を求めよ．

（23 鹿児島大・共通）

▶解答◀ （1） 袋の中の赤玉の個数が a 個，白玉の個数が b 個のとき (a, b) で表す．玉の個数の推移は図のようになる．

$P(X=4)$ は，2度目に $(4, 2)$ となる確率であるから

$$P(X=4) = \frac{2}{6} \cdot \frac{5}{6} + \frac{4}{6} \cdot \frac{3}{6} = \frac{11}{18}$$

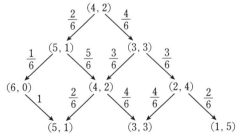

（2） 図から，$P(X=6) = \frac{2}{6} \cdot \frac{1}{6} = \frac{1}{18}$，$P(X=2) = \frac{4}{6} \cdot \frac{3}{6} = \frac{1}{3}$ であるから，確率分布は表

のようになる.

X	6	4	2
確率	$\frac{1}{18}$	$\frac{11}{18}$	$\frac{1}{3}$

$$E(X) = 6 \cdot \frac{1}{18} + 4 \cdot \frac{11}{18} + 2 \cdot \frac{1}{3} = \frac{31}{9}$$

$$V(X) = 6^2 \cdot \frac{1}{18} + 4^2 \cdot \frac{11}{18} + 2^2 \cdot \frac{1}{3} - \{E(X)\}^2$$

$$= \frac{18+88+12}{9} - \frac{961}{81} = \frac{101}{81}$$

（3） 図の最後の行から

$$P(Y=1) = \frac{2}{6} \cdot \left(\frac{1}{6} \cdot 1 + \frac{5}{6} \cdot \frac{2}{6} \right) + \frac{4}{6} \cdot \frac{3}{6} \cdot \frac{2}{6}$$

$$= \frac{4}{27} + \frac{1}{9} = \frac{7}{27}$$

$$P(Y=3) = \frac{2}{6} \cdot \frac{5}{6} \cdot \frac{4}{6} + \frac{4}{6} \cdot \left(\frac{3}{6} \cdot \frac{4}{6} + \frac{3}{6} \cdot \frac{4}{6} \right)$$

$$= \frac{5}{27} + \frac{4}{9} = \frac{17}{27}$$

$$P(Y=5) = \frac{4}{6} \cdot \frac{3}{6} \cdot \frac{2}{6} = \frac{1}{9}$$

であるから

$$E(Y) = 1 \cdot \frac{7}{27} + 3 \cdot \frac{17}{27} + 5 \cdot \frac{1}{9} = \frac{7+51+15}{27} = \frac{73}{27}$$

【母平均の推定】

《母平均の推定 (B20)》

741. 箱の中にたくさんのクジが入っている. クジには当たりとはずれの 2 種類があり, 箱の中のクジの総数に対する当たりクジの割合を p（$0 < p < 1$）とする. p の値を推測するため, 箱の中から 1 本のクジを無作為に引くたびに当たりとはずれを調べて箱に戻す操作を n 回行う. このとき, 以下の問いに答えよ. なお,（1）と（2）は p を用いて解答すること. また, 必要に応じて, 後ろの正規分布表を用いてもよい.

（1） $n=1$ のとき, 引いた当たりクジの個数を S とおく. S の確率分布を求めよ. また, この確率分布を用いて, S の期待値と分散を求めよ.

（2） $n=2$ のとき, 引いた当たりクジの個数を T とおく. T の確率分布を求めよ. また, この確率分布を用いて, T の期待値と分散を求めよ.

（3） $n=k$ のとき, 引いた当たりクジの個数を X とおく. X の期待値と分散を k と p を用いて表せ（答えのみでよい）.

（4） $n=100$ のとき, 引いた当たりクジの個数が 20 であった. p に対する信頼度 95% の信頼区間を求めよ.

正規分布表を省略した. 横浜市大の問題にある

からそちらを見よ

(23 長崎大・情報)

▶解答◀ （1） S の確率分布は次のようになる.

S	0	1
確率	$1-p$	p

期待値を $E(S)$, 分散を $V(S)$ のように書くことにする.（2）以降も同様である. 1 回クジを引くとき, はずれの確率を q とする. $p+q=1$ である.

$$E(S) = 0 \cdot q + 1 \cdot p = p$$
$$E(S^2) = 0^2 \cdot q + 1^2 \cdot p = p$$
$$V(S) = E(S^2) - (E(S))^2 = p - p^2$$

（2） $T=0$ は 2 回ともはずれを引くときであるからその確率は q^2, $T=1$ は 1 回当たり, 1 回はずれを引くときであるからその確率は ${}_2C_1 \cdot pq = 2pq$, $T=2$ は 2 回とも当たりを引くときであるからその確率は p^2 である. 確率分布は次のようになる.

T	0	1	2
確率	$(1-p)^2$	$2p(1-p)$	p^2

$$E(T) = 0 \cdot q^2 + 1 \cdot 2pq + 2 \cdot p^2 = 2p$$
$$E(T^2) = 0^2 \cdot q^2 + 1^2 \cdot 2pq + 2^2 \cdot p^2$$
$$= 2p + 2p^2$$
$$V(T) = E(T^2) - (E(T))^2$$
$$= 2p + 2p^2 - 4p^2 = 2p - 2p^2$$

（3） 二項分布 $B(k, p)$ の期待値は $E(X) = kp$, 分散は $V(X) = kp(1-p)$ である.

（4） 標本の大きさを n, 標本比率を R とすると, p に対する信頼度 95% の信頼区間は

$$R - 1.96\sqrt{\frac{R(1-R)}{n}} \leqq p \leqq R + 1.96\sqrt{\frac{R(1-R)}{n}}$$

である. $n=100$, $R = \frac{20}{100} = 0.2$ であるから

$$1.96 \cdot \sqrt{\frac{R(1-R)}{n}} = 1.96 \cdot \sqrt{\frac{0.2 \cdot 0.8}{100}}$$
$$= 1.96 \cdot 0.04 = 0.0784$$
$$0.2 - 0.0784 \leqq p \leqq 0.2 + 0.0784$$
$$\mathbf{0.1216 \leqq p \leqq 0.2784}$$

《母平均の推定 (B20)》

742. ある日の朝, ある養鶏場で無作為に 9 個の卵を抽出して, それぞれの卵の重さを測ったところ, 表 1 の結果が得られた.

表 1 養鶏場で抽出した 9 個の卵の重さ（単位はグラム (g)）

| 58 | 61 | 56 | 59 | 52 | 62 | 65 | 59 | 68 |

この養鶏場の卵の重さは,母平均が m,母分散が σ^2 の正規分布に従うものとするとき,以下の問いに答えよ.必要に応じて後ろの正規分布表を用いてもよい.

（1）表1の標本の平均を求めよ.

（2）表1の標本の分散と標準偏差を求めよ.

（3）母分散 $\sigma^2 = 25$ であるとき,表1の標本から,母平均 m に対する信頼度 95% の信頼区間を,小数点第3位を四捨五入して求めよ.

（4）この養鶏場のすべての卵の重さからそれぞれ 10 g を引いて,50 g で割った数値は,母平均 m_1,母分散 $\sigma_1{}^2$ の正規分布に従う.このとき,m_1 と $\sigma_1{}^2$ を,それぞれ m と σ の式で表せ.また,$\sigma^2 = 25$ であるとき,表1の標本から,m_1 に対する信頼度 95% の信頼区間を,小数点第3位を四拾五入して求めよ.

（5）次の日の朝に,n 個の卵を無作為に抽出して,母平均 m に対する信頼度 95% の信頼区間を求めることとする.信頼区間の幅が 5 以下となるための標本の大きさ n の最小値を求めよ.ただし,母分散 $\sigma^2 = 25$ であるとする.

正規分布表を省略した.横浜市大の問題にあるからそちらを見よ

（23　長崎大・情報）

▶解答◀　（1）仮平均を 60 とすると平均は $60 + \dfrac{1}{9}(-2+1-4-1-8+2+5-1+8) = \mathbf{60}$

（2）分散は

$$\frac{1}{9}(4+1+16+1+64+4+25+1+64) = \mathbf{20}$$

標準偏差は $\sqrt{20} = \mathbf{2\sqrt{5}}$ である.

（3）標本の大きさを n,平均を $\overline{X}$ とすると,母平均 m に対する信頼度 95% の信頼区間は

$$\overline{X} - 1.96 \cdot \frac{\sigma}{\sqrt{n}} \leqq m \leqq \overline{X} + 1.96 \cdot \frac{\sigma}{\sqrt{n}}$$

であるから

$$60 - 1.96 \cdot \frac{5}{3} \leqq m \leqq 60 + 1.96 \cdot \frac{5}{3}$$

$$60 - 3.266\cdots \leqq m \leqq 60 + 3.266\cdots$$

$$56.733\cdots \leqq m \leqq 63.266\cdots \quad\cdots\cdots\cdots\cdots\cdots\text{①}$$

$$\mathbf{56.73 \leqq m \leqq 63.27}$$

（4）変数変換 $Y = aX + b$ によって平均 E と分散 V は $E(Y) = aE(X) + b$,$V(Y) = a^2 V(X)$ となるが,ここでは $Y = \dfrac{1}{50}(X - 10)$ であることに注意せ

よ.

$$m_1 = \frac{m - 10}{50},\ \ \sigma_1{}^2 = \frac{\sigma^2}{2500}$$

この変数変換で $\sigma_1 = \dfrac{5}{50} = 0.1$,9 個の標本の平均は $\dfrac{60 - 10}{50} = 1$ になるから,m_1 に対する信頼区間は ① の各辺から 10 を引いて 50 で割ったものになる.

$$\frac{46.733\cdots}{50} \leqq m_1 \leqq \frac{53.266\cdots}{50}$$

$$0.934\cdots \leqq m_1 \leqq 1.065\cdots$$

$$\mathbf{0.93 \leqq m_1 \leqq 1.07}$$

（5）信頼区間の幅は $1.96 \cdot \dfrac{\sigma}{\sqrt{n}} \cdot 2$ であるから

$$1.96 \cdot \frac{5}{\sqrt{n}} \cdot 2 \leqq 5$$

$$\sqrt{n} \geqq 3.92 \qquad \therefore \quad n \geqq 3.92^2 = 15.3664$$

最小の大きさ $\mathbf{n = 16}$ である.

《母平均の推定 (B20)》

743. a を正の整数とします. 箱の中に, 各々に $1, 2, \cdots, a$ の整数がひとつずつ書かれているカードが a 枚入っています. この箱から無作為にカードを 1 枚取り出し, そのカードに書かれた数字を記録してから, そのカードを箱に戻すという試行を n 回繰り返します. 確率変数 $X_i\,(i = 1, 2, \cdots, n)$ は i 回目の試行で取り出したカードに書かれた数字を表し, 確率変数 $M = \dfrac{X_1 + X_2 + \cdots + X_n}{n}$ は標本平均とします. このとき, 以下の各問いに答えなさい.

（1） $a = 26$ のとき, X_i の平均 $E(X_i)$ と分散 $V(X_i)$ を求めなさい.

（2） $a = 26$ のとき, 箱の中から, 偶数が書かれているカードをすべて取りのぞき, 数字が奇数のカードのみを箱の中に残しました. この箱から無作為にカードを 1 枚取り出し, そのカードに書かれた数字を記録してから, そのカードを再び箱に戻す試行を n 回繰り返します. 確率変数 $Y_i\,(i = 1, 2, \cdots, n)$ は i 回目の試行で取り出したカードに書かれた数字を表すものとします. Y_i の平均 $E(Y_i)$ と分散 $V(Y_i)$ を求めなさい.

（3） $a = 26$ のとき, 再び箱の中に a 枚のカードをすべて入れて, この箱から無作為にカードを 1 枚取り出し, そのカードに書かれた数字を記録してから, そのカードを再び箱に戻す試行を n 回繰り返し, i 回目の試行で取り出したカードに書かれた数字を確率変数 $X_i\,(i = 1, 2, \cdots, n)$ で表します. 確率変数 M の標準偏差を $\sigma(M)$ で表すとき, $C = \dfrac{\sigma(M)}{E(M)}$ について, $C < 0.1$ となるために必要な自然数 n の最小値を求めなさい.

（4）（3）の試行を $n = 100$ 回繰り返したとき, 標本平均 M の値は 12 であり, 標本標準偏差の値は 8 であったとします. M の確率分布を正規分布で近似し, X_i の未知の母平均 m の信頼度 95% の信頼区間を小数点以下第 2 位まで求めなさい. ただし, X_i の母標準偏差には標本標準偏差の値を代入しなさい.

正規分布表は省略した. 問題編を見よ

(23 横浜市大・共通)

▶解答◀ （1） $X_i = k\,(k = 1, 2, \cdots, a)$ となる確率を $P(X_i = k)$ と書く. 他も同様とする.

$a = 26$ のとき, $P(X_i = k) = \dfrac{1}{26}$ であるから

$$E(X_i) = \sum_{k=1}^{26} k P(X_i = k) = \sum_{k=1}^{26} k \cdot \frac{1}{26}$$

$$= \frac{1}{26} \cdot \frac{1}{2} \cdot 26 \cdot 27 = \frac{27}{2}$$

$$E(X_i{}^2) = \sum_{k=1}^{26} k^2 P(X_i = k) = \sum_{k=1}^{26} k^2 \cdot \frac{1}{26}$$

$$= \frac{1}{26} \cdot \frac{1}{6} \cdot 26 \cdot 27 \cdot 53 = \frac{477}{2}$$

$$V(X_i) = E(X_i{}^2) - \{E(X_i)\}^2$$

$$= \frac{477}{2} - \left(\frac{27}{2}\right)^2 = \frac{477}{2} - \frac{729}{4} = \frac{225}{4}$$

（2） 奇数のカードは 13 枚あるから, $k = 1, 2, \cdots, 13$ に対し $P(Y_i = 2k - 1) = \dfrac{1}{13}$ である.

$$E(Y_i) = \sum_{k=1}^{13} (2k - 1) P(Y_i = 2k - 1)$$

$$= \sum_{k=1}^{13} (2k - 1) \cdot \frac{1}{13} = \frac{1}{13} \cdot 13^2 = 13$$

$$E(Y_i{}^2) = \sum_{k=1}^{13} (2k - 1)^2 P(Y_i = 2k - 1)$$

$$= \sum_{k=1}^{13} (2k - 1)^2 \cdot \frac{1}{13} = \frac{1}{13} \sum_{k=1}^{13} (4k^2 - 4k + 1)$$

$$= \frac{1}{13} \left(4 \cdot \frac{1}{6} \cdot 13 \cdot 14 \cdot 27 - 4 \cdot \frac{1}{2} \cdot 13 \cdot 14 + 13\right)$$

$$= 2 \cdot 14 \cdot 9 - 2 \cdot 14 + 1 = 252 - 28 + 1 = 225$$

$$V(Y_i) = E(Y_i{}^2) - \{E(Y_i)\}^2$$

$$= 225 - 13^2 = 225 - 169 = 56$$

（3） $E(M) = E\left(\dfrac{X_1 + X_2 + \cdots + X_n}{n}\right)$

$$= \frac{1}{n} \{E(X_1) + E(X_2) + \cdots + E(X_n)\}$$

$$= \frac{1}{n} \cdot n \cdot \frac{27}{2} = \frac{27}{2}$$

$X_1, X_2, \cdots, X_n$ は独立であるから

$$V(M) = V\left(\frac{X_1 + X_2 + \cdots + X_n}{n}\right)$$

$$= \frac{1}{n^2} \{V(X_1) + V(X_2) + \cdots + V(X_n)\}$$

$$= \frac{1}{n^2} \cdot n \cdot \frac{225}{4} = \frac{225}{4n}$$

$$\sigma(M) = \sqrt{V(M)} = \frac{15}{2\sqrt{n}}$$

$$C = \frac{\sigma(M)}{E(M)} = \frac{\frac{15}{2\sqrt{n}}}{\frac{27}{2}} = \frac{5}{9\sqrt{n}}$$

$C < 0.1$ とすると

$$\frac{5}{9\sqrt{n}} < 0.1$$

$$\sqrt{n} > \frac{50}{9} \qquad \therefore \quad n > \frac{2500}{81} = 30.8\cdots$$

自然数 n の最小値は **31** である.

（**4**） 母標準偏差 σ には標本標準偏差の値 8 を代入
する. X_i の母平均 m の信頼度 95% の信頼区間は

$$12 - 1.96 \cdot \frac{\sigma}{\sqrt{n}} \leqq m \leqq 12 + 1.96 \cdot \frac{\sigma}{\sqrt{n}}$$

$$12 - 1.96 \cdot \frac{8}{10} \leqq m \leqq 12 + 1.96 \cdot \frac{8}{10}$$

$$10.432 \leqq m \leqq 13.568$$

$$\mathbf{10.43 \leqq m \leqq 13.57}$$